启航教育　云图 YUN TU

张宇　编著

大学数学
解题指南

北京理工大学出版社
BEIJING INSTITUTE OF TECHNOLOGY PRESS

图书在版编目（CIP）数据

大学数学解题指南 / 张宇编著. -- 北京：北京理
工大学出版社, 2025. 4.
ISBN 978-7-5763-5282-5

Ⅰ. O13-44

中国国家版本馆CIP数据核字第20259PB068号

责任编辑：多海鹏　　**文案编辑**：多海鹏
责任校对：周瑞红　　**责任印制**：李志强

出版发行 / 北京理工大学出版社有限责任公司
社　　址 / 北京市丰台区四合庄路 6 号
邮　　编 / 100070
电　　话 / （010）68944451（大众售后服务热线）
　　　　　　（010）68912824（大众售后服务热线）
网　　址 / http：//www. bitpress. com. cn

版 印 次 / 2025 年 4 月第 1 版第 1 次印刷
印　　刷 / 天津市蓟县宏图印务有限公司
开　　本 / 787 mm × 1092 mm　1/16
印　　张 / 49.25
字　　数 / 1229 千字
定　　价 / 159. 80 元

如何解决问题
代前言

一、两个客观规律

如何解题,更本质地说,就是如何解决问题.早在1944年,著名教育家波利亚就对初等数学解题做过系统论述;物理学家费曼提出的深刻理解和掌握知识并解决问题的观点,被人们称为"费曼学习法";经济学家西蒙提出了攻克难点的方法,被人们称为"西蒙法"或"锥形法"等.当然,还有很多解决问题的好方法,虽称呼各异,但一定都有以下两个特点:一是符合事物本身的客观规律;二是符合人类认知的客观规律.如何将这些好方法用到解决大学数学的问题上来,也就是如何把握好上述两个客观规律,进而形成"学习—思考—解题—创造"的科学程序,是一个重要课题.

目前,就大学数学解题而言,无论是教还是学,人们往往习惯于"归纳题型"——将某一部分的题目总结出共性,称为一种题型,并配以相应的解题方法.因为题型的共同属性,其表述一般具有简洁性、条理性、技巧性、总结性,学习者乐于并善于接受.若我们遇到一个符合这种共性的问题,可将其归于此类题型中,并用与之匹配的方法解决问题.这基本可以协助学习者完成共性、常规性问题的求解,并对相应的数学知识有所掌握,故归纳题型是一种科学的、行之有效的方法,用现在的语言来表达,就是可读的算法,将这算法交给计算机,它就能得出结果.

但是仅有题型是不够的,前述各种著名的学习法、解题法中,都没有将"归纳题型"作为主题,为什么? 这当然有其历史原因:世界数学发展是基于数学公理化的(虽然布尔巴基学派也试图探寻数学模式,但未果).而现实原因是面对高水平考试,比如选拔性考试,归纳题型不能完全解决问题,为什么? 事实上,如果学习者被动接受了别人归纳好的题型,会带来两个问题.第一,缺少了自行归纳和演绎的过程,所谓的共性及其本质并不一定被学习者真正掌握,而往往流于形式,不得要领.比如,函数极限的七种未定式,是大家所熟知的七种题型,一个萝卜一个坑,是哪一种未定式,就选择对应的方法去解决,本是常理,可是,若学习者不能真正懂得未定式的含义,甚至不能懂得极限的含义,出题者只要对共性问题稍微动一下手脚,体现出其含义——到底什么是未定式? 什么是极限? 极限存在能给出哪些信息? 又有哪些信息是它给不了的? ——学习者可能就会做错了.第二,更为重要的是,共性是指公共的属性,无论其表述多么简洁、有条理,甚至很漂亮,它都是剥离了每个题目的个性的.共性和个性是辩证统一的,共性孕育着个性,个性本质上隐含着共性.比如高等数学中的不等式问题,遍布各个章节的题目中,一般要用到放缩法,但是一个题有一个题的放缩,此放缩学会了,彼放缩依然不会.共性是放缩,个性是每一个题的放缩都不一样,显然,所有的功力,都体现在这一放一缩中.所谓题型,在这种情形下,已无意义.放缩背后,是对每一个问题个性规律的把握和处理,也是对共性在一个具体问题中的进一步深化.

从根本上来说,因大学数学所涉及的知识之广泛、内容之深刻、情形之复杂,能总结的题型十分有限,换句话说,能总结的题型早就被总结完了,也早就成为常规性问题了.学习者仍不会做的题,那显然就不是题型的问题了.

针对如何解题,从**符合大学数学客观规律、符合学习者认知规律**入手,本书提出了大学数学的"三向解题法",贯彻高等数学、线性代数、概率论与数理统计三门大学基础数学课.首要目的是,在学习者已经掌握了基本数学知识的条件下,专门研究如何解题,从而助其在高水平数学考试中取得好成绩.

二、三向解题法(OPD)

1.三向解题法体系与记号

三向解题法简记为OPD,其中:

目标(任务)——Objects,记为O;

思路(程序)——Procedures,记为P;

细节——Details,记为D.

故该解题方法就是"以目标、思路与细节为三个导向的解题方法",其体系如下:

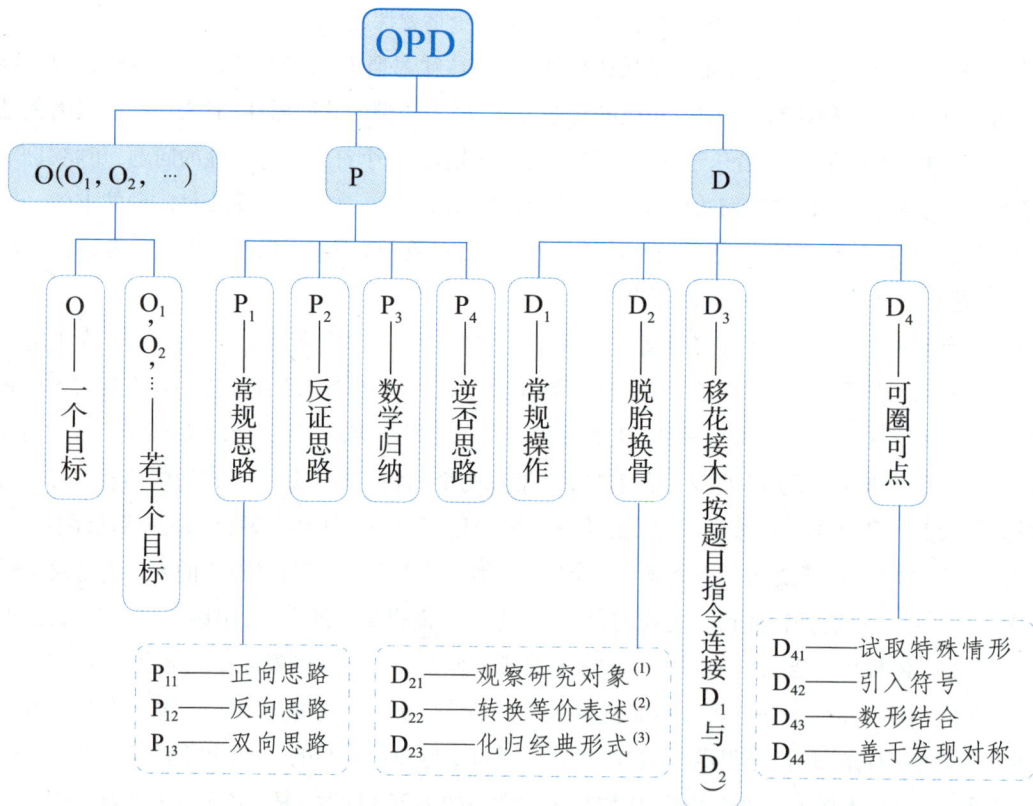

注:(1)要建立隐含条件体系块;(2)要建立等价表述体系块;(3)要建立形式化归体系块.(1)~(3)的具体解释见下文.

2.三向解题法法则

法则一：盯住目标(O)

对于一个问题，无论它是如何表述的，首先要做的是寻找目标、锁定目标、盯住目标！理解题目要做什么，这至关重要！把你的注意力集中于目标，尤其是表述冗长的问题，一定要先去掉细节表述，节省你的精力，只看目标！同时确定是一个目标(O)，还是若干个目标($O_1, O_2, \cdots$).

值得注意的是，要在一个完整的问题表述中寻找并锁定目标，即选择题要将题干和选项一起看；填空题要将题干和所填内容一起看；设置多问的解答题要将题干和每一个问题一起看.

以下是高等数学目标汇总：

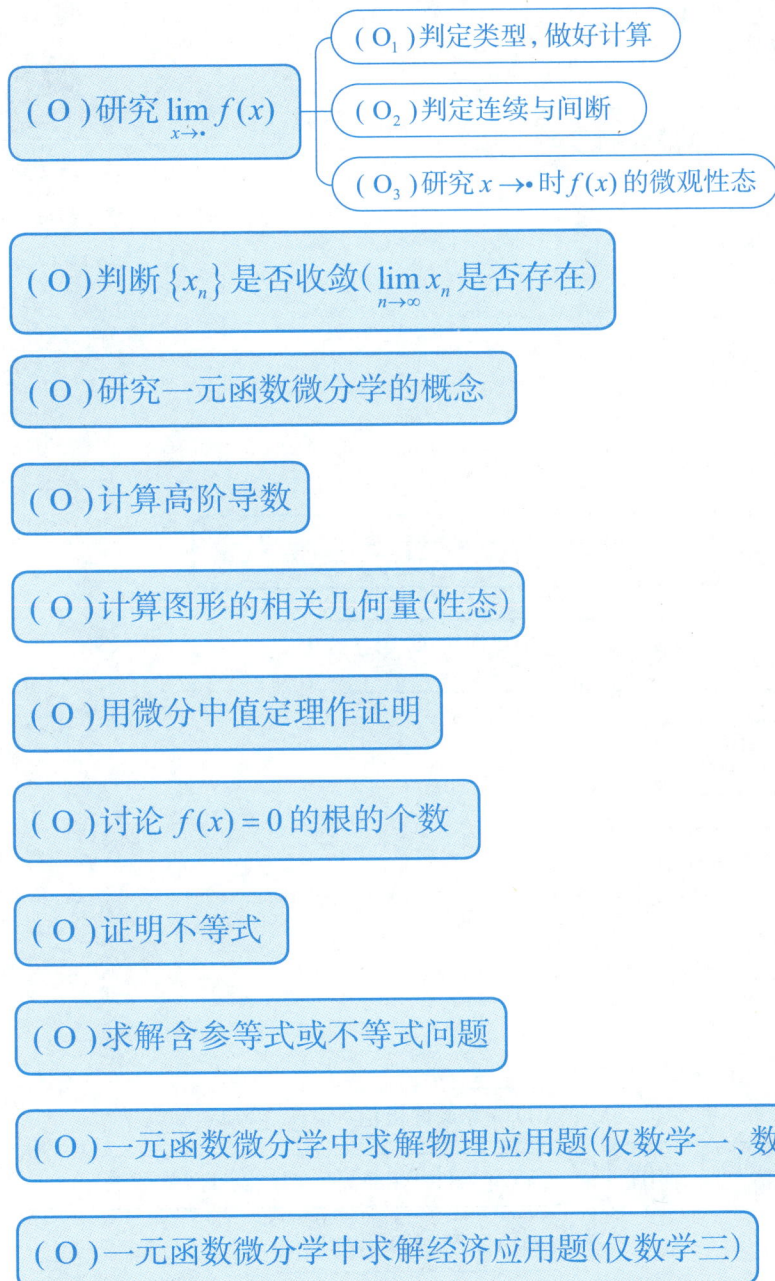

- (O) 研究 $\lim\limits_{x \to \bullet} f(x)$
  - (O_1) 判定类型，做好计算
  - (O_2) 判定连续与间断
  - (O_3) 研究 $x \to \bullet$ 时 $f(x)$ 的微观性态

- (O) 判断 $\{x_n\}$ 是否收敛 ($\lim\limits_{n \to \infty} x_n$ 是否存在)

- (O) 研究一元函数微分学的概念

- (O) 计算高阶导数

- (O) 计算图形的相关几何量(性态)

- (O) 用微分中值定理作证明

- (O) 讨论 $f(x) = 0$ 的根的个数

- (O) 证明不等式

- (O) 求解含参等式或不等式问题

- (O) 一元函数微分学中求解物理应用题(仅数学一、数学二)

- (O) 一元函数微分学中求解经济应用题(仅数学三)

（O）求连和 $\sum\limits_{k=1}^{n} a_k$ 的极限、求连积 $\prod\limits_{k=1}^{n} a_k$ 的极限

（O）判断具体型反常积分的敛散性

（O）判断抽象型反常积分的敛散性

（O）求一元函数的积分

（O）计算图形的相关几何量(测度)

（O）定积分等式问题

（O）定积分不等式问题

（O）黎曼思想

（O）一元函数积分学中求解物理应用题(仅数学一、数学二)

（O）一元函数积分学中求解经济应用题(仅数学三)

（O）计算二元函数的极限

（O）研究二元函数的性质

（O）计算偏导数、全微分

（O）化简、求解偏微分方程

（O）求多元函数的极值、最值
- （O_1）无条件极值
- （O_2）条件极(最)值与拉格朗日乘数法
- （O_3）闭区域 D 上的最值

(O)计算二重积分

(O)求解微分方程并研究解的性质
- (O_1)一阶微分方程的求解
- (O_2)二阶可降阶微分方程的求解(仅数学一、数学二)
- (O_3)高阶常系数线性微分方程的求解
- (O_4)用换元法求解微分方程

(O)建立微分方程并求解

(O)判别 $\sum_{n=1}^{\infty} u_n$ 的敛散性

(O)求幂级数的和函数

(O)函数展开成幂级数

(O)傅里叶级数(仅数学一)

(O)继续研究多元函数在一点的性质(仅数学一)

(O)计算三重积分(仅数学一)

(O)计算第一型曲线积分(仅数学一)

(O)计算第一型曲面积分(仅数学一)

(O)计算第二型线面积分(仅数学一)
- (O_1)第二型曲线积分
- (O_2)第二型曲面积分

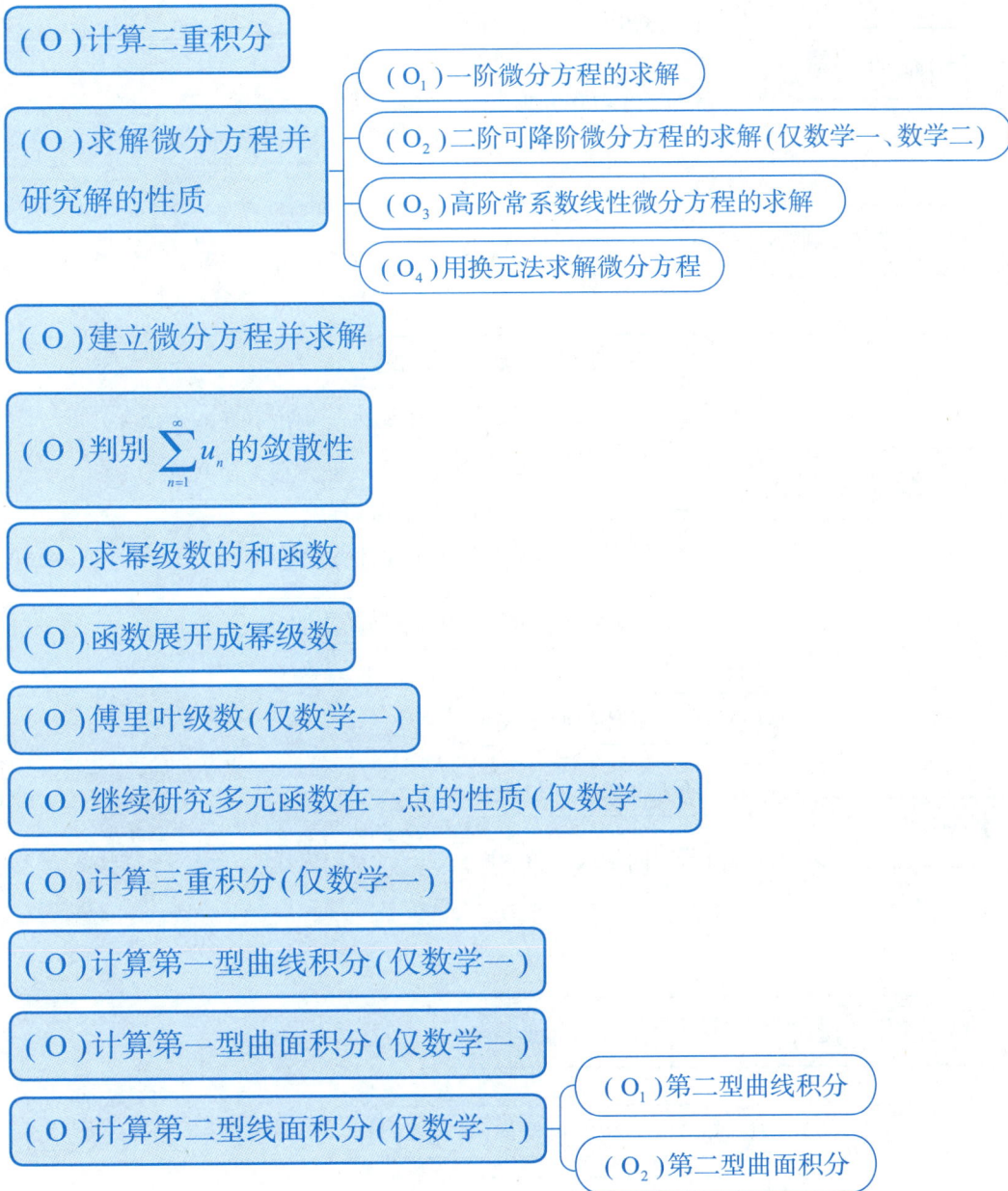

以下是线性代数目标汇总:

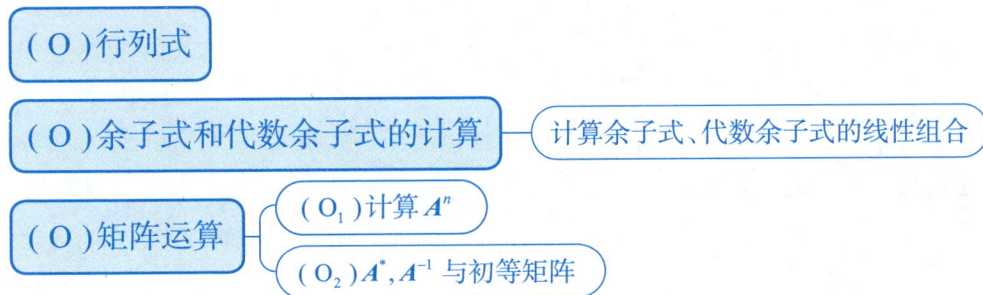

(O)行列式

(O)余子式和代数余子式的计算 — 计算余子式、代数余子式的线性组合

(O)矩阵运算
- (O_1)计算 A^n
- (O_2) A^*, A^{-1} 与初等矩阵

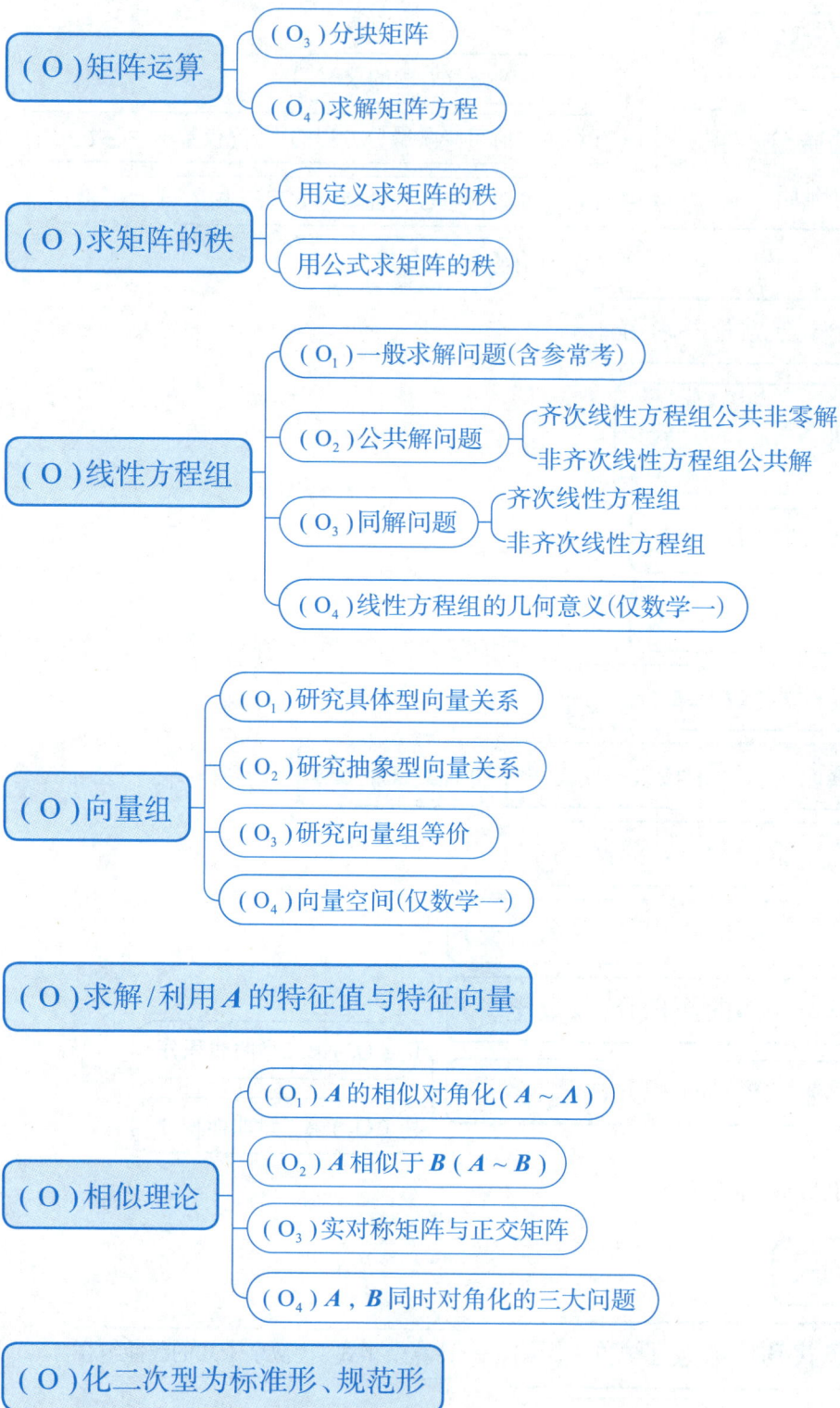

（O）矩阵运算
- （O_3）分块矩阵
- （O_4）求解矩阵方程

（O）求矩阵的秩
- 用定义求矩阵的秩
- 用公式求矩阵的秩

（O）线性方程组
- （O_1）一般求解问题（含参常考）
- （O_2）公共解问题
  - 齐次线性方程组公共非零解
  - 非齐次线性方程组公共解
- （O_3）同解问题
  - 齐次线性方程组
  - 非齐次线性方程组
- （O_4）线性方程组的几何意义（仅数学一）

（O）向量组
- （O_1）研究具体型向量关系
- （O_2）研究抽象型向量关系
- （O_3）研究向量组等价
- （O_4）向量空间（仅数学一）

（O）求解/利用 A 的特征值与特征向量

（O）相似理论
- （O_1）A 的相似对角化（$A \sim \Lambda$）
- （O_2）A 相似于 B（$A \sim B$）
- （O_3）实对称矩阵与正交矩阵
- （O_4）A，B 同时对角化的三大问题

（O）化二次型为标准形、规范形

以下是概率论与数理统计目标汇总：

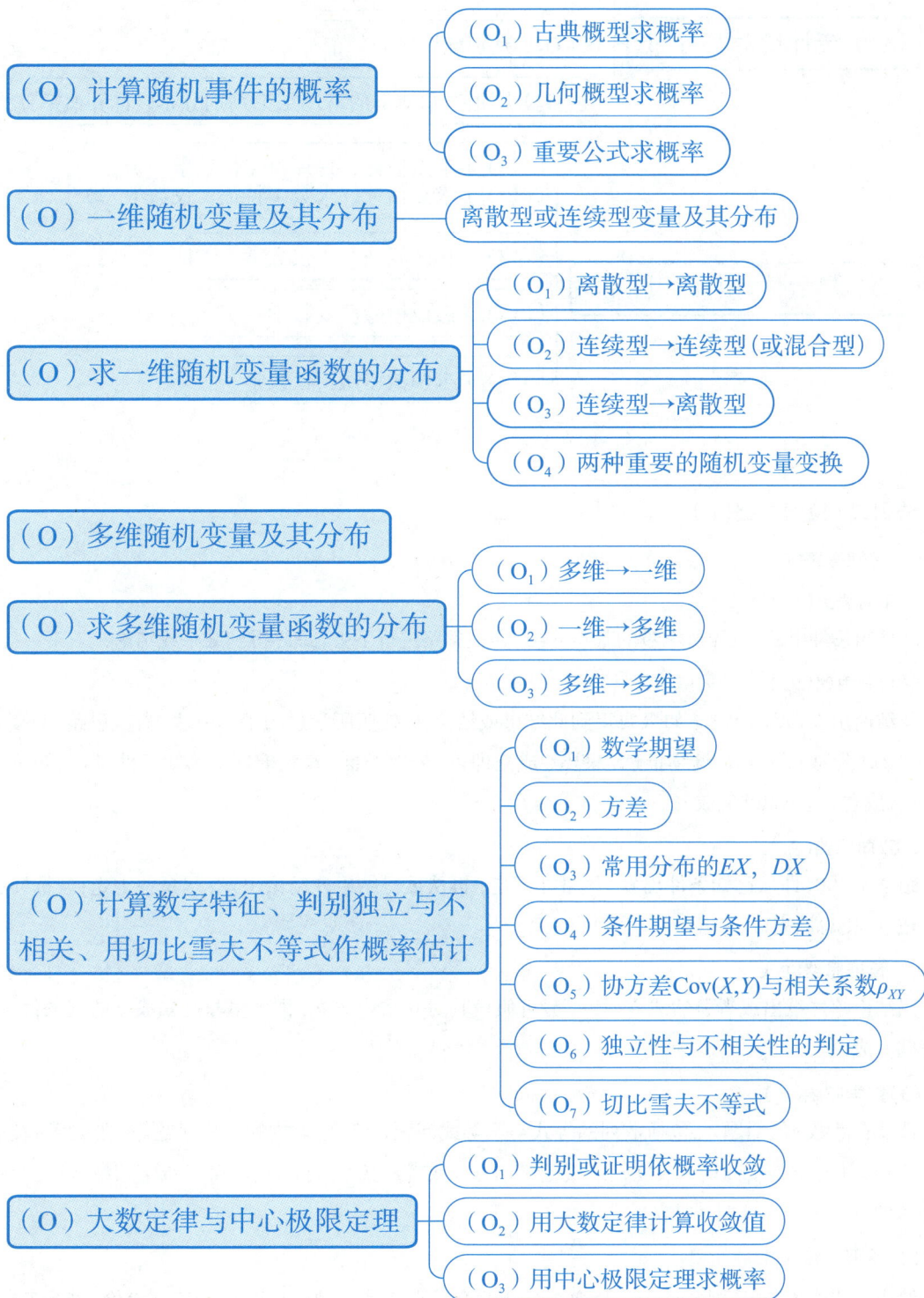

（O）计算随机事件的概率
- （O_1）古典概型求概率
- （O_2）几何概型求概率
- （O_3）重要公式求概率

（O）一维随机变量及其分布
- 离散型或连续型变量及其分布

（O）求一维随机变量函数的分布
- （O_1）离散型→离散型
- （O_2）连续型→连续型（或混合型）
- （O_3）连续型→离散型
- （O_4）两种重要的随机变量变换

（O）多维随机变量及其分布

（O）求多维随机变量函数的分布
- （O_1）多维→一维
- （O_2）一维→多维
- （O_3）多维→多维

（O）计算数字特征、判别独立与不相关、用切比雪夫不等式作概率估计
- （O_1）数学期望
- （O_2）方差
- （O_3）常用分布的 EX，DX
- （O_4）条件期望与条件方差
- （O_5）协方差 $\mathrm{Cov}(X,Y)$ 与相关系数 ρ_{XY}
- （O_6）独立性与不相关性的判定
- （O_7）切比雪夫不等式

（O）大数定律与中心极限定理
- （O_1）判别或证明依概率收敛
- （O_2）用大数定律计算收敛值
- （O_3）用中心极限定理求概率

（O）统计量及其分布
- （O_1）统计量及其数字特征
- （O_2）判别统计量的分布
- （O_3）用正态总体下的常用结论判别分布、计算概率

（O）参数估计与假设检验
- （O_1）求点估计、作评价（仅数学一）
- （O_1）求点估计、求数字特征（仅数学三）
- （O_2）作区间估计（仅数学一）
- （O_3）假设检验（仅数学一）
- （O_4）求两类错误（仅数学一）

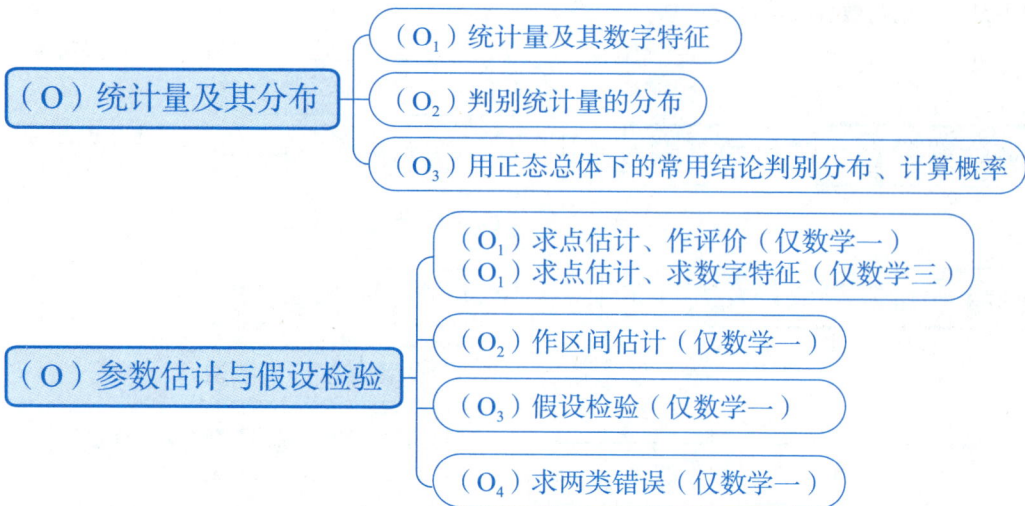

法则二：检索思路（P）

（1）**常规思路（P_1）.**

①**正向思路（P_{11}）.**

从已知条件出发，按照所学过的基本方法、典范思路进行下去，最终得到结果或结论.

②**反向思路（P_{12}）.**

从结论出发，反向思考：如果要得到此结果或结论A，按照所学过的基本方法、典范思路，只要B成立即可，那么为了得到B，继续推理，只要C成立即可，依次类推，直到推理至已知条件，因已知条件成立，则A成立，从而思路完成.

③**双向思路（P_{13}）.**

结合①，②，即从已知条件出发，尽量往下走；再从欲得结果或结论出发，尽量往上走.若推导过程衔接成立，则思路完成.

（2）**反证思路（P_2）.**

当结论呼之欲出或者显然成立时，一般可假设其对立结论成立，推导出与已知成立的某条件矛盾，则思路完成.

（3）**数学归纳（P_3）.**

涉及自然数n的命题A，包括数列的等式与不等式问题，n阶行列式的计算问题等，在试算n较小时的特殊情形后，增加$n=k$时A成立(第一数学归纳法)或者$n<k+1$时A成立(第二数学归纳法)这个强有力的条件，推导$n=k+1$时A成立.

（4）**逆否思路（P_4）.**

给出T:"若A成立，则B成立."其逆否命题为S:"若$\overline{B}$成立，则$\overline{A}$成立."T与S等价，选择T或者S中更易进入思考程序的命题.

当然，若A成立$\Leftrightarrow B$成立，若$\overline{A}$成立$\Leftrightarrow \overline{B}$成立，这也给解题提供了重要思路.

法则三：细节处理（D）

题目中的每一个文字、符号或图形可能都蕴含细节，要一个细节一个细节地处理！要强调的是，不要同时处理多个细节！

(1) 常规操作（D_1）.

准确再现条件所表达的数学细节(定义、公式、定理等)即可.

(2) 脱胎换骨（D_2）.

① 观察研究对象（D_{21}）.

有一种细节，是把信息隐含在研究对象中的. 它是奇、偶函数吗？它是对称矩阵吗？它是定义式、关系式还是约束式？你不能指望它(们)在那里大喊："看看我，我是偶函数！""看看我，我是极限定义！"做一个细致的观察者，看清楚你要面对的到底是谁，它(们)有什么性质、特点，写出来，用起来. D_{21} 是解题者易忽略的，这就要在解题中不断积累这些隐含条件，并形成隐含条件体系块.

② 转换等价表述（D_{22}）.

有一种细节，是把信息隐藏在专业术语中的. 为了隐藏数学对象的真正联系，题目往往用专业术语或者换一个等价说法来表述. 这种陌生感会令人困惑，但是不要慌乱，试着翻译这个专业术语(直译)，也可以试着使用另一个更直白的表述(意译)，如果实在无法转换说法，干脆回到定义的说法上去！记住，一个数学知识，无论如何表述，均是表达同一个考点！而且要坚定信念：这个考点一定在考纲内且是典范的！ D_{22} 是解题者较陌生的，这就要在解题中不断积累这些等价表述，并形成等价表述体系块.

③ 化归经典形式（D_{23}）.

有一种细节，是把信息隐藏在一个被动过手脚的式子中的. 显然，它如果盖了一层被子，那就把被子掀开；如果盖了两层被子，那就一层一层地掀开；如果盖了三层被子，那就把卷子给撕了. 这是玩笑. 一般说来，对于一个陌生的式子，往往只需要做一步至两步的逆运算，就能看到一个熟悉的式子了. 这个熟悉的意思是，它一定是经典的形式！比如，它成为一个经典公式、经典定理、经典结论的一部分甚至全部. D_{23} 是解题者使用最为广泛的，这就要在解题中不断积累常见的经典形式，并形成形式化归体系块.

(3) 移花接木（D_3）.

经过(2)中①，②，③的细节处理，将(2)中①，②，③的成果按照题目的指令或逻辑联系起来，则豁然开朗，柳暗花明.

(4) 可圈可点（D_4）.

数学中有特殊与一般，数字与图形，对称与反对称等特点，从这些客观规律入手，便又是一个又一个可圈可点的好方法.

① 试取特殊情形（D_{41}）.

有一种细节，是复杂的，是很难看懂的. 这时候，试着取一个简单的例子，比如取个常数，或者把高阶数降为2阶、3阶，使其不那么复杂，又或者试着引入新元，换掉旧元，使其变得更简洁.

② 引入符号，数形结合（$D_{42}，D_{43}$）.

有一种细节，是分析性的，即使它具有简洁美，依然让人感到抽象. 这时候，试着画一画图，引入一个符号. 注意，图形、符号是另一种数学信息的表达，它们不是几何题的专属，对任何一开始似乎跟几何没什么关系的题目,图形、符号都可能是重要的帮手.

③善于发现对称(D_{44}).

有一种细节,是对称性的.发现它,用上它,对称的问题尽量用对称的手段去处理,如果是隐含对称性的,那么,还原对称性.

当然,这里可能还有④,⑤,…,期待学习者在研究过程中,写出自己可圈可点的细节处理.

在一个题目解答完毕后,可以再问自己一个问题:在这个解题过程中,到底是什么阻碍了我,又是什么最后帮到了我? 并把它们记录下来.

三、本书特点

本书是讲如何解题的书,是实战化训练的书,适用于考研数学,大学生数学竞赛,数学分析、高等代数和统计专业考研,以及各高校要求较高的数学基础课考试等.

本书特别强调并全面贯彻数学基本功的训练,所以学习本书的先修教材一般认为是本书作者主编的《考研数学基础30讲》或同等知识范围的其他教材.要知道,数学解题能力的提升,一定要有雄厚的数学知识作为支撑,不要认为解数学题只需要想明白思路,抓主流方向,那是高层次专门问题需要研究的事情.我们现在面对的,是基础数学考试,大量经典的基础知识和基本想法应是熟稔于心的.而读者的备考事实却并非如此,很多人忙于追求技巧、题型、猜题、押题,甚至有读者考完了,都还没入这个学科的门.通过本书的基本功训练,读者要进入数学思维状态,要能够用数学思维思考数学,不要用主观思维思考数学.

本书明确给出了考哪些问题,并针对这些问题提出相应的解决办法.这些问题全面涵盖了本科教学大纲、考研数学大纲(在本书中针对数学一、数学二、数学三不同要求的内容,在前面予以了标明)、全国大学生数学竞赛大纲(非数学专业)的全部内容,也体现了数学分析、高等代数和统计专业课中的重点和难点,故本书可作为各种类型课程的辅导用书.

书末的第四部分是作者按照各种考试的大纲和要求命制的各类模考试卷,这些试卷题目新颖、难度适当,供读者考前模拟之用.

由于时间紧张,加之本人能力有限,且本书是有别于教科书和习题集的专门研究解题的拙著,难免有疏忽或者谬误,请读者指正,也诚挚欢迎对解题法有兴趣或有研究的师生,不吝赐教.

张宇

2025 年 4 月于北京

目 录

第一篇　高等数学

第二篇　线性代数

第三篇　概率论与数理统计

第四篇　模考试卷

第一篇
高等数学

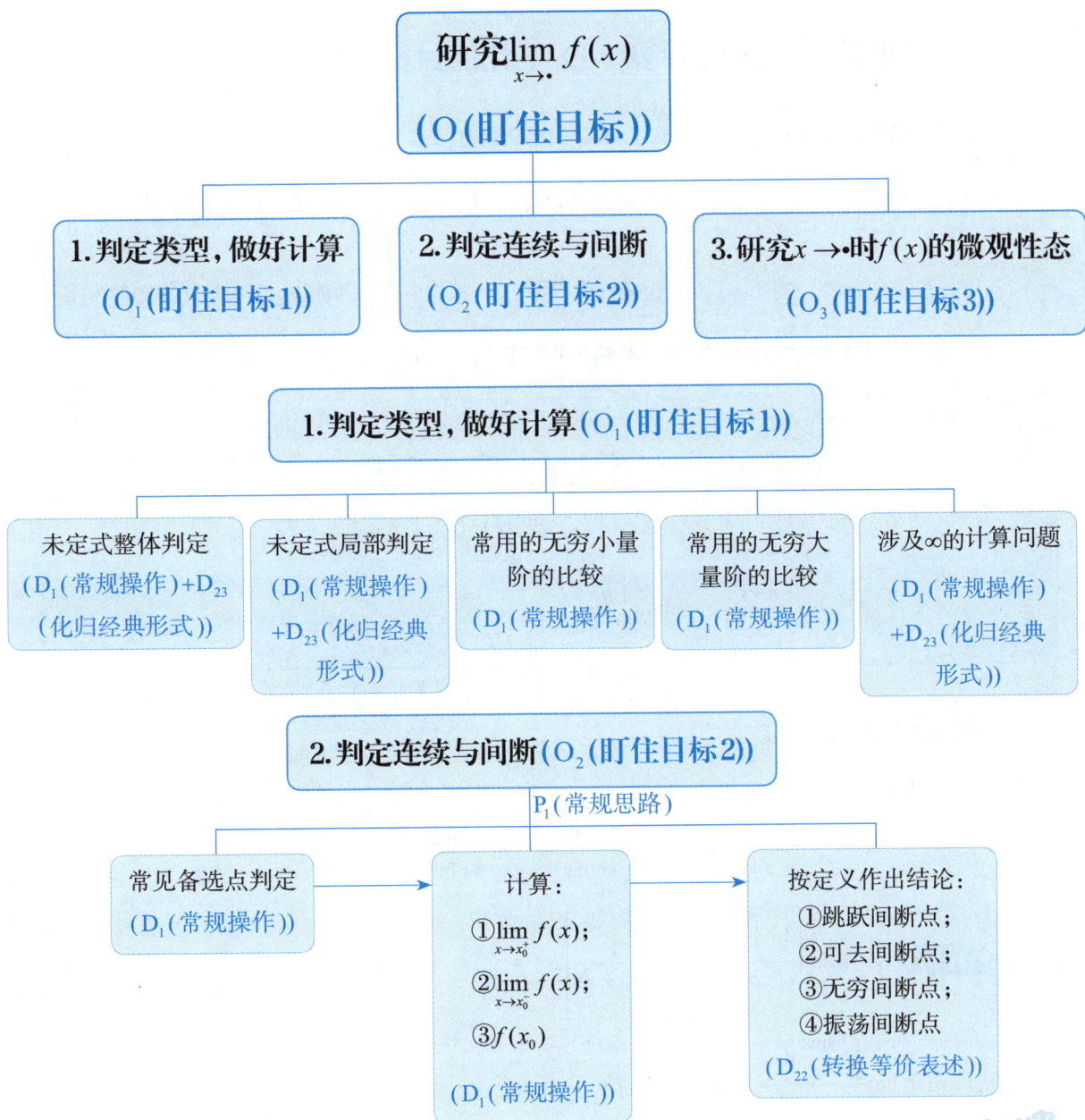

第1讲 函数极限与连续

三向解题法

研究 $\lim\limits_{x \to \cdot} f(x)$

(O(盯住目标))

---

1. 判定类型, 做好计算
(O_1(盯住目标1))

2. 判定连续与间断
(O_2(盯住目标2))

3. 研究 $x \to \cdot$ 时 $f(x)$ 的微观性态
(O_3(盯住目标3))

---

1. 判定类型, 做好计算 (O_1(盯住目标1))

- 未定式整体判定
(D_1(常规操作) + D_{23} (化归经典形式))

- 未定式局部判定
(D_1(常规操作) + D_{23}(化归经典形式))

- 常用的无穷小量阶的比较
(D_1(常规操作))

- 常用的无穷大量阶的比较
(D_1(常规操作))

- 涉及 ∞ 的计算问题
(D_1(常规操作) + D_{23}(化归经典形式))

---

2. 判定连续与间断 (O_2(盯住目标2))

P_1(常规思路)

- 常见备选点判定
(D_1(常规操作))

→ 计算:
① $\lim\limits_{x \to x_0^+} f(x)$;
② $\lim\limits_{x \to x_0^-} f(x)$;
③ $f(x_0)$
(D_1(常规操作))

→ 按定义作出结论:
① 跳跃间断点;
② 可去间断点;
③ 无穷间断点;
④ 振荡间断点
(D_{22}(转换等价表述))

$$\boxed{\textbf{3.研究} x \to \cdot \textbf{时} f(x) \textbf{的微观性态}}$$
$$\boxed{(O_3(\textbf{盯住目标}3))}$$

定义法 $(D_{22}$(转换等 价表述$))$	局部保号性 $(D_{22}$(转换等价 表述$))$	夹逼准则 $(D_1$(常规操作)$+D_{22}$(转 换等价表述)$+D_{23}$(化归 经典形式$))$	单调有界准则 $(D_1$(常规操作)$+D_{23}$ (化归经典形式$))$

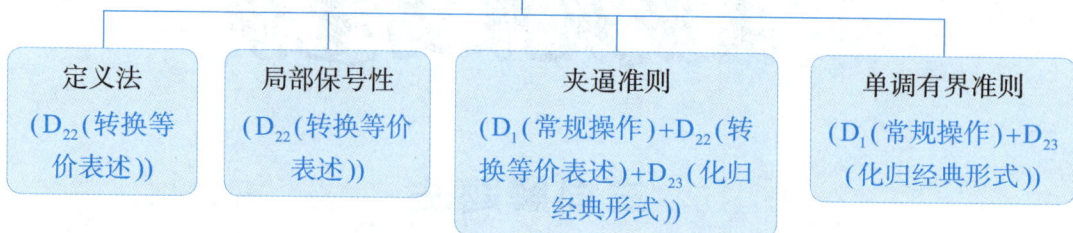

一、判定类型，做好计算（O_1（盯住目标1））

1.未定式整体判定（D_1（常规操作）$+D_{23}$（化归经典形式））

一般地，见到 $\dfrac{?}{0}, \dfrac{0}{?}, \dfrac{\infty}{?}, \dfrac{?}{\infty}, ?\bullet\infty, \infty\bullet?, \infty-?, \infty^?, 0^?, ?^\infty$ 的计算题，考生易判断出其分别为 $\dfrac{0}{0}, \dfrac{0}{?}$,

$\dfrac{\infty}{\infty}, \dfrac{\infty}{\infty}, 0\bullet\infty, \infty\bullet 0, \infty-\infty, \infty^0, 0^0, 1^\infty$，而不必再去判断"?"是什么. 究其原因，主要是计算题的未定式

就这7种. 若题设不是此7种，那自然就不是求未定式计算了.

> 【注】关于 u^v 的未定式整体判定，有以下两点需要注意：
>
> ①牢记规则. $\lim\limits_{x\to\cdot} f(x)=a>0$，$\lim\limits_{x\to\cdot} g(x)=b \Rightarrow \lim\limits_{x\to\cdot}\left[f(x)\right]^{g(x)}=a^b$.
> > $u\to 1$，且有 u^v 型，必然提示凑成 1^∞，凑出 v，且 $v\to\infty$.
>
> ②学会变形. 如：$\lim\limits_{n\to\infty}\left(\dfrac{n+1}{n}\right)^{(-1)^n}=\lim\limits_{n\to\infty}\left[\left(\dfrac{n+1}{n}\right)^n\right]^{\frac{(-1)^n}{n}}=\mathrm{e}^0=1$.
> > D_{23}（化归经典形式）

例1.1 $\lim\limits_{x\to 0^+}\dfrac{x^x-1}{\ln x\cdot\ln(1-x)}=$ _____ .

> D_{23}（化归经典形式），要消去 $(-1)^n$ 的影响，即消去 "有界但不唯一"这种特点的式子，再如 $\sin x$ 等，关键是用"无穷小量×有界变量=无穷小量"寻找或制造"无穷小量"，本题就是 $\dfrac{1}{n}$.

【解】 应填 -1.

$$\text{原式}=\lim\limits_{x\to 0^+}\dfrac{\mathrm{e}^{x\ln x}-1}{-x\ln x}=\lim\limits_{x\to 0^+}\dfrac{x\ln x}{-x\ln x}=-1.$$

例1.2 计算 $\lim\limits_{x\to 0}\left[\dfrac{1+\displaystyle\int_0^x\dfrac{\sin t}{t}dt}{x}-\dfrac{1}{\ln(1+x)}\right]$.

【解】 由于 $\lim\limits_{x\to 0}\dfrac{\displaystyle\int_0^x\dfrac{\sin t}{t}dt}{x}=\lim\limits_{x\to 0}\dfrac{\sin x}{x}=1$，故

$$原式 = 1+\lim_{x\to 0}\left[\frac{1}{x}-\frac{1}{\ln(1+x)}\right]=1+\lim_{x\to 0}\frac{\ln(1+x)-x}{x\ln(1+x)}=1-\frac{1}{2}=\frac{1}{2}.$$

【注】要考虑先化简，再计算．

2.未定式局部判定（D_1（常规操作）$+D_{23}$（化归经典形式））

如：

$$\lim_{n\to\infty}\frac{1+x}{1+nx^{2n}}=\begin{cases}0, & x=\pm 1,\\ 1+x, & |x|<1,\\ 0, & |x|>1.\end{cases}$$

这里的关键是对 nx^{2n} 这局部表达式的未定式判定．常见的局部表达式及其极限值总结如下：

① $\lim_{n\to\infty}|x|^n=\begin{cases}\infty, & |x|>1,\\ 1, & |x|=1,\\ 0, & |x|<1.\end{cases}$ 　　② $\lim_{x\to 0^+}x^a=\begin{cases}0, & a>0,\\ 1, & a=0,\\ +\infty, & a<0.\end{cases}$

③ $\lim_{n\to\infty}nx^{2n}=\begin{cases}+\infty, & |x|>1,\\ +\infty, & |x|=1,\\ 0, & |x|<1.\end{cases}$

【注】当 $0<|x|<1$ 时，有

$$\lim_{n\to\infty}n\left(\frac{1}{x^{-2}}\right)^n \xrightarrow{a=\frac{1}{x^2}>1}\lim_{t\to +\infty}t\cdot\frac{1}{a^t}=\lim_{t\to +\infty}\frac{t}{a^t}=\lim_{t\to +\infty}\frac{1}{a^t\ln a}=0(a>1).$$

④ $\lim_{n\to\infty}e^{nx}=\begin{cases}+\infty, & x>0,\\ 1, & x=0,\\ 0, & x<0.\end{cases}$ 　　⑤ $\lim_{n\to\infty}n^x=\begin{cases}+\infty, & x>0,\\ 1, & x=0,\\ 0, & x<0.\end{cases}$

抓住这些关键点，即可解决形如 $\lim\limits_{n\to\infty}f(n,x)$ 的问题．值得一提的是，有时 $n\to\infty$ 写成 $t\to +\infty$，有时 x 写成 t，要能够识别这些形式上的改变．

例1.3 $f(x)=\begin{cases}\lim\limits_{t\to x}\left(\dfrac{x-1}{t-1}\right)^{\frac{t}{x-t}}, & x\neq 1,\\ 0, & x=1\end{cases}$ 的第二类间断点的个数为（　　）．

(A)0 　　　　(B)1 　　　　(C)3 　　　　(D)∞

【解】应选(B)．

当 $x\neq 1$ 时，

$$\lim_{t\to x}\left(\frac{x-1}{t-1}\right)^{\frac{t}{x-t}}=e^{\lim\limits_{t\to x}\frac{t}{x-t}\left(\frac{x-1}{t-1}-1\right)}=e^{\lim\limits_{t\to x}\frac{t}{t-1}}=e^{\frac{x}{x-1}}.$$

于是，

$$f(x) = \begin{cases} e^{\frac{x}{x-1}}, & x \neq 1, \\ 0, & x = 1. \end{cases}$$

而 $\lim\limits_{x \to 1^+} e^{\frac{x}{x-1}} = +\infty$，故 $x = 1$ 为第二类(无穷)间断点，选(B).

3. 常用的无穷小量阶的比较（D_1（常规操作））

(1) 普通函数型.

(1)~(6) 隐含条件体系块

当 $x \to 0$ 时，

$$\sin x \sim x, \quad \tan x \sim x, \quad \arcsin x \sim x, \quad \arctan x \sim x, \quad e^x - 1 \sim x, \quad \ln(1+x) \sim x,$$

$$\ln(x + \sqrt{1+x^2}) \sim x, \quad a^x - 1 = e^{x\ln a} - 1 \sim x\ln a\,(a > 0 \text{ 且 } a \neq 1), \quad 1 - \cos x \sim \frac{1}{2}x^2,$$

$$1 - \cos^\alpha x \sim \frac{\alpha}{2}x^2\,(\alpha \neq 0), \quad (1+x)^\alpha - 1 \sim \alpha x\,(\alpha \neq 0), \quad (1+x)^x - 1 = e^{x\ln(1+x)} - 1 \sim x^2.$$

【注】（1）当 $x \to 0$ 时，$\ln(x + \sqrt{1+x^2}) \sim x$.

证 由于 $\lim\limits_{x \to 0} \dfrac{\ln(x+\sqrt{1+x^2})}{x} = \lim\limits_{x \to 0} \dfrac{\frac{1}{\sqrt{1+x^2}}}{1} = 1$，于是当 $x \to 0$ 时，$\ln(x+\sqrt{1+x^2}) \sim x$.

（2）当 $x \to 0$ 时，$1 - \cos^\alpha x \sim \dfrac{\alpha}{2}x^2$.

$(1+u)^\alpha - 1 \sim \alpha u, u \to 0$

证 当 $x \to 0$ 时，$1 - \cos^\alpha x = 1 - (1 + \cos x - 1)^\alpha \sim -\alpha(\cos x - 1) \sim \dfrac{\alpha}{2}x^2$.

(2) 类型不同的差函数型.

当 $x \to 0$ 时，

$$x - \sin x \sim \frac{1}{6}x^3, \quad x - \arcsin x \sim -\frac{1}{6}x^3, \quad x - \tan x \sim -\frac{1}{3}x^3, \quad x - \arctan x \sim \frac{1}{3}x^3,$$

$$x - \ln(1+x) \sim \frac{1}{2}x^2, \quad e^x - 1 - x \sim \frac{1}{2}x^2.$$

亦可广义化：$x \to$ 狗.

注意可用恒等变形创造出差函数：

① $x - \ln(1 + \tan x) = x - \tan x + \tan x - \ln(1 + \tan x)$.

② $\sin x + \ln(1 - \sin x) = -[-\sin x - \ln(1 - \sin x)]$.

③ $f(x) - \tan x = f(x) - x + x - \tan x$.

（3）复合函数型.

当 $x \to 0$ 时，$f(x) \sim ax^m$，$g(x) \sim bx^n$，$ab \neq 0$，m, n 为正整数，则 $f[g(x)] \sim ab^m x^{mn}$.

> **【注】** ①证　当 $x \to 0$ 时，$f[g(x)] \sim a[g(x)]^m \sim a(bx^n)^m = ab^m x^{mn}$，证毕.
>
> ②对于命题（3），若 m, n 为正实数，则要求 $x \to 0^+$，此时，该命题亦成立.
>
> 事实上，（3）是为后面的（5）服务的.

📖 例 1.4 当 $x \to 0$ 时，$\cos\left(e^{\frac{x^2}{2}} - 1\right) - 1 \sim cx^k$，则 $ck = $ _____.

【解】 应填 $-\dfrac{1}{2}$.

当 $x \to 0$ 时，

$$f(x) = \cos x - 1 \sim -\frac{1}{2}x^2, \quad g(x) = e^{\frac{x^2}{2}} - 1 \sim \frac{1}{2}x^2,$$

故 $f[g(x)] \sim \left(-\dfrac{1}{2}\right) \cdot \left(\dfrac{1}{2}\right)^2 \cdot x^{2 \cdot 2} = -\dfrac{1}{8}x^4$，于是 $c = -\dfrac{1}{8}$，$k = 4$，则 $ck = -\dfrac{1}{2}$.

（4）变上限积分型.

①变上限积分一型 $(f \to 0)$.

当 $x \to 0$ 时，$f(x) \sim ax^m$，$a \neq 0$，m 为正整数，则 $\displaystyle\int_0^x f(t)\,\mathrm{d}t \sim \int_0^x at^m\,\mathrm{d}t$.

> **【注】**（1）证　$\displaystyle\lim_{x \to 0} \frac{\displaystyle\int_0^x f(t)\,\mathrm{d}t}{\displaystyle\int_0^x at^m\,\mathrm{d}t} \xlongequal{\text{洛必达法则}} \lim_{x \to 0} \frac{f(x)}{ax^m} = 1$，证毕.
>
> 如：当 $x \to 0$ 时，$\displaystyle\int_0^x (e^{t^3} - 1)\,\mathrm{d}t \sim \int_0^x t^3\,\mathrm{d}t = \left.\frac{1}{4}t^4\right|_0^x = \frac{1}{4}x^4$.
>
> （2）对于命题（4）①，若 m 为正实数，则要求 $x \to 0^+$，此时，该命题亦成立.
>
> 如：当 $x \to 0^+$ 时，$\displaystyle\int_0^x \ln(1 + \sqrt{t^3})\,\mathrm{d}t \sim \int_0^x t^{\frac{3}{2}}\,\mathrm{d}t = \left.\frac{2}{5}t^{\frac{5}{2}}\right|_0^x = \frac{2}{5}x^{\frac{5}{2}}$.

②变上限积分二型 $(f \nrightarrow 0)$.

若 $\displaystyle\lim_{x \to 0} f(x) = A \neq 0$，$\displaystyle\lim_{x \to 0} h(x) = 0$，且在 $x \to 0$ 时，$h(x) \neq 0$，则当 $x \to 0$ 时，

$$\int_0^{h(x)} f(t)\,\mathrm{d}t \sim Ah(x).$$

【注】证　先看一个引理．若 $\lim\limits_{x\to 0}\dfrac{f(x)}{g(x)}=1$ ，$\lim\limits_{x\to 0}h(x)=0$ ，且在 $x\to 0$ 时，$h(x)\neq 0$ ，则

$$\lim_{x\to 0}\frac{\displaystyle\int_0^{h(x)}f(t)\,\mathrm{d}t}{\displaystyle\int_0^{h(x)}g(t)\,\mathrm{d}t}=1.$$

证引理：记 $h(x)=u$ ，则 $\lim\limits_{x\to 0}u=0$ ，当 $x\to 0$ 时，$u\neq 0$ ．

$$\lim_{x\to 0}\frac{\displaystyle\int_0^{h(x)}f(t)\,\mathrm{d}t}{\displaystyle\int_0^{h(x)}g(t)\,\mathrm{d}t}=\lim_{u\to 0}\frac{\displaystyle\int_0^{u}f(t)\,\mathrm{d}t}{\displaystyle\int_0^{u}g(t)\,\mathrm{d}t}\xlongequal{\text{洛必达法则}}\lim_{u\to 0}\frac{f(u)}{g(u)}=1.$$

引理证毕．

于是，当 $g(x)=A\neq 0$ ，$\lim\limits_{x\to 0}f(x)=A\neq 0$ 时，有 $\lim\limits_{x\to 0}\dfrac{\displaystyle\int_0^{h(x)}f(t)\,\mathrm{d}t}{\displaystyle\int_0^{h(x)}A\,\mathrm{d}t}=1$ ，即当 $x\to 0$ 时，$\displaystyle\int_0^{h(x)}f(t)\,\mathrm{d}t\sim$

$Ah(x)$ ，证毕．

如：$F(x)=\displaystyle\int_0^{5x}\dfrac{\sin t}{t}\,\mathrm{d}t$ ，$G(x)=\displaystyle\int_0^{\sin x}(1+t)^{\frac{1}{t}}\,\mathrm{d}t$ ，则当 $x\to 0$ 时，

$$F(x)\sim\int_0^{5x}1\,\mathrm{d}t=5x\ ,\quad G(x)\sim\int_0^{\sin x}\mathrm{e}\,\mathrm{d}t=\mathrm{e}\sin x\sim\mathrm{e}x.$$

它们是同阶非等价无穷小．

（5）复合函数与变上限积分型．

当 $x\to 0$ 时，$f(x)\sim ax^m$ ，$g(x)\sim bx^n$ ，$ab\neq 0$ ，m ，n 为正整数，则 $\displaystyle\int_0^{g(x)}f(t)\,\mathrm{d}t\sim\int_0^{bx^n}at^m\,\mathrm{d}t$ ．

【注】（1）证　令 $F(x)=\displaystyle\int_0^{x}f(t)\,\mathrm{d}t$ ，由（4）①知，当 $x\to 0$ 时，$F(x)\sim\displaystyle\int_0^{x}at^m\,\mathrm{d}t=\dfrac{a}{m+1}x^{m+1}$ ．

又由（3）知，当 $x\to 0$ 时，$\displaystyle\int_0^{g(x)}f(t)\,\mathrm{d}t=F[g(x)]\sim\dfrac{a}{m+1}(bx^n)^{m+1}=\dfrac{ab^{m+1}}{m+1}x^{(m+1)n}=\displaystyle\int_0^{bx^n}at^m\,\mathrm{d}t$ ．证毕．

如：当 $x\to 0$ 时，$\displaystyle\int_0^{2-2\cos x}(\mathrm{e}^{t^2}-1)\,\mathrm{d}t\sim\int_0^{x^2}t^2\,\mathrm{d}t=\dfrac{1}{3}t^3\Big|_0^{x^2}=\dfrac{1}{3}x^6$ ，$\displaystyle\int_0^{x^2}(\mathrm{e}^{t^3}-1)\,\mathrm{d}t\sim\int_0^{x^2}t^3\,\mathrm{d}t=\dfrac{1}{4}t^4\Big|_0^{x^2}=\dfrac{1}{4}x^8$

（此例中 $g(x)=x^2$ ，属于（5）的特殊情形）．

（2）对于命题（5），若 m ，n 为正实数，则要求 $x\to 0^+$ ，此时，该命题亦成立．

如：当 $x\to 0^+$ 时，$\displaystyle\int_0^{1-\cos x}\sqrt{\sin t^3}\,\mathrm{d}t\sim\int_0^{\frac{1}{2}x^2}t^{\frac{3}{2}}\,\mathrm{d}t=\dfrac{2}{5}t^{\frac{5}{2}}\Big|_0^{\frac{1}{2}x^2}=\dfrac{2}{5}\left(\dfrac{1}{2}\right)^{\frac{5}{2}}x^5=\dfrac{\sqrt{2}}{20}x^5$ ．

（6）带头大哥型.

涉及 $\alpha+\beta$，若 α，β 都是同一自变量变化过程 $x\to\bullet$ 下的非零无穷小量，且 $\alpha=o(\beta)(x\to\bullet)$，则
① $\alpha+\beta\sim\beta(x\to\bullet)$；② $\alpha+\beta$ 与 β 在 $x\to\bullet$ 时同号；③ $\alpha\cdot\beta=o(\beta)\cdot\beta=o(\beta^2)(x\to\bullet)$.

　　→带头大哥

例1.5 设函数 $f(x)$，$g(x)$ 在 $x=0$ 的某去心邻域内有定义且恒不为0，若当 $x\to0$ 时，$f(x)$ 是 $g(x)$ 的高阶无穷小，则当 $x\to0$ 时，有（　　）.

(A) $f(x)+g(x)=o(g(x))$　　　　　　(B) $f(x)g(x)=o(f^2(x))$

(C) $f(x)=o(e^{g(x)}-1)$　　　　　　(D) $f(x)=o(g^2(x))$

【解】 应选(C).

当 $x\to0$ 时，$f(x)$ 是 $g(x)$ 的高阶无穷小，$g(x)$ 是带头大哥，由上述①，当 $x\to0$ 时，$f(x)+g(x)\sim g(x)$，
(A)不成立；由上述③，$f(x)\cdot g(x)=o(g^2(x))$，(B)不成立；由于 $f(x)=o(g(x))$，(D)不成立；又 $e^{g(x)}-1\sim g(x)$，
故(C)成立.

4. 常用的无穷大量阶的比较（D_1（常规操作））

由于 $\begin{cases}\text{当}\ x\to+\infty\text{时,}\ \ln^p x\ll x^q\ll a^x\ll x^x, \\ \text{当}\ n\to\infty\text{时,}\ \ \ln^p n\ll n^q\ll a^n\ll n!\ll n^n\end{cases}$ $(p,\ q>0,\ a>1)$，则

$$\lim_{n\to\infty}\frac{\ln^p n}{n^q}=0,\ \lim_{n\to\infty}\frac{n^q}{a^n}=0,$$

$$\lim_{n\to\infty}\frac{a^n}{n!}=0,\ \lim_{n\to\infty}\frac{n!}{n^n}=0.$$

例1.6 已知函数 $f(x)=\dfrac{\int_0^x\ln(1+t^2)\mathrm{d}t}{x^\alpha}$ 在 $(0,+\infty)$ 上有界，则 α 的取值范围是（　　）.

(A) $-1<\alpha<3$　　　　　　(B) $1<\alpha\leqslant3$

(C) $0<\alpha\leqslant3$　　　　　　(D) $\alpha>3$

【解】 应选(B).

因为

$$\lim_{x\to+\infty}f(x)=\lim_{x\to+\infty}\frac{\int_0^x\ln(1+t^2)\mathrm{d}t}{x^\alpha},$$

且已知函数 $f(x)$ 在 $(0,+\infty)$ 上有界，则有 $\lim\limits_{x\to+\infty}f(x)$ 存在. 因为 $\lim\limits_{x\to+\infty}\int_0^{+\infty}\ln(1+t^2)\mathrm{d}t=+\infty$，故当 $x\to+\infty$ 时，$x^\alpha\to+\infty$，即 $\alpha>0$，于是

$$\lim_{x\to+\infty}\frac{\int_0^x\ln(1+t^2)\mathrm{d}t}{x^\alpha}=\lim_{x\to+\infty}\frac{\ln(1+x^2)}{\alpha x^{\alpha-1}}.$$

要使上述极限存在,则有 $\alpha > 1$. 又因为

$$\lim_{x\to 0^+} f(x) = \lim_{x\to 0^+} \frac{\int_0^x \ln(1+t^2)\mathrm{d}t}{x^\alpha} = \lim_{x\to 0^+} \frac{\int_0^x t^2 \mathrm{d}t}{x^\alpha}$$

$$= \lim_{x\to 0^+} \frac{\frac{1}{3}x^3}{x^\alpha} = \frac{1}{3}\lim_{x\to 0^+} x^{3-\alpha},$$

且已知函数 $f(x)$ 在 $(0,+\infty)$ 上有界,得 $\alpha \le 3$.

综上所述,$1 < \alpha \le 3$.

5. 涉及 ∞ 的计算问题(D_1(常规操作)+D_{23}(化归经典形式))

关于 $\infty - \infty$,亦有如下 4 点要注意:D_{23}(化归经典形式),总的方向是将"和差形式"化成"积的形式".

①设函数 $f(x)$ 在 $|x|$ 充分大时有定义,则极限 $\lim_{x\to\infty} f(x)$ 存在的充分必要条件是极限 $\lim_{x\to+\infty} f(x)$ 和极限 $\lim_{x\to-\infty} f(x)$ 均存在且相等,即 $\lim_{x\to\infty} f(x) = a \Leftrightarrow \lim_{x\to+\infty} f(x) = \lim_{x\to-\infty} f(x) = a$.

②在 $\lim$ 局部中,见到 $f-f$ 函数,如三角函数、反三角函数、对数函数之差,考虑用拉格朗日中值定理处理后再计算.

例1.7 $\lim_{n\to\infty} n^2(\sqrt[n]{2} - \sqrt[n+1]{2}) = $ _____.

【解】 应填 $\ln 2$.

对函数 2^x 在区间 $\left[\frac{1}{n+1}, \frac{1}{n}\right]$ 上应用拉格朗日中值定理,有

$$\sqrt[n]{2} - \sqrt[n+1]{2} = 2^\xi \cdot \ln 2 \cdot \left(\frac{1}{n} - \frac{1}{n+1}\right), \quad \xi \in \left(\frac{1}{n+1}, \frac{1}{n}\right),$$

故 D_{23}(化归经典形式)

$$原式 = \lim_{n\to\infty}\left(2^\xi \cdot \ln 2 \cdot \frac{n}{n+1}\right) = \ln 2 \cdot \lim_{\xi\to 0^+} 2^\xi = \ln 2.$$

【注】遇到类型相同的差函数,如 $\arctan(x+1) - \arctan x$,$\sin\sqrt{x+1} - \sin\sqrt{x}$,$\cos(\sin x) - \cos(\tan x)$,均可考虑用拉格朗日中值定理处理.

③在 $\lim$ 局部中,见到函数的差 $[f_1(x)]^{g(x)} - [f_2(x)]^{g(x)}$ 或 $[f(x)]^{g_1(x)} - [f(x)]^{g_2(x)}$,考虑如下解法:

D_{23}(化归经典形式)

a. $[f_1(x)]^{g(x)} - [f_2(x)]^{g(x)} \xlongequal{提公因式} [f_2(x)]^{g(x)}\left\{\left[\frac{f_1(x)}{f_2(x)}\right]^{g(x)} - 1\right\}$.

D_{23}(化归经典形式)

b. $[f(x)]^{g_1(x)} - [f(x)]^{g_2(x)} = [f(x)]^{g_2(x)}\left\{[f(x)]^{g_1(x)-g_2(x)} - 1\right\}$.

如

$$(3+x)^{\tan x}-3^{\tan x}=3^{\tan x}\left[\left(1+\frac{x}{3}\right)^{\tan x}-1\right];$$

$$\mathrm{e}^{\sin x}-\mathrm{e}^{\tan x}=\mathrm{e}^{\tan x}(\mathrm{e}^{\sin x-\tan x}-1);$$

$$\mathrm{e}-\left(1+\frac{1}{x}\right)^{x}=\mathrm{e}-\mathrm{e}^{x\ln\left(1+\frac{1}{x}\right)}=\mathrm{e}\left[1-\mathrm{e}^{x\ln\left(1+\frac{1}{x}\right)-1}\right].$$

例 1.8　$\displaystyle\lim_{x\to+\infty}x^{2}\left(3^{\frac{1}{x}}-3^{\frac{1}{x+1}}\right)=$ _____.

【解】　应填 $\ln 3$.

D_{23}（化归经典形式）

$$\lim_{x\to+\infty}x^{2}\left(3^{\frac{1}{x}}-3^{\frac{1}{x+1}}\right)=\lim_{x\to+\infty}x^{2}\cdot3^{\frac{1}{x+1}}\left(3^{\frac{1}{x}-\frac{1}{x+1}}-1\right)$$

$$=\lim_{x\to+\infty}x^{2}\cdot3^{\frac{1}{x+1}}\left[\mathrm{e}^{\frac{1}{x(x+1)}\ln 3}-1\right]$$

$$=\lim_{x\to+\infty}x^{2}\cdot3^{\frac{1}{x+1}}\cdot\frac{1}{x(x+1)}\ln 3=\ln 3.$$

④见到计算 $\displaystyle\lim_{x\to\infty}[f(x)-ax]$，多是将 $f(x)$ 与 ax 通过恒等变形"合在一起"，成为乘除的形式.

例 1.9　$\displaystyle\lim_{x\to\infty}\left[x\ln\left(\mathrm{e}+\frac{1}{x-1}\right)-x\right]=$ _____.

【解】　应填 $\dfrac{1}{\mathrm{e}}$.

$$\lim_{x\to\infty}\left[x\ln\left(\mathrm{e}+\frac{1}{x-1}\right)-x\right]$$

D_{23}（化归经典形式）

$$=\lim_{x\to\infty}x\left[\ln\left(\mathrm{e}+\frac{1}{x-1}\right)-1\right]=\lim_{x\to\infty}x\left[\ln\left(\mathrm{e}+\frac{1}{x-1}\right)-\ln\mathrm{e}\right]$$

$$=\lim_{x\to\infty}x\ln\left[1+\frac{1}{\mathrm{e}(x-1)}\right]=\lim_{x\to\infty}\frac{x}{\mathrm{e}(x-1)}=\frac{1}{\mathrm{e}}.$$

例 1.10　$\displaystyle\lim_{x\to+\infty}\left[\frac{x^{1+x}}{(1+x)^{x}}-\frac{x}{\mathrm{e}}\right]=$ _____.

【解】　应填 $\dfrac{1}{2\mathrm{e}}$.

D_{23}（化归经典形式）

$$原式=\lim_{x\to+\infty}\frac{x}{\mathrm{e}}\left[\mathrm{e}\left(\frac{x}{1+x}\right)^{x}-1\right]=\lim_{x\to+\infty}\frac{x}{\mathrm{e}}\left(\mathrm{e}^{x\ln\frac{x}{1+x}+1}-1\right)$$

$$=\lim_{x\to+\infty}\frac{x}{\mathrm{e}}\left(x\ln\frac{x}{x+1}+1\right)\overset{t=\frac{1}{x}}{=\!=\!=}\lim_{t\to0^{+}}\frac{1}{\mathrm{e}}\cdot\frac{-\ln(1+t)+t}{t^{2}}=\lim_{t\to0^{+}}\frac{1}{\mathrm{e}}\cdot\frac{\frac{1}{2}t^{2}}{t^{2}}=\frac{1}{2\mathrm{e}}.$$

二、判定连续与间断（O_2（盯住目标 2））

1. 常见备选点判定（D_1（常规操作））　　D_{21}（观察研究对象），盯住无定义点与分段点（尤其是分母表达式的零点）.

① $e^{\frac{1}{x}} \Rightarrow x = 0$ 为无定义点.

② $\dfrac{1}{\displaystyle\int_1^x t\,|\sin t|\,\mathrm{d}t} \Rightarrow x = \pm 1$ 为无定义点.

③ $\dfrac{1}{\sin x} \Rightarrow x = k\pi\,(k = 0, \pm 1, \cdots)$ 为无定义点.

④ $\dfrac{1}{\arctan x} \Rightarrow x = 0$ 为无定义点.

⑤ $\dfrac{1}{\tan\left(x - \dfrac{\pi}{4}\right)}, 0 < x < 2\pi \Rightarrow x = \dfrac{\pi}{4}, \dfrac{3\pi}{4}, \dfrac{5\pi}{4}, \dfrac{7\pi}{4}$ 为无定义点.

⑥ $\dfrac{1}{|x|(x^2 - 1)} \Rightarrow x = 0, \pm 1$ 为无定义点.

⑦ $[x] \Rightarrow x = n\ (n = 0, \pm 1, \pm 2, \cdots)$ 为分段点.

【注】 $\lim\limits_{x \to n^+}[x] = n,\ \lim\limits_{x \to n^-}[x] = n - 1$.

⑧ $|x|^{\frac{1}{(1-x)(x-2)}} \Rightarrow x = 0, 1, 2$ 为无定义点.

2. 计算（D_1（常规操作））

① $\lim\limits_{x \to x_0^+} f(x)$ ；② $\lim\limits_{x \to x_0^-} f(x)$ ；③ $f(x_0)$.

3. 按定义作出结论（D_{22}（转换等价表述））

① 跳跃间断点；　$\lim\limits_{x \to x_0^+} f(x) = a,\ \lim\limits_{x \to x_0^-} f(x) = b,\ 且\ a \neq b$.

② 可去间断点；　$\lim\limits_{x \to x_0^+} f(x) = \lim\limits_{x \to x_0^-} f(x) = a \neq f(x_0)$.

③ 无穷间断点；　$\lim\limits_{x \to x_0^+} f(x) = \infty\ 或\ \lim\limits_{x \to x_0^-} f(x) = \infty$.

④ 振荡间断点.　$\lim\limits_{x \to x_0^+} f(x) = \lim\limits_{x \to x_0^-} f(x)\ 振荡不存在$.

例 1.11 函数 $f(x) = |x|^{\frac{1}{(1-x)(x-2)}}$ 的第一类间断点的个数是（　　）.

(A)3　　　　　　　(B)2　　　　　　　(C)1　　　　　　　(D)0

【解】 应选(C).

无定义点(间断点)为 $x = 0$，$x = 1$，$x = 2$.

对于 $x = 0$，$\lim\limits_{x \to 0} |x|^{\frac{1}{(1-x)(x-2)}} = e^{\lim\limits_{x \to 0} \frac{\ln|x|}{(1-x)(x-2)}} = e^{+\infty} = +\infty$，故 $x = 0$ 是第二类间断点.

对于 $x=1$，$\lim\limits_{x\to 1}|x|^{\frac{1}{(1-x)(x-2)}}=e^{\lim\limits_{x\to 1}\frac{\ln|x|}{(1-x)(x-2)}}=e^{\lim\limits_{x\to 1}\frac{x-1}{(1-x)(x-2)}}=e$，故 $x=1$ 是第一类(可去)间断点.

对于 $x=2$，$\lim\limits_{x\to 2^-}|x|^{\frac{1}{(1-x)(x-2)}}=e^{\lim\limits_{x\to 2^-}\frac{\ln|x|}{(1-x)(x-2)}}=e^{+\infty}=+\infty$，故 $x=2$ 是第二类间断点.

综上，第一类间断点的个数是 1，选(C).

等价表述体系块

三、研究 $x\to\cdot$ 时 $f(x)$ 的微观性态（O_3（盯住目标3））

1. 定义法（D_{22}（转换等价表述））

定义法中藏着一个重要的不等式 $|f(x)-A|<\varepsilon$，这大有用处，且 ε 可据题意任取合适的正数.

$$\lim\limits_{x\to x_0}f(x)=A \Leftrightarrow \forall \varepsilon>0,\ \exists\delta>0,\ 当\ 0<|x-x_0|<\delta时，有\ |f(x)-A|<\varepsilon.$$

例1.12 设 $f(x)$ 具有一阶连续导数，且 $\lim\limits_{x\to+\infty}[x-f(x)]=0$，$f(1)<1$，证明：

(1) 存在 $\xi>1$，使得 $|\xi-f(\xi)|<1-f(1)$；

(2) 存在 $\eta>1$，使得 $f'(\eta)>1$.

【证】(1) 由 $\lim\limits_{x\to+\infty}[x-f(x)]=0$，得对于任意的 $\varepsilon>0$，存在 $X>1$，当 $\xi>X>1$ 时，有 $|\xi-f(\xi)|<\varepsilon$，取 $\varepsilon=1-f(1)>0$，得证.

(2) 由 $|\xi-f(\xi)|\geq\xi-f(\xi)$，结合(1)，有 $\xi-f(\xi)\leq|\xi-f(\xi)|<1-f(1)$，移项得 $\xi-1<f(\xi)-f(1)$.

由拉格朗日中值定理，存在 $\eta\in(1,\xi)$，使 $f'(\eta)=\dfrac{f(\xi)-f(1)}{\xi-1}>1$，得证.

$\lim f>0\Rightarrow f>0$
$\lim f<0\Rightarrow f<0$
(脱帽严格不等)
$f\geq 0\Rightarrow\lim f\geq 0$
$f\leq 0\Rightarrow\lim f\leq 0$
(戴帽非严格不等)

2. 局部保号性（D_{22}（转换等价表述））

极为重要的性质，必考点

(1) 如果 $f(x)\to A(x\to x_0)$ 且 $A>0$(或 $A<0$)，那么存在常数 $\delta>0$，使得当 $0<|x-x_0|<\delta$ 时，有 $f(x)>0$(或 $f(x)<0$).

(2) 如果在 x_0 的某去心邻域内 $f(x)\geq 0$(或 $f(x)\leq 0$)且 $\lim\limits_{x\to x_0}f(x)=A$，则 $A\geq 0$(或 $A\leq 0$).

【注】证 (1) $\lim\limits_{x\to x_0}f(x)=A$ ($A>0$) $\Leftrightarrow$ 对任意的 $\varepsilon>0$，存在 $\delta>0$，使得当 $0<|x-x_0|<\delta$ 时，有 $|f(x)-A|<\varepsilon$.

取 $\varepsilon=\dfrac{A}{2}>0$，即有 $|f(x)-A|<\dfrac{A}{2}$，所以 $f(x)>\dfrac{A}{2}>0$，证毕.

(2) 反证法(此处只证 $A\geq 0$ 的情况). P_2（反证思路）

假设 $A<0$，则由(1)可知，在 x_0 的某去心邻域中有 $f(x)<0$，与(2)中条件"$f(x)\geq 0$"矛盾. 故可得 $A\geq 0$，证毕.

例1.13 设 $f(x)$ 单调减少，$\lim\limits_{x\to+\infty}f(x)=0$，证明 $f(x)\geqslant 0$.

【证】 由 $f(x)$ 单调减少，知对任意 $t>0$，有 $f(x)\geqslant f(x+t)$，则

$$f(x)=\lim_{t\to+\infty}f(x)\geqslant\lim_{t\to+\infty}f(x+t)\xlongequal{u=x+t}\lim_{u\to+\infty}f(u)=0.$$

【注】 同理，设 $\{x_n\}$ 单调减少，$\lim\limits_{n\to\infty}x_n=0$，则 $x_n\geqslant 0$.

证 由 $\{x_n\}$ 单调减少，知对任意整数 $m>0$，有 $x_n\geqslant x_{n+m}$，则

$$x_n=\lim_{m\to\infty}x_n\geqslant\lim_{m\to\infty}x_{n+m}\xlongequal{k=n+m}\lim_{k\to\infty}x_k=0.$$

3.夹逼准则（ D_1（常规操作）+ D_{22}（转换等价表述）+ D_{23}（化归经典形式））

如果函数 $f(x)$，$g(x)$ 及 $h(x)$ 满足下列条件：

（1）$h(x)\leqslant f(x)\leqslant g(x)$；

（2）$\lim g(x)=A$，$\lim h(x)=A$.

则 $\lim f(x)$ 存在，且 $\lim f(x)=A$.

例1.14 设 $x\geqslant 0$，记 x 到 $2k$ 的最小距离为 $f(x)$，$k=0,1,2,\cdots$.

（1）证明 $f(x)$ 以2为周期，写出其在 $[0,2]$ 上的表达式并画出 $f(x)$ 的图像；

（2）求 $\lim\limits_{x\to+\infty}\dfrac{\int_0^x f(t)\mathrm{d}t}{x}$.

D_{22}（转换等价表述），将题目中的文字表述翻译成数学表述. ①名词准确翻译. ②取个特例看看. ③画个图像看看（数形结合）. 很多读者畏惧这一"难关"，事实上，只要冷静做好上述 D_{22}（转换等价表述），多做几个训练，此关可过.

（1）**【证】** 首先要理解题意，$f(x)=\min\{|x-2k|\}(k=0,1,2,\cdots)$，这是指 $f(x)$ 是 $x(\geqslant 0)$ 到 $0,2,4,\cdots$ 这些数的最小距离，比如在区间 $[0,2]$ 上，若 $0\leqslant x<1$，则 x 距离0更近，$f(x)=x$；若 $1\leqslant x\leqslant 2$，则 x 距离2更近，$f(x)=2-x$.

当 $x\geqslant 0$ 时，

$$f(x+2)=\min\{|(x+2)-2k|\}=\min\{|x-2(k-1)|\}=f(x)(k=1,2,\cdots),$$

故 $f(x)$ 是以2为周期的函数，其在 $[0,2]$ 上的表达式为

$$f(x)=\min\{|x-2k|\}=\begin{cases}x,&0\leqslant x<1,\\2-x,&1\leqslant x\leqslant 2,\end{cases}$$

故 $f(x)$ 的图像如图所示.

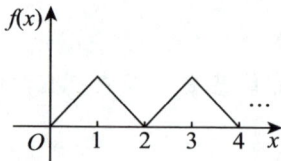

（2）【解】　当 $2n \leqslant x < 2n+2$ 时，

$$n = \int_0^{2n} f(t)\,\mathrm{d}t \leqslant \int_0^x f(t)\,\mathrm{d}t < \int_0^{2n+2} f(t)\,\mathrm{d}t = n+1,$$

故

$$\frac{n}{2n+2} = \frac{1}{2n+2}\int_0^{2n} f(t)\,\mathrm{d}t < \frac{1}{x}\int_0^x f(t)\,\mathrm{d}t < \frac{1}{2n}\int_0^{2n+2} f(t)\,\mathrm{d}t = \frac{n+1}{2n},$$

当 $x \to +\infty$ 时，$n \to \infty$，由夹逼准则，有 $\lim\limits_{x \to +\infty} \dfrac{1}{x}\int_0^x f(t)\,\mathrm{d}t = \dfrac{1}{2}$.

4. 单调有界准则（D_1（常规操作）+ D_{23}（化归经典形式））

如果存在正数 δ，使得函数 $f(x)$ 在 $(x_0,\ x_0+\delta)$ 内单调有界，那么极限 $\lim\limits_{x \to x_0^+} f(x)$ 存在；如果存在正数 δ，使得函数 $f(x)$ 在 $(x_0-\delta,\ x_0)$ 内单调有界，那么极限 $\lim\limits_{x \to x_0^-} f(x)$ 存在.

至于 $x \to -\infty$，$x \to +\infty$ 的情况，考生不难得出结论.

例1.15　已知函数 $f(x)$ 的定义域是 $[0,\ +\infty)$，且满足 $f(0)=1$，$f'(x)=\dfrac{1}{f^2(x)+x^2}$，求证：$\lim\limits_{x \to +\infty} f(x)$ 存在，且 $\lim\limits_{x \to +\infty} f(x) \leqslant 1+\dfrac{\pi}{2}$.

【证】　显然 $f'(x)>0$，从而 $f(x)$ 单调递增，由 $f(0)=1$ 得 $f(x) \geqslant 1$，再由 $f'(x)=\dfrac{1}{f^2(x)+x^2} \leqslant \dfrac{1}{1+x^2}$ 得

$$f(x) = f(0) + \int_0^x f'(t)\,\mathrm{d}t \leqslant 1 + \int_0^{+\infty} \frac{1}{1+x^2}\,\mathrm{d}x = 1 + \frac{\pi}{2},$$

从而 $f(x)$ 有上界，故 $\lim\limits_{x \to +\infty} f(x)$ 存在. 由 $f(x) \leqslant 1+\dfrac{\pi}{2}$ 得 $\lim\limits_{x \to +\infty} f(x) \leqslant 1+\dfrac{\pi}{2}$，得证.

第2讲
数列极限

三向解题法

判断 $\{x_n\}$ 是否收敛 ($\lim\limits_{n\to\infty} x_n$ 是否存在)
（O（盯住目标））

见到 $f(x_n, x_{n+1})$，且其是含 x_n, x_{n+1} 的等式关系
（D_1（常规操作）+D_{23}（化归经典形式））

初值 x_1 对 $x_{n+1} = f(x_n)$ 的敛散性的影响
（D_1（常规操作））

数列方程 $f_n(x) = 0$ 的解 $\{x_n\}$ 的极限问题
（D_1（常规操作））

$\{x_n\}$ 收敛于 a 的速度问题
（D_1（常规操作））

见到 $f(x_n, x_{n+1})$，且其是含 x_n, x_{n+1} 的不等式关系
（D_1（常规操作））

双通项 a_n, b_n 问题
（D_1（常规操作）+D_{21}（观察研究对象）+D_{23}（化归经典形式））

复合函数的极限
（D_1（常规操作+D_{21}（观察研究对象））

一、$\{x_n\}$ 收敛于 a 的速度问题（D_1（常规操作））

设数列 $\{x_n\}$，$\{y_n\}$ 在 $n\to\infty$ 的过程中同时趋于 a，记 $u_n=|x_n-a|$，$v_n=|y_n-a|$，$I=\lim\limits_{n\to\infty}\dfrac{u_n}{v_n}$，且当 $n\to\infty$ 时，u_n 和 v_n 都是无穷小量，则有

若 $I=0$，则说明 x_n 的收敛速度比 y_n 的收敛速度快；

若 $I=b$（b 为大于零的常数），则说明 x_n 的收敛速度是 y_n 的 $\dfrac{1}{b}$ 倍；

若 $I=\infty$，则说明 x_n 的收敛速度比 y_n 的收敛速度慢.

如：$x_n=\dfrac{1}{n}$，$y_n=\dfrac{1}{\sqrt{n}}$，$\lim\limits_{n\to\infty}x_n=\lim\limits_{n\to\infty}y_n=0$，故 $I=\lim\limits_{n\to\infty}\dfrac{\left|\dfrac{1}{n}-0\right|}{\left|\dfrac{1}{\sqrt{n}}-0\right|}=0$，于是 x_n 比 y_n 收敛于 0 的速度快.

而数列极限定义为 $\lim\limits_{n\to\infty}x_n=a\Leftrightarrow\forall\varepsilon>0$，$\exists N>0$，当 $n>N$ 时，恒有 $|x_n-a|<\varepsilon$. 此定义中不体现收敛速度，这是命制选择题的理论依据.

例2.1　"对任意给定的 $k\in\mathbf{N}_+$，总存在正整数 N，当 $n>N$ 时，恒有 $|x_n-a|\le\dfrac{1}{2^k}$" 是数列 $\{x_n\}$ 收敛于 a 的（　　）.

(A) 充分不必要条件　　　　　　(B) 必要不充分条件

(C) 充分必要条件　　　　　　　(D) 既不充分也不必要条件

【解】　应选(C).

对于任意给定的 $k\in\mathbf{N}_+$，$\dfrac{1}{2^k}$ 可为任意小的正数，记 $\dfrac{1}{2^k}=\varepsilon>0$，则该题干说法是 $\{x_n\}$ 收敛于 a 的充分必要条件.

例2.2　"存在正整数 N，当 $n\ge N$ 时，恒有 $|x_n-a|\le\dfrac{1}{n}$" 是数列 $\{x_n\}$ 收敛于 a 的（　　）.

(A) 充分不必要条件　　　　　　(B) 必要不充分条件

(C) 充分必要条件　　　　　　　(D) 既不充分也不必要条件

【解】　应选(A).

如果存在正整数 N，当 $n\ge N$ 时，恒有 $|x_n-a|\le\dfrac{1}{n}$，那么，任意的 $\varepsilon>0$，取 $n=\max\left\{N,\left[\dfrac{1}{\varepsilon}\right]+1\right\}$，则

$|x_n-a|\le\dfrac{1}{n}<\varepsilon$，所以数列 $\{x_n\}$ 收敛于 a.

反之，取 $x_n=a+\dfrac{1}{\sqrt{n}}$，则数列 $\{x_n\}$ 收敛于 a，但 "存在正整数 N，当 $n\ge N$ 时，恒有 $|x_n-a|\le\dfrac{1}{n}$" 并不

成立.

综上,"存在正整数 N,当 $n \geq N$ 时,恒有 $|x_n - a| \leq \dfrac{1}{n}$"是数列 $\{x_n\}$ 收敛于 a 的充分不必要条件.

【注】对比本题与上一题,数列极限定义中的 ε 可以被替换为不依赖于 n 的任意小的正数,即不能与 n 有关,否则相当于对收敛速度提出了要求.比如此题中,若 $x_n = a + \dfrac{1}{\sqrt{n}}$,其收敛于 a 的速度是慢于 $y_n = a + \dfrac{1}{n}$ 的,于是存在正整数 N,当 $n \geq N$ 时,$|x_n - a| > \dfrac{1}{n}$,但不影响 $\lim\limits_{n \to \infty} x_n = a$.总之,可作为 $\lim\limits_{n \to \infty} x_n = a$ 的充分必要条件的命题中,不能对收敛速度提要求,因为数列极限定义中只体现收敛目标,不体现收敛速度.

例2.3 设 $\lim\limits_{n \to \infty} a_n = a$,且 $a \neq 0$,则当 n 充分大时,有( ).

(A) $|a_n| > \dfrac{|a|}{2}$

(B) $|a_n| < \dfrac{|a|}{2}$

(C) $a_n > a - \dfrac{1}{n}$

(D) $a_n < a + \dfrac{1}{n}$

【解】 应选(A).

对于(A),(B),由极限保号性,当 $n \to \infty$ 时,显然有 $|a_n|$ 与 $|a|$ 无限靠近,故 $|a_n| > \dfrac{|a|}{2}$,因此(A)正确,(B)不正确.

对于(C),(D),无论是 $b_n = a - \dfrac{1}{n}$,还是 $c_n = a + \dfrac{1}{n}$,当 $n \to \infty$ 时,b_n,c_n 均收敛于 a,但它们都提出了收敛的速度,而 $\lim\limits_{n \to \infty} a_n = a$ 并不知其收敛速度,所以 a_n 与 b_n,c_n 的大小关系显然都不能确定,故(C),(D)都不正确.

【注】此题亦可举反例,但回顾过往,若一道选择题是通过别人给的反例,用排除法而获得答案的,那么你要问问自己:为什么是这样的反例?我举得出这样的反例吗?若这两个问题均无法回答,此题要考什么就根本无从说起,做与不做,几乎无异.

二、见到 $f(x_n, x_{n+1})$，且其是含 x_n, x_{n+1} 的等式关系

（D_1（常规操作）$+D_{23}$（化归经典形式））

（1）若 $\boxed{x_{n+1} = f(x_n)}$，$f(x)$ 易于求导，且求导得 $f'(x)$ 满足 $\boxed{|f'(x)| \leqslant k < 1}$，则由压缩映射原理，可知数列 $\{x_n\}$ 收敛.（D_1（常规操作））

> **【注】**①压缩映射原理如下.
>
> **原理一** 对数列 $\{x_n\}$，若存在常数 $k(0 < k < 1)$，使得 $|x_{n+1} - a| \leqslant k|x_n - a|$，$n = 1, 2, \cdots$，则 $\{x_n\}$ 收敛于 a.
>
> **证** $0 \leqslant |x_{n+1} - a| \leqslant k|x_n - a| \leqslant k^2 |x_{n-1} - a| \leqslant \cdots \leqslant k^n |x_1 - a|$，由于 $\lim\limits_{n \to \infty} k^n = 0$，根据夹逼准则，有 $\lim\limits_{n \to \infty} |x_{n+1} - a| = 0$，即 $\{x_n\}$ 收敛于 a.
>
> **原理二** 对数列 $\{x_n\}$，若 $x_{n+1} = f(x_n)$，$n = 1, 2, \cdots$，$f(x)$ 可导，a 是 $f(x) = x$ 的唯一解，且对任意 $x \in \mathbf{R}$，有 $|f'(x)| \leqslant k < 1$，则 $\{x_n\}$ 收敛于 a.
>
> **证** $|x_{n+1} - a| = |f(x_n) - f(a)| \xlongequal{\text{拉格朗日中值定理}} |f'(\xi)||x_n - a| \leqslant k|x_n - a|$，其中 ξ 介于 a 与 x_n 之间，由原理一，有 $\{x_n\}$ 收敛于 a.
>
> 以上原理一、二是特殊的压缩映射过程，读者在使用它们时，要写出证明过程.
>
> ②重要不等式，见附录的不等式变形.

例2.4 若 $x_1 = 1$，$x_{n+1} = \sqrt{4 + 3x_n}$，$n = 1, 2, \cdots$，证明数列 $\{x_n\}$ 收敛，并求 $\lim\limits_{n \to \infty} x_n$.

【解】 令 $f(x) = \sqrt{4 + 3x} \, (x > 0)$，则 $f(4) = 4$，且

D_{23}（化归经典形式）

$$|f'(x)| = \frac{3}{2\sqrt{4 + 3x}} \leqslant \frac{3}{2\sqrt{4}} = \frac{3}{4} < 1,$$

又有

$$|x_{n+1} - 4| = |f(x_n) - f(4)| = |f'(\xi)||x_n - 4| \leqslant \frac{3}{4}|x_n - 4|,$$

其中 ξ 介于 x_n 与 4 之间，从而有

$$0 < |x_{n+1} - 4| \leqslant \frac{3}{4}|x_n - 4| \leqslant \left(\frac{3}{4}\right)^2 |x_{n-1} - 4| \leqslant \cdots \leqslant \left(\frac{3}{4}\right)^n |x_1 - 4|,$$

而当 $n \to \infty$ 时，$\left(\frac{3}{4}\right)^n \to 0$，故数列 $\{x_n\}$ 收敛，且 $\lim\limits_{n \to \infty} x_n = 4$.

大学数学解题指南

例2.5 若 $x_{n+1}=\dfrac{\pi}{2}+\dfrac{1}{2}\cos x_n$ ($n=1$, 2, $\cdots$), $x_1=\pi$, 证明数列 $\{x_n\}$ 收敛, 并求 $\lim\limits_{n\to\infty}x_n$.

$\longrightarrow D_{23}$ (化归经典形式)

【解】 令 $f(x)=\dfrac{\pi}{2}+\dfrac{1}{2}\cos x$, 则 $f\left(\dfrac{\pi}{2}\right)=\dfrac{\pi}{2}$, $|f'(x)|=\left|-\dfrac{1}{2}\sin x\right|\leqslant\dfrac{1}{2}<1$, 则有

$$\left|x_{n+1}-\frac{\pi}{2}\right|=\left|f(x_n)-f\left(\frac{\pi}{2}\right)\right|\leqslant\frac{1}{2}\left|x_n-\frac{\pi}{2}\right|,$$

从而有

$$\left|x_{n+1}-\frac{\pi}{2}\right|\leqslant\frac{1}{2}\left|x_n-\frac{\pi}{2}\right|\leqslant\cdots\leqslant\left(\frac{1}{2}\right)^n\left|x_1-\frac{\pi}{2}\right|,$$

又当 $n\to\infty$ 时, $\left(\dfrac{1}{2}\right)^n\to 0^+$, 故数列 $\{x_n\}$ 收敛, 且 $\lim\limits_{n\to\infty}x_n=\dfrac{\pi}{2}$.

(2)若 $x_{n+1}=f(x_n)$, $f(x)$ 不易求导或 $f'(x)$ 不满足 $|f'(x)|\leqslant k<1$. (D_1 (常规操作))

① **直接比较 x_{n+1} 与 x_n 大小, 定单调.**

例2.6 若 $0<x_n<1$, $x_{n+1}=1-\sqrt{1-x_n}$ ($n=1$, 2, $\cdots$), 求:

(1) $\lim\limits_{n\to\infty}x_n$;

(2) $\lim\limits_{n\to\infty}\dfrac{x_{n+1}}{x_n}$.

【解】 (1) 由 $x_{n+1}=1-\sqrt{1-x_n}=\dfrac{x_n}{1+\sqrt{1-x_n}}<x_n$, $0<x_n<1$, 知数列 $\{x_n\}$ 单调减少且有下界, 故数列 $\{x_n\}$ 收敛.

设 $\lim\limits_{n\to\infty}x_n=a$, 则有 $a=1-\sqrt{1-a}$, 解得 $a=0$($a=1$舍去), 故 $\lim\limits_{n\to\infty}x_n=0$.

(2) 由(1)可知, $\lim\limits_{n\to\infty}\dfrac{x_{n+1}}{x_n}=\lim\limits_{n\to\infty}\dfrac{1-\sqrt{1-x_n}}{x_n}=\lim\limits_{n\to\infty}\dfrac{1}{1+\sqrt{1-x_n}}=\dfrac{1}{2}$.

② **作差 $x_{n+1}-x_n$, 根据正负定单调.**

例2.7 设 $x_{n+1}=\dfrac{x_n^2}{2(x_n-1)}$ ($n=1$, 2, $\cdots$), $x_1>1$, 证明数列 $\{x_n\}$ 收敛, 并求 $\lim\limits_{n\to\infty}x_n$.

【解】
$$x_{n+1}=\frac{1}{2}\left(x_n-1+\frac{1}{x_n-1}\right)+1\geqslant 2, \quad x_{n+1}-x_n=\frac{x_n(2-x_n)}{2(x_n-1)}\leqslant 0,$$

故由单调有界准则知, 数列 $\{x_n\}$ 收敛.

设 $\lim\limits_{n\to\infty}x_n=A$, 则有 $A=\dfrac{A^2}{2(A-1)}$, 解得 $A=2$ 或 $A=0$(舍去), 故 $\lim\limits_{n\to\infty}x_n=2$.

③作商 $\dfrac{x_{n+1}}{x_n}$（x_{n+1} 与 x_n 同号），根据与 1 的大小关系定单调.

例2.8 设 $x_{n+1}=\sqrt{x_n(2-x_n)}\,(n=1,2,\cdots)$，$0<x_1<2$，证明数列 $\{x_n\}$ 的极限存在，并求此极限.

【解】　首先证明数列 $\{x_n\}$ 有界.因为 $0<x_1<2$，所以 x_1，$2-x_1$ 均为正数，从而

$$0<x_2=\sqrt{x_1(2-x_1)}\leqslant\frac{x_1+2-x_1}{2}=1\,.$$

$\longrightarrow \mathrm{P}_3$（数学归纳）

设 $0<x_k\leqslant 1(k>1)$，则 $0<x_{k+1}=\sqrt{x_k(2-x_k)}\leqslant\dfrac{1}{2}(x_k+2-x_k)=1$，由数学归纳法知，对任意正整数 $n>1$，

都有 $0<x_n\leqslant 1$，即数列 $\{x_n\}$ 有界.

再证明数列 $\{x_n\}$ 单调.当 $n>1$ 时，

$$\frac{x_{n+1}}{x_n}=\sqrt{\frac{2}{x_n}-1}\geqslant 1\,,$$

即 $x_{n+1}\geqslant x_n(n>1)$，所以数列 $\{x_n\}(n>1)$ 单调增加.

根据单调有界准则知 $\lim\limits_{n\to\infty}x_n$ 存在，设其为 a，则

$$a=\lim_{n\to\infty}x_n=\lim_{n\to\infty}\sqrt{x_{n-1}(2-x_{n-1})}=\sqrt{a(2-a)}\,,$$

解得 $a=1$ 或 $a=0$（舍去）.故 $\lim\limits_{n\to\infty}x_n=1$.

④根据题设提示（往往是第（1）问），判有界或单调.

例2.9 （1）证明对任意正整数 n，都有 $\dfrac{1}{n+1}<\ln\left(1+\dfrac{1}{n}\right)<\dfrac{1}{n}$ 成立；

（2）设 $a_n=1+\dfrac{1}{2}+\cdots+\dfrac{1}{n}-\ln n\,(n=1,2,\cdots)$，证明数列 $\{a_n\}$ 收敛.

【证】　（1）令 $f(x)=\ln x\,(x>0)$.对任意正整数 n，对 $f(x)$ 在 $[n,n+1]$ 上使用拉格朗日中值定理，得

$$\ln\left(1+\frac{1}{n}\right)=\ln(1+n)-\ln n=\frac{1}{\xi}\,,$$

其中 $n<\xi<n+1$，所以 $\dfrac{1}{n+1}<\ln\left(1+\dfrac{1}{n}\right)<\dfrac{1}{n}$.

（2）由（1）知，当 $n\geqslant 1$ 时，有

$$a_{n+1}-a_n=\frac{1}{n+1}-\ln\left(1+\frac{1}{n}\right)<0\,,$$

$$a_n=1+\frac{1}{2}+\cdots+\frac{1}{n}-\ln n>\ln(1+1)+\ln\left(1+\frac{1}{2}\right)+\cdots+\ln\left(1+\frac{1}{n}\right)-\ln n$$

$$=\ln(1+n)-\ln n>0\,,$$

故数列 $\{a_n\}$ 单调减少且有下界,所以数列 $\{a_n\}$ 收敛.

例2.10 设 $f_0(x)$ 是 $[0,+\infty)$ 上连续的严格单调增加函数,函数 $f_1(x)=\dfrac{\displaystyle\int_0^x f_0(t)\mathrm{d}t}{x}$.

(1)补充定义 $f_1(x)$ 在 $x=0$ 处的值,使得补充定义后的函数(仍记为 $f_1(x)$)在 $[0,+\infty)$ 上连续;

(2)在(1)的条件下,证明: $f_1(x)<f_0(x)(x>0)$,且 $f_1(x)$ 也是 $[0,+\infty)$ 上连续的严格单调增加函数;

(3)令 $f_n(x)=\dfrac{\displaystyle\int_0^x f_{n-1}(t)\mathrm{d}t}{x}$, $n=1,2,3,\cdots$,证明:对任意的 $x>0$, $\lim\limits_{n\to\infty}f_n(x)$ 极限存在.

(1)【解】 因为 $\lim\limits_{x\to 0^+}f_1(x)=\lim\limits_{x\to 0^+}\dfrac{\displaystyle\int_0^x f_0(t)\mathrm{d}t}{x}\xupright{洛必达法则}\lim\limits_{x\to 0^+}f_0(x)=f_0(0)$,故补充定义 $f_1(0)=f_0(0)$,使得

$f_1(x)$ 在 $[0,+\infty)$ 上连续.

(2)【证】 当 $x>0$ 时,由推广的积分中值定理,得 $f_1(x)=\dfrac{\displaystyle\int_0^x f_0(t)\mathrm{d}t}{x}=f_0(\xi)$, $0<\xi<x$.

因为 $f_0(x)$ 严格单调增加,故 $f_0(\xi)<f_0(x)$,即 $f_1(x)<f_0(x)(x>0)$.

由(1)知, $f_1(x)$ 在 $[0,+\infty)$ 上连续,又当 $x>0$ 时,

$$f_1'(x)=\frac{xf_0(x)-\displaystyle\int_0^x f_0(t)\mathrm{d}t}{x^2}=\frac{f_0(x)-f_0(\xi)}{x}>0,$$

故 $f_1(x)$ 是 $[0,+\infty)$ 上连续的严格单调增加函数.

(3)【证】 当 $x>0$ 时,对于 $f_2(x)=\dfrac{\displaystyle\int_0^x f_1(t)\mathrm{d}t}{x}$,模仿(2)的处理方法,由推广的积分中值定理,有

$$f_2(x)=\frac{\displaystyle\int_0^x f_1(t)\mathrm{d}t}{x}=\frac{f_1(\eta)\cdot x}{x}=f_1(\eta),\ 0<\eta<x.$$

由 $f_1(x)$ 严格单调增加,知 $f_1(\eta)<f_1(x)$,故 $f_2(x)<f_1(x)$,且

$$f_2'(x)=\frac{xf_1(x)-\displaystyle\int_0^x f_1(t)\mathrm{d}t}{x^2}=\frac{f_1(x)-f_1(\eta)}{x}>0,$$

故 $f_2(x)$ 严格单调增加.

模仿(1)的处理方法,当 $x>0$ 时,有

$$f_2(x)>\lim_{x\to 0^+}f_2(x)=\lim_{x\to 0^+}\frac{\displaystyle\int_0^x f_1(t)\mathrm{d}t}{x}\xupright{洛必达法则}\lim_{x\to 0^+}f_1(x)=\lim_{x\to 0^+}\frac{\displaystyle\int_0^x f_0(t)\mathrm{d}t}{x}$$

$$\xrightarrow{\text{洛必达法则}} \lim_{x \to 0^+} f_0(x) = f_0(0),$$

于是有 $f_n(x) < f_{n-1}(x) < \cdots < f_0(x)$，即 $f_n(x)$ 随 n 增大而减小，又由(2)知 $f_n(x)$ 是严格单调增加函数，且

$$f_n(x) > \lim_{x \to 0^+} f_n(x) = \lim_{x \to 0^+} \frac{\int_0^x f_{n-1}(t)\mathrm{d}t}{x} = \lim_{x \to 0^+} f_{n-1}(x) = \cdots = \lim_{x \to 0^+} f_1(x) = \lim_{x \to 0^+} f_0(x) = f_0(0),$$

即数列 $\{f_n(x)\}$ 单调减少且有下界，故对任意的 $x > 0$，$\lim_{n \to \infty} f_n(x)$ 极限存在.

三、见到 $f(x_n, x_{n+1})$，且其是含 x_n, x_{n+1} 的不等式关系

(D_1 (常规操作))

比较 x_n, x_{n+1} 的大小，定 x_n 的上、下界.

例 2.11 若 $(1 - x_{n+1})x_n > \dfrac{1}{4}$ ($n = 1, 2, \cdots$)，$0 < x_n < 1$，证明数列 $\{x_n\}$ 收敛，并求 $\lim_{n \to \infty} x_n$.

【解】 由题设可知，$\dfrac{1}{2} < \sqrt{(1 - x_{n+1})x_n} \leqslant \dfrac{1 - x_{n+1} + x_n}{2}$，故 $x_n \geqslant x_{n+1}$. 又 $0 < x_n < 1$，因此由单调有界准则

知，数列 $\{x_n\}$ 收敛.

设 $\lim_{n \to \infty} x_n = a$，则有 $(1 - a)a \geqslant \dfrac{1}{4}$，又 $(1 - a)a \leqslant \dfrac{1}{4}$，故 $(1 - a)a = \dfrac{1}{4}$，解得 $a = \dfrac{1}{2}$，即 $\lim_{n \to \infty} x_n = \dfrac{1}{2}$.

四、初值 x_1 对 $x_{n+1} = f(x_n)$ 的敛散性的影响 (D_1 (常规操作))

对于 $x_{n+1} = f(x_n)$，若初值 x_1 仅给定取值范围，可能需要分情况讨论.

例 2.12 设函数 $f(x)$ 连续，对任意的 a_1，$a_{n+1} = f(a_n)$，$n = 1, 2, \cdots$. 关于下列两个结论：

①若 $f(x)$ 严格单调增加且有上界，则 $\lim_{x \to +\infty} f(x)$ 存在，$\lim_{n \to \infty} a_n$ 也存在；

②若 $f(x)$ 严格单调减少且有下界，则 $\lim_{x \to +\infty} f(x)$ 不一定存在，$\lim_{n \to \infty} a_n$ 一定存在.

正确的选项是(   ).

(A) 仅①正确　　　　　　　　(B) 仅②正确

(C) ①，②都正确　　　　　　(D) ①，②都错误

【解】 应选(D).

对于①，取 $f(x) = \begin{cases} \arctan x, & x \geqslant 0, \\ 2x, & x < 0, \end{cases}$ 满足条件. 显然 $\lim_{x \to +\infty} f(x) = \dfrac{\pi}{2}$.

令 $a_1 = -1$，则 $a_2 = -2, \cdots, a_n = -2^{n-1}$，$\lim\limits_{n \to \infty} a_n = -\infty$，数列 $\{a_n\}$ 不收敛，①错误.

对于②，取 $f(x) = -\dfrac{4}{\pi} \arctan x$，满足条件. 显然 $\lim\limits_{x \to +\infty} f(x) = -2$.

令 $a_1 = 1$，则 $a_2 = -1, \cdots, a_n = (-1)^{n-1}$，$\lim\limits_{n \to \infty} a_n$ 不存在，数列 $\{a_n\}$ 不收敛，②错误.

【注】（1）解析中所取的两个反例说明了两种 $\{a_n\}$ 发散的情形：

① $\lim\limits_{n \to \infty} a_n = -\infty$，如图（a）所示，由递推式，$a_n$ 在每次迭代后，都变为原来的 2 倍，最终趋于负无穷大，发散，这是单边发散问题.

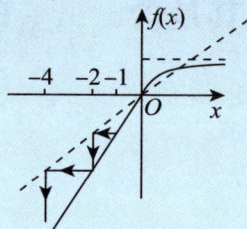

（a）

② $\lim\limits_{n \to \infty} a_n$ 不存在，如图（b）所示，由递推式，a_n 在每次迭代后，都实现循环，其值在 1 与 -1 之间往复出现，发散，这是循环发散问题.

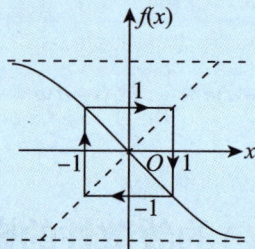

（b）

（2）对于 $a_{n+1} = f(a_n)$，初值 a_1 会影响在此对应法则下的敛散性，故初值的选取有重要意义.

例2.13 设数列 $\{a_n\}$ 满足 $\begin{cases} a_1 > 2, \\ a_{n+1} = a_n - \dfrac{a_n - 3}{a_n - 2}, \quad n = 1, 2, 3, \cdots, \end{cases}$ 则（　　）.

(A) $\{a_n\}$ 收敛于大于 3 的数　　　　　　(B) $\{a_n\}$ 收敛于 3

(C) $\{a_n\}$ 发散　　　　　　(D) $\{a_n\}$ 的敛散性与 a_1 有关

【解】应选(B).

令
$$f(x) = x - \frac{x-3}{x-2}, \quad x > 2,$$

则
$$f'(x)=1-\frac{1}{(x-2)^2}\xlongequal{\text{令}}0,$$

解得 $x=3$，又 $f''(x)=\dfrac{2}{(x-2)^3}>0$，则 $x=3$ 为 $f(x)$ 在 $(2,+\infty)$ 上的最小值点，即

找（或证）$\{a_n\}$ 有界，若 $a_n=f(n)$，f 可导，那么求 $f(x)$ 在 $x\in I$ 上的最值，便是一个好方法.

$$[f(x)]_{\min}=f(3)=3,$$

于是
$$a_{n+1}=f(a_n)\geqslant 3.$$

若 $a_1>3$，则
$$a_2=a_1-\frac{a_1-3}{a_1-2}<a_1,$$
$$a_2=f(a_1)>f(3)=3,$$

由归纳法，$3<a_{n+1}<a_n$，故数列 $\{a_n\}$ 收敛.

若 $2<a_1<3$，则
$$a_2=a_1-\frac{a_1-3}{a_1-2}=f(a_1)>f(3)=3,$$

故
$$a_3=a_2-\frac{a_2-3}{a_2-2}<a_2,$$

由归纳法，$3<a_{n+1}<a_n(n\geqslant 2)$，故数列 $\{a_n\}$ 收敛.

设 $a_1>2$ 且 $a_1\neq 3$，记 $\lim\limits_{n\to\infty}a_n=A$，则 $A=A-\dfrac{A-3}{A-2}$，解得 $A=3$.

显然当 $a_1=3$ 时，$a_n=3,n=2,3,4,\cdots$.

综上，$\{a_n\}$ 收敛于 3.

五、双通项 a_n,b_n 问题

（D_1（常规操作）$+D_{21}$（观察研究对象）$+D_{23}$（化归经典形式））

（1）将 a_n,b_n 满足的式子联立，消去 a_n 或 b_n 其中一个，转化为单通项问题.且常用①恒等变形；②无穷小比阶；③常用放缩；④函数单调性，来作细节处理.

$\longrightarrow D_{23}$（化归经典形式）

（2）令 $c_n=\dfrac{a_n}{b_n}$，转求 $\lim\limits_{n\to\infty}c_n$，且常用①单调有界准则；②夹逼准则；③极限保号性，来作细节处理.

例2.14　已知 $(2+\sqrt{2})^n=a_n+\sqrt{2}b_n$，$a_n$，$b_n$ 为整数，$n=1$，2，$\cdots$，求 $\lim\limits_{n\to\infty}\dfrac{a_n}{b_n}$.

【解】 先建立 a_{n+1}，b_{n+1} 与 a_n，b_n 之间的关系式.

$$a_{n+1} + \sqrt{2}b_{n+1} = (2+\sqrt{2})^{n+1} = (a_n + \sqrt{2}b_n)(2+\sqrt{2})$$

$$= (2a_n + 2b_n) + \sqrt{2}(a_n + 2b_n),$$

于是 $a_{n+1} = 2a_n + 2b_n$，$b_{n+1} = a_n + 2b_n$，故 $\dfrac{a_{n+1}}{b_{n+1}} = \dfrac{2\cdot\dfrac{a_n}{b_n}+2}{\dfrac{a_n}{b_n}+2}$．令 $x_n = \dfrac{a_n}{b_n}$，则

$$x_{n+1} = \frac{2x_n+2}{x_n+2} = 2 - \frac{2}{x_n+2},$$

易知 $x_n > 0$，故 $x_n < 2$，又 $x_{n+1} - x_n = \dfrac{2(x_n - x_{n-1})}{(x_{n-1}+2)(x_n+2)}$，知 $x_{n+1}-x_n$ 与 $x_n - x_{n-1}$ 同号，$\{x_n\}$ 单调．故数列 $\{x_n\}$

的极限存在，设 $\lim\limits_{n\to\infty}x_n = a$，于是 $a = 2 - \dfrac{2}{a+2}$，解得 $a = \sqrt{2}$（由极限的保号性，舍去负值），故 $\lim\limits_{n\to\infty}\dfrac{a_n}{b_n} = \sqrt{2}$．

例2.15 设数列 $\{a_n\}$，$\{b_n\}$ 满足

$$a_0 = \frac{1}{2}, \quad a_{n+1} = a_n^2, \quad n = 0, 1, 2, \cdots;$$

$$b_n = \tan b_{n+1}, \quad b_n \in \left(-\frac{\pi}{4}, 0\right), \quad n = 0, 1, 2, \cdots.$$

计算 $\lim\limits_{n\to\infty}\dfrac{a_n}{b_n}$．

【解】 由题设知，$0 < a_{n+1} = a_n^2 = a_n \cdot a_n \leqslant \dfrac{1}{2}a_n < 1$，$-\dfrac{\pi}{4} < b_n = \tan b_{n+1} < b_{n+1} < 0$．

又由数列单调有界准则知 $\{a_n\}$，$\{b_n\}$ 收敛，因此易知 $\lim\limits_{n\to\infty}a_n = \lim\limits_{n\to\infty}b_n = 0$．

令 $c_n = \dfrac{a_n}{b_n}$，于是有 $\left|\dfrac{c_{n+1}}{c_n}\right| = \left|\dfrac{a_{n+1}}{b_{n+1}}\cdot\dfrac{b_n}{a_n}\right| = |a_n|\left|\dfrac{b_n}{\arctan b_n}\right|$，故

$$\lim_{n\to\infty}\left|\frac{c_{n+1}}{c_n}\right| = \lim_{n\to\infty}|a_n|\left|\frac{b_n}{\arctan b_n}\right| = 0,$$

即存在 $N > 0$，使得当 $n > N$ 时，有 $\left|\dfrac{c_{n+1}}{c_n}\right| < \dfrac{1}{2}$，于是

$$0 < |c_{n+1}| < \frac{1}{2}|c_n| < \left(\frac{1}{2}\right)^2|c_{n-1}| < \cdots < \left(\frac{1}{2}\right)^{n-N}|c_{N+1}|,$$

故 $\lim\limits_{n\to\infty}|c_{n+1}| = 0$，即 $\lim\limits_{n\to\infty}\dfrac{a_n}{b_n} = 0$．

例2.16 （仅数学一、数学三）已知 $a_n = b_n + \ln(1+a_n)$，$a_n > 0$，$\lim\limits_{n \to \infty} a_n = 0$，且 $\sum\limits_{n=1}^{\infty} a_n^2$ 收敛.

（1）求 $\lim\limits_{n \to \infty} \dfrac{b_n}{a_n^2}$；

（2）证明 $\sum\limits_{n=1}^{\infty} b_n$ 收敛.

（1）【解】 $b_n = a_n - \ln(1+a_n) > 0$，因为 $\lim\limits_{n \to \infty} a_n = 0$，所以

$$b_n \sim \frac{1}{2}a_n^2 \ (n \to \infty),$$

故 $\lim\limits_{n \to \infty} \dfrac{b_n}{a_n^2} = \dfrac{1}{2}$.

（2）【证】 由（1）可知 $\lim\limits_{n \to \infty} \dfrac{b_n}{a_n^2} = \dfrac{1}{2}$，且 $\sum\limits_{n=1}^{\infty} a_n^2$ 收敛，所以 $\sum\limits_{n=1}^{\infty} b_n$ 收敛.

例2.17 设数列 $\{a_n\}$，$\{b_n\}$ 满足 $a_n + b_n = \dfrac{\pi}{2}$，$a_{n+1} = a_n + \cos a_n$，其中 $n = 1, 2, \cdots$，$a_1 = 1$，当 $n \to \infty$ 时，b_n 与 b_{n-1}^a 为同阶无穷小量，则 $a = ($ $)$.

(A)1   (B)2   (C)3   (D)5

【解】 应选(C).

$$
\begin{aligned}
b_n &= \frac{\pi}{2} - a_n = \frac{\pi}{2} - a_{n-1} - \cos a_{n-1} \\
&= \frac{\pi}{2} - a_{n-1} - \sin\left(\frac{\pi}{2} - a_{n-1}\right) \\
&= b_{n-1} - \sin b_{n-1} \ (n \geqslant 2).
\end{aligned}
$$

D_{21}（观察研究对象）$+D_{23}$（化归经典形式），题设中说的是 b_n 与 b_{n-1}^a，自然应该想到建立 b_n 与 b_{n-1} 的关系，所谓的"观察"与"化归"，往往相互配合，提供给我们变形的方向.

由 $a_1 = 1$，则 $b_1 = \dfrac{\pi}{2} - 1 \in (0,1)$，$b_2 = b_1 - \sin b_1 < b_1$，即 $0 < b_2 < b_1 < 1$.

假设当 $n = k(k \geqslant 2)$ 时，$0 < b_k < b_{k-1} < 1$ 成立，则当 $n = k+1$ 时，

$$0 < b_{k+1} = b_k - \sin b_k < b_k < 1,$$

故 $\{b_n\}$ 单调有界，则由单调有界准则，知 $\{b_n\}$ 收敛. 令 $\lim\limits_{n \to \infty} b_n = A$，在等式 $b_n = b_{n-1} - \sin b_{n-1}$ 两端取极限，得 $A = A - \sin A$，故 $A = 0$，即 $\lim\limits_{n \to \infty} b_n = 0$.

故当 $n \to \infty$，即 $b_n \to 0$ 时，$b_n = b_{n-1} - \sin b_{n-1} \sim \dfrac{1}{6} b_{n-1}^3$，因此 $a = 3$.

例2.18 设正项数列 $\{a_n\}$ 收敛于0，若 $a_n=\cos b_n-\cos a_n, a_n\in\left(0,\dfrac{\pi}{2}\right), b_n\in\left(0,\dfrac{\pi}{2}\right)$，且

$(1-b_n)^n=\cos b_n$，则 $\lim\limits_{n\to\infty}b_n^{\frac{\ln\cos b_n}{n}}=\underline{\qquad}$.

【解】 应填1.

$\cos b_n-\cos a_n=a_n>0$，因为 $a_n\in\left(0,\dfrac{\pi}{2}\right), b_n\in\left(0,\dfrac{\pi}{2}\right)$，所以 $0<b_n<a_n$. 又正项数列 $\{a_n\}$ 收敛于0，故

$\lim\limits_{n\to\infty}b_n=0$. 于是

$$\lim_{n\to\infty}b_n^{\frac{\ln\cos b_n}{n}}=\mathrm{e}^{\lim\limits_{n\to\infty}\frac{\ln\cos b_n}{n}\ln b_n}=\mathrm{e}^{\lim\limits_{n\to\infty}\ln(1-b_n)\ln b_n}=\mathrm{e}^0=1.$$

六、数列方程 $f_n(x)=0$ 的解 $\{x_n\}$ 的极限问题（D_1（常规操作））

步骤:**(1)** 判 $\{x_n\}$ 单调有界；

(2) 证 $\lim\limits_{n\to\infty}x_n$ 存在；

(3) 求极限.

例2.19 (1)证明曲线 $y=\sqrt[n]{\sin x}$ 与直线 $x+y=1$ 在 $x\in(0,1)$ 内有唯一交点 x_n；

(2)证明(1)中的 $\{x_n\}$ 收敛，并求 $\lim\limits_{n\to\infty}x_n$；

(3)计算 $\lim\limits_{n\to\infty}x_n^{\ln\sqrt[n]{\sin x_n}}$.

(1)【证】 令 $f_n(x)=(1-x)^n-\sin x$，则

$$f_n(0)=1-\sin 0=1>0,\quad f_n(1)=-\sin 1<0.$$

又 $f_n'(x)=-n(1-x)^{n-1}-\cos x<0$，故 $f_n(x)$ 单调减少，于是存在 $x_n\in(0,1)$，使得 $f_n(x_n)=0$，即存在唯一交点 x_n.

(2)【解】 由(1)知，$x_n\in(0,1)$，故 $\{x_n\}$ 有界. 又

$$f_n(x_n)=(1-x_n)^n-\sin x_n=0,$$

$$f_{n+1}(x_{n+1})=(1-x_{n+1})^{n+1}-\sin x_{n+1}=0,$$

故

$$f_n(x_{n+1})=(1-x_{n+1})^n-\sin x_{n+1}=(1-x_{n+1})^n-(1-x_{n+1})^{n+1}=(1-x_{n+1})^n(1-1+x_{n+1})>0,$$

即 $f_n(x_{n+1})>f_n(x_n)$，又 $f_n(x)$ 单调减少，所以 $x_{n+1}<x_n$，故 $\{x_n\}$ 单调减少.

由单调有界准则，有 $\lim\limits_{n \to \infty} x_n \xlongequal[\text{记为}]{\text{存在}} a \geqslant 0$，若 $a > 0$，由 $(1 - x_n)^n = \sin x_n$，有

$$n \ln(1 - x_n) = \ln \sin x_n,$$

当 $n \to \infty$ 时，上式两边取极限，有

$$\lim_{n \to \infty} \ln(1 - x_n) = \lim_{n \to \infty} \frac{1}{n} \ln \sin x_n,$$

等式左边为 $\ln(1 - a) \neq 0$，等式右边为 0，矛盾，故 $a = 0$.

(3)【解】 $\lim\limits_{n \to \infty} x_n^{\ln \sqrt[n]{\sin x_n}} = \mathrm{e}^{\lim\limits_{n \to \infty} \ln \sqrt[n]{\sin x_n} \cdot \ln x_n} = \mathrm{e}^{\lim\limits_{n \to \infty} \ln(1 - x_n) \cdot \ln x_n} = \mathrm{e}^0 = 1$.

【注】事实上，还可以作如下命题，它们的思路和方法与本题完全一致.

① $y = \sqrt[n]{\cos x}$ 与 $y = x$.

② $y = \sqrt[n]{\ln x}$ 与 $x + y = \dfrac{\pi}{2}$.

③ $y = 1 - \mathrm{e}^{-x}$ 与 $y = (1 - x)^n$.

④ $y = \ln x$ 与 $y = \sin^n x$.

⑤ $y = \dfrac{2}{\pi} \arctan x$ 与 $y = (1 - x)^n$.

七、复合函数的极限（D_1（常规操作）$+ D_{21}$（观察研究对象））

1. 定理一（因变量极限定理）

设 $y = f[g(x)]$，$u = g(x)$，$y = f(u)$. 若 $\begin{cases} ① \lim\limits_{x \to x_0} g(x) = u_0, \\ ② \lim\limits_{u \to u_0} f(u) = a, \\ ③ 当\ \underline{x \neq x_0\ 时,\ g(x) \neq u_0} \end{cases}$　则 $\lim\limits_{x \to x_0} f[g(x)] = a$.

注意此条件，当 $f(u)$ 在 u 处连续时，不需要③

例2.20　设

$$u = g(x) = \begin{cases} x, & x\ \text{是有理数}, \\ 0, & x\ \text{是无理数}, \end{cases} \qquad y = f(u) = \begin{cases} 1, & u \neq 0, \\ 0, & u = 0, \end{cases}$$

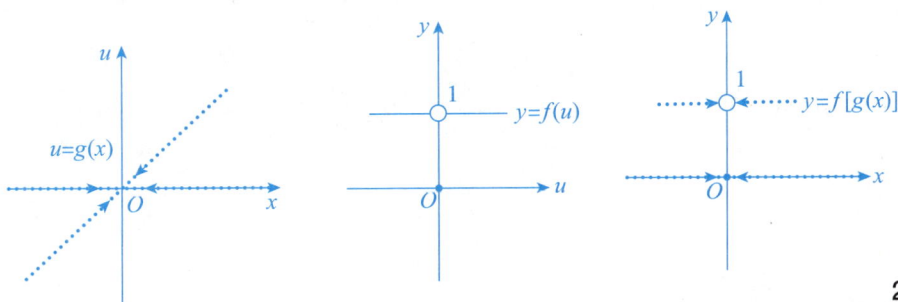

则 $\lim\limits_{x \to 0} f[g(x)]$ (   ).

(A)等于0   (B)等于1   (C)等于 x (D)不存在

【解】 应选(D).

由题设有，$\lim\limits_{x \to 0} g(x) = 0, \lim\limits_{u \to 0} f(u) = 1$，但由于 $y = f[g(x)] = \begin{cases} 1, & x\text{是有理数且}x \neq 0, \\ 0, & x\text{是无理数或}x = 0, \end{cases}$ 于是 $\lim\limits_{x \to 0} f[g(x)]$ 不存在.

> 【注】关键是当 $x \neq 0$ 时，$g(x)$ 也有零点，故复合函数的极限定理一的运算不一定成立.

2.定理二(中间变量极限定理)

设 $u_n \in$ 有限区间 I，若 $f(x)$ 在 I 上严格单调，且 $\lim\limits_{n \to \infty} f(u_n)$ 存在，则 $\lim\limits_{n \to \infty} u_n$ 存在.

例2.21 已知数列 $\{x_n\}$，其中 $-\dfrac{\pi}{2} \leqslant x_n \leqslant \dfrac{\pi}{2}$，则(   ).

(A)若 $\lim\limits_{n \to \infty} \cos \sin x_n$ 存在，则 $\lim\limits_{n \to \infty} x_n$ 存在

(B)若 $\lim\limits_{n \to \infty} \sin \cos x_n$ 存在，则 $\lim\limits_{n \to \infty} x_n$ 存在

(C)若 $\lim\limits_{n \to \infty} \cos \sin x_n$ 存在，则 $\lim\limits_{n \to \infty} \sin x_n$ 存在，但 $\lim\limits_{n \to \infty} x_n$ 不一定存在

(D)若 $\lim\limits_{n \to \infty} \sin \cos x_n$ 存在，则 $\lim\limits_{n \to \infty} \cos x_n$ 存在，但 $\lim\limits_{n \to \infty} x_n$ 不一定存在

【解】 应选(D).

根据定理二，由于 $\sin x$ 在 $\left[-\dfrac{\pi}{2}, \dfrac{\pi}{2}\right]$ 上单调，因此，由 $\lim\limits_{n \to \infty} \sin \cos x_n$ 存在可得 $\lim\limits_{n \to \infty} \cos x_n$ 存在，但 $\cos x$ 在 $\left[-\dfrac{\pi}{2}, \dfrac{\pi}{2}\right]$ 上不单调，所以当 $\lim\limits_{n \to \infty} \cos x_n$ 存在时，$\lim\limits_{n \to \infty} x_n$ 不一定存在，可知(D)正确，(B)错误.

由于 $\cos x$ 在 $\left[-\dfrac{\pi}{2}, \dfrac{\pi}{2}\right]$ 上不单调，因此，由 $\lim\limits_{n \to \infty} \cos \sin x_n$ 存在无法得到 $\lim\limits_{n \to \infty} \sin x_n$ 存在，进而也无法得到 $\lim\limits_{n \to \infty} x_n$ 存在，可知(A)与(C)均错误.

例2.22 设正项数列 $\{a_n\}$ 单调增加，则以下选项中使得 $\{a_n\}$ 收敛的是(   ).

(A) $\left\{(1 + a_n)^{\frac{1}{a_n}}\right\}$ 收敛于1

(B) $\left\{\left(1 + \dfrac{1}{a_n}\right)^{a_n}\right\}$ 收敛于 e

(C) $\{a_n \ln a_n\}$ 收敛于0

(D) $\left\{\dfrac{\ln a_n}{a_n}\right\}$ 收敛于0

【解】 应选(C).

正项数列 $\{a_n\}$ 单调增加，要么 $\lim\limits_{n\to\infty}a_n=+\infty$，要么 $\lim\limits_{n\to\infty}a_n=a$．

对于选项 (A)，$(1+x)^{\frac{1}{x}}(x>0)$ 的图像如图 (a) 所示．

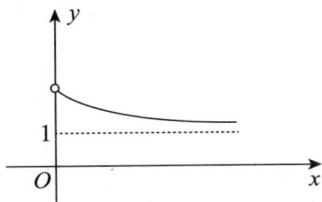

(a)

当 $(1+a_n)^{\frac{1}{a_n}}\to 1$ 时，$a_n\to+\infty$，故 $\{a_n\}$ 发散．

对于选项 (B)，$\left(1+\dfrac{1}{x}\right)^x(x>0)$ 的图像如图 (b) 所示．

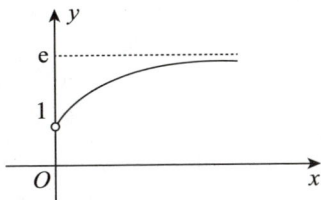

(b)

当 $\left(1+\dfrac{1}{a_n}\right)^{a_n}\to e$ 时，$a_n\to+\infty$，故 $\{a_n\}$ 发散．

对于选项 (C)，$x\ln x(x>0)$ 的图像如图 (c) 所示．

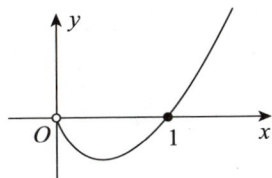

(c)

当 $a_n\ln a_n\to 0$ 时，$a_n\to 0^+$ 或 $a_n\to 1$，又 $a_n>0$ 且单调增加，所以 $a_n\to 1^-$，故 $\{a_n\}$ 收敛．

对于选项 (D)，$\dfrac{\ln x}{x}(x>0)$ 的图像如图 (d) 所示．

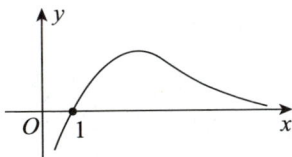

(d)

当 $\dfrac{\ln a_n}{a_n} \to 0$ 时，$a_n \to 1^-$ 或 $a_n \to +\infty$，故 $\{a_n\}$ 可能收敛，也可能发散.

【注】此题是作者新命制的题目，着重考查基本概念与性质，区分度高.

第3讲 一元函数微分学的概念

三向解题法

研究一元函数微分学的概念
(O(盯住目标))

---

1. 微分——一阶泰勒公式
(D₁(常规操作)+D₂(脱胎换骨))

$$f(x) - f(x_0)$$
$$= f'(x_0)\Delta x + o(1)\Delta x$$
$$= f'(x_0)\Delta x + o(\Delta x)$$
$$(\Delta x \to 0)$$

---

2. 导数——因变量差与自变量差的比值极限
(D₁(常规操作)+D₂₂(转换等价表述))

$$f'(x_0) = \lim_{\Delta x \to 0} \frac{\Delta f}{\Delta x}$$
$$= \lim_{\Delta x \to 0} \frac{f(x_0 + \Delta x) - f(x_0)}{\Delta x}$$

---

3. $f(x)$ 与 $|f(x)|$ 连续、可导的关系总结
(D₁(常规操作)+D₂₁(观察研究对象)+D₄₃(数形结合))

(1) 设 $f(x)$ 在 x_0 处连续,则 $|f(x)|$ 在 x_0 处连续;反之不真.

(2) 设 $f(x)$ 在 x_0 处可导,则

① $f(x_0) \neq 0 \Rightarrow |f(x)|$ 在 x_0 处可导,且

$$\left[|f(x)|\right]'\Big|_{x=x_0} = \begin{cases} f'(x_0), & f(x_0) > 0, \\ -f'(x_0), & f(x_0) < 0. \end{cases}$$

② $f(x_0) = 0$,且 $\begin{cases} f'(x_0) = 0 \Rightarrow |f(x)| \text{ 在 } x_0 \text{ 处可导且 } \left[|f(x)|\right]'\big|_{x=x_0} = 0, \\ f'(x_0) \neq 0 \Rightarrow |f(x)| \text{ 在 } x_0 \text{ 处不可导} \end{cases}$

---

4. 导函数 $f'(x)$ 的性质总结
(D₁(常规操作)+D₂₁(观察研究对象))

(1) $f'(x)$.
①如果导函数 $f'(x)$ 存在,则当导函数在一点极限存在时,导函数在这一点必连续;
②如果导函数在一点存在,则这一点一定不会是导函数的第一类间断点;
③若 $f(x)$ 可导,则 $f'(x)$ 可能连续,也可能含有振荡间断点.

(2) $\lim\limits_{x \to +\infty} f'(x)$.
① $\lim\limits_{x \to +\infty} f(x)$ 存在,但 $\lim\limits_{x \to +\infty} f'(x)$ 不一定存在;
② $f(x)$ 在 $(0, +\infty)$ 可导且曲线 $y = f(x)$ 在 $x \to +\infty$ 时有斜渐近线,但 $\lim\limits_{x \to +\infty} f'(x)$ 不一定存在

---

5. 函数在一点求导的问题
(D₁(常规操作)+D₂₂(转换等价表述))

5.函数在一点求导的问题
$(D_1($常规操作$)+D_{22}($转换等价表述$))$

```
┌──────────────────────┬──────────────────────┬──────────────────────┐
│ $f'(x_0)$与$f'(x)$的关系 │   绝对值函数求导      │ 分段函数在分段点处的可导性 │
└──────────────────────┴──────────────────────┴──────────────────────┘
```

在一个具体函数$f(x)$求导时.

(1)$f'(x_0)$是指x_0点处的导数.

(2)$f'(x)$是指$f(x)$用求导法则求出的导函数,也就是求导法则成立时的导函数表达式.

(3)当$f'(x)$这个表达式在x_0处无定义时,也就是求导法则在x_0处不成立,并不是说$f(x)$在x_0处不可导,也即$f'(x_0)$不一定不存在,要用定义求$f'(x_0)$

(1)设$F(x)=f(x)g(x)$,$f(x)$在x_0处连续不可导,$g(x)$在x_0处可导,则$F(x)$在x_0处可导$\Leftrightarrow g(x_0)=0$.

特别地,若$F(x)=|x-x_0|g(x)$,$g(x)$在x_0处可导,则$F(x)$在x_0处可导$\Leftrightarrow g(x_0)=0$.

(2)$|f(x)|=\sqrt{f^2(x)}$,且

$$\begin{aligned}\left[|f(x)|\right]'&=\left[\sqrt{f^2(x)}\right]'\\&=\frac{1}{2\sqrt{f^2(x)}}\cdot 2f(x)f'(x)\\&=\frac{f(x)f'(x)}{|f(x)|}\end{aligned}$$

一、微分——一阶泰勒公式 $(D_1($常规操作$)+D_2($脱胎换骨$))$

当$f'(x_0)$存在时,函数$f(x)$在点x_0处的微分是$d[f(x)]\big|_{x=x_0}=f'(x_0)\Delta x=f'(x_0)\mathrm{d}x$,即

$$f(x)-f(x_0)=f'(x_0)\Delta x+o(1)\Delta x=f'(x_0)\Delta x+o(\Delta x)(\Delta x\to 0).$$

这是微分公式,也是一阶泰勒公式.

【注】记号$o(1)$的说明:若$\lim\limits_{x\to x_0}f(x)=0$,则称$f(x)$是$x\to x_0$时的无穷小量,记为$o(1)$,即$f(x)=o(1)$,$x\to x_0$.

如$\lim\limits_{n\to\infty}\dfrac{o\left(\dfrac{1}{n}\right)}{\dfrac{1}{n}}=0$,故$\dfrac{o\left(\dfrac{1}{n}\right)}{\dfrac{1}{n}}=o(1)$,$n\to\infty$,即$o\left(\dfrac{1}{n}\right)\cdot n=o(1)$,$n\to\infty$.

例3.1 设$f(x)=2-x^x-x+o(x-1)$,$x\to 1$,且$f'(1)=a$,则$a=$_____.

【解】应填-2.

$$a = f'(1) = \lim_{x \to 1} \frac{f(x) - f(1)}{x - 1} = \lim_{x \to 1} \frac{1 - x^x - (x-1) + o(x-1) - 0}{x - 1} = \lim_{x \to 1} \frac{1 - e^{x \ln x}}{x - 1} - 1$$

$$\xlongequal{x-1=t} \lim_{t \to 0} \frac{1 - e^{(t+1)\ln(t+1)}}{t} - 1 = -1 - 1 = -2 .$$

【注】（1）一点处连续、可导，再到 n 阶可导的表达分别为

D_2（脱胎换骨）

①连续：$f(x + \Delta x) - f(x) = o(1), \Delta x \to 0$；

②可导：$f(x + \Delta x) - f(x) = f'(x)\Delta x + o(\Delta x), \Delta x \to 0$；

③泰勒公式：$f(x + \Delta x) - f(x) = f'(x)\Delta x + \dfrac{1}{2!}f''(x)(\Delta x)^2 + \cdots + \dfrac{1}{n!}f^{(n)}(x)(\Delta x)^n + o[(\Delta x)^n], \Delta x \to 0$.

可以看到，微分学就是将 $f(x + \Delta x) - f(x)$ 表示成一个多项式和一个余项的和，且在一点处，多项式次数越高，则函数的性质越强（可导阶数越高），表示的越精确，误差越小.

$$f'(x_0) = \lim_{x \to x_0} \frac{f(x) - f(x_0)}{x - x_0}$$

（2）"虽然一元函数在一点处可导与在一点处可微是等价的，但是从实际意义上说，一点处可导是借用这一点附近的值来刻画这一点的变化率，而一点处可微是借用这一点的值来刻画这一点附近的值的大小."这是对可微和可导要达到的理解程度.

$$\Delta y = f'(x_0)\Delta x + o(\Delta x), \Delta x \to 0$$

（3）因为 $\tau = (1, f'(x_0))$ 是曲线 $y = f(x)$ 在点 $(x_0, f(x_0))$ 处切线的方向向量，所以 $\mathrm{d}x \tau = (\mathrm{d}x, f'(x_0)\mathrm{d}x) = (\mathrm{d}x, \mathrm{d}y)$ 也是曲线 $y = f(x)$ 切线的方向向量.

二、导数——因变量差与自变量差的比值极限

（D_1（常规操作）$+ D_{22}$（转换等价表述））

函数 $f(x)$ 在点 x_0 处的导数是

$$f'(x_0) = \lim_{\Delta x \to 0} \frac{\Delta f}{\Delta x} = \lim_{\Delta x \to 0} \frac{f(x_0 + \Delta x) - f(x_0)}{\Delta x} . \tag{$*$}$$

由（*）式知，$f(x_0 + \Delta x) - f(x_0) = f'(x_0)\Delta x + o(\Delta x), \Delta x \to 0$，$f'(x_0)$ 是一次项的系数，也称微分系数. 也就是说，它代表了因变量差和自变量差（一次项）的比值极限，若其存在，则称函数 $f(x)$ 在点 x_0 处可导.

🐟 例3.2　设函数 $f(x)$ 在区间 $(-1, 1)$ 内有定义，且在点 $x = 0$ 处连续，则下列命题中：

①当 $\lim\limits_{x \to 0} \dfrac{f(x)}{\sqrt[3]{x}} = 0$ 时，$f(x)$ 在点 $x = 0$ 处可导；　　D_{22}（转换等价表述）

②当 $\lim\limits_{x \to 0} \dfrac{f(x)}{x^2} = 0$ 时，$f(x)$ 在点 $x = 0$ 处可导；

③当 $f(x)$ 在点 $x=0$ 处可导时，$\lim\limits_{x\to 0}\dfrac{f(x)}{\sqrt[3]{x}}=0$；

④当 $f(x)$ 在点 $x=0$ 处可导时，$\lim\limits_{x\to 0}\dfrac{f(x)}{x^2}=0$．

真命题的个数为(　　)．

(A) 1　　　　　　　(B) 2　　　　　　　(C) 3　　　　　　　(D) 4

【解】　应选(A)．

①因为 $\lim\limits_{x\to 0}\dfrac{f(x)}{\sqrt[3]{x}}=0$，所以 $\lim\limits_{x\to 0}f(x)=0$，又由于 $f(x)$ 在点 $x=0$ 处连续，因此 $f(0)=0$．故

$$\lim_{x\to 0}\frac{f(x)-f(0)}{x-0}=\lim_{x\to 0}\frac{f(x)}{x}=\lim_{x\to 0}\frac{f(x)}{\sqrt[3]{x}}\cdot\frac{\sqrt[3]{x}}{x},$$

因为 $\lim\limits_{x\to 0}\dfrac{\sqrt[3]{x}}{x}=\infty$，$\lim\limits_{x\to 0}\dfrac{f(x)}{\sqrt[3]{x}}=0$，故 $\lim\limits_{x\to 0}\dfrac{f(x)}{\sqrt[3]{x}}\cdot\dfrac{\sqrt[3]{x}}{x}$ 成为未定式，其存在性无法确定．

例如，取 $f(x)=\sqrt{|x|}$，就有 $\lim\limits_{x\to 0}\dfrac{f(x)}{\sqrt[3]{x}}\cdot\dfrac{\sqrt[3]{x}}{x}=\lim\limits_{x\to 0}\dfrac{\sqrt{|x|}}{x}=\infty$，满足①的条件但在 $x=0$ 处不可导．

②与①类似，可知 $f(0)=0$，且

$$\lim_{x\to 0}\frac{f(x)-f(0)}{x-0}=\lim_{x\to 0}\frac{f(x)}{x}=\lim_{x\to 0}\frac{f(x)}{x^2}\cdot\frac{x^2}{x},$$

因为 $\lim\limits_{x\to 0}\dfrac{f(x)}{x^2}=0$，$\lim\limits_{x\to 0}\dfrac{x^2}{x}=0$，所以 $\lim\limits_{x\to 0}\dfrac{f(x)}{x^2}\cdot\dfrac{x^2}{x}=0$，从而 $f'(0)$ 存在且为0．

③，④因为题目并没有给出条件 $f(0)=0$，所以 $\lim\limits_{x\to 0}\dfrac{f(x)}{\sqrt[3]{x}}$ 和 $\lim\limits_{x\to 0}\dfrac{f(x)}{x^2}$ 都有可能是无穷大(当 $f(0)\neq 0$ 时，这两个式子都是 "$\dfrac{1}{0}$" 型)，所以两个说法均不正确．

综上，只有②正确．

三、$f(x)$ 与 $|f(x)|$ 连续、可导的关系总结

（ D_1（常规操作）$+D_{21}$（观察研究对象）$+D_{43}$（数形结合））

(1) 设 $f(x)$ 在 x_0 处连续，则 $|f(x)|$ 在 x_0 处连续；反之不真．

(2) 设 $f(x)$ 在 x_0 处可导，则

① $f(x_0)\neq 0\Rightarrow|f(x)|$ 在 x_0 处可导且 $\big[|f(x)|\big]'\big|_{x=x_0}=\begin{cases}f'(x_0),&f(x_0)>0,\\-f'(x_0),&f(x_0)<0.\end{cases}$

② $f(x_0)=0$，且 $\begin{cases} f'(x_0)=0 \Rightarrow |f(x)| \text{ 在 } x_0 \text{ 处可导且} \left[|f(x)|\right]'\big|_{x=x_0}=0, \\ f'(x_0)\neq 0 \Rightarrow |f(x)| \text{ 在 } x_0 \text{ 处不可导}. \end{cases}$

$\longrightarrow$ D$_{43}$（数形结合）

【注】（1）$f(x)$ 在 x_0 处连续 $\underset{\not\Leftarrow}{\Rightarrow}$ $|f(x)|$ 在 x_0 处连续，为什么？

因为在 x_0 处，$f(x)$ 的微观性态图（放大足够多倍）如图（a）～图（c）所示.

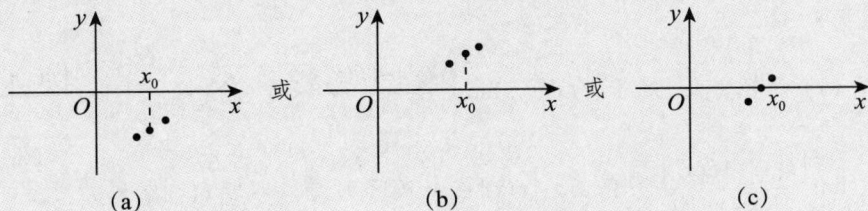

（a）　或　（b）　或　（c）

而 $|f(x)|$ 如图（d）～图（f）所示.

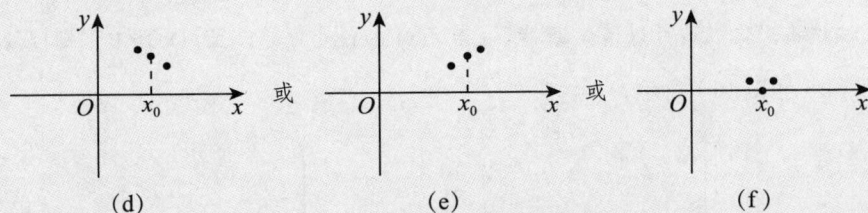

（d）　或　（e）　或　（f）

点点相依相偎的图（a）～图（c），加上绝对值后依然相依相偎成为图（d）～图（f），故成立（无论是 ↘，↗ 还是 ↘，只要相依相偎即可）.为什么反过来不对？很简单，你看 $|f(x)|$ 相依相偎，连续［见图（h）］，可 $f(x)$ 却相距甚远，自然不连续［见图（g）］.

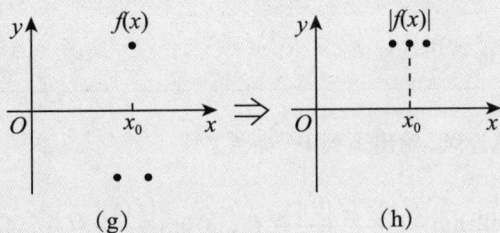

（g）　$\Rightarrow$　（h）

（2）$f(x)$ 在 x_0 处可导 $\underset{\not\Leftarrow}{\Rightarrow}$ $|f(x)|$ 在 x_0 处可导.

比如，$f(x)$ 在点 x_0 处的微观性态图如图（i）所示（放大足够多倍），其在 x_0 处可导，则 $|f(x)|$ 如图（j）所示.

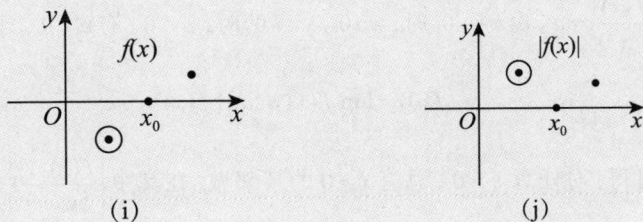

（i）　　　（j）

如果说连续，$f(x)$ 在 x_0 处连续 $\Rightarrow |f(x)|$ 在 x_0 处连续，没问题．点与点不就是相依相偎在一起吗？对的，正如（1）所述．但说可导，不仅要相依相偎，而且要 $\lim\limits_{x \to x_0} \dfrac{f(x)-f(x_0)}{x-x_0}$ 存在（唯一的数），也就是 $f(x)$ 相依相偎到 $f(x_0)$ 的速度要不比 $x \to x_0$ 的速度慢．（①若快，则 $\lim\limits_{x \to x_0} \dfrac{f(x)-f(x_0)}{x-x_0}=0$；②若同阶，则 $\lim\limits_{x \to x_0} \dfrac{f(x)-f(x_0)}{x-x_0}=A \neq 0$．）

请看图（i）和图（j），对于 $|f(x)|$，$\lim\limits_{x \to x_0^-} \dfrac{|f(x)|-|f(x_0)|}{x-x_0}<0$（$\searrow$），而 $\lim\limits_{x \to x_0^+} \dfrac{|f(x)|-|f(x_0)|}{x-x_0}>0$（$\nearrow$），故 $\lim\limits_{x \to x_0} \dfrac{|f(x)|-|f(x_0)|}{x-x_0}$ 不存在，$|f(x)|$ 在 x_0 处不可导，即若 $f(x)$ 在 x_0 处可导，$f(x_0)=0$，$f'(x_0) \neq 0$，则 $|f(x)|$ 在 x_0 处必不可导．反过来说，反例同（1）．

现在，试试看，你应该可以清楚回答了：若 $f(x)$ 在 x_0 处可导，且 $f(x_0) \neq 0$，则 $|f(x)|$ 在 x_0 处必可导，如图（k）和图（l）所示．

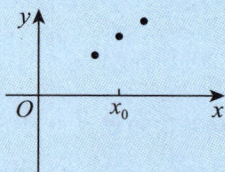

（k）

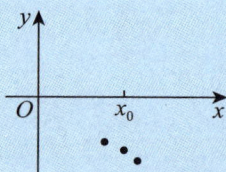

（l）

提示：对于连续或可导函数，只要 $f(x_0) \overset{>}{(<)} 0$，无论 $f(x_0)$ 与 0 的距离有多小，它旁边相依相偎的 $f(x)$ 一定 $\overset{>}{(<)} 0$，考研中常用这一点．

例3.3 设函数 $f(x)$ 连续，给出下列 4 个条件：

① $\lim\limits_{x \to 0} \dfrac{|f(x)|-f(0)}{x}$ 存在；② $\lim\limits_{x \to 0} \dfrac{f(x)-|f(0)|}{x}$ 存在；③ $\lim\limits_{x \to 0} \dfrac{|f(x)|}{x}$ 存在；④ $\lim\limits_{x \to 0} \dfrac{|f(x)|-|f(0)|}{x}$ 存在．

其中可得到"$f(x)$ 在 $x=0$ 处可导"的条件个数为（　　）．

(A)1　　　　　　(B)2　　　　　　(C)3　　　　　　(D)4

【解】 应选(D)．

先看③，记 $\lim\limits_{x \to 0} \dfrac{|f(x)|}{x}=a$，由 $x \to 0^+$ 时，$a \geqslant 0$，$x \to 0^-$ 时，$a \leqslant 0$，有 $a=0$，且

$$f(0)=\lim_{x \to 0} f(x)=\lim_{x \to 0} |f(x)|=0.$$

而由极限定义可得，对任意 $\varepsilon>0$，总有 $x=0$ 的某邻域，在其中 $\left|\dfrac{f(x)}{x}-0\right|=\left|\dfrac{|f(x)|}{x}-0\right|<\varepsilon$，进而有

$\lim\limits_{x\to 0}\dfrac{f(x)}{x}=0$，即 $f'(0)=0$．

再看①，记 $\lim\limits_{x\to 0}\dfrac{|f(x)|-f(0)}{x}=b$，故 $f(0)=\lim\limits_{x\to 0}|f(x)|=\lim\limits_{x\to 0}f(x)\geqslant 0$．

若 $f(0)=0$，则同③；若 $f(0)>0$，则 $x\to 0$ 时，$f(x)>0$，则 $f'(0)=\lim\limits_{x\to 0}\dfrac{f(x)-f(0)}{x}=b$．

对于②，记 $\lim\limits_{x\to 0}\dfrac{f(x)-|f(0)|}{x}=c$，则 $f(0)=\lim\limits_{x\to 0}f(x)=|f(0)|\geqslant 0$．

若 $f(0)=0$，则 $f'(0)=\lim\limits_{x\to 0}\dfrac{f(x)}{x}=c$；若 $f(0)>0$，亦有 $f'(0)=\lim\limits_{x\to 0}\dfrac{f(x)-f(0)}{x}=c$．

对于④，记 $\lim\limits_{x\to 0}\dfrac{|f(x)|-|f(0)|}{x}=d$，则 $|f(0)|=\lim\limits_{x\to 0}|f(x)|\geqslant 0$．

当 $f(0)=0$ 时，同③；当 $f(0)>0$ 时，$f(x)>0(x\to 0)$，有 $f'(0)=d$；当 $f(0)<0$ 时，$f(x)<0(x\to 0)$，有 $f'(0)=-d$．

故均正确．

四、导函数 $f'(x)$ 的性质总结

（ D_1（常规操作）$+D_{21}$（观察研究对象））

1. $f'(x)$

①如果导函数 $f'(x)$ 存在，则当导函数在一点极限存在时，导函数在这一点必连续．

②如果导函数在一点存在，则这一点一定不会是导函数的第一类间断点．

③若 $f(x)$ 可导，则 $f'(x)$ 可能连续，也可能含有振荡间断点．

2. $\lim\limits_{x\to +\infty}f'(x)$

① $\lim\limits_{x\to +\infty}f(x)$ 存在，但 $\lim\limits_{x\to +\infty}f'(x)$ 不一定存在．如 $f(x)=\dfrac{\sin x^2}{x}$，$f'(x)=2\cos x^2-\dfrac{\sin x^2}{x^2}$．

② $f(x)$ 在 $(0,+\infty)$ 可导且曲线 $y=f(x)$ 在 $x\to +\infty$ 时有斜渐近线，但 $\lim\limits_{x\to +\infty}f'(x)$ 不一定存在．如 $y=f(x)=x+\dfrac{\sin x^2}{x}$ 在 $x\to +\infty$ 时有斜渐近线 $y=x$，但 $f'(x)=1+2\cos x^2-\dfrac{\sin x^2}{x^2}$，其极限 $\lim\limits_{x\to +\infty}f'(x)$ 不存在．

例3.4 设 $f(x)$ 在 $x=0$ 处连续，下列结论：

①若 $f'_-(0)$ 存在，则 $f'_+(0)$ 存在；

②若 $\lim\limits_{x\to 0^-}f'(x)$ 存在，则 $\lim\limits_{x\to 0^+}f'(x)$ 存在；

③若 $f'_-(0)$ 与 $f'_+(0)$ 均存在，则 $f'(0)$ 存在；

④若 $\lim\limits_{x \to 0} f'(x)$ 存在，则 $f'(0)$ 存在.

正确结论的个数为(　　).

(A)1　　　　　　　　(B)2　　　　　　　　(C)3　　　　　　　　(D)4

【解】　应选(A).　　　　　　　$\longrightarrow$ D_{41}（试取特殊情形）

对于①，取 $f(x) = \begin{cases} -x, & x \leq 0, \\ x\sin\dfrac{1}{x}, & x > 0, \end{cases}$ $f'_-(0)$ 存在，但 $\lim\limits_{x \to 0^+} \dfrac{x\sin\dfrac{1}{x}}{x}$ 不存在，故 $f'_+(0)$ 不存在.

对于②，取 $f(x) = \begin{cases} -x, & x \leq 0, \\ x^2\sin\dfrac{1}{x}, & x > 0, \end{cases}$ $\lim\limits_{x \to 0^-} f'(x)$ 存在，但 $\lim\limits_{x \to 0^+} f'(x) = \lim\limits_{x \to 0^+}\left(2x\sin\dfrac{1}{x} - \cos\dfrac{1}{x}\right)$ 不存在.

对于③，取 $f(x) = |x|$，则 $f'_-(0) = -1$，$f'_+(0) = 1$，但 $f'(0)$ 不存在.

对于④，若 $\lim\limits_{x \to 0} f'(x)$ 存在，则 $\lim\limits_{x \to 0^+} f'(x) = \lim\limits_{x \to 0^-} f'(x) \xlongequal{\text{记为}} a$，根据定义，有

$$f'_+(0) = \lim_{x \to 0^+}\frac{f(x) - f(0)}{x - 0} \xlongequal{\text{洛必达法则}} \lim_{x \to 0^+} f'(x) = a,$$

$$f'_-(0) = \lim_{x \to 0^-}\frac{f(x) - f(0)}{x - 0} \xlongequal{\text{洛必达法则}} \lim_{x \to 0^-} f'(x) = a,$$

故 $f'(0)$ 存在.

综上，只有④正确.

五、函数在一点求导的问题

（D_1（常规操作）+D_{22}（转换等价表述））

1. $f'(x_0)$ 与 $f'(x)$ 的关系

在一个具体函数 $f(x)$ 求导时.

$\longrightarrow$ D_{22}（转换等价表述）

(1) $f'(x_0)$ 是指 x_0 点处的导数.

$\longrightarrow$ D_1（常规操作）

(2) $f'(x)$ 是指 $f(x)$ 用求导法则求出的导函数，也就是求导法则成立时的导函数表达式.

(3) 当 $f'(x)$ 这个表达式在 x_0 处无定义时，也就是求导法则在 x_0 处不成立，并不是说 $f(x)$ 在 x_0 处不可导，也即 $f'(x_0)$ 不一定不存在，要用定义求 $f'(x_0)$.

$\longrightarrow$ D_{22}（转换等价表述）

例3.5　设 $f(x) = x^{\frac{2}{3}}\sin x$，求 $f'(x)$.

【解】 当 $x \neq 0$ 时，$f'(x) = \dfrac{2}{3\sqrt[3]{x}}\sin x + \sqrt[3]{x^2}\cos x$，又

$$f'(0) = \lim_{x \to 0}\frac{f(x)-f(0)}{x-0} = \lim_{x \to 0}\sqrt[3]{x^2}\cdot\frac{\sin x}{x} = 0,$$

所以 $f'(x) = \begin{cases} \dfrac{2}{3\sqrt[3]{x}}\sin x + \sqrt[3]{x^2}\cos x, & x \neq 0, \\ 0, & x = 0. \end{cases}$

【注】 若由 $f'(x) = (\sqrt[3]{x^2}\sin x)' = \dfrac{2}{3\sqrt[3]{x}}\sin x + \sqrt[3]{x^2}\cos x$，且该式在 $x=0$ 处无定义，得出 $f'(0)$ 不存在，这无疑是错误的．道理在上面已经讲了．此处还有一个"赠品"：若 $F(x) = f(x)\cdot g(x)$，$f(x)$ 在 $x = x_0$ 处不可导，但 $F(x)$ 在 $x = x_0$ 处可能是可导的．

2. 绝对值函数求导

（1）设 $F(x) = f(x)g(x)$，$f(x)$ 在 x_0 处连续不可导，$g(x)$ 在 x_0 处可导，则 $F(x)$ 在 x_0 处可导 $\Leftrightarrow$ $g(x_0) = 0$．

特别地，若 $F(x) = |x-x_0|g(x)$，$g(x)$ 在 x_0 处可导，则 $F(x)$ 在 x_0 处可导 $\Leftrightarrow$ $g(x_0) = 0$．

（2）$|f(x)| = \sqrt{f^2(x)}$，且

$$\left[|f(x)|\right]' = \left[\sqrt{f^2(x)}\right]' = \frac{1}{2\sqrt{f^2(x)}}\cdot 2f(x)f'(x) = \frac{f(x)f'(x)}{|f(x)|}.$$

例3.6 设函数 $f(x)$ 处处可导，$f(0) = -1, f'(0) = 1$，令 $g(x) = |f(x-1)|$，则 $g'(1) = $ _____．

【解】 应填 -1．

法一 因为 $f(x)$ 处处可导，$f(0) = -1 < 0$，所以存在 $x=1$ 的某个邻域，在此邻域内 $f(x-1) < 0$，即 $g(x) = -f(x-1)$，从而 $g'(x) = -f'(x-1)$，即 $g'(1) = -f'(0) = -1$．

法二 $g'(x) = \left[|f(x-1)|\right]' = \left[\sqrt{f^2(x-1)}\right]' = \dfrac{1}{2\sqrt{f^2(x-1)}}\cdot 2f(x-1)f'(x-1)$

$$= \frac{f(x-1)f'(x-1)}{|f(x-1)|},$$

故 $g'(1) = \operatorname{sgn}\left[f(0)\right]f'(0) = -1$．

3. 分段函数在分段点处的可导性

例3.7 下列函数中，在 $x=0$ 处不可导的是（　　）．

(A) $f(x) = |x|\tan|x|$　　　　　　(B) $f(x) = |x|\tan\sqrt{|x|}$

(C) $f(x) = \sqrt{\cos|x|}$ (D) $f(x) = \cos\sqrt{|x|}$

【解】 应选(D).

(A)选项, $f'(0) = \lim\limits_{x \to 0} \dfrac{f(x) - f(0)}{x} = \lim\limits_{x \to 0} \dfrac{|x|\tan|x|}{x} = \lim\limits_{x \to 0} \dfrac{x^2}{x} = 0.$

(B)选项, $f'(0) = \lim\limits_{x \to 0} \dfrac{f(x) - f(0)}{x} = \lim\limits_{x \to 0} \dfrac{|x|\tan\sqrt{|x|}}{x} = \lim\limits_{x \to 0}\left(\dfrac{|x|}{x} \cdot \tan\sqrt{|x|}\right) = 0.$

(C)选项, $f'(0) = \lim\limits_{x \to 0} \dfrac{f(x) - f(0)}{x} = \lim\limits_{x \to 0} \dfrac{\sqrt{\cos|x|} - 1}{x} = \lim\limits_{x \to 0} \dfrac{\cos|x| - 1}{x\left(\sqrt{\cos|x|} + 1\right)} = \lim\limits_{x \to 0} \dfrac{-\dfrac{1}{2}x^2}{2x} = 0.$

(D)选项, $\lim\limits_{x \to 0} \dfrac{f(x) - f(0)}{x} = \lim\limits_{x \to 0} \dfrac{\cos\sqrt{|x|} - 1}{x} = \lim\limits_{x \to 0} \dfrac{-\dfrac{1}{2}|x|}{x}$, 故 $f'(0)$ 不存在.

第4讲
一元函数微分学的计算

三向解题法

形式化归体系块

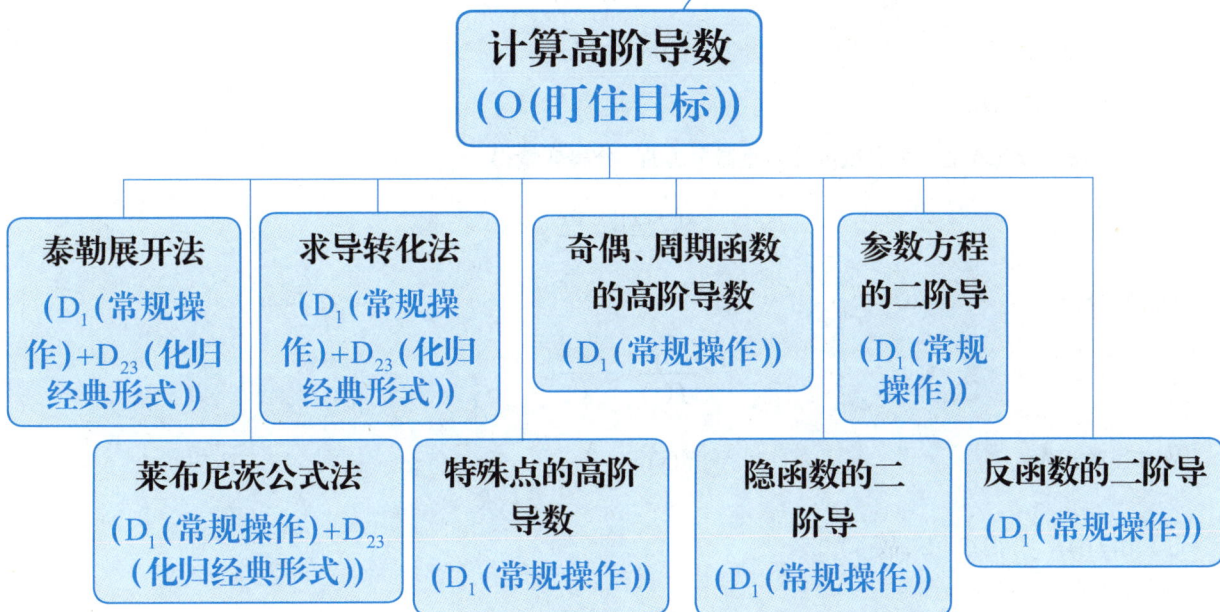

计算高阶导数
(O(盯住目标))

泰勒展开法
(D_1(常规操作)+D_{23}(化归经典形式))

求导转化法
(D_1(常规操作)+D_{23}(化归经典形式))

奇偶、周期函数的高阶导数
(D_1(常规操作))

参数方程的二阶导
(D_1(常规操作))

莱布尼茨公式法
(D_1(常规操作)+D_{23}(化归经典形式))

特殊点的高阶导数
(D_1(常规操作))

隐函数的二阶导
(D_1(常规操作))

反函数的二阶导
(D_1(常规操作))

一、泰勒展开法(D_1（常规操作）+D_{23}（化归经典形式））

若是 e^x，$\ln(1+x)$，$\sin x$，$\cos x$，$\dfrac{1}{1+x}$ 的"亲戚"，则通过简单的恒等变形，变形到已知的展开式，即

可进行泰勒展开，用展开式的唯一性，求得 $f^{(n)}(x_0)$.

尤其注意:(1)通分的逆运算(瓦解敌人,各个击破).

$$\frac{1}{x(x+1)} = \frac{1}{x} - \frac{1}{x+1} .$$

（2）对数运算性质.

$$\ln(2+x) = \ln\left[2\left(1+\frac{x}{2}\right)\right] = \ln 2 + \ln\left(1+\frac{x}{2}\right) .$$

（3）三角公式.

$$\sin^2 x = \frac{1-\cos 2x}{2}.$$

（4）广义化，$x \to$ 狗.

【注】具体公式见第6讲第一部分的"四、1.常用泰勒展开式或形式展开大观".

（5）"偏导数化".

例4.1 设函数 $f(x)$ 可导且满足 $x^2 f'(x) = f^2(x)$，$f(1) = \frac{1}{3}$，则 $f^{(n)}(0) = ($ ）.

(A) $(-1)^n n!$ (B) $(-1)^{n-1} n!$

(C) $(-2)^n n!$ (D) $(-2)^{n-1} n!$

【解】 应选(D).

$x^2 f'(x) = f^2(x)$ 是一个变量可分离型微分方程，分离变量得

$$\frac{\mathrm{d}[f(x)]}{f^2(x)} = \frac{\mathrm{d}x}{x^2},$$

两边积分，得

$$-\frac{1}{f(x)} = -\frac{1}{x} - C,$$

故方程通解为

$$f(x) = \frac{x}{Cx+1}.$$

由 $f(1) = \frac{1}{3}$，得 $C = 2$，故

$$f(x) = \frac{x}{2x+1} = \frac{1}{2} - \frac{1}{2} \cdot \frac{1}{2x+1} = \frac{1}{2} - \frac{1}{2} \sum_{n=0}^{\infty} (-1)^n 2^n x^n.$$

因此

$$f^{(n)}(0) = (-2)^{n-1} n!.$$

例4.2 (1) 设 $y = \frac{1}{x(1-x)}$，求 $\frac{\mathrm{d}^n y}{\mathrm{d}x^n}$；

(2) 设 $z = \frac{y^2}{x(1-x)}$，求 $\frac{\partial^n z}{\partial x^n}$.

【解】 (1) 由于 $y = \frac{1}{x} + \frac{1}{1-x}$，因此

$$\frac{\mathrm{d}^n y}{\mathrm{d}x^n} = (-1)^n \frac{n!}{x^{n+1}} + (-1)^{n+n} \frac{n!}{(1-x)^{n+1}}$$

$$= \left[(-1)^n \frac{1}{x^{n+1}} + \frac{1}{(1-x)^{n+1}} \right] n!.$$

(2) 由于 $z = y^2 \left(\dfrac{1}{x} + \dfrac{1}{1-x} \right)$，因此 $\dfrac{\partial^n z}{\partial x^n} = y^2 \left[(-1)^n \dfrac{1}{x^{n+1}} + \dfrac{1}{(1-x)^{n+1}} \right] n!$.

二、莱布尼茨公式法（D_1（常规操作）$+D_{23}$（化归经典形式））

若是(或可恒等变形为) $f(x) \cdot (ax^2 + bx + c)$，例如 $e^x(1+x^2)$，则用莱布尼茨乘积求导公式，因为 $(ax^2 + bx + c)''' = 0$，使用莱布尼茨公式求导后只剩三项.

常用 n 阶导数公式(n 为正整数)：

$$(a^x)^{(n)} = a^x \ln^n a ;$$

$$\left(\frac{1}{1+x} \right)^{(n)} = \frac{(-1)^n n!}{(1+x)^{n+1}} ;$$

$$[\ln(1+x)]^{(n)} = \frac{(-1)^{n-1}(n-1)!}{(1+x)^n} ;$$

$$(\sin x)^{(n)} = \sin\left(x + n\frac{\pi}{2} \right) ;$$

$$(\cos x)^{(n)} = \cos\left(x + n\frac{\pi}{2} \right) .$$

例4.3 设 $f(x) = (x^3-1)^n$，则 $f^{(n)}(1) = $ _____.

【解】 应填 $3^n n!$.

$f(x) = (x^3-1)^n = (x-1)^n (x^2+x+1)^n$. 由莱布尼茨公式，得

$$f^{(n)}(x) = \sum_{k=0}^{n} C_n^k [(x-1)^n]^{(k)} [(x^2+x+1)^n]^{(n-k)} ,$$

故 $f^{(n)}(1) = C_n^n [(x-1)^n]^{(n)} (x^2+x+1)^n \big|_{x=1} = 3^n n!$.

三、求导转化法（D_1（常规操作）$+D_{23}$（化归经典形式））

①若非"亲戚"，也不能恒等变形，考虑求一阶、二阶导再恒等变形. 如 $y = \arctan x$，$(\arctan x)' = \dfrac{1}{1+x^2}$，即 $y'(1+x^2) = 1$，转化到"二、莱布尼茨公式法".

②这里要记住"二、莱布尼茨公式法"中所讲的常用的 5 个公式，且要会简单的递推.

例4.4 设 $y = \dfrac{x}{1+x^2}$，求 $y^{(n)}$ 满足的递推关系式及 $y^{(2n+1)}(0)$.

【解】 由 $y = \dfrac{x}{1+x^2}$ ，得 $(1+x^2)y = x$ ，所以

$$(1+x^2)y^{(n)} + 2nxy^{(n-1)} + n(n-1)y^{(n-2)} = 0 \quad (n = 2, 3, \cdots),$$

其中 $y' = \dfrac{1-x^2}{(1+x^2)^2}$ ， $y^{(0)} = y = \dfrac{x}{1+x^2}$.

令 $x = 0$ ，得 $y^{(n)}(0) + n(n-1)y^{(n-2)}(0) = 0$. 又 $y'(0) = 1$ ， $y(0) = 0$ ，故

$$y'''(0) = -3 \times 2 \times 1 = -3!,$$

$$y^{(5)}(0) = -5 \times 4 \times (-3!) = 5!,$$

$$\cdots\cdots$$

$$y^{(2n+1)}(0) = (-1)^n (2n+1)!.$$

【注】
$$y''(0) = -2 \times 1 \times 0 = 0,$$
$$y^{(4)}(0) = -4 \times 3 \times 0 = 0,$$
$$\cdots\cdots$$
$$y^{(2n)}(0) = 0.$$

四、特殊点的高阶导数（D_1（常规操作））

（1）分段函数的分段点．

（2）带绝对值的函数．

例4.5 设函数 $y = f(x)$ 由 $\begin{cases} x = 2t + |t|, \\ y = |t|\tan t \end{cases}$ 所确定，则在 $\left(-\dfrac{\pi}{2}, \dfrac{\pi}{2}\right)$ 内（　　　）.

(A) $f(x)$ 连续， $f'(0)$ 不存在

(B) $f'(0)$ 存在， $f'(x)$ 在 $x = 0$ 处不连续

(C) $f'(x)$ 连续， $f''(0)$ 不存在

(D) $f''(0)$ 存在， $f''(x)$ 在 $x = 0$ 处不连续

【解】 应选(C).

当 $t \geqslant 0$ 时， $\begin{cases} x = 3t, \\ y = t\tan t; \end{cases}$ 当 $t < 0$ 时， $\begin{cases} x = t, \\ y = -t\tan t, \end{cases}$ 即

$$y = f(x) = \begin{cases} \dfrac{x}{3}\tan\dfrac{x}{3}, & x \geqslant 0, \\ -x\tan x, & x < 0, \end{cases}$$

故 $f(x)$ 在 $\left(-\dfrac{\pi}{2},\dfrac{\pi}{2}\right)$ 内连续.

又

$$f'_+(0)=\lim_{x\to0^+}\frac{f(x)-f(0)}{x-0}=\lim_{x\to0^+}\frac{\dfrac{x}{3}\tan\dfrac{x}{3}}{x}=0,$$

$$f'_-(0)=\lim_{x\to0^-}\frac{f(x)-f(0)}{x-0}=\lim_{x\to0^-}\frac{-x\tan x}{x}=0,$$

即 $f'_+(0)=f'_-(0)=0$ ，故 $f'(0)$ 存在且 $f'(0)=0$.

当 $x>0$ 时，$\qquad\qquad f'(x)=\dfrac{1}{3}\tan\dfrac{x}{3}+\dfrac{x}{9}\sec^2\dfrac{x}{3}$；

当 $x<0$ 时，$\qquad\qquad f'(x)=-\tan x-x\sec^2 x$，

故 $\lim\limits_{x\to0^+}f'(x)=\lim\limits_{x\to0^-}f'(x)=0=f'(0)$ ，则 $f'(x)$ 在 $x=0$ 处连续，故 $f'(x)$ 在 $\left(-\dfrac{\pi}{2},\dfrac{\pi}{2}\right)$ 内连续.

又

$$f''_+(0)=\lim_{x\to0^+}\frac{f'(x)-f'(0)}{x-0}=\lim_{x\to0^+}\frac{\dfrac{1}{3}\tan\dfrac{x}{3}+\dfrac{x}{9}\sec^2\dfrac{x}{3}}{x}=\frac{2}{9},$$

$$f''_-(0)=\lim_{x\to0^-}\frac{f'(x)-f'(0)}{x-0}=\lim_{x\to0^-}\frac{-\tan x-x\sec^2 x}{x}=-2,$$

故 $f''_+(0)\neq f''_-(0)$ ，即 $f''(0)$ 不存在.

五、奇偶、周期函数的高阶导数（ D_1（常规操作））

（1）$f(x)$ 为奇函数 $\Rightarrow\begin{cases}f^{(2n)}(x)\text{为奇函数,}\\ f^{(2n+1)}(x)\text{为偶函数.}\end{cases}$

（2）$f(x)$ 为偶函数 $\Rightarrow\begin{cases}f^{(2n)}(x)\text{为偶函数,}\\ f^{(2n+1)}(x)\text{为奇函数.}\end{cases}$

（3）$f(x)$ 为周期函数 $\Rightarrow f^{(n)}(x)$ 为周期函数.

例4.6 设 $f(x)=\dfrac{1}{2^x+1}$，$x\in\mathbf{R}$，则 $f^{(4)}(0)=$ _____ .

【解】应填 0.

$\quad\to D_{21}$（观察研究对象）

$f(x)=\dfrac{1}{2^x+1}-\dfrac{1}{2}+\dfrac{1}{2}$ ，令 $g(x)=\dfrac{1}{2^x+1}-\dfrac{1}{2}$ ，则 $f(x)=g(x)+\dfrac{1}{2}$. 由 $g(-x)=-g(x)$ 知，$g(x)$ 为定义在 $\mathbf{R}$ 上

的奇函数，故 $g^{(4)}(x)$ 也为奇函数，又 $f^{(4)}(x)=g^{(4)}(x)$ ，于是 $f^{(4)}(0)=g^{(4)}(0)=0$.

六、隐函数的二阶导（D_1（常规操作））

$F[x, y(x)] = 0 \Rightarrow$ 在 $F[x, y(x)] = 0$ 两边对 x 求导，得 $G[x, y(x), y'(x)] = 0 \Rightarrow y'(x)$；再对 $G[x, y(x), y'(x)] = 0$ 求导，得 $y''(x)$．

例4.7 已知可导函数 $y = y(x)$ 满足 $ae^x + y^2 + y - \ln(1+x)\cos y + b = 0$，且 $y(0) = 0$，$y'(0) = 0$．

（1）求 a, b 的值；

（2）判断 $x = 0$ 是否为 $y(x)$ 的极值点．

【解】 （1）由 $y(0) = 0$ 得 $a + b = 0$．

对 $ae^x + y^2 + y - \ln(1+x)\cos y + b = 0$ 两边关于 x 求导，得

$$ae^x + 2yy' + y' - \frac{\cos y}{1+x} + \ln(1+x)y'\sin y = 0,$$

将 $x = 0$，$y(0) = 0$，$y'(0) = 0$ 代入，得 $a - 1 = 0$．

因此 $a = 1$，$b = -1$．

（2）由（1）知，$e^x + 2yy' + y' - \dfrac{\cos y}{1+x} + \ln(1+x)y'\sin y = 0$，在等式两端关于 x 求导，得

$$e^x + 2(y')^2 + 2yy'' + y'' + \frac{\cos y}{(1+x)^2} + \frac{2y'\sin y}{1+x} + \ln(1+x)(y')^2\cos y + \ln(1+x)y''\sin y = 0,$$

将 $x = 0$，$y(0) = 0$，$y'(0) = 0$ 代入，得 $y''(0) = -2$．

因为 $y'(0) = 0$，$y''(0) < 0$，所以 $x = 0$ 为 $y(x)$ 的极大值点．

七、参数方程的二阶导（D_1（常规操作））

$$\begin{cases} x = x(t), \\ y = y(t) \end{cases} \Rightarrow \frac{dy}{dx} = \frac{dy/dt}{dx/dt} = \frac{y'(t)}{x'(t)} \xlongequal{\text{记为}} \varphi(t), \text{ 则 } \frac{d^2y}{dx^2} = \frac{d\left(\frac{dy}{dx}\right)/dt}{dx/dt} = \frac{\varphi'(t)}{x'(t)}.$$

例4.8 若 $\begin{cases} x = \ln t, \\ y = e^{t^2}, \end{cases}$ 则 $\left.\dfrac{d^2y}{dx^2}\right|_{t=1} = $ _____．

【解】 应填 $8e$．

$$\frac{dy}{dx} = \frac{\dfrac{dy}{dt}}{\dfrac{dx}{dt}} = \frac{2te^{t^2}}{\dfrac{1}{t}} = 2t^2e^{t^2},$$

$$\frac{d^2y}{dx^2} = \frac{d}{dx}(2t^2e^{t^2}) = \frac{\dfrac{d}{dt}(2t^2e^{t^2})}{\dfrac{dx}{dt}} = \frac{4t(1+t^2)e^{t^2}}{\dfrac{1}{t}} = 4t^2(1+t^2)e^{t^2},$$

则 $\dfrac{d^2y}{dx^2}\bigg|_{t=1} = 8e$.

八、反函数的二阶导（ D_1（常规操作））

在 $y=f(x)$ 单调, 且二阶可导的情况下, 若 $f'(x) \neq 0$, 则存在反函数 $x = \varphi(y)$, 记 $f'(x) = y'_x$, $\varphi'(y) = x'_y$, 则有

$$y'_x = \frac{dy}{dx} = \frac{1}{\dfrac{dx}{dy}} = \frac{1}{x'_y},$$

$$y''_{xx} = \frac{d^2y}{dx^2} = \frac{d\left(\dfrac{dy}{dx}\right)}{dx} = \frac{d\left(\dfrac{1}{x'_y}\right)}{dx} = \frac{d\left(\dfrac{1}{x'_y}\right)}{dy} \cdot \frac{1}{x'_y} = -\frac{1}{(x'_y)^2} \cdot (x'_y)'_y \cdot \frac{1}{x'_y} = -\frac{x''_{yy}}{(x'_y)^2} \cdot \frac{1}{x'_y} = -\frac{x''_{yy}}{(x'_y)^3},$$

反过来, 则有

$$x'_y = \frac{1}{y'_x}, \quad x''_{yy} = -\frac{y''_{xx}}{(y'_x)^3}.$$

例4.9 已知函数 $f(x) = e^x + 2x + 1$, 设 $g(y)$ 与 $f(x)$ 互为反函数, 则 $g''(2) = ($ 　　　$)$.

(A) $\dfrac{1}{3}$　　　　　(B) -3　　　　　(C) $-\dfrac{1}{27}$　　　　　(D) $-\dfrac{e^2}{(e^2+2)^3}$

【解】 应选(C).

显然 $f(x) = e^x + 2x + 1$ 单调递增, 由 $f(0) = 2$, 知 $g(2) = 0$. 又

$$g'(y) = \frac{1}{f'(x)} = \frac{1}{e^x + 2},$$

再对 y 求一次导数(注意 x 是 y 的函数)可得

$$g''(y) = -\frac{e^x}{(e^x+2)^2} \cdot g'(y) = -\frac{e^x}{(e^x+2)^2} \cdot \frac{1}{e^x+2} = -\frac{e^x}{(e^x+2)^3},$$

故

$$g''(2) = -\frac{e^x}{(e^x+2)^3}\bigg|_{x=0} = -\frac{1}{27}.$$

第5讲
一元函数微分学的应用（一）
——几何应用

三向解题法

计算图形的相关几何量(性态)
(O(盯住目标))

| 切线、法线与截距 (D$_1$(常规操作)+D$_{22}$(转换等价表述)) | 单调性、极值、凹凸性与拐点 (D$_1$(常规操作)+D$_{22}$(转换等价表述)) | 渐近线 (D$_1$(常规操作)) | 最值或值域 (D$_1$(常规操作)+D$_{23}$(化归经典形式)) |

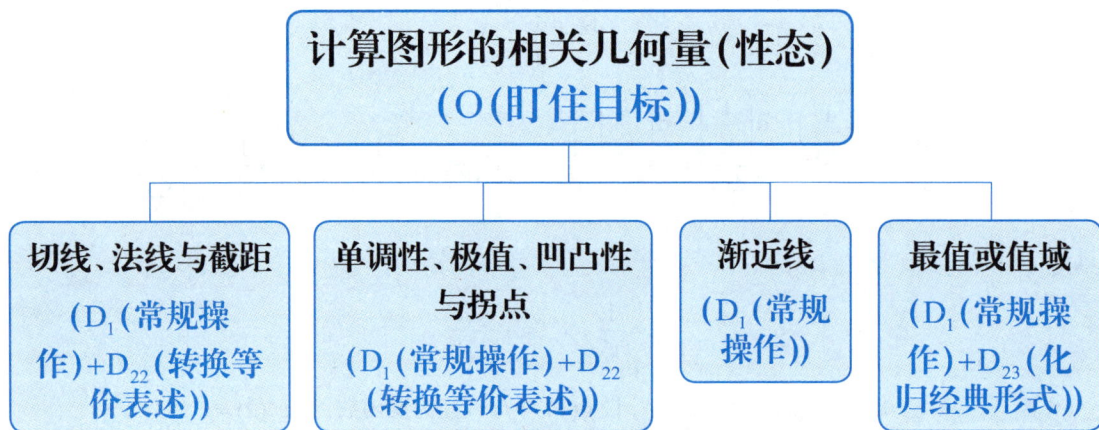

等价表述体系块

一、切线、法线与截距

(D$_1$（常规操作）+D$_{22}$（转换等价表述）)

$\rightarrow$ D$_{22}$（转换等价表述）

设 $y = y(x)$ 可导且 $y'(x) \neq 0$，切点为 (x_0, y_0)．

（1）切线方程：$y - y_0 = y'(x_0)(x - x_0)$．

（2）法线方程：$y - y_0 = \dfrac{-1}{y'(x_0)}(x - x_0)$．

（3）切线在 x 轴上的截距为 $x_0 - \dfrac{y_0}{y'(x_0)}$；

切线在 y 轴上的截距为 $y_0 - x_0 y'(x_0)$；

法线在x轴上的截距为$x_0 + y_0 y'(x_0)$；

法线在y轴上的截距为$y_0 + \dfrac{x_0}{y'(x_0)}$．

例5.1 已知曲线$(2-x^{n^2})y = 1$在点$(1,1)$处的切线与x轴的交点为$(x_n, 0)$，$n = 2$，3，$\cdots$，则$\lim\limits_{n\to\infty}(x_n)^{\frac{n^2}{2}} = $ _____．

【解】 应填$\dfrac{1}{\sqrt{\mathrm{e}}}$．

由题可得$y = \dfrac{1}{2-x^{n^2}}$，$y' = \dfrac{n^2 x^{n^2-1}}{(2-x^{n^2})^2}$，$y'(1) = n^2$，故在点$(1,1)$处的切线方程为$y - 1 = n^2(x-1)$，令$y = 0$，有$x_n = 1 - \dfrac{1}{n^2}$，于是

$$\lim\limits_{n\to\infty}(x_n)^{\frac{n^2}{2}} = \lim\limits_{n\to\infty}\left(1 - \dfrac{1}{n^2}\right)^{\frac{n^2}{2}} = \mathrm{e}^{\lim\limits_{n\to\infty}\left[\frac{n^2}{2}\cdot\left(-\frac{1}{n^2}\right)\right]} = \dfrac{1}{\sqrt{\mathrm{e}}}\,.$$

【注】本题还可以改为求$\lim\limits_{n\to\infty}\dfrac{\mathrm{e}^{x_n-1}-1}{\arctan\dfrac{1}{n^2}}$，则原式$= \lim\limits_{n\to\infty}\dfrac{\mathrm{e}^{-\frac{1}{n^2}}-1}{\dfrac{1}{n^2}} = -1$．

例5.2 设$f(x)$有连续的一阶导数，且$f(0) = 0$，$f'(0) = 1$．求极限$\lim\limits_{x\to 0}\dfrac{xf(u)}{uf(x)}$，其中$u$是曲线$y = f(x)$在点$(x, f(x))$处的切线在$x$轴上的截距．

【解】 曲线在点$(x, f(x))$处的切线方程为$Y - f(x) = f'(x)(X - x)$．

令$Y = 0$，得$X = x - \dfrac{f(x)}{f'(x)}$，即$u = x - \dfrac{f(x)}{f'(x)}$．因为

$$\lim\limits_{x\to 0}u = \lim\limits_{x\to 0}\left[x - \dfrac{f(x)}{f'(x)}\right] = -\dfrac{f(0)}{f'(0)} = 0\,,$$

所以

$$\lim\limits_{x\to 0}\dfrac{xf(u)}{uf(x)} = \lim\limits_{x\to 0}\dfrac{x}{f(x)}\cdot\lim\limits_{u\to 0}\dfrac{f(u)}{u} = \lim\limits_{x\to 0}\dfrac{1}{\dfrac{f(x)-f(0)}{x-0}}\cdot\lim\limits_{u\to 0}\dfrac{f(u)-f(0)}{u-0} = \dfrac{1}{f'(0)}\cdot f'(0) = 1\,.$$

二、单调性、极值、凹凸性与拐点

（D_1（常规操作）+D_{22}（转换等价表述））

1.单调性的判别（D_1（常规操作））

设函数 $y=f(x)$ 在 $[a,b]$ 上连续,在 (a,b) 内可导.

①如果在 (a,b) 内 $f'(x)\geqslant 0$,且等号仅在有限多个点处成立,那么函数 $y=f(x)$ 在 $[a,b]$ 上严格单调增加;

②如果在 (a,b) 内 $f'(x)\leqslant 0$,且等号仅在有限多个点处成立,那么函数 $y=f(x)$ 在 $[a,b]$ 上严格单调减少.

2.极值的定义（D_{22}（转换等价表述））

对于函数 $f(x)$,若存在点 x_0 的某个邻域,使得在该邻域内任意一点 x,均有

$$f(x)\leqslant f(x_0)(\text{或}f(x)\geqslant f(x_0))$$

成立,则称点 x_0 为 $f(x)$ 的**极大值点**(或**极小值点**),$f(x_0)$ 为 $f(x)$ 的**极大值**(或**极小值**).

3.凹凸性的定义（D_{22}（转换等价表述））

定义1 设函数 $f(x)$ 在区间 I 上连续. 如果对 I 上任意不同两点 x_1,x_2,恒有

$$f\left(\frac{x_1+x_2}{2}\right)<\frac{f(x_1)+f(x_2)}{2},$$

则称 $y=f(x)$ 在 I 上的**图形是凹的**,如图(a)所示;如果恒有

$$f\left(\frac{x_1+x_2}{2}\right)>\frac{f(x_1)+f(x_2)}{2},$$

则称 $y=f(x)$ 在 I 上的**图形是凸的**,如图(b)所示.

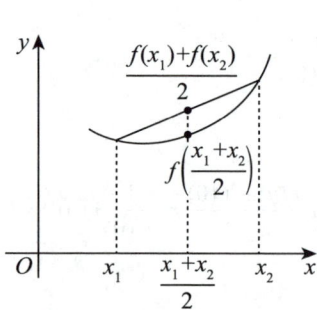

图形上任意弧段位于弦的下方

$$\frac{f(x_1)+f(x_2)}{2}>f\left(\frac{x_1+x_2}{2}\right)$$

(a)

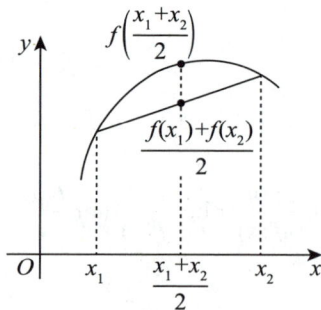

图形上任意弧段位于弦的上方

$$\frac{f(x_1)+f(x_2)}{2}<f\left(\frac{x_1+x_2}{2}\right)$$

(b)

定义2 设 $f(x)$ 在 $[a,b]$ 上连续,在 (a,b) 内可导,若对 (a,b) 内的任意 x 及 x_0 $(x \neq x_0)$,均有

$$f(x_0) + f'(x_0)(x-x_0) < f(x),$$
$$(>)$$

则称 $f(x)$ 在 $[a,b]$ 上是 凹 的.
$\qquad\qquad\qquad\qquad\quad$ (凸)

4.拐点的定义（D_{22}(转换等价表述)）

连续曲线的凹弧与凸弧的分界点称为该曲线的**拐点**.

5.重要结论

D_{22}(转换等价表述),以下几个结论,是命题常用的专业术语及其表达式,要反复训练,熟练掌握.

等价表述体系块

(1) 设 $f(x)$ 可导,$\begin{cases} \text{有极值点} \rightleftharpoons f'(x) \text{有零点,} \\ \text{无极值点} \Rightarrow f(x) \text{的单调性不变,} f'(x) \begin{cases} \geqslant 0, \\ \leqslant 0. \end{cases} \end{cases}$

(2) 设 $f(x)$ 二阶可导,$\begin{cases} \text{有拐点} \rightleftharpoons f''(x) \text{有零点,} \\ \text{无拐点} \Rightarrow f'(x) \text{的单调性不变,} f''(x) \begin{cases} \geqslant 0, \\ \leqslant 0. \end{cases} \end{cases}$

(3) (仅数学一、数学二)若 $f(x)$ 在点 $P_0(x_0, y_0)$ 处的曲率圆方程为 $(x-a)^2 + (y-b)^2 = r^2$,对 x 求导可得 y_x',再对 x 求导可得 y_{xx}'',则 $y_x'|_{x=x_0} = f'(x_0)$,$y_{xx}''|_{x=x_0} = f''(x_0)$.

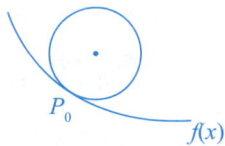

例5.3 设函数 $f(x) = (x^2+a)e^x$,若 $f(x)$ 没有极值点,但曲线 $y = f(x)$ 有拐点,则 a 的取值范围是(　　).

(A) $[0,1)$ $\qquad$ (B) $[1,+\infty)$ $\qquad$ (C) $[1,2)$ $\qquad$ (D) $[2,+\infty)$

【解】 应选(C).

$$f'(x) = (x^2 + 2x + a)e^x,$$

曲线无极值点,故 $\Delta = 4 - 4a \leqslant 0$,即 $a \geqslant 1$.

$$f''(x) = (x^2 + 4x + a + 2)e^x,$$

曲线有拐点,故 $\Delta = 16 - 4(a+2) > 0$,即 $a < 2$.故选(C).

例5.4 (仅数学一、数学二)已知曲线 $y = f(x)$ 在点 $(0,1)$ 处的曲率圆方程为 $(x-1)^2 + y^2 = 2$,且当 $x \to 0$ 时,二阶可导函数 $f(x)$ 与 $a + bx + cx^2$ 的差为 $o(x^2)$,则(　　).

(A) $a=0$,$b=1$,$c=\dfrac{3}{2}$ $\qquad\qquad$ (B) $a=1$,$b=0$,$c=1$

(C) $a=1$,$b=1$,$c=-1$ $\qquad\qquad$ (D) $a=1$,$b=0$,$c=-1$

【解】 应选(C).

由题意可知，点 $(0,1)$ 在曲线上，故 $f(0)=1$.

对曲率圆方程 $(x-1)^2+y^2=2$ 关于 x 求导，得

$$2(x-1)+2y\cdot y'=0 , \qquad (*)$$

故可得

$$y'=\frac{-(x-1)}{y} ,$$

即有 $f'(0)=y'\big|_{x=0}=1$.

对 $(*)$ 式两边关于 x 求导，得

$$2+2(y')^2+2y\cdot y''=0 ,$$

代入 $f(0)=1$, $f'(0)=1$, 可得 $f''(0)=y''\big|_{x=0}=-2$.

故当 $x\to 0$ 时，有

$$f(x)=f(0)+f'(0)x+\frac{f''(0)}{2}x^2+o(x^2)=1+x-x^2+o(x^2) .$$

故由题意知，$a=1$, $b=1$, $c=-1$.

例5.5 设

$$f(x)=a|\cos x|+b|\sin x|$$

在 $x=-\dfrac{\pi}{3}$ 处取得极小值，并且 $\displaystyle\int_{-\frac{\pi}{2}}^{\frac{\pi}{2}}[f(x)]^2\mathrm{d}x=2$. 求常数 a,b 的值.

【解】 因为 $f(x)$ 是偶函数，所以 $[f(x)]^2$ 也是偶函数. 从而

$$2=\int_{-\frac{\pi}{2}}^{\frac{\pi}{2}}[f(x)]^2\mathrm{d}x=2\int_0^{\frac{\pi}{2}}[f(x)]^2\mathrm{d}x=2\int_0^{\frac{\pi}{2}}(a\cos x+b\sin x)^2\mathrm{d}x ,$$

即

$$1=\int_0^{\frac{\pi}{2}}(a\cos x+b\sin x)^2\mathrm{d}x=(a^2+b^2)\frac{\pi}{4}+ab . \qquad ①$$

又当 $-\dfrac{\pi}{2}<x<0$ 时，$f(x)=a\cos x-b\sin x$, 从而

$$f'(x)=-a\sin x-b\cos x ,$$

$$f''(x)=-a\cos x+b\sin x .$$

又因为 $x=-\dfrac{\pi}{3}$ 是极小值点，所以 $f'\left(-\dfrac{\pi}{3}\right)=0$, $f''\left(-\dfrac{\pi}{3}\right)\geqslant 0$. 由此得

$$-a\sin\left(-\frac{\pi}{3}\right)-b\cos\left(-\frac{\pi}{3}\right)=0 , \text{ 即 } b=\sqrt{3}a ; \qquad ②$$

$$-a\cos\left(-\frac{\pi}{3}\right)+b\sin\left(-\frac{\pi}{3}\right)\geq 0 ,\text{ 即 } a+\sqrt{3}b\leq 0 .$$ ③

联立①,②式,解得 $a^2=\dfrac{1}{\sqrt{3}+\pi}$.由②,③式可知 $a\leq 0$, $b\leq 0$,因此

$$a=-\sqrt{\frac{1}{\sqrt{3}+\pi}} ,\quad b=-\sqrt{\frac{3}{\sqrt{3}+\pi}} .$$

D_{22} (转换等价表述),要深刻理解"局部上"的函数性态是如何用微分学知识描述的,而不是死记硬背结论或反例.

例 5.6 设函数 $f(x)$ 在 $x=x_0$ 处有二阶导数,则(　　).

(A) 当 $f(x)$ 在 x_0 的某邻域内单调增加时, $f'(x_0)>0$

(B) 当 $f'(x_0)>0$ 时, $f(x)$ 在 x_0 的某邻域内单调增加

(C) 当曲线 $f(x)$ 在 x_0 的某邻域内是凹的时, $f''(x_0)>0$

(D) 当 $f''(x_0)>0$ 时,曲线 $f(x)$ 在 x_0 的某邻域内是凹的

【解】 应选(B).

对于选项(A),若曲线上的点相依相偎充分近,变化率用 $f'(x)$ 可能测不到,即可能 $f'(x_0)=0$.如 $f(x)=x^3$, $x_0=0$,则 $f(x)$ 在 $x=0$ 的某邻域内单调增加,但 $f'(0)=0$,排除(A).

对于选项(B),由于 $f(x)$ 在 $x=x_0$ 处有二阶导数,故 $f(x)$ 在 $x=x_0$ 处一阶导数连续,即 $\lim\limits_{x\to x_0}f'(x)=f'(x_0)>0$.由局部保号性,存在 $\delta>0$,当 $x\in U(x_0,\delta)$ 时,有 $f'(x)>0$,于是, $f(x)$ 在 x_0 的某邻域内单调增加,选择(B).

对于选项(C),道理同(A),点相依相偎充分近,凹凸性用 $f''(x)$ 可能测不到.如 $f(x)=x^4$, $x_0=0$,则曲线 $f(x)$ 在 $x=0$ 的某邻域内是凹的,但 $f''(0)=0$,排除(C).

对于选项(D),一点附近的凹凸性不能由该点二阶导数的正负确定,除非二阶导数在该点还连续,使得其在该点附近均有二阶导数的定号结论,排除(D).

例 5.7 设 $y=k(x^2-3)^2 (k\neq 0)$ 在拐点处的法线经过原点,则 k 的取值范围为(　　).

(A) $\left\{-1,\dfrac{1}{4\sqrt{2}}\right\}$ 　　　　　　(B) $\left\{-\dfrac{1}{4\sqrt{2}},1\right\}$

(C) $\{-1,1\}$ 　　　　　　(D) $\left\{-\dfrac{1}{4\sqrt{2}},\dfrac{1}{4\sqrt{2}}\right\}$

【解】 应选(D).

由

$$y=k(x^2-3)^2 ,$$

得

$$y'=2k(x^2-3)\cdot 2x=4kx(x^2-3) ,$$

$$y''=4k(x^2-3+x\cdot 2x)=4k(3x^2-3) .$$

令 $y'' = 0$ ，解得 $x = \pm 1$ ，可验证 $(\pm 1, 4k)$ 都是拐点．

又 $y'|_{x=-1} = 8k$ ， $y'|_{x=1} = -8k$ ，于是在拐点处的法线分别为

$$y - 4k = -\frac{1}{8k}(x+1) , \quad y - 4k = \frac{1}{8k}(x-1) .$$

由法线过原点可得 $32k^2 = 1$ ，从而 $k = \pm\dfrac{1}{4\sqrt{2}}$ ，故选 (D)．

三、渐近线（ D_1 （常规操作））

例 5.8 曲线 $y = x\ln\left(\mathrm{e} + \dfrac{1}{x-1}\right)$ 的斜渐近线方程为（　　）．

(A) $y = x + \mathrm{e}$ 　　　　(B) $y = x + \dfrac{1}{\mathrm{e}}$ 　　　　(C) $y = x$ 　　　　(D) $y = x - \dfrac{1}{\mathrm{e}}$

【解】 应选 (B)．

$$a = \lim_{x\to\infty}\frac{y}{x} = \lim_{x\to\infty}\ln\left(\mathrm{e} + \frac{1}{x-1}\right) = \ln\mathrm{e} = 1 ,$$

$$b = \lim_{x\to\infty}(y - ax) = \lim_{x\to\infty}\left[x\ln\left(\mathrm{e} + \frac{1}{x-1}\right) - x\right] \xlongequal{\text{由例1.9}} \frac{1}{\mathrm{e}} ,$$

所以所求斜渐近线方程为 $y = x + \dfrac{1}{\mathrm{e}}$ ．故选 (B)．

例 5.9 曲线 $y = \dfrac{(1+x)^{\frac{3}{2}}}{\sqrt{x}}$ 的斜渐近线方程为 _____．

【解】 应填 $y = x + \dfrac{3}{2}$ ．

因为
$$a = \lim_{x\to+\infty}\frac{y}{x} = \lim_{x\to+\infty}\frac{(1+x)^{\frac{3}{2}}}{x^{\frac{3}{2}}} = \lim_{x\to+\infty}\left(\frac{1}{x} + 1\right)^{\frac{3}{2}} = 1 ,$$

$$b = \lim_{x\to+\infty}(y - ax) = \lim_{x\to+\infty}\left[\frac{(1+x)^{\frac{3}{2}}}{\sqrt{x}} - x\right]$$

$$= \lim_{x\to+\infty}\frac{(1+x)^{\frac{3}{2}} - x^{\frac{3}{2}}}{\sqrt{x}} = \lim_{x\to+\infty}\frac{x^{\frac{3}{2}}\left[\left(1+\dfrac{1}{x}\right)^{\frac{3}{2}} - 1\right]}{\sqrt{x}}$$

$$= \lim_{x\to+\infty} x\cdot\frac{3}{2}\cdot\frac{1}{x} = \frac{3}{2} ,$$

故所求斜渐近线方程为 $y = x + \dfrac{3}{2}$.

例5.10 求曲线 $y = \dfrac{x^{1+x}}{(1+x)^x}(x>0)$ 的斜渐近线方程.

【解】　因为

$$a = \lim_{x\to+\infty}\frac{y}{x} = \lim_{x\to+\infty}\frac{1}{\left(1+\dfrac{1}{x}\right)^x} = \frac{1}{e},$$

$$b = \lim_{x\to+\infty}(y-ax) = \lim_{x\to+\infty}\left(y-\frac{x}{e}\right) = \lim_{x\to+\infty}\left[\frac{x^{1+x}}{(1+x)^x}-\frac{x}{e}\right]\underset{\text{由例1.10}}{=\!=\!=}\frac{1}{2e}.$$

所以曲线 $y = \dfrac{x^{1+x}}{(1+x)^x}(x>0)$ 的斜渐近线方程为 $y = \dfrac{1}{e}x + \dfrac{1}{2e}$.

例5.11 设 $g(x)$ 是函数 $f(x) = \dfrac{1}{2}\ln\dfrac{3+x}{3-x}$ 的反函数，则曲线 $y = g(x)$ 的渐近线方程为_____.

【解】　应填 $y = \pm 3$.

令 $y = \dfrac{1}{2}\ln\dfrac{3+x}{3-x}$，则 $2y = \ln\dfrac{3+x}{3-x}$，$e^{2y} = \dfrac{3+x}{3-x}$，$x = 3 - \dfrac{6}{e^{2y}+1}$，即

$$g(x) = 3 - \frac{6}{e^{2x}+1},\ \lim_{x\to+\infty}g(x)=3,\ \lim_{x\to-\infty}g(x)=-3.$$

故曲线 $y = g(x)$ 的渐近线方程为 $y = \pm 3$.

例5.12 设函数 $f(x)$ 在 $(-\infty,+\infty)$ 内连续，且满足 $\displaystyle\int_0^x f(t-x)\mathrm{d}t = e^{-x} - \dfrac{x^2}{4} - 1$，则曲线 $y = f(x)$ 有斜渐近线_____.

【解】　应填 $y = \dfrac{1}{2}x$.

令 $u = t-x$，则 $\displaystyle\int_0^x f(t-x)\mathrm{d}t = \int_{-x}^0 f(u)\mathrm{d}u$. 对方程 $\displaystyle\int_{-x}^0 f(u)\mathrm{d}u = e^{-x}-\dfrac{x^2}{4}-1$ 两边求关于 x 的导数，得

$f(-x) = -e^{-x} - \dfrac{x}{2}$，即 $f(x) = -e^x + \dfrac{x}{2}$. 因为

$$a = \lim_{x\to-\infty}\frac{f(x)}{x} = \frac{1}{2} - \lim_{x\to-\infty}\frac{e^x}{x} = \frac{1}{2},$$

$$b = \lim_{x\to-\infty}[f(x)-ax] = -\lim_{x\to-\infty}e^x = 0,$$

所以曲线 $y = f(x)$ 有斜渐近线 $y = \dfrac{1}{2}x$. 同理可判断 $x\to+\infty$ 时，曲线无斜渐近线.

四、最值或值域（D_1（常规操作）+D_{23}（化归经典形式））

（1）当 $f(x)$ 在 $[a,b]$ 上连续时：最值只可能在驻点、导数不存在的点或区间端点上取到.

（2）当有唯一极值点时：若函数 $f(x)$ 在 (a,b) 内连续，且有唯一的极值点 x_0，则 x_0 是 $f(x)$ 在 (a,b) 内的最值点.

例5.13 $f(x)=\displaystyle\int_0^x \frac{t}{t^2+2t+2}\mathrm{d}t$ 在 $[0,1]$ 上的最大值为_____.

【解】 应填 $\dfrac{1}{2}\ln\dfrac{5}{2}-\arctan 2+\dfrac{\pi}{4}$.

由题意得 $f'(x)=\dfrac{x}{(x+1)^2+1}$，当 $0<x\leqslant 1$ 时，$f'(x)>0$，故 $f(x)$ 为单调递增函数，其在 $[0,1]$ 上的最大值为

$$f(1)=\int_0^1 \frac{t}{t^2+2t+2}\mathrm{d}t=\int_0^1 \frac{t+1}{(t+1)^2+1}\mathrm{d}t-\int_0^1 \frac{1}{(t+1)^2+1}\mathrm{d}t$$
$$=\frac{1}{2}\ln[(t+1)^2+1]\Big|_0^1-\arctan(t+1)\Big|_0^1$$
$$=\frac{1}{2}\ln\frac{5}{2}-\arctan 2+\frac{\pi}{4}.$$

例5.14 设 $f'(x)$ 在区间 $[0,4]$ 上连续，曲线 $y=f'(x)$ 与直线 $x=0$，$x=4$，$y=0$ 围成如图所示的三个区域，其面积分别为 $S_1=3$，$S_2=4$，$S_3=2$，且 $f(0)=1$，则 $f(x)$ 在 $[0,4]$ 上的最大值与最小值分别为（　　）.

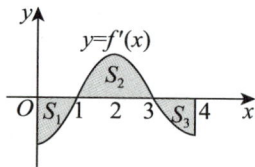

(A)2,-3　　　　(B)4,-3　　　　(C)2,-2　　　　(D)4,-2

【解】 应选(C).

由题图可知，$f'(1)=f'(3)=0$，即函数 $f(x)$ 在区间 $(0,4)$ 内有两个驻点 $x=1$ 和 $x=3$，故 $f(x)$ 在 $[0,4]$ 上的最大值和最小值只能在 $f(0)$，$f(1)$，$f(3)$，$f(4)$ 中取得.

由 $f(0)=1$，有

D_{23}（化归经典形式）

$$f(1)=f(0)+\int_0^1 f'(x)\mathrm{d}x=1+(-3)=-2,$$

$$f(3)=f(1)+\int_1^3 f'(x)\mathrm{d}x=-2+4=2,$$

$$f(4) = f(3) + \int_3^4 f'(x)\mathrm{d}x = 2 + (-2) = 0 .$$

故最大值为 $f(3) = 2$,最小值为 $f(1) = -2$,应选(C).

例 5.15　设 $f(x) = \displaystyle\int_x^{x+\frac{\pi}{2}} |\sin t|\,\mathrm{d}t$.

(1)证明 $f(x)$ 是以 π 为周期的周期函数;

(2)求 $f(x)$ 的值域.

(1)【证】
$$f(x+\pi) = \int_{x+\pi}^{x+\frac{3\pi}{2}} |\sin t|\,\mathrm{d}t .$$

设 $t = u + \pi$,则有

$$f(x+\pi) = \int_x^{x+\frac{\pi}{2}} |\sin(u+\pi)|\,\mathrm{d}u = \int_x^{x+\frac{\pi}{2}} |\sin u|\,\mathrm{d}u = f(x) ,$$

故 $f(x)$ 是以 π 为周期的周期函数.

(2)【解】　因为 $|\sin x|$ 在 $(-\infty,+\infty)$ 内连续,由(1)知 $f(x)$ 的周期为 π ,故只需在 $[0,\pi]$ 上讨论其值域.因为

$$f'(x) = \left|\sin\left(x+\frac{\pi}{2}\right)\right| - |\sin x| = |\cos x| - |\sin x| ,$$

令 $f'(x) = 0$,得 $x_1 = \dfrac{\pi}{4}$, $x_2 = \dfrac{3\pi}{4}$,且

$$f\left(\frac{\pi}{4}\right) = \int_{\frac{\pi}{4}}^{\frac{3\pi}{4}} \sin t\,\mathrm{d}t = \sqrt{2} , \quad f\left(\frac{3\pi}{4}\right) = \int_{\frac{3\pi}{4}}^{\frac{5\pi}{4}} |\sin t|\,\mathrm{d}t = \int_{\frac{3\pi}{4}}^{\pi} \sin t\,\mathrm{d}t - \int_{\pi}^{\frac{5\pi}{4}} \sin t\,\mathrm{d}t = 2 - \sqrt{2} .$$

又
$$f(0) = \int_0^{\frac{\pi}{2}} \sin t\,\mathrm{d}t = 1 , \quad f(\pi) = \int_\pi^{\frac{3\pi}{2}} (-\sin t)\,\mathrm{d}t = 1 ,$$

因此 $f(x)$ 的最小值是 $2 - \sqrt{2}$,最大值是 $\sqrt{2}$,故 $f(x)$ 的值域是 $\left[2 - \sqrt{2}, \sqrt{2}\right]$.

【注】求连续函数的值域,实际上就是求最大值与最小值,转化为一元连续函数求最值的问题.

第6讲
一元函数微分学的应用（二）
——中值定理、微分等式与微分不等式

❨ 第一部分　用微分中值定理作证明 ❩

三向解题法

用微分中值定理作证明
（O（盯住目标））

寻找原函数	证明 $f'(\xi)=0$	证明含 $f^{(n)}(x)$	用泰勒公式
（P_{12}（反向思路）+P_{13}（双向思路）+D_1（常规操作）+D_{23}（化归经典形式））	（D_1（常规操作）+D_{22}（转换等价表述）+D_{23}（化归经典形式））	（$n=1,2,\cdots$）的等式或不等式在 ξ 点成立（D_1（常规操作）+D_{22}（转换等价表述）+D_{23}（化归经典形式））	（D_1（常规操作）+D_{23}（化归经典形式）+D_3（移花接木））

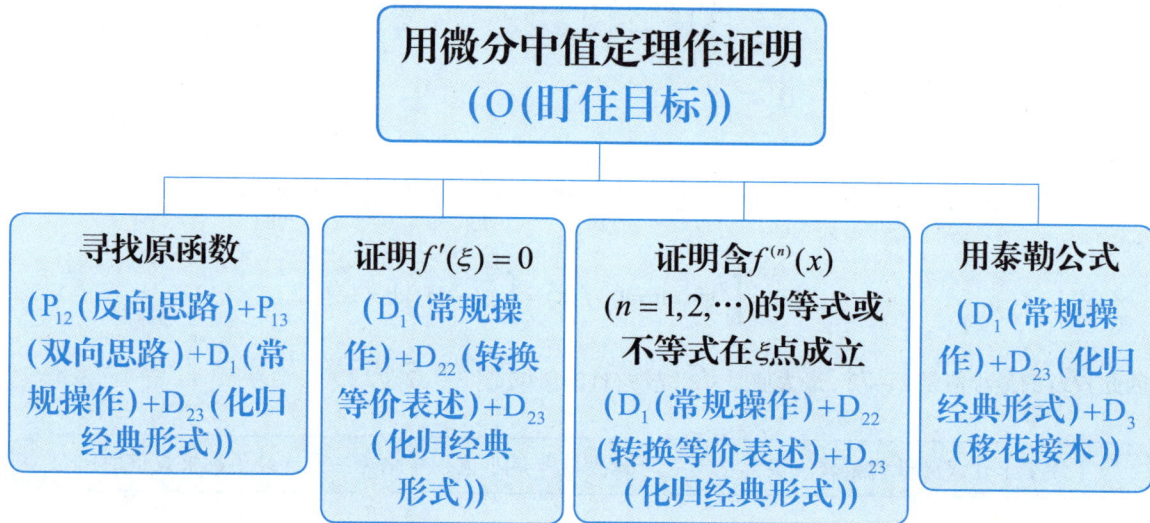

形式化归体系块

一、寻找原函数

本质上是根据所给条件用"逆向"思维得出研究对象，"逆行"难度点到为止，无须准备过度.

（ P_{12}（反向思路）+P_{13}（双向思路）+D_1（常规操作）+D_{23}（化归经典形式））

找到"是谁"求导，得到欲证结论，也即 $[F(x)]'=0$ ，从而使用罗尔定理，或研究 $F(x)$ 的性态.

1. 一阶乘积求导公式的逆用（D_{23}（化归经典形式））

$$(uv)' = u'v + uv' .$$

① $[f(x) \cdot x^n]' = x^{n-1}[xf'(x) + nf(x)] .$

② $[f(x) \cdot \mathrm{e}^{nx}]' = \mathrm{e}^{nx}[f'(x) + nf(x)] .$

③ $[f(x) \cdot \mathrm{e}^{x^n}]' = \mathrm{e}^{x^n}[f'(x) + nx^{n-1}f(x)] .$

④ $[f(x) \cdot \mathrm{e}^{\varphi(x)}]' = \mathrm{e}^{\varphi(x)}[f'(x) + f(x)\varphi'(x)] .$

⑤ $\left\{ f(x) \cdot \mathrm{e}^{\int_0^x [f(t)]^{n-1}\mathrm{d}t} \right\}' = \mathrm{e}^{\int_0^x [f(t)]^{n-1}\mathrm{d}t} \left\{ f'(x) + [f(x)]^n \right\} .$

⑥ $[f(x) \cdot f'(x)]' = [f'(x)]^2 + f(x) \cdot f''(x) .$

⑦ $[f(x) \cdot g(x)]' = f'(x)g(x) + f(x)g'(x) .$

⑧ $[f(x) \cdot \arctan x]' = f'(x)\arctan x + \dfrac{f(x)}{1 + x^2} .$

⑨ $[f(x) \cdot \sin x]' = f'(x)\sin x + f(x)\cos x = [f'(x)\tan x + f(x)]\cos x .$

例6.1 设函数 $f(x)$ 在 $[0,1]$ 上连续，在 $(0,1)$ 内可导，$f(0) = f(1)$，$\int_0^1 f(x)\mathrm{d}x = 0$，证明：存在 $\xi \in (0,1)$，使得 $f'(\xi) + f^2(\xi) = 0$.

→点到为止的"示范"

【证】令 $F(x) = f(x)\mathrm{e}^{\int_0^x f(t)\mathrm{d}t}$，则

$$F(0) = f(0)\mathrm{e}^0 = f(0) , \quad F(1) = f(1)\mathrm{e}^{\int_0^1 f(t)\mathrm{d}t} = f(1),$$

即 $F(0) = F(1)$，由罗尔定理，存在 $\xi \in (0,1)$，使得 $F'(\xi) = 0$，即

$$\mathrm{e}^{\int_0^\xi f(t)\mathrm{d}t}[f'(\xi) + f^2(\xi)] = 0,$$

得证.

2. 二阶乘积求导公式的逆用（D_{23}（化归经典形式））

$$(uv)'' = u''v + 2u'v' + uv'' .$$

$$[f(x) \cdot \mathrm{e}^x]'' = \mathrm{e}^x[f''(x) + 2f'(x) + f(x)] .$$

3. 一阶商的求导公式的逆用（D_{23}（化归经典形式））

$$\left(\frac{u}{v} \right)' = \frac{u'v - uv'}{v^2} .$$

① $\left[\dfrac{f(x)}{x}\right]' = \dfrac{f'(x)x - f(x)}{x^2}$.

见到 $f'(x)x - f(x)$，$x \neq 0$，令 $F(x) = \dfrac{f(x)}{x}$.

② $\left[\dfrac{f'(x)}{f(x)}\right]' = \dfrac{f''(x)f(x) - [f'(x)]^2}{f^2(x)}$.

见到 $f''(x)f(x) - [f'(x)]^2$，$f(x) \neq 0$，令 $F(x) = \dfrac{f'(x)}{f(x)}$.

③ $[\ln f(x)]' = \dfrac{f'(x)}{f(x)}$，故 $[\ln f(x)]'' = \left[\dfrac{f'(x)}{f(x)}\right]' = \dfrac{f''(x)f(x) - [f'(x)]^2}{f^2(x)}$.

见到 $f''(x)f(x) - [f'(x)]^2$，$f(x) > 0$，亦可考虑令 $F(x) = \ln f(x)$.

4. 祖孙三代传承法（D_{23}（化归经典形式））

→恒等变形要求高 "$a-c = a-b + b-c$"

若欲证结论 "差辈分"，如

$$f''(\xi) = f(\xi) \text{ 或 } f'(\xi) = \int_0^\xi f(t)\mathrm{d}t,$$

则补齐辈分，作恒等变形.

对 $f''(\xi) = f(\xi)$ 作恒等变形：

$$\boxed{f''(\xi) - f'(\xi)} + \boxed{f'(\xi) - f(\xi)} = 0,$$

不差辈　　　　不差辈

令 $F'(x) = [f''(x) - f'(x)]\mathrm{e}^x + [f'(x) - f(x)]\mathrm{e}^x$，则

$$F(x) = [f'(x) - f(x)]\mathrm{e}^x.$$

对 $f'(\xi) = \int_0^\xi f(t)\mathrm{d}t$ 作恒等变形：

$$\boxed{f'(\xi) - f(\xi)} + \boxed{f(\xi) - \int_0^\xi f(t)\mathrm{d}t} = 0,$$

不差辈　　　　不差辈

令 $F'(x) = \left\{[f'(x) - f(x)] + \left[f(x) - \int_0^x f(t)\mathrm{d}t\right]\right\}\mathrm{e}^x$，则

$$F(x) = \left[f(x) - \int_0^x f(t)\mathrm{d}t\right]\mathrm{e}^x.$$

5. 小伎俩们(障眼法)

(P_{12} (反向思路) + P_{13} (双向思路) + D_1 (常规操作) + D_{23} (化归经典形式))

(1)简单化.

见到如下简单式子: $2\xi-1\to x^2-x$, $f'(\xi)f(\xi)\to\dfrac{1}{2}f^2(x)$, $\dfrac{f'(\xi)}{f(\xi)}\to\ln f(x)$, $\dfrac{1}{\xi}\to\ln x$, 不要想复杂了.

(2)升辈降辈.

将 $f(x)$ 写成 $f'(x)$ (降辈), 如 $[f'(x)\mathrm{e}^x]'=\mathrm{e}^x[f''(x)+f'(x)]$.

将 $f(x)$ 写成 $\displaystyle\int_0^x f(t)\mathrm{d}t$ (升辈), 如 $\left[\displaystyle\int_0^x f(t)\mathrm{d}t\bullet\mathrm{e}^x\right]'=\mathrm{e}^x\left[f(x)+\displaystyle\int_0^x f(t)\mathrm{d}t\right]$.

(3)平移.

① $\left[f(x)\bullet(x+1)^2\right]'=f'(x)(x+1)^2+f(x)\bullet2(x+1)=(x+1)\left[f'(x)(x+1)+2f(x)\right]$.

② $\left[f(x)\bullet\mathrm{e}^{(x-1)^2}\right]'=f'(x)\mathrm{e}^{(x-1)^2}+f(x)\bullet\mathrm{e}^{(x-1)^2}\bullet2(x-1)=\mathrm{e}^{(x-1)^2}\left[f'(x)+2(x-1)f(x)\right]$.

(4)恒等变形.

①移项(最常见).

欲证 $\left[f'(x)-x\right]'\Big|_{x=\xi}=0$, 即 $f''(\xi)-1=0\Rightarrow f''(\xi)=1$.

欲证 $\left[f(x)\bullet x^{-2}\right]'\Big|_{x=\xi}=0$, 即 $\left[f'(\xi)\bullet\xi-2f(\xi)\right]\xi^{-3}=0\Rightarrow f'(\xi)\bullet\xi=2f(\xi)$.

方法是反移项, 使等式右端为0即可.

②作乘除运算.

欲证 $\left[f'(x)g(x)-f(x)g'(x)\right]\big|_{x=\xi}=0$, 即 $f'(\xi)g(\xi)-f(\xi)g'(\xi)=0\Rightarrow\dfrac{f'(\xi)}{g'(\xi)}=\dfrac{f(\xi)}{g(\xi)}$.

方法是作乘除逆运算, 使式子回归到 $(\square)'=0$.

例6.2 已知函数 $f(x)$ 和 $g(x)$ 在 $[a,b]$ 上连续, 在 (a,b) 内可导, 且 $g'(x)\neq0$, 证明:存在 $\xi\in(a,b)$, 使得

$$\frac{f(\xi)-f(a)}{g(b)-g(\xi)}=\frac{f'(\xi)}{g'(\xi)} .$$

$\longrightarrow P_{13}$ (双向思路)

【证】 $\dfrac{f(\xi)-f(a)}{g(b)-g(\xi)}=\dfrac{f'(\xi)}{g'(\xi)}\Leftrightarrow\left[g(b)-g(\xi)\right]f'(\xi)-\left[f(\xi)-f(a)\right]g'(\xi)=0$.

令 $F(x)=\left[f(x)-f(a)\right]\left[g(b)-g(x)\right]$, 则 $F(x)$ 在 $[a,b]$ 上连续, 在 (a,b) 内可导, 且 $F(a)=F(b)=0$, 所

以存在 $\xi \in (a,b)$，使得 $F'(\xi) = 0$，即

$$[g(b) - g(\xi)]f'(\xi) - [f(\xi) - f(a)]g'(\xi) = 0.$$

故

$$\frac{f(\xi) - f(a)}{g(b) - g(\xi)} = \frac{f'(\xi)}{g'(\xi)}.$$

（5）题设或结论中出现 $\int_a^b f(x)\mathrm{d}x = c$，$\int_a^\xi f(x)\mathrm{d}x$，$\int_\xi^b f(x)\mathrm{d}x$.

①最简单且实用的是直接令被积函数为辅助函数.   → D_1（常规操作）

例6.3 设 $f(x)$ 在 $[0,1]$ 上连续，在 $(0,1)$ 内可导，且满足 $f(1) = k\int_0^{\frac{1}{k}} x\mathrm{e}^{1-x}f(x)\mathrm{d}x (k>1)$，证明至少存在一点 $\xi \in (0,1)$，使得 $f'(\xi) = (1-\xi^{-1})f(\xi)$.

【证】 由 $f(1) = k\int_0^{\frac{1}{k}} x\mathrm{e}^{1-x}f(x)\mathrm{d}x$ 及积分中值定理，知至少存在一点 $\xi_1 \in \left[0, \frac{1}{k}\right] \subset [0,1]$，使得

$$f(1) = k\int_0^{\frac{1}{k}} x\mathrm{e}^{1-x}f(x)\mathrm{d}x = \xi_1\mathrm{e}^{1-\xi_1}f(\xi_1).$$

在 $[\xi_1, 1]$ 上，令 $F(x) = x\mathrm{e}^{1-x}f(x)$. 由题易得 $F(x)$ 在 $[\xi_1, 1]$ 上连续，在 $(\xi_1, 1)$ 内可导，且

$$F(\xi_1) = f(1) = F(1),$$

由罗尔定理知，至少存在一点 $\xi \in (\xi_1, 1) \subset (0,1)$，使得 $F'(\xi) = \mathrm{e}^{1-\xi}[f(\xi) - \xi f(\xi) + \xi f'(\xi)] = 0$，即

$$f'(\xi) = (1-\xi^{-1})f(\xi).$$

P_{12}（反向思路）←

【注】事实上，通过寻找原函数或解一阶齐次线性微分方程，写出 $F(x) = C$，令辅助函数为 $F(x)$，即可验证以上辅助函数的正确性.

具体来说，

$$f'(x) = \left(1 - \frac{1}{x}\right)f(x) \Rightarrow f'(x) + \left(\frac{1}{x} - 1\right)f(x) = 0 \Rightarrow f(x) = C\mathrm{e}^{\int\left(1-\frac{1}{x}\right)\mathrm{d}x} = C\cdot\mathrm{e}^{x-\ln x} = C\cdot\mathrm{e}^x\cdot\frac{1}{x},$$

也即 $f(x)\cdot\mathrm{e}^{-x}\cdot x = C$，令 $F(x) = x\mathrm{e}^{-x}f(x)$，此函数与题中所设辅助函数 $x\mathrm{e}^{1-x}f(x)$ 仅相差系数 e，视为一致的辅助函数.

当然，也可以考虑 $(uv)' = u'v + uv'$ 的逆用法：

$$1\cdot f'(x) + \left(\frac{1}{x} - 1\right)f(x) = 0 \Rightarrow v = \mathrm{e}^{\int\left(\frac{1}{x}-1\right)\mathrm{d}x}, \quad v' = \mathrm{e}^{\int\left(\frac{1}{x}-1\right)\mathrm{d}x}\cdot\left(\frac{1}{x} - 1\right),$$

故

$$F(x) = uv = f(x)\mathrm{e}^{\int\left(\frac{1}{x}-1\right)\mathrm{d}x} = f(x)\cdot x\cdot\mathrm{e}^{-x}.$$

②令 $F(x)=\int_a^x f(t)\mathrm{d}t$ 或 $\int_x^b f(t)\mathrm{d}t$.（D_{23}（化归经典形式））

例6.4　设正值函数 $f(x)$，$g(x)$ 在 $[a,b]$ 上连续，证明存在 $\xi\in(a,b)$，使得 $\dfrac{f(\xi)}{g(\xi)}=\dfrac{\displaystyle\int_a^\xi f(x)\,\mathrm{d}x}{\displaystyle\int_\xi^b g(x)\,\mathrm{d}x}$.

【证】　令 $F(x)=\int_a^x f(t)\,\mathrm{d}t\int_x^b g(t)\,\mathrm{d}t$，则 $F(x)$ 在 $[a,b]$ 上连续，在 (a,b) 内可导，且 $F(a)=F(b)=0$，所以存在 $\xi\in(a,b)$，使得 $F'(\xi)=0$，即

$$f(\xi)\int_\xi^b g(t)\mathrm{d}t - g(\xi)\int_a^\xi f(t)\,\mathrm{d}t=0,$$

即 $\dfrac{f(\xi)}{g(\xi)}=\dfrac{\displaystyle\int_a^\xi f(x)\,\mathrm{d}x}{\displaystyle\int_\xi^b g(x)\,\mathrm{d}x}$.

③用推广的积分中值定理.（D_1（常规操作））

$$\int_a^b f(x)\mathrm{d}x=f(\xi)(b-a),\ \xi\in(a,b),$$

这里要求 $f(x)$ 在 $[a,b]$ 上连续.

例6.5　证明：若 $f(x)$ 连续且满足 $\int_0^{\frac{\pi}{2}}f(x)\cos x\mathrm{d}x=0$，则存在 $\xi\in\left(0,\dfrac{\pi}{2}\right)$，使得 $f(\xi)=0$.

【证】　由推广的积分中值定理，得 $\int_0^{\frac{\pi}{2}}f(x)\cos x\mathrm{d}x=f(\xi)\cos\xi\cdot\left(\dfrac{\pi}{2}-0\right)=0$，$\xi\in\left(0,\dfrac{\pi}{2}\right)$，则 $f(\xi)\cos\xi=0$.

由于 $\xi\in\left(0,\dfrac{\pi}{2}\right)$，故 $\cos\xi\neq0$，因此 $f(\xi)=0$.

④用分部积分法.

$$\int_a^b u\mathrm{d}v=uv\Big|_a^b-\int_a^b v\mathrm{d}u.$$

例6.6　设函数 $f(x)$ 在 $[0,\pi]$ 上连续，且 $\int_0^\pi f(x)\mathrm{d}x=0$，$\int_0^\pi f(x)\cos x\mathrm{d}x=0$.证明：在 $(0,\pi)$ 内至少存在两个不同的点 ξ_1，ξ_2，使得 $f(\xi_1)=f(\xi_2)=0$.

【证】　令 $F(x)=\int_0^x f(t)\mathrm{d}t$，$0\leq x\leq\pi$，则有 $F(0)=0$，$F(\pi)=0$.又因为

$$0=\int_0^\pi f(x)\cos x\mathrm{d}x=\int_0^\pi \cos x\mathrm{d}\big[F(x)\big]=F(x)\cos x\Big|_0^\pi+\int_0^\pi F(x)\sin x\mathrm{d}x=\int_0^\pi F(x)\sin x\mathrm{d}x,$$

所以存在 $\xi\in(0,\pi)$，使得 $F(\xi)\sin\xi=0$.又当 $\xi\in(0,\pi)$ 时，$\sin\xi\neq0$.故 $F(\xi)=0$.

由上证得 $F(0) = F(\xi) = F(\pi) = 0 (0 < \xi < \pi)$.

再对 $F(x)$ 在区间 $[0,\xi]$ ， $[\xi,\pi]$ 上分别应用罗尔定理，知至少存在两点 $\xi_1 \in (0,\xi)$ ， $\xi_2 \in (\xi,\pi)$ ，使得 $F'(\xi_1) = F'(\xi_2) = 0$ ，即 $f(\xi_1) = f(\xi_2) = 0$.

⑤将 $f(x)$ 泰勒展开，再作积分. (D_{23} （化归经典形式））

第11讲中，有这样的例子，如例11.29.

二、证明 $f'(\xi) = 0$

(D_1 （常规操作） $+D_{22}$ （转换等价表述） $+D_{23}$ （化归经典形式））

关键是证明 ξ 不是区间端点且 ξ 为最值点

(1)证区间内部最值点： 费马定理 . $\quad f'(\xi) = 0$

(2)证区间端点值相等： 罗尔定理 . $\quad f'(\xi) = 0$

(3)证区间端点导数值异号： 导数介值定理 . $\quad f'(\xi) = 0$

例6.7 设函数 $f(x)$ 在 $[0,1]$ 上二阶可导， $f(0) = 0$ ，且 $f(x)$ 在 $(0,1)$ 内取得最大值2，在 $(0,1)$ 内取得最小值，证明：

(1)存在 $\xi \in (0,1)$ ，使得 $f'(\xi) > 2$ ；

(2)存在 $\eta \in (0,1)$ ，使得 $f''(\eta) < -4$. $\quad \to D_{22}$ （转换等价表述） $\quad D_{23}$ （化归经典形式）

【证】 (1)设 $f(x)$ 在 $x_1 \in (0,1)$ 处取得最大值，即 $f(x_1) = 2$.在 $[0,x_1]$ 上对 $f(x)$ 应用拉格朗日中值定理，得

$$f(x_1) - f(0) = f'(\xi) \cdot (x_1 - 0) , \quad \xi \in (0,x_1) \subset (0,1) ,$$

即 $f'(\xi) \cdot x_1 = 2$ ，又 $0 < x_1 < 1$ ，则 $\dfrac{1}{x_1} > 1$ ，即 $f'(\xi) = \dfrac{2}{x_1} > 2$.

(2)由题设及费马定理，有 $f'(x_1) = 0$.

又设 $f(x)$ 在 $x_2 \in (0,1)$ 处取得最小值，记 $f(x_2) = m$ ，由 $f(0) = 0$ ，则 $m \le 0$.

将 $f(x)$ 在 $x = x_1$ 处一阶泰勒展开， $\quad \to D_{23}$ （化归经典形式）

$$f(x) = f(x_1) + \frac{f''(\eta_1)}{2!}(x - x_1)^2 ,$$

其中 η_1 介于 x 与 x_1 之间，令 $x = x_2$ ，则有 $f(x_2) = f(x_1) + \dfrac{f''(\eta)}{2!}(x_2 - x_1)^2$ ，即

$$f(x_2) = 2 + \frac{f''(\eta)}{2!}(x_2 - x_1)^2 \le 0 ,$$

其中 η 介于 x_1 与 x_2 之间，于是 $\dfrac{f''(\eta)}{2!}(x_2 - x_1)^2 \le -2$ ，又 $0 < (x_2 - x_1)^2 < 1$ ，故 $f''(\eta) \le \dfrac{-4}{(x_2 - x_1)^2} < -4$.

例6.8 (1)设 $f(x)$ 在 $[a,b]$ 上可导,若 $f'_+(a) \neq f'_-(b)$,证明:对于任意的介于 $f'_+(a)$ 与 $f'_-(b)$ 之间的 μ ,存在 $\xi \in (a,b)$,使得 $f'(\xi) = \mu$;

(2)若 $f(x)$ 在 $[0,2]$ 上具有二阶导数,证明:存在 $\xi \in (0,2)$,使得 $f(0) + f(2) - 2f(1) = f''(\xi)$.

【证】(1)因 $f'_+(a) \neq f'_-(b)$,不妨设 $f'_+(a) < f'_-(b)$,并设 $F(x) = f(x) - \mu x$,则函数 $F(x)$ 在 $[a,b]$ 上可导,且 $F'_+(a) = f'_+(a) - \mu < 0$, $F'_-(b) = f'_-(b) - \mu > 0$,于是

$$\begin{cases} F'_+(a) = \lim\limits_{x \to a^+} \dfrac{F(x) - F(a)}{x - a} < 0, \\ F'_-(b) = \lim\limits_{x \to b^-} \dfrac{F(x) - F(b)}{x - b} > 0, \end{cases}$$

$\rightarrow$ D$_{22}$(转换等价表述)

根据极限的保号性知:

在点 $x = a$ 的某个右邻域内, $\dfrac{F(x) - F(a)}{x - a} < 0$,即 $F(x) < F(a)$;

在点 $x = b$ 的某个左邻域内, $\dfrac{F(x) - F(b)}{x - b} > 0$,即 $F(x) < F(b)$.

故 $F(a)$ 和 $F(b)$ 均不是函数 $F(x)$ 在 $[a,b]$ 上的最小值,又因为 $F(x)$ 一定可以取得最小值,则其最小值必在 (a,b) 内取到,设函数 $F(x)$ 在 (a,b) 内的最小值点是 ξ ,根据费马定理,得 $F'(\xi) = 0$,即 $f'(\xi) = \mu$.

(2)由泰勒公式,有

$$f(0) = f(1) + f'(1)(0-1) + \frac{1}{2}f''(x_1)(0-1)^2 ,$$

$$f(2) = f(1) + f'(1)(2-1) + \frac{1}{2}f''(x_2)(2-1)^2 ,$$

其中 $0 < x_1 < 1 < x_2 < 2$,故

$$\begin{aligned} & f(0) + f(2) - 2f(1) \\ = & \frac{1}{2}f''(x_1) + \frac{1}{2}f''(x_2) \\ \stackrel{(*)}{=\!=\!=} & f''(\xi), \quad \xi \in (0,2). \end{aligned}$$

【注】(*)处来自二阶导函数 $f''(x)$ 的介值性,第(1)问中让读者证明的同时,也是一种提示.

形式化归体系块

三、证明含 $f^{(n)}(x)$ $(n=1,2,\cdots)$ 的等式或不等式在 ξ 点成立

(D_1（常规操作）+D_{22}（转换等价表述）+D_{23}（化归经典形式））

1.用极限、导数研究函数性态（ D_{22}（转换等价表述）+D_{23}（化归经典形式））

例6.9 已知函数 $f(x)$ 在 $[x_0, x_0+\delta)$ 上连续，在 $(x_0, x_0+\delta)$ 内可导，$\delta>0$，证明：若

$\lim\limits_{x \to x_0^+} f'(x) = A$，则 $f'_+(x_0) = A$.

D_{22}（转换等价表述）

考试重点，要集中精力研究函数在微观局部的性态.问自己：①什么位置？②什么条件？③什么工具？

【证】
$$f'_+(x_0) = \lim_{x \to x_0^+} \frac{f(x) - f(x_0)}{x - x_0} = \lim_{x \to x_0^+} \frac{f'(\xi)(x - x_0)}{x - x_0} = A,$$

其中 $\xi \in (x_0, x)$.

D_{23}（化归经典形式）

【注】（1）对于函数 $f(x) = |x|$，讨论 $\lim\limits_{x \to 0^+} f'(x)$ 与 $f'_+(0)$ 的关系.

解 由 $f(x) = |x| = \begin{cases} x, & x \geq 0, \\ -x, & x < 0, \end{cases}$ 则有

$$f'_+(0) = \lim_{x \to 0^+} \frac{x - 0}{x - 0} = 1.$$

又当 $x > 0$ 时，$f'(x) = 1$，则有 $\lim\limits_{x \to 0^+} f'(x) = 1$. 故 $\lim\limits_{x \to 0^+} f'(x) = f'_+(0) = 1$.

（2）对于函数 $f(x) = x^3 \sin\dfrac{1}{x}$，讨论 $\lim\limits_{x \to 0} f'(x)$ 与 $f'(0)$ 的关系.

解 由 $f(x) = x^3 \sin\dfrac{1}{x}$ 易知 $f(x)$ 的定义域为 $\{x \mid x \neq 0\}$，因此有 $f'(0)$ 不存在. 又

$$f'(x) = 3x^2 \sin\frac{1}{x} - x\cos\frac{1}{x}(x \neq 0),$$

所以有 $\lim\limits_{x \to 0} f'(x) = 0$. 故 $\lim\limits_{x \to 0} f'(x) \neq f'(0)$.

（3）对于函数 $f(x) = \begin{cases} x^2 \sin\dfrac{1}{x}, & x \neq 0, \\ 0, & x = 0, \end{cases}$ 讨论 $\lim\limits_{x \to 0} f'(x)$ 与 $f'(0)$ 的关系.

解 由题设可知，当 $x \neq 0$ 时，

$$f'(x) = 2x\sin\frac{1}{x} - \cos\frac{1}{x};$$

当 $x = 0$ 时，
$$f'(0) = \lim_{x \to 0} \frac{f(x) - 0}{x - 0} = \lim_{x \to 0} x\sin\frac{1}{x} = 0.$$

又 $\lim\limits_{x \to 0} f'(x) = \lim\limits_{x \to 0}\left(2x\sin\dfrac{1}{x} - \cos\dfrac{1}{x}\right)$ 不存在，所以 $\lim\limits_{x \to 0} f'(x) \neq f'(0)$.

2.用拉格朗日中值定理（ D_{22} （转换等价表述） + D_{23} （化归经典形式））

（1）定理.

设函数 $f(x)$ 满足：①在区间 $[a,b]$ 上连续；②在区间 (a,b) 内可导.则存在 $\xi \in (a,b)$ ，使得 $f'(\xi) = \dfrac{f(b)-f(a)}{b-a}$.

（2）设 $f(x)$ 可导，则 $f(x) = C$, $x \in (a,b) \Leftrightarrow f'(x) = 0$, $x \in (a,b)$.

例6.10 设函数 $f(x)$ 在区间 $[a,b]$ 上满足：对任意 $x,\ y \in [a,b]$ ，有

$$\left|f(x) - f(y)\right| \leqslant M\left|x-y\right|^{\alpha} ,$$

其中 $M > 0$ ， $\alpha > 1$ 是常数.证明： $f(x)$ 在 $[a,b]$ 上恒为常数.

【证】 对任意 $x_0 \in [a,b]$ ，由于

$$\left|\dfrac{f(x)-f(x_0)}{x-x_0}\right| \leqslant M\left|x-x_0\right|^{\alpha-1} ,$$

且 $\lim\limits_{x \to x_0}\left|x-x_0\right|^{\alpha-1} = 0$ ，所以 $\lim\limits_{x \to x_0}\dfrac{f(x)-f(x_0)}{x-x_0} = 0$（如果 x_0 在区间端点，那么认为极限是单侧极限），即 $f'(x_0) = 0$.

所以 $f'(x) \equiv 0$ ，得到 $f(x)$ 在 $[a,b]$ 上恒为常数.

（3）写成 $f(x) - f(a) = f'(\xi)(x-a)$.

常用于 $\begin{cases} 出现"f-f"或"f-0"， \\ 出现f与f'的关系. \end{cases}$

例6.11 已知函数 $f(x)$ 在 $(-\infty,0)$ 上可导，且 $\lim\limits_{x \to -\infty} f'(x) = A > 0$ ，证明 $\lim\limits_{x \to -\infty} f(x) = -\infty$.

【证】 因为 $\lim\limits_{x \to -\infty} f'(x) = A > 0$ ，所以存在 $X_0 < 0$ ，使得当 $x < X_0$ 时， $f'(x) > \dfrac{A}{2} > 0$.

对于任意 $x < X_0$ ，因为 → D_{23} （化归经典形式）　→ D_{22} （转换等价表述）

$$f(x) - f(X_0) = f'(\xi)(x-X_0) , \quad x < \xi < X_0 ,$$

所以 $f(x) < f(X_0) + \dfrac{A}{2}(x - X_0)$.故 $\lim\limits_{x \to -\infty} f(x) = -\infty$.

例6.12 设函数 $f(x)$ 在区间 $[0,2]$ 上具有连续导数， $f(0) = f(2) = 0$, $M = \max\limits_{x \in [0,2]}\left\{\left|f(x)\right|\right\}$.证明：

（1）存在 $\xi \in (0,2)$ ，使得 $\left|f'(\xi)\right| \geqslant M$ ；

（2）若对任意的 $x \in (0,2)$, $\left|f'(x)\right| \leqslant M$ ，则 $M = 0$.

【证】（1）当 $M=0$ 时，$f(x)\equiv 0$，对任意的 $\xi\in(0,2)$，均有 $|f'(\xi)|\geqslant M$.

当 $M>0$ 时，设 $x_0\in(0,2)$，使 $|f(x_0)|=M$.

若 $x_0\in(0,1)$，根据拉格朗日中值定理，存在 $\xi_1\in(0,x_0)$，使得 $f(x_0)-f(0)=f'(\xi_1)x_0$，故

$$|f'(\xi_1)|=\frac{|f(x_0)|}{x_0}>M；$$

若 $x_0\in(1,2)$，根据拉格朗日中值定理，存在 $\xi_2\in(x_0,2)$，使得 $f(x_0)-f(2)=f'(\xi_2)(x_0-2)$，故

$$|f'(\xi_2)|=\frac{|f(x_0)|}{2-x_0}>M；$$

若 $x_0=1$，根据拉格朗日中值定理，存在 $\xi_3\in(0,1)$，使得 $f(1)-f(0)=f'(\xi_3)$，故 $|f'(\xi_3)|=M$.

综上可知，存在 $\xi\in(0,2)$，使得 $|f'(\xi)|\geqslant M$.

（2）当 $|f'(x)|\leqslant M$ 对任意的 $x\in(0,2)$ 都成立时，由（1）的证明过程可知，$|f(1)|=M$. 不妨设

$$f(1)=M.$$

令 $F(x)=f(x)-Mx$，则 $F'(x)=f'(x)-M\leqslant 0$.

又 $F(0)=F(1)=0$，所以 $F(x)\equiv 0$，即 $f(x)=Mx$，$x\in[0,1]$.

综上，$f'_-(1)=M$. 又由费马定理知 $f'(1)=0$，所以 $M=0$.

（4）写成 $\dfrac{f(b)-f(a)}{b-a}=f'(\xi)$.

常用于出现"曲线在一点的切线斜率".

（5）写成 $f(x)-f(a)=f'[a+\theta(x-a)](x-a)$ 或 $f(x)-f(0)=f'(\theta x)x$，$0<\theta<1$.

常用于求中值点的极限位置.

例6.13 已知 $\int_0^x f(t)\mathrm{d}t=xf(\theta x)$，$x>0$，$f(x)=\mathrm{e}^x$，则 $\lim\limits_{x\to 0^+}\theta=$ _____.

【解】 应填 $\dfrac{1}{2}$.

依题意，有 $\mathrm{e}^x-1=x\mathrm{e}^{\theta x}$，则 $\theta=\dfrac{1}{x}\ln\dfrac{\mathrm{e}^x-1}{x}$，

$$\lim_{x\to 0^+}\theta=\lim_{x\to 0^+}\frac{1}{x}\ln\frac{\mathrm{e}^x-1}{x}=\lim_{x\to 0^+}\frac{1}{x}\cdot\left(\frac{\mathrm{e}^x-1}{x}-1\right)$$

$$=\lim_{x\to 0^+}\frac{\mathrm{e}^x-x-1}{x^2}=\frac{1}{2}.$$

（6）写成 $\int_a^x f(t)\mathrm{d}t-\int_a^a f(t)\mathrm{d}t=f(\xi)(x-a)$（$\xi$ 介于 a，x 之间）.

这就是推广的积分中值定理.

3. 用柯西中值定理（D_{22}（转换等价表述）$+D_{23}$（化归经典形式））

欲证等式可变形为 $\dfrac{f(b)-f(a)}{g(b)-g(a)}$ 或 $\dfrac{f'(\xi)}{g'(\xi)}$，考虑柯西中值定理.

(1) 在 f 或 g 中，有一个函数常为具体函数，故要用好

$$f(\xi)=\left[\int_a^x f(t)\mathrm{d}t\right]'\bigg|_{x=\xi},$$

写出 $\int_a^x f(t)\mathrm{d}t$.

(2) 在 f 或 g 中，有一个函数值常为 0 或 1，故要用好

$$f(a)=0 ，\int_a^a f(x)\mathrm{d}x=0 ，\mathrm{e}^0=1 ，$$

凑成 $\longrightarrow D_{23}$（化归经典形式）

$$f(b)=f(b)-f(a) ，$$

$$\int_a^b f(x)\mathrm{d}x=\int_a^b f(x)\mathrm{d}x-\int_a^a f(x)\mathrm{d}x ，$$

$$\mathrm{e}-1=\mathrm{e}^1-\mathrm{e}^0 .$$

🌀**例6.14** 设 $f(x)$ 在 $[a,b]$ 上连续，且 $f(x)>0$，$a>0$，证明存在 $\xi\in(a,b)$，使得

$$\frac{b^2-a^2}{\int_a^b f(x)\mathrm{d}x}=\frac{2\xi}{f(\xi)} .$$

右上：$\longrightarrow =(x^2)'\big|_{x=\xi}$
右下：$\longrightarrow =\left[\int_a^x f(t)\mathrm{d}t\right]'\big|_{x=\xi}$

【**证**】令 $h(x)=x^2$，$g(x)=\int_a^x f(t)\mathrm{d}t$，在 $[a,b]$ 上应用柯西中值定理，存在 $\xi\in(a,b)$，使得

$$\frac{h(b)-h(a)}{g(b)-g(a)}=\frac{b^2-a^2}{\int_a^b f(x)\mathrm{d}x}=\frac{h'(\xi)}{g'(\xi)}=\frac{2\xi}{f(\xi)} ，$$

即得证.

$\longrightarrow D_{22}$（转换等价表述）

(3) 若再增加难度，令 $f(a)=0$（或通过 $\lim\limits_{x\to a}\dfrac{f(x)}{x-a}=A$ 及 $f(x)$ 在 $x=a$ 处连续得到 $f(a)=0$）.

$$f(\xi)=f(\xi)-f(a)\xlongequal{\text{拉格朗日中值定理}}f'(\eta)(\xi-a) ，$$

其中 $\eta\in(a,\xi)$，代入 $\dfrac{b^2-a^2}{\int_a^b f(x)\mathrm{d}x}=\dfrac{2\xi}{f(\xi)}$，则 $f'(\eta)(b^2-a^2)=\dfrac{2\xi}{\xi-a}\int_a^b f(x)\mathrm{d}x$.

这种考题曾在考研中出现过，不过稍有些过于"堆积"知识，反而失了精彩，不如点到为止.

例6.15 设函数 $f(x) = \int_1^x e^{t^2}dt$. 证明：

(1) 存在 $\xi \in (1,2)$ ，使得 $f(\xi) = (2-\xi)e^{\xi^2}$ ；

(2) 存在 $\eta \in (1,2)$ ，使得 $f(2) = \ln 2 \cdot \eta e^{\eta^2}$.

【证】 (1) 因为 $f(1) = 0$ ， $f'(x) = e^{x^2} > 0$ ，所以 $f(2) > 0$. 令 $g(x) = f(x) - (2-x)e^{x^2}$ ，则 $g(1) < 0$ ， $g(2) > 0$.
根据连续函数的零点定理知，存在 $\xi \in (1,2)$ ，使得 $g(\xi) = 0$ ，即 $f(\xi) = (2-\xi)e^{\xi^2}$.

(2) 令 $h(x) = \ln x$ ，在区间 $[1,2]$ 上应用柯西中值定理，则存在 $\eta \in (1,2)$ ，使得

$$\frac{f(2)-f(1)}{h(2)-h(1)} = \frac{f(2)-f(1)}{\ln 2 - \ln 1} = \frac{f'(\eta)}{\frac{1}{\eta}} = \eta e^{\eta^2} ,$$

即 $f(2) = \ln 2 \cdot \eta e^{\eta^2}$.

例6.16 设 $f(x) = \int_1^x \sin t^2 dt, g(x) = \int_0^x f(t)dt$.

(1) 计算 $g(1)$ ；(2) 证明：存在 $\xi \in (0,1)$ ，使得 $\int_1^\xi \sin t^2 dt = \xi(\cos 1 - 1)$.

(1) **【解】**

$$g(1) = \int_0^1 f(x)dx = \int_0^1 dx \int_1^x \sin t^2 dt$$

$$= -\int_0^1 dx \int_x^1 \sin t^2 dt = -\int_0^1 dt \int_0^t \sin t^2 dx = \frac{1}{2}\cos t^2 \bigg|_0^1 = \frac{1}{2}(\cos 1 - 1).$$

(2) **【证】** 令 $h(x) = x^2$ ，则由柯西中值定理，有

$$\frac{g(1)-g(0)}{h(1)-h(0)} = \frac{\frac{1}{2}(\cos 1 - 1)}{1} = \frac{\int_1^\xi \sin t^2 dt}{2\xi} ,$$

即 $\int_1^\xi \sin t^2 dt = \xi(\cos 1 - 1)$ ， $0 < \xi < 1$.

四、用泰勒公式

（D_1（常规操作）$+D_{23}$（化归经典形式）$+D_3$（移花接木））

1.常用泰勒展开式或形式展开式大观

注：有些不符合泰勒展开式定义的展开式，因其常用，这里也给出表达式，但由于高等数学范畴内的概念所限，本书称其为形式展开式，读者只需掌握内容即可。

(1) 第一组.

① $\sqrt{1\pm x}=1\pm\dfrac{1}{2}x-\dfrac{1}{8}x^2+\cdots$，$|x|<1$；

② $\dfrac{1}{\sqrt{1\pm x}}=1\mp\dfrac{1}{2}x+\dfrac{3}{8}x^2+\cdots$，$|x|<1$；

③ $\dfrac{1}{1+x}=1-x+x^2+\cdots=\displaystyle\sum_{n=0}^{\infty}(-1)^n x^n$，$|x|<1$；

④ $\dfrac{1}{1-x}=1+x+x^2+\cdots=\displaystyle\sum_{n=0}^{\infty} x^n$，$|x|<1$；

⑤ $\dfrac{1}{(1-x)^2}=1+2x+3x^2+\cdots=\displaystyle\sum_{n=0}^{\infty}(n+1) x^n$，$|x|<1$；

⑥ $\dfrac{1}{(1+x)^2}=1-2x+3x^2+\cdots=\displaystyle\sum_{n=0}^{\infty}(-1)^n(n+1) x^n$，$|x|<1$．

(2) 第二组.

① $\mathrm{e}^x=\displaystyle\sum_{n=0}^{\infty}\dfrac{x^n}{n!}$；

② $a^x=\mathrm{e}^{x\ln a}=\displaystyle\sum_{n=0}^{\infty}(\ln a)^n\cdot\dfrac{x^n}{n!}$；

③ $\dfrac{\mathrm{e}^x-\mathrm{e}^{-x}}{2}=\displaystyle\sum_{n=0}^{\infty}\dfrac{x^{2n+1}}{(2n+1)!}$；

④ $\dfrac{\mathrm{e}^x+\mathrm{e}^{-x}}{2}=\displaystyle\sum_{n=0}^{\infty}\dfrac{x^{2n}}{(2n)!}$．

(3) 第三组.

① $\sin x=x-\dfrac{1}{6}x^3+\cdots=\displaystyle\sum_{n=0}^{\infty}(-1)^n\dfrac{x^{2n+1}}{(2n+1)!}$；

② $\cos x=1-\dfrac{1}{2}x^2+\dfrac{1}{24}x^4+\cdots=\displaystyle\sum_{n=0}^{\infty}(-1)^n\dfrac{x^{2n}}{(2n)!}$；

③ $\tan x=x+\dfrac{1}{3}x^3+\dfrac{2}{15}x^5+\cdots$，$|x|<\dfrac{\pi}{2}$；

④ $\arcsin x=x+\dfrac{1}{6}x^3+\dfrac{3}{40}x^5+\cdots$，$|x|<1$；

⑤ $\arctan x=x-\dfrac{1}{3}x^3+\dfrac{1}{5}x^5+\cdots=\displaystyle\sum_{n=0}^{\infty}(-1)^n\dfrac{x^{2n+1}}{2n+1}$，$|x|\le 1$．

（4）第四组.

① $\ln(1+x) = x - \frac{1}{2}x^2 + \frac{1}{3}x^3 - \frac{1}{4}x^4 + \cdots = \sum_{n=1}^{\infty}(-1)^{n+1}\frac{x^n}{n}$, $-1 < x \leqslant 1$;

② $\ln(1-x) = -\sum_{n=1}^{\infty}\frac{x^n}{n}$, $-1 \leqslant x < 1$;

③ $\ln x = \ln(x-1+1) = (x-1) - \frac{1}{2}(x-1)^2 + \cdots = \sum_{n=1}^{\infty}(-1)^{n+1}\frac{(x-1)^n}{n}$, $0 < x \leqslant 2$;

④ $\ln(a+x) = \ln\left[a\left(1+\frac{x}{a}\right)\right] = \ln a + \ln\left(1+\frac{x}{a}\right) = \ln a + \frac{x}{a} - \frac{1}{2a^2}x^2 + \cdots$, $a > 0, -a < x \leqslant a$;

⑤ $\ln\frac{1+x}{1-x} = \ln(1+x) - \ln(1-x) = 2\left(x + \frac{1}{3}x^3 + \frac{1}{5}x^5 + \cdots\right) = 2\sum_{n=0}^{\infty}\frac{x^{2n+1}}{2n+1}$, $|x| < 1$;

⑥ $\ln\frac{x+1}{x-1} = \ln\frac{1+\frac{1}{x}}{1-\frac{1}{x}} = 2\sum_{n=0}^{\infty}\frac{1}{(2n+1)x^{2n+1}}$, $|x| > 1$;

⑦ $\ln(x+\sqrt{x^2+1}) = x - \frac{1}{6}x^3 + \frac{3}{40}x^5 + \cdots$, $|x| < 1$.

> **【注】**（1）清楚看到各种常用表达式的多项式近似精确度.
> （2）快速计算极限.
> （3）快速展开与求和.
> （4）不求全记，但求常看，反复看，当作字典去查，去用.

2.本质

泰勒公式证明题的本质就是把 n 阶可导函数 $f(x)$ 在一点附近用多项式表示，然后讨论其

$\begin{cases} \text{佩亚诺余项（定性），} \\ \text{拉格朗日余项（定量），} \end{cases}$ 并用到实际问题上(如函数值、积分值的估计).

① 可微是一阶近似：$f(x) = f(x_0) + f'(x_0)(x-x_0) + o(x-x_0), x \to x_0$.

② 泰勒是 n 阶近似：

$$f(x) = \sum_{k=0}^{n}\frac{1}{k!}f^{(k)}(x_0)(x-x_0)^k + \begin{cases} o[(x-x_0)^n], & x \to x_0, \\ \frac{1}{(n+1)!}f^{(n+1)}(\xi)(x-x_0)^{n+1}. \end{cases}$$

③ 误差处理 $\left|\frac{f^{(n+1)}(\xi)}{(n+1)!}(x-x_0)^{n+1}\right| \leqslant M$.

3.使用场合

（1）求极限.

（2）确定无穷小阶数.

（3）求 $f^{(n)}(x_0)$.

（4）作证明.

4.公式中 x，x_0 的选取（ D_{23}（化归经典形式）+ D_3（移花接木））

（1）x_0 的选取.

→这主要是为了消项

①使 $f^{(k)}(x_0)$ 的值简单，甚至为0；②$[a,b]$ 上的特殊点，如 端点、中点 等.

（2）x 的选取.

这主要是为了消项←

①$[a,b]$ 上的泛指点 x；②$[a,b]$ 上的特殊点，如端点，中点，关于 x_0 的对称点，x_0+h，x_0-h.

例6.17 设函数 $f(x)$ 在 $[0,1]$ 上二阶可导，$f(0)=f(1)$，且 $|f''(x)|\leq 2$，证明：$|f'(x)|\leq 1$，$x\in[0,1]$.

【证】 由泰勒公式，有 →D_{23}（化归经典形式）　见到点的函数值，考虑在此点展开

$$f(0)=f(x)+f'(x)(0-x)+\frac{1}{2}f''(\xi_1)(0-x)^2,$$

$$f(1)=f(x)+f'(x)(1-x)+\frac{1}{2}f''(\xi_2)(1-x)^2,$$

其中 ξ_1 介于0与 x 之间，ξ_2 介于 x 与1之间.因为 $f(0)=f(1)$，所以 D_3（移花接木）

$$f'(x)=\frac{1}{2}\left[f''(\xi_1)x^2-f''(\xi_2)(1-x)^2\right].$$

又因为 $|f''(x)|\leq 2$，所以 $|f'(x)|\leq \frac{1}{2}\cdot 2\left[x^2+(1-x)^2\right]\leq 1$，$x\in[0,1]$.

例6.18 设函数 $f(x)$ 在 $[a,b]$ 上连续，在 (a,b) 内二阶可导，且 $|f''(x)|\geq 1$，$f(a)=f(b)=0$. a,b 为 x

必有最值

①用于余项放缩；

证明：$\max\limits_{a\leq x\leq b}\{|f(x)|\}\geq \frac{1}{8}(b-a)^2$. ②说明 $f'(x)$ 非常数；

$f(x)$ 连续，必有 $|f(x)|$ 连续　③说明 $f(x)$ 非常数.

【证】 由于函数 $|f(x)|$ 在 $[a,b]$ 上连续，并且 $|f(x)|$ 不是常数，因此存在 $x_0\in(a,b)$，使得

$$\max\limits_{a\leq x\leq b}\{|f(x)|\}=|f(x_0)|.$$

又由于 $f(x)$ 在 $[a,b]$ 上也连续，因此 x_0 也是 $f(x)$ 的极值点，所以 $f'(x_0)=0$.

将 $f(x)$ 在 x_0 处展开，对于任意的 $x\in[a,b]$，有 x_0 为展开点

$$f(x)=f(x_0)+\frac{1}{2}f''(\xi)(x-x_0)^2,$$

其中 ξ 介于 x 与 x_0 之间，所以

$$\left|f(x)-f(x_0)\right|\geqslant\frac{1}{2}(x-x_0)^2.$$

由于 $f(a)=f(b)=0$，因此

$$\left|f(x_0)\right|\geqslant\frac{1}{2}(x_0-a)^2,\ \left|f(x_0)\right|\geqslant\frac{1}{2}(x_0-b)^2,$$

所以

由附录 B 的 "2.(1) ④" 知，

$$(x-a)^2+(x-b)^2\geqslant\frac{(b-a)^2}{2},\ x\in[a,\ b]$$

$$\left|f(x_0)\right|\geqslant\frac{1}{2}\frac{(x_0-a)^2+(x_0-b)^2}{2}\geqslant\frac{1}{2}\frac{(b-a)^2}{4}=\frac{(b-a)^2}{8}.$$

例6.19 设函数 $f(x)$ 具有二阶连续导数，$f(\xi)=0$，$f'(\xi)\neq0$. 若 $\{x_n\}$ 以 ξ 为极限，以 x_0 为首项且满足

$$\lim_{n\to\infty}x_n=\xi$$

$$x_n=x_{n-1}-\frac{f(x_{n-1})}{f'(x_{n-1})},\ n=1,2,3,\ \cdots,$$

证明：$\left\{\dfrac{x_n-x_{n-1}}{(x_{n-1}-x_{n-2})^2}\right\}$ 收敛于 $-\dfrac{f''(\xi)}{2f'(\xi)}$.

【证】 由泰勒公式，

见到递推公式，考虑 $x=x_{n+1}$，$x_0=x_n$

$$x_n-x_{n-1}=-\frac{f(x_{n-1})}{f'(x_{n-1})}$$

即 $f(x_{n+1})=f(x_n)+f'(x_n)(x_{n+1}-x_n)+\dfrac{f''(\xi_n)}{2}(x_{n+1}-x_n)^2$

$$=-\frac{f(x_{n-2})+f'(x_{n-2})(x_{n-1}-x_{n-2})+\frac{1}{2}f''(\xi_{n-2})(x_{n-1}-x_{n-2})^2}{f'(x_{n-1})},$$

且由 $x_{n-1}=x_{n-2}-\dfrac{f(x_{n-2})}{f'(x_{n-2})}$ 可知 $f(x_{n-2})+f'(x_{n-2})(x_{n-1}-x_{n-2})=0$，所以

$$x_n-x_{n-1}=-\frac{f''(\xi_{n-2})(x_{n-1}-x_{n-2})^2}{2f'(x_{n-1})},$$

即 $\dfrac{x_n-x_{n-1}}{(x_{n-1}-x_{n-2})^2}=-\dfrac{f''(\xi_{n-2})}{2f'(x_{n-1})}$，其中 ξ_{n-2} 介于 x_{n-1} 与 x_{n-2} 之间.

由 $f(x)$ 具有二阶连续导数，且 $\{x_n\}$ 以 ξ 为极限，得

$$\lim_{n\to\infty}\frac{x_n-x_{n-1}}{(x_{n-1}-x_{n-2})^2}=-\lim_{n\to\infty}\frac{f''(\xi_{n-2})}{2f'(x_{n-1})}=-\frac{f''(\xi)}{2f'(\xi)},$$

故 $\left\{\dfrac{x_n-x_{n-1}}{(x_{n-1}-x_{n-2})^2}\right\}$ 收敛于 $-\dfrac{f''(\xi)}{2f'(\xi)}$.

第二部分 讨论 $f(x)=0$ 的根的个数

三向解题法

讨论 $f(x)=0$ 的根的个数
(O(盯住目标))

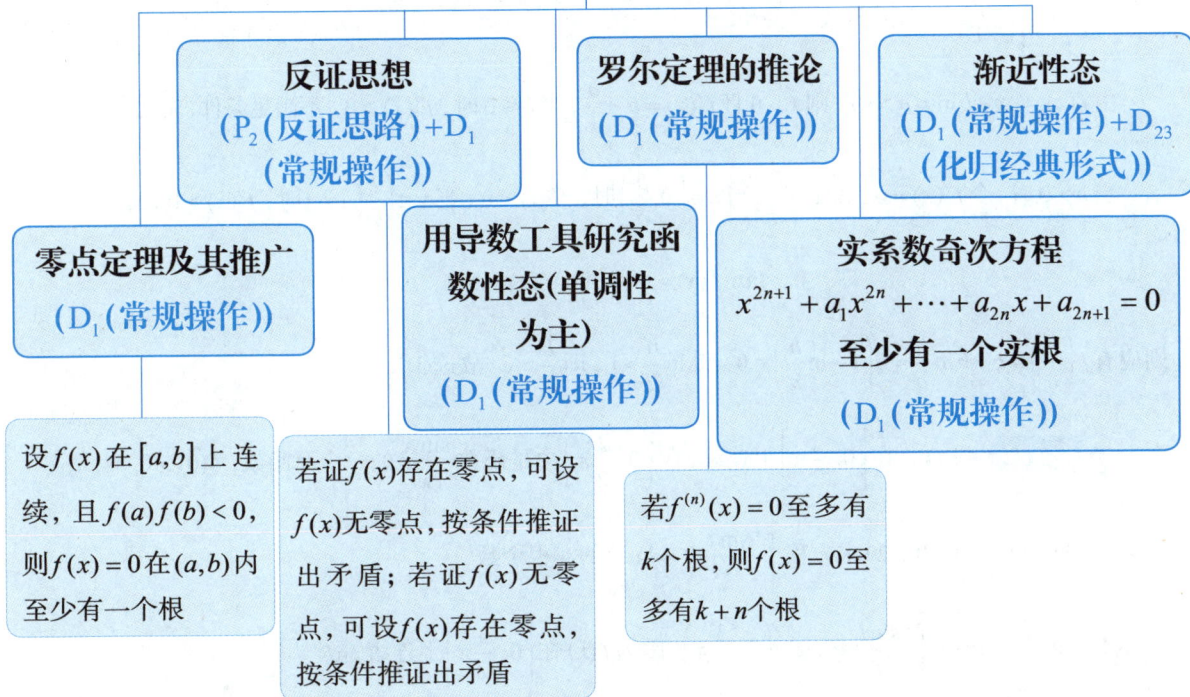

反证思想
(P_2(反证思路)$+D_1$(常规操作))

罗尔定理的推论
(D_1(常规操作))

渐近性态
(D_1(常规操作)$+D_{23}$(化归经典形式))

零点定理及其推广
(D_1(常规操作))

用导数工具研究函数性态(单调性为主)
(D_1(常规操作))

实系数奇次方程
$x^{2n+1}+a_1 x^{2n}+\cdots+a_{2n}x+a_{2n+1}=0$
至少有一个实根
(D_1(常规操作))

设 $f(x)$ 在 $[a,b]$ 上连续，且 $f(a)f(b)<0$，则 $f(x)=0$ 在 (a,b) 内至少有一个根

若证 $f(x)$ 存在零点，可设 $f(x)$ 无零点，按条件推证出矛盾；若证 $f(x)$ 无零点，可设 $f(x)$ 存在零点，按条件推证出矛盾

若 $f^{(n)}(x)=0$ 至多有 k 个根，则 $f(x)=0$ 至多有 $k+n$ 个根

(1)零点定理及其推广.(D_1(常规操作))

设 $f(x)$ 在 $[a,b]$ 上连续，且 $f(a)f(b)<0$，则 $f(x)=0$ 在 (a,b) 内至少有一个根.

【注】推广的零点定理：若 $f(x)$ 在 (a,b) 内连续，$\lim\limits_{x\to a^+}f(x)=\alpha$，$\lim\limits_{x\to b^-}f(x)=\beta$，且 $\alpha\cdot\beta<0$，则 $f(x)=0$ 在 (a,b) 内至少有一个根，这里 a,b,α,β 可以是有限数，也可以是无穷大.

(2)反证思想.(P_2(反证思路)$+D_1$(常规操作))

若证 $f(x)$ 存在零点，可设 $f(x)$ 无零点，按条件推证出矛盾；若证 $f(x)$ 无零点，可设 $f(x)$ 存在零点，按条件推证出矛盾.

(3) 用导数工具研究函数性态(单调性为主).（D_1（常规操作））

(4) 罗尔定理的推论.（D_1（常规操作））

若 $f^{(n)}(x)=0$ 至多有 k 个根,则 $f(x)=0$ 至多有 $k+n$ 个根.

(5) 实系数奇次方程 $x^{2n+1}+a_1x^{2n}+\cdots+a_{2n}x+a_{2n+1}=0$ 至少有一个实根.（D_1（常规操作））

(6) 渐近性态.（D_1（常规操作）$+D_{23}$（化归经典形式））

例 6.20 设函数 $f(x)=ax-b\ln x(a>0)$ 有 2 个零点,则 $\dfrac{b}{a}$ 的取值范围是(   ).

(A) $(0,\mathrm{e})$ 　　　　 (B) $(\mathrm{e},+\infty)$ 　　　　 (C) $\left(0,\dfrac{1}{\mathrm{e}}\right)$ 　　　　 (D) $\left(\dfrac{1}{\mathrm{e}},+\infty\right)$

【解】 应选(B).

由 $f(x)=ax-b\ln x(a>0)$,则 $x>0$ 且 $f'(x)=a-\dfrac{b}{x}$,当 $b\leqslant 0$ 时,$f'(x)\geqslant 0$,不满足条件,舍去;

当 $b>0$ 时,令 $f'(x)=0$,得 $x=\dfrac{b}{a}$.当 $x\in\left(0,\dfrac{b}{a}\right)$ 时,$f'(x)<0$;当 $x\in\left(\dfrac{b}{a},+\infty\right)$ 时,$f'(x)>0$.又

$$\lim_{x\to 0^+}f(x)=+\infty,\ \lim_{x\to+\infty}f(x)=+\infty,$$

则应有 $f\left(\dfrac{b}{a}\right)=b-b\ln\dfrac{b}{a}=b\left(1-\ln\dfrac{b}{a}\right)<0$,得 $\ln\dfrac{b}{a}>1$,即 $\dfrac{b}{a}>\mathrm{e}$.故选(B).

例 6.21 设 $f(x)$ 在 $\left[0,\dfrac{3}{2}\pi\right]$ 上连续,在 $\left(0,\dfrac{3}{2}\pi\right)$ 内是函数 $\dfrac{\sin x}{x}$ 的一个原函数,$f(0)=0$.

(1) 证明 $f\left(\dfrac{3}{2}\pi\right)>0$;(2)求方程 $\displaystyle\int_1^x\dfrac{\sin t}{t}\mathrm{d}t=\ln x^2$ 的实根个数.

(1) **【证】** $f(x)=\displaystyle\int_0^x\dfrac{\sin t}{t}\mathrm{d}t$,$x\in\left(0,\dfrac{3}{2}\pi\right)$.因为 $f(x)$ 在 $\left[0,\dfrac{3}{2}\pi\right]$ 上连续,故

$$f\left(\dfrac{3}{2}\pi\right)=\int_0^{\frac{3}{2}\pi}\dfrac{\sin t}{t}\mathrm{d}t$$

$$=\int_0^{\frac{\pi}{2}}\dfrac{\sin t}{t}\mathrm{d}t+\int_{\frac{\pi}{2}}^{\pi}\dfrac{\sin t}{t}\mathrm{d}t+\int_{\pi}^{\frac{3}{2}\pi}\dfrac{\sin t}{t}\mathrm{d}t$$

$$=\int_0^{\frac{\pi}{2}}\dfrac{\sin t}{t}\mathrm{d}t+\int_{\frac{\pi}{2}}^{\pi}\dfrac{\sin t}{t}\mathrm{d}t-\int_0^{\frac{\pi}{2}}\dfrac{\sin u}{\pi+u}\mathrm{d}u$$

$$=\int_0^{\frac{\pi}{2}}\left(\dfrac{1}{t}-\dfrac{1}{\pi+t}\right)\sin t\mathrm{d}t+\int_{\frac{\pi}{2}}^{\pi}\dfrac{\sin t}{t}\mathrm{d}t>0.$$

(2) **【解】** 令 $F(x)=\displaystyle\int_1^x\dfrac{\sin t}{t}\mathrm{d}t-2\ln|x|$,$x\neq 0$.

当 $x > 0$ 时，$F'(x) = \dfrac{\sin x - 2}{x} < 0$，$F(x)$ 单调减少，$F(1) = 0$，故 $F(x)$ 在 $(0, +\infty)$ 内恰有一个实根；

当 $x < 0$ 时，$F'(x) = \dfrac{\sin x - 2}{x} > 0$，$F(x)$ 单调增加，

$$\lim_{x \to 0^-}\left[\int_1^x \frac{\sin t}{t}\,dt - 2\ln(-x)\right] = +\infty,\quad F\left(-\frac{3}{2}\pi\right) = \int_1^{-\frac{3}{2}\pi} \frac{\sin t}{t}\,dt - 2\ln\frac{3}{2}\pi,$$

其中

$$\int_1^{-\frac{3}{2}\pi} \frac{\sin t}{t}\,dt \xlongequal{t = -v} -\int_{-1}^{\frac{3}{2}\pi} \frac{\sin v}{v}\,dv$$

$$= -\int_0^{\frac{3}{2}\pi} \frac{\sin v}{v}\,dv - \int_{-1}^0 \frac{\sin v}{v}\,dv < 0,$$

故 $F(x)$ 在 $(-\infty, 0)$ 内恰有一个实根.

综上所述，方程 $\displaystyle\int_1^x \frac{\sin t}{t}\,dt = \ln x^2$ 恰有两个实根.

例6.22 设 $f(x) = \left(1 - \dfrac{a}{x}\right)^x$，其中 $x > a > 0$.

(1) 求 $f(x)$ 的水平渐近线；

(2) 证明 $\mathrm{e}^a f(x) < 1$.

(1)【解】　由于 $x > 0$，故只研究 $x \to +\infty$ 时的情形.

$$\lim_{x \to +\infty} f(x) = \lim_{x \to +\infty}\left(1 - \frac{a}{x}\right)^x = \mathrm{e}^{\lim\limits_{x \to +\infty} x\ln\left(1 - \frac{a}{x}\right)} = \mathrm{e}^{\lim\limits_{x \to +\infty} x \cdot \left(-\frac{a}{x}\right)} = \mathrm{e}^{-a},$$

故 $y = \mathrm{e}^{-a}$ 为 $f(x)$ 的水平渐近线.

(2)【证】　$f(x) = \mathrm{e}^{x\ln\left(1 - \frac{a}{x}\right)}$，$x > a > 0$，其中

$$x\ln\left(1 - \frac{a}{x}\right) = x\ln\frac{x - a}{x} = x[\ln(x - a) - \ln x],$$

故

$$f'(x) = \left(1 - \frac{a}{x}\right)^x \cdot \left[\ln(x - a) - \ln x + \frac{x}{x - a} - 1\right]$$

$$= \left(1 - \frac{a}{x}\right)^x \left[\ln(x - a) - \ln x + \frac{a}{x - a}\right], \tag{*}$$

其中

$$\ln(x - a) - \ln x \xlongequal{\text{拉格朗日中值定理}} \frac{1}{\xi} \cdot (-a),\quad 0 < x - a < \xi < x,$$

则 $\dfrac{1}{\xi} < \dfrac{1}{x - a}$，于是 $\dfrac{1}{\xi}(-a) > -\dfrac{a}{x - a}$，因此 (*) 式大于 0，即 $f'(x) > 0$，$f(x)$ 严格单调增加，因为 $f(x)$ 的水平

渐近线为 $y = e^{-a}$ ，故 $f(x) < e^{-a}$ ，即 $e^{a} f(x) < 1$ ，证毕.

第三部分 证明不等式

三向解题法

形式化归体系块

证明不等式
(O(盯住目标))

用单调性
(D_1(常规操作))

用凹凸性
(D_1(常规操作))

用柯西中值定理
(D_1(常规操作)$+D_{23}$
(化归经典形式))

用最值
(D_1(常规操作))

用拉格朗日中值定理
(D_1(常规操作)$+D_{23}$
(化归经典形式))

用带有拉格朗日余项的
泰勒公式
(D_1(常规操作)$+D_{22}$(转
换等价表述)$+D_{23}$(化归
经典形式))

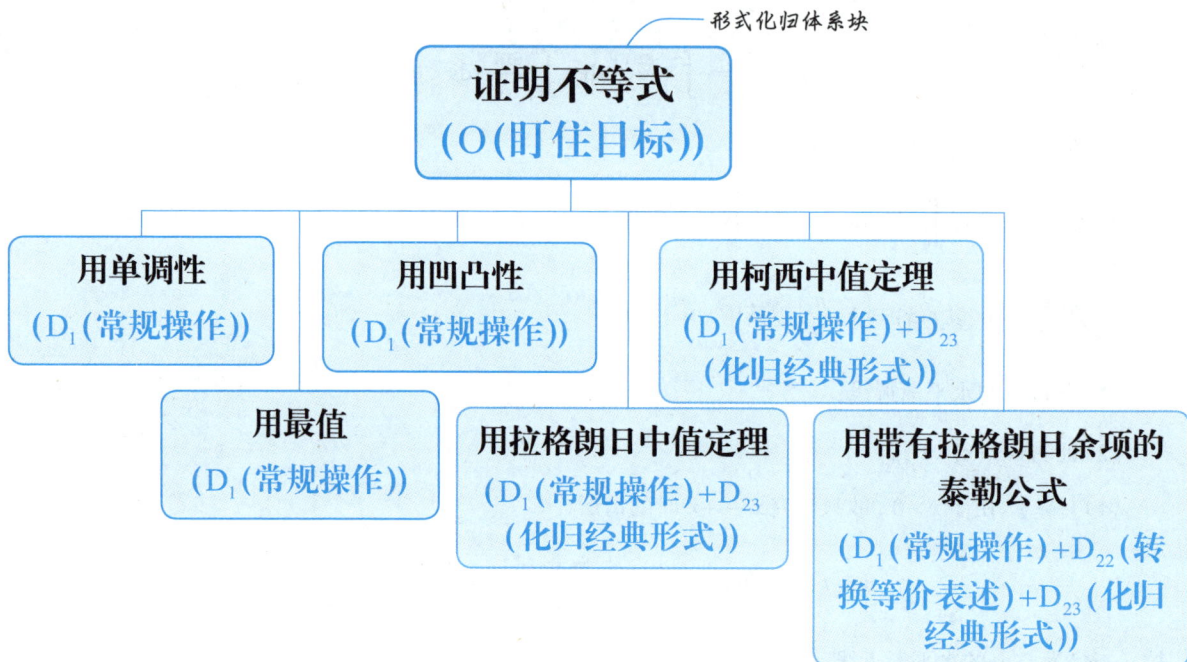

1. 用单调性（D_1（常规操作））

（1）若 $\lim\limits_{x \to a^+} F(x) \geqslant 0$ ，且当 $x \in (a,b)$ 时 $F'(x) \geqslant 0$ ，则在 (a,b) 内 $F(x) \geqslant 0$.

【注】（1）若在 $x = a$ 处 $F(x)$ 右连续，则可用 $F(a)$ 代替 $\lim\limits_{x \to a^+} F(x)$.

（2）若当 $x \in (a,b)$ 时， $F'(x) > 0$ ，则在 (a,b) 内 $F(x) > 0$.

（2）若 $\lim\limits_{x \to b^-} F(x) \geqslant 0$ ，且当 $x \in (a,b)$ 时 $F'(x) \leqslant 0$ ，则在 (a,b) 内 $F(x) \geqslant 0$.

【注】（1）若在 $x = b$ 处 $F(x)$ 左连续，则可用 $F(b)$ 代替 $\lim\limits_{x \to b^-} F(x)$.

（2）若当 $x \in (a,b)$ 时， $F'(x) < 0$ ，则在 (a,b) 内 $F(x) > 0$.

上面讲的区间 (a,b) 既可以是有限区间，也可以是无穷区间.

2.用最值(D_1 (常规操作))

如果在 (a,b) 内 $F(x)$ 有最小值 m ,则在 (a,b) 内 $F(x) \geqslant m$,且除这些最小值点外,均有 $F(x) > m$.

对于最大值 M ,有类似的结论.

3.用凹凸性(D_1 (常规操作))

如果对于任意的 $x \in I$, $F''(x) \geqslant 0$,则

①对于任意的 x_1 , $x_2 \in I$,有

$$\frac{F(x_1)+F(x_2)}{2} \geqslant F\left(\frac{x_1+x_2}{2}\right).$$

②对于任意的 x_1 , $x_2 \in I$,任意的 λ_1 , $\lambda_2 \in (0,1)$,且 $\lambda_1 + \lambda_2 = 1$,有

$$\lambda_1 F(x_1) + \lambda_2 F(x_2) \geqslant F(\lambda_1 x_1 + \lambda_2 x_2).$$

③对于任意的 x , $x_0 \in I$,且 $x \neq x_0$,有 $F(x) > F(x_0) + F'(x_0)(x-x_0)$.

如果对于任意的 $x \in I$, $F''(x) \leqslant 0$,则有与上面所述相反的不等式.

4.用拉格朗日中值定理(D_1 (常规操作) $+D_{23}$ (化归经典形式))

如果所给题中的 $F(x)$ 在区间 $[a,b]$ 上满足拉格朗日中值定理的条件,并设当 $x \in (a,b)$ 时 $F'(x) \geqslant A$ (或 $\leqslant A$),则有

$$F(b)-F(a) \geqslant A(b-a) \ (或 F(b)-F(a) \leqslant A(b-a)).$$

5.用柯西中值定理(D_1 (常规操作) $+D_{23}$ (化归经典形式))

如果所给题中的 $F(x)$ 与 $G(x)$ 在区间 $[a,b]$ 上满足柯西中值定理的条件,并设当 $x \in (a,b)$ 时 $\frac{F'(x)}{G'(x)} \geqslant A$ (或 $\leqslant A$),则有

$$\frac{F(b)-F(a)}{G(b)-G(a)} \geqslant A (或 \leqslant A).$$

6.用带有拉格朗日余项的泰勒公式

(D_1 (常规操作) $+D_{22}$ (转换等价表述) $+D_{23}$ (化归经典形式))

如果所给条件为(或能推导出) $F''(x)$ 存在且大于0(或小于0),那么常想到使用带有拉格朗日余项的泰勒公式来证明,将 $F(x)$ 在适当的 $x=x_0$ 处展开,

$$F(x) = F(x_0) + F'(x_0)(x-x_0) + \frac{1}{2}F''(\xi)(x-x_0)^2 \ (\xi介于x与x_0之间),$$

于是有 $F(x) \geqslant (或 \leqslant) F(x_0) + F'(x_0)(x-x_0)$.

例6.23 已知函数 $f(x)$ 在区间 $[a,+\infty)$ 上具有二阶导数, $f(a)=0$, $f'(x)>0$, $f''(x)>0$.设 $b>a$,

曲线 $y=f(x)$ 在点 $(b,f(b))$ 处的切线与 x 轴的交点是 $(x_0,0)$.证明：$a<x_0<b$.

【证】 曲线 $y=f(x)$ 在点 $(b,f(b))$ 处的切线方程是 $y-f(b)=f'(b)(x-b)$，解得切线与 x 轴交点的横坐标 $x_0=b-\dfrac{f(b)}{f'(b)}$.

由于 $f'(x)>0$，故 $f(x)$ 单调增加.由 $b>a$ 可知，$f(b)>f(a)=0$.又 $f'(b)>0$，故 $\dfrac{f(b)}{f'(b)}>0$，即有 $x_0<b$.

$$x_0-a=b-\frac{f(b)}{f'(b)}-a=\frac{(b-a)f'(b)-f(b)}{f'(b)},$$

由拉格朗日中值定理得 $f(b)=f(b)-f(a)=f'(\xi)(b-a)$，$a<\xi<b$.

因为 $f''(x)>0$，所以 $f'(x)$ 单调增加，从而 $f'(\xi)<f'(b)$，故 $f(b)<(b-a)f'(b)$.由此可知 $x_0-a>0$，即 $x_0>a$.

综上，$a<x_0<b$.

例6.24 设 $x\in(0,1)$，证明下面不等式：

(1) $(1+x)\ln^2(1+x)<x^2$；

(2) $\dfrac{1}{\ln 2}-1<\dfrac{1}{\ln(1+x)}-\dfrac{1}{x}<\dfrac{1}{2}$.

【证】 (1)令 $\varphi(x)=x^2-(1+x)\ln^2(1+x)$，有 $\varphi(0)=0$，且

$$\varphi'(x)=2x-\ln^2(1+x)-2\ln(1+x),\quad \varphi'(0)=0.$$

又 $\varphi''(x)=\dfrac{2}{1+x}[x-\ln(1+x)]>0$，$x\in(0,1)$，知 $\varphi'(x)$ 单调增加，从而 $\varphi'(x)>\varphi'(0)=0(x\in(0,1))$，则 $\varphi(x)$ 单调增加，则 $\varphi(x)>\varphi(0)=0(x\in(0,1))$，即 $(1+x)\ln^2(1+x)<x^2(x\in(0,1))$.

(2)令 $f(x)=\dfrac{1}{\ln(1+x)}-\dfrac{1}{x}$，$x\in(0,1]$，则有

$$f(1)=\frac{1}{\ln 2}-1,\quad f'(x)=\frac{(1+x)\ln^2(1+x)-x^2}{x^2(1+x)\ln^2(1+x)}.$$

由(1)知，当 $x\in(0,1)$ 时，$f'(x)<0$，则 $f(x)$ 单调减少，从而

$$f(x)>f(1)=\frac{1}{\ln 2}-1(x\in(0,1)).$$

因为 $\lim_{x\to 0^+}f(x)=\lim_{x\to 0^+}\dfrac{x-\ln(1+x)}{x\ln(1+x)}=\lim_{x\to 0^+}\dfrac{x-\ln(1+x)}{x^2}=\lim_{x\to 0^+}\dfrac{x}{2x(1+x)}=\dfrac{1}{2}$，又 $f(x)$ 单调减少，则 $f(x)<f(0^+)=\dfrac{1}{2}(x\in(0,1))$，所以

$$\frac{1}{\ln 2}-1<\frac{1}{\ln(1+x)}-\frac{1}{x}<\frac{1}{2}(x\in(0,1)).$$

【注】（1）求 $\dfrac{1}{f(x)}-\dfrac{1}{g(x)}$ 在 $x\in I$ 上的取值范围是一个常用的不等式的考查方式．如本题中

$$\frac{1}{\ln 2}-1<\frac{1}{\ln(1+x)}-\frac{1}{x}<\frac{1}{2},\quad x\in(0,1),$$

这在考研中出现过不止一次了．

事实上，还有如下一些式子，供参考，并可动手一试．

$$\frac{1}{\ln^2(1+x)}-\frac{1}{x^2}>\frac{1}{\ln^2 2}-1,\quad x\in(0,1),$$

$$\frac{1}{x^2}-\frac{1}{(e^x-1)^2}>1-\frac{1}{(e-1)^2},\quad x\in(0,1),$$

$$0<\frac{1}{x}-\frac{1}{e^x-1}<\frac{1}{2},\quad x\in(0,+\infty),$$

$$\frac{1}{\sin^2 x}-\frac{1}{x^2}<1-\frac{4}{\pi^2},\quad x\in\left(0,\frac{\pi}{2}\right),$$

$$\frac{2}{\pi}-1<\frac{1}{\sin x}-\frac{1}{x}<1-\frac{2}{\pi},\quad |x|\in\left(0,\frac{\pi}{2}\right),$$

$$\frac{1}{3}<\frac{1}{x^2}-\frac{1}{(\arcsin x)^2}<1-\frac{4}{\pi^2},\quad x\in(0,1),$$

$$\frac{2}{\pi}-1<\frac{1}{x}-\frac{1}{\arcsin x}<1-\frac{2}{\pi},\quad |x|\in(0,1),$$

$$\frac{4}{\pi^2}<\frac{1}{x^2}-\frac{1}{\tan^2 x}<\frac{2}{3},\quad x\in\left(0,\frac{\pi}{2}\right),$$

$$-\frac{2}{\pi}<\frac{1}{x}-\frac{1}{\tan x}<\frac{2}{\pi},\quad |x|\in\left(0,\frac{\pi}{2}\right),$$

$$\frac{4}{\pi^2}<\frac{1}{(\arctan x)^2}-\frac{1}{x^2}<\frac{2}{3},\quad x\in(0,+\infty),$$

$$-\frac{2}{\pi}<\frac{1}{\arctan x}-\frac{1}{x}<\frac{2}{\pi},\quad |x|\in(0,+\infty).$$

（2）若令 $\begin{cases}x=\dfrac{1}{g(t)},\\[2mm]y=\dfrac{1}{h(t)}-\dfrac{1}{g(t)},\end{cases}$ $t\in(a,b)$，使该方程可确定函数 $y=f(x)$，则 $y(t)$ 的取值范围亦是 $f(x)$

的取值范围．如可命题：设 $y=f(x)$ 由 $\begin{cases}x=\dfrac{1}{t^2},\\[2mm]y=\dfrac{1}{\sin^2 t}-\dfrac{1}{t^2}\end{cases}$ $t\in\left(0,\dfrac{\pi}{2}\right)$ 所确定，由（1）可知当 $t\in\left(0,\dfrac{\pi}{2}\right)$ 时，

$$\frac{1}{\sin^2 t} - \frac{1}{t^2} < 1 - \frac{4}{\pi^2}, \quad \text{故} f(x) < 1 - \frac{4}{\pi^2}.$$

例6.25 设函数 $f(x)$ 在区间 (a, b) 内可导. 证明: 导函数 $f'(x)$ 在 (a, b) 内严格单调增加的充分

必要条件是对 (a, b) 内任意的 x_1, x_2, x_3, 当 $x_1 < x_2 < x_3$ 时, $\dfrac{f(x_2) - f(x_1)}{x_2 - x_1} < \dfrac{f(x_3) - f(x_2)}{x_3 - x_2}$.

【证】 必要性. 由于 $f(x)$ 在 (a, b) 内可导, 且 x_1, x_2, $x_3 \in (a, b)$, 故 $f(x)$ 在 $[x_1, x_2]$ 与 $[x_2, x_3]$ 上均

连续, 在 (x_1, x_2) 与 (x_2, x_3) 内均可导, 则由拉格朗日中值定理, 可得:

存在 $\xi_1 \in (x_1, x_2)$, 使得 $f'(\xi_1) = \dfrac{f(x_2) - f(x_1)}{x_2 - x_1}$; $\longrightarrow D_{23}$ (化归经典形式)

存在 $\xi_2 \in (x_2, x_3)$, 使得 $f'(\xi_2) = \dfrac{f(x_3) - f(x_2)}{x_3 - x_2}$.

易知 $\xi_1 < x_2 < \xi_2$, 又由于 $f'(x)$ 在 (a, b) 内严格单调增加, 故有 $f'(\xi_1) < f'(\xi_2)$. 得证.

充分性. 对任意的 $x \in (a, b), y \in (a, b), x < y$, 取 $c \in (x, y)$. 设 $h > 0$ 且 $x - h \in (a, b)$, $y + h \in (a, b)$, 由题

设知

$$\frac{f(x - h) - f(x)}{-h} < \frac{f(c) - f(x)}{c - x} < \frac{f(y) - f(c)}{y - c} < \frac{f(y + h) - f(y)}{h}. \tag{*}$$

因为 $f(x)$ 在 (a, b) 内可导, 所以

$$\lim_{h \to 0^+} \frac{f(x - h) - f(x)}{-h} = f'(x), \lim_{h \to 0^+} \frac{f(y + h) - f(y)}{h} = f'(y).$$

根据极限的保号性, 得 $f'(x) \leqslant \dfrac{f(c) - f(x)}{c - x} < \dfrac{f(y) - f(c)}{y - c} \leqslant f'(y)$.

故 $f'(x) < f'(y)$.

综上可知, $f'(x)$ 在 (a, b) 内严格单调增加.

【注】 本题充分性证明是难点, 也是关键点.

① 形式上要用 $x - h$, x, c, y, $y + h$ 划分为 4 个区间 (见图):

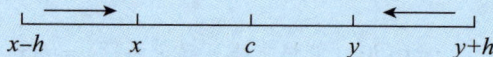

在 $x - h \to x^-$, $y + h \to y^+$, 即 $h \to 0^+$ 时, (*) 式中仅第一个与第三个不等号上带上等号, 而第

二个不等号左右并未取极限, 保持严格不等.

② 本质上是黎曼思想的指引—— 一两个区间解决不了的问题, 再多划分一些区间, 利用题设条

件, 就可能有更多的结论出现.

第四部分　求解含参等式或不等式问题

三向解题法

求解含参等式或不等式问题
(O(盯住目标))

导数中不含参数,即辅助函数 $f'(x)$ 中不含参数,于是研究函数性态的过程中不讨论参数,结果中讨论参数,即根据参数的取值不同,研究曲线与 x 轴的位置关系
(D_1(常规操作))

导数中含参数,即辅助函数 $f'(x)$ 中含参数,于是研究函数性态的过程中讨论参数,即根据参数的取值不同,研究曲线不同的性态,从而确定其与 x 轴的交点个数
(D_1(常规操作)+ D_{43}(数形结合))

$f(x)=k$

$$\begin{cases} x=x(t,k) \\ y=y(t,k) \end{cases}$$

$f(x,k)$

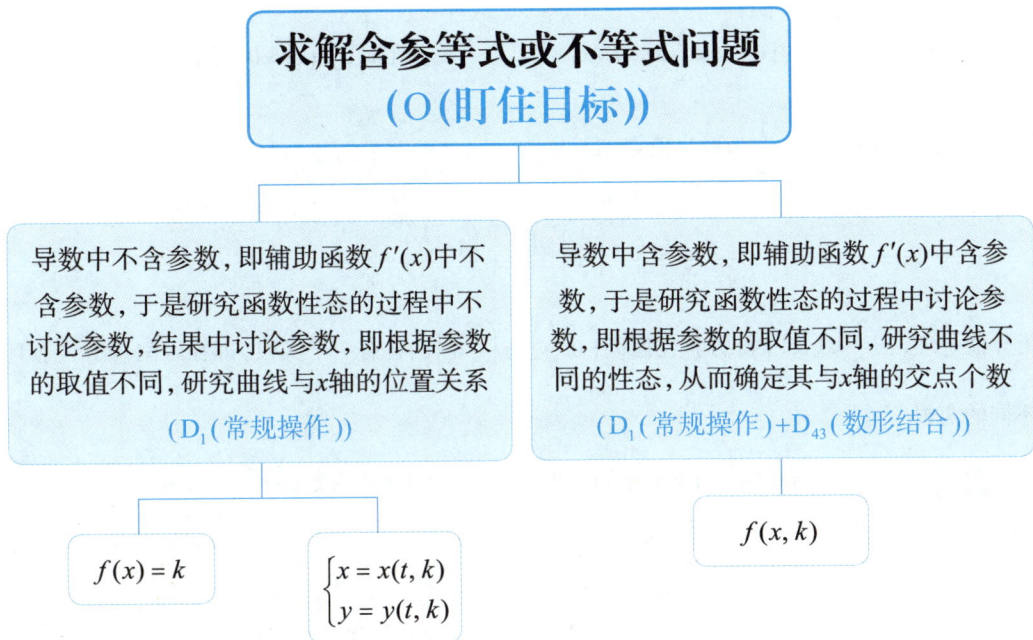

（1）导数中不含参数,即辅助函数 $f'(x)$ 中不含参数,于是研究函数性态的过程中不讨论参数,结果中讨论参数,即根据参数的取值不同,研究曲线与 x 轴的位置关系.（D_1（常规操作））

（2）导数中含参数,即辅助函数 $f'(x)$ 中含参数,于是研究函数性态的过程中讨论参数,即根据参数的取值不同,研究曲线不同的性态,从而确定其与 x 轴的交点个数.（D_1（常规操作）+D_{43}（数形结合））

①$f(x)=k$.

例6.26 若方程 $x^x(1-x)^{1-x}=k$ 在区间 $(0,1)$ 内有且仅有两个不同的实根,求 k 的取值范围.

【解】 令 $f(x)=x^x(1-x)^{1-x}$, $0<x<1$,则 $\ln f(x)=x\ln x+(1-x)\ln(1-x)$,且

$$\lim_{x\to 0^+}\ln f(x)=\lim_{x\to 0^+}\frac{\ln x}{\frac{1}{x}}+\lim_{x\to 0^+}(1-x)\ln(1-x)=\lim_{x\to 0^+}\frac{\frac{1}{x}}{-\frac{1}{x^2}}+0=0,$$

即 $\lim_{x\to 0^+}f(x)=1$；又 $\lim_{x\to 1^-}\ln f(x)=\lim_{x\to 1^-}x\ln x+\lim_{x\to 1^-}(1-x)\ln(1-x)=0$,即 $\lim_{x\to 1^-}f(x)=1$.

补充 $f(x)$ 在 $x=0$ 与 $x=1$ 处的定义,令 $f(0)=f(0^+)=1$, $f(1)=f(1^-)=1$,于是 $f(x)$ 成为 $[0,1]$ 上的连续函数.

又

$$\big[\ln f(x)\big]' = \frac{1}{f(x)}f'(x) = \ln x + 1 - \ln(1-x) - (1-x)\cdot\frac{1}{1-x}$$

$$= \ln x - \ln(1-x) = \ln\frac{x}{1-x},$$

于是

$$f'(x) = f(x)\ln\frac{x}{1-x}.$$

令 $f'(x)=0$，得 $x=\dfrac{1}{2}$，当 $0<x<\dfrac{1}{2}$ 时，$f'(x)<0$；当 $\dfrac{1}{2}<x<1$ 时，$f'(x)>0$．故 $f(x)$ 在 $\left(0,\dfrac{1}{2}\right]$ 上单调减少，在 $\left[\dfrac{1}{2},1\right)$ 上单调增加，$x=\dfrac{1}{2}$ 为最小值点，且

$$f_{\min}(x) = f\left(\frac{1}{2}\right) = \left(\frac{1}{2}\right)^{\frac{1}{2}}\left(1-\frac{1}{2}\right)^{1-\frac{1}{2}} = \frac{1}{2}.$$

由介值定理，当 $\dfrac{1}{2}<k<1$ 时，方程在区间 $\left(0,\dfrac{1}{2}\right)$ 与 $\left(\dfrac{1}{2},1\right)$ 内各有一个实根，即在区间 $(0,1)$ 内有且仅有两个不同的实根．

例6.27 求方程 $(x+2)\mathrm{e}^{\frac{1}{x}}-k=0$ 不同实根的个数，其中 k 为参数．

【解】 令 $f(x)=(x+2)\mathrm{e}^{\frac{1}{x}}-k$，$x\in(-\infty,0)\bigcup(0,+\infty)$，则

$$f'(x) = \mathrm{e}^{\frac{1}{x}} - \frac{x+2}{x^2}\mathrm{e}^{\frac{1}{x}} = \mathrm{e}^{\frac{1}{x}}\cdot\frac{x^2-x-2}{x^2} \xlongequal{\text{令}} 0,$$

得驻点 $x=-1$，$x=2$ 及不可导点 $x=0$．

当 $x<-1$ 时，$f'(x)>0$；当 $-1<x<0$ 时，$f'(x)<0$；当 $0<x<2$ 时，$f'(x)<0$；当 $x>2$ 时，$f'(x)>0$，且

$$\lim_{x\to 0^+}f(x) = \lim_{x\to 0^+}(x+2)\mathrm{e}^{\frac{1}{x}}-k = +\infty, \quad \lim_{x\to 0^-}f(x) = \lim_{x\to 0^-}(x+2)\mathrm{e}^{\frac{1}{x}}-k = -k,$$

$$\lim_{x\to +\infty}f(x) = \lim_{x\to +\infty}(x+2)\mathrm{e}^{\frac{1}{x}}-k = +\infty, \quad \lim_{x\to -\infty}f(x) = \lim_{x\to -\infty}(x+2)\mathrm{e}^{\frac{1}{x}}-k = -\infty,$$

故 $f(-1)=\dfrac{1}{\mathrm{e}}-k$ 为极大值，$f(2)=4\sqrt{\mathrm{e}}-k$ 为极小值．

其大致图形如图(a)所示(此题不涉及凹凸性，考生可不必研究 $f''(x)$)．

结合图形，讨论如下：

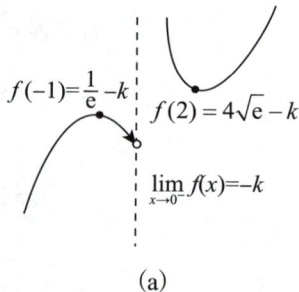

$$f(-1)=\frac{1}{\mathrm{e}}-k \qquad f(2)=4\sqrt{\mathrm{e}}-k$$

$$\lim_{x\to 0^-}f(x)=-k$$

(a)

a. 当 $f(-1)=\dfrac{1}{\mathrm{e}}-k<0$ 且 $f(2)=4\sqrt{\mathrm{e}}-k>0$，即 $\dfrac{1}{\mathrm{e}}<k<4\sqrt{\mathrm{e}}$ 时，方程无实根 [见图(b)]；

b. 当 $\lim\limits_{x\to 0^-}f(x)=-k>0$，即 $k<0$ 时，方程有且仅有一个实根 [见图(c)]；

c. 当 $k=0$ 或 $\dfrac{1}{e}$ 或 $4\sqrt{e}$ 时,方程有且仅有一个实根且分别为 $x=-2$, $x=-1$, $x=2$[分别见图(d),(e),(f)];

d. 当 $0<k<\dfrac{1}{e}$ 时,方程恰有 2 个不同实根,分别位于 $(-2,-1)$ 与 $(-1,0)$ 内[见图(g)];

e. 当 $k>4\sqrt{e}$ 时,方程恰有 2 个不同实根,分别位于 $(0,2)$ 与 $(2,+\infty)$ 内[见图(h)].

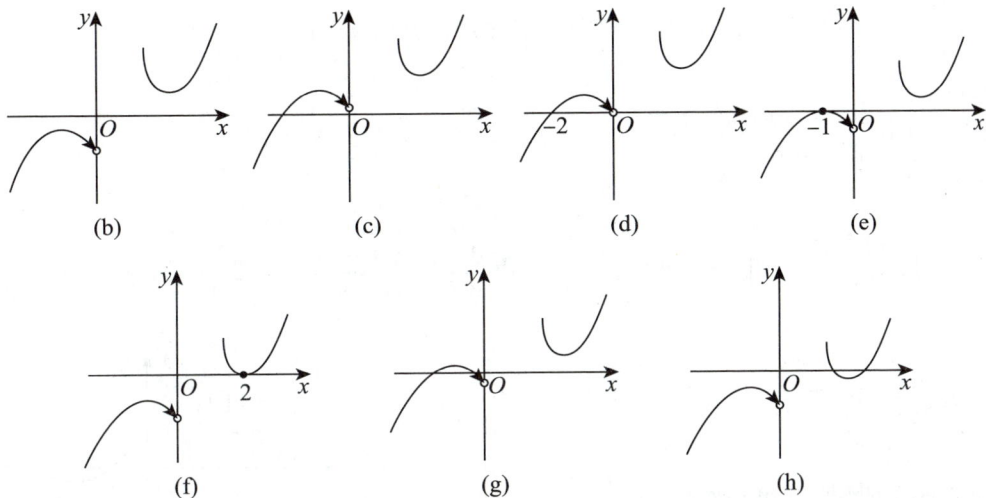

(b)　　　　(c)　　　　(d)　　　　(e)

(f)　　　　(g)　　　　(h)

② $f(x,\ k)$.

例6.28　已知常数 $k\geqslant\ln 2-1$. 证明: $(x-1)(x-\ln^2 x+2k\ln x-1)\geqslant 0$.

【证】　设 $f(x)=x-\ln^2 x+2k\ln x-1(x>0)$,则

$$f'(x)=1-\frac{2\ln x}{x}+\frac{2k}{x}=\frac{1}{x}(x-2\ln x+2k).$$

设 $g(x)=x-2\ln x+2k$,则 $g'(x)=1-\dfrac{2}{x}$. 令 $g'(x)=0$,得 $g(x)$ 的唯一驻点 $x=2$.

又 $g''(x)=\dfrac{2}{x^2}>0$,故 $x=2$ 为 $g(x)$ 的唯一极小值点,于是 $g(2)$ 为 $g(x)$ 的最小值.

因为已知 $k\geqslant\ln 2-1$,所以 $g(2)=2-2\ln 2+2k\geqslant 0$,从而 $g(x)\geqslant 0$.

综上可知 $f'(x)\geqslant 0$,所以 $f(x)$ 单调增加.

又 $f(1)=0$,故当 $0<x<1$ 时,$f(x)<f(1)=0$;当 $x>1$ 时,$f(x)>f(1)=0$,所以

$$(x-1)(x-\ln^2 x+2k\ln x-1)\geqslant 0.$$

③ $\begin{cases} x=x(t,\ k),\\ y=y(t,\ k). \end{cases}$

例6.29 设函数 $y = y(x)$ 由参数方程 $\begin{cases} x = \dfrac{1}{3}t^3 + t + \dfrac{1}{3}, \\ y = \dfrac{1}{3}t^3 - t + \dfrac{1}{3} \end{cases}$ 确定.

(1) 求 $y(x)$ 的极值;

(2) 若 $\begin{cases} u = x, \\ v = y + k, \end{cases}$ 且 $v = v(u)$ 恰有一个零点, 求常数 k 的取值范围.

【解】 (1) 由 $\dfrac{dy}{dx} = \dfrac{dy/dt}{dx/dt} = \dfrac{t^2 - 1}{t^2 + 1} \overset{\text{令}}{=\!=} 0$, 得 $t = \pm 1$.

当 $t = 1$ 时, $\begin{cases} x = \dfrac{5}{3}, \\ y = -\dfrac{1}{3}; \end{cases}$ 当 $t = -1$ 时, $\begin{cases} x = -1, \\ y = 1. \end{cases}$ 由 $\dfrac{d^2 y}{dx^2} = \dfrac{d\left(\dfrac{dy}{dx}\right)/dt}{dx/dt} = \dfrac{4t}{(t^2+1)^3}$, 知当 $t = 1$ 时, $\dfrac{d^2 y}{dx^2} > 0$;

当 $t = -1$ 时, $\dfrac{d^2 y}{dx^2} < 0$. 故 $y(x)$ 的极大值为 1, 极小值为 $-\dfrac{1}{3}$.

(2) $y = y(x)$ 的图形如图 (a) 所示, 由 $\begin{cases} u = x, \\ v = y + k, \end{cases}$ 即

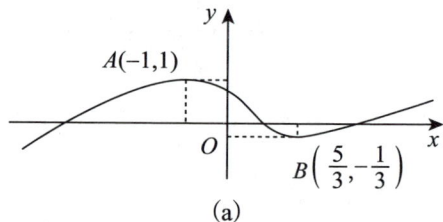
(a)

$v = v(u)$ 是 $y = y(x)$ 在铅直方向平移 k 个单位, 故图中 A 点坐标变为 $A'(-1, 1+k)$, B 点坐标变为 $B'\left(\dfrac{5}{3}, -\dfrac{1}{3} + k\right)$.

欲使 $v = v(u)$ 与 x 轴只有一个交点, 即如图 (b) 或图 (c) 所示, 也即 $-\dfrac{1}{3} + k > 0$ 或 $1 + k < 0$, 于是有 $k > \dfrac{1}{3}$

→ D₄₃ (数形结合)

或 $k < -1$.

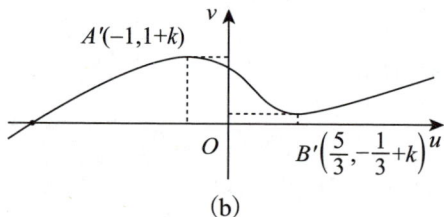
(b)

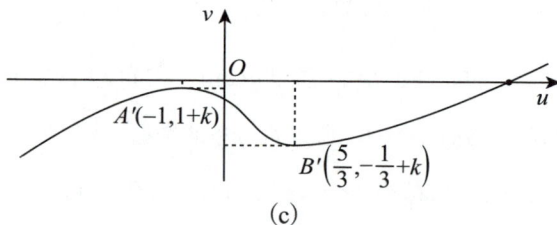
(c)

第五部分　用计算方法大观作证明

三向解题法

用计算方法大观作证明

$(D_1$（常规操作）$+D_{23}$（化归经典形式））

- 1.牛顿插值辅助法
- 2.直线近似法
- 3.梯形近似法
- 4.矩形近似法

1.牛顿插值辅助法

①给出三个点；

②给出两个点和第三点的导数值 $f'(x_3) = y_3$；

③给出两个点和一个积分值

$$\int_{a_0}^{b_0} f(x)\mathrm{d}x = c_0$$

2.直线近似法

设 $f(x)$ 在 $[a,b]$ 上连续, 在 (a,b) 内二阶可导, 则存在 $\xi \in (a,b)$, 使 $f(x) = \dfrac{f(b) - f(a)}{b-a}(x-a) + f(a) + \dfrac{f''(\xi)}{2}(x-a)(x-b)$

3.梯形近似法

设 $f(x)$ 在 $[a,b]$ 上具有二阶连续导数, 则存在 $\xi \in (a,b)$, 使

$$\int_a^b f(x)\mathrm{d}x = \frac{f(a) + f(b)}{2}(b-a) - \frac{f''(\xi)}{12}(b-a)^3$$

4.矩形近似法

设 $f(x)$ 在 $[a,b]$ 上具有二阶连续导数, 则存在 $\xi \in (a,b)$, 使

$$\int_a^b f(x)\mathrm{d}x = f\left(\frac{a+b}{2}\right)(b-a) + \frac{f''(\xi)}{24}(b-a)^3$$

一、牛顿插值辅助法

理论依据: 用多项式近似函数.

1.第一种情形: 给出三个点

步骤:

(1)用两点法写直线方程.

设两点 (x_1, y_1), (x_2, y_2), $x_1 \neq x_2$, 则过此两点的直线方程为 $y_{(1)} = y_1 + \dfrac{y_2 - y_1}{x_2 - x_1}(x - x_1)$, 即用 y 关于 x 的一次多项式近似函数 $f(x)$, 是最粗糙的近似, 如图所示.

(2)增加 x 的二次项.

令
$$y_{(2)} = y_1 + \frac{y_2 - y_1}{x_2 - x_1}(x - x_1) + b(x - x_1)(x - x_2),$$

代入 (x_3, y_3), 求出 b, 即用 y 关于 x 的二次多项式近似函数 $f(x)$, 如图所示.

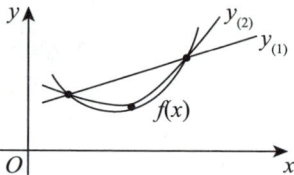

例6.30 设函数 $f(x)$ 在 $[0,1]$ 上二阶可导, $f(0) = f(1) = 0$, $\min\limits_{x \in [0,1]}\{f(x)\} = -1$, 证明: 存在 $\xi \in (0,1)$, 使 $f''(\xi) \geq 8$.

【证】 由题意可知, $f(0) = 0$, $f(1) = 0$, 又 $\min\limits_{x \in [0,1]}\{f(x)\} = -1$, 故存在 $x_0 \in (0,1)$, 使得 $f(x_0) = -1$.

由牛顿插值辅助法, 设 $g(0) = g(1) = 0$, $g(x_0) = -1$, 令

$$g(x) = 0 + \frac{0 - 0}{1 - 0}(x - 0) + b(x - 0)(x - 1),$$

代入 $g(x_0) = -1$, 即 $g(x_0) = bx_0(x_0 - 1) = -1$, 则 $b = \dfrac{1}{x_0(1 - x_0)}$, 故 $g(x) = \dfrac{1}{x_0(1 - x_0)}x(x - 1)$.

令 $F(x) = f(x) - g(x) = f(x) - \dfrac{1}{x_0(1 - x_0)}x(x - 1)$, 则

$$F(0) = f(0) - 0 = 0, \quad F(1) = f(1) - 0 = 0, \quad F(x_0) = f(x_0) - (-1) = 0.$$

根据罗尔定理, 存在 $\xi_1 \in (0, x_0)$, $\xi_2 \in (x_0, 1)$, 使得 $F'(\xi_1) = F'(\xi_2) = 0$. 故存在 $\xi \in (\xi_1, \xi_2) \subset (0,1)$, 使得 $F''(\xi) = 0$, 即 $f''(\xi) - \dfrac{2}{x_0(1 - x_0)} = 0$, 则

$$f''(\xi) = \frac{2}{x_0(1 - x_0)} \geq \frac{2}{\left[\dfrac{x_0 + (1 - x_0)}{2}\right]^2} = 8.$$

2.第二种情形: 给出两个点和第三点的导数值 $f'(x_3) = y_3$

步骤:

（1）用两点法写直线方程.

设两点 (x_1, y_1)，(x_2, y_2)，$x_1 \neq x_2$，则过此两点的直线方程为 $y_{(1)} =$

$y_1 + \dfrac{y_2 - y_1}{x_2 - x_1}(x - x_1)$，即用 y 关于 x 的一次多项式近似函数 $f(x)$，是最粗糙

的近似，如图所示.

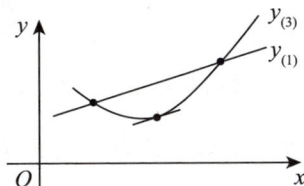

（2）增加 x 的二次项.

令

$$y_{(2)} = y_1 + \frac{y_2 - y_1}{x_2 - x_1}(x - x_1) + b(x - x_1)(x - x_2),$$

若满足 $f'(x_3) = y_3$，则求出 b，即用 $y_{(2)}$ 近似 $f(x)$.

（3）增加 x 的三次项.

若（2）中的函数 $y_{(2)}$ 不满足 $f'(x_3) = y_3$，则令

$$y_{(3)} = y_1 + \frac{y_2 - y_1}{x_2 - x_1}(x - x_1) + b(x - x_1)(x - x_2) + c(x - x_1)(x - x_2)(x - d),$$

根据 $f'(x_3) = y_3$，将 $y_{(3)}$ 中的待定参数化至最简即可.

例6.31　设函数 $f(x)$ 在区间 $[-1,1]$ 上具有三阶连续导数，且 $f(-1) = 0$，$f(1) = 1$，$f'(0) = 0$.证明：在区间 $(-1,1)$ 内至少存在一点 ξ，使 $f'''(\xi) = 3$.

【证】　根据题意，设 $g(-1) = 0$，$g(1) = 1$，$g'(0) = 0$.

由牛顿插值辅助法，令

$$g(x) = 0 + \frac{1-0}{1-(-1)}[x - (-1)] + b[x - (-1)](x - 1) + c[x - (-1)](x - 1)(x - d)$$

$$= \frac{1}{2}(x + 1) + b(x^2 - 1) + c(x^3 - dx^2 - x + d),$$

则 $g'(x) = \dfrac{1}{2} + 2bx + 3cx^2 - 2cdx - c$.

又 $g'(0) = \dfrac{1}{2} - c = 0$，则 $c = \dfrac{1}{2}$.故

$$g(x) = \frac{1}{2}(x + 1) + b(x^2 - 1) + \frac{1}{2}(x^3 - dx^2 - x + d).$$

令 $F(x) = f(x) - g(x) = f(x) - \dfrac{1}{2}(x + 1) - b(x^2 - 1) - \dfrac{1}{2}(x^3 - dx^2 - x + d)$，则

$$F(-1) = f(-1) - 0 = 0,$$

$$F(1) = f(1) - 1 = 0,$$

$$F'(0) = f'(0) - \frac{1}{2} + \frac{1}{2} = 0,$$

$$F(0) = f(0) - \frac{1}{2} + b - \frac{1}{2}d = 0 \ (若取 f(0) = \frac{1}{2} - b + \frac{1}{2}d).$$

根据罗尔定理, 存在 $\xi_1 \in (-1, 0)$, $\xi_2 \in (0, 1)$, 使得 $F'(\xi_1) = F'(\xi_2) = 0$. 又 $F'(0) = 0$, 故存在 $\eta_1 \in (\xi_1, 0)$, $\eta_2 \in (0, \xi_2)$, 使得 $F''(\eta_1) = F''(\eta_2) = 0$, 从而存在 $\xi \in (\eta_1, \eta_2) \subset (-1, 1)$, 使得 $F'''(\xi) = 0$, 即 $f'''(\xi) - 3 = 0$, 则 $f'''(\xi) = 3$.

3. 第三种情形: 给出两个点和一个积分值 $\int_{a_0}^{b_0} f(x)\mathrm{d}x = c_0$

步骤:

(1) 用两点法写直线方程.

设两点 (x_1, y_1), (x_2, y_2), $x_1 \neq x_2$, 则过此两点的直线方程为 $y_{(1)} = y_1 + \dfrac{y_2 - y_1}{x_2 - x_1}(x - x_1)$, 即用 y 关于 x 的一次多项式近似函数 $f(x)$, 是最粗糙的近似.

(2) 增加 x 的二次项.

令
$$y_{(2)} = y_1 + \frac{y_2 - y_1}{x_2 - x_1}(x - x_1) + b(x - x_1)(x - x_2),$$

代入 $\int_{a_0}^{b_0} f(x)\mathrm{d}x = c_0$, 求出 b, 即用 $y_{(2)}$ 近似 $f(x)$, 如图所示.

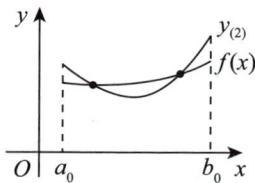

例6.32 设函数 $f(x)$ 在区间 $[0, 1]$ 上具有二阶连续导数, 且 $f(0) = 0$, $f(1) = 1$, $\int_0^1 f(x)\mathrm{d}x = \dfrac{2}{3}$, 证明: 存在 $\xi \in (0, 1)$, 使得 $f''(\xi) = -2$.

【证】 由题意可知, $f(0) = 0$, $f(1) = 1$, $\int_0^1 f(x)\mathrm{d}x = \dfrac{2}{3}$. 由牛顿插值辅助法, 设 $g(0) = 0$, $g(1) = 1$, $\int_0^1 g(x)\mathrm{d}x = \dfrac{2}{3}$, 令

$$g(x) = 0 + \frac{1 - 0}{1 - 0}x + bx(x - 1) = x + bx^2 - bx = bx^2 + (1 - b)x,$$

则

$$\int_0^1 g(x)\mathrm{d}x = \int_0^1 \left[bx^2 + (1 - b)x \right]\mathrm{d}x = \frac{b}{3} + \frac{1}{2}(1 - b) = \frac{2}{3},$$

则 $\dfrac{1}{2} - \dfrac{1}{6}b = \dfrac{2}{3}$, 得 $b = -1$, 故 $g(x) = -x^2 + 2x$.

令 $F(x) = f(x) - g(x) = f(x) - (-x^2 + 2x) = f(x) + x^2 - 2x$, 则

$$F(0) = f(0) + 0 = 0,$$

$$F(1) = f(1) - 1 = 0,$$

$$\int_0^1 F(x)\mathrm{d}x = \int_0^1 f(x)\mathrm{d}x + \int_0^1 (x^2 - 2x)\mathrm{d}x = \frac{2}{3} + \left(-\frac{2}{3}\right) = 0,$$

对 $\int_0^1 F(x)\mathrm{d}x = 0$，由推广的积分中值定理可知，存在 $\eta \in (0,1)$，使得 $F(\eta) \cdot (1-0) = 0$，即 $F(\eta) = 0$.

根据罗尔定理，存在 $\xi_1 \in (0,\eta)$，$\xi_2 \in (\eta,1)$，使得 $F'(\xi_1) = F'(\xi_2) = 0$.

故存在 $\xi \in (\xi_1, \xi_2) \subset (0,1)$，使得 $F''(\xi) = 0$，即 $f''(\xi) + 2 = 0$，则 $f''(\xi) = -2$.

二、直线近似法

设 $f(x)$ 在 $[a,b]$ 上连续，在 (a,b) 内二阶可导，则存在 $\xi \in (a,b)$，使

$$\underbrace{f(x)}_{①} = \underbrace{\frac{f(b)-f(a)}{b-a}(x-a) + f(a)}_{②} + \underbrace{\frac{f''(\xi)}{2}(x-a)(x-b)}_{③},$$

其中①为曲线 $y_1 = f(x)$（见图）；

②为直线 $y_2 = \dfrac{f(b)-f(a)}{b-a}(x-a) + f(a)$（见图）；

③为①与②的误差.

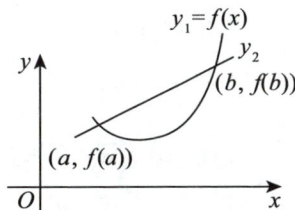

【注】（1）证　令 $F(x) = f(x) - y_2(x) - \dfrac{(x-a)(x-b)}{(t-a)(t-b)}[f(t) - y_2(t)]$，$x \in [a,b]$，则

$$F(t) = f(t) - y_2(t) - [f(t) - y_2(t)] = 0,$$

$$F(a) = f(a) - f(a) = 0,$$

$$F(b) = f(b) - \frac{f(b)-f(a)}{b-a}(b-a) - f(a) = 0.$$

用三次罗尔定理，存在 $\xi \in (a,b)$，有 $F''(\xi) = 0$，即 $f''(\xi) - \dfrac{2}{(t-a)(t-b)}[f(t) - y_2(t)] = 0$，也即

$$f(x) = \frac{f(b)-f(a)}{b-a}(x-a) + f(a) + \frac{f''(\xi)}{2}(x-a)(x-b), \quad \xi \in (a,b).$$

（2）直线近似法易于记忆，事实上，只需记住误差 $\dfrac{f''(\xi)}{2}(x-a)(x-b)$，在这样雄厚的基础上，可便捷解决有一定难度的中值题，如例 6.30.

证　由于 $f(0) = 0$，$f(1) = 0$，令

$$f(x) = \frac{f(1)-f(0)}{1-0}(x-0) + f(0) + \frac{f''(\xi)}{2}(x-0)(x-1)$$

$$= \frac{f''(\xi)}{2}x(x-1), \quad \xi \in (0,1).$$

又 $\min\limits_{x\in[0,1]}\{f(x)\}=-1$，记 $f(x_0)=-1$，有 $-1=f(x_0)=\dfrac{f''(\xi)}{2}x_0(x_0-1)$，即

$$f''(\xi)=\frac{2}{x_0(1-x_0)}\geqslant\frac{2}{\frac{1}{4}}=8.$$

三、梯形近似法

设 $f(x)$ 在 $[a,b]$ 上具有二阶连续导数，则存在 $\xi\in(a,b)$，使

$$\underbrace{\int_a^b f(x)\mathrm{d}x}_{①}=\underbrace{\frac{f(a)+f(b)}{2}(b-a)}_{②}-\underbrace{\frac{f''(\xi)}{12}(b-a)^3}_{③},$$

若 $f(x)$ 恒正，则①为曲边梯形面积；

②为梯形面积；

③为①与②的误差.

【注】（1）证　用两次分部积分法，有

$$\int_a^b f(x)\mathrm{d}x=\int_a^b f(x)\left(x-\frac{a+b}{2}\right)'\mathrm{d}x$$

$$=f(x)\left(x-\frac{a+b}{2}\right)\Big|_a^b-\int_a^b\left(x-\frac{a+b}{2}\right)\cdot f'(x)\mathrm{d}x$$

$$=\frac{b-a}{2}[f(a)+f(b)]-\frac{1}{2}\int_a^b[(x-a)(x-b)]'f'(x)\mathrm{d}x$$

$$=\frac{b-a}{2}[f(a)+f(b)]+\frac{1}{2}\int_a^b f''(x)(x-a)(x-b)\mathrm{d}x,$$

由 $(x-a)(x-b)$ 不变号，对最后一项使用第一积分中值定理，有

$$\frac{1}{2}\int_a^b f''(x)(x-a)(x-b)\mathrm{d}x$$

$$=\frac{1}{2}f''(\xi)\int_a^b(x-a)(x-b)\mathrm{d}x=-\frac{1}{12}f''(\xi)(b-a)^3,$$

得证.

（2）梯形近似法的公式同样易于记忆，可以看到 $\int_a^b f(x)\mathrm{d}x$ 与 $\dfrac{f(a)+f(b)}{2}(b-a)$ 的误差是

$\left|\dfrac{f''(\xi)}{12}(b-a)^3\right|$. 于是若 $f(x)$ 为 $ax+b$，因 $f''(x)\equiv0$，即误差 $\equiv0$，则必有 $\int_a^b f(x)\mathrm{d}x=\dfrac{f(a)+f(b)}{2}(b-a)$.

反之亦然.

例6.33　设函数 $f(x)$ 可导，则任给 $a < b$，均有 $\dfrac{1}{b-a}\displaystyle\int_a^b f(x)\mathrm{d}x = f\left(\dfrac{a+b}{2}\right)$ 是 $f(x)$ 为直线的

(　　).

(A) 充分不必要条件

(B) 必要不充分条件

(C) 充要条件

(D) 既不充分也不必要条件

【解】　应选(C).

充分性. 由于任给 a, b，且 $a < b$，取 $a = c - t$，$b = c + t$，c 为任意值，$t > 0$，则有

$$\frac{1}{2t}\int_{c-t}^{c+t} f(x)\mathrm{d}x = f(c),$$

即

$$\int_{c-t}^{c+t} f(x)\mathrm{d}x = 2t \cdot f(c),$$

两边对 t 求导，得

$$f(c+t) + f(c-t) = 2f(c),$$

两边继续对 t 求导，得

$$f'(c+t) - f'(c-t) = 0,$$

令 $c = t > 0$，有 $f'(2t) - f'(0) = 0$；令 $c = -t < 0$，有 $f'(0) - f'(-2t) = 0$.

由于 $f'(0)$ 是常数，故 $f'(2t) = f'(-2t) = f'(0)$，为常数，即 $f(x)$ 为一次多项式，故 $f(x)$ 为直线.

必要性. 设 $f(x) = dx + e$，d, e 为常数，则

$$\frac{1}{b-a}\int_a^b (dx+e)\mathrm{d}x = \frac{d\dfrac{b^2-a^2}{2} + e(b-a)}{b-a} = \frac{d(b+a)}{2} + e = f\left(\frac{a+b}{2}\right),$$

对任意 $a < b$ 都成立.

四、矩形近似法

设 $f(x)$ 在 $[a,b]$ 上具有二阶连续导数，则存在 $\xi \in (a,b)$，使

$$\underbrace{\int_a^b f(x)\mathrm{d}x}_{①} = \underbrace{f\left(\frac{a+b}{2}\right)(b-a)}_{②} + \underbrace{\frac{f''(\xi)}{24}(b-a)^3}_{③},$$

若 $f(x)$ 恒正，则①为曲边梯形的面积；

②为矩形面积；

③为①与②的误差.

【注】（1）证　$\displaystyle\int_a^{\frac{a+b}{2}} f(x)\mathrm{d}x = \int_a^{\frac{a+b}{2}} f(x)\mathrm{d}(x-a) = f(x)(x-a)\Big|_a^{\frac{a+b}{2}} - \int_a^{\frac{a+b}{2}} (x-a)f'(x)\mathrm{d}x$

$$= f\left(\frac{a+b}{2}\right)\cdot\frac{b-a}{2} - f'(x)\cdot\frac{(x-a)^2}{2}\bigg|_a^{\frac{a+b}{2}} + \int_a^{\frac{a+b}{2}} f''(x)\frac{(x-a)^2}{2}dx$$

$$= f\left(\frac{a+b}{2}\right)\cdot\frac{b-a}{2} - f'\left(\frac{a+b}{2}\right)\cdot\frac{(b-a)^2}{8} + f''(\xi_1)\cdot\frac{(b-a)^3}{48}, \tag{$*$}$$

> 使用第一积分中值定理后积分,下同

$$\int_{\frac{a+b}{2}}^b f(x)dx = \int_{\frac{a+b}{2}}^b f(x)d(x-b) = f(x)(x-b)\bigg|_{\frac{a+b}{2}}^b - \int_{\frac{a+b}{2}}^b (x-b)f'(x)dx$$

$$= f\left(\frac{a+b}{2}\right)\cdot\frac{b-a}{2} - f'(x)\cdot\frac{(x-b)^2}{2}\bigg|_{\frac{a+b}{2}}^b + \int_{\frac{a+b}{2}}^b f''(x)\frac{(x-b)^2}{2}dx$$

$$= f\left(\frac{a+b}{2}\right)\cdot\frac{b-a}{2} + f'\left(\frac{a+b}{2}\right)\cdot\frac{(b-a)^2}{8} + f''(\xi_2)\cdot\frac{(b-a)^3}{48}, \tag{$**$}$$

（$*$）式与（$**$）式相加,得

$$\int_a^b f(x)dx = f\left(\frac{a+b}{2}\right)(b-a) + \frac{f''(\xi_1)+f''(\xi_2)}{2}\cdot\frac{(b-a)^3}{24}$$

$$\xlongequal{\text{导函数的}\atop\text{介值性}} f\left(\frac{a+b}{2}\right)(b-a) + f''(\xi)\frac{(b-a)^3}{24}.$$

（2）此方法有很多可用场合,如例 6.34.

例6.34 设 $f(x)$ 在 $[-a,a]$ 上具有三阶连续导数,证明:存在 $\xi\in(-a,a)$,使

$$\frac{f'''(\xi)}{3} = \frac{f(a)-f(-a)}{a^3} - \frac{2f'(0)}{a^2}.$$

【证】 $f'(x)$ 在 $[-a,a]$ 上具有二阶连续导数,其满足矩形近似法,即存在 $\xi\in(-a,a)$,使

$$\int_{-a}^a f'(x)dx = f'\left(\frac{-a+a}{2}\right)(a+a) + \frac{f'''(\xi)}{24}(a+a)^3,$$

即

$$f(a)-f(-a) = 2af'(0) + \frac{f'''(\xi)}{3}a^3,$$

也即

$$\frac{f'''(\xi)}{3} = \frac{f(a)-f(-a)}{a^3} - \frac{2f'(0)}{a^2}.$$

【注】 做考题时,若用到上述三个方法,先证明,再用其作为引理,即可证得考题.更为重要的是,读者应已窥探到计算方法的思想与魅力.

第7讲
一元函数微分学的应用（三）
——物理应用与经济应用

等价表述体系块

第一部分　求解物理应用题
（仅数学一、数学二）

三向解题法

求解物理应用题(仅数学一、数学二)

(O(盯住目标))

寻找、建立相关变化率等式并求解

(D_1(常规操作)+D_2(脱胎换骨))

根据题设写出物理量微元(微段常量化)，建立等式并求解

(D_1(常规操作)+D_2(脱胎换骨)+D_{22}(转换等价表述)+D_{42}(引入符号))

① $v = \dfrac{dx}{dt}$,

$a = \dfrac{dv}{dt} = \dfrac{dv}{dx} \cdot \dfrac{dx}{dt} = v \cdot \dfrac{dv}{dx}$.

② $\begin{cases} y = y(t), \\ x = x(t), \end{cases}$ 且y对t的变化率

与ax对t的变化率成正比，则

$\dfrac{dy}{dt} = ka\dfrac{dx}{dt}(k \neq 0)$

A对t的变化率与B成正比，

即$\dfrac{dA}{dt} = kB(k \neq 0)$，建立微

分方程并求解

一、寻找、建立相关变化率等式并求解

（ D_1（常规操作）+ D_2（脱胎换骨））

① 已知质点的运动位移 x 关于时间 t 的函数为 $x = x(t)$，则其速度为 $v = \dfrac{\mathrm{d}x}{\mathrm{d}t}$，其加速度为

$$a = \frac{\mathrm{d}v}{\mathrm{d}t} = \frac{\mathrm{d}v}{\mathrm{d}x} \cdot \frac{\mathrm{d}x}{\mathrm{d}t} = v \cdot \frac{\mathrm{d}v}{\mathrm{d}x}.$$

② 若函数 $y = f(x)$ 由参数方程 $\begin{cases} y = y(t), \\ x = x(t) \end{cases}$ 确定且可导，且 y 对 t 的变化率与 ax 对 t 的变化率成正比，

则 $\dfrac{\mathrm{d}y}{\mathrm{d}t} = ka \dfrac{\mathrm{d}x}{\mathrm{d}t} (k \neq 0)$.

二、根据题设写出物理量微元（微段常量化），建立等式并求解

（ D_1（常规操作）+ D_2（脱胎换骨）+ D_{22}（转换等价表述）+ D_{42}（引入符号））

A 对 t 的变化率与 B 成正比，即 $\dfrac{\mathrm{d}A}{\mathrm{d}t} = kB (k \neq 0)$，建立微分方程并求解.

例7.1 质点在第一象限沿曲线 $y = x^{\frac{3}{2}}$ 远离原点，已知质点与原点的距离以 11 cm/s 的变化率增加，则当质点运动到 $x = 3$ cm 时的水平速度为 _____ .

【解】 应填 4 cm/s. $\longrightarrow D_{42}$（引入符号）

设质点与原点的距离为 L，由条件可得 $L^2 = x^2 + y^2 = x^2 + x^3$. 等式两边同时对时间 t 求导可得

$$2L \frac{\mathrm{d}L}{\mathrm{d}t} = 2x \frac{\mathrm{d}x}{\mathrm{d}t} + 3x^2 \frac{\mathrm{d}x}{\mathrm{d}t}.$$

由于 $\dfrac{\mathrm{d}L}{\mathrm{d}t} = 11$，当 $x = 3$ cm 时，$L = \sqrt{3^2 + 3^3} = 6\,(\text{cm})$，因此所求的水平速度为

$$\frac{\mathrm{d}x}{\mathrm{d}t}\Big|_{x=3} = \frac{2 \times 6 \times 11}{2 \times 3 + 3 \times 3^2} = 4\,(\text{cm/s}).$$

例7.2 已知高温物体置于低温介质中，任一时刻该物体温度对时间的变化率与该时刻物体和介质的温差成正比. 现将一初始温度为 120 ℃ 的物体在 20 ℃ 恒温介质中冷却，30 min 后该物体温度降至 30 ℃，若要将该物体的温度继续降至 21 ℃，还需冷却多长时间？

【解】 设该物体在 t 时刻的温度为 $T(t)$ ℃，由题意得

$$\xrightarrow{\quad D_{22}(转换等价表述)\quad}$$

$$\frac{\mathrm{d}T}{\mathrm{d}t} = -k(T-20),$$

其中 k 为比例常数，$k>0$，解得

$$T = Ce^{-kt} + 20,$$

将初始条件 $T(0)=120$ 代入，解得 $C=100$，故

$$T = 100e^{-kt} + 20,$$

将 $t=30$，$T=30$ 代入得 $k=\dfrac{\ln 10}{30}$，所以

$$T = 100e^{-\frac{\ln 10}{30}t} + 20,$$

令 $T=21$，得 $t=60$．

因此要降至 $21\,℃$，还需冷却 $60-30=30\,(\mathrm{min})$．

等价表述体系块

第二部分　求解经济应用题（仅数学三）

三向解题法

求解经济应用题(仅数学三)
(O(盯住目标))

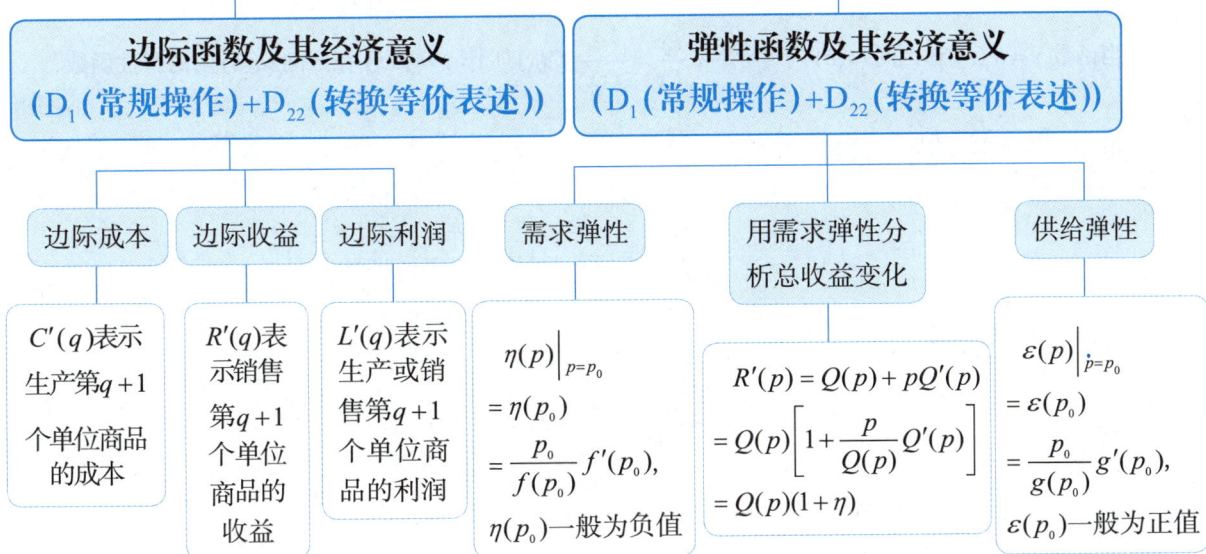

边际函数及其经济意义
(D_1(常规操作)+D_{22}(转换等价表述))

弹性函数及其经济意义
(D_1(常规操作)+D_{22}(转换等价表述))

边际成本

边际收益

边际利润

需求弹性

用需求弹性分析总收益变化

供给弹性

$C'(q)$ 表示生产第 $q+1$ 个单位商品的成本

$R'(q)$ 表示销售第 $q+1$ 个单位商品的收益

$L'(q)$ 表示生产或销售第 $q+1$ 个单位商品的利润

$$\begin{aligned}\eta(p)\Big|_{p=p_0} &= \eta(p_0)\\ &= \frac{p_0}{f(p_0)}f'(p_0),\end{aligned}$$

$\eta(p_0)$ 一般为负值

$$\begin{aligned}R'(p) &= Q(p)+pQ'(p)\\ &= Q(p)\left[1+\frac{p}{Q(p)}Q'(p)\right]\\ &= Q(p)(1+\eta)\end{aligned}$$

$$\begin{aligned}\varepsilon(p)\Big|_{p=p_0} &= \varepsilon(p_0)\\ &= \frac{p_0}{g(p_0)}g'(p_0),\end{aligned}$$

$\varepsilon(p_0)$ 一般为正值

一、边际函数及其经济意义

（ D_1（常规操作）+D_{22}（转换等价表述））

1.边际成本

设成本函数为 $C(q)$，根据微分定义，当 $|\Delta q|$ 很小时，有

$$C(q+\Delta q)-C(q) \approx C'(q)\Delta q .$$

在经济上对大量商品而言，$\Delta q = 1$ 认为很小，不妨令 $\Delta q = 1$，得

$$C(q+1)-C(q) \approx C'(q) ,$$

因此，边际成本 $C'(q)$ 表示产量为 q 个单位时，再生产1个单位商品所需的成本，即表示生产第 $q+1$ 个单位商品的成本.

2.边际收益

设收益函数为 $R(q)$，边际收益 $R'(q)$ 表示销量为 q 个单位时，再销售1个单位商品所得的收益，即表示销售第 $q+1$ 个单位商品的收益.

3.边际利润

设利润函数为 $L(q)$，边际利润 $L'(q)$ 表示产量或销量为 q 个单位时，再生产或销售1个单位商品所得的利润，即表示生产或销售第 $q+1$ 个单位商品的利润.

二、弹性函数及其经济意义

（ D_1（常规操作）+D_{22}（转换等价表述））

当函数 $y=f(x)$ 在区间 (a,b) 内可导时，$\dfrac{Ey}{Ex}=\dfrac{x}{f(x)}f'(x)$ 叫作 $y=f(x)$ 在区间 (a,b) 内的弹性函数.

由 $\lim\limits_{\Delta x \to 0} \dfrac{\Delta y}{y_0} \Big/ \dfrac{\Delta x}{x_0} = \dfrac{Ey}{Ex}\Big|_{x=x_0}$，得

$$\frac{\Delta y}{y_0} \Big/ \frac{\Delta x}{x_0} = \frac{Ey}{Ex}\Big|_{x=x_0} + \alpha ,$$

其中 $\lim\limits_{\Delta x \to 0}\alpha = 0$，整理得

$$\frac{\Delta y}{y_0} = \frac{Ey}{Ex}\Big|_{x=x_0} \cdot \frac{\Delta x}{x_0} + \alpha \cdot \frac{\Delta x}{x_0} ,$$

所以当 $|\Delta x|$ 很小时，有 $\dfrac{\Delta y}{y_0} \approx \dfrac{Ey}{Ex}\Big|_{x=x_0} \cdot \dfrac{\Delta x}{x_0} .$

上式表示当 x 从 x_0 改变1%时, $f(x)$ 从 $f(x_0)$ 近似地改变 $\left.\dfrac{Ey}{Ex}\right|_{x=x_0}$ %.实际问题中解释弹性意义时,略去"近似地".

1.需求弹性

设需求函数 $Q = f(p)$,则需求弹性为

$$\eta(p)\big|_{p=p_0} = \eta(p_0) = \frac{p_0}{f(p_0)} f'(p_0) .$$

一般而言,需求量 Q 随价格 p 的增加而减少,因此 $\eta(p_0)$ 一般为负值.

由

$$\frac{\Delta Q}{Q_0} \approx \eta(p_0) \cdot \frac{\Delta p}{p_0} ,$$

可知当价格 p 从 p_0 上涨(或下跌)1%时,需求量 Q 从 $Q(p_0)$ 减少(或增加) $|\eta(p_0)|$ %.

2.用需求弹性分析总收益变化

总收益 R 是商品价格 p 与销售量 Q 的乘积,即 $R(p) = pQ(p)$,所以

$$R'(p) = Q(p) + pQ'(p) = Q(p)\left[1 + \frac{p}{Q(p)} Q'(p)\right] = Q(p)(1+\eta) .$$

①若 $|\eta| < 1$,即低弹性,则 $R'(p) > 0$,即 $R(p)$ 单调增加.价格上涨,总收益增加;价格下跌,总收益减少.

②若 $|\eta| > 1$,即高弹性,则 $R'(p) < 0$,即 $R(p)$ 单调减少.价格上涨,总收益减少;价格下跌,总收益增加.

③若 $|\eta| = 1$,即单位弹性,则 $R'(p) = 0$.此时价格的改变对总收益的影响不大.

3.供给弹性

设供给函数 $Q = g(p)$,供给弹性为

$$\varepsilon(p)\big|_{p=p_0} = \varepsilon(p_0) = \frac{p_0}{g(p_0)} g'(p_0) .$$

一般而言,供应量 Q 是价格 p 的增函数,因此 $\varepsilon(p_0)$ 一般为正值.

例7.3 设生产 x 件产品的成本为 $C = 25\,000 + 200x + \dfrac{x^2}{40}$ (元).当平均成本最小时,应生产产品的件数为_____.

【解】 应填 1 000.

由已知,平均成本为

$$\overline{C} = \frac{25\,000 + 200x + \dfrac{x^2}{40}}{x} = \frac{25\,000}{x} + 200 + \frac{x}{40} (x > 0) .$$

令

$$\frac{\mathrm{d}\overline{C}}{\mathrm{d}x} = -\frac{25\,000}{x^2} + \frac{1}{40} = 0 ,$$

解得 $x = 1\,000$ 或 $x = -1\,000$(舍去),故生产 $1\,000$ 件产品时,平均成本最小.

例7.4 某产品的价格函数为 $P = \begin{cases} 25 - 0.25Q, & Q \leqslant 20, \\ 35 - 0.75Q, & Q > 20 \end{cases}$ (P 为单价,单位:万元;Q 为产量,单

位:件),总成本函数为 $C = 150 + 5Q + 0.25Q^2$(万元),则经营该产品可获得的最大利润为_____万元.

【解】 应填50.

$$L = PQ - C = \begin{cases} (25 - 0.25Q)Q - (150 + 5Q + 0.25Q^2), & Q \leqslant 20, \\ (35 - 0.75Q)Q - (150 + 5Q + 0.25Q^2), & Q > 20, \end{cases}$$

整理得
$$L = \begin{cases} -0.5(Q - 20)^2 + 50, & Q \leqslant 20, \\ -(Q - 15)^2 + 75, & Q > 20. \end{cases}$$

所以当 $Q = 20$ 时,利润最大,最大利润为50万元.

例7.5 设某商品的需求函数为 $Q = 100 - 5P$(Q 表示需求量,P 表示价格),则下列结论:

①当 $P = 3$ 时,若价格上涨幅度为8.5%,则销售收入减少7%;

②当 $P = 3$ 时,若价格上涨幅度为8.5%,则销售收入增加7%;

③当 $P = 12$ 时,若价格上涨幅度为5%,则销售收入增加2.5%;

④当 $P = 12$ 时,若价格上涨幅度为5%,则销售收入减少2.5%.

其中所有正确结论的序号是(　　　).

(A)①③　　　　(B)①④　　　　(C)②④　　　　(D)②③

【解】 应选(C).

需求对价格的弹性的绝对值为

$$\left| \eta_{QP} \right| = -\frac{\mathrm{d}Q}{\mathrm{d}P} \cdot \frac{P}{Q} = \frac{P}{20 - P}, \quad \left\| \eta_{QP} \right\|_{P=3} = \frac{3}{17} < 1,$$

故当 $P = 3$ 时,涨价会使销售收入增加,又销售收入对价格的弹性为

$$\eta_{RP} = \frac{\mathrm{d}R}{\mathrm{d}P} \cdot \frac{P}{R} = \frac{20 - 2P}{20 - P}, \quad \eta_{RP}\big|_{P=3} = \frac{14}{17},$$

其中 R 表示收入,故当 $P = 3$ 时,涨价8.5%对销售收入产生的影响幅度为 $\dfrac{14}{17} \times 8.5\% = 7\%$.②正确.

同理,当 $P = 12$ 时,

$$\left\| \eta_{QP} \right\|_{P=12} = \frac{3}{2} > 1, \quad \eta_{RP}\big|_{P=12} = -\frac{1}{2},$$

故当 $P = 12$ 时,涨价会使销售收入减少,涨价5%对销售收入产生的影响幅度为 $-\dfrac{1}{2} \times 5\% = -2.5\%$.④正确.

综上所述,(C)正确.

第8讲
一元函数积分学的概念与性质

形式化归体系块

第一部分 求连和 $\sum\limits_{k=1}^{n} a_k$、连积 $\prod\limits_{k=1}^{n} a_k$ 的极限

三向解题法

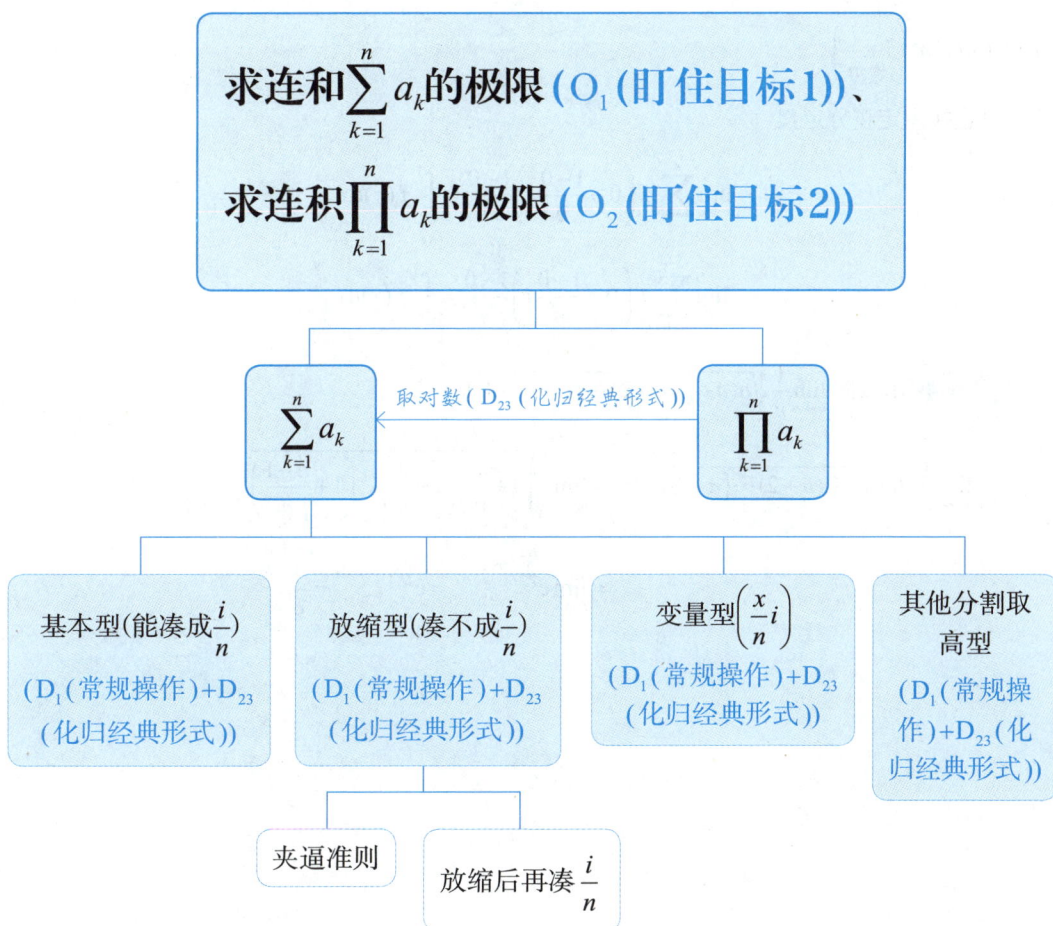

求连和 $\sum\limits_{k=1}^{n} a_k$ 的极限 (O_1(盯住目标1))、

求连积 $\prod\limits_{k=1}^{n} a_k$ 的极限 (O_2(盯住目标2))

取对数 (D_{23} (化归经典形式))

$\sum\limits_{k=1}^{n} a_k$ $\qquad$ $\prod\limits_{k=1}^{n} a_k$

基本型(能凑成$\dfrac{i}{n}$)
(D_1(常规操作)+D_{23}
(化归经典形式))

放缩型(凑不成$\dfrac{i}{n}$)
(D_1(常规操作)+D_{23}
(化归经典形式))

变量型$\left(\dfrac{x}{n}i\right)$
(D_1(常规操作)+D_{23}
(化归经典形式))

其他分割取
高型
(D_1(常规操
作)+D_{23}(化
归经典形式))

夹逼准则

放缩后再凑$\dfrac{i}{n}$

一、基本型（能凑成 $\dfrac{i}{n}$）

（D_1（常规操作）+D_{23}（化归经典形式））

若数列通项中出现 $\dfrac{i}{n}$ 或下面三种形式：

① $n+i(an+bi,\ ab\neq 0)$；

② n^2+i^2；

③ n^2+ni.

则能凑成 $\dfrac{i}{n}$，比如

① $n+i=n\left(1+\dfrac{i}{n}\right)$；

② $n^2+i^2=n^2\left[1+\left(\dfrac{i}{n}\right)^2\right]$；

③ $n^2+ni=n^2\left(1+\dfrac{i}{n}\right)$.

于是可直接用定积分定义

$$\lim_{n\to\infty}\sum_{i=1}^{n}f\left(0+\frac{1-0}{n}i\right)\frac{1-0}{n}=\int_0^1 f(x)\mathrm{d}x$$

或

$$\lim_{n\to\infty}\sum_{i=0}^{n-1}f\left(0+\frac{1-0}{n}i\right)\frac{1-0}{n}=\int_0^1 f(x)\mathrm{d}x .$$

$$\lim_{n\to\infty}\left(\frac{1}{2n+3}+\frac{1}{2n+6}+\cdots+\frac{1}{2n+3n}\right)$$

$$=\lim_{n\to\infty}\sum_{i=1}^{n}\frac{1}{2n+3i}=\lim_{n\to\infty}\sum_{i=1}^{n}\frac{1}{2+3\dfrac{i}{n}}\cdot\frac{1}{n}$$

$$=\int_0^1\frac{1}{2+3x}\mathrm{d}x=\frac{1}{3}(\ln 5-\ln 2).$$

$$\lim_{n\to\infty}\sum_{i=1}^{n}\frac{n}{n^2+i^2}=\lim_{n\to\infty}\sum_{i=1}^{n}\frac{1}{1+\left(\dfrac{i}{n}\right)^2}\cdot\frac{1}{n}$$

$$=\int_0^1\frac{1}{1+x^2}\mathrm{d}x=\arctan x\Big|_0^1=\frac{\pi}{4}.$$

例8.1 求极限 $\displaystyle\lim_{n\to\infty}\frac{1}{n}\sqrt[n]{n(n+1)(n+2)\cdots\big[n+(n-1)\big]}$.

【解】 $\displaystyle\lim_{n\to\infty}\frac{1}{n}\sqrt[n]{n(n+1)(n+2)\cdots\big[n+(n-1)\big]}=\lim_{n\to\infty}\sqrt[n]{\left(1+\frac{1}{n}\right)\left(1+\frac{2}{n}\right)\cdots\left(1+\frac{n-1}{n}\right)}$

$$=\lim_{n\to\infty}e^{\sum\limits_{k=0}^{n-1}\frac{1}{n}\ln\left(1+\frac{k}{n}\right)}=e^{\int_0^1\ln(1+x)\mathrm{d}x}=\frac{4}{e}.$$

二、放缩型（凑不成 $\dfrac{i}{n}$ ）

（ D_1（常规操作）+D_{23}（化归经典形式））

（1）夹逼准则. $\longrightarrow$ 如 $\lim\limits_{n\to\infty}\left(\dfrac{n}{n^2+1}+\dfrac{n}{n^2+2}+\cdots+\dfrac{n}{n^2+n}\right)=\lim\limits_{n\to\infty}\sum\limits_{i=1}^{n}\dfrac{n}{n^2+i}$,

有 $\boxed{\dfrac{n^2}{n^2+n}}<\sum\limits_{i=1}^{n}\dfrac{n}{n^2+i}<\boxed{\dfrac{n^2}{n^2+1}}$ 从而 $\lim\limits_{n\to\infty}\sum\limits_{i=1}^{n}\dfrac{n}{n^2+i}=1$.

　　极限为 1　　　　极限为 1

如通项中含 n^2+i ,则凑不成 $\dfrac{i}{n}$,这时考虑对通项放缩,用夹逼准则.

（2）放缩后再凑 $\dfrac{i}{n}$.

如通项中含 $\dfrac{i^2+1}{n^2}$,虽凑不成 $\dfrac{i}{n}$,但放缩为 $\left(\dfrac{i}{n}\right)^2<\dfrac{i^2+1}{n^2}<\left(\dfrac{i+1}{n}\right)^2$,则可凑成 $\dfrac{i}{n}$.

例 8.2 设 $a\in(0,1)$,则 $\lim\limits_{n\to\infty}\sum\limits_{i=1}^{n}\dfrac{i}{ni+a}\sin\dfrac{i}{n}=(\qquad)$.

(A) $a-\cos a$ 　　　　　　　　　　(B) $a-\sin a$

(C) $1-\cos 1$ 　　　　　　　　　　(D) $1-\sin 1$

【解】 应选(C).

由于 $a>0$,于是 $\dfrac{1}{n+a}=\dfrac{i}{ni+ai}\leqslant\dfrac{i}{ni+a}<\dfrac{i}{ni}=\dfrac{1}{n}$,又

$$\lim\limits_{n\to\infty}\sum\limits_{i=1}^{n}\dfrac{1}{n}\sin\dfrac{i}{n}=\int_0^1\sin x\,dx=1-\cos 1 ,$$

$$\lim\limits_{n\to\infty}\sum\limits_{i=1}^{n}\dfrac{1}{n+a}\sin\dfrac{i}{n}=\lim\limits_{n\to\infty}\dfrac{n}{n+a}\sum\limits_{i=1}^{n}\dfrac{1}{n}\sin\dfrac{i}{n}=\int_0^1\sin x\,dx=1-\cos 1 ,$$

由夹逼准则,知

$$\lim\limits_{n\to\infty}\sum\limits_{i=1}^{n}\dfrac{i}{ni+a}\sin\dfrac{i}{n}=1-\cos 1 .$$

三、变量型 $\left(\dfrac{x}{n}i\right)$（ D_1（常规操作）+D_{23}（化归经典形式））

若通项中含 $\dfrac{x}{n}i$,则考虑下面的式子:

$$\lim\limits_{n\to\infty}\sum\limits_{i=1}^{n}f\left(0+\dfrac{x-0}{n}i\right)\dfrac{x-0}{n}=\int_0^x f(t)\,dt.$$

例 8.3 设 $f(x) = \begin{cases} \lim\limits_{n\to\infty} \dfrac{1}{n}\left(1 + \cos\dfrac{x}{n} + \cos\dfrac{2x}{n} + \cdots + \cos\dfrac{n-1}{n}x\right), & x > 0, \\ a, & x = 0, \\ f(-x), & x < 0 \end{cases}$ 连续，则 $a = \underline{\hspace{2cm}}$.

【解】 应填 1.

当 $x > 0$ 时，
$$f(x) = \lim_{n\to\infty} \frac{1}{n}\sum_{i=0}^{n-1}\cos\frac{x}{n}i = \lim_{n\to\infty}\frac{1}{x}\sum_{i=0}^{n-1}\cos\frac{x}{n}i\cdot\frac{x}{n}$$

$$= \frac{1}{x}\int_0^x \cos t\,\mathrm{d}t = \frac{1}{x}\sin t\Big|_0^x = \frac{\sin x}{x};$$

当 $x < 0$ 时，$f(x) = f(-x) = \dfrac{\sin(-x)}{-x} = \dfrac{\sin x}{x}$.

综上所述，$f(x) = \begin{cases} \dfrac{\sin x}{x}, & x \neq 0, \\ a, & x = 0. \end{cases}$ 故由 $f(x)$ 连续，得 $a = \lim\limits_{x\to 0}\dfrac{\sin x}{x} = 1$.

四、其他分割取高型（D_1（常规操作）$+D_{23}$（化归经典形式））

如果表达式中出现以下形式，都可以按照定积分的定义来处理，这是因为分割方法和取高方法不同，但结果是一样的.这里对考生提出了较高要求.

（1）极坐标系分割型.

例 8.4 求极限 $\lim\limits_{n\to\infty}\sum\limits_{k=1}^{n}\dfrac{\pi}{4n}\cos^2\dfrac{k\pi}{4n}$.

【解】
$$\text{原式} = \lim_{n\to\infty}\sum_{k=1}^{n}\left[\cos^2\left(\frac{\frac{\pi}{4}-0}{n}k\right)\right]\frac{\frac{\pi}{4}-0}{n} = \int_0^{\frac{\pi}{4}}\cos^2\theta\,\mathrm{d}\theta = \frac{1}{4} + \frac{\pi}{8}.$$

→ D_{23}（化归经典形式）

（2）取中点：$\dfrac{\frac{k-1}{n}+\frac{k}{n}}{2}$.

（3）取凸组合：$\lambda_1\dfrac{k-1}{n} + \lambda_2\dfrac{k}{n}, \lambda_1 + \lambda_2 = 1, \lambda_1, \lambda_2 \geqslant 0$.

（4）取几何均值：$\sqrt{\dfrac{k-1}{n}\cdot\dfrac{k}{n}}$.

（5）取均方根：$\sqrt{\dfrac{\left(\frac{k-1}{n}\right)^2 + \left(\frac{k}{n}\right)^2}{2}}$.

（6）取调和均值：$\dfrac{2}{\dfrac{1}{\dfrac{k-1}{n}}+\dfrac{1}{\dfrac{k}{n}}}$.

例 8.5　设 $f(x)$ 连续，则 $\lim\limits_{n\to\infty}\sum\limits_{k=1}^{n}\dfrac{k-\dfrac{1}{2}+n}{n^2}f\left(\dfrac{2k-1}{2n}\right)=$（　　）.

(A) $\displaystyle\int_0^1\left(x+\dfrac{1}{2}\right)f(x)\mathrm{d}x$

(B) $\displaystyle\int_0^1\left(x+1-\dfrac{1}{2n}\right)f\left(x-\dfrac{1}{2n}\right)\mathrm{d}x$

(C) $\displaystyle\int_0^1(x+1)f(x)\mathrm{d}x$

(D) $\displaystyle\int_0^1\left(x+\dfrac{1}{2}+\dfrac{1}{n}\right)f\left(x-\dfrac{1}{n}\right)\mathrm{d}x$

【解】　应选 (C).

$\xrightarrow{\text{D}_{23}\text{（化归经典形式）}}$

$$原式=\lim_{n\to\infty}\sum_{k=1}^{n}\left(\dfrac{2k-1}{2n}+1\right)f\left(\dfrac{2k-1}{2n}\right)\cdot\dfrac{1}{n}$$

$$=\int_0^1(x+1)f(x)\mathrm{d}x\ .$$

【注】　$\xi_k=\dfrac{\dfrac{k-1}{n}+\dfrac{k}{n}}{2}=\dfrac{2k-1}{2n}$.

第二部分　判断具体型反常积分的敛散性

形式化归体系块

三向解题法

判断具体型反常积分的敛散性
(O(盯住目标))

恒等变形, 向 $\int \dfrac{1}{x^p}\,\mathrm{d}x$, $\int \dfrac{\ln x}{x^p}\,\mathrm{d}x$ 靠近
(D$_{23}$(化归经典形式))

①积分可拆性.
$$\int_a^b f(x)\mathrm{d}x$$
$$=\int_a^c f(x)\mathrm{d}x+$$
$$\int_c^b f(x)\mathrm{d}x$$

②分母设置法.
如 $x^p=\dfrac{1}{x^{-p}}$,
$$\ln^q x=\dfrac{1}{\ln^{-q} x}$$

③换元法.
如 $1-x=t$,
$\ln x=t$

⑤等价代换.
如当 $x\to 0$ 时,
$\ln(1+x)\sim x$,
$\arctan x\sim x$

⑥加绝对值, 用绝对值判敛法

④分部积分法.

如 $\displaystyle\int_1^{+\infty}\frac{\sin x}{x}\mathrm{d}x=-\frac{\cos x}{x}\Big|_1^{+\infty}-\int_1^{+\infty}\frac{\cos x}{x^2}\mathrm{d}x=\cos 1-$

$\displaystyle\int_1^{+\infty}\frac{\cos x}{x^2}\mathrm{d}x,\ \int_1^{+\infty}\left|\frac{\cos x}{x^2}\right|\mathrm{d}x\leqslant\int_1^{+\infty}\frac{1}{x^2}\mathrm{d}x=1,$ 故

$\displaystyle\int_1^{+\infty}\frac{\cos x}{x^2}\mathrm{d}x$ 绝对收敛, 从而 $\displaystyle\int_1^{+\infty}\frac{\sin x}{x}\mathrm{d}x$ 收敛

抹去无关因式
$(D_{23}($化归经典形式$))$

用 $\int \dfrac{1}{x^p}\mathrm{d}x$，$\int \dfrac{\ln x}{x^p}\mathrm{d}x$ 的基本结论作判定：$\int_0^1 \dfrac{1}{x^p}\mathrm{d}x\begin{cases}收敛, & 0<p<1, \\ 发散, & p\geqslant 1;\end{cases}$ $\int_0^1 \dfrac{\ln x}{x^p}\mathrm{d}x\begin{cases}收敛, & 0\leqslant p<1, \\ 发散, & p\geqslant 1;\end{cases}$

$\int_1^{+\infty} \dfrac{1}{x^p}\mathrm{d}x\begin{cases}收敛, & p>1, \\ 发散, & p\leqslant 1;\end{cases}$ $\int_1^{+\infty} \dfrac{\ln x}{x^p}\mathrm{d}x\begin{cases}收敛, & p>1, \\ 发散, & p\leqslant 1\end{cases}$ $(D_1($常规操作$))$

含参反常积分敛散性结论大观
$(D_1($常规操作$))$

① $\int_1^2 \dfrac{1}{x\ln^p x}\mathrm{d}x\begin{cases}收敛, & 0<p<1, \\ 发散, & p\geqslant 1;\end{cases}$

② $\int_2^{+\infty} \dfrac{1}{x\ln^p x}\mathrm{d}x\begin{cases}收敛, & p>1, \\ 发散, & p\leqslant 1;\end{cases}$

③ $\int_1^{+\infty} \dfrac{1}{x\ln^p x}\mathrm{d}x$ 必发散

④ $\int_k^{+\infty} \mathrm{e}^{-\alpha x}\cdot\ln^p x\,\mathrm{d}x(k>0)$；$\int_A^{+\infty} \mathrm{e}^{-\alpha x}x^q\,\mathrm{d}x\begin{cases}收敛, & \alpha>0, \\ 发散, & \alpha<0\end{cases}$

⑤ $\int_1^2 \dfrac{1}{x^p\ln^q x}\mathrm{d}x\begin{cases}收敛, & 0<q<1, \\ 发散, & q\geqslant 1;\end{cases}$

⑥ $\int_2^{+\infty} \dfrac{1}{x^p\ln^q x}\mathrm{d}x\begin{cases}收敛, & p>1, \ q任意, \\ 发散, & p<1, \ q任意, \\ 收敛, & p=1, \ q>1, \\ 发散, & p=1, \ q\leqslant 1\end{cases}$

⑦ $\int_0^1 \dfrac{1}{|\ln x|^p}\mathrm{d}x\begin{cases}收敛, & p<1(p\neq 0), \\ 发散, & p\geqslant 1;\end{cases}$

⑧ $\int_1^2 \dfrac{1}{|\ln x|^p}\mathrm{d}x\begin{cases}收敛, & 0<p<1, \\ 发散, & p\geqslant 1\end{cases}$

⑨ $\int_0^2 \dfrac{1}{|\ln x|^p}\mathrm{d}x\begin{cases}收敛, & p<1(p\neq 0), \\ 发散, & p\geqslant 1;\end{cases}$

⑩ $\int_2^{+\infty} \dfrac{1}{|\ln x|^p}\mathrm{d}x$ 必发散

一、基本结论

① a. $\int_0^1 \dfrac{1}{x^p}\mathrm{d}x\begin{cases}收敛, & 0<p<1, \\ 发散, & p\geqslant 1;\end{cases}$ b. $\int_0^1 \dfrac{\ln x}{x^p}\mathrm{d}x\begin{cases}收敛, & 0\leqslant p<1, \\ 发散, & p\geqslant 1.\end{cases}$

② a. $\int_1^{+\infty} \dfrac{1}{x^p}\mathrm{d}x\begin{cases}收敛, & p>1, \\ 发散, & p\leqslant 1;\end{cases}$ b. $\int_1^{+\infty} \dfrac{\ln x}{x^p}\mathrm{d}x\begin{cases}收敛, & p>1, \\ 发散, & p\leqslant 1.\end{cases}$

【注】对于"① a."，盯着 $x\to 0^+$ 看，对于 x^p 的次数 p：当 $p\geqslant 1$ 时，x^p 趋于 0 的"速度"够快，其倒数 $\dfrac{1}{x^p}$ 趋于 $+\infty$ 的"速度"亦够快，积分发散；当 $0<p<1$ 时，x^p 趋于 0 的"速度"不够快，其倒数 $\dfrac{1}{x^p}$ 趋于 $+\infty$ 的"速度"亦不够快，积分收敛.

懂得了以上道理后，便可有所发挥，如当 $x \to 0^+$ 时，$\sin x \sim x$，这意味着 $\sin x$ 与 x 趋于 0 的"速度"一样，故 $\int_0^1 \dfrac{1}{\sin^p x}\mathrm{d}x$（有时命制成 $\int_0^{\frac{\pi}{2}} \dfrac{1}{\sin^p x}\mathrm{d}x$）依然满足 $\begin{cases} \text{收敛,} & 0<p<1, \\ \text{发散,} & p \geq 1. \end{cases}$

事实上，凡是与 x 趋于 0 的"速度"一样的函数 $f(x)$ 均可如上讨论．

对于"② a."，盯着 $x \to +\infty$ 看，对于 x^p 的次数 p：当 $p>1$ 时，x^p 趋于 $+\infty$ 的"速度"够快，其倒数 $\dfrac{1}{x^p}$ 趋于 0 的"速度"亦够快，积分收敛；当 $p \leq 1$ 时，x^p 趋于 $+\infty$ 的"速度"不够快，其倒数 $\dfrac{1}{x^p}$ 趋于 0 的"速度"亦不够快，积分发散．

这里的发挥简单些，如当 $x \to +\infty$ 且 $a>0$ 时，$ax+b$ 亦趋于 $+\infty$，与 x 趋于 $+\infty$ 的"速度"一样．当 $ax+b \geq k > 0$ 时，$\int_1^{+\infty} \dfrac{1}{(ax+b)^p}\mathrm{d}x$ 依然满足 $\begin{cases} \text{收敛,} & p>1, \\ \text{发散,} & p \leq 1. \end{cases}$

对于题设含参积分，可通过 ➙ D_{23}（化归经典形式）

① 积分可拆性．$\int_a^b f(x)\mathrm{d}x = \int_a^c f(x)\mathrm{d}x + \int_c^b f(x)\mathrm{d}x$．

② 分母设置法．如 $x^p = \dfrac{1}{x^{-p}}$，$\ln^q x = \dfrac{1}{\ln^{-q} x}$．

③ 换元法．如 $1-x=t$，$\ln x = t$．

④ 分部积分法．如

$$\int_1^{+\infty} \frac{\sin x}{x}\mathrm{d}x = -\frac{\cos x}{x}\Big|_1^{+\infty} - \int_1^{+\infty} \frac{\cos x}{x^2}\mathrm{d}x = \cos 1 - \int_1^{+\infty} \frac{\cos x}{x^2}\mathrm{d}x, \quad \int_1^{+\infty} \left|\frac{\cos x}{x^2}\right|\mathrm{d}x \leq \int_1^{+\infty} \frac{1}{x^2}\mathrm{d}x = 1,$$

故 $\int_1^{+\infty} \dfrac{\cos x}{x^2}\mathrm{d}x$ 绝对收敛，从而 $\int_1^{+\infty} \dfrac{\sin x}{x}\mathrm{d}x$ 收敛．

⑤ 等价代换．如当 $x \to 0$ 时，$\ln(1+x) \sim x$，$\arctan x \sim x$．

⑥ 加绝对值，用绝对值判敛法等，向基础结论靠近，并抹去无关因式，用基本结论作判定．

【注】绝对值判敛法．

定理 设函数 $f(x)$ 在 $[a,+\infty)$ 上连续，若 $\int_a^{+\infty} |f(x)|\mathrm{d}x$ 收敛，则 $\int_a^{+\infty} f(x)\mathrm{d}x$ 收敛．

证 因为 $0 \leq f(x)+|f(x)| \leq 2|f(x)|$，且 $\int_a^{+\infty}|f(x)|\mathrm{d}x$ 收敛，所以根据比较判敛法可知

$$\int_a^{+\infty} \left[f(x)+|f(x)|\right]\mathrm{d}x$$

这个证明方法一定要会．

收敛，从而 $\int_a^{+\infty} f(x)\mathrm{d}x = \int_a^{+\infty} \left\{\left[f(x)+|f(x)|\right]-|f(x)|\right\}\mathrm{d}x$ 收敛．

二、含参反常积分敛散性结论大观（D_1（常规操作））

① $\displaystyle\int_1^2 \frac{1}{x\ln^p x}\,dx \begin{cases} 收敛, & 0<p<1, \\ 发散, & p\geqslant 1. \end{cases}$

【注】令 $\ln x=t$，$I=\displaystyle\int_0^{\ln 2}\frac{dt}{t^p}\begin{cases}收敛,\ 0<p<1,\\ 发散,\ p\geqslant 1.\end{cases}$

② $\displaystyle\int_2^{+\infty}\frac{1}{x\ln^p x}\,dx$ 与（仅数学一、数学三）$\displaystyle\sum_{n=2}^{\infty}\frac{1}{n\ln^p n}$ 同敛散 $\begin{cases}收敛, & p>1, \\ 发散, & p\leqslant 1.\end{cases}$

【注】令 $\ln x=t$，$I=\displaystyle\int_{\ln 2}^{+\infty}\frac{dt}{t^p}\begin{cases}收敛,\ p>1,\\ 发散,\ p\leqslant 1.\end{cases}$

③ $\displaystyle\int_1^{+\infty}\frac{1}{x\ln^p x}\,dx$ 必发散．

【注】$\displaystyle\int_1^{+\infty}\frac{1}{x\ln^p x}\,dx=\int_1^2\frac{1}{x\ln^p x}\,dx+\int_2^{+\infty}\frac{1}{x\ln^p x}\,dx$，结合①，②，收敛域为空集，故必发散．

④ $\displaystyle\int_k^{+\infty}e^{-\alpha x}\cdot\ln^p x\,dx\ (k>0)$；$\displaystyle\int_A^{+\infty}e^{-\alpha x}x^q\,dx$．

由 $\ln^p x\ll x^q\ll a^x\ll x^x\ (p,\,q>0,\,a>1)$，知 $\ln^p x$，x^q 不是 $e^{\alpha x}$ 在 $x\to+\infty$ 时的同阶或高阶无穷大，则

a.当 $\alpha>0$ 时，必收敛；

b.当 $\alpha<0$ 时，必发散．

⑤ $\displaystyle\int_1^2\frac{1}{x^p\ln^q x}\,dx\begin{cases}收敛, & 0<q<1, \\ 发散, & q\geqslant 1.\end{cases}$

【注】（1）令 $\ln x=t$，则 $I=\displaystyle\int_0^{\ln 2}e^{-(p-1)t}\cdot\frac{1}{t^q}\,dt\begin{cases}收敛,\ 0<q<1,\\ 发散,\ q\geqslant 1;\end{cases}$

（2）此积分的敛散性与 p 的取值无关．

⑥ $\displaystyle\int_2^{+\infty}\frac{1}{x^p\ln^q x}\,dx$ 与（仅数学一、数学三）$\displaystyle\sum_{n=2}^{\infty}\frac{1}{n^p\ln^q n}$ 同敛散 $\begin{cases}收敛, & p>1,\ q任意, \\ 发散, & p<1,\ q任意, \\ 收敛, & p=1,\ q>1, \\ 发散, & p=1,\ q\leqslant 1.\end{cases}$

【注】令 $\ln x=t$，$I=\displaystyle\int_{\ln 2}^{+\infty}e^{-(p-1)t}\cdot\frac{1}{t^q}\,dt$，故 $\begin{cases}p>1\Rightarrow e^{-\infty}\to 0\ （与 q 无关），收敛, \\ p<1\Rightarrow e^{+\infty}\to+\infty（与 q 无关），发散.\end{cases}$ 与②结合，当

$p=1$，$q>1$ 时，收敛；当 $p=1$，$q\leqslant1$ 时，发散．

⑦ $\displaystyle\int_0^1\frac{1}{|\ln x|^p}\mathrm{d}x$ $\begin{cases}收敛，&p<1(p\neq0),\\发散，&p\geqslant1.\end{cases}$

【注】令 $\ln x=-t$，$x=\mathrm{e}^{-t}$，$\mathrm{d}x=-\mathrm{e}^{-t}\mathrm{d}t$，$I=\displaystyle\int_{+\infty}^0\frac{-\mathrm{e}^{-t}\mathrm{d}t}{t^p}=\int_0^{+\infty}\mathrm{e}^{-t}\cdot\frac{1}{t^p}\mathrm{d}t=\int_0^1\frac{\mathrm{e}^{-t}}{t^p}\mathrm{d}t+\int_1^{+\infty}\frac{\mathrm{e}^{-t}}{t^p}\mathrm{d}t$，故当 $p<1(p\neq0)$ 时，原反常积分收敛．

⑧ $\displaystyle\int_1^2\frac{1}{|\ln x|^p}\mathrm{d}x$ $\begin{cases}收敛，&0<p<1,\\发散，&p\geqslant1.\end{cases}$

【注】令 $\ln x=t$，$x=\mathrm{e}^t$，$I=\displaystyle\int_0^{\ln2}\frac{\mathrm{e}^t}{t^p}\mathrm{d}t$，则当 $0<p<1$ 时，原反常积分收敛．

⑨ $\displaystyle\int_0^2\frac{1}{|\ln x|^p}\mathrm{d}x$ $\begin{cases}收敛，&p<1(p\neq0),\\发散，&p\geqslant1.\end{cases}$

【注】由⑦，⑧可得．

⑩ $\displaystyle\int_2^{+\infty}\frac{1}{|\ln x|^p}\mathrm{d}x$ 必发散．

【注】令 $\ln x=t$，$x=\mathrm{e}^t$，则 $I=\displaystyle\int_{\ln2}^{+\infty}\frac{\mathrm{e}^t}{t^p}\mathrm{d}t$，原反常积分必发散．

例8.6 设常数 $p>0$，$q>0$，若 $\displaystyle\int_0^1\frac{\ln x}{x^p(1-x)^q}\mathrm{d}x$ 收敛，则（ ）．

(A) $0<p<1,0<q<2$ (B) $p>1,1<q<2$

(C) $0<p<1,0<q<1$ (D) $p>1,0<q<1$

【解】 应选(A).

$$原式\xrightarrow{积分可拆性}\int_0^{\frac{1}{2}}\frac{\ln x}{x^p(1-x)^q}\mathrm{d}x+\int_{\frac{1}{2}}^1\frac{\ln x}{x^p(1-x)^q}\mathrm{d}x，$$

抹去无关因式，等价于研究 $\displaystyle\int_0^{\frac{1}{2}}\frac{\ln x}{x^p}\mathrm{d}x+\int_{\frac{1}{2}}^1\frac{\ln x}{(1-x)^q}\mathrm{d}x$．

对于积分 $\displaystyle\int_0^{\frac{1}{2}}\frac{\ln x}{x^p}\mathrm{d}x$，由基本结论"一、①b."知当 $0<p<1$ 时，收敛．

对于积分 $\displaystyle\int_{\frac{1}{2}}^1\frac{\ln x}{(1-x)^q}\mathrm{d}x$，作换元有

$$\int_{\frac{1}{2}}^{1} \frac{\ln x}{(1-x)^q} dx \xlongequal{1-x=t} \int_{0}^{\frac{1}{2}} \frac{\ln(1-t)}{t^q} dt,$$

当 $t \to 0^+$ 时，$\ln(1-t) \sim -t$，抹去无关因式，$\int_{0}^{\frac{1}{2}} \frac{\ln(1-t)}{t^q} dt$ 与 $-\int_{0}^{\frac{1}{2}} \frac{dt}{t^{q-1}}$ 的敛散性相同，由基本结论"一、

①a."知，当 $0 < q-1 < 1$，即 $1 < q < 2$ 时，反常积分 $\int_{\frac{1}{2}}^{1} \frac{\ln x}{(1-x)^q} dx$ 收敛. 当 $0 < q \leqslant 1$ 时，$\int_{\frac{1}{2}}^{1} \frac{\ln x}{(1-x)^q} dx$ 是定积分，

也收敛.

综上，$0 < p < 1$，$0 < q < 2$. 选(A).

例8.7 设 p 为常数，若反常积分 $\int_{0}^{1} x^p (1-x)^{p-1} \ln x dx$ 收敛，则（　　）.

(A) $p < -1$ (B) $-1 < p \leqslant 0$

(C) $0 \leqslant p < 1$ (D) $p > 1$

【解】　应选(B).

$$\int_{0}^{1} x^p (1-x)^{p-1} \ln x dx = \int_{0}^{\frac{1}{2}} x^p (1-x)^{p-1} \ln x dx + \int_{\frac{1}{2}}^{1} x^p (1-x)^{p-1} \ln x dx.$$

对于 $\int_{0}^{\frac{1}{2}} x^p (1-x)^{p-1} \ln x dx$，盯着 $x \to 0^+$ 看，则 $\int_{0}^{\frac{1}{2}} x^p (1-x)^{p-1} \ln x dx$ 与 $\int_{0}^{\frac{1}{2}} x^p \ln x dx$ 的敛散性相同，若

$\int_{0}^{\frac{1}{2}} x^p \ln x dx$ 收敛，则 $0 \leqslant -p < 1$.

对于 $\int_{\frac{1}{2}}^{1} x^p (1-x)^{p-1} \ln x dx$，盯着 $x \to 1^-$ 看，则 $\int_{\frac{1}{2}}^{1} x^p (1-x)^{p-1} \ln x dx$ 与 $\int_{\frac{1}{2}}^{1} (1-x)^{p-1} \ln x dx$ 的敛散性相同，

由 $\int_{\frac{1}{2}}^{1} (1-x)^{p-1} \ln x dx \xlongequal{1-x=t} \int_{0}^{\frac{1}{2}} \frac{\ln(1-t)}{t^{1-p}} dt$，又因为 $\lim_{t \to 0^+} \frac{\frac{\ln(1-t)}{t^{1-p}}}{t^p} = -1$，所以当 $0 < -p < 1$ 时，反常积分收敛. 当

$p = 0$ 时，该积分为定积分.

综上，$-1 < p \leqslant 0$. 选(B).

例8.8 反常积分① $\int_{0}^{+\infty} \frac{|\sin x|}{\sqrt{x^3}} dx$，② $\int_{0}^{+\infty} \frac{1}{1+\sqrt{x}|\sin x|} dx$ 的敛散性为（　　）.

(A)①收敛，②收敛   (B)①收敛，②发散

(C)①发散，②收敛   (D)①发散，②发散

【解】　应选(B).

对于①，$\int_{0}^{+\infty} \frac{|\sin x|}{\sqrt{x^3}} dx = \int_{0}^{1} \frac{|\sin x|}{\sqrt{x^3}} dx + \int_{1}^{+\infty} \frac{|\sin x|}{\sqrt{x^3}} dx = I_1 + I_2.$

→ $(0,1)$ 内，一般用 $\sin x < x$

对于 I_1，$0 \leqslant \dfrac{|\sin x|}{\sqrt{x^3}} \leqslant \dfrac{x}{\sqrt{x^3}} = \dfrac{1}{\sqrt{x}}$，因 $\displaystyle\int_0^1 \dfrac{1}{\sqrt{x}} \mathrm{d}x$ 收敛，故 $\displaystyle\int_0^1 \dfrac{|\sin x|}{\sqrt{x^3}} \mathrm{d}x$ 收敛.

对于 I_2，$\dfrac{|\sin x|}{\sqrt{x^3}} \leqslant \dfrac{1}{\sqrt{x^3}}$，而 $\displaystyle\int_1^{+\infty} \dfrac{1}{\sqrt{x^3}} \mathrm{d}x$ 收敛，故 $\displaystyle\int_1^{+\infty} \dfrac{|\sin x|}{\sqrt{x^3}} \mathrm{d}x$ 收敛.

故 $\displaystyle\int_0^{+\infty} \dfrac{|\sin x|}{\sqrt{x^3}} \mathrm{d}x$ 收敛.

→ $(1,+\infty)$ 内，一般用 $\sin x \leqslant 1$

对于②，$\dfrac{1}{1 + \sqrt{x}|\sin x|} \geqslant \dfrac{1}{1 + \sqrt{x}} > 0$，又 $\displaystyle\int_0^{+\infty} \dfrac{1}{1 + \sqrt{x}} \mathrm{d}x$ 发散，故 $\displaystyle\int_0^{+\infty} \dfrac{1}{1 + \sqrt{x}|\sin x|} \mathrm{d}x$ 发散.

《第三部分　判断抽象型反常积分的敛散性》

三向解题法

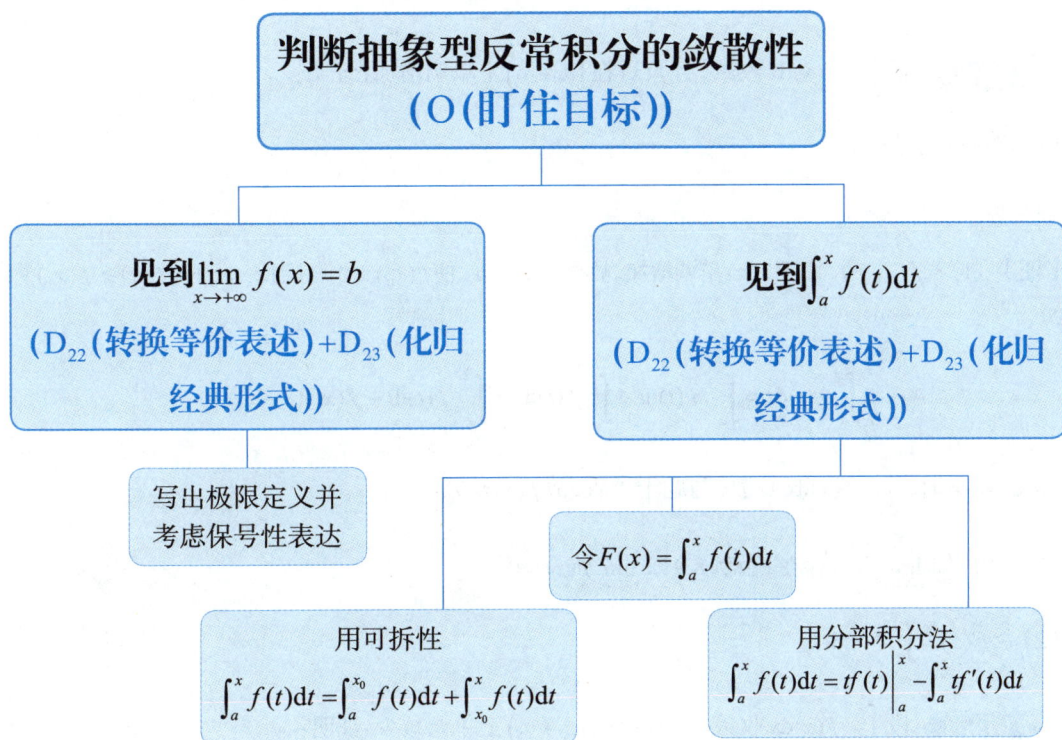

一、见到 $\lim\limits_{x \to +\infty} f(x) = b$

（D_{22}（转换等价表述）+D_{23}（化归经典形式））

例8.9　设 $\displaystyle\int_a^{+\infty} f(x)\mathrm{d}x$ 收敛, 且 $\lim\limits_{x \to +\infty} f(x) = b$ 存在, 证明 $b = 0$.

$\longrightarrow D_{22}$（转换等价表述）

【证】　若 $b \neq 0$, 不妨设 $\lim\limits_{x \to +\infty} f(x) = b > 0$, 则存在 $X > a$, 当 $x > X$ 时, $f(x) > \dfrac{b}{2}$. 于是

D_{23}（化归经典形式）

$$\int_a^x f(t)\mathrm{d}t = \int_a^X f(t)\mathrm{d}t + \int_X^x f(t)\mathrm{d}t \geqslant \int_a^X f(t)\mathrm{d}t + \frac{b}{2}(x - X).$$

当 $x \to +\infty$ 时, $\displaystyle\int_a^{+\infty} f(x)\mathrm{d}x$ 发散, 与题干矛盾, 故 $b = 0$.

二、见到 $\displaystyle\int_a^x f(t)\,\mathrm{d}t$

（D_{22}（转换等价表述）$+D_{23}$（化归经典形式））

(1)用可拆性： $\displaystyle\int_a^x f(t)\,\mathrm{d}t = \int_a^{x_0} f(t)\,\mathrm{d}t + \int_{x_0}^x f(t)\,\mathrm{d}t$.

例8.10 设 $\displaystyle\int_a^{+\infty} f(x)\,\mathrm{d}x$ 收敛，且 $f(x)$ 在 $[a,+\infty)$ 上单调增加，证明：

（1）$f(x)$ 有上界；

（2）$\displaystyle\lim_{x\to+\infty} f(x)=0$.

【证】（1）若 $f(x)>0$ ，由于 $f(x)$ 单调增加，故存在 $x_0\geq a$ ，使 $f(x_0)>0$ ，且当 $x>x_0$ 时，$f(x)\geq f(x_0)>0$. 于是

$$\int_a^x f(t)\,\mathrm{d}t = \int_a^{x_0} f(t)\,\mathrm{d}t + \int_{x_0}^x f(t)\,\mathrm{d}t \geq \int_a^{x_0} f(t)\,\mathrm{d}t + f(x_0)(x-x_0) .$$

当 $x\to+\infty$ 时，$\displaystyle\int_a^{+\infty} f(x)\,\mathrm{d}x$ 发散，与题干矛盾，故 $f(x)\leq 0$.

（2）由（1）知 $\displaystyle\lim_{x\to+\infty} f(x)$ 存在，由例8.9知 $\displaystyle\lim_{x\to+\infty} f(x)=0$.

(2)令 $\displaystyle F(x)=\int_a^x f(t)\,\mathrm{d}t$.

例8.11 设 $\displaystyle\int_a^{+\infty} f(x)\,\mathrm{d}x$ 收敛，且 $f(x)$ 在 $[a,+\infty)$ 上单调减少. 证明：

（1）对任意 $\varepsilon>0$ ，存在 $X>a$ ，当 $x>2X$ 时，$\displaystyle\int_{\frac{x}{2}}^x f(t)\,\mathrm{d}t < 2\varepsilon$ ；

（2）$\displaystyle\lim_{x\to+\infty} xf(x)=0$.

【证】（1）由例8.10证法易证，当 $f(x)$ 单调减少时，$f(x)\geq 0$. 因为 $\displaystyle\int_a^{+\infty} f(x)\,\mathrm{d}x$ 收敛，记 $\displaystyle\int_a^{+\infty} f(x)\,\mathrm{d}x = $

b ，$\displaystyle F(x)=\int_a^x f(t)\,\mathrm{d}t$ ，则 $\displaystyle\lim_{x\to+\infty} F(x)=b$ ，故对任意 $\varepsilon>0$ ，存在 $X>a$ ，当 $x>2X$ 时，

D_{22}（转换等价表述）

$$\left|F(x)-F\left(\frac{x}{2}\right)\right| = \left|F(x)-b+b-F\left(\frac{x}{2}\right)\right|$$

$$\leq \left|F(x)-b\right| + \left|F\left(\frac{x}{2}\right)-b\right| < 2\varepsilon,$$

即 $\displaystyle\int_{\frac{x}{2}}^x f(t)\,\mathrm{d}t < 2\varepsilon$.

（2）结合（1），由于 $f(x)$ 单调减少，故 $\dfrac{x}{2}f(x)<\displaystyle\int_{\frac{x}{2}}^{x}f(t)\mathrm{d}t<2\varepsilon$，即 $0\leqslant xf(x)<4\varepsilon$. 于是 $\displaystyle\lim_{x\to+\infty}xf(x)=0$.

例8.12　设 $f(x)$ 在 $[a,+\infty)$ 上可导，且 $\displaystyle\int_{a}^{+\infty}f(x)\mathrm{d}x$，$\displaystyle\int_{a}^{+\infty}f'(x)\mathrm{d}x$ 均收敛，证明 $\displaystyle\lim_{x\to+\infty}f(x)=0$.

→ D_{23}（化归经典形式）

【证】　因为 $\displaystyle\int_{a}^{x}f'(t)\mathrm{d}t=f(x)-f(a)$，且 $\displaystyle\int_{a}^{+\infty}f'(x)\mathrm{d}x$ 收敛，所以 $\displaystyle\lim_{x\to+\infty}f(x)$ 存在，又 $\displaystyle\int_{a}^{+\infty}f(x)\mathrm{d}x$ 收敛，故

由例 8.9 知 $\displaystyle\lim_{x\to+\infty}f(x)=0$.

（3）用分部积分法：$\displaystyle\int_{a}^{x}f(t)\mathrm{d}t=tf(t)\Big|_{a}^{x}-\int_{a}^{x}tf'(t)\mathrm{d}t$.

例8.13　设 $\displaystyle\int_{a}^{+\infty}f(x)\mathrm{d}x$ 收敛，$f(x)$ 在 $[a,+\infty)$ 上可导且单调减少，证明 $\displaystyle\int_{a}^{+\infty}xf'(x)\mathrm{d}x$ 收敛.

【证】　由例 8.11 知 $\displaystyle\lim_{x\to+\infty}xf(x)=0$. 又

$$\int_{a}^{x}f(t)\mathrm{d}t=tf(t)\Big|_{a}^{x}-\int_{a}^{x}tf'(t)\mathrm{d}t=xf(x)-af(a)-\int_{a}^{x}tf'(t)\mathrm{d}t,$$

$\displaystyle\int_{a}^{+\infty}f(x)\mathrm{d}x$ 收敛，故当 $x\to+\infty$ 时，$\displaystyle\int_{a}^{+\infty}xf'(x)\mathrm{d}x$ 收敛.

例8.14　设函数 $f(x)$ 在 $[1,+\infty)$ 上二阶可导，且 $f(x)>0$，$\displaystyle\lim_{x\to+\infty}f''(x)=+\infty$，证明 $\displaystyle\int_{1}^{+\infty}\dfrac{1}{f(x)}\mathrm{d}x$ 收敛.

【证】　由题意，得

$$\lim_{x\to+\infty}\frac{f(x)}{x^2}=\lim_{x\to+\infty}\frac{f'(x)}{2x}=\lim_{x\to+\infty}\frac{f''(x)}{2}=+\infty.$$

故 $\displaystyle\lim_{x\to+\infty}x^2\cdot\frac{1}{f(x)}=0$，则 $\displaystyle\int_{1}^{+\infty}\dfrac{1}{f(x)}\mathrm{d}x$ 收敛.

→ 想到无穷大量与无穷小量的关系
→ D_{22}（转换等价表述）

例8.15　设函数 $f(x)$ 在 $[0,+\infty)$ 上可导，且 $f'(x)>0$，$f(0)=1$，则 $\displaystyle\int_{0}^{+\infty}\dfrac{1}{f(x)+f'(x)}\mathrm{d}x$ 收敛是

$\displaystyle\int_{0}^{+\infty}\dfrac{1}{f(x)}\mathrm{d}x$ 收敛的（　　　）.

(A) 充要条件　　　　　　　　　　　(B) 充分非必要条件

(C) 必要非充分条件　　　　　　　　(D) 既非充分也非必要条件

【解】　应选 (A).

依题设，有

→ D_{23}（化归经典形式）

$$0<\frac{1}{f(x)}-\frac{1}{f(x)+f'(x)}=\frac{f'(x)}{f^2(x)+f(x)f'(x)}<\frac{f'(x)}{f^2(x)}.$$

由于 $f'(x) > 0$ ，因此 $f(x)$ 单调增加，又 $f(0) = 1$ ，故 $f(x) \geq 1(x \geq 0)$ ，则 $\dfrac{1}{f(x)}$ 单调减少且 $\dfrac{1}{f(x)} > 0$ ，故

$$\lim_{x \to +\infty} \frac{1}{f(x)} \xupplace{存在}{记为} A .$$

D$_{22}$（转换等价表述）

又 $\qquad \displaystyle\int_0^{+\infty} \frac{f'(x)}{f^2(x)} \mathrm{d}x = \int_0^{+\infty} \frac{\mathrm{d}[f(x)]}{f^2(x)} = -\frac{1}{f(x)} \bigg|_0^{+\infty} = -\frac{1}{f(+\infty)} + \frac{1}{f(0)} = -A + 1 ,$

故 $\displaystyle\int_0^{+\infty} \frac{f'(x)}{f^2(x)} \mathrm{d}x$ 收敛，则 $\displaystyle\int_0^{+\infty} \left[\frac{1}{f(x)} - \frac{1}{f(x) + f'(x)} \right] \mathrm{d}x$ 收敛，故 $\displaystyle\int_0^{+\infty} \frac{1}{f(x) + f'(x)} \mathrm{d}x$ 收敛是 $\displaystyle\int_0^{+\infty} \frac{1}{f(x)} \mathrm{d}x$ 收敛的充要条件.

第9讲
一元函数积分学的计算

三向解题法

求一元函数的积分
(O(盯住目标))

恒等变形法
(D_1(常规操作)+D_{23}(化归经典形式))

第二类换元法
(D_1(常规操作)+D_{23}(化归经典形式))

有理函数的积分
(D_1(常规操作)+D_{23}(化归经典形式))

隐函数
$F(x, y) = 0$的积分
(D_1(常规操作)+D_{23}(化归经典形式))

变限积分函数的求导
(D_1(常规操作)+D_{22}(转换等价表述)+D_{23}(化归经典形式))

第一类换元法(凑微分法)
(D_1(常规操作)+D_{23}(化归经典形式))

三角有理式的积分法
(D_{23}(化归经典形式))

求出原函数并计算积分值
(D_1(常规操作))

求分段函数的积分
(D_1(常规操作)+D_{23}(化归经典形式))

分部积分法$\int u dv = uv - \int v du$
或$\int f(x) \cdot g(x) dx$
(D_1(常规操作)+D_{23}(化归经典形式))

几何法
(D_1(常规操作)+D_{23}(化归经典形式))

一、恒等变形法（D₁（常规操作）+D₂₃（化归经典形式））

通过简单的代数变形将被积函数化成基本积分公式中的被积函数，从而获得原函数．

二、第一类换元法（凑微分法）

（D₁（常规操作）+D₂₃（化归经典形式））

$$\int f[g(x)]g'(x)\mathrm{d}x = \int f[g(x)]\mathrm{d}[g(x)] = \int f(狗)\mathrm{d}(狗)，$$

即如果被积函数是 $g(x)$ 的函数与 $g(x)$ 的导函数的乘积，则凑微分后，获得原函数．

例9.1 求下列不定积分．

$(1) \int \dfrac{x}{x^2+2x+2}\,\mathrm{d}x$ ；$(2) \int \dfrac{x}{x^2+2x-3}\,\mathrm{d}x$ ．

【解】 $(1) \int \dfrac{x}{x^2+2x+2}\,\mathrm{d}x = \dfrac{1}{2}\int \dfrac{2x+2}{x^2+2x+2}\,\mathrm{d}x - \int \dfrac{1}{x^2+2x+2}\,\mathrm{d}x$

$$= \dfrac{1}{2}\ln(x^2+2x+2) - \int \dfrac{1}{1+(x+1)^2}\,\mathrm{d}x$$

$$= \dfrac{1}{2}\ln(x^2+2x+2) - \arctan(x+1) + C．$$

$(2) \int \dfrac{x}{x^2+2x-3}\,\mathrm{d}x = \dfrac{1}{2}\int \dfrac{2x+2}{x^2+2x-3}\,\mathrm{d}x - \int \dfrac{1}{x^2+2x-3}\,\mathrm{d}x$

$$= \dfrac{1}{2}\ln|x^2+2x-3| - \dfrac{1}{4}\int \left(\dfrac{1}{x-1} - \dfrac{1}{x+3}\right)\mathrm{d}x$$

$$= \dfrac{1}{2}\ln|x^2+2x-3| + \dfrac{1}{4}\ln\left|\dfrac{3+x}{1-x}\right| + C．$$

三、第二类换元法（D₁（常规操作）+D₂₃（化归经典形式））

$$\int f(x)\mathrm{d}x \xrightarrow{x=g(u)} \int f[g(u)]\mathrm{d}[g(u)] = \int f[g(u)]g'(u)\mathrm{d}u，$$

即如果被积函数复杂，令 $x=g(u)$ ，引入新的自变量 u ，使 $f(x)=f[g(u)]=h(u)$ ，若 $h(u)$ 简单，则换元成功，从而易获得原函数．显然，除了"去根号"和"将分母中的几项变成一项"这些简单的方法外，$h(u)$ 的命制，就是为了消除 f 的复杂度，故最为直接的方法是令 f 复杂的部分等于 u ，比如令 $\sqrt[n]{\dfrac{ax+b}{cx+d}}=u$ ，这里事实上解决了简单无理函数的积分问题.

例9.2　求下列不定积分.

$(1)\int\sqrt{a^2-x^2}dx(a>0)$;$(2)\int\sqrt{a^2+x^2}dx(a>0)$;$(3)\int\sqrt{x^2-a^2}dx(a>0)$.

【解】　(1) 令 $x=a\sin u$, 则 $dx=a\cos udu$, 故

$$\int\sqrt{a^2-x^2}dx=\int a\cos u\cdot a\cos udu=\frac{a^2}{2}\int(1+\cos 2u)du=\frac{a^2}{2}\left(u+\frac{1}{2}\sin 2u\right)+C$$

$$=\frac{a^2}{2}(u+\sin u\cos u)+C=\frac{a^2}{2}\left(\arcsin\frac{x}{a}+\frac{x}{a}\sqrt{1-\frac{x^2}{a^2}}\right)+C.$$

(2) 令 $x=a\tan t$, 则 $dx=a\sec^2 tdt$, 所以

$$\int\sqrt{a^2+x^2}dx=\int a\sec t\cdot a\sec^2 tdt=a^2\int\sec^3 tdt$$

$$=\frac{a^2}{2}\sec t\tan t+\frac{a^2}{2}\ln|\sec t+\tan t|+C$$

$$=\frac{1}{2}x\sqrt{a^2+x^2}+\frac{a^2}{2}\ln\left(\frac{x+\sqrt{a^2+x^2}}{a}\right)+C ,$$

其中　$$\int\sec^3 tdt=\int\sec td(\tan t)=\sec t\tan t-\int\sec t\tan^2 tdt=\sec t\tan t-\int\sec^3 tdt+\int\sec tdt$$

$$=\frac{1}{2}\sec t\tan t+\frac{1}{2}\ln|\sec t+\tan t|+C .$$

(3) 令 $x=a\sec t$, 则 $x^2-a^2=a^2\tan^2 t$, $dx=a\sec t\tan tdt$, 所以

$$\int\sqrt{x^2-a^2}dx=\int a\tan t\cdot a\sec t\tan tdt=a^2\int\sec^3 tdt-a^2\int\sec tdt$$

$$=a^2\left(\frac{1}{2}\sec t\tan t+\frac{1}{2}\ln|\sec t+\tan t|\right)-a^2\ln|\sec t+\tan t|+C$$

$$=\frac{a^2}{2}(\sec t\tan t-\ln|\sec t+\tan t|)+C$$

$$=\frac{x\sqrt{x^2-a^2}}{2}-\frac{a^2}{2}\ln\left|\frac{x+\sqrt{x^2-a^2}}{a}\right|+C .$$

例9.3　求下列不定积分.

$(1)\int\frac{1}{x^2\sqrt{1+x^2}}dx$;$(2)\int\frac{1}{(1+x^2)^2}dx$.

【解】　(1) **法一**　令 $x=\tan t$, 则 $dx=\sec^2 tdt$, 所以

$$\int\frac{1}{x^2\sqrt{1+x^2}}dx=\int\frac{\sec^2 t}{\tan^2 t\sec t}dt=\int\frac{\cos t}{\sin^2 t}dt=-\frac{1}{\sin t}+C=-\frac{\sqrt{1+x^2}}{x}+C.$$

法二 令 $x=\dfrac{1}{t}$，则 $dx=-\dfrac{1}{t^2}dt$，所以

$$\int \frac{1}{x^2\sqrt{1+x^2}}dx=\int\frac{t^2}{\sqrt{1+\frac{1}{t^2}}}\left(-\frac{1}{t^2}\right)dt=-\int\frac{t}{\sqrt{1+t^2}}dt=-\sqrt{1+t^2}+C=-\frac{\sqrt{1+x^2}}{x}+C.$$

(2) $\int\dfrac{1}{(1+x^2)^2}dx\xlongequal{x=\tan t}\int\cos^2 t\,dt=\dfrac{1}{2}(t+\sin t\cos t)+C=\dfrac{1}{2}\left(\arctan x+\dfrac{x}{1+x^2}\right)+C.$

例9.4 求下列不定积分.

(1) $\int\dfrac{1}{\sqrt{e^x+1}}dx$；(2) $\int\dfrac{dx}{e^x+1}$.

【解】(1) 令 $\sqrt{e^x+1}=t$，则 $x=\ln(t^2-1)$，$dx=\dfrac{2t}{t^2-1}dt$，所以

$$\int\frac{1}{\sqrt{e^x+1}}dx=\int\frac{1}{t}\cdot\frac{2t}{t^2-1}dt=\ln\frac{t-1}{t+1}+C=\ln\frac{\sqrt{e^x+1}-1}{\sqrt{e^x+1}+1}+C.$$

(2) $\int\dfrac{dx}{e^x+1}\xlongequal{e^x+1=t}\int\dfrac{dt}{t(t-1)}=\ln\dfrac{t-1}{t}+C=x-\ln(e^x+1)+C.$

例9.5 求下列不定积分.

(1) $\int x\sqrt{x^2+2x+2}\,dx$；(2) $\int x\sqrt{x^2+2x-3}\,dx$.

【解】(1) $\int x\sqrt{x^2+2x+2}\,dx=\dfrac{1}{2}\int(2x+2)\sqrt{x^2+2x+2}\,dx-\int\sqrt{x^2+2x+2}\,dx$

$$=\frac{1}{2}\times\frac{2}{3}(x^2+2x+2)^{\frac{3}{2}}-\int\sqrt{1+(x+1)^2}\,dx,$$

其中 $\int\sqrt{1+(x+1)^2}\,dx=\dfrac{1}{2}\left[\ln(x+1+\sqrt{x^2+2x+2})+(x+1)\sqrt{x^2+2x+2}\right]+C$，故

$$原式=\frac{1}{3}(x^2+2x+2)^{\frac{3}{2}}-\frac{1}{2}\left[\ln(x+1+\sqrt{x^2+2x+2})+(x+1)\sqrt{x^2+2x+2}\right]+C.$$

(2) $\int x\sqrt{x^2+2x-3}\,dx=\dfrac{1}{2}\int(2x+2)\sqrt{x^2+2x-3}\,dx-\int\sqrt{(x+1)^2-4}\,dx$

$$=\frac{1}{2}\times\frac{2}{3}(x^2+2x-3)^{\frac{3}{2}}-\int\sqrt{(x+1)^2-4}\,dx,$$

其中 $\int\sqrt{(x+1)^2-4}\,dx=\dfrac{x+1}{2}\sqrt{(x+1)^2-4}-2\ln|x+1+\sqrt{(x+1)^2-4}|+C$，故

$$原式=\frac{1}{3}(x^2+2x-3)^{\frac{3}{2}}-\frac{x+1}{2}\sqrt{x^2+2x-3}+2\ln|x+1+\sqrt{x^2+2x-3}|+C.$$

122

例9.6 （1）设 $f(x)$ 连续，证明 $\displaystyle\int_0^{+\infty} f(x)\,\mathrm{d}x = \int_0^{+\infty} f\left(\frac{1}{x}\right)\frac{1}{x^2}\,\mathrm{d}x$ ；

（2）计算 $\displaystyle\int_0^{+\infty}\frac{1}{1+x^4}\,\mathrm{d}x$ 和 $\displaystyle\int_0^{+\infty}\frac{1}{1+x^3}\,\mathrm{d}x$.

（1）**【证】** 令 $x=\dfrac{1}{t}$，则

$$\int_0^{+\infty} f(x)\mathrm{d}x = \int_{+\infty}^0 f\left(\frac{1}{t}\right)\mathrm{d}\left(\frac{1}{t}\right) = \int_{+\infty}^0 f\left(\frac{1}{t}\right)(-1)\frac{1}{t^2}\mathrm{d}t$$
$$= \int_0^{+\infty} f\left(\frac{1}{t}\right)\frac{1}{t^2}\mathrm{d}t = \int_0^{+\infty} f\left(\frac{1}{x}\right)\frac{1}{x^2}\mathrm{d}x.$$

（2）**【解】** 由（1）知 $I_1 = \displaystyle\int_0^{+\infty}\frac{1}{1+x^4}\mathrm{d}x = \int_0^{+\infty}\frac{1}{1+\left(\frac{1}{x}\right)^4}\cdot\frac{1}{x^2}\mathrm{d}x = \int_0^{+\infty}\frac{x^4}{1+x^4}\cdot\frac{1}{x^2}\mathrm{d}x = \int_0^{+\infty}\frac{x^2}{1+x^4}\mathrm{d}x$ ，所以

$$I_1 = \frac{1}{2}\int_0^{+\infty}\frac{1+x^2}{1+x^4}\mathrm{d}x = \frac{1}{2}\int_0^{+\infty}\frac{1+\frac{1}{x^2}}{x^2+\frac{1}{x^2}}\mathrm{d}x$$

$$= \frac{1}{2}\int_0^{+\infty}\frac{\mathrm{d}\left(x-\frac{1}{x}\right)}{\left(x-\frac{1}{x}\right)^2+(\sqrt{2})^2} = \frac{1}{2\sqrt{2}}\arctan\frac{x-\frac{1}{x}}{\sqrt{2}}\Bigg|_0^{+\infty} = \frac{\sqrt{2}\pi}{4}.$$

$$I_2 = \int_0^{+\infty}\frac{1}{1+x^3}\mathrm{d}x = \int_0^{+\infty}\frac{1}{\left(\frac{1}{x}\right)^3+1}\cdot\frac{1}{x^2}\mathrm{d}x = \int_0^{+\infty}\frac{x^3}{1+x^3}\cdot\frac{1}{x^2}\mathrm{d}x = \int_0^{+\infty}\frac{x}{1+x^3}\mathrm{d}x,$$

故

$$I_2 = \frac{1}{2}\int_0^{+\infty}\frac{1+x}{1+x^3}\mathrm{d}x = \frac{1}{2}\int_0^{+\infty}\frac{1}{x^2-x+1}\mathrm{d}x = \frac{1}{2}\int_0^{+\infty}\frac{1}{\left(x-\frac{1}{2}\right)^2+\left(\frac{\sqrt{3}}{2}\right)^2}\mathrm{d}x$$

$$= \frac{1}{2}\frac{1}{\frac{\sqrt{3}}{2}}\arctan\frac{x-\frac{1}{2}}{\frac{\sqrt{3}}{2}}\Bigg|_0^{+\infty} = \frac{1}{\sqrt{3}}\cdot\left(\frac{\pi}{2}+\frac{\pi}{6}\right) = \frac{2\sqrt{3}\pi}{9}.$$

例9.7 求 $\displaystyle\int\sqrt{\frac{2x+1}{x+1}}\,\mathrm{d}x$.

【解】 令 $\sqrt{\dfrac{2x+1}{x+1}}=t$，则 $x=\dfrac{1-t^2}{t^2-2}$，$\mathrm{d}x=\dfrac{2t}{(t^2-2)^2}\mathrm{d}t$，所以

$$\int\sqrt{\frac{2x+1}{x+1}}\,\mathrm{d}x = \int t\frac{2t}{(t^2-2)^2}\mathrm{d}t = \int\frac{\frac{\sqrt{2}}{4}}{t-\sqrt{2}}\mathrm{d}t + \int\frac{-\frac{\sqrt{2}}{4}}{t+\sqrt{2}}\mathrm{d}t + \int\frac{\frac{1}{2}}{(t-\sqrt{2})^2}\mathrm{d}t + \int\frac{\frac{1}{2}}{(t+\sqrt{2})^2}\mathrm{d}t$$

$$= \frac{\sqrt{2}}{4} \ln|t - \sqrt{2}| - \frac{\sqrt{2}}{4} \ln|t + \sqrt{2}| - \frac{1}{2(t - \sqrt{2})} - \frac{1}{2(t + \sqrt{2})} + C$$

$$= \frac{\sqrt{2}}{4} \ln\left|\frac{t - \sqrt{2}}{t + \sqrt{2}}\right| - \frac{t}{t^2 - 2} + C,$$

将 $t = \sqrt{\frac{2x+1}{x+1}}$ 代入, 得 $\int \sqrt{\frac{2x+1}{x+1}} dx = \frac{\sqrt{2}}{4} \ln\left|\frac{\sqrt{2x+1} - \sqrt{2x+2}}{\sqrt{2x+1} + \sqrt{2x+2}}\right| + \sqrt{(2x+1)(x+1)} + C.$

例9.8 设 $a_n = \int_0^{n\pi} x|\sin x| dx$, $n = 1, 2, \cdots$, 求 a_n 的表达式.

【解】 由于 $\int_0^{n\pi} x|\sin x| dx \xlongequal{x = n\pi - t} n\pi \int_0^{n\pi} |\sin t| dt - \int_0^{n\pi} t|\sin t| dt$, 于是有

$$\int_0^{n\pi} x|\sin x| dx = \frac{n\pi}{2} \int_0^{n\pi} |\sin x| dx.$$

又 $|\sin(x + \pi)| = |\sin x|$, 则

$$\int_0^{n\pi} |\sin x| dx = n \int_0^{\pi} |\sin x| dx,$$

故

$$\int_0^{n\pi} x|\sin x| dx = \frac{n^2\pi}{2} \int_0^{\pi} |\sin x| dx (n = 1, 2, \cdots),$$

所以

$$a_n = \frac{n^2\pi}{2} \int_0^{\pi} |\sin x| dx = \frac{n^2\pi}{2} \int_0^{\pi} \sin x dx = n^2\pi (n = 1, 2, \cdots).$$

四、分部积分法 (D_1 (常规操作) $+ D_{23}$ (化归经典形式))

$$\int u dv = uv - \int v du.$$

(1)总的来说, 对于 $\int f(x) \cdot g(x) dx$, 如果 $f(x)$, $g(x)$ 是不同类型因式, 可考虑用分部积分法.

(2)对于 $\int f(x) \cdot g(x) dx$, 易于看出有一部分 $g(x) = v'(x)$, 即使没有明显的不同类型函数乘积, 亦可考虑分部积分法.

例9.9 求下列不定积分.

(1) $\int \frac{xe^x}{(1+x)^2} dx$; (2) $\int \frac{x^2 e^x}{(2+x)^2} dx$; (3) $\int \frac{xe^x}{\sqrt{e^x + 1}} dx$.

【解】 (1) $\int \frac{xe^x}{(1+x)^2} dx = -\frac{1}{1+x} xe^x + \int \frac{(1+x)e^x}{1+x} dx = -\frac{xe^x}{1+x} + e^x + C = \frac{e^x}{1+x} + C.$

(2) $\displaystyle\int \frac{x^2 e^x}{(2+x)^2}\,dx = -\frac{x^2 e^x}{2+x}+\int \frac{x(2+x)e^x}{2+x}\,dx = -\frac{x^2 e^x}{2+x}+xe^x-e^x+C = \frac{(x-2)e^x}{2+x}+C$.

(3) $\displaystyle\int \frac{xe^x}{\sqrt{e^x+1}}\,dx = \int x\,d(2\sqrt{e^x+1}) = 2x\sqrt{e^x+1}-\int 2\sqrt{e^x+1}\,dx$.

令 $\sqrt{e^x+1}=t$，则 $x=\ln(t^2-1)$，$dx=\dfrac{2t}{t^2-1}\,dt$，所以 $\displaystyle\int \sqrt{e^x+1}\,dx = \int \frac{2t^2}{t^2-1}\,dt = 2\sqrt{e^x+1}+\ln\frac{\sqrt{e^x+1}-1}{\sqrt{e^x+1}+1}+C_1$，

故 $$原式 = 2x\sqrt{e^x+1}-4\sqrt{e^x+1}-2\ln\frac{\sqrt{e^x+1}-1}{\sqrt{e^x+1}+1}+C.$$

（3）通过分部积分公式建立方程，为积分再现法.

例9.10 求下列不定积分.

(1) $\displaystyle\int e^x \sin x\,dx$；(2) $\displaystyle\int \sec^3 x\,dx$；(3) $\displaystyle\int \sin(\ln x)\,dx$；(4) $\displaystyle\int \sqrt{1+x^2}\,dx$；(5) $\displaystyle\int \sin^2 x\,dx$.

【解】(1) $\displaystyle\int e^x \sin x\,dx = \int e^x\,d(-\cos x) = -e^x\cos x+\int \cos x\,d(e^x) = -e^x\cos x+\int e^x\,d(\sin x)$

$$= -e^x\cos x+e^x\sin x-\int e^x\sin x\,dx.$$

记 $I=\displaystyle\int e^x\sin x\,dx$，于是 $I = e^x(\sin x-\cos x)-I$，即 $I=\dfrac{1}{2}e^x(\sin x-\cos x)+C$.

【注】本积分也可利用 $\displaystyle\int e^{ax}\sin bx\,dx = \frac{\begin{vmatrix}(e^{ax})' & (\sin bx)'\\ e^{ax} & \sin bx\end{vmatrix}}{a^2+b^2}+C$ 求解，即

$$\int e^x\sin x\,dx = \frac{\begin{vmatrix}(e^x)' & (\sin x)'\\ e^x & \sin x\end{vmatrix}}{1^2+1^2}+C = \frac{e^x\sin x-e^x\cos x}{2}+C.$$

(2) $\displaystyle\int \sec^3 x\,dx = \int \sec x\,d(\tan x) = \sec x\tan x-\int \sec x\tan^2 x\,dx$

$$= \sec x\tan x-\int \sec^3 x\,dx+\int \sec x\,dx = \sec x\tan x-\int \sec^3 x\,dx+\ln|\sec x+\tan x|.$$

记 $I=\displaystyle\int \sec^3 x\,dx$，$I = \sec x\tan x-I+\ln|\sec x+\tan x|$，即

$$I = \frac{1}{2}\sec x\tan x+\frac{1}{2}\ln|\sec x+\tan x|+C.$$

(3) 记 $I=\displaystyle\int \sin(\ln x)\,dx = x\sin(\ln x)-\int x\,d[\sin(\ln x)]$

$$= x\sin(\ln x)-\int x\cos(\ln x)\frac{dx}{x} = x\sin(\ln x)-\int \cos(\ln x)\,dx$$

$$= x\sin(\ln x) - x\cos(\ln x) + \int x d[\cos(\ln x)] = x\sin(\ln x) - x\cos(\ln x) - \int x\sin(\ln x)\frac{dx}{x}$$

$$= x\sin(\ln x) - x\cos(\ln x) - I .$$

于是 $I = \dfrac{x}{2}[\sin(\ln x) - \cos(\ln x)] + C$.

(4) $\displaystyle\int \sqrt{1+x^2}\,dx = x\sqrt{1+x^2} - \int \frac{x^2}{\sqrt{1+x^2}}\,dx = x\sqrt{1+x^2} - \int \sqrt{1+x^2}\,dx + \int \frac{1}{\sqrt{1+x^2}}\,dx$

$$= x\sqrt{1+x^2} - \int \sqrt{1+x^2}\,dx + \ln(x + \sqrt{x^2+1}) .$$

记 $I = \displaystyle\int \sqrt{1+x^2}\,dx$, 于是 $I = x\sqrt{1+x^2} - I + \ln(x + \sqrt{x^2+1})$, 即

$$I = \frac{x}{2}\sqrt{1+x^2} + \frac{1}{2}\ln(x + \sqrt{x^2+1}) + C .$$

(5) 因为

$$I = \int \sin^2 x\,dx = -\int \sin x d(\cos x) = -\sin x\cos x + \int \cos^2 x\,dx$$

$$= -\sin x\cos x + \int (1 - \sin^2 x)\,dx = -\sin x\cos x + x - I,$$

所以 $I = \dfrac{1}{2}(x - \sin x\cos x) + C$.

> **【注】** 用 $\sin^2 x = \dfrac{1 - \cos 2x}{2}$ 亦可.

（4）通过分部积分公式抵消不易积分的部分，为积分抵消法.

例9.11 $\displaystyle\int e^x \left(\frac{1-x}{1+x^2}\right)^2 dx = $ _____.

【解】 应填 $\dfrac{e^x}{1+x^2} + C$.

$$原式 = \int e^x \frac{1+x^2-2x}{(1+x^2)^2}\,dx = \int e^x \frac{1}{1+x^2}\,dx - \int e^x \frac{2x}{(1+x^2)^2}\,dx$$

$$= \int e^x \frac{1}{1+x^2}\,dx + \int e^x d\left(\frac{1}{1+x^2}\right) = \int e^x \frac{1}{1+x^2}\,dx + \frac{e^x}{1+x^2} - \int \frac{1}{1+x^2} \cdot e^x dx = \frac{e^x}{1+x^2} + C .$$

（5）通过分部积分公式建立递推关系，可得积分 I_n 的通式，并计算 n 取特殊值时的积分值，此法用处甚广，需重视.

例9.12 求下列不定积分.

（1）$I_5 = \displaystyle\int \sin^5 x\,dx$;（2）$I_3 = \displaystyle\int \frac{dx}{(a^2+x^2)^3}$.

【解】（1）因为

$$I_n = \int \sin^n x \mathrm{d}x = \int \sin^{n-1}x \mathrm{d}(-\cos x) = -\sin^{n-1}x\cos x + \int(n-1)\sin^{n-2}x\cos^2 x\mathrm{d}x$$

$$= -\sin^{n-1}x\cos x + (n-1)\int \sin^{n-2}x(1-\sin^2 x)\mathrm{d}x$$

$$= -\sin^{n-1}x\cos x + (n-1)I_{n-2} - (n-1)I_n,$$

所以 $I_n = \dfrac{n-1}{n}I_{n-2} - \dfrac{1}{n}\sin^{n-1}x\cos x$. 故

$$I_5 = \frac{4}{5}I_3 - \frac{1}{5}\sin^4 x\cos x = \frac{4}{5}\left(\frac{2}{3}I_1 - \frac{1}{3}\sin^2 x\cos x\right) - \frac{1}{5}\sin^4 x\cos x$$

$$= -\frac{8}{15}\cos x - \frac{4}{15}\sin^2 x\cos x - \frac{1}{5}\sin^4 x\cos x + C .$$

（2）$I_n = \displaystyle\int \frac{\mathrm{d}x}{(a^2+x^2)^n} = \frac{x}{(a^2+x^2)^n} + \int \frac{x\cdot n\cdot 2x\mathrm{d}x}{(a^2+x^2)^{n+1}}$

$$= \frac{x}{(a^2+x^2)^n} + 2n\int\frac{\mathrm{d}x}{(a^2+x^2)^n} - 2na^2\int\frac{\mathrm{d}x}{(a^2+x^2)^{n+1}} = \frac{x}{(a^2+x^2)^n} + 2nI_n - 2na^2 I_{n+1},$$

所以 $I_{n+1} = \dfrac{2n-1}{2na^2}I_n + \dfrac{x}{2na^2(a^2+x^2)^n}$. 故

$$I_3 = \frac{3}{4a^2}I_2 + \frac{x}{4a^2(a^2+x^2)^2} = \frac{3}{4a^2}\left[\frac{1}{2a^2}I_1 + \frac{x}{2a^2(a^2+x^2)}\right] + \frac{x}{4a^2(a^2+x^2)^2}$$

$$= \frac{3}{8a^5}\arctan\frac{x}{a} + \frac{3x}{8a^4(a^2+x^2)} + \frac{x}{4a^2(a^2+x^2)^2} + C .$$

例9.13 设 n 为非负整数，则 $\displaystyle\int_0^1 x^2 \ln^n x\mathrm{d}x = $ _____．

【解】应填 $\dfrac{(-1)^n}{3^{n+1}}n!$.

记

$$a_n = \int_0^1 x^2\ln^n x\mathrm{d}x = \int_0^1 \ln^n x\mathrm{d}\left(\frac{1}{3}x^3\right)$$

$$= \frac{1}{3}x^3\ln^n x\Big|_0^1 - \int_0^1 \frac{1}{3}x^3\cdot n\ln^{n-1}x\cdot\frac{1}{x}\mathrm{d}x \qquad \lim_{x\to 0^+}x^\alpha\ln^\beta x = 0 ,\ \forall\alpha,\beta>0$$

$$= -\frac{n}{3}\int_0^1 x^2\ln^{n-1}x\mathrm{d}x = -\frac{n}{3}a_{n-1} ,\ n=1,2,\cdots,$$

于是 $a_n = -\dfrac{n}{3}a_{n-1} = \left(-\dfrac{n}{3}\right)\left(-\dfrac{n-1}{3}\right)a_{n-2} = \cdots = \left(-\dfrac{n}{3}\right)\left(-\dfrac{n-1}{3}\right)\cdots\left(-\dfrac{1}{3}\right)a_0$ ，又 $a_0 = \displaystyle\int_0^1 x^2\mathrm{d}x = \frac{1}{3}$ ，故 $a_n = \dfrac{(-1)^n}{3^{n+1}}n!$.

【注】常用公式：① $\displaystyle\int_0^\pi x\cos nx\mathrm{d}x = \frac{(-1)^n-1}{n^2}, n=1,2,\cdots$ ；② $\displaystyle\int_0^\pi x^2\cos nx\mathrm{d}x = \frac{(-1)^n\cdot 2\pi}{n^2}, n=1,2,\cdots$.

计算过程：① $\int_0^\pi x\cos nx\,dx = \frac{1}{n}\left(x\sin nx\Big|_0^\pi - \int_0^\pi \sin nx\,dx\right) = \frac{(-1)^n-1}{n^2}, n=1,2,\cdots$；

② $\int_0^\pi x^2\cos nx\,dx = \left(\frac{x^2}{n}\sin nx + \frac{2x}{n^2}\cos nx - \frac{2}{n^3}\sin nx\right)\Big|_0^\pi = \frac{(-1)^n\cdot 2\pi}{n^2}, n=1,2,\cdots$．

例9.14 设 $a_n = \int_0^{+\infty} x^n e^{-x}\,dx$，$n=1,2,\cdots$，求 a_n 的表达式．

【解】

$$a_n = \int_0^{+\infty} x^n e^{-x}\,dx = \int_0^{+\infty} x^n d(-e^{-x}) = -e^{-x}\cdot x^n\Big|_0^{+\infty} + \int_0^{+\infty} e^{-x}\cdot nx^{n-1}\,dx$$

$$= n\int_0^{+\infty} x^{n-1} e^{-x}\,dx = na_{n-1}, \quad n=1,2,\cdots,$$

故 $a_n = na_{n-1} = n(n-1)a_{n-2} = \cdots = n(n-1)\cdots\cdot 1 = n!\,(n=1,2,\cdots)$．

五、有理函数的积分（D_1（常规操作）$+D_{23}$（化归经典形式））

形如 $\int \frac{P_n(x)}{Q_m(x)}\,dx\,(n<m)$ 的积分称为有理函数的积分，其中 $P_n(x)$，$Q_m(x)$ 分别是 x 的 n 次多项式和 m 次多项式．

四个简单积分（部分分式的积分）：

① $\int \frac{A}{ax+b}\,dx = \frac{A}{a}\ln|ax+b| + C$．

② $\int \frac{A}{(ax+b)^k}\,dx = \frac{A}{a(1-k)}\frac{1}{(ax+b)^{k-1}} + C$，$k>0$ 且 $k\neq 1$．

③ $\int \frac{Bx+C}{px^2+qx+r}\,dx\,(q^2-4pr<0)$．

如 "$\int \frac{x+1}{x^2+x+1}\,dx = \frac{1}{2}\int \frac{2x+1}{x^2+x+1}\,dx + \frac{1}{2}\int \frac{1}{\left(x+\frac{1}{2}\right)^2+\left(\frac{\sqrt{3}}{2}\right)^2}\,dx$"．

④ $\int \frac{Bx+C}{(px^2+qx+r)^k}\,dx\,(q^2-4pr<0,\ k>0\text{且}k\neq 1)$．

如 "$\int \frac{x+1}{(x^2+x+1)^2}\,dx = \frac{1}{2}\int \frac{2x+1}{(x^2+x+1)^2}\,dx + \frac{1}{2}\int \frac{1}{\left[\left(x+\frac{1}{2}\right)^2+\left(\frac{\sqrt{3}}{2}\right)^2\right]^2}\,dx$"．

例9.15 求不定积分 $\int \frac{x^3+1}{x^3-5x^2+6x}\,dx$．

【解】 $\dfrac{x^3+1}{x^3-5x^2+6x}=1+\dfrac{5x^2-6x+1}{x^3-5x^2+6x}$. 由于 $x^3-5x^2+6x=x(x-2)(x-3)$, 故可设

$$\frac{5x^2-6x+1}{x^3-5x^2+6x}=\frac{A}{x}+\frac{B}{x-2}+\frac{C}{x-3},$$

即

$$\frac{5x^2-6x+1}{x^3-5x^2+6x}=\frac{A(x-2)(x-3)+Bx(x-3)+Cx(x-2)}{x^3-5x^2+6x},$$

所以

$$5x^2-6x+1=A(x-2)(x-3)+Bx(x-3)+Cx(x-2).$$

令 $x=0$, 得 $6A=1$, 即 $A=\dfrac{1}{6}$; 令 $x=2$, 得 $-2B=9$, 即 $B=-\dfrac{9}{2}$; 令 $x=3$, 得 $3C=28$, 即 $C=\dfrac{28}{3}$. 所以

$$\int\frac{x^3+1}{x^3-5x^2+6x}\,dx=\int\left(1+\frac{1}{6x}-\frac{9}{2}\cdot\frac{1}{x-2}+\frac{28}{3}\cdot\frac{1}{x-3}\right)dx=x+\frac{1}{6}\ln|x|-\frac{9}{2}\ln|x-2|+\frac{28}{3}\ln|x-3|+C.$$

例9.16 求下列不定积分.

$(1)\ \displaystyle\int\frac{x^2}{(x+1)^5}\,dx\ ;(2)\ \int\frac{1}{x(1+x^5)}\,dx\ ;(3)\ \int\frac{1}{x^2(1+x^2)^2}\,dx\ .$

【解】 (1) 令 $x+1=t$, 则 $\displaystyle\int\frac{x^2}{(x+1)^5}\,dx=\int\frac{(t-1)^2}{t^5}\,dt=\int\left(\frac{1}{t^3}-\frac{2}{t^4}+\frac{1}{t^5}\right)dt=-\frac{1}{2t^2}+\frac{2}{3t^3}-\frac{1}{4t^4}+C.$ 所以

$$\int\frac{x^2}{(x+1)^5}\,dx=-\frac{1}{2(x+1)^2}+\frac{2}{3(x+1)^3}-\frac{1}{4(x+1)^4}+C.$$

(2) 由于 $\displaystyle\int\frac{1}{x(1+x^5)}\,dx=\int\frac{x^4}{x^5(1+x^5)}\,dx=\frac{1}{5}\int\frac{1}{x^5(1+x^5)}\,d(x^5)$, 且

$$\int\frac{1}{u(1+u)}\,du=\int\left(\frac{1}{u}-\frac{1}{1+u}\right)du=\ln\left|\frac{u}{1+u}\right|+C,$$

所以 $\displaystyle\int\frac{1}{x(1+x^5)}\,dx=\frac{1}{5}\ln\left|\frac{x^5}{1+x^5}\right|+C.$

【注】 本题也可利用 $\displaystyle\int\frac{1}{x(1+x^n)}\,dx=\int\frac{1+x^n-x^n}{x(1+x^n)}\,dx=\int\left(\frac{1}{x}-\frac{x^{n-1}}{1+x^n}\right)dx=\ln|x|-\frac{1}{n}\ln|1+x^n|+C$ 求解.

$(3)\ \displaystyle\int\frac{1}{x^2(1+x^2)^2}\,dx\xlongequal{x=\tan t}\int\frac{\sec^2 t}{\tan^2 t\sec^4 t}\,dt=\int(\csc^2 t+\sin^2 t-2)\,dt$

$$=-\cot t+\frac{t}{2}-\frac{\sin 2t}{4}-2t+C=-\cot t-\frac{\sin 2t}{4}-\frac{3}{2}t+C,$$

所以 $\displaystyle\int\frac{1}{x^2(1+x^2)^2}\,dx=-\frac{1}{x}-\frac{x}{2(x^2+1)}-\frac{3}{2}\arctan x+C.$

六、三角有理式的积分法（D_{23}（化归经典形式））

形如 $\int R(\sin x, \cos x)\,\mathrm{d}x$ 的积分称为三角有理式的积分.

1. 全角换元法

（1）当 $R(-\sin x, \cos x) = -R(\sin x, \cos x)$ 时，令 $t = \cos x$.

例9.17 求下列不定积分.

（1）$\displaystyle\int \frac{\sin^5 x}{\cos^4 x}\,\mathrm{d}x$;（2）$\displaystyle\int \frac{1}{\sin x + \sin^3 x}\,\mathrm{d}x$.

【解】（1）$\displaystyle\int \frac{\sin^5 x}{\cos^4 x}\,\mathrm{d}x = -\int \frac{(1-\cos^2 x)^2}{\cos^4 x}\,\mathrm{d}(\cos x) \xlongequal{t=\cos x} -\int \frac{(t^2-1)^2}{t^4}\,\mathrm{d}t = -\int\left(1 - \frac{2}{t^2} + \frac{1}{t^4}\right)\mathrm{d}t = -t - \frac{2}{t} + \frac{1}{3t^3} + C$

$\displaystyle = -\cos x - 2\sec x + \frac{1}{3}\sec^3 x + C$.

（2）$\displaystyle\int \frac{1}{\sin x + \sin^3 x}\,\mathrm{d}x = \int \frac{\sin x}{\sin^2 x + \sin^4 x}\,\mathrm{d}x \xlongequal{t=\cos x} -\int \frac{\mathrm{d}t}{(1-t^2) + (1-t^2)^2} = -\int \frac{\mathrm{d}t}{(1-t^2)(2-t^2)}$

$\displaystyle = -\int\left(\frac{1}{1-t^2} - \frac{1}{2-t^2}\right)\mathrm{d}t = \frac{1}{2}\ln\left|\frac{t-1}{t+1}\right| + \frac{1}{2\sqrt{2}}\ln\left|\frac{t+\sqrt{2}}{t-\sqrt{2}}\right| + C$

$\displaystyle = \frac{1}{2}\ln\frac{1-\cos x}{\cos x + 1} + \frac{1}{2\sqrt{2}}\ln\frac{\cos x + \sqrt{2}}{\sqrt{2} - \cos x} + C$.

（2）当 $R(\sin x, -\cos x) = -R(\sin x, \cos x)$ 时，令 $t = \sin x$.

例9.18 求不定积分 $\displaystyle\int \sin^2 x \cos^3 x\,\mathrm{d}x$.

【解】$\displaystyle\int \sin^2 x \cos^3 x\,\mathrm{d}x \xlongequal{t=\sin x} \int t^2(1-t^2)\,\mathrm{d}t = \int(t^2 - t^4)\,\mathrm{d}t = \frac{t^3}{3} - \frac{t^5}{5} + C = \frac{\sin^3 x}{3} - \frac{\sin^5 x}{5} + C.$

（3）当 $R(-\sin x, -\cos x) = R(\sin x, \cos x)$ ，即 $R(\sin x, \cos x) = R(\tan x)$ 时，令 $t = \tan x$.

【注】$R(\sin x, \cos x) = \dfrac{1}{2}[R(\sin x, \cos x) - R(-\sin x, \cos x)] + \dfrac{1}{2}[R(-\sin x, \cos x) - R(-\sin x, -\cos x)] +$

$\qquad \dfrac{1}{2}[R(-\sin x, -\cos x) + R(\sin x, \cos x)]$

$\qquad = R_1(\sin x, \cos x) + R_2(\sin x, \cos x) + R_3(\sin x, \cos x)$,

其中 $\qquad R_1(-\sin x, \cos x) = -R_1(\sin x, \cos x)$, $\quad R_2(\sin x, -\cos x) = -R_2(\sin x, \cos x)$,

$\qquad\qquad R_3(-\sin x, -\cos x) = R_3(\sin x, \cos x)$.

理论上来说，三角有理式是一定可以用全角换元法解决的，但事实上，有理式的分解却并非易事.

例9.19 求不定积分 $\displaystyle\int \frac{2\sin x+\cos x}{\sin x+2\cos x}\mathrm{d}x$.

【解】 法一　$\displaystyle\int \frac{2\sin x+\cos x}{\sin x+2\cos x}\mathrm{d}x = \int \frac{2\tan x+1}{\tan x+2}\mathrm{d}x \xlongequal{t=\tan x} \int \frac{2t+1}{t+2}\cdot\frac{1}{1+t^2}\mathrm{d}t$

$\displaystyle = 2\int \frac{1}{1+t^2}\mathrm{d}t - 3\int \frac{1}{(t+2)(1+t^2)}\mathrm{d}t$

$\displaystyle = 2\arctan t - \frac{3}{5}\int \frac{1}{t+2}\mathrm{d}t + \frac{3}{5}\int \frac{t-2}{1+t^2}\mathrm{d}t$

$\displaystyle = \frac{4}{5}x - \frac{3}{5}\ln|\sin x+2\cos x| + C.$

法二　设 $\displaystyle\int \frac{2\sin x+\cos x}{\sin x+2\cos x}\mathrm{d}x = \int \left[\frac{A(\sin x+2\cos x)}{\sin x+2\cos x} + \frac{B\overparen{(\cos x-2\sin x)}}{\sin x+2\cos x}\right]\mathrm{d}x.$ 　$(\sin x+2\cos x)'$

由 $2\sin x+\cos x = (A-2B)\sin x+(2A+B)\cos x$ ，得 $\begin{cases} A-2B=2, \\ 2A+B=1, \end{cases}$ 解得 $A=\dfrac{4}{5}$ ，$B=-\dfrac{3}{5}$.所以

$$\int \frac{2\sin x+\cos x}{\sin x+2\cos x}\mathrm{d}x = \int \left[\frac{\dfrac{4}{5}(\sin x+2\cos x)}{\sin x+2\cos x} + \frac{-\dfrac{3}{5}\overparen{(\cos x-2\sin x)}}{\sin x+2\cos x}\right]\mathrm{d}x$$ 　$(\sin x+2\cos x)'$

$$= \frac{4}{5}x - \frac{3}{5}\ln|\sin x+2\cos x| + C.$$

2.半角万能换元(万能公式)

例9.20 求不定积分 $\displaystyle\int \frac{1}{1+2\cos x}\mathrm{d}x$.

【解】 令 $\tan\dfrac{x}{2}=t$ ，则 $\mathrm{d}x=\dfrac{2}{1+t^2}\mathrm{d}t$ ，$\cos x=\dfrac{1-t^2}{1+t^2}$ ，所以

$$\int \frac{1}{1+2\cos x}\mathrm{d}x = \int \frac{1}{1+2\dfrac{1-t^2}{1+t^2}}\cdot\frac{2}{1+t^2}\mathrm{d}t = \int \frac{2}{3-t^2}\mathrm{d}t = \frac{1}{\sqrt{3}}\ln\left|\frac{\sqrt{3}+t}{\sqrt{3}-t}\right| + C = \frac{\sqrt{3}}{3}\ln\left|\frac{\sqrt{3}+\tan\dfrac{x}{2}}{\sqrt{3}-\tan\dfrac{x}{2}}\right| + C.$$

> **【注】** 若不符合全角换元的情形，只好使出最后一招，即
> $$\int R(\sin x,\cos x)\mathrm{d}x \xlongequal{\tan\frac{x}{2}=t} \int R\left(\frac{2t}{1+t^2},\frac{1-t^2}{1+t^2}\right)\cdot\frac{2}{1+t^2}\mathrm{d}t = \int \frac{Q(t)}{P(t)}\mathrm{d}t.$$

七、隐函数 $F(x,y)=0$ 的积分

（ D_1 （常规操作）$+\mathrm{D}_{23}$ （化归经典形式））

（1）可尝试令 $y=tx$ ，代入 $F(x,y)=0$ ，用参数 t 表达 x 和 y ，再作积分.

例9.21 已知 $x^3 = (x+y)y^3$，求 $\int \dfrac{\mathrm{d}x}{y^3}$.

【解】 令 $y = tx$，则 $\begin{cases} x = \dfrac{1}{t^3(t+1)}, \\ y = \dfrac{1}{t^2(t+1)}, \end{cases}$ 于是

$$\int \frac{\mathrm{d}x}{y^3} = -\int (3t^2 + 7t^3 + 4t^4)\mathrm{d}t = -\left(\frac{y^3}{x^3} + \frac{7y^4}{4x^4} + \frac{4y^5}{5x^5} \right) + C.$$

(2) 若 $F(x, y)$ 中含有 $x \pm y$，$\dfrac{y}{x}$，$x^2 \pm y^2$，xy，亦可尝试令其为 t.

例9.22 已知 $x = y(x-y)^2$，求 $\int \dfrac{1}{x - 3y} \mathrm{d}x$.

【解】 令 $x - y = t$，则由 $\begin{cases} x = y + t, \\ x = y(x-y)^2 \end{cases}$ 可得 $y + t = yt^2$，即 $y(t^2 - 1) = t$，于是 $y = \dfrac{t}{t^2 - 1}$，$x = \dfrac{t^3}{t^2 - 1}$，因此

$$\int \frac{1}{x - 3y} \mathrm{d}x = \int \frac{1}{\dfrac{t^3 - 3t}{t^2 - 1}} \mathrm{d}\left(\frac{t^3}{t^2 - 1} \right) = \int \frac{t^2 - 1}{t^3 - 3t} \cdot \frac{3t^2(t^2 - 1) - t^3 \cdot 2t}{(t^2 - 1)^2} \mathrm{d}t$$

$$= \int \frac{t^2 - 1}{t^3 - 3t} \cdot \frac{t^4 - 3t^2}{(t^2 - 1)^2} \mathrm{d}t = \int \frac{t}{t^2 - 1} \mathrm{d}t = \frac{1}{2} \ln|t^2 - 1| + C = \frac{1}{2} \ln\left|(x - y)^2 - 1\right| + C.$$

(3) 若 $F(x, y) = 0$ 比较复杂，可考虑用公式法 $\dfrac{\mathrm{d}y}{\mathrm{d}x} = -\dfrac{F_x'}{F_y'}$，并变形出欲求积分.

例9.23 设 $y = y(x)$ 由方程 $y^3 + xy - 1 = 0$ 所确定，求 $\int y^2 \mathrm{d}x$.

【解】 令 $F(x, y) = y^3 + xy - 1$，则 $\dfrac{\mathrm{d}y}{\mathrm{d}x} = -\dfrac{F_x'}{F_y'} = -\dfrac{y}{3y^2 + x} = -\dfrac{y^2}{3y^3 + xy} = -\dfrac{y^2}{2y^3 + 1}$，即 $-(2y^3 + 1)\mathrm{d}y = y^2 \mathrm{d}x$，故

$$\int y^2 \mathrm{d}x = -\int (2y^3 + 1)\mathrm{d}y = -\frac{2}{4}y^4 - y + C = -\frac{1}{2}y^4 - y + C.$$

八、求出原函数并计算积分值（ D_1 （常规操作））

显然，用牛顿–莱布尼茨公式即可解决.

1. 定积分的牛顿–莱布尼茨公式

设函数 $F(x)$ 是连续函数 $f(x)$ 在 $[a, b]$ 上的一个原函数，则

$$\int_a^b f(x)\mathrm{d}x = F(x)\Big|_a^b = F(b) - F(a).$$

2.反常积分收敛时的牛顿－莱布尼茨公式

（1）设 $F(x)$ 是 $f(x)$ 在相应区间上的一个原函数，则

$$\int_a^{+\infty} f(x)\mathrm{d}x = \lim_{x\to+\infty} F(x) - F(a) , \quad \int_{-\infty}^b f(x)\mathrm{d}x = F(b) - \lim_{x\to-\infty} F(x) ,$$

$$\int_{-\infty}^{+\infty} f(x)\mathrm{d}x = \int_{-\infty}^{x_0} f(x)\mathrm{d}x + \int_{x_0}^{+\infty} f(x)\mathrm{d}x .$$

（2）设 $F(x)$ 是 $f(x)$ 在相应区间上的一个原函数，x_0 为 $f(x)$ 的瑕点.

若 $x=a$ 是唯一瑕点，则

$$\int_a^b f(x)\mathrm{d}x = F(b) - \lim_{x\to a^+} F(x) ;$$

若 $x=b$ 是唯一瑕点，则

$$\int_a^b f(x)\mathrm{d}x = \lim_{x\to b^-} F(x) - F(a) ;$$

若 $x=c\in(a,b)$ 是唯一瑕点，则

$$\int_a^b f(x)\mathrm{d}x = \int_a^c f(x)\mathrm{d}x + \int_c^b f(x)\mathrm{d}x .$$

九、变限积分函数的求导

（ D_1（常规操作）+D_{22}（转换等价表述）+D_{23}（化归经典形式））

之所以将此内容置于此，主要是为了强调变限积分的求导问题，本部分内容主要解决导数计算和基本积分计算的综合问题.

1.直接求导型

可直接用求导公式①，②求导的积分称为直接求导型积分.

①$\left[\int_a^{\varphi(x)} f(t)\mathrm{d}t\right]_x' = f[\varphi(x)]\cdot\varphi'(x) .$

②$\left[\int_{\varphi_1(x)}^{\varphi_2(x)} f(t)\mathrm{d}t\right]_x' = f[\varphi_2(x)]\cdot\varphi_2'(x) - f[\varphi_1(x)]\varphi_1'(x) .$

2.换元求导型

先用换元法处理，再用求导公式①，②求导的积分称为换元求导型积分.

例9.24 设函数 $f(x)$ 在 $[0,+\infty)$ 内可导，$f(0)=0$，其反函数为 $g(x)$.若 $\int_x^{x+f(x)} g(t-x)\mathrm{d}t = x^2\ln(1+x)$，

求 $f(x)$.

【解】 令 $t-x=u$ ，则 $\mathrm{d}t=\mathrm{d}u$ ，于是

$$\int_x^{x+f(x)} g(t-x)\mathrm{d}t = \int_0^{f(x)} g(u)\mathrm{d}u = x^2\ln(1+x).$$

将等式 $\int_0^{f(x)} g(u)\mathrm{d}u = x^2\ln(1+x)$ 两边对 x 求导，同时注意到 $g[f(x)]=x$ ，于是有

$$xf'(x) = 2x\ln(1+x) + \frac{x^2}{1+x}.$$

当 $x \neq 0$ 时，有 $f'(x) = 2\ln(1+x) + \frac{x}{1+x}$ ，两边对 x 积分，得

$$f(x) = \int\left[2\ln(1+x) + \frac{x}{1+x}\right]\mathrm{d}x = 2[\ln(1+x) + x\ln(1+x) - x] + x - \ln(1+x) + C$$

$$= \ln(1+x) + 2x\ln(1+x) - x + C,$$

于是 $\lim_{x\to 0^+} f(x) = C$ ，由于 $f(x)$ 在 $x=0$ 处右连续，且 $f(0)=0$ ，故 $C=0$ ，于是

$$f(x) = \ln(1+x) + 2x\ln(1+x) - x \,(x \geq 0).$$

例9.25 设函数 $f(x)$ 在 $(-\infty,+\infty)$ 内非负连续，且

$$\int_0^x tf(x^2)f(x^2-t^2)\mathrm{d}t = \sin^2(x^2),$$

求 $f(x)$ 在 $[0,\pi]$ 上的平均值.

【解】 令 $x^2-t^2=u$ ，则

$$\int_0^x tf(x^2)f(x^2-t^2)\mathrm{d}t = f(x^2)\left[-\frac{1}{2}\int_{x^2}^0 f(u)\mathrm{d}u\right] = \frac{1}{2}f(x^2)\int_0^{x^2} f(u)\mathrm{d}u,$$

于是有 $f(x^2)\int_0^{x^2} f(u)\mathrm{d}u = 2\sin^2(x^2)$ ，再令 $x^2=v$ ，有

$$f(v)\int_0^v f(u)\mathrm{d}u = 2\sin^2 v.$$

又令 $F(v) = \int_0^v f(u)\mathrm{d}u$ ，于是

$$F(v)F'(v) = 2\sin^2 v,$$

上式在 $[0,\pi]$ 上对 v 作积分，有

$$\int_0^\pi F(v)F'(v)\mathrm{d}v = \int_0^\pi F(v)\mathrm{d}[F(v)] = \frac{1}{2}F^2(v)\Big|_0^\pi = 2\int_0^\pi \sin^2 v\,\mathrm{d}v = \pi,$$

故 $F(\pi) = \sqrt{2\pi}$ ，则 $f(x)$ 在 $[0,\pi]$ 上的平均值为 $\frac{1}{\pi}\int_0^\pi f(x)\mathrm{d}x = \sqrt{\frac{2}{\pi}}$.

【注】（1）连续函数 $f(x)$ 的一个原函数的表达形式常写为 $F(x) = \int_0^x f(u)\mathrm{d}u$，读者须熟知. 见到 $f(x)\int_0^x f(u)\mathrm{d}u$，一般令 $F(x) = \int_0^x f(u)\mathrm{d}u$，这样便有 $F'(x) = f(x)$，即得 $F'(x)F(x)$，于是 $\int F'(x)F(x)\mathrm{d}x = \int F(x)\mathrm{d}[F(x)] = \frac{1}{2}F^2(x) + C$，此思路非常重要.

（2）平均值是考研重点.

3.拆分求导型

需先拆分区间，化成若干个积分，再用求导公式①，②求导的积分(往往带绝对值)称为拆分求导型积分.

例9.26 设 $|x| \leq 1$，求函数 $f(x) = \int_{-1}^1 |t - x| e^{2t}\mathrm{d}t$ 的最大值.

D$_{22}$（转换等价表述）
积分变量 t 与求导变量 x 的取值在同一区间，不需要分情况讨论.
$$-1 \quad x \quad 1$$
$$-1 \quad t \quad 1$$

【解】 由题设知，

$$f(x) = \int_{-1}^1 |t - x| e^{2t}\mathrm{d}t$$

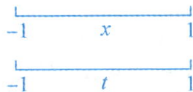

$$= \int_{-1}^x (x - t) e^{2t}\mathrm{d}t + \int_x^1 (t - x) e^{2t}\mathrm{d}t$$

$$= x\int_{-1}^x e^{2t}\mathrm{d}t - \int_{-1}^x te^{2t}\mathrm{d}t + \int_x^1 te^{2t}\mathrm{d}t - x\int_x^1 e^{2t}\mathrm{d}t,$$

$$f'(x) = \int_{-1}^x e^{2t}\mathrm{d}t + xe^{2x} - xe^{2x} - xe^{2x} - \int_x^1 e^{2t}\mathrm{d}t + xe^{2x} = \int_{-1}^x e^{2t}\mathrm{d}t - \int_x^1 e^{2t}\mathrm{d}t$$

$$= e^{2x} - \frac{1}{2}(e^2 + e^{-2}) \xlongequal{\text{令}} 0,$$

得 $x = \frac{1}{2}\ln\frac{e^2 + e^{-2}}{2}$ 为唯一驻点，$f''(x) = 2e^{2x} > 0$，故 $x = \frac{1}{2}\ln\frac{e^2 + e^{-2}}{2}$ 为 $f(x)$ 在 $[-1,1]$ 上的最小值点，最大值只能在端点 $x = -1$，$x = 1$ 处取得. 又

$$f(-1) = \frac{3}{4}e^2 + \frac{1}{4}e^{-2}, \quad f(1) = \frac{1}{4}e^2 - \frac{5}{4}e^{-2},$$

所以 $f_{\max} = f(-1) = \frac{3}{4}e^2 + \frac{1}{4}e^{-2}$.

例9.27 设函数 $f(x) = \int_0^1 |t^2 - x^2|\mathrm{d}t (x > 0)$，求 $f'(x)$，并求 $f(x)$ 的最小值.

D$_{22}$（转换等价表述）
积分变量 t 与求导变量 x 的取值不在同一区间，需要分情况讨论.
$$0 \quad t \quad 1$$
$$0 \quad x \quad +\infty$$

【解】 当 $0 < x \leq 1$ 时，$f(x) = \int_0^x |t^2 - x^2|\mathrm{d}t + \int_x^1 |t^2 - x^2|\mathrm{d}t$

$$= \int_0^x (x^2 - t^2)\mathrm{d}t + \int_x^1 (t^2 - x^2)\mathrm{d}t = \frac{4}{3}x^3 - x^2 + \frac{1}{3};$$

当 $x > 1$ 时，
$$f(x) = \int_0^1 (x^2 - t^2)\,\mathrm{d}t = x^2 - \frac{1}{3}.$$

所以
$$f(x) = \begin{cases} \dfrac{4}{3}x^3 - x^2 + \dfrac{1}{3}, & 0 < x \leqslant 1, \\[2mm] x^2 - \dfrac{1}{3}, & x > 1, \end{cases}$$

又
$$f_-'(1) = \lim_{x \to 1^-} \frac{\dfrac{4}{3}x^3 - x^2 + \dfrac{1}{3} - \dfrac{2}{3}}{x - 1} = 2, \quad f_+'(1) = \lim_{x \to 1^+} \frac{x^2 - \dfrac{1}{3} - \dfrac{2}{3}}{x - 1} = 2,$$

故
$$f'(x) = \begin{cases} 4x^2 - 2x, & 0 < x \leqslant 1, \\ 2x, & x > 1. \end{cases}$$

由 $f'(x) = 0$ 得唯一驻点 $x = \dfrac{1}{2}$，又 $f''\left(\dfrac{1}{2}\right) > 0$，从而 $x = \dfrac{1}{2}$ 为 $f(x)$ 的最小值点，最小值为 $f\left(\dfrac{1}{2}\right) = \dfrac{1}{4}$.

4.换序型

若积分是一种累次积分(即先算里面一层积分,再算外面一层积分),一般里面一层积分不易处理,故化为二重积分再交换积分次序,称这种类型的积分为换序型积分.

例9.28 极限 $\displaystyle\lim_{t \to 0^+} \frac{1}{t^5} \int_0^t \mathrm{d}y \int_y^t \frac{\sin(xy)^2}{x}\,\mathrm{d}x = $ _____.

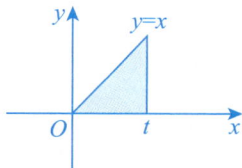

【解】 应填 $\dfrac{1}{15}$.

将二次积分交换积分次序,得
$$\int_0^t \mathrm{d}y \int_y^t \frac{\sin(xy)^2}{x}\,\mathrm{d}x = \int_0^t \frac{1}{x}\,\mathrm{d}x \int_0^x \sin(xy)^2\,\mathrm{d}y.$$

$\rightarrow D_{22}$ (转换等价表述)

记 $\displaystyle\int_0^x \sin(xy)^2\,\mathrm{d}y = f(x)$，则

$$\text{原极限} = \lim_{t \to 0^+} \frac{\displaystyle\int_0^t \frac{1}{x} f(x)\,\mathrm{d}x}{t^5} = \lim_{t \to 0^+} \frac{\dfrac{1}{t} f(t)}{5t^4}$$

$ty = u$

$$= \lim_{t \to 0^+} \frac{f(t)}{5t^5} = \lim_{t \to 0^+} \frac{\displaystyle\int_0^t \sin(ty)^2\,\mathrm{d}y}{5t^5} = \lim_{t \to 0^+} \frac{\dfrac{1}{t}\displaystyle\int_0^t \sin u^2\,\mathrm{d}u}{5t^5}$$

$$= \lim_{t \to 0^+} \frac{\displaystyle\int_0^{t^2} \sin u^2\,\mathrm{d}u}{5t^6} = \lim_{t \to 0^+} \frac{\sin t^4 \cdot 2t}{30t^5} = \frac{1}{15}.$$

十、求分段函数的积分

（ D_1（常规操作）$+D_{23}$（化归经典形式））

这里有三种考法.

①分段函数的不定积分.

分段求原函数,并注意分段点的连续性.

②分段函数的定积分.

分段积分再相加.

③分段函数的变限积分.

按变量 x 的不同取值分情况讨论,注意 $F(x) = \int_a^x f(t)\mathrm{d}t$ 为累加函数.

例 9.29 函数 $f(x) = \begin{cases} \dfrac{1}{\sqrt{1+x^2}}, & x \leqslant 0, \\ (x+1)\cos x, & x > 0 \end{cases}$ 的一个原函数为（　　）.

(A) $F(x) = \begin{cases} \ln(\sqrt{1+x^2} - x), & x \leqslant 0, \\ (x+1)\cos x - \sin x, & x > 0 \end{cases}$

(B) $F(x) = \begin{cases} \ln(\sqrt{1+x^2} - x) + 1, & x \leqslant 0, \\ (x+1)\cos x - \sin x, & x > 0 \end{cases}$

(C) $F(x) = \begin{cases} \ln(\sqrt{1+x^2} + x), & x \leqslant 0, \\ (x+1)\sin x + \cos x, & x > 0 \end{cases}$

(D) $F(x) = \begin{cases} \ln(\sqrt{1+x^2} + x) + 1, & x \leqslant 0, \\ (x+1)\sin x + \cos x, & x > 0 \end{cases}$

【解】 应选(D).

当 $x > 0$ 时, $F(x) = \int (x+1)\cos x\,\mathrm{d}x = (x+1)\sin x - \int \sin x\,\mathrm{d}x = (x+1)\sin x + \cos x + C_1$;

当 $x \leqslant 0$ 时, $F(x) = \int \dfrac{1}{\sqrt{1+x^2}}\,\mathrm{d}x = \ln(\sqrt{1+x^2} + x) + C_2$.

令 $\lim\limits_{x \to 0^+} F(x) = \lim\limits_{x \to 0^-} F(x)$,可得 $1 + C_1 = C_2$,故取 $C_1 = 0$, $C_2 = 1$,可得 $f(x)$ 的一个原函数

$$F(x) = \begin{cases} \ln(\sqrt{1+x^2} + x) + 1, & x \leqslant 0, \\ (x+1)\sin x + \cos x, & x > 0. \end{cases}$$

故选(D).

例 9.30 设 $f(x) = \begin{cases} \mathrm{e}^{-x}, & x \geqslant 0, \\ 1 + x^2, & x < 0, \end{cases}$ 则 $\int_{-2}^2 f(x-1)\mathrm{d}x =$ ＿＿＿＿.

【解】 应填 $13 - \mathrm{e}^{-1}$.

在积分中作变量代换,令 $x - 1 = t$,则

$$\int_{-2}^2 f(x-1)\mathrm{d}x = \int_{-3}^1 f(t)\mathrm{d}t = \int_{-3}^0 f(t)\mathrm{d}t + \int_0^1 f(t)\mathrm{d}t$$

$$= \int_{-3}^{0}(1+t^2)\,dt + \int_0^1 e^{-t}dt = \left(t+\frac{t^3}{3}\right)\Big|_{-3}^0 - e^{-t}\Big|_0^1 = 13 - e^{-1}.$$

例 9.31 设 $f(x) = \begin{cases} 2x+\dfrac{3}{2}x^2, & -1 \le x < 0, \\[2mm] \dfrac{xe^x}{(e^x+1)^2}, & 0 \le x \le 1, \end{cases}$ 求函数 $F(x) = \displaystyle\int_{-1}^x f(t)\,dt$ 的表达式.

【解】 当 $x \in [-1,0)$ 时,

$$F(x) = \int_{-1}^x f(t)\,dt = \int_{-1}^x \left(2t+\frac{3}{2}t^2\right)dt = \left(t^2+\frac{1}{2}t^3\right)\Big|_{-1}^x = \frac{1}{2}x^3 + x^2 - \frac{1}{2};$$

当 $x \in [0,1]$ 时,

$$F(x) = \int_{-1}^x f(t)\,dt = \int_{-1}^0 f(t)\,dt + \int_0^x f(t)\,dt = \left(t^2+\frac{1}{2}t^3\right)\Big|_{-1}^0 + \int_0^x \frac{te^t}{(e^t+1)^2}\,dt$$

$$= -\frac{1}{2} + \int_0^x (-t)\,d\left(\frac{1}{e^t+1}\right) = -\frac{1}{2} - \frac{t}{e^t+1}\Big|_0^x + \int_0^x \frac{dt}{e^t+1}$$

$$= -\frac{1}{2} - \frac{x}{e^x+1} + \int_0^x \frac{d(e^t)}{e^t(e^t+1)} = -\frac{1}{2} - \frac{x}{e^x+1} + \int_0^x \left(\frac{1}{e^t} - \frac{1}{e^t+1}\right)d(e^t)$$

$$= -\frac{1}{2} - \frac{x}{e^x+1} + \ln\frac{e^t}{e^t+1}\Big|_0^x = -\frac{1}{2} - \frac{x}{e^x+1} + \ln\frac{e^x}{e^x+1} - \ln\frac{1}{2}.$$

所以

$$F(x) = \begin{cases} \dfrac{x^3}{2} + x^2 - \dfrac{1}{2}, & -1 \le x < 0, \\[3mm] \ln\dfrac{e^x}{e^x+1} - \dfrac{x}{e^x+1} + \ln 2 - \dfrac{1}{2}, & 0 \le x \le 1. \end{cases}$$

十一、几何法（ D_1（常规操作）+D_{23}（化归经典形式））

由定积分的几何背景, 可得如下两个式子:

(1) $\displaystyle\int_{-a}^a \sqrt{a^2-x^2}\,dx = \frac{\pi a^2}{2}.$

(2) $\displaystyle\int_0^a \sqrt{x(2a-x)}\,dx = \int_0^a \sqrt{a^2-(x-a)^2}\,dx = \frac{\pi a^2}{4}$ （同理有 $\displaystyle\int_0^{2a}\sqrt{x(2a-x)}\,dx = \frac{\pi a^2}{2}$, $\displaystyle\int_a^{2a}\sqrt{x(2a-x)}\,dx = \frac{\pi a^2}{4}$）.

用好这两个式子, 有时可快速得到答案.

如 $\displaystyle\int_0^1 \sqrt{2x-x^2}\,dx = \int_0^1 \sqrt{x(2-x)}\,dx = \frac{\pi}{4}.$

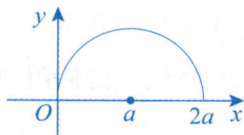

第10讲
一元函数积分学的应用（一）
——几何应用

三向解题法

计算图形的相关几何量(测度)
(O(盯住目标))

计算公式
(D₁(常规操作))

基本图形的相关几何
量大观
(D₄₃(数形结合)+D₄₄
(善于发现对称))

各种函数表达形式的
几何量计算
(D₁(常规操作)+D₂₃
(化归经典形式))

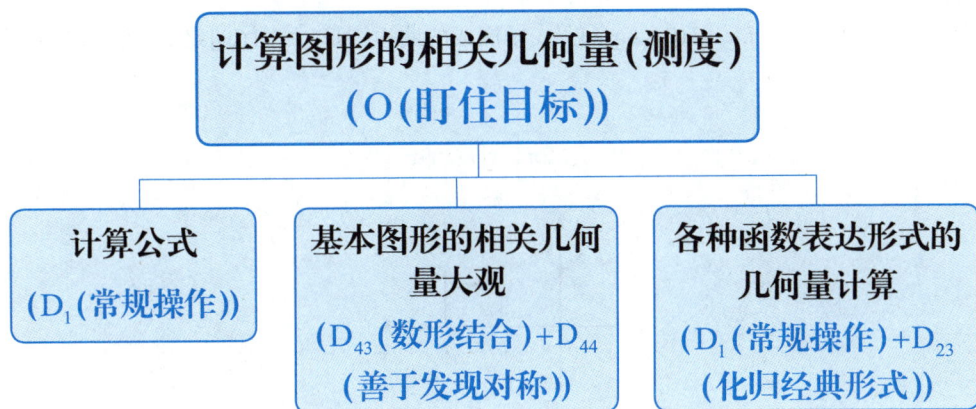

一、计算公式（ D_1 （常规操作））

1.面积

(1)直角坐标系下的面积公式[见图(a)]： $S = \int_a^b |f_1(x) - f_2(x)| \, dx$.

(2)极坐标系下的面积公式[见图(b)]： $S = \int_\alpha^\beta \frac{1}{2} |r_2^2(\theta) - r_1^2(\theta)| \, d\theta$.

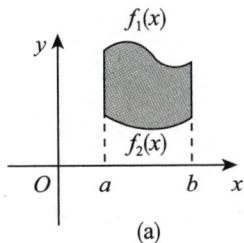

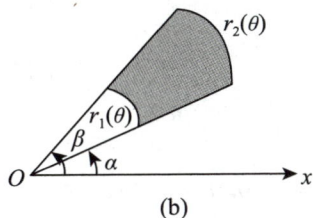

(a)

(b)

（3）曲边由参数方程 $\begin{cases} x = x(t), \\ y = y(t) \end{cases}(\alpha \leqslant t \leqslant \beta)$ 给出的曲边梯形的面积为 $S = \int_a^b |y|\mathrm{d}x \xrightarrow{x=x(t)} \int_\alpha^\beta |y(t)\cdot x'(t)|\mathrm{d}t$.

2. 旋转体体积

（1）曲线 $y = f(x)$ 与 $x = a, x = b(a < b)$ 及 x 轴围成的曲边梯形 [见图(a)] 绕 x 轴旋转一周所得旋转体的体积为

$$V = \pi \int_a^b f^2(x)\mathrm{d}x .$$

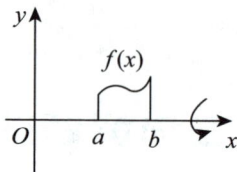

(a)

（2）曲线 $y = f(x)$ 与 $x = a, x = b(0 \leqslant a < b)$ 及 x 轴围成的曲边梯形 [见图(b)] 绕 y 轴旋转一周所得旋转体的体积为

$$V = 2\pi \int_a^b x|f(x)|\mathrm{d}x.$$

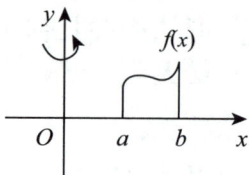

(b)

（3）平面曲线绕定直线旋转.

设平面曲线 L: $y = f(x)$, $a \leqslant x \leqslant b$, 且 $f(x)$ 可导.

定直线 L_0: $Ax + By + C = 0$, 且 L_0 的任一条垂线与 L 至多有一个交点,如图(c)所示,则 L 绕 L_0 旋转一周所得旋转体的体积为

考前记一记,喝前摇一摇

$$V = \frac{\pi}{(A^2 + B^2)^{\frac{3}{2}}} \int_a^b [Ax + Bf(x) + C]^2 |Af'(x) - B|\mathrm{d}x.$$

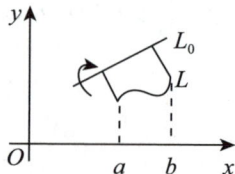

(c)

特别地,若 $A = C = 0$, $B \neq 0$,则 L_0 为 $y = 0$（x 轴）,如图(a)所示,则 L 绕 L_0 旋转一周所得旋转体的体

积为

$$V = \pi \int_a^b f^2(x)\mathrm{d}x.$$

(4) 平面图形 $D = \left\{(r,\ \theta)\,|\,0 \leqslant r \leqslant r(\theta),\ \theta \in [\alpha,\ \beta] \subset [0,\ \pi]\right\}$，如图(d)所示，则 D 绕极轴旋转一周所得旋转体的体积为

→ 考前记一记，喝前摇一摇

$$V = \frac{2}{3}\pi \int_\alpha^\beta r^3(\theta)\sin\theta\,\mathrm{d}\theta.$$

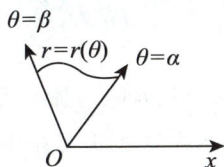

(d)

3. 平均值

设 $x \in [a,b]$ ，函数 $f(x)$ 在 $[a,b]$ 上的平均值为

$$\bar{f} = \frac{1}{b-a}\int_a^b f(x)\mathrm{d}x\ .$$

4. 平面曲线的弧长(仅数学一、数学二)

(1) 若平面光滑曲线由直角坐标方程 $y = y(x)(a \leqslant x \leqslant b)$ 给出，则

$$s = \int_a^b \sqrt{1 + \left[y'(x)\right]^2}\ \mathrm{d}x.$$

(2) 若平面光滑曲线由极坐标方程 $r = r(\theta)(\alpha \leqslant \theta \leqslant \beta)$ 给出，则

$$s = \int_\alpha^\beta \sqrt{\left[r(\theta)\right]^2 + \left[r'(\theta)\right]^2}\ \mathrm{d}\theta.$$

(3) 若平面光滑曲线由参数方程 $\begin{cases} x = x(t), \\ y = y(t) \end{cases} (\alpha \leqslant t \leqslant \beta)$ 给出，则

$$s = \int_\alpha^\beta \sqrt{\left[x'(t)\right]^2 + \left[y'(t)\right]^2}\ \mathrm{d}t.$$

5. 旋转曲面的面积(侧面积)(仅数学一、数学二)

(1) 曲线 $y = y(x)$ 在区间 $[a,\ b]$ 上的曲线弧段绕 x 轴旋转一周所得旋转曲面的面积为

$$S = 2\pi \int_a^b |y(x)| \sqrt{1 + \left[y'(x)\right]^2}\ \mathrm{d}x.$$

(2) 曲线 $r = r(\theta)$ 在区间 $[\alpha,\ \beta] \subset [0,\pi]$ 上的曲线弧段绕 x 轴旋转一周所得旋转曲面的面积为

$$S = 2\pi \int_\alpha^\beta |r(\theta)\sin\theta| \sqrt{\left[r(\theta)\right]^2 + \left[r'(\theta)\right]^2}\ \mathrm{d}\theta.$$

（3）曲线 $\begin{cases} x = x(t), \\ y = y(t) \end{cases}$ $(\alpha \le t \le \beta,\ x'(t) \ne 0)$ 在区间 $[\alpha,\ \beta]$ 上的曲线弧段绕 x 轴旋转一周所得旋转曲面的面积为

$$S = 2\pi \int_{\alpha}^{\beta} |y(t)| \sqrt{[x'(t)]^2 + [y'(t)]^2}\, \mathrm{d}t.$$

二、基本图形的相关几何量大观

（ D$_{43}$（数形结合）+D$_{44}$（善于发现对称））

在数学试题中,经常考到基本图形的某些几何量,现将此问题汇总于此,一是供读者练习之用,后附详解;二是供读者时常翻阅.图形与对应表达式须熟知,表格中打"(*)"的几何量,可记之.

图形	表达式	所围面积	绕轴体积	弧长(仅数学一、数学二)
	$r = a(1 - \cos\theta)$ $(a > 0)$	(*) $\dfrac{3}{2}\pi a^2$ $(0 \le \theta \le 2\pi)$	(*) $\dfrac{8}{3}\pi a^3$ (绕极轴)	(*) $8a$ $(0 \le \theta \le 2\pi)$
	$r = a(1 + \cos\theta)$ $(a > 0)$	$\dfrac{3}{2}\pi a^2$ $(0 \le \theta \le 2\pi)$	$\dfrac{8}{3}\pi a^3$ (绕极轴)	$8a$ $(0 \le \theta \le 2\pi)$
	$r = a(1 - \sin\theta)$ $(a > 0)$	$\dfrac{3}{2}\pi a^2$ $(0 \le \theta \le 2\pi)$	/	$8a$ $(0 \le \theta \le 2\pi)$
	$r = a(1 + \sin\theta)$ $(a > 0)$	$\dfrac{3}{2}\pi a^2$ $(0 \le \theta \le 2\pi)$	/	$8a$ $(0 \le \theta \le 2\pi)$

续表

图形	表达式	所围面积	绕轴体积	弧长(仅数学一、数学二)
	$r^2 = a^2\cos 2\theta$ $(a>0)$	a^2 $(0\leqslant\theta\leqslant 2\pi)$	$\dfrac{\sqrt{2}}{8}\pi^2 a^3$ (绕y轴)	/
	$r^2 = a^2\sin 2\theta$ $(a>0)$	a^2 $(0\leqslant\theta\leqslant 2\pi)$	$\dfrac{\pi^2}{4}a^3$ (绕极轴)	/
	$r = a\theta$ $(a>0,\theta\geqslant 0)$	$\dfrac{4}{3}a^2\pi^3$ $((0,2\pi)$段与极轴所围)	/	/
	$r = e^{a\theta}$ $(a>0)$	$\dfrac{1}{4a}(e^{4a\pi}-1)$ $((0,2\pi)$段与极轴所围)	/	$\dfrac{\sqrt{1+a^2}}{a}(e^{2a\pi}-1)$ $(0\leqslant\theta\leqslant 2\pi)$
	$r\theta = a$ $(a>0)$	$\dfrac{a^2}{2}\left(1-\dfrac{\sqrt{3}}{3}\right)$ $((1,\sqrt{3})$段与极轴所围)	/	/
	$r = a\sin 3\theta$ $(a>0)$	$\dfrac{\pi a^2}{4}$ $(0\leqslant\theta\leqslant 2\pi)$	/	/

143

图形	表达式	所围面积	绕轴体积	弧长(仅数学一、数学二)
	$r = a\cos 3\theta$ $(a > 0)$	$\dfrac{\pi}{4}a^2$ $(0 \leqslant \theta \leqslant 2\pi)$	/	/
	$r = a\sin 2\theta$ $(a > 0)$	$\dfrac{\pi}{2}a^2$ $(0 \leqslant \theta \leqslant 2\pi)$	/	/
	$r = a\cos 2\theta$ $(a > 0)$	$\dfrac{\pi}{2}a^2$ $(0 \leqslant \theta \leqslant 2\pi)$	/	/
	$\begin{cases} x = a(t - \sin t), \\ y = a(1 - \cos t) \end{cases}$ $(a > 0)$	(*) $3\pi a^2$ $(0 \leqslant t \leqslant 2\pi)$	(*) $5\pi^2 a^3$ $(0 \leqslant t \leqslant 2\pi)$ (绕 x 轴)	(*) $8a$ $(0 \leqslant t \leqslant 2\pi)$
	$\begin{cases} x = a\cos^3 t, \\ y = a\sin^3 t \end{cases}$ 或 $x^{\frac{2}{3}} + y^{\frac{2}{3}} = a^{\frac{2}{3}}$ $(a > 0)$	(*) $\dfrac{3}{8}\pi a^2$ $(0 \leqslant t \leqslant 2\pi)$	(*) $\dfrac{32\pi}{105}a^3$ (绕 x 轴)	(*) $6a$ $(0 \leqslant t \leqslant 2\pi)$

图形	表达式	所围面积	绕轴体积	弧长(仅数学一、数学二)
	$x^3+y^3-3axy=0$ 或 $\begin{cases} x=\dfrac{3at}{1+t^3}, \\ y=\dfrac{3at^2}{1+t^3} \end{cases} (a>0)$	$\dfrac{3}{2}a^2$	/	/

例10.1 求心形线 $r=a(1-\cos\theta)(a>0,\ 0\leqslant\theta\leqslant 2\pi)$ [见图(a)] 的弧长(**仅数学一、数学二**)、所围图形的面积以及绕 Ox 轴旋转得到的旋转体的体积.

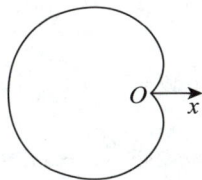

(a)

【解】 ①心形线的弧长为

$$s=2\int_0^\pi \sqrt{r^2(\theta)+\left[r'(\theta)\right]^2}\,\mathrm{d}\theta=2\int_0^\pi \sqrt{a^2(1-\cos\theta)^2+a^2\sin^2\theta}\,\mathrm{d}\theta$$

$$=2\int_0^\pi \sqrt{a^2(1-2\cos\theta+\cos^2\theta)+a^2\sin^2\theta}\,\mathrm{d}\theta$$

$$=2\sqrt{2}a\int_0^\pi \sqrt{1-\cos\theta}\,\mathrm{d}\theta=2\sqrt{2}a\int_0^\pi \sqrt{2\sin^2\frac{\theta}{2}}\,\mathrm{d}\theta=4a\int_0^\pi \sin\frac{\theta}{2}\,\mathrm{d}\theta=8a.$$

②所围图形的面积为

$$S=2\int_0^\pi \frac{1}{2}r^2(\theta)\mathrm{d}\theta=2\int_0^\pi \frac{1}{2}a^2(1-\cos\theta)^2\mathrm{d}\theta=a^2\int_0^\pi 4\sin^4\frac{\theta}{2}\mathrm{d}\theta$$

$$=8a^2\int_0^{\frac{\pi}{2}}\sin^4 t\mathrm{d}t=8a^2\times\frac{3}{4}\times\frac{1}{2}\times\frac{\pi}{2}=\frac{3}{2}\pi a^2.$$

③曲线绕 Ox 轴旋转得到的旋转体的体积为

$$V=\frac{2\pi}{3}\int_0^\pi r^3(\theta)\sin\theta\mathrm{d}\theta=-\frac{2\pi}{3}\int_0^\pi a^3(1-\cos\theta)^3\mathrm{d}(\cos\theta)$$

$$=-\frac{2\pi}{3}a^3\int_1^{-1}(1-t)^3\mathrm{d}t=\frac{2\pi}{3}a^3\int_0^2 u^3\mathrm{d}u=\frac{8}{3}\pi a^3.$$

【注】如图(b)所示，心形线的弧长为 $8a$，所围图形的面积为 $\dfrac{3}{2}\pi a^2$，曲线绕 Ox 轴旋转得到的旋转体的体积为 $\dfrac{8}{3}\pi a^3$.

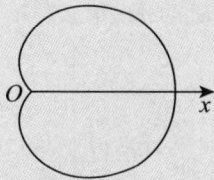

$$r = a(1+\cos\theta)(a>0)$$

(b)

计算过程：

①心形线的弧长为

$$s = 2\int_0^\pi \sqrt{r^2(\theta)+[r'(\theta)]^2}\,\mathrm{d}\theta = 2\int_0^\pi \sqrt{a^2(1+\cos\theta)^2+(-a\sin\theta)^2}\,\mathrm{d}\theta$$

$$= 2\sqrt{2}a\int_0^\pi \sqrt{1+\cos\theta}\,\mathrm{d}\theta = 2\sqrt{2}a\int_0^\pi \sqrt{2\cos^2\frac{\theta}{2}}\,\mathrm{d}\theta$$

$$= 4a\int_0^\pi \cos\frac{\theta}{2}\,\mathrm{d}\theta = 4a\cdot 2\sin\frac{\theta}{2}\Big|_0^\pi = 8a.$$

②所围成图形的面积为

$$S = 2\int_0^\pi \frac{1}{2}r^2(\theta)\,\mathrm{d}\theta = 2\int_0^\pi \frac{1}{2}a^2(1+\cos\theta)^2\,\mathrm{d}\theta$$

$$= \int_0^\pi a^2(1+\cos\theta)^2\,\mathrm{d}\theta = a^2\int_0^\pi 4\cos^4\frac{\theta}{2}\,\mathrm{d}\theta = 8a^2\int_0^{\frac{\pi}{2}}\cos^4 t\,\mathrm{d}t$$

$$= 8a^2 \times \frac{3}{4}\times\frac{1}{2}\times\frac{\pi}{2} = \frac{3}{2}\pi a^2.$$

③曲线绕 Ox 轴旋转得到的旋转体的体积为

$$V = \frac{2\pi}{3}\int_0^\pi r^3(\theta)\sin\theta\,\mathrm{d}\theta = -\frac{2\pi}{3}\int_0^\pi a^3(1+\cos\theta)^3\,\mathrm{d}(\cos\theta)$$

$$= -\frac{2\pi}{3}a^3\int_1^{-1}(1+t)^3\,\mathrm{d}t = -\frac{2\pi}{3}a^3\int_2^0 u^3\,\mathrm{d}u = \frac{8}{3}\pi a^3.$$

例10.2 求伯努利双纽线 $r^2 = a^2\cos 2\theta\,(a>0)$ [见图(a)] 所围图形的面积以及绕 Ox 轴、Oy 轴分别旋转得到的旋转体的体积.

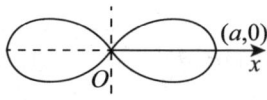

(a)

【解】 ①所围图形的面积为

$$S = 4\int_0^{\frac{\pi}{4}} \frac{1}{2} a^2 \cos 2\theta \mathrm{d}\theta = 2a^2 \int_0^{\frac{\pi}{4}} \cos 2\theta \mathrm{d}\theta = a^2.$$

②记双纽线所围图形绕 Ox 轴旋转一周形成的旋转体体积为 V_x，则

$$V_x = 2\cdot\frac{2\pi}{3} \int_0^{\frac{\pi}{4}} r^3(\theta)\sin\theta \mathrm{d}\theta = \frac{4\pi}{3} \int_0^{\frac{\pi}{4}} a^3 \cos^{\frac{3}{2}} 2\theta\cdot\sin\theta \mathrm{d}\theta = \frac{4\pi a^3}{3} \int_0^{\frac{\pi}{4}} \cos^{\frac{3}{2}} 2\theta\cdot\sin\theta \mathrm{d}\theta = \frac{4\pi a^3}{3} I,$$

其中
$$I = \int_0^{\frac{\pi}{4}} \cos^{\frac{3}{2}} 2\theta\cdot\sin\theta \mathrm{d}\theta = -\int_0^{\frac{\pi}{4}} (2\cos^2\theta - 1)^{\frac{3}{2}} \mathrm{d}(\cos\theta) \xlongequal{\cos\theta = u} \int_{\frac{\sqrt{2}}{2}}^1 (2u^2 - 1)^{\frac{3}{2}} \mathrm{d}u$$

$$= \int_{\frac{\sqrt{2}}{2}}^1 \left[(\sqrt{2}u)^2 - 1\right]^{\frac{3}{2}} \mathrm{d}u \xlongequal{\sqrt{2}u = \sec\alpha} \frac{\sqrt{2}}{2} \int_0^{\frac{\pi}{4}} \tan^4\alpha\sec\alpha \mathrm{d}\alpha$$

$$= \frac{\sqrt{2}}{2} \int_0^{\frac{\pi}{4}} (\sec^2\alpha - 1)^2 \sec\alpha \mathrm{d}\alpha = \frac{\sqrt{2}}{2} \int_0^{\frac{\pi}{4}} (\sec^5\alpha + \sec\alpha - 2\sec^3\alpha) \mathrm{d}\alpha,$$

$$\int \sec^3\alpha \mathrm{d}\alpha = \frac{1}{2}\left(\sec\alpha\cdot\tan\alpha + \int \sec\alpha \mathrm{d}\alpha\right) = \frac{1}{2}(\sec\alpha\cdot\tan\alpha + \ln|\sec\alpha + \tan\alpha|) + C,$$

$$\int \sec^5\alpha \mathrm{d}\alpha = \frac{1}{4}\sec^3\alpha\cdot\tan\alpha + \frac{3}{4}\int \sec^3\alpha \mathrm{d}\alpha = \frac{1}{4}\sec^3\alpha\cdot\tan\alpha + \frac{3}{8}(\sec\alpha\cdot\tan\alpha + \ln|\sec\alpha + \tan\alpha|) + C,$$

对以上两式分别代入积分上下限,得

$$\int_0^{\frac{\pi}{4}} \sec^3\alpha \mathrm{d}\alpha = \frac{\sqrt{2}}{2} + \frac{1}{2}\ln(\sqrt{2} + 1),$$

$$\int_0^{\frac{\pi}{4}} \sec^5\alpha \mathrm{d}\alpha = \frac{7\sqrt{2}}{8} + \frac{3}{8}\ln(\sqrt{2} + 1),$$

又 $\int_0^{\frac{\pi}{4}} \sec\alpha \mathrm{d}\alpha = \ln(\sqrt{2} + 1)$，所以

$$I = \frac{\sqrt{2}}{2}\left[\frac{3}{8}\ln(\sqrt{2} + 1) - \frac{\sqrt{2}}{8}\right],$$

故
$$V_x = \frac{4\pi a^3}{3} I = \left[\frac{\sqrt{2}}{4}\ln(\sqrt{2} + 1) - \frac{1}{6}\right]\pi a^3.$$

③记双纽线所围图形绕 Oy 轴旋转一周形成的旋转体体积为 V_y，则

$$V_y = 2\cdot\frac{2\pi}{3} \int_0^{\frac{\pi}{4}} r^3(\theta)\cos\theta \mathrm{d}\theta = \frac{4\pi}{3} \int_0^{\frac{\pi}{4}} a^3 \cos^{\frac{3}{2}} 2\theta\cdot\cos\theta \mathrm{d}\theta = \frac{4\pi a^3}{3} \int_0^{\frac{\pi}{4}} \cos^{\frac{3}{2}} 2\theta\cdot\cos\theta \mathrm{d}\theta = \frac{4\pi a^3}{3} I_1,$$

其中
$$I_1 = \int_0^{\frac{\pi}{4}} \cos^{\frac{3}{2}} 2\theta\cdot\cos\theta \mathrm{d}\theta = \int_0^{\frac{\pi}{4}} (1 - 2\sin^2\theta)^{\frac{3}{2}} \mathrm{d}(\sin\theta)$$

$$\xlongequal{\sin\theta = u} \int_0^{\frac{\sqrt{2}}{2}} (1 - 2u^2)^{\frac{3}{2}} \mathrm{d}u = \int_0^{\frac{\sqrt{2}}{2}} \left[1 - (\sqrt{2}u)^2\right]^{\frac{3}{2}} \mathrm{d}u$$

$$\xlongequal{\sqrt{2}u=\sin\alpha} \frac{\sqrt{2}}{2}\int_0^{\frac{\pi}{2}}\cos^4\alpha\,\mathrm{d}\alpha$$

$$=\frac{\sqrt{2}}{2}\times\frac{3}{4}\times\frac{1}{2}\times\frac{\pi}{2}=\frac{3\sqrt{2}\pi}{32},$$

故 $V_y=\dfrac{4\pi a^3}{3}I_1=\dfrac{\sqrt{2}}{8}\pi^2a^3.$

【注】 如图(b)所示，伯努利双纽线所围图形的面积为 a^2，曲线所围图形绕 Ox 轴旋转得到的旋转体的体积为 $\dfrac{\pi^2a^3}{4}$.

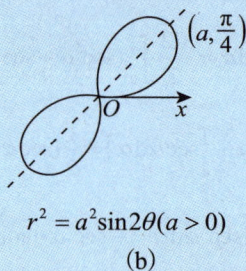

$r^2=a^2\sin2\theta(a>0)$

(b)

例10.3 求阿基米德螺线 $r=a\theta(a>0,0\leqslant\theta\leqslant2\pi)$（见图）与 Ox 轴所围图形的面积.

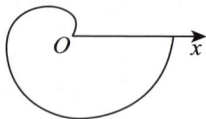

【解】 在指定的这段螺线上，θ 的变化区间为 $[0,2\pi]$，面积微元为

$$\mathrm{d}S=\frac{1}{2}(a\theta)^2\,\mathrm{d}\theta,$$

于是所求面积为

$$S=\int_0^{2\pi}\frac{a^2}{2}\theta^2\,\mathrm{d}\theta=\frac{a^2}{2}\cdot\frac{\theta^3}{3}\Big|_0^{2\pi}=\frac{4}{3}a^2\pi^3.$$

例10.4 求对数螺线 $r=\mathrm{e}^{a\theta}(a>0,0\leqslant\theta\leqslant2\pi)$（见图）的弧长**(仅数学一、数学二)**、与极轴所围图形的面积.

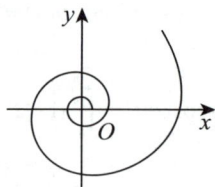

【解】 ①所求曲线的弧长为

$$s = \int_0^{2\pi} \sqrt{r^2(\theta) + [r'(\theta)]^2} \, d\theta = \int_0^{2\pi} \sqrt{1+a^2} \, e^{a\theta} \, d\theta = \frac{\sqrt{1+a^2}}{a} (e^{2a\pi} - 1).$$

②曲线与极轴所围图形的面积为

$$S = \int_0^{2\pi} \frac{1}{2} (e^{a\theta})^2 \, d\theta = \frac{1}{4a} \int_0^{2\pi} e^{2a\theta} \, d(2a\theta) = \frac{1}{4a} e^{2a\theta} \Big|_0^{2\pi} = \frac{1}{4a} (e^{4a\pi} - 1).$$

例10.5 求双曲螺线 $r\theta = a(a>0, 1 \le \theta \le \sqrt{3})$（见图）的弧长(**仅数学一、数学二**)，与 $\theta = 1$，$\theta = \sqrt{3}$ 所围图形的面积.

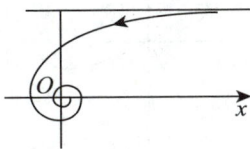

【解】 ①所求曲线的弧长为

$$s = \int_1^{\sqrt{3}} \sqrt{[r(\theta)]^2 + [r'(\theta)]^2} \, d\theta = \int_1^{\sqrt{3}} \sqrt{\left(\frac{a}{\theta}\right)^2 + \left(-\frac{a}{\theta^2}\right)^2} \, d\theta = a \int_1^{\sqrt{3}} \frac{\sqrt{\theta^2 + 1}}{\theta^2} \, d\theta$$

$$\xlongequal{\theta = \tan t} a \int_{\frac{\pi}{4}}^{\frac{\pi}{3}} \frac{\sec^3 t}{\tan^2 t} \, dt = a \int_{\frac{\pi}{4}}^{\frac{\pi}{3}} \frac{\cos t}{\cos^2 t \sin^2 t} \, dt = a \int_{\frac{\pi}{4}}^{\frac{\pi}{3}} \frac{d(\sin t)}{(1 - \sin^2 t) \sin^2 t}$$

$$\xlongequal{u = \sin t} a \int_{\frac{\sqrt{2}}{2}}^{\frac{\sqrt{3}}{2}} \frac{du}{(1-u^2)u^2} = a \left(\int_{\frac{\sqrt{2}}{2}}^{\frac{\sqrt{3}}{2}} \frac{1}{u^2} \, du - \int_{\frac{\sqrt{2}}{2}}^{\frac{\sqrt{3}}{2}} \frac{1}{u^2 - 1} \, du \right) = a \left(-\frac{1}{u} \Big|_{\frac{\sqrt{2}}{2}}^{\frac{\sqrt{3}}{2}} - \frac{1}{2} \ln \left| \frac{u-1}{u+1} \right| \Big|_{\frac{\sqrt{2}}{2}}^{\frac{\sqrt{3}}{2}} \right)$$

$$= \left[\sqrt{2} - \frac{2\sqrt{3}}{3} - \ln(2 - \sqrt{3})(2 + \sqrt{2}) + \frac{1}{2} \ln 2 \right] a.$$

②曲线与 $\theta = 1$，$\theta = \sqrt{3}$ 所围图形的面积为

$$S = \frac{1}{2} \int_1^{\sqrt{3}} \left(\frac{a}{\theta} \right)^2 \, d\theta = \frac{a^2}{2} \int_1^{\sqrt{3}} \frac{d\theta}{\theta^2} = \frac{a^2}{2} \left(1 - \frac{\sqrt{3}}{3} \right).$$

例10.6 求三叶玫瑰线 $r = a\sin 3\theta (a > 0)$ [见图(a)] 所围图形的面积.

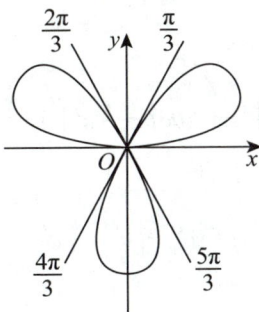

(a)

【解】 曲线所围图形的面积为

$$S = 3\int_0^{\frac{\pi}{3}} \frac{1}{2} r^2(\theta)\mathrm{d}\theta = \frac{3}{2} a^2 \int_0^{\frac{\pi}{3}} \sin^2 3\theta \mathrm{d}\theta \xlongequal{t=3\theta} \frac{a^2}{2} \int_0^{\pi} \sin^2 t \mathrm{d}t = \frac{a^2}{2} \times 2 \times \frac{1}{2} \times \frac{\pi}{2} = \frac{\pi}{4} a^2.$$

【注】 如图(b)所示，三叶玫瑰线所围图形的面积为 $\dfrac{\pi a^2}{4}$.

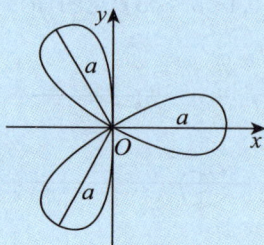

$$r = a\cos 3\theta\,(a>0)$$

(b)

计算过程：

$$S = 3\int_{-\frac{\pi}{6}}^{\frac{\pi}{6}} \frac{1}{2} r^2(\theta)\mathrm{d}\theta = \frac{3}{2} a^2 \int_{-\frac{\pi}{6}}^{\frac{\pi}{6}} \cos^2 3\theta \mathrm{d}\theta = 3a^2 \int_0^{\frac{\pi}{6}} \cos^2 3\theta \mathrm{d}\theta$$

$$\xlongequal{t=3\theta} a^2 \int_0^{\frac{\pi}{2}} \cos^2 t \mathrm{d}t = a^2 \times \frac{1}{2} \times \frac{\pi}{2} = \frac{\pi}{4} a^2.$$

例10.7 求四叶玫瑰线 $r = a\sin 2\theta\,(a>0)$ [见图(a)] 所围图形的面积.

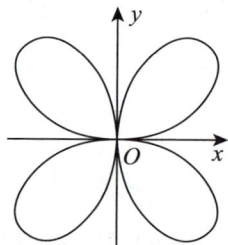

(a)

【解】 曲线所围图形的面积为

$$S = 4\int_0^{\frac{\pi}{2}} \frac{1}{2} r^2(\theta)\mathrm{d}\theta = 2a^2 \int_0^{\frac{\pi}{2}} \sin^2 2\theta \mathrm{d}\theta \xlongequal{t=2\theta} a^2 \int_0^{\pi} \sin^2 t \mathrm{d}t = a^2 \times 2 \times \frac{1}{2} \times \frac{\pi}{2} = \frac{\pi}{2} a^2.$$

【注】 如图(b)所示，四叶玫瑰线所围图形的面积为 $\dfrac{\pi}{2} a^2$.

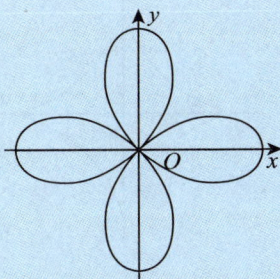

$$r = a\cos 2\theta\,(a > 0)$$

(b)

例10.8 求摆线 $\begin{cases} x = a(t - \sin t), \\ y = a(1 - \cos t) \end{cases}(a > 0)$ (见图) 一拱的弧长(**仅数学一、数学二**)、与 x 轴所围图形

的面积及绕 x 轴旋转一周得到的旋转体的体积.

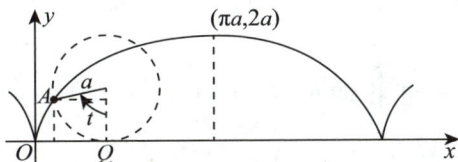

【解】 ①摆线一拱的弧长为

$$s = \int_0^{2\pi} \sqrt{[x'(t)]^2 + [y'(t)]^2}\,\mathrm{d}t$$

$$= a\int_0^{2\pi} \sqrt{(1 - \cos t)^2 + \sin^2 t}\,\mathrm{d}t$$

$$= 2a\int_0^{2\pi} \sin\frac{t}{2}\,\mathrm{d}t = -4a\cos\frac{t}{2}\Big|_0^{2\pi} = 8a\,.$$

②摆线一拱与 x 轴所围图形的面积为

$$S = \int_0^{2\pi a} y(x)\mathrm{d}x = a^2\int_0^{2\pi}(1 - \cos t)^2\,\mathrm{d}t = a^2\int_0^{2\pi}(1 + \cos^2 t - 2\cos t)\,\mathrm{d}t = \left(2\pi + 4\times\frac{1}{2}\times\frac{\pi}{2} - 0\right)a^2 = 3\pi a^2\,.$$

③曲线绕 x 轴旋转得到的旋转体体积为

$$V_x = \int_0^{2\pi a} \pi y^2(x)\mathrm{d}x = \pi a^3\int_0^{2\pi}(1 - \cos t)^3\,\mathrm{d}t = \pi a^3\int_0^{2\pi}\left(1 - 3\cos t + 3\cos^2 t - \cos^3 t\right)\mathrm{d}t = \pi a^3\left(2\pi + 3\times 4\times\frac{1}{2}\times\frac{\pi}{2}\right) = 5\pi^2 a^3\,.$$

例10.9 求星形线 $x^{\frac{2}{3}} + y^{\frac{2}{3}} = a^{\frac{2}{3}}\,(a > 0)$ (见图)的弧长(**仅数学一、数学二**)、所围图形的面积及绕 x

轴旋转一周所得旋转体的体积.

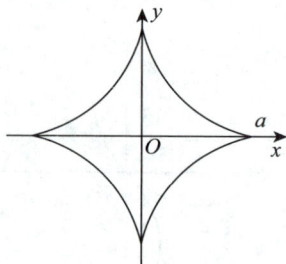

【解】 ①星形线的弧长为

$$s = 4a\int_0^{\frac{\pi}{2}}\sqrt{9\cos^4 t\sin^2 t + 9\sin^4 t\cos^2 t}\,\mathrm{d}t = 12a\int_0^{\frac{\pi}{2}}\sin t\cos t\,\mathrm{d}t$$

$$= 6a\sin^2 t\Big|_0^{\frac{\pi}{2}} = 6a.$$

②所围图形的面积为 $S = 4\int_0^a y(x)\mathrm{d}x$，其中 $x = a\cos^3 t$，$y = a\sin^3 t$，即

$$S = 4a^2\int_{\frac{\pi}{2}}^0 \sin^3 t\,\mathrm{d}(\cos^3 t) = 4a^2\int_0^{\frac{\pi}{2}}\sin^4 t\cdot 3\cos^2 t\,\mathrm{d}t$$

$$= 12a^2\int_0^{\frac{\pi}{2}}\sin^4 t(1-\sin^2 t)\mathrm{d}t = 12a^2\left(\int_0^{\frac{\pi}{2}}\sin^4 t\,\mathrm{d}t - \int_0^{\frac{\pi}{2}}\sin^6 t\,\mathrm{d}t\right)$$

$$= 12a^2\left(\frac{3}{4}\times\frac{1}{2}\times\frac{\pi}{2} - \frac{5}{6}\times\frac{3}{4}\times\frac{1}{2}\times\frac{\pi}{2}\right) = \frac{3}{8}\pi a^2.$$

③曲线绕 x 轴旋转一周得到的旋转体体积为

$$V_x = 2\int_0^a \pi y^2\mathrm{d}x = 6a^3\int_0^{\frac{\pi}{2}}\pi\sin^6 t\cdot\cos^2 t\cdot\sin t\,\mathrm{d}t$$

$$= 6\pi a^3\int_0^{\frac{\pi}{2}}\sin^7 t(1-\sin^2 t)\mathrm{d}t$$

$$= 6\pi a^3\left(\frac{6}{7}\times\frac{4}{5}\times\frac{2}{3} - \frac{8}{9}\times\frac{6}{7}\times\frac{4}{5}\times\frac{2}{3}\right)$$

$$= \frac{32\pi}{105}a^3.$$

例10.10 求笛卡儿叶形线 $x^3 + y^3 - 3axy = 0$ $(a>0)$（见图，参数方程为 $\begin{cases} x = \dfrac{3at}{1+t^3}, \\ y = \dfrac{3at^2}{1+t^3} \end{cases}$）所围图形的面积及渐近线.

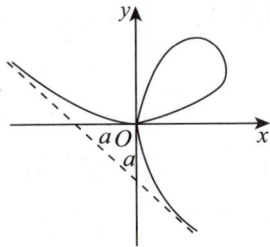

【解】　①令 $x = r\cos\theta$，$y = r\sin\theta$，则 $r = \dfrac{3a\sin\theta\cos\theta}{\sin^3\theta + \cos^3\theta}$，$\theta \in \left[0, \dfrac{\pi}{2}\right]$，则所求面积为

$$S = \int_0^{\frac{\pi}{2}} \frac{1}{2} r^2 \mathrm{d}\theta = \frac{9}{2} a^2 \int_0^{\frac{\pi}{2}} \frac{\sin^2\theta \cdot \cos^2\theta}{(\sin^3\theta + \cos^3\theta)^2} \mathrm{d}\theta$$

$$= \frac{9}{2} a^2 \int_0^{\frac{\pi}{2}} \frac{\tan^2\theta}{(1 + \tan^3\theta)^2} \mathrm{d}(\tan\theta) = \frac{3}{2} a^2.$$

②由于 $x = \dfrac{3at}{1 + t^3}$，$y = \dfrac{3at^2}{1 + t^3}$，则

此过程要熟练掌握
D_{23}（化归经典形式）

$$k = \lim_{x \to \infty} \frac{y}{x} = \lim_{t \to -1} \frac{\dfrac{3at^2}{1 + t^3}}{\dfrac{3at}{1 + t^3}} = -1,$$

$$b = \lim_{x \to \infty}(y + x) = \lim_{t \to -1} \frac{3at + 3at^2}{1 + t^3} = \lim_{t \to -1} \frac{3at(1 + t)}{(1 + t)(t^2 - t + 1)} = \lim_{t \to -1} \frac{3at}{t^2 - t + 1} = -a,$$

故渐近线方程为 $y = -x - a$，即 $x + y + a = 0$.

三、各种函数表达形式的几何量计算

（D_1（常规操作）+D_{23}（化归经典形式））

1.求幂函数表达式的几何量

例 10.11　（仅数学一、数学二）若 $y = kx(0 \leqslant x \leqslant 1)(k > 0)$ 绕 x 轴旋转一周所得的旋转体的侧面积为 $\sqrt{6}\pi$，则 $k = $ _____.

【解】　应填 $\sqrt{2}$.

$$A = \int_0^1 2\pi kx \cdot \sqrt{1 + k^2}\, \mathrm{d}x = \pi k \sqrt{1 + k^2} = \sqrt{6}\pi, \quad 故 \; k = \sqrt{2}.$$

【注】　$y = kx(0 \leqslant x \leqslant 1)(k > 0)$ 绕 y 轴旋转一周所得的旋转体的侧面积为

$$A = \int_0^1 2\pi x \cdot \sqrt{1 + k^2}\, \mathrm{d}x = \pi \sqrt{1 + k^2}.$$

例 10.12 (仅数学一、数学二)抛物面 $z = x^2 + y^2 (0 \leqslant z \leqslant 1)$ 的面积为_____.

【解】 应填 $\dfrac{\pi}{6}(5\sqrt{5} - 1)$.

将此旋转抛物面看作是曲线 $y = \sqrt{z}(0 \leqslant z \leqslant 1)$ 绕 z 轴旋转而成,则

$$S = \int_0^1 2\pi\sqrt{z}\sqrt{1 + \left(\frac{1}{2\sqrt{z}}\right)^2}\,\mathrm{d}z = \pi\int_0^1 \sqrt{4z + 1}\,\mathrm{d}z = \frac{\pi}{6}(5\sqrt{5} - 1).$$

例 10.13 求曲线 $y = \sqrt{x(1-x)^9}$ 在 $[0,1]$ 上与 x 轴所围图形绕 x 轴旋转一周所得的旋转体的体积.

【解】 所求旋转体体积为 $V_x = \int_0^1 \pi y^2(x)\,\mathrm{d}x = \int_0^1 \pi\left[\sqrt{x(1-x)^9}\right]^2\mathrm{d}x$

$$= \pi\int_0^1 x(1-x)^9\,\mathrm{d}x \xrightarrow{\text{令}1-x=t} \pi\int_0^1 (1-t)t^9\,\mathrm{d}t = \pi\left(\frac{1}{10} - \frac{1}{11}\right) = \frac{\pi}{110}.$$

【注】 若条件改为 $y = \sqrt{x(1-x)^n}$,又当如何? 看我写来:

$$V_n = \int_0^1 \pi\left[\sqrt{x(1-x)^n}\right]^2\mathrm{d}x = \pi\int_0^1 x(1-x)^n\,\mathrm{d}x$$

$$\xrightarrow{\text{令}1-x=t} \pi\int_0^1 (1-t)t^n\,\mathrm{d}t = \pi\left(\frac{1}{n+1} - \frac{1}{n+2}\right)$$

$$= \frac{\pi}{(n+1)(n+2)}.$$

故还可以求:

$$\lim_{n\to\infty}\sum_{k=1}^n V_k = \lim_{n\to\infty}\sum_{k=1}^n \frac{\pi}{(k+1)(k+2)} = \pi\cdot\lim_{n\to\infty}\left(\frac{1}{2} - \frac{1}{3} + \frac{1}{3} - \frac{1}{4} + \cdots + \frac{1}{n+1} - \frac{1}{n+2}\right) = \frac{\pi}{2};$$

$$\lim_{n\to\infty}\left(\sum_{k=1}^n \frac{2}{\pi}V_k\right)^n = \lim_{n\to\infty}\left(1 - \frac{2}{n+2}\right)^n = \mathrm{e}^{-2}.$$

例 10.14 设 D 是由曲线 $y = x^{\frac{1}{3}}$,直线 $x = a(a > 0)$ 及 x 轴所围成的平面图形,V_x,V_y 分别是 D 绕 x 轴,y 轴旋转一周所得的旋转体的体积. 若 $V_y = 10V_x$,求 a 的值.

【解】 $V_x = \pi\int_0^a x^{\frac{2}{3}}\mathrm{d}x = \dfrac{3\pi a^{\frac{5}{3}}}{5}$,$V_y = \pi a^{\frac{7}{3}} - \pi\int_0^{\sqrt[3]{a}} y^6\mathrm{d}y = \pi a^{\frac{7}{3}} - \dfrac{\pi a^{\frac{7}{3}}}{7} = \dfrac{6\pi a^{\frac{7}{3}}}{7}$,或 $V_y = 2\pi\int_0^a x\cdot x^{\frac{1}{3}}\mathrm{d}x = \dfrac{6\pi a^{\frac{7}{3}}}{7}$.

由 $V_y = 10V_x$,即 $\dfrac{6\pi a^{\frac{7}{3}}}{7} = 10\cdot\dfrac{3\pi a^{\frac{5}{3}}}{5}$,解得 $a = 7\sqrt{7}$.

例 10.15 设 $f_n(x) = \dfrac{(nx)^2 + 1}{n}$,$n = 1,2,\cdots$,记 S_n 为 $f_n(x)$ 与 $f_{n+1}(x)$ 所围图形面积,证明 $S_n \leqslant \dfrac{4}{3}\cdot\dfrac{1}{n^3}$.

【证】　令 $f_n(x) = f_{n+1}(x)$，即 $\dfrac{(nx)^2+1}{n} = \dfrac{[(n+1)x]^2+1}{n+1}$，得 $x_n = \pm\dfrac{1}{\sqrt{n(n+1)}}$. 故

$$S_n = 2\int_0^{\frac{1}{\sqrt{n(n+1)}}}\left[nx^2+\frac{1}{n}-(n+1)x^2-\frac{1}{n+1}\right]\mathrm{d}x = \frac{4}{3}\cdot\frac{1}{[n(n+1)]^{\frac{3}{2}}} \leqslant \frac{4}{3}\cdot\frac{1}{n^3}.$$

例10.16　设 $y = \lim\limits_{n\to\infty}\dfrac{1+x}{1+nx^{2n}}$，则曲线 $y = y(x)$ 与 x 轴及 $x = 1$ 所围图形的面积为 _____.

【解】　应填 2.

当 $|x| < 1, n\to\infty$ 时，$x^{2n}\to 0, \dfrac{1+x}{1+nx^{2n}}\to 1+x$；

当 $|x| \geqslant 1, n\to\infty$ 时，$nx^{2n}\to +\infty, \dfrac{1+x}{1+nx^{2n}}\to 0$，故

$$y = \begin{cases} 0, & |x| \geqslant 1, \\ 1+x, & |x| < 1, \end{cases}$$

则曲线 $y = y(x)$ 与 x 轴及 $x = 1$ 所围图形的面积为 $\displaystyle\int_{-1}^1 (1+x)\mathrm{d}x = \left(x+\dfrac{x^2}{2}\right)\bigg|_{-1}^1 = 2$.

例10.17　(仅数学一、数学二)设曲线 $y = ax(a > 0)$ 与 $y = \sqrt{x-1}$ 在第一象限交于一点 $(x_0,\ ax_0)$，其中 $y = \sqrt{x-1}\ (1\leqslant x\leqslant x_0)$ 在第一象限绕 x 轴旋转所得的旋转体表面积为 $\dfrac{\pi}{6}(5\sqrt{5}-1)$，则 $a = $ _____.

【解】　应填 $\dfrac{1}{2}$.

由题意知 $ax_0 = \sqrt{x_0-1}$，得 $a = \sqrt{\dfrac{x_0-1}{x_0^2}}$，又 $y = \sqrt{x-1}(1\leqslant x\leqslant x_0)$ 绕 x 轴旋转所得的旋转体表面积为

$$S = \int_1^{x_0} 2\pi y\sqrt{1+y'^2}\,\mathrm{d}x = \pi\int_1^{x_0}\sqrt{4x-3}\,\mathrm{d}x = \frac{\pi}{4}\cdot\frac{2}{3}\cdot(4x-3)^{\frac{3}{2}}\bigg|_1^{x_0} = \frac{\pi}{6}\left[(4x_0-3)^{\frac{3}{2}}-1\right] = \frac{\pi}{6}(5\sqrt{5}-1),$$

故 $x_0 = 2, a = \dfrac{1}{2}$.

例10.18　(仅数学一、数学二)求曲线 $(x-2)^2+y^2 = 1$ 绕 y 轴旋转一周所得旋转体表面积.

【解】　由于曲线 $(x-2)^2+y^2 = 1$ 的参数方程为 $x = 2+\cos t$，$y = \sin t(0\leqslant t\leqslant 2\pi)$，故旋转体的表面积为

$$S = 2\pi\int_0^{2\pi} x(t)\sqrt{[x'(t)]^2+[y'(t)]^2}\,\mathrm{d}t = 2\pi\int_0^{2\pi}(2+\cos t)\sqrt{\sin^2 t+\cos^2 t}\,\mathrm{d}t = 2\pi\int_0^{2\pi}(2+\cos t)\mathrm{d}t = 8\pi^2.$$

例10.19　已知 $y = \sqrt{x}a^{-\frac{x}{2a}}(a > 1, 0\leqslant x < +\infty)$ 与 x 轴中间部分区域绕 x 轴旋转一周生成的旋转体的体积为 $\pi\mathrm{e}^2$，则 $a = $ _____.

【解】 应填e.

所对应的旋转体的体积为

$$V(a) = \pi \int_0^{+\infty} y^2(x)\mathrm{d}x = \pi \int_0^{+\infty} xa^{-\frac{x}{a}}\mathrm{d}x = -\frac{a\pi}{\ln a}\int_0^{+\infty} x\mathrm{d}\left(a^{-\frac{x}{a}}\right)$$

$$= -\frac{a\pi}{\ln a}\left(xa^{-\frac{x}{a}}\right)\Big|_0^{+\infty} + \frac{a\pi}{\ln a}\int_0^{+\infty} a^{-\frac{x}{a}}\mathrm{d}x = \pi\left(\frac{a}{\ln a}\right)^2 = \pi\mathrm{e}^2,$$

故 $a = \mathrm{e}$.

例10.20 求 $y = 3x^2 + 2x (x \geqslant 0)$ 与 $x = 1$ ，$y = 0$ 围成的平面图形绕 y 轴旋转一周所生成的旋转体的体积.

【解】 由于

$$x = \frac{1}{3}(\sqrt{3y+1} - 1) , \quad 0 \leqslant y \leqslant 5 ,$$

故所求旋转体的体积为

$$V = \pi\int_0^5 (1 - x^2)\mathrm{d}y = 5\pi - \frac{\pi}{9}\int_0^5 (\sqrt{3y+1} - 1)^2\mathrm{d}y$$

$$= 5\pi - \frac{\pi}{9}\left[\frac{3}{2}y^2 + 2y - \frac{4}{9}(3y+1)^{\frac{3}{2}}\right]\Big|_0^5 = 5\pi - \frac{13\pi}{6} = \frac{17\pi}{6} .$$

例10.21 求曲线 $x^2 + y^2 = 2y\left(y \geqslant \frac{1}{2}\right)$ 与 $x^2 + y^2 = 1\left(y \leqslant \frac{1}{2}\right)$ 所围成的平面图形绕 y 轴旋转一周所生成的旋转体的体积.

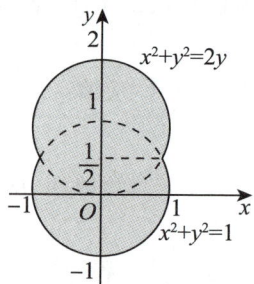

【解】 两曲线所围成的平面图形如图所示，设由 $x^2 + y^2 = 1\left(y \leqslant \frac{1}{2}\right)$ 与 $y = \frac{1}{2}$ 所围图形绕 y 轴旋转而成的旋转体体积为 V_1，由对称性得，所求体积为

$$V = 2V_1 = 2\pi\int_{-1}^{\frac{1}{2}} x^2\mathrm{d}y = 2\pi\int_{-1}^{\frac{1}{2}} (1 - y^2)\mathrm{d}y = \frac{9}{4}\pi.$$

例10.22 求曲线 $y = 3 - \left|x^2 - 1\right|$ 与 x 轴所围成的图形绕直线 $y = 3$ 旋转一周所生成的旋转体的体积.

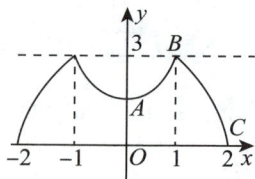

【解】 如图所示，$\overparen{AB}$ 的方程为 $y = x^2 + 2 (0 \leqslant x \leqslant 1)$，$\overparen{BC}$ 的方程为 $y = 4 - x^2 (1 \leqslant x \leqslant 2)$.

设旋转体在区间 $[0,1]$ 上的体积为 V_1，在区间 $[1,2]$ 上的体积为 V_2，则它们的体积元分别为

$$\mathrm{d}V_1 = \pi\left\{3^2 - \left[3 - (x^2 + 2)\right]^2\right\}\mathrm{d}x = \pi(8 + 2x^2 - x^4)\mathrm{d}x,$$

$$\mathrm{d}V_2 = \pi\left\{3^2 - \left[3 - (4 - x^2)\right]^2\right\}\mathrm{d}x = \pi(8 + 2x^2 - x^4)\mathrm{d}x,$$

由对称性,得
$$V = 2(V_1 + V_2) = 2\pi \int_0^1 (8 + 2x^2 - x^4)dx + 2\pi \int_1^2 (8 + 2x^2 - x^4)dx$$

$$= 2\pi \int_0^2 (8 + 2x^2 - x^4)\,dx = \frac{448}{15}\pi.$$

例10.23 (仅数学一、数学二)曲面 $z = 13 - x^2 - y^2$ 将球面 $x^2 + y^2 + z^2 = 25$ 分成三部分,则三部分曲面积之比为_____.

【解】 应填 $1 : 7 : 2$.

由 $\begin{cases} x^2 + y^2 + z^2 = 25, \\ z = 13 - x^2 - y^2, \end{cases}$ 有 $\begin{cases} x^2 + y^2 = 9, \\ z = 4 \end{cases}$ 或 $\begin{cases} x^2 + y^2 = 16, \\ z = -3. \end{cases}$

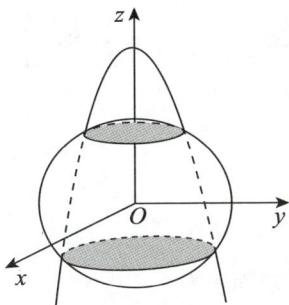
(a)

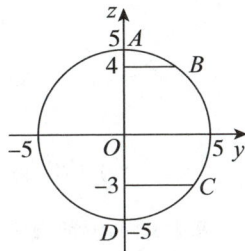
(b)

如图所示,于是,$\overset{\frown}{AB}$ 绕 Oz 轴旋转所成的曲面面积为
$$S_1 = \int_{\overset{\frown}{AB}} 2\pi y\,ds = \int_{z_1}^{z_2} 2\pi \sqrt{25 - z^2} \cdot \frac{5}{\sqrt{25 - z^2}}\,dz = 10\pi \int_4^5 dz = 10\pi.$$

$\overset{\frown}{BC}$ 绕 Oz 轴旋转所成的曲面面积为 $S_2 = \int_{\overset{\frown}{BC}} 2\pi y\,ds = \int_{-3}^4 2\pi \sqrt{25 - z^2} \cdot \frac{5}{\sqrt{25 - z^2}}\,dz = 70\pi.$

$\overset{\frown}{CD}$ 绕 Oz 轴旋转所成的曲面面积为 $S_3 = \int_{\overset{\frown}{CD}} 2\pi y\,ds = 10\pi \int_{-5}^{-3} dz = 20\pi.$

故三部分曲面面积之比 $S_1 : S_2 : S_3 = 10\pi : 70\pi : 20\pi = 1 : 7 : 2.$

【注】本题貌似数学一的考题,实质上是考查旋转曲面的侧面积,对数学二读者提出了要求.

2. 求三角函数表达式的几何量

例10.24 设 $P(x, y)$ 为曲线 $L : \begin{cases} x = \cos t, \\ y = 2\sin^2 t \end{cases} \left(0 \leqslant t \leqslant \frac{\pi}{2}\right)$ 上一点,作过原点 $O(0,0)$ 和点 P 的直线 OP,将曲线 L、直线 OP 以及 x 轴所围成的平面图形记为 A.

(1)求平面图形 A 的面积 $S(x)$ 的表达式;

(2)将平面图形 A 的面积 $S(x)$ 表示为 t 的函数 $S = S_1(t)$,并求 $\dfrac{dS_1}{dt}$ 取得最大值时点 P 的坐标.

【解】（1）消去 t，得 $y=2(1-x^2)$.

设曲线上的点 P 的坐标为 $(x,2(1-x^2))$，则直线 OP 的方程为

$$Y=\frac{y}{x}X=\frac{2(1-x^2)}{x}X,$$

故所求面积的表达式为 $S(x)=\int_0^x\frac{2(1-x^2)}{x}X\mathrm{d}X+\int_x^1 2(1-X^2)\mathrm{d}X=\frac{4}{3}-x-\frac{1}{3}x^3$.

（2）由（1）得，$S_1(t)=\frac{4}{3}-\cos t-\frac{1}{3}\cos^3 t$，于是

$$S_1'(t)=\sin t(1+\cos^2 t)，\quad S_1''(t)=\cos t(3\cos^2 t-1),\quad S_1'''(t)=\sin t(1-9\cos^2 t).$$

令 $S_1''(t)=0$，得 $\cos^2 t_0=\frac{1}{3}$，$\sin^2 t_0=\frac{2}{3}$，$S_1'''(t_0)<0$，故 $x=\frac{\sqrt{3}}{3}$，$y=\frac{4}{3}$，即 $\frac{\mathrm{d}S_1}{\mathrm{d}t}$ 取得最大值时点 P 的坐标为 $\left(\frac{\sqrt{3}}{3},\frac{4}{3}\right)$.

例10.25 求曲线 $y^2=(1-x^2)^3$ 所围图形的面积.

【解】 如图所示，图形关于 x 轴，y 轴均对称，则所求面积为

$$S=4\int_0^1(1-x^2)^{\frac{3}{2}}\mathrm{d}x\xlongequal{x=\sin t}4\int_0^{\frac{\pi}{2}}\cos^4 t\mathrm{d}t$$

$$=4\times\frac{3}{4}\times\frac{1}{2}\times\frac{\pi}{2}=\frac{3}{4}\pi.$$

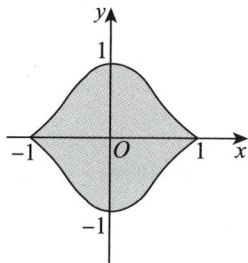

例10.26 求曲线 $y=x\sqrt{4x-x^2}$ 在区间 $[0,4]$ 上与 x 轴所围图形绕 y 轴旋转一周所得的旋转体的体积.

【解】 **法一**
$$V_y=2\pi\int_0^4 xy\mathrm{d}x=2\pi\int_0^4 x^2\sqrt{4x-x^2}\mathrm{d}x=2\pi\int_0^4 x^2\sqrt{(4-x)x}\mathrm{d}x$$

$$\xlongequal{x=4\sin^2 t}2\pi\int_0^{\frac{\pi}{2}}16\sin^4 t\cdot 2\cos t\cdot 2\sin t\cdot 8\sin t\cdot\cos t\mathrm{d}t$$

$$=2^{10}\pi\int_0^{\frac{\pi}{2}}\sin^6 t\cdot\cos^2 t\,\mathrm{d}t=2^{10}\pi\int_0^{\frac{\pi}{2}}(\sin^6 t-\sin^8 t)\mathrm{d}t$$

$$=2^{10}\pi\times\left(\frac{5}{6}\times\frac{3}{4}\times\frac{1}{2}-\frac{7}{8}\times\frac{5}{6}\times\frac{3}{4}\times\frac{1}{2}\right)\times\frac{\pi}{2}=20\pi^2.$$

法二
$$V_y=2\pi\int_0^4 xy\mathrm{d}x=2\pi\int_0^4 x^2\sqrt{4-(x-2)^2}\mathrm{d}x$$

$$\xlongequal{x-2=2\sin t}2\pi\int_{-\frac{\pi}{2}}^{\frac{\pi}{2}}4(1+\sin t)^2\cdot 2\cos t\cdot 2\cos t\mathrm{d}t$$

$$= 2^5 \pi \int_{-\frac{\pi}{2}}^{\frac{\pi}{2}} (1 + 2\sin t + \sin^2 t)\cos^2 t \mathrm{d}t = 2^5 \pi \int_{-\frac{\pi}{2}}^{\frac{\pi}{2}} (1 + \sin^2 t)\cos^2 t \mathrm{d}t$$

$$= 2^6 \pi \int_0^{\frac{\pi}{2}} (1 + \sin^2 t)(1 - \sin^2 t) \mathrm{d}t = 2^6 \pi \int_0^{\frac{\pi}{2}} (1 - \sin^4 t) \mathrm{d}t$$

$$= 2^6 \pi \times \left(\frac{\pi}{2} - \frac{3}{4} \times \frac{1}{2} \times \frac{\pi}{2} \right) = 20\pi^2.$$

【注】如果单独考查定积分计算能力，可直接命制成求 $\int_0^4 x^2 \sqrt{4x - x^2} \mathrm{d}x$，但知识点比较单薄，综合性不强，故命题时将定积分的几何应用结合进来，用了绕 y 轴旋转一周所得的旋转体的体积计算公式 $V_y = 2\pi \int_a^b x|y(x)| \mathrm{d}x$（柱壳法），为了得到 $x^2 \sqrt{4x - x^2}$，命制 $y(x) = x\sqrt{4x - x^2}$ 即可得到此题的表述.

例10.27 已知函数 $f(x)$ 在 $\left[0, \dfrac{3\pi}{2} \right]$ 上连续，在 $\left(0, \dfrac{3\pi}{2} \right)$ 内是函数 $\dfrac{\cos x}{2x - 3\pi}$ 的一个原函数，且 $f(0) = 0$.

(1) 求 $f(x)$ 在区间 $\left[0, \dfrac{3\pi}{2} \right]$ 上的平均值；

(2) 证明 $f(x)$ 在区间 $\left(0, \dfrac{3\pi}{2} \right)$ 内存在唯一零点.

(1)【解】　$f(x)$ 在区间 $\left[0, \dfrac{3\pi}{2} \right]$ 上的平均值为

$$\bar{f} = \frac{\int_0^{\frac{3\pi}{2}} f(x)\mathrm{d}x}{\frac{3}{2}\pi} = \frac{2}{3\pi} \int_0^{\frac{3\pi}{2}} \left(\int_0^x \frac{\cos t}{2t - 3\pi} \mathrm{d}t \right) \mathrm{d}x$$

$$= \frac{2}{3\pi} \int_0^{\frac{3\pi}{2}} \mathrm{d}t \int_t^{\frac{3\pi}{2}} \frac{\cos t}{2t - 3\pi} \mathrm{d}x = -\frac{1}{3\pi} \int_0^{\frac{3\pi}{2}} \cos t \mathrm{d}t = \frac{1}{3\pi}.$$

(2)【证】　由题意，得 $f'(x) = \dfrac{\cos x}{2x - 3\pi}$，$x \in \left(0, \dfrac{3\pi}{2} \right)$.

当 $0 < x < \dfrac{\pi}{2}$ 时，因为 $f'(x) < 0$，所以 $f(x) < f(0) = 0$，故 $f(x)$ 在 $\left(0, \dfrac{\pi}{2} \right)$ 内无零点，且 $f\left(\dfrac{\pi}{2} \right) < 0$.

由积分中值定理知，存在 $x_0 \in \left[0, \dfrac{3\pi}{2} \right]$，使得 $f(x_0) = \bar{f} = \dfrac{1}{3\pi} > 0$，由于当 $x \in \left(0, \dfrac{\pi}{2} \right]$ 时，$f(x) < 0$，因此 $x_0 \in \left(\dfrac{\pi}{2}, \dfrac{3}{2}\pi \right)$.

根据连续函数零点定理知，存在 $\xi \in \left(\dfrac{\pi}{2}, x_0\right) \subset \left(\dfrac{\pi}{2}, \dfrac{3\pi}{2}\right)$，使得 $f(\xi) = 0$.

又因为当 $\dfrac{\pi}{2} < x < \dfrac{3\pi}{2}$ 时，$f'(x) > 0$，所以 $f(x)$ 在 $\left(\dfrac{\pi}{2}, \dfrac{3\pi}{2}\right)$ 内至多只有一个零点.

综上所述，$f(x)$ 在 $\left(0, \dfrac{3\pi}{2}\right)$ 内存在唯一的零点.

【注】上面讨论的后一部分也可这样做：

证明
$$f\left(\dfrac{3\pi}{2}\right) > 0,$$
见例 11.17.

而 $f\left(\dfrac{\pi}{2}\right) < 0$，并注意到 $f(x)$ 在 $\left(\dfrac{\pi}{2}, \dfrac{3\pi}{2}\right)$ 内单调增加，所以 $f(x)$ 在 $\left(\dfrac{\pi}{2}, \dfrac{3\pi}{2}\right)$ 内有唯一零点.

例10.28 （仅数学一、数学二）曲线 $y = \displaystyle\int_0^x \sqrt{\cos t}\, dt$ 的全长为 _____.

【解】 应填 4.

因为 $y(0) = 0$，故 $x = 0$ 对应的点 $(0,0)$ 在曲线上，且要求 $\cos t \geq 0$，曲线 y 在 $-\dfrac{\pi}{2} \leq x \leq \dfrac{\pi}{2}$ 上存在，则有

$y' = \sqrt{\cos x}$，$ds = \sqrt{1 + (y')^2}\, dx = \sqrt{1 + \cos x}\, dx$，故

$$s = \int_{-\frac{\pi}{2}}^{\frac{\pi}{2}} \sqrt{1 + \cos x}\, dx = 2\sqrt{2} \int_0^{\frac{\pi}{2}} \cos \dfrac{x}{2}\, dx = 4.$$

例10.29 求下列曲线围成的区域绕 x 轴旋转一周所生成的旋转体的体积.

(1) $y = e^{-\frac{1}{2}x}\sqrt{\sin x}$ 在 $[0, 2\pi]$ 部分与 x 轴围成的平面区域；

(2) $y = e^{-x}\sqrt{\dfrac{\sin x}{n(n+1)}}$ $(x \geq 0, \ n = 1, 2, \cdots)$ 与 x 轴中间部分区域；

(3) $y = \sqrt{1 - x^2}$ $(0 \leq x \leq 1)$ 与 $\begin{cases} x = \cos^3 t, \\ y = \sin^3 t \end{cases}$ $\left(0 \leq t \leq \dfrac{\pi}{2}\right)$ 围成的平面区域.

【解】 (1) $y = e^{-\frac{1}{2}x}\sqrt{\sin x}$ 在 $[0, \pi]$ 上存在，在 $(\pi, 2\pi)$ 内不存在，故

$$V = \int_0^\pi \pi y^2(x)\, dx = \int_0^\pi \pi e^{-x} \sin x\, dx \xrightarrow{\text{见注}} \dfrac{1}{2}\pi(1 + e^{-\pi}).$$

【注】 $\displaystyle\int_0^\pi \pi e^{-x} \sin x\, dx = \dfrac{\pi}{2} \begin{vmatrix} (e^{-x})' & (\sin x)' \\ e^{-x} & \sin x \end{vmatrix}\Big|_0^\pi = -\dfrac{\pi}{2}(\cos x + \sin x)e^{-x}\Big|_0^\pi = \dfrac{\pi}{2}(e^{-\pi} + 1).$

(2) $y = \mathrm{e}^{-x}\sqrt{\dfrac{\sin x}{n(n+1)}}$ 在 $\left[2k\pi,(2k+1)\pi\right]$，$k = 0,1,2,\cdots$ 上存在，故

$$V_n = \sum_{k=0}^{\infty} \pi \int_{2k\pi}^{(2k+1)\pi} \mathrm{e}^{-2x}\frac{\sin x}{n(n+1)}\mathrm{d}x = \frac{\pi}{n(n+1)}\sum_{k=0}^{\infty}\int_{2k\pi}^{(2k+1)\pi}\mathrm{e}^{-2x}\sin x\mathrm{d}x$$

$$\xlongequal{x=t+2k\pi}\frac{\pi}{n(n+1)}\sum_{k=0}^{\infty}\int_0^{\pi}\mathrm{e}^{-2(2k\pi+t)}\sin t\mathrm{d}t = \frac{\pi}{n(n+1)}\sum_{k=0}^{\infty}\mathrm{e}^{-4k\pi}\int_0^{\pi}\mathrm{e}^{-2t}\sin t\mathrm{d}t .$$

又

$$\int_0^{\pi}\mathrm{e}^{-2t}\sin t\mathrm{d}t = \frac{\left.\begin{vmatrix}(\mathrm{e}^{-2t})' & (\sin t)'\\ \mathrm{e}^{-2t} & \sin t\end{vmatrix}\right|_0^{\pi}}{5} = \frac{1}{5}(-2\mathrm{e}^{-2t}\sin t - \mathrm{e}^{-2t}\cos t)\Big|_0^{\pi} = \frac{1}{5}(1+\mathrm{e}^{-2\pi}) ,$$

故

$$V_n = \frac{\pi}{5n(n+1)}\sum_{k=0}^{\infty}\mathrm{e}^{-4k\pi}\cdot(1+\mathrm{e}^{-2\pi}) = \frac{\pi}{5n(n+1)}(1+\mathrm{e}^{-2\pi})\cdot\frac{1}{1-\mathrm{e}^{-4\pi}} = \frac{\pi}{5n(n+1)(1-\mathrm{e}^{-2\pi})} .$$

(3)设围成的平面区域绕 x 轴旋转一周所得的旋转体的体积为 V，则

$$V = \frac{2}{3}\pi - \int_0^1 \pi y^2 \,\mathrm{d}x = \frac{2}{3}\pi - \int_{\frac{\pi}{2}}^0 \pi \sin^6 t(\cos^3 t)'\,\mathrm{d}t$$

$$= \frac{2}{3}\pi + 3\pi\int_0^{\frac{\pi}{2}}(1-\cos^2 t)^3\cos^2 t\mathrm{d}(\cos t) = \frac{2}{3}\pi - \frac{16}{105}\pi = \frac{18}{35}\pi .$$

例 10.30 **(仅数学一、数学二)**设星形线的方程为 $\begin{cases} x = 2\cos^3 t, \\ y = 2\sin^3 t, \end{cases}$ 则它绕 x 轴旋转一周而成的旋转体的表面积为_____.

【解】 应填 $\dfrac{48}{5}\pi$.

旋转体的表面积为 $S = 2\displaystyle\int_0^{\frac{\pi}{2}}2\pi y\sqrt{(x_t')^2+(y_t')^2}\mathrm{d}t = 4\pi\int_0^{\frac{\pi}{2}}2\sin^3 t\cdot 6\sin t\cos t\mathrm{d}t = \dfrac{48}{5}\pi$.

例 10.31 **(仅数学一、数学二)**双纽线 $r^2 = a^2\cos 2\theta(a>0)$ 绕极轴旋转一周所围成的旋转曲面面积 $S =$ _____.

【解】 应填 $2\pi a^2(2-\sqrt{2})$.

如图所示，由对称性知，只需计算第一象限的曲线绕 x 轴旋转一周的曲面面积，且 $r = a\sqrt{\cos 2\theta}$，于是

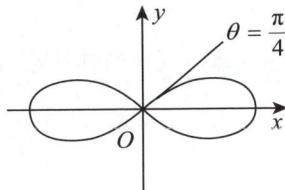

$$S = 2\int_0^{\frac{\pi}{4}} 2\pi r \sin\theta \cdot \sqrt{r^2 + (r')^2} \, \mathrm{d}\theta$$

$$= 4\pi a \int_0^{\frac{\pi}{4}} \sqrt{\cos 2\theta} \cdot \sin\theta \sqrt{a^2\cos 2\theta + \left[\frac{a(-2\sin 2\theta)}{2\sqrt{\cos 2\theta}}\right]^2} \, \mathrm{d}\theta$$

$$= 4\pi a \int_0^{\frac{\pi}{4}} \sqrt{\cos 2\theta} \cdot \sin\theta \sqrt{a^2\cos 2\theta + \frac{a^2\sin^2 2\theta}{\cos 2\theta}} \, \mathrm{d}\theta$$

$$= 4\pi a \int_0^{\frac{\pi}{4}} \sqrt{\cos 2\theta} \cdot \sin\theta \cdot \frac{a}{\sqrt{\cos 2\theta}} \, \mathrm{d}\theta$$

$$= 4\pi a^2 \int_0^{\frac{\pi}{4}} \sin\theta \, \mathrm{d}\theta = 2\pi a^2 \left(2 - \sqrt{2}\right).$$

3. 求对数函数表达式的几何量

例 10.32 求曲线段 $y = \ln x (2 \leqslant x \leqslant 6)$ 的一条切线，使该切线与直线 $x = 2$，$x = 6$ 及此曲线段所围平面图形的面积最小.

【解】 曲线 $y = \ln x$ 在点 $(x_0, \ln x_0)$ 处的切线方程为 $y = \ln x_0 + \dfrac{1}{x_0}(x - x_0)$.

曲线 $y = \ln x$ 在 $(x_0, \ln x_0)$ 处的切线与直线 $x = 2$，$x = 6$ 及此曲线段所围平面图形的面积为

$$S(x_0) = \int_2^6 \left[\ln x_0 + \frac{1}{x_0}(x - x_0) - \ln x\right] \mathrm{d}x = 4\ln x_0 + \frac{16}{x_0} - 6\ln 6 + 2\ln 2.$$

令 $S'(x_0) = \dfrac{4x_0 - 16}{x_0^2} = 0$，解得 $x_0 = 4$.

因为当 $x < 4$ 时，$S'(x) < 0$，当 $x > 4$ 时，$S'(x) > 0$，所以在 $x_0 = 4$ 处，$S(x_0)$ 取得极小值，即 $S(4)$ 最小，故所求切线方程为 $y = \ln 4 + \dfrac{1}{4}(x - 4)$.

例 10.33 （仅数学一、数学二）计算下列曲线的弧长.

(1) $y = \ln(1 - x^2)$，$0 \leqslant x \leqslant \dfrac{1}{2}$；

(2) $y = \dfrac{1}{4}x^2 - \dfrac{1}{2}\ln x (1 \leqslant x \leqslant \mathrm{e})$；

(3) $y = \ln\cos x \left(0 \leqslant x \leqslant \dfrac{\pi}{6}\right)$；

(4) $\ln y + 2x - \dfrac{1}{2}y^2 = 0 (1 \leqslant y \leqslant \mathrm{e})$.

【解】 (1) 由题可得，$y' = \dfrac{-2x}{1 - x^2}$，则

$$1 + y'^2 = 1 + \frac{4x^2}{(1 - x^2)^2} = \frac{(1 + x^2)^2}{(1 - x^2)^2},$$

故弧长

$$s = \int_0^{\frac{1}{2}} \sqrt{1+y'^2}\,dx = \int_0^{\frac{1}{2}} \sqrt{\frac{(1+x^2)^2}{(1-x^2)^2}}\,dx = \int_0^{\frac{1}{2}} \frac{1+x^2}{1-x^2}\,dx = \int_0^{\frac{1}{2}} \frac{2-(1-x^2)}{1-x^2}\,dx$$

$$= 2\int_0^{\frac{1}{2}} \frac{dx}{1-x^2} - \frac{1}{2} = \ln\frac{1+x}{1-x}\Big|_0^{\frac{1}{2}} - \frac{1}{2} = \ln 3 - \frac{1}{2}.$$

(2) 由题可得，$y' = \frac{1}{2}\left(x - \frac{1}{x}\right)$，则 $1+y'^2 = 1 + \frac{1}{4}\left(x^2 - 2 + \frac{1}{x^2}\right) = \frac{1}{4}\left(x + \frac{1}{x}\right)^2$，故弧长

$$s = \int_1^e \sqrt{1+y'^2}\,dx = \frac{1}{2}\int_1^e \left(x + \frac{1}{x}\right)dx = \frac{1}{2}\left(\frac{x^2}{2} + \ln x\right)\Big|_1^e = \frac{e^2+1}{4}.$$

(3) 由题可得，$y' = -\tan x$，则弧长

$$s = \int_0^{\frac{\pi}{6}} \sqrt{1+y'^2}\,dx = \int_0^{\frac{\pi}{6}} \sqrt{1+\tan^2 x}\,dx = \int_0^{\frac{\pi}{6}} \sec x\,dx$$

$$= \ln|\sec x + \tan x|\Big|_0^{\frac{\pi}{6}} = \ln\left(\frac{2}{\sqrt{3}} + \frac{1}{\sqrt{3}}\right) = \frac{1}{2}\ln 3.$$

(4) 由题可得，$x = \frac{1}{4}y^2 - \frac{1}{2}\ln y$. 视 y 为自变量，则弧长为

$$s = \int_1^e \sqrt{1+x_y'^2}\,dy = \int_1^e \sqrt{1+\left(\frac{y}{2} - \frac{1}{2y}\right)^2}\,dy = \int_1^e \frac{1}{2}\left(y + \frac{1}{y}\right)dy = \frac{1}{4}(e^2+1).$$

例10.34 求曲线 $(y+1)^2 = (2-x)\ln x$ 在区间 $[1, 2]$ 上所围成的平面图形绕直线 $y = -1$ 旋转一周所生成的旋转体的体积.

【解】 **法一** 令 $f(x, y) = (y+1)^2 + (x-2)\ln x$，则 $f(x, y) = 0$ 所围图形绕直线 $y = -1$ 旋转一周所成旋转体的体积 V 与 $y^2 = -(x-2)\ln x$ 所围图形绕直线 $y = 0$ 旋转一周所得旋转体的体积 V_1 相等，故

$$V = V_1 = \pi\int_1^2 y^2\,dx = \pi\int_1^2 (2-x)\ln x\,dx = \left(2\ln 2 - \frac{5}{4}\right)\pi.$$

法二 所围图形绕直线 $y = -1$ 旋转一周所得旋转体的体积为

$$V = \pi\int_1^2 (y+1)^2\,dx = \pi\int_1^2 (2-x)\ln x\,dx = \left(2\ln 2 - \frac{5}{4}\right)\pi.$$

例10.35 求曲线 $y = \frac{x}{e}$，$y = \ln x$ 与 x 轴围成图形绕直线 $x = e$ 旋转一周所生成的旋转体的体积.

【解】 所围图形如图所示，故旋转体的体积为

$$V = \frac{1}{3}\cdot\pi e^2\cdot 1 - \pi\int_0^1 (e-e^y)^2\,dy = \frac{\pi}{6}(5e^2 - 12e + 3).$$

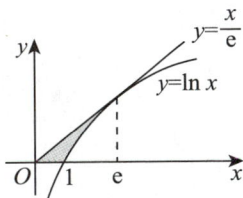

4.求指数函数表达式的几何量

例10.36 设函数 $y = f(x)$ 满足微分方程 $y' + y = \dfrac{e^{-x}\cos x}{2\sqrt{\sin x}}$，且 $f(\pi) = 0$，则曲线 $y = f(x)(x \geq 0)$ 与 x 轴围成图形绕 x 轴旋转一周所生成旋转体的体积是(   ).

(A) $\dfrac{\pi}{5(1 + e^{-2\pi})}$ (B) $\dfrac{\pi}{5(1 - e^{-2\pi})}$

(C) $\dfrac{\pi}{5(1 + e^{-\pi})}$ (D) $\dfrac{\pi}{5(1 - e^{-\pi})}$

【解】 应选(B).

解一阶线性微分方程,有

$$y = e^{-\int p\,dx}\left(\int e^{\int p\,dx} q\,dx + C\right) = e^{-x}\left(\int e^x \frac{e^{-x}\cos x}{2\sqrt{\sin x}}\,dx + C\right) = e^{-x}\left(\int \frac{\cos x}{2\sqrt{\sin x}}\,dx + C\right)$$

$$= e^{-x}\left[\int \frac{d(\sin x)}{2\sqrt{\sin x}} + C\right] = e^{-x}(\sqrt{\sin x} + C),$$

又 $f(\pi) = e^{-\pi} \cdot C = 0$，得 $C = 0$，故 $f(x) = e^{-x}\sqrt{\sin x}$.

故旋转体的体积为

$$V = \sum_{n=0}^{\infty} \pi \int_{2n\pi}^{(2n+1)\pi} e^{-2x}\sin x\,dx \xlongequal{x = 2n\pi + t} \sum_{n=0}^{\infty} \pi \int_0^{\pi} e^{-4n\pi - 2t}\sin t\,dt = \sum_{n=0}^{\infty} \pi e^{-4n\pi} \int_0^{\pi} e^{-2t}\sin t\,dt$$

$$= \frac{\pi(1 + e^{-2\pi})}{5}\sum_{n=0}^{\infty} e^{-4n\pi} = \frac{\pi(1 + e^{-2\pi})}{5} \cdot \frac{1}{1 - e^{-4\pi}} = \frac{\pi}{5(1 - e^{-2\pi})}.$$

例10.37 求下列曲线与 x 轴所围区域的面积.

(1) $y = (x+1)(e^{nx} - 1)(n > 1)$；   (2) $y = \dfrac{x^2}{2}e^{-2x}, \ x \in [0, +\infty)$；

(3) $y = e^{-x}\sin x, \ x \in [0, +\infty)$；   (4) $y = \dfrac{x}{e}, \ y = \ln x$.

【解】 (1)所求面积为 $S_n = \displaystyle\int_{-1}^0 \left|(x+1)(e^{nx} - 1)\right|dx = \int_{-1}^0 (x+1)(1 - e^{nx})dx$

$$= \int_{-1}^0 (x+1)dx - \int_{-1}^0 (x+1)e^{nx}dx = \frac{1}{2}(x+1)^2 \Big|_{-1}^0 - \frac{1}{n}\int_{-1}^0 (x+1)\,d(e^{nx})$$

$$= \frac{1}{2} - \frac{1}{n}\left[(x+1)e^{nx}\Big|_{-1}^0 - \int_{-1}^0 e^{nx}dx\right] = \frac{1}{2} - \frac{1}{n}\left(1 - \frac{1}{n}e^{nx}\Big|_{-1}^0\right)$$

$$= \frac{1}{2} - \frac{1}{n} + \frac{1}{n^2}(1 - e^{-n}).$$

(2)所求面积为

$$S = \int_0^{+\infty} y(x)\mathrm{d}x = \int_0^{+\infty} \frac{x^2}{2}\mathrm{e}^{-2x}\,\mathrm{d}x = -\frac{1}{2}\int_0^{+\infty} \frac{x^2}{2}\,\mathrm{d}(\mathrm{e}^{-2x})$$

$$= -\frac{1}{2}\left(\frac{x^2}{2}\mathrm{e}^{-2x}\bigg|_0^{+\infty} - \int_0^{+\infty} x\mathrm{e}^{-2x}\,\mathrm{d}x\right) = \frac{1}{2}\int_0^{+\infty} x\mathrm{e}^{-2x}\,\mathrm{d}x = \frac{1}{8}.$$

(3)$y = \mathrm{e}^{-x}\sin x$ 在 $[0,+\infty)$ 上与 x 轴的交点为 $x = n\pi(n = 0,1,2,\cdots)$，故所求面积为

$$S = \int_0^{+\infty} \left|\mathrm{e}^{-x}\sin x\right|\mathrm{d}x = \sum_{n=0}^{\infty} \left|\int_{n\pi}^{(n+1)\pi} \mathrm{e}^{-x}\sin x\mathrm{d}x\right|.$$

又

$$\int_{n\pi}^{(n+1)\pi} \mathrm{e}^{-x}\sin x\mathrm{d}x = -\frac{1}{2}\mathrm{e}^{-x}(\cos x + \sin x)\bigg|_{n\pi}^{(n+1)\pi}$$

$$= -\frac{1}{2}\left[\mathrm{e}^{-(n+1)\pi}\cos(n+1)\pi - \mathrm{e}^{-n\pi}\cos n\pi\right]$$

$$= \frac{(-1)^n}{2}\mathrm{e}^{-n\pi}(\mathrm{e}^{-\pi}+1),$$

故

$$S = \int_0^{+\infty} \left|\mathrm{e}^{-x}\sin x\right|\mathrm{d}x = \sum_{n=0}^{\infty} \frac{1+\mathrm{e}^{-\pi}}{2}(\mathrm{e}^{-\pi})^n = \frac{1+\mathrm{e}^{-\pi}}{2}\cdot\frac{1}{1-\mathrm{e}^{-\pi}} = \frac{1+\mathrm{e}^{-\pi}}{2(1-\mathrm{e}^{-\pi})} = \frac{\mathrm{e}^{\pi}+1}{2\mathrm{e}^{\pi}-2}.$$

(4)所求面积为 $S = \int_0^1 (\mathrm{e}^y - \mathrm{e}y)\,\mathrm{d}y = \frac{1}{2}\mathrm{e} - 1$，或

$$S = \frac{1}{2}\cdot\mathrm{e}\cdot 1 - \int_1^{\mathrm{e}} \ln x\mathrm{d}x = \frac{1}{2}\mathrm{e} - 1.$$

例 10.38　求下列区域绕 x 轴旋转一周所生成的旋转体的体积.

(1) $y = \mathrm{e}^{-x}$，x 轴，y 轴，$x = \xi(\xi > 0)$ 所围成的曲边梯形；

(2) $y = \dfrac{\mathrm{e}^x + \mathrm{e}^{-x}}{2}$，$x = 0$，$x = t(t > 0)$，$y = 0$ 所围成曲边梯形；

(3) $y = \sqrt{x}\mathrm{e}^{-\frac{3}{2}x}(x \geqslant 0)$ 下方及 x 轴上方的无界区域.

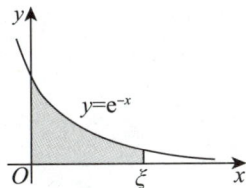

【解】　(1)如图所示，所求旋转体的体积为

$$V(\xi) = \pi\int_0^{\xi} y^2\mathrm{d}x = \pi\int_0^{\xi} \mathrm{e}^{-2x}\mathrm{d}x = \frac{\pi}{2}(1 - \mathrm{e}^{-2\xi}).$$

(2)所求旋转体的体积为

$$V(t) = \pi\int_0^t \left(\frac{\mathrm{e}^x + \mathrm{e}^{-x}}{2}\right)^2\mathrm{d}x = \frac{\pi}{8}(\mathrm{e}^{2t} - \mathrm{e}^{-2t} + 4t).$$

（3）所求旋转体的体积为

$$V = \int_0^{+\infty} \pi y^2 \mathrm{d}x = \pi \int_0^{+\infty} x \mathrm{e}^{-3x} \mathrm{d}x = \pi \left(-\frac{x}{3} \mathrm{e}^{-3x} \Big|_0^{+\infty} + \frac{1}{3} \int_0^{+\infty} \mathrm{e}^{-3x} \mathrm{d}x \right) = \frac{\pi}{3} \cdot \frac{-1}{3} \mathrm{e}^{-3x} \Big|_0^{+\infty} = \frac{\pi}{9}.$$

例10.39 （仅数学一、数学二）求曲线 $y = \dfrac{\mathrm{e}^x + \mathrm{e}^{-x}}{2}$，$x = 0$，$x = t(t>0)$，$y = 0$ 所围成的曲边梯形绕 x 轴旋转一周所得旋转体的侧面积.

【解】 所求侧面积为

$$S(t) = \int_0^t 2\pi y \sqrt{1 + y'^2} \, \mathrm{d}x$$

$$= 2\pi \int_0^t \left(\frac{\mathrm{e}^x + \mathrm{e}^{-x}}{2} \right) \sqrt{1 + \frac{\mathrm{e}^{2x} - 2 + \mathrm{e}^{-2x}}{4}} \, \mathrm{d}x$$

$$= 2\pi \int_0^t \left(\frac{\mathrm{e}^x + \mathrm{e}^{-x}}{2} \right)^2 \mathrm{d}x = \frac{\pi}{4} (\mathrm{e}^{2t} - \mathrm{e}^{-2t} + 4t).$$

例10.40 （仅数学一、数学二）设 D 是由曲线 $y = \sqrt{1-x^2}$ $(0 \le x \le 1)$ 与 $\begin{cases} x = \cos^3 t, \\ y = \sin^3 t \end{cases}$ $\left(0 \le t \le \dfrac{\pi}{2} \right)$ 围成的平面区域，求 D 绕 x 轴旋转一周所得的旋转体的表面积.

【解】 设 D 绕 x 轴旋转一周所得的旋转体的表面积为 S，则

$$S = 2\pi + \int_0^{\frac{\pi}{2}} 2\pi y(t) \sqrt{[x'(t)]^2 + [y'(t)]^2} \, \mathrm{d}t$$

$$= 2\pi + 2\pi \int_0^{\frac{\pi}{2}} \sin^3 t \sqrt{9\cos^4 t \sin^2 t + 9\sin^4 t \cos^2 t} \, \mathrm{d}t$$

$$= 2\pi + 6\pi \int_0^{\frac{\pi}{2}} \sin^4 t \cos t \, \mathrm{d}t = \frac{16}{5}\pi.$$

第 11 讲
一元函数积分学的应用（二）
—— 积分等式与积分不等式

第一部分　定积分等式问题

三向解题法

```
                    定积分等式问题
                    (O(盯住目标))
```

与字母无关性
(D_{22}(转换等价表述))

线性性
(D_{22}(转换等价表述))

方向性
(D_{22}(转换等价表述))

可加(可拆)性
(D_{22}(转换等价表述)+D_{23}(化归经典形式))

"祖孙三代"
$(\int_a^x f(t)dt, f(x), f'(x))$ 的周期性
(D_{22}(转换等价表述)+D_{44}(善于发现对称))

区间再现下的积分公式
(D_{23}(化归经典形式))

华里士公式
(D_1(常规操作))

积分中值定理
(D_1(常规操作)+D_{23}(化归经典形式))

定积分的换元积分法
(D_1(常规操作)+D_{23}(化归经典形式))

定积分的分部积分法
(D_1(常规操作)+D_{23}(化归经典形式))

牛顿-莱布尼茨公式
(D_1(常规操作)+D_{23}(化归经典形式))

"祖孙三代" $(\int_a^x f(t)dt, f(x), f'(x))$ 的奇偶性
(D_{22}(转换等价表述)+D_{44}(善于发现对称))

一、与字母无关性（D_{22}（转换等价表述））

$$\int_a^b f(x)\mathrm{d}x = \int_a^b f(y)\mathrm{d}y.$$

二、线性性（D_{22}（转换等价表述））

$$\int_a^b [k_1 f_1(x) + k_2 f_2(x)]\mathrm{d}x = k_1 \int_a^b f_1(x)\mathrm{d}x + k_2 \int_a^b f_2(x)\mathrm{d}x.$$

三、方向性（D_{22}（转换等价表述））

$$\int_a^b f(x)\mathrm{d}x = -\int_b^a f(x)\mathrm{d}x.$$

四、可加（可拆）性（D_{22}（转换等价表述）$+D_{23}$（化归经典形式））

$$\int_a^b f(x)\mathrm{d}x = \int_a^c f(x)\mathrm{d}x + \int_c^b f(x)\mathrm{d}x.$$

五、"祖孙三代"（$\int_a^x f(t)\mathrm{d}t$，$f(x)$，$f'(x)$）的奇偶性

（D_{22}（转换等价表述）$+D_{44}$（善于发现对称））

①若 $f(x)$ 为可导的奇函数，则 $f'(x)$ 为偶函数.

②若 $f(x)$ 为可导的偶函数，则 $f'(x)$ 为奇函数.

③若 $f(x)$ 为可积的奇函数，则 $\int_0^x f(t)\mathrm{d}t$ 为偶函数.

④若 $f(x)$ 为可积的偶函数，则 $\int_0^x f(t)\mathrm{d}t$ 为奇函数.

例11.1 已知函数 $f(x) = \mathrm{e}^{\sin x} + \mathrm{e}^{-\sin x}$，则 $f'''(2\pi) = $ _____.

【解】 应填0.

因为 $f(x)$ 为偶函数,所以 $f'''(x)$ 为奇函数,故 $f'''(0) = 0$,又因为 $f(x)$ 以 2π 为周期,所以

$$f'''(2\pi) = f'''(0) = 0.$$

例11.2 已知函数 $f(x) = \displaystyle\int_0^x e^{\cos t} dt$, $g(x) = \displaystyle\int_0^{\sin x} e^{t^2} dt$,则(　　　　).

(A) $f(x)$ 是奇函数, $g(x)$ 是偶函数

(B) $f(x)$ 是偶函数, $g(x)$ 是奇函数

(C) $f(x)$, $g(x)$ 均是奇函数

(D) $f(x)$, $g(x)$ 均是周期函数

【解】　应选(C).

$e^{\cos t}$ 关于 t 是偶函数,则 $\displaystyle\int_0^x e^{\cos t} dt$ 是奇函数. 由于 $g(x) = \displaystyle\int_0^{\sin x} e^{t^2} dt$,则 $g(-x) = \displaystyle\int_0^{\sin(-x)} e^{t^2} dt = \displaystyle\int_0^{-\sin x} e^{t^2} dt$,

令 $t = -u$,则 $g(-x) = -\displaystyle\int_0^{\sin x} e^{u^2} du$,于是 $g(-x) = -g(x)$,故 $g(x)$ 是奇函数.

> **【注】** $g(x) = \displaystyle\int_0^{\sin x} e^{t^2} dt$ 可以看作是由 $y(u) = \displaystyle\int_0^u e^{t^2} dt$ 和 $u(x) = \sin x$ 复合而成的,显然 $u(x) = \sin x$ 是奇函数,于是 $g(x)$ 的奇偶性与 $y(u)$ 一致,是奇函数. 另外,若 $u(x)$ 是偶函数,则 $g(x)$ 直接就是偶函数(此时与 $y(u)$ 的奇偶性无关),读者可记口诀:内偶则偶,内奇同外.

⑤ $\displaystyle\int_{-a}^a f(x) dx = \begin{cases} 2\displaystyle\int_0^a f(x) dx, & f(x) \text{为偶函数,} \\ 0, & f(x) \text{为奇函数.} \end{cases}$

⑥ $\displaystyle\int_{-a}^a f(x) dx = \dfrac{1}{2} \displaystyle\int_{-a}^a [f(x) + f(-x)] dx = \displaystyle\int_0^a [f(x) + f(-x)] dx.$

如, $f(x) = \dfrac{1}{1 + e^x}, \dfrac{1}{1 + e^{\frac{1}{x}}}, \dfrac{1}{1 + e^{-x}}, \dfrac{e^x + 1}{e^x - 1}$ 等.

例11.3 $I = \displaystyle\int_{-1}^1 \dfrac{dx}{1 + e^{\frac{1}{x}}} = \underline{\qquad\qquad}.$

【解】　应填1.

设 $f(x) = \dfrac{1}{1 + e^{\frac{1}{x}}}$,则 $f(x) + f(-x) = \dfrac{1}{1 + e^{\frac{1}{x}}} + \dfrac{1}{1 + e^{-\frac{1}{x}}} = 1$. 故 $I = \displaystyle\int_0^1 1 dx = 1.$

例11.4 $I = \displaystyle\int_{-\frac{\pi}{2}}^{\frac{\pi}{2}} \dfrac{\sin^4 x}{1 + e^{-x}} dx = \underline{\qquad\qquad}.$

【解】　应填 $\dfrac{3\pi}{16}$.

注意到积分区间关于原点对称，则

$$I = \int_0^{\frac{\pi}{2}} \left[\frac{\sin^4 x}{1+e^{-x}} + \frac{\sin^4(-x)}{1+e^{-(-x)}} \right] dx = \int_0^{\frac{\pi}{2}} \sin^4 x \, dx = \frac{3}{4} \times \frac{1}{2} \times \frac{\pi}{2} = \frac{3\pi}{16}.$$

六、"祖孙三代"（$\int_a^x f(t)dt$，$f(x)$，$f'(x)$）的周期性

（ D_{22}（转换等价表述）$+D_{44}$（善于发现对称））

①若 $f(x)$ 是可导的且以 T 为周期的周期函数，则 $f'(x)$ 是以 T 为周期的周期函数.

②若 $f(x)$ 是可积的且以 T 为周期的周期函数，则 $\int_0^x f(t)dt$ 是以 T 为周期的周期函数 $\Leftrightarrow \int_0^T f(x)dx = 0$.

③若 $f(x)$ 是可积的且以 T 为周期的周期函数，则 $\int_0^T f(x)dx = \int_a^{a+T} f(x)dx$，$a$ 为任意常数.

更一般地，有 $\int_a^{a+nT} f(x)dx = n\int_0^T f(x)dx$.

例11.5 （1）设 $I = \int_a^{a+\pi} |\sin nx| dx$，$n = 1,2,\cdots$，$a$ 为任意常数，则（　　）.

(A) I 只与 a 有关　　　　　　　　　　(B) I 只与 n 有关

(C) I 与 a,n 均有关　　　　　　　　　(D) I 与 a,n 均无关

（2）设 $I = \int_a^{a+\frac{k\pi}{2}} \sqrt{1-\sin^2 x}\,dx$，$k$ 为正整数，a 为任意实数，则（　　）.

(A) I 只与 a 有关　　　　　　　　　　(B) I 只与 k 有关

(C) I 与 a,k 均有关　　　　　　　　　(D) I 与 a,k 均无关

【解】（1）应选(D).

$$I = \int_a^{a+\pi} |\sin nx| dx = \int_0^\pi |\sin nx| dx \xlongequal{nx=t} \int_0^{n\pi} |\sin t| \cdot \frac{1}{n} dt = 2,$$

故 I 与 a,n 均无关.

（2）应选(C).

$\sqrt{1-\sin^2 x} = |\cos x|$，其以 π 为周期，题中积分区间为 $\left[a,\ a+\frac{k}{2}\pi\right]$，区间长度为 $\frac{k}{2}\pi$，当 k 取正偶数时，I 只与 k 有关；当 k 取正奇数时，区间长度不是 π 的正整数倍，I 与 a,k 均有关，故选(C).

例11.6 设一阶齐次线性微分方程 $y' + p(x)y = 0$ 的系数 $p(x)$ 是以 T 为周期的连续函数，则"该方程的非零解以 T 为周期"是" $\int_0^T p(x)dx = 0$ "的（　　）.

(A)充分非必要条件　　　　　　　(B)必要非充分条件

(C)充分必要条件　　　　　　　　(D)既非充分也非必要条件

【解】　应选(C).

$y' + p(x)y = 0$ 的非零解为 $y = Ce^{-\int p(x)\mathrm{d}x} = Ce^{-\int_0^x p(t)\mathrm{d}t}$，其中 C 是任意非零常数，于是

> 由本讲的"六、②"可得

$$y \text{ 以 } T \text{ 为周期} \Leftrightarrow Ce^{-\int_0^x p(t)\mathrm{d}t} \text{ 以 } T \text{ 为周期} \Leftrightarrow \int_0^x p(t)\mathrm{d}t \text{ 以 } T \text{ 为周期} \Leftrightarrow \int_0^T p(x)\mathrm{d}x = 0.$$

> 隐含条件体系块

七、区间再现下的积分公式（D_{23}（化归经典形式））

① $\int_a^b f(x)\mathrm{d}x = \int_a^b f(a+b-x)\mathrm{d}x$.

② $\int_a^b f(x)\mathrm{d}x = \dfrac{1}{2}\int_a^b [f(x) + f(a+b-x)]\mathrm{d}x$.

> D_{23}（化归经典形式）

如：

$$\int_0^{\frac{\pi}{2}} \sqrt{\cot x}\,\mathrm{d}x = \frac{1}{2}\int_0^{\frac{\pi}{2}}(\sqrt{\cot x} + \sqrt{\tan x})\mathrm{d}x = \frac{1}{2}\int_0^{\frac{\pi}{2}} \frac{1+\tan x}{\sqrt{\tan x}}\mathrm{d}x$$

$$\xrightarrow[x=\arctan t^2]{\tan x = t^2} \frac{1}{2}\int_0^{+\infty} \frac{1+t^2}{t}\cdot\frac{2t}{1+t^4}\mathrm{d}t = \int_0^{+\infty} \frac{1+t^2}{1+t^4}\mathrm{d}t$$

$$= \int_0^{+\infty} \frac{\frac{1}{t^2}+1}{\frac{1}{t^2}+t^2}\mathrm{d}t = \int_0^{+\infty} \frac{\mathrm{d}\left(t-\frac{1}{t}\right)}{\left(t-\frac{1}{t}\right)^2 + (\sqrt{2})^2}$$

$$= \frac{1}{\sqrt{2}}\arctan\frac{t-\frac{1}{t}}{\sqrt{2}}\bigg|_0^{+\infty} = \frac{\sqrt{2}}{2}\pi.$$

③ $\int_a^b f(x)\mathrm{d}x = \int_a^{\frac{a+b}{2}} [f(x) + f(a+b-x)]\mathrm{d}x$.

④ $\int_0^{\pi} xf(\sin x)\mathrm{d}x = \dfrac{\pi}{2}\int_0^{\pi} f(\sin x)\mathrm{d}x$.

⑤ $\int_0^{\pi} xf(\sin x)\mathrm{d}x = \pi\int_0^{\frac{\pi}{2}} f(\sin x)\mathrm{d}x$.

⑥ $\int_0^{\frac{\pi}{2}} f(\sin x)\mathrm{d}x = \int_0^{\frac{\pi}{2}} f(\cos x)\mathrm{d}x$.

⑦ $\int_0^{\frac{\pi}{2}} f(\sin x, \cos x)\mathrm{d}x = \int_0^{\frac{\pi}{2}} f(\cos x, \sin x)\mathrm{d}x$.

例11.7 设可导函数 $f(x)$ 的反函数为 $g(x)$，$f(0)=1$，又 $\int_0^{f(x)} g(t)\mathrm{d}t = \int_0^x \dfrac{t^2 \sin^3 t}{\sin t + |\cos t|}\mathrm{d}t$，则

$f(\pi) = $ _____ .

【解】 应填 $1 + \dfrac{\pi^2}{4} - \dfrac{\pi}{4}$.

在 $\int_0^{f(x)} g(t)\mathrm{d}t = \int_0^x \dfrac{t^2 \sin^3 t}{\sin t + |\cos t|}\mathrm{d}t$ 两边对 x 求导，得

$$g[f(x)]f'(x) = \frac{x^2 \sin^3 x}{\sin x + |\cos x|},$$

又 $g[f(x)] = x$ ，故

$$f'(x) = \frac{x \sin^3 x}{\sin x + |\cos x|},$$

于是有

$$f(x) - f(0) = \int_0^x \frac{t \sin^3 t}{\sin t + |\cos t|}\mathrm{d}t,$$

故

$$f(\pi) = f(0) + \int_0^{\pi} x \cdot \frac{\sin^3 x}{\sin x + |\cos x|}\mathrm{d}x \xlongequal{\text{公式⑤}} 1 + \pi\int_0^{\frac{\pi}{2}} \frac{\sin^3 x}{\sin x + \cos x}\mathrm{d}x$$

$$\xlongequal{\text{公式⑥}} 1 + \pi\int_0^{\frac{\pi}{2}} \frac{\cos^3 x}{\cos x + \sin x}\mathrm{d}x = 1 + \pi \cdot \frac{1}{2}\int_0^{\frac{\pi}{2}} \frac{\sin^3 x + \cos^3 x}{\sin x + \cos x}\mathrm{d}x$$

$$= 1 + \frac{\pi}{2}\int_0^{\frac{\pi}{2}} (\sin^2 x + \cos^2 x - \sin x \cos x)\mathrm{d}x$$

$$= 1 + \frac{\pi}{2}\left(\frac{\pi}{2} - \int_0^{\frac{\pi}{2}} \sin x \cos x\,\mathrm{d}x\right) = 1 + \frac{\pi}{2}\left(\frac{\pi}{2} - \frac{1}{2}\right) = 1 + \frac{\pi^2}{4} - \frac{\pi}{4} \,.$$

例11.8 $I = \displaystyle\int_0^1 \frac{\ln(1+x)}{1+x^2}\,\mathrm{d}x = $ _____ .

【解】 应填 $\dfrac{\pi}{8}\ln 2$.

令 $x = \tan t$ ，则

$$I = \int_0^{\frac{\pi}{4}} \ln(1 + \tan t)\mathrm{d}t \xlongequal{u = \frac{\pi}{4} - t} \int_0^{\frac{\pi}{4}} \ln\left[1 + \tan\left(\frac{\pi}{4} - u\right)\right]\mathrm{d}u$$

$$= \int_0^{\frac{\pi}{4}} \ln\left(1 + \frac{1 - \tan u}{1 + \tan u}\right)\mathrm{d}u = \int_0^{\frac{\pi}{4}} \ln \frac{2}{1 + \tan u}\mathrm{d}u$$

$$= \frac{\pi}{4}\ln 2 - I,$$

得 $I = \dfrac{\pi}{8}\ln 2$.

【注】常见区间再现的题目.

$$\int_0^1 \frac{x}{e^x + e^{1-x}}dx = \frac{1}{2\sqrt{e}}\arctan x\Big|_{\frac{1}{\sqrt{e}}}^{\sqrt{e}} = \frac{1}{2\sqrt{e}}\left(\arctan\sqrt{e} - \arctan\frac{1}{\sqrt{e}}\right);$$

$$\int_0^{n\pi} x|\sin x|dx = \frac{1}{2}n^2\pi\int_0^\pi |\sin x|dx = n^2\pi;$$

$$\int_0^2 \frac{\sqrt{4-x}}{\sqrt{4-x}+\sqrt{x+2}}dx = \frac{1}{2}\int_0^2 1dx = 1;$$

$$\int_0^a \frac{dx}{x+\sqrt{a^2-x^2}} = \int_0^{\frac{\pi}{2}}\frac{\cos t}{\sin t + \cos t}dt = \frac{1}{2}\int_0^{\frac{\pi}{2}}dt = \frac{\pi}{4}.$$

例11.9 $\int_0^\pi x\sqrt{\cos^2 x - \cos^4 x}dx = \underline{\qquad}.$

【解】 应填 $\frac{\pi}{2}$.

$$\int_0^\pi x\sqrt{\cos^2 x - \cos^4 x}dx = \int_0^\pi x\sqrt{\cos^2 x \cdot (1-\cos^2 x)}dx$$

$$= \int_0^\pi x\sqrt{(1-\sin^2 x)\cdot \sin^2 x}dx$$

$$= \pi\int_0^{\frac{\pi}{2}}\sqrt{(1-\sin^2 x)\cdot \sin^2 x}dx$$

$$\int_0^\pi xf(\sin x)dx = \pi\int_0^{\frac{\pi}{2}}f(\sin x)dx$$

$$= \pi\int_0^{\frac{\pi}{2}}\cos x \cdot \sin x dx = \pi\cdot\frac{1}{2}\sin^2 x\Big|_0^{\frac{\pi}{2}} = \frac{\pi}{2}.$$

八、华里士公式（ D_1（常规操作））

① $\int_0^{\frac{\pi}{2}}\sin^n xdx = \int_0^{\frac{\pi}{2}}\cos^n xdx = \begin{cases} \frac{n-1}{n}\times\frac{n-3}{n-2}\times\cdots\times\frac{2}{3}\times 1, & n\text{ 为大于1的奇数}, \\ \frac{n-1}{n}\times\frac{n-3}{n-2}\times\cdots\times\frac{1}{2}\times\frac{\pi}{2}, & n\text{ 为正偶数}. \end{cases}$

② $\int_0^\pi \sin^n xdx = \begin{cases} 2\times\frac{n-1}{n}\times\frac{n-3}{n-2}\times\cdots\times\frac{2}{3}\times 1, & n\text{ 为大于1的奇数}, \\ 2\times\frac{n-1}{n}\times\frac{n-3}{n-2}\times\cdots\times\frac{1}{2}\times\frac{\pi}{2}, & n\text{ 为正偶数}. \end{cases}$

③ $\int_0^\pi \cos^n xdx = \begin{cases} 0, & n\text{ 为正奇数}, \\ 2\times\frac{n-1}{n}\times\frac{n-3}{n-2}\times\cdots\times\frac{1}{2}\times\frac{\pi}{2}, & n\text{ 为正偶数}. \end{cases}$

④ $\int_0^{2\pi}\cos^n x\mathrm{d}x=\int_0^{2\pi}\sin^n x\mathrm{d}x=\begin{cases}0, & n\text{ 为正奇数,}\\ 4\times\dfrac{n-1}{n}\times\dfrac{n-3}{n-2}\times\cdots\times\dfrac{1}{2}\times\dfrac{\pi}{2}, & n\text{ 为正偶数.}\end{cases}$

例11.10 设 $f(x)$ 为连续函数，$\int_0^{\frac{\pi}{4}}f(2x)\mathrm{d}x-f(x)=\cos^4 x$，则 $\int_0^{\frac{\pi}{2}}f(x)\mathrm{d}x=$ _____.

【解】 应填 $\dfrac{3\pi}{4(\pi-4)}$.

$$\int_0^{\frac{\pi}{2}}f(x)\mathrm{d}x=\int_0^{\frac{\pi}{2}}\left[f(x)+\cos^4 x\right]\mathrm{d}x-\int_0^{\frac{\pi}{2}}\cos^4 x\mathrm{d}x$$

$$=\int_0^{\frac{\pi}{2}}\left[\int_0^{\frac{\pi}{4}}f(2x)\mathrm{d}x\right]\mathrm{d}x-\frac{3}{4}\times\frac{1}{2}\times\frac{\pi}{2}$$

$$\xrightarrow[2\mathrm{d}x=\mathrm{d}t]{\diamondsuit 2x=t}\int_0^{\frac{\pi}{2}}\left[\frac{1}{2}\int_0^{\frac{\pi}{2}}f(t)\mathrm{d}t\right]\mathrm{d}x-\frac{3\pi}{16}$$

$$=\frac{1}{2}\int_0^{\frac{\pi}{2}}f(t)\mathrm{d}t\cdot\int_0^{\frac{\pi}{2}}\mathrm{d}x-\frac{3\pi}{16}$$

$$=\frac{\pi}{4}\int_0^{\frac{\pi}{2}}f(t)\mathrm{d}t-\frac{3\pi}{16},$$

故 $$\int_0^{\frac{\pi}{2}}f(x)\mathrm{d}x=\frac{-\dfrac{3\pi}{16}}{1-\dfrac{\pi}{4}}=\frac{3\pi}{4(\pi-4)}.$$

例11.11 设数列 $\{a_n\}$ 的通项 $a_n=\int_0^{+\infty}\dfrac{\mathrm{d}x}{(1+x^2)^n}$，$n=2,3,\cdots$，计算 $\lim\limits_{n\to\infty}\left(\dfrac{a_{n+1}}{a_n}\right)^{\ln(1+\mathrm{e}^{2n})}$.

【解】 $$a_n=\int_0^{+\infty}\frac{\mathrm{d}x}{(1+x^2)^n}\xrightarrow{\diamondsuit x=\tan t}\int_0^{\frac{\pi}{2}}\frac{\sec^2 t}{(\sec^2 t)^n}\mathrm{d}t=\int_0^{\frac{\pi}{2}}\cos^{2n-2}t\mathrm{d}t.$$

$$\frac{a_{n+1}}{a_n}=\frac{\int_0^{\frac{\pi}{2}}\cos^{2n}t\mathrm{d}t}{\int_0^{\frac{\pi}{2}}\cos^{2n-2}t\mathrm{d}t}=\frac{(2n-1)!!}{(2n)!!}\times\frac{\pi}{2}\times\frac{(2n-2)!!}{(2n-3)!!}\times\frac{2}{\pi}=\frac{2n-1}{2n},$$

于是

$$\lim_{n\to\infty}\left(\frac{a_{n+1}}{a_n}\right)^{\ln(1+\mathrm{e}^{2n})}=\lim_{n\to\infty}\left(1-\frac{1}{2n}\right)^{\ln(1+\mathrm{e}^{2n})}=\mathrm{e}^{\lim\limits_{n\to\infty}\ln(1+\mathrm{e}^{2n})\cdot\left(-\frac{1}{2n}\right)}=\mathrm{e}^{\lim\limits_{n\to\infty}\frac{\ln(1+\mathrm{e}^{2n})}{\ln\mathrm{e}^{2n}}\cdot\ln\mathrm{e}^{2n}\cdot\left(-\frac{1}{2n}\right)}=\mathrm{e}^{\lim\limits_{n\to\infty}2n\cdot\left(-\frac{1}{2n}\right)}=\mathrm{e}^{-1}.$$

九、积分中值定理（D₁（常规操作）+D₂₃（化归经典形式））

若函数 $f(x)$ 在 $[a, b]$ 上连续，则存在 $\xi \in [a, b]$，使得 $\int_a^b f(x)\mathrm{d}x = f(\xi)(b-a)$．

【注】（1）需要把积分值表示成函数值的时候，你应该想到它．反过来，某些特殊的函数值，我们也可以用定积分表示出来．

（2）当函数 $f(x)$ 连续非负时，曲边梯形的面积 $\int_a^b f(x)\mathrm{d}x$ 恰好等于一个矩形的面积，此矩形的底为 $b-a$，高为 $f(\xi)$．

（3）$\dfrac{\int_a^b f(x)\mathrm{d}x}{b-a}$ 是函数 $f(x)$ 在 $[a, b]$ 上的平均值，对连续函数来说，其平均值一定是某一点的函数值．

当 $g(x)=1$ 时，存在 $\xi \in (a,b)$，使得 $\int_a^b f(x)\mathrm{d}x = f(\xi)(b-a)$，这是"推广的积分中值定理"．

（4）（第一积分中值定理）若函数 $f(x)$ 在 $[a, b]$ 上连续，$g(x)$ 在 $[a, b]$ 上可积且不变号，则存在 $\xi \in (a, b)$，使得 $\int_a^b f(x)g(x)\mathrm{d}x = f(\xi)\int_a^b g(x)\mathrm{d}x$．这个定理是积分中值定理的推广，甚为有用．

例11.12 已知函数 $f(x)$ 在 $\left[0, \dfrac{\pi}{2}\right]$ 上可导，且 $\int_0^{\frac{\pi}{2}} f(x)\cos x\mathrm{d}x = 0$，证明存在 $\xi \in \left(0, \dfrac{\pi}{2}\right)$，使得 $f'(\xi) = f(\xi)\tan\xi$．

【证】 记 $F(x) = f(x)\cos x$，根据推广的积分中值定理，存在 $\eta \in \left(0, \dfrac{\pi}{2}\right)$，使得

$$\frac{\pi}{2}F(\eta) = \int_0^{\frac{\pi}{2}} f(x)\cos x\mathrm{d}x = 0，$$

即 $F(\eta) = 0$．又 $F\left(\dfrac{\pi}{2}\right) = 0$，根据罗尔定理，存在 $\xi \in \left(\eta, \dfrac{\pi}{2}\right) \subset \left(0, \dfrac{\pi}{2}\right)$，使得 $F'(\xi) = 0$，即

$$f'(\xi)\cos\xi - f(\xi)\sin\xi = 0．$$

因为 $\cos\xi \neq 0$，所以 $f'(\xi) = f(\xi)\tan\xi$．

形式化归体系块

十、定积分的换元积分法

（D₁（常规操作）+D₂₃（化归经典形式））

设 $f(x)$ 在 $[a, b]$ 上连续，函数 $x = \varphi(t)$ 满足① $\varphi(\alpha) = a$，$\varphi(\beta) = b$；② $x = \varphi(t)$ 在 $[\alpha, \beta]$（或 $[\beta, \alpha]$）

上有连续的导数,且其值域为 $R_\varphi = [a, \ b]$,则有

$$\int_a^b f(x)\mathrm{d}x = \int_\alpha^\beta f[\varphi(t)]\varphi'(t)\mathrm{d}t .$$

【注】(1)当 $\varphi(t)$ 的值域 R_φ 超出 $[a, \ b]$,但 $\varphi(t)$ 满足其余条件时,只要 $f(x)$ 在 R_φ 上连续,则上述结论仍成立.

(2)有了不定积分的换元积分法和分部积分法,又有了牛顿－莱布尼茨公式,那定积分的换元积分法和分部积分法是否多余?因为如果只从求定积分值的角度来考虑,可以这样去想:利用不定积分的换元积分法和分部积分法求出原函数,再用牛顿－莱布尼茨公式,即可求出定积分值,这样看来,是多余的.但科学的数学体系中不会出现这种情形,故大家一定要知道,定积分的换元积分法和分部积分法,主要不是用来求积分值的,而是用来讨论不同定积分之间的相互关系的.也就是说,我们在处理定积分问题时,能够求出积分大小的这样的问题毕竟是少数,而一般的积分问题,都是讨论积分之间的相互关系,那关系是什么呢?就是把不同的定积分联系起来,实际就是要把一个定积分想办法变成另外一个定积分的形式,这才是换元积分法和分部积分法最主要的目的.

如果变化前后积分区间也发生了变化,那一定是用了换元积分法,因为只有当积分变量不同时,它的积分区间才可能发生变化;如果变化前后区间相同,一般是用了分部积分法,当然有时候也会用换元积分法,因为并不是所有的换元都改变积分区间,比如区间再现公式.

(3)定积分中常用的换元法.

①诱导公式. D₂₃(化归经典形式)

$$\sin(\pi \pm t) = \mp\sin t ; \ \cos(\pi \pm t) = -\cos t ; \ \sin\left(\frac{\pi}{2} \pm t\right) = \cos t ; \ \cos\left(\frac{\pi}{2} \pm t\right) = \mp\sin t .$$

②被积函数是复合函数 $f[g(x, \ t)]$ 等,令 $g(x, \ t) = u$,如

$$\mathrm{e}^{-x^2}\int_0^1 f(t\mathrm{e}^{-x^2})\mathrm{d}t \xlongequal{t\mathrm{e}^{-x^2}=u} \int_0^{\mathrm{e}^{-x^2}} f(u)\mathrm{d}u , \ \int_0^2 f(x-1)\mathrm{d}x \xlongequal{x-1=u} \int_{-1}^1 f(u)\mathrm{d}u.$$

③被积函数由三角有理式 $R(\sin x, \cos x)$ 与其他函数组成.

若为 $\int_0^{\frac{\pi}{4}} f(x)R(\sin x, \cos x)\mathrm{d}x$,则令 $\frac{\pi}{4} - x = t$;

若为 $\int_0^{\frac{\pi}{2}} f(x)R(\sin x, \cos x)\mathrm{d}x$,则令 $\frac{\pi}{2} - x = t$;

若为 $\int_0^{\pi} f(x)R(\sin x, \cos x)\mathrm{d}x$,则令 $\pi - x = t$;

若为 $\int_0^{2\pi} f(x)R(\sin x, \cos x)\mathrm{d}x$,则令

$$\int_0^{2\pi} f(x)R(\sin x,\cos x)\,\mathrm{d}x = \int_0^{\pi} f(x)R(\sin x,\cos x)\,\mathrm{d}x + \int_{\pi}^{2\pi} f(x)R(\sin x,\cos x)\mathrm{d}x\,.$$

如证明 $\int_0^{2\pi}\dfrac{\sin x}{x}\mathrm{d}x>0$，证明见例 11.16.

④在证明定积分等式的两边寻找"相等关系".

如证 $\int_0^x \mathrm{e}^{xt-t^2}\mathrm{d}t = \mathrm{e}^{\frac{x^2}{4}}\int_0^x \mathrm{e}^{-\frac{t^2}{4}}\mathrm{d}t$，即证 $\int_0^x \mathrm{e}^{xt-t^2}\mathrm{d}t = \int_0^x \mathrm{e}^{\frac{x^2-t^2}{4}}\mathrm{d}t = \int_0^x \mathrm{e}^{\frac{x^2-u^2}{4}}\mathrm{d}u$.

令 $xt-t^2 = \dfrac{x^2-u^2}{4}$，则 $t=\dfrac{x+u}{2}$ 或 $t=\dfrac{x-u}{2}$.

故
$$\int_0^x \mathrm{e}^{xt-t^2}\mathrm{d}t \xlongequal{t=\frac{x+u}{2}} \int_{-x}^x \mathrm{e}^{\frac{x^2-u^2}{4}}\mathrm{d}\left(\frac{u}{2}\right) = \mathrm{e}^{\frac{x^2}{4}}\int_0^x \mathrm{e}^{-\frac{u^2}{4}}\mathrm{d}u\,.$$

令 $t=\dfrac{x-u}{2}$ 亦可.

注意：此换元一个显然的目的是可对 x 求导，即 $f(x)=\int_0^x \mathrm{e}^{xt-t^2}\mathrm{d}t$，则

$$f'(x)=\mathrm{e}^{\frac{x^2}{4}}\cdot\frac{x}{2}\int_0^x \mathrm{e}^{-\frac{t^2}{4}}\mathrm{d}t + \mathrm{e}^{\frac{x^2}{4}}\cdot\mathrm{e}^{\frac{x^2}{4}} = \mathrm{e}^{\frac{x^2}{4}}\cdot\frac{x}{2}\int_0^x \mathrm{e}^{-\frac{t^2}{4}}\mathrm{d}t+1\,.$$

但亦可有
$$\int_0^x \mathrm{e}^{xt-t^2}\mathrm{d}t = \int_0^x \mathrm{e}^{-\left(t-\frac{x}{2}\right)^2+\left(\frac{x}{2}\right)^2}\mathrm{d}t$$

$$= \mathrm{e}^{\frac{x^2}{4}}\int_0^x \mathrm{e}^{-\left(t-\frac{x}{2}\right)^2}\mathrm{d}t \xlongequal{t-\frac{x}{2}=u} \mathrm{e}^{\frac{x^2}{4}}\int_{-\frac{x}{2}}^{\frac{x}{2}} \mathrm{e}^{-u^2}\mathrm{d}u$$

$$= 2\mathrm{e}^{\frac{x^2}{4}}\int_0^{\frac{x}{2}} \mathrm{e}^{-u^2}\mathrm{d}u \xlongequal{u=\frac{v}{2}} \mathrm{e}^{\frac{x^2}{4}}\int_0^x \mathrm{e}^{-\frac{v^2}{4}}\mathrm{d}v\,.$$

⑤平移换元.

平移换元是针对数学命题中经常将关于 $x=0$ 等标准对称的问题平移，使问题复杂化（事实上并非命题故意为难，而是要求读者掌握对称标准化的方法），具体见本讲"十一、(1)"的还原对称性.

———— 形式化归体系块

十一、定积分的分部积分法

（D_1（常规操作）+D_{23}（化归经典形式））

$$\int_a^b u(x)v'(x)\mathrm{d}x = u(x)v(x)\Big|_a^b - \int_a^b v(x)u'(x)\mathrm{d}x\,,$$

这里要求 $u'(x)$，$v'(x)$ 在 $[a, b]$ 上连续.

关于此方法的说明见"十的注(2)"，下面看"十""十一"的综合使用.

（1）还原对称性.

$\rightarrow D_{23}$（化归经典形式）$+D_{44}$（善于发现对称）

例11.13 计算下列积分.

(1) $\displaystyle\int_0^2 (x-1)\mathrm{d}x$；

(2) $\displaystyle\int_0^2 x(x-1)(x-2)\mathrm{d}x$；

(3) $\displaystyle\int_0^{2n} x(x-1)(x-2)\cdots(x-n)\cdots[x-(2n-1)](x-2n)\mathrm{d}x$.

【解】 (1) $\displaystyle\int_0^2 (x-1)\mathrm{d}x \xlongequal{\text{令}x-1=t} \int_{-1}^1 t\mathrm{d}t = 0$.

$\rightarrow D_{43}$（数形结合）

【注】 $\displaystyle\int_0^2 (x-1)\mathrm{d}x$ 的几何背景如图（a）所示，0 到 1 上的负面积与 1 到 2 上的正面积相互抵消，面积为 0. 事实上，$y=x-1$ 在区间 $[0,2]$ 上关于点 $(1,0)$ 对称，可从换元后的结果再看一遍，令 $x-1=t$，得原式 $=\displaystyle\int_{-1}^1 t\mathrm{d}t$，它的几何背景如图（b）所示，这是读者熟悉的情形，$y=t$ 在区间 $[-1,1]$ 上关于点 $(0,0)$ 对称，为奇函数.

将读者熟悉的定义在 $[-1,1]$ 上的奇函数 $y=t$ 平移为不熟悉的 $[0,2]$ 上的 $y=x-1$，这是一种可产生区分度的命题手法.

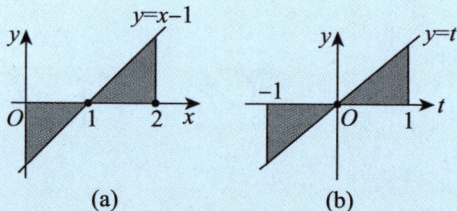

(a)　　　　(b)

(2) $\displaystyle\int_0^2 x(x-1)(x-2)\mathrm{d}x \xlongequal{\text{令}x-1=t} \int_{-1}^1 (t+1)t(t-1)\mathrm{d}t = \int_{-1}^1 (t^2-1)t\,\mathrm{d}t = 0$.

【注】 与"（1）"的命题手法相同，增加的难度在于被积函数不是"线性函数"$y=x-1$，而是"非线性函数"$y=x(x-1)(x-2)$.

$\displaystyle\int_0^2 x(x-1)(x-2)\mathrm{d}x$ 的几何背景如图（a）所示；

$\displaystyle\int_{-1}^1 (t+1)t(t-1)\mathrm{d}t$ 的几何背景如图（b）所示.

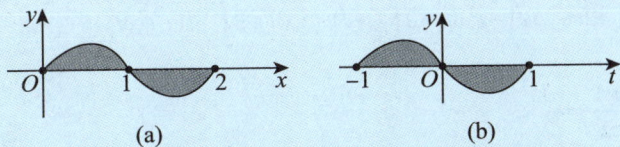

(a)　　　　　　　　(b)

图（a）中，曲线 $y=x(x-1)(x-2)$ 在 $[0,2]$ 上关于点 $(1,0)$ 对称，它是由 $[-1,1]$ 上关于点 $(0,0)$ 对称的（也叫奇函数）曲线 $y=(t+1)t(t-1)$ 平移得到的.

（3）
$$\int_0^{2n} x(x-1)(x-2)\cdots(x-n)\cdots[x-(2n-1)](x-2n)\mathrm{d}x$$

$$\xlongequal{\text{令}\,x-n=t} \int_{-n}^{n} (t+n)(t+n-1)\bullet\cdots\bullet t\bullet\cdots\bullet[t-(n-1)](t-n)\mathrm{d}t$$

$$= \int_{-n}^{n} (t^2-n^2)\left[t^2-(n-1)^2\right]\cdots(t^2-1)\bullet t\,\mathrm{d}t = 0.$$

【注】①有了"（1）"和"（2）"由浅入深的分析，读者便不难理解"（3）"的解题过程与背后的数学道理了.

②如命制成填空题 $\int_0^{10} x(x-1)(x-2)\cdots(x-5)\cdots(x-9)(x-10)\mathrm{d}x$ 等，均可直接写答案 0.

例11.14 计算下列积分.

（1）$\int_0^4 x\sqrt{4x-x^2}\,\mathrm{d}x$;

（2）$\int_0^2 (2x+1)\sqrt{2x-x^2}\,\mathrm{d}x$.

【解】（1）原式 $= \int_0^4 (x-2+2)\sqrt{2^2-(x-2)^2}\,\mathrm{d}x \xlongequal{\text{令}\,x-2=t} \int_{-2}^2 (t+2)\sqrt{2^2-t^2}\,\mathrm{d}t$

$$= \int_{-2}^2 t\bullet\sqrt{2^2-t^2}\,\mathrm{d}t + 2\int_{-2}^2 \sqrt{2^2-t^2}\,\mathrm{d}t = 0 + 2\int_{-2}^2 \sqrt{2^2-t^2}\,\mathrm{d}t$$

$$\xlongequal{(*)} 2\times\frac{\pi\times 2^2}{2} = 4\pi.$$

【注】（1）见到从 0 到 4 的积分，便可想到写 $x-2$，这便有了对称的"机会".

（2）（*）处来自 $\int_{-R}^R \sqrt{R^2-x^2}\,\mathrm{d}x = \frac{\pi R^2}{2}$，其几何意义为圆心在 $(0,0)$，半径为 R 的上半圆面积.

（2）原式 $= \int_0^2 [2(x-1)+3]\sqrt{1-(x-1)^2}\,\mathrm{d}x$

$$\xlongequal{\diamondsuit x-1=t} \int_{-1}^{1} (2t+3)\sqrt{1-t^2}\,dt = 2\int_{-1}^{1} t\cdot\sqrt{1-t^2}\,dt + 3\int_{-1}^{1}\sqrt{1-t^2}\,dt$$

$$= 0 + 3\times\frac{\pi\times 1^2}{2} = \frac{3}{2}\pi.$$

【注】这一小节中讲清了一元函数积分学中平移变换使得对称性标准化的手法，读者需重视.

（2）用于判别定积分的正负.

例11.15 设函数 $F(x) = \int_{x}^{x+2\pi} f(t)\,dt$ ，其中 $f(t) = e^{\sin^2 t}(1+\sin^2 t)\cos 2t$ ，则 $F(x)$ （　　　）.

(A) 为正常数　　　　(B) 为负常数　　　　(C) 恒为零　　　　(D) 不是常数

【解】 应选(B).

由于被积函数连续且以 π 为周期（2π 也是周期），故 $F(x) = F(0) = \int_{0}^{2\pi} f(t)\,dt = 2\int_{0}^{\pi} f(t)\,dt$ ，即 $F(x)$ 为常数.由于被积函数是变号的，为确定积分值的符号，可通过分部积分法转化为被积函数定号的情形，即

$$F(x) = 2\int_{0}^{\pi} f(t)\,dt = \int_{0}^{\pi} e^{\sin^2 t}(1+\sin^2 t)\,d(\sin 2t)$$

$$= e^{\sin^2 t}(1+\sin^2 t)\sin 2t\Big|_{0}^{\pi} - \int_{0}^{\pi}\sin 2t\,d\big[e^{\sin^2 t}(1+\sin^2 t)\big]$$

$$= -\int_{0}^{\pi}\sin^2 2t\cdot e^{\sin^2 t}(2+\sin^2 t)\,dt < 0 ,$$

故 $F(x)$ 为负常数.

例11.16 已知 $I = \int_{0}^{2\pi}\frac{\sin x}{x}\,dx$ ，则 I （　　　）.

(A) 大于零　　　　(B) 小于零　　　　(C) 等于零　　　　(D) 发散

【解】 应选(A).

$$\int_{0}^{2\pi}\frac{\sin x}{x}\,dx = \int_{0}^{\pi}\frac{\sin x}{x}\,dx + \int_{\pi}^{2\pi}\frac{\sin x}{x}\,dx$$

并不是反常积分.因 $\lim\limits_{x\to 0}\dfrac{\sin x}{x}=1$ 所以是正常积分

$$\xlongequal{\diamondsuit x-\pi=t} \int_{0}^{\pi}\frac{\sin x}{x}\,dx + \int_{0}^{\pi}\frac{\sin(t+\pi)}{t+\pi}\,d(t+\pi)$$

$$= \int_{0}^{\pi}\frac{\sin x}{x}\,dx - \int_{0}^{\pi}\frac{\sin x}{x+\pi}\,dx$$

$$\xlongequal{\text{第一积分中值定理}} \frac{1}{\xi_1}\int_{0}^{\pi}\sin x\,dx - \frac{1}{\xi_2+\pi}\int_{0}^{\pi}\sin x\,dx\,(\xi_1,\xi_2 \text{介于0与}\pi\text{之间})$$

$$= 2\left(\frac{1}{\xi_1} - \frac{1}{\xi_2+\pi}\right) > 0,$$

从而 $\int_0^{2\pi}\dfrac{\sin x}{x}dx>0$.

【注】由本题可知，若求 $f(x)=\int_0^x\dfrac{\sin t}{t}dt$ 在 $[0,2\pi]$ 的零点个数，则只需再求 $f'(x)=\dfrac{\sin x}{x}$，分 $(0,\pi)$ 与 $(\pi,2\pi)$ 讨论即可.

例 11.17 设 $I=\int_0^{\frac{3}{2}\pi}\dfrac{\cos x}{2x-3\pi}dx$，则 $I($ 　　　).

(A) 为正　　　　　(B) 为负　　　　　(C) 为零　　　　　(D) 发散

【解】 应选(A).

$$\int_0^{\frac{3}{2}\pi}\dfrac{\cos x}{2x-3\pi}dx\xrightarrow{\text{令}t=\frac{3}{2}\pi-x}\dfrac{1}{2}\int_0^{\frac{3}{2}\pi}\dfrac{\sin t}{t}dt$$

D₂₃（化归经典形式）区间再现换元，被积函数简单易看

$$=\dfrac{1}{2}\int_0^{\frac{\pi}{2}}\dfrac{\sin t}{t}dt+\dfrac{1}{2}\int_{\frac{\pi}{2}}^{\pi}\dfrac{\sin t}{t}dt+\dfrac{1}{2}\int_\pi^{\frac{3\pi}{2}}\dfrac{\sin t}{t}dt$$

D₂₃（化归经典形式）积分可换元，$u+\pi=t$

$$\parallel u+\pi=t$$

$$=\dfrac{1}{2}\int_0^{\frac{\pi}{2}}\dfrac{\sin t}{t}dt+\dfrac{1}{2}\int_{\frac{\pi}{2}}^{\pi}\dfrac{\sin t}{t}dt-\dfrac{1}{2}\int_0^{\frac{\pi}{2}}\dfrac{\sin u}{\pi+u}du$$

D₂₃（化归经典形式）换到同一区间

$$=\dfrac{1}{2}\int_0^{\frac{\pi}{2}}\left(\dfrac{1}{t}-\dfrac{1}{\pi+t}\right)\sin t\,dt+\dfrac{1}{2}\int_{\frac{\pi}{2}}^{\pi}\dfrac{\sin t}{t}dt$$

>0，保号性

故选(A).

例 11.18 证明：$F(x)=\int_x^{x+2\pi}e^{\sin t}\sin t\,dt>0$.

【证】

周期为 2π 的周期函数

$$F(x)=\int_x^{x+2\pi}e^{\sin t}\sin t\,dt=\int_0^{2\pi}e^{\sin t}\sin t\,dt=\int_0^{\pi}e^{\sin t}\sin t\,dt+\int_\pi^{2\pi}e^{\sin t}\sin t\,dt$$

$$\xrightarrow{\text{第一积分中值定理}}e^{\sin\xi}\int_0^{\pi}\sin t\,dt+e^{\sin\eta}\int_\pi^{2\pi}\sin t\,dt\,(\xi\in(0,\pi),\ \eta\in(\pi,2\pi))$$

$$=2(e^{\sin\xi}-e^{\sin\eta})>0,$$

从而 $F(x)>0$.

例 11.19 证明：$\int_0^{\sqrt{2\pi}}\sin x^2dx>0$.

【证】 令 $x^2=u$，则

$$\int_0^{\sqrt{2\pi}} \sin x^2 \mathrm{d}x = \int_0^{2\pi} \frac{\sin u}{2\sqrt{u}} \mathrm{d}u = \int_0^{\pi} \frac{\sin u}{2\sqrt{u}} \mathrm{d}u + \int_{\pi}^{2\pi} \frac{\sin u}{2\sqrt{u}} \mathrm{d}u.$$

令 $u = t + \pi$，则 $\displaystyle\int_{\pi}^{2\pi} \frac{\sin u}{2\sqrt{u}} \mathrm{d}u = \int_0^{\pi} \frac{-\sin t}{2\sqrt{t+\pi}} \mathrm{d}t$，故

$$\int_0^{\sqrt{2\pi}} \sin x^2 \mathrm{d}x = \int_0^{\pi} \left(\frac{1}{2\sqrt{t}} - \frac{1}{2\sqrt{t+\pi}} \right) \sin t \mathrm{d}t.$$

因 $\displaystyle\lim_{t\to 0^+} \frac{\sin t}{2\sqrt{t}} = 0$，知积分非反常积分，在 $(0,\pi)$ 内，$\left(\dfrac{1}{2\sqrt{t}} - \dfrac{1}{2\sqrt{t+\pi}} \right) \sin t > 0$，故

$$\int_0^{\sqrt{2\pi}} \sin x^2 \mathrm{d}x > 0.$$

例 11.20 设函数 $f(x)$ 具有二阶导数，$f'(x) < 0$，$f''(x) > 0$，记

$$I_1 = \int_{-\pi}^{\pi} f(x) \sin x \mathrm{d}x, \quad I_2 = \int_{-\pi}^{\pi} f(x) \cos x \mathrm{d}x,$$

则（　　　）.

(A) $I_1 > 0$，$I_2 < 0$　　　　　　　　　　(B) $I_1 < 0$，$I_2 > 0$

(C) $I_1 > 0$，$I_2 > 0$　　　　　　　　　　(D) $I_1 < 0$，$I_2 < 0$

【解】 应选 (D).

$$I_1 = \int_{-\pi}^{0} f(x) \sin x \mathrm{d}x + \int_0^{\pi} f(x) \sin x \mathrm{d}x$$

$$\xlongequal{\text{令} x = -u} -\int_0^{\pi} f(-u) \sin u \mathrm{d}u + \int_0^{\pi} f(x) \sin x \mathrm{d}x$$

$$= \int_0^{\pi} \underset{<0}{\underline{[f(x) - f(-x)]}} \sin x \mathrm{d}x < 0.$$

亦可用第一积分中值定理，

$$I_1 = f(\xi) \int_{-\pi}^{0} \sin x \mathrm{d}x + f(\eta) \int_0^{\pi} \sin x \mathrm{d}x = 2[f(\eta) - f(\xi)] < 0 (\xi \in (-\pi, 0), \quad \eta \in (0, \pi)).$$

$$I_2 = f(x) \sin x \Big|_{-\pi}^{\pi} - \int_{-\pi}^{\pi} f'(x) \sin x \mathrm{d}x = -\int_{-\pi}^{\pi} f'(x) \sin x \mathrm{d}x.$$

由题可知，$-f'(x)$ 单调递减. 又由 I_1 的结论可知，$I_2 < 0$，故选 (D).

（3）实现等式两边 $f(x)$ 的阶数升降.

例 11.21 设 $f(x) = xg'(2x)$，且 $g(x)$ 的一个原函数为 $\ln(x+1)$，则 $\displaystyle\int_0^1 f(x) \mathrm{d}x = $ _____.

【解】 应填 $\dfrac{1}{6} - \dfrac{1}{4} \ln 3$.

$$\int_0^1 f(x)\mathrm{d}x = \int_0^1 xg'(2x)\mathrm{d}x \xlongequal{\diamondsuit 2x=t} \int_0^2 \frac{t}{2}g'(t)\cdot\frac{1}{2}\mathrm{d}t = \frac{1}{4}\int_0^2 x\mathrm{d}[g(x)]$$

$$= \frac{1}{4}\left[xg(x)\Big|_0^2 - \int_0^2 g(x)\mathrm{d}x \right] = \frac{1}{4}\left[x\cdot\frac{1}{1+x} - \ln(x+1) \right]\Big|_0^2$$

$$= \frac{1}{4}\left(\frac{2}{3} - \ln 3 \right) = \frac{1}{6} - \frac{1}{4}\ln 3.$$

▷ D_{23} (化归经典形式)

【注】将 $g'(x)$ 变为 $g(x)$ ，再变为 $\int g(x)\mathrm{d}x$ ，这叫 "降阶" ．

例11.22 已知 $f(\pi)=1$ ，且 $\int_0^\pi [f(x)+f''(x)]\sin x\mathrm{d}x = 3$，求 $f(0)$．

【解】因
$$\int_0^\pi [f(x)+f''(x)]\sin x\mathrm{d}x = \int_0^\pi f(x)\sin x\mathrm{d}x + \int_0^\pi f''(x)\sin x\mathrm{d}x,$$

而
$$\int_0^\pi f''(x)\sin x\mathrm{d}x = \int_0^\pi \sin x\mathrm{d}[f'(x)] = f'(x)\sin x\Big|_0^\pi - \int_0^\pi f'(x)\cos x\mathrm{d}x$$

$$= 0 - \int_0^\pi \cos x\mathrm{d}[f(x)] = -f(x)\cos x\Big|_0^\pi - \int_0^\pi f(x)\sin x\mathrm{d}x,$$

故
$$\int_0^\pi [f(x)+f''(x)]\sin x\mathrm{d}x = -f(x)\cos x\Big|_0^\pi = f(\pi)+f(0) = 3.$$

又 $f(\pi)=1$ ，从而 $f(0)=2$．

例11.23 设 $f(x)=\int_0^x e^{-t^2+2t}\mathrm{d}t$ ，则 $\int_0^1 (x-1)^2 f(x)\mathrm{d}x = $ _____．

【解】应填 $\dfrac{1}{6}(e-2)$．

由题设知，$f(0)=0$ ，$f'(x)=e^{-x^2+2x}$ ，则

$$\int_0^1 (x-1)^2 f(x)\mathrm{d}x = \frac{1}{3}(x-1)^3 f(x)\Big|_0^1 - \frac{1}{3}\int_0^1 (x-1)^3 f'(x)\mathrm{d}x$$

$$= -\frac{1}{3}\int_0^1 (x-1)^3 e^{-x^2+2x}\mathrm{d}x = -\frac{1}{6}\int_0^1 (x-1)^2 e^{-(x-1)^2+1}\mathrm{d}[(x-1)^2]$$

$$\xlongequal{\diamondsuit t=(x-1)^2} -\frac{e}{6}\int_1^0 te^{-t}\mathrm{d}t = \frac{1}{6}(e-2).$$

▷ D_{23} (化归经典形式)

【注】将 $\int f(x)\mathrm{d}x$ 变为 $f(x)$ ，再变为 $f'(x)$ ，这叫 "升阶" ．

例11.24 设函数 $f(x)$ 在区间 $[0,1]$ 上具有连续导数，且 $\int_0^1 x^2 f'(x)\mathrm{d}x = 1$. 证明：

(1) 存在 $\xi \in [0,1]$，使得 $f'(\xi) = 3$；

(2) 若 $f(1) = \int_0^1 f(x)\mathrm{d}x = 0$，则存在 $\eta \in [0,1]$，使得 $f'(\eta) = -\dfrac{6}{7}$.

【证】 (1) 因为 $f'(x)$ 在 $[0,1]$ 上连续，所以 $f'(x)$ 在 $[0,1]$ 上存在最大值 M 与最小值 m，即 $m \leqslant f'(x) \leqslant M$，$x \in [0,1]$. 于是，有

$$\frac{m}{3} = m\int_0^1 x^2\mathrm{d}x \leqslant \int_0^1 x^2 f'(x)\mathrm{d}x \leqslant M\int_0^1 x^2\mathrm{d}x = \frac{M}{3}.$$

又 $\int_0^1 x^2 f'(x)\mathrm{d}x = 1$，得 $m \leqslant 3 \leqslant M$. 对 $f'(x)$ 利用介值定理，知存在 $\xi \in [0,1]$，使得 $f'(\xi) = 3$.

(2) 利用分部积分法，得

$$1 = \int_0^1 x^2 f'(x)\mathrm{d}x = x^2 f(x)\Big|_0^1 - \int_0^1 2x f(x)\mathrm{d}x,$$

所以 $\int_0^1 x f(x)\mathrm{d}x = -\dfrac{1}{2}$. 再次利用分部积分法，得

$$\int_0^1 x f(x)\mathrm{d}x = x(x-3)f(x)\Big|_0^1 - \int_0^1 (x-3)[f(x) + x f'(x)]\mathrm{d}x$$

$$= -\int_0^1 (x-3)f(x)\mathrm{d}x + \int_0^1 x(3-x)f'(x)\mathrm{d}x,$$

故

$$\int_0^1 x(3-x)f'(x)\mathrm{d}x = 2\int_0^1 x f(x)\mathrm{d}x = -1.$$

因为

$$\frac{7m}{6} = m\int_0^1 x(3-x)\mathrm{d}x \leqslant \int_0^1 x(3-x)f'(x)\mathrm{d}x \leqslant M\int_0^1 x(3-x)\mathrm{d}x = \frac{7M}{6},$$

所以 $m \leqslant -\dfrac{6}{7} \leqslant M$. 对 $f'(x)$ 利用介值定理，知存在 $\eta \in [0,1]$，使得 $f'(\eta) = -\dfrac{6}{7}$.

【注】 读者若在解题时总盯着 $-\dfrac{6}{7}$，恐不得要领. 事实上，通过两次分部积分，实现从 $\int f(x)\mathrm{d}x$ 到 $f'(x)$ 的转换才是关键，$-\dfrac{6}{7}$ 会随之而出现.

十二、牛顿 – 莱布尼茨公式

形式化归体系块

（ D$_1$（常规操作）+D$_{23}$（化归经典形式））

设函数 $f(x)$ 在区间 $[a, b]$ 上连续(事实上可积即可), $F(x)$ 是 $f(x)$ 在区间 $[a, b]$ 上的一个原函数, 则

$$\int_a^b f(x)\mathrm{d}x = F(b) - F(a) .$$

【注】常考形式为 $\int_a^b f'(x)\mathrm{d}x = f(b) - f(a)$ ，$\int_{x_0}^x f'(t)\mathrm{d}t = f(x) - f(x_0)$ ，要善于制造函数差值形式

→ D$_{23}$（化归经典形式）

并用好 $f(x) - f(a) = \int_a^x f'(t)\mathrm{d}t$.

比如：① $\ln\left(1+\dfrac{1}{x}\right) = \ln\dfrac{1+x}{x} = \ln(1+x) - \ln x = \int_x^{x+1} \dfrac{1}{t}\mathrm{d}t > \int_x^{x+1} \dfrac{1}{1+x}\mathrm{d}t = \dfrac{1}{1+x}\,(x>0)$.

② $f'(x) = \dfrac{1}{x^2+1}$ ，$x \geq 1$ ，$f(1) = 1$ ，则

$$f(x) = f(1) + \int_1^x f'(t)\mathrm{d}t = f(1) + \int_1^x \dfrac{\mathrm{d}t}{1+t^2} < 1 + \int_1^{+\infty} \dfrac{\mathrm{d}t}{1+t^2} = 1 + \dfrac{\pi}{4} .$$

③ $\ln(1+n) = \int_1^{n+1} \dfrac{1}{x}\mathrm{d}x = \int_1^2 \dfrac{1}{x}\mathrm{d}x + \int_2^3 \dfrac{1}{x}\mathrm{d}x + \cdots + \int_n^{n+1} \dfrac{1}{x}\mathrm{d}x < \int_1^2 \dfrac{1}{1}\mathrm{d}x + \int_2^3 \dfrac{1}{2}\mathrm{d}x + \cdots + \int_n^{n+1} \dfrac{1}{n}\mathrm{d}x$

$$= 1 + \dfrac{1}{2} + \cdots + \dfrac{1}{n} .$$

④ $\ln n = \int_1^n \dfrac{1}{x}\mathrm{d}x = \int_1^2 \dfrac{1}{x}\mathrm{d}x + \cdots + \int_{n-1}^n \dfrac{1}{x}\mathrm{d}x > \int_1^2 \dfrac{1}{2}\mathrm{d}x + \cdots + \int_{n-1}^n \dfrac{1}{n}\mathrm{d}x = \dfrac{1}{2} + \cdots + \dfrac{1}{n}$.

例 11.25　已知 $f'(\ln x) = \begin{cases} 1, & x \in (0,1), \\ x, & x \in (1,+\infty), \end{cases}$ $f(0) = 0$, 则 $f(1) = \underline{\qquad}$.

【解】　应填 $\mathrm{e} - 1$.

$$f(1) = f(1) - f(0) = \int_0^1 f'(t)\mathrm{d}t \xlongequal{t = \ln x} \int_1^{\mathrm{e}} f'(\ln x) \dfrac{\mathrm{d}x}{x} = \int_1^{\mathrm{e}} \mathrm{d}x = \mathrm{e} - 1 .$$

第二部分　定积分不等式问题

三向解题法

形式化归体系块

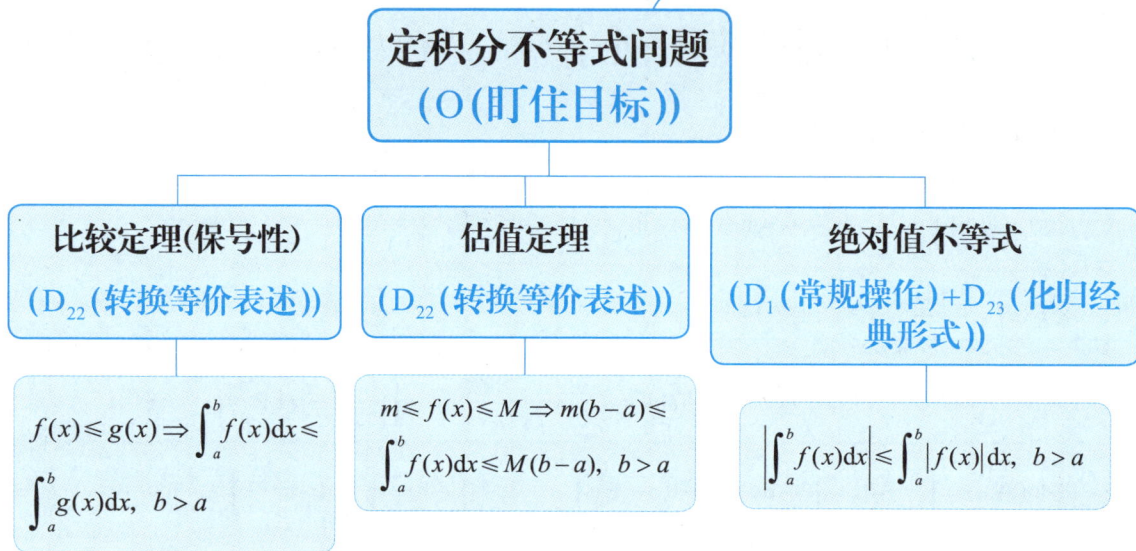

定积分不等式问题
(O(盯住目标))

比较定理(保号性)
(D$_{22}$(转换等价表述))

$$f(x) \leqslant g(x) \Rightarrow \int_a^b f(x)\mathrm{d}x \leqslant \int_a^b g(x)\mathrm{d}x,\ b > a$$

估值定理
(D$_{22}$(转换等价表述))

$$m \leqslant f(x) \leqslant M \Rightarrow m(b-a) \leqslant \int_a^b f(x)\mathrm{d}x \leqslant M(b-a),\ b > a$$

绝对值不等式
(D$_1$(常规操作)+D$_{23}$(化归经典形式))

$$\left| \int_a^b f(x)\mathrm{d}x \right| \leqslant \int_a^b |f(x)|\mathrm{d}x,\ b > a$$

一、比较定理（保号性）（ D$_{22}$（转换等价表述））

设 $f(x)$，$g(x)$ 连续，则

$$f(x) \leqslant g(x) \Rightarrow \int_a^b f(x)\mathrm{d}x \leqslant \int_a^b g(x)\mathrm{d}x,\ b > a.$$

例11.26 $\displaystyle\lim_{n\to\infty}\int_0^1 (n+1)x^n \ln(1+x)\mathrm{d}x = ($　　$)$.

(A) $\ln 2$　　　　　　(B) 1　　　　　　(C) e^2　　　　　　(D) $+\infty$

【解】　应选(A).

$$\int_0^1 (n+1)x^n \ln(1+x)\mathrm{d}x = \int_0^1 \ln(1+x)\mathrm{d}(x^{n+1}) = x^{n+1}\ln(1+x)\Big|_0^1 - \int_0^1 \frac{x^{n+1}}{1+x}\mathrm{d}x = \ln 2 - \int_0^1 \frac{x^{n+1}}{1+x}\mathrm{d}x.$$

对于 $\displaystyle\lim_{n\to\infty}\int_0^1 \frac{x^{n+1}}{1+x}\mathrm{d}x$，利用放缩法，由于当 $0 \leqslant x \leqslant 1$ 时有 $0 \leqslant \dfrac{x^{n+1}}{1+x} \leqslant x^{n+1}$，故

$$0 \leqslant \int_0^1 \frac{x^{n+1}}{1+x}\mathrm{d}x \leqslant \int_0^1 x^{n+1}\mathrm{d}x = \frac{1}{n+2},$$

当 $n \to \infty$ 时, 由夹逼准则, 有 $\lim\limits_{n \to \infty} \int_0^1 \dfrac{x^{n+1}}{1+x} \mathrm{d}x = 0$. 于是原式 $= \ln 2$.

例11.27 设函数 $f(x)$ 在 $(-\infty, +\infty)$ 内具有二阶连续导数. 证明: $f''(x) \geqslant 0$ 的充分必要条件是对不同的实数 a, b, $f\left(\dfrac{a+b}{2}\right) \leqslant \dfrac{1}{b-a} \int_a^b f(x)\mathrm{d}x$.

【证】 必要性: 对不同的实数 a, b, 根据泰勒公式, 得

$$f(x) = f\left(\frac{a+b}{2}\right) + f'\left(\frac{a+b}{2}\right)\left(x - \frac{a+b}{2}\right) + \frac{1}{2}f''(\xi)\left(x - \frac{a+b}{2}\right)^2,$$

其中 ξ 介于 x 与 $\dfrac{a+b}{2}$ 之间.

因为 $f''(x) \geqslant 0$, 所以 $f(x) \geqslant f\left(\dfrac{a+b}{2}\right) + f'\left(\dfrac{a+b}{2}\right)\left(x - \dfrac{a+b}{2}\right)$.

当 $a < b$ 时,

$$\int_a^b f(x)\mathrm{d}x \geqslant f\left(\frac{a+b}{2}\right)(b-a) + \int_a^b f'\left(\frac{a+b}{2}\right)\left(x - \frac{a+b}{2}\right)\mathrm{d}x,$$

又因为 $\int_a^b f'\left(\dfrac{a+b}{2}\right)\left(x - \dfrac{a+b}{2}\right)\mathrm{d}x = 0$, 所以 $f\left(\dfrac{a+b}{2}\right) \leqslant \dfrac{1}{b-a} \int_a^b f(x)\mathrm{d}x$.

当 $a > b$ 时, 同理可证 $f\left(\dfrac{a+b}{2}\right) \leqslant \dfrac{1}{b-a} \int_a^b f(x)\mathrm{d}x$.

综上, 必要性得证.

充分性: 假设 $f''(x) \geqslant 0$ 不成立, 则存在 x_0, 使得 $f''(x_0) < 0$.

因为 $f''(x)$ 在 x_0 处连续, 所以存在 $\delta > 0$, 使得当 $x \in [x_0 - \delta, \ x_0 + \delta]$, $f''(x) < 0$.

从而, 当 $0 < |x - x_0| \leqslant \delta$ 时,

$$f(x) = f(x_0) + f'(x_0)(x - x_0) + \frac{1}{2}f''(\xi)(x - x_0)^2 < f(x_0) + f'(x_0)(x - x_0),$$

因此 $\dfrac{1}{2\delta} \int_{x_0-\delta}^{x_0+\delta} f(x)\mathrm{d}x < f(x_0)$. 这与条件 "对不同的实数 a, b, $f\left(\dfrac{a+b}{2}\right) \leqslant \dfrac{1}{b-a} \int_a^b f(x)\mathrm{d}x$" 矛盾.

综上, $f''(x) \geqslant 0$.

例11.28 设函数 $f(x)$ 在 $[a, \ b]$ 上连续且严格单调递增, 且 $f''(x) > 0$. 求证:

$$(b-a)f(a) < \int_a^b f(x)\mathrm{d}x < (b-a)\frac{f(a)+f(b)}{2}.$$

① $f'(x) > 0$, $f'(x)$ 非常数
② $f(x)$ 单调递增, $f(x)$ 非常数
③ 余项放缩
④ 凹凸性不等式

【证】 因为 $f(x) - f(a)$ 在 $[a, \ b]$ 上连续且严格单调递增, 所以

$$\int_a^b [f(x) - f(a)]\mathrm{d}x > 0,$$

即
$$(b-a)f(a) < \int_a^b f(x)\mathrm{d}x.$$

又因为 $f''(x) > 0$，所以

$$\boxed{f(x) \le f(a) + \frac{f(b)-f(a)}{b-a}(x-a),}$$ —→ 凸函数定义

故

$$\int_a^b f(x)\mathrm{d}x < \int_a^b \left[f(a) + \frac{f(b)-f(a)}{b-a}(x-a) \right]\mathrm{d}x = \frac{f(a)+f(b)}{2}(b-a).$$

二、估值定理（ D_{22}（转换等价表述））

设 $f(x)$ 连续，则

$$m \le f(x) \le M \Rightarrow m(b-a) \le \int_a^b f(x)\mathrm{d}x \le M(b-a), \quad b > a.$$

例 11.29 设函数 $f(x)$ 在 $[a,\ b]$ 上具有二阶连续导数，且 $f\left(\dfrac{a+b}{2}\right) = 0$. 证明: 存在 $\xi \in [a,\ b]$ ，x_0

使得

$$f''(\xi) = \frac{24}{(b-a)^3}\int_a^b f(x)\mathrm{d}x.$$

$f(x)$ 泰勒展开后再积分，且 $\displaystyle\int_a^b\left(x - \frac{a+b}{2}\right)\mathrm{d}x = 0$ ，$\displaystyle\int_a^b\left(x - \frac{a+b}{2}\right)^2\mathrm{d}x = \frac{1}{12}(b-a)^3$

【证】 因为 $f(x) = f\left(\dfrac{a+b}{2}\right) + f'\left(\dfrac{a+b}{2}\right)\left(x - \dfrac{a+b}{2}\right) + \dfrac{1}{2}f''(\eta)\left(x - \dfrac{a+b}{2}\right)^2$，其中 η 介于 $x, \dfrac{a+b}{2}$ 之间，

所以
$$\int_a^b f(x)\mathrm{d}x = \int_a^b f'\left(\frac{a+b}{2}\right)\left(x - \frac{a+b}{2}\right)\mathrm{d}x + \frac{1}{2}\int_a^b f''(\eta)\left(x - \frac{a+b}{2}\right)^2\mathrm{d}x$$

$$= \frac{1}{2}\int_a^b f''(\eta)\left(x - \frac{a+b}{2}\right)^2\mathrm{d}x.$$

记 $f''(x)$ 在 $[a,\ b]$ 上的最大值、最小值分别为 M, m，则

$$m\left(x - \frac{a+b}{2}\right)^2 \le f''(\eta)\left(x - \frac{a+b}{2}\right)^2 \le M\left(x - \frac{a+b}{2}\right)^2.$$

所以
$$m \le \frac{\displaystyle\int_a^b f''(\eta)\left(x - \frac{a+b}{2}\right)^2\mathrm{d}x}{\displaystyle\int_a^b\left(x - \frac{a+b}{2}\right)^2\mathrm{d}x} = \frac{\displaystyle\int_a^b f''(\eta)\left(x - \frac{a+b}{2}\right)^2\mathrm{d}x}{\dfrac{1}{12}(b-a)^3} \le M,$$

故存在 $\xi \in [a,\ b]$，使得

$$f''(\xi)=\dfrac{\displaystyle\int_a^b f''(\eta)\left(x-\dfrac{a+b}{2}\right)^2 dx}{\dfrac{1}{12}(b-a)^3},$$

从而

$$f''(\xi)=\dfrac{24}{(b-a)^3}\int_a^b f(x)dx.$$

【注】此题不能错误地利用积分中值定理.

三、绝对值不等式（D_1（常规操作）+D_{23}（化归经典形式））

设 $f(x)$ 连续,则

$$\left|\int_a^b f(x)dx\right|\le\int_a^b|f(x)|dx,\ b>a.$$

【注】设 $f(x)$ 在 $[a,\ b]$ 上连续且 $\left|\int_a^b f(x)dx\right|<\int_a^b|f(x)|dx$,则存在 $c\in(a,b)$,使得 $f(c)=0$.

可如下证之:　P_2(反证思路)

如若不然, $f(x)>0$,则 $\left|\int_a^b f(x)dx\right|=\int_a^b|f(x)|dx$; $f(x)<0$,则 $-\int_a^b f(x)dx=\int_a^b[-f(x)]dx$. 矛盾.

故 $f(x)$ 在 $[a,\ b]$ 上必有正有负. 由零点定理知存在 $c\in(a,\ b)$,使得 $f(c)=0$.

这又给我们研究"$f(x)$ 的某个零点"提供了一种方向.

例11.30　证明 $\lim\limits_{n\to\infty}\int_0^{\frac{\pi}{4}}\sin(nx)\sin^n xdx=0$.

【证】当 $0\le x\le\dfrac{\pi}{4}$ 时, $0\le\sin x\le\dfrac{\sqrt2}{2}<1$,所以

$$0\le\left|\int_0^{\frac{\pi}{4}}\sin(nx)\sin^n xdx\right|\le\int_0^{\frac{\pi}{4}}|\sin(nx)\sin^n x|dx\le\int_0^{\frac{\pi}{4}}\left(\dfrac{\sqrt2}{2}\right)^n dx=\dfrac{\pi}{4}\left(\dfrac{\sqrt2}{2}\right)^n.$$

由 $\lim\limits_{n\to\infty}\dfrac{\pi}{4}\left(\dfrac{\sqrt2}{2}\right)^n=0$ 及夹逼定理,可知

$$\lim\limits_{n\to\infty}\left|\int_0^{\frac{\pi}{4}}\sin(nx)\sin^n xdx\right|=0,$$

从而
$$\lim_{n\to\infty}\int_0^{\frac{\pi}{4}}\sin(nx)\sin^n x\,\mathrm{d}x=0 .$$

第三部分　黎曼思想

三向解题法

```
            黎曼思想
           (○(盯住目标))
    ┌──────┬──────┬──────┐
  分割    近似    求和   取极限
         ┌───┬───┐
     用拟合法 用中值定理法 用泰勒展开式法
```

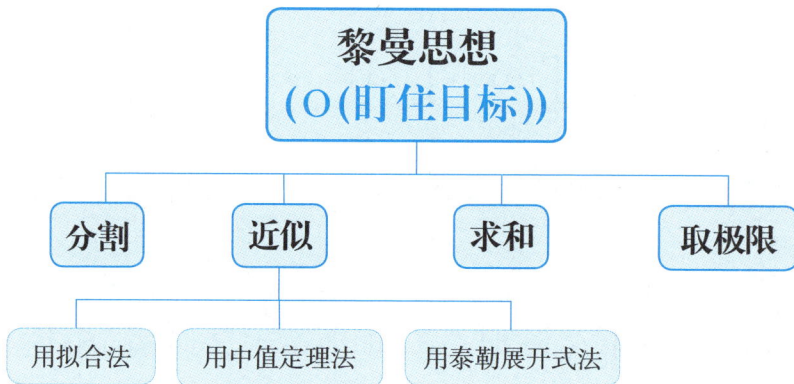

对于积分等式与积分不等式,总结来说,有一个核心的处理思想,我把它称为**黎曼思想**:"分割、近似、求和、取极限".

如证明 $\lim\int_a^b f(x)=A$.

分割:将积分区间分割成若干子区间,这是黎曼思想的出发点,不要试图在整段区间上作近似,而要根据问题分割成若干段,分段作近似.

近似:在各个子区间上,构造 $f(x)$ 的近似(拟合)对象 $g(x)$,只要 $g(x)$ 的积分极限也为 A ,则任务就转化成了证明 $f(x)-g(x)$ 的积分极限为0.

求和:再将若干积分加回去.

取极限:取极限即可得证.

【**注**】在近似环节,一般考虑以下方法:

(1)用拟合法: $g(x)$ 是 $f(x)$ 的替身或近似对象,则 $f(x)-g(x)$ 的放缩就在掌握之中了,目标明确,放缩两边都是趋于 0 即可.

如果题设未告知结果 A，或者是不等关系，那就利用题设条件，采取中值定理法、泰勒展开式法解决问题．

（2）用中值定理法．

注例　设 $f(x)$ 在 $[0,1]$ 上可导，任意 $x\in(0,1)$，$|f'(x)|\leqslant M$．证明：对于任意的正整数 n，都有

$$\left|\int_0^1 f(x)\mathrm{d}x-\frac{1}{n}\sum_{k=1}^n f\left(\frac{k-1}{n}\right)\right|\leqslant\frac{M}{2n}.$$

证　$\displaystyle\int_0^1 f(x)\mathrm{d}x=\sum_{k=1}^n\int_{\frac{k-1}{n}}^{\frac{k}{n}}f(x)\mathrm{d}x$，记 $S_n=\dfrac{1}{n}\sum_{k=1}^n f\left(\dfrac{k-1}{n}\right)$．则

$$0\leqslant\left|\int_0^1 f(x)\mathrm{d}x-S_n\right|=\left|\sum_{k=1}^n\int_{\frac{k-1}{n}}^{\frac{k}{n}}f(x)\mathrm{d}x-\sum_{k=1}^n f\left(\frac{k-1}{n}\right)\cdot\frac{1}{n}\right|$$

$$\leqslant\sum_{k=1}^n\int_{\frac{k-1}{n}}^{\frac{k}{n}}\left|f(x)-f\left(\frac{k-1}{n}\right)\right|\mathrm{d}x$$

$$=\sum_{k=1}^n\int_{\frac{k-1}{n}}^{\frac{k}{n}}|f'(\xi_k)|\left|\left(x-\frac{k-1}{n}\right)\right|\mathrm{d}x\quad(\xi_k\text{ 介于 }\frac{k-1}{n},\ \frac{k}{n}\text{ 之间})$$

$$\leqslant M\cdot\sum_{k=1}^n\int_{\frac{k-1}{n}}^{\frac{k}{n}}\left(x-\frac{k-1}{n}\right)\mathrm{d}x\quad(M\text{ 为 }|f'(\xi_k)|\text{ 的最大值})$$

$$\underline{\underline{x-\frac{k-1}{n}=t}}\ M\cdot\sum_{k=1}^n\underbrace{\int_0^{\frac{1}{n}}t\mathrm{d}t}_{=\frac{1}{2n^2}}=M\cdot\frac{1}{2n^2}\cdot n=\frac{M}{2n}.$$

证毕．

事实上，由于 $\lim\limits_{n\to\infty}M\cdot\dfrac{1}{2n}=0$，故 $\lim\limits_{n\to\infty}S_n=\int_0^1 f(x)\mathrm{d}x$，且指出了收敛速度．

（3）用泰勒展开式法．

设 $f''(x)<0$，则

$$f(x)=f(x_0)+f'(x_0)(x-x_0)+\frac{f''(\xi)}{2}(x-x_0)^2\leqslant f(x_0)+f'(x_0)(x-x_0).$$

两边积分，用积分保号性．

此外，极限定义 $|f(x)-A|<\varepsilon$，常用不等式均可作为推理的重要帮手．

这类数学题的演练，可以从实质上达到微积分的核心思想，掌握微积分的核心方法．

同样地，对于函数族 $f_n(x)$，亦可构造 $g_n(x)$，按同样的方法处理．

例11.31 设 $f(x)$ 可积，且 $\lim\limits_{x\to+\infty} f(x)=a$，证明 $\lim\limits_{x\to+\infty}\dfrac{1}{x}\displaystyle\int_0^x f(t)\mathrm{d}t=a$．

【证】 欲证 $\lim\limits_{x\to+\infty}\dfrac{1}{x}\displaystyle\int_0^x f(t)\mathrm{d}t=a$，且 $\lim\limits_{x\to+\infty}\dfrac{1}{x}\displaystyle\int_0^x a\,\mathrm{d}t=a$，即证

$$\lim_{x\to+\infty}\left(\frac{1}{x}\int_0^x f(t)\mathrm{d}t-\frac{1}{x}\int_0^x a\,\mathrm{d}t\right)=\lim_{x\to+\infty}\frac{1}{x}\int_0^x[f(t)-a]\mathrm{d}t=0.$$

因 $\lim\limits_{x\to+\infty} f(x)=a$，则对任意 $\varepsilon>0$，存在 $X_1>0$，当 $x>X_1$ 时，恒有

$$|f(x)-a|<\varepsilon.$$

又显然有 $\lim\limits_{x\to+\infty}\dfrac{1}{x}\displaystyle\int_0^{X_1}[f(t)-a]\mathrm{d}t=0$，则对任意 $\varepsilon>0$，存在 $X_2>0$，当 $x>X_2$ 时，恒有

$$\frac{1}{x}\int_0^{X_1}[f(t)-a]\mathrm{d}t<\varepsilon.$$

于是当 $x>\max\{X_1,\ X_2\}$ 时，有

$$\left|\frac{1}{x}\int_0^x[f(t)-a]\mathrm{d}t\right|\leqslant\frac{1}{x}\int_0^{X_1}|f(t)-a|\mathrm{d}t+\frac{1}{x}\int_{X_1}^x|f(t)-a|\mathrm{d}t<\varepsilon+\frac{x-X_1}{x}\cdot\varepsilon<2\varepsilon.$$

故 $\lim\limits_{x\to+\infty}\dfrac{1}{x}\displaystyle\int_0^x[f(t)-a]\mathrm{d}t=0$，也即 $\lim\limits_{x\to+\infty}\dfrac{1}{x}\displaystyle\int_0^x f(t)\mathrm{d}t=\lim\limits_{x\to+\infty}\dfrac{1}{x}\displaystyle\int_0^x a\,\mathrm{d}t=a$．

【注】（1）$\overline{f}(x)=\dfrac{1}{x}\displaystyle\int_0^x f(t)\mathrm{d}t\,(x\neq0)$ 是 $f(x)$ 在 $[0,\ x]$ 上的平均值（函数）．事实上，$f(x)$ 与 $\overline{f}(x)$ 有如下关系：

①奇偶性相同．②单调性相同．③有界性相同．④凹凸性相同．

⑤若 $\{f(n)\}$ 收敛，则 $\{\overline{f}(n)\}$ 收敛，即若 $\lim\limits_{n\to\infty} f(n)=A$，则 $\lim\limits_{n\to\infty}\overline{f}(n)=A$．更为一般地，若 $\lim\limits_{x\to+\infty} f(x)=A$，则 $\lim\limits_{x\to+\infty}\overline{f}(x)=A$．

⑥若 $f(x)$ 以 T 为周期（$T>0$），则 $\lim\limits_{x\to+\infty}\overline{f}(x)=\lim\limits_{x\to+\infty}\dfrac{1}{x}\displaystyle\int_0^x f(t)\mathrm{d}t=\dfrac{1}{T}\displaystyle\int_0^T f(t)\mathrm{d}t=\overline{f}(T)$．

（2）在概率论与数理统计中，我们还会看到 $f(x)$ 与其均值 $\dfrac{1}{x}\displaystyle\int_0^x f(t)\mathrm{d}t$ 之间的有用结论．

例11.32 设 $f(x)$ 在 $[0,1]$ 上具有二阶连续导数，$f(0)=f(1)=0$，$f''(x)<0$，证明：对于任意 $x\in(0,1)$，$\displaystyle\int_0^1\left|\dfrac{f''(x)}{f(x)}\right|\mathrm{d}x\geqslant4$．

【证】 令 $f(x_0)=\max\limits_{0\leqslant x\leqslant1}\{f(x)\}$，则 $\dfrac{1}{|f(x)|}\geqslant\dfrac{1}{|f(x_0)|}$．

于是 $\displaystyle\int_0^1\left|\dfrac{f''(x)}{f(x)}\right|\mathrm{d}x\geqslant\dfrac{1}{|f(x_0)|}\int_0^1|f''(x)|\mathrm{d}x$，且 $\begin{cases}f(x_0)-f(0)=f'(\xi_1)x_0, & \xi_1\in(0,\ x_0),\\ f(1)-f(x_0)=f'(\xi_2)(1-x_0), & \xi_2\in(x_0,1),\end{cases}$ 于是有

$$\begin{cases}f'(\xi_1)=\dfrac{f(x_0)}{x_0},\\[3mm] f'(\xi_2)=\dfrac{-f(x_0)}{1-x_0},\end{cases}$$

D_{23}（化归经典形式）

又 $\displaystyle\int_0^1|f''(x)|\mathrm{d}x\geqslant\int_{\xi_1}^{\xi_2}|f''(x)|\mathrm{d}x\geqslant\left|\int_{\xi_1}^{\xi_2}f''(x)\mathrm{d}x\right|=|f'(\xi_2)-f'(\xi_1)|=|f(x_0)|\cdot\dfrac{1}{x_0(1-x_0)}\geqslant 4|f(x_0)|$，

其中 $x_0(1-x_0)=-\left(x_0-\dfrac{1}{2}\right)^2+\dfrac{1}{4}\leqslant\dfrac{1}{4}$，$x_0\in(0,1)$．故 $\displaystyle\int_0^1\left|\dfrac{f''(x)}{f(x)}\right|\mathrm{d}x\geqslant 4$．

例11.33 设 $f(x)$ 在 $[a,\ b]$ 上单调递增且连续，证明 $\displaystyle\int_a^b xf(x)\mathrm{d}x\geqslant\dfrac{a+b}{2}\int_a^b f(x)\mathrm{d}x$．

【证】
$$\int_a^b\left(x-\dfrac{a+b}{2}\right)f(x)\mathrm{d}x=\int_a^{\frac{a+b}{2}}\left(x-\dfrac{a+b}{2}\right)f(x)\mathrm{d}x+\int_{\frac{a+b}{2}}^b\left(x-\dfrac{a+b}{2}\right)f(x)\mathrm{d}x$$

D_{23}（化归经典形式）

$$=f(\xi_1)\int_a^{\frac{a+b}{2}}\left(x-\dfrac{a+b}{2}\right)\mathrm{d}x+f(\xi_2)\int_{\frac{a+b}{2}}^b\left(x-\dfrac{a+b}{2}\right)\mathrm{d}x$$

$$=-f(\xi_1)\dfrac{(b-a)^2}{8}+f(\xi_2)\dfrac{(b-a)^2}{8},$$

其中 $a<\xi_1<\dfrac{a+b}{2}<\xi_2<b$．

又 $f(x)$ 在 $[a,\ b]$ 上单调递增，且 $\xi_2>\xi_1$，则 $f(\xi_2)\geqslant f(\xi_1)$，即 $-f(\xi_1)+f(\xi_2)\geqslant 0$，

$$[-f(\xi_1)+f(\xi_2)]\cdot\dfrac{1}{8}(b-a)^2\geqslant 0,$$

故
$$\int_a^b xf(x)\mathrm{d}x\geqslant\dfrac{a+b}{2}\int_a^b f(x)\mathrm{d}x.$$

例11.34 求极限 $\displaystyle\lim_{n\to\infty}\int_0^1 x^2\sin^2 n\pi x\mathrm{d}x$．

【解】 $\displaystyle\int_0^1 x^2\sin^2 n\pi x\mathrm{d}x\xlongequal{\text{将}[0,1]n\text{等分}}\sum_{k=1}^n\int_{\frac{k-1}{n}}^{\frac{k}{n}}x^2\sin^2 n\pi x\mathrm{d}x$

$\xlongequal{\text{第一积分中值定理}}\displaystyle\sum_{k=1}^n\xi_k^2\int_{\frac{k-1}{n}}^{\frac{k}{n}}\sin^2 n\pi x\mathrm{d}x=\dfrac{1}{2n}\sum_{k=1}^n\xi_k^2$，

其中 $\xi_k\in\left(\dfrac{k-1}{n},\dfrac{k}{n}\right)$，所以 $\displaystyle\lim_{n\to\infty}\int_0^1 x^2\sin^2 n\pi x\mathrm{d}x=\lim_{n\to\infty}\left(\dfrac{1}{2n}\sum_{k=1}^n\xi_k^2\right)=\dfrac{1}{2}\int_0^1 x^2\mathrm{d}x=\dfrac{1}{6}$．

【注】直接计算也可以：

$$\int_0^1 x^2 \sin^2 n\pi x\, dx = \frac{1}{2}\int_0^1 x^2(1-\cos 2n\pi x)dx = \frac{1}{6} - \frac{1}{2}\int_0^1 x^2\cos 2n\pi x\, dx$$

$$= \frac{1}{6} - \frac{1}{2}\left(\frac{1}{2n\pi}x^2\sin 2n\pi x\Big|_0^1 - \frac{1}{2n\pi}\int_0^1 2x\sin 2n\pi x\, dx\right)$$

$$= \frac{1}{6} - \frac{1}{4n^2\pi^2},$$

所以 $\lim\limits_{n\to\infty}\int_0^1 x^2\sin^2 n\pi x\, dx = \lim\limits_{n\to\infty}\left(\frac{1}{6}-\frac{1}{4n^2\pi^2}\right) = \frac{1}{6}$.

例11.35 求极限 $\lim\limits_{h\to 0^+}\int_{-1}^1 \frac{h}{h^2+x^2}f(x)dx$，其中函数 $f(x)$ 在 $[-1,1]$ 上连续.

$$= \lim_{h\to 0^+} f(\xi)\int_{-1}^1 \frac{h}{h^2+x^2}dx = \cdots \text{行不通}(-1<\xi<1).$$

$$-1 \quad -\sqrt{h} \quad 0 \quad \sqrt{h} \quad 1$$

【解】 $\lim\limits_{h\to 0^+}\int_{-1}^1 \frac{h}{h^2+x^2}f(x)dx = \lim\limits_{h\to 0^+}\int_{-1}^{-\sqrt{h}} \frac{h}{h^2+x^2}f(x)dx + \lim\limits_{h\to 0^+}\int_{-\sqrt{h}}^{\sqrt{h}} \frac{h}{h^2+x^2}f(x)dx + \lim\limits_{h\to 0^+}\int_{\sqrt{h}}^{1} \frac{h}{h^2+x^2}f(x)dx$

D_{23}（化归经典形式）

$$= \lim_{h\to 0^+} f(\xi_1)\int_{-1}^{-\sqrt{h}} \frac{h}{h^2+x^2}dx + \lim_{h\to 0^+} f(\xi_2)\int_{-\sqrt{h}}^{\sqrt{h}} \frac{h}{h^2+x^2}dx +$$

$$\lim_{h\to 0^+} f(\xi_3)\int_{\sqrt{h}}^{1} \frac{h}{h^2+x^2}dx (-1<\xi_1<-\sqrt{h}<\xi_2<\sqrt{h}<\xi_3<1)$$

$$= \lim_{h\to 0^+} f(\xi_1)\arctan\frac{x}{h}\Big|_{-1}^{-\sqrt{h}} + \lim_{h\to 0^+} f(\xi_2)\arctan\frac{x}{h}\Big|_{-\sqrt{h}}^{\sqrt{h}} + \lim_{h\to 0^+} f(\xi_3)\arctan\frac{x}{h}\Big|_{\sqrt{h}}^{1}$$

$$= 0 + \pi f(0) + 0 = \pi f(0).$$

第 12 讲
一元函数积分学的应用（三）
—— 物理应用与经济应用

第一部分 求解物理应用题（仅数学一、数学二）

三向解题法

等价表述体系块

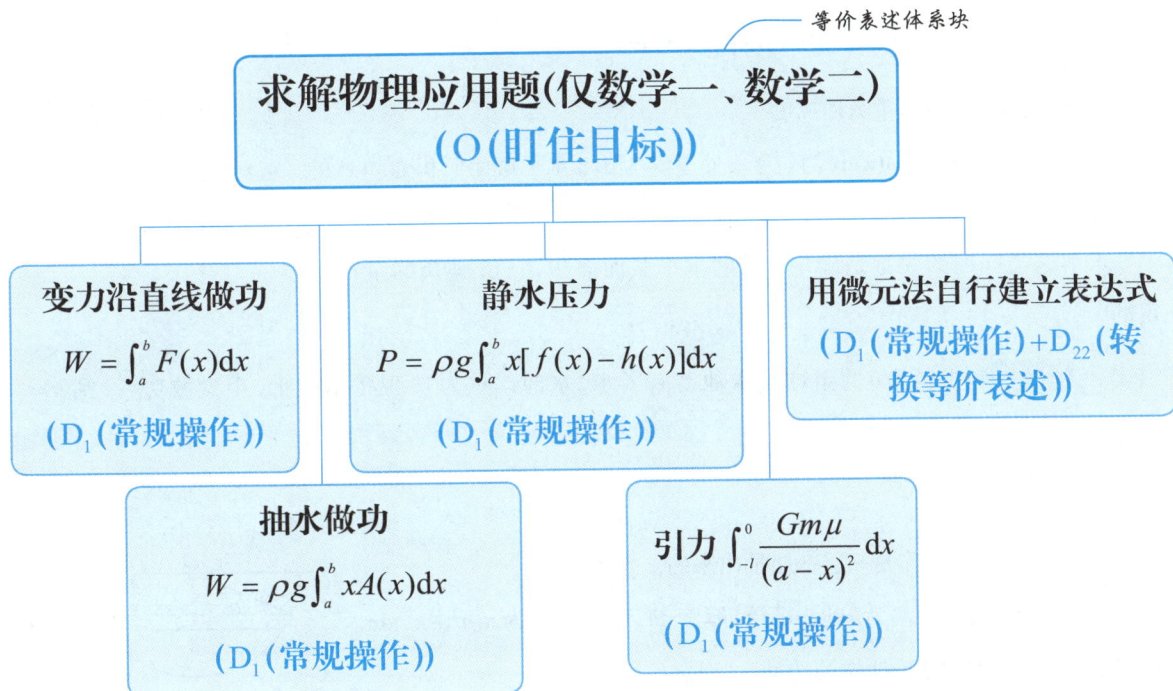

求解物理应用题（仅数学一、数学二）
（O（盯住目标））

变力沿直线做功
$$W = \int_a^b F(x)\mathrm{d}x$$
（D_1（常规操作））

静水压力
$$P = \rho g \int_a^b x[f(x) - h(x)]\mathrm{d}x$$
（D_1（常规操作））

用微元法自行建立表达式
（D_1（常规操作）+D_{22}（转换等价表述））

抽水做功
$$W = \rho g \int_a^b x A(x)\mathrm{d}x$$
（D_1（常规操作））

引力 $\int_{-l}^{0} \dfrac{Gm\mu}{(a-x)^2}\mathrm{d}x$
（D_1（常规操作））

一、变力沿直线做功（D_1（常规操作））

设方向沿 x 轴正向的力函数为 $F(x)(a \leqslant x \leqslant b)$，则物体沿 x 轴从点 a 移动到点 b 时，变力 $F(x)$ 所做的

功(见图)为

$$W = \int_a^b F(x)\mathrm{d}x,$$

功的元素 $\mathrm{d}W = F(x)\mathrm{d}x$.

例12.1 如图所示,井深 a m,每米绳子的重量是 5 N,挂斗重 400 N,污泥重 1 500 N,将挂斗从井底提到井口所做的功为 59 250 J,则 $a = $ _____.

【解】 应填30.

$$W = \int_0^a \left[400 + 1\,500 + 5(a - x) \right]\mathrm{d}x = 59\,250\ (\mathrm{J}),$$

解得 $a = 30$(因为 a 为井深,大于 0,所以负值舍去).

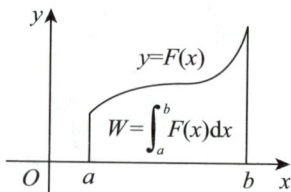

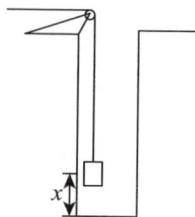

二、抽水做功(D_1(常规操作))

如图所示,将容器中的水全部抽出所做的功为

$$W = \rho g \int_a^b x A(x)\mathrm{d}x,$$

其中 ρ 为水的密度,g 为重力加速度.

功的元素 $\mathrm{d}W = \rho g x A(x)\mathrm{d}x$ 为位于 x 处厚度为 $\mathrm{d}x$,水平截面面积为 $A(x)$ 的一层水被抽出(路程为 x)所做的功.

求解这类问题的关键是确定 x 处的水平截面面积 $A(x)$,其余的量都是固定的.

例12.2 半径为 a 的半球形水池蓄满了水,水的比重为 1,现将水抽干,至少做功 $\dfrac{\pi}{2}$,则 $a = $ _____.

【解】 应填 $2^{\frac{1}{4}}$.

如图所示,把水看作是一层一层抽出来的.

任取一个与池面距离为 h 的小薄层,厚度 $\mathrm{d}h$,它的重量为 $\pi(a^2 - h^2)\mathrm{d}h$,把这层水(微元)抽到池面所做的功是

$$\mathrm{d}W = \pi(a^2 - h^2)h\mathrm{d}h,$$

所以抽干水所做的功至少为

$$W = \int_0^a \pi(a^2 - h^2)h\mathrm{d}h = \pi\left(\frac{a^2}{2}h^2 \bigg|_0^a - \frac{h^4}{4}\bigg|_0^a \right) = \frac{\pi}{4}a^4 = \frac{\pi}{2},$$

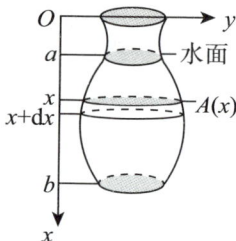

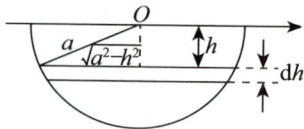

故 $a = 2^{\frac{1}{4}}$.

三、静水压力 （ D_1 （常规操作））

垂直浸没在水中的平板 $ABCD$ (见图)的一侧受到的水压力为

$$P = \rho g \int_a^b x\big[f(x) - h(x)\big]\mathrm{d}x ,$$

其中 ρ 为水的密度,g 为重力加速度.

压力元素

$$\mathrm{d}P = \rho g x\big[f(x) - h(x)\big]\mathrm{d}x ,$$

即图中矩形条所受到的压力.x 表示水深,$f(x) - h(x)$ 是矩形条的宽度,$\mathrm{d}x$ 是矩形条的高度.

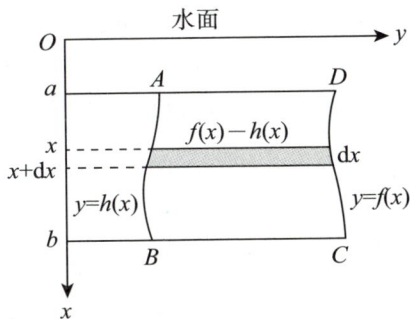

【注】静水压力问题的特点:压强随水的深度的改变而改变,求解这类问题的关键是确定水深 x 处的平板的宽度 $f(x) - h(x)$.

例12.3　如图所示,一闸门的上部是一个宽为 2 m、高为 H m 的矩形,下部由 $y = x^2$ 与 $y = 1$ 围成.当闸门上边缘与水面在一个平面时,其上部所受水压力与下部所受水压力之比为 $\dfrac{5}{4}$,求上部的高度 H .

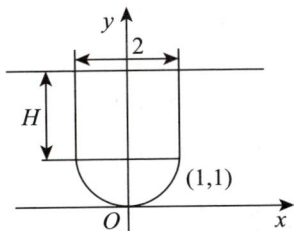

【解】　闸门上部所受水压力为

$$P_1 = \int_1^{H+1} \rho g(H + 1 - y)\cdot 2\mathrm{d}y = \rho g H^2 ,$$

其中 ρ 为水的密度, g 为重力加速度.

闸门下部所受水压力为

$$P_2 = \int_0^1 \rho g(H+1-y) \cdot 2\sqrt{y}\,\mathrm{d}y = \frac{4}{3}\rho g\left(H+\frac{2}{5}\right).$$

由 $\dfrac{P_1}{P_2} = \dfrac{5}{4}$, 得 $3H^2 - 5H - 2 = 0$, 解得 $H = -\dfrac{1}{3}$ (舍去), $H = 2$.

四、引力 (D_1 (常规操作))

设有一长度为 l、线密度为常数 μ 的细棒, 在细棒右端距离为 a 处有一质量为 m 的质点 M (见图), 已知引力常量为 G, 则质点 M 与细棒之间的引力的大小为 $\displaystyle\int_{-l}^{0} \frac{Gm\mu}{(a-x)^2}\,\mathrm{d}x$.

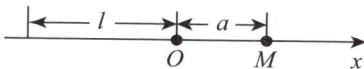

例12.4 设沿 y 轴上的区间 $[0,1]$ 放置一长度为 1 且线密度为 ρ 的均匀细杆, 在 x 轴上 $x=1$ 处有一单位质点, 则该细杆对此质点的引力 (G 为引力常量) 沿 x 轴正向的分力为_____.

【解】 应填 $-\dfrac{\sqrt{2}}{2}G\rho$.

依题意画出直角坐标系如图所示. 用微元法, 取 y 轴上的 $[y,\ y+\mathrm{d}y] \subset [0,1]$, 此微段细杆对质点的引力大小为 $\mathrm{d}F = G \cdot \dfrac{\rho\,\mathrm{d}y}{1+y^2}$, 其在 x 轴正向的分力为

$$\mathrm{d}F_x = \frac{-1}{\sqrt{1+y^2}}\mathrm{d}F = -\frac{G\rho\,\mathrm{d}y}{(1+y^2)^{\frac{3}{2}}},$$

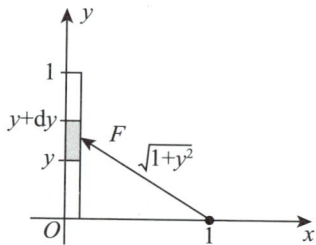

于是该细杆对此质点的引力沿 x 轴正向的分力为

$$F_x = \int_0^1\left[-\frac{G\rho}{(1+y^2)^{\frac{3}{2}}}\right]\mathrm{d}y \xlongequal{\text{令} y=\tan t} -G\rho\int_0^{\frac{\pi}{4}}\cos t\,\mathrm{d}t = -\frac{\sqrt{2}}{2}G\rho.$$

例12.5 将地面上质量为 m 的物体竖直举高 H m, 求克服重力所做的功 $W(H)$.

【解】 设地球的半径为 R, 质量为 M, 引力常量为 G, 则

$$W(H) = \int_R^{R+H} \frac{GMm}{x^2}\,\mathrm{d}x = GMm\left(\frac{1}{R} - \frac{1}{R+H}\right).$$

【注】为了摆脱地球引力所做的功为 $\displaystyle\lim_{H\to+\infty} W(H) = \frac{GMm}{R}$, 可以记作 $\displaystyle\int_R^{+\infty} \frac{GMm}{x^2}\,\mathrm{d}x$.

五、用微元法自行建立表达式

（ D_1（常规操作）+D_{22}（转换等价表述））

📘 **例12.6** 水从一根底面半径为 1 cm 的圆柱形管道中流出. 因为水有黏性,在流动过程中受到管道壁的阻滞,所以流动的速度是随着到管道中心的距离而变化的. 距管道中心越远,水流速度越小,在距离管道中心 r cm 处的水的流动速度为 $10(1-r^2)$ cm/s. 问水是以多大流量(以 cm³/s 为单位)流过管道的?

【解】 取 $[r, r+dr] \subset [0,1]$,此圆环中的水流速度为 $10(1-r^2)$ cm/s,该圆环的截面积约等于 $2\pi r dr$,于是单位时间内通过该圆环的水量为 $dQ = 10(1-r^2)\cdot 2\pi r dr$. 单位时间内通过整个圆柱形管道的水量为

$$Q = \int_0^1 20\pi r(1-r^2)dr = \pi(10r^2 - 5r^4)\Big|_0^1 = 5\pi \ (\text{cm}^3),$$

于是,水流过管道的流量为 5π cm³/s.

📘 **例12.7** (1)宽度为 6 m 的金属板,三分之一作为侧边,做成排水沟(见图). 问折起角度多大时,排水沟的截面积 S 最大?

(2)设一抛物线过(1)中所求得截面的 A, D 及 BC 中点,记该抛物线与直线段 AD 所围成封闭平面的面积为 $\tilde{S}$,求 $\dfrac{S}{\tilde{S}}$.

(3)若排水沟长为 1 m,其横截面原为(1)中等腰梯形的形状,因淤泥沉积形成了(2)中抛物线的形状. 现清除淤泥,恢复(1)中的形状,将淤泥搬运出排水沟,至少做多少功?(设单位体积的淤泥重为 ρ N)

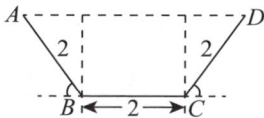

【解】 (1)设折起角度为 θ,则排水沟的截面积为

$$S(\theta) = 2\cdot 2\sin\theta + 2\cdot 2\cos\theta\cdot\sin\theta = 2^2\left(\sin\theta + \frac{1}{2}\sin 2\theta\right),$$

$$S'(\theta) = 2^2(\cos\theta + \cos 2\theta)\xlongequal{\diamondsuit} 0,$$

得 $\theta = \dfrac{\pi}{3}$ 为唯一驻点. 当 $\theta > \dfrac{\pi}{3}$ 时, $S'(\theta) < 0$；当 $\theta < \dfrac{\pi}{3}$ 时, $S'(\theta) > 0$. 故 $\theta = \dfrac{\pi}{3}$ 为唯一极大值点,即为最大值点,且

$$S_{\max} = S\left(\frac{\pi}{3}\right) = 2^2\left(\frac{\sqrt{3}}{2} + \frac{\sqrt{3}}{4}\right) = 3\sqrt{3} \ (\text{m}^2).$$

（2）依题设，建立如图所示的坐标系，易知抛物线方程为 $y=\frac{\sqrt{3}}{4}x^2$. 故

D_{22}（转换等价表述）

$$\tilde{S}=2\int_0^2\left(\sqrt{3}-\frac{\sqrt{3}}{4}x^2\right)\mathrm{d}x$$
$$=2\sqrt{3}\int_0^2\left(1-\frac{1}{4}x^2\right)\mathrm{d}x$$
$$=2\sqrt{3}\left(x-\frac{1}{12}x^3\right)\Big|_0^2$$
$$=2\sqrt{3}\left(2-\frac{2}{3}\right)=\frac{8}{3}\sqrt{3}.$$

所以 $\dfrac{S}{\tilde{S}}=\dfrac{3\sqrt{3}}{\frac{8}{3}\sqrt{3}}=\dfrac{9}{8}$.

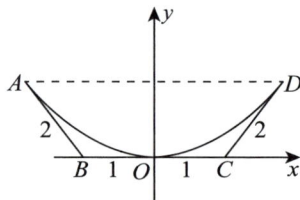

（3）由题意，结合（2），易知原排水沟一侧的方程为 $x=\frac{y}{\sqrt{3}}+1$，抛物线的方程为 $x=\sqrt{\frac{4y}{\sqrt{3}}}$，因此在高度为 $[y,\ y+\mathrm{d}y]$ 的功的微元为

$$\mathrm{d}W=(\sqrt{3}-y)\left(\frac{y}{\sqrt{3}}+1-\sqrt{\frac{4y}{\sqrt{3}}}\right)\cdot 1\cdot\rho\mathrm{d}y,$$

故将淤泥运出排水沟，至少做功为

$$W=2\int_0^{\sqrt{3}}(\sqrt{3}-y)\left(\frac{y}{\sqrt{3}}+1-\sqrt{\frac{4y}{\sqrt{3}}}\right)\cdot 1\cdot\rho\mathrm{d}y$$
$$=2\cdot\rho\cdot\frac{2}{5}=\frac{4}{5}\rho(\mathrm{J}).$$

第二部分　求解经济应用题（仅数学三）

三向解题法

求解经济应用题 (仅数学三)
(O(盯住目标))

总成本函数：

$$C(Q) = \int_0^Q C'(t)\mathrm{d}t + C_0 ;$$

总收益函数：

$$R(Q) = \int_0^Q R'(t)\mathrm{d}t ;$$

总利润函数：

$$L(Q) = R(Q) - C(Q)$$

$$= \int_0^Q [R'(t) - C'(t)]\mathrm{d}t - C_0$$

已知一个总函数(如总成本函数、总收益函数等)，利用微分或求导运算就可以求出其边际函数(边际成本、边际收益等)．反过来，如果已知边际函数，要确定其总函数就要利用积分运算．

当固定成本为 C_0，边际成本为 $C'(Q)$，边际收益为 $R'(Q)$，且产销平衡，即产量、需求量与销量均为 Q 时：

总成本函数

$$C(Q) = \int_0^Q C'(t)\mathrm{d}t + C_0 ;$$

总收益函数

$$R(Q) = \int_0^Q R'(t)\mathrm{d}t ;$$

总利润函数

$$L(Q) = R(Q) - C(Q) = \int_0^Q [R'(t) - C'(t)]\mathrm{d}t - C_0 .$$

例12.8　若某厂产品的边际收益为 $R'(x) = 20 - 2x$，求：

（1）总收益函数 $R(x)$；

（2）当该厂产品的销售量由 10 个单位减少到 5 个单位时，收益的变化量．

【解】（1）总收益函数为

$$R(x) = \int_0^x R'(t)\mathrm{d}t = \int_0^x (20 - 2t)\mathrm{d}t$$
$$= (20t - t^2)\Big|_0^x = 20x - x^2 .$$

（2）设产品的销售量由 10 个单位减少到 5 个单位时，收益的变化量为 ΔR，则

$$\Delta R = \int_{10}^5 R'(x)\mathrm{d}x = \int_{10}^5 (20 - 2x)\mathrm{d}x$$
$$= (20x - x^2)\Big|_{10}^5 = -25 ,$$

或
$$\Delta R = R(5) - R(10) = -25 .$$

所以当产品的销售量由 10 个单位减少到 5 个单位时，该厂的收益减少 25 个单位．

例12.9 某厂生产的产品的边际成本为产量 x 的函数，边际成本为 $C'(x) = x^2 - 4x + 6$，固定成本为 $C_0 = 200$ 千元，且每单位产品的售价为 $p = 146$ 千元，假定生产出的产品能全部售出．求：

（1）总成本函数 $C(x)$．

（2）产量从 2 个单位增加到 4 个单位时的成本变化量（计算结果保留两位小数）．

（3）产量为多大时，总利润最大？并求最大利润（计算结果保留两位小数）．

【解】（1）总成本函数

$$C(x) = \int_0^x C'(t)\mathrm{d}t + C_0 = \int_0^x (t^2 - 4t + 6)\mathrm{d}t + 200$$
$$= \frac{x^3}{3} - 2x^2 + 6x + 200 .$$

（2）设产量由 2 个单位增加到 4 个单位时的成本变化量为 ΔC，则

$$\Delta C = \int_2^4 C'(x)\mathrm{d}x = \int_2^4 (x^2 - 4x + 6)\mathrm{d}x$$
$$= \left(\frac{x^3}{3} - 2x^2 + 6x\right)\Big|_2^4$$
$$= \frac{20}{3} \approx 6.67 (千元) ,$$

或
$$\Delta C = C(4) - C(2) = \frac{20}{3} \approx 6.67 (千元) .$$

（3）总收益函数为

$$R(x) = p \cdot x = 146x ,$$

总利润函数为

$$L(x) = R(x) - C(x)$$

$$= 146x - \left(\frac{x^3}{3} - 2x^2 + 6x + 200 \right)$$

$$= -\frac{x^3}{3} + 2x^2 + 140x - 200 ,$$

故

$$L'(x) = -x^2 + 4x + 140 .$$

令 $L'(x) = 0$ ，得 $x_1 = 14$ ，$x_2 = -10$ （舍去）.

由于 $L''(x) = -2x + 4$ ，所以 $L''(14) = -24 < 0$ ，因此，当 $x = 14$ 时，总利润最大，最大利润为

$$L_{\max} = L(14) = \frac{3\,712}{3} \approx 1\,237.33(千元) ,$$

即当产量为 14 个单位时，利润达到最大，最大利润是 $1\,237.33$ 千元.

第 13 讲 多元函数微分学

第一部分　计算二元函数的极限

三向解题法

计算二元函数的极限
（O(盯住目标)）
- 二重极限　$\lim\limits_{\substack{x \to x_0 \\ y \to y_0}} f(x,y)$
- 累次极限　$\lim\limits_{x \to x_0} \lim\limits_{y \to y_0} f(x,y)$ 或 $\lim\limits_{y \to y_0} \lim\limits_{x \to x_0} f(x,y)$

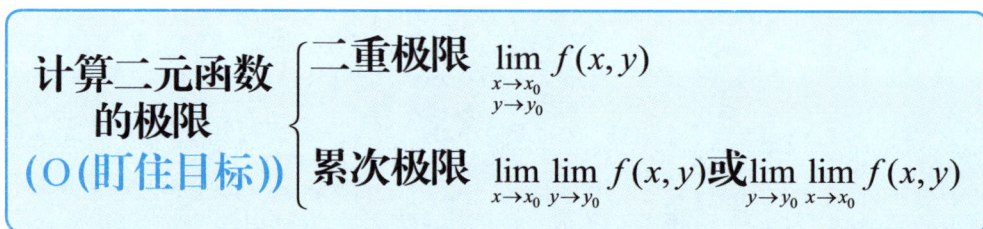

- 判别二重极限是否存在
（D_1(常规操作)+D_{23}(化归经典形式)）
- 计算二重极限
（D_1(常规操作)）
- 判别累次极限是否存在
（D_1(常规操作)）
- 二重极限与累次极限的关系
（D_1(常规操作)）

一、判别二重极限是否存在——特殊路径法

形式化归体系块

（D_1（常规操作）+D_{23}（化归经典形式））

1.同阶路径法

例13.1　求 $\lim\limits_{(x,y)\to(0,0)} \dfrac{x^2-y^2}{x^2+y^2}$.

→同阶路径法

【解】因为 $\lim\limits_{(x,y)\to(0,0)} \dfrac{x^2-y^2}{x^2+y^2} \xlongequal{y=kx} \lim\limits_{x\to 0} \dfrac{x^2(1-k^2)}{x^2(1+k^2)} = \dfrac{1-k^2}{1+k^2}$ ，不唯一，所以 $\lim\limits_{(x,y)\to(0,0)} \dfrac{x^2-y^2}{x^2+y^2}$ 不存在.

2.变阶路径法

例13.2　求 $\lim\limits_{(x,y)\to(0,0)}\dfrac{x^3+y^3}{x^2+y}$.

【解】　令 $y=x$ ，得 $\lim\limits_{(x,y)\to(0,0)}\dfrac{x^3+y^3}{x^2+y}=\lim\limits_{x\to0}\dfrac{2x^3}{x^2+x}=0$.

D_{23}（化归经典形式）

再令 $y=-x^2+x^3$ ，得 $\lim\limits_{(x,y)\to(0,0)}\dfrac{x^3+y^3}{x^2+y}=\lim\limits_{x\to0}\dfrac{x^3+(-x^2+x^3)^3}{x^3}=1$.

> 变阶路径法.
> 这个方法很有用，但对化归（变形）能力提出较高的要求，不过稍加训练即可掌握.

所以 $\lim\limits_{(x,y)\to(0,0)}\dfrac{x^3+y^3}{x^2+y}$ 不存在.

二、计算二重极限（D_1（常规操作））

例13.3　求 $\lim\limits_{\substack{x\to0\\y\to0}}(x^2+y^2)^{x^2+y^2}$.

【解】　$\lim\limits_{\substack{x\to0\\y\to0}}(x^2+y^2)^{x^2+y^2}\xlongequal{x^2+y^2=t}\lim\limits_{t\to0^+}t^t=\mathrm{e}^{\lim\limits_{t\to0^+}t\ln t}=1$.

例13.4　求 $\lim\limits_{\substack{x\to\infty\\y\to\infty}}\dfrac{x+y}{x^2-xy+y^2}$.

【解】　当 $(x,y)\ne(0,0)$ 时，因为

> 夹逼准则

$$0\le\left|\dfrac{x+y}{x^2-xy+y^2}\right|\le\left|\dfrac{x}{x^2-xy+y^2}\right|+\left|\dfrac{y}{x^2-xy+y^2}\right|=\dfrac{|x|}{\frac{3}{4}x^2+\left(\frac{x}{2}-y\right)^2}+\dfrac{|y|}{\frac{3}{4}y^2+\left(\frac{y}{2}-x\right)^2}\le\dfrac{4}{3}\left(\dfrac{1}{|x|}+\dfrac{1}{|y|}\right),$$

且 $\lim\limits_{\substack{x\to\infty\\y\to\infty}}\dfrac{4}{3}\left(\dfrac{1}{|x|}+\dfrac{1}{|y|}\right)=0$ ，所以 $\lim\limits_{\substack{x\to\infty\\y\to\infty}}\dfrac{x+y}{x^2-xy+y^2}=0$.

例13.5　求 $\lim\limits_{\substack{x\to+\infty\\y\to1}}(x^2+y^2)\mathrm{e}^{-(x+y)}$.

> 无穷小×有界

【解】　$\lim\limits_{\substack{x\to+\infty\\y\to1}}(x^2+y^2)\mathrm{e}^{-(x+y)}=\lim\limits_{\substack{x\to+\infty\\y\to1}}\left(\dfrac{x^2}{\mathrm{e}^x}\cdot\dfrac{1}{\mathrm{e}^y}+\dfrac{y^2}{\mathrm{e}^y}\cdot\dfrac{1}{\mathrm{e}^x}\right)=0$.

例13.6　求 $\lim\limits_{\substack{x\to\infty\\y\to a}}\left(1+\dfrac{1}{x}\right)^{\frac{x^2}{x+y}}$.

> 实际上是一元极限

【解】　$\lim\limits_{\substack{x\to\infty\\y\to a}}\left(1+\dfrac{1}{x}\right)^{\frac{x^2}{x+y}}=\lim\limits_{\substack{x\to\infty\\y\to a}}\left[\left(1+\dfrac{1}{x}\right)^x\right]^{\frac{x}{x+y}}=\mathrm{e}$.

三、判别累次极限是否存在（D$_1$（常规操作））

对于 $\lim\limits_{x \to x_0} \lim\limits_{y \to y_0} f(x,y)$ ，先固定 x（视为常数），计算 $\lim\limits_{y \to y_0} f(x,y)$ ，若不存在，则累次极限不存在；若存在，

再计算 $\lim\limits_{x \to x_0} \left[\lim\limits_{y \to y_0} f(x,y) \right]$ ，若不存在，则累次极限不存在，若存在，则累次极限存在.

例13.7 设 $f(x,y) = x \sin \dfrac{1}{y} + y \sin \dfrac{1}{x}$ ，$I_1 = \lim\limits_{\substack{x \to 0 \\ y \to 0}} f(x,y)$ ，$I_2 = \lim\limits_{y \to 0} \left[\lim\limits_{x \to 0} f(x,y) \right]$ ，则（　　）.

(A) I_1 ，I_2 均存在　　　　　　　　　　(B) I_1 存在，I_2 不存在

(C) I_1 不存在，I_2 存在　　　　　　　　(D) I_1 ，I_2 均不存在

【解】 应选(B).

由于 $0 \leqslant \left| x \sin \dfrac{1}{y} + y \sin \dfrac{1}{x} \right| \leqslant |x| + |y|$ ，故 $I_1 = 0$ ；又 $\lim\limits_{x \to 0} f(x,y)$ 不存在，故 I_2 不存在. 选(B).

例13.8 设 $f(x,y) = \dfrac{xy}{x^2 + y^2}$ ，$I_1 = \lim\limits_{\substack{x \to 0 \\ y \to 0}} f(x,y)$ ，$I_2 = \lim\limits_{y \to 0} \left[\lim\limits_{x \to 0} f(x,y) \right]$ ，则（　　）.

(A) I_1 ，I_2 均存在　　　　　　　　　　(B) I_1 存在，I_2 不存在

(C) I_1 不存在，I_2 存在　　　　　　　　(D) I_1 ，I_2 均不存在

【解】 应选(C).

取 $y = kx$ ，$I_1 = \lim\limits_{\substack{x \to 0 \\ y = kx}} \dfrac{xy}{x^2 + y^2} = \dfrac{k}{1 + k^2}$ ，I_1 与 k 值有关，故 I_1 不存在.

但 $\lim\limits_{x \to 0} f(x,y) = \lim\limits_{x \to 0} \dfrac{xy}{x^2 + y^2} = 0$ ，$I_2 = 0$.故选(C).

四、二重极限与累次极限的关系（D$_1$（常规操作））

①二重极限存在，累次极限未必存在；累次极限存在，二重极限未必存在.

②若二重极限存在，且累次极限存在，则二者必相等.

③若 $\lim\limits_{x \to 0} \left[\lim\limits_{y \to 0} f(x,y) \right]$ ，$\lim\limits_{y \to 0} \left[\lim\limits_{x \to 0} f(x,y) \right]$ 均存在但不相等，则二重极限不存在.

例13.9 设 $f(x,y) = \dfrac{x^2 - y^2}{x^2 + y^2}$ ，$I_1 = \lim\limits_{x \to 0} \left[\lim\limits_{y \to 0} f(x,y) \right]$ ，$I_2 = \lim\limits_{y \to 0} \left[\lim\limits_{x \to 0} f(x,y) \right]$ ，$I_3 = \lim\limits_{\substack{x \to 0 \\ y \to 0}} f(x,y)$ ，则

（　　）.

(A) I_1 ，I_2 存在，I_3 不存在　　　　　　(B) I_1 ，I_2 ，I_3 均不存在

(C) I_1 ，I_2 ，I_3 均存在　　　　　　　　(D) I_1 ，I_2 不存在，I_3 存在

【解】 应选(A).

当 $x \neq 0$ 时，$\lim\limits_{y \to 0} \dfrac{x^2 - y^2}{x^2 + y^2} = 1$，$I_1 = 1$；

当 $y \neq 0$ 时，$\lim\limits_{x \to 0} \dfrac{x^2 - y^2}{x^2 + y^2} = -1$，$I_2 = -1$.

由二重极限与累次极限的关系知，I_3 不存在. 故选(A).

第二部分　研究二元函数的性质

三向解题法

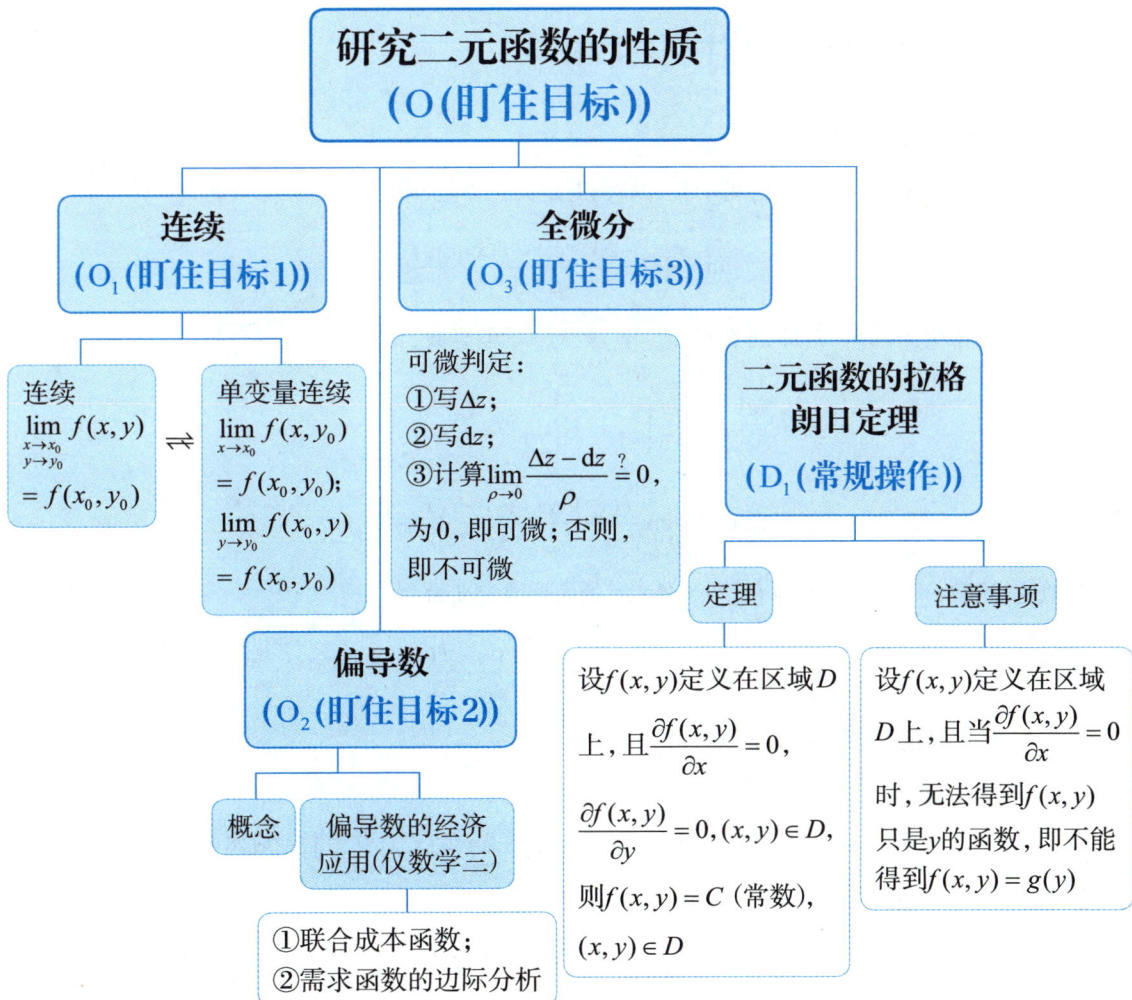

一、连续（O_1（盯住目标1））

1.二元函数连续的概念

如果 $\lim\limits_{\substack{x \to x_0 \\ y \to y_0}} f(x, y) = f(x_0, y_0)$，则称函数 $f(x, y)$ 在点 (x_0, y_0) 处连续，如果 $f(x, y)$ 在区域 D 上每一点处都连续，则称 $f(x, y)$ 在区域 D 上连续.

2.二元函数单变量连续的概念

函数 $f(x, y)$ 在一点处关于变量 x 或关于变量 y 的连续性：若 $\lim\limits_{x \to x_0} f(x, y_0) = f(x_0, y_0)$，则称函数 $f(x, y)$ 在点 $P_0(x_0, y_0)$ 处关于变量 x 连续；若 $\lim\limits_{y \to y_0} f(x_0, y) = f(x_0, y_0)$，则称函数 $f(x, y)$ 在点 $P_0(x_0, y_0)$ 处关于变量 y 连续.

二、偏导数（O_2（盯住目标2））

1.二元函数偏导数的概念

设函数 $z = f(x, y)$ 在点 (x_0, y_0) 处的某邻域内有定义，如果极限

$$\lim_{\Delta x \to 0} \frac{f(x_0 + \Delta x, y_0) - f(x_0, y_0)}{\Delta x}$$

存在，则称此极限为函数 $z = f(x, y)$ 在点 (x_0, y_0) 处对 x 的**偏导数**，记作

$$\left.\frac{\partial z}{\partial x}\right|_{\substack{x=x_0 \\ y=y_0}}, \quad \left.\frac{\partial f}{\partial x}\right|_{\substack{x=x_0 \\ y=y_0}}, \quad \left.z'_x\right|_{\substack{x=x_0 \\ y=y_0}} \text{ 或 } f'_x(x_0, y_0),$$

即

$$f'_x(x_0, y_0) = \lim_{\Delta x \to 0} \frac{f(x_0 + \Delta x, y_0) - f(x_0, y_0)}{\Delta x}.$$

类似地，函数 $z = f(x, y)$ 在点 (x_0, y_0) 处对 y 的偏导数定义为

$$f'_y(x_0, y_0) = \lim_{\Delta y \to 0} \frac{f(x_0, y_0 + \Delta y) - f(x_0, y_0)}{\Delta y}.$$

2.偏导数的经济应用(仅数学三)

①联合成本函数.

生产甲、乙两种产品，产量分别为 x, y 时的总成本函数 $C = C(x, y)$ 称为**联合成本函数**.

固定 y(即乙的产量不变)，$C(x, y)$ 对 x 的变化率为

$$\frac{\partial C}{\partial x} = \lim_{\Delta x \to 0} \frac{C(x + \Delta x, y) - C(x, y)}{\Delta x}.$$

同理，固定 x(即甲的产量不变)，$C(x, y)$ 对 y 的变化率为

$$\frac{\partial C}{\partial y} = \lim_{\Delta y \to 0} \frac{C(x, y + \Delta y) - C(x, y)}{\Delta y}.$$

$\dfrac{\partial C}{\partial x}$ 称为**对产品甲的边际成本**, 它的经济意义是: 当乙的产量不变时, 产品甲的产量在 x 的基础上再生产一个单位产品时成本增加的近似值, 即

$$\frac{\partial C}{\partial x} = \lim_{\Delta x \to 0} \frac{C(x + \Delta x, y) - C(x, y)}{\Delta x} \approx C(x + 1, y) - C(x, y).$$

同样地, $\dfrac{\partial C}{\partial y}$ 称为**对产品乙的边际成本**.

②需求函数的边际分析.

设 Q_1 和 Q_2 分别为两种相关商品甲、乙的需求量, p_1 和 p_2 分别为商品甲和商品乙的价格, γ 为消费者的收入. 需求函数可表示为

$$Q_1 = Q_1(p_1, p_2, \gamma), \quad Q_2 = Q_2(p_1, p_2, \gamma),$$

则需求量 Q_1 和 Q_2 关于价格 p_1 和 p_2 及消费者收入 γ 的偏导数分别为

$$\frac{\partial Q_1}{\partial p_1}, \ \frac{\partial Q_1}{\partial p_2}, \ \frac{\partial Q_1}{\partial \gamma};$$

$$\frac{\partial Q_2}{\partial p_1}, \ \frac{\partial Q_2}{\partial p_2}, \ \frac{\partial Q_2}{\partial \gamma}.$$

这里, $\dfrac{\partial Q_1}{\partial p_1}$ 称为**甲的需求函数关于 p_1 的边际需求**, 它表示当乙的价格 p_2 及消费者的收入 γ 固定不变, 甲的价格变化一个单位时甲的需求量的近似改变量.

$\dfrac{\partial Q_1}{\partial \gamma}$ 称为**甲的需求函数关于消费者收入 γ 的边际需求**, 它表示当甲的价格 p_1, 乙的价格 p_2 固定不变, 消费者的收入 γ 变化一个单位时甲的需求量的近似改变量.

同样可作其他偏导数的经济解释.

一般地, 如果 p_2, γ 固定而 p_1 上升, 商品甲的需求量 Q_1 将减少, 于是有 $\dfrac{\partial Q_1}{\partial p_1} < 0$. 类似地, 有 $\dfrac{\partial Q_2}{\partial p_2} < 0$. 当 p_1, p_2 固定而消费者的收入 γ 增加时, 一般 Q_1 将增大, 于是有 $\dfrac{\partial Q_1}{\partial \gamma} > 0$. 同样地, 有 $\dfrac{\partial Q_2}{\partial \gamma} > 0$. 但需指出 $\dfrac{\partial Q_1}{\partial p_2}$ 和 $\dfrac{\partial Q_2}{\partial p_1}$ 可以是正的, 也可以是负的, 如果

$$\frac{\partial Q_1}{\partial p_2} > 0, \ \frac{\partial Q_2}{\partial p_1} > 0,$$

则称甲和乙为**互相竞争的商品(或互相替代的商品)**.

例如, 电风扇(商品甲)和空调(商品乙)就是互相竞争的两种商品. 当电风扇价格 p_1 和消费者收入 γ

固定不变时,空调价格 p_2 的上涨将引起电风扇需求量 Q_1 增加,所以 $\dfrac{\partial Q_1}{\partial p_2}>0$. 同理,固定空调价格 p_2 及消费者收入 γ,当电风扇价格 p_1 上涨时,也将使空调需求量 Q_2 增加,所以 $\dfrac{\partial Q_2}{\partial p_1}>0$.

如果 $\dfrac{\partial Q_1}{\partial p_2}<0$ 和 $\dfrac{\partial Q_2}{\partial p_1}<0$,则称商品甲和乙是**互相补充的商品**.

例如,空调(商品甲)和居民用电(商品乙)就是互相补充的两种商品.当空调价格 p_1 及消费者收入 γ 固定时,电费价格 p_2 的上涨,使开空调的费用随之增加,因而空调的需求量 Q_1 将会减少,所以 $\dfrac{\partial Q_1}{\partial p_2}<0$.

同理,$\dfrac{\partial Q_2}{\partial p_1}<0$.

三、全微分（O_3（盯住目标3））

设二元函数 $z=f(x,y)$ 在点 (x,y) 的某邻域内有定义,若 $z=f(x,y)$ 的全增量 $\Delta z=f(x+\Delta x,y+\Delta y)-f(x,y)$ 可以表示为 $\Delta z=A\Delta x+B\Delta y+o(\rho)$,其中 A,B 不依赖于 $\Delta x,\Delta y$,而仅与 x,y 有关,$\rho=\sqrt{(\Delta x)^2+(\Delta y)^2}$,则称函数 $z=f(x,y)$ 在点 (x,y) 处可微,$A\Delta x+B\Delta y$ 称为函数 $z=f(x,y)$ 在点 (x,y) 处的全微分,记作 $\mathrm{d}z$,即 $\mathrm{d}z=A\Delta x+B\Delta y$.

四、二元函数的拉格朗日定理（D_1（常规操作））

1.定理

设 $f(x,y)$ 定义在区域 D 上,且 $\dfrac{\partial f(x,y)}{\partial x}=0$,$\dfrac{\partial f(x,y)}{\partial y}=0$,$(x,y)\in D$,则 $f(x,y)=C$（常数）,$(x,y)\in D$.

【注】证 因区域 D 是连通集,故其内任意两点 $X_1(x_1,y_1)$,$X_n(x_n,y_n)$,必有连续折线将 X_1,X_n 连接.不妨记 $X_2,X_3,\cdots,X_{n-1}$,则 $\overline{X_1X_2},\overline{X_2X_3},\cdots,\overline{X_{n-1}X_n}$ 均在 D 内.故由二元函数的拉格朗日中值定理,也即（0阶）泰勒公式,有

$$f(X_2)-f(X_1)=f(x_2,y_2)-f(x_1,y_1)$$

$$=f_x'[x_1+\theta(x_2-x_1),y_1+\theta(y_2-y_1)](x_2-x_1)+f_y'[x_1+\theta(x_2-x_1),y_1+\theta(y_2-y_1)](y_2-y_1)=0,$$

即 $f(X_2)=f(X_1)$,同理可证 $f(X_1)=f(X_2)=f(X_3)=\cdots=f(X_n)$,即 $f(x,y)$ 为常数.

2. 注意事项　　D_{22}（转换等价表述）

设 $f(x,y)$ 定义在区域 D 上，且当 $\dfrac{\partial f(x,y)}{\partial x}=0$ 时，无法得到 $f(x,y)$ 只是 y 的函数，即不能得到 $f(x,y)=g(y)$．

反例：设 $f(x,y)=\begin{cases} y^2, & x>0,y\geqslant 0, \\ 0, & \text{其他}, \end{cases}$　$\overline{D}=\big\{(x,y)\,\big|\,x=0,y\geqslant 0\big\}$．

显然 $f(x,y)$ 在 D 上有连续偏导数，$\dfrac{\partial f(x,y)}{\partial x}=0$，但 $f(1,1)=1$，$f(-1,1)=0$，$f(x,y)$ 与 x 有关，不能写 $f(x,y)=g(y)$．事实上，需增加 "对 D 内任意两点 $(x_1,y),(x_2,y),x_1<x_2$，有 $\big\{(x,y)\,\big|\,x_1<x<x_2\big\}\subset D$"，则 $f(x,y)=g(y)$ 就成立了．因 $f(x_2,y)-f(x_1,y)=f'_x[x_1+\theta(x_2-x_1),y]\cdot(x_2-x_1)=0$，即 $f(x,y)$ 与 x 无关．

所以，设 $f(x,y)$ 有二阶连续偏导数且 $\dfrac{\partial f}{\partial y}\equiv 0 \not\Rightarrow f(x,y)=g(x)$，或设 $u(r,\theta)$ 有二阶连续偏导数且 $\dfrac{\partial u}{\partial \theta}\equiv 0 \not\Rightarrow u(r,\theta)=g(r)$．

初学者往往将一元拉格朗日定理中 "$f'(x)=0 \Rightarrow f(x)=C$" 的结论简单推广至二元函数，从而出现错误．

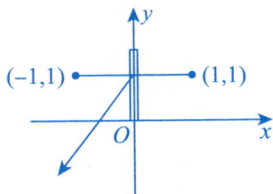

点 $(0,1)$ 不在 D 内，固定 y，在此线上的拉格朗日中值定理不成立．

例 13.10　设 $f(x,y)$ 在区域 D 上二阶偏导数连续，则下列命题：

①若 $\dfrac{\partial f(x,y)}{\partial y}\equiv 0$，$(x,y)\in D$，则 $f(x,y)=\varphi(x)$；

②若 $\dfrac{\partial f(x,y)}{\partial x}=\dfrac{\partial f(x,y)}{\partial y}\equiv 0$，$(x,y)\in D$，则 $f(x,y)$ 为常数；

③若 $\dfrac{\partial f(x,y)}{\partial x}\equiv 0$，$(x,y)\in D$，则对任意 $p_0(x_0,y_0)\in D$，存在 $\delta>0$，使得在 $U(p_0,\delta)$ 内有 $f(x,y)=\varphi(y)$．

所有真命题的序号为（　　）．

(A) ①②　　　　　　(B) ③　　　　　　(C) ②③　　　　　　(D) ①②③

【解】　应选 (C)．

由前面可知，命题①不正确，②和③都正确．命题③是局部性质，不能推广至全局．

例 13.11　函数 $f(x,y)=\begin{cases} 1, & xy=0, \\ 0, & \text{其他} \end{cases}$ 在点 $(0,0)$ 处（　　）．

(A) 关于两个变量都连续，其在原点连续

(B) 关于两个变量都连续，其在原点不连续

(C) 关于两个变量都不连续，其在原点连续

(D)关于两个变量都不连续,其在原点不连续

【解】 应选(B).

由于 $\lim\limits_{x\to 0} f(x,0)=1=f(0,0)$, $\lim\limits_{y\to 0} f(0,y)=1=f(0,0)$, 故 $f(x,y)$ 在点 $(0,0)$ 处关于两个变量都连续,

但 $\lim\limits_{\substack{x\to 0\\y\to 0}} f(x,y)$ 不存在,故 $f(x,y)$ 在原点不连续,故选(B).

现象1 ←

例13.12 已知函数 $f(x,y)=\begin{cases} \dfrac{xy}{x^2+y^2}, & (x,y)\neq(0,0),\\ 0, & (x,y)=(0,0),\end{cases}$ 则 $f(x,y)$ 在点 $(0,0)$ 处(   ).

(A)连续,偏导数存在   (B)连续,偏导数不存在

(C)不连续,偏导数存在   (D)不连续,偏导数不存在

【解】 应选(C).

取 $y=kx$,

$$\lim_{\substack{x\to 0\\y\to 0}}\frac{xy}{x^2+y^2}=\lim_{\substack{x\to 0\\y=kx}}\frac{kx^2}{x^2(1+k^2)}=\frac{k}{1+k^2},$$

故在点 $(0,0)$ 处极限不存在,所以不连续.

现象2 ↗

$$f_x'(0,0)=\lim_{\Delta x\to 0}\frac{f(0+\Delta x,0)-f(0,0)}{\Delta x}=\lim_{\Delta x\to 0}\frac{0-0}{\Delta x}=0,$$

$$f_y'(0,0)=\lim_{\Delta y\to 0}\frac{f(0,0+\Delta y)-f(0,0)}{\Delta y}=\lim_{\Delta y\to 0}\frac{0-0}{\Delta y}=0,$$

故偏导数存在.

【注】因为函数 $f(x,y)$ 在点 $(0,0)$ 处不连续,进一步知 $f(x,y)$ 在点 $(0,0)$ 处不可微.

例13.13 函数 $g(x,y)=\sqrt{x^2+y^2}$ 在点 $(0,0)$ 处(   ).

现象3

(A)连续,偏导数存在   (B)连续,偏导数不存在

(C)不连续,偏导数存在   (D)不连续,偏导数不存在

【解】 应选(B).

显然,函数 $g(x,y)$ 在点 $(0,0)$ 处连续.又 $\lim\limits_{\Delta x\to 0}\dfrac{g(0+\Delta x,0)-g(0,0)}{\Delta x}=\lim\limits_{\Delta x\to 0}\dfrac{\sqrt{(\Delta x)^2}-0}{\Delta x}=\lim\limits_{\Delta x\to 0}\dfrac{|\Delta x|}{\Delta x}$ 不存在,

故 $g_x'(0,0)$ 不存在,同理 $g_y'(0,0)$ 不存在.

例13.14 函数 $f(x,y)=\begin{cases}\dfrac{x^2y}{x^2+y^2}, & (x,y)\neq(0,0),\\ 0, & (x,y)=(0,0)\end{cases}$ 在点 $(0,0)$ 处(   ).

(A)连续,可微   (B)连续,不可微   (C)不连续,可微   (D)不连续,不可微

【解】 应选(B).

现象4

当 $(x,y) \neq (0,0)$ 时，$|f(x,y)| = \left| \dfrac{x^2 y}{x^2+y^2} \right| \leqslant |y|$，$\lim\limits_{\substack{x \to 0 \\ y \to 0}} |f(x,y)| = 0 = f(0,0)$，故 $f(x,y)$ 在点 $(0,0)$ 处连续．

又知 $f_x'(0,0) = 0$，$f_y'(0,0) = 0$，所以，若可微，必有 $\mathrm{d}f \big|_{(0,0)} = 0$，即

$$\Delta f \big|_{(0,0)} = \mathrm{d}f \big|_{(0,0)} + o(\rho) = o(\rho) .$$

由于 $\Delta f \big|_{(0,0)} = \dfrac{(\Delta x)^2 \Delta y}{(\Delta x)^2 + (\Delta y)^2}$，$\rho = \sqrt{(\Delta x)^2 + (\Delta y)^2}$，所以

$$\lim_{\substack{\Delta x \to 0 \\ \Delta y = \Delta x}} \frac{\Delta f \big|_{(0,0)}}{\rho} = \lim_{\substack{\Delta x \to 0 \\ \Delta y = \Delta x}} \frac{(\Delta x)^2 \Delta y}{[(\Delta x)^2 + (\Delta y)^2]^{\frac{3}{2}}} = \pm \frac{1}{2\sqrt{2}} \neq 0 .$$

这与 $\Delta f \big|_{(0,0)} = \mathrm{d}f \big|_{(0,0)} + o(\rho) = o(\rho)$ 矛盾．由此可知函数 $f(x,y)$ 在点 $(0,0)$ 处不可微．

例 13.15 函数 $f(x,y) = \begin{cases} x^2, & y = 0, \\ y^2, & x = 0, \\ 1, & \text{其他} \end{cases}$，在点 $(0,0)$ 处（　　　）．

(A) 两个偏导数均连续，且函数可微　　　　(B) 两个偏导数均连续，且函数不可微

(C) 两个偏导数均不连续，且函数可微　　　　(D) 两个偏导数均不连续，且函数不可微

【解】 应选 (D)．

→ 现象5

函数 $f(x,y)$ 对 x,y 的偏导数分别为

$$\frac{\partial f(x,y)}{\partial x} = \begin{cases} 2x, & y = 0, \\ \text{不存在}, & y \neq 0, \pm 1, x = 0, \\ 0, & \text{其他}, \end{cases} \qquad \frac{\partial f(x,y)}{\partial y} = \begin{cases} 2y, & x = 0, \\ \text{不存在}, & x \neq 0, \pm 1, y = 0, \\ 0, & \text{其他}, \end{cases}$$

$\dfrac{\partial f(x,y)}{\partial x}$ 在点 $(0,0)$ 的邻域内存在无意义的点，故在该点处不连续．同理，$\dfrac{\partial f(x,y)}{\partial y}$ 在点 $(0,0)$ 处不连续．

又 $\lim\limits_{\substack{x \to 0 \\ y = 0}} f(x,y) = \lim\limits_{x \to 0} f(x,0) = \lim\limits_{x \to 0} x^2 = 0$，$\lim\limits_{\substack{x \to 0 \\ y = x}} f(x,y) = 1$，故 $f(x,y)$ 在点 $(0,0)$ 处不连续，故在点 $(0,0)$ 处不可微．

例 13.16 函数 $f(x,y) = \begin{cases} (x^2 + y^2) \sin \dfrac{1}{x^2 + y^2}, & (x,y) \neq (0,0), \\ 0, & (x,y) = (0,0) \end{cases}$，在 $(0,0)$ 处（　　　）．

→ 现象6

(A) 可微，偏导数连续　　　　　　　　　　(B) 可微，但偏导数不连续

(C) 不可微，偏导数连续　　　　　　　　　　(D) 不可微，且偏导数不连续

【解】 应选 (B)．

由题设可知 $f_x'(x,y) = \begin{cases} 2x \sin \dfrac{1}{x^2 + y^2} - \dfrac{2x}{x^2 + y^2} \cos \dfrac{1}{x^2 + y^2}, & (x,y) \neq (0,0), \\ 0, & (x,y) = (0,0), \end{cases}$

$$f_y'(x,y) = \begin{cases} 2y\sin\dfrac{1}{x^2+y^2} - \dfrac{2y}{x^2+y^2}\cos\dfrac{1}{x^2+y^2}, & (x,y)\neq(0,0), \\ 0, & (x,y)=(0,0), \end{cases}$$

$$\lim_{\substack{x\to 0\\ y\to 0}} f_x'(x,y) = \lim_{\substack{x\to 0\\ y\to 0}}\left(2x\sin\frac{1}{x^2+y^2} - \frac{2x}{x^2+y^2}\cos\frac{1}{x^2+y^2}\right) = \lim_{\substack{x\to 0\\ y\to 0}}\left(-\frac{2x}{x^2+y^2}\cos\frac{1}{x^2+y^2}\right).$$

当 (x,y) 沿 $y=x$ 趋于 $(0,0)$ 点时，$\lim_{\substack{x\to 0\\ y=x}}\left(-\dfrac{2x}{x^2+y^2}\cos\dfrac{1}{x^2+y^2}\right) = \lim_{x\to 0}\left(-\dfrac{1}{x}\cos\dfrac{1}{2x^2}\right)$ 不存在，故 $\lim_{\substack{x\to 0\\ y\to 0}} f_x'(x,y)$

不存在，故 $f_x'(x,y)$ 在 $(0,0)$ 处不连续，同理 $f_y'(x,y)$ 在 $(0,0)$ 处不连续．

又 $\lim_{\substack{\Delta x\to 0\\ \Delta y\to 0}}\left|\dfrac{f(\Delta x,\Delta y)-f(0,0)-f_x'(0,0)\cdot\Delta x - f_y'(0,0)\cdot\Delta y}{\sqrt{(\Delta x)^2+(\Delta y)^2}}\right| = \lim_{\substack{\Delta x\to 0\\ \Delta y\to 0}}\sqrt{(\Delta x)^2+(\Delta y)^2}\sin\dfrac{1}{(\Delta x)^2+(\Delta y)^2} = 0,$

故 $f(x,y)$ 在 $(0,0)$ 处可微．

例13.17 函数 $f(x,y) = \begin{cases} xy\sin\dfrac{1}{y}, & y\neq 0, \\ 0, & y=0 \end{cases}$ 在 $(0,0)$ 处（　　）．

(A) 可微，关于 y 的偏导数 $f_y'(x,y)$ 连续

(B) 可微，关于 y 的偏导数 $f_y'(x,y)$ 不连续

(C) 不可微，关于 y 的偏导数 $f_y'(x,y)$ 连续

(D) 不可微，关于 y 的偏导数 $f_y'(x,y)$ 不连续

【解】 应选(B).

由题意可知

$$f_x'(x,y) = \begin{cases} y\sin\dfrac{1}{y}, & y\neq 0, \\ 0, & y=0, \end{cases} \quad f_y'(x,y) = \begin{cases} x\sin\dfrac{1}{y} - \dfrac{x}{y}\cos\dfrac{1}{y}, & y\neq 0, \\ 0, & x=0, y=0, \\ \text{不存在}, & x\neq 0, y=0. \end{cases}$$

$f_y'(x,y)$ 在 $(0,0)$ 的邻域内存在无意义的点，故 $f_y'(x,y)$ 在 $(0,0)$ 处不连续．又

D₂₂（转换等价表述）

$$\left|\frac{f(\Delta x,\Delta y)-f(0,0)-f_x'(0,0)\cdot\Delta x - f_y'(0,0)\cdot\Delta y}{\sqrt{(\Delta x)^2+(\Delta y)^2}}\right|$$

$$= \frac{|\Delta x\Delta y|}{\sqrt{(\Delta x)^2+(\Delta y)^2}}\sin\frac{1}{|\Delta y|} \leqslant \frac{|\Delta x\Delta y|}{\sqrt{2|\Delta x\Delta y|}}\sin\frac{1}{|\Delta y|} \to 0(\rho\to 0),$$

故 $f(x,y)$ 在 $(0,0)$ 处可微．

例13.18 设函数 $f(x,y) = \begin{cases} xy\dfrac{x^2-y^2}{x^2+y^2}, & x^2+y^2\neq 0, \\ 0, & x^2+y^2=0, \end{cases}$ 则（　　）．

(A) $f_{xy}''(0,0)=1$，$f_{yx}''(0,0)=1$

(B) $f_{xy}''(0,0)=1$，$f_{yx}''(0,0)=-1$

(C) $f_{xy}''(0,0)=-1$，$f_{yx}''(0,0)=1$

(D) $f_{xy}''(0,0)=-1$，$f_{yx}''(0,0)=-1$

【解】　应选(C).

因为
$$f_x'(x,y)=\begin{cases} y\dfrac{x^2-y^2}{x^2+y^2}+xy\dfrac{4xy^2}{(x^2+y^2)^2}, & x^2+y^2\neq 0, \\ 0, & x^2+y^2=0, \end{cases}$$

$$f_y'(x,y)=\begin{cases} x\dfrac{x^2-y^2}{x^2+y^2}-xy\dfrac{4x^2y}{(x^2+y^2)^2}, & x^2+y^2\neq 0, \\ 0, & x^2+y^2=0, \end{cases}$$

所以
$$f_{xy}''(0,0)=\lim_{\Delta y\to 0}\frac{f_x'(0,0+\Delta y)-f_x'(0,0)}{\Delta y}=\lim_{\Delta y\to 0}\frac{-\Delta y-0}{\Delta y}=-1\ ,$$

$$f_{yx}''(0,0)=\lim_{\Delta x\to 0}\frac{f_y'(0+\Delta x,0)-f_y'(0,0)}{\Delta x}=\lim_{\Delta x\to 0}\frac{\Delta x-0}{\Delta x}=1\ .$$

例13.19　已知函数 $f(x,y)$ 在点 $(0,0)$ 处连续, 且极限 $\displaystyle\lim_{\substack{x\to 0\\ y\to 0}}\frac{f(x,y)}{x^2+y^2}$ 存在, 证明: $f(x,y)$ 在点 $(0,0)$

处可微.

【证】　记 $\displaystyle\lim_{\substack{x\to 0\\ y\to 0}}\frac{f(x,y)}{x^2+y^2}=A$. 因为 $f(x,y)$ 在点 $(0,0)$ 处连续, 所以

$$f(0,0)=\lim_{\substack{x\to 0\\ y\to 0}}f(x,y)=\lim_{\substack{x\to 0\\ y\to 0}}\frac{f(x,y)}{x^2+y^2}(x^2+y^2)=A\cdot 0=0\ ,$$

从而

$$f_x'(0,0)=\lim_{x\to 0}\frac{f(x,0)-f(0,0)}{x}=\lim_{x\to 0}\frac{f(x,0)}{x}=\lim_{x\to 0}\frac{f(x,0)}{x^2}\cdot x=A\cdot 0=0\ ,$$

$$f_y'(0,0)=\lim_{y\to 0}\frac{f(0,y)-f(0,0)}{y}=\lim_{y\to 0}\frac{f(0,y)}{y}=\lim_{y\to 0}\frac{f(0,y)}{y^2}\cdot y=A\cdot 0=0\ .$$

因为 $\displaystyle\lim_{\substack{x\to 0\\ y\to 0}}\frac{f(x,y)-f(0,0)}{\sqrt{x^2+y^2}}=\lim_{\substack{x\to 0\\ y\to 0}}\frac{f(x,y)}{x^2+y^2}\cdot\sqrt{x^2+y^2}=A\cdot 0=0$, 所以

$$\Delta f(0,0)=o(\sqrt{x^2+y^2})\ .$$

又因为 $f_x'(0,0)$, $f_y'(0,0)=0$, 所以

$$\Delta f(0,0)=f_x'(0,0)\mathrm{d}x+f_y'(0,0)\mathrm{d}y+o(\sqrt{x^2+y^2})\ ,$$

故函数 $f(x,y)$ 在点 $(0,0)$ 处可微.

例13.20　设函数 $f(x,y)$ 在点 $(0,0)$ 处具有连续偏导数, 且 $f_x'(0,0)=1$, $f_y'(0,0)=2$, 求

$$\lim_{h\to 0}\frac{f(h,h)-f(0,0)}{h}\ .$$

【解】法一　$\lim\limits_{h \to 0} \dfrac{f(h,h)-f(0,0)}{h} = \lim\limits_{h \to 0} \dfrac{f(h,h)-f(0,h)+f(0,h)-f(0,0)}{h} = \lim\limits_{h \to 0} \left[\dfrac{\partial f(\alpha h, h)}{\partial x} + \dfrac{\partial f(0, \beta h)}{\partial y} \right]$,

其中 $0 < \alpha < 1$，$0 < \beta < 1$．

因为 $\dfrac{\partial f(x,y)}{\partial x}$，$\dfrac{\partial f(x,y)}{\partial y}$ 在点 $(0,0)$ 处连续，所以

$$\lim_{h \to 0} \frac{f(h,h)-f(0,0)}{h} = \lim_{h \to 0} \left[\frac{\partial f(\alpha h, h)}{\partial x} + \frac{\partial f(0, \beta h)}{\partial y} \right] = f'_x(0,0) + f'_y(0,0) = 1 + 2 = 3 .$$

法二　因为 $\dfrac{\partial f(x,y)}{\partial x}$，$\dfrac{\partial f(x,y)}{\partial y}$ 在点 $(0,0)$ 处连续，所以 $f(x,y)$ 在点 $(0,0)$ 处可微，故

$$f(h,h)-f(0,0) = f'_x(0,0)h + f'_y(0,0)h + o(h) ,$$

所以 $\lim\limits_{h \to 0} \dfrac{f(h,h)-f(0,0)}{h} = f'_x(0,0) + f'_y(0,0) + \lim\limits_{h \to 0} \dfrac{o(h)}{h} = 1 + 2 + 0 = 3$．

法三（仅数学一）　因为 $\dfrac{\partial f(x,y)}{\partial x}$，$\dfrac{\partial f(x,y)}{\partial y}$ 在点 $(0,0)$ 处连续，所以 $f(x,y)$ 在点 $(0,0)$ 处沿 $\boldsymbol{n} = \left(\dfrac{1}{\sqrt{2}}, \dfrac{1}{\sqrt{2}} \right)$

的方向导数存在，故

$$\lim_{h \to 0} \frac{f(h,h)-f(0,0)}{h} = \sqrt{2} \lim_{h \to 0} \frac{f\left(\sqrt{2}h \cdot \dfrac{1}{\sqrt{2}}, \sqrt{2}h \cdot \dfrac{1}{\sqrt{2}} \right) - f(0,0)}{\sqrt{2}h} = \sqrt{2} \left. \frac{\partial f}{\partial \boldsymbol{n}} \right|_{(0,0)}$$

$$= \sqrt{2} \left[f'_x(0,0) \cdot \frac{1}{\sqrt{2}} + f'_y(0,0) \cdot \frac{1}{\sqrt{2}} \right] = 1 + 2 = 3 .$$

例13.21　设 $\dfrac{(x+ay)\mathrm{d}x + y\mathrm{d}y}{(x+y)^2}$ 是某个二元函数的全微分，求 a 的值．

【解】　记 $u(x,y) = \dfrac{x+ay}{(x+y)^2}$，$v(x,y) = \dfrac{y}{(x+y)^2}$，则

$$\frac{\partial u(x,y)}{\partial y} = \frac{a(x+y)^2 - 2(x+ay)(x+y)}{(x+y)^4} = \frac{a(x+y) - 2(x+ay)}{(x+y)^3} ,$$

$$\frac{\partial v(x,y)}{\partial x} = -\frac{2y}{(x+y)^3} .$$

D_{22}（转换等价表述）←

依题意，$\dfrac{\partial u(x,y)}{\partial y} = \dfrac{\partial v(x,y)}{\partial x}$，即 $\dfrac{a(x+y) - 2(x+ay)}{(x+y)^3} = -\dfrac{2y}{(x+y)^3}$，所以 $(a-2)x - ay = -2y$．故 $a = 2$．

例13.22　设函数 $z = f(x,y)$ 满足 $\dfrac{\partial z}{\partial x} = \sin y + \dfrac{1}{1-xy}$，且 $z(1,y) = \sin y$，求 $f(x,y)$．

【解】　因为

$$f(x,y) = \int \frac{\partial z}{\partial x} \mathrm{d}x + g(y) = \int \left(\sin y + \frac{1}{1-xy} \right) \mathrm{d}x + g(y) = x\sin y - \frac{1}{y}\ln|1-xy| + g(y) ,$$

所以
$$z(1,y) = \sin y - \frac{1}{y}\ln|1-y| + g(y) .$$

依题意，得
$$\sin y - \frac{1}{y}\ln|1-y| + g(y) = \sin y ,$$

所以 $g(y) = \frac{1}{y}\ln|1-y|$，故 $f(x,y) = x\sin y - \frac{1}{y}\ln|1-xy| + \frac{1}{y}\ln|1-y| = x\sin y - \frac{1}{y}\ln\left|\frac{1-xy}{1-y}\right|$.

例13.23 已知函数 $f(x,y)$ 的偏导数在点 (x_0,y_0) 的某邻域内存在且有界，证明：$f(x,y)$ 在点 (x_0,y_0) 处连续.

【证】 设 $f(x,y)$ 的偏导数在 D 中存在且有界，其中 D 为 (x_0,y_0) 的邻域，即存在 $M>0$，使得对任意的 $(x,y) \in D$，都有

$$\left|f_x'(x,y)\right| \leqslant M , \quad \left|f_y'(x,y)\right| \leqslant M .$$

当 $(x,y) \in D$ 时，因为

$$\left|f(x,y) - f(x_0,y_0)\right|$$
$$\leqslant \left|f(x,y) - f(x_0,y)\right| + \left|f(x_0,y) - f(x_0,y_0)\right|$$
$$= \left|f_x'(\xi,y)\right|\left|\Delta x\right| + \left|f_y'(x_0,\eta)\right|\left|\Delta y\right|$$
$$\leqslant M\left(\left|\Delta x\right| + \left|\Delta y\right|\right) ,$$

其中 ξ 介于 x，x_0 之间，η 介于 y，y_0 之间. 所以 $\lim\limits_{\substack{x \to x_0 \\ y \to y_0}} f(x,y) = f(x_0,y_0)$，故 $f(x,y)$ 在点 (x_0,y_0) 处连续.

例13.24 （仅数学三）设生产甲、乙两种产品的联合成本为

$$C(x,y) = x^3 + xy + \frac{1}{3}y^2 + 1\,000 .$$

求:(1) $C(x,y)$ 对产量 x 和 y 的边际成本；

(2)当 $x=5$，$y=10$ 时的边际成本，并说明它们的经济意义.

【解】 （1）成本 $C(x,y)$ 对甲、乙两种产品的边际成本分别为

$$\frac{\partial C}{\partial x} = 3x^2 + y , \quad \frac{\partial C}{\partial y} = x + \frac{2}{3}y .$$

(2)当 $x=5$，$y=10$ 时，$C(x,y)$ 对甲、乙两种产品的边际成本分别为

$$\left.\frac{\partial C}{\partial x}\right|_{(5,10)} = 3 \times 5^2 + 10 = 85 ,$$

$$\left.\frac{\partial C}{\partial y}\right|_{(5,10)} = 5 + \frac{2}{3} \times 10 = \frac{35}{3} .$$

经济意义为：当乙产品的产量保持在 10 个单位水平时，甲产品产量从 5 个单位增加到 6 个单位时总成本增加约 85 个单位；而当甲产品的产量保持在 5 个单位水平时，乙产品产量从 10 个单位增加到 11 个单位时总成本增加约 $\frac{35}{3}$ 个单位.

例 13.25 （仅数学三）设两种商品的价格分别为 p_1 和 p_2，这两种相关商品的需求函数分别为

$$Q_1 = e^{p_2-2p_1}, \quad Q_2 = e^{p_1-2p_2},$$

当 $\frac{\partial Q_1}{\partial p_2} > 0$，$\frac{\partial Q_2}{\partial p_1} > 0$ 时，两商品互相替代，当 $\frac{\partial Q_1}{\partial p_2} < 0$，$\frac{\partial Q_2}{\partial p_1} < 0$ 时，两商品互相补充.

（1）求边际需求函数；

（2）此两商品是互相补充还是互相替代？

【解】（1）边际需求函数为

$$\frac{\partial Q_1}{\partial p_1} = -2e^{p_2-2p_1}, \quad \frac{\partial Q_1}{\partial p_2} = e^{p_2-2p_1}; \quad \frac{\partial Q_2}{\partial p_2} = -2e^{p_1-2p_2}, \quad \frac{\partial Q_2}{\partial p_1} = e^{p_1-2p_2}.$$

（2）因为 $\frac{\partial Q_1}{\partial p_2} > 0$，$\frac{\partial Q_2}{\partial p_1} > 0$，所以这两种商品可以互相替代.

例 13.26 如果函数 $f(x,y)$ 在点 $(0,0)$ 处连续，那么下列命题正确的是(　　).

(A)若极限 $\lim\limits_{\substack{x\to 0\\y\to 0}}\frac{f(x,y)}{|x|+|y|}$ 存在，则 $f(x,y)$ 在点 $(0,0)$ 处可微

(B)若极限 $\lim\limits_{\substack{x\to 0\\y\to 0}}\frac{f(x,y)}{x^2+y^2}$ 存在，则 $f(x,y)$ 在点 $(0,0)$ 处可微

(C)若 $f(x,y)$ 在点 $(0,0)$ 处可微，则极限 $\lim\limits_{\substack{x\to 0\\y\to 0}}\frac{f(x,y)}{|x|+|y|}$ 存在

(D)若 $f(x,y)$ 在点 $(0,0)$ 处可微，则极限 $\lim\limits_{\substack{x\to 0\\y\to 0}}\frac{f(x,y)}{x^2+y^2}$ 存在

【解】 应选(B).

法一 直接法. 因为函数 $f(x,y)$ 在点 $(0,0)$ 处连续，若极限 $\lim\limits_{\substack{x\to 0\\y\to 0}}\frac{f(x,y)}{x^2+y^2}$ 存在，则 $f(0,0) = $

$\lim\limits_{\substack{x\to 0\\y\to 0}}f(x,y)=0$，极限 $\lim\limits_{\substack{x\to 0\\y\to 0}}\frac{f(x,y)}{x^2+y^2}=\lim\limits_{\substack{x\to 0\\y\to 0}}\frac{f(x,y)-f(0,0)}{\sqrt{x^2+y^2}}\cdot\frac{1}{\sqrt{x^2+y^2}}$ 存在，又由于 $\lim\limits_{\substack{x\to 0\\y\to 0}}\frac{1}{\sqrt{x^2+y^2}}=\infty$，故必有

$\lim\limits_{\substack{x\to 0\\y\to 0}}\frac{f(x,y)-f(0,0)}{\sqrt{x^2+y^2}}=0$，所以 $f(x,y)$ 在点 $(0,0)$ 处可微，且 $f_x'(0,0)=f_y'(0,0)=0$.

法二 排除法. 对于(A)，取函数 $f(x,y)=|x|+|y|$，满足题设条件，但 $f(x,y)=|x|+|y|$ 在点 $(0,0)$ 处不可微(点 $(0,0)$ 处的偏导数不存在).

对于(C),(D),取函数 $f(x,y)=1$,满足题设条件,但 $\lim\limits_{\substack{x\to0\\y\to0}}\dfrac{1}{|x|+|y|}$ 和 $\lim\limits_{\substack{x\to0\\y\to0}}\dfrac{1}{x^2+y^2}$ 都不存在.

例13.27 设 $F(x,y)$ 在点 (x_0,y_0) 的某邻域内有二阶连续偏导数,且 $F(x_0,y_0)=0$,$F'_x(x_0,y_0)=0$,$F'_y(x_0,y_0)>0$,$F''_{xx}(x_0,y_0)<0$,则由方程 $F(x,y)=0$ 确定的隐函数 $y=y(x)$ 在点 $x=x_0$ 处(   ).

(A)取得极小值   (B)取得极大值

(C)不取得极值   (D)不能确定是否取得极值

【解】 应选(A).

$F(x,y)=0$ 两边对 x 求导,有

$$F'_x(x,y)+F'_y(x,y)\cdot\dfrac{\mathrm{d}y}{\mathrm{d}x}=0,\qquad ①$$

则 $\dfrac{\mathrm{d}y}{\mathrm{d}x}=-\dfrac{F'_x(x,y)}{F'_y(x,y)}$,于是 $\dfrac{\mathrm{d}y}{\mathrm{d}x}\Big|_{(x_0,y_0)}=-\dfrac{F'_x(x_0,y_0)}{F'_y(x_0,y_0)}=0$,故 $x=x_0$ 是 $y=y(x)$ 的驻点.

①式两边再对 x 求导,

$$F''_{xx}(x,y)+F''_{xy}(x,y)\cdot\dfrac{\mathrm{d}y}{\mathrm{d}x}+\left[F''_{yx}(x,y)+F''_{yy}(x,y)\dfrac{\mathrm{d}y}{\mathrm{d}x}\right]\dfrac{\mathrm{d}y}{\mathrm{d}x}+F'_y(x,y)\cdot\dfrac{\mathrm{d}^2y}{\mathrm{d}x^2}=0.\qquad ②$$

将 (x_0,y_0) 代入②式,有 $\dfrac{\mathrm{d}^2y}{\mathrm{d}x^2}\Big|_{(x_0,y_0)}=-\dfrac{F''_{xx}(x_0,y_0)}{F'_y(x_0,y_0)}>0$,故 $y=y(x)$ 在 $x=x_0$ 处取得极小值,(A)正确.

例13.28 二元函数 $f(x,y)$ 在点 $(0,0)$ 处可微的一个充分条件是(   ).

(A) $\lim\limits_{(x,y)\to(0,0)}\left[f(x,y)-f(0,0)\right]=0$

(B) $\lim\limits_{x\to0}\dfrac{f(x,0)-f(0,0)}{x}=0$,且 $\lim\limits_{y\to0}\dfrac{f(0,y)-f(0,0)}{y}=0$

(C) $\lim\limits_{(x,y)\to(0,0)}\dfrac{f(x,y)-f(0,0)}{\sqrt{x^2+y^2}}=0$

(D) $\lim\limits_{x\to0}\left[f'_x(x,0)-f'_x(0,0)\right]=0$,且 $\lim\limits_{y\to0}\left[f'_y(0,y)-f'_y(0,0)\right]=0$

【解】 应选(C).

选项(A)的等式是函数 $f(x,y)$ 在点 $(0,0)$ 处连续的定义,故它不是 $f(x,y)$ 在点 $(0,0)$ 处可微的充分条件.

选项(B)的两个等式就是 $f'_x(0,0)=0,f'_y(0,0)=0$,两个偏导数存在不是可微的充分条件.

选项(C)按可微的定义: $\searrow$ **D$_{22}$**(*转换等价表述*)

$f(x,y)$ 在点 $(0,0)$ 处可微 $\Leftrightarrow f(x,y)=f(0,0)+Ax+By+o(\sqrt{x^2+y^2})((x,y)\to(0,0))$

$$\Leftrightarrow \lim\limits_{(x,y)\to(0,0)}\dfrac{f(x,y)-f(0,0)-Ax-By}{\sqrt{x^2+y^2}}=0,\text{ 其中}A,B\text{是与}x,y\text{无关的常数}.$$

题中的(C)即 $A=B=0$ 的情形. 具体说来, 由 $\lim\limits_{(x,y)\to(0,0)} \dfrac{f(x,y)-f(0,0)}{\sqrt{x^2+y^2}}=0$, 在 $(x,y)\to(0,0)$ 的一条特

殊路径: $x\to 0, y=0$ 上, 有 $\lim\limits_{x\to 0}\dfrac{f(x,0)-f(0,0)}{|x|}=0$, 于是

$$A=f_x'(0,0)=\lim_{x\to 0}\frac{f(x,0)-f(0,0)}{x}=\lim_{x\to 0}\frac{f(x,0)-f(0,0)}{|x|}\cdot\frac{|x|}{x}=0.$$

同理 $B=f_y'(0,0)=0$. 因此由(C)可知 $f(x,y)$ 在点 $(0,0)$ 处可微. 选(C).

选项(D)被排除, 可举出反例:

$$f(x,y)=\begin{cases}0, & xy=0,\\ 1, & xy\ne 0.\end{cases}$$

因为

$$f_x'(0,0)=\lim_{\Delta x\to 0}\frac{f(\Delta x,0)-f(0,0)}{\Delta x}=0,$$

$$f_x'(x,0)=\lim_{\Delta x\to 0}\frac{f(x+\Delta x,0)-f(x,0)}{\Delta x}=0,$$

所以 $\lim\limits_{x\to 0}\left[f_x'(x,0)-f_x'(0,0)\right]=0$. 同理 $\lim\limits_{y\to 0}\left[f_y'(0,y)-f_y'(0,0)\right]=0$.

但是在点 $(0,0)$ 处, 有

$$\Delta f=f(0+\Delta x,0+\Delta y)-f(0,0)=1, \lim_{\substack{\Delta x\to 0\\ \Delta y\to 0}}\frac{\Delta f-f_x'(0,0)\Delta x-f_y'(0,0)\Delta y}{\sqrt{(\Delta x)^2+(\Delta y)^2}}=\lim_{\substack{\Delta x\to 0\\ \Delta y\to 0}}\frac{1}{\sqrt{(\Delta x)^2+(\Delta y)^2}}\ne 0,$$

故函数在点 $(0,0)$ 处不可微.

【注】二元函数在一点连续、可导、可微和偏导数连续的概念以及它们的相互关系是多元函数微分学的基本内容, 这些就是本题要考查的知识点, 只要了解各选项中等式的意义, 就会得到正确的选项. 本题主要利用基本概念和推理, 所以有一定的难度.

注意选项(D)中表示的极限是一元函数的极限, 分别表示一元函数 $f_x'(x,0)$ 在 $x=0$ 处与 $f_y'(0,y)$ 在 $y=0$ 处连续, 不要误以为表示一阶偏导数连续.

例13.29 设函数 $f(x,y)=\displaystyle\int_0^{xy}\mathrm{e}^{xt^2}\mathrm{d}t$, 则 $\left.\dfrac{\partial^2 f}{\partial x\partial y}\right|_{(1,1)}=$ _____ .

【解】 应填 $4\mathrm{e}$.

法一
$$f_y'(x,y)=x\mathrm{e}^{x^3y^2}, f_y'(x,1)=x\mathrm{e}^{x^3};$$

$$f_{yx}''(x,1)=3x^3\mathrm{e}^{x^3}+\mathrm{e}^{x^3}, f_{yx}''(1,1)=4\mathrm{e}.$$

*D₂₂ (转换等价表述),
二元初等函数的偏导数仍是初等函数, 而初等函数在其定义区域内是连续的.*

由于 $f(x,y)$ 的二阶混合偏导数在点 $(1,1)$ 处是相等的, 因此 $f_{xy}''(1,1)=4\mathrm{e}$.

法二 当 $x > 0$ 时, $f(x,y) = \int_0^{xy} e^{xt^2}dt \xrightarrow[u=\sqrt{x}t]{\frac{u}{\sqrt{x}}=t} \int_0^{x^{\frac{3}{2}}y} e^{u^2}\frac{1}{\sqrt{x}}du = \frac{1}{\sqrt{x}}\int_0^{x^{\frac{3}{2}}y} e^{u^2}du$, 得

$$f_x'(x,y) = -\frac{1}{2}x^{-\frac{3}{2}}\int_0^{x^{\frac{3}{2}}y} e^{u^2}du + \frac{1}{\sqrt{x}}\cdot e^{x^3y^2}\cdot\frac{3}{2}x^{\frac{1}{2}}y,$$

故当 $x = 1$ 时, 有 $f_x'(1,y) = -\frac{1}{2}\int_0^y e^{u^2}du + \frac{3}{2}e^{y^2}\cdot y$, 则

$$f_{xy}''(1,y) = -\frac{1}{2}e^{y^2} + \frac{3}{2}\cdot e^{y^2}\cdot 2y\cdot y + \frac{3}{2}e^{y^2}\cdot 1,$$

$$f_{xy}''(1,1) = -\frac{1}{2}e + 3e + \frac{3}{2}e = 4e.$$

例13.30 设函数 $f(x)$ 在 $[1,+\infty)$ 上连续, $f(1) = 1$, 且满足

$$\int_1^{xy} f(t)dt = x\int_1^y f(t)dt + y\int_1^x f(t)dt (x \geq 1, y \geq 1).$$

求:(1) $f(x)$ 的表达式;

(2) 由方程 $F[xe^{x+y}, f(xy)] = x^2 + y^2$ 确定的隐函数 $y = y(x)$ 的导数 $\dfrac{dy}{dx}$, 其中 $F(u,v)$ 是可微的二元函数.

【分析】 (1) 所给等式的两边先对 x 后 y 求偏导数, 然后令 $y = 1$ 得 $f'(x)$ 的表达式, 积分并利用 $f(1) = 1$ 即可求得 $f(x)$ 的表达式.

(2) 由隐函数求导方法计算 $\dfrac{dy}{dx}$.

【解】 (1) 所给等式的两边对 x 求偏导数, 得 $\quad\searrow D_{22}$(转换等价表述)

$$f(xy)y = \int_1^y f(t)dt + yf(x). \qquad ①$$

①式两边对 y 求偏导数, 得

$$f'(xy)xy + f(xy) = f(y) + f(x). \qquad ②$$

②式中令 $y = 1$, 由 $f(1) = 1$ 得 $xf'(x) = 1$, 则在 $[1,+\infty)$ 上有 $f'(x) = \dfrac{1}{x}$, 从而 $f(x) = \ln x + C$, 由 $f(1) = 1$, 得 $C = 1$. 因此,

$$f(x) = \ln x + 1(x \in [1,+\infty)).$$

(2) 由(1)知所给方程可化为

$$F[xe^{x+y}, \ln(xy) + 1] = x^2 + y^2,$$

等式两边对 x 求导, 得

$$F_1' \cdot e^{x+y}\left[1+x\left(1+\frac{dy}{dx}\right)\right]+F_2' \cdot \left(\frac{1}{x}+\frac{1}{y}\frac{dy}{dx}\right)=2\left(x+y\frac{dy}{dx}\right),$$

即

$$\left(F_1' \cdot xe^{x+y}+F_2' \cdot \frac{1}{y}-2y\right)\frac{dy}{dx}=2x-F_1' \cdot e^{x+y}(1+x)-F_2' \cdot \frac{1}{x},$$

则

$$\frac{dy}{dx}=\frac{2x-F_1' \cdot e^{x+y}(1+x)-F_2' \cdot \dfrac{1}{x}}{F_1' \cdot xe^{x+y}+F_2' \cdot \dfrac{1}{y}-2y}.$$

【注】由于所给等式

$$\int_1^{xy}f(t)dt=x\int_1^y f(t)dt+y\int_1^x f(t)dt$$

中出现 x 和 y 两个自变量，因此为了求解 $f(x)$，需对上式求关于 x 的偏导数后再求关于 y 的偏导数，才能消去积分进行后续计算.

例13.31 设函数 $F(a,b)=\int_{ab^{-1}}^{ab}(a-bx)f(x)dx$，$f(x)$ 具有一阶连续导数，记 $I_1=F_{ab}''(1,1)$，$I_2=F_{ba}''(1,-1)$，则（　　）.

(A) $I_1>I_2$　　　　(B) $I_1<I_2$　　　　(C) $I_1=I_2$　　　　(D) $I_1I_2>0$

【解】 应选(C).

$$F(a,b)=a\int_{ab^{-1}}^{ab}f(x)dx-b\int_{ab^{-1}}^{ab}xf(x)dx,$$

$$F_a'=\int_{ab^{-1}}^{ab}f(x)dx+a[bf(ab)-b^{-1}f(ab^{-1})]-b[ab^2f(ab)-ab^{-2}f(ab^{-1})]$$

$$=\int_{ab^{-1}}^{ab}f(x)dx+abf(ab)-ab^3f(ab),$$

$$F_{ab}''=\left[af(ab)+\frac{a}{b^2}f(ab^{-1})\right]+af(ab)+a^2bf'(ab)-3ab^2f(ab)-a^2b^3f'(ab).$$

于是 $F_{ab}''(1,1)=0$，$F_{ba}''(1,-1)=F_{ab}''(1,-1)=0$，于是 $I_1=I_2$. 故选(C).

例13.32 已知二元函数 $z=f(x,y)$ 可微，两个偏增量

$$\Delta_x z=(2+3x^2y^2)\Delta x+3xy^2(\Delta x)^2+y^2(\Delta x)^3,\Delta_y z=2x^3y\Delta y+x^3(\Delta y)^2,$$

且 $f(0,0)=1$，求 $f(x,y)$.

【解】 由题意知 $\dfrac{\partial z}{\partial x}=2+3x^2y^2,\dfrac{\partial z}{\partial y}=2x^3y$，故 $f(x,y)=2x+x^3y^2+\varphi(y)$.

又 $\dfrac{d[\varphi(y)]}{dy}=0$，故 $\varphi(y)=C$，所以 $f(x,y)=2x+x^3y^2+C$.

又 $f(0,0)=1$，所以 $z=f(x,y)=2x+x^3y^2+1$．

【注】$\Delta_x z=f(x+\Delta x,y)-f(x,y)=\dfrac{\partial z}{\partial x}\Delta x+o(\Delta x)$，$\Delta_y z=f(x,y+\Delta y)-f(x,y)=\dfrac{\partial z}{\partial y}\Delta y+o(\Delta y)$．

❀第三部分　计算偏导数、全微分❀

三向解题法

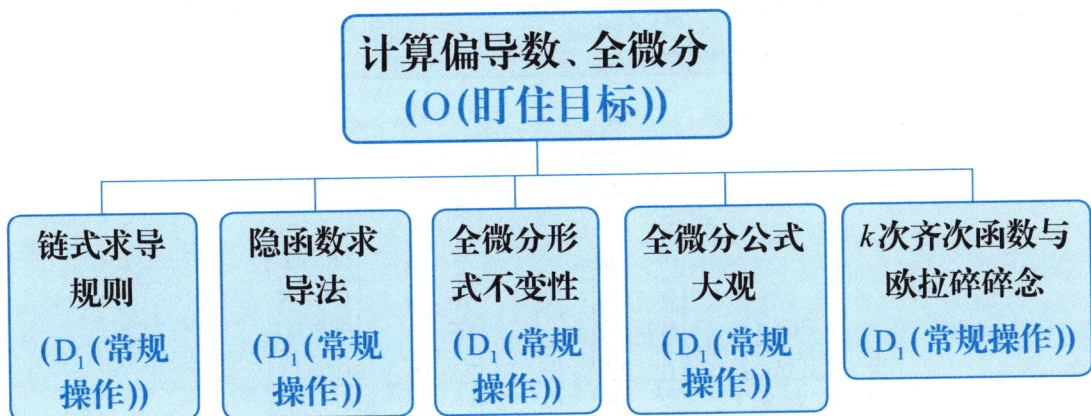

一、链式求导规则（D_1（常规操作））

（1）设 $y=f[g(x)]$，则 $\dfrac{\mathrm{d}y}{\mathrm{d}x}=\dfrac{\mathrm{d}\{f[g(x)]\}}{\mathrm{d}x}=\dfrac{\mathrm{d}\{f[g(x)]\}}{\mathrm{d}[g(x)]}\cdot\dfrac{\mathrm{d}[g(x)]}{\mathrm{d}x}$．

$y\,—\,g\,—\,x$

（2）设 $z=f(u,v)$，$u=u(x,y)$，$v=v(x,y)$，则

$$\frac{\partial z}{\partial x}=\frac{\partial z}{\partial u}\cdot\frac{\partial u}{\partial x}+\frac{\partial z}{\partial v}\cdot\frac{\partial v}{\partial x},$$

$$\frac{\partial z}{\partial y}=\frac{\partial z}{\partial u}\cdot\frac{\partial u}{\partial y}+\frac{\partial z}{\partial v}\cdot\frac{\partial v}{\partial y}.$$

（3）设 $z=f(u,v)$，$u=u(t)$，$v=v(t)$，则

$$\frac{\mathrm{d}z}{\mathrm{d}t}=\frac{\partial z}{\partial u}\cdot\frac{\mathrm{d}u}{\mathrm{d}t}+\frac{\partial z}{\partial v}\cdot\frac{\mathrm{d}v}{\mathrm{d}t}.$$

全导数

二、隐函数求导法 (D_1 (常规操作))

设以下所给函数的偏导数均连续.

(1)一个方程的情形.

设 $F(x,y,z)=0$,$P_0(x_0,y_0,z_0)$,若满足① $F(P_0)=0$;② $F'_z(P_0)\neq 0$,则在点 P_0 的某邻域内可确定 $z=z(x,y)$,且有

$$\frac{\partial z}{\partial x}=-\frac{F'_x}{F'_z},\frac{\partial z}{\partial y}=-\frac{F'_y}{F'_z}.$$

(2)方程组的情形.

设 $\begin{cases}F(x,y,z)=0,\\ G(x,y,z)=0,\end{cases}$ 当满足 $\dfrac{\partial(F,G)}{\partial(y,z)}=\begin{vmatrix}\dfrac{\partial F}{\partial y}&\dfrac{\partial F}{\partial z}\\ \dfrac{\partial G}{\partial y}&\dfrac{\partial G}{\partial z}\end{vmatrix}\neq 0$ 时,可确定 $\begin{cases}y=y(x),\\ z=z(x).\end{cases}$ 其复合结构图如图所示:

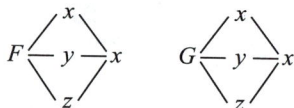

$$F\diagup\underset{z}{\overset{x}{y}}\diagdown x \qquad G\diagup\underset{z}{\overset{x}{y}}\diagdown x$$

且有

$$\frac{\mathrm{d}y}{\mathrm{d}x}=-\frac{\dfrac{\partial(F,G)}{\partial(x,z)}}{\dfrac{\partial(F,G)}{\partial(y,z)}}=-\frac{\begin{vmatrix}\dfrac{\partial F}{\partial x}&\dfrac{\partial F}{\partial z}\\ \dfrac{\partial G}{\partial x}&\dfrac{\partial G}{\partial z}\end{vmatrix}}{\begin{vmatrix}\dfrac{\partial F}{\partial y}&\dfrac{\partial F}{\partial z}\\ \dfrac{\partial G}{\partial y}&\dfrac{\partial G}{\partial z}\end{vmatrix}},\frac{\mathrm{d}z}{\mathrm{d}x}=-\frac{\dfrac{\partial(F,G)}{\partial(y,x)}}{\dfrac{\partial(F,G)}{\partial(y,z)}}=-\frac{\begin{vmatrix}\dfrac{\partial F}{\partial y}&\dfrac{\partial F}{\partial x}\\ \dfrac{\partial G}{\partial y}&\dfrac{\partial G}{\partial x}\end{vmatrix}}{\begin{vmatrix}\dfrac{\partial F}{\partial y}&\dfrac{\partial F}{\partial z}\\ \dfrac{\partial G}{\partial y}&\dfrac{\partial G}{\partial z}\end{vmatrix}}.$$

三、全微分形式不变性 (D_1 (常规操作))

设 $z=f(u,v)$,$u=u(x,y)$,$v=v(x,y)$,如果 $f(u,v)$,$u(x,y)$,$v(x,y)$ 分别有连续偏导数,则复合函数 $z=f(u,v)$ 在 (x,y) 处的全微分仍可表示为

$$\mathrm{d}z=\frac{\partial z}{\partial u}\mathrm{d}u+\frac{\partial z}{\partial v}\mathrm{d}v,$$

即无论 u ,v 是自变量还是中间变量,上式总成立.

四、全微分公式大观（ D_1（常规操作））

形式化归体系块

（1） $x\mathrm{d}x + y\mathrm{d}y = \mathrm{d}\left(\dfrac{x^2 + y^2}{2}\right)$ ；

（2） $x\mathrm{d}x - y\mathrm{d}y = \mathrm{d}\left(\dfrac{x^2 - y^2}{2}\right)$ ；

（3） $y\mathrm{d}x + x\mathrm{d}y = \mathrm{d}(xy)$ ；

（4） $\dfrac{y\mathrm{d}x + x\mathrm{d}y}{xy} = \mathrm{d}(\ln|xy|)$ ；

（5） $\dfrac{x\mathrm{d}x + y\mathrm{d}y}{x^2 + y^2} = \mathrm{d}\left[\dfrac{1}{2}\ln(x^2 + y^2)\right]$ ；

（6） $\dfrac{x\mathrm{d}x - y\mathrm{d}y}{x^2 - y^2} = \mathrm{d}\left[\dfrac{1}{2}\ln|x^2 - y^2|\right]$ ；

（7） $\dfrac{x\mathrm{d}y - y\mathrm{d}x}{x^2} = \mathrm{d}\left(\dfrac{y}{x}\right)$ ；

（8） $\dfrac{y\mathrm{d}x - x\mathrm{d}y}{y^2} = \mathrm{d}\left(\dfrac{x}{y}\right)$ ；

（9） $\dfrac{y\mathrm{d}x - x\mathrm{d}y}{x^2 + y^2} = \mathrm{d}\left(\arctan\dfrac{x}{y}\right)$ ；

（10） $\dfrac{x\mathrm{d}y - y\mathrm{d}x}{x^2 + y^2} = \mathrm{d}\left(\arctan\dfrac{y}{x}\right)$ ；

（11） $\dfrac{y\mathrm{d}x - x\mathrm{d}y}{x^2 - y^2} = \mathrm{d}\left(\dfrac{1}{2}\ln\left|\dfrac{x - y}{x + y}\right|\right)$ ；

（12） $\dfrac{x\mathrm{d}y - y\mathrm{d}x}{x^2 - y^2} = \mathrm{d}\left(\dfrac{1}{2}\ln\left|\dfrac{x + y}{x - y}\right|\right)$ ；

（13） $\dfrac{x\mathrm{d}x + y\mathrm{d}y}{(x^2 + y^2)^2} = \mathrm{d}\left(-\dfrac{1}{2}\dfrac{1}{x^2 + y^2}\right)$ ；

（14） $\dfrac{x\mathrm{d}x - y\mathrm{d}y}{(x^2 - y^2)^2} = \mathrm{d}\left(-\dfrac{1}{2}\dfrac{1}{x^2 - y^2}\right)$ ；

（15） $\dfrac{x\mathrm{d}x + y\mathrm{d}y}{1 + (x^2 + y^2)^2} = \mathrm{d}\left[\dfrac{1}{2}\arctan(x^2 + y^2)\right]$ ；

（16） $\dfrac{x\mathrm{d}x - y\mathrm{d}y}{1 + (x^2 - y^2)^2} = \mathrm{d}\left[\dfrac{1}{2}\arctan(x^2 - y^2)\right]$ ．

【注】（1）上述公式左边即 $\dfrac{\partial u}{\partial x}\mathrm{d}x + \dfrac{\partial u}{\partial y}\mathrm{d}y = P\mathrm{d}x + Q\mathrm{d}y$ ，若其中有未知参数，则利用 $\dfrac{\partial^2 u}{\partial x \partial y} = \dfrac{\partial^2 u}{\partial y \partial x}$ ，

即 $\dfrac{\partial P}{\partial y} = \dfrac{\partial Q}{\partial x}$ 可以求出．如设 $\dfrac{x\mathrm{d}x - ay\mathrm{d}y}{1 + (x^2 + y^2)^2}$ 是某二元函数的全微分，则 $a = -1$ ．

（2）数学一读者注意， $(P, Q) = \left(\dfrac{\partial u}{\partial x}, \dfrac{\partial u}{\partial y}\right) = \mathbf{grad}\, u$ 是 u 的梯度．

如设 $\mathrm{d}u = \dfrac{axy^2}{(x^2 + y^2)^2}\mathrm{d}x - \dfrac{4x^b y}{(x^2 + y^2)^2}\mathrm{d}y$ ，则 $\mathbf{grad}\, u = \left(\dfrac{4xy^2}{(x^2 + y^2)^2}, -\dfrac{4x^2 y}{(x^2 + y^2)^2}\right)$ ．

🐟 例 13.33　设 $f(x) = \displaystyle\int_{\cos x}^{\sin x} \mathrm{e}^{t^2 + xt}\mathrm{d}t$ ，求 $f'(0)$ ．

【解】　令 $F(u, v, x) = \displaystyle\int_v^u \mathrm{e}^{t^2 + xt}\mathrm{d}t$ ，则 $f(x) = F(\sin x, \cos x, x)$ ，从而可得

$$f'(x) = \dfrac{\partial F}{\partial u}\dfrac{\partial u}{\partial x} + \dfrac{\partial F}{\partial v}\dfrac{\partial v}{\partial x} + \dfrac{\partial F}{\partial x} = \mathrm{e}^{u^2 + xu}\cos x - \mathrm{e}^{v^2 + xv}(-\sin x) + \int_v^u t\mathrm{e}^{t^2 + xt}\mathrm{d}t.$$

故 $f'(0) = 1 + \displaystyle\int_1^0 t\mathrm{e}^{t^2}\mathrm{d}t = \dfrac{1}{2}(3 - \mathrm{e})$ ．

例13.34 设 $z = z(x,y)$ 是由方程 $\dfrac{x}{z} = \ln\dfrac{z}{y}$ 确定的二元隐函数, 求全微分 $\mathrm{d}z$.

【解】 在方程 $\dfrac{x}{z} = \ln\dfrac{z}{y}$ 两端求全微分, 利用一阶全微分形式不变性, 得

$$\frac{1}{z}\mathrm{d}x - \frac{x}{z^2}\mathrm{d}z = \frac{1}{z}\mathrm{d}z - \frac{1}{y}\mathrm{d}y \ ,$$

所以

$$\mathrm{d}z = \frac{z}{y(x+z)}(y\mathrm{d}x + z\mathrm{d}y) \ .$$

【注】 本题亦可用下面的方法求解.

设 $F(x,y,z) = \dfrac{x}{z} - \ln\dfrac{z}{y} = \dfrac{x}{z} - \ln z + \ln y$, 则

$$F'_x = \frac{1}{z}, \quad F'_y = \frac{1}{y}, \quad F'_z = -\frac{x}{z^2} - \frac{1}{z} = -\frac{x+z}{z^2} \ ,$$

所以

$$\frac{\partial z}{\partial x} = -\frac{F'_x}{F'_z} = -\frac{\dfrac{1}{z}}{-\dfrac{x+z}{z^2}} = \frac{z}{x+z} \ ,$$

$$\frac{\partial z}{\partial y} = -\frac{F'_y}{F'_z} = -\frac{\dfrac{1}{y}}{-\dfrac{x+z}{z^2}} = \frac{z^2}{y(x+z)} \ .$$

故

$$\mathrm{d}z = \frac{\partial z}{\partial x}\mathrm{d}x + \frac{\partial z}{\partial y}\mathrm{d}y = \frac{z}{y(x+z)}(y\mathrm{d}x + z\mathrm{d}y) \ .$$

例13.35 设函数 $z = z(x,y)$ 由方程 $\mathrm{e}^z + xyz + x + \cos x = 2$ 确定, 求 $\mathrm{d}z\big|_{(0,1)}$.

【解】 **法一** 在 $\mathrm{e}^z + xyz + x + \cos x = 2$ 两边关于 x 求导, 得

$$\mathrm{e}^z\frac{\partial z}{\partial x} + yz + xy\frac{\partial z}{\partial x} + 1 - \sin x = 0 \ ,$$

所以 $\dfrac{\partial z}{\partial x} = \dfrac{\sin x - yz - 1}{\mathrm{e}^z + xy}$.

同理可得

$$\frac{\partial z}{\partial y} = \frac{-xz}{\mathrm{e}^z + xy} \ .$$

当 $x = 0$, $y = 1$ 时, $\mathrm{e}^z + 1 = 2$, 故 $z = 0$. 所以

$$\frac{\partial z}{\partial x}\bigg|_{(0,1)} = -1 \ , \quad \frac{\partial z}{\partial y}\bigg|_{(0,1)} = 0 \ ,$$

从而
$$\left.\mathrm{d}z\right|_{(0,1)} = \left.\frac{\partial z}{\partial x}\right|_{(0,1)}\mathrm{d}x + \left.\frac{\partial z}{\partial y}\right|_{(0,1)}\mathrm{d}y = -\mathrm{d}x .$$

法二　在方程 $\mathrm{e}^z + xyz + x + \cos x = 2$ 两端求全微分，利用一阶全微分形式不变性，得

$$\mathrm{e}^z\mathrm{d}z + yz\mathrm{d}x + xz\mathrm{d}y + xy\mathrm{d}z + \mathrm{d}x - \sin x\mathrm{d}x = 0 ,$$

所以 $(\mathrm{e}^z + xy)\mathrm{d}z = (\sin x - yz - 1)\mathrm{d}x - xz\mathrm{d}y$. 当 $x = 0$, $y = 1$ 时， $\mathrm{e}^z + 1 = 2$, 故 $z = 0$.

所以 $\left.\mathrm{d}z\right|_{(0,1)} = -\mathrm{d}x$.

例13.36　已知函数 $f(u,v)$ 具有二阶连续偏导数， $f(1,1) = 2$ 是 $f(u,v)$ 的极值， $z = f[x+y,$ $f(x,y)]$, 求 $\left.\dfrac{\partial^2 z}{\partial x \partial y}\right|_{(1,1)}$.

D₁（常规操作）

【解】
$$\frac{\partial z}{\partial x} = f_1'[x+y, f(x,y)] + f_2'[x+y, f(x,y)] \cdot f_1'(x,y) ,$$

$$\frac{\partial^2 z}{\partial x \partial y} = f_{11}''[x+y, f(x,y)] + f_{12}''[x+y, f(x,y)] \cdot f_2'(x,y) +$$

$$f_{12}''(x,y) \cdot f_2'[x+y, f(x,y)] + f_1'(x,y)\Big\{f_{21}''[x+y, f(x,y)] +$$

$$f_{22}''[x+y, f(x,y)] \cdot f_2'(x,y)\Big\} .$$

$f(1,1)$ 是 $f(u,v)$ 极值

由题意知， $f_1'(1,1) = 0$, $f_2'(1,1) = 0$, 从而

$$\left.\frac{\partial^2 z}{\partial x \partial y}\right|_{(1,1)} = f_{11}''(2,2) + f_2'(2,2)f_{12}''(1,1) .$$

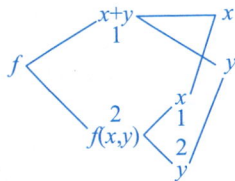

例13.37　设 $y = y(x)$, $z = z(x)$ 是由方程 $z = xf(x+y)$ 和 $F(x,y,z) = 0$ 所确定的函数，其中 f 和 F 分别具有一阶连续导数和一阶连续偏导数，且 $F_y' + xf'F_z' \neq 0$, 求 $\dfrac{\mathrm{d}z}{\mathrm{d}x}$.

【解】　令 $G(x,y,z) = xf(x+y) - z$, 由公式法，知

$$\frac{\mathrm{d}z}{\mathrm{d}x} = -\frac{\dfrac{\partial(F,G)}{\partial(y,x)}}{\dfrac{\partial(F,G)}{\partial(y,z)}} = -\frac{\begin{vmatrix} \dfrac{\partial F}{\partial y} & \dfrac{\partial F}{\partial x} \\[2mm] \dfrac{\partial G}{\partial y} & \dfrac{\partial G}{\partial x} \end{vmatrix}}{\begin{vmatrix} \dfrac{\partial F}{\partial y} & \dfrac{\partial F}{\partial z} \\[2mm] \dfrac{\partial G}{\partial y} & \dfrac{\partial G}{\partial z} \end{vmatrix}} = -\frac{\begin{vmatrix} F_y' & F_x' \\ xf' & f + xf' \end{vmatrix}}{\begin{vmatrix} F_y' & F_z' \\ xf' & -1 \end{vmatrix}}$$

$$= \frac{(f + xf')F_y' - xf'F_x'}{F_y' + xf'F_z'} .$$

【注】本题亦可用下面的方法求解.

分别在 $z = xf(x+y)$ 和 $F(x,y,z) = 0$ 的两端对 x 求导，得

$$\begin{cases} \dfrac{\mathrm{d}z}{\mathrm{d}x} = f + x\left(1 + \dfrac{\mathrm{d}y}{\mathrm{d}x}\right)f', \\ F_x' + F_y'\dfrac{\mathrm{d}y}{\mathrm{d}x} + F_z'\dfrac{\mathrm{d}z}{\mathrm{d}x} = 0, \end{cases}$$

整理后得

$$\begin{cases} -xf'\dfrac{\mathrm{d}y}{\mathrm{d}x} + \dfrac{\mathrm{d}z}{\mathrm{d}x} = f + xf', \\ F_y'\dfrac{\mathrm{d}y}{\mathrm{d}x} + F_z'\dfrac{\mathrm{d}z}{\mathrm{d}x} = -F_x', \end{cases}$$

由此解得

$$\frac{\mathrm{d}z}{\mathrm{d}x} = \frac{(f + xf')F_y' - xf'F_x'}{F_y' + xf'F_z'}.$$

例13.38 设函数 $f(x,y)$ 的一阶偏导数连续，在点 $(1,0)$ 的某邻域内有 $f(x,y) = 1 - x - 2y + o(\sqrt{(x-1)^2 + y^2})$ 成立. 记 $z(x,y) = f(\mathrm{e}^y, x+y)$，则 $\mathrm{d}\big[z(x,y)\big]\Big|_{(0,0)} = $ _____.

【解】 应填 $-2\mathrm{d}x - 3\mathrm{d}y$.

将 $f(x,y)$ 写成 $-(x-1) - 2(y-0) + o(\sqrt{(x-1)^2 + (y-0)^2})$ 便可知，$f(1,0) = 0$，$f_1'(1,0) = -1$，$f_2'(1,0) = -2$.

再写出如下的复合结构图：

$$z(x,y) = f(\mathrm{e}^y, x+y) \Big\langle \begin{matrix} \mathrm{e}^y \\ x+y \end{matrix} \diagdown\!\!\!\diagup \begin{matrix} x \\ y \end{matrix}$$

于是有

$$\frac{\partial z}{\partial x} = f_2'(\mathrm{e}^y, x+y) \cdot 1,$$

$$\frac{\partial z}{\partial y} = f_1'(\mathrm{e}^y, x+y) \cdot \mathrm{e}^y + f_2'(\mathrm{e}^y, x+y) \cdot 1,$$

由此得

$$\frac{\partial z}{\partial x}\Big|_{(0,0)} = f_2'(\mathrm{e}^0, 0+0) = f_2'(1,0) = -2,$$

$$\frac{\partial z}{\partial y}\Big|_{(0,0)} = f_1'(1,0) + f_2'(1,0) = -1 - 2 = -3.$$

故

$$\mathrm{d}\big[z(x,y)\big]\Big|_{(0,0)} = \frac{\partial z}{\partial x}\Big|_{(0,0)}\mathrm{d}x + \frac{\partial z}{\partial y}\Big|_{(0,0)}\mathrm{d}y = -2\mathrm{d}x - 3\mathrm{d}y.$$

例13.39 设 $z(x,y) = \sqrt{\dfrac{x^2+y^2}{xy}}$，$xy > 0$，则 $x\dfrac{\partial z}{\partial x} + y\dfrac{\partial z}{\partial y} = $ _____.

【解】 应填 0.

$z(x, y) = \sqrt{\dfrac{x}{y} + \dfrac{y}{x}}$，从而 $\dfrac{\partial z}{\partial x} = \dfrac{1}{2z} \cdot \left(\dfrac{1}{y} - \dfrac{y}{x^2} \right)$，$\dfrac{\partial z}{\partial y} = \dfrac{1}{2z} \cdot \left(-\dfrac{x}{y^2} + \dfrac{1}{x} \right)$，所以

$$x \frac{\partial z}{\partial x} + y \frac{\partial z}{\partial y} = \frac{1}{2z} \cdot \left(\frac{x}{y} - \frac{y}{x} - \frac{x}{y} + \frac{y}{x} \right) = 0 \,.$$

五、k 次齐次函数与欧拉碎碎念（$\mathrm{D_1}$（常规操作））

对于齐次多项式，我们都很熟悉——次数相同的各项所组成的多项式称为齐次多项式. 比如 $2x^2 - 3xy + 6y^2$，就是一个 2 次齐次多项式. 但是，齐次多项式仅仅是一种特殊的函数形式，对于一般的函数呢？比如

$$x \cdot \frac{\sqrt{x^4 + y^4}}{x - y} \cdot \ln \frac{x}{y} \,,$$

它还有类似"齐次"的概念么？

回答这个问题前，请大家跟着我做两件事情.

第一件：对于 $2x^2 - 3xy + 6y^2$，我们给 x 和 y 各乘以一因子 t，得到了

$$2t^2 x^2 - 3t^2 xy + 6t^2 y^2 = t^2 (2x^2 - 3xy + 6y^2) \,,$$

即多项式得到了一个公因子 t^2.

第二件：对于 $x \cdot \dfrac{\sqrt{x^4 + y^4}}{x - y} \cdot \ln \dfrac{x}{y}$ 呢？我们用同样的方法，给 x 和 y 各乘以一因子 t，得到了

$$\frac{tx \cdot \sqrt{t^4 x^4 + t^4 y^4}}{tx - ty} \cdot \ln \frac{tx}{ty} = t^2 \left(x \cdot \frac{\sqrt{x^4 + y^4}}{x - y} \cdot \ln \frac{x}{y} \right) \,.$$

多么奇妙，函数也得到了一个公因子 t^2. 它与 2 次齐次多项式有多么惊人的相似形式！这种函数就称为 2 次齐次函数. 于是，下面我们就可以很顺畅地给出一般化的齐次函数的概念.

1. 齐次函数的定义

设 n 元函数 $f(x_1, \cdots, x_n)$，当它的所有变量 $x_1, \cdots, x_n$ 都乘以因子 t 时，能得到公因子 t^k，即能够使得 $f(tx_1, \cdots, tx_n) = t^k \cdot f(x_1, \cdots, x_n)$ 恒成立，则称 $f(x_1, \cdots, x_n)$ 为 k 次齐次函数（简称 k 齐函数）.

> 【注】在这里我们并不限定齐次函数的次数 k 必须是正整数. 事实上，k 可以是任意实数. 例如，函数 $x^\pi \sin \dfrac{y}{x} + y^\pi \cos \dfrac{x}{y}$ 就是 π 次齐次函数.

2. 一般表达式

k 次齐次函数的一般表达式为
$$f(x_1, x_2, \cdots, x_n) = x_1^k \cdot \varphi \left(\frac{x_2}{x_1}, \cdots, \frac{x_n}{x_1} \right) \,.$$

这个式子并不抽象,只要我们先判断出该函数是 k 次齐次函数,然后提出 x_1^k,即可得到一个"漂亮"的表达式,比如前面的例子,$f(x,y)=x\cdot\dfrac{\sqrt{x^4+y^4}}{x-y}\cdot\ln\dfrac{x}{y}$ 是一个 2 次齐次函数,所以 $f(x,y)=x^2\varphi\left(\dfrac{y}{x}\right)=$

$$x^2\cdot\dfrac{\sqrt{1+\left(\dfrac{y}{x}\right)^4}}{\dfrac{y}{x}-1}\cdot\ln\dfrac{y}{x}.$$

例 13.40 请判断以下函数分别是几次齐次函数.

$$f_1=\sqrt{x+y}\ ,\ f_2=\sqrt{x^2+xy+y^2}\ ,\ f_3=Ax^2+2Bxy+Cy^2\ ,\ f_4=\dfrac{x^2+y^2}{xy}\ ,\ f_5=\dfrac{1}{\sqrt{xy}}\ .$$

【解】 由于

$$\sqrt{tx+ty}=\sqrt{t}\cdot\sqrt{x+y}\ ,$$

$$\sqrt{(tx)^2+txty+(ty)^2}=t\sqrt{x^2+xy+y^2}\ ,$$

$$A(tx)^2+2Btxty+C(ty)^2=t^2(Ax^2+2Bxy+Cy^2)\ ,$$

$$\dfrac{(tx)^2+(ty)^2}{txty}=t^0\dfrac{x^2+y^2}{xy}\ ,$$

$$\dfrac{1}{\sqrt{txty}}=\dfrac{1}{t\sqrt{xy}}=t^{-1}\cdot\dfrac{1}{\sqrt{xy}}\ ,$$

故所给函数分别是 $\dfrac{1}{2}$ 次、1 次、2 次、0 次和 -1 次齐次函数.

3. 欧拉碎碎念

有一天,学生拉格朗日来拜访他的老师欧拉,可是欧拉却一改往日的热情好客,一个人在院子的一角来回踱步,嘴中念念有词,把拉格朗日冷落在一边.拉格朗日凑上前去,听到欧拉好像在反复说什么,"kf, kf, kf, …".拉格朗日开始了思考:"f 的常数倍 kf 是什么? 老师如此认真思考的问题是什么?"于是,拉格朗日悄悄离开了欧拉的家,开始研究 f 的常数倍与什么有关? 天才的拉格朗日想到了他正在写作的《分析力学》中的能量积分问题.是的,与 k 次齐次函数有关.于是,拉格朗日迅速来到了欧拉的家中,拉着老师的手说:"谢谢您的碎碎念.我知道了该如何处理能量稳定性问题了."

于是写出了例 13.41. *这本书中没有一张图,全是分析*

欧拉看着拉格朗日苦笑着说:"我孙子不会背化学式氟化钾(KF),我正在背诵,等他回来好教他呢!"

例 13.41 设 $f(x,y)$ 具有一阶连续偏导数,证明 $f(x,y)$ 为 k 次齐次函数 $[f(tx,ty)=t^kf(x,y)]$ 的

充要条件是满足欧拉碎碎念: $x\dfrac{\partial f}{\partial x}+y\dfrac{\partial f}{\partial y}=kf(x,y)$. *$D_{22}$(转换等价表述)*

【证】 必要性.固定 x,y,等式 $f(xt,yt)=t^kf(x,y)$ 两边对 t 求导后,令 $t=1$,即得

$$xf_1'+yf_2'=kf(x,y)\ .$$

充分性. 对任意固定的 x, y, 设 $F(t) = \dfrac{f(xt, yt)}{t^k}$, 有

$$F'(t) = \frac{xf_1' + yf_2'}{t^k} - \frac{kf(xt, yt)}{t^{k+1}} = \frac{xtf_1' + ytf_2' - kf(xt, yt)}{t^{k+1}} = 0 .$$

故 $F(t)$ 不依赖于 t, 仅依赖 x, y, 而 $F(1) = f(x, y)$, 则

$$f(xt, yt) = t^k f(x, y) .$$

> 【注】（1）当 $k = 0$ 时, 令 $t = \dfrac{1}{x}$, 有 $f\left(1, \dfrac{y}{x}\right) = f(x, y) = \varphi\left(\dfrac{y}{x}\right)$, 这就可看作微分方程中的一阶齐
>
> 次微分方程：$\dfrac{\mathrm{d}y}{\mathrm{d}x} = \varphi\left(\dfrac{y}{x}\right)$.
>
> （2）在多元函数微分学计算中, 如果研究对象是 k 次齐次函数（k 齐函数）, 则可考虑用
>
> $$xf_x' + yf_y' = kf .$$

例 13.42 设在上半平面 $D = \{(x, y) | y > 0\}$ 内, 函数 $f(x, y)$ 具有连续偏导数, 且对任意的 $t > 0$, 都有 $f(tx, ty) = t^{-2} f(x, y)$. 证明：$yf(x, y)\mathrm{d}x - xf(x, y)\mathrm{d}y = 0$ 是全微分方程.

【证】由题设, $f(x, y)$ 为 -2 次齐次函数, 故

$$xf_1'(x, y) + yf_2'(x, y) = -2f(x, y) . \tag{*}$$

设 $P(x, y) = yf(x, y)$, $Q(x, y) = -xf(x, y)$, 则

$$\frac{\partial Q}{\partial x} = -f(x, y) - xf_1'(x, y) , \quad \frac{\partial P}{\partial y} = f(x, y) + yf_2'(x, y) .$$

则由 (*) 式可得

$$\frac{\partial Q}{\partial x} = \frac{\partial P}{\partial y} .$$

故 $yf(x, y)\mathrm{d}x - xf(x, y)\mathrm{d}y = 0$ 是全微分方程.

现在, 回看例 13.39, 设 $z(x, y) = \sqrt{\dfrac{x^2 + y^2}{xy}}$, $xy > 0$, 则 $x\dfrac{\partial z}{\partial x} + y\dfrac{\partial z}{\partial y} = \underline{\qquad}$.

由于 z 是 0 次齐次函数, 故 $x\dfrac{\partial z}{\partial x} + y\dfrac{\partial z}{\partial y} = 0 \cdot z = 0$.

第四部分 化简、求解偏微分方程

三向解题法

形式化归体系块

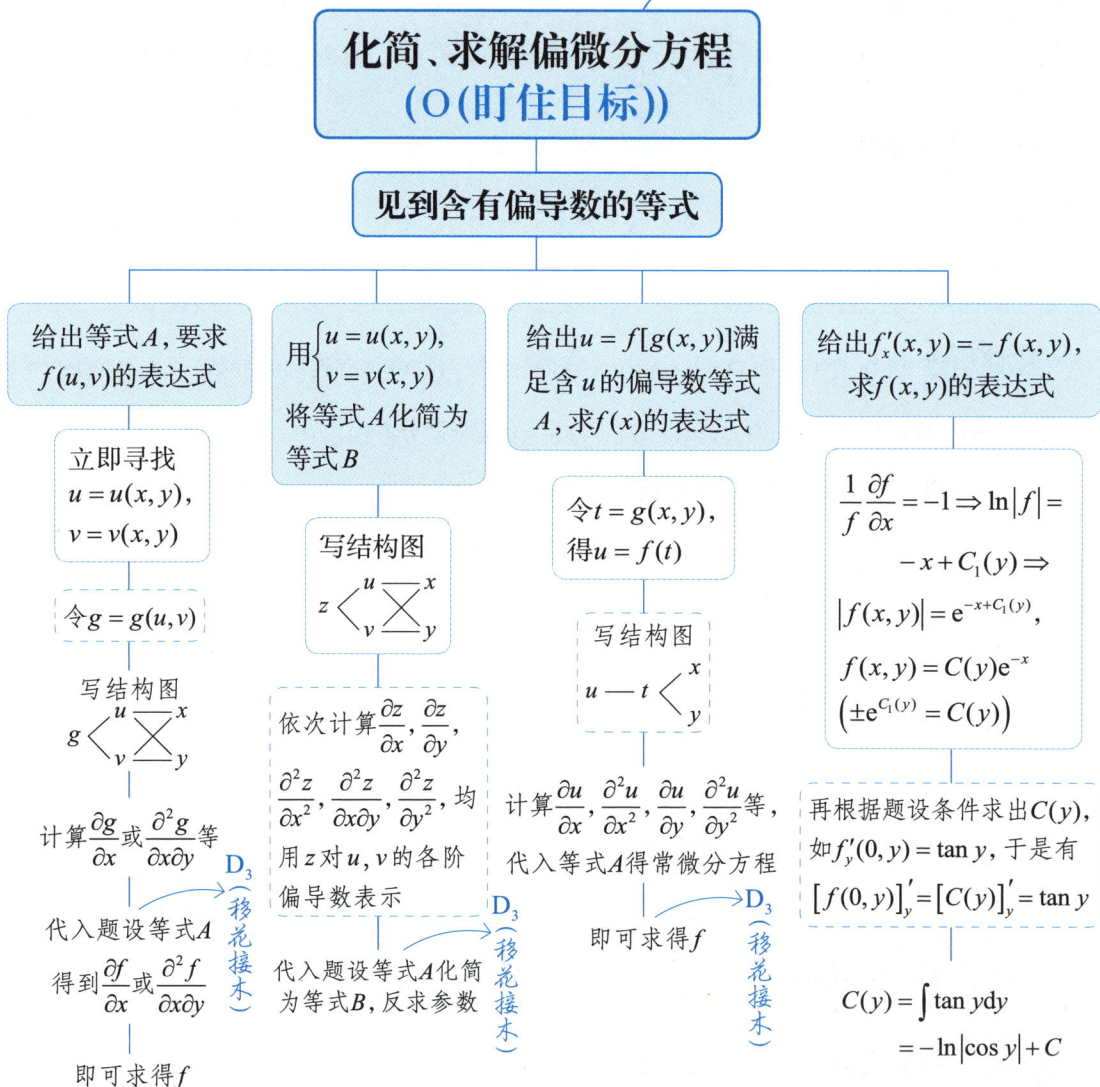

化简、求解偏微分方程
（O（盯住目标））

见到含有偏导数的等式

给出等式 A，要求 $f(u,v)$ 的表达式

立即寻找
$u=u(x,y)$，
$v=v(x,y)$

令 $g=g(u,v)$

写结构图
$g \begin{smallmatrix} u \\ v \end{smallmatrix} \begin{smallmatrix} x \\ y \end{smallmatrix}$

计算 $\dfrac{\partial g}{\partial x}$ 或 $\dfrac{\partial^2 g}{\partial x \partial y}$ 等

D_3（移花接木）

代入题设等式 A
得到 $\dfrac{\partial f}{\partial x}$ 或 $\dfrac{\partial^2 f}{\partial x \partial y}$

即可求得 f

用 $\begin{cases} u=u(x,y), \\ v=v(x,y), \end{cases}$ 将等式 A 化简为等式 B

写结构图
$z \begin{smallmatrix} u \\ v \end{smallmatrix} \begin{smallmatrix} x \\ y \end{smallmatrix}$

依次计算 $\dfrac{\partial z}{\partial x}$，$\dfrac{\partial z}{\partial y}$，$\dfrac{\partial^2 z}{\partial x^2}$，$\dfrac{\partial^2 z}{\partial x \partial y}$，$\dfrac{\partial^2 z}{\partial y^2}$，均用 z 对 u,v 的各阶偏导数表示

D_3（移花接木）

代入题设等式 A 化简为等式 B，反求参数

给出 $u=f[g(x,y)]$ 满足含 u 的偏导数等式 A，求 $f(x)$ 的表达式

令 $t=g(x,y)$，得 $u=f(t)$

写结构图
$u - t \begin{smallmatrix} x \\ y \end{smallmatrix}$

计算 $\dfrac{\partial u}{\partial x}$，$\dfrac{\partial^2 u}{\partial x^2}$，$\dfrac{\partial u}{\partial y}$，$\dfrac{\partial^2 u}{\partial y^2}$ 等，代入等式 A 得常微分方程

D_3（移花接木）

即可求得 f

给出 $f'_x(x,y)=-f(x,y)$，求 $f(x,y)$ 的表达式

$\dfrac{1}{f}\dfrac{\partial f}{\partial x}=-1 \Rightarrow \ln|f|=-x+C_1(y) \Rightarrow$
$|f(x,y)|=e^{-x+C_1(y)}$，
$f(x,y)=C(y)e^{-x}$
$\left(\pm e^{C_1(y)}=C(y)\right)$

再根据题设条件求出 $C(y)$，如 $f'_y(0,y)=\tan y$，于是有
$[f(0,y)]'_y=[C(y)]'_y=\tan y$

$C(y)=\int \tan y\, dy$
$=-\ln|\cos y|+C$

（1）给出等式 A，要求 $f(u,v)$ 的表达式.

立即寻找 $u=u(x,y)$，$v=v(x,y)$. 令 $g=g(u,v)$，写结构图 $g \begin{smallmatrix} u \\ v \end{smallmatrix} \begin{smallmatrix} x \\ y \end{smallmatrix}$，计算 $\dfrac{\partial g}{\partial x}$ 或 $\dfrac{\partial^2 g}{\partial x \partial y}$ 等，代入题设

D_3（移花接木）

等式 A 得到 $\dfrac{\partial f}{\partial x}$ 或 $\dfrac{\partial^2 f}{\partial x \partial y}$，即可求得 f.

例 13.43 已知可微函数 $f(u,v)$ 满足

$$\frac{\partial f(u,v)}{\partial u}+\frac{\partial f(u,v)}{\partial v}=\mathrm{e}^{\cos v}(1-u\sin v)+u,$$

且 $f(u,0)=\dfrac{1}{2}(u+\mathrm{e})^2$. 记 $g(x,y)=f(x,x-y)$.

（1）计算 $\dfrac{\partial g(x,y)}{\partial x}$；

（2）求 $f(x,y)$ 的表达式.

【解】（1）令 $u=x$，$v=x-y$，则

$$\frac{\partial g(x,y)}{\partial x}=\frac{\partial f(u,v)}{\partial u}\cdot\frac{\partial u}{\partial x}+\frac{\partial f(u,v)}{\partial v}\cdot\frac{\partial v}{\partial x}=\frac{\partial f(u,v)}{\partial u}+\frac{\partial f(u,v)}{\partial v}$$

$$=\mathrm{e}^{\cos v}(1-u\sin v)+u=\mathrm{e}^{\cos(x-y)}[1-x\sin(x-y)]+x.$$

（2）由（1）可知，

$$g(x,y)=\int\left\{\mathrm{e}^{\cos(x-y)}[1-x\sin(x-y)]+x\right\}\mathrm{d}x$$

$$=\int\mathrm{e}^{\cos(x-y)}\mathrm{d}x-\int\mathrm{e}^{\cos(x-y)}x\sin(x-y)\mathrm{d}x+\frac{x^2}{2}+\varphi(y)$$

$$=x\mathrm{e}^{\cos(x-y)}+\int x\mathrm{e}^{\cos(x-y)}\sin(x-y)\mathrm{d}x-\int\mathrm{e}^{\cos(x-y)}x\sin(x-y)\mathrm{d}x+\frac{x^2}{2}+\varphi(y)$$

$$=x\mathrm{e}^{\cos(x-y)}+\frac{x^2}{2}+\varphi(y).$$

又 $f(u,0)=\dfrac{1}{2}(u+\mathrm{e})^2$，$g(x,y)=f(x,x-y)$，令 $x=y=u$，有

$$g(u,u)=f(u,0)=\frac{1}{2}(u+\mathrm{e})^2,$$

且 $g(u,u)=u\mathrm{e}+\dfrac{u^2}{2}+\varphi(u)$，即 $\dfrac{1}{2}(u^2+2\mathrm{e}u+\mathrm{e}^2)=u\mathrm{e}+\dfrac{u^2}{2}+\varphi(u)$，得 $\varphi(u)=\dfrac{1}{2}\mathrm{e}^2$，于是 $g(x,y)=f(x,x-y)=$

$x\mathrm{e}^{\cos(x-y)}+\dfrac{x^2}{2}+\dfrac{1}{2}\mathrm{e}^2$，即 $f(u,v)=u\mathrm{e}^{\cos v}+\dfrac{u^2}{2}+\dfrac{1}{2}\mathrm{e}^2$，则 $f(x,y)=x\mathrm{e}^{\cos y}+\dfrac{x^2}{2}+\dfrac{1}{2}\mathrm{e}^2$.

（2）用 $\begin{cases}u=u(x,y),\\ v=v(x,y)\end{cases}$ **将等式 A 化简为等式 B.**

→ D_1（常规操作）

写结构图 $z\big\langle{}^{u}_{v}\times{}^{x}_{y}$．依次计算 $\dfrac{\partial z}{\partial x}$，$\dfrac{\partial z}{\partial y}$，$\dfrac{\partial^2 z}{\partial x^2}$，$\dfrac{\partial^2 z}{\partial x\partial y}$，$\dfrac{\partial^2 z}{\partial y^2}$，均用 z 对 u，v 的各阶偏导数表示，代入

D_3（移花接木）←

题设等式 A 化简为等式 B，反求参数.

例 13.44 设 $z=z(x,y)$ 有二阶连续偏导数，用变换 $u=x-2y$，$v=x+ay$ 可把方程 $6\dfrac{\partial^2 z}{\partial x^2}+\dfrac{\partial^2 z}{\partial x\partial y}-$

$\dfrac{\partial^2 z}{\partial y^2}=0$ 简化为 $\dfrac{\partial^2 z}{\partial u \partial v}=0$，求常数 a .

【分析】 z 作为 x,y 的函数满足微分方程：

$$6\frac{\partial^2 z}{\partial x^2}+\frac{\partial^2 z}{\partial x \partial y}-\frac{\partial^2 z}{\partial y^2}=0 . \tag{*}$$

在变换 $u=x-2y, v=x+ay$ 下，z 变为 u,v 的函数，利用复合函数求导法，分别将 z 对 x,y 的一、二阶偏导数用 z 对 u,v 的一、二阶偏导数来表示，代入 (*) 式导出 z 关于 u,v 的微分方程，确定 a 的值使之化为 $\dfrac{\partial^2 z}{\partial u \partial v}=0$.

【解】 由复合函数求导法得

$$\frac{\partial z}{\partial x}=\frac{\partial z}{\partial u}\cdot\frac{\partial u}{\partial x}+\frac{\partial z}{\partial v}\cdot\frac{\partial v}{\partial x}=\frac{\partial z}{\partial u}+\frac{\partial z}{\partial v},$$

$$\frac{\partial z}{\partial y}=\frac{\partial z}{\partial u}\cdot\frac{\partial u}{\partial y}+\frac{\partial z}{\partial v}\cdot\frac{\partial v}{\partial y}=-2\frac{\partial z}{\partial u}+a\frac{\partial z}{\partial v},$$

$$\frac{\partial^2 z}{\partial x^2}=\frac{\partial^2 z}{\partial u^2}\cdot\frac{\partial u}{\partial x}+\frac{\partial^2 z}{\partial u \partial v}\cdot\frac{\partial v}{\partial x}+\frac{\partial^2 z}{\partial v \partial u}\cdot\frac{\partial u}{\partial x}+\frac{\partial^2 z}{\partial v^2}\cdot\frac{\partial v}{\partial x}$$

$$=\frac{\partial^2 z}{\partial u^2}+2\frac{\partial^2 z}{\partial u \partial v}+\frac{\partial^2 z}{\partial v^2},$$

$$\frac{\partial^2 z}{\partial x \partial y}=\frac{\partial^2 z}{\partial u^2}\cdot\frac{\partial u}{\partial y}+\frac{\partial^2 z}{\partial u \partial v}\cdot\frac{\partial v}{\partial y}+\frac{\partial^2 z}{\partial v \partial u}\cdot\frac{\partial u}{\partial y}+\frac{\partial^2 z}{\partial v^2}\cdot\frac{\partial v}{\partial y}$$

$$=-2\frac{\partial^2 z}{\partial u^2}+a\frac{\partial^2 z}{\partial u \partial v}-2\frac{\partial^2 z}{\partial v \partial u}+a\frac{\partial^2 z}{\partial v^2}$$

$$=-2\frac{\partial^2 z}{\partial u^2}+(a-2)\frac{\partial^2 z}{\partial u \partial v}+a\frac{\partial^2 z}{\partial v^2},$$

$$\frac{\partial^2 z}{\partial y^2}=-2\left(\frac{\partial^2 z}{\partial u^2}\cdot\frac{\partial u}{\partial y}+\frac{\partial^2 z}{\partial u \partial v}\cdot\frac{\partial v}{\partial y}\right)+a\left(\frac{\partial^2 z}{\partial v \partial u}\cdot\frac{\partial u}{\partial y}+\frac{\partial^2 z}{\partial v^2}\cdot\frac{\partial v}{\partial y}\right)$$

$$=-2\left(-2\frac{\partial^2 z}{\partial u^2}+a\frac{\partial^2 z}{\partial u \partial v}\right)+a\left(-2\frac{\partial^2 z}{\partial v \partial u}+a\frac{\partial^2 z}{\partial v^2}\right)$$

$$=4\frac{\partial^2 z}{\partial u^2}-2a\frac{\partial^2 z}{\partial u \partial v}-2a\frac{\partial^2 z}{\partial v \partial u}+a^2\frac{\partial^2 z}{\partial v^2}$$

$$=4\frac{\partial^2 z}{\partial u^2}-4a\frac{\partial^2 z}{\partial u \partial v}+a^2\frac{\partial^2 z}{\partial v^2}.$$

D_3（移花接木）

由 $6\dfrac{\partial^2 z}{\partial x^2}+\dfrac{\partial^2 z}{\partial x \partial y}-\dfrac{\partial^2 z}{\partial y^2}=0$，得 $(10+5a)\dfrac{\partial^2 z}{\partial u \partial v}+(6+a-a^2)\dfrac{\partial^2 z}{\partial v^2}=0$.

当 $\begin{cases} 10+5a \ne 0, \\ a^2-a-6=0, \end{cases}$ 即 $a=3$ 时，$\dfrac{\partial^2 z}{\partial u \partial v}=0$.

（3）给出 $u=f[g(x,y)]$ 满足含 u 的偏导数等式 A，求 $f(x)$ 的表达式.

> D₁（常规操作）

令 $t=g(x,y)$，得 $u=f(t)$.写结构图 $u——t\ {\begin{smallmatrix} x \\ \\ y \end{smallmatrix}}$.计算 $\dfrac{\partial u}{\partial x}$，$\dfrac{\partial^2 u}{\partial x^2}$，$\dfrac{\partial u}{\partial y}$，$\dfrac{\partial^2 u}{\partial y^2}$ 等，代入等式 A 得常微分

> D₃（移花接木）

方程，即可求得 f .

🔹**例 13.45** 设函数 $u=f(\ln\sqrt{x^2+y^2})$ 有二阶连续偏导数，且满足 $\dfrac{\partial^2 u}{\partial x^2}+\dfrac{\partial^2 u}{\partial y^2}=(x^2+y^2)^{\frac{3}{2}}$，若极限

$\displaystyle\lim_{x\to 0}\frac{\displaystyle\int_0^1 f(xt)\mathrm{d}t}{x}=-1$，求函数 $f(x)$ 的表达式.

> D₂₃（化归经典形式）

【解】 设 $t=\ln\sqrt{x^2+y^2}$，则 $x^2+y^2=\mathrm{e}^{2t}$，$u=f(t)$，可知

$$\frac{\partial u}{\partial x}=f'(t)\cdot\frac{x}{x^2+y^2}\,,\quad \frac{\partial^2 u}{\partial x^2}=f''(t)\cdot\frac{x^2}{(x^2+y^2)^2}+f'(t)\cdot\frac{y^2-x^2}{(x^2+y^2)^2}\,.$$

同理

$$\frac{\partial^2 u}{\partial y^2}=f''(t)\cdot\frac{y^2}{(x^2+y^2)^2}+f'(t)\cdot\frac{x^2-y^2}{(x^2+y^2)^2}\,.$$

又由 $\dfrac{\partial^2 u}{\partial x^2}+\dfrac{\partial^2 u}{\partial y^2}=(x^2+y^2)^{\frac{3}{2}}$，得

> D₃（移花接木）

$$f''(t)=(x^2+y^2)^{\frac{5}{2}}=\mathrm{e}^{5t}\,,$$

积分两次得 $f(t)=\dfrac{1}{25}\mathrm{e}^{5t}+C_1 t+C_2$，即 $f(x)=\dfrac{1}{25}\mathrm{e}^{5x}+C_1 x+C_2$.又

$$\lim_{x\to 0}\frac{\int_0^1 f(xt)\mathrm{d}t}{x}\xlongequal{xt=s}\lim_{x\to 0}\frac{\int_0^x f(s)\mathrm{d}s}{x^2}=\lim_{x\to 0}\frac{f(x)}{2x}=-1\,,$$

从而有 $f(0)=0$，$f'(0)=-2$，将其代入 $f(x)$ 的表达式中，得 $C_1=-\dfrac{11}{5}$，$C_2=-\dfrac{1}{25}$.故所求函数

$$f(x)=\frac{1}{25}\mathrm{e}^{5x}-\frac{11}{5}x-\frac{1}{25}\,.$$

（4）给出 $f_x'(x,y)=-f(x,y)$，求 $f(x,y)$ 表达式.

$\dfrac{1}{f}\dfrac{\partial f}{\partial x}=-1\Rightarrow \ln|f|=-x+C_1(y)\Rightarrow |f(x,y)|=\mathrm{e}^{-x+C_1(y)}$. $f(x,y)=C(y)\mathrm{e}^{-x}\left(\pm\mathrm{e}^{C_1(y)}=C(y)\right)$，再根据题设条

件求出 $C(y)$，如 $f_y'(0,y)=\tan y$，于是有 $\left[f(0,y)\right]_y'=\left[C(y)\right]_y'=\tan y$，则 $C(y)=\displaystyle\int\tan y\,\mathrm{d}y=-\ln|\cos y|+C$.

🔹**例 13.46** 设 $f(x,y)$ 是一阶偏导数连续的正值函数，满足 $f_x'(x,y)+f(x,y)=0$，若 $f_y'(0,y)=\tan y$，

$f(0,0)=1$，求 $f(x,y)$.

【解】 由题意，$f'_x(x,y)=-f(x,y)$，即 $\dfrac{f'_x(x,y)}{f(x,y)}=-1$ ➡ D_{23}（化归经典形式），两边对 x 积分，有

$$\int \frac{f'_x(x,y)}{f(x,y)}\mathrm{d}x = \int(-1)\mathrm{d}x \text{，}$$

即 $\ln[f(x,y)]=-x+\varphi(y)$，也即 $f(x,y)=\mathrm{e}^{-x}\bullet\mathrm{e}^{\varphi(y)}$。

由 $f(0,0)=1$，有 $1=1\bullet\mathrm{e}^{\varphi(0)}$，得 $\varphi(0)=0$，又 $f'_y(0,y)=[f(0,y)]'_y=\left[\mathrm{e}^{\varphi(y)}\right]'_y=\tan y$，两边对 y 积分，有

$\mathrm{e}^{\varphi(y)}=-\ln|\cos y|+C$，令 $y=0$，有 $\mathrm{e}^{\varphi(0)}=-\ln 1+C$，解得 $C=1$，因此可得 $\mathrm{e}^{\varphi(y)}=1-\ln|\cos y|$。

于是

$$f(x,y)=\mathrm{e}^{-x}(1-\ln|\cos y|) \text{。}$$

第五部分　求多元函数的极值、最值

三向解题法

求多元函数的极值、最值
（O（盯住目标））

无条件极值
（O_1（盯住目标1））

条件极（最）值与
拉格朗日乘数法
（O_2（盯住目标2））

闭区域 D 上的最值
（O_3（盯住目标3））

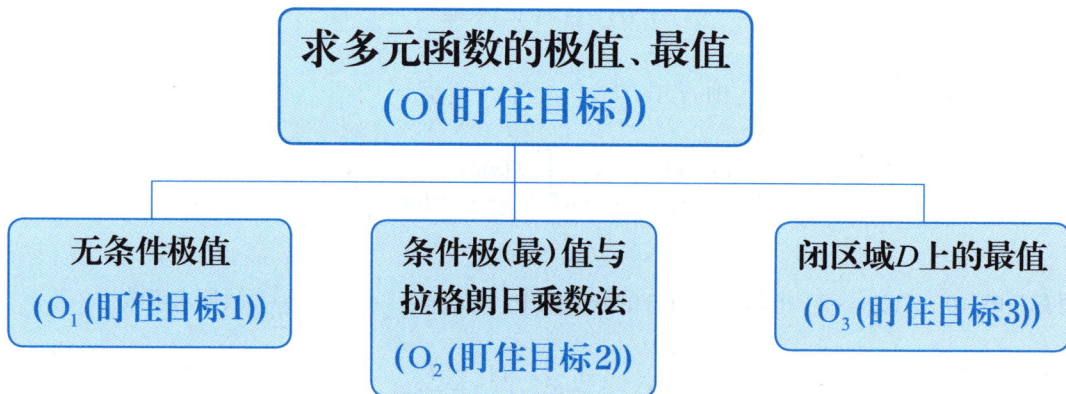

一、无条件极值（O_1（盯住目标1））

(1) 二元函数取极值的必要条件(类比一元函数).

设 $z=f(x,y)$ 在点 (x_0,y_0) 处 $\begin{cases}\text{一阶偏导数存在，}\\ \text{取极值，}\end{cases}$ 则 $f'_x(x_0,y_0)=0$，$f'_y(x_0,y_0)=0$。

【注】（1）该必要条件同样适用于三元及三元以上函数.

（2）偏导数不存在的点也可能是极值点.

（2）二元函数取极值的充分条件.

设 $z = f(x, y)$ 在点 (x_0, y_0) 的某邻域有二阶连续偏导数且 $f'_x(x_0, y_0) = 0$，$f'_y(x_0, y_0) = 0$，记

$$\begin{cases} f''_{xx}(x_0, y_0) = A, \\ f''_{xy}(x_0, y_0) = B, \\ f''_{yy}(x_0, y_0) = C, \end{cases} \text{则 } \Delta = AC - B^2 \begin{cases} > 0 \Rightarrow \text{极值} \begin{cases} A < 0 \Rightarrow \text{极大值}, \\ A > 0 \Rightarrow \text{极小值}, \end{cases} \\ < 0 \Rightarrow \text{非极值}, \\ = 0 \Rightarrow \text{方法失效，另谋他法}. \end{cases}$$

【注】若 $\Delta = AC - B^2 > 0 \Rightarrow AC > B^2 \geqslant 0 \Rightarrow A$，$C$ 同号 $\Rightarrow \begin{cases} A > 0, C > 0, \\ A < 0, C < 0. \end{cases}$

$$\text{开不开心少年团} \begin{cases} \text{“大鼻子爷爷”} & \Delta = 0 \Rightarrow \text{方法失效}, \\ \text{“小哑巴猪”} & \Delta < 0 \Rightarrow \text{不是极值}, \\ \text{“开心”} & \Delta > 0, A > 0 \Rightarrow \text{极小值}, \\ \text{“不开心”} & \Delta > 0, A < 0 \Rightarrow \text{极大值}. \end{cases}$$

（3）求 $\begin{cases} \text{二元显函数} \\ \text{二元隐函数} \end{cases}$ **极值的步骤.** → D_1（常规操作）

①求驻点. → 勿忘偏导数不存在的点

$$\begin{cases} f'_x = 0, \\ f'_y = 0 \end{cases} \Rightarrow P_i.$$

②求 $f''_{xx}(P_i) = A$，$f''_{xy}(P_i) = B$，$f''_{yy}(P_i) = C$.

③用 Δ 判别法. → D_{22}（转换等价表述）

④关于 $\Delta = 0$ 时，否定极值性.

a.沿坐标轴，如沿 x 轴，极小值；沿 y 轴，极大值.

b.沿 $y = kx$，有极大值，有极小值.

D_{22}（转换等价表述）c.看区域，邻域内不同区域，有极大值，有极小值均可否定极值性.

（4）与一元函数结论的不同. → 均在函数连续的条件下讨论

①多元函数中唯一极值点不一定是最值点；

②可以只有多个极大值或只有多个极小值.

【注】一元函数的结论：①唯一极值必为最值；

②若有两个极值点，必是一极大值点一极小值点.

（5）有时含参讨论.

例13.47 设 $f(x,y)=xy$ ，则点 $(0,0)$（　　）.

(A) 是驻点，也是极值点　　　　　　　　(B) 是驻点，不是极值点

(C) 不是驻点，是极值点　　　　　　　　(D) 不是驻点，也不是极值点

【解】 应选(B).

令 $\begin{cases} f'_x(x,y)=y=0, \\ f'_y(x,y)=x=0, \end{cases}$ 得 $(0,0)$ 为驻点. 在 $y=x$ 上，$f(x,y)=x^2 \geqslant f(0,0)$ ；在 $y=-x$ 上，$f(x,y)=-x^2 \leqslant$

$f(0,0)$.故点 $(0,0)$ 不是极值点.

例13.48 求函数 $f(x,y)=x^2-3x^2y+y^3$ 的驻点，并判断是否是极值点.

【解】 因为 $f(x,y)=x^2-3x^2y+y^3$ ，所以

$$\frac{\partial f}{\partial x}=2x-6xy , \quad \frac{\partial f}{\partial y}=-3x^2+3y^2 .$$

令 $\begin{cases} \dfrac{\partial f}{\partial x}=0, \\ \dfrac{\partial f}{\partial y}=0, \end{cases}$ 解得驻点 $(0,0)$ ，$\left(\dfrac{1}{3},\dfrac{1}{3}\right)$ ，$\left(-\dfrac{1}{3},\dfrac{1}{3}\right)$.

$$A=f''_{xx}(x,y)=2-6y , \quad B=f''_{xy}(x,y)=-6x , \quad C=f''_{yy}(x,y)=6y .$$

在点 $(0,0)$ 处，$A=2$ ，$B=0$ ，$C=0$ ，故 $AC-B^2=0$.但由于 $y=0$ 不是一元函数 $f(0,y)=y^3$ 的极值点，因此驻点 $(0,0)$ 不是二元函数 $f(x,y)$ 的极值点.

在点 $\left(\dfrac{1}{3},\dfrac{1}{3}\right)$ 处，$A=0$ ，$B=-2$ ，$C=2$ ，故 $AC-B^2=-4<0$ ，所以驻点 $\left(\dfrac{1}{3},\dfrac{1}{3}\right)$ 不是函数 $f(x,y)$ 的极值点.

在点 $\left(-\dfrac{1}{3},\dfrac{1}{3}\right)$ 处，$A=0$ ，$B=2$ ，$C=2$ ，故 $AC-B^2=-4<0$ ，所以驻点 $\left(-\dfrac{1}{3},\dfrac{1}{3}\right)$ 不是函数 $f(x,y)$ 的极值点.

例13.49 求函数 $f(x,y)=x^4+y^4-2x^2-2y^2+4xy$ 的极值和极值点.

【解】 求偏导数，得

$$\frac{\partial f}{\partial x}=4x^3-4x+4y , \quad \frac{\partial f}{\partial y}=4y^3-4y+4x .$$

令

$$\begin{cases} \dfrac{\partial f}{\partial x}=4x^3-4x+4y=0, \\ \dfrac{\partial f}{\partial y}=4y^3-4y+4x=0, \end{cases}$$

得到 $f(x, y)$ 的 3 个驻点

$$(x_1, y_1) = (0, 0) , (x_2, y_2) = (\sqrt{2}, -\sqrt{2}) , (x_3, y_3) = (-\sqrt{2}, \sqrt{2}) .$$

求二阶偏导数得

$$A = f''_{xx}(x, y) = 12x^2 - 4 , B = f''_{xy}(x, y) = 4 , C = f''_{yy}(x, y) = 12y^2 - 4 .$$

在点 $(x_1, y_1) = (0, 0)$ 处,由于 $A = -4$,$B = 4$,$C = -4$,因此 $AC - B^2 = 0$,故无法用充分条件判断点 $(0, 0)$ 是不是 $f(x, y)$ 的极值点.由于沿 $y = x$ 时,$f(x, x) = 2x^4$ 在 $x = 0$ 处取极小值;沿 $y = -x$ 时,$f(x, -x) = 2x^4 - 8x^2$ 在 $x = 0$ 处取极大值.所以点 $(0, 0)$ 不是函数 $f(x, y)$ 的极值点. → D₂₂ (转换等价表述)

在点 $(x_2, y_2) = (\sqrt{2}, -\sqrt{2})$ 处,由于 $A = 20 > 0$,$B = 4$,$C = 20$,因此 $AC - B^2 = 384 > 0$,故 $(\sqrt{2}, -\sqrt{2})$ 是函数 $f(x, y)$ 的极小值点,极小值为 $f(\sqrt{2}, -\sqrt{2}) = -8$.

在点 $(x_3, y_3) = (-\sqrt{2}, \sqrt{2})$ 处,由于 $A = 20 > 0$,$B = 4$,$C = 20$,因此 $AC - B^2 = 384 > 0$,故 $(\sqrt{2}, -\sqrt{2})$ 也是函数 $f(x, y)$ 的极小值点,极小值为 $f(-\sqrt{2}, \sqrt{2}) = -8$.

例 13.50 设 $f(x, y) = (y - x^2)(y - 2x^2)$,$k$ 为任意常数,则( ).

(A) $f(x, kx)$ 在 $x = 0$ 处取极小值,点 $(0, 0)$ 是 $f(x, y)$ 的极小值点

(B) $f(x, kx)$ 在 $x = 0$ 处取极小值,点 $(0, 0)$ 不是 $f(x, y)$ 的极小值点

(C) $f(x, kx)$ 在 $x = 0$ 处不取极小值,点 $(0, 0)$ 是 $f(x, y)$ 的极小值点

(D) $f(x, kx)$ 在 $x = 0$ 处不取极小值,点 $(0, 0)$ 不是 $f(x, y)$ 的极小值点

【解】 应选(B).

当 $y = kx$ 时,$f(x, kx) = (kx - x^2)(kx - 2x^2) = k^2x^2 - 3kx^3 + 2x^4$.

当 $x \to 0$ 时,显然 f 的正负取决于 k^2x^2,而当 $k \neq 0$ 时,$k^2x^2 > 0$;当 $k = 0$ 时,$f = 2x^4 > 0$.故 $x = 0$ 是 $f(x, kx)$ 的极小值点.

如图所示,在任何以 $(0, 0)$ 为圆心,$\delta > 0$ 为半径的圆内,均有:在 D_1 内,$f(x, y) > 0$;在 D_2 内,$f(x, y) < 0$.故点 $(0, 0)$ 不是 $f(x, y)$ 的极小值点.

D₂₂ (转换等价表述)

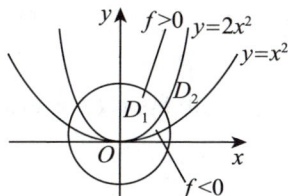

例 13.51 求 $f(x, y) = (1 + e^y)\cos x - ye^y$ 的极值点和极值.

【解】

$$f'_x(x, y) = -(1 + e^y)\sin x , f'_y(x, y) = (\cos x - y - 1)e^y .$$

令 $\begin{cases} f_x'(x,y) = 0, \\ f_y'(x,y) = 0, \end{cases}$ 解得驻点 $(k\pi, (-1)^k - 1)$，$k = 0, \pm 1, \pm 2, \cdots$.

$$f_{xx}''(x,y) = -(1+e^y)\cos x,$$

$$f_{xy}''(x,y) = -e^y \sin x,$$

$$f_{yy}''(x,y) = (\cos x - y - 2)e^y.$$

当 $k = 2n(n = 0, \pm 1, \pm 2, \cdots)$ 时，$x = 2n\pi$，$y = 0$，得驻点 $(2n\pi, 0)$，则

$$A = f_{xx}''(x,y)\big|_{(2n\pi,0)} = -2,\ B = f_{xy}''(x,y)\big|_{(2n\pi,0)} = 0,\ C = f_{yy}''(x,y)\big|_{(2n\pi,0)} = -1,$$

故 $AC - B^2 = 2 > 0$，$A = -2 < 0$，所以 $(2n\pi, 0)$ 是 $f(x,y)$ 的极大值点，极大值为 $f(2n\pi, 0) = 2$.

当 $k = 2n+1(n = 0, \pm 1, \pm 2, \cdots)$ 时，$x = (2n+1)\pi$，$y = -2$，得驻点 $((2n+1)\pi, -2)$，则

$$A = f_{xx}''(x,y)\big|_{((2n+1)\pi,-2)} = 1+e^{-2},\ B = f_{xy}''(x,y)\big|_{((2n+1)\pi,-2)} = 0,\ C = f_{yy}''(x,y)\big|_{((2n+1)\pi,-2)} = -e^{-2},$$

故 $AC - B^2 = -(1+e^{-2})e^{-2} < 0$，所以 $((2n+1)\pi, -2)$ 不是 $f(x,y)$ 的极值点.

例13.52 设 $a > 0$，$b > 0$，函数 $f(x,y) = 2\ln|x| + \dfrac{(x-a)^2 + by^2}{2x^2}$ 在 $x < 0$ 时的极小值为2，且 $f_{yy}''(-1, 0) = 1$.

（1）求 a, b 的值；

（2）求 $f(x,y)$ 在 $x > 0$ 时的极值.

【解】（1）$\qquad f_x'(x,y) = \dfrac{2x^2 + ax - a^2 - by^2}{x^3},\ f_y'(x,y) = \dfrac{by}{x^2}.$

令 $\begin{cases} f_x'(x,y) = 0, \\ f_y'(x,y) = 0, \end{cases}$ 得驻点 $(-a, 0)$，$\left(\dfrac{a}{2}, 0\right)$. 又

$$f_{xx}''(x,y) = \dfrac{-2x^2 - 2ax + 3a^2 + 3by^2}{x^4},\ f_{xy}''(x,y) = \dfrac{-2by}{x^3},\ f_{yy}''(x,y) = \dfrac{b}{x^2},$$

由 $f_{yy}''(-1, 0) = 1$，知 $b = 1$，故在点 $(-a, 0)$ 处，

$$A = f_{xx}''(-a, 0) = \dfrac{3}{a^2},\ B = f_{xy}''(-a, 0) = 0,\ C = f_{yy}''(-a, 0) = \dfrac{1}{a^2}.$$

由于 $AC - B^2 = \dfrac{3}{a^4} > 0$，且 $A > 0$，因此 $(-a, 0)$ 是函数 $f(x,y)$ 的极小值点，极小值为 $f(-a, 0) = 2\ln a +$

$2 = 2$，故 $a = 1$.

（2）在点 $\left(\dfrac{1}{2}, 0\right)$ 处，

$$A = f_{xx}''\left(\dfrac{1}{2}, 0\right) = 24,\ B = f_{xy}''\left(\dfrac{1}{2}, 0\right) = 0,\ C = f_{yy}''\left(\dfrac{1}{2}, 0\right) = 4.$$

由于 $AC-B^2=96>0$ ，且 $A>0$ ，因此 $\left(\dfrac{1}{2},0\right)$ 是函数 $f(x,y)$ 的极小值点，极小值为 $f\left(\dfrac{1}{2},0\right)=\dfrac{1}{2}-2\ln 2$.

(6)结合闭区域连续函数性质的概念题.

①最值定理；

②Δ判别法.

例13.53 设 $u(x,y)$ 在平面有界闭区域 D 上具有二阶连续偏导数，且 $\dfrac{\partial^2 u}{\partial x\partial y}\neq 0,\dfrac{\partial^2 u}{\partial x^2}\cdot\dfrac{\partial^2 u}{\partial y^2}=0$ ，则 $u(x,y)$ 的（　　）.

(A)最大值点和最小值点必定都在 D 的内部

(B)最大值点和最小值点必定都在 D 的边界上

(C)最大值点在 D 的内部，最小值点在 D 的边界上

(D)最小值点在 D 的内部，最大值点在 D 的边界上

【解】 应选(B).

D_{23}（化归经典形式）

令 $A=\dfrac{\partial^2 u}{\partial x^2},B=\dfrac{\partial^2 u}{\partial x\partial y},C=\dfrac{\partial^2 u}{\partial y^2}$ ，由于 $AC-B^2<0$ ，函数 $u(x,y)$ 不存在无条件极值，所以在 D 的内部没有极值，故最大值点和最小值点都不会在 D 的内部出现.但是 $u(x,y)$ 连续，所以在平面有界闭区域 D 上必有最大值和最小值，故最大值点和最小值点必定都在 D 的边界上.

例13.54 D_{22}（转换等价表述）设函数 $f(x,y)$ 在平面区域 D 内连续，则以下四个命题：

①函数 $f(x,y)$ 在其偏导数不存在的点也可能取到极值；

②若函数 $f(x,y)$ 在 D 内存在唯一驻点，则 $f(x,y)$ 在 D 内至多有 1 个极值点；

③若函数 $f(x,y)$ 在 D 内有 2 个极值点，则其中之一必为极大值点，另一个必是极小值点；

④在驻点 (x_0,y_0) 处，若 $f''_{xx}(x_0,y_0)f''_{yy}(x_0,y_0)-\left[f''_{xy}(x_0,y_0)\right]^2\leqslant 0$ ，则 (x_0,y_0) 不是极值点.

正确命题的个数为（　　）.

(A)1　　　　(B)2　　　　(C)3　　　　(D)4

【解】 应选(A).

①正确，例如，函数 $f(x,y)=\sqrt{x^2+y^2}$ 在原点 $(0,0)$ 处取得极值.

②错误，因为偏导数不存在的点也可能是极值点.

③错误，例如，函数 $f(x,y)=x^4+y^4-2x^2-2y^2+4xy$ 的两个极值点均是极小值点(见例13.49).

④错误，例如，函数 $f(x,y)=x^4+y^4$ 在原点 $(0,0)$ 处取得极值.

例13.55 设 $D\subset\mathbf{R}^2$ 是有界闭区域，函数 $f(x,y)$ 在 D 上连续，在 D 内可微，且满足方程

$$f'_x(x,y)+f'_y(x,y)=kf(x,y)(k\neq 0).$$

若在 D 的边界上 $f(x,y)=0$ ，证明 $f(x,y)$ 在 D 上恒为零.

【证】 反证法.

假设 $f(x,y)$ 在 D 上不恒为零. 因为 $D \subset \mathbf{R}^2$ 是有界闭区域, 且 $f(x,y)$ 在 D 上连续, 所以 $f(x,y)$ 在 D 上存在最大值 M 和最小值 m, 且 M 和 m 不全为零.

若 $m \neq 0$, 因为在 D 的边界上 $f(x,y)=0$, 所以最小值在 D 的内部点 (x_0,y_0) 处取得, 即

$$f(x_0,y_0)=m.$$

因为 $f(x,y)$ 在 D 内可微, 所以

$$f'_x(x_0,y_0)=f'_y(x_0,y_0)=0.$$

这与 $f'_x(x_0,y_0)+f'_y(x_0,y_0)=kf(x_0,y_0)=km \neq 0$ 矛盾.

若 $M \neq 0$, 同样得到矛盾.

综上可知, 函数 $f(x,y)$ 在 D 上恒为零.

例 13.56 设函数 $f(x,y)$ 在 $D=\left\{(x,y)\,\big|\,x^2+y^2 \leqslant 1\right\}$ 上连续, 在 D 内具有二阶连续偏导数, 且在 D 的内部满足

$$\frac{\partial^2 f(x,y)}{\partial x^2}+\frac{\partial^2 f(x,y)}{\partial y^2}=f(x,y).$$

若在 D 的边界上 $f(x,y)>0$, 证明: $f(x,y) \geqslant 0$, $(x,y) \in D$.

【证】 反证法.

假设在区域 D 的内部有函数值小于 0, 则 $f(x,y)$ 在 D 上的最小值只能在 D 的内部某点 (x_0,y_0) 处取得, 则 (x_0,y_0) 是 $f(x,y)$ 的极小值点, 且 $f(x_0,y_0)<0$.

由于该点为极小值点, 故必然有 $\left.\dfrac{\partial^2 f}{\partial x^2}\right|_{(x_0,y_0)} \geqslant 0$, $\left.\dfrac{\partial^2 f}{\partial y^2}\right|_{(x_0,y_0)} \geqslant 0$, 由 $\dfrac{\partial^2 f}{\partial x^2}+\dfrac{\partial^2 f}{\partial y^2}=f(x,y)$, 得 $f(x_0,y_0) \geqslant 0$, 故假设不成立, 命题得证.

例 13.57 设 $f(x)$ 为二阶可导函数, 且 $x=0$ 是 $f(x)$ 的驻点, 则二元函数 $z=f(x)f(y)$ 在点 $(0,0)$ 处取得极大值的一个充分条件是( ).

(A) $f(0)<0, f''(0)>0$ (B) $f(0)<0, f''(0)<0$

(C) $f(0)>0, f''(0)>0$ (D) $f(0)=0, f''(0) \neq 0$

【解】 应选(A).

$$\frac{\partial z}{\partial x}=f'(x)f(y), \quad \frac{\partial z}{\partial y}=f(x)f'(y),$$

$$\frac{\partial^2 z}{\partial x^2}=f''(x)f(y), \quad \frac{\partial^2 z}{\partial x \partial y}=f'(x)f'(y), \quad \frac{\partial^2 z}{\partial y^2}=f(x)f''(y).$$

由于 $f'(0)=0$, 因此点 $(0,0)$ 是函数 $z=f(x)f(y)$ 的驻点. 在 $(0,0)$ 处,

$$A = \frac{\partial^2 z}{\partial x^2}\bigg|_{(0,0)} = f''(0)f(0)\,,\ B = \frac{\partial^2 z}{\partial x \partial y}\bigg|_{(0,0)} = \left[f'(0)\right]^2 = 0\,,\ C = \frac{\partial^2 z}{\partial y^2}\bigg|_{(0,0)} = f(0)f''(0)\,,$$

D₃（移花接木）

故当 $f(0)<0$ 且 $f''(0)>0$ 时，$AC-B^2 = \left[f''(0)f(0)\right]^2 > 0$，且 $A<0$，此时 $z=f(x)f(y)$ 在点 $(0,0)$ 处取得极大值．因此，$z=f(x)f(y)$ 在点 $(0,0)$ 处取得极大值的一个充分条件是 $f(0)<0, f''(0)>0$．

二、条件极（最）值与拉格朗日乘数法（O₂（盯住目标2））

1.拉格朗日乘数法

（1）求目标函数 $u=f(x,y,z)$ 在约束条件 $\begin{cases}\varphi(x,y,z)=0,\\ \psi(x,y,z)=0\end{cases}$ 下的最值的步骤．

①构造辅助函数 $F(x,y,z,\lambda,\mu)=f(x,y,z)+\lambda\varphi(x,y,z)+\mu\psi(x,y,z)$；

②令　　→辅助函数自变量个数 = 目标函数自变量个数 + 约束条件个数

$$\begin{cases} F'_x = f'_x + \lambda\varphi'_x + \mu\psi'_x = 0,\\ F'_y = f'_y + \lambda\varphi'_y + \mu\psi'_y = 0,\\ F'_z = f'_z + \lambda\varphi'_z + \mu\psi'_z = 0,\\ F'_\lambda = \varphi(x,y,z)=0,\\ F'_\mu = \psi(x,y,z)=0; \end{cases}$$

③解上述方程组得备选点 P_i, $i=1,2,3,\cdots,n$，并求 $f(P_i)$，取其最大值为 $u_{\max}$，最小值为 $u_{\min}$；

④根据实际问题，必存在最值，所得即为所求．

（2）以上求解方程组有时是有些困难的．

a.消元法是基本功，多练习．

b.考观察能力 $\begin{cases}\text{有无特殊解,}\\ \text{有无对称性.}\end{cases}$（充分看方程组的特点）

c.用 k 齐函数的结论（见例13.41）．

d.不会很难，不必担心．

（3）几何上的结论．　→ D₂₂（转换等价表述）

在可微的条件下，条件极值点处满足：

$$\begin{vmatrix} f'_x & f'_y & f'_z \\ \varphi'_x & \varphi'_y & \varphi'_z \\ \psi'_x & \psi'_y & \psi'_z \end{vmatrix}_{P_0} = 0\,.$$

2.证明不等式

3.有时含参讨论

例 13.58 设 $f(x,y)$ 与 $g(x,y)$ 均为可微函数,且 $g_y'(x,y) \neq 0$. 已知 (x_0,y_0) 是 $f(x,y)$ 在约束条件 $g(x,y)=0$ 下的一个极值点,下列选项正确的是( ).

(A) 若 $f_x'(x_0,y_0)=0$,则 $f_y'(x_0,y_0)=0$ (B) 若 $f_x'(x_0,y_0)=0$,则 $f_y'(x_0,y_0) \neq 0$

(C) 若 $f_x'(x_0,y_0) \neq 0$,则 $f_y'(x_0,y_0)=0$ (D) 若 $f_x'(x_0,y_0) \neq 0$,则 $f_y'(x_0,y_0) \neq 0$

【解】 应选(D).

构造拉格朗日函数 $F(x,y,\lambda)=f(x,y)+\lambda g(x,y)$,由已知可得

$$\begin{cases} F_x'|_{(x_0,y_0)} = f_x'(x_0,y_0)+\lambda g_x'(x_0,y_0)=0, \\ F_y'|_{(x_0,y_0)} = f_y'(x_0,y_0)+\lambda g_y'(x_0,y_0)=0, \\ F_\lambda'|_{(x_0,y_0)} = g(x_0,y_0)=0. \end{cases}$$

因为 $g_y'(x_0,y_0) \neq 0$,所以 $\lambda = -\dfrac{f_y'(x_0,y_0)}{g_y'(x_0,y_0)}$,从而有

$$f_x'(x_0,y_0) - \frac{f_y'(x_0,y_0)}{g_y'(x_0,y_0)} \cdot g_x'(x_0,y_0)=0,$$

即

$$f_x'(x_0,y_0) \cdot g_y'(x_0,y_0) = f_y'(x_0,y_0) \cdot g_x'(x_0,y_0).$$

当 $f_x'(x_0,y_0)=0$ 时,可推出 $f_y'(x_0,y_0) \cdot g_x'(x_0,y_0)=0$,但得不出 $f_y'(x_0,y_0) \neq 0$ 或 $f_y'(x_0,y_0)=0$.因而排除(A)和(B).

当 $f_x'(x_0,y_0) \neq 0$ 时,由于 $g_y'(x_0,y_0) \neq 0$,因此 *由前述结论,可直接获得* $\left.\begin{vmatrix} f_x' & f_y' \\ g_x' & g_y' \end{vmatrix}\right|_{P_0}=0$

$$f_y'(x_0,y_0) \cdot g_x'(x_0,y_0) \neq 0,$$

从而 $f_y'(x_0,y_0) \neq 0$.故正确选项为(D).

例 13.59 已知 $(x-1)^2+y^2=1$ 内切于 $\dfrac{x^2}{a^2}+\dfrac{y^2}{b^2}=1(a>0,b>0)$,求 a,b 的值使后者面积 S 最小.

【解】 已知 $\dfrac{x^2}{a^2}+\dfrac{y^2}{b^2}=1$ 的面积为 $S=\pi ab$,所求问题转化为求 ab 的最小值.

二者相切,设切点为 (x_0,y_0),$x_0 \geq 0$,$y_0 \geq 0$,则

$$\begin{cases} (x_0-1)^2+y_0^2=1, & ① \\ \dfrac{x_0^2}{a^2}+\dfrac{y_0^2}{b^2}=1, & ② \end{cases}$$

① $-$ ② $\times b^2$,消去 y_0^2,得 $(x_0-1)^2 - \dfrac{b^2}{a^2}x_0^2 = 1-b^2$,整理得 $\left(\dfrac{b^2}{a^2}-1\right)x_0^2+2x_0-b^2=0$.

由于二者相切,故 (x_0,y_0) 唯一.

当 $a=b$ 时，$x_0=\dfrac{b^2}{2}$．两圆内切，切点只能为 $(2,0)$，故 $\dfrac{b^2}{2}=2$，$b=2=a$．

当 $a\ne b$ 时，$\left(\dfrac{b^2}{a^2}-1\right)x_0^2+2x_0-b^2=0$ 有唯一解，$\Delta=4+4b^2\left(\dfrac{b^2}{a^2}-1\right)=0$，整理为 $b^4-a^2b^2+a^2=0$．

构造拉格朗日函数 $F(a,b,\lambda)=\pi ab+\lambda(b^4-a^2b^2+a^2)$，令

$$\begin{cases} F_a'=\pi b+\lambda(-2ab^2+2a)=0, \\ F_b'=\pi a+\lambda(4b^3-2a^2b)=0, \\ F_\lambda'=b^4-a^2b^2+a^2=0, \end{cases}$$

解得 $a=\dfrac{3\sqrt{2}}{2}$，$b=\dfrac{\sqrt{6}}{2}$．

比较 $S\left(\dfrac{3\sqrt{2}}{2},\dfrac{\sqrt{6}}{2}\right)=\dfrac{3}{2}\sqrt{3}\pi$，$S(2,2)=4\pi$，得当 $a=\dfrac{3\sqrt{2}}{2}$，$b=\dfrac{\sqrt{6}}{2}$ 时，面积最小，为 $\dfrac{3}{2}\sqrt{3}\pi$．

例 13.60　求 $u=\sqrt{x^2+y^2}$ 在约束条件 $5x^2+4xy+2y^2=1$ 下的最大值与最小值．

【解】　求 $\sqrt{x^2+y^2}$ 在约束条件 $5x^2+4xy+2y^2=1$ 下的最大值与最小值，即等价于求 x^2+y^2 在约束条件 $5x^2+4xy+2y^2=1$ 下的最大值与最小值．

令 $f(x,y)=5x^2+4xy+2y^2$，此为 2 次齐次函数，有 $xf_x'+yf_y'=2f(x,y)$．

构造拉格朗日函数 $F(x,y,\lambda)=x^2+y^2+\lambda(5x^2+4xy+2y^2-1)$，令

D_1（常规操作）

$$\begin{cases} F_x'=2x+\lambda f_x'=0, & \text{①} \\ F_y'=2y+\lambda f_y'=0, & \text{②} \\ F_\lambda'=f-1=0. & \text{③} \end{cases}$$

①$\times x+$②$\times y$，得

$$2x^2+2y^2+\lambda(xf_x'+yf_y')=0,$$

由③知 $f(x,y)=1$

即 $2x^2+2y^2+2\lambda f(x,y)=0$，解得 $x^2+y^2=-\lambda$，故目标转化为求 λ 的最值．

由方程①，②得到 $\begin{cases}(1+5\lambda)x+2\lambda y=0, \\ 2\lambda x+(1+2\lambda)y=0,\end{cases}$ 显然所求 $(x,y)\ne(0,0)$．故方程组的系数行列式

$$\begin{vmatrix} 1+5\lambda & 2\lambda \\ 2\lambda & 1+2\lambda \end{vmatrix}=6\lambda^2+7\lambda+1=0,$$

解得

$$\lambda_1=-1，\lambda_2=-\dfrac{1}{6}.$$

当 $\lambda_1=-1$ 时，$x^2+y^2=1$．当 $\lambda_2=-\dfrac{1}{6}$ 时，$x^2+y^2=\dfrac{1}{6}$．

综上可知,最大值为1,最小值为$\dfrac{\sqrt{6}}{6}$.

三、闭区域 D 上的最值(O_3(盯住目标3))

(1)D内部.

①按无条件极值,写 $\begin{cases} f'_x = 0, \\ f'_y = 0. \end{cases}$

②保留D内的可疑点,删去D外的可疑点.

(2)∂D.

按条件极值,写 $F = f + \lambda\varphi$,求解

$$\begin{cases} F'_x = 0, \\ F'_y = 0, \\ F'_z = 0, \\ F'_\lambda = 0. \end{cases}$$

求出可疑点或将∂D方程代入f,消元求可疑点.

比较所有可疑点,取函数值最小者为最小值,最大者为最大值.

(3)有时含参讨论.

例13.61 已知函数 $f(x,y) = 3(x^2 + y^2) - x^3$.

(1)求函数$f(x,y)$的极值;

(2)求$f(x,y)$在有界闭区域$D = \left\{(x,y) \mid x^2 + y^2 \leq 16\right\}$上的最大值和最小值.

【解】(1)因为$f(x,y) = 3(x^2 + y^2) - x^3$,所以

$$f'_x(x,y) = 6x - 3x^2,\ f'_y(x,y) = 6y.$$

令 $\begin{cases} f'_x(x,y) = 0, \\ f'_y(x,y) = 0, \end{cases}$ 解得驻点$(0,0)$和$(2,0)$.又$f''_{xx} = 6 - 6x$,$f''_{xy} = 0$,$f''_{yy} = 6$.

在点$(0,0)$处,$A = f''_{xx}(0,0) = 6$,$B = f''_{xy}(0,0) = 0$,$C = f''_{yy}(0,0) = 6$,所以

$$AC - B^2 = 36 > 0,\ 且 A = 6 > 0,$$

故$f(0,0) = 0$是函数$f(x,y)$的极小值.

在点$(2,0)$处,$A = f''_{xx}(2,0) = -6$,$B = f''_{xy}(2,0) = 0$,$C = f''_{yy}(2,0) = 6$,所以

$$AC - B^2 = -36 < 0,$$

故驻点 $(2,0)$ 不是函数 $f(x,y)$ 的极值点．

综上可知，函数 $f(x,y)$ 只有一个极值点，且极小值为 $f(0,0)=0$．

（2）因为 $f(x,y)$ 在有界闭区域 D 上连续，所以其在 D 上存在最大值和最小值．

当点 (x,y) 在圆周 $x^2+y^2=16$ 上时，

$$f(x,y)=3(x^2+y^2)-x^3=48-x^3,\ -4\leqslant x\leqslant 4,$$

其在圆周 $x^2+y^2=16$ 上的最小值为 $f(4,0)=-16$，最大值为 $f(-4,0)=112$．

比较 $f(0,0)=0$，$f(4,0)=-16$，$f(-4,0)=112$ 的大小，可知 $f(x,y)$ 在有界闭区域 D 上的最大值为 $f(-4,0)=112$，最小值为 $f(4,0)=-16$．

第14讲 二重积分

三向解题法

```
                        ┌─────────────────────┐
                        │   计算二重积分         │
                        │  (O(盯住目标))        │
                        └─────────────────────┘
```

和式极限
(D_{22}(转换等价表述))

交换积分次序问题
(D_1(常规操作))

对称性的使用
(D_1(常规操作)+D_{44}(善于发现对称))

二重积分的计算法
(D_1(常规操作))

平面区域D大观
(D_{43}(数形结合)+D_{44}(善于发现对称))

积分保号性的使用
(D_1(常规操作)+D_{22}(转换等价表述))

二重积分常用结论
(D_1(常规操作))

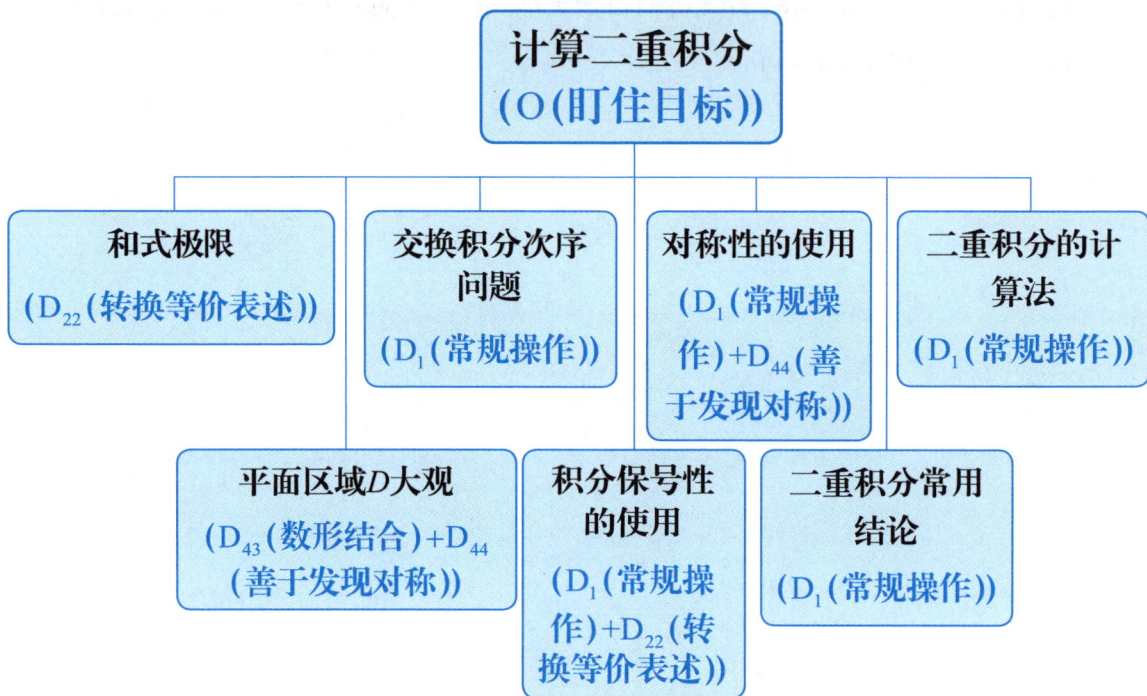

一、和式极限（D_{22}（转换等价表述））

$$\iint\limits_{D} f(x,y)\mathrm{d}\sigma = \lim_{n\to\infty}\sum_{i=1}^{n}\sum_{j=1}^{n} f\left(a+\frac{b-a}{n}i, c+\frac{d-c}{n}j\right)\cdot\frac{b-a}{n}\cdot\frac{d-c}{n},$$

其中 $D = \left\{(x,y)\big| a\leqslant x\leqslant b, c\leqslant y\leqslant d\right\}$.

例14.1 $\displaystyle\lim_{n\to\infty}\sum_{i=1}^{n}\sum_{j=1}^{n}\frac{i}{(n+i)(n^2+j^2)} = $ _____ .

【解】 应填 $(1-\ln 2)\cdot\dfrac{\pi}{4}$.

$$\lim_{n\to\infty}\sum_{i=1}^{n}\sum_{j=1}^{n}\frac{i}{(n+i)(n^2+j^2)}=\lim_{n\to\infty}\sum_{i=1}^{n}\sum_{j=1}^{n}\frac{\dfrac{i}{n}}{\left(1+\dfrac{i}{n}\right)\left[1+\left(\dfrac{j}{n}\right)^2\right]}\cdot\frac{1}{n^2}$$

$$=\iint\limits_{D}\frac{x}{(1+x)(1+y^2)}\mathrm{d}x\mathrm{d}y=\int_0^1\frac{x\mathrm{d}x}{1+x}\cdot\int_0^1\frac{\mathrm{d}y}{1+y^2}=\int_0^1\left(1-\frac{1}{1+x}\right)\mathrm{d}x\cdot\int_0^1\frac{\mathrm{d}y}{1+y^2}$$

$$=\left[x-\ln(1+x)\right]\Big|_0^1\cdot\arctan y\,\Big|_0^1=(1-\ln2)\cdot\frac{\pi}{4},$$

其中 $D=\left\{(x,y)\,\middle|\,0\leqslant x\leqslant1,0\leqslant y\leqslant1\right\}$.

二、平面区域 D 大观（D_{43}（数形结合）$+\mathrm{D}_{44}$（善于发现对称））

1.直角坐标系下直线边界型

读者应能熟练画出平面区域 D.

（1）$D=\left\{(x,y)\,\middle|\,0\leqslant x\leqslant1,0\leqslant y\leqslant1\right\}$.

（2）$D=\left\{(x,y)\,\middle|\,x+y\leqslant1,x\geqslant0,y\geqslant0\right\}$.

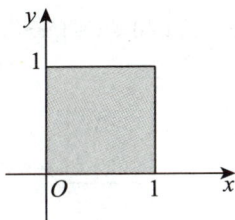

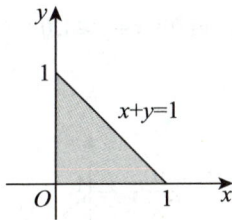

（3）$D=\left\{(x,y)\,\middle|\,0\leqslant x\leqslant1,0\leqslant y\leqslant x\right\}$.

（4）$D=\left\{(x,y)\,\middle|\,0\leqslant x\leqslant2,x\leqslant y\leqslant\sqrt{3}x\right\}$.

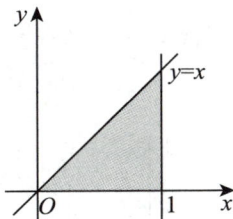

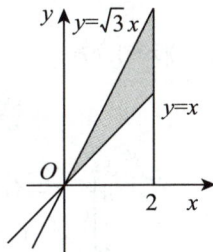

(5) $D = \{(x,y) \mid 0 \leqslant x \leqslant \pi, 0 \leqslant y \leqslant 1\}$.

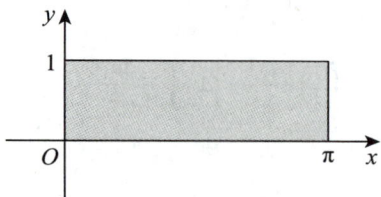

(6) $D = \{(x,y) \mid 1 \leqslant x + y \leqslant 2, x \geqslant 0, y \geqslant 0\}$.

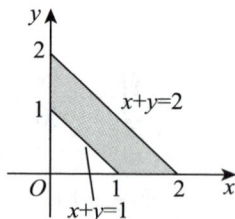

(7) $D = \left\{(x,y) \mid 0 \leqslant x \leqslant 3, 0 \leqslant y \leqslant 3, \dfrac{\sqrt{3}}{3}x \leqslant y \leqslant \sqrt{3}x\right\}$.

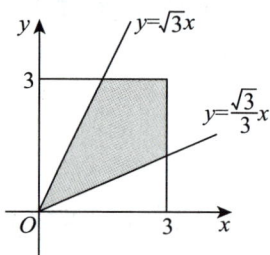

(8) $D = \{(x,y) \mid 1 \leqslant x + y \leqslant 2, 0 \leqslant y \leqslant x\}$.

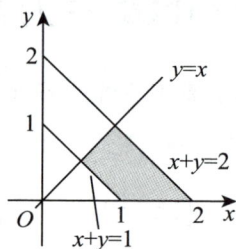

(9) $D = \{(x,y) \mid 0 \leqslant x + y \leqslant 1, 0 \leqslant y \leqslant 1\}$.

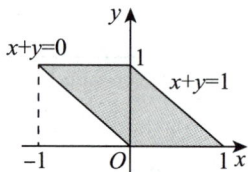

(10) $D = \{(x,y) \mid 0 \leqslant x \leqslant 1, x \leqslant y \leqslant 1\}$.

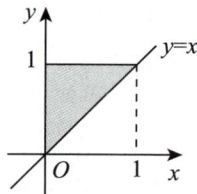

(11) $D = \{(x,y) \mid x \leqslant 1, y \geqslant -1, y \leqslant x\}$.

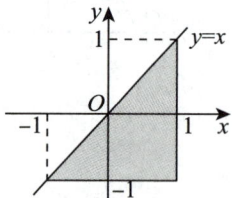

(12) $D = \left\{(x,y) \mid \dfrac{1}{4} \leqslant y \leqslant \dfrac{1}{2}, y \leqslant x \leqslant \dfrac{1}{2}\right\}$.

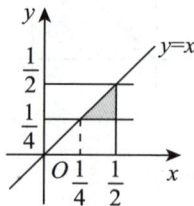

（13）$D = \left\{ (x,y) \mid 0 \leqslant x \leqslant 1, x \leqslant y \leqslant 1+x \right\}$.

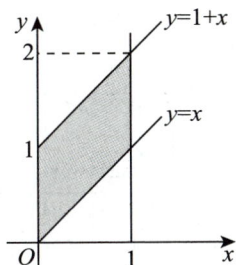

（14）$D = \left\{ (x,y) \mid x \leqslant 3y, y \leqslant 3x, x+y \leqslant 8 \right\}$.

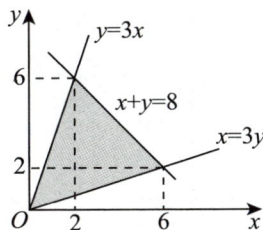

（15）$D = \left\{ (x,y) \mid 1 \leqslant |x|+|y| \leqslant 2, x \geqslant 0, y \geqslant 0 \right\}$.

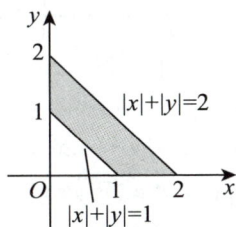

（16）$D = \left\{ (x,y) \mid |x|+|y| \leqslant 1 \right\}$.

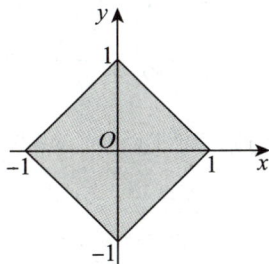

（17）$D = \left\{ (x,y) \mid 0 \leqslant x \leqslant 1, 0 \leqslant y \leqslant 1, |x-y| \leqslant \dfrac{1}{2} \right\}$.

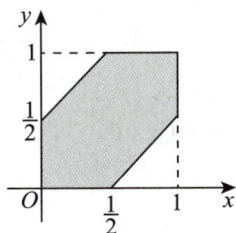

（18）$D = \left\{ (x,y) \mid |x| \leqslant 1, |y| \leqslant 1 \right\}$.

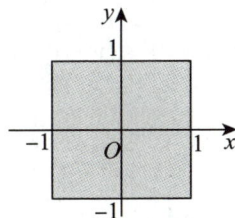

2.直角坐标系下曲线边界型

读者应能熟练画出平面区域D.

(1) $D = \left\{(x,y) \,\middle|\, 0 \leqslant x \leqslant 1, \sqrt[3]{x} \leqslant y \leqslant 1\right\}$.

(2) $D = \left\{(x,y) \,\middle|\, 0 \leqslant x \leqslant 1, \arctan x \leqslant y \leqslant \dfrac{\pi}{4}\right\}$.

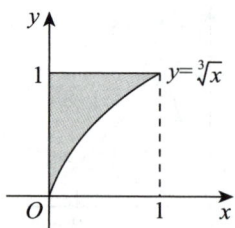

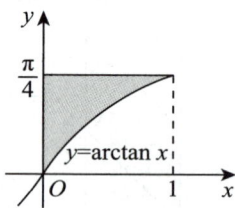

(3) $D = \left\{(x,y) \,\middle|\, 0 \leqslant x \leqslant 1, 0 \leqslant y \leqslant 1, (x-1)^2 + (y-1)^2 \leqslant 1\right\}$.

(4) $D = \left\{(x,y) \,\middle|\, 0 \leqslant y \leqslant x, x^2 + y^2 \leqslant 1\right\}$.

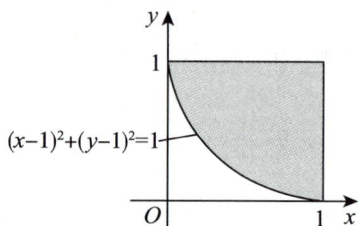

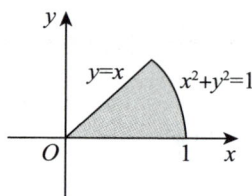

(5) $D = \left\{(x,y) \,\middle|\, 1 \leqslant x^2 + y^2 \leqslant e^2, x \geqslant 0, y \geqslant 0\right\}$.

(6) $D = \left\{(x,y) \,\middle|\, y \geqslant -x, x^2 + y^2 \leqslant 4, \\ x^2 + y^2 \geqslant 2x, y \geqslant 0\right\}$.

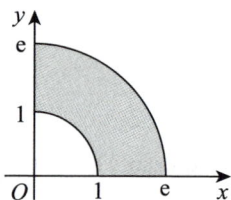

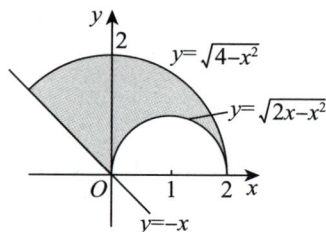

(7) $D = \left\{(x,y) \,\middle|\, (x-1)^2 + (y-1)^2 \leqslant 2, 0 \leqslant x+y \leqslant 4\right\}$.

(8) $D = \left\{(x,y) \,\middle|\, \dfrac{1}{4} \leqslant x^2 + y^2, x^2 + y^2 \geqslant x^4 + y^4, \\ x \geqslant 0, y \geqslant 0\right\}$.

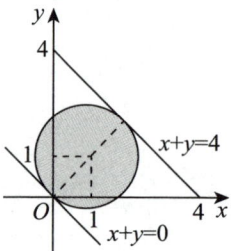

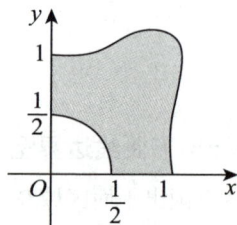

(9) $D = \left\{(x,y) \middle| 0 \leqslant x \leqslant \ln 2, e^x \leqslant y \leqslant 2\right\}$.

(10) $D = \left\{(x,y) \middle| 0 \leqslant y \leqslant 1, 0 \leqslant x \leqslant 1 - \sqrt{2y - y^2}\right\}$.

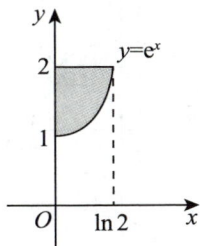

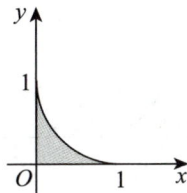

(11) $D = \left\{(x,y) \middle| x^2 + y^2 \leqslant \sqrt{2}x, 0 \leqslant y \leqslant x, \sqrt{x^2 + y^2} \leqslant 1\right\}$.

(12) $D = \left\{(x,y) \middle| (x^2 + y^2)^2 \leqslant 2xy, x \geqslant 0, y \geqslant 0\right\}$.

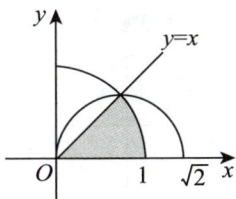

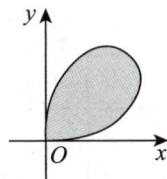

(13) $D = \left\{(x,y) \middle| x \geqslant 1, x^2 \leqslant y\right\}$.

(14) $D = \left\{(x,y) \middle| y \leqslant \sqrt{2x - x^2}, x + y \geqslant 2\right\}$.

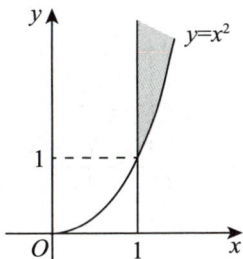

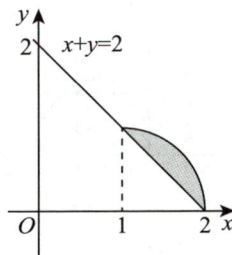

(15) $D = \left\{(x,y) \middle| \dfrac{1-x}{1+x} \leqslant y \leqslant \sqrt{1-x^2}, 0 \leqslant x \leqslant 1\right\}$.

(16) $D = \{(x,y) \mid x + y + xy \geqslant 1, x^2 + y^2 \leqslant 1,$
$\quad x \geqslant 0, y \geqslant 0\}$.

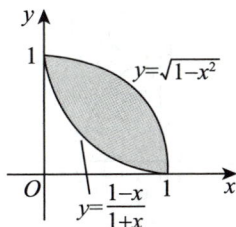

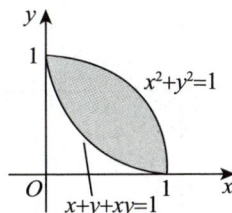

(17) $D = \left\{ (x, y) \mid y \leqslant \sqrt{1 - x^2}, y \geqslant 1 - \sqrt{1 - x^2} \right\}$.

(18) $D = \left\{ (x, y) \mid x^2 + y^2 \leqslant 4, 2x - x^2 - y^2 \leqslant 0 \right\}$.

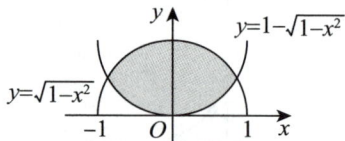

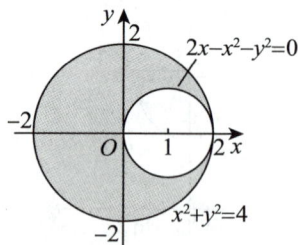

(19) $D = \left\{ (x, y) \mid (x^2 + y^2)^2 \leqslant 2xy \right\}$.

(20) $D = \left\{ (x, y) \mid 0 \leqslant y \leqslant 1, -\sqrt{1 - y^2} \leqslant x \leqslant 1 - y \right\}$.

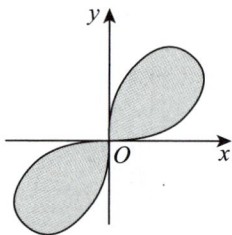

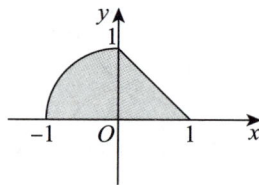

(21) $D = \left\{ (x, y) \mid \sqrt{1 - x^2} \leqslant y \leqslant \sqrt{4 - x^2}, -x \leqslant y, y \geqslant 0 \right\}$.

(22) $D = \left\{ (x, y) \mid 1 \leqslant x^2 + y^2 \leqslant 2x, y \geqslant 0 \right\}$.

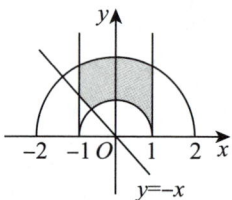

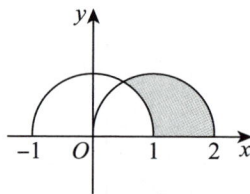

(23) $D = \left\{ (x, y) \mid (x^2 + y^2)^2 \leqslant x^2 - y^2, x \geqslant 0 \right\}$.

(24) $D = \left\{ (x, y) \mid 0 \leqslant x \leqslant 2, 0 \leqslant y \leqslant 4 - x^2 \right\}$.

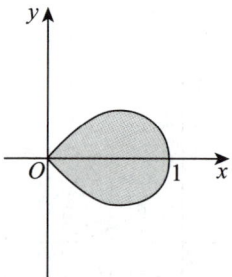

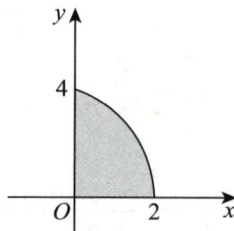

(25) $D = \left\{(x,y)\middle| \sin x \leqslant y \leqslant 1, \dfrac{\pi}{2} \leqslant x \leqslant \pi\right\}$.

(26) $D = \left\{(x,y)\middle| y \geqslant \sin x, -\dfrac{\pi}{2} \leqslant x \leqslant \dfrac{\pi}{2}, y \leqslant 1\right\}$.

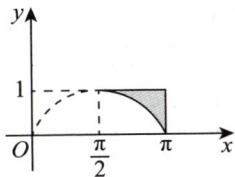

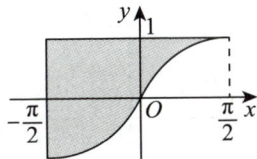

(27) $D = \left\{(x,y)\middle| 2xy \leqslant 1, 4xy \geqslant 1, y \geqslant x, y \leqslant \sqrt{3}x\right\}$.

(28) $D = \left\{(x,y)\middle| -1 \leqslant x \leqslant 0, -x \leqslant y \leqslant 2 - x^2\right\}$.

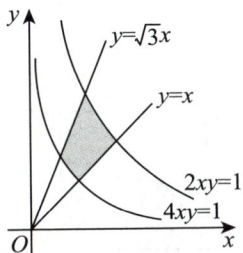

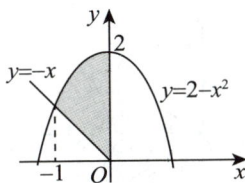

(29) $D = \left\{(x,y)\middle| 4x^2 \leqslant y \leqslant 9x^2, x \geqslant 0\right\}$.

(30) $D = \left\{(x,y)\middle| 0 \leqslant y \leqslant 1, \sqrt{y} \leqslant x \leqslant \sqrt{2 - y^2}\right\}$.

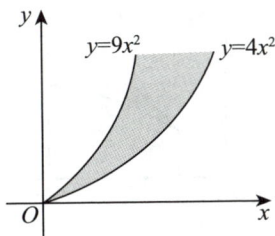

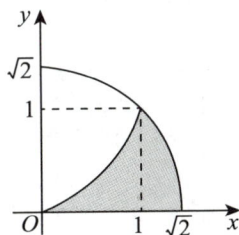

(31) $D = \left\{(x,y)\middle| x \geqslant -2, 0 \leqslant y \leqslant 2, x \leqslant -\sqrt{2y - y^2}\right\}$.

(32) $D = \left\{(x,y)\middle| 0 \leqslant y \leqslant \dfrac{1}{4}, y \leqslant x \leqslant \sqrt{y}\right\}$.

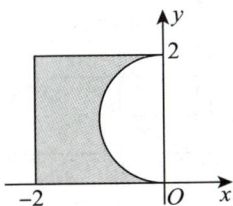

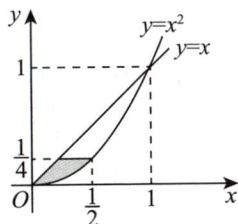

(33) $D = \left\{(x,y) \mid x^2 + y^2 \leq 4, (x+1)^2 + y^2 \geq 1\right\}$.

(34) $D_1 = \left\{(x,y) \mid x^2 + y^2 \leq 1, x \geq 0, y \geq 0\right\}$,

$D_2 = \left\{(x,y) \mid x^2 + y^2 \geq 1, 0 \leq x \leq 1, 0 \leq y \leq 1\right\}$.

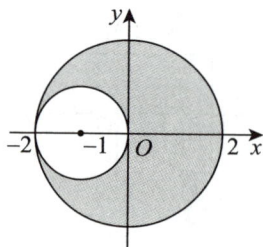

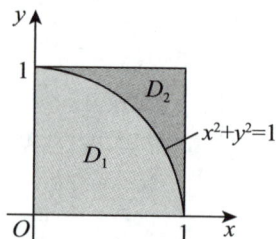

(35) $D = \left\{(x,y) \mid x \leq \sqrt{1+y^2}, x + \sqrt{2}y \geq 0, x - \sqrt{2}y \geq 0\right\}$.

(36) $D = \left\{(x,y) \mid 0 \leq x \leq 1, 0 \leq y \leq \sqrt{x}\right\}$.

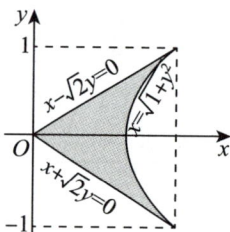

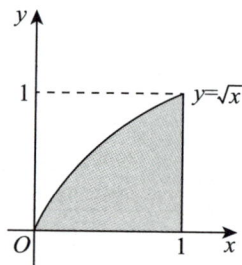

(37) $D = \left\{(x,y) \mid 0 \leq x \leq 1, x^2 \leq y \leq 1\right\}$.

(38) $D = \left\{(x,y) \mid 1 \leq x \leq 2, \sqrt{x} \leq y \leq x\right\}$.

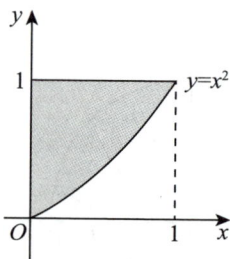

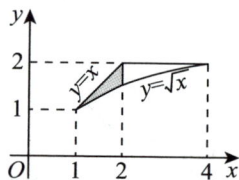

(39) $D = \left\{(x,y) \mid 2 \leq x \leq 4, \sqrt{x} \leq y \leq 2\right\}$.

(40) $D = \left\{(x,y) \mid \dfrac{1}{4} \leq y \leq \dfrac{1}{2}, \dfrac{1}{2} \leq x \leq \sqrt{y}\right\}$.

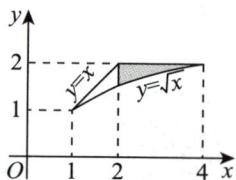

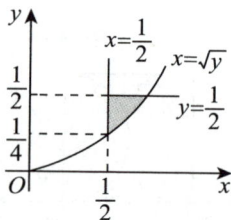

(41) $D = \left\{ (x, y) \left| \frac{1}{2} \leqslant y \leqslant 1, y \leqslant x \leqslant \sqrt{y} \right. \right\}$.

(42) $D = \left\{ (x, y) \,\middle|\, 2 \leqslant 2x^2 + y^2 \leqslant 4, x \geqslant 0, y \geqslant 0 \right\}$.

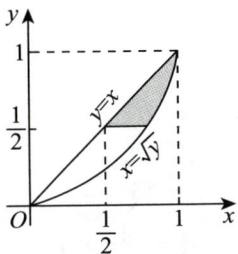

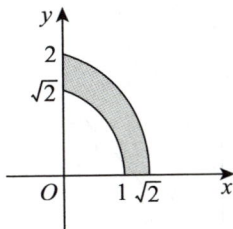

(43) $D = \left\{ (x, y) \,\middle|\, x^2 + y^2 + xy \leqslant 1 \right\}$.

(44) $D = \left\{ (x, y) \left| 0 \leqslant x \leqslant 2, 0 \leqslant y \leqslant 2, y \leqslant \frac{1}{x} \right. \right\}$.

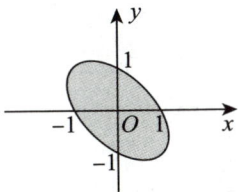

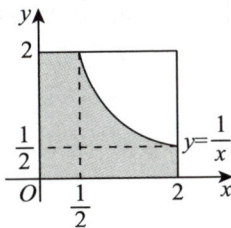

3. 极坐标方程型

读者应能熟练画出平面区域 D.

(1) $D = \left\{ (r, \theta) \left| 0 \leqslant r \leqslant \frac{1}{\sin \theta}, \frac{\pi}{4} \leqslant \theta \leqslant \frac{\pi}{2} \right. \right\}$.

(2) $D = \left\{ (r, \theta) \left| 0 \leqslant r \leqslant \sec \theta, 0 \leqslant \theta \leqslant \frac{\pi}{4} \right. \right\}$.

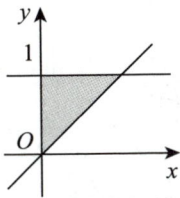

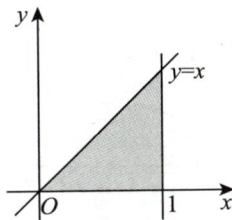

(3) $D = \left\{ (r, \theta) \left| 0 \leqslant \theta \leqslant 2\pi, \frac{\theta}{2} \leqslant r \leqslant \pi \right. \right\}$.

(4) $D = \left\{ (r, \theta) \left| 0 \leqslant r \leqslant 1, 0 \leqslant \theta \leqslant \frac{\pi}{4} \right. \right\}$.

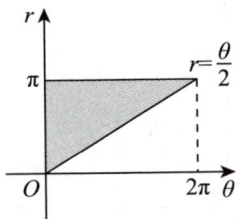

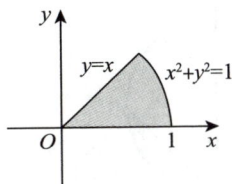

(5) $D = \left\{ (r,\theta) \left| \dfrac{1}{\sqrt{\sin\theta\cos\theta}} \leqslant r \leqslant \dfrac{2}{\cos\theta}, \right. \right.$

$\left. \left. \arctan\dfrac{1}{4} \leqslant \theta \leqslant \dfrac{\pi}{4} \right\} . \right.$

(6) $D = \left\{ (r,\theta) \left| 2 \leqslant r \leqslant 2(1+\cos\theta), -\dfrac{\pi}{2} \leqslant \theta \leqslant \dfrac{\pi}{2} \right. \right\} .$

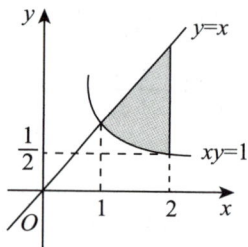

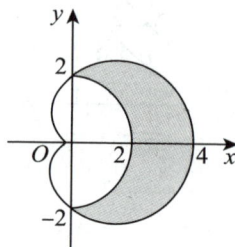

(7) $D = \left\{ (r,\theta) \left| 0 \leqslant r \leqslant \sqrt{\sin 2\theta}, 0 \leqslant \theta \leqslant \dfrac{\pi}{2} \right. \right\} .$

(8) $D = \left\{ (r,\theta) \left| 0 \leqslant \theta \leqslant \dfrac{\pi}{2}, 0 \leqslant r \leqslant 2\cos\theta, \right. \right.$

$\left. \left. 0 \leqslant r \leqslant \dfrac{2}{\cos\theta+\sin\theta} \right\} . \right.$

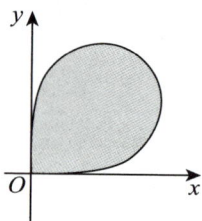

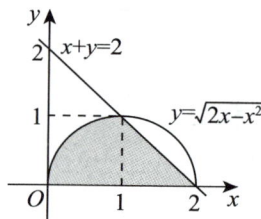

(9) $D = \left\{ (r,\theta) \left| 0 \leqslant r \leqslant 2, -\arccos\dfrac{r}{2} \leqslant \theta \leqslant \arccos\dfrac{r}{2} \right. \right\} .$

(10) $D = \left\{ (r,\theta) \left| 0 \leqslant r \leqslant 2(\sin\theta+\cos\theta), \dfrac{\pi}{4} \leqslant \theta \leqslant \dfrac{3}{4}\pi \right. \right\} .$

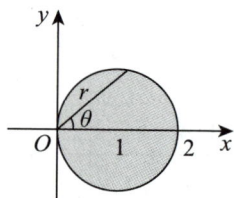

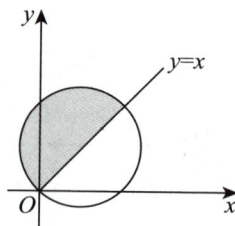

(11) $D = \left\{ (r,\theta) \left| 0 \leqslant r \leqslant 2\sin\theta, 0 \leqslant \theta \leqslant \dfrac{\pi}{4} \right. \right\} .$

(12) $D = \left\{ (r,\theta) \left| 0 \leqslant r \leqslant 2\cos\theta, \dfrac{\pi}{4} \leqslant \theta \leqslant \dfrac{\pi}{2} \right. \right\} .$

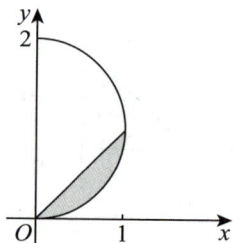

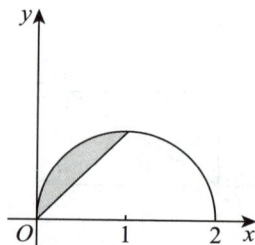

(13) $D=\left\{(r,\theta)\Big|0\leqslant r\leqslant 2,0\leqslant\theta\leqslant\dfrac{\pi}{2}\right\}$.

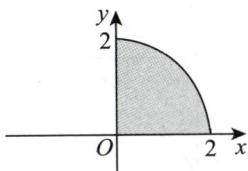

(14) $D=\left\{(r,\theta)\Big|0\leqslant r\leqslant\dfrac{2}{\sin\theta-\cos\theta},\dfrac{\pi}{2}\leqslant\theta\leqslant\pi\right\}$.

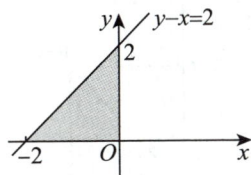

(15) $D=\left\{(r,\theta)\big|1\leqslant r\leqslant u,0\leqslant\theta\leqslant v\right\}$.

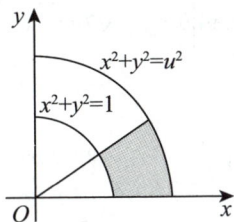

【注】有些D的描述是用直角坐标系下的表达式，实际上用极坐标方程更方便，要归到这里来.

如2019年考研真题数学二（18）的平面区域为$D=\left\{(x,y)\big||x|\leqslant y,(x^2+y^2)^3\leqslant y^4\right\}$，对应的图形如图所示.

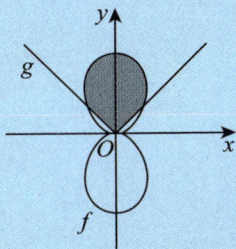

$g:y=|x|,\quad f:y^4=(x^2+y^2)^3$

4.参数方程型

读者应能熟练画出平面区域D.

(1) $D=\left\{(x,y)\big|0\leqslant y\leqslant t-x,0\leqslant x\leqslant t,0<t\leqslant 1\right\}$.

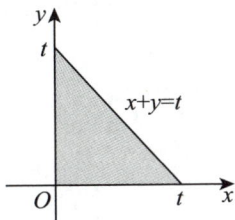

(2) $D=\left\{(x,y)\big|0\leqslant x\leqslant t,x\leqslant y\leqslant t\right\}$.

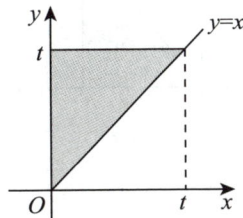

(3) $D=\left\{(x,y)\big|0\leqslant x\leqslant t,0\leqslant y\leqslant x,t>0\right\}$.

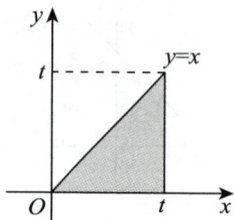

(4) $D=\left\{(u,v)\big|0\leqslant u\leqslant x^4,\sqrt[4]{u}\leqslant v\leqslant x\right\}$.

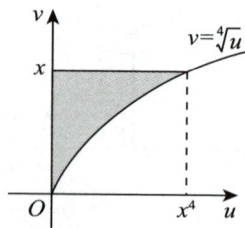

(5) $D=\left\{(x,y)\big|x^2+(y-1)^2\leqslant1,\dfrac{2}{3}x^2+\dfrac{2}{9}y^2\leqslant a^2,a>0\right\}$.

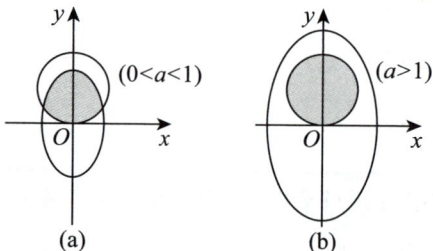

(6) $D=\left\{(x,y)\big|0<y<\sqrt{2ax-x^2},x>y,a>0\right\}$.

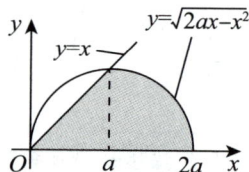

(7) $D=\left\{(x,y)\big|0\leqslant x\leqslant2t,0\leqslant y\leqslant t,t>0\right\}$.

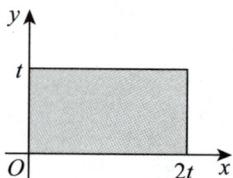

(8) $D=\left\{(x,y)\big|y\geqslant-x,y\leqslant-a+\sqrt{a^2-x^2},a>0\right\}$.

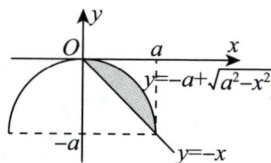

(9) $D=\left\{(x,y)\big|y\leqslant x\leqslant t,1\leqslant y\leqslant t,t>1\right\}$.

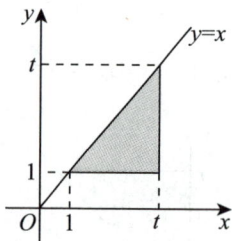

三、交换积分次序问题（D₁（常规操作））

当一个累次积分的题摆在我们面前时,要注意观察,题目所给积分次序的第一个积分是不是以下情况:(1)可积不可求积型;(2)计算困难型,若是,则交换积分次序成为必然.事实上,在考试中出现累次积分,基本可以断定是要交换积分次序的.

这里强调一下可积不可求积型的一般形式:$\int\frac{\sin x}{x}dx$,$\int\frac{\cos x}{x}dx$,$\int\frac{\ln(1+x)}{x}dx$,$\int\frac{1}{\ln x}dx$,$\int\sin x^2dx$,$\int\cos x^2dx$,$\int\sin\frac{1}{x}dx$,$\int\cos\frac{1}{x}dx$,$\int\frac{\tan x}{x}dx$,$\int\frac{e^x}{x}dx$,$\int\tan x^2dx$,$\int e^{ax^2+bx+c}dx(a\neq0)$.上述积分均没有初等函数形式的原函数,见到它们,一般都要交换积分次序.　D₂₃（化归经典形式）

例14.2　$\int_0^{\frac{\pi}{6}}dy\int_y^{\frac{\pi}{6}}\frac{\cos x}{x}dx=$_____.

【解】　应填 $\frac{1}{2}$.

交换积分次序,得

$$原式=\int_0^{\frac{\pi}{6}}dx\int_0^x\frac{\cos x}{x}dy=\int_0^{\frac{\pi}{6}}\cos xdx=\sin x\Big|_0^{\frac{\pi}{6}}=\frac{1}{2}.$$

【注】由于 $\int\frac{\cos x}{x}dx$ 不是初等函数,因此需要交换积分次序进行求解.

例14.3　求 $\int_0^2dy\int_y^2\frac{y}{\sqrt{1+x^3}}dx$.

【解】
$$原式=\int_0^2dx\int_0^x\frac{y}{\sqrt{1+x^3}}dy=\int_0^2\frac{1}{2}x^2\cdot\frac{1}{\sqrt{1+x^3}}dx$$
$$=\int_0^2\frac{1}{6}(1+x^3)^{-\frac{1}{2}}d(x^3+1)$$
$$=\frac{1}{6}\cdot2(1+x^3)^{\frac{1}{2}}\Big|_0^2=1-\frac{1}{3}=\frac{2}{3}.$$

例14.4　求函数 $f(x)=\int_1^x\sin t^2dt$ 在区间 $[0,1]$ 的平均值.

【解】　函数 $f(x)=\int_1^x\sin t^2dt$ 在区间 $[0,1]$ 的平均值为

$$\overline{f}=\int_0^1f(x)dx=\int_0^1dx\int_1^x\sin t^2dt=-\int_0^1dx\int_x^1\sin t^2dt.$$

交换积分次序,得

$$\int_0^1 dx \int_x^1 \sin t^2 dt = \int_0^1 dt \int_0^t \sin t^2 dx = \int_0^1 t \sin t^2 dt = -\frac{1}{2}\cos t^2 \Big|_0^1 = \frac{1}{2}(1-\cos 1) .$$

所以 $\overline{f} = \frac{1}{2}(\cos 1 - 1)$.

例 14.5 求 $\int_0^1 dy \int_y^1 \left(\frac{e^{x^2}}{x} - e^{y^2} \right) dx$.

【解】 $\int_0^1 dy \int_y^1 \left(\frac{e^{x^2}}{x} - e^{y^2} \right) dx = \int_0^1 dy \int_y^1 \frac{e^{x^2}}{x} dx - \int_0^1 dy \int_y^1 e^{y^2} dx = \int_0^1 dx \int_0^x \frac{e^{x^2}}{x} dy - \int_0^1 e^{y^2}(1-y) dy$

$$= \int_0^1 e^{x^2} dx - \int_0^1 e^{y^2} dy + \int_0^1 y e^{y^2} dy = \int_0^1 y e^{y^2} dy = \frac{1}{2} e^{y^2} \Big|_0^1 = \frac{1}{2}(e-1) .$$

【注】 一般而言，命题人给出的积分次序如果直接积分困难，则需要我们交换积分次序再计算（如本题第一项 $\frac{e^{x^2}}{x}$ 适宜先对 y 积分，第二项 e^{y^2} 适宜先对 x 积分），甚至有些问题即使交换了积分次序仍然无效，则需要考虑转换坐标系再计算.

例 14.6 设函数 $f(x,y)$ 连续，则以下等式不成立的是（   ）.

(A) $\int_0^1 dx \int_{-x}^{x^2} f(x,y) dy = \int_0^1 dy \int_{\sqrt{y}}^1 f(x,y) dx + \int_{-1}^0 dy \int_{-y}^1 f(x,y) dx$

(B) $\int_0^1 dx \int_0^{\sqrt{2x-x^2}} f(x,y) dy + \int_1^2 dx \int_0^{2-x} f(x,y) dy = \int_0^1 dy \int_{1-\sqrt{1-y^2}}^{2-y} f(x,y) dx$

(C) $\int_0^{\frac{\pi}{3}} d\theta \int_0^1 f(r\cos\theta, r\sin\theta) r dr = \int_0^1 r dr \int_0^{\frac{\pi}{3}} f(r\cos\theta, r\sin\theta) d\theta$

(D) $\int_{-\frac{\pi}{2}}^{\frac{\pi}{2}} d\theta \int_0^{2\cos\theta} f(r\cos\theta, r\sin\theta) r dr = \int_0^2 r dr \int_{\pi - \arccos\frac{r}{2}}^{\arccos\frac{r}{2}} f(r\cos\theta, r\sin\theta) d\theta$

【解】 应选 (D).

(A) 选项，$\int_0^1 dx \int_{-x}^{x^2} f(x,y) dy$ 对应的积分区域 D 由 $y = -x$，$y = x^2$，$x = 0$，$x = 1$ 围成［见图 (a)］.

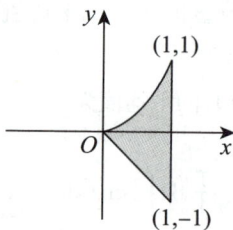

(a)

令 D_1: $\begin{cases} \sqrt{y} \leqslant x \leqslant 1, \\ 0 \leqslant y \leqslant 1, \end{cases}$ D_2: $\begin{cases} -y \leqslant x \leqslant 1, \\ -1 \leqslant y \leqslant 0, \end{cases}$ 则 $D = D_1 \bigcup D_2$, 所以

$$\int_0^1 \mathrm{d}x \int_{-x}^{x^2} f(x,y) \mathrm{d}y = \int_0^1 \mathrm{d}y \int_{\sqrt{y}}^1 f(x,y) \mathrm{d}x + \int_{-1}^0 \mathrm{d}y \int_{-y}^1 f(x,y) \mathrm{d}x .$$

(B) 选项, 如图(b)所示, $\int_0^1 \mathrm{d}x \int_0^{\sqrt{2x-x^2}} f(x,y) \mathrm{d}y$ 对应的积分区域为 D_1, $\int_1^2 \mathrm{d}x \int_0^{2-x} f(x,y) \mathrm{d}y$ 对应的积分

区域为 D_2. 记 $D = D_1 \bigcup D_2$, 则 $D = \left\{ (x,y) \big| 1 - \sqrt{1-y^2} \leqslant x \leqslant 2-y, 0 \leqslant y \leqslant 1 \right\}$, 所以

$$\int_0^1 \mathrm{d}x \int_0^{\sqrt{2x-x^2}} f(x,y) \mathrm{d}y + \int_1^2 \mathrm{d}x \int_0^{2-x} f(x,y) \mathrm{d}y = \int_0^1 \mathrm{d}y \int_{1-\sqrt{1-y^2}}^{2-y} f(x,y) \mathrm{d}x .$$

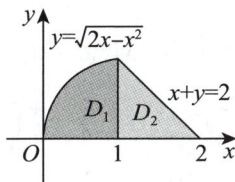

(b)

(C) 选项, $\int_0^{\frac{\pi}{3}} \mathrm{d}\theta \int_0^1 f(r\cos\theta, r\sin\theta) r \mathrm{d}r$ 对应的积分区域为 D [见图(c)], 所以

$$\int_0^{\frac{\pi}{3}} \mathrm{d}\theta \int_0^1 f(r\cos\theta, r\sin\theta) r \mathrm{d}r = \int_0^1 r \mathrm{d}r \int_0^{\frac{\pi}{3}} f(r\cos\theta, r\sin\theta) \mathrm{d}\theta .$$

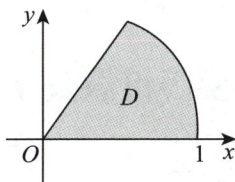

(c)

(D) 选项, $\int_{-\frac{\pi}{2}}^{\frac{\pi}{2}} \mathrm{d}\theta \int_0^{2\cos\theta} f(r\cos\theta, r\sin\theta) r \mathrm{d}r$ 对应的积分区域 D 是一个圆心为 $(1,0)$, 半径为 1 的圆 [见

图(d)], 所以 $\int_{-\frac{\pi}{2}}^{\frac{\pi}{2}} \mathrm{d}\theta \int_0^{2\cos\theta} f(r\cos\theta, r\sin\theta) r \mathrm{d}r = \int_0^2 r \mathrm{d}r \int_{-\arccos\frac{r}{2}}^{\arccos\frac{r}{2}} f(r\cos\theta, r\sin\theta) \mathrm{d}\theta .$

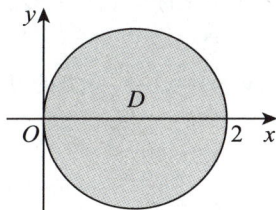

(d)

例 14.7 已知 $f(x)$ 具有三阶连续的导数，且 $f(0) = f'(0) = f''(0) = -1$，$f(2) = -\dfrac{1}{2}$，计算累次积

分 $I = \displaystyle\int_0^2 \mathrm{d}x \int_0^x \sqrt{(2-x)(2-y)}\, f'''(y)\mathrm{d}y$．

【解】 交换积分次序，得

$$I = \int_0^2 (2-y)^{\frac{1}{2}} f'''(y)\mathrm{d}y \int_y^2 (2-x)^{\frac{1}{2}}\mathrm{d}x$$

$$= \frac{2}{3}\int_0^2 (2-y)^2 f'''(y)\mathrm{d}y = \frac{2}{3}\int_0^2 (2-y)^2 \mathrm{d}\big[f''(y)\big]$$

$$= \frac{2}{3}(2-y)^2 f''(y)\Big|_0^2 + \frac{4}{3}\int_0^2 (2-y) f''(y)\mathrm{d}y$$

$$= \frac{8}{3} + \frac{4}{3}\int_0^2 (2-y)\mathrm{d}\big[f'(y)\big]$$

$$= \frac{8}{3} + \frac{4}{3}(2-y) f'(y)\Big|_0^2 + \frac{4}{3}\int_0^2 f'(y)\mathrm{d}y$$

$$= \frac{8}{3} + \frac{8}{3} + \frac{4}{3}\left(-\frac{1}{2}+1\right) = 6.$$

【注】 本题可将 "2" 变量化为 "t"，则 $I(t) = \displaystyle\int_0^t \mathrm{d}x \int_0^x \sqrt{(t-x)(t-y)}\, f'''(y)\mathrm{d}y$，求 $I(t)$ 的最值．

四、积分保号性的使用

（D_1（常规操作）$+D_{22}$（转换等价表述））

→ D_{22}（转换等价表述）

①若连续函数 $f(x,y) \geqslant 0$ 且不恒为零，则 $\displaystyle\iint\limits_D f(x,y)\mathrm{d}\sigma > 0$．

→ D_{22}（转换等价表述）

②若连续函数 $f(x,y)$ 满足：对任意有界闭区域 D，均有 $\displaystyle\iint\limits_D f(x,y)\mathrm{d}\sigma \equiv 0$，则 $f(x,y) = 0$，$(x,y) \in D$．

例 14.8 确定积分区域 D，使得二重积分 $I = \displaystyle\iint\limits_D \left(1 - x^2 - \frac{y^2}{2}\right)\mathrm{d}x\mathrm{d}y$ 达到最大值．

【解】 根据二重积分的比较定理和积分区域的可加性，只要积分区域 D 包含了使得被积函数 $f(x,y) = 1 - x^2 - \dfrac{y^2}{2} \geqslant 0$ 的所有点，而没有包含 $f(x,y) = 1 - x^2 - \dfrac{y^2}{2} < 0$ 的点，那么二重积分 $I = \displaystyle\iint\limits_D \left(1 - x^2 - \frac{y^2}{2}\right)\mathrm{d}x\mathrm{d}y$

就会达到最大值，所以积分区域应取为

$$D = \left\{ (x,y) \,\middle|\, x^2 + \frac{y^2}{2} \leqslant 1 \right\}.$$

例14.9 设函数 $f(x)$ 连续，且 $1 \leq f(x) \leq 2$，$x \in [0,1]$，证明：$\iint\limits_{D} \dfrac{f(x)}{f(y)} \mathrm{d}x\mathrm{d}y \leq \dfrac{9}{8}$，其中 $D =$ $\left\{ (x,y) \mid 0 \leq x \leq 1, 0 \leq y \leq 1 \right\}$.

【证】 $\iint\limits_{D} \dfrac{f(x)}{f(y)} \mathrm{d}x\mathrm{d}y = \iint\limits_{D} \dfrac{f(y)}{f(x)} \mathrm{d}x\mathrm{d}y = \displaystyle\int_0^1 \dfrac{1}{f(x)} \mathrm{d}x \int_0^1 f(y) \mathrm{d}y = \int_0^1 \dfrac{1}{f(x)} \mathrm{d}x \cdot \int_0^1 f(x) \mathrm{d}x$.

因为 $[2-f(x)][f(x)-1] \geq 0$，所以

$$3f(x) \geq f^2(x) + 2，$$

即

$$3 \geq f(x) + \dfrac{2}{f(x)}，$$

积分得

$$\int_0^1 3 \mathrm{d}x \geq \int_0^1 f(x) \mathrm{d}x + 2\int_0^1 \dfrac{1}{f(x)} \mathrm{d}x.$$

记 $a = \displaystyle\int_0^1 \dfrac{1}{f(x)} \mathrm{d}x$，$b = \displaystyle\int_0^1 f(x) \mathrm{d}x$，则

$$3 \geq b + 2a \geq 2\sqrt{2ab}，$$

故

$$ab \leq \dfrac{3^2}{4 \cdot 2} = \dfrac{9}{8}.$$

又 $\iint\limits_{D} \dfrac{f(x)}{f(y)} \mathrm{d}x\mathrm{d}y = ab$，所以 $\iint\limits_{D} \dfrac{f(x)}{f(y)} \mathrm{d}x\mathrm{d}y \leq \dfrac{9}{8}$.

例14.10 已知函数 $f(x,y)$ 具有二阶连续偏导数，且关于变量 x 和 y 的周期均为 1，记

$$I = \int_{-1}^1 \mathrm{d}x \int_{-1}^1 f(x,y) \left[\dfrac{\partial^2 f(x,y)}{\partial x^2} + \dfrac{\partial^2 f(x,y)}{\partial y^2} \right] \mathrm{d}y.$$

(1) 证明 $I = -\iint\limits_{D} \left\{ \left[\dfrac{\partial f(x,y)}{\partial x} \right]^2 + \left[\dfrac{\partial f(x,y)}{\partial y} \right]^2 \right\} \mathrm{d}x\mathrm{d}y$，其中 $D = \left\{ (x,y) \mid -1 \leq x \leq 1, -1 \leq y \leq 1 \right\}$；

(2) 若 $I \geq 0$，证明 $f(x,y)$ 是常函数.

【证】 (1) 因为

$$\int_{-1}^1 \mathrm{d}x \int_{-1}^1 f(x,y) \left[\dfrac{\partial^2 f(x,y)}{\partial x^2} + \dfrac{\partial^2 f(x,y)}{\partial y^2} \right] \mathrm{d}y$$

$$= \int_{-1}^1 \mathrm{d}x \int_{-1}^1 f(x,y) \dfrac{\partial^2 f(x,y)}{\partial x^2} \mathrm{d}y + \int_{-1}^1 \mathrm{d}x \int_{-1}^1 f(x,y) \dfrac{\partial^2 f(x,y)}{\partial y^2} \mathrm{d}y，$$

且

$$\int_{-1}^1 \mathrm{d}x \int_{-1}^1 f(x,y) \dfrac{\partial^2 f(x,y)}{\partial x^2} \mathrm{d}y = \int_{-1}^1 \mathrm{d}y \int_{-1}^1 f(x,y) \dfrac{\partial^2 f(x,y)}{\partial x^2} \mathrm{d}x$$

$$= \int_{-1}^{1}\left\{ f(x,y)\frac{\partial f(x,y)}{\partial x}\Big|_{x=-1}^{x=1} - \int_{-1}^{1}\left[\frac{\partial f(x,y)}{\partial x}\right]^{2}\mathrm{d}x\right\}\mathrm{d}y$$

$$= -\int_{-1}^{1}\left\{\int_{-1}^{1}\left[\frac{\partial f(x,y)}{\partial x}\right]^{2}\mathrm{d}x\right\}\mathrm{d}y,$$

$$\int_{-1}^{1}\mathrm{d}x\int_{-1}^{1}f(x,y)\frac{\partial^{2} f(x,y)}{\partial y^{2}}\mathrm{d}y = \int_{-1}^{1}\left\{ f(x,y)\frac{\partial f(x,y)}{\partial y}\Big|_{y=-1}^{y=1} - \int_{-1}^{1}\left[\frac{\partial f(x,y)}{\partial y}\right]^{2}\mathrm{d}y\right\}\mathrm{d}x$$

$$= -\int_{-1}^{1}\left\{\int_{-1}^{1}\left[\frac{\partial f(x,y)}{\partial y}\right]^{2}\mathrm{d}y\right\}\mathrm{d}x,$$

得证.

（2）$I = \int_{-1}^{1}\mathrm{d}x\int_{-1}^{1}f(x,y)\left[\frac{\partial^{2} f(x,y)}{\partial x^{2}} + \frac{\partial^{2} f(x,y)}{\partial y^{2}}\right]\mathrm{d}y \geq 0$ 时，必有

$$\iint_{D}\left\{\left[\frac{\partial f(x,y)}{\partial x}\right]^{2} + \left[\frac{\partial f(x,y)}{\partial y}\right]^{2}\right\}\mathrm{d}x\mathrm{d}y \leq 0.$$

D_{22}（转换等价表述）

因为 $\left[\dfrac{\partial f(x,y)}{\partial x}\right]^{2} + \left[\dfrac{\partial f(x,y)}{\partial y}\right]^{2}$ 连续非负，所以 $\left[\dfrac{\partial f(x,y)}{\partial x}\right]^{2} + \left[\dfrac{\partial f(x,y)}{\partial y}\right]^{2} \equiv 0$. 从而

$$\frac{\partial f(x,y)}{\partial x} = 0,\quad \frac{\partial f(x,y)}{\partial y} = 0 \ (-1 \leq x \leq 1,\ -1 \leq y \leq 1),$$

故 $f(x,y)$ 在 $-1 \leq x \leq 1$，$-1 \leq y \leq 1$ 时是常数. 考虑到其周期性便知 $f(x,y)$ 在定义域上是常数.

五、对称性的使用（D_1（常规操作）+D_{44}（善于发现对称））

1. 普通对称性

设区域 D 关于 y 轴对称，如图所示，取对称的两块小面积 $\mathrm{d}\sigma$，对称点分别为 (x, y) 与 $(-x, y)$，则对称点处的高分别为 $f(x, y)$ 与 $f(-x, y)$. 依据定义，对称位置的两个"小竖条"的体积分别为 $f(x, y)\mathrm{d}\sigma$ 与 $f(-x, y)\mathrm{d}\sigma$. 因为 $\mathrm{d}\sigma$ 一样，所以当 $f(x, y) = f(-x, y)$ 时，$f(x, y)\mathrm{d}\sigma = f(-x, y)\mathrm{d}\sigma$，体积相同，此时只需计算对称区域的一半，然后乘以 2 即可得到整个积分值；而当 $f(x, y) = -f(-x, y)$ 时，$f(x, y)\mathrm{d}\sigma = -f(-x, y)\mathrm{d}\sigma$，对称区域的体积正好相反，这样累加起来的总体积自然就是 0. 于是有

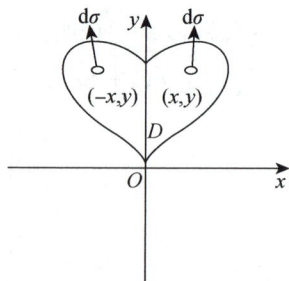

$$\iint_{D}f(x, y)\mathrm{d}x\mathrm{d}y = \begin{cases} 2\iint_{D_1}f(x, y)\mathrm{d}x\mathrm{d}y, & f(x, y) = f(-x, y), \\ 0, & f(x, y) = -f(-x, y), \end{cases}$$

把对称点代入，函数值相同，即 2 倍；函数值相反，即为 0.

$$= \int_{-1}^{1}\left\{ f(x,y)\frac{\partial f(x,y)}{\partial x}\Big|_{x=-1}^{x=1} - \int_{-1}^{1}\left[\frac{\partial f(x,y)}{\partial x}\right]^{2}\mathrm{d}x\right\}\mathrm{d}y$$

$$= -\int_{-1}^{1}\left\{\int_{-1}^{1}\left[\frac{\partial f(x,y)}{\partial x}\right]^{2}\mathrm{d}x\right\}\mathrm{d}y,$$

$$\int_{-1}^{1}\mathrm{d}x\int_{-1}^{1}f(x,y)\frac{\partial^{2} f(x,y)}{\partial y^{2}}\mathrm{d}y = \int_{-1}^{1}\left\{ f(x,y)\frac{\partial f(x,y)}{\partial y}\Big|_{y=-1}^{y=1} - \int_{-1}^{1}\left[\frac{\partial f(x,y)}{\partial y}\right]^{2}\mathrm{d}y\right\}\mathrm{d}x$$

$$= -\int_{-1}^{1}\left\{\int_{-1}^{1}\left[\frac{\partial f(x,y)}{\partial y}\right]^{2}\mathrm{d}y\right\}\mathrm{d}x,$$

得证.

（2）$I = \int_{-1}^{1}\mathrm{d}x\int_{-1}^{1}f(x,y)\left[\frac{\partial^{2} f(x,y)}{\partial x^{2}} + \frac{\partial^{2} f(x,y)}{\partial y^{2}}\right]\mathrm{d}y \geq 0$ 时，必有

$$\iint_{D}\left\{\left[\frac{\partial f(x,y)}{\partial x}\right]^{2} + \left[\frac{\partial f(x,y)}{\partial y}\right]^{2}\right\}\mathrm{d}x\mathrm{d}y \leq 0.$$

D_{22}（转换等价表述）

因为 $\left[\dfrac{\partial f(x,y)}{\partial x}\right]^{2} + \left[\dfrac{\partial f(x,y)}{\partial y}\right]^{2}$ 连续非负，所以 $\left[\dfrac{\partial f(x,y)}{\partial x}\right]^{2} + \left[\dfrac{\partial f(x,y)}{\partial y}\right]^{2} \equiv 0$. 从而

$$\frac{\partial f(x,y)}{\partial x} = 0,\quad \frac{\partial f(x,y)}{\partial y} = 0 \ (-1 \leq x \leq 1,\ -1 \leq y \leq 1),$$

故 $f(x,y)$ 在 $-1 \leq x \leq 1$，$-1 \leq y \leq 1$ 时是常数. 考虑到其周期性便知 $f(x,y)$ 在定义域上是常数.

五、对称性的使用（D_1（常规操作）+D_{44}（善于发现对称））

1. 普通对称性

设区域 D 关于 y 轴对称，如图所示，取对称的两块小面积 $\mathrm{d}\sigma$，对称点分别为 (x, y) 与 $(-x, y)$，则对称点处的高分别为 $f(x, y)$ 与 $f(-x, y)$. 依据定义，对称位置的两个"小竖条"的体积分别为 $f(x, y)\mathrm{d}\sigma$ 与 $f(-x, y)\mathrm{d}\sigma$. 因为 $\mathrm{d}\sigma$ 一样，所以当 $f(x, y) = f(-x, y)$ 时，$f(x, y)\mathrm{d}\sigma = f(-x, y)\mathrm{d}\sigma$，体积相同，此时只需计算对称区域的一半，然后乘以 2 即可得到整个积分值；而当 $f(x, y) = -f(-x, y)$ 时，$f(x, y)\mathrm{d}\sigma = -f(-x, y)\mathrm{d}\sigma$，对称区域的体积正好相反，这样累加起来的总体积自然就是 0. 于是有

$$\iint_{D}f(x, y)\mathrm{d}x\mathrm{d}y = \begin{cases} 2\iint_{D_1}f(x, y)\mathrm{d}x\mathrm{d}y, & f(x, y) = f(-x, y), \\ 0, & f(x, y) = -f(-x, y), \end{cases}$$

把对称点代入，函数值相同，即 2 倍；函数值相反，即为 0.

其中 D_1 是 D 在 y 轴右侧的部分.

你看,用这种基于概念的分析方法,不用死记硬背,而且真正理解了性质的本质.现将二重积分的对称性全面总结如下.

(1)若 D 关于 y 轴对称,则

$$\iint_D f(x,\ y)\mathrm{d}\sigma = \begin{cases} 2\iint_{D_1} f(x,\ y)\mathrm{d}\sigma, & f(x,\ y) = f(-x,\ y), \\ 0, & f(x,\ y) = -f(-x,\ y), \end{cases}$$

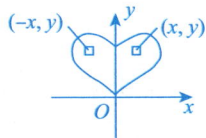

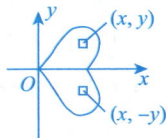

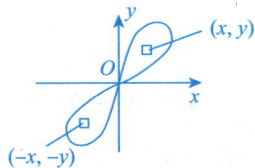

其中 D_1 是 D 在 y 轴右侧的部分.

$$如 \iint_D (x-a)\mathrm{d}\sigma = 0 \ . \ 因 f(x,\ y) = x-a \ ,而 f(2a-x,\ y) = a-x \ .$$

【注】若 D 关于 $x = a(a \neq 0)$ 对称,则

$$\iint_D f(x,\ y)\mathrm{d}\sigma = \begin{cases} 2\iint_{D_1} f(x,\ y)\mathrm{d}\sigma, & f(x,\ y) = f(2a-x,\ y), \\ 0, & f(x,\ y) = -f(2a-x,\ y), \end{cases}$$

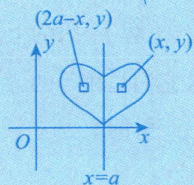

其中 D_1 是 D 在 $x = a$ 右侧的部分.

(2)若 D 关于 x 轴对称,则

$$\iint_D f(x,\ y)\mathrm{d}\sigma = \begin{cases} 2\iint_{D_1} f(x,\ y)\mathrm{d}\sigma, & f(x,\ y) = f(x,\ -y), \\ 0, & f(x,\ y) = -f(x,\ -y), \end{cases}$$

其中 D_1 是 D 在 x 轴上侧的部分.

【注】若 D 关于 $y = a(a \neq 0)$ 对称,则

$$\iint_D f(x,\ y)\mathrm{d}\sigma = \begin{cases} 2\iint_{D_1} f(x,\ y)\mathrm{d}\sigma, & f(x,\ y) = f(x,\ 2a-y), \\ 0, & f(x,\ y) = -f(x,\ 2a-y), \end{cases}$$

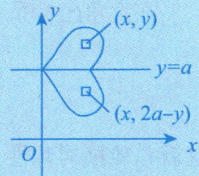

其中 D_1 是 D 在 $y = a$ 上侧的部分.

(3)若 D 关于原点对称,则

$$\iint_D f(x,\ y)\mathrm{d}\sigma = \begin{cases} 2\iint_{D_1} f(x,\ y)\mathrm{d}\sigma, & f(x,\ y) = f(-x,\ -y), \\ 0, & f(x,\ y) = -f(-x,\ -y), \end{cases}$$

其中 D_1 是 D 关于原点对称的半个部分.

(4)若 D 关于 $y=x$ 对称,则

$$\iint_D f(x,y)\mathrm{d}\sigma=\begin{cases}2\iint_{D_1} f(x,y)\mathrm{d}\sigma, & f(x,y)=f(y,x),\\0, & f(x,y)=-f(y,x),\end{cases}$$

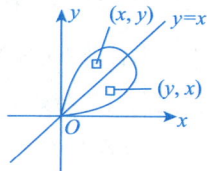

其中 D_1 是 D 关于 $y=x$ 对称的半个部分.

2. 轮换对称性

引例1

$$\iint_{D_1:\frac{x^2}{4}+\frac{y^2}{3}\leqslant1}(2x^2+3y^2)\mathrm{d}x\mathrm{d}y\overset{?}{=\!=\!=}\iint_{D_2:\frac{y^2}{4}+\frac{x^2}{3}\leqslant1}(2y^2+3x^2)\mathrm{d}y\mathrm{d}x.$$

【解】 因为上述两个积分只是将 x 与 y 这两个字母对调了,而**积分值与用什么字母表示是无关的**,故它们是相等的.

引例2

$$\iint_{D:\frac{x^2}{4}+\frac{y^2}{4}\leqslant1}(2x^2+3y^2)\mathrm{d}x\mathrm{d}y\overset{?}{=\!=\!=}\iint_{D:\frac{x^2}{4}+\frac{y^2}{4}\leqslant1}(2y^2+3x^2)\mathrm{d}y\mathrm{d}x.$$

【解】 理由如上,它们也是相等的.

引例2中的区域 D 有个特点,就是当你把 x 与 y 对调后,区域 D 不变(事实上,区域 D 关于 $y=x$ 对称).于是抽象化写出的式子为

$$\iint_D f(x,y)\mathrm{d}x\mathrm{d}y=\iint_D f(y,x)\mathrm{d}y\mathrm{d}x.$$

整理一下,我们可以这样来描述:

在直角坐标系下,若把 x 与 y 对调后,区域 D 不变(或区域 D 关于 $y=x$ 对称),则

$$\iint_D f(x,y)\mathrm{d}\sigma=\iint_D f(y,x)\mathrm{d}\sigma,$$

这就是**轮换对称性**.

【注】(1)在直角坐标系中,若 $f(x,y)+f(y,x)=a$,则

$$I=\frac{1}{2}\iint_D[f(x,y)+f(y,x)]\mathrm{d}x\mathrm{d}y\overset{(>)}{=\!=}\frac{1}{2}\iint_D a\mathrm{d}x\mathrm{d}y=\frac{a}{2}S_D.$$

(2)要注意区分普通对称性中的"(4)"与这里轮换对称性的区别与联系.虽然它们都是 D 关于 $y=x$ 对称,但普通对称性考查的是 $f(x,y)$ 与 $f(y,x)$ 是相等还是互为相反数,轮换对称性考查的是 $f(x,y)+f(y,x)$ 是否简单.事实上,当 $f(x,y)=-f(y,x)$ 时,它们是一回事.

例14.11 设 $D = \{(r,\theta)\,|\,r \leq 1, r \leq 2\cos\theta, \sin\theta \geq 0\}$，计算 $\iint\limits_{D}\left(2x - \dfrac{1}{2}\right)\mathrm{d}\sigma$.

【解】 先画出积分区域 D. 由 $r \leq 1$，知 $x^2 + y^2 \leq 1$，由 $r \leq 2\cos\theta$，知 $r^2 \leq$

$2r\cos\theta$，即 $x^2 + y^2 \leq 2x$，由 $\sin\theta \geq 0$，知 $r\sin\theta \geq 0$，即 $y \geq 0$，则积分区域 D 如

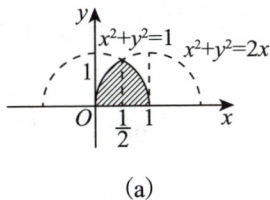

图(a)中阴影部分所示. 此积分区域 D 关于 $x = \dfrac{1}{2}$ 对称，于是

D_{44}（善于发现对称）$+D_{23}$
（化归经典形式）

$$\text{原式} = \iint\limits_{D} 2\left(x - \frac{1}{2}\right)\mathrm{d}\sigma + \iint\limits_{D}\frac{1}{2}\mathrm{d}\sigma,$$

其中 $\iint\limits_{D} 2\left(x - \dfrac{1}{2}\right)\mathrm{d}\sigma = 0$，$\iint\limits_{D}\dfrac{1}{2}\mathrm{d}\sigma = \dfrac{1}{2}S_D$，$S_D$ 表示阴影部分的面积，此面积有两种解法.

法一
$$\frac{1}{2}S_D = \int_{\frac{1}{2}}^{1}\sqrt{1-x^2}\,\mathrm{d}x \xlongequal{(*)} \left(\frac{1}{2}\arcsin x + \frac{x}{2}\sqrt{1-x^2}\right)\Big|_{\frac{1}{2}}^{1} = \frac{\pi}{6} - \frac{\sqrt{3}}{8},$$

其中(*)处来自 $\int\sqrt{a^2 - x^2}\,\mathrm{d}x = \dfrac{a^2}{2}\arcsin\dfrac{x}{a} + \dfrac{x}{2}\sqrt{a^2 - x^2} + C$.

法二 如图(b)所示，
$$\frac{1}{2}S_D = S_{\text{扇形}AOC} - S_{\text{三角形}AOB}$$
$$= \frac{1}{6}\times\pi\times 1^2 - \frac{1}{2}\times\frac{\sqrt{3}}{2}\times\frac{1}{2} = \frac{\pi}{6} - \frac{\sqrt{3}}{8},$$

故原式 $= \dfrac{\pi}{6} - \dfrac{\sqrt{3}}{8}$.

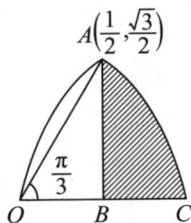

(b)

例14.12 设 $J_i = \iint\limits_{D_i}\sqrt[3]{x-y}\,\mathrm{d}x\mathrm{d}y\,(i=1,2,3)$，其中 $D_1 = \{(x,y)\,|\,0 \leq x \leq 1, 0 \leq y \leq 1\}$，$D_2 = \{(x,y)\,|$

$0 \leq x \leq 1, 0 \leq y \leq \sqrt{x}\}$，$D_3 = \{(x,y)\,|\,0 \leq x \leq 1, x^2 \leq y \leq 1\}$，则(　　　).

(A) $J_1 < J_2 < J_3$ (B) $J_3 < J_1 < J_2$ (C) $J_2 < J_3 < J_1$ (D) $J_2 < J_1 < J_3$

【解】 应选(B).

如图(a)所示，D_1 被直线 $y = x$ 分成 D_{11} 和 D_{12} 两部分，故 $\iint\limits_{D_1}\sqrt[3]{x-y}\,\mathrm{d}x\mathrm{d}y = \iint\limits_{D_{11}+D_{12}}\sqrt[3]{x-y}\,\mathrm{d}x\mathrm{d}y$，由于 $\sqrt[3]{x-y} =$

$-\sqrt[3]{y-x}$ ，故由普通对称性，有 $J_1 = \iint\limits_{D_1} \sqrt[3]{x-y}\,\mathrm{d}x\mathrm{d}y = 0$.

→ D_{44}（善于发现对称）

如图(b)所示，作辅助线 $y = x^2$ ，将 D_2 分为 D_{21} 和 D_{22} 两部分，由普通对称性知，$\iint\limits_{D_{21}} \sqrt[3]{x-y}\,\mathrm{d}x\mathrm{d}y = 0$. 而在 D_{22} 上，$\sqrt[3]{x-y} \geqslant 0$ ，由保号性知，

$$J_2 = \iint\limits_{D_2} \sqrt[3]{x-y}\,\mathrm{d}x\mathrm{d}y = \iint\limits_{D_{22}} \sqrt[3]{x-y}\,\mathrm{d}x\mathrm{d}y > 0 .$$

如图(c)所示，作辅助线 $y = \sqrt{x}$ ，将 D_3 分为 D_{31} 和 D_{32} 两部分，由普通对称性知，$\iint\limits_{D_{32}} \sqrt[3]{x-y}\,\mathrm{d}x\mathrm{d}y = 0$.
而在 D_{31} 上，$\sqrt[3]{x-y} \leqslant 0$ ，由保号性知，

$$J_3 = \iint\limits_{D_3} \sqrt[3]{x-y}\,\mathrm{d}x\mathrm{d}y = \iint\limits_{D_{31}} \sqrt[3]{x-y}\,\mathrm{d}x\mathrm{d}y < 0 .$$

综上，$J_3 < J_1 < J_2$.

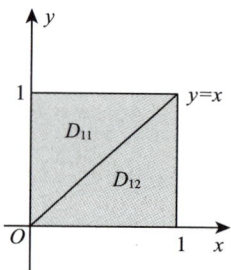
(a)

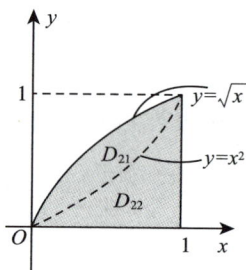
(b)

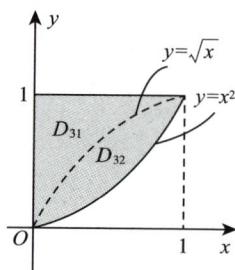
(c)

例14.13 设 D 是介于圆周 $x^2+y^2=4$ 与圆周 $(x+1)^2+y^2=1$ 之间的部分，计算二重积分 $I = \iint\limits_{D} (\sqrt{x^2+y^2}+y)\,\mathrm{d}\sigma$.

→ D_{44}（善于发现对称）

【解】 如图所示，由积分区域对称性和被积函数的奇偶性可知 $\iint\limits_{D} y\,\mathrm{d}\sigma = 0$ ，所以

$$I = \iint\limits_{D} \sqrt{x^2+y^2}\,\mathrm{d}\sigma = 2\left(\iint\limits_{D_{\perp_1}} \sqrt{x^2+y^2}\,\mathrm{d}\sigma + \iint\limits_{D_{\perp_2}} \sqrt{x^2+y^2}\,\mathrm{d}\sigma \right)$$

$$= 2\left(\int_0^{\frac{\pi}{2}} \mathrm{d}\theta \int_0^2 r^2\,\mathrm{d}r + \int_{\frac{\pi}{2}}^{\pi} \mathrm{d}\theta \int_{-2\cos\theta}^2 r^2\,\mathrm{d}r \right)$$

$$= 2\left[\frac{4}{3}\pi + \left(\frac{4}{3}\pi - \frac{16}{9} \right) \right] = \frac{16}{9}(3\pi - 2) .$$

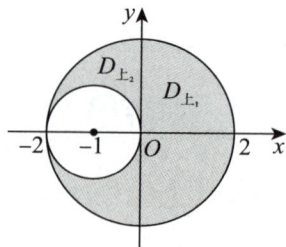

例14.14 已知 $f(t) = \iint\limits_{D(t): x^2+y^2 \leqslant t^2} (e^{x^2+y^2} - ky^2)\mathrm{d}\sigma$ 在 $t \in (0, +\infty)$ 内是单调增加函数，k 为常数，求 k 的取值范围.

【解】 由轮换对称性，有

$$f(t) = \iint\limits_{D(t)} (e^{x^2+y^2} - ky^2)\mathrm{d}\sigma = \iint\limits_{D(t)} (e^{y^2+x^2} - kx^2)\mathrm{d}\sigma$$

$$= \frac{1}{2}\iint\limits_{D(t)} (e^{x^2+y^2} - ky^2 + e^{y^2+x^2} - kx^2)\mathrm{d}\sigma = \iint\limits_{D(t)} \left[e^{x^2+y^2} - \frac{1}{2}k(x^2+y^2) \right]\mathrm{d}\sigma$$

$$= \int_0^{2\pi} \mathrm{d}\theta \int_0^t \left(e^{r^2} - \frac{1}{2}kr^2 \right) r\mathrm{d}r = 2\pi \int_0^t \left(e^{r^2} - \frac{1}{2}kr^2 \right) r\mathrm{d}r ,$$

故

$$f'(t) = 2\pi t \left(e^{t^2} - \frac{1}{2}kt^2 \right), \quad t > 0 .$$

若 $k \leqslant 0$，则 $f'(t) > 0$，$f(t)$ 单调增加.

若 $k > 0$，令 $g(u) = e^u - \frac{1}{2}ku$，$u \in (0, +\infty)$，则 $g'(u) = e^u - \frac{1}{2}k$. 当 $0 < k \leqslant 2$ 时，$g'(u) > 0$，$g(u) > 0$；当 $k > 2$ 时，令 $g'(u) = 0$，得 $u = \ln\left(\frac{1}{2}k\right)$，$g''(u) = e^u > 0$，于是

$$g_{\min} = g\left[\ln\left(\frac{1}{2}k \right) \right] = \frac{1}{2}k - \frac{1}{2}k\ln\left(\frac{1}{2}k \right) = \frac{1}{2}k\left[1 - \ln\left(\frac{1}{2}k \right) \right].$$

当 $\ln\left(\frac{1}{2}k \right) \leqslant 1$，即 $2 < k \leqslant 2e$ 时，$g(u) \geqslant 0$. 从而当 $0 < k \leqslant 2e$ 时，$f'(t) \geqslant 0$，$f(t)$ 单调增加.

综上，k 的取值范围为 $(-\infty, 2e]$.

六、二重积分常用结论（D_1（常规操作））

$$\iint\limits_{D: x^2+y^2 \leqslant 1} (x^2+y^2)\mathrm{d}\sigma = \frac{\pi}{2} ; \quad \iint\limits_{D: x^2+y^2 \leqslant 1} \sqrt{x^2+y^2}\mathrm{d}\sigma = \frac{2\pi}{3} ;$$

$$\iint\limits_{D: x^2+y^2 \leqslant 1} \sqrt{1-(x^2+y^2)}\mathrm{d}\sigma = \frac{2\pi}{3} ; \quad \iint\limits_{D: x^2+y^2 \leqslant 1} \left(1-\sqrt{x^2+y^2} \right)\mathrm{d}\sigma = \frac{\pi}{3} ;$$

$$\iint\limits_{D: x^2+y^2 \leqslant 1} \left(\frac{x^2}{a^2} + \frac{y^2}{b^2} \right)\mathrm{d}\sigma = \frac{\pi}{4}\left(\frac{1}{a^2} + \frac{1}{b^2} \right) .$$

形式化归体系块

七、二重积分的计算法（D_1（常规操作））

1.二重积分的直角坐标系积分法

在直角坐标系下，按照积分次序的不同，一般将二重积分的计算分为两种情况.

① $\iint\limits_{D} f(x,\ y)\mathrm{d}\sigma = \int_a^b \mathrm{d}x \int_{\varphi_1(x)}^{\varphi_2(x)} f(x,\ y)\mathrm{d}y$，其中 D 如图(a)所示，为 X 型区域：$\varphi_1(x) \leqslant y \leqslant \varphi_2(x)$，$a \leqslant x \leqslant b$；

② $\iint\limits_{D} f(x,\ y)\mathrm{d}\sigma = \int_c^d \mathrm{d}y \int_{\psi_1(y)}^{\psi_2(y)} f(x,\ y)\mathrm{d}x$，其中 D 如图(b)所示，为 Y 型区域：$\psi_1(y) \leqslant x \leqslant \psi_2(y)$，$c \leqslant y \leqslant d$.

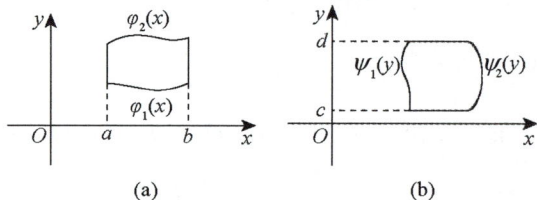

(a)　　　　　　(b)

【注】下限须小于上限.

例14.15　设 $D = \{(x,y)\,\big|\,|x|+|y| \leqslant 2\}$，$f(x,y) = \begin{cases} x^2, & |x|+|y| \leqslant 1, \\ \dfrac{1}{\sqrt{x^2+y^2}}, & 1 < |x|+|y| \leqslant 2, \end{cases}$ 计算二重积分

$\iint\limits_{D} f(x,\ y)\mathrm{d}x\mathrm{d}y$.

【解】　如图所示，记 D_1 为区域 D 位于第一象限的部分，根据对称性得

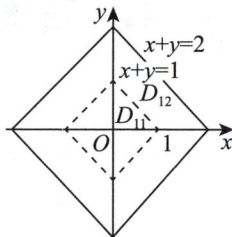

$$\iint\limits_{D} f(x,y)\mathrm{d}x\mathrm{d}y = 4\iint\limits_{D_1} f(x,y)\mathrm{d}x\mathrm{d}y.$$

又

$$\iint\limits_{D_1} f(x,y)\mathrm{d}x\mathrm{d}y = \iint\limits_{D_{11}} f(x,y)\mathrm{d}x\mathrm{d}y + \iint\limits_{D_{12}} f(x,y)\mathrm{d}x\mathrm{d}y,$$

其中

$$D_{11} = \{(x,y)\,|\,0 \leqslant x \leqslant 1, 0 \leqslant y \leqslant 1-x\},$$

$$D_{12} = \{(x,y)\,|\,0 \leqslant x \leqslant 1, 1-x \leqslant y \leqslant 2-x\} \bigcup \{(x,y)\,|\,1 \leqslant x \leqslant 2, 0 \leqslant y \leqslant 2-x\}.$$

因为

$$\iint\limits_{D_{11}} f(x,y)\mathrm{d}x\mathrm{d}y = \int_0^1 \mathrm{d}x \int_0^{1-x} x^2 \mathrm{d}y = \frac{1}{12},$$

$$\iint\limits_{D_{12}} f(x,y)\mathrm{d}x\mathrm{d}y = \int_0^1 \mathrm{d}x \int_{1-x}^{2-x} \frac{1}{\sqrt{x^2+y^2}}\mathrm{d}y + \int_1^2 \mathrm{d}x \int_0^{2-x} \frac{1}{\sqrt{x^2+y^2}}\mathrm{d}y = \sqrt{2}\ln(\sqrt{2}+1),$$

所以 $\iint\limits_D f(x,y)\mathrm{d}x\mathrm{d}y = \dfrac{1}{3} + 4\sqrt{2}\ln(\sqrt{2}+1).$

【注】利用极坐标系，得

$$\iint\limits_{D_{11}} f(x,y)\mathrm{d}x\mathrm{d}y = \frac{1}{2}\int_0^{\frac{\pi}{2}}\mathrm{d}\theta \int_0^{\frac{1}{\sin\theta+\cos\theta}} (r^2\cos^2\theta + r^2\sin^2\theta)\cdot r\mathrm{d}r = \frac{1}{8}\int_0^{\frac{\pi}{2}} \frac{1}{(\sin\theta+\cos\theta)^4}\mathrm{d}\theta$$

$$= \frac{1}{32}\int_0^{\frac{\pi}{2}}\sec^4\left(\theta-\frac{\pi}{4}\right)\mathrm{d}\theta = \frac{1}{32}\int_0^{\frac{\pi}{2}}\left[\tan^2\left(\theta-\frac{\pi}{4}\right)+1\right]\sec^2\left(\theta-\frac{\pi}{4}\right)\mathrm{d}\theta = \frac{1}{12},$$

$$\iint\limits_{D_{12}} f(x,y)\mathrm{d}x\mathrm{d}y = \int_0^{\frac{\pi}{2}}\mathrm{d}\theta \int_{\frac{1}{\sin\theta+\cos\theta}}^{\frac{2}{\sin\theta+\cos\theta}} \frac{1}{r}\cdot r\mathrm{d}r = \int_0^{\frac{\pi}{2}}\frac{1}{\sin\theta+\cos\theta}\mathrm{d}\theta = \frac{1}{\sqrt{2}}\ln\left[\sec\left(\theta-\frac{\pi}{4}\right)+\tan\left(\theta-\frac{\pi}{4}\right)\right]\Big|_0^{\frac{\pi}{2}}$$

$$= \sqrt{2}\ln(\sqrt{2}+1).$$

例14.16 设 $D = \left\{(r,\theta)\Big| 0\leqslant\theta\leqslant\frac{\pi}{4}, 0\leqslant r\leqslant\sec\theta\right\}$，则 $\iint\limits_D \sqrt{1-(x-y)^2}\mathrm{d}\sigma = $ _____.

【解】应填 $\dfrac{\pi}{4}-\dfrac{1}{3}$.

化 D（见图）为直角坐标系下的表达式，即

$$D = \left\{(x,y)\big| 0\leqslant y\leqslant x\leqslant 1\right\},$$

故原式 $= \int_0^1 \mathrm{d}x \int_0^x \sqrt{1-(x-y)^2}\mathrm{d}y$，其中

$$\int_0^x \sqrt{1-(x-y)^2}\mathrm{d}y \xlongequal{x-y=t} \int_x^0 \sqrt{1-t^2}(-\mathrm{d}t) = \int_0^x \sqrt{1-t^2}\mathrm{d}t.$$

由 $\int \sqrt{a^2-x^2}\mathrm{d}x = \dfrac{a^2}{2}\arcsin\dfrac{x}{a} + \dfrac{x}{2}\sqrt{a^2-x^2} + C$，有

$$\int_0^x \sqrt{1-t^2}\mathrm{d}t = \frac{1}{2}\arcsin x + \frac{x}{2}\sqrt{1-x^2},$$

故

$$原式 = \int_0^1 \left(\frac{1}{2}\arcsin x + \frac{x}{2}\sqrt{1-x^2}\right)\mathrm{d}x$$

$$= \frac{1}{2}\int_0^1 \arcsin x\mathrm{d}x + \frac{1}{2}\int_0^1 x\sqrt{1-x^2}\mathrm{d}x$$

$$= \frac{1}{2}\left(x\cdot\arcsin x\Big|_0^1 - \int_0^1 x\cdot\frac{1}{\sqrt{1-x^2}}\mathrm{d}x\right) + \left(-\frac{1}{2}\right)\cdot\frac{1}{2}\cdot\frac{2}{3}(1-x^2)^{\frac{3}{2}}\Big|_0^1$$

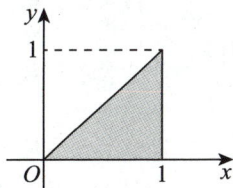

$$= \frac{1}{2}\left(\frac{\pi}{2} + \sqrt{1-x^2}\Big|_0^1\right) + \frac{1}{6} = \frac{1}{2}\left(\frac{\pi}{2}-1\right) + \frac{1}{6} = \frac{\pi}{4} - \frac{1}{3}.$$

2.二重积分的极坐标系积分法

在极坐标系下,按照积分区域与极点位置关系的不同,一般将二重积分的计算分为三种情况,如图所示.

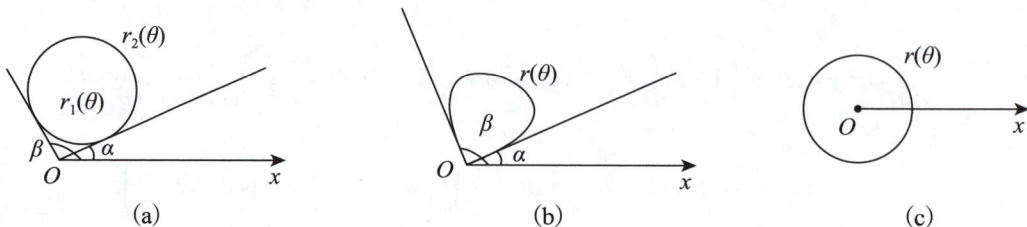

(a)   (b)   (c)

① $\iint\limits_D f(x, y)\mathrm{d}\sigma = \int_\alpha^\beta \mathrm{d}\theta \int_{r_1(\theta)}^{r_2(\theta)} f(r\cos\theta, r\sin\theta)r\mathrm{d}r$(极点 O 在区域 D 外部,如图(a)所示);

② $\iint\limits_D f(x, y)\mathrm{d}\sigma = \int_\alpha^\beta \mathrm{d}\theta \int_0^{r(\theta)} f(r\cos\theta, r\sin\theta)r\mathrm{d}r$(极点 O 在区域 D 边界上,如图(b)所示);

③ $\iint\limits_D f(x, y)\mathrm{d}\sigma = \int_0^{2\pi} \mathrm{d}\theta \int_0^{r(\theta)} f(r\cos\theta, r\sin\theta)r\mathrm{d}r$(极点 O 在区域 D 内部,如图(c)所示).

【注】极坐标系与直角坐标系选择的一般原则:

一般来说,给出一个二重积分.

①看被积函数是否为 $f(x^2+y^2)$, $f\left(\frac{y}{x}\right)$, $f\left(\frac{x}{y}\right)$ 等形式;

②看积分区域是否为圆或者圆的一部分.

如果①,②至少满足其中之一,那么优先选用极坐标系,否则,就优先考虑直角坐标系.

例14.17 设平面有界区域 D 位于第一象限,由曲线 $x^2+y^2-xy=1$,$x^2+y^2-xy=2$ 与直线 $y=\sqrt{3}x$,$y=0$ 围成,计算 $\iint\limits_D \frac{1}{3x^2+y^2}\mathrm{d}x\mathrm{d}y$.

【解】 $\iint\limits_D \frac{1}{3x^2+y^2}\mathrm{d}x\mathrm{d}y = \int_0^{\frac{\pi}{3}} \mathrm{d}\theta \int_{\frac{1}{\sqrt{1-\cos\theta\sin\theta}}}^{\frac{\sqrt{2}}{\sqrt{1-\cos\theta\sin\theta}}} \frac{1}{r^2(3\cos^2\theta+\sin^2\theta)}r\mathrm{d}r$

$= \frac{\ln 2}{2}\int_0^{\frac{\pi}{3}} \frac{1}{3\cos^2\theta+\sin^2\theta}\mathrm{d}\theta = \frac{\ln 2}{2}\int_0^{\frac{\pi}{3}} \frac{1}{3+\tan^2\theta}\mathrm{d}(\tan\theta)$

$= \frac{\ln 2}{2}\left(\frac{1}{\sqrt{3}}\arctan\frac{\tan\theta}{\sqrt{3}}\right)\Big|_0^{\frac{\pi}{3}} = \frac{\sqrt{3}\ln 2}{24}\pi.$

例14.18 设函数 $f(x,y)$ 具有连续偏导数，记 $D_\delta = \{(x,y)\big|\delta^2 \leqslant x^2 + y^2 \leqslant 1\}$ ．当 $x^2 + y^2 = 1$ 时，

$f(x,y) = 0$ ，$f(0,0) = a$ ．记 $g(r,\theta) = f(r\cos\theta, r\sin\theta)$ ．

(1) 计算 $r \cdot \dfrac{\partial g(r,\theta)}{\partial r}$ ；   → D_{23} (化归经典形式)

(2) 计算 $\lim\limits_{\delta \to 0^+} \iint\limits_{D_\delta} \dfrac{x\dfrac{\partial f(x,y)}{\partial x} + y\dfrac{\partial f(x,y)}{\partial y}}{x^2 + y^2} \mathrm{d}x\mathrm{d}y$ ．

【解】 令 $\begin{cases} x = r\cos\theta, \\ y = r\sin\theta, \end{cases}$ 则

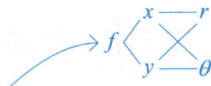

(1)
$$r \cdot \frac{\partial g(r,\theta)}{\partial r} = r \cdot \frac{\partial}{\partial r}[f(r\cos\theta, r\sin\theta)] = r\left[\frac{\partial f(x,y)}{\partial x}\cos\theta + \frac{\partial f(x,y)}{\partial y}\sin\theta\right]$$

$$= x\frac{\partial f(x,y)}{\partial x} + y\frac{\partial f(x,y)}{\partial y} .$$

(2)
$$\iint\limits_{D_\delta} \frac{x\dfrac{\partial f(x,y)}{\partial x} + y\dfrac{\partial f(x,y)}{\partial y}}{x^2 + y^2} \mathrm{d}x\mathrm{d}y$$

$$= \int_0^{2\pi}\mathrm{d}\theta \int_\delta^1 \frac{r\dfrac{\partial g(r,\theta)}{\partial r}}{r^2} \cdot r\mathrm{d}r = \int_0^{2\pi}\mathrm{d}\theta \int_\delta^1 \frac{\partial g(r,\theta)}{\partial r}\mathrm{d}r$$

$$= \int_0^{2\pi} g(r,\theta)\Big|_{r=\delta}^{r=1} \mathrm{d}\theta \qquad g(1,\theta) - g(\delta,\theta)$$

$$= \int_0^{2\pi}[f(\cos\theta, \sin\theta) - f(\delta\cos\theta, \delta\sin\theta)]\mathrm{d}\theta = -\int_0^{2\pi} f(\delta\cos\theta, \delta\sin\theta)\mathrm{d}\theta$$

（ → 0 ）

$$= -2\pi f(\delta\cos\xi, \delta\sin\xi) ,$$

其中 $0 < \xi < 2\pi$ ．

因为函数 $f(x,y)$ 在 $(0,0)$ 处连续，所以

$$\lim\limits_{\delta \to 0^+} \iint\limits_{D_\delta} \frac{x\dfrac{\partial f(x,y)}{\partial x} + y\dfrac{\partial f(x,y)}{\partial y}}{x^2 + y^2}\mathrm{d}x\mathrm{d}y = -2\pi\lim\limits_{\delta \to 0^+} f(\delta\cos\xi, \delta\sin\xi) = -2\pi f(0,0) = -2\pi a .$$

3.二重积分的换元法   → D_{23} (化归经典形式)

二重积分亦有和定积分一脉相承的换元法，有时很有用，现介绍于此，供参考，若能够用上，可直接使用，不必证明．

先回顾一元函数积分换元法，见"(1)"，再看二重积分换元法，见"(2)"．

（1） $\displaystyle\int_a^b f(x)\mathrm{d}x \xlongequal{x=\varphi(t)} \int_\alpha^\beta f[\varphi(t)]\,\varphi'(t)\mathrm{d}t$.

① $f(x) \to f[\varphi(t)]$.

② $\displaystyle\int_a^b \to \int_\alpha^\beta$.

③ $\mathrm{d}x \to \varphi'(t)\mathrm{d}t$.　一维上的"测度"关系

注意：$x=\varphi(t)$ 单调，存在一阶连续导数.

（2） $\displaystyle\iint\limits_{D_{xy}} f(x,\ y)\mathrm{d}x\mathrm{d}y \xlongequal[y=y(u,\ v)]{x=x(u,\ v)} \iint\limits_{D_{uv}} f[x(u,\ v),\ y(u,\ v)]\left|\frac{\partial(x,\ y)}{\partial(u,\ v)}\right|\mathrm{d}u\mathrm{d}v$.

① $f(x,\ y) \to f[x(u,\ v),\ y(u,\ v)]$.

② $\displaystyle\iint\limits_{D_{xy}} \to \iint\limits_{D_{uv}}$.

③ $\mathrm{d}x\mathrm{d}y \to \left|\dfrac{\partial(x,\ y)}{\partial(u,\ v)}\right|\mathrm{d}u\mathrm{d}v$.　二维上的"测度"关系

注意：其中 $\begin{cases} x=x(u,\ v), \\ y=y(u,\ v) \end{cases}$ 是 xOy 面到 uOv 面的一对一映射，$x=x(u,\ v)$，$y=y(u,\ v)$ 存在一阶连续偏

导数，$\dfrac{\partial(x,\ y)}{\partial(u,\ v)} = \begin{vmatrix} \dfrac{\partial x}{\partial u} & \dfrac{\partial x}{\partial v} \\ \dfrac{\partial y}{\partial u} & \dfrac{\partial y}{\partial v} \end{vmatrix} \neq 0$.

另外，令 $\begin{cases} x=r\cos\theta, \\ y=r\sin\theta, \end{cases}$ 则

$$\iint\limits_{D_{xy}} f(x,\ y)\mathrm{d}x\mathrm{d}y$$

$$= \iint\limits_{D_{r\theta}} f(r\cos\theta,\ r\sin\theta)\left\|\begin{matrix} \dfrac{\partial x}{\partial r} & \dfrac{\partial x}{\partial \theta} \\ \dfrac{\partial y}{\partial r} & \dfrac{\partial y}{\partial \theta} \end{matrix}\right\|\mathrm{d}r\mathrm{d}\theta$$

$$= \iint\limits_{D_{r\theta}} f(r\cos\theta,\ r\sin\theta)\left\|\begin{matrix} \cos\theta & -r\sin\theta \\ \sin\theta & r\cos\theta \end{matrix}\right\|\mathrm{d}r\mathrm{d}\theta = \iint\limits_{D_{r\theta}} f(r\cos\theta,\ r\sin\theta)r\mathrm{d}r\mathrm{d}\theta.$$

这就是直角坐标系到极坐标系的换元过程.

例14.19 如图所示，平面区域 D 由直线 $x+y=1$，$x+y=2$，$y=x$ 和 $y=2x$ 围成，计算二重积分

$\displaystyle\iint\limits_D (x+y)\mathrm{d}x\mathrm{d}y$.

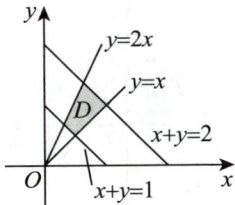

【解】 令 $\begin{cases} u = x + y, \\ v = \dfrac{y}{x}, \end{cases}$ 则 $\begin{cases} x = \dfrac{u}{1+v}, \\ y = \dfrac{uv}{1+v}. \end{cases}$ 此变量代换的雅可比行列式为

$$\begin{vmatrix} \dfrac{1}{1+v} & -\dfrac{u}{(1+v)^2} \\ \dfrac{v}{1+v} & \dfrac{u}{(1+v)^2} \end{vmatrix} = \dfrac{u}{(1+v)^2},$$

所以 $\displaystyle\iint\limits_{D}(x+y)\mathrm{d}x\mathrm{d}y = \int_1^2 \mathrm{d}u \int_1^2 u \cdot \dfrac{u}{(1+v)^2}\mathrm{d}v = \dfrac{7}{3}\cdot\dfrac{1}{6} = \dfrac{7}{18}.$

例14.20 设 $D = \{(x,y)\,|\,(x-1)^2 + (y-1)^2 \leqslant 2, y \geqslant x\}$ ，计算二重积分 $\displaystyle\iint\limits_{D}(x-y)\mathrm{d}x\mathrm{d}y$.

【解】 **法一** 由 $(x-1)^2 + (y-1)^2 \leqslant 2$ ，得 $r \leqslant 2(\sin\theta + \cos\theta)$ ，所以

$$\begin{aligned}
\iint\limits_{D}(x-y)\mathrm{d}x\mathrm{d}y &= \int_{\frac{\pi}{4}}^{\frac{3\pi}{4}} \mathrm{d}\theta \int_0^{2(\sin\theta+\cos\theta)} (r\cos\theta - r\sin\theta)\cdot r\mathrm{d}r \\
&= \int_{\frac{\pi}{4}}^{\frac{3\pi}{4}} \left[\dfrac{1}{3}(\cos\theta - \sin\theta)\cdot r^3 \Big|_0^{2(\sin\theta+\cos\theta)}\right]\mathrm{d}\theta \\
&= \int_{\frac{\pi}{4}}^{\frac{3\pi}{4}} \dfrac{8}{3}(\cos\theta - \sin\theta)\cdot(\sin\theta + \cos\theta)^3 \mathrm{d}\theta \\
&= \dfrac{8}{3}\times\dfrac{1}{4}(\sin\theta + \cos\theta)^4 \Big|_{\frac{\pi}{4}}^{\frac{3\pi}{4}} = -\dfrac{8}{3}.
\end{aligned}$$

法二 作变量代换(平移) $\begin{cases} u = x-1, \\ v = y-1, \end{cases}$ 则

$$D_{uv} = \{(u,v)\,|\,u^2 + v^2 \leqslant 2, v \geqslant u\} \text{ (见图)},$$

$$\dfrac{\partial(x,y)}{\partial(u,v)} = 1 ,$$

所以

$$\iint\limits_{D}(x-y)\mathrm{d}x\mathrm{d}y = \iint\limits_{D_{uv}}(u-v)\mathrm{d}u\mathrm{d}v = \int_{\frac{\pi}{4}}^{\frac{5\pi}{4}} \mathrm{d}\theta \int_0^{\sqrt{2}} r(\cos\theta - \sin\theta)\cdot r\mathrm{d}r = -\dfrac{8}{3} .$$

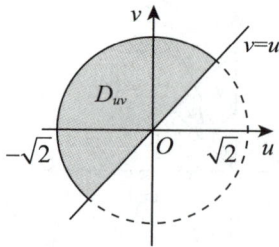

例14.21 设 $a > 0, b > 0, \Gamma(a) = \int_0^{+\infty} x^{a-1}\mathrm{e}^{-x}\mathrm{d}x$, 则 $\int_0^1 x^{a-1}(1-x)^{b-1}\mathrm{d}x = $ _____.

【解】 应填 $\dfrac{\Gamma(a)\Gamma(b)}{\Gamma(a+b)}$.

$$\Gamma(a)\Gamma(b) = \int_0^{+\infty} x^{a-1}\mathrm{e}^{-x}\mathrm{d}x \cdot \int_0^{+\infty} x^{b-1}\mathrm{e}^{-x}\mathrm{d}x = \iint\limits_{D:x>0,y>0} x^{a-1}y^{b-1}\mathrm{e}^{-(x+y)}\mathrm{d}x\mathrm{d}y.$$

令 $\begin{cases} x+y=u, \\ x=uv, \end{cases}$ 则 $\begin{cases} x=uv, \\ y=u(1-v), \end{cases}$ $J = \begin{vmatrix} v & u \\ 1-v & -u \end{vmatrix} = -u$, 且由 $\begin{cases} uv>0, \\ u(1-v)>0 \end{cases} \Rightarrow \begin{cases} u>0, \\ 0<v<1, \end{cases}$ 于是

$$\Gamma(a)\Gamma(b) = \iint\limits_{D_{uv}:u>0,0<v<1} (uv)^{a-1}\big[u(1-v)\big]^{b-1}\mathrm{e}^{-u}u\mathrm{d}u\mathrm{d}v$$

$$= \int_0^{+\infty} u^{a+b-1}\mathrm{e}^{-u}\mathrm{d}u \cdot \int_0^1 v^{a-1}(1-v)^{b-1}\mathrm{d}v$$

$$= \Gamma(a+b) \cdot \int_0^1 x^{a-1}(1-x)^{b-1}\mathrm{d}x.$$

于是
$$\int_0^1 x^{a-1}(1-x)^{b-1}\mathrm{d}x = \frac{\Gamma(a)\Gamma(b)}{\Gamma(a+b)}.$$

【注】 记 $B(a,b) = \int_0^1 x^{a-1}(1-x)^{b-1}\mathrm{d}x, a>0, b>0$, 则 $B(a,b) = \dfrac{\Gamma(a)\Gamma(b)}{\Gamma(a+b)}$, 且 $B(a,b) = B(b,a)$.

第15讲 微分方程

❀ 第一部分　求解微分方程并研究解的性质 ❀

三向解题法

形式化归体系块

求解微分方程并研究解的性质
(O(盯住目标))

一阶微分方程的求解 **(O₁(盯住目标1))**	二阶可降阶微分方程的求解(仅数学一、数学二) **(O₂(盯住目标2))**	高阶常系数线性微分方程的求解 **(O₃(盯住目标3))**	用换元法求解微分方程 **(O₄(盯住目标4))**

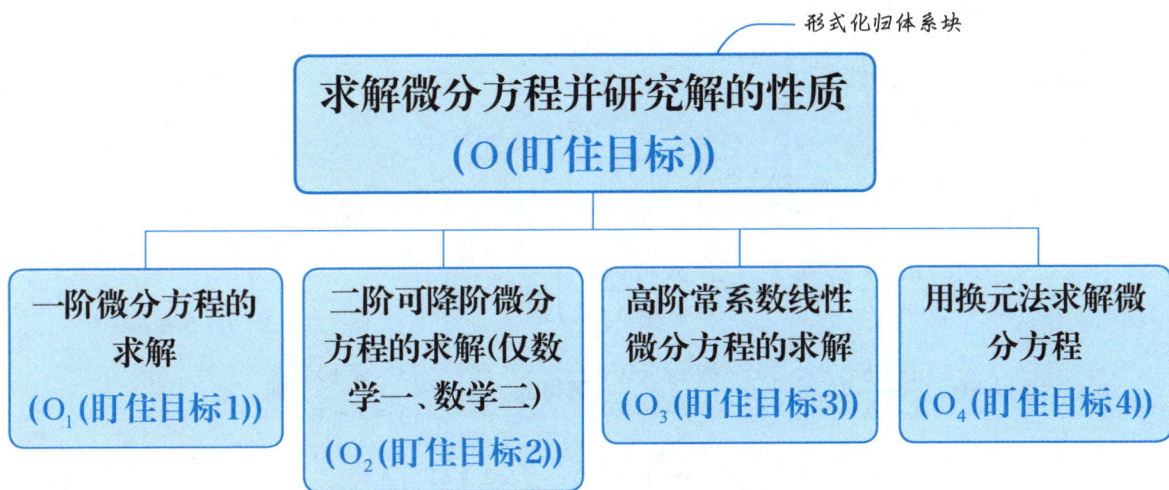

一、一阶微分方程的求解（O_1（盯住目标1））

若出现"y'"或"$\mathrm{d}y = \cdots \mathrm{d}x$",则为以下几种类型:

(1)可分离变量型(或可换元化为它).

①能写成 $y' = f(x) \cdot g(y)$.

$\rightarrow$ **D₂₃**（化归经典形式）

分离变量写成 $\dfrac{\mathrm{d}y}{g(y)} = f(x)\mathrm{d}x$,两边同时积分 $\displaystyle\int \dfrac{\mathrm{d}y}{g(y)} = \int f(x)\mathrm{d}x$.

②能写成 $y' = f(ax + by + c)$.

令 $u = ax + by + c$ $\longrightarrow$ D$_{23}$（化归经典形式）

则 $u' = a + bf(u)$ ，分离变量写成 $\dfrac{\mathrm{d}u}{a + bf(u)} = \mathrm{d}x$ ，两边同时积分 $\displaystyle\int \dfrac{\mathrm{d}u}{a + bf(u)} = \int \mathrm{d}x$.

（2）齐次型（或可换元化为它）．

①能写成 $y' = f\left(\dfrac{y}{x}\right)$.

令 $\dfrac{y}{x} = u$ $\longrightarrow$ D$_{23}$（化归经典形式）

换元后分离变量，即 $y = ux$ ， $\dfrac{\mathrm{d}y}{\mathrm{d}x} = u + x\dfrac{\mathrm{d}u}{\mathrm{d}x}$ ，原方程化为 $x\dfrac{\mathrm{d}u}{\mathrm{d}x} + u = f(u)$ ， $\dfrac{\mathrm{d}u}{f(u) - u} = \dfrac{\mathrm{d}x}{x}$ ，两边同时积分 $\displaystyle\int \dfrac{\mathrm{d}u}{f(u) - u} = \int \dfrac{\mathrm{d}x}{x}$.

②能写成 $\dfrac{1}{y'} = f\left(\dfrac{x}{y}\right)$.

令 $\dfrac{x}{y} = u$ $\longrightarrow$ D$_{23}$（化归经典形式）

换元后分离变量，即 $x = uy$ ， $\dfrac{\mathrm{d}x}{\mathrm{d}y} = u + y\dfrac{\mathrm{d}u}{\mathrm{d}y}$ ，原方程化为 $y\dfrac{\mathrm{d}u}{\mathrm{d}y} + u = f(u)$ ， $\dfrac{\mathrm{d}u}{f(u) - u} = \dfrac{\mathrm{d}y}{y}$ ，两边同时积分 $\displaystyle\int \dfrac{\mathrm{d}u}{f(u) - u} = \int \dfrac{\mathrm{d}y}{y}$.

③能写成 $y' = f\left(\dfrac{ax + by + c}{a_1 x + b_1 y + c_1}\right)$.

a. 当 $c^2 + c_1^2 = 0$ 时，令 $y' = f\left(\dfrac{ax + by}{a_1 x + b_1 y}\right) = g\left(\dfrac{y}{x}\right)$ ； $\longrightarrow$ D$_{23}$（化归经典形式）

b. 当 $c^2 + c_1^2 \neq 0$ ， $\dfrac{a}{a_1} = \dfrac{b}{b_1}$ 时，令 $y' = f\left(\dfrac{ax + by + c}{a_1 x + b_1 y + c_1}\right) = g(ax + by)$ ；

c. 当 $c^2 + c_1^2 \neq 0$ ， $\dfrac{a}{a_1} \neq \dfrac{b}{b_1}$ 时，由 $\begin{cases} ax + by + c = 0, \\ a_1 x + b_1 y + c_1 = 0, \end{cases}$ 解得 x_0 ， y_0 ，令 $\begin{cases} x = X + x_0, \\ y = Y + y_0, \end{cases}$ 则 $\longrightarrow$ D$_{23}$（化归经典形式）

$$y' = f\left(\dfrac{ax + by + c}{a_1 x + b_1 y + c_1}\right) = f\left(\dfrac{aX + bY}{a_1 X + b_1 Y}\right),$$

可继续化为 $\dfrac{\mathrm{d}Y}{\mathrm{d}X} = g\left(\dfrac{Y}{X}\right)$ 求解.

例15.1 微分方程 $x + yy' = y - xy'$ 的通解为_____．

【解】 应填 $\arctan \dfrac{y}{x} + \dfrac{1}{2}\ln(x^2 + y^2) = C$ ，其中 C 为任意常数.

由题中所给的微分方程，可得

$$y' = \dfrac{y - x}{y + x} = \dfrac{\dfrac{y}{x} - 1}{\dfrac{y}{x} + 1},$$

令 $\frac{y}{x}=u$，则 $\frac{dy}{dx}=u+x\frac{du}{dx}$，代入上述方程并分离变量得

$$\frac{1+u}{1+u^2}\,du=-\frac{1}{x}dx,$$

两边积分得

$$\arctan u+\frac{1}{2}\ln(1+u^2)=-\ln|x|+C,$$

则微分方程的通解为 $\arctan\frac{y}{x}+\frac{1}{2}\ln(x^2+y^2)=C$，其中 C 为任意常数.

例15.2 微分方程 $\frac{dy}{dx}=\frac{2x-5y+3}{2x+4y-6}$ 满足 $y(0)=2$ 的特解为_____.

【解】 应填 $(y+2x-3)^2(4y-x-3)=5$.

由 $\begin{cases}2x-5y+3=0,\\2x+4y-6=0,\end{cases}$ 解得 $x_0=1$，$y_0=1$. 令 $\begin{cases}x=X+1,\\y=Y+1,\end{cases}$ 则原方程 $\frac{dy}{dx}=\frac{2x-5y+3}{2x+4y-6}$ 化为

$$\frac{dY}{dX}=\frac{2X-5Y}{2X+4Y}=\frac{2-5\frac{Y}{X}}{2+4\frac{Y}{X}}.$$

令 $U=\frac{Y}{X}$，则 $U+X\frac{dU}{dX}=\frac{2-5U}{2+4U}$，整理得

$$\frac{2+4U}{2-7U-4U^2}dU=\frac{dX}{X},$$

当 $U\neq-2$ 且 $U\neq\frac{1}{4}$ 时，有 $\left(\frac{2}{3}\frac{1}{U+2}+\frac{4}{3}\frac{1}{4U-1}\right)dU=-\frac{1}{X}dX,$

积分得 $\ln\sqrt[3]{(U+2)^2(4U-1)}=\ln\frac{C}{X}.$

将 $U=\frac{Y}{X}$ 代入并整理，得 $(Y+2X)^2(4Y-X)=C_1$，所以原方程的通解为 $(y+2x-3)^2(4y-x-3)=C_1$.

又 $y(0)=2$，即 $C_1=5$，故微分方程满足 $y(0)=2$ 的特解为 $(y+2x-3)^2(4y-x-3)=5$.

【注】 当 $U=-2$ 时，即 $Y=-2X$，也即 $y-1=-2(x-1)$；

当 $U=\frac{1}{4}$ 时，即 $Y=\frac{1}{4}X$，也即 $y-1=\frac{1}{4}(x-1)$.

以上均不满足 $y(0)=2$.

（3）一阶线性型（或可换元化为它）.

能写成 $y'+p(x)y=q(x)$，则

$$y=e^{-\int p(x)dx}\left[\int e^{\int p(x)dx}\cdot q(x)dx+C\right].$$

> **【注】** 由于 $\int p(x)\mathrm{d}x$ 与 $\int q(x)\mathrm{e}^{\int p(x)\mathrm{d}x}\mathrm{d}x$ 均应理解为某一不含任意常数的原函数，故公式法亦可写成
>
> $y = \mathrm{e}^{-\int_{x_0}^{x} p(t)\mathrm{d}t}\left[\int_{x_0}^{x} q(t)\mathrm{e}^{\int_{x_0}^{t} p(s)\mathrm{d}s}\mathrm{d}t + C\right]$，这里的 x_0 在题设未提出定值要求时，可按方便解题的原则来取.
>
> 此写法在研究解的性质时颇为有用.

例15.3 设 $f(x)$ 在 $[0,+\infty)$ 上连续且有水平渐近线 $y = b \neq 0$，则（　　　）.

(A) 当 $a > 0$ 时，$y' + ay = f(x)$ 的任意解都满足 $\lim\limits_{x \to +\infty} y(x) = \dfrac{b}{a}$

(B) 当 $a > 0$ 时，$y' + ay = f(x)$ 的任意解都满足 $\lim\limits_{x \to +\infty} y(x) = \dfrac{a}{b}$

(C) 当 $a < 0$ 时，$y' + ay = f(x)$ 的任意解都满足 $\lim\limits_{x \to +\infty} y(x) = \dfrac{b}{a}$

(D) 当 $a < 0$ 时，$y' + ay = f(x)$ 的任意解都满足 $\lim\limits_{x \to +\infty} y(x) = \dfrac{a}{b}$

【解】 应选(A).

$y' + ay = f(x)$ 的通解公式为 $y(x) = \mathrm{e}^{-ax}\left[\int_0^x \mathrm{e}^{at}f(t)\mathrm{d}t + C\right]$，$C$ 为任意常数.

当 $a > 0$ 时，

$$\lim_{x \to +\infty} y(x) = \lim_{x \to +\infty} \frac{\int_0^x \mathrm{e}^{at}f(t)\mathrm{d}t + C}{\mathrm{e}^{ax}} \xlongequal{\text{洛必达法则}} \lim_{x \to +\infty} \frac{\mathrm{e}^{ax}f(x)}{a\mathrm{e}^{ax}} = \lim_{x \to +\infty} \frac{f(x)}{a} = \frac{b}{a}.$$

当 $a < 0$ 时，在通解公式中令 $C = -\int_0^{+\infty} \mathrm{e}^{at}f(t)\mathrm{d}t$，则

$$y_0(x) = \mathrm{e}^{-ax}\left[\int_0^x \mathrm{e}^{at}f(t)\mathrm{d}t - \int_0^{+\infty} \mathrm{e}^{at}f(t)\mathrm{d}t\right]$$

$$= -\mathrm{e}^{-ax}\int_x^{+\infty} \mathrm{e}^{at}f(t)\mathrm{d}t,$$

$$\lim_{x \to +\infty} y_0(x) = -\lim_{x \to +\infty} \frac{\int_x^{+\infty} \mathrm{e}^{at}f(t)\mathrm{d}t}{\mathrm{e}^{ax}} \xlongequal{\text{洛必达法则}} -\lim_{x \to +\infty} \frac{-\mathrm{e}^{ax}f(x)}{a\mathrm{e}^{ax}} = \lim_{x \to +\infty} \frac{f(x)}{a} = \frac{b}{a}.$$

若 $C \neq -\int_0^{+\infty} \mathrm{e}^{at}f(t)\mathrm{d}t$，令 $C = -\int_0^{+\infty} \mathrm{e}^{at}f(t)\mathrm{d}t + k$，$k \neq 0$，则

$$y(x) = \frac{-\int_x^{+\infty} \mathrm{e}^{at}f(t)\mathrm{d}t + k}{\mathrm{e}^{ax}},$$

$$\lim_{x \to +\infty} y(x) \overset{(*)}{=\!=\!=} \lim_{x \to +\infty} \frac{-\displaystyle\int_{x}^{+\infty} e^{at} f(t)\mathrm{d}t}{e^{ax}} + \lim_{x \to +\infty} \frac{k}{e^{ax}} = \frac{b}{a} + \infty = \infty .$$

综上所述，当 $a > 0$ 时，任意解均满足 $\lim\limits_{x \to +\infty} y(x) = \dfrac{b}{a}$;

当 $a < 0$ 时，只有一个解 $y_0(x)$ 满足 $\lim\limits_{x \to +\infty} y(x) = \dfrac{b}{a}$.　选(A).

【注】$(*)$ 处不可以直接使用洛必达法则，因为极限不是" $\dfrac{0}{0}$ "型.

例 15.4　**(仅数学一、数学二)** 设函数 $y(x)$ 是微分方程 $2xy' - 4y = 2\ln x - 1$ 满足条件 $y(1) = \dfrac{1}{4}$ 的解,

求曲线 $y = y(x)\ (1 \le x \le e)$ 的弧长.

【解】　所给方程为 $y' - \dfrac{2}{x} y = \dfrac{2\ln x - 1}{2x}$,这是一阶线性微分方程,故由通解公式,得

$$y = e^{\int \frac{2}{x}\mathrm{d}x} \left(\int \frac{2\ln x - 1}{2x} e^{-\int \frac{2}{x}\mathrm{d}x} \mathrm{d}x + C \right)$$

$$= x^2 \left(\int \frac{2\ln x - 1}{2x^3} \mathrm{d}x + C \right) = x^2 \left[-\frac{1}{4} \int (2\ln x - 1)\mathrm{d}\left(\frac{1}{x^2} \right) + C \right]$$

$$= x^2 \left(-\frac{\ln x}{2x^2} + C \right) = -\frac{1}{2}\ln x + Cx^2 ,$$

代入 $x = 1$, $y = \dfrac{1}{4}$,得 $C = \dfrac{1}{4}$,所以 $y = -\dfrac{1}{2}\ln x + \dfrac{1}{4}x^2$.

根据弧长计算公式,得

$$s = \int_{1}^{e} \sqrt{1 + (y')^2}\,\mathrm{d}x = \int_{1}^{e} \sqrt{1 + \left(-\frac{1}{2x} + \frac{x}{2} \right)^2}\,\mathrm{d}x$$

$$= \frac{1}{2} \int_{1}^{e} \left(x + \frac{1}{x} \right)\mathrm{d}x = \frac{1}{2} \left(\frac{1}{2}x^2 + \ln x \right) \Big|_{1}^{e}$$

$$= \frac{1}{4}e^2 + \frac{1}{4} .$$

例 15.5　已知微分方程 $y' + y = f(x)$,其中 $f(x)$ 是 **R** 上的连续函数.

(1)若 $f(x) = x$,求方程的通解;

(2)若 $f(x)$ 是周期为 T 的函数,证明:方程存在唯一的以 T 为周期的解.

(1)【解】　当 $f(x) = x$ 时,方程化为 $y' + y = x$,其通解为

$$y = e^{-x}\left(C_1 + \int xe^x dx\right) = e^{-x}(C_1 + xe^x - e^x)$$

$$= C_1 e^{-x} + x - 1 \ (C_1 \text{ 为任意常数}).$$

(2)【证】 方程 $y' + y = f(x)$ 的通解为 $y = e^{-\int_0^x dt}\left[C_2 + \int_0^x e^{\int_0^t ds} f(t)dt\right]$，即

$$y = e^{-x}\left[C_2 + \int_0^x e^t f(t)dt\right].$$

由 $y(x) = e^{-x}\left[C_2 + \int_0^x e^t f(t)dt\right]$，得

$$y(x+T) - y(x) = e^{-x}\left[\left(\frac{1}{e^T} - 1\right)C_2 + \frac{1}{e^T}\int_0^{x+T} e^t f(t)dt - \int_0^x e^t f(t)dt\right].$$

因为 $f(x)$ 是周期为 T 的连续函数，所以

$$\frac{1}{e^T}\int_0^{x+T} e^t f(t)dt = \frac{1}{e^T}\int_0^T e^t f(t)dt + \frac{1}{e^T}\int_T^{x+T} e^t f(t)dt = \frac{1}{e^T}\int_0^T e^t f(t)dt + \frac{1}{e^T}\int_0^x e^{u+T} f(u+T)du$$

$$= \frac{1}{e^T}\int_0^T e^t f(t)dt + \frac{e^T}{e^T}\int_0^x e^u f(u)du = \frac{1}{e^T}\int_0^T e^t f(t)dt + \int_0^x e^t f(t)dt,$$

从而 $$y(x+T) - y(x) = e^{-x}\left[\left(\frac{1}{e^T} - 1\right)C_2 + \frac{1}{e^T}\int_0^T e^t f(t)dt\right].$$

所以，当且仅当 $C_2 = \frac{1}{e^T - 1}\int_0^T e^t f(t)dt$ 时，$y(x+T) - y(x) \equiv 0$，故方程存在唯一的以 T 为周期的解.

【注】在微分方程中涉及讨论解的性质（有界性、周期性等）及极限等问题时，要用变限积分来表示具体的一个原函数.

（4）伯努利方程(仅数学一).

能写成 $y' + p(x)y = q(x)y^n (n \neq 0,1)$.

①先变形为 $y^{-n} \cdot y' + p(x)y^{1-n} = q(x)$；

②令 $z = y^{1-n}$，得 $\frac{dz}{dx} = (1-n)y^{-n}\frac{dy}{dx}$，则 $\frac{1}{1-n}\frac{dz}{dx} + p(x)z = q(x)$；

③解此一阶线性微分方程即可.

二、二阶可降阶微分方程的求解（仅数学一、数学二）

（O_2（盯住目标2）） $\longrightarrow D_3$（移花接木）

若出现"y''"，则为以下几种类型：

（1）能写成 $y'' = f(x, y')$ 或 $y'' = f(y')$.

$\Rightarrow p = p(x) \longrightarrow D_{23}$（化归经典形式）

①缺 y，令 $y' = p$，$y'' = p'$，则原方程变为一阶方程 $\dfrac{\mathrm{d}p}{\mathrm{d}x} = f(x, p)$ 或 $\dfrac{\mathrm{d}p}{\mathrm{d}x} = f(p)$；

②若求得其通解为 $p = \varphi(x, C_1)$，即 $y' = \varphi(x, C_1)$，则原方程的通解为

$$y = \int \varphi(x, C_1)\mathrm{d}x + C_2.$$

例15.6 求解定解问题 $\begin{cases} y'' + 2x(y')^2 = 0, \\ y(0) = 1, \\ y'(0) = 0. \end{cases}$

【解】 令 $u(x) = y'(x)$，则原方程化为 $u' + 2xu^2 = 0$，这是一个关于未知函数 $u(x)$ 的可分离变量的方程，分离变量，再两边积分，解得

$$u = \frac{1}{x^2 + C} \text{ 或 } u \equiv 0,$$

根据 $u(0) = y'(0) = 0$，得 $u \equiv 0$.

由 $y'(x) = u(x) \equiv 0$，得 $y = C_1$. 因为 $y(0) = 1$，所以 $C_1 = 1$，故原定解问题的解为 $y = 1$.

> **【注】** 在求解可分离变量的微分方程 $u' + 2xu^2 = 0$ 时，容易丢掉解 $u \equiv 0$，从而得不到原定解问题的解.

例15.7 求解定解问题 $\begin{cases} y'' + 2x(y')^2 = 0, \\ y(0) = 1, \\ y'(0) = -\dfrac{1}{2}. \end{cases}$

【解】 令 $u(x) = y'(x)$，得 $u' + 2xu^2 = 0$，分离变量，得 $\dfrac{1}{u^2}\mathrm{d}u = -2x\mathrm{d}x$，两边积分，得 $-\dfrac{1}{u} = -x^2 - C_1$，即

$$u = \frac{1}{x^2 + C_1} \text{ 或 } u \equiv 0.$$

又 $y'(0) = -\dfrac{1}{2}$，则 $C_1 = -2$，即 $u = \dfrac{1}{x^2 - 2}$，故 $\mathrm{d}y = \dfrac{1}{x^2 - 2}\mathrm{d}x$，解得

$$y=\frac{1}{2\sqrt2}\ln\left|\frac{x-\sqrt2}{x+\sqrt2}\right|+C_2,$$

代入 $y(0)=1$，得 $C_2=1$，故原定解问题的解为 $y=\frac{1}{2\sqrt2}\ln\left|\frac{x-\sqrt2}{x+\sqrt2}\right|+1$.

（2）能写成 $y''=f(y,y')$. → D_{23}（化归经典形式）

$p=p(y)$

①缺 x，令 $y'=p$，$y''=\dfrac{\mathrm dp}{\mathrm dx}=\dfrac{\mathrm dp}{\mathrm dy}\cdot\dfrac{\mathrm dy}{\mathrm dx}=\dfrac{\mathrm dp}{\mathrm dy}\cdot p$，则原方程变为一阶方程 $p\dfrac{\mathrm dp}{\mathrm dy}=f(y,p)$；

②若求得其通解为 $p=\varphi(y,C_1)$，则由 $p=\dfrac{\mathrm dy}{\mathrm dx}$，得 $\dfrac{\mathrm dy}{\mathrm dx}=\varphi(y,C_1)$，分离变量得

$$\frac{\mathrm dy}{\varphi(y,C_1)}=\mathrm dx;$$

③两边积分得 $\displaystyle\int\frac{\mathrm dy}{\varphi(y,C_1)}=x+C_2$，即可求得原方程的通解.

【注】有时构造成全微分形式，亦可求解.

例15.8 求解微分方程 $y^2y''-y'=0$.

【解】 令 $u(y)=y'(x)$，则 $y''(x)=u'(y)u(y)$，所以 $y^2y''-y'=0$ 变为

$$y^2u\frac{\mathrm du}{\mathrm dy}=u.$$

当 $u\neq0$ 时，变形得 $\mathrm du=\dfrac{\mathrm dy}{y^2}$，解得 $u=C-\dfrac1y$，即 $y'=C-\dfrac1y$，整理得 $\dfrac{y}{Cy-1}\mathrm dy=\mathrm dx$，两边积分，解得

$$\frac1Cy+\frac1{C^2}\ln|Cy-1|=x+C_1.$$

当 $u=0$，即 $y'(x)=0$ 时，解得 $y=C$.

例15.9 求解微分方程 $xyy''+x(y')^2-yy'=0$.

【解】 原方程化为 $x(yy')'-yy'=0$. 两端同乘以 $\dfrac1{x^2}$，得

$$\frac{x(yy')'-yy'}{x^2}=0,$$

即 $\left(\dfrac{yy'}{x}\right)'=0$，所以 $\dfrac{yy'}{x}=C_1$. 从而分离变量后，解得 $\dfrac12y^2=\dfrac12C_1x^2+C_2$.

【注】利用全微分法进行高阶方程降阶是常用的方法之一.

三、高阶常系数线性微分方程的求解（O_3（盯住目标3））

(1) 能写成 $y'' + py' + qy = f(x)$.

$$\begin{cases} \text{写}\ \lambda^2 + p\lambda + q = 0 \Rightarrow \lambda_1, \lambda_2 \Rightarrow \text{写齐次方程的通解,} \\ \text{设特解}\ y^* \Rightarrow \text{代回方程，求待定系数} \Rightarrow \text{特解} \end{cases} \Rightarrow \text{写出通解.}$$

(2) 能写成 $y'' + py' + qy = f_1(x) + f_2(x)$.

$$\begin{cases} \text{写}\ \lambda^2 + p\lambda + q = 0 \Rightarrow \text{齐次方程的通解,} \\ \text{拆自由项} \begin{cases} y'' + py' + qy = f_1(x), \text{写特解}\ y_1^*, \\ y'' + py' + qy = f_2(x), \text{写特解}\ y_2^* \end{cases} \Rightarrow y_1^* + y_2^* \text{为特解} \end{cases} \Rightarrow \text{写出通解}.$$

> 【注】特解求法有二：一是待定系数法；二是微分算子法.

例15.10 微分方程 $y'' - y = \sin x$ 在 $(-\infty, +\infty)$ 上有界的解为_____.

【解】 应填 $y = -\dfrac{1}{2}\sin x$.

由微分方程对应的齐次方程的特征方程 $\lambda^2 - 1 = 0$，解得 $\lambda = \pm 1$，即

$$Y = C_1 e^x + C_2 e^{-x}.$$

设特解 $y^* = a\cos x + b\sin x$，则 $y^{*''} = -a\cos x - b\sin x$，代入原微分方程，得 $-2a\cos x - 2b\sin x = \sin x$，

可知 $a = 0$，$b = -\dfrac{1}{2}$，即 $y^* = -\dfrac{1}{2}\sin x$.

于是该微分方程的通解为

$$y = C_1 e^x + C_2 e^{-x} - \frac{1}{2}\sin x,$$

由题意，只有 $C_1 = C_2 = 0$ 时，$y = -\dfrac{1}{2}\sin x$ 在 $(-\infty, +\infty)$ 上有界，故有界的解只有 $y = -\dfrac{1}{2}\sin x$.

例15.11 设 $y = y(x)$ 为可导函数，且满足 $y(0) = 2$ 及 $\dfrac{dy}{dx} + y(x) = \displaystyle\int_0^x 2y(t)dt + e^x$，则 $y(x) =$

_____.

【解】 应填 $\dfrac{10}{9}e^{-2x} + \dfrac{8}{9}e^x + \dfrac{1}{3}xe^x$.

由题设知 $y(0) = 2$，$\dfrac{dy}{dx} = -y(x) + \displaystyle\int_0^x 2y(t)dt + e^x$，则 $y'(0) = -1$，等式右边对 x 可导，所以 $\dfrac{d^2y}{dx^2}$ 存在，于是等式两边对 x 求导可得

$$y'' + y' - 2y = e^x, \tag{*}$$

微分方程(*)对应的齐次方程的特征方程为

$$\lambda^2 + \lambda - 2 = (\lambda - 1)(\lambda + 2) = 0,$$

解得特征根 $\lambda_1 = -2$，$\lambda_2 = 1$，则对应齐次方程的通解为 $Y = C_1 e^{-2x} + C_2 e^x$.

设微分方程(*)的特解为

$$y^* = Axe^x,$$

代入(*)式解得 $A = \frac{1}{3}$，从而 $y^* = \frac{1}{3}xe^x$. 故微分方程通解为

$$y = C_1 e^{-2x} + C_2 e^x + \frac{1}{3}xe^x.$$

再由初始条件 $y(0) = 2$，$y'(0) = -1$，可得 $C_1 = \frac{10}{9}$，$C_2 = \frac{8}{9}$，故特解为

$$y(x) = \frac{10}{9}e^{-2x} + \frac{8}{9}e^x + \frac{1}{3}xe^x.$$

（3）能写成 $x^2 y'' + pxy' + qy = f(x)$（欧拉方程）(仅数学一).

①当 $x > 0$ 时，令 $x = e^t$，则 $t = \ln x$，$\frac{dt}{dx} = \frac{1}{x}$，于是

→ D₂₃（化归经典形式）

$$\frac{dy}{dx} = \frac{dy}{dt} \cdot \frac{dt}{dx} = \frac{1}{x}\frac{dy}{dt}, \frac{d^2y}{dx^2} = \frac{d}{dx}\left(\frac{1}{x}\frac{dy}{dt}\right) = -\frac{1}{x^2}\frac{dy}{dt} + \frac{1}{x}\frac{d}{dx}\left(\frac{dy}{dt}\right) = -\frac{1}{x^2}\frac{dy}{dt} + \frac{1}{x^2}\frac{d^2y}{dt^2},$$

方程化为

$$\frac{d^2y}{dt^2} + (p-1)\frac{dy}{dt} + qy = f(e^t),$$

即可求解(最后结果别忘了用 $t = \ln x$ 回代成 x 的函数).

②当 $x < 0$ 时，令 $x = -e^t$，同理.

例15.12 欧拉方程 $x^2 y'' + xy' - 4y = 0$ 满足条件 $y(1) = 1$，$y'(1) = 2$ 的解为 $y = $ _____.

【解】 应填 x^2.

令 $x = e^t$，原方程可化简为 $\frac{d^2y}{dt^2} - \frac{dy}{dt} + \frac{dy}{dt} - 4y = 0$，即 $y''(t) - 4y(t) = 0$.

特征方程为 $r^2 - 4 = 0$，解得 $r_1 = 2$，$r_2 = -2$，故 $y(t) = C_1 e^{2t} + C_2 e^{-2t}$，即 $y(x) = C_1 x^2 + \frac{C_2}{x^2}$，代入条件 $y(1) = 1$，$y'(1) = 2$，得 $C_1 = 1$，$C_2 = 0$，所以 $y = x^2$.

（4）n 阶常系数齐次线性微分方程的解.

①若 λ 为单实根，写 $Ce^{\lambda x}$；

→ D₂₂（转换等价表述）+ D₂₃（化归经典形式）

②若 λ 为 k 重实根，写

$$(C_1 + C_2 x + C_3 x^2 + \cdots + C_k x^{k-1})e^{\lambda x};$$

③若 λ 为单复根 $\alpha \pm \beta \mathrm{i}$, 写

$$\mathrm{e}^{\alpha x}(C_1 \cos \beta x + C_2 \sin \beta x) \text{ ;}$$

④若 λ 为二重复根 $\alpha \pm \beta \mathrm{i}$, 写

$$\mathrm{e}^{\alpha x}(C_1 \cos \beta x + C_2 \sin \beta x + C_3 x \cos \beta x + C_4 x \sin \beta x) \text{ .}$$

【注】（1）如果解中含特解 $\mathrm{e}^{\lambda x}$, 则 λ 至少为单实根;

（2）如果解中含特解 $x^{k-1}\mathrm{e}^{\lambda x}$, 则 λ 至少为 k 重实根;

（3）如果解中含特解 $\mathrm{e}^{\alpha x}\cos \beta x$ 或 $\mathrm{e}^{\alpha x}\sin \beta x$, 则 $\alpha \pm \beta \mathrm{i}$ 至少为单复根;

（4）如果解中含特解 $\mathrm{e}^{\alpha x}x\cos \beta x$ 或 $\mathrm{e}^{\alpha x}x\sin \beta x$, 则 $\alpha \pm \beta \mathrm{i}$ 至少为二重复根.

如, $y''' - y = 0$, 有 $\lambda^3 - 1 = 0$, 即 $(\lambda - 1)(\lambda^2 + \lambda + 1) = 0$, 解得 $\lambda_1 = 1, \lambda_{2,3} = -\dfrac{1}{2} \pm \dfrac{\sqrt{3}}{2}\mathrm{i}$, 故

$$y_{齐通} = C_1 \mathrm{e}^x + \mathrm{e}^{-\frac{1}{2}x}\left(C_2 \cos \frac{\sqrt{3}}{2}x + C_3 \sin \frac{\sqrt{3}}{2}x\right),$$

其中 C_1, C_2, C_3 为任意常数.

例15.13 以 $y_1 = t\mathrm{e}^t$, $y_2 = \sin 2t$ 为两个特解的四阶常系数齐次线性微分方程为（　　　）.

(A) $y^{(4)} - 2y''' + 5y'' - 8y' + 4y = 0$　　　　(B) $y^{(4)} - 2y''' + 5y'' + 8y' + 4y = 0$

(C) $y^{(4)} + 2y''' + 5y'' - 8y' + 4y = 0$　　　　(D) $y^{(4)} - 2y''' - 5y'' - 8y' + 4y = 0$

【解】　应选(A).

由 $y_1 = t\mathrm{e}^t$ 可知 $\lambda = 1$ 至少为二重根, 由 $y_2 = \sin 2t$ 可知 $\lambda = \pm 2\mathrm{i}$ 至少是单复根, 又因为该微分方程的阶数是 4, 故所求方程对应的特征方程的根为 $\lambda_1 = \lambda_2 = 1$, $\lambda_3 = 2\mathrm{i}$, $\lambda_4 = -2\mathrm{i}$. 故对应微分方程的特征方程为

$$(\lambda - 1)^2(\lambda^2 + 4) = \lambda^4 - 2\lambda^3 + 5\lambda^2 - 8\lambda + 4 = 0 \text{ .}$$

故所求微分方程为 $y^{(4)} - 2y''' + 5y'' - 8y' + 4y = 0$.

（5）微分方程反问题.

→ D$_{22}$（转换等价表述）+D$_{23}$（化归经典形式）

例15.14 求曲线 $(y - C_2)^2 = 4C_1 x$ 满足的微分方程.

【解】　将 y 看成 x 的函数, 在 $(y - C_2)^2 = 4C_1 x$ 两端关于 x 求导, 得

$$2(y - C_2)y' = 4C_1 \text{ ,}$$

再次对 x 求导, 得

$$(y')^2 + (y - C_2)y'' = 0 \text{ ,}$$

所以

$$y - C_2 = -\frac{(y')^2}{y''} \text{ , } \quad C_1 = -\frac{1}{2}\frac{(y')^3}{y''} \text{ ,}$$

将其代入 $(y-C_2)^2=4C_1x$，得 $\dfrac{(y')^4}{(y'')^2}=-2x\dfrac{(y')^3}{y''}$，即 $2xy''+y'=0$．

【注】本题实际上就是已知通解反求方程．

D₂₃（化归经典形式）

四、用换元法求解微分方程（O₄（盯住目标4））

（1）微分方程中出现以下表达式：

① $f(x\pm y)$，令 $x\pm y=t$；

② $f(xy)$，令 $xy=t$；

③ $f\left(\dfrac{y}{x}\right)$，令 $\dfrac{y}{x}=t$；

④ $f(x^2\pm y^2)$，令 $x^2\pm y^2=t$．

（2）求导公式逆用来换元．

$$\begin{cases} 见到 f'[g(x)]\cdot g'(x),想到 \{f[g(x)]\}',令 u=f[g(x)];\\ 见到 f'(x)g(x)+f(x)g'(x),想到 [f(x)g(x)]',令 u=f(x)\cdot g(x). \end{cases}$$

（3）用自变量、因变量或 x,y 地位互换来换元．

例15.15 求微分方程 $y'+\tan y=\dfrac{x}{\cos y}$ 的通解．

【解】 由题可得，$y'+\dfrac{\sin y}{\cos y}=\dfrac{x}{\cos y}$，即 $\cos y\cdot y'=x-\sin y$．

令 $u=\sin y$，则原微分方程化为

$$u'+u=x,$$

故

$$u=\mathrm{e}^{-\int\mathrm{d}x}\left(\int\mathrm{e}^{\int\mathrm{d}x}\cdot x\mathrm{d}x+C\right)=\mathrm{e}^{-x}\left(\int\mathrm{e}^x\cdot x\mathrm{d}x+C\right)$$

$$=\mathrm{e}^{-x}\left[\int x\mathrm{d}(\mathrm{e}^x)+C\right]=C\mathrm{e}^{-x}+x-1,$$

即微分方程的通解为 $\sin y=C\mathrm{e}^{-x}+x-1$．

例15.16 求下列各微分方程的通解．

（1）$y+xy'=y(\ln x+\ln y)$；

（2）$y'+1=\mathrm{e}^{-y}\sin x$．

【解】（1）将 $y+xy'=y(\ln x+\ln y)$ 变形为

$$(xy)' = \frac{xy}{x} \ln xy .$$

令 $u = xy$，则 $u' = \dfrac{u \ln u}{x}$，分离变量后积分，解得 $\ln u = Cx$，即微分方程的通解为 $\ln xy = Cx$．

（2）将 $y' + 1 = \mathrm{e}^{-y} \sin x$ 变形为

$$(\mathrm{e}^{y})' + \mathrm{e}^{y} = \sin x ,$$

所以

$$\mathrm{e}^{y} = \mathrm{e}^{-\int \mathrm{d}x} \left(C + \int \sin x \cdot \mathrm{e}^{\int \mathrm{d}x} \mathrm{d}x \right)$$

$$= \mathrm{e}^{-x} \left(C + \int \sin x \cdot \mathrm{e}^{x} \mathrm{d}x \right)$$

$$= \mathrm{e}^{-x} \left[C + \frac{1}{2} \mathrm{e}^{x} (\sin x - \cos x) \right] ,$$

所以微分方程的通解为 $\mathrm{e}^{y} = \mathrm{e}^{-x} \left[C + \dfrac{1}{2} \mathrm{e}^{x} (\sin x - \cos x) \right]$．

例 15.17　求微分方程 $xy'' = y'(\ln y' - \ln x)$ 的通解．

【解】　化简原微分方程为 $y'' = \dfrac{y'}{x} \ln \dfrac{y'}{x}$．

令 $u(x) = \dfrac{y'}{x}$，则有 $y' = x \cdot u(x)$，$y'' = u'(x)x + u(x)$，故 $\dfrac{\mathrm{d}u}{\mathrm{d}x} \cdot x + u = u \ln u$，分离变量并两边积分，有

$$\int \frac{1}{u \ln u - u} \mathrm{d}u = \int \frac{1}{x} \mathrm{d}x ,$$

解得 $\ln u - 1 = Cx$，即 $\ln \dfrac{y'}{x} = \ln \mathrm{e}^{Cx+1}$，因此有

$$y' = x \mathrm{e}^{Cx+1} ,$$

故原微分方程的通解为 $y = \displaystyle\int x \mathrm{e}^{Cx+1} \mathrm{d}x = \dfrac{1}{C} \left(x \mathrm{e}^{Cx+1} - \dfrac{1}{C} \mathrm{e}^{Cx+1} + C_1 \right)$．

例 15.18　用变量代换 $x = \cos t (0 \leqslant t \leqslant \pi)$ 化简微分方程

$$(1 - x^2) y'' - xy' + y = 0 ,$$

并求其满足 $y|_{x=0} = 1$，$y'|_{x=0} = 2$ 的特解．

【解】

$$y' = \frac{\mathrm{d}y}{\mathrm{d}x} = \frac{\mathrm{d}y}{\mathrm{d}t} \cdot \frac{1}{\dfrac{\mathrm{d}x}{\mathrm{d}t}} = -\frac{1}{\sin t} \frac{\mathrm{d}y}{\mathrm{d}t} ,$$

$$y'' = \frac{\mathrm{d}^2 y}{\mathrm{d}x^2} = \frac{\mathrm{d}}{\mathrm{d}t} \left(\frac{\mathrm{d}y}{\mathrm{d}x} \right) \cdot \frac{1}{\dfrac{\mathrm{d}x}{\mathrm{d}t}} = \left(\frac{\cos t}{\sin^2 t} \frac{\mathrm{d}y}{\mathrm{d}t} - \frac{1}{\sin t} \frac{\mathrm{d}^2 y}{\mathrm{d}t^2} \right) \left(-\frac{1}{\sin t} \right) = \frac{1}{\sin^2 t} \frac{\mathrm{d}^2 y}{\mathrm{d}t^2} - \frac{\cos t}{\sin^3 t} \frac{\mathrm{d}y}{\mathrm{d}t} ,$$

将 y'，y'' 代入原方程，得

$$(1-\cos^2 t)\left(\frac{1}{\sin^2 t}\frac{\mathrm{d}^2 y}{\mathrm{d}t^2}-\frac{\cos t}{\sin^3 t}\frac{\mathrm{d}y}{\mathrm{d}t}\right)+\frac{\cos t}{\sin t}\frac{\mathrm{d}y}{\mathrm{d}t}+y=0,$$

即

$$\frac{\mathrm{d}^2 y}{\mathrm{d}t^2}+y=0,$$

其特征方程为 $\lambda^2+1=0$，解得 $\lambda=\pm i$，于是此方程的通解为

$$y=C_1\cos t+C_2\sin t,$$

从而原方程的通解为

$$y=C_1 x+C_2\sqrt{1-x^2}.$$

由 $y|_{x=0}=1$，$y'|_{x=0}=2$，得 $C_1=2$，$C_2=1$，故所求方程的特解为 $y=2x+\sqrt{1-x^2}$.

例15.19 以 $u=\dfrac{y}{x}$ 变换方程 $x^2 y''+(x^2-2x)y'+(2-x-2x^2)y=10x^3$，并求其通解.

【解】 由 $u=\dfrac{y}{x}$，得 $y=ux$，则 $\qquad$ → 关系图为 $y\begin{cases}x\\u-x\end{cases}$

$$y'=u+u'x,\quad y''=u'+u''x+u'=2u'+u''x,$$

将 y，y'，y'' 代入原式有

$$x^2(2u'+xu'')+(x^2-2x)(u+xu')+(2-x-2x^2)xu=10x^3,$$

整理可得

$$x^3 u''+x^3 u'-2x^3 u=10x^3,$$

即 $\qquad\qquad\qquad\qquad u''+u'-2u=10,$

该微分方程为二阶常系数非齐次线性微分方程，对应齐次方程的特征方程为 $r^2+r-2=0$，解得 $r=-2$，1，则齐次方程的通解为 $u_c=C_1\mathrm{e}^{-2x}+C_2\mathrm{e}^x$.

设方程的特解 $u^*=C$，代入方程得 $-2C=10$，解得 $C=-5$，则微分方程的特解为 $u^*=-5$，通解为 $u=C_1\mathrm{e}^{-2x}+C_2\mathrm{e}^x-5$. 故原方程的通解为 $y=x(C_1\mathrm{e}^{-2x}+C_2\mathrm{e}^x-5)$.

第二部分 建立微分方程并求解

三向解题法

等价表述体系块

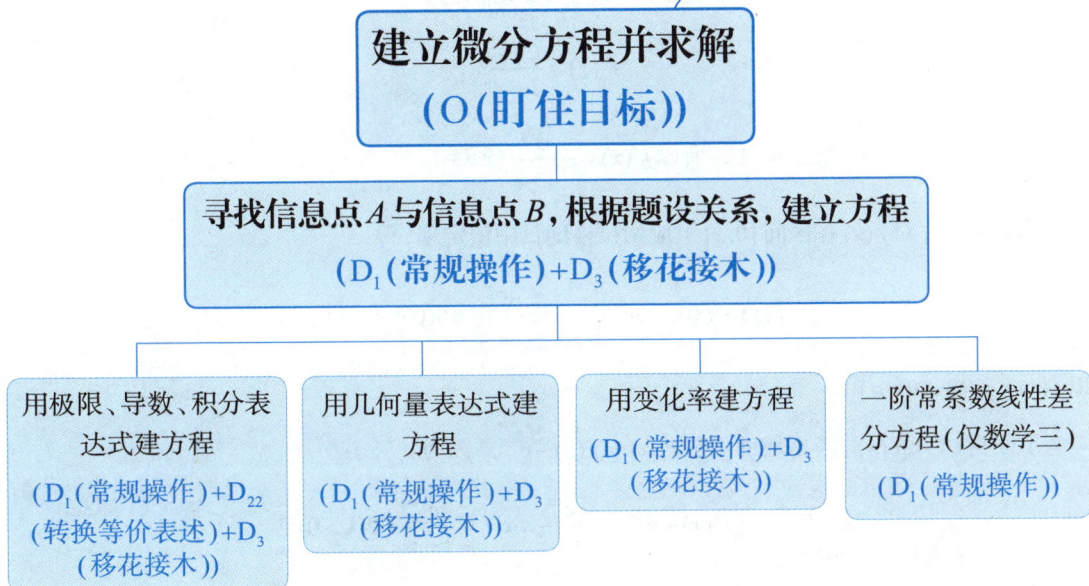

建立微分方程并求解
(O(盯住目标))

寻找信息点 A 与信息点 B,根据题设关系,建立方程
(D_1(常规操作)+D_3(移花接木))

用极限、导数、积分表达式建方程
(D_1(常规操作)+D_{22}(转换等价表述)+D_3(移花接木))

用几何量表达式建方程
(D_1(常规操作)+D_3(移花接木))

用变化率建方程
(D_1(常规操作)+D_3(移花接木))

一阶常系数线性差分方程(仅数学三)
(D_1(常规操作))

一、用极限、导数、积分表达式建方程

(D_1(常规操作)+D_{22}(转换等价表述)+D_3(移花接木))

(1)信息点 A,B 为极限、导数、积分表达式且为等量关系时,令 $A=B$,建立方程.

$\rightarrow D_{22}$(转换等价表述)+D_3(移花接木)

(2)信息点为 $f(x),g(x)$ 及 $f'(x),g'(x)$ 的等量关系组,用求导、消元建方程.如:

$$\begin{cases} f'(x)+xf'(-x)=x, \\ f'(-x)-xf'(x)=-x \end{cases} \Rightarrow f'(x)=\frac{x+x^2}{1+x^2} \Rightarrow f(x)=x+\frac{1}{2}\ln(1+x^2)-\arctan x+C.$$

(3)信息点为关于 x,y 的恒等式,如 $f(xy)=yf(x)+xf(y)$,代入特殊点,并写 $f'(x)$ 定义.

例15.20 设 $f(x)$ 在 $(-1,+\infty)$ 上具有连续的一阶导数,且满足 $f(0)=1$ 及

$$f'(x)+f(x)-\frac{1}{x+1}\int_0^x f(t)\mathrm{d}t=0.$$

求 $f'(x)$，并证明：当 $x > 0$ 时，有 $\mathrm{e}^{-x} < f(x) < 1$．

【解】 ①由题设可知 $f'(0) + f(0) = 0$，即 $f'(0) = -f(0) = -1$，且

$$(x+1)\left[f'(x) + f(x)\right] = \int_0^x f(t)\mathrm{d}t \,(x > -1)．$$

将上式两端对 x 求导并整理，得

$$(x+1)f''(x) + (x+2)f'(x) = 0，$$

对 $f'(x)$ 而言，上述方程是可分离变量的方程，故解得其通解为

$$f'(x) = \frac{C\mathrm{e}^{-x}}{1+x}，$$

代入初始条件 $f'(0) = -1$，得 $C = -1$．所以 $f'(x) = -\dfrac{\mathrm{e}^{-x}}{1+x}\,(x > -1)$．

②当 $x > 0$ 时，对 $f(x)$ 在区间 $[0, x]$ 上应用拉格朗日中值定理，得

$$f(x) - f(0) = xf'(\xi) = -x\frac{\mathrm{e}^{-\xi}}{1+\xi} < 0\,(0 < \xi < x)，$$

所以 $f(x) < f(0) = 1\,(x > 0)$．

为了证明 $\mathrm{e}^{-x} < f(x)$，考虑辅助函数 $F(x) = f(x) - \mathrm{e}^{-x}$．因为

$$F'(x) = f'(x) + \mathrm{e}^{-x} = -\frac{\mathrm{e}^{-x}}{1+x} + \mathrm{e}^{-x} = \frac{x\mathrm{e}^{-x}}{1+x} > 0\,(x > 0)，$$

所以函数 $F(x)$ 在区间 $[0, +\infty)$ 上单调增加．故当 $x > 0$ 时，$F(x) > F(0) = 0$，即

$$f(x) > \mathrm{e}^{-x}．$$

例15.21 已知 $f(xy) = yf(x) + xf(y)$ 对任意正实数 x, y 均成立，且 $f'(1) = \mathrm{e}$，求 $f(xy)$ 的极小值．

【解】 对式子 $f(xy) = yf(x) + xf(y)\,(x, y > 0)$，令 $x = 1$，则 $f(y) = yf(1) + f(y)$，即 $f(1) = 0$．

又当 $x > 0$ 时，

$\nearrow \mathrm{D}_{22}$ (转换等价表述)

$$\begin{aligned}
f'(x) &= \lim_{\Delta x \to 0} \frac{f(x + \Delta x) - f(x)}{\Delta x}\\
&= \lim_{\Delta x \to 0} \frac{f\left[x\left(1 + \dfrac{\Delta x}{x}\right)\right] - f(x)}{\Delta x}\\
&= \lim_{\Delta x \to 0} \frac{xf\left(1 + \dfrac{\Delta x}{x}\right) + \left(1 + \dfrac{\Delta x}{x}\right)f(x) - f(x)}{\Delta x}\\
&= \lim_{\Delta x \to 0} \frac{f\left(1 + \dfrac{\Delta x}{x}\right)}{\dfrac{\Delta x}{x}} + \frac{f(x)}{x}
\end{aligned}$$

$$= f'(1) + \frac{f(x)}{x} = \mathrm{e} + \frac{f(x)}{x} ,$$

即 $f'(x) + \left(-\dfrac{1}{x}\right)f(x) = \mathrm{e}$ ，于是

$$f(x) = \mathrm{e}^{-\int\left(-\frac{1}{x}\right)\mathrm{d}x}\left[\int \mathrm{e}^{\int\left(-\frac{1}{x}\right)\mathrm{d}x}\mathrm{e}\,\mathrm{d}x + C\right] = x(\mathrm{e}\ln x + C) .$$

由 $f(1) = 0$ ，有 $C = 0$ ，即 $f(x) = \mathrm{e}x\ln x$ 。

故 $f(xy) = \mathrm{e}xy\ln(xy)$ ，令 $xy = u$ ，则有

$$f(u) = \mathrm{e}u\ln u , \quad f'(u) = \mathrm{e}(\ln u + 1)\xLeftarrow{\text{令}} 0 ,$$

解得 $u = \mathrm{e}^{-1}$ ，$f''(u) = \dfrac{\mathrm{e}}{u}$ ，$f''(\mathrm{e}^{-1}) = \mathrm{e}^2 > 0$ ，于是 $f(u)$ 的极小值为 $f(\mathrm{e}^{-1}) = -1$ ，即 $f(xy)$ 的极小值为 -1 。

二、用几何量表达式建方程（D_1（常规操作）+ D_3（移花接木））

D_{22}（转换等价表述）+ D_3（移花接木）

信息点 A，B 为几何量表达式，且为等量关系，令 $A = B$ ，建方程．

（1）用曲线的切线斜率．

α 为曲线在点 (x_0, y_0) 处的切线的倾角．

$$k = f'(x_0) = \tan\alpha .$$

（2）用两曲线 $f(x)$ 与 $g(x)$ 的公切线斜率．

$$f'(x_0) = g'(x_0) .$$

（3）用截距．

$$Y - y = y'(X - x)\begin{cases} \text{令 } Y = 0, \text{则} X = x - \dfrac{y}{y'}(x\text{轴上的截距}); \\ \text{令 } X = 0, \text{则} Y = y - xy'(y\text{轴上的截距}). \end{cases}$$

如，令 $X = Y$ ，建等式(方程)．

（4）用面积．

$$\int_a^b f(x)\,\mathrm{d}x .$$

（5）用体积．

$$V_x = \int_a^b \pi f^2(x)\,\mathrm{d}x , \quad V_y = \int_a^b 2\pi x\big|f(x)\big|\,\mathrm{d}x .$$

（6）用平均值．

$$\overline{f} = \frac{1}{b-a}\int_a^b f(x)\mathrm{d}x = f(\xi).$$

（7）用弧长.（仅数学一、数学二）

$$s = \int_a^b \sqrt{1+(y_x')^2}\,\mathrm{d}x.$$

（8）用侧面积.（仅数学一、数学二）

$$S = \int_a^b 2\pi\left|y(x)\right|\sqrt{1+(y_x')^2}\,\mathrm{d}x.$$

（9）用曲率.（仅数学一、数学二）

$$k = \frac{\left|y''\right|}{\left[1+(y')^2\right]^{\frac{3}{2}}}.$$

（10）用形心.（仅数学一、数学二）

$$\overline{x} = \frac{\displaystyle\iint_D x\,\mathrm{d}\sigma}{\displaystyle\iint_D \mathrm{d}\sigma}, \quad \overline{y} = \frac{\displaystyle\iint_D y\,\mathrm{d}\sigma}{\displaystyle\iint_D \mathrm{d}\sigma}.$$

例15.22（仅数学一、数学二）求一条凹曲线 $y = y(x)(x \geqslant 1)$ 的表达式，已知其上任一点处的曲率 $k = \dfrac{1}{2y^2\cos\alpha}$，其中 α 为该曲线在相应点处的切线的倾角，$\cos\alpha > 0$，并设曲线在点 $(3,2)$ 处的切线的倾角为 $45°$.

【解】 由 $\tan\alpha = y'$ 并且 $\cos\alpha > 0$，所以

$$\cos\alpha = \frac{1}{\sqrt{1+\tan^2\alpha}} = \frac{1}{\sqrt{1+(y')^2}},$$

由题设 $y'' > 0$，所以

→ D_3（移花接木）

$$\frac{y''}{\left[1+(y')^2\right]^{\frac{3}{2}}} = \frac{\left[1+(y')^2\right]^{\frac{1}{2}}}{2y^2},$$

得微分方程

$$2y^2 y'' = \left[1+(y')^2\right]^2.$$

这是缺 x 的二阶微分方程，按常规办法解之. 令 $y' = p$，$y'' = \dfrac{\mathrm{d}p}{\mathrm{d}x} = p\dfrac{\mathrm{d}p}{\mathrm{d}y}$，则方程化为

$$2y^2 p\frac{\mathrm{d}p}{\mathrm{d}y} = (1+p^2)^2,$$

分离变量得

$$\frac{2p\,\mathrm{d}p}{(1+p^2)^2}=\frac{\mathrm{d}y}{y^2},$$

两边积分得

$$\frac{1}{1+p^2}=\frac{1}{y}+C_1=\frac{1+C_1y}{y},$$

整理得

$$p^2=\frac{(1-C_1)y-1}{1+C_1y}.$$

初始条件为 $y|_{x=3}=2$，$p|_{x=3}=y'|_{x=3}=1$．将 $y=2$，$p=1$ 代入上式，得

$$1=\frac{2(1-C_1)-1}{1+2C_1},$$

解得 $C_1=0$，所以 $p^2=y-1$，则

$$\frac{\mathrm{d}y}{\mathrm{d}x}=\sqrt{y-1},$$

再分离变量得

$$\frac{\mathrm{d}y}{\sqrt{y-1}}=\mathrm{d}x,$$

两边积分得

$$2\sqrt{y-1}=x+C_2.$$

将 $x=3$，$y=2$ 代入得 $C_2=-1$，所以 $2\sqrt{y-1}=x-1(x\geqslant1)$，所以

$$y=\frac{1}{4}(x-1)^2+1(x\geqslant1).$$

例15.23　(仅数学一、数学二)设 $y=f(x)$ 是区间 $[0,+\infty)$ 上具有连续导数的单调增加函数，且 $f(0)=1$．对任意的 $t\in[0,+\infty)$，直线 $x=0$，$x=t$，曲线 $f(x)$ 以及 x 轴所围成的曲边梯形绕 x 轴旋转一周生成一旋转体．若该旋转体的侧面积在数值上等于其体积的 2 倍，求函数 $y=f(x)$ 的表达式．

【解】 旋转体的体积 $V=\pi\int_0^t f^2(x)\mathrm{d}x$，侧面积 $S=2\pi\int_0^t f(x)\sqrt{1+[f'(x)]^2}\mathrm{d}x$，由题设条件知

$$\int_0^t f^2(x)\mathrm{d}x=\int_0^t f(x)\sqrt{1+[f'(x)]^2}\mathrm{d}x,$$

D_3（移花接木）

两端对 t 求导得

$$f^2(t)=f(t)\sqrt{1+[f'(t)]^2},$$

即

$$y'=\sqrt{y^2-1},$$

由分离变量法解得

$$\ln(y + \sqrt{y^2 - 1}) = t + C_1 ,$$

即

$$y + \sqrt{y^2 - 1} = Ce^t ,$$

将 $y(0) = 1$ 代入知 $C = 1$，故

$$y = \frac{1}{2}(e^t + e^{-t}) ,$$

于是所求函数为

$$y = f(x) = \frac{1}{2}(e^x + e^{-x})(x \geq 0) .$$

三、用变化率建方程（D_1（常规操作）$+D_3$（移花接木））

$\longrightarrow D_{22}$（转换等价表述）

（1）信息点 A 的变化率与 B 成比例，令 $\dfrac{dA}{dt} = \pm kB$．

数学一、数学二的物理背景：位移、速度、加速度，$F = ma$；

数学三的经济背景：边际 $\dfrac{dy}{dx}$，弹性 $\dfrac{dy}{dx} \cdot \dfrac{x}{y}$．以上注意微分（增量）表达．

例15.24（仅数学三）设某种商品价格主要由供求关系来决定，已知供给量 S 与需求量 D 关于价格 P 的函数表达式分别为

$$S = 12.8P^2 - 128，\quad D = -4.4P^2 + 130 .$$

随着时间的变化，供求关系会发生改变，因而引起价格波动，所以价格 P 可看成时间 t 的函数 $P(t)$，设 $P(t)$ 随时间的变化率与过剩需求量 $D - S$ 成正比，与 P 成反比，比例系数为 $\dfrac{1}{4}$，且商品的初始价格为 5 元．

（1）建立 $P(t)$ 满足的微分方程；

（2）通过变量代换 $y = P^2$，求解此方程． $\longrightarrow D_3$（移花接木）

【解】（1）由题意知 $\dfrac{dP}{dt} = \dfrac{1}{4} \cdot \dfrac{D - S}{P} = \dfrac{1}{4} \cdot \dfrac{-17.2P^2 + 258}{P}$，即

$$\frac{dP}{dt} + 4.3P - \frac{64.5}{P} = 0 .$$

（2）由 $y = P^2$，则 $\dfrac{dy}{dt} = 2P \dfrac{dP}{dt}$，代入方程，得

$$\frac{\mathrm{d}y}{\mathrm{d}t}+8.6y=129,$$

解得

$$y=\mathrm{e}^{-\int 8.6\mathrm{d}t}\left(\int 129\mathrm{e}^{\int 8.6\mathrm{d}t}\mathrm{d}t+C\right)=C\mathrm{e}^{-8.6t}+15,$$

所以 $P=\sqrt{C\mathrm{e}^{-8.6t}+15}$，由 $P(0)=5$ 得 $C=10$，故

$$P=\sqrt{15+10\mathrm{e}^{-8.6t}}.$$

例15.25　**(仅数学一、数学二)** 现有容量为 $10\,000\ \mathrm{m}^3$ 的污水处理池，开始时池中全部是清水，现有含污染物的质量浓度为 $\frac{1}{3}\ \mathrm{kg/m}^3$ 的污水流经该处理池，流速为 $50\ \mathrm{m}^3/\mathrm{min}$，已知该处理池每分钟处理 2% 的污染物，求：

(1) 任意时刻 t，池中污染物总质量 $y(t)$ 的表达式；

(2) 经过多长时间，从池中流出的污染物的质量浓度为 $\frac{1}{30}\ \mathrm{kg/m}^3$.

【解】（1）设任意时刻 t，池中污染物的总质量为 $y(t)$，在 $[t,t+\mathrm{d}t]$ 内，池中污染物的微元

$$\mathrm{d}y=\text{进入的污染物}-\text{流出的污染物}-\text{处理的污染物}$$

D_3（移花接木）

$$=\frac{1}{3}\cdot 50\mathrm{d}t-\frac{y(t)}{10\,000}\cdot 50\mathrm{d}t-0.02\cdot y(t)\mathrm{d}t,$$

即 $\dfrac{\mathrm{d}y}{\mathrm{d}t}+\dfrac{1}{40}y=\dfrac{50}{3}$，也即 $y'+\dfrac{1}{40}y=\dfrac{50}{3}$，此为一阶线性微分方程，用公式法求得

$$y(t)=\mathrm{e}^{-\int\frac{1}{40}\mathrm{d}t}\left(\int\frac{50}{3}\mathrm{e}^{\int\frac{1}{40}\mathrm{d}t}\mathrm{d}t+C\right)=C\mathrm{e}^{-\frac{1}{40}t}+\frac{2\,000}{3},$$

又 $y(0)=0$，得 $C=-\dfrac{2\,000}{3}$，于是 $y(t)=\dfrac{2\,000}{3}\left(1-\mathrm{e}^{-\frac{t}{40}}\right)$.

（2）从池中流出的污染物的质量浓度为

$$\frac{y(t)}{10\,000}=\frac{1-\mathrm{e}^{-\frac{t}{40}}}{15}\ (\mathrm{kg/m}^3),$$

令 $\dfrac{1-\mathrm{e}^{-\frac{t}{40}}}{15}=\dfrac{1}{30}$，解得 $t=40\ln 2\ \mathrm{min}$，故经过 $40\ln 2\ \mathrm{min}$，从池中流出的污染物的质量浓度为 $\dfrac{1}{30}\ \mathrm{kg/m}^3$.

（2）见到"P 点的运动方向始终指向 Q 点"，立即寻找①信息点 A：P 点处的切线斜率；②信息点 B：PQ 连线与水平线夹角的正切值. 令①＝②(注意正负).

D_{22}（转换等价表述）$+D_3$
（移花接木）

例15.26　在 xOy 平面上，设 $|PQ|=1$，初始时刻 P 在原点，Q 在 $(1,0)$ 点，若 P 点沿着 y 轴的正方向移动，且 Q 点的运动方向始终指向 P 点，求 Q 点的运动轨迹.

【解】 如图所示,当 P 点沿着 y 轴向上移动时,记 Q 点的轨迹形成曲线 $y=y(x)$,并设曲线上 Q 点的坐标为 (x,y), P 点坐标为 $(0,Y)$,由 $|PQ|=1$,则

$$x^2+(y-Y)^2=1 \text{ , 即 } y-Y=-\sqrt{1-x^2} \text{ .}$$

由题意, QP 的方向就是曲线 $y=y(x)$ 在 (x,y) 点的切线方向,故

$$\frac{\mathrm{d}y}{\mathrm{d}x}=\frac{y-Y}{x}=-\frac{\sqrt{1-x^2}}{x} \text{ ,}$$

D_3(移花接木)

积分得

$$y=-\int\frac{\sqrt{1-x^2}}{x}\mathrm{d}x \text{ ,}$$

令 $x=\cos t$,则 $\mathrm{d}x=-\sin t\mathrm{d}t$,故

$$y=-\int\frac{\sqrt{1-x^2}}{x}\mathrm{d}x=\int\frac{\sin^2 t}{\cos t}\mathrm{d}t$$

$$=\int\left(\frac{1}{\cos t}-\cos t\right)\mathrm{d}t=\ln\left|\frac{1+\sin t}{\cos t}\right|-\sin t+C \text{ ,}$$

将 $\cos t=x$, $\sin t=\sqrt{1-x^2}$ 代入,得

$$y=\ln\frac{1+\sqrt{1-x^2}}{x}-\sqrt{1-x^2}+C \text{ ,}$$

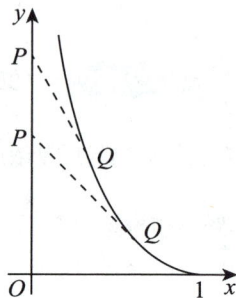

因为当 $x=1$ 时, $y=0$,所以 $C=0$.故轨迹方程为

$$y=\ln\frac{1+\sqrt{1-x^2}}{x}-\sqrt{1-x^2} \text{ .}$$

【注】 该曲线叫曳物线,又叫追踪曲线,这是因为当 P 沿已知路径逃跑时,追踪者 Q 从某点出发,盯住 P 追赶,则追踪者 Q 跑过的路线就是曳物线.

例15.27 (仅数学一、数学二)设位于坐标原点的甲追踪位于 x 轴上点 $A(1,0)$ 处的乙,甲始终对准乙.已知乙以匀速 v_0 沿平行于 y 轴正向的方向前进,甲的速度是 kv_0, $k>0$,设甲追踪乙的曲线方程是 $y=y(x)$.

(1)证明 $y=y(x)$ 满足方程 $k(1-x)y''=\sqrt{1+(y')^2}$,且 $y(0)=0$, $y'(0)=0$;

(2) k 为何值时,甲可追上乙,并求出甲追上乙时的坐标.

(1)**【证】** 如图所示,设经过时间 t,甲位于点 $P(x,y)$ 处,乙位于点 $B(1,v_0t)$ 处.由于甲始终对准乙,故此时直线 PB 即追踪曲线 $y=y(x)$ 在 $P(x,y)$ 处的切线,于是有

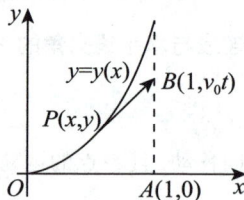

$$y' = \frac{v_0 t - y}{1 - x},$$

$$v_0 t = (1-x)y' + y. \tag{①}$$

又由于甲的速度是乙的 k 倍，故所走路程亦为其 k 倍，也即 $\overset{\frown}{OP}$ 的长度是 $|AB|$ 的 k 倍，于是

$$\int_0^x \sqrt{1 + [y'(u)]^2}\, \mathrm{d}u = k v_0 t, \tag{②}$$

由①，②消去 $v_0 t$，得

$$k(1-x)y' + ky = \int_0^x \sqrt{1 + [y'(u)]^2}\, \mathrm{d}u,$$

两边对 x 求导并整理得

$$k(1-x)y'' = \sqrt{1 + [y'(x)]^2}, \quad y(0) = 0, \quad y'(0) = 0.$$

(2) 【解】 令 $y' = p$，则 $y'' = p'$，于是(1)中的方程化为 $k(1-x)p' = \sqrt{1+p^2}$，分离变量，两边积分得

$\displaystyle\int \frac{\mathrm{d}p}{\sqrt{1+p^2}} = \int \frac{\mathrm{d}x}{k(1-x)}$，于是有

$$\ln\left(p + \sqrt{1+p^2}\right) = -\frac{1}{k}\ln(1-x) + \ln C,$$

即 $p + \sqrt{1+p^2} = C(1-x)^{-\frac{1}{k}}$，由 $p(0) = 0$，得 $C = 1$，即

$$p + \sqrt{1+p^2} = (1-x)^{-\frac{1}{k}}, \tag{③}$$

取倒数，$\dfrac{1}{p + \sqrt{1+p^2}} = (1-x)^{\frac{1}{k}}$，即

$$\sqrt{1+p^2} - p = (1-x)^{\frac{1}{k}}, \tag{④}$$

③－④，有 $2p = (1-x)^{-\frac{1}{k}} - (1-x)^{\frac{1}{k}}$，故

$$2y' = (1-x)^{-\frac{1}{k}} - (1-x)^{\frac{1}{k}}, \quad y(0) = 0.$$

当 $k = 1$ 时，$y(x) = -\dfrac{1}{2}\ln(1-x) + \dfrac{(1-x)^2}{4} - \dfrac{1}{4}$，此时 $\lim\limits_{x \to 1^-} y(x) = +\infty$，甲追不上乙.

当 $k \neq 1$ 时，$y(x) = \dfrac{k}{2}\left[\dfrac{1}{k+1}(1-x)^{\frac{k+1}{k}} - \dfrac{1}{k-1}(1-x)^{\frac{k-1}{k}}\right] + \dfrac{k}{k^2-1}$.

若 $0 < k < 1$，$\lim\limits_{x \to 1^-} y(x) = +\infty$；若 $k > 1$，$\lim\limits_{x \to 1^-} y(x) = \dfrac{k}{k^2-1}$.

故当 $k>1$ 时,甲将在点 $\left(1,\dfrac{k}{k^2-1}\right)$ 处追上乙.

四、一阶常系数线性差分方程（仅数学三）（ D_1（常规操作））

1.函数差分的定义

函数 $y_t=f(t)$, $t=0,\pm1,\pm2,\cdots$,函数 $f(t)$ 在 t 时刻的**一阶差分**定义为

$$\Delta y_t=y_{t+1}-y_t=f(t+1)-f(t);$$

函数 $f(t)$ 在 t 时刻的**二阶差分**定义为

$$\Delta^2 y_t=\Delta(\Delta y_t)=\Delta y_{t+1}-\Delta y_t=y_{t+2}-2y_{t+1}+y_t.$$

2.一阶常系数线性差分方程及其求解

（1）一阶常系数线性差分方程.

一阶常系数线性差分方程的一般形式为

$$y_{t+1}+ay_t=f(t),\qquad\qquad①$$

式中 $f(t)$ 为已知函数, a 为非零常数.

当 $f(t)\equiv 0$ 时,方程①变为

指数函数 $y_t=\lambda^t$, 则
$$\lambda^{t+1}+a\lambda^t=\lambda^t(\lambda+a)=0$$

$$y_{t+1}+ay_t=0,\qquad\qquad②$$

我们称 $f(t)\neq 0$ 时的①为**一阶常系数非齐次线性差分方程**,②为其对应的**一阶常系数齐次线性差分方程**.

（2）齐次差分方程的通解.

通过迭代,并由数学归纳法可得②的通解为

$$y_C(t)=C\cdot(-a)^t,$$

式中 C 为任意常数.

（3）非齐次差分方程的解.

定理1 若 y_t^* 是非齐次差分方程①的一个特解, $y_C(t)$ 是齐次差分方程②的通解,则非齐次差分方程①的通解为

$$y_t=y_C(t)+y_t^*.$$

定理2 若 $\bar{y}_t$ 与 $\tilde{y}_t$ 分别是差分方程

$$y_{t+1}+ay_t=f_1(t)$$

和

$$y_{t+1}+ay_t=f_2(t)$$

的解,则

$$y_t = \bar{y}_t + \tilde{y}_t$$

是差分方程

$$y_{t+1} + ay_t = f_1(t) + f_2(t)$$

的解.

非齐次差分方程①的特解 y_t^* 形式的设定见下表.

①中 $f(t)$ 的形式	取待定特解的条件	试取特解的形式
$f(t) = d^t \cdot P_m(t)$	$a + d \neq 0$	$y_t^* = d^t \cdot Q_m(t)$
d 为非零常数	$a + d = 0$	$y_t^* = t \cdot d^t \cdot Q_m(t)$
$f(t) = b_1 \cos \omega t + b_2 \sin \omega t$	$D = \begin{vmatrix} a + \cos\omega & \sin\omega \\ -\sin\omega & a + \cos\omega \end{vmatrix} \neq 0$	$y_t^* = \alpha \cos\omega t + \beta \sin\omega t$
$\omega \neq 0$ 且 b_1, b_2 为不同时		α, β 为待定常数
为零的常数	$D = 0$	$y_t^* = t(\alpha \cos\omega t + \beta \sin\omega t)$

例15.28 差分方程 $y_{x+1} - y_x = x \cdot 2^x$ 的通解为_____.

【解】 应填 $y_x = C + (x-2)2^x$,式中 C 为任意常数.

与原方程相应的齐次差分方程的特征方程为 $r - 1 = 0$,特征方程的根为 $r = 1$,相应的齐次差分方程的通解为 $y_C(x) = C \cdot 1^x = C$,可设原方程的一个特解为

$$y_x^* = (Ax + B)2^x,$$

将其代入原方程得 $A = 1, B = -2$.故原方程的通解为 $y_x = C + (x-2)2^x$,式中 C 为任意常数.

第16讲
无穷级数（仅数学一、数学三）

第一部分　判别 $\sum\limits_{n=1}^{\infty} u_n$ 的敛散性

三向解题法

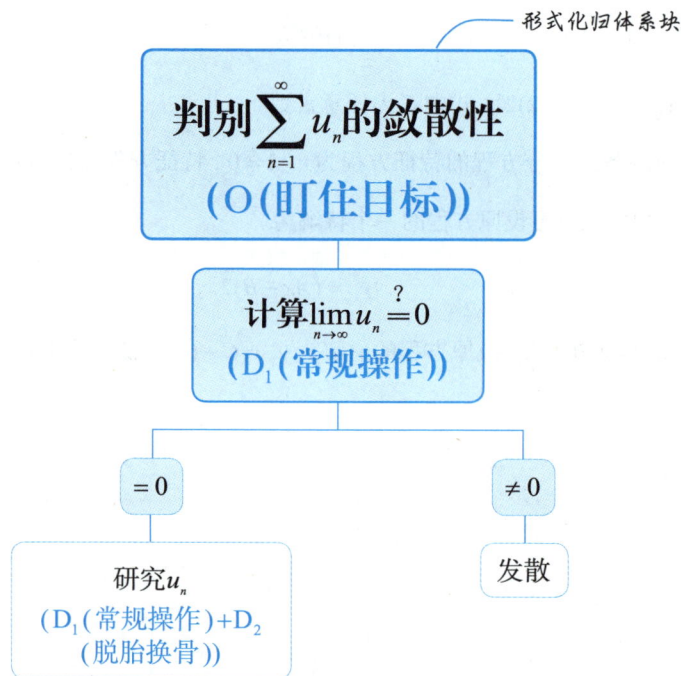

形式化归体系块

判别 $\sum\limits_{n=1}^{\infty} u_n$ 的敛散性

（O（盯住目标））

计算 $\lim\limits_{n\to\infty} u_n \overset{?}{=} 0$

（D$_1$（常规操作））

= 0

≠ 0

研究 u_n

（D$_1$（常规操作）+D$_2$（脱胎换骨））

发散

一、计算 $\lim\limits_{n\to\infty} u_n \overset{?}{=} 0$（D$_1$（常规操作））

例16.1　判别级数 $\sum\limits_{n=2}^{\infty}\left(1-\dfrac{1}{n}\right)^n$ 的敛散性.

【解】　由于 $\lim\limits_{n\to\infty}\left(1-\dfrac{1}{n}\right)^n = e^{\lim\limits_{n\to\infty} n\left(-\frac{1}{n}\right)} = e^{-1} \neq 0$，故级数 $\sum\limits_{n=2}^{\infty}\left(1-\dfrac{1}{n}\right)^n$ 发散.

例16.2 判别级数 $\sum\limits_{n=2}^{\infty}\left(2-\dfrac{2}{n}\right)^n \ln\left(\dfrac{1}{2^n}+1\right)$ 的敛散性.

【解】 由于 $\lim\limits_{n\to\infty}\left(2-\dfrac{2}{n}\right)^n \ln\left(\dfrac{1}{2^n}+1\right)=\lim\limits_{n\to\infty}\left(2-\dfrac{2}{n}\right)^n\cdot\dfrac{1}{2^n}=\lim\limits_{n\to\infty}\left(1-\dfrac{1}{n}\right)^n=\mathrm{e}^{-1}\neq 0$，

故级数 $\sum\limits_{n=2}^{\infty}\left(2-\dfrac{2}{n}\right)^n \ln\left(\dfrac{1}{2^n}+1\right)$ 发散.

二、研究 u_n（D_1（常规操作）$+\mathrm{D}_2$（脱胎换骨））

（一）见到 $f(n)$

1.恒等变形与不等放缩

（1）见到 "a^n-b^n" 或 "a^n-1^n"，考虑提出 a^n，使其成为 $a^n\left[1-\left(\dfrac{b}{a}\right)^n\right]$ 或 $a^n\left[1-\left(\dfrac{1}{a}\right)^n\right]$. 　D_{23}（化归经典形式）

例16.3 判别级数 $\sum\limits_{n=1}^{\infty}\dfrac{3^n}{\mathrm{e}^n-1}$ 的敛散性.

【解】 由于 $\dfrac{3^n}{\mathrm{e}^n-1}=\dfrac{3^n}{\mathrm{e}^n\left[1-\left(\dfrac{1}{\mathrm{e}}\right)^n\right]}\sim\left(\dfrac{3}{\mathrm{e}}\right)^n\ (n\to\infty)$，且级数 $\sum\limits_{n=1}^{\infty}\left(\dfrac{3}{\mathrm{e}}\right)^n$ 发散，故级数 $\sum\limits_{n=1}^{\infty}\dfrac{3^n}{\mathrm{e}^n-1}$ 发散.

（2）见到 "$\ln$"，考虑① $\ln b-\ln a=\ln\dfrac{b}{a}$，$\ln b+\ln a=\ln ba$，$\ln b^a=a\ln b$；② $\ln n<n$，$\ln(1+n)<n$. 　D_{23}（化归经典形式）

例16.4 判别级数 $\sum\limits_{n=2}^{\infty}\dfrac{1}{\ln\sqrt{n}}$ 的敛散性.

【解】 由于 $\dfrac{1}{\ln\sqrt{n}}=\dfrac{1}{\dfrac{1}{2}\ln n}=\dfrac{2}{\ln n}>\dfrac{2}{n}$，且级数 $\sum\limits_{n=2}^{\infty}\dfrac{2}{n}$ 发散，故由比较判别法知，级数 $\sum\limits_{n=2}^{\infty}\dfrac{1}{\ln\sqrt{n}}$ 发散.

例16.5 判别级数 $\sum\limits_{n=1}^{\infty}\dfrac{1}{\ln(\mathrm{e}^n+n)}$ 的敛散性.

【解】 由于 $\dfrac{1}{\ln(\mathrm{e}^n+n)}=\dfrac{1}{\ln\left[\mathrm{e}^n\left(1+\dfrac{n}{\mathrm{e}^n}\right)\right]}\sim\dfrac{1}{\ln \mathrm{e}^n}=\dfrac{1}{n}\ (n\to\infty)$，级数 $\sum\limits_{n=1}^{\infty}\dfrac{1}{\ln(\mathrm{e}^n+n)}$ 发散.

例16.6 判别级数 $\displaystyle\sum_{n=2}^{\infty}\frac{1}{\ln(n!)}$ 的敛散性.

【解】 由于 $\dfrac{1}{\ln(n!)}>\dfrac{1}{n\ln n}(n\geqslant 2)$，故级数 $\displaystyle\sum_{n=2}^{\infty}\frac{1}{\ln(n!)}$ 发散.

$\longrightarrow \ln(n!)<\ln n^{n}=n\ln n$

（3）见到"$f(n)$"或"$f(n)\pm g(n)$"，且 $f(n)$，$g(n)$ 为基本展开型函数（注意 $e^{f(n)}$），作泰勒展开，与 $\dfrac{1}{n^{p}}$

比阶.若更综合些，则在题设引导下，推导出 $f(n)$ 与 $\dfrac{1}{n^{p}}$ 的关系，亦可作判定.

$=e^{-p\ln n}$

D_{22}（转换等价表述）$+D_{23}$（化归经典形式）

例16.7 判别级数 $\displaystyle\sum_{n=1}^{\infty}\sin\frac{1}{n}$ 的敛散性.

【解】 当 $n\to\infty$ 时，$\sin\dfrac{1}{n}\sim\dfrac{1}{n}$，故级数 $\displaystyle\sum_{n=1}^{\infty}\sin\frac{1}{n}$ 发散.

例16.8 判别级数 $\displaystyle\sum_{n=1}^{\infty}\ln\left(1+\frac{1}{n^{2}}\right)$ 的敛散性.

【解】 当 $n\to\infty$ 时，$\ln\left(1+\dfrac{1}{n^{2}}\right)\sim\dfrac{1}{n^{2}}$，故级数 $\displaystyle\sum_{n=1}^{\infty}\ln\left(1+\frac{1}{n^{2}}\right)$ 收敛.

例16.9 判别级数 $\displaystyle\sum_{n=1}^{\infty}\left(1-\cos\frac{a}{n}\right)$（$a$ 为非零常数）的敛散性.

【解】 当 $n\to\infty$ 时，$1-\cos\dfrac{a}{n}\sim\dfrac{a^{2}}{2}\cdot\dfrac{1}{n^{2}}$，故级数 $\displaystyle\sum_{n=1}^{\infty}\left(1-\cos\frac{a}{n}\right)$ 收敛.

例16.10 设常数 $a>0$，判别级数 $\displaystyle\sum_{n=1}^{\infty}\frac{1}{a^{\ln n}}$ 的敛散性.

【解】 由于
$$\frac{1}{a^{\ln n}}=\frac{1}{e^{\ln n\cdot\ln a}}=\frac{1}{\left(e^{\ln n}\right)^{\ln a}}=\frac{1}{n^{\ln a}},$$

因此当 $\ln a>1$，即 $a>e$ 时，原级数收敛；当 $\ln a\leqslant 1$，即 $0<a\leqslant e$ 时，原级数发散.

例16.11 判别级数 $\displaystyle\sum_{n=4}^{\infty}\frac{1}{(\ln n)^{\ln n}}$ 的敛散性.

【解】 当 $n\to\infty$ 时，
$$\frac{1}{(\ln n)^{\ln n}}=\frac{1}{e^{\ln n\ln(\ln n)}}=\frac{1}{n^{\ln(\ln n)}}<\frac{1}{n^{2}},$$

由于 $\displaystyle\sum_{n=4}^{\infty}\frac{1}{n^{2}}$ 收敛，故由比较判别法知，$\displaystyle\sum_{n=4}^{\infty}\frac{1}{(\ln n)^{\ln n}}$ 收敛.

例16.12　判别级数 $\sum\limits_{n=1}^{\infty}\left(n^{\frac{n^2}{1+\frac{1}{n^2}}}-1\right)$ 的敛散性.

【解】　由于

$$\lim_{n\to\infty}\left(n^{\frac{n^2}{1+\frac{1}{n^2}}}-1\right)=\lim_{n\to\infty}\left(\mathrm{e}^{\frac{n^2\ln n}{1+\frac{1}{n^2}}}-1\right)=\lim_{n\to\infty}\left(\mathrm{e}^{\frac{n^4\ln n}{1+n^2}}-1\right)\neq 0,$$

故级数 $\sum\limits_{n=1}^{\infty}\left(n^{\frac{n^2}{1+\frac{1}{n^2}}}-1\right)$ 发散.

例16.13　判别级数 $\sum\limits_{n=1}^{\infty}\left(\sqrt[n]{a}-\sqrt{1+\frac{1}{n}}\right)(a>0)$ 的敛散性.

【解】　由于

$$\sqrt[n]{a}-\sqrt{1+\frac{1}{n}}=\mathrm{e}^{\frac{1}{n}\ln a}-\left(1+\frac{1}{n}\right)^{\frac{1}{2}}$$

$$=\left[1+\frac{1}{n}\ln a+\frac{1}{2n^2}\ln^2 a+o\left(\frac{1}{n^2}\right)\right]-\left[1+\frac{1}{2n}-\frac{1}{8n^2}+o\left(\frac{1}{n^2}\right)\right]$$

$$=\left(\ln a-\frac{1}{2}\right)\frac{1}{n}+\left(\frac{\ln^2 a}{2}+\frac{1}{8}\right)\frac{1}{n^2}+o\left(\frac{1}{n^2}\right)(n\to\infty),$$

所以当 $a=\sqrt{\mathrm{e}}$ 时,级数 $\sum\limits_{n=1}^{\infty}\left(\sqrt[n]{a}-\sqrt{1+\frac{1}{n}}\right)$ 收敛;当 $a\neq\sqrt{\mathrm{e}}$ 且 $a>0$ 时,级数 $\sum\limits_{n=1}^{\infty}\left(\sqrt[n]{a}-\sqrt{1+\frac{1}{n}}\right)$ 发散.

例16.14　判别级数 $\sum\limits_{n=1}^{\infty}\left[\left(n+\frac{1}{2}\right)\ln\left(1+\frac{1}{n}\right)-1\right]$ 的敛散性.

【解】　由于

$$\left(n+\frac{1}{2}\right)\ln\left(1+\frac{1}{n}\right)-1=\left(n+\frac{1}{2}\right)\left[\frac{1}{n}-\frac{1}{2n^2}+\frac{1}{3n^3}+o\left(\frac{1}{n^3}\right)\right]-1$$

$$=\frac{1}{12}\cdot\frac{1}{n^2}+o\left(\frac{1}{n^2}\right)(n\to\infty),$$

故级数 $\sum\limits_{n=1}^{\infty}\left[\left(n+\frac{1}{2}\right)\ln\left(1+\frac{1}{n}\right)-1\right]$ 收敛.

例16.15　设 $x_n(n=1,2,\cdots)$ 是方程 $\tan x=x$ 的正根,且从小到大排列.

(1)求 $\lim\limits_{n\to\infty}(x_n-n\pi)$;

(2)证明 $\sum\limits_{n=1}^{\infty}\dfrac{1}{x_n^2}$ 收敛.

(1)【解】　$y=\tan x$ 的图像如图所示,令 $f(x)=\tan x-x$,由

$$\lim_{x \to \left(n\pi + \frac{\pi}{2}\right)^-} f(x) = +\infty, \quad \lim_{x \to \left(n\pi - \frac{\pi}{2}\right)^+} f(x) = -\infty,$$

故 $f(x) = 0$ 在 $\left(n\pi - \dfrac{\pi}{2}, n\pi + \dfrac{\pi}{2}\right)$ 内有实根，$n = 1, 2, \cdots$.

因为 $\tan x_n = x_n$，又 $x_n > n\pi - \dfrac{\pi}{2}$，$\lim\limits_{n \to \infty} x_n = +\infty$，故

$$\lim_{n \to \infty} x_n = \lim_{n \to \infty} \tan x_n = \lim_{n \to \infty} \tan(x_n - n\pi) = +\infty,$$

又 $-\dfrac{\pi}{2} < x_n - n\pi < \dfrac{\pi}{2}$，于是 $\lim\limits_{n \to \infty}(x_n - n\pi) = \dfrac{\pi}{2}$.

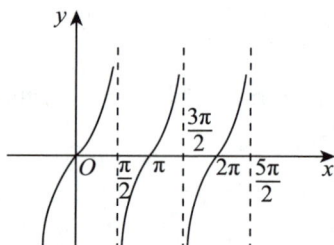

（2）【证】 由于 $x_n > n\pi - \dfrac{\pi}{2}$，则 $\dfrac{1}{x_n^2} < \dfrac{1}{\left(n\pi - \dfrac{\pi}{2}\right)^2}$，由正项级数的比较判别法，知 $\sum\limits_{n=1}^{\infty} \dfrac{1}{x_n^2}$ 收敛.

例16.16 设 $a_n(x)$ 满足

$$a_n'(x) - \frac{n}{(1+x)\ln(1+x)} a_n(x) + \ln^n(1+x) = 0, \quad x > 0, \quad n = 1, 2, \cdots, \quad a_n(1) = 0.$$

（1）求 $a_n(x)$ 的表达式；

（2）判别 $\sum\limits_{n=1}^{\infty} \displaystyle\int_0^1 a_n(x)\mathrm{d}x$ 的敛散性.

【解】 （1）所给方程为 $a_n'(x) - \dfrac{n}{(1+x)\ln(1+x)} a_n(x) = -\ln^n(1+x)$，令 $p_n(x) = -\dfrac{n}{(1+x)\ln(1+x)}$，则

$$\mathrm{e}^{-\int p_n(x)\mathrm{d}x} = \mathrm{e}^{n\int \frac{\mathrm{d}x}{(1+x)\ln(1+x)}} = \mathrm{e}^{n\int \frac{\mathrm{d}[\ln(1+x)]}{\ln(1+x)}}$$

$$= \mathrm{e}^{n\ln[\ln(1+x)]} = \ln^n(1+x).$$

同理 $\mathrm{e}^{\int p_n(x)\mathrm{d}x} = \dfrac{1}{\ln^n(1+x)}$，由一阶线性微分方程的通解公式，有

$$a_n(x) = \ln^n(1+x)\left\{\int \frac{1}{\ln^n(1+x)} \cdot \left[-\ln^n(1+x)\right]\mathrm{d}x + C\right\}$$

$$= \ln^n(1+x) \cdot (-x + C),$$

又由 $a_n(1) = 0$，得 $C = 1$，于是

$$a_n(x) = (1-x)\ln^n(1+x), \quad x > 0.$$

（2）
$$\sum_{n=1}^{\infty} \int_0^1 a_n(x)\mathrm{d}x = \sum_{n=1}^{\infty} \int_0^1 (1-x)\ln^n(1+x)\mathrm{d}x$$

为正项级数，由 $\ln(1+x) < x$，知

$$\int_0^1 (1-x)\ln^n(1+x)\mathrm{d}x \leqslant \int_0^1 (1-x)x^n \mathrm{d}x = \int_0^1 (x^n - x^{n+1})\mathrm{d}x = \frac{1}{n+1} - \frac{1}{n+2} = \frac{1}{(n+1)(n+2)}.$$

因为 $\displaystyle\sum_{n=1}^{\infty} \frac{1}{(n+1)(n+2)}$ 收敛,故根据正项级数的比较判别法,有 $\displaystyle\sum_{n=1}^{\infty}\int_0^1 a_n(x)\mathrm{d}x$ 收敛.

2. 泰勒展开

例16.17 设 $f(x)$ 在 $x=0$ 的某邻域内具有二阶连续导数,且 $\displaystyle\lim_{x\to 0}\frac{f(x)}{x}=0$,判别级数 $\displaystyle\sum_{n=1}^{\infty} f\left(\frac{1}{n}\right)$ 的敛散性.

D_{23}(化归经典形式)

【解】 由题设,有 $f(0)=0$,$f'(0)=0$,于是

$$f(x) = f(0) + f'(0)x + \frac{f''(\xi)}{2}x^2 = \frac{f''(\xi)}{2}x^2,\ \text{其中 } \xi \text{ 介于 0 与 } x \text{ 之间,}$$

记题设中具有二阶连续导数的邻域为 U,进一步记 $M = \max\{|f''(x)|\}$,故当 $x \in U$ 时,

$$|f(x)| = \frac{|f''(\xi)|}{2}x^2 \leqslant \frac{M}{2}x^2,$$

因此存在 $N > 0$,当 $n > N$ 时,$x = \frac{1}{n}$ 在该邻域内,有 $\left|f\left(\frac{1}{n}\right)\right| \leqslant \frac{M}{2n^2}$,所以级数 $\displaystyle\sum_{n=1}^{\infty} f\left(\frac{1}{n}\right)$ 绝对收敛.

3. 处理 $(-1)^n$

D_{21}(观察研究对象)

注意一类 $f(n)$ 中,虽含 $(-1)^n$,但非交错级数.当 $(-1)^n$ 不影响通项 a_n 的正负时,可考虑去掉它.

① 不等放缩.如 $(-1)^n \leqslant 1$,$\cos n\pi = (-1)^n \leqslant 1$.

② 恒等变形.如

D_{23}(化归经典形式)

$$\sum_{n=2}^{\infty} \frac{(-1)^n}{\sqrt{n}+(-1)^n} = \sum_{n=2}^{\infty} \frac{(-1)^n[\sqrt{n}-(-1)^n]}{n-1}$$

$$= \sum_{n=2}^{\infty} \frac{(-1)^n}{n-1}\sqrt{n} - \sum_{n=2}^{\infty} \frac{1}{n-1},$$

条件收敛　　发散

显然级数 $\displaystyle\sum_{n=2}^{\infty} \frac{(-1)^n}{\sqrt{n}+(-1)^n}$ 发散.

例16.18 判别级数 $\displaystyle\sum_{n=1}^{\infty} \frac{(\sqrt{2}+\cos n\pi)^n}{3^n}$ 的敛散性.

【解】 由 $\cos n\pi = (-1)^n \leqslant 1$,得

D_{21}(观察研究对象)

$$0 < \frac{[\sqrt{2}+(-1)^n]^n}{3^n} \leqslant \frac{(\sqrt{2}+1)^n}{3^n} = \left(\frac{\sqrt{2}+1}{3}\right)^n,$$

由于 $\sum\limits_{n=1}^{\infty}\left(\dfrac{\sqrt{2}+1}{3}\right)^n$ 收敛，故级数 $\sum\limits_{n=1}^{\infty}\dfrac{(\sqrt{2}+\cos n\pi)^n}{3^n}$ 收敛．

（二）见到 $f(n)$ 与 $f'(n)$

见到 $f(n)$ 与 $f'(n)$ 的关系，考虑

①拉格朗日中值定理；　　　D_{22}（转换等价表述）$+D_{23}$（化归经典形式）

② $\sum\limits_{k=1}^{n}\left[f(k+1)-f(k)\right]=f(n+1)-f(1)$．

例16.19 已知函数 $f(x)$ 二阶可导，且 $f'(x)>0$，$f''(x)<0$，$\lim\limits_{x\to+\infty}f(x)=a$，证明级数 $\sum\limits_{n=1}^{\infty}f'(n)$ 收敛．

【证】 由题设，有

$$0<f'(n+1)<f'(\xi)=f(n+1)-f(n),\xi\in(n,n+1).$$

级数 $\sum\limits_{n=1}^{\infty}[f(n+1)-f(n)]$ 的前 n 项和为

$$S_n=\sum_{k=1}^{n}\left[f(k+1)-f(k)\right]=f(n+1)-f(1).$$

因为 $\lim\limits_{n\to\infty}S_n=a-f(1)$，所以级数 $\sum\limits_{n=1}^{\infty}[f(n+1)-f(n)]$ 收敛，故由正项级数的比较判别法，知级数 $\sum\limits_{n=1}^{\infty}f'(n)$ 收敛．

（三）见到 $f(n)-f(n-1)$

D_{23}（化归经典形式）

见到 $f(n)-f(n-1)$，考虑①有理化（重点在分子）；②通分（重点在分母）．

例16.20 设 p 为常数，判别级数 $\sum\limits_{n=1}^{\infty}\dfrac{\left(\sqrt{n+1}-\sqrt{n}\right)^p}{n}$ 的敛散性．

【解】 当 $n\to\infty$ 时，$\dfrac{\left(\sqrt{n+1}-\sqrt{n}\right)^p}{n}=\dfrac{1}{n\left(\sqrt{n+1}+\sqrt{n}\right)^p}\sim\dfrac{1}{2^p\cdot n^{1+\frac{p}{2}}}$，

因此当 $1+\dfrac{p}{2}>1$，即 $p>0$ 时，级数 $\sum\limits_{n=1}^{\infty}\dfrac{\left(\sqrt{n+1}-\sqrt{n}\right)^p}{n}$ 收敛；当 $1+\dfrac{p}{2}\leqslant 1$，即 $p\leqslant 0$ 时，级数 $\sum\limits_{n=1}^{\infty}\dfrac{\left(\sqrt{n+1}-\sqrt{n}\right)^p}{n}$ 发散．

例16.21 设 p 为常数,判别级数 $\displaystyle\sum_{n=1}^{\infty}\left[\dfrac{1}{n^p}-\dfrac{1}{(n+1)^p}\right]$ 的敛散性.

【解】 当 $n\to\infty$ 时, $\qquad \dfrac{1}{n^p}-\dfrac{1}{(n+1)^p}=\dfrac{(n+1)^p-n^p}{n^p(n+1)^p}\sim\dfrac{pn^{p-1}}{n^{2p}}=\dfrac{p}{n^{p+1}}$,

因此当 $p=0$ 或 $p+1>1$,即 $p\geqslant0$ 时,级数 $\displaystyle\sum_{n=1}^{\infty}\left[\dfrac{1}{n^p}-\dfrac{1}{(n+1)^p}\right]$ 收敛;当 $p+1<1$,即 $p<0$ 时,级数

$\displaystyle\sum_{n=1}^{\infty}\left[\dfrac{1}{n^p}-\dfrac{1}{(n+1)^p}\right]$ 发散.

例16.22 设 a 为正数,若级数 $\displaystyle\sum_{n=1}^{\infty}\dfrac{a^n n!}{n^n}$ 收敛,而 $\displaystyle\sum_{n=2}^{\infty}\dfrac{\sqrt{n+2}-\sqrt{n-2}}{n^a}$ 发散,则(　　　).

(A) $0<a\leqslant\dfrac{1}{2}$ 　　　　 (B) $\dfrac{1}{2}<a<\mathrm{e}$ 　　　　 (C) $a>\mathrm{e}$ 　　　　 (D) $a=\mathrm{e}$

【解】 应选(A).

记 $b_n=\dfrac{a^n n!}{n^n}$,由于 $\displaystyle\lim_{n\to\infty}\dfrac{b_{n+1}}{b_n}=\lim_{n\to\infty}\dfrac{a}{\left(1+\dfrac{1}{n}\right)^n}=\dfrac{a}{\mathrm{e}}$,故当 $0<a<\mathrm{e}$ 时,级数收敛;当 $a>\mathrm{e}$ 时,级数发散;当

$a=\mathrm{e}$ 时,比值判别法失效,但是,因为 $\dfrac{b_{n+1}}{b_n}=\dfrac{\mathrm{e}}{\left(1+\dfrac{1}{n}\right)^n}>1$,即数列 $\{b_n\}$ 严格单调递增,而 $b_1=\mathrm{e}>0$,

所以当 $n\to\infty$ 时,级数 $\displaystyle\sum_{n=1}^{\infty}b_n$ 的一般项 b_n 不趋于零,故当 $a=\mathrm{e}$ 时级数发散.

综上,当 $0<a<\mathrm{e}$ 时,级数 $\displaystyle\sum_{n=1}^{\infty}\dfrac{a^n n!}{n^n}$ 收敛;当 $a\geqslant\mathrm{e}$ 时,级数 $\displaystyle\sum_{n=1}^{\infty}\dfrac{a^n n!}{n^n}$ 发散.

又当 $n\to\infty$ 时, $\qquad \dfrac{\sqrt{n+2}-\sqrt{n-2}}{n^a}=\dfrac{4}{n^a(\sqrt{n+2}+\sqrt{n-2})}\sim\dfrac{2}{n^{a+\frac{1}{2}}}$,

且 $\displaystyle\sum_{n=2}^{\infty}\dfrac{\sqrt{n+2}-\sqrt{n-2}}{n^a}$ 发散,因此有 $a+\dfrac{1}{2}\leqslant1$,即 $a\leqslant\dfrac{1}{2}$.所以 $0<a\leqslant\dfrac{1}{2}$,应选(A).

【注】类似于本题级数 $\displaystyle\sum\dfrac{a^n n!}{n^n}$ 敛散性的讨论,有以下一类问题亦要注意: $\displaystyle\sum_{n=1}^{\infty}\dfrac{a^n}{n!}$, $\displaystyle\sum_{n=1}^{\infty}\dfrac{n^q}{a^n}(a>1)$,

$\displaystyle\sum_{n=1}^{\infty}\dfrac{n!}{n^n}$ 均收敛, $\displaystyle\sum_{n=1}^{\infty}\dfrac{\ln^p n}{n^q}$ 在 $q>1$ 时收敛.

如, $\displaystyle\lim_{n\to\infty}\dfrac{a^{n+1}}{(n+1)!}\cdot\dfrac{n!}{a^n}=0$,故 $\displaystyle\sum_{n=1}^{\infty}\dfrac{a^n}{n!}$ 收敛;

再如，当 $\lim\limits_{n\to\infty}\dfrac{(n+1)^q}{a^{n+1}}\cdot\dfrac{a^n}{n^q}=\dfrac{1}{a}<1$，即 $a>1$ 时，$\sum\limits_{n=1}^{\infty}\dfrac{n^q}{a^n}$ 收敛；

又如，当 $q>1$ 时，存在 $\varepsilon>0$，使得 $q-\varepsilon>1$，有 $\lim\limits_{n\to\infty}\left(\dfrac{\ln^p n}{n^q}\bigg/\dfrac{1}{n^{q-\varepsilon}}\right)=\lim\limits_{n\to\infty}\dfrac{\ln^p n}{n^{\varepsilon}}=0$（P9 "4. 常

用的无穷大量阶的比较"），又 $\sum\limits_{n=1}^{\infty}\dfrac{1}{n^{q-\varepsilon}}$ 收敛，故 $\sum\limits_{n=1}^{\infty}\dfrac{\ln^p n}{n^q}$ 收敛.

例16.23 设函数 $f(x)$ 是区间 $(-\infty,+\infty)$ 上的可导函数，$|f'(x)|<kf(x)$，其中 $0<k<1$. 任取实数

a_0，定义 $a_n=\ln f(a_{n-1})$，$n=1,2,\cdots$，证明：$\sum\limits_{n=1}^{\infty}(a_n-a_{n-1})$ 绝对收敛.

【证】 令 $F(x)=\ln f(x)$，在以 a_{n-1},a_{n-2} 为端点的闭区间上用拉格朗日中值定理，有 $F(a_{n-1})-$

$F(a_{n-2})=F'(\xi)(a_{n-1}-a_{n-2})$，$\xi$ 介于 a_{n-1} 与 a_{n-2} 之间，即 $\ln f(a_{n-1})-\ln f(a_{n-2})=\dfrac{f'(\xi)}{f(\xi)}(a_{n-1}-a_{n-2})$，也即

$a_n-a_{n-1}=\dfrac{f'(\xi)}{f(\xi)}(a_{n-1}-a_{n-2})$，于是有

$$|a_n-a_{n-1}|=\dfrac{|f'(\xi)|}{f(\xi)}|a_{n-1}-a_{n-2}|<k|a_{n-1}-a_{n-2}|<k^2|a_{n-2}-a_{n-3}|<\cdots<k^{n-1}|a_1-a_0|.$$

当 $0<k<1$ 时，$\sum\limits_{n=1}^{\infty}k^{n-1}|a_1-a_0|$ 收敛，由正项级数的比较判别法，知 $\sum\limits_{n=1}^{\infty}|a_n-a_{n-1}|$ 收敛，即 $\sum\limits_{n=1}^{\infty}(a_n-a_{n-1})$

绝对收敛.

(四) 见到 $f(a_n)$

若知 $\{a_n\}$ 收敛，可考虑用有界性或保号性放缩.

(1) 若 $\{a_n\}$ 收敛于 $a(a>0)$，则当 $n\to\infty$ 时， $\begin{cases} |a_n|\leq M, \\ a_n>\dfrac{a}{2}>0. \end{cases}$ $\rightarrow D_{22}$（转换等价表述）

例16.24 设数列 $\{a_n\}$ 收敛，且 $\lim\limits_{n\to\infty}a_n=a(a>0)$，判别级数 $\sum\limits_{n=1}^{\infty}\dfrac{1}{(1+a_n)^n}$ 的敛散性.

【解】 由题设可知，对任意的 $\varepsilon>0$，存在正整数 N，当 $n>N$ 时，有 $|a_n-a|<\varepsilon$ 恒成立，故 $a_n>\dfrac{a}{2}>0$，

因此当 $n\to\infty$ 时，

$$0=\dfrac{1}{(1+a_n)^n}<\dfrac{1}{\left(1+\dfrac{a}{2}\right)^n}=\left(\dfrac{1}{1+\dfrac{a}{2}}\right)^n,$$

由于级数 $\sum\limits_{n=1}^{\infty}\left(\dfrac{1}{1+\dfrac{a}{2}}\right)^n$ 收敛, 所以级数 $\sum\limits_{n=1}^{\infty}\dfrac{1}{(1+a_n)^n}$ 收敛.

(2)若 $\{a_n\}$ 单调递减, $\sum\limits_{n=1}^{\infty}a_n$ 收敛, 则 $\lim\limits_{n\to\infty}na_n=0$.

【注】证　由题设, $\lim\limits_{n\to\infty}a_n=0$, 又 $\{a_n\}$ 单调减少, 由例1.13知 $a_n\geqslant0$.

记 $S_n=a_1+a_2+\cdots+a_n$, 则 $\lim\limits_{n\to\infty}S_n=\lim\limits_{n\to\infty}S_{2n}=A$, $\lim\limits_{n\to\infty}(S_{2n}-S_n)=0$. 又 $S_{2n}-S_n=a_{n+1}+a_{n+2}+\cdots+a_{2n}\geqslant$ $n\cdot a_{2n}\geqslant0$, 由夹逼准则, $\lim\limits_{n\to\infty}na_{2n}=0$, 且 $0\leqslant(2n+1)a_{2n+1}=2na_{2n+1}+a_{2n+1}\leqslant2na_{2n}+a_{2n+1}$, 再由夹逼准则, $\lim\limits_{n\to\infty}(2n+1)a_{2n+1}=0$, 证毕.

注意:① $\{a_n\}$ 单调递减, $\lim\limits_{n\to\infty}na_n=0\not\Rightarrow\sum a_n$ 收敛. (反例: $\sum\limits_{n=2}^{\infty}\dfrac{1}{n\ln n}$)

② $a_n>0$, $\sum a_n$ 收敛 $\not\Rightarrow\lim\limits_{n\to\infty}na_n=0$.

(3)若 $\lim\limits_{n\to\infty}n^2a_n=a>0$, 则 $\begin{cases}|n^2a_n|\leqslant M,\\|a_n|\leqslant\dfrac{M}{n^2}.\end{cases}$　D_{22}(转换等价表述)$+D_{23}$(化归经典形式)

例16.25　设正项级数 $\sum\limits_{n=1}^{\infty}a_n$ 满足 $\lim\limits_{n\to\infty}n^2a_n=\dfrac{1}{2}$, 判别级数 $\sum\limits_{n=1}^{\infty}a_n$ 的敛散性.

【解】由 $\lim\limits_{n\to\infty}n^2a_n=\dfrac{1}{2}$ 知, 存在 $N>0$, 当 $n>N$ 时, $n^2a_n\leqslant1$, 因此当 $n\to\infty$ 时, $a_n\leqslant\dfrac{1}{n^2}$, 由于级数 $\sum\limits_{n=1}^{\infty}\dfrac{1}{n^2}$ 收敛, 因此级数 $\sum\limits_{n=1}^{\infty}a_n$ 收敛.

(4)若 $\lim\limits_{n\to\infty}n^2(a_n-b_n)=1$, 则 $\sum(a_n-b_n)$ 收敛.　D_{23}(化归经典形式)

例16.26　设两个数列 $\{a_n\}$, $\{b_n\}$, 若 $\lim\limits_{n\to\infty}n^2(a_n-b_n)=k$, k 为正常数, 则 $\sum\limits_{n=1}^{\infty}(a_n-b_n)$ (　　).

(A)收敛

(B)发散

(C)当 $k>1$ 时, 发散; 当 $0<k<1$ 时, 收敛

(D)当 $k>1$ 时, 收敛; 当 $0<k<1$ 时, 发散

【解】应选(A).

由于 $\lim\limits_{n\to\infty}n^2(a_n-b_n)=\lim\limits_{n\to\infty}\dfrac{a_n-b_n}{\dfrac{1}{n^2}}=k(0<k<+\infty)$, 又 $\sum\limits_{n=1}^{\infty}\dfrac{1}{n^2}$ 收敛, 故由比较判别法的极限形式, 有

$$\sum_{n=1}^{\infty}(a_n-b_n)\text{ 收敛}.$$

(5) 对于 " $\dfrac{x}{1\pm x}$ ". ↘D₂₃（化归经典形式）

① 对于 " $\dfrac{x}{1+x}$ "（或 " $\dfrac{\square}{1+\square}$ "）.

当 $x>1$ 时，则有 $2x>1+x\Rightarrow\dfrac{x}{1+x}>\dfrac{1}{2}$.

当 $0<x<1$ 时，则有 $1<1+x<2\Rightarrow\dfrac{1}{2}<\dfrac{1}{1+x}<1\Rightarrow\dfrac{x}{2}<\dfrac{x}{1+x}<x$.

② 对于 " $\dfrac{x}{1-x}$ "（或 " $\dfrac{\square}{1-\square}$ "）.

当 $0<x<\dfrac{1}{2}$ 时，则有 $\dfrac{1}{2}<1-x<1\Rightarrow 1<\dfrac{1}{1-x}<2\Rightarrow x<\dfrac{x}{1-x}<2x$.

当 $0<x<1$ 时，则有 $0<1-x<1\Rightarrow\dfrac{1}{1-x}>1\Rightarrow\dfrac{x}{1-x}>x$.

例16.27 判别级数 $\displaystyle\sum_{n=2}^{\infty}\int_0^{\frac{1}{n}}\sqrt{\dfrac{x}{1-x}}\,\mathrm{d}x$ 的敛散性.

【解】 由题设可知，

$$\sum_{n=2}^{\infty}\int_0^{\frac{1}{n}}\sqrt{\frac{x}{1-x}}\,\mathrm{d}x<\sum_{n=2}^{\infty}\int_0^{\frac{1}{n}}\sqrt{2x}\,\mathrm{d}x=\frac{2\sqrt{2}}{3}\sum_{n=2}^{\infty}\frac{1}{n^{\frac{3}{2}}},$$

$$\frac{2\sqrt{2}}{3}\cdot\frac{1}{n^{\frac{3}{2}}}$$

由于级数 $\displaystyle\sum_{n=2}^{\infty}\frac{1}{n^{\frac{3}{2}}}$ 收敛，因此由比较判别法，级数 $\displaystyle\sum_{n=2}^{\infty}\int_0^{\frac{1}{n}}\sqrt{\frac{x}{1-x}}\,\mathrm{d}x$ 收敛.

例16.28 设 $\{a_n\}$ 为正项数列，且 $\displaystyle\sum_{n=1}^{\infty}a_n$ 发散，则以下级数：

① $\displaystyle\sum_{n=1}^{\infty}\frac{a_n}{1+a_n}$ ；② $\displaystyle\sum_{n=1}^{\infty}\frac{a_n}{1-a_n}$ ；③ $\displaystyle\sum_{n=1}^{\infty}\frac{a_n}{1+a_n^2}$ ；④ $\displaystyle\sum_{n=1}^{\infty}\frac{a_n}{1+n^2a_n}$.

一定收敛的个数为（ ）.

(A)1　　　　(B)2　　　　(C)3　　　　(D)4

【解】 应选(A).

对于①，若 $a_n\geq 1$ ，则有 $\dfrac{a_n}{1+a_n}=\dfrac{1}{\frac{1}{a_n}+1}\geq\dfrac{1}{2}$ ，显然发散；若 $0<a_n<1$ ，则有 $\dfrac{a_n}{1+a_n}>\dfrac{a_n}{2}$ ，显然发散.故①

一定发散.

对于②,若 $0 < a_n < 1$,则有 $\dfrac{a_n}{1-a_n} > a_n$,显然发散.故②不一定收敛.

对于③,举例说明,若 $a_n = n$,则发散;若 $a_n = n^2$,则收敛.故③不一定收敛.

对于④,当 $n \to \infty$ 时,有 $\dfrac{a_n}{1+n^2 a_n} = \dfrac{1}{\dfrac{1}{a_n}+n^2} \leqslant \dfrac{1}{n^2}$,由于 $\displaystyle\sum_{n=1}^{\infty} \dfrac{1}{n^2}$ 收敛,所以④一定收敛.

(6)设 $\displaystyle\lim_{n\to\infty} a_n = p$,则

$$\sum_{n=1}^{\infty} \dfrac{1}{n^{a_n}} \begin{cases} \text{发散,} & \text{当 } p < 1 \text{时,} \\ \text{收敛,} & \text{当 } p > 1 \text{时,} \\ \text{不定,} & \text{当 } p = 1 \text{时.} \end{cases} \quad \searrow D_{23}(\text{化归经典形式})$$

例16.29 判别级数 $\displaystyle\sum_{n=1}^{\infty} \dfrac{1}{n^{1+\frac{1}{n}}}$ 的敛散性.

【解】 由于 $\displaystyle\lim_{n\to\infty} \dfrac{\dfrac{1}{n^{1+\frac{1}{n}}}}{\dfrac{1}{n}} = 1$,因此由正项级数比较判别法的极限形式知,级数 $\displaystyle\sum_{n=1}^{\infty} \dfrac{1}{n^{1+\frac{1}{n}}}$ 发散.

【注】 $\displaystyle\lim_{n\to\infty}\left(1+\dfrac{1}{n}\right) = 1$.

例16.30 判别级数 $\displaystyle\sum_{n=2}^{\infty} \dfrac{1}{n^{1+\frac{1}{\sqrt{\ln n}}}}$ 的敛散性.

【解】
$$\dfrac{1}{n^{1+\frac{1}{\sqrt{\ln n}}}} = \dfrac{1}{n \cdot e^{\ln n \cdot \frac{1}{\sqrt{\ln n}}}} = \dfrac{1}{n \cdot e^{\sqrt{\ln n}}},$$

令 $f(x) = \dfrac{1}{x e^{\sqrt{\ln x}}}$,由于 $f(x)$ 在 $[2,+\infty)$ 上非负连续且单调递减,故由积分判别法知,级数 $\displaystyle\sum_{n=2}^{\infty} \dfrac{1}{n^{1+\frac{1}{\sqrt{\ln n}}}}$ 与反

常积分 $\displaystyle\int_2^{+\infty} \dfrac{1}{x e^{\sqrt{\ln x}}} \mathrm{d}x$ 敛散性相同.又因为

$$\int_2^{+\infty} \dfrac{1}{x e^{\sqrt{\ln x}}} \mathrm{d}x = \int_2^{+\infty} \dfrac{1}{e^{\sqrt{\ln x}}} \mathrm{d}(\ln x) \xlongequal{\sqrt{\ln x}=t} \int_{\sqrt{\ln 2}}^{+\infty} \dfrac{2t \, \mathrm{d}t}{e^t}$$

$$= \left(-2t e^{-t} - 2e^{-t}\right)\Big|_{\sqrt{\ln 2}}^{+\infty} = 2\left(\sqrt{\ln 2}+1\right) e^{-\sqrt{\ln 2}},$$

所以 $\displaystyle\sum_{n=2}^{\infty} \dfrac{1}{n^{1+\frac{1}{\sqrt{\ln n}}}}$ 收敛.

【注】 $\lim\limits_{n\to\infty}\left(1+\dfrac{1}{\sqrt{\ln n}}\right)=1$.

(五)见到 $f(a_n,a_{n+1})$

(1)对于所给条件 $f(a_n,a_{n+1})$ 为等式或不等式关系,通过恒等变形捋清关系,以找出 $f(a_n)$ 与 $f(a_{n+1})$ 的递推等式或不等式为方向. $\searrow$ D_{23}(化归经典形式)

例16.31 设 $\{a_n\}$ 为正项数列,且 $\dfrac{a_{n+1}}{a_n}+\dfrac{1}{n}>1$.则以下4个命题:

①$\sum\limits_{n=1}^{\infty}a_n$ 收敛;②$\sum\limits_{n=1}^{\infty}a_n$ 发散;③$\lim\limits_{n\to\infty}a_n=0$;④$\lim\limits_{n\to\infty}a_n^2=+\infty$.

正确命题的个数为( ).

(A)1   (B)2   (C)3   (D)4

【解】 应选(A).

$$\frac{a_{n+1}}{a_n}+\frac{1}{n}>1\Rightarrow(n-1)a_n<na_{n+1},$$

分离 a_n,a_{n+1} 至不等号两边

故 $f(n)=na_{n+1}$ 单调递增,于是 $na_{n+1}\geqslant 1\cdot a_2$,即 $a_{n+1}\geqslant\dfrac{a_2}{n}>0$,因此 $\sum\limits_{n=1}^{\infty}a_n$ 发散,所以①错误,②正确.

举例说明③和④:若 $a_n\equiv 2$,符合题设,则③,④都不正确.故选(A).

(2)对于通项为 $f(a_n,a_{n+1})$,f 较复杂,一时看不清关系时,根据条件,考虑写其 S_n 或放缩成 $f(a_{n+1})-f(a_n)$,写 S_n. $\searrow$ D_{22}(转换等价表述)$+D_{23}$(化归经典形式)

例16.32 设 $\{a_n\}$ 为正项数列,单调递增且有上界,判别级数 $\sum\limits_{n=1}^{\infty}\left(\sqrt{a_{n+1}}-\dfrac{a_n}{\sqrt{a_{n+1}}}\right)$ 的敛散性.

【解】
$$\sqrt{a_{n+1}}-\frac{a_n}{\sqrt{a_{n+1}}}=\frac{a_{n+1}-a_n}{\sqrt{a_{n+1}}}=\frac{(\sqrt{a_{n+1}}+\sqrt{a_n})(\sqrt{a_{n+1}}-\sqrt{a_n})}{\sqrt{a_{n+1}}},$$

又由题设可知,$0<a_n\leqslant a_{n+1}$,即 $\dfrac{a_n}{a_{n+1}}\leqslant 1$,故

$$\sqrt{a_{n+1}}-\frac{a_n}{\sqrt{a_{n+1}}}=\left(1+\sqrt{\frac{a_n}{a_{n+1}}}\right)(\sqrt{a_{n+1}}-\sqrt{a_n})\leqslant 2(\sqrt{a_{n+1}}-\sqrt{a_n}),$$

记 S_n 为级数 $\sum\limits_{n=1}^{\infty}\left(\sqrt{a_{n+1}}-\dfrac{a_n}{\sqrt{a_{n+1}}}\right)$ 的前 n 项和,于是 $S_n\leqslant 2\sum\limits_{k=1}^{n}(\sqrt{a_{k+1}}-\sqrt{a_k})=2(\sqrt{a_{n+1}}-\sqrt{a_1})$.

又 $\{a_n\}$ 单调递增且有上界,因此 S_n 单调递增且有上界,故 $\lim\limits_{n\to\infty}S_n$ 存在,所以 $\sum\limits_{n=1}^{\infty}\left(\sqrt{a_{n+1}}-\dfrac{a_n}{\sqrt{a_{n+1}}}\right)$

收敛.

例16.33 设正项数列 $\{a_n\}$ 满足 $a_{n+1}=\dfrac{1}{2}\left(a_n+\dfrac{1}{a_n}\right)$,且 $a_1=2$,判别级数 $\sum\limits_{n=1}^{\infty}\left(\dfrac{a_n}{a_{n+1}}-1\right)$ 的敛散性.

【解】 由 $a_{n+1}=\dfrac{1}{2}\left(a_n+\dfrac{1}{a_n}\right)\geqslant1$,$a_{n+1}-a_n=\dfrac{1}{2}\left(\dfrac{1}{a_n}-a_n\right)<0$,知 $\{a_n\}$ 单调递减且有下界1,故 $\{a_n\}$ 收

敛.记 $\lim\limits_{n\to\infty}a_n=a\geqslant1$,则 $\dfrac{a_n}{a_{n+1}}-1=\dfrac{1}{a_{n+1}}(a_n-a_{n+1})\leqslant\dfrac{1}{a}(a_n-a_{n+1})$,其中 $a_{n+1}\geqslant a\geqslant1$.设 $\sum\limits_{n=1}^{\infty}\left(\dfrac{a_n}{a_{n+1}}-1\right)$ 的前 n 项

和为 S_n,则

$$S_n=\sum_{k=1}^{n}\left(\frac{a_k}{a_{k+1}}-1\right)\leqslant\sum_{k=1}^{n}\frac{1}{a}(a_k-a_{k+1})$$

$$=\frac{1}{a}(a_1-a_2+a_2-a_3+\cdots+a_n-a_{n+1})=\frac{1}{a}(a_1-a_{n+1}).$$

因为 $\{a_n\}$ 单调递减且有下界,故 $\lim\limits_{n\to\infty}S_n$ 存在,所以 $\sum\limits_{n=1}^{\infty}\left(\dfrac{a_n}{a_{n+1}}-1\right)$ 收敛.

例16.34 已知正项数列 $\{a_n\}$ 满足 $\lim\limits_{n\to\infty}\dfrac{\ln(1+\mathrm{e}^n)}{a_n}=1$.

(1)计算 $\lim\limits_{n\to\infty}\dfrac{\dfrac{1}{a_n}+\dfrac{1}{a_{n+1}}}{\dfrac{1}{n}}$;

(2)判别级数 $\sum\limits_{n=1}^{\infty}(-1)^{n-1}\left(\dfrac{1}{a_n}+\dfrac{1}{a_{n+1}}\right)$ 的敛散性.

【解】 (1)由于 $\lim\limits_{n\to\infty}\dfrac{\ln(1+\mathrm{e}^n)}{n}=\lim\limits_{n\to\infty}\dfrac{\ln(1+\mathrm{e}^n)}{\ln\mathrm{e}^n}=1$,故 $\lim\limits_{n\to\infty}\dfrac{n}{a_n}=1$,所以

$$\lim_{n\to\infty}\frac{\dfrac{1}{a_n}+\dfrac{1}{a_{n+1}}}{\dfrac{1}{n}}=\lim_{n\to\infty}\left(\frac{n}{a_n}+\frac{n}{a_{n+1}}\right)=2.$$

(2)设 $\sum\limits_{n=1}^{\infty}(-1)^{n-1}\left(\dfrac{1}{a_n}+\dfrac{1}{a_{n+1}}\right)$ 的前 n 项和为 S_n,则

$$S_n=\sum_{k=1}^{n}(-1)^{k-1}\left(\frac{1}{a_k}+\frac{1}{a_{k+1}}\right)$$

$$= \frac{1}{a_1} + \frac{1}{a_2} - \frac{1}{a_2} - \frac{1}{a_3} + \frac{1}{a_3} + \frac{1}{a_4} + \cdots + (-1)^{n-1}\frac{1}{a_n} + (-1)^{n-1}\frac{1}{a_{n+1}}$$

$$= \frac{1}{a_1} + (-1)^{n-1} \cdot \frac{1}{a_{n+1}}.$$

由(1)中的 $\lim\limits_{n\to\infty}\frac{n}{a_n}=1$ 可知，$\lim\limits_{n\to\infty}a_n=+\infty$，故 $\lim\limits_{n\to\infty}S_n=\frac{1}{a_1}$ 存在，所以级数 $\sum\limits_{n=1}^{\infty}(-1)^{n-1}\left(\frac{1}{a_n}+\frac{1}{a_{n+1}}\right)$ 收敛.

又由(1)可知，当 $n\to\infty$ 时，$\frac{1}{a_n}+\frac{1}{a_{n+1}}$ 与 $\frac{2}{n}$ 等价，故 $\sum\limits_{n=1}^{\infty}\left(\frac{1}{a_n}+\frac{1}{a_{n+1}}\right)$ 发散.

综上可知，级数 $\sum\limits_{n=1}^{\infty}(-1)^{n-1}\left(\frac{1}{a_n}+\frac{1}{a_{n+1}}\right)$ 条件收敛.

例16.35 设数列 $\{x_n\}$ 满足 $\sin^2 x_n \sin x_{n+1} + 2\sin x_{n+1} = 1$，$x_0=\frac{\pi}{6}$，证明：

(1)级数 $\sum\limits_{n=0}^{\infty}(\sin x_{n+1}-\sin x_n)$ 收敛；

(2) $\lim\limits_{n\to\infty}\sin x_n$ 存在，且其极限值 c 是方程 $x^3+2x-1=0$ 的唯一正根.

【证】(1) $\sin x_{n+1}=\dfrac{1}{\sin^2 x_n+2}$，$x_0=\dfrac{\pi}{6}$，故 $\sin x_1=\dfrac{4}{9}$，$0<\sin x_n<\dfrac{1}{2}$，$n=1,2,\cdots$，

$$\left|\sin x_{n+1}-\sin x_n\right|=\left|\frac{1}{\sin^2 x_n+2}-\frac{1}{\sin^2 x_{n-1}+2}\right|=\frac{\left|\sin^2 x_{n-1}-\sin^2 x_n\right|}{(\sin^2 x_n+2)(\sin^2 x_{n-1}+2)}$$

$$<\frac{\sin x_n+\sin x_{n-1}}{4}\left|\sin x_n-\sin x_{n-1}\right|$$

$$<\frac{1}{4}\left|\sin x_n-\sin x_{n-1}\right|<\cdots<\left(\frac{1}{4}\right)^n\left|\sin x_1-\sin x_0\right|$$

$$=\left(\frac{1}{4}\right)^n\times\frac{1}{18},$$

由于 $\sum\limits_{n=0}^{\infty}\left(\dfrac{1}{4}\right)^n$ 收敛，故根据正项级数的比较判别法知，$\sum\limits_{n=0}^{\infty}\left|\sin x_{n+1}-\sin x_n\right|$ 收敛，即 $\sum\limits_{n=0}^{\infty}(\sin x_{n+1}-\sin x_n)$ 绝

对收敛，所以 $\sum\limits_{n=0}^{\infty}(\sin x_{n+1}-\sin x_n)$ 收敛.

(2) $\sum\limits_{n=0}^{\infty}(\sin x_{n+1}-\sin x_n)$ 的前 n 项和

$$S_n=\sin x_1-\sin x_0+\sin x_2-\sin x_1+\cdots+\sin x_{n+1}-\sin x_n$$

$$=\sin x_{n+1}-\sin x_0,$$

由(1)知 $\lim\limits_{n\to\infty} S_n$ 存在，故 $\lim\limits_{n\to\infty}\sin x_n \overset{存在}{\underset{记为}{=}} c$，由题设，有 $c^3+2c=1$．令 $f(x)=x^3+2x-1$，则 $f'(x)=3x^2+2>0$，

$f(x)$ 单调增加，又 $f(0)=-1<0$，$f(+\infty)>0$，故 c 是方程 $x^3+2x-1=0$ 的唯一正根．

例16.36 设 $a_1=1, a_{n+1}=\arctan a_n (n=1,2,\cdots)$，判定下列级数的敛散性：

(1) $\sum\limits_{n=1}^{\infty}(-1)^n a_n$；

(2) $\sum\limits_{n=1}^{\infty}\arctan(a_n-a_{n+1})$．

【解】(1)已知 $a_1=1>0$，假设 $a_k>0$，则 $a_{k+1}=\arctan a_k>0$．由归纳法原理知，对任意正整数 n，有

$a_n>0$，故数列 $\{a_n\}$ 有下界．由于 $a_{n+1}=\arctan a_n<a_n$，因此数列 $\{a_n\}$ 单调减少．根据单调有界准则知，

$\lim\limits_{n\to\infty}a_n$ 存在．设 $\lim\limits_{n\to\infty}a_n=a$，则当 $n\to\infty$ 时，对等式 $a_{n+1}=\arctan a_n$ 两边取极限，得 $a=\arctan a$，故 $a=0$，从

而得 $\lim\limits_{n\to\infty}a_n=0$．根据交错级数的莱布尼茨判别法知，级数 $\sum\limits_{n=1}^{\infty}(-1)^n a_n$ 收敛．

(2)设级数 $\sum\limits_{n=1}^{\infty}(a_n-a_{n+1})$ 的部分和为 S_n，则

$$\lim\limits_{n\to\infty}S_n=\lim\limits_{n\to\infty}(a_1-a_2+a_2-a_3+\cdots+a_n-a_{n+1})=\lim\limits_{n\to\infty}(a_1-a_{n+1})=a_1=1，$$

故级数 $\sum\limits_{n=1}^{\infty}(a_n-a_{n+1})$ 收敛．由数列 $\{a_n\}$ 单调减少知，$\sum\limits_{n=1}^{\infty}\arctan(a_n-a_{n+1})$ 与 $\sum\limits_{n=1}^{\infty}(a_n-a_{n+1})$ 均为正项级数．

由于 $\lim\limits_{n\to\infty}\dfrac{\arctan(a_n-a_{n+1})}{a_n-a_{n+1}}=1$，故由正项级数比较判别法的极限形式知，级数 $\sum\limits_{n=1}^{\infty}\arctan(a_n-a_{n+1})$ 收敛．

(六) 见到 $f(a_n,b_n)$

D$_{22}$（转换等价表述）+D$_{23}$（化归经典形式）

①将题设通项与欲判通项结合起来找关系：$\begin{cases} a_n b_n=na_n\cdot\dfrac{b_n}{n}，\\ a_n=a_n-b_n+b_n，\\ 若0<a_n<\dfrac{1}{2}，则a_nb_n<\dfrac{1}{2}b_n，\\ 若0<a_n<\dfrac{1}{2}，0<b_n<1，则a_n^2b_n^2<\dfrac{1}{4}b_n^2<\dfrac{1}{4}b_n， \end{cases}$ 等等．

D$_{23}$（化归经典形式）

②令 $\dfrac{b_n}{a_n}=c_n$，转化成 $f(c_n)$ 处理．

例16.37 若 $\sum\limits_{n=1}^{\infty}na_n$ 绝对收敛，$\sum\limits_{n=1}^{\infty}\dfrac{b_n}{n}$ 条件收敛，判别级数 $\sum\limits_{n=1}^{\infty}a_nb_n$ 的敛散性．

【解】 由 $\sum\limits_{n=1}^{\infty}\dfrac{b_n}{n}$ 条件收敛,则有 $\lim\limits_{n\to\infty}\dfrac{b_n}{n}=0$,因此当 $n\to\infty$ 时,有 $\left|\dfrac{b_n}{n}\right|<\dfrac{1}{2}$,从而有

$$\left|a_nb_n\right|=\left|na_n\cdot\dfrac{b_n}{n}\right|<\dfrac{1}{2}\left|na_n\right|,$$

由于 $\sum\limits_{n=1}^{\infty}na_n$ 绝对收敛,所以 $\sum\limits_{n=1}^{\infty}a_nb_n$ 绝对收敛.

例16.38 若 $a_n<b_n$,且 $\sum\limits_{n=1}^{\infty}a_n$,$\sum\limits_{n=1}^{\infty}b_n$ 均收敛,则 $\sum\limits_{n=1}^{\infty}a_n$ 绝对收敛是 $\sum\limits_{n=1}^{\infty}b_n$ 绝对收敛的( ).

(A)充分必要条件   (B)充分非必要条件

(C)必要非充分条件   (D)既非充分也非必要条件

【解】 应选(A).

必要性:$a_n=a_n-b_n+b_n$,从而有

$$\left|a_n\right|\leqslant\left|a_n-b_n\right|+\left|b_n\right|=(b_n-a_n)+\left|b_n\right|,$$

又 $a_n<b_n$,$\sum\limits_{n=1}^{\infty}b_n$ 绝对收敛,$\sum\limits_{n=1}^{\infty}(b_n-a_n)$ 收敛,所以 $\sum\limits_{n=1}^{\infty}a_n$ 绝对收敛.

充分性:$b_n=b_n-a_n+a_n$,从而有

$$\left|b_n\right|\leqslant\left|b_n-a_n\right|+\left|a_n\right|=(b_n-a_n)+\left|a_n\right|,$$

又 $a_n<b_n$,$\sum\limits_{n=1}^{\infty}a_n$ 绝对收敛,$\sum\limits_{n=1}^{\infty}(b_n-a_n)$ 收敛,所以 $\sum\limits_{n=1}^{\infty}b_n$ 绝对收敛.

例16.39 设数列 $\{a_n\}$,$\{b_n\}$ 满足 $\mathrm{e}^{b_n}=\mathrm{e}^{a_n}-a_n\,(n=1,2,3,\cdots)$,证明:

(1)若 $a_n>0$,则 $b_n>0$;

(2)若 $a_n>0$,$\sum\limits_{n=1}^{\infty}a_n$ 收敛,则 $\sum\limits_{n=1}^{\infty}\dfrac{b_n}{a_n}$ 收敛.

【证】 (1)由 $a_n>0$ 证 $b_n>0\Leftrightarrow\mathrm{e}^{a_n}-a_n>1\Leftrightarrow\mathrm{e}^{a_n}>1+a_n$.证明该数列不等式转化为证明函数不等式 $\mathrm{e}^x>1+x\,(x>0)$.

令 $f(x)=\mathrm{e}^x-(1+x)$,则 $f'(x)=\mathrm{e}^x-1>0\,(x>0)$.又由 $f(x)$ 在 $[0,+\infty)$ 上连续,从而有 $f(x)$ 在 $[0,+\infty)$ 上单调增加,所以 $f(x)>f(0)=0\,(x>0)$,即 $\mathrm{e}^x>1+x\,(x>0)$,因此有 $\mathrm{e}^{a_n}-a_n>1$,即 $b_n>0$.

(2)由 $a_n>0$,$\sum\limits_{n=1}^{\infty}a_n$ 收敛,则 $\lim\limits_{n\to\infty}a_n=0$,$\lim\limits_{n\to\infty}b_n=\lim\limits_{n\to\infty}\ln(\mathrm{e}^{a_n}-a_n)=0$,其中 $\lim\limits_{n\to\infty}(\mathrm{e}^{a_n}-a_n)=1$.

为证 $\sum\limits_{n=1}^{\infty}\dfrac{b_n}{a_n}$ 收敛,考查 $\dfrac{b_n}{a_n}$ 与 a_n 的关系:

$$\frac{b_n}{a_n}=\frac{\ln(\mathrm{e}^{a_n}-a_n)}{a_n}=\frac{\ln(\mathrm{e}^{a_n}-a_n-1+1)}{a_n}\sim\frac{\mathrm{e}^{a_n}-a_n-1}{a_n}$$

$$=\frac{\mathrm{e}^{a_n}-a_n-1}{a_n^2}\cdot a_n\sim\frac12 a_n\,(a_n\to0^+,n\to\infty),$$

于是由 $\displaystyle\sum_{n=1}^{\infty}\frac12 a_n$ 收敛可知，$\displaystyle\sum_{n=1}^{\infty}\frac{b_n}{a_n}$ 收敛.

【注】设 a_n，b_n，$c_n>0$.

若 $\displaystyle\lim_{n\to\infty}\frac{a_n}{\dfrac{b_n}{c_n}}=\rho\neq0$，当 $\displaystyle\sum_{n=1}^{\infty}a_n$ 收敛时，$\displaystyle\sum_{n=1}^{\infty}\frac{b_n}{c_n}$ 收敛；若 $\displaystyle\lim_{n\to\infty}\frac{a_nb_n}{c_n}=\rho\neq0$，当 $\displaystyle\sum_{n=1}^{\infty}c_n$ 收敛时，$\displaystyle\sum_{n=1}^{\infty}a_nb_n$ 收敛.

例16.40 设数列 $\{a_n\}$，$\{b_n\}$，当 $a_n>0$，$b_n>0$ 且 $\dfrac{a_{n+1}}{a_n}\le\dfrac{b_{n+1}}{b_n}$ 时，$\displaystyle\sum_{n=1}^{\infty}b_n$ 收敛，证明 $\displaystyle\sum_{n=1}^{\infty}a_n$ 收敛.

【证】由题设可知，$\dfrac{a_{n+1}}{b_{n+1}}\le\dfrac{a_n}{b_n}\le\cdots\le\dfrac{a_1}{b_1}$，得到 $0<a_n\le\dfrac{a_1}{b_1}b_n$，又 $\displaystyle\sum_{n=1}^{\infty}b_n$ 收敛，所以 $\displaystyle\sum_{n=1}^{\infty}a_n$ 收敛.

(七) 见到 $f(a_n,n^p)$

见到 $f(a_n,\ n^p)$，考虑 $|ab|\le\dfrac{a^2+b^2}{2}$. $\quad\longrightarrow$ D₂₃(化归经典形式)

例16.41 设 $\displaystyle\sum_{n=1}^{\infty}a_n$ 为收敛的正项级数，常数 $p>\dfrac12$，判别级数 $\displaystyle\sum_{n=1}^{\infty}\frac{\sqrt{a_n}}{n^p}$ 的敛散性.

【解】当 $n\to\infty$ 时，

$$\frac{\sqrt{a_n}}{n^p}\le\frac12\Big(a_n+\frac1{n^{2p}}\Big),$$

由于 $p>\dfrac12$ 且 $\displaystyle\sum_{n=1}^{\infty}a_n$ 为收敛的正项级数，由正项级数的比较判别法知，级数 $\displaystyle\sum_{n=1}^{\infty}\frac{\sqrt{a_n}}{n^p}$ 收敛.

例16.42 设 $\displaystyle\sum_{n=1}^{\infty}a_n^2$ 收敛，判别级数 $\displaystyle\sum_{n=1}^{\infty}(-1)^n\frac{a_n}{n}$ 的敛散性.

【解】当 $n\to\infty$ 时，

$$\Big|(-1)^n\frac{a_n}{n}\Big|=\Big|\frac{a_n}{n}\Big|\le\frac12\Big(\frac1{n^2}+a_n^2\Big),$$

由 $\displaystyle\sum_{n=1}^{\infty}\frac1{n^2}$，$\displaystyle\sum_{n=1}^{\infty}a_n^2$ 均收敛及正项级数的比较判别法知，级数 $\displaystyle\sum_{n=1}^{\infty}(-1)^n\frac{a_n}{n}$ 绝对收敛.

例16.43 设常数 $\alpha > 0$，正项级数 $\sum\limits_{n=1}^{\infty} a_n$ 收敛，判别级数 $\sum\limits_{n=1}^{\infty}(-1)^{n-1}\dfrac{\sqrt{a_{2n-1}}}{\sqrt{n^2+\alpha}}$ 的敛散性.

【解】 当 $n \to \infty$ 时，

$$\left|(-1)^{n-1}\frac{\sqrt{a_{2n-1}}}{\sqrt{n^2+\alpha}}\right| \leqslant \frac{1}{2}\left(a_{2n-1}+\frac{1}{n^2+\alpha}\right),$$

由 $\sum\limits_{n=1}^{\infty} a_n$，$\sum\limits_{n=1}^{\infty}\dfrac{1}{n^2+\alpha}$ 均收敛及正项级数的比较判别法知，级数 $\sum\limits_{n=1}^{\infty}(-1)^{n-1}\dfrac{\sqrt{a_{2n-1}}}{\sqrt{n^2+\alpha}}$ 绝对收敛.

（八）见到 $f(a_n, S_n)$

D_{22}（转换等价表述）$+D_{23}$
（化归经典形式）

①引入 "$a_n = S_n - S_{n-1}(n>1)$"（定义）.

$$f(a_n, S_n) \to g(S_{n-1}, S_n).$$

②有 S_n，考虑写 $\sum\limits_{k=1}^{n} a_k$，相互抵消，化简. D_{22}（转换等价表述）

③$\sum\limits_{n=1}^{\infty} a_n$ 收敛是 S_n 有界的充分非必要条件.（反例：$\sum\limits_{n=1}^{\infty}(-1)^n$）

④$\sum\limits_{n=1}^{\infty} a_n$ 收敛是 S_n 有界且 $\lim\limits_{n\to\infty} a_n = 0$ 的充分非必要条件.

例16.44 设 $\{a_n\}$ 是正项数列，记 $S_n = \sum\limits_{k=1}^{n} a_k$，证明 $\sum\limits_{n=2}^{\infty}\dfrac{a_n}{S_n^2}$ 收敛.

【证】 由题设可知，当 $n \geqslant 2$ 时，

$$\frac{a_n}{S_n^2} = \frac{S_n - S_{n-1}}{S_n^2} < \frac{S_n - S_{n-1}}{S_n \cdot S_{n-1}} = \frac{1}{S_{n-1}} - \frac{1}{S_n}.$$

故

$$\sum_{k=2}^{n}\frac{a_k}{S_k^2} < \frac{1}{S_1} - \frac{1}{S_2} + \frac{1}{S_2} - \frac{1}{S_3} + \cdots + \frac{1}{S_{n-1}} - \frac{1}{S_n} = \frac{1}{S_1} - \frac{1}{S_n} = \frac{1}{a_1} - \frac{1}{S_n} < \frac{1}{a_1},$$

即级数的部分和 $\sum\limits_{k=2}^{n}\dfrac{a_k}{S_k^2}$ 单调增加且有上界，故其收敛.

（九）见到 $f(n)$ 与 $(-1)^{n-1}$ 纠缠在一起

D_{22}（转换等价表述）$+D_{23}$
（化归经典形式）

（1） 见到 $f(n)$，含 $(-1)^{n-1}$，且 f（或可化）为基本展开型函数，作泰勒展开，分项讨论敛散性.

例16.45 设常数 $p > 0$，判别级数 $\sum\limits_{n=2}^{\infty}\ln\left[1+\dfrac{(-1)^n}{n^p}\right]$ 的敛散性.

【解】 当 $n \to \infty$ 时，

$$\ln\left[1+\frac{(-1)^n}{n^p}\right]=\frac{(-1)^n}{n^p}-\underbrace{\frac{1}{2n^{2p}}+\frac{(-1)^{3n}}{3n^{3p}}+\cdots}_{o\left(\frac{1}{n^{2p}}\right)}.$$

对于 $\displaystyle\sum_{n=2}^{\infty}\frac{(-1)^n}{n^p}$，有

$$\sum_{n=2}^{\infty}\frac{(-1)^n}{n^p}\begin{cases}\text{绝对收敛}, & p>1,\\ \text{条件收敛}, & 0<p\leqslant 1.\end{cases}$$

对于 $\displaystyle\sum_{n=2}^{\infty}\left[\frac{1}{n^{2p}}+o\left(\frac{1}{n^{2p}}\right)\right]$，有 $\displaystyle\sum_{n=2}^{\infty}\left[\frac{1}{n^{2p}}+o\left(\frac{1}{n^{2p}}\right)\right]\begin{cases}\text{收敛}, & p>\dfrac{1}{2},\\ \text{发散}, & p\leqslant\dfrac{1}{2}.\end{cases}$

故　　　　　　　　原级数 $\begin{cases}\text{绝对收敛}, & p>1,\\ \text{条件收敛}, & \dfrac{1}{2}<p\leqslant 1,\\ \text{发散}, & 0<p\leqslant\dfrac{1}{2}.\end{cases}$

例16.46 判别级数 $\displaystyle\sum_{n=1}^{\infty}(-1)^n\tan\frac{\pi}{3n}$ 的敛散性.

【解】　当 $n\to\infty$ 时，

$$(-1)^n\tan\frac{\pi}{3n}=(-1)^n\frac{\pi}{3n}+(-1)^n\cdot\frac{1}{3}\cdot\left(\frac{\pi}{3n}\right)^3+o\left(\left(\frac{\pi}{3n}\right)^3\right),$$

对于 $\displaystyle\sum_{n=1}^{\infty}(-1)^n\frac{\pi}{3n}$，显然条件收敛；对于 $\displaystyle\sum_{n=1}^{\infty}\left[(-1)^n\cdot\frac{1}{3}\cdot\left(\frac{\pi}{3n}\right)^3+o\left(\left(\frac{\pi}{3n}\right)^3\right)\right]$，显然绝对收敛.所以 $\displaystyle\sum_{n=1}^{\infty}(-1)^n\tan\frac{\pi}{3n}$ 条件收敛.

例16.47 判别级数 $\displaystyle\sum_{n=1}^{\infty}\frac{(-1)^{n-1}}{\sqrt{n}}\ln\frac{n+1}{n}$ 的敛散性.

【解】　当 $n\to\infty$ 时，

$$\frac{(-1)^{n-1}}{\sqrt{n}}\ln\frac{n+1}{n}=\frac{(-1)^{n-1}}{\sqrt{n}}\left[\frac{1}{n}-\frac{1}{2n^2}+o\left(\frac{1}{n^2}\right)\right]$$

$$=(-1)^{n-1}\frac{1}{n^{\frac{3}{2}}}-(-1)^{n-1}\frac{1}{2n^{\frac{5}{2}}}+o\left(\frac{1}{n^{\frac{5}{2}}}\right),$$

对于 $\displaystyle\sum_{n=1}^{\infty}(-1)^{n-1}\frac{1}{n^{\frac{3}{2}}}$，显然绝对收敛；对于 $\displaystyle\sum_{n=1}^{\infty}\left[(-1)^{n-1}\frac{1}{2n^{\frac{5}{2}}}+o\left(\frac{1}{n^{\frac{5}{2}}}\right)\right]$，显然绝对收敛，所以 $\displaystyle\sum_{n=1}^{\infty}\frac{(-1)^{n-1}}{\sqrt{n}}\ln\frac{n+1}{n}$ 绝对收敛.

例16.48 判别级数 $\displaystyle\sum_{n=2}^{\infty}\frac{(-1)^n}{\sqrt{n+(-1)^n}}$ 的敛散性.

【解】 当 $n\to\infty$ 时,

$$\frac{(-1)^n}{\sqrt{n+(-1)^n}}=\frac{(-1)^n}{n^{\frac{1}{2}}}\cdot\frac{1}{\left[1+\dfrac{(-1)^n}{n}\right]^{\frac{1}{2}}}=\frac{(-1)^n}{n^{\frac{1}{2}}}\left[1-\frac{1}{2}\frac{(-1)^n}{n}+o\left(\frac{1}{n}\right)\right]$$

$$=\frac{(-1)^n}{n^{\frac{1}{2}}}-\frac{1}{2}\cdot\frac{1}{n^{\frac{3}{2}}}+o\left(\frac{1}{n^{\frac{3}{2}}}\right).$$

对于 $\displaystyle\sum_{n=2}^{\infty}(-1)^n\frac{1}{n^{\frac{1}{2}}}$,显然条件收敛;对于 $\displaystyle\sum_{n=2}^{\infty}\left[-\frac{1}{2}\cdot\frac{1}{n^{\frac{3}{2}}}+o\left(\frac{1}{n^{\frac{3}{2}}}\right)\right]$,显然绝对收敛,所以 $\displaystyle\sum_{n=2}^{\infty}\frac{(-1)^n}{\sqrt{n+(-1)^n}}$ 条件收敛.

例16.49 设常数 $p>0$,判别级数 $\displaystyle\sum_{n=2}^{\infty}\frac{(-1)^n}{\left[\sqrt{n}+(-1)^n\right]^p}$ 的敛散性.

【解】 当 $n\to\infty$ 时,

$$\frac{(-1)^n}{\left[\sqrt{n}+(-1)^n\right]^p}=\frac{(-1)^n}{n^{\frac{p}{2}}}\cdot\frac{1}{\left[1+\dfrac{(-1)^n}{\sqrt{n}}\right]^p}=\frac{(-1)^n}{n^{\frac{p}{2}}}\left[1-p\frac{(-1)^n}{\sqrt{n}}+\frac{p(p+1)}{2n}+o\left(\frac{1}{n}\right)\right]$$

$$=(-1)^n\frac{1}{n^{\frac{p}{2}}}-\frac{p}{n^{\frac{p+1}{2}}}+(-1)^n\frac{p(p+1)}{2n^{1+\frac{p}{2}}}+o\left(\frac{1}{n^{1+\frac{p}{2}}}\right).$$

对于 $\displaystyle\sum_{n=2}^{\infty}(-1)^n\frac{1}{n^{\frac{p}{2}}}$,当 $p>2$ 时,绝对收敛;当 $0<p\leqslant2$ 时,条件收敛.

对于 $\displaystyle\sum_{n=2}^{\infty}\left(-\frac{p}{n^{\frac{p+1}{2}}}\right)$,当 $p>1$ 时,收敛;当 $0<p\leqslant1$ 时,发散.

对于 $\displaystyle\sum_{n=2}^{\infty}\left[(-1)^n\frac{p(p+1)}{2n^{1+\frac{p}{2}}}+o\left(\frac{1}{n^{1+\frac{p}{2}}}\right)\right]$,当 $p>0$ 时,绝对收敛.

综上,当 $0<p\leqslant1$ 时,原级数发散;当 $1<p\leqslant2$ 时,原级数条件收敛;当 $p>2$ 时,原级数绝对收敛.

例16.50 若 $\displaystyle\sum_{n=1}^{\infty}a_n$ 条件收敛,且 $\displaystyle\lim_{n\to\infty}\frac{a_{n+1}}{a_n}=a$,则 $a=$_____.

【解】 应填 -1 .

若 $\displaystyle\lim_{n\to\infty}\left|\frac{a_{n+1}}{a_n}\right|=|a|>1$,则 $\displaystyle\sum_{n=1}^{\infty}a_n$ 发散,不合题意.

若 $\lim\limits_{n\to\infty}\left|\dfrac{a_{n+1}}{a_n}\right|=|a|<1$, 则 $\sum\limits_{n=1}^{\infty}a_n$ 绝对收敛, 不合题意.

若 $a=1$, 由 $\lim\limits_{n\to\infty}\dfrac{a_{n+1}}{a_n}=1$ 可知, 存在 $N>0$, 当 $n>N$ 时, a_n 同正或同负, 若收敛则为绝对收敛, 不合题意.

综上, 由排除法可知 $a=-1$.

【注】若 $\sum\limits_{n=1}^{\infty}a_n(a_n\geq0)$ 收敛且 $\lim\limits_{n\to\infty}\dfrac{a_{n+1}}{a_n}=a$, 则 $a\leq1$.

例16.51 若级数 $\sum\limits_{n=1}^{\infty}(-1)^{n-1}a_n(a_n>0)$ 满足:①数列 $\{a_n\}$ 单调递减, 即 $a_{n+1}\leq a_n$;② $\lim\limits_{n\to\infty}a_n=0$.

证明: $\sum\limits_{n=1}^{\infty}(-1)^{n-1}a_n$ 收敛, 且 $a_1-a_2\leq\sum\limits_{n=1}^{\infty}(-1)^{n-1}a_n\leq a_1$.

【证】记 $S_{2n}=\sum\limits_{k=1}^{2n}(-1)^{k-1}a_k$, 则 $S_{2n}=(a_1-a_2)+(a_3-a_4)+\cdots+(a_{2n-1}-a_{2n})$, 且单调增加, 又

$$S_{2n}=a_1-(a_2-a_3)-\cdots-(a_{2n-2}-a_{2n-1})-a_{2n}<a_1 ,$$

所以 $\lim\limits_{n\to\infty}S_{2n}$ 存在.

由于 $S_{2n+1}=S_{2n}+a_{2n+1}$, 且 $\lim\limits_{n\to\infty}a_{2n+1}=0$, 所以 $\lim\limits_{n\to\infty}S_{2n+1}$ 也存在, 且 $\lim\limits_{n\to\infty}S_{2n+1}=\lim\limits_{n\to\infty}S_{2n}$.

综上所述, 极限 $\lim\limits_{n\to\infty}S_n$ 存在, 即 $\sum\limits_{n=1}^{\infty}(-1)^{n-1}a_n$ 收敛.

由于 $a_1-a_2<S_{2n}<a_1$, 易知 $a_1-a_2\leq\sum\limits_{n=1}^{\infty}(-1)^{n-1}a_n\leq a_1$.

【注】该证明方法在某些级数的敛散性判别中比较有效.

例16.52 判别下列级数的敛散性:

(1) $\sum\limits_{n=2}^{\infty}(-1)^n\dfrac{\ln n}{n}$; 　　　　(2) $\sum\limits_{n=1}^{\infty}\sin(\pi\sqrt{n^2+1})$; 　　　　(3) $\sum\limits_{n=2}^{\infty}\dfrac{(-1)^n}{\sqrt{n+(-1)^n}}$.

【解】(1) 记 $f(x)=\dfrac{\ln x}{x}$, 由于 $f'(x)=\dfrac{1-\ln x}{x^2}<0(x>e)$, 所以 $f(x)$ 在 $[e,+\infty)$ 上单调递减. 又易知

$\lim\limits_{x\to+\infty}\dfrac{\ln x}{x}=0$, 故 $\sum\limits_{n=2}^{\infty}(-1)^n\dfrac{\ln n}{n}$ 满足莱布尼茨判别法的条件, 从而收敛.

(2) 因为

$$\sin(\pi\sqrt{n^2+1}) = \sin\left[(\pi\sqrt{n^2+1}-n\pi)+n\pi\right] = (-1)^n\sin\left(\pi\sqrt{n^2+1}-n\pi\right) = (-1)^n\sin\frac{\pi}{\sqrt{n^2+1}+n},$$

根据莱布尼茨判别法可知级数收敛.

（3）由于 $\left\{\dfrac{(-1)^n}{\sqrt{n+(-1)^n}}\right\}$ 没有单调性，故不能直接应用莱布尼茨判别法.

考虑 $S_{2n} = \dfrac{1}{\sqrt{3}}-\dfrac{1}{\sqrt{2}}+\dfrac{1}{\sqrt{5}}-\dfrac{1}{\sqrt{4}}+\cdots+\dfrac{1}{\sqrt{2n+1}}-\dfrac{1}{\sqrt{2n}}$，则 $\{S_{2n}\}$ 单调递减，且

$$S_{2n} = \frac{1}{\sqrt{3}}-\frac{1}{\sqrt{2}}+\frac{1}{\sqrt{5}}-\frac{1}{\sqrt{4}}+\cdots+\frac{1}{\sqrt{2n+1}}-\frac{1}{\sqrt{2n}}$$

$$= -\frac{1}{\sqrt{2}}+\left(\frac{1}{\sqrt{3}}-\frac{1}{\sqrt{4}}\right)+\left(\frac{1}{\sqrt{5}}-\frac{1}{\sqrt{6}}\right)+\cdots+\left(\frac{1}{\sqrt{2n-1}}-\frac{1}{\sqrt{2n}}\right)+\frac{1}{\sqrt{2n+1}} > -\frac{1}{\sqrt{2}},$$

所以 $\lim\limits_{n\to\infty} S_{2n}$ 存在，易知 $\lim\limits_{n\to\infty} S_{2n+1} = \lim\limits_{n\to\infty} S_{2n}$，故 $\lim\limits_{n\to\infty} S_n$ 存在. 所以级数 $\sum\limits_{n=2}^{\infty}\dfrac{(-1)^n}{\sqrt{n+(-1)^n}}$ 收敛.

（2）见到 $\sum\dfrac{f(n)\pm g(n)}{h(n)}$，考虑拆项为 $\sum\dfrac{f(n)}{h(n)}\pm\sum\dfrac{g(n)}{h(n)}$，瓦解敌人，各个击破.

> D₂₃（化归经典形式）

例16.53 判别级数 $\sum\limits_{n=1}^{\infty}\dfrac{(-2)^{1-n}\cdot n+2^n}{n\cdot 2^n}$ 的敛散性.

【解】 由于

$$\sum_{n=1}^{\infty}\frac{(-2)^{1-n}\cdot n+2^n}{n\cdot 2^n} = \sum_{n=1}^{\infty}\frac{(-1)^{1-n}\cdot 2^{1-n}\cdot n}{n\cdot 2^n}+\sum_{n=1}^{\infty}\frac{2^n}{n\cdot 2^n} = \sum_{n=1}^{\infty}\frac{(-1)^{n-1}}{2^{2n-1}}+\sum_{n=1}^{\infty}\frac{1}{n},$$

又因为 $\sum\limits_{n=1}^{\infty}\dfrac{(-1)^{n-1}}{2^{2n-1}}$ 收敛，$\sum\limits_{n=1}^{\infty}\dfrac{1}{n}$ 发散，所以 $\sum\limits_{n=1}^{\infty}\dfrac{(-2)^{1-n}\cdot n+2^n}{n\cdot 2^n}$ 发散.

（3）见到 $\sum\dfrac{h(n)}{f(n)\cdot g(n)}$，考虑拆项为 $\sum f_1(n)\pm\sum f_2(n)$，瓦解敌人，各个击破.

> D₂₃（化归经典形式）

例16.54 判别级数 $\sum\limits_{n=1}^{\infty}(-1)^{n-1}\cdot\dfrac{n-1}{n+1}\cdot\dfrac{1}{\sqrt[10]{n}}$ 的敛散性.

【解】 由于 $\dfrac{n-1}{n+1}\cdot\dfrac{1}{\sqrt[10]{n}} = \dfrac{1}{\sqrt[10]{n}}-\dfrac{2}{(n+1)\sqrt[10]{n}}$，因此

$$\sum_{n=1}^{\infty}(-1)^{n-1}\cdot\frac{n-1}{n+1}\cdot\frac{1}{\sqrt[10]{n}} = \sum_{n=1}^{\infty}(-1)^{n-1}\frac{1}{\sqrt[10]{n}}-\sum_{n=1}^{\infty}(-1)^{n-1}\frac{2}{(n+1)\sqrt[10]{n}},$$

又 $\sum\limits_{n=1}^{\infty}(-1)^{n-1}\dfrac{1}{\sqrt[10]{n}}$ 显然条件收敛，$\sum\limits_{n=1}^{\infty}(-1)^{n-1}\dfrac{2}{(n+1)\sqrt[10]{n}}$ 绝对收敛，所以级数 $\sum\limits_{n=1}^{\infty}(-1)^{n-1}\cdot\dfrac{n-1}{n+1}\cdot\dfrac{1}{\sqrt[10]{n}}$ 条件收敛.

（4）绝对值判别法.

> D₂₂（转换等价表述）

例16.55 若级数 $\displaystyle\sum_{n=1}^{\infty}|a_n|$ 收敛,证明级数 $\displaystyle\sum_{n=1}^{\infty}a_n$ 收敛.

【证】 由于
$$0\leqslant a_n+|a_n|\leqslant 2|a_n|, \quad a_n=(a_n+|a_n|)-|a_n|,$$

又 $\displaystyle\sum_{n=1}^{\infty}|a_n|$ 收敛,由正项级数比较判别法知, $\displaystyle\sum_{n=1}^{\infty}(a_n+|a_n|)$ 收敛,所以 $\displaystyle\sum_{n=1}^{\infty}a_n$ 收敛.

例16.56 设 $a_n^+=\dfrac{1}{2}(a_n+|a_n|)\geqslant 0$, $a_n^-=\dfrac{1}{2}(a_n-|a_n|)\leqslant 0$.

(1)证明: $\displaystyle\sum_{n=1}^{\infty}a_n$ 绝对收敛 $\Leftrightarrow$ $\displaystyle\sum_{n=1}^{\infty}a_n^+$ 与 $\displaystyle\sum_{n=1}^{\infty}a_n^-$ 均收敛;

(2)若 $\displaystyle\sum_{n=1}^{\infty}a_n$ 条件收敛,证明: $\displaystyle\sum_{n=1}^{\infty}a_n^+=+\infty$, $\displaystyle\sum_{n=1}^{\infty}a_n^-=-\infty$.

【证】 (1)若 $\displaystyle\sum_{n=1}^{\infty}a_n$ 绝对收敛,由题设条件可知, $\displaystyle\sum_{n=1}^{\infty}a_n^+$ 与 $\displaystyle\sum_{n=1}^{\infty}a_n^-$ 均收敛.

若 $\displaystyle\sum_{n=1}^{\infty}a_n^+$ 与 $\displaystyle\sum_{n=1}^{\infty}a_n^-$ 均收敛,又由于
$$a_n=a_n^++a_n^-, \quad |a_n|=a_n^+-a_n^-,$$

因此 $\displaystyle\sum_{n=1}^{\infty}a_n$ 绝对收敛.

(2)因为 $\displaystyle\sum_{n=1}^{\infty}a_n$ 条件收敛,所以 $\displaystyle\sum_{n=1}^{\infty}a_n\xrightarrow[\text{记为}]{\text{存在}}A$, $\displaystyle\sum_{n=1}^{\infty}|a_n|$ 发散,因此有
$$\sum_{n=1}^{\infty}|a_n|=+\infty,$$

所以 $\displaystyle\sum_{n=1}^{\infty}a_n^+=+\infty$, $\displaystyle\sum_{n=1}^{\infty}a_n^-=-\infty$.

【注】 在(2)中, $\displaystyle\sum_{n=1}^{\infty}a_n^+=+\infty$ 和 $\displaystyle\sum_{n=1}^{\infty}a_n^-=-\infty$ 仅仅是 $\displaystyle\sum_{n=1}^{\infty}a_n$ 条件收敛的必要条件.

(十)见到 $f(n^p,\ln^q n)$ $\quad$ D$_{23}$(化归经典形式)

① $\displaystyle\sum_{n=2}^{\infty}\dfrac{1}{n^p\ln^q n}$ $\begin{cases} \text{收敛,} & p>1, \ q\text{任意,} & \text{①}-1 \\ \text{发散,} & p<1, \ q\text{任意,} & \text{①}-2 \\ \text{收敛,} & p=1, \ q>1, & \text{①}-3 \\ \text{发散,} & p=1, \ q\leqslant 1. & \text{①}-4 \end{cases}$

$$
② \sum_{n=2}^{\infty} \frac{(-1)^n}{n^p \ln^q n}
\begin{cases}
绝对收敛, & p>1, \ q任意, & ②-1 \\
绝对收敛, & p=1, \ q>1, & ②-2 \\
条件收敛, & p=1, \ q\leqslant 1, & ②-3 \\
条件收敛, & 0<p<1, \ q任意, & ②-4 \\
条件收敛, & p=0, \ q>0, & ②-5 \\
发散, & p=0, \ q\leqslant 0, & ②-6 \\
发散, & p<0, \ q任意. & ②-7
\end{cases}
$$

例16.57 若级数 $\displaystyle\sum_{n=2}^{\infty}(-1)^n \cdot \frac{1}{n^p \ln^2 n}$ 条件收敛,则 p 的取值范围为_____.

【解】 应填 $0 \leqslant p < 1$.

由上述结论②-7,当 $p<0$ 时,发散. 由上述结论②-4,②-5,$q=2$,且条件收敛,故 $0<p<1$ 与 $p=0$ 均符合要求,故 $0 \leqslant p < 1$.

【注】 在这个注里,给出详细的证明过程,供读者练习参考.

当 $p=0$ 时,$\displaystyle\sum_{n=2}^{\infty}(-1)^n \frac{1}{\ln^2 n}$ 显然条件收敛.

当 $0<p<1$ 时,由于

$$
\lim_{n\to\infty} \frac{\dfrac{1}{n^p \ln^2 n}}{\dfrac{1}{n}} = \lim_{n\to\infty} \frac{n^{1-p}}{\ln^2 n} = +\infty,
$$

又 $\displaystyle\sum_{n=2}^{\infty} \frac{1}{n}$ 发散,因此 $\displaystyle\sum_{n=2}^{\infty} \frac{1}{n^p \ln^2 n}$ 发散.

由于 $\displaystyle\lim_{n\to\infty} \frac{1}{n^p \ln^2 n} = 0$,$\dfrac{1}{(n+1)^p \ln^2(n+1)} \leqslant \dfrac{1}{n^p \ln^2 n}$,因此由莱布尼茨判别法知,级数 $\displaystyle\sum_{n=2}^{\infty}(-1)^n \frac{1}{n^p \ln^2 n}$ 条件收敛.

当 $p=1$ 时,令 $f(x) = \dfrac{1}{x \ln^2 x}$,由于 $f(x) = \dfrac{1}{x \ln^2 x}$ 在 $[2, +\infty)$ 上非负连续且单调递减,故级数 $\displaystyle\sum_{n=2}^{\infty} \frac{1}{n \ln^2 n}$ 与反常积分 $\displaystyle\int_2^{+\infty} \frac{1}{x \ln^2 x} dx$ 敛散性相同. 又因为

$$
\int_2^{+\infty} \frac{1}{x \ln^2 x} dx = -\frac{1}{\ln x}\Big|_2^{+\infty} = \frac{1}{\ln 2},
$$

所以原级数 $\displaystyle\sum_{n=2}^{\infty} \frac{1}{n \ln^2 n}$ 收敛,故 $\displaystyle\sum_{n=2}^{\infty}(-1)^n \frac{1}{n \ln^2 n}$ 绝对收敛.

当 $p>1$ 时，$\displaystyle\sum_{n=2}^{\infty}(-1)^n\frac{1}{n^p\ln^2 n}$ 显然绝对收敛.

综上，当且仅当 $0\leqslant p<1$ 时，$\displaystyle\sum_{n=2}^{\infty}(-1)^n\cdot\frac{1}{n^p\ln^2 n}$ 条件收敛.

❴ 第二部分　求幂级数的和函数 ❵

三向解题法

形式化归体系块

求幂级数的和函数
(O(盯住目标))

先求收敛域
(D₁(常规操作)+D₂₃
(化归经典形式))

用所给微分方程求和函数
(D₁(常规操作)+D₂₃(化归
经典形式)+D₃(移花接木))

公式法
(D₁(常规操作)+D₂₃
(化归经典形式))

用先积后导法、先导后积法
(D₁(常规操作)+D₂₃(化归
经典形式))

建立微分方程并求和函数
(D₁(常规操作)+D₂₃(化归经
典形式)+D₃(移花接木))

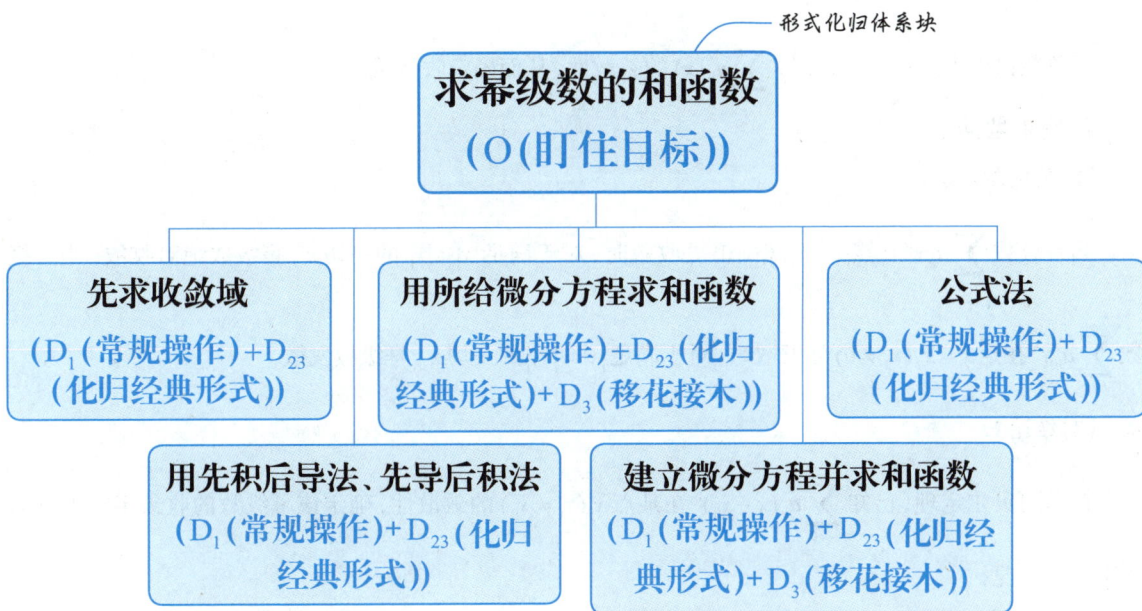

一、先求收敛域（ D₁（常规操作）+D₂₃（化归经典形式））

1.具体型问题

（1）对于不缺项幂级数 $\displaystyle\sum_{n=0}^{\infty}a_n x^n$.

①收敛半径的求法.

若 $\lim\limits_{n\to\infty}\left|\dfrac{a_{n+1}}{a_n}\right|=\rho$ 或 $\lim\limits_{n\to\infty}\sqrt[n]{|a_n|}=\rho$，则 $\sum\limits_{n=0}^{\infty}a_nx^n$ 的收敛半径 R 的表达式为 $R=\begin{cases}\dfrac{1}{\rho}, & \rho\neq0,\ \rho\neq+\infty,\\ +\infty, & \rho=0,\\ 0, & \rho=+\infty.\end{cases}$

②收敛区间与收敛域．

区间 $(-R,R)$ 为幂级数 $\sum\limits_{n=0}^{\infty}a_nx^n$ 的收敛区间；单独考查幂级数在 $x=\pm R$ 处的敛散性就可以确定其收敛域为 $(-R,R)$ 或 $[-R,R)$ 或 $(-R,R]$ 或 $[-R,R]$．

（2）对于缺项幂级数或一般函数项级数 $\sum u_n(x)$．

①加绝对值，即写成 $\sum |u_n(x)|$．

②用正项级数的比值（或根值）判别法．

令 $\lim\limits_{n\to\infty}\dfrac{|u_{n+1}(x)|}{|u_n(x)|}$（或 $\lim\limits_{n\to\infty}\sqrt[n]{|u_n(x)|}$）$<1$，求出收敛区间 (a,b)．

③单独讨论当 $x=a$，$x=b$ 时，$\sum u_n(x)$ 的敛散性，从而确定收敛域．

2.抽象型问题

（1）阿贝尔定理．

当幂级数 $\sum\limits_{n=0}^{\infty}a_nx^n$ 在点 $x=x_1(x_1\neq0)$ 处收敛时，对于满足 $|x|<|x_1|$ 的一切 x，幂级数绝对收敛；当幂级数 $\sum\limits_{n=0}^{\infty}a_nx^n$ 在点 $x=x_2(x_2\neq0)$ 处发散时，对于满足 $|x|>|x_2|$ 的一切 x，幂级数发散．

（2）结论1．

根据阿贝尔定理，已知 $\sum\limits_{n=0}^{\infty}a_n(x-x_0)^n$ 在某点 $x_1(x_1\neq x_0)$ 的敛散性，确定该幂级数的收敛半径可分为以下三种情况．

①若在 x_1 处收敛，则收敛半径 $R\geq|x_1-x_0|$．

②若在 x_1 处发散，则收敛半径 $R\leq|x_1-x_0|$．

③若在 x_1 处条件收敛，则 $R=|x_1-x_0|$．　→*重要考点*

（3）结论2．

已知 $\sum a_n(x-x_1)^n$ 的敛散性，讨论 $\sum b_n(x-x_2)^m$ 的敛散性．

①$(x-x_1)^n$ 与 $(x-x_2)^m$ 的转化一般通过初等变形来完成，包括a."平移"收敛区间；b.提出或者乘以因式 $(x-x_0)^k$ 等．

→D_{23}（*化归经典形式*）

② a_n 与 b_n 的转化一般通过微积分变形来完成,包括 a. 对级数逐项求导; b. 对级数逐项积分等.

③以下三种情况,级数的收敛半径不变,收敛域要具体问题具体分析.

a. 对级数提出或者乘以因式 $(x - x_0)^k$,或者作平移等,收敛半径不变.

b. 对级数逐项求导,收敛半径不变,收敛域可能缩小.

c. 对级数逐项积分,收敛半径不变,收敛域可能扩大.

例16.58 设 $\sum\limits_{n=1}^{\infty} a_n(x+1)^n$ 在点 $x = 1$ 处条件收敛,则幂级数 $\sum\limits_{n=1}^{\infty} na_n(x-1)^n$ 在点 $x = 2$ 处(　　　).

(A)绝对收敛　　　　　(B)条件收敛　　　　　(C)发散　　　　　(D)敛散性不确定

【解】 应选(A).

根据"一、2.(2)③",由 $\sum\limits_{n=1}^{\infty} a_n(x+1)^n$ 在点 $x = 1$ 处条件收敛,知

$$R = |x_1 - x_0| = |1 - (-1)| = 2,$$

且收敛区间为 $(-3,\ 1)$;

$\longrightarrow D_{23}$ (化归经典形式)

根据"一、2.(3)①和③",将 $(x+1)^n$ 转化为 $(x-1)^n$,也就是把级数的中心点由 -1 转移到 1 ,即将收敛区间平移到 $(-1,\ 3)$,得 $\sum\limits_{n=1}^{\infty} a_n(x-1)^n$,收敛半径不变;

$\longrightarrow D_{23}$ (化归经典形式)

根据"一、2.(3)",对 $\sum\limits_{n=1}^{\infty} a_n(x-1)^n$ 逐项求导,得 $\sum\limits_{n=1}^{\infty} na_n(x-1)^{n-1}$,再乘以 $(x-1)$,得 $\sum\limits_{n=1}^{\infty} na_n(x-1)^n$,收敛半径不变.

故 $\sum\limits_{n=1}^{\infty} na_n(x-1)^n$ 的收敛区间为 $(-1,\ 3)$,因为 $x = 2$ 在收敛区间内部,所以在该点处级数绝对收敛,选(A).

$\longrightarrow D_{23}$ (化归经典形式)

二、用先积后导法、先导后积法

(D_1 (常规操作) + D_{23} (化归经典形式))

(1) $\sum (an+b)x^n$ 先积后导.

(2) $\sum \dfrac{x^n}{an+b}$ 先导后积.

(3) $\sum \dfrac{cn^2+dn+e}{an+b}x^n \xrightarrow{\text{拆}} \underset{(1)}{\sum} + \underset{(2)}{\sum}$.

例16.59 设 $u_n(x) = e^{-nx} + \dfrac{x^{n+1}}{n(n+1)}(n=1,2,\cdots)$，求级数 $\displaystyle\sum_{n=1}^{\infty} u_n(x)$ 的收敛域及和函数.

【解】 因为 $\displaystyle\lim_{n\to\infty}\dfrac{n(n+1)}{(n+1)(n+2)}=1$，所以幂级数 $\displaystyle\sum_{n=1}^{\infty}\dfrac{x^{n+1}}{n(n+1)}$ 的收敛半径为1. 因为 $\displaystyle\sum_{n=1}^{\infty}\dfrac{1}{n(n+1)}$，$\displaystyle\sum_{n=1}^{\infty}\dfrac{(-1)^{n+1}}{n(n+1)}$

均收敛，所以 $\displaystyle\sum_{n=1}^{\infty}\dfrac{x^{n+1}}{n(n+1)}$ 的收敛域为 $[-1,1]$. 又因为级数 $\displaystyle\sum_{n=1}^{\infty}e^{-nx}$ 的收敛域为 $(0,+\infty)$，所以级数 $\displaystyle\sum_{n=1}^{\infty}u_n(x)$

的收敛域为 $(0,1]$.

> 令 $\displaystyle\lim_{n\to\infty}\left|\dfrac{e^{-(n+1)x}}{e^{-nx}}\right|=e^{-x}<1$，则 $x\in(0,+\infty)$

当 $x\in(0,1]$ 时，$\displaystyle\sum_{n=1}^{\infty}e^{-nx}=\dfrac{e^{-x}}{1-e^{-x}}=\dfrac{1}{e^x-1}$.

记 $S(x)=\displaystyle\sum_{n=1}^{\infty}\dfrac{x^{n+1}}{n(n+1)}$，当 $x\in(0,1)$ 时，

> D_{23}（化归经典形式）

$$S'(x)=\sum_{n=1}^{\infty}\dfrac{x^n}{n}=-\ln(1-x),$$

于是
$$S(x)=\int_0^x S'(t)\mathrm{d}t+S(0)=-\int_0^x\ln(1-t)\mathrm{d}t=-t\ln(1-t)\Big|_0^x+\int_0^x t\cdot\dfrac{-1}{1-t}\mathrm{d}t$$

$$=-x\ln(1-x)+\int_0^x\dfrac{1-t-1}{1-t}\mathrm{d}t=-x\ln(1-x)+\int_0^x\left(1-\dfrac{1}{1-t}\right)\mathrm{d}t$$

$$=-x\ln(1-x)+x+\ln(1-x)=(1-x)\ln(1-x)+x,\ x\in(0,1).$$

当 $x=1$ 时，$S(1)=\displaystyle\sum_{n=1}^{\infty}\dfrac{x^{n+1}}{n(n+1)}\bigg|_{x=1}=\sum_{n=1}^{\infty}\dfrac{1}{n(n+1)}=1$.

综上可知，级数 $\displaystyle\sum_{n=1}^{\infty}u_n(x)$ 的和函数 $T(x)=\begin{cases}\dfrac{1}{e^x-1}+x+(1-x)\ln(1-x),&x\in(0,1),\\[3mm]\dfrac{e}{e-1},&x=1.\end{cases}$

【注】 还可以根据和函数 $S(x)$ 的连续性来求 $S(1)$，即

$$S(1)=\lim_{x\to 1^-}S(x)=\lim_{x\to 1^-}\big[(1-x)\ln(1-x)+x\big]$$

$$=\lim_{x\to 1^-}(1-x)\ln(1-x)+1=\lim_{t\to 0^+}t\ln t+1=1.$$

三、用所给微分方程求和函数

(D_1 (常规操作) + D_{23} (化归经典形式) + D_3 (移花接木))

步骤:(1)求所给级数满足的微分方程的通解(有时命制为验证级数满足某微分方程,再求其通解,事实上均是给出了微分方程);

(2)一般要根据初始条件定 C_1,C_2 ,或求 $x=x_0$ 时的数项级数的和(比如 $x=\dfrac{1}{2}$,1 等).

例16.60 已知幂级数 $\displaystyle\sum_{n=1}^{\infty} a_{2n} x^{2n}$ 的收敛域为 $[-1,1]$,其和函数 $S(x)$ 满足方程 $xS'(x)-S(x)=\dfrac{x^2}{1+x^2}$,求:

(1) $S(x)$ 的解析式;

(2) $S(x)$ 在 $x=0$ 处的 n 阶导数 $S^{(n)}(0)$;

(3)数项级数 $\displaystyle\sum_{n=1}^{\infty} \dfrac{a_{2n}}{n}$ 的和.

【解】 (1) $xS'(x)-S(x)=\dfrac{x^2}{1+x^2}$ 可化为 $S'(x)-\dfrac{1}{x}S(x)=\dfrac{x}{1+x^2}$,这是一阶线性微分方程,其通解为

$$S(x)=e^{\int\frac{1}{x}dx}\left[\int \frac{x}{1+x^2}e^{\int\left(-\frac{1}{x}\right)dx}dx+C\right]=x(\arctan x+C).$$

由于 $S(x)=\displaystyle\sum_{n=1}^{\infty} a_{2n} x^{2n}$ 为偶函数,故 $C=0$.于是, $S(x)=x\arctan x$, $-1\leqslant x\leqslant 1$.

(2)由基本公式 $\dfrac{1}{1+x}=\displaystyle\sum_{n=0}^{\infty}(-1)^n x^n(-1<x<1)$,得 $\dfrac{1}{1+x^2}=\displaystyle\sum_{n=0}^{\infty}(-1)^n x^{2n}(-1<x<1)$,

$$\xrightarrow{\ D_{23}\,(\text{化归经典形式})\ }$$
$$S(x)=x\arctan x=x\int_0^x \frac{1}{1+t^2}dt=x\sum_{n=0}^{\infty}\int_0^x (-1)^n t^{2n}dt$$

$$=\sum_{n=0}^{\infty} \frac{(-1)^n}{2n+1}x^{2n+2}=\sum_{n=1}^{\infty} \frac{(-1)^{n-1}}{2n-1}x^{2n}(-1\leqslant x\leqslant 1).$$

由于 $S(x)=\displaystyle\sum_{n=1}^{\infty} a_{2n} x^{2n}(-1\leqslant x\leqslant 1)$,故 $a_{2n-1}=0$, $a_{2n}=\dfrac{(-1)^{n-1}}{2n-1}(n=1,2,\cdots)$.于是

$$S^{(2n-1)}(0)=a_{2n-1}\cdot(2n-1)!=0 , \quad S^{(2n)}(0)=a_{2n}\cdot(2n)!=\frac{(-1)^{n-1}(2n)!}{2n-1},$$

即
$$S^{(n)}(0) = \begin{cases} 0, & n = 2k-1, \\ \dfrac{(-1)^{k-1}(2k)!}{2k-1}, & n = 2k \end{cases} \quad (k=1,2,3,\cdots).$$

（3）由（2）知，$S(x) = x\arctan x = \sum_{n=1}^{\infty} a_{2n}x^{2n} = \sum_{n=1}^{\infty} \dfrac{(-1)^{n-1}}{2n-1}x^{2n}(-1 \leqslant x \leqslant 1)$，$a_{2n} = \dfrac{(-1)^{n-1}}{2n-1}(n=1,2,\cdots)$，故

$$\sum_{n=1}^{\infty} \frac{a_{2n}}{n} = \sum_{n=1}^{\infty} \frac{(-1)^{n-1}}{n(2n-1)} = 2\sum_{n=1}^{\infty} \frac{(-1)^{n-1}}{2n(2n-1)} = 2\sum_{n=1}^{\infty} \frac{(-1)^{n-1}}{2n-1} - \sum_{n=1}^{\infty} \frac{(-1)^{n-1}}{n}$$

$$= 2S(1) - \ln 2 = \frac{\pi}{2} - \ln 2.$$

四、建立微分方程并求和函数

（D₁（常规操作）+D₂₃（化归经典形式）+ D₃（移花接木））

步骤：（1）求 y'（或 y', y''），根据所给 a_n, a_{n+1}, a_{n-1} 的关系式建立微分方程；

（2）求微分方程的通解；

$\longrightarrow$ D₃（移花接木）

（3）将通解展开并合并成 $\sum a_n x^n$ 即可求得 a_n 的表达式.

例16.61 设数列 $\{a_n\}$ 满足 $a_1 = 1, (n+1)a_{n+1} = \left(n+\dfrac{1}{2}\right)a_n$，证明：当 $|x| < 1$ 时，幂级数 $\sum_{n=1}^{\infty} a_n x^n$ 收敛，并求其和函数.

【解】 由条件可知，$a_n \neq 0$，且

$$\lim_{n\to\infty} \frac{|a_{n+1}|}{|a_n|} = \lim_{n\to\infty} \frac{n+\dfrac{1}{2}}{n+1} = 1,$$

所以幂级数 $\sum_{n=1}^{\infty} a_n x^n$ 的收敛半径为1，从而当 $|x|<1$ 时，幂级数 $\sum_{n=1}^{\infty} a_n x^n$ 收敛.

$\longrightarrow$ D₁（常规操作）

当 $|x|<1$ 时，设 $S(x) = \sum_{n=1}^{\infty} a_n x^n$，逐项求导得

$$S'(x) = \sum_{n=1}^{\infty} n a_n x^{n-1} = 1 + \sum_{n=1}^{\infty} (n+1)a_{n+1}x^n = 1 + \sum_{n=1}^{\infty} n a_n x^n + \frac{1}{2}\sum_{n=1}^{\infty} a_n x^n = 1 + xS'(x) + \frac{1}{2}S(x),$$

$\longrightarrow$ D₂₃（化归经典形式）

所以
$$S'(x) - \frac{1}{2(1-x)}S(x) = \frac{1}{1-x}.$$

根据一阶线性微分方程的通解公式得

$$S(x) = \mathrm{e}^{\int \frac{\mathrm{d}x}{2(1-x)}} \left[C + \int \mathrm{e}^{-\int \frac{\mathrm{d}x}{2(1-x)}} \cdot \frac{1}{1-x} \mathrm{d}x \right] = \frac{C}{\sqrt{1-x}} - 2 .$$

由题设知 $S(0) = 0$，得 $C = 2$，所以 $S(x) = 2 \left(\dfrac{1}{\sqrt{1-x}} - 1 \right)$，$|x| < 1$.

五、公式法（ D_1（常规操作）+ D_{23}（化归经典形式））

1. $\displaystyle\sum_{n=0}^{\infty} (an^3 + bn^2 + cn + d)x^n$ 的和函数

因为以下简单事实：已知

① $$\frac{1}{1-x} = \sum_{n=0}^{\infty} x^n \, (-1 < x < 1) ,$$

两边对 x 求导三次，依次得

② $$\frac{1}{(1-x)^2} = \sum_{n=1}^{\infty} n x^{n-1} ,$$

③ $$\frac{2}{(1-x)^3} = \sum_{n=2}^{\infty} n(n-1) x^{n-2} ,$$

④ $$\frac{6}{(1-x)^4} = \sum_{n=3}^{\infty} n(n-1)(n-2) x^{n-3} ,$$

④式两边同乘以 x^3，得 $$\frac{6x^3}{(1-x)^4} = \sum_{n=3}^{\infty} n(n-1)(n-2) x^n .$$

又 $an^3 + bn^2 + cn + d = an(n-1)(n-2) + (3a+b)n(n-1) + (a+b+c)n + d$，故有

$\longrightarrow \mathrm{D}_{23}$（化归经典形式）

⑤ $$\sum_{n=0}^{\infty} (an^3 + bn^2 + cn + d)x^n$$

$$= ax^3 \sum_{n=3}^{\infty} n(n-1)(n-2)x^{n-3} + (3a+b)x^2 \sum_{n=2}^{\infty} n(n-1)x^{n-2} + (a+b+c)x \sum_{n=1}^{\infty} nx^{n-1} + d \sum_{n=0}^{\infty} x^n$$

$$= \frac{6ax^3}{(1-x)^4} + \frac{2(3a+b)x^2}{(1-x)^3} + \frac{(a+b+c)x}{(1-x)^2} + \frac{d}{1-x} . \tag{16-1}$$

若 $a = 0$，则 $\displaystyle\sum_{n=0}^{\infty} (bn^2 + cn + d)x^n = \frac{2bx^2}{(1-x)^3} + \frac{(b+c)x}{(1-x)^2} + \frac{d}{1-x}$.

若 $a = b = 0$，则 $\displaystyle\sum_{n=0}^{\infty} (cn + d)x^n = \frac{cx}{(1-x)^2} + \frac{d}{1-x}$.

若 $a=c=0$ ，则 $\displaystyle\sum_{n=0}^{\infty}(bn^2+d)x^n=\frac{2bx^2}{(1-x)^3}+\frac{bx}{(1-x)^2}+\frac{d}{1-x}$ ，等等.

例16.62 幂级数 $\displaystyle\sum_{n=0}^{\infty}(n^3-1)x^{2n}$ 在区间 $(-1,1)$ 内的和函数 $S(x)=$ _____.

【解】 应填 $\dfrac{2x^6+x^4+4x^2-1}{(1-x^2)^4}$.

由公式 $(16-1)$ 可知， $a=1,b=c=0,d=-1$ ，所以

$$S(x)=\frac{6(x^2)^3}{(1-x^2)^4}+\frac{6(x^2)^2}{(1-x^2)^3}+\frac{x^2}{(1-x^2)^2}-\frac{1}{1-x^2}=\frac{2x^6+x^4+4x^2-1}{(1-x^2)^4}\ .$$

例16.63 幂级数 $\displaystyle\sum_{n=0}^{\infty}(n^2+2n-1)x^{2n+1}$ 在区间 $(-1,1)$ 内的和函数 $S(x)=$ _____.

【解】 应填 $\dfrac{-2x^5+5x^3-x}{(1-x^2)^3}$.

由于 $\displaystyle\sum_{n=0}^{\infty}(n^2+2n-1)x^{2n+1}=x\sum_{n=0}^{\infty}(n^2+2n-1)x^{2n}$ ，又对于 $\displaystyle\sum_{n=0}^{\infty}(n^2+2n-1)x^{2n}$ ，由式 $(16-1)$ 可知 $a=0$ ，

$b=1$ ， $c=2$ ， $d=-1$ ，所以

$$\sum_{n=0}^{\infty}(n^2+2n-1)x^{2n}=\frac{2x^4}{(1-x^2)^3}+\frac{3x^2}{(1-x^2)^2}-\frac{1}{1-x^2}=\frac{-2x^4+5x^2-1}{(1-x^2)^3}\ ,$$

故 $S(x)=\dfrac{-2x^5+5x^3-x}{(1-x^2)^3}$.

【注】当然，有些简单的结论可记住：

① $\displaystyle\sum_{n=1}^{\infty}n^2x^n=\frac{x(1+x)}{(1-x)^3}$ ， ② $\displaystyle\sum_{n=1}^{\infty}n(n+1)x^n=\frac{2x}{(1-x)^3}$ ， ③ $\displaystyle\sum_{n=1}^{\infty}n(n+2)x^n=\frac{x(3-x)}{(1-x)^3}$ ，等等.

这样一些简单问题的答案可脱口而出，如 $\displaystyle\sum_{n=1}^{\infty}\frac{n(n+1)}{2^n}=\frac{2\times\frac{1}{2}}{\left(1-\frac{1}{2}\right)^3}=8$.

---

2. $\displaystyle\sum_{n=0}^{\infty}\frac{1}{an^2+bn+c}x^n$ **的和函数**

因为以下简单事实: 已知

① $$\sum_{n=1}^{\infty}\frac{1}{n}x^n=-\ln(1-x)\,(-1\leqslant x<1)\ ,$$

有

②
$$\sum_{n=1}^{\infty}\frac{1}{n+1}x^n = x^{-1}\sum_{n=1}^{\infty}\frac{1}{n+1}x^{n+1} = x^{-1}\left(\sum_{n=2}^{\infty}\frac{1}{n}x^n\right) = x^{-1}\left(\sum_{n=1}^{\infty}\frac{1}{n}x^n - x\right)$$

$$= \begin{cases} \dfrac{1}{x}[-\ln(1-x)-x] = -\dfrac{1}{x}\ln(1-x)-1, & -1\leqslant x<0\text{或}0<x<1, \\ 0, & x=0, \end{cases} \tag{16-2}$$

③
$$\sum_{n=1}^{\infty}\frac{1}{n+2}x^n = \frac{1}{x^2}\sum_{n=1}^{\infty}\frac{1}{n+2}x^{n+2} = \frac{1}{x^2}\sum_{n=3}^{\infty}\frac{x^n}{n} = \begin{cases} -\dfrac{1}{x^2}\ln(1-x)-\dfrac{1}{x}-\dfrac{1}{2}, & -1\leqslant x<0\text{或}0<x<1, \\ 0, & x=0, \end{cases} \tag{16-3}$$

④
$$\sum_{n=2}^{\infty}\frac{1}{n-1}x^n = x\cdot\left(\sum_{n=2}^{\infty}\frac{1}{n-1}x^{n-1}\right) = x\cdot\left(\sum_{n=1}^{\infty}\frac{1}{n}x^n\right) = -x\ln(1-x),\ -1\leqslant x<1, \tag{16-4}$$

⑤
$$\sum_{n=1}^{\infty}\frac{1}{2n-1}x^{2n-1} = \frac{1}{2}\ln\frac{1+x}{1-x} = \sum_{n=0}^{\infty}\frac{1}{2n+1}x^{2n+1},\ -1<x<1, \tag{16-5}$$

⑥
$$\sum_{n=0}^{\infty}\frac{(-1)^n}{2n+1}x^{2n+1} = \arctan x,\ -1\leqslant x\leqslant 1. \tag{16-6}$$

又结合下面积分式：

$$=\frac{1}{3}\left(\frac{1}{1+t}-\frac{t-2}{1-t+t^2}\right)$$

$$\int_0^x\frac{1}{1+t^3}\mathrm{d}t = \frac{1}{3}\ln|1+x| - \frac{1}{6}\ln(1-x+x^2) + \frac{1}{\sqrt{3}}\left(\arctan\frac{2x-1}{\sqrt{3}}+\frac{\pi}{6}\right),$$

$$\int_0^x\frac{t}{1+t^3}\mathrm{d}t = -\frac{1}{3}\ln|1+x| + \frac{1}{6}\ln(1-x+x^2) + \frac{1}{\sqrt{3}}\left(\arctan\frac{2x-1}{\sqrt{3}}+\frac{\pi}{6}\right),$$

$$\int_0^x\frac{1}{1-t^4}\mathrm{d}t = \frac{1}{4}\ln\left|\frac{1+x}{1-x}\right| + \frac{1}{2}\arctan x,$$

$$\int_0^x\frac{t^4}{1-t^4}\mathrm{d}t = \frac{1}{4}\ln\left|\frac{1+x}{1-x}\right| + \frac{1}{2}\arctan x - x.$$

有　D₂₃(化归经典形式)

⑦
$$\sum_{n=0}^{\infty}\frac{(-1)^n\cdot x^{3n+1}}{3n+1} = \int_0^x\sum_{n=0}^{\infty}(-1)^n\cdot t^{3n}\,\mathrm{d}t = \int_0^x\frac{1}{1+t^3}\mathrm{d}t$$

$$= \frac{1}{3}\ln(1+x) - \frac{1}{6}\ln(1-x+x^2) + \frac{1}{\sqrt{3}}\left(\arctan\frac{2x-1}{\sqrt{3}}+\frac{\pi}{6}\right),\ -1<x\leqslant 1,$$

⑧
$$\sum_{n=0}^{\infty}\frac{(-1)^n\cdot x^{3n+2}}{3n+2} = \int_0^x\frac{t}{1+t^3}\mathrm{d}t = -\frac{1}{3}\ln(1+x) + \frac{1}{6}\ln(1-x+x^2) + \frac{1}{\sqrt{3}}\left(\arctan\frac{2x-1}{\sqrt{3}}+\frac{\pi}{6}\right),\ -1<x\leqslant 1.$$

⑨
$$\sum_{n=1}^{\infty}\frac{x^{4n+1}}{4n+1} = \int_0^x\frac{t^4}{1-t^4}\mathrm{d}t = \frac{1}{4}\ln\frac{1+x}{1-x} + \frac{1}{2}\arctan x - x,\ -1<x<1.$$

⑩
$$\sum_{n=1}^{\infty}\frac{x^{4n-3}}{4n-3} = \int_0^x\frac{1}{1-t^4}\mathrm{d}t = \frac{1}{4}\ln\frac{1+x}{1-x} + \frac{1}{2}\arctan x,\ -1<x<1.$$

且

$$\frac{1}{n(n+1)} = \frac{1}{n} - \frac{1}{n+1}, \quad \frac{1}{n(n+2)} = \frac{1}{2}\left(\frac{1}{n} - \frac{1}{n+2}\right),$$

$$\frac{n+2}{n(n+1)} = \frac{2}{n} - \frac{1}{n+1}, \quad \frac{1}{n^2-1} = \frac{1}{2}\left(\frac{1}{n-1} - \frac{1}{n+1}\right),$$

$$\frac{1}{2n(2n+1)} = \frac{1}{2n} - \frac{1}{2n+1}, \quad \frac{1}{(2n+1)(2n-1)} = \frac{1}{2}\left(\frac{1}{2n-1} - \frac{1}{2n+1}\right),$$

$$\frac{1}{2n(2n-1)} = \frac{1}{2n-1} - \frac{1}{2n}, \quad \frac{1}{(2n+1)(n+1)} = \frac{2}{2n+1} - \frac{1}{n+1},$$

$$\frac{1}{n(4n+1)} = \frac{1}{n} - \frac{4}{4n+1}.$$

于是可解决形如 $\sum\limits_{n=0}^{\infty} \dfrac{1}{an^2+bn+c} x^n$ 的问题.

⑪ $\quad \sum\limits_{n=1}^{\infty} \dfrac{1}{n(n+1)} x^{n+1} = \sum\limits_{n=1}^{\infty}\left(\dfrac{1}{n} - \dfrac{1}{n+1}\right) x^{n+1} = x \cdot \sum\limits_{n=1}^{\infty} \dfrac{x^n}{n} - \sum\limits_{n=1}^{\infty} \dfrac{x^{n+1}}{n+1}$

$$= \begin{cases} -x\ln(1-x) + \ln(1-x) + x, & -1 \leqslant x < 1, \\ 1, & x = 1, \end{cases} = \begin{cases} (1-x)\ln(1-x) + x, & -1 \leqslant x < 1, \\ 1, & x = 1, \end{cases} \quad (16\text{-}7)$$

⑫ $$\sum\limits_{n=1}^{\infty} \dfrac{(-1)^{n+1}}{n(n+1)} x^{n+1} = \begin{cases} (1+x)\ln(1+x) - x, & -1 < x \leqslant 1, \\ 1, & x = -1, \end{cases} \quad (16\text{-}8)$$

⑬ $\quad \sum\limits_{n=1}^{\infty} \dfrac{1}{n(n+2)} x^{n+1} = \sum\limits_{n=1}^{\infty} \dfrac{1}{2}\left(\dfrac{1}{n} - \dfrac{1}{n+2}\right) x^{n+1} = \begin{cases} -\dfrac{1}{2} x\ln(1-x) + \dfrac{1}{2x}\ln(1-x) + \dfrac{1}{2} + \dfrac{x}{4}, & -1 \leqslant x < 1, \\ \dfrac{3}{4}, & x = 1. \end{cases} \quad (16\text{-}9)$

综合 "五、1. 和 2.", 可解决形如 $\sum\limits_{n=0}^{\infty} \dfrac{an^3 + bn^2 + cn + d}{en^2 + fn + g} x^n$ 的问题.

3. $\sum\limits_{n=0}^{\infty} \dfrac{cn^2 + dn + e}{(an+b)!} x^n$ 的和函数

因为以下简单事实: 已知

① $$\sum\limits_{n=0}^{\infty} \dfrac{x^n}{n!} = e^x,$$

有

② $$\sum\limits_{n=0}^{\infty} \dfrac{n}{n!} x^n = \sum\limits_{n=1}^{\infty} \dfrac{1}{(n-1)!} x^n = x \sum\limits_{n=0}^{\infty} \dfrac{x^n}{n!} = x e^x, \quad (16\text{-}10)$$

③ $$\sum\limits_{n=0}^{\infty} \dfrac{n+1}{n!} x^n = (1+x) e^x, \quad (16\text{-}11)$$

④
$$\sum_{n=0}^{\infty}\frac{n}{(n+1)!}x^{n+1}=x\sum_{n=0}^{\infty}\frac{1}{n!}x^{n}-\sum_{n=0}^{\infty}\frac{1}{(n+1)!}x^{n+1}=(x-1)\mathrm{e}^{x}+1, \tag{16-12}$$

⑤
$$\sum_{n=0}^{\infty}\frac{n^{2}}{n!}x^{n}=x(x+1)\mathrm{e}^{x}, \tag{16-13}$$

⑥
$$\sum_{n=0}^{\infty}\frac{1}{(2n)!}x^{2n}=\frac{1}{2}(\mathrm{e}^{x}+\mathrm{e}^{-x}), \tag{16-14}$$

⑦
$$\sum_{n=1}^{\infty}\frac{n}{(2n)!}x^{2n}=\frac{1}{2}\sum_{n=1}^{\infty}\frac{2n}{(2n)!}x^{2n}=\frac{1}{2}\sum_{n=1}^{\infty}\frac{1}{(2n-1)!}x^{2n}=\frac{x(\mathrm{e}^{x}-\mathrm{e}^{-x})}{4}, \tag{16-15}$$

⑧
$$\sum_{n=0}^{\infty}(-1)^{n}\frac{1}{(2n)!}x^{2n}=\cos x, \tag{16-16}$$

⑨
$$\sum_{n=0}^{\infty}(-1)^{n}\cdot\frac{1}{(2n+1)!}x^{2n+1}=\sin x, \tag{16-17}$$

⑩
$$\sum_{n=0}^{\infty}(-1)^{n}\cdot\frac{n+1}{(2n+1)!}x^{2n+1}=\frac{1}{2}(x\cos x+\sin x), \qquad \frac{1}{2}(2n+1+1) \tag{16-18}$$

⑪
$$\sum_{n=1}^{\infty}(-1)^{n-1}\cdot\frac{2n+1}{(2n-1)!}x^{2n}=(x^{2}\sin x)'=2x\sin x+x^{2}\cos x. \tag{16-19}$$

D₂₃（化归经典形式）

于是可以解决 $\displaystyle\sum_{n=0}^{\infty}\frac{cn^{2}+dn+e}{(an+b)!}x^{n}$ 的和函数问题.

例16.64 求幂级数 $\displaystyle\sum_{n=0}^{\infty}\frac{(n+1)^{2}}{n!}x^{n}$ 的收敛域及和函数 $S(x)$.

【解】　由 $\displaystyle\lim_{n\to\infty}\left|\frac{(n+2)^{2}\cdot x^{n+1}}{(n+1)!}\cdot\frac{n!}{(n+1)^{2}\cdot x^{n}}\right|=0$，所以原幂级数的收敛域为 $(-\infty,+\infty)$.

由 $\displaystyle S(x)=\sum_{n=0}^{\infty}\frac{(n+1)^{2}}{n!}x^{n}=\sum_{n=0}^{\infty}\frac{n^{2}+2n+1}{n!}x^{n}$，又由式 $(16-10)$ 和式 $(16-13)$ 得

$$S(x)=(x^{2}+3x+1)\mathrm{e}^{x},\ -\infty<x<+\infty.$$

例16.65 求幂级数 $\displaystyle\sum_{n=0}^{\infty}\frac{(-4)^{n}+1}{4^{n}(2n+1)}x^{2n}$ 的收敛域及和函数 $S(x)$.

【解】　因为 $\displaystyle\lim_{n\to\infty}\sqrt[n]{\left|\frac{(-4)^{n}+1}{4^{n}(2n+1)}x^{2n}\right|}=x^{2}$，所以当 $|x|<1$ 时，幂级数绝对收敛；当 $|x|>1$ 时，幂级数的通项是

无穷大量，幂级数发散.因此收敛半径为 $R=1$.

又因为级数 $\displaystyle\sum_{n=0}^{\infty}\left[\frac{(-1)^n}{2n+1}+\frac{1}{4^n(2n+1)}\right]$ 收敛，所以幂级数在 $|x|=1$ 处收敛.

综上，幂级数的收敛域为 $[-1,1]$.

记

$$S_1(x)=\sum_{n=0}^{\infty}\frac{(-1)^n}{2n+1}x^{2n+1} , \quad S_2(x)=\sum_{n=0}^{\infty}\frac{1}{4^n(2n+1)}x^{2n+1} ,$$

由式 $(16-5)$ 和式 $(16-6)$ ，得 $S_1(x)=\arctan x$ ， $S_2(x)=\ln\dfrac{2+x}{2-x}$.

综上，

$$S(x)=\begin{cases}\dfrac{\arctan x}{x}+\dfrac{1}{x}\ln\dfrac{2+x}{2-x}, & 0<|x|\leqslant 1,\\[2mm] 2, & x=0.\end{cases}$$

例16.66 求幂级数 $\displaystyle\sum_{n=0}^{\infty}\frac{x^{2n+2}}{(n+1)(2n+1)}$ 的收敛域及和函数.

【解】 由 $\displaystyle\lim_{n\to\infty}\left|\dfrac{\dfrac{x^{2n+4}}{(n+2)(2n+3)}}{\dfrac{x^{2n+2}}{(n+1)(2n+1)}}\right|=x^2$ ，则当 $|x|<1$ 时，幂级数绝对收敛，当 $|x|>1$ 时，幂级数发散.

又当 $x=\pm1$ 时，级数 $\displaystyle\sum_{n=0}^{\infty}\frac{1}{(n+1)(2n+1)}$ 收敛，所以幂级数的收敛域为 $[-1,1]$.

记 $S(x)=\displaystyle\sum_{n=0}^{\infty}\frac{x^{2n+2}}{(n+1)(2n+1)}$ ， $x\in[-1,1]$ ，对 $S(x)$ 求导并由公式 $(16-5)$ ，得

$$S'(x)=2\sum_{n=0}^{\infty}\frac{x^{2n+1}}{2n+1}=\ln\frac{1+x}{1-x} , \quad x\in(-1,1) ,$$

因为 $S'(0)=0$ ， $S(0)=0$ ，所以当 $x\in(-1,1)$ 时，有

$$S(x)=\int_0^x S'(t)\mathrm{d}t+S(0)=(1+x)\ln(1+x)+(1-x)\ln(1-x) .$$

又

$$S(1)=\lim_{x\to 1^-}S(x)=2\ln 2 , \quad S(-1)=\lim_{x\to(-1)^+}S(x)=2\ln 2 ,$$

所以

$$S(x)=\begin{cases}(1+x)\ln(1+x)+(1-x)\ln(1-x), & x\in(-1,1),\\[2mm] 2\ln 2, & x=\pm1.\end{cases}$$

例16.67 求幂级数 $\displaystyle\sum_{n=0}^{\infty}(n+1)(n+3)x^n$ 的收敛域及和函数.

【解】　记幂级数的系数 $a_n = (n+1)(n+3)$.

因为 $\lim\limits_{n\to\infty}\dfrac{|a_{n+1}|}{|a_n|}=\lim\limits_{n\to\infty}\dfrac{(n+2)(n+4)}{(n+1)(n+3)}=1$,所以收敛半径 $R=1$.

当 $x=\pm1$ 时,级数 $\sum\limits_{n=0}^{\infty}(n+1)(n+3)$ 和 $\sum\limits_{n=0}^{\infty}(n+1)(n+3)(-1)^n$ 都发散,故收敛域为 $(-1,1)$.

设 $S(x)=\sum\limits_{n=0}^{\infty}(n+1)(n+3)x^n$, $x\in(-1,1)$,由公式(16-1),得 $a=0,\ b=1,\ c=4,\ d=3$.所以

$$S(x)=\frac{2x^2}{(1-x)^3}+\frac{5x}{(1-x)^2}+\frac{3}{1-x}=\frac{3-x}{(1-x)^3}\ ,\ x\in(-1,1)\ .$$

例16.68　求幂级数 $\sum\limits_{n=1}^{\infty}\dfrac{(-1)^{n-1}x^{2n+1}}{n(2n-1)}$ 的收敛域及和函数 $S(x)$.

【解】　记 $u_n(x)=\dfrac{(-1)^{n-1}x^{2n+1}}{n(2n-1)}$,因为

$$\lim_{n\to\infty}\left|\frac{u_{n+1}(x)}{u_n(x)}\right|=\lim_{n\to\infty}\left|\frac{x^{2n+3}\cdot n(2n-1)}{(n+1)(2n+1)x^{2n+1}}\right|=x^2\ ,$$

所以当 $x^2<1$,即 $-1<x<1$ 时,原幂级数绝对收敛.

当 $x=\pm1$ 时,幂级数为 $\pm\sum\limits_{n=1}^{\infty}\dfrac{(-1)^{n-1}}{n(2n-1)}$,显然收敛,故原幂级数的收敛域为 $[-1,1]$.

因

$$\sum_{n=1}^{\infty}\frac{(-1)^{n-1}x^{2n+1}}{n(2n-1)}=2x^2\sum_{n=1}^{\infty}\frac{(-1)^{n-1}x^{2n-1}}{2n-1}+x\sum_{n=1}^{\infty}\frac{(-x^2)^n}{n}\ ,$$

由式(16-6),得 $\sum\limits_{n=1}^{\infty}\dfrac{(-1)^{n-1}x^{2n-1}}{2n-1}=\arctan x$,又 $\sum\limits_{n=1}^{\infty}\dfrac{(-x^2)^n}{n}=-\ln(1+x^2)$,从而

$$S(x)=2x^2\arctan x-x\ln(1+x^2)\ ,\ x\in[-1,1]\ .$$

【注】 $\sum\limits_{n=1}^{\infty}(-1)^{n-1}\dfrac{x^{2n-1}}{2n-1}=\arctan x$, $-1\leqslant x\leqslant1$,应当作为基本公式熟记.

例16.69　求级数 $\sum\limits_{n=0}^{\infty}\dfrac{(-1)^n(n^2-n+1)}{2^n}$ 的和.

【解】

$$\sum_{n=0}^{\infty}\frac{(-1)^n(n^2-n+1)}{2^n}=\sum_{n=0}^{\infty}n(n-1)\left(-\frac{1}{2}\right)^n+\sum_{n=0}^{\infty}\left(-\frac{1}{2}\right)^n\ ,$$

其中

$$\sum_{n=0}^{\infty}\left(-\frac{1}{2}\right)^n = \frac{1}{1+\frac{1}{2}} = \frac{2}{3}.$$

设
$$S(x) = \sum_{n=2}^{\infty} n(n-1)x^{n-2} = \sum_{n=0}^{\infty}(n^2+3n+2)x^n,\ x \in (-1,1),$$

由式 $(16-1)$，得 $a=0,\ b=1,\ c=3,\ d=2$，所以

$$\sum_{n=0}^{\infty} n(n-1)x^n = x^2\left[\frac{2x^2}{(1-x)^3} + \frac{4x}{(1-x)^2} + \frac{2}{1-x}\right] = \frac{2x^2}{(1-x)^3},\ x \in (-1,1),$$

故
$$\sum_{n=0}^{\infty} n(n-1)\left(-\frac{1}{2}\right)^n = \frac{4}{27},$$

所以
$$\sum_{n=0}^{\infty} \frac{(-1)^n(n^2-n+1)}{2^n} = \frac{4}{27} + \frac{2}{3} = \frac{22}{27}.$$

例16.70 求幂级数 $\displaystyle\sum_{n=0}^{\infty} \frac{4n^2+4n+3}{2n+1}x^{2n}$ 的收敛域及和函数.

【解】 记 $u_n(x) = \dfrac{4n^2+4n+3}{2n+1}x^{2n}$，则

$$\lim_{n\to\infty}\left|\frac{u_{n+1}(x)}{u_n(x)}\right| = x^2,$$

当 $x^2 < 1$，即 $|x| < 1$ 时，原级数收敛，当 $x^2 > 1$，即 $|x| > 1$ 时，原级数发散.

所以幂级数 $\displaystyle\sum_{n=0}^{\infty} \frac{4n^2+4n+3}{2n+1}x^{2n}$ 的收敛半径 $R=1$（注意该幂级数是缺项幂级数）.

又因为当 $x = \pm 1$ 时，级数 $\displaystyle\sum_{n=0}^{\infty} \frac{4n^2+4n+3}{2n+1}$ 发散，所以幂级数 $\displaystyle\sum_{n=0}^{\infty} \frac{4n^2+4n+3}{2n+1}x^{2n}$ 的收敛域为 $(-1,1)$.

记 $S(x) = \displaystyle\sum_{n=0}^{\infty} \frac{4n^2+4n+3}{2n+1}x^{2n}(-1<x<1)$，则

$$S(x) = \sum_{n=0}^{\infty}(2n+1)x^{2n} + 2\sum_{n=0}^{\infty}\frac{1}{2n+1}x^{2n}.$$

由式 $(16-1)$ 和式 $(16-5)$，得

$$\sum_{n=0}^{\infty}(2n+1)x^{2n} = \frac{1+x^2}{(1-x^2)^2}\ (-1<x<1),$$

$$\sum_{n=0}^{\infty}\frac{x^{2n}}{2n+1} = \frac{1}{2x}\ln\frac{1+x}{1-x}\ (0<|x|<1),$$

且 $S(0)=3$，所以

$$S(x)=\begin{cases}\dfrac{1+x^2}{(1-x^2)^2}+\dfrac{1}{x}\ln\dfrac{1+x}{1-x}, & 0<|x|<1,\\[4mm] 3, & x=0.\end{cases}$$

第三部分　函数展开成幂级数

三向解题法

形式化归体系块

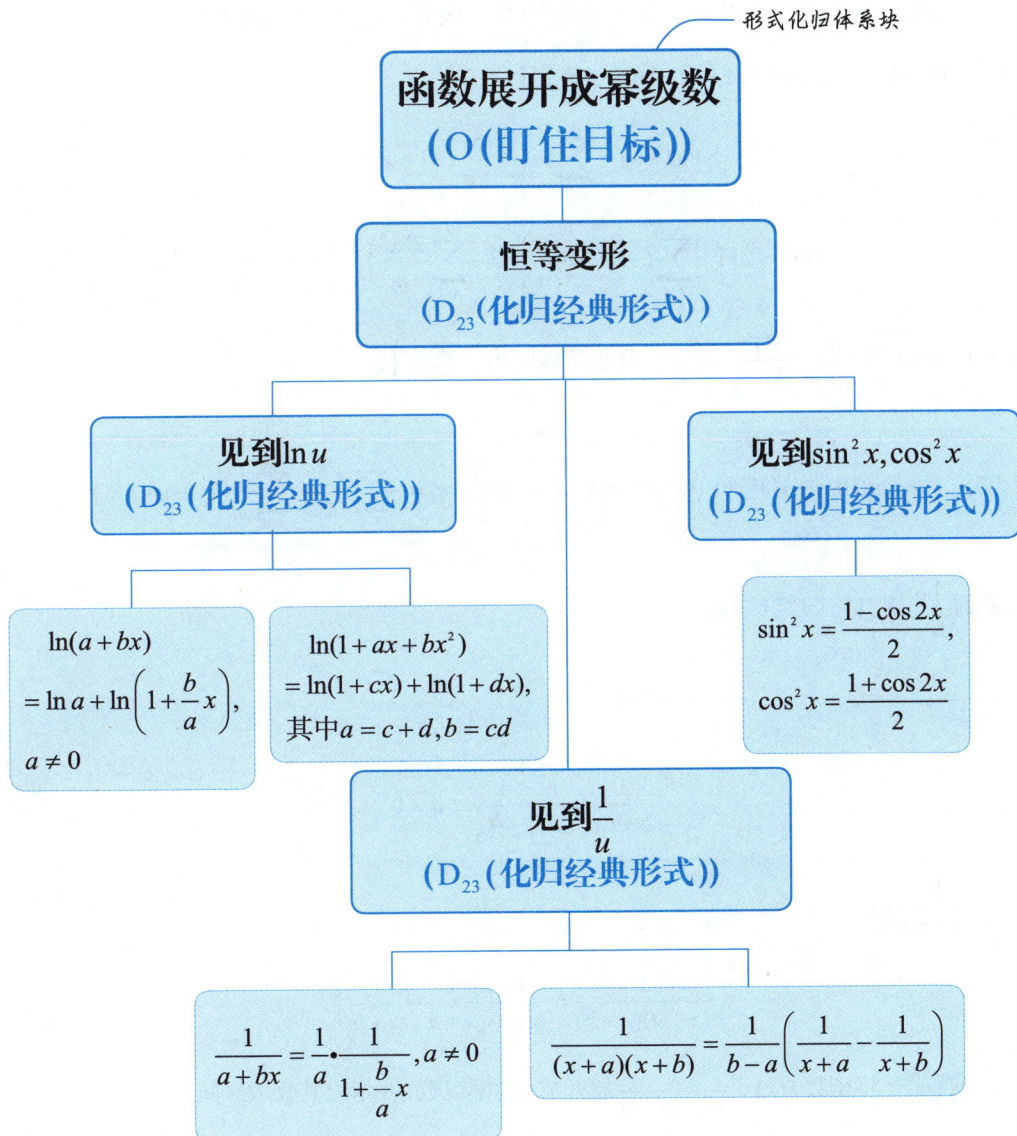

函数展开成幂级数
(O(盯住目标))

恒等变形
(D₂₃(化归经典形式))

见到 $\ln u$
(D₂₃(化归经典形式))

见到 $\sin^2 x,\cos^2 x$
(D₂₃(化归经典形式))

$$\sin^2 x=\frac{1-\cos 2x}{2},$$
$$\cos^2 x=\frac{1+\cos 2x}{2}$$

$$\ln(a+bx)$$
$$=\ln a+\ln\left(1+\frac{b}{a}x\right),$$
$$a\neq 0$$

$$\ln(1+ax+bx^2)$$
$$=\ln(1+cx)+\ln(1+dx),$$
其中 $a=c+d,b=cd$

见到 $\dfrac{1}{u}$
(D₂₃(化归经典形式))

$$\frac{1}{a+bx}=\frac{1}{a}\cdot\frac{1}{1+\dfrac{b}{a}x},a\neq 0$$

$$\frac{1}{(x+a)(x+b)}=\frac{1}{b-a}\left(\frac{1}{x+a}-\frac{1}{x+b}\right)$$

展开成幂级数,从逻辑上讲,就是幂级数求和函数的逆问题.熟悉以下几种变形方式,可快速找到展开的路子.

常用恒等变形公式.

1. 见到 $\ln u$（D_{23}（化归经典形式））

① $\ln(a+bx)$：

$$\ln(a+bx)=\ln a+\ln\left(1+\frac{b}{a}x\right),\ a\neq 0.$$

② $\ln(1+ax+bx^2)$：

$$\ln(1+ax+bx^2)=\ln(1+cx)+\ln(1+dx),$$

其中 $a=c+d$，$b=cd$.

例16.71 将函数 $y=\ln(1-x-2x^2)$ 展开成 x 的幂级数,并指出其收敛区间.

【解】 由 $\ln(1-x-2x^2)=\ln(1+x)+\ln(1-2x)$，且

D_{23}（化归经典形式）

$$\ln(1+x)=\sum_{n=1}^{\infty}(-1)^{n-1}\frac{x^n}{n}(-1<x\leqslant 1),$$

$$\ln(1-2x)=\sum_{n=1}^{\infty}(-1)^{n-1}\frac{(-2x)^n}{n}=-\sum_{n=1}^{\infty}\frac{2^n x^n}{n}\left(-\frac{1}{2}\leqslant x<\frac{1}{2}\right),$$

于是有 $\ln(1-x-2x^2)=\sum_{n=1}^{\infty}\frac{(-1)^{n-1}-2^n}{n}x^n$，其收敛区间为 $\left[-\frac{1}{2},\frac{1}{2}\right)$.

【注】 $\ln(1+x+x^2)=\ln\dfrac{1-x^3}{1-x}=\ln(1-x^3)-\ln(1-x)=-\sum_{n=1}^{\infty}\dfrac{x^{3n}}{n}+\sum_{n=1}^{\infty}\dfrac{x^n}{n},\ -1\leqslant x<1.$

2. 见到 $\dfrac{1}{u}$（D_{23}（化归经典形式））

① $\dfrac{1}{a+bx}$：

$$\frac{1}{a+bx}=\frac{1}{a}\cdot\frac{1}{1+\frac{b}{a}x},\ a\neq 0.$$

② $\dfrac{1}{(x+a)(x+b)}$：

$$\frac{1}{(x+a)(x+b)}=\frac{1}{b-a}\left(\frac{1}{x+a}-\frac{1}{x+b}\right).$$

例16.72 将函数 $f(x)=\dfrac{1}{x^2-3x+2}$ 展开成 x 的幂级数,并指出其收敛区间.

【解】　因

$$\frac{1}{x^2-3x+2}\underset{\nearrow D_{23}(\text{化归经典形式})}{=}\frac{1}{1-x}-\frac{1}{2-x}=\frac{1}{1-x}-\frac{1}{2}\cdot\frac{1}{1-\frac{1}{2}x},$$

又

$$\frac{1}{1-x}=\sum_{n=0}^{\infty}x^n(-1<x<1)\ ,\ \frac{1}{1-\frac{x}{2}}=\sum_{n=0}^{\infty}\left(\frac{x}{2}\right)^n(-2<x<2)\ ,$$

故$f(x)=\sum_{n=0}^{\infty}\left(1-\frac{1}{2^{n+1}}\right)x^n$，其收敛区间为$(-1,1)$．

3. 见到$\sin^2x$，$\cos^2x$(D_{23}(化归经典形式))

$$\sin^2x=\frac{1-\cos 2x}{2}\ ,\ \cos^2x=\frac{1+\cos 2x}{2}\ .$$

例16.73　已知幂级数$\sum\limits_{n=0}^{\infty}a_nx^n$的和函数为$\ln(2+x)$，则$\sum\limits_{n=0}^{\infty}na_{2n}=($　　)．

(A) $-\dfrac{1}{6}$　　　　(B) $-\dfrac{1}{3}$　　　　(C) $\dfrac{1}{6}$　　　　(D) $\dfrac{1}{3}$

【解】　应选(A)．

$$\ln(2+x)\underset{\nearrow D_{23}(\text{化归经典形式})}{=}\ln\left(1+\frac{x}{2}\right)+\ln 2=\ln 2+\sum_{n=1}^{\infty}(-1)^{n-1}\frac{\left(\frac{x}{2}\right)^n}{n}=\ln 2+\sum_{n=1}^{\infty}\frac{(-1)^{n-1}}{n\cdot 2^n}x^n\ ,\ -2<x\leqslant 2\ .$$

依题意，有$a_0=\ln 2$，$a_n=\dfrac{(-1)^{n-1}}{n\cdot 2^n}$，$n=1,2,\cdots$，进而$a_{2n}=\dfrac{(-1)^{2n-1}}{2n\cdot 2^{2n}}=-\dfrac{1}{2n\cdot 4^n}$，$n=1,2,\cdots$，则

$$\sum_{n=0}^{\infty}na_{2n}=\sum_{n=1}^{\infty}na_{2n}=-\sum_{n=1}^{\infty}n\cdot\frac{1}{2n\cdot 4^n}=-\frac{1}{2}\sum_{n=1}^{\infty}\frac{1}{4^n}=-\frac{1}{2}\cdot\frac{\frac{1}{4}}{1-\frac{1}{4}}=-\frac{1}{6}\ .$$

例16.74　已知$\cos^2x-\dfrac{1}{(1+x)^2}=\sum\limits_{n=0}^{\infty}a_nx^n(-1<x<1)$，求$a_n$．

【解】　因为

$$\cos^2x=\frac{1}{2}+\frac{1}{2}\cos 2x=\frac{1}{2}+\frac{1}{2}\sum_{n=0}^{\infty}\frac{(-1)^n(2x)^{2n}}{(2n)!}=\frac{1}{2}+\sum_{n=0}^{\infty}\frac{(-1)^n4^nx^{2n}}{2\cdot(2n)!},x\in(-\infty,+\infty),$$

$$\underset{\nwarrow D_{23}(\text{化归经典形式})}{\frac{1}{(1+x)^2}}=\left(-\frac{1}{1+x}\right)'=-\left[\sum_{n=0}^{\infty}(-1)^nx^n\right]'=-\sum_{n=1}^{\infty}(-1)^nnx^{n-1}$$

$$=-\sum_{n=0}^{\infty}(-1)^{n+1}(n+1)x^n,-1<x<1,$$

所以
$$\cos^2 x - \frac{1}{(1+x)^2} = \frac{1}{2} + \sum_{n=0}^{\infty} \frac{(-1)^n 4^n x^{2n}}{2 \cdot (2n)!} + \sum_{n=0}^{\infty} (-1)^{n+1}(n+1)x^n, \quad -1 < x < 1.$$

由题设知
$$\sum_{n=0}^{\infty} a_n x^n = \frac{1}{2} + \sum_{n=0}^{\infty} \frac{(-1)^n 4^n x^{2n}}{2 \cdot (2n)!} + \sum_{n=0}^{\infty} (-1)^{n+1}(n+1)x^n, \quad -1 < x < 1,$$

故
$$\begin{cases} a_0 = 0, \\ a_{2n-1} = 2n, & (n = 1, 2, \cdots). \\ a_{2n} = \dfrac{(-1)^n 4^n}{2 \cdot (2n)!} - 2n - 1 \end{cases}$$

第四部分　傅里叶级数（仅数学一）

三向解题法

傅里叶级数(仅数学一)
(O(盯住目标))

- 周期为$2l$的傅里叶级数
(D$_1$(常规操作)+D$_{22}$(转换等价表述))

- 狄利克雷收敛定理
(D$_1$(常规操作)+D$_{22}$(转换等价表述))

- 正弦级数和余弦级数
(D$_1$(常规操作)+D$_{44}$(善于发现对称))

- 只在$[0, l]$上有定义的函数的正弦级数和余弦级数展开
(D$_1$(常规操作)+D$_{23}$(化归经典形式))

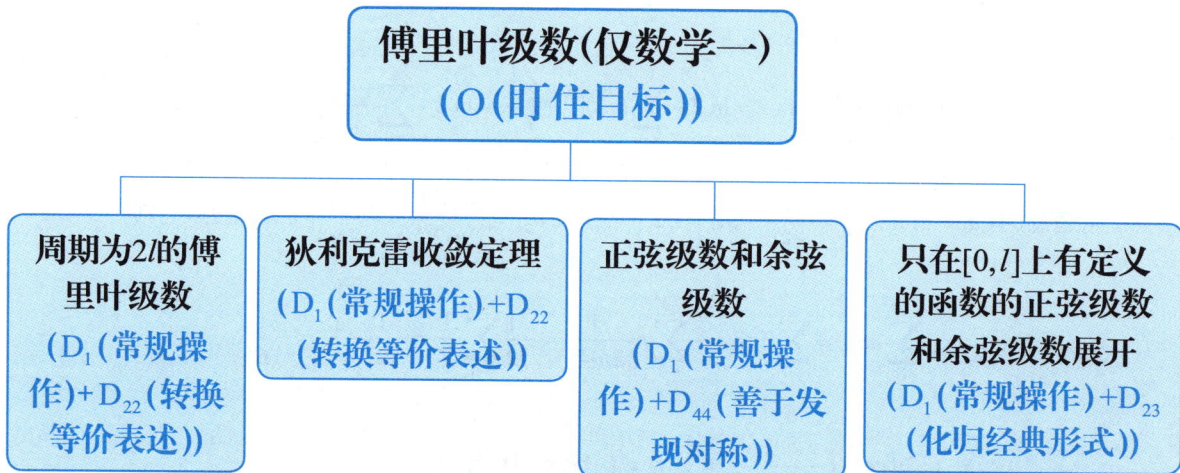

一、周期为$2l$的傅里叶级数

(D$_1$（常规操作）+ D$_{22}$（转换等价表述）)

设函数$f(x)$是周期为$2l$的周期函数，且在$[-l, l]$上可积，则称

$$a_n = \frac{1}{l}\int_{-l}^{l} f(x)\cos\frac{n\pi x}{l}\,\mathrm{d}x (n = 0,1,2,\cdots) ,$$

$$b_n = \frac{1}{l}\int_{-l}^{l} f(x)\sin\frac{n\pi x}{l}\,\mathrm{d}x (n = 1,2,3,\cdots)$$

为 $f(x)$ 的以 $2l$ 为周期的傅里叶系数, 称级数

$$\frac{a_0}{2} + \sum_{n=1}^{\infty}\left(a_n\cos\frac{n\pi x}{l} + b_n\sin\frac{n\pi x}{l}\right)$$

为 $f(x)$ 的以 $2l$ 为周期的傅里叶级数, 记作

$$f(x) \sim \frac{a_0}{2} + \sum_{n=1}^{\infty}\left(a_n\cos\frac{n\pi x}{l} + b_n\sin\frac{n\pi x}{l}\right).$$

二、狄利克雷收敛定理

(D_1 (常规操作) $+D_{22}$ (转换等价表述))

设 $f(x)$ 是以 $2l$ 为周期的可积函数, 如果在 $[-l,l]$ 上 $f(x)$ 满足:

①连续或只有有限个第一类间断点;

②至多只有有限个极值点.

则 $f(x)$ 的傅里叶级数在 $[-l,l]$ 上处处收敛. 记其和函数为 $S(x)$, 则

$$S(x) = \begin{cases} f(x), & x \text{ 为连续点,} \\ \dfrac{f(x-0)+f(x+0)}{2}, & x \text{ 为间断点,} \\ \dfrac{f(-l+0)+f(l-0)}{2}, & x = \pm l. \end{cases}$$

三、正弦级数和余弦级数

(D_1 (常规操作) $+D_{44}$ (善于发现对称))

①当 $f(x)$ 为奇函数时, 其展开式是正弦级数:

$$f(x) \sim \sum_{n=1}^{\infty} b_n\sin\frac{n\pi x}{l} , \quad b_n = \frac{2}{l}\int_{0}^{l} f(x)\sin\frac{n\pi x}{l}\,\mathrm{d}x, n = 1,2,\cdots .$$

②当 $f(x)$ 为偶函数时, 其展开式是余弦级数:

$$f(x) \sim \frac{a_0}{2} + \sum_{n=1}^{\infty} a_n\cos\frac{n\pi x}{l} ,$$

$$a_0 = \frac{2}{l}\int_0^l f(x)\mathrm{d}x \ , \ a_n = \frac{2}{l}\int_0^l f(x)\cos\frac{n\pi x}{l}\mathrm{d}x, n = 1,2,\cdots.$$

四、只在 $[0,l]$ 上有定义的函数的正弦级数和余弦级数展开

（ D_1（常规操作） $+\mathrm{D}_{23}$（化归经典形式））

若 $f(x)$ 是定义在 $[0,l]$ 上的函数, 首先用周期延拓, 使其扩展为定义在 $(-\infty,+\infty)$ 上的周期函数 $F(x)$. 在得到 $F(x)$ 的傅里叶级数展开式后, 再将其自变量限制在 $[0,l]$ 上, 就得到 $f(x)$ 在 $[0,l]$ 上的傅里叶级数展开式.《全国硕士研究生招生考试数学考试大纲》中只要求周期奇延拓和周期偶延拓.

（1）周期奇延拓与正弦级数展开.

①周期奇延拓.

设 $f(x)$ 定义在 $[0,l]$ 上, 令

$$F(x) = \begin{cases} f(x), & 0 < x \leqslant l, \\ -f(-x), & -l \leqslant x < 0, \\ 0, & x = 0, \end{cases}$$

再令 $F(x)$ 为以 $2l$ 为周期的周期函数.

②正弦级数展开.

$$f(x) \sim \sum_{n=1}^{\infty} b_n \sin\frac{n\pi x}{l}, x \in [0,l] \ ,$$

$$b_n = \frac{2}{l}\int_0^l f(x)\sin\frac{n\pi x}{l}\,\mathrm{d}x(n = 1,2,3,\cdots) \ .$$

（2）周期偶延拓与余弦级数展开.

①周期偶延拓.

设 $f(x)$ 定义在 $[0,l]$ 上, 令

$$F(x) = \begin{cases} f(x), & 0 \leqslant x \leqslant l, \\ f(-x), & -l < x < 0, \end{cases}$$

再令 $F(x)$ 为以 $2l$ 为周期的周期函数.

②余弦级数展开.

$$f(x) \sim \frac{a_0}{2} + \sum_{n=1}^{\infty} a_n \cos\frac{n\pi x}{l}, x \in [0,l] \ ,$$

$$a_n = \frac{2}{l}\int_0^l f(x)\cos\frac{n\pi x}{l}\,\mathrm{d}x(n = 0,1,2,\cdots) \ .$$

例16.75 设

$$f(x) = \left| x - \frac{1}{2} \right| , \quad b_n = 2\int_0^1 f(x)\sin n\pi x\, dx (n = 1, 2, \cdots).$$

令 $S(x) = \displaystyle\sum_{n=1}^{\infty} b_n \sin n\pi x$, 则 $S\left(-\dfrac{9}{4}\right) = ($ 　　　 $).$

(A) $\dfrac{3}{4}$ 　　　　　 (B) $\dfrac{1}{4}$ 　　　　　 (C) $-\dfrac{1}{4}$ 　　　　　 (D) $-\dfrac{3}{4}$

【解】　应选(C).

由题意知, $S(x)$ 是 $f(x)$ 的周期为 2 的正弦级数展开式, 根据狄利克雷收敛定理, 得

$$S\left(-\frac{9}{4}\right) = S\left(-\frac{1}{4}\right) = -S\left(\frac{1}{4}\right) = -f\left(\frac{1}{4}\right) = -\frac{1}{4}.$$

选(C).

例16.76　已知函数 $f(x) = x + 1$, 若其傅里叶展开式 $f(x) = \dfrac{a_0}{2} + \displaystyle\sum_{n=1}^{\infty} a_n \cos nx$, $x \in [0, \pi]$, 则

$\displaystyle\lim_{n\to\infty} n^2 \sin a_{2n-1} = \underline{\qquad}.$

【解】　应填 $-\dfrac{1}{\pi}$.

这是余弦级数, 则　　　　$\longrightarrow D_{22}$(转换等价表述)$+D_{44}$(善于发现对称)

$$a_n = \frac{2}{\pi}\int_0^\pi (x+1)\cos nx\, dx = \frac{2}{\pi}\int_0^\pi x\cos nx\, dx = \frac{2}{n\pi}\int_0^\pi x\, d(\sin nx)$$

$$= \frac{2}{n\pi}\left(x\sin nx \Big|_0^\pi - \int_0^\pi \sin nx\, dx \right) = \frac{2}{n\pi} \cdot \frac{1}{n}\cos nx \Big|_0^\pi$$

$$= \frac{2}{n^2\pi}\left[(-1)^n - 1 \right], \quad n = 1, 2, \cdots,$$

于是 $a_{2n-1} = \dfrac{2}{(2n-1)^2\pi}\left[(-1)^{2n-1} - 1 \right] = -\dfrac{4}{(2n-1)^2\pi}$, 此时

$$\lim_{n\to\infty} n^2\sin a_{2n-1} = \lim_{n\to\infty} n^2 \cdot \sin\frac{-4}{(2n-1)^2\pi} = \lim_{n\to\infty} n^2 \cdot \frac{-4}{(2n-1)^2 \cdot \pi} = -\frac{1}{\pi}.$$

例16.77　证明 $\displaystyle\sum_{n=1}^{\infty} \frac{(-1)^{n-1}\cos nx}{n^2} = \frac{\pi^2}{12} - \frac{x^2}{4}$, $-\pi \leq x \leq \pi$, 并求数项级数 $\displaystyle\sum_{n=1}^{\infty} \frac{(-1)^{n-1}}{n^2}$ 的和.

【解】　记 $f(x) = x^2$, $x \in [-\pi, \pi]$, 将 $f(x) = x^2$ 在 $[-\pi, \pi]$ 上展开成余弦级数, 则 $b_n = 0$, 且

$\longrightarrow D_{44}$(善于发现对称)

$$a_0 = \frac{2}{\pi}\int_0^\pi x^2\, dx = \frac{2}{3}\pi^2,$$

$$a_n = \frac{2}{\pi} \int_0^{\pi} x^2 \cos nx \, \mathrm{d}x$$

$$= \frac{2}{\pi} \left(\frac{x^2}{n} \sin nx + \frac{2x}{n^2} \cos nx - \frac{2}{n^3} \sin nx \right) \Big|_0^{\pi}$$

$$= \frac{2}{\pi} \cdot (-1)^n \frac{2\pi}{n^2} = 4 \cdot \frac{(-1)^n}{n^2} \ (n = 1, 2, \cdots),$$

故其傅里叶级数展开式为 $x^2 = \dfrac{\pi^2}{3} + 4 \displaystyle\sum_{n=1}^{\infty} \dfrac{(-1)^n}{n^2} \cos nx$ ，$-\pi \leqslant x \leqslant \pi$ ，即

$$\sum_{n=1}^{\infty} \frac{(-1)^{n-1} \cos nx}{n^2} = \frac{\pi^2}{12} - \frac{x^2}{4},$$

令 $x = 0$ ，有 $\displaystyle\sum_{n=1}^{\infty} \dfrac{(-1)^{n-1}}{n^2} = \dfrac{\pi^2}{12}$.

第17讲
多元函数积分学的预备知识
（仅数学一）

三向解题法

```
继续研究多元函数在一点的性质
(O(盯住目标))
```

- 方向导数
  (O₁(盯住目标1))
- 多元函数的泰勒多项式
  (O₃(盯住目标3))
- 空间曲面的切平面与法线
  (O₅(盯住目标5))
- 梯度的概念
  (O₂(盯住目标2))
- 空间曲线的切线与法平面
  (O₄(盯住目标4))

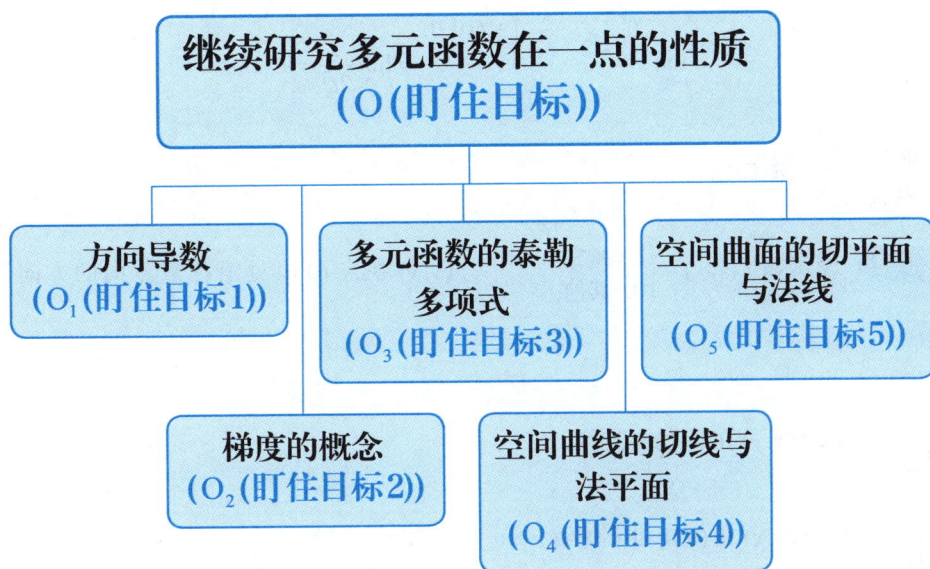

一、方向导数 (O₁ (盯住目标1))

1.概念

设函数 $f(x,y)$ 在点 (a,b) 及其附近有定义, $\boldsymbol{l}=(\cos\alpha,\cos\beta)$ 是一单位向量,若极限

$$\lim_{t\to 0^+}\frac{f(a+t\cos\alpha,b+t\cos\beta)-f(a,b)}{t}$$

→D₂₂（转换等价表述）

存在,则称其值为 $f(x,y)$ 在点 (a,b) 沿方向 $\boldsymbol{l}=(\cos\alpha,\cos\beta)$ 的方向导数,记作 $\left.\dfrac{\partial f}{\partial \boldsymbol{l}}\right|_{(a,b)}$.

例17.1 设函数 $f(x,y) = \begin{cases} \dfrac{xy}{(x^2+y^2)^2}, & (x,y) \neq (0,0), \\ 0, & (x,y) = (0,0), \end{cases}$ 取 $\boldsymbol{l} = \left(\dfrac{1}{\sqrt{2}}, \dfrac{1}{\sqrt{2}} \right)$，则（ ）.

(A) $\left. \dfrac{\partial f}{\partial \boldsymbol{l}} \right|_{(0,0)}$ 存在，$\left. \dfrac{\partial f}{\partial x} \right|_{(0,0)}$ 存在

(B) $\left. \dfrac{\partial f}{\partial \boldsymbol{l}} \right|_{(0,0)}$ 存在，$\left. \dfrac{\partial f}{\partial x} \right|_{(0,0)}$ 不存在

(C) $\left. \dfrac{\partial f}{\partial \boldsymbol{l}} \right|_{(0,0)}$ 不存在，$\left. \dfrac{\partial f}{\partial x} \right|_{(0,0)}$ 存在

(D) $\left. \dfrac{\partial f}{\partial \boldsymbol{l}} \right|_{(0,0)}$ 不存在，$\left. \dfrac{\partial f}{\partial x} \right|_{(0,0)}$ 不存在

【解】 应选(C).

$$\lim_{t \to 0^+} \frac{f\left(\dfrac{t}{\sqrt{2}}, \dfrac{t}{\sqrt{2}} \right) - f(0,0)}{t} = \lim_{t \to 0^+} \frac{1}{2t^3} = +\infty,$$

不存在. 但 $\left. \dfrac{\partial f}{\partial x} \right|_{(0,0)} = 0$，选(C).

例17.2 设函数 $f(x,y) = \begin{cases} 1, & y = x^2, x \neq 0, \\ 0, & \text{其他}, \end{cases}$ $f(x,y)$ 在点 $(0,0)$ 处沿任意方向的方向导数记为 $\left. \dfrac{\partial f}{\partial \boldsymbol{l}} \right|_{(0,0)}$，则（ ）.

(A) $\left. \dfrac{\partial f}{\partial \boldsymbol{l}} \right|_{(0,0)}$ 存在，$f(x,y)$ 在 $(0,0)$ 处连续

(B) $\left. \dfrac{\partial f}{\partial \boldsymbol{l}} \right|_{(0,0)}$ 存在，$f(x,y)$ 在 $(0,0)$ 处不连续

(C) $\left. \dfrac{\partial f}{\partial \boldsymbol{l}} \right|_{(0,0)}$ 不存在，$f(x,y)$ 在 $(0,0)$ 处不连续

(D) $\left. \dfrac{\partial f}{\partial \boldsymbol{l}} \right|_{(0,0)}$ 不存在，$f(x,y)$ 在 $(0,0)$ 处连续

【解】 应选(B).

$$\lim_{t \to 0^+} \frac{f(t\cos\alpha, t\cos\beta) - f(0,0)}{t} = \lim_{t \to 0^+} \frac{0-0}{t} = 0,$$

存在，但 $\lim\limits_{\substack{x \to 0 \\ y = x^2}} f(x,y) = 1$，$\lim\limits_{\substack{x \to 0 \\ y = x}} f(x,y) = 0$，故 $f(x,y)$ 在 $(0,0)$ 处不连续，故选(B).

例17.3 设函数 $f(x,y)$ 在 $\mathbf{R}^2$ 上具有连续偏导数，满足 $\dfrac{\partial f(x,y)}{\partial x} = \dfrac{\partial f(x,y)}{\partial y}$，$f(x,0) > 0$，则（ ）.

(A) 对任意 $(x,y) \in \mathbf{R}^2$, 有 $f(x,y) > 0$

(B) 对 $x + y = C > 0$, 有 $f(x,y) > C$

(C) 对任意 $y \in \mathbf{R}$, 有 $f(0,y) = 0$

(D) 对 $x + y = C > 0$, 有 $f(x,y) = C$

【解】　应选(A).

因为对任意 $(x,y) \in \mathbf{R}^2$, $\dfrac{\partial[f(x,y)]}{\partial x} - \dfrac{\partial[f(x,y)]}{\partial y} = 0$, 即 → D_{23} (化归经典形式)

$$\mathbf{grad}\, f(x,y) \cdot (1,-1) = 0 ,$$ → D_{23} (化归经典形式)

所以函数 $f(x,y)$ 在任一点沿方向 $\boldsymbol{n} = (1,-1)$ 的方向导数为零, 故 $f(x,y)$ 在该方向上为常数, 即在直线 $x + y = C$ 上 $f(x,y)$ 为常数.

对任意 $(x,y) \in \mathbf{R}^2$, 总存在直线 $L: x + y = c_0 \ (c_0 > 0)$, 使得 $(x,y) \in L$, 所以

$$f(x,y) = f(c_0,0) > 0 .$$

故选(A).

2. 计算 → D_1 (常规操作)

定理: 若函数 $f(x,y)$ 在点 (a,b) 可微, 则其在点 (a,b) 沿任意方向 $\boldsymbol{l} = (\cos\alpha, \cos\beta)$ 的方向导数都存在, 且 $\left.\dfrac{\partial f}{\partial \boldsymbol{l}}\right|_{(a,b)} = \left.\dfrac{\partial f}{\partial x}\right|_{(a,b)} \cos\alpha + \left.\dfrac{\partial f}{\partial y}\right|_{(a,b)} \cos\beta$.

【注】 $\boldsymbol{l}$ 是单位向量.

例17.4 设函数 $f(x,y) = \begin{cases} 1, & y = x^3, x \neq 0, \\ 0, & \text{其他} \end{cases}$ 在点 $(0,0)$ 沿任何方向的方向导数为 $\left.\dfrac{\partial f}{\partial \boldsymbol{l}}\right|_{(0,0)}$, 则(　　　).

(A) $\left.\dfrac{\partial f}{\partial \boldsymbol{l}}\right|_{(0,0)}$ 存在, $f(x,y)$ 在 $(0,0)$ 处可微

(B) $\left.\dfrac{\partial f}{\partial \boldsymbol{l}}\right|_{(0,0)}$ 存在, $f(x,y)$ 在 $(0,0)$ 处不可微

(C) $\left.\dfrac{\partial f}{\partial \boldsymbol{l}}\right|_{(0,0)}$ 不存在, $f(x,y)$ 在 $(0,0)$ 处可微

(D) $\left.\dfrac{\partial f}{\partial \boldsymbol{l}}\right|_{(0,0)}$ 不存在, $f(x,y)$ 在 $(0,0)$ 处不可微

【解】　应选(B).

同例17.2, 可得 $\left.\dfrac{\partial f}{\partial \boldsymbol{l}}\right|_{(0,0)} = 0$, 且 $f(x,y)$ 在 $(0,0)$ 处不连续, 亦不可微, 故选(B).

【注】此例说明的一种情形是不可微，但方向导数存在，且其值仍与表达式 $\dfrac{\partial f}{\partial x}\cos\alpha + \dfrac{\partial f}{\partial y}\cos\beta$ 的值相等.

例17.5 设函数 $f(x,y)$ 在点 $M(x_0,y_0)$ 处可微，$\boldsymbol{u}=\left(-\dfrac{1}{\sqrt5},\dfrac{2}{\sqrt5}\right)$，$\boldsymbol{v}=\left(\dfrac{1}{\sqrt2},-\dfrac{1}{\sqrt2}\right)$. 如果 $\left.\dfrac{\partial f}{\partial \boldsymbol{u}}\right|_{(x_0,y_0)}=1$，

$\left.\dfrac{\partial f}{\partial \boldsymbol{v}}\right|_{(x_0,y_0)}=-2$，求 $f(x,y)$ 在点 M 处的全微分.

【解】 因为函数 $f(x,y)$ 在点 $M(x_0,y_0)$ 处可微，所以

$$\left.\frac{\partial f}{\partial \boldsymbol{u}}\right|_{(x_0,y_0)}=-\frac{1}{\sqrt5}\left.\frac{\partial f}{\partial x}\right|_{(x_0,y_0)}+\frac{2}{\sqrt5}\left.\frac{\partial f}{\partial y}\right|_{(x_0,y_0)},$$

$$\left.\frac{\partial f}{\partial \boldsymbol{v}}\right|_{(x_0,y_0)}=\frac{1}{\sqrt2}\left.\frac{\partial f}{\partial x}\right|_{(x_0,y_0)}-\frac{1}{\sqrt2}\left.\frac{\partial f}{\partial y}\right|_{(x_0,y_0)}.$$

依题意，

$$\begin{cases}-\dfrac{1}{\sqrt5}\left.\dfrac{\partial f}{\partial x}\right|_{(x_0,y_0)}+\dfrac{2}{\sqrt5}\left.\dfrac{\partial f}{\partial y}\right|_{(x_0,y_0)}=1,\\[2mm]\dfrac{1}{\sqrt2}\left.\dfrac{\partial f}{\partial x}\right|_{(x_0,y_0)}-\dfrac{1}{\sqrt2}\left.\dfrac{\partial f}{\partial y}\right|_{(x_0,y_0)}=-2,\end{cases}$$

解得

$$\left.\frac{\partial f}{\partial x}\right|_{(x_0,y_0)}=\sqrt5-4\sqrt2,\quad \left.\frac{\partial f}{\partial y}\right|_{(x_0,y_0)}=\sqrt5-2\sqrt2.$$

所以 $\left.\mathrm{d}f\right|_{(x_0,y_0)}=\left.\dfrac{\partial f}{\partial x}\right|_{(x_0,y_0)}\mathrm{d}x+\left.\dfrac{\partial f}{\partial y}\right|_{(x_0,y_0)}\mathrm{d}y=(\sqrt5-4\sqrt2)\mathrm{d}x+(\sqrt5-2\sqrt2)\mathrm{d}y.$

二、梯度的概念（O_2（盯住目标2））

设函数 $f(x,y)$ 在点 (a,b) 及其附近有定义，若单位向量 $\boldsymbol{l}_0$ 满足

$$\left.\frac{\partial f}{\partial \boldsymbol{l}_0}\right|_{(a,b)}=\max_{\|\boldsymbol{l}\|=1}\left\{\left.\frac{\partial f}{\partial \boldsymbol{l}}\right|_{(a,b)}\right\},$$

则称向量 $\left.\dfrac{\partial f}{\partial \boldsymbol{l}_0}\right|_{(a,b)}\boldsymbol{l}_0$ 为函数 $f(x,y)$ 在点 (a,b) 的梯度向量. 记作 $\mathbf{grad}\,f(a,b)$.

【注】（1）梯度向量的几何意义：方向为取到最大方向导数的方向；长度为方向导数的最大值.
（2）由定义可知，梯度并不以可微作为必要条件，也就是说，函数在一点即使不可微，依然可能有梯度. 不少高等数学（微积分）教材中只是给出了在可微条件下的梯度定义为 $\left(\dfrac{\partial f}{\partial x},\dfrac{\partial f}{\partial y}\right)$.

（3）考研真题中给出过这样一个函数：

$$f(x,y)=\begin{cases} xy, & xy\neq 0,\\ y, & x=0,\\ x, & y=0.\end{cases}$$

下面我们研究其在点 $(0,0)$ 处的微观性态．

首先，由偏导数定义，得 $\dfrac{\partial f}{\partial x}\Big|_{(0,0)}=1$ ，$\dfrac{\partial f}{\partial y}\Big|_{(0,0)}=1$ ．

又对于任意的不平行于坐标轴的单位向量 $\boldsymbol{l}=(\cos\alpha,\cos\beta)$ ，有

$$\frac{\partial f}{\partial \boldsymbol{l}}\Big|_{(0,0)}=\lim_{t\to 0^+}\frac{f(t\cos\alpha,t\cos\beta)-f(0,0)}{t}=\lim_{t\to 0^+}\frac{t\cos\alpha\cdot t\cos\beta}{t}=0 .$$

这说明沿向量 $\left(\dfrac{\partial f}{\partial x}\Big|_{(0,0)},\dfrac{\partial f}{\partial y}\Big|_{(0,0)}\right)=(1,1)$ 的方向导数不是最大的，即 $\left(\dfrac{\partial f}{\partial x}\Big|_{(0,0)},\dfrac{\partial f}{\partial y}\Big|_{(0,0)}\right)=(1,1)$ 不是梯

度，而 $(1,0)$ ，$(0,1)$ 均是梯度．该函数在点 $(0,0)$ 的梯度不唯一，两个坐标轴方向都是梯度且该函数在点 $(0,0)$ 也不可微．这个讨论是深刻的．

例17.6　已知曲面 Σ 的方程为 $\mathrm{e}^z=xy+yz+zx$ ．

（1）求 Σ 在点 $(1,1,0)$ 处的切平面方程；

（2）若曲面 Σ 的显式方程为 $z=f(x,y)$ ，求 $\mathbf{grad}\,f(1,1)$ ．

【解】（1）记 $F(x,y,z)=\mathrm{e}^z-(xy+yz+zx)$ ，则

$$F_x'(1,1,0)=(-y-z)\big|_{(1,1,0)}=-1 ,$$

$$F_y'(1,1,0)=(-x-z)\big|_{(1,1,0)}=-1 ,$$

$$F_z'(1,1,0)=(\mathrm{e}^z-y-x)\big|_{(1,1,0)}=-1 ,$$

所以 Σ 在点 $(1,1,0)$ 处的切平面方程为

$$(x-1)+(y-1)+z=0 ，即 x+y+z=2 .$$

（2）因为 $\dfrac{\partial f}{\partial x}\Big|_{(1,1)}=-\dfrac{F_x'(1,1,0)}{F_z'(1,1,0)}=-1$ ，$\dfrac{\partial f}{\partial y}\Big|_{(1,1)}=-\dfrac{F_y'(1,1,0)}{F_z'(1,1,0)}=-1$ ，所以

$$\mathbf{grad}\,f(1,1)=\left(\frac{\partial f}{\partial x}\Big|_{(1,1)},\frac{\partial f}{\partial y}\Big|_{(1,1)}\right)=(-1,-1) .$$

D_{22}（转换等价表述）

例17.7　设 a,b 为实数，函数 $f(x,y)=ax^2+by^2$ 在点 $(2,1)$ 处沿方向 $\boldsymbol{l}=\boldsymbol{i}+2\boldsymbol{j}$ 的方向导数最大，最大值为 $4\sqrt{5}$ ．

（1）求 a,b 的值；

（2）在曲线 $f(x,y)=4$ 上求一点，使其到直线 $2x+3y-6=0$ 的距离最短.

【解】 （1）函数 $f(x,y)=ax^2+by^2$ 在点 $(2,1)$ 处的梯度为

$$\mathbf{grad}\, f(2,1)=\left(\frac{\partial f}{\partial x},\frac{\partial f}{\partial y}\right)\bigg|_{(2,1)}=(2ax,2by)\bigg|_{(2,1)}=(4a,2b).$$

由题设条件知，$\sqrt{(4a)^2+(2b)^2}=4\sqrt{5}$ 且 $\dfrac{4a}{1}=\dfrac{2b}{2}=k>0$，解得 $\begin{cases}a=1,\\ b=4.\end{cases}$

（2）设 $P(x,y)$ 为所求点，因曲线 $x^2+4y^2=4$ 可写成参数方程 $\begin{cases}x=x,\\ y^2=1-\dfrac{1}{4}x^2,\end{cases}$ 故其在点 $P(x,y)$ 处的切

向量可表示为 $\boldsymbol{\tau}=\left(1,-\dfrac{x}{4y}\right)$.

又直线 $2x+3y-6=0$ 的法向量为 $\boldsymbol{n}=(2,3)$.根据最远（近）点的垂线原理，有 $\boldsymbol{n}\perp\boldsymbol{\tau}$，即 $\boldsymbol{n}\cdot\boldsymbol{\tau}=0$.

$2\times1+3\times\left(-\dfrac{x}{4y}\right)=0$，即有 $x=\dfrac{8}{3}y$，代入 $x^2+4y^2=4$，得 $\begin{cases}x_1=\dfrac{8}{5},\\ y_1=\dfrac{3}{5}\end{cases}$ 或 $\begin{cases}x_2=-\dfrac{8}{5},\\ y_2=-\dfrac{3}{5}.\end{cases}$

又由点到直线的距离公式易知，$\left(\dfrac{8}{5},\dfrac{3}{5}\right)$ 即为所求点.

例17.8 已知质点 A 位于坐标原点 O 处，其气味的浓度函数 $f(x,y,z)=\mathrm{e}^{-\frac{x^2+2y^2+z^2}{10^4}}$，质点 B 位于点

$\left(1,\dfrac{1}{2},1\right)$ 处（单位：km），现质点 B 总是沿着质点 A 气味变化最快的方向前进，其速度为 $1\,\mathrm{km/min}$，求：

（1）质点 B 的运动轨迹方程；

（2）质点 B 到达质点 A 的时间. $\rightarrow D_{22}$（转换等价表述）

【解】 （1）气味变化最快的方向，即 $f(x,y,z)$ 的梯度方向，即

$$\mathbf{grad}\, f=\left(\frac{\partial f}{\partial x},\frac{\partial f}{\partial y},\frac{\partial f}{\partial z}\right)=10^{-4}\mathrm{e}^{-\frac{x^2+2y^2+z^2}{10^4}}(-2x,-4y,-2z).$$

设质点 B 的运动轨迹方程为 $L:\begin{cases}x=x(t),\\ y=y(t),\\ z=z(t),\end{cases}$ 则 L 的切向量 $(x_t',y_t',z_t')//\mathbf{grad}\, f$，即

$$\frac{x_t'}{-2x}=\frac{y_t'}{-4y}=\frac{z_t'}{-2z},$$

也即

$$\frac{\mathrm{d}x}{-2x}=\frac{\mathrm{d}y}{-4y}=\frac{\mathrm{d}z}{-2z}.$$

对于 $\dfrac{\mathrm{d}x}{-2x}=\dfrac{\mathrm{d}y}{-4y}$，有 $\displaystyle\int\dfrac{1}{x}\mathrm{d}x=\int\dfrac{1}{2y}\mathrm{d}y$，得 $\ln x+\ln C_1=\ln y^{\frac{1}{2}}$，即 $y=C_1^2 x^2$.

又当 $x=1$ 时，$y=\dfrac{1}{2}$，故 $C_1^2=\dfrac{1}{2}$，于是 $y=\dfrac{1}{2}x^2$.

对于 $\dfrac{\mathrm{d}x}{-2x}=\dfrac{\mathrm{d}z}{-2z}$，有 $\displaystyle\int\dfrac{1}{x}\mathrm{d}x=\int\dfrac{1}{z}\mathrm{d}z$，得 $\ln x+\ln C_2=\ln z$，即 $z=C_2 x$.

又当 $x=1$ 时，$z=1$，故 $C_2=1$，于是 $z=x$.

综上所述，L 为 $\begin{cases}x=x,\\[2pt]y=\dfrac{1}{2}x^2,\\[2pt]z=x,\end{cases}$ 其中 $0\le x\le 1$.

（2）由（1），曲线 L 的长度为

$$
\begin{aligned}
s &= \int_0^1\sqrt{1+(y_x')^2+(z_x')^2}\,\mathrm{d}x=\int_0^1\sqrt{2+x^2}\,\mathrm{d}x\\
&= x\cdot\sqrt{2+x^2}\Big|_0^1-\int_0^1\dfrac{x^2}{\sqrt{2+x^2}}\,\mathrm{d}x=\sqrt{3}-\int_0^1\dfrac{2+x^2-2}{\sqrt{2+x^2}}\,\mathrm{d}x\\
&= \sqrt{3}-\int_0^1\sqrt{2+x^2}\,\mathrm{d}x+2\int_0^1\dfrac{1}{\sqrt{2+x^2}}\,\mathrm{d}x\\
&= \sqrt{3}-\int_0^1\sqrt{2+x^2}\,\mathrm{d}x+2\ln(x+\sqrt{2+x^2})\Big|_0^1\\
&= \sqrt{3}-\int_0^1\sqrt{2+x^2}\,\mathrm{d}x+2\ln(1+\sqrt{3})-\ln 2,
\end{aligned}
$$

则
$$
\int_0^1\sqrt{2+x^2}\,\mathrm{d}x=\dfrac{\sqrt{3}}{2}+\ln(1+\sqrt{3})-\dfrac{1}{2}\ln 2.
$$

故质点 B 到达质点 A 所用的时间为 $\dfrac{\sqrt{3}}{2}+\ln(1+\sqrt{3})-\dfrac{1}{2}\ln 2\ \mathrm{min}$.

三、多元函数的泰勒多项式（O_3（盯住目标 3））

设 $f(x,y)$ 二阶偏导数连续，记 $X_0(x_0,y_0),\Delta X=(\Delta x,\Delta y)=(x-x_0,y-y_0)$，则 $f(x,y)$ 的二阶泰勒多项式为

D_{22}（转换等价表述）

$$
f(x_0,y_0)+(f_x',f_y')\big|_{X_0}\begin{pmatrix}\Delta x\\\Delta y\end{pmatrix}+\dfrac{1}{2!}(\Delta x,\Delta y)\begin{pmatrix}f_{xx}'' & f_{xy}''\\f_{yx}'' & f_{yy}''\end{pmatrix}\bigg|_{X_0}\begin{pmatrix}\Delta x\\\Delta y\end{pmatrix}.
$$

例 17.9 设 $f(x,y)=\dfrac{\cos x}{\cos y}$ 在点 $(0,0)$ 处的二次泰勒多项式为 $a+bx^2+cy^2$，则（　　　）.

(A) $a=1$，$b=-\dfrac{1}{2}$，$c=\dfrac{1}{2}$　　　　　　　　(B) $a=1$，$b=\dfrac{1}{2}$，$c=-\dfrac{1}{2}$

(C) $a=-1$，$b=-\dfrac{1}{2}$，$c=\dfrac{1}{2}$ $\qquad\qquad$ (D) $a=-1$，$b=\dfrac{1}{2}$，$c=-\dfrac{1}{2}$

【解】 应选(A).

由题得
$$f(0,0)=1，f'_x(0,0)=0，f'_y(0,0)=0，$$

$$f''_{xx}(0,0)=-1，f''_{xy}(0,0)=0，f''_{yy}(0,0)=1.$$

由
$$f(x,y)=f(0,0)+x\cdot f'_x(0,0)+y\cdot f'_y(0,0)+$$
$$\frac{1}{2!}[x^2\cdot f''_{xx}(0,0)+2xyf''_{xy}(0,0)+y^2f''_{yy}(0,0)]+o(x^2+y^2),$$

得 $\dfrac{\cos x}{\cos y}=1-\dfrac{1}{2}x^2+\dfrac{1}{2}y^2+o(x^2+y^2)$，故 $a=1$，$b=-\dfrac{1}{2}$，$c=\dfrac{1}{2}$.

四、空间曲线的切线与法平面（O_4（盯住目标4））

1.定义

如图所示，设 L 是一条空间曲线，M_0 是曲线 L 上的一个定点，M 是曲线 L 上的一个动点，称 $\lim\limits_{M\to M_0}\dfrac{\overrightarrow{M_0M}}{\|\overrightarrow{M_0M}\|}=\boldsymbol{\tau}$ 为曲线 L 在点 M_0 处的单位切向量.过点 M_0 且与该点的切向量平行的直线称为曲线在 M_0 处的切线,过点 M_0 且与该点的切线垂直的平面称为曲线在 M_0 处的法平面.

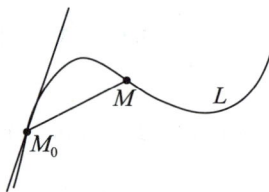

2.切线方程与法平面方程的求法

设曲线 L 的方程为 $\begin{cases} x=x(t), \\ y=y(t), \\ z=z(t), \end{cases} t\in[\alpha,\beta]$，点 M_0 对应参数 $t=t_0$.又设曲线 L 光滑，即 $x(t),y(t),z(t)$ 在 $[\alpha,\beta]$ 上一阶偏导数连续，且 $[x'(t)]^2+[y'(t)]^2+[z'(t)]^2\neq 0$.曲线 L 在点 M_0 处的切向量为
$$\boldsymbol{\tau}=(x'(t_0),y'(t_0),z'(t_0)),$$

切线方程为
$$\frac{x-x(t_0)}{x'(t_0)}=\frac{y-y(t_0)}{y'(t_0)}=\frac{z-z(t_0)}{z'(t_0)},$$

法平面方程为 $\qquad x'(t_0)[x-x(t_0)]+y'(t_0)[y-y(t_0)]+z'(t_0)[z-z(t_0)]=0.$

【注】（1）切向量 $\boldsymbol{\tau}=(x'(t_0),y'(t_0),z'(t_0))$ 的方向是由小参数指向大参数.

（2）当曲线 L 的方程是 $\begin{cases}y=y(x),\\z=z(x)\end{cases}$ 时，可写成 $\begin{cases}x=x,\\y=y(x),\\z=z(x),\end{cases}$ 在点 $(x_0,y(x_0),z(x_0))$ 处的切向量为

$\boldsymbol{\tau}=(1,y'(x_0),z'(x_0))$.（L 是两个特殊柱面的交线）

（3）$\dfrac{\partial f}{\partial x}\bigg|_{(a,b)}$ 是曲线 $\begin{cases}z=f(x,y),\\y=b\end{cases}$ 在点 $(a,b,f(a,b))$ 处的切线关于 x 轴的斜率，即对于 $\begin{cases}x=x,\\y=b,\\z=f(x,y),\end{cases}$

在 $(a,b,f(a,b))$ 处的切线的方向向量为

$$\boldsymbol{\tau}=\left(1,0,\dfrac{\partial f}{\partial x}\bigg|_{(a,b)}\right) .$$

$\dfrac{\partial f}{\partial y}\bigg|_{(a,b)}$ 是曲线 $\begin{cases}z=f(x,y),\\x=a\end{cases}$ 在点 $(a,b,f(a,b))$ 处的切线关于 y 轴的斜率，即对 $\begin{cases}x=a,\\y=y,\\z=f(x,y),\end{cases}$ 在

$(a,b,f(a,b))$ 处的切线的方向向量为

$$\boldsymbol{\tau}=\left(0,1,\dfrac{\partial f}{\partial y}\bigg|_{(a,b)}\right) .$$

例17.10 求下列曲线在指定点处的切线与法平面.

（1）$x=\cos t+\sin^2 t$, $y=\sin t(1-\cos t)$, $z=\cos t$, 在 $t=\dfrac{\pi}{2}$ 的对应点；

（2）$x=y^2$, $z=x^2$, 点 $(1,1,1)$.

【解】（1）$t=\dfrac{\pi}{2}$ 对应点的坐标为 $(1,1,0)$, 切线的方向向量为 $\left(x'\left(\dfrac{\pi}{2}\right),y'\left(\dfrac{\pi}{2}\right),z'\left(\dfrac{\pi}{2}\right)\right)=(-1,1,-1)$, 所

求切线方程为 $\dfrac{x-1}{-1}=\dfrac{y-1}{1}=\dfrac{z}{-1}$, 法平面方程为 $-(x-1)+(y-1)-z=0$, 即 $x-y+z=0$.

（2）把曲线写成参数方程 $\begin{cases}x=y^2=t^2,\\y=t,\\z=x^2=t^4,\end{cases}$ 即此曲线在 $t=1$ 对应点处切线的方向向量为 $(x'(1),y'(1),z'(1))=$

$(2,1,4)$, 所求切线方程为 $\dfrac{x-1}{2}=\dfrac{y-1}{1}=\dfrac{z-1}{4}$, 法平面方程为 $2(x-1)+(y-1)+4(z-1)=0$, 即 $2x+y+4z-$

$7=0$.

五、空间曲面的切平面与法线（O_5（盯住目标5））

1.切平面与法线的概念

定义：设Σ是一张曲面，M_0是Σ上的一个定点．若Σ中过M_0的光滑曲线在M_0处的切线都在平面π中，则称π是曲面Σ在M_0处的切平面，过点M_0且与此点的切平面垂直的直线称为曲面在M_0处的法线．

【注】要求切平面或法线，关键是求法向量．

2.切平面方程与法线方程的求法

一般方程Σ：$F(x,y,z)=0$．

设Σ为光滑曲面，即$\left(F_x'\right)^2+\left(F_y'\right)^2+\left(F_z'\right)^2\neq 0$．

设L是Σ中一条光滑曲线，方程为$\begin{cases}x=x(t),\\y=y(t),\\z=z(t),\end{cases}$则

$$F(x(t),y(t),z(t))=0，$$

关于t求导，得$F_x'\cdot x'(t)+F_y'\cdot y'(t)+F_z'\cdot z'(t)=0$．

记$\boldsymbol{n}=(F_x',F_y',F_z')$，$\boldsymbol{\tau}=(x'(t),y'(t),z'(t))$，则$\boldsymbol{n}\cdot\boldsymbol{\tau}=0$．所以曲面$F(x,y,z)=0$在点$(a,b,c)$处的法向量为

$$\boldsymbol{n}=(F_x'(a,b,c),F_y'(a,b,c),F_z'(a,b,c))．$$

曲面$F(x,y,z)=0$在点(a,b,c)处的切平面方程为

$$F_x'(a,b,c)(x-a)+F_y'(a,b,c)(y-b)+F_z'(a,b,c)(z-c)=0．$$

法线方程为$\dfrac{x-a}{F_x'(a,b,c)}=\dfrac{y-b}{F_y'(a,b,c)}=\dfrac{z-c}{F_z'(a,b,c)}$．

【注】（1）$\boldsymbol{n}=\mathbf{grad}\,F$；

（2）显式方程Σ：$z=f(x,y)$，且$f(x,y)$具有一阶连续偏导数时，法向量为$\boldsymbol{n}=(-f_x',-f_y',1)$，所以曲面$z=f(x,y)$在点$(a,b,f(a,b))$处的切平面方程是

$$-f_x'(a,b)(x-a)-f_y'(a,b)(y-b)+z-f(a,b)=0，$$

即

$$z-f(a,b)=f_x'(a,b)(x-a)+f_y'(a,b)(y-b)．$$

曲面$z=f(x,y)$在点$(a,b,f(a,b))$处的法线方程是

$$\frac{x-a}{-f_x'(a,b)}=\frac{y-b}{-f_y'(a,b)}=\frac{z-f(a,b)}{1}．$$

类似地，当曲面方程是 $y=y(x,z)$ 时，法向量是 $\boldsymbol{n}=(-y_x',1,-y_z')$；当曲面方程是 $x=x(y,z)$ 时，法向量是 $\boldsymbol{n}=(1,-x_y',-x_z')$．

例17.11　求旋转抛物面 Σ：$z=x^2+y^2$ 与平面 π：$x+y-2z=2$ 之间的最短距离．

【解】　当 Σ 的切平面与平面 π 平行时，切点到 π 的距离最短．　D_{22}（转换等价表述）

曲面 Σ：$z=x^2+y^2$ 的法向量为 $\boldsymbol{n}=(-2x,-2y,1)$，平面 π 的法向量为 $\boldsymbol{\tau}=(1,1,-2)$．由 $\boldsymbol{n}/\!/\boldsymbol{\tau}$ 得 $x=y=\dfrac{1}{4}$，

所以要求的切点为 $P\left(\dfrac{1}{4},\dfrac{1}{4},\dfrac{1}{8}\right)$．点 P 到平面 π 的距离为

$$\frac{\left|\dfrac{1}{4}+\dfrac{1}{4}-2\times\dfrac{1}{8}-2\right|}{\sqrt{1^2+1^2+(-2)^2}}=\frac{7\sqrt{6}}{24}.$$

所以曲面 Σ 与平面 π 之间的最短距离为 $\dfrac{7\sqrt{6}}{24}$．

第18讲
多元函数积分学（仅数学一）

第一部分　计算三重积分

三向解题法

```
计算三重积分
(O(盯住目标))
```

- **和式极限**
  (D₁(常规操作)+D₂₂(转换等价表述))
- **交换积分次序问题**
  (D₁(常规操作)+D₂₃(化归经典形式))
- **对称性的使用**
  (D₁(常规操作)+D₄₄(善于发现对称))
- **三重积分的柱面坐标系积分法**
  (D₁(常规操作))
- **三重积分的换元法**
  (D₁(常规操作)+D₂₃(化归经典形式))
- **空间区域Ω大观**
  (D₁(常规操作)+D₄₃(数形结合))
- **积分保号性的使用**
  (D₁(常规操作)+D₂₂(转换等价表述))
- **三重积分的直角坐标系积分法**
  (D₁(常规操作)+D₂₂(转换等价表述))
- **三重积分的球面坐标系积分法**
  (D₁(常规操作))
- **重积分的应用**
  (D₁(常规操作)+D₂₂(转换等价表述))

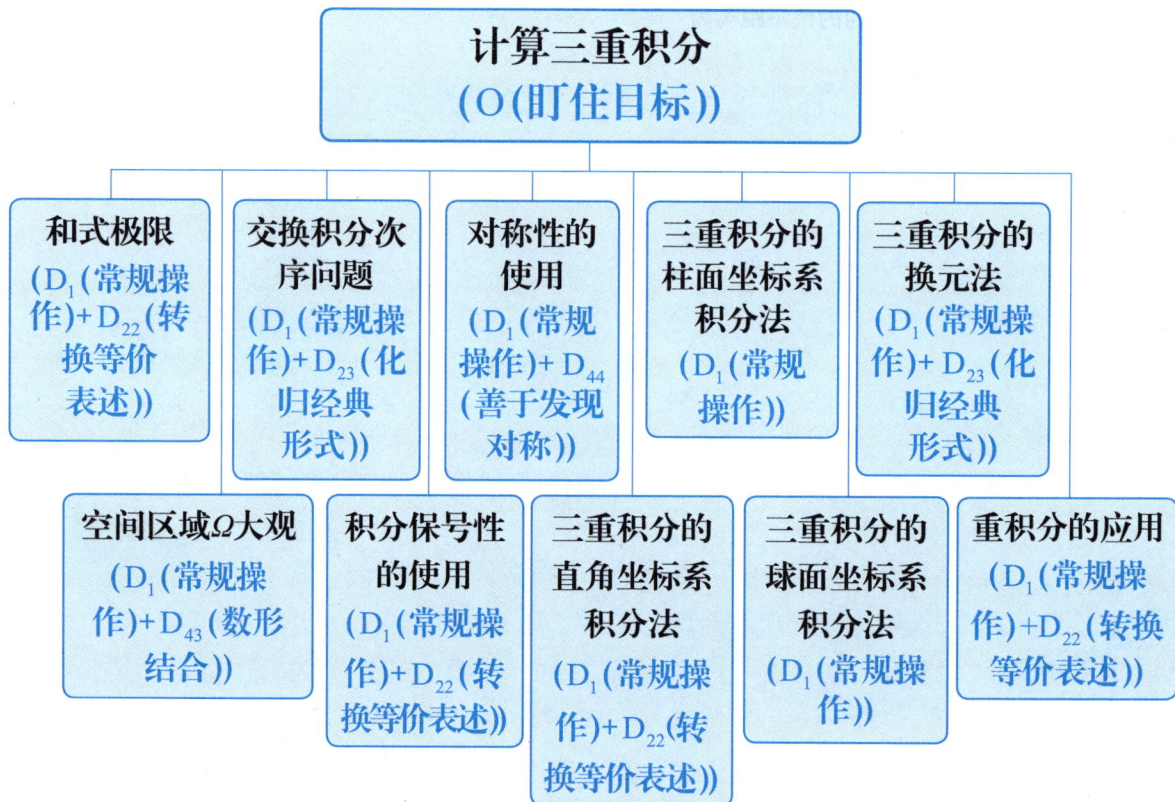

一、和式极限（D₁（常规操作）+ D₂₂（转换等价表述））

$$\iiint\limits_{\Omega} g(x,y,z)\,\mathrm{d}v = \lim_{n\to\infty}\sum_{i=1}^{n}\sum_{j=1}^{n}\sum_{k=1}^{n} g\left(a+\frac{b-a}{n}i, c+\frac{d-c}{n}j, e+\frac{f-e}{n}k\right)\cdot\frac{b-a}{n}\cdot\frac{d-c}{n}\cdot\frac{f-e}{n},$$

其中 $\Omega=\{(x,y,z)\mid a\le x\le b,c\le y\le d,e\le z\le f\}$.

例18.1 $\displaystyle\lim_{n\to\infty}\frac{\pi}{2n^5}\sum_{i=1}^{n}\sum_{j=1}^{n}\sum_{k=1}^{n}i^2\sin\frac{\pi j}{2n}\cos\frac{k}{n}=$ _____ .

【解】 应填 $\dfrac{1}{3}\sin 1$.

$$\lim_{n\to\infty}\frac{\pi}{2n^5}\sum_{i=1}^{n}\sum_{j=1}^{n}\sum_{k=1}^{n}i^2\sin\frac{\pi j}{2n}\cos\frac{k}{n}=\frac{\pi}{2}\lim_{n\to\infty}\sum_{i=1}^{n}\sum_{j=1}^{n}\sum_{k=1}^{n}\left(\frac{i}{n}\right)^2\sin\frac{\pi j}{2n}\cos\frac{k}{n}\cdot\frac{1}{n}\cdot\frac{1}{n}\cdot\frac{1}{n}$$

$$=\frac{\pi}{2}\int_0^1 x^2\,\mathrm{d}x\int_0^1\sin\left(\frac{\pi}{2}y\right)\mathrm{d}y\int_0^1\cos z\,\mathrm{d}z$$

$$=\frac{\pi}{2}\cdot\frac{1}{3}\cdot\frac{2}{\pi}\cdot\sin 1=\frac{1}{3}\sin 1 .$$

二、空间区域 Ω 大观（ D_1（常规操作）+ D_{43}（数形结合））

读者应能熟练画出以下图形,并时常翻之,看之,动手画图.

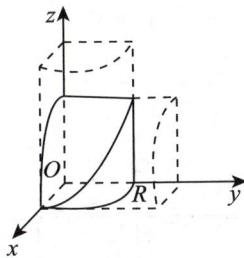

$$\begin{cases}x^2+y^2=R^2,\\x^2+z^2=R^2\end{cases}$$

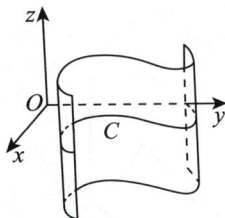

$F(x,y)=0$

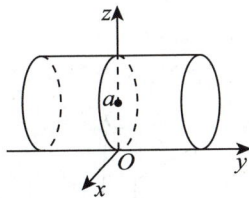

$x^2+z^2=2az$

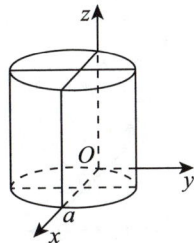

$$\left(x-\frac{a}{2}\right)^2+y^2=\left(\frac{a}{2}\right)^2$$

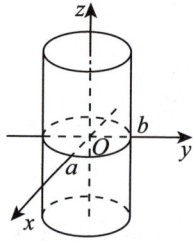

$$\frac{x^2}{a^2}+\frac{y^2}{b^2}=1$$

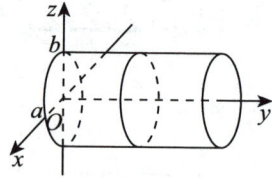

$$\frac{x^2}{a^2}+\frac{z^2}{b^2}=1$$

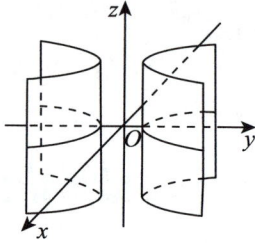

$$-\frac{x^2}{a^2}+\frac{y^2}{b^2}=1$$

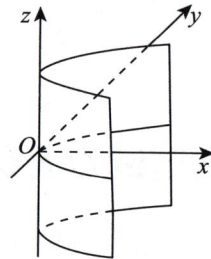

$$y^2=x$$

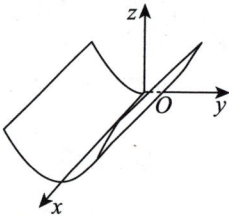

$$z=y^2$$

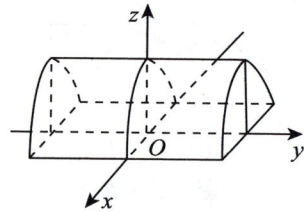

$$z=1-x^2$$

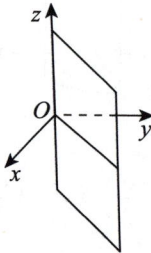

$$x-y=0$$

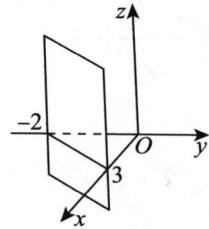

$$2x-3y-6=0$$

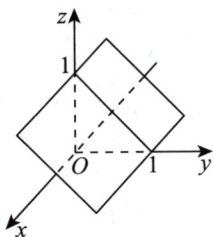

$$y + z = 1$$

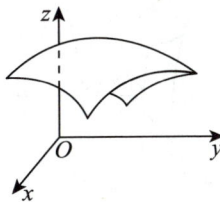

$$F(x, y, z) = 0$$

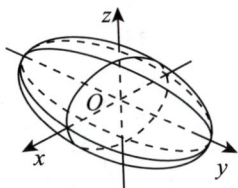

$$\frac{x^2}{a^2} + \frac{y^2}{b^2} + \frac{z^2}{c^2} = 1$$

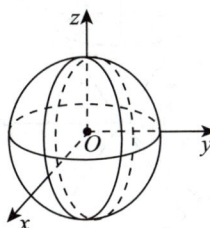

$$x^2 + y^2 + z^2 = R^2$$

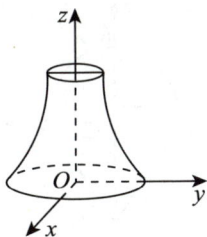

$$f(\pm\sqrt{x^2 + y^2}, z) = 0$$

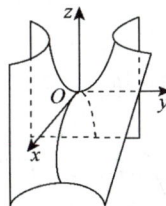

$$-\frac{x^2}{2p} + \frac{y^2}{2q} = z, \ p, q > 0$$

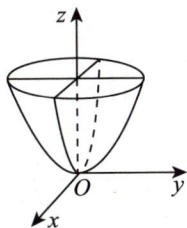

$$\frac{x^2}{2p} + \frac{y^2}{2q} = z, \ p, q > 0$$

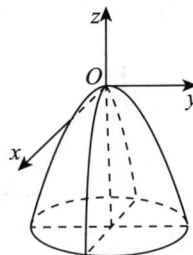

$$\frac{x^2}{2p} + \frac{y^2}{2q} = z, \ p, q < 0$$

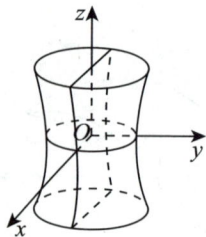

$$\frac{x^2}{a^2}+\frac{y^2}{b^2}-\frac{z^2}{c^2}=1$$

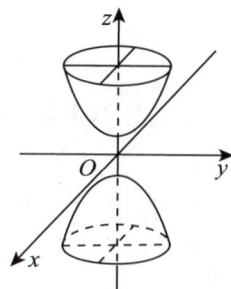

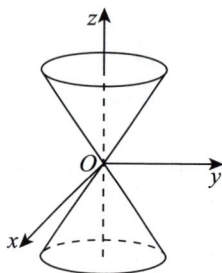

$$\frac{x^2}{a^2}+\frac{y^2}{b^2}-\frac{z^2}{c^2}=-1$$

$$\frac{x^2}{a^2}+\frac{y^2}{b^2}-\frac{z^2}{c^2}=0$$

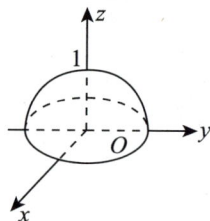

$$z=1-x^2-2y^2, z\geqslant 0$$

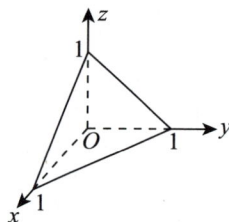

$$x+y+z=1, x,y,z>0$$

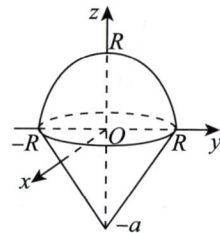

$$\begin{cases} z=\sqrt{R^2-x^2-y^2}, \\ z=\dfrac{a}{R}\sqrt{x^2+y^2}-a \end{cases} (R>0, a>0)$$

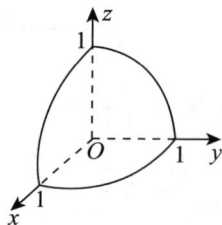

$$z=\sqrt{1-x^2-y^2}, x\geqslant 0, y\geqslant 0$$

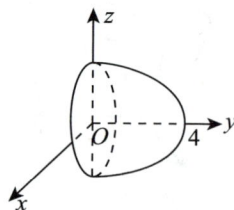

$$4-y=x^2+z^2, y\geqslant 0$$

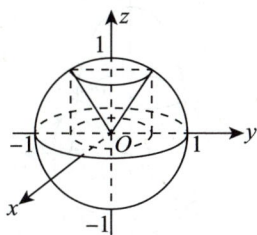

$z = \sqrt{x^2 + y^2}$，$x^2 + y^2 + z^2 \leqslant 1$

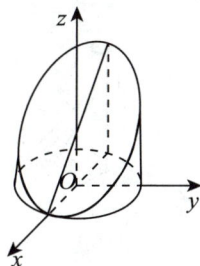

$$\begin{cases} x^2 + y^2 = 4, \\ x + z = 2, \\ z = 0 \end{cases}$$

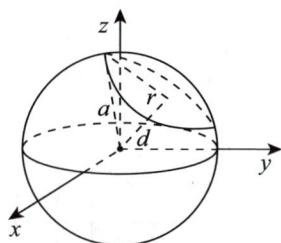

$$\begin{cases} x^2 + y^2 + z^2 = a^2, \\ x + y + z = \dfrac{3}{2}a \end{cases} \quad (a > 0)$$

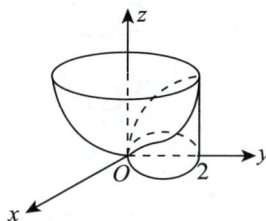

$$\begin{cases} x^2 + (y-1)^2 = 1, \\ z = x^2 + y^2 \end{cases}$$

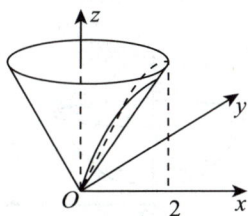

$$\begin{cases} z = \sqrt{x^2 + y^2}, \\ z^2 = 2x \end{cases}$$

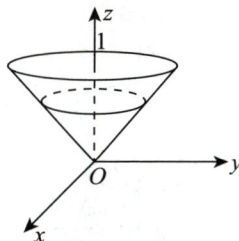

$$\begin{cases} z = \sqrt{x^2 + y^2}, \\ z = 1 \end{cases}$$

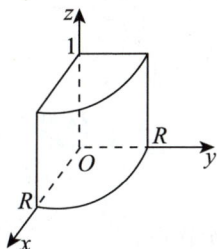

$x^2 + y^2 = R^2$，$x, y > 0$，$0 < z < 1$

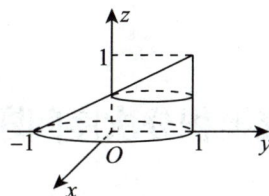

$x^2 + (y-z)^2 = (1-z)^2$，$0 \leqslant z \leqslant 1$

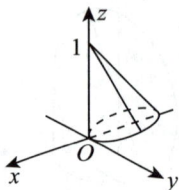

$x^2 + 2x(1-z) + y^2 = 0 \ , \ 0 \leqslant z \leqslant 1$

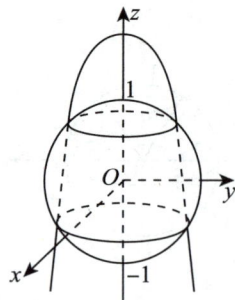

$\begin{cases} x^2 + y^2 + z^2 = 1, \\ 6(x^2 + y^2) = -z + 4 \end{cases}$

$\begin{cases} z = x^2 + y^2 + 1, \\ z = 2x, \\ (x-1)^2 + y^2 = 1 \end{cases}$

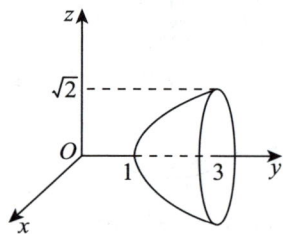

$\begin{cases} z = \sqrt{y-1}, \\ x = 0 \end{cases}$ $(1 \leqslant y \leqslant 3)$（绕 y 轴旋转）

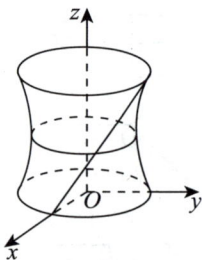

$\begin{cases} x = 1-z, \\ y = z \end{cases}$（绕 z 轴旋转）

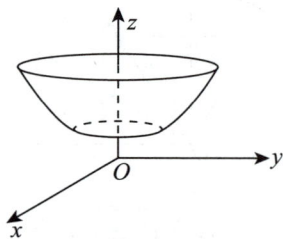

$\begin{cases} z = \mathrm{e}^y, \\ x = 0 \end{cases}$ $(1 \leqslant y \leqslant 2)$（绕 z 轴旋转）

三、交换积分次序问题（D_1（常规操作）+ D_{23}（化归经典形式））

将所给积分次序还原至 $\iiint\limits_{\Omega} f(x,y,z)\,\mathrm{d}v$，再换需求，选择新的积分次序.

例18.2 设 $D = \left\{ (x,y) \,\middle|\, 1 \leqslant x^2 + y^2 \leqslant 4 \right\}$，求极限 $I = \lim\limits_{u \to +\infty} \dfrac{1}{2\pi} \int_0^u \mathrm{d}z \iint\limits_{D} \dfrac{\sin\left(z\sqrt{x^2+y^2}\right)}{\sqrt{x^2+y^2}} \mathrm{d}x\mathrm{d}y$.

D_{23}（化归经典形式）

【解】 将累次积分 $\int_0^u \mathrm{d}z \iint\limits_D \dfrac{\sin(z\sqrt{x^2+y^2})}{\sqrt{x^2+y^2}}\,\mathrm{d}x\mathrm{d}y$ 交换积分次序，得

$$\int_0^u \mathrm{d}z \iint\limits_D \frac{\sin(z\sqrt{x^2+y^2})}{\sqrt{x^2+y^2}}\,\mathrm{d}x\mathrm{d}y = \iint\limits_D \mathrm{d}x\mathrm{d}y \int_0^u \frac{\sin(z\sqrt{x^2+y^2})}{\sqrt{x^2+y^2}}\,\mathrm{d}z$$

$$= \int_0^{2\pi} \mathrm{d}\theta \int_1^2 \mathrm{d}r \int_0^u \frac{\sin(zr)}{r}\cdot r\,\mathrm{d}z$$

$$= 2\pi\left[\ln 2 - \int_1^2 \frac{\cos(ur)}{r}\,\mathrm{d}r\right].$$

令 $ur = t$，得

$$\int_1^2 \frac{\cos(ur)}{r}\,\mathrm{d}r = \int_u^{2u} \frac{\cos t}{t}\,\mathrm{d}t.$$

因为 $\lim\limits_{u\to+\infty}\displaystyle\int_u^{2u}\dfrac{\cos t}{t}\,\mathrm{d}t = 0$，所以 $I = \lim\limits_{u\to+\infty}\dfrac{1}{2\pi}\cdot 2\pi\left[\ln 2 - \displaystyle\int_1^2 \dfrac{\cos(ur)}{r}\,\mathrm{d}r\right] = \ln 2$.

四、积分保号性的使用（D_1（常规操作）+ D_{22}（转换等价表述））

①若连续函数 $f(x,y,z)$ 在 Ω 上非负且不恒为零，则 $\iiint\limits_\Omega f(x,y,z)\,\mathrm{d}v > 0$.

②若连续函数 $f(x,y,z)$ 满足：对任意有界闭区域 Ω，均有 $\iiint\limits_\Omega f(x,y,z)\,\mathrm{d}v \equiv 0$，则 $f(x,y,z) = 0$，$(x,y,z) \in \Omega$.

例18.3　确定 Ω 的形状，使得三重积分 $I = \iiint\limits_\Omega (1-x^2-2y^2-3z^2)\,\mathrm{d}v$ 取得最大值.

【解】 根据重积分的性质，当

$$1-x^2-2y^2-3z^2 \geqslant 0,\quad (x,y,z) \in \Omega$$

和

$$1-x^2-2y^2-3z^2 < 0,\quad (x,y,z) \notin \Omega,$$

成立时，$I = \iiint\limits_\Omega (1-x^2-2y^2-3z^2)\,\mathrm{d}v$ 取得最大值.

所以当 $\Omega = \left\{(x,y,z)\,\middle|\,x^2+2y^2+3z^2 \leqslant 1\right\}$ 时，$I = \iiint\limits_\Omega (1-x^2-2y^2-3z^2)\,\mathrm{d}v$ 取得最大值.

五、对称性的使用（ D_1（常规操作）+ D_{44}（善于发现对称））

分析方法与二重积分完全一样.

（1）普通对称性.

①设 Ω 关于 xOz 面对称, 则

$$\iiint\limits_{\Omega} f(x,y,z)\mathrm{d}v = \begin{cases} 2\iiint\limits_{\Omega_1} f(x,y,z)\mathrm{d}v, & f(x,y,z)=f(x,-y,z), \quad \longleftarrow D_{21}（观察研究对象） \\ 0, & f(x,y,z)=-f(x,-y,z), \quad \longleftarrow D_{21}（观察研究对象） \end{cases}$$

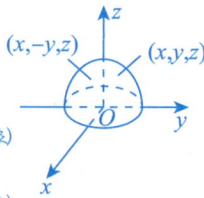

其中 Ω_1 是 Ω 在 xOz 面右边的部分.

关于其他坐标面对称的情况与此类似.

②设 Ω 关于三个坐标面都对称, Ω_1 是 Ω 在第一卦限的部分, 则

$$\iiint\limits_{\Omega} f(x,y,z)\mathrm{d}v = \begin{cases} 8\iiint\limits_{\Omega_1} f(x,y,z)\mathrm{d}v, & f(x,y,z)=f(-x,-y,-z), \quad \longleftarrow D_{21}（观察研究对象） \\ 0, & f(x,y,z)=-f(-x,-y,-z). \quad \longleftarrow D_{21}（观察研究对象） \end{cases}$$

（2）轮换对称性.

在直角坐标系下, 若把 x 与 y 对调, Ω 不变, 则

$$\iiint\limits_{\Omega} f(x,y,z)\mathrm{d}x\mathrm{d}y\mathrm{d}z = \iiint\limits_{\Omega} f(y,x,z)\mathrm{d}x\mathrm{d}y\mathrm{d}z,$$

这就是轮换对称性. 关于其他情况与此类似.

如 $\Omega = \left\{ (x,y,z) \mid x^2+y^2+z^2 \leqslant R^2 \right\}$, 则 *完全对称（也是轮换对称）*

$$I = \iiint\limits_{\Omega} f(x)\mathrm{d}x\mathrm{d}y\mathrm{d}z = \iiint\limits_{\Omega} f(y)\mathrm{d}x\mathrm{d}y\mathrm{d}z = \iiint\limits_{\Omega} f(z)\mathrm{d}x\mathrm{d}y\mathrm{d}z,$$

因此有 *完全对称（也是轮换对称）*

$$I = \frac{1}{3} \iiint\limits_{\Omega} \left[f(x)+f(y)+f(z) \right] \mathrm{d}x\mathrm{d}y\mathrm{d}z.$$

若 $f(x)+f(y)+f(z)$ 简单或易于积分, 则可达到用轮换对称性的目的. $\longleftarrow D_{21}（观察研究对象）$

例如, 设 Ω 是由平面 $x+y+z=1$ 与三个坐标平面所围成的空间区域, 欲计算 $I = \iiint\limits_{\Omega} (x+2y+3z)\mathrm{d}x\mathrm{d}y\mathrm{d}z$,

则立即考虑到

$$\iiint\limits_{\Omega} x\mathrm{d}v = \iiint\limits_{\Omega} y\mathrm{d}v = \iiint\limits_{\Omega} z\mathrm{d}v,$$

于是 $$I = \iiint\limits_{\Omega} (x+2y+3z)\mathrm{d}v = 6\iiint\limits_{\Omega} z\mathrm{d}v.$$

再计算 $\iiint\limits_{\Omega} z\mathrm{d}v$. 记 $\Omega: 0 \leqslant z \leqslant 1$, $(x, y) \in D(z)$, $D(z)$ 是过 z 轴上 $[0, 1]$ 中任一点 z 作垂直于 z 轴的平

面截 Ω 所得的平面区域(平移到 xOy 平面上, 见图), 其面积为 $\dfrac{1}{2}(1-z)^2$, 于是由先二后一法(定限截面法), 得

$$\iiint_{\Omega} z\,\mathrm{d}v = \int_0^1 z\,\mathrm{d}z \iint_{D(z)} \mathrm{d}x\mathrm{d}y = \int_0^1 \frac{1}{2}(1-z)^2 z\,\mathrm{d}z$$

$$= \int_0^1 \frac{1}{2}(z - 2z^2 + z^3)\,\mathrm{d}z$$

$$= \frac{1}{2}\left(\frac{1}{2}z^2 - \frac{2}{3}z^3 + \frac{1}{4}z^4\right)\Bigg|_0^1 = \frac{1}{24},$$

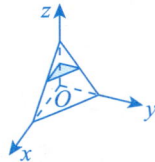

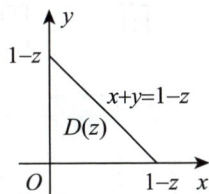

因此 $I = 6 \times \dfrac{1}{24} = \dfrac{1}{4}$, 这样计算此积分就容易多了.

再例如, 欲计算 $\displaystyle\iiint_{\Omega}(x^2 + y^2)\mathrm{d}v$, $\Omega: x^2 + y^2 + z^2 \leqslant 1$, 则立即考虑到

$$\iiint_{\Omega} x^2\,\mathrm{d}v = \iiint_{\Omega} y^2\,\mathrm{d}v = \iiint_{\Omega} z^2\,\mathrm{d}v,$$

于是 $\displaystyle\iiint_{\Omega}(x^2 + y^2)\mathrm{d}v = \frac{2}{3}\iiint_{\Omega}(x^2 + y^2 + z^2)\mathrm{d}v = \frac{2}{3}\int_0^{2\pi}\mathrm{d}\theta\int_0^{\pi}\mathrm{d}\varphi\int_0^1 r^4\sin\varphi\,\mathrm{d}r = \frac{8\pi}{15}.$

例18.4 设区域 $\Omega_1 = \left\{(x,y,z)\,\big|\,x^2 + y^2 + z^2 \leqslant 1, z \geqslant 0\right\}$, $\Omega_2 = \{(x,y,z)\,|\,x^2 + y^2 + z^2 \leqslant 1, x \geqslant 0, y \geqslant 0, z \geqslant 0\}$, 则( ).

(A) $\displaystyle\iiint_{\Omega_1} x\,\mathrm{d}v = 4\iiint_{\Omega_2} x\,\mathrm{d}v$

(B) $\displaystyle\iiint_{\Omega_1} y\,\mathrm{d}v = 4\iiint_{\Omega_2} y\,\mathrm{d}v$

(C) $\displaystyle\iiint_{\Omega_1} z\,\mathrm{d}v = 4\iiint_{\Omega_2} z\,\mathrm{d}v$

(D) $\displaystyle\iiint_{\Omega_1} xyz\,\mathrm{d}v = 4\iiint_{\Omega_2} xyz\,\mathrm{d}v$

【解】 应选(C).

因为区域 Ω_1 关于 xOz 坐标面对称, 且函数 $f(x,y,z) = y$ 和 $g(x,y,z) = xyz$ 均满足

$$f(x,-y,z) = -f(x,y,z),\ g(x,-y,z) = -g(x,y,z),$$

> D_{44} (善于发现对称)

所以 $\displaystyle\iiint_{\Omega_1} y\,\mathrm{d}v = 0$, $\displaystyle\iiint_{\Omega_1} xyz\,\mathrm{d}v = 0$.

又因为区域 Ω_1 关于 yOz 坐标面也对称, 且函数 $h(x,y,z) = x$ 满足

$$h(-x,y,z) = -h(x,y,z),$$

> D_{44} (善于发现对称)

所以 $\displaystyle\iiint_{\Omega_1} x\,\mathrm{d}v = 0$.

函数 $f(x,y,z) = y$, $g(x,y,z) = xyz$, $h(x,y,z) = x$ 在区域 Ω_2 上非负连续, 且不恒为零, 所以

$$\iiint_{\Omega_2} y \mathrm{d}v > 0 , \quad \iiint_{\Omega_2} xyz \mathrm{d}v > 0 , \quad \iiint_{\Omega_2} x \mathrm{d}v > 0 .$$

综上可知, 选项(A), (B), (D) 都不正确.

同样地, 因为区域 Ω_1 关于 xOz 和 yOz 坐标面都对称, 且函数 $w(x, y, z) = z$ 满足

$$w(-x, y, z) = w(x, y, z) , \quad w(x, -y, z) = w(x, y, z) ,$$

所以 $\iiint_{\Omega_1} z \mathrm{d}v = 4 \iiint_{\Omega_2} z \mathrm{d}v$.

例18.5 设有界闭区域 Ω 由半球面 $z = \sqrt{a^2 - x^2 - y^2}\,(a > 0)$ 与锥面 $z = \sqrt{x^2 + y^2}$ 围成, 且 $I =$

$\iiint_{\Omega} (x + y + z) \mathrm{d}v = \dfrac{\pi}{8}$, 则 $a = $ _____.

【解】 应填 1.

因为 Ω 关于 yOz 和 xOz 坐标面均对称, 所以 $\iiint_{\Omega} x \mathrm{d}v = 0$, $\iiint_{\Omega} y \mathrm{d}v = 0$, 从而

$$I = \iiint_{\Omega} (x + y + z) \mathrm{d}v = \iiint_{\Omega} z \mathrm{d}v .$$

因为在球坐标系中, 积分区域 Ω 可以表示为

$$\begin{cases} 0 \leqslant \theta \leqslant 2\pi, \\ 0 \leqslant \varphi \leqslant \dfrac{\pi}{4}, \\ 0 \leqslant r \leqslant a, \end{cases}$$

所以 $I = \iiint_{\Omega} z \mathrm{d}v = \displaystyle\int_0^{\frac{\pi}{4}} \mathrm{d}\varphi \int_0^{2\pi} \mathrm{d}\theta \int_0^a r\cos\varphi \cdot r^2 \sin\varphi \mathrm{d}r = \dfrac{\pi}{2} a^4 \int_0^{\frac{\pi}{4}} \cos\varphi \sin\varphi \mathrm{d}\varphi = \dfrac{\pi}{8} a^4 = \dfrac{\pi}{8}$, 故 $a = 1$.

【注】 三重积分 $\iiint_{\Omega} z \mathrm{d}v$ 的值也可以利用柱坐标或直角坐标计算, 下列是几种其他常用方法.

（1）柱坐标系: $I = \iiint_{\Omega} z \mathrm{d}v = \displaystyle\int_0^{2\pi} \mathrm{d}\theta \int_0^{\frac{\sqrt{2}}{2}a} \mathrm{d}r \int_r^{\sqrt{a^2 - r^2}} z \cdot r \mathrm{d}z = \pi \int_0^{\frac{\sqrt{2}}{2}a} (a^2 - 2r^2) r \mathrm{d}r = \dfrac{\pi}{8} a^4$.

（2）直角坐标系:

先一后二法, 得

$$I = \int_{-\frac{\sqrt{2}}{2}a}^{\frac{\sqrt{2}}{2}a} \mathrm{d}x \int_{-\sqrt{\frac{a^2}{2} - x^2}}^{\sqrt{\frac{a^2}{2} - x^2}} \mathrm{d}y \int_{\sqrt{x^2 + y^2}}^{\sqrt{a^2 - x^2 - y^2}} z \mathrm{d}z = \frac{1}{2} \int_{-\frac{\sqrt{2}}{2}a}^{\frac{\sqrt{2}}{2}a} \mathrm{d}x \int_{-\sqrt{\frac{a^2}{2} - x^2}}^{\sqrt{\frac{a^2}{2} - x^2}} \left[a^2 - 2(x^2 + y^2) \right] \mathrm{d}y = \frac{\pi}{8} a^4 .$$

先二后一法, 得

$$I = \int_0^a \mathrm{d}z \iint_{D_z} z \mathrm{d}x \mathrm{d}y = \int_0^{\frac{\sqrt{2}}{2}a} z \cdot \pi z^2 \mathrm{d}z + \int_{\frac{\sqrt{2}}{2}a}^a z \cdot \pi (a^2 - z^2) \mathrm{d}z = \frac{\pi}{8} a^4 .$$

例18.6 设 $\Omega = \left\{(x, y, z) \big| x^2 + y^2 + z^2 \le 2z\right\}$，且 $\iiint\limits_{\Omega} (ax + by + cz) \mathrm{d}v = \dfrac{8\pi}{3}$，则（　　　）．

(A) $a = b = 1$，c任意

(B) a，b任意，$c = 1$

(C) $a = b = 2$，c任意

(D) a，b任意，$c = 2$

【解】 应选(D)．

因为 Ω 关于 yOz 和 xOz 坐标面均对称，所以 $\iiint\limits_{\Omega} x\mathrm{d}v = 0$，$\iiint\limits_{\Omega} y\mathrm{d}v = 0$，从而

$$\iiint\limits_{\Omega} (ax + by + cz)\mathrm{d}v = \iiint\limits_{\Omega} cz\mathrm{d}v = \frac{8\pi}{3}.$$

法一 因为在球坐标系中，积分区域 Ω 可以表示为

$$\begin{cases} 0 \le \theta \le 2\pi, \\ 0 \le \varphi \le \dfrac{\pi}{2}, \\ 0 \le r \le 2\cos\varphi, \end{cases}$$

所以

$$\iiint\limits_{\Omega} cz\mathrm{d}v = c\int_0^{\frac{\pi}{2}} \mathrm{d}\varphi \int_0^{2\pi} \mathrm{d}\theta \int_0^{2\cos\varphi} r\cos\varphi \cdot r^2 \sin\varphi \mathrm{d}r = 8c\pi \int_0^{\frac{\pi}{2}} \cos^5\varphi \sin\varphi \mathrm{d}\varphi = \frac{4c\pi}{3} = \frac{8\pi}{3},$$

故 a，b任意，$c = 2$．

法二 因为球体 Ω 的重心坐标为 $(\bar{x}, \bar{y}, \bar{z}) = (0, 0, 1)$，体积为 $V = \dfrac{4\pi}{3}$，所以

$$\iiint\limits_{\Omega} z\mathrm{d}v = \bar{z} \cdot V = \frac{4\pi}{3},$$

从而

$$\iiint\limits_{\Omega} cz\mathrm{d}v = \frac{4c\pi}{3} = \frac{8\pi}{3},$$

故 a，b任意，$c = 2$．

六、三重积分的直角坐标系积分法

$\left(\mathrm{D}_1（常规操作）+ \mathrm{D}_{22}（转换等价表述）\right)$

（1）先一后二法(先 z 后 xy 法，也叫投影穿线法)．

①适用场合．

Ω 有下曲面 $z = z_1(x, y)$、上曲面 $z = z_2(x, y)$，无侧面或侧面为柱面，如图所示．

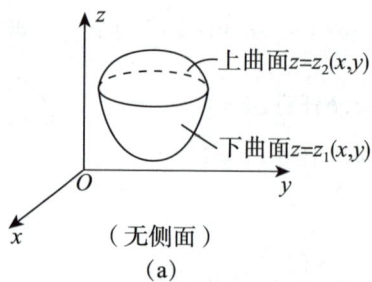

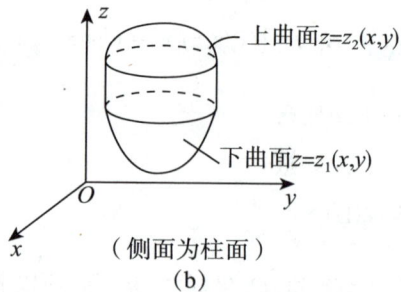

（无侧面）　　　　　　　　　　　　（侧面为柱面）

　　　（a）　　　　　　　　　　　　　　　（b）

②计算方法.

如图所示,有 $\iiint\limits_{\Omega} f(x,y,z)\mathrm{d}v = \iint\limits_{D_{xy}} \mathrm{d}\sigma \int_{z_1(x,y)}^{z_2(x,y)} f(x,y,z)\mathrm{d}z.$

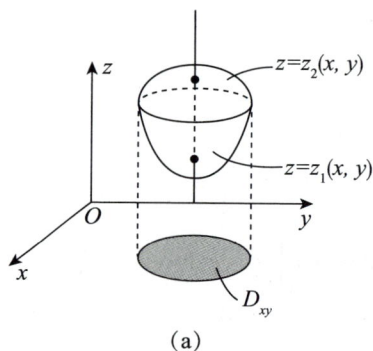

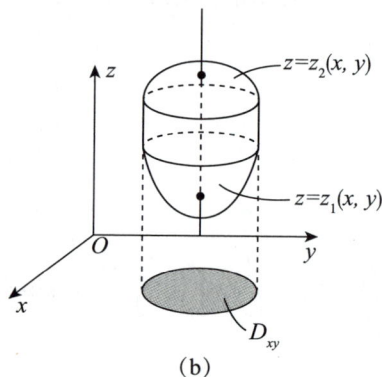

　　　　　（a）　　　　　　　　　　　　　　　（b）

（2）先二后一法(先 xy 后 z 法,也叫定限截面法).

①适用场合.

Ω 是旋转体,其旋转曲面方程为 $\sum: z = z(x,y)$,如图所示.

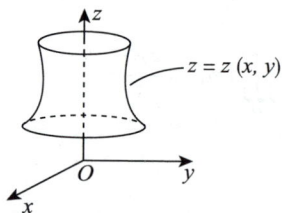

②计算方法.

如图所示,有 $\iiint\limits_{\Omega} f(x,y,z)\,\mathrm{d}v = \int_a^b \mathrm{d}z \iint\limits_{D_z} f(x,y,z)\,\mathrm{d}\sigma.$

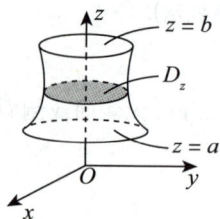

例18.7 设锥面 Σ 的顶点是 $A(0,1,1)$，准线是 $\begin{cases} x^2+y^2=1, \\ z=0, \end{cases}$ 直线 L 过顶点 A 和准线上任一点 $M_1(x_1,y_1,0)$，Ω 是 $\Sigma(0 \leqslant z \leqslant 1)$ 与平面 $z=0$ 所围成的锥体.

(1) 求 L 和 Σ 的方程；

(2) 求 Ω 的形心坐标.

> D22（转换等价表述），画图，标出几何量，建立等量关系

(a)

【解】（1）如图(a)所示，从顶点 A 到准线上任一点 $M_1(x_1,y_1,0)$ 作直线段 $\overline{AM_1}$，记其上任一点 $M(x,y,z)$，由于 $\overline{AM}\,/\!/\,\overline{AM_1}$，则

$$\frac{x-0}{x_1-0}=\frac{y-1}{y_1-1}=\frac{z-1}{-1}, \qquad ①$$

此即为 L 的方程，又由于 M_1 在准线上，有

$$x_1^2+y_1^2=1. \qquad ②$$

由①式得 $x_1=\dfrac{x}{1-z}$，$y_1=\dfrac{y-z}{1-z}$，代入②式，有 → D22（转换等价表述）

$$\frac{x^2}{(1-z)^2}+\frac{(y-z)^2}{(1-z)^2}=1,$$

即锥面 Σ 的方程为 $x^2+(y-z)^2=(1-z)^2$.

（2）如图(b)所示，设 Ω 的形心坐标为 $(\bar{x},\bar{y},\bar{z})$，因为 Ω 关于 yOz 平面对称，所以 $\bar{x}=0$.

(b)

对于 $0 \leqslant z \leqslant 1$，记 $D_z=\{(x,y)\,|\,x^2+(y-z)^2 \leqslant (1-z)^2\}$. 因为

$$V=\iiint\limits_{\Omega}\mathrm{d}x\mathrm{d}y\mathrm{d}z=\int_0^1\mathrm{d}z\iint\limits_{D_z}\mathrm{d}x\mathrm{d}y=\int_0^1\pi(1-z)^2\mathrm{d}z=\frac{\pi}{3},$$

> D43（数形结合）　$\bar{y}_{D_z}=z$

$$\iiint\limits_{\Omega}y\mathrm{d}x\mathrm{d}y\mathrm{d}z=\int_0^1\mathrm{d}z\iint\limits_{D_z}y\mathrm{d}x\mathrm{d}y=\int_0^1\bar{y}_{D_z}S_{D_z}\mathrm{d}z=\int_0^1 z\cdot\pi(1-z)^2\mathrm{d}z=\frac{\pi}{12},$$

> $\iint\limits_{D_z}y\mathrm{d}\sigma=\bar{y}_{D_z}\cdot S_{D_z}$

$$\iiint\limits_{\Omega}z\mathrm{d}x\mathrm{d}y\mathrm{d}z=\int_0^1\mathrm{d}z\iint\limits_{D_z}z\mathrm{d}x\mathrm{d}y=\int_0^1\pi z(1-z)^2\mathrm{d}z=\frac{\pi}{12},$$

所以

$$\bar{y}=\frac{\iiint\limits_{\Omega}y\mathrm{d}x\mathrm{d}y\mathrm{d}z}{V}=\frac{1}{4},\quad \bar{z}=\frac{\iiint\limits_{\Omega}z\mathrm{d}x\mathrm{d}y\mathrm{d}z}{V}=\frac{1}{4}.$$

故 Ω 的形心坐标为 $\left(0,\dfrac{1}{4},\dfrac{1}{4}\right)$.

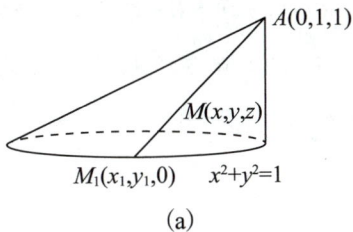

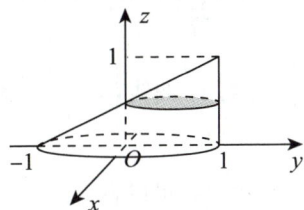

【注】（1）读者可从第一问中学到求锥面方程的一般方法，在考研题中，命题人给出方程 $x^2+(y-z)^2=(1-z)^2$ 时，很多读者不知所云，这里的第一问回答了此问题.

（2）若不画图，把 (x,y,z) 与 $(-x,y,z)$ 代入表达式，表达式不变，也可知锥面关于 yOz 平面对称，于是 $\bar{x}=0$.

形式化归体系块

七、三重积分的柱面坐标系积分法（D_1（常规操作））

在直角坐标系的计算中，如若 $\iint\limits_{D_{xy}}\mathrm{d}\sigma$ 适用于极坐标系，则令 $\begin{cases}x=r\cos\theta,\\y=r\sin\theta,\end{cases}$ 便有

$$\iiint\limits_{\Omega}f(x,y,z)\,\mathrm{d}x\mathrm{d}y\mathrm{d}z=\iiint\limits_{\Omega}f(r\cos\theta,r\sin\theta,z)r\mathrm{d}r\mathrm{d}\theta\mathrm{d}z,$$

此种计算方法称为柱面坐标系下三重积分的计算.

例18.8 设有界闭区域 Ω 由曲线 $\begin{cases}y^2=2z,\\x=0\end{cases}$ 绕 z 轴旋转而成的曲面与平面 $z=4$ 围成，计算三重积分 $I=\iiint\limits_{\Omega}(x^2+y^2+z)\mathrm{d}v$.

【解】 曲线 $\begin{cases}y^2=2z,\\x=0\end{cases}$ 绕 z 轴旋转而成的曲面方程为 $x^2+y^2=2z$.

因为 Ω 可以表示为 $\begin{cases}x^2+y^2\leqslant 2z,\\0\leqslant z\leqslant 4,\end{cases}$ 所以

$$I=\iiint\limits_{\Omega}(x^2+y^2+z)\mathrm{d}v=\int_0^4\mathrm{d}z\iint\limits_{x^2+y^2\leqslant 2z}(x^2+y^2+z)\mathrm{d}x\mathrm{d}y$$

$$=\int_0^4\mathrm{d}z\int_0^{2\pi}\mathrm{d}\theta\int_0^{\sqrt{2z}}(r^2+z)\cdot r\mathrm{d}r$$

$$=4\pi\int_0^4z^2\mathrm{d}z=\frac{256\pi}{3}.$$

形式化归体系块

八、三重积分的球面坐标系积分法（D_1（常规操作））

（1）适用场合.

①被积函数中含 $\begin{cases}f(x^2+y^2+z^2),\\f(x^2+y^2).\end{cases}$

②积分区域为 $\begin{cases} 球或球的部分, \\ 锥或锥的部分. \end{cases}$

（2）计算方法.

令

$$\begin{cases} x = r\sin\varphi\cos\theta, \\ y = r\sin\varphi\sin\theta, \\ z = r\cos\varphi, \end{cases}$$

则 $\mathrm{d}v = r^2\sin\varphi\mathrm{d}\theta\mathrm{d}\varphi\mathrm{d}r$，且有：

①过 z 轴的半平面与 xOz 面正向夹角为 θ（取值范围 $[0,2\pi]$）$\begin{cases} 先碰到\Omega,\ 记\theta_1, \\ 后离开\Omega,\ 记\theta_2. \end{cases}$

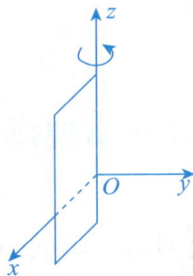

②顶点在原点，以 z 轴为中心轴的圆锥面半顶角为 φ（取值范围 $[0,\pi]$）$\begin{cases} 先碰到\Omega,\ 记\varphi_1(\theta), \\ 后离开\Omega,\ 记\varphi_2(\theta). \end{cases}$

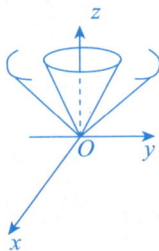

③从原点出发画一条射线为 r（取值范围 $[0,+\infty)$）$\begin{cases} 先碰到\Omega,\ 记r_1(\varphi,\theta), \\ 后离开\Omega,\ 记r_2(\varphi,\theta). \end{cases}$

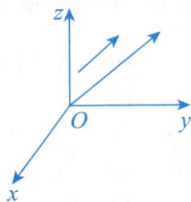

于是

$$\iiint\limits_{\Omega} f(x,y,z)\,\mathrm{d}v = \iiint\limits_{\Omega} f(r\sin\varphi\cos\theta, r\sin\varphi\sin\theta, r\cos\varphi)r^2\sin\varphi\mathrm{d}r\mathrm{d}\varphi\mathrm{d}\theta$$

$$= \int_{\theta_1}^{\theta_2} \mathrm{d}\theta \int_{\varphi_1(\theta)}^{\varphi_2(\theta)} \mathrm{d}\varphi \int_{r_1(\varphi,\theta)}^{r_2(\varphi,\theta)} f(r\sin\varphi\cos\theta, r\sin\varphi\sin\theta, r\cos\varphi)r^2\sin\varphi\mathrm{d}r.$$

例18.9 已知物体占有空间闭区域 Ω 由 $z = \sqrt{x^2+y^2}$ 与 $z = \sqrt{a^2-x^2-y^2}$ $(a>0)$ 围成，在点 (x,y,z) 的密度是 $\rho(x,y,z) = \sqrt{x^2+y^2+z^2}$，求该物体的质量.

【解】 Ω 在球坐标系下可以表示为 $\left\{(r,\varphi,\theta) \,\middle|\, 0 \leqslant r \leqslant a, 0 \leqslant \varphi \leqslant \dfrac{\pi}{4}, 0 \leqslant \theta \leqslant 2\pi\right\}$，所以

$$m = \iiint_{\Omega} \rho(x,y,z)\mathrm{d}x\mathrm{d}y\mathrm{d}z = \iiint_{\Omega} \sqrt{x^2+y^2+z^2}\,\mathrm{d}x\mathrm{d}y\mathrm{d}z$$

$$= \int_0^{\frac{\pi}{4}} \mathrm{d}\varphi \int_0^{2\pi} \mathrm{d}\theta \int_0^a r \cdot r^2 \sin\varphi \mathrm{d}r = \frac{2-\sqrt{2}}{4}\pi a^4.$$

九、三重积分的换元法（D_1（常规操作）+ D_{23}（化归经典形式））

$$\iiint_{\Omega_{xyz}} f(x,y,z)\,\mathrm{d}x\mathrm{d}y\mathrm{d}z \xrightarrow[\substack{x=x(u,v,w)\\y=y(u,v,w)\\z=z(u,v,w)}]{} \iiint_{\Omega_{uvw}} f\big[x(u,v,w),y(u,v,w),z(u,v,w)\big]\left|\frac{\partial(x,y,z)}{\partial(u,v,w)}\right|\mathrm{d}u\mathrm{d}v\mathrm{d}w.$$

① $f(x,y,z) \to f\big[x(u,v,w),y(u,v,w),z(u,v,w)\big]$.

② $\displaystyle\iiint_{\Omega_{xyz}} \to \iiint_{\Omega_{uvw}}$.

③ $\mathrm{d}x\mathrm{d}y\mathrm{d}z \to \left|\dfrac{\partial(x,y,z)}{\partial(u,v,w)}\right|\mathrm{d}u\mathrm{d}v\mathrm{d}w$.

其中

a. $\begin{cases} x = x(u,v,w), \\ y = y(u,v,w), \\ z = z(u,v,w) \end{cases}$ 是空间 (x,y,z) 到空间 (u,v,w) 的一一映射；

b. $x = x(u,v,w), y = y(u,v,w), z = z(u,v,w)$ 有一阶连续偏导数，且

$$\frac{\partial(x,y,z)}{\partial(u,v,w)} = \begin{vmatrix} \dfrac{\partial x}{\partial u} & \dfrac{\partial x}{\partial v} & \dfrac{\partial x}{\partial w} \\ \dfrac{\partial y}{\partial u} & \dfrac{\partial y}{\partial v} & \dfrac{\partial y}{\partial w} \\ \dfrac{\partial z}{\partial u} & \dfrac{\partial z}{\partial v} & \dfrac{\partial z}{\partial w} \end{vmatrix} \neq 0,$$

另外，令 $\begin{cases} x = r\cos\theta, \\ y = r\sin\theta, \\ z = z, \end{cases}$ 则

$$\iiint\limits_{\Omega_{xyz}} f(x,y,z)\mathrm{d}x\mathrm{d}y\mathrm{d}z = \iiint\limits_{\Omega_{r\theta z}} f(r\cos\theta, r\sin\theta, z)\left|\frac{\partial(x,y,z)}{\partial(r,\theta,z)}\right|\mathrm{d}r\mathrm{d}\theta\mathrm{d}z$$

$$= \iiint\limits_{\Omega_{r\theta z}} f(r\cos\theta, r\sin\theta, z)\begin{Vmatrix}\dfrac{\partial x}{\partial r}&\dfrac{\partial x}{\partial \theta}&\dfrac{\partial x}{\partial z}\\[4pt]\dfrac{\partial y}{\partial r}&\dfrac{\partial y}{\partial \theta}&\dfrac{\partial y}{\partial z}\\[4pt]\dfrac{\partial z}{\partial r}&\dfrac{\partial z}{\partial \theta}&\dfrac{\partial z}{\partial z}\end{Vmatrix}\mathrm{d}r\mathrm{d}\theta\mathrm{d}z$$

$$= \iiint\limits_{\Omega_{r\theta z}} f(r\cos\theta, r\sin\theta, z)\begin{Vmatrix}\cos\theta&-r\sin\theta&0\\\sin\theta&r\cos\theta&0\\0&0&1\end{Vmatrix}\mathrm{d}r\mathrm{d}\theta\mathrm{d}z$$

$$= \iiint\limits_{\Omega_{r\theta z}} f(r\cos\theta, r\sin\theta, z)r\mathrm{d}r\mathrm{d}\theta\mathrm{d}z.$$

这就是直角坐标系到柱面坐标系的换元过程.

令 $\begin{cases} x=r\sin\varphi\cos\theta,\\ y=r\sin\varphi\sin\theta,\\ z=r\cos\varphi, \end{cases}$ 则

$$\iiint\limits_{\Omega_{xyz}} f(x,y,z)\,\mathrm{d}x\mathrm{d}y\mathrm{d}z = \iiint\limits_{\Omega_{r\theta\varphi}} f(r\sin\varphi\cos\theta, r\sin\varphi\sin\theta, r\cos\varphi)\left|\frac{\partial(x,y,z)}{\partial(r,\theta,\varphi)}\right|\mathrm{d}r\mathrm{d}\theta\mathrm{d}\varphi$$

$$= \iiint\limits_{\Omega_{r\theta\varphi}} f(r\sin\varphi\cos\theta, r\sin\varphi\sin\theta, r\cos\varphi)\begin{Vmatrix}\dfrac{\partial x}{\partial r}&\dfrac{\partial x}{\partial \theta}&\dfrac{\partial x}{\partial \varphi}\\[4pt]\dfrac{\partial y}{\partial r}&\dfrac{\partial y}{\partial \theta}&\dfrac{\partial y}{\partial \varphi}\\[4pt]\dfrac{\partial z}{\partial r}&\dfrac{\partial z}{\partial \theta}&\dfrac{\partial z}{\partial \varphi}\end{Vmatrix}\mathrm{d}r\mathrm{d}\theta\mathrm{d}\varphi$$

$$= \iiint\limits_{\Omega_{r\theta\varphi}} f(r\sin\varphi\cos\theta, r\sin\varphi\sin\theta, r\cos\varphi)\cdot\begin{Vmatrix}\sin\varphi\cos\theta&-r\sin\varphi\sin\theta&r\cos\varphi\cos\theta\\\sin\varphi\sin\theta&r\sin\varphi\cos\theta&r\cos\varphi\sin\theta\\\cos\varphi&0&-r\sin\varphi\end{Vmatrix}\mathrm{d}r\mathrm{d}\theta\mathrm{d}\varphi$$

$$= \iiint\limits_{\Omega_{r\theta\varphi}} f(r\sin\varphi\cos\theta, r\sin\varphi\sin\theta, r\cos\varphi)r^2\sin\varphi\mathrm{d}r\mathrm{d}\theta\mathrm{d}\varphi.$$

这就是直角坐标系到球面坐标系的换元过程.

例18.10 求由曲面 $\left(x^2+\dfrac{y^2}{2}+\dfrac{z^2}{3}\right)^2 = x^2+\dfrac{y^2}{2}$ 围成的有界闭区域 Ω 的体积.

【解】 区域 Ω 关于坐标原点对称, 令 $\begin{cases} x=r\sin\varphi\cos\theta,\\ y=\sqrt{2}r\sin\varphi\sin\theta,\\ z=\sqrt{3}r\cos\varphi, \end{cases}$ 则 Ω 可以表示为 $\begin{cases}0\leqslant\varphi\leqslant\pi,\\0\leqslant\theta\leqslant2\pi,\\0\leqslant r\leqslant\sin\varphi,\end{cases}$ 所以

$$V = \int_0^\pi \mathrm{d}\varphi \int_0^{2\pi} \mathrm{d}\theta \int_0^{\sin\varphi} \sqrt{6} r^2 \sin\varphi \,\mathrm{d}r$$

$$= \frac{2\sqrt{6}}{3} \pi \int_0^\pi \sin^4\varphi \,\mathrm{d}\varphi$$

$$= \frac{2\sqrt{6}}{3} \pi \times 2 \times \frac{3}{4} \times \frac{1}{2} \times \frac{\pi}{2} = \frac{\sqrt{6}}{4} \pi^2 .$$

十、重积分的应用（D_1（常规操作）+ D_{22}（转换等价表述））

（1）求 Ω 的体积.

$$V = \iint_D f(x,y)\mathrm{d}\sigma.$$

例 18.11 求由曲面 $z = 8 - x^2 - y^2$ 与平面 $z = 2x$ 围成的有界闭区域 Ω 的体积.

【解】 曲线 $\begin{cases} z = 8 - x^2 - y^2, \\ z = 2x \end{cases}$ 在 xOy 坐标面上的投影曲线为 $(x+1)^2 + y^2 = 9$.

令 $D = \left\{ (x,y) \,\middle|\, (x+1)^2 + y^2 \leqslant 9 \right\}$ ，则 $V = \iint_D \left[(8 - x^2 - y^2) - 2x \right] \mathrm{d}x\mathrm{d}y$.

令 $\begin{cases} x + 1 = r\cos\theta, \\ y = r\sin\theta, \end{cases}$ 则 $V = \int_0^{2\pi} \mathrm{d}\theta \int_0^3 (9 - r^2) \cdot r\mathrm{d}r = \frac{81\pi}{2}$.

（2）求 Ω 的重心（质心）或形心.

当空间物体 Ω 的体密度为 $\rho(x,y,z)$ 时，其重心 $(\bar{x}, \bar{y}, \bar{z})$ 的计算公式为

$$\bar{x} = \frac{\iiint\limits_\Omega x\rho(x,y,z)\mathrm{d}v}{\iiint\limits_\Omega \rho(x,y,z)\mathrm{d}v}, \quad \bar{y} = \frac{\iiint\limits_\Omega y\rho(x,y,z)\mathrm{d}v}{\iiint\limits_\Omega \rho(x,y,z)\mathrm{d}v}, \quad \bar{z} = \frac{\iiint\limits_\Omega z\rho(x,y,z)\mathrm{d}v}{\iiint\limits_\Omega \rho(x,y,z)\mathrm{d}v} .$$

【注】（1）在考研的范畴内，重心就是质心.

（2）当体密度 $\rho(x,y,z)$ 为常数时，重心就成了**形心**.

例 18.12 设 $\Omega = \left\{ (x,y,z) \,\middle|\, x^2 + y^2 \leqslant z \leqslant 1 \right\}$ ，则 Ω 的形心为 _____ .

【解】 应填 $\left(0, 0, \dfrac{2}{3} \right)$.

设 Ω 的形心为 $(\bar{x}, \bar{y}, \bar{z})$ ，根据对称性可知 $\bar{x} = \bar{y} = 0$.

设 $D = \left\{ (x,y) \,\middle|\, x^2 + y^2 \leqslant 1 \right\}$ ，则

$$\iiint\limits_{\Omega} \mathrm{d}x\mathrm{d}y\mathrm{d}z = \iint\limits_{D} \mathrm{d}x\mathrm{d}y \int_{x^2+y^2}^{1} \mathrm{d}z = \iint\limits_{D} (1-x^2-y^2)\mathrm{d}x\mathrm{d}y = \int_0^{2\pi} \mathrm{d}\theta \int_0^1 (1-r^2) r \mathrm{d}r = \frac{\pi}{2} ,$$

$$\iiint\limits_{\Omega} z\mathrm{d}x\mathrm{d}y\mathrm{d}z = \iint\limits_{D} \mathrm{d}x\mathrm{d}y \int_{x^2+y^2}^{1} z\mathrm{d}z = \frac{1}{2}\iint\limits_{D} \left[1-(x^2+y^2)^2\right]\mathrm{d}x\mathrm{d}y = \frac{1}{2}\int_0^{2\pi} \mathrm{d}\theta \int_0^1 (1-r^4) r \mathrm{d}r = \frac{\pi}{3} ,$$

所以 $\bar{z} = \dfrac{\displaystyle\iiint\limits_{\Omega} z\mathrm{d}x\mathrm{d}y\mathrm{d}z}{\displaystyle\iiint\limits_{\Omega} \mathrm{d}x\mathrm{d}y\mathrm{d}z} = \dfrac{2}{3}$. 故 Ω 的形心为 $\left(0,0,\dfrac{2}{3}\right)$.

$\rightarrow \mathbf{D_{22}}$ (转换等价表述)

例 18.13　设 Ω 由柱面 $x^2+y^2=a^2$ $(a>0)$ 与平面 $z=0$ 和 $z=2$ 围成(见

图),密度函数是 $\rho(x,y,z)=z$, 求 Ω 的质心.

【解】　根据对称性可知 $\bar{x}=0, \bar{y}=0$.

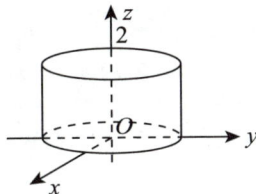

$$\iiint\limits_{\Omega} \rho(x,y,z)\mathrm{d}x\mathrm{d}y\mathrm{d}z = \iiint\limits_{\Omega} z\mathrm{d}x\mathrm{d}y\mathrm{d}z = \int_0^{2\pi} \mathrm{d}\theta \int_0^a \mathrm{d}r \int_0^2 z \cdot r \ \mathrm{d}z = 2\pi a^2 ,$$

$$\iiint\limits_{\Omega} z\rho(x,y,z)\mathrm{d}x\mathrm{d}y\mathrm{d}z = \iiint\limits_{\Omega} z^2\mathrm{d}x\mathrm{d}y\mathrm{d}z = \int_0^{2\pi} \mathrm{d}\theta \int_0^a \mathrm{d}r \int_0^2 z^2 \cdot r \mathrm{d}z = \frac{8}{3}\pi a^2 ,$$

则 $\bar{z} = \dfrac{\displaystyle\iiint\limits_{\Omega} z\rho(x,y,z)\mathrm{d}x\mathrm{d}y\mathrm{d}z}{\displaystyle\iiint\limits_{\Omega} \rho(x,y,z)\mathrm{d}x\mathrm{d}y\mathrm{d}z} = \dfrac{4}{3}$. 故 Ω 的质心为 $\left(0,0,\dfrac{4}{3}\right)$.

(3) 求引力.

质量分别为 m 和 M , 距离为 r 的两个质点间的引力大小为 $F = G\dfrac{mM}{r^2}$, 根据此公式,利用重积分的

概念,就可以处理物体对质点的引力问题.

当平面薄板 D 的面密度为 $\rho(x,y)$ 时,该薄板对位于薄板外一点 (x_0,y_0) 处的单位质点的引力为

$$F_x = \iint\limits_{D} G \frac{\rho(x,y)}{(x-x_0)^2+(y-y_0)^2} \cdot \frac{x-x_0}{\sqrt{(x-x_0)^2+(y-y_0)^2}} \mathrm{d}x\mathrm{d}y ,$$

$$F_y = \iint\limits_{D} G \frac{\rho(x,y)}{(x-x_0)^2+(y-y_0)^2} \cdot \frac{y-y_0}{\sqrt{(x-x_0)^2+(y-y_0)^2}} \mathrm{d}x\mathrm{d}y .$$

类似地,当空间物体 Ω 的体密度为 $\rho(x,y,z)$ 时,其对位于物体外一点 (x_0,y_0,z_0) 处的单位质点的引

力为

$$F_x = \iiint\limits_{\Omega} G \frac{\rho(x,y,z)}{(x-x_0)^2+(y-y_0)^2+(z-z_0)^2} \cdot \frac{x-x_0}{\sqrt{(x-x_0)^2+(y-y_0)^2+(z-z_0)^2}} \mathrm{d}x\mathrm{d}y\mathrm{d}z ,$$

$$F_y = \iiint\limits_{\Omega} G \frac{\rho(x,y,z)}{(x-x_0)^2+(y-y_0)^2+(z-z_0)^2} \cdot \frac{y-y_0}{\sqrt{(x-x_0)^2+(y-y_0)^2+(z-z_0)^2}} \mathrm{d}x\mathrm{d}y\mathrm{d}z ,$$

$$F_z = \iiint\limits_{\Omega} G \frac{\rho(x,y,z)}{(x-x_0)^2+(y-y_0)^2+(z-z_0)^2} \cdot \frac{z-z_0}{\sqrt{(x-x_0)^2+(y-y_0)^2+(z-z_0)^2}} \, dxdydz .$$

例18.14 已知均匀物体 Ω 由锥面 $z = \sqrt{x^2+y^2}$，柱面 $x^2+y^2=1$ 及平面 $z = h(h>1)$ 围成（见图），求 Ω 对位于原点处的单位质点的引力.

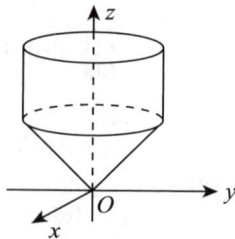

【解】 设所求的引力为 $\boldsymbol{F} = (F_x, F_y, F_z)$. 根据对称性，$F_x = F_y = 0$. 不妨设体密度为 1，则

$$F_z = \iiint\limits_{\Omega} \frac{G}{x^2+y^2+z^2} \frac{z}{\sqrt{x^2+y^2+z^2}} \, dxdydz$$

（D₂₂ 转换等价表述）

$$= \iint\limits_{x^2+y^2\leqslant 1} dxdy \int_{\sqrt{x^2+y^2}}^{h} \frac{Gz}{(x^2+y^2+z^2)^{\frac{3}{2}}} \, dz$$

$$= \int_0^{2\pi} d\theta \int_0^1 dr \int_r^h \frac{Gz}{(r^2+z^2)^{\frac{3}{2}}} r \, dz$$

$$= 2\pi G \int_0^1 r \left(-\frac{1}{\sqrt{r^2+z^2}} \right) \Bigg|_{z=r}^{z=h} dr$$

$$= 2\pi G \int_0^1 \left(\frac{1}{\sqrt{2}} - \frac{r}{\sqrt{r^2+h^2}} \right) dr$$

$$= 2\pi G \left(\frac{1}{\sqrt{2}} + h - \sqrt{h^2+1} \right) .$$

故所求引力 $\boldsymbol{F} = \left(0, 0, 2\pi G \left(\dfrac{1}{\sqrt{2}} + h - \sqrt{h^2+1} \right) \right)$.

（4）求转动惯量.

设一质量为 m 的质点 P 绕直线 L 转动，P 到 L 的距离为 r，转动角速度为 ω，该质点的动能为

$$W = \frac{1}{2}mv^2 = \frac{1}{2}m(r\omega)^2 = \frac{1}{2}(mr^2)\omega^2 ,$$

物理上，称 mr^2 为质点 P 关于直线 L 的转动惯量，记作 $I = mr^2$.

当平面薄板 D 的面密度为 $\rho(x,y)$ 时，利用二重积分的定义可得此薄板的关于 x 轴的转动惯量为

$$I_x = \iint\limits_{D} \rho(x,y)y^2 dxdy ,$$

关于 y 轴的转动惯量为

$$I_y = \iint\limits_{D} \rho(x,y)x^2 dxdy ,$$

关于原点 O 的转动惯量为

$$I_O = \iint\limits_D \rho(x,y)(x^2 + y^2)\mathrm{d}x\mathrm{d}y .$$

类似地，当空间物体 Ω 的体密度为 $\rho(x,y,z)$ 时，其关于 x 轴、y 轴、z 轴和原点 O 的转动惯量分别为

$$I_x = \iiint\limits_\Omega \rho(x,y,z)(y^2 + z^2)\mathrm{d}x\mathrm{d}y\mathrm{d}z ,\ I_y = \iiint\limits_\Omega \rho(x,y,z)(x^2 + z^2)\mathrm{d}x\mathrm{d}y\mathrm{d}z ,$$

$$I_z = \iiint\limits_\Omega \rho(x,y,z)(x^2 + y^2)\mathrm{d}x\mathrm{d}y\mathrm{d}z ,\ I_O = \iiint\limits_\Omega \rho(x,y,z)(x^2 + y^2 + z^2)\mathrm{d}x\mathrm{d}y\mathrm{d}z .$$

例18.15 设一均匀物体 Ω(密度 ρ 为常量)由锥面 $y^2 = x^2 + z^2$ 与平面 $y = 1$ 围成，求 Ω 关于 z 轴的转动惯量.

【解】 关于 z 轴的转动惯量为

D_{22}（转换等价表述）

$$I_z = \iiint\limits_\Omega (x^2 + y^2)\rho\mathrm{d}v$$

$$= \rho\left(\int_0^{2\pi}\mathrm{d}\theta \int_0^1 r\mathrm{d}r \int_r^1 r^2\cos^2\theta\mathrm{d}y + \int_0^1\mathrm{d}y \iint\limits_{D_y} y^2\mathrm{d}x\mathrm{d}z \right)$$

$$= \rho\left[\pi\cdot\int_0^1 r^3(1-r)\mathrm{d}r + \int_0^1 y^2\cdot\pi y^2\mathrm{d}y \right]$$

$$= \rho\left(\frac{1}{20}\pi + \frac{1}{5}\pi \right) = \frac{1}{4}\pi\rho.$$

第二部分　计算第一型曲线积分

三向解题法

```
              计算第一型曲线积分
                (O(盯住目标))

    定义            使用几何意义           使用对称性质
 (D₁(常规操        (D₁(常规操作)+        (D₁(常规操作)+D₄₄
  作)+D₂₂(转        D₄₃(数形结合)+D₄₄       (善于发现对称))
  换等价表述))        (善于发现对称))

    代入曲线方程          使用形心公式           物理应用
   (D₁(常规操作)+       (D₁(常规操作)+       (D₁(常规操作)+D₂₂
    D₂₂(转换等          D₄₃(数形结合))        (转换等价表述))
    价表述))
```

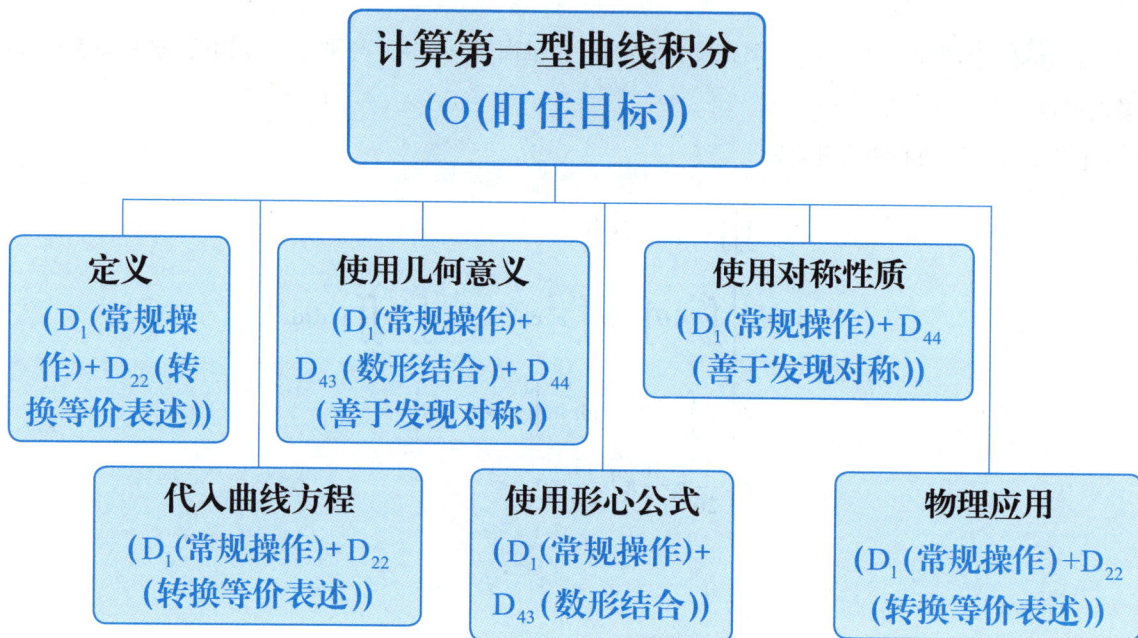

一、定义（D_1（常规操作）+ D_{22}（转换等价表述））

第一型曲线积分的被积函数 $f(x,y)$（或 $f(x,y,z)$）定义在平面曲线 L（或空间曲线 Γ）上，其物理背景是以 $f(x,y)$（或 $f(x,y,z)$）为线密度的**平面(或空间)物质曲杆的质量**.与前面类似，我们仍然可以用"分割、近似、求和、取极限"的方法与步骤写出第一型曲线积分：

$$\int_L f(x,y)\mathrm{d}s\left(\text{或}\int_\Gamma f(x,y,z)\mathrm{d}s\right).$$

但事实上，如果仅理解到此，还是不够的，不妨把**定积分和第一型曲线积分**放在一起做个对比，加深我们对概念的理解.定积分定义在"直线段"上，而第一型曲线积分定义在"曲线段"上，如图(a)、图(b)所示.

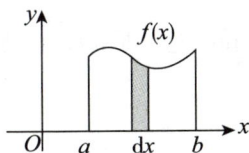

$$\int_a^b f(x)\,\mathrm{d}x$$

(a)

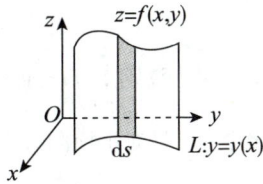

$$\int_L f(x,y)\,\mathrm{d}s$$

(b)

二、代入曲线方程（D_1（常规操作）+ D_{22}（转换等价表述））

$f(x,y)$ 定义在曲线 $L:y=y(x)$ 上，故一定要将 L 的表达式代入 $f(x,y)$ 中，以化简运算.

三、使用几何意义

（D_1（常规操作）+ D_{43}（数形结合）+ D_{44}（善于发现对称））

对数字1，在某段曲线上的第一型曲线积分就是该段曲线的长度.

四、使用形心公式（D_1（常规操作）+ D_{43}（数形结合））

由形心公式 $\bar{x}=\dfrac{\displaystyle\int_L x\,\mathrm{d}s}{\displaystyle\int_L \mathrm{d}s}$，得 $\displaystyle\int_L x\,\mathrm{d}s=\bar{x}\int_L \mathrm{d}s$.

五、使用对称性质（D_1（常规操作）+ D_{44}（善于发现对称））

（1）普通对称性.

设 Γ 关于 xOz 面对称，则

$$\int_\Gamma f(x,y,z)\,\mathrm{d}s=\begin{cases}2\displaystyle\int_{\Gamma_1} f(x,y,z)\,\mathrm{d}s, & f(x,y,z)=f(x,-y,z),\\ 0, & f(x,y,z)=-f(x,-y,z),\end{cases}$$

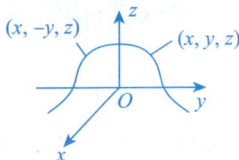

其中 Γ_1 是 Γ 在 xOz 面右边的部分.

关于其他坐标面对称的情况与此类似.

（2）轮换对称性．

若把 x 与 y 对调后，Γ 不变，则 $\displaystyle\int_{\Gamma} f(x,y,z)\mathrm{d}s = \int_{\Gamma} f(y,x,z)\mathrm{d}s$，这就是**轮换对称性**．

关于其他情况与此类似，且对平面曲线也有类似的结果．

若曲线 L 关于直线 $y = x$ 对称，则 $\displaystyle\int_{L} f(x,y)\mathrm{d}s = \int_{L} f(y,x)\mathrm{d}s$，故

$$\int_{L} f(x,y)\mathrm{d}s = \frac{1}{2}\int_{L}\big[f(x,y)+f(y,x)\big]\mathrm{d}s.\quad \longleftarrow \text{D}_{21}\,(观察研究对象)$$

六、物理应用（D_1（常规操作）$+\text{D}_{22}$（转换等价表述））

（1）重心（质心）或形心．

对光滑曲杆 L，其线密度为 $\rho(x,y,z)$，则其重心 $(\bar{x},\bar{y},\bar{z})$ 的计算公式为

$$\bar{x} = \frac{\displaystyle\int_{L} x\rho(x,y,z)\mathrm{d}s}{\displaystyle\int_{L}\rho(x,y,z)\mathrm{d}s},\ \bar{y} = \frac{\displaystyle\int_{L} y\rho(x,y,z)\mathrm{d}s}{\displaystyle\int_{L}\rho(x,y,z)\mathrm{d}s},\ \bar{z} = \frac{\displaystyle\int_{L} z\rho(x,y,z)\mathrm{d}s}{\displaystyle\int_{L}\rho(x,y,z)\mathrm{d}s}.$$

> **【注】**（1）在考研的范畴内，重心就是质心．
>
> （2）当线密度 $\rho(x,y,z)$ 为常数时，重心就成了**形心**．

（2）转动惯量．

对光滑曲杆 L，其线密度为 $\rho(x,y,z)$，则该曲杆对 x 轴、y 轴、z 轴和原点 O 的转动惯量 I_x,I_y,I_z 和 I_O 的计算公式分别为

$$I_x = \int_{L}(y^2+z^2)\rho(x,y,z)\mathrm{d}s,\ I_y = \int_{L}(z^2+x^2)\rho(x,y,z)\mathrm{d}s,$$

$$I_z = \int_{L}(x^2+y^2)\rho(x,y,z)\mathrm{d}s,\ I_O = \int_{L}(x^2+y^2+z^2)\rho(x,y,z)\mathrm{d}s.$$

第一型曲线积分计算量一般不大，考不了大题．

代入化简　　D_{22}（转换等价表述）

例18.16　设封闭曲线 L 的方程为 $|x|+|2y|=1$，计算曲线积分 $I = \displaystyle\oint_{L}\frac{1}{|x|+|2y|+2}\mathrm{d}s$．

【解】　如图所示，曲线 L 的长度为 $2\sqrt{5}$，且当 $(x,y)\in L$ 时，$|x|+|2y|=1$，

几何意义　$\longleftarrow \text{D}_{43}$（数形结合）

所以

$$I = \oint_{L}\frac{1}{|x|+|2y|+2}\mathrm{d}s = \oint_{L}\frac{1}{3}\mathrm{d}s = \frac{2\sqrt{5}}{3}.$$

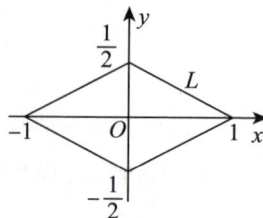

例 18.17 设 L 为椭圆 $\dfrac{x^2}{4}+\dfrac{y^2}{3}=1$，其周长为 a，则 $\displaystyle\oint_L (2xy+3x^2+4y^2)\,\mathrm{d}s=\underline{\qquad}$.

【解】 应填 $12a$.　　$\rightarrow \mathrm{D}_{22}$（转换等价表述）

以 L 的方程 $3x^2+4y^2=12$ 代入，得

$$\oint_L (2xy+3x^2+4y^2)\mathrm{d}s=\oint_L (2xy+12)\mathrm{d}s=2\oint_L xy\mathrm{d}s+12\oint_L \mathrm{d}s,$$

$\rightarrow \mathrm{D}_{44}$（善于发现对称）

其中，第一部分由 L 的普通对称性以及函数 xy 是 x 的奇函数，得 $2\displaystyle\oint_L xy\mathrm{d}s=0$；第二部分 $\displaystyle\oint_L \mathrm{d}s=a$，故

$$\oint_L (2xy+3x^2+4y^2)\mathrm{d}s=12a.$$

例 18.18 设 Γ 是空间圆周 $\begin{cases} x^2+y^2+z^2=1, \\ x+y+z=0, \end{cases}$ 则 $\displaystyle\oint_\Gamma (x^2+y^2)\,\mathrm{d}s=\underline{\qquad}$.

【解】 应填 $\dfrac{4}{3}\pi$.　　$\rightarrow \mathrm{D}_{44}$（善于发现对称）

由轮换对称性知 $\displaystyle\oint_\Gamma x^2\mathrm{d}s=\oint_\Gamma y^2\mathrm{d}s=\oint_\Gamma z^2\mathrm{d}s$，于是

$$\oint_\Gamma (x^2+y^2)\mathrm{d}s=\oint_\Gamma x^2\mathrm{d}s+\oint_\Gamma y^2\mathrm{d}s$$

$$=2\oint_\Gamma x^2\mathrm{d}s=\frac{2}{3}\left(\oint_\Gamma x^2\mathrm{d}s+\oint_\Gamma y^2\mathrm{d}s+\oint_\Gamma z^2\mathrm{d}s\right)$$

$$=\frac{2}{3}\oint_\Gamma (x^2+y^2+z^2)\mathrm{d}s\xlongequal{(*)}\frac{2}{3}\oint_\Gamma 1\mathrm{d}s=\frac{2}{3}\times 2\pi\times 1=\frac{4}{3}\pi.$$

【注】 $(*)$ 处来自边界方程 $x^2+y^2+z^2=1$，可直接代入被积函数，从而化简计算.

例 18.19 如图所示，光滑曲杆 L 从 A 到 B 再到 C，其密度 ρ 为常数，求 L 的形心.

【解】 因为

$$\int_L \rho\mathrm{d}s=2\rho,$$

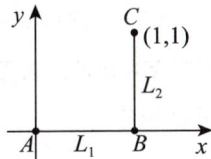

$$\int_L \rho x\mathrm{d}s=\int_{L_1} \rho x\mathrm{d}s+\int_{L_2}\rho x\mathrm{d}s=\int_0^1 \rho x\mathrm{d}x+\int_0^1 \rho\mathrm{d}y=\frac{3}{2}\rho,$$

$$\int_L \rho y\mathrm{d}s=\int_{L_1} \rho y\mathrm{d}s+\int_{L_2}\rho y\mathrm{d}s=\int_0^1 \rho\cdot 0\mathrm{d}x+\int_0^1 \rho y\mathrm{d}y=\frac{1}{2}\rho,$$

所以 $\overline{x}=\dfrac{\displaystyle\int_L \rho x\mathrm{d}s}{\displaystyle\int_L \rho\mathrm{d}s}=\dfrac{3}{4}$，$\overline{y}=\dfrac{\displaystyle\int_L \rho y\mathrm{d}s}{\displaystyle\int_L \rho\mathrm{d}s}=\dfrac{1}{4}$.

第三部分　计算第一型曲面积分

三向解题法

```
计算第一型曲面积分
(O(盯住目标))
```

- **定义**（D_1（常规操作）+D_{22}（转换等价表述））
- **使用几何意义**（D_1（常规操作）+D_{43}（数形结合））
- **使用对称性质**（D_1（常规操作）+D_{44}（善于发现对称））
- **代入曲面方程**（D_1（常规操作）+D_{22}（转换等价表述））
- **使用形心公式**（D_1（常规操作）+D_{43}（数形结合））
- **物理应用**（D_1（常规操作）+D_{22}（转换等价表述））

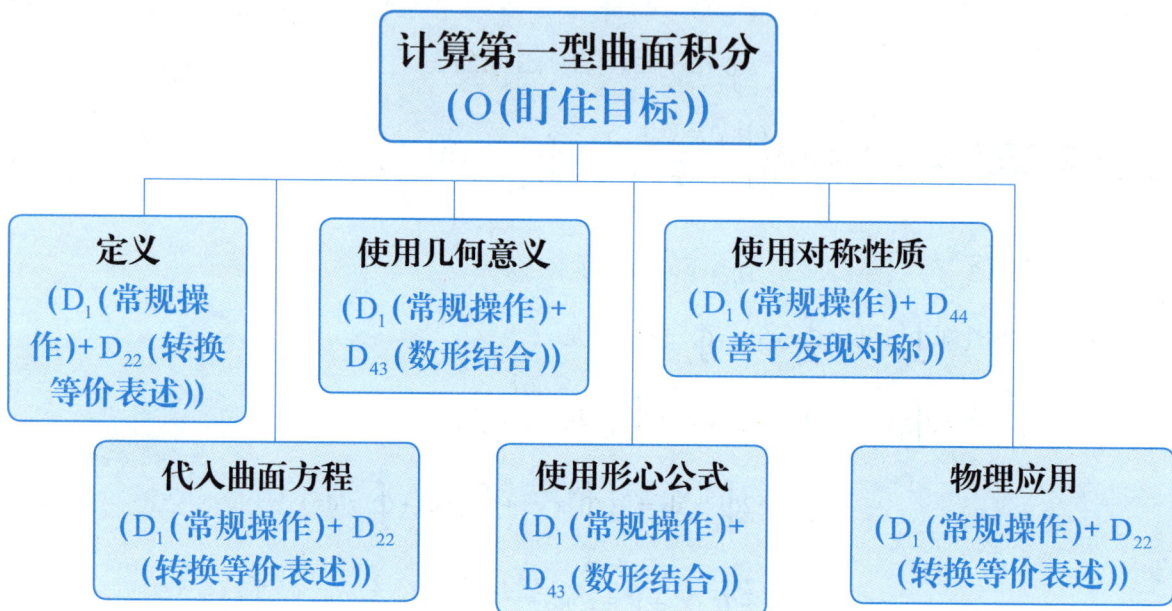

一、定义（D_1（常规操作）+ D_{22}（转换等价表述））

第一型曲面积分的被积函数 $f(x,y,z)$ 定义在空间曲面 Σ 上，其物理背景是以 $f(x,y,z)\geq0$ 为面密度的**空间物质曲面的质量**．与前面类似，我们可以用"分割、近似、求和、取极限"的方法与步骤写出第一型曲面积分

$$\iint_{\Sigma} f(x,y,z)\,\mathrm{d}S.$$

如前所述，仅理解到此是不够的，不妨把二重积分和第一型曲面积分放在一起做个对比，加深我们对概念的理解．

二重积分定义在"二维平面"上，而第一型曲面积分则定义在"空间曲面"上，如图(a)、图(b)所示．

(a) 二维平面域 D

(b) 三维曲面域 Σ

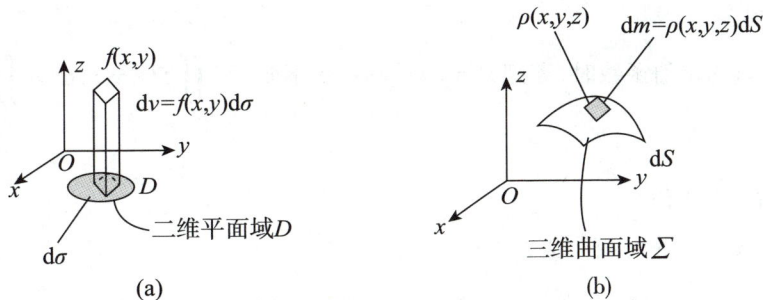

二、代入曲面方程（D_1（常规操作）+ D_{22}（转换等价表述））

由于 $f(x,y,z)$ 定义在曲面 $\Sigma:z=z(x,y)$ 上，故一定要将 $z=z(x,y)$ 的表达式代入 $f(x,y,z)$ 中，以化简运算.

三、使用几何意义（D_1（常规操作）+ D_{43}（数形结合））

对数字1在某曲面上的第一型曲面积分就是该曲面的面积.

四、使用形心公式（D_1（常规操作）+ D_{43}（数形结合））

由形心公式 $\bar{x}=\dfrac{\iint\limits_{\Sigma}x\mathrm{d}S}{\iint\limits_{\Sigma}\mathrm{d}S}$，得 $\iint\limits_{\Sigma}x\mathrm{d}S=\bar{x}\cdot\iint\limits_{\Sigma}\mathrm{d}S$.

当 Σ 为规则图形（$\bar{x}$ 已知且面积易求），有 $\iint\limits_{\Sigma}x\mathrm{d}S=\bar{x}\cdot S_{\Sigma}$.

五、使用对称性质（D_1（常规操作）+ D_{44}（善于发现对称））

(1) 普通对称性.

设 Σ 关于 xOz 面对称，则

$$\iint\limits_{\Sigma}f(x,y,z)\mathrm{d}S=\begin{cases}2\iint\limits_{\Sigma_1}f(x,y,z)\mathrm{d}S,& f(x,y,z)=f(x,-y,z),\\ 0,& f(x,y,z)=-f(x,-y,z),\end{cases}$$

其中 Σ_1 是 Σ 在 xOz 面右边的部分.

关于其他坐标面对称的情况与此类似.

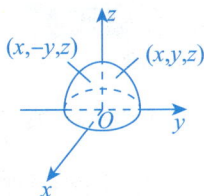

（2）轮换对称性.

当 $\Sigma: z = z(x, y)$ 为单值函数时，若把 x 与 y 对调后，Σ 不变，则 $\iint\limits_{\Sigma} f(x, y, z) \mathrm{d}S = \iint\limits_{\Sigma} f(y, x, z) \mathrm{d}S$，这就是轮换对称性.

关于其他情况与此类似.

设曲面 Σ 关于 x, y, z 完全对称，则

$$\iint\limits_{\Sigma} f(x, y, z) \mathrm{d}S = \iint\limits_{\Sigma} f(z, x, y) \mathrm{d}S = \iint\limits_{\Sigma} f(y, z, x) \mathrm{d}S,$$

故

$$\iint\limits_{\Sigma} f(x, y, z) \mathrm{d}S = \frac{1}{3} \iint\limits_{\Sigma} [f(x, y, z) + f(z, x, y) + f(y, z, x)] \mathrm{d}S$$

完全对称（也是轮换对称）

六、物理应用（D_1（常规操作）+ D_{22}（转换等价表述））

（1）重心（质心）或形心.

对光滑曲面薄片 Σ，其面密度为 $\rho(x, y, z)$，则其重心 $(\bar{x}, \bar{y}, \bar{z})$ 的计算公式为

$$\bar{x} = \frac{\iint\limits_{\Sigma} x\rho(x, y, z) \mathrm{d}S}{\iint\limits_{\Sigma} \rho(x, y, z) \mathrm{d}S}, \bar{y} = \frac{\iint\limits_{\Sigma} y\rho(x, y, z) \mathrm{d}S}{\iint\limits_{\Sigma} \rho(x, y, z) \mathrm{d}S}, \bar{z} = \frac{\iint\limits_{\Sigma} z\rho(x, y, z) \mathrm{d}S}{\iint\limits_{\Sigma} \rho(x, y, z) \mathrm{d}S}.$$

> **【注】**（1）在考研的范畴内，重心就是质心.
>
> （2）当面密度 $\rho(x, y, z)$ 为常数时，重心就成了**形心**.

（2）转动惯量.

对光滑曲面薄片 Σ，其面密度为 $\rho(x, y, z)$，则该曲面对 x 轴、y 轴、z 轴和原点 O 的转动惯量 I_x, I_y, I_z 和 I_O 的计算公式分别为

$$I_x = \iint\limits_{\Sigma} (y^2 + z^2) \rho(x, y, z) \mathrm{d}S, I_y = \iint\limits_{\Sigma} (z^2 + x^2) \rho(x, y, z) \mathrm{d}S,$$

$$I_z = \iint\limits_{\Sigma} (x^2 + y^2) \rho(x, y, z) \mathrm{d}S, I_O = \iint\limits_{\Sigma} (x^2 + y^2 + z^2) \rho(x, y, z) \mathrm{d}S.$$

例18.20 设曲面 Σ 为球面 $x^2 + y^2 + z^2 = a^2$，则 $I = \oiint\limits_{\Sigma} \left(\frac{x^2}{2} + \frac{y^2}{3} + \frac{z^2}{4} \right) \mathrm{d}S = \underline{\qquad}$.

【解】 应填 $\frac{13}{9} \pi a^4$. D_{44}（善于发现对称）

根据轮换对称性，得

$$\oiint_{\Sigma} x^2 \mathrm{d}S = \oiint_{\Sigma} y^2 \mathrm{d}S = \oiint_{\Sigma} z^2 \mathrm{d}S,$$

D₂₃（化归经典形式）

所以

创造出 Σ 的方程

$$I = \frac{13}{12}\oiint_{\Sigma} x^2 \mathrm{d}S = \frac{13}{36}\oiint_{\Sigma}(x^2 + y^2 + z^2)\,\mathrm{d}S$$

$$= \frac{13a^2}{36}\oiint_{\Sigma}\mathrm{d}S = \frac{13a^2}{36}\cdot 4\pi a^2 = \frac{13}{9}\pi a^4 .$$

D₂₂（转换等价表述）　代入化简　几何意义　D₄₃（数形结合）

例18.21　计算第一型曲面积分 $I = \iint_{\Sigma}(x+y+z)^2\mathrm{d}S$，其中 $\Sigma : z = \sqrt{R^2 - x^2 - y^2}$.

【解】　根据对称性，$\iint_{\Sigma} xy\mathrm{d}S = \iint_{\Sigma} xz\mathrm{d}S = \iint_{\Sigma} yz\mathrm{d}S = 0$，所以

$$I = \iint_{\Sigma}(x+y+z)^2\mathrm{d}S = \iint_{\Sigma}(x^2+y^2+z^2+2xy+2yz+2xz)\mathrm{d}S$$

$$= \iint_{\Sigma}(x^2+y^2+z^2)\mathrm{d}S = \iint_{\Sigma} R^2\mathrm{d}S = 2\pi R^4 .$$

例18.22　设曲面 Σ 为球面 $(x-a)^2+(y-b)^2+(z-c)^2 = R^2$，计算曲面积分 $I = \oiint_{\Sigma}(x+y+z)\mathrm{d}S$.

【解】　因为

平移恒等变形，创造对称性　D₂₃（化归经典形式）

$$\oiint_{\Sigma}(x+y+z)\mathrm{d}S = \oiint_{\Sigma}[(x-a)+(y-b)+(z-c)]\mathrm{d}S + \oiint_{\Sigma}(a+b+c)\mathrm{d}S,$$

且根据对称性可知等式右边第一个积分值为零，所以

$$I = \oiint_{\Sigma}(a+b+c)\mathrm{d}S = 4\pi R^2(a+b+c) .$$

几何意义
D₄₃（数形结合）

例18.23　设曲面 Σ 的方程为 $x^2+y^2+z^2+4x+2y+6z-2 = 0$，计算曲面积分 $I = \oiint_{\Sigma}(x+y)\mathrm{d}S$.

【解】　曲面 Σ 为球面 $(x+2)^2+(y+1)^2+(z+3)^2 = 16$，所以

平移，创造对称性

$$I = \oiint_{\Sigma}(x+y)\mathrm{d}S = \oiint_{\Sigma}[(x+2)+(y+1)-3]\mathrm{d}S$$

$$= \oiint_{\Sigma}(-3)\mathrm{d}S = -192\pi .$$

例18.24　求 $x^2+y^2 = R^2$ 与 $x^2+z^2 = R^2$ 所围区域的表面积.

【解】　令 $\Sigma : z = \sqrt{R^2 - x^2}$，$(x,y) \in D = \left\{(x,y) \,\middle|\, x^2+y^2 \leqslant R^2, x \geqslant 0, y \geqslant 0\right\}$，如

图所示，则所求的表面积为

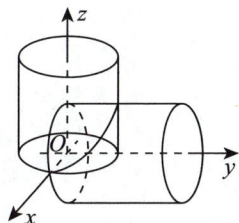

$\rightarrow D_{22}$（转换等价表述）

$$S = 16\iint\limits_{D}\sqrt{1+(z'_x)^2+(z'_y)^2}\,\mathrm{d}x\mathrm{d}y = 16\iint\limits_{D}\sqrt{1+\frac{x^2}{R^2-x^2}}\,\mathrm{d}x\mathrm{d}y = 16\iint\limits_{D}\frac{R}{\sqrt{R^2-x^2}}\,\mathrm{d}x\mathrm{d}y$$

$$= 16\int_0^{\frac{\pi}{2}}\mathrm{d}\theta\int_0^R\frac{R}{\sqrt{R^2-r^2\cos^2\theta}}r\mathrm{d}r = 16R\int_0^{\frac{\pi}{2}}\left(\frac{1}{-\cos^2\theta}\sqrt{R^2-r^2\cos^2\theta}\,\bigg|_{r=0}^{r=R}\right)\mathrm{d}\theta$$

$$= 16R^2\int_0^{\frac{\pi}{2}}\frac{1-\sin\theta}{\cos^2\theta}\,\mathrm{d}\theta = 16R^2\frac{\sin\theta-1}{\cos\theta}\bigg|_0^{\frac{\pi}{2}} = 16R^2\left(1+\lim_{\theta\to\frac{\pi}{2}}\frac{\sin\theta-1}{\cos\theta}\right) = 16R^2.$$

例18.25 设锥面 $z^2 = x^2 + y^2$，柱面 $x^2 + y^2 = 2x$，计算：

（1）柱面介于锥面之间的面积 S_1；

（2）锥面在柱面内的面积 S_2．

【解】（1）如图所示，设曲线 L 的方程为 $\begin{cases} x^2+y^2=2x, \\ z=0, \end{cases}$ 根据曲线积分的几何

意义，得

$$S_1 = 2\oint_L\sqrt{x^2+y^2}\,\mathrm{d}s = 2\oint_L\sqrt{2x}\,\mathrm{d}s.$$

曲线 L 的参数方程为 $\begin{cases} x=1+\cos\theta, \\ y=\sin\theta, \end{cases}\ 0\leqslant\theta\leqslant 2\pi$，所以

$$S_1 = 2\sqrt{2}\int_0^{2\pi}\sqrt{1+\cos\theta}\,\mathrm{d}\theta = 4\int_0^{2\pi}\left|\cos\frac{\theta}{2}\right|\mathrm{d}\theta = 16.$$

（2）令 $\Sigma_2: z = \sqrt{x^2+y^2}$，$(x,y)\in D_2 = \left\{(x,y)\,\big|\,x^2+y^2\leqslant 2x\right\}$，则

$$S_2 = \iint\limits_{\Sigma_2}\mathrm{d}S = 2\iint\limits_{D_2}\sqrt{1+\frac{x^2}{x^2+y^2}+\frac{y^2}{x^2+y^2}}\,\mathrm{d}x\mathrm{d}y = 2\sqrt{2}\iint\limits_{D_2}\mathrm{d}x\mathrm{d}y = 2\sqrt{2}\pi.$$

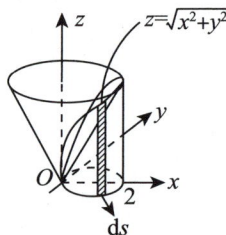

【注】第一问中的面积也可以利用第一型曲面积分（二重积分）求得．

令 $\Sigma_1: y = \sqrt{2x-x^2}$，$(x,z)\in D_1 = \left\{(x,z)\,\big|\,0\leqslant x\leqslant 2, 0\leqslant z\leqslant\sqrt{2x}\right\}$，则

$$S_1 = 4\iint\limits_{\Sigma_1}\mathrm{d}S = 4\iint\limits_{D_1}\sqrt{1+(y'_x)^2+(y'_z)^2}\,\mathrm{d}x\mathrm{d}z$$

$$= 4\iint\limits_{D_1}\sqrt{1+\left(\frac{1-x}{\sqrt{2x-x^2}}\right)^2}\,\mathrm{d}x\mathrm{d}z = 4\iint\limits_{D_1}\frac{1}{\sqrt{2x-x^2}}\,\mathrm{d}x\mathrm{d}z$$

$$= 4\int_0^2\mathrm{d}x\int_0^{\sqrt{2x}}\frac{1}{\sqrt{2x-x^2}}\,\mathrm{d}z = 4\sqrt{2}\int_0^2\frac{1}{\sqrt{2-x}}\,\mathrm{d}x$$

$$= -8\sqrt{2}\sqrt{2-x}\,\bigg|_0^2 = 16.$$

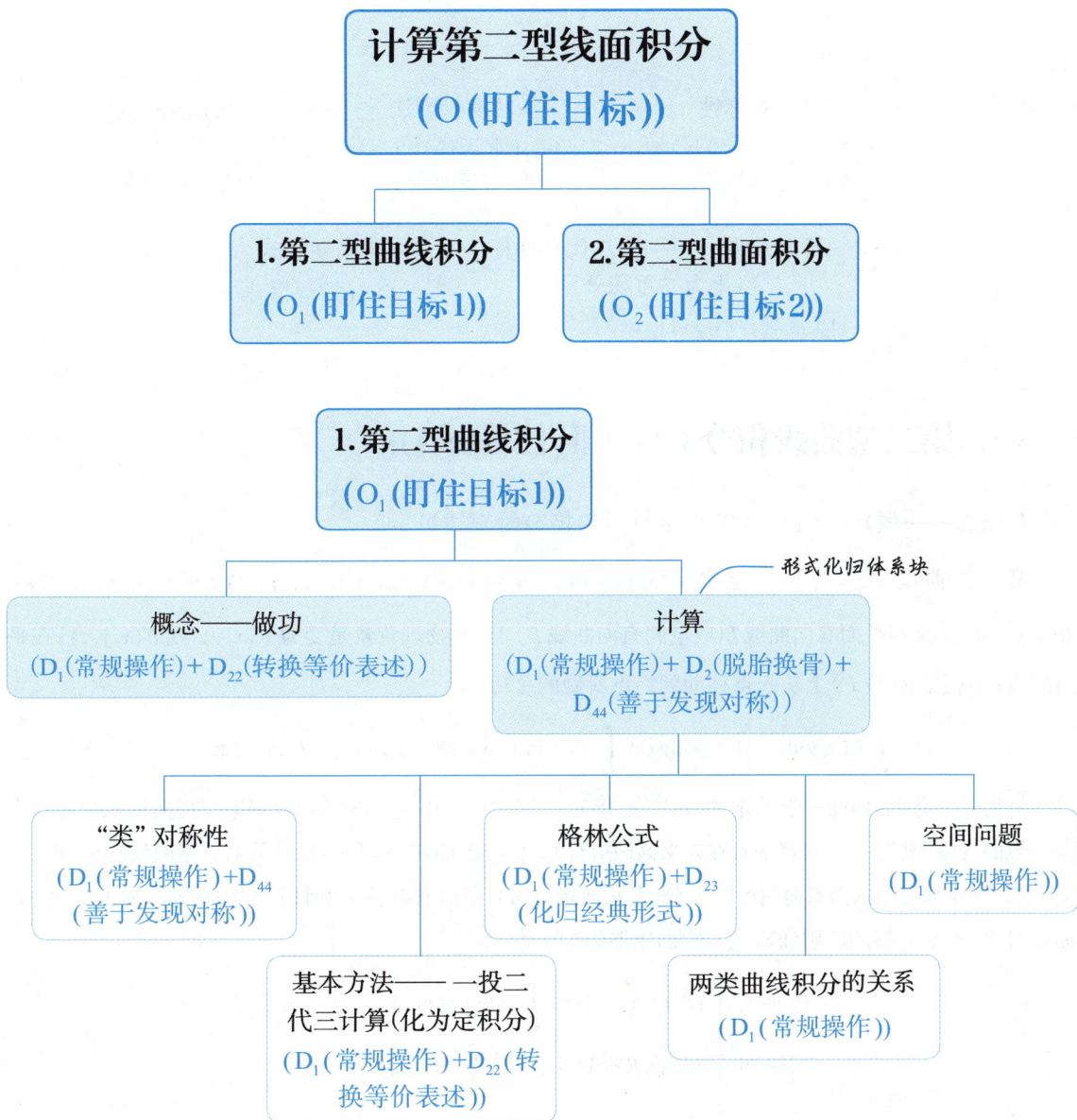

第四部分　计算第二型线面积分

三向解题法

```
计算第二型线面积分
(O(盯住目标))
```

```
1.第二型曲线积分
(O₁(盯住目标1))
```
$$(O_1(\text{盯住目标1}))$$

```
2.第二型曲面积分
(O₂(盯住目标2))
```
$$(O_2(\text{盯住目标2}))$$

```
1.第二型曲线积分
(O₁(盯住目标1))
```
$$(O_1(\text{盯住目标1}))$$

形式化归体系块

概念——做功
$(D_1(\text{常规操作})+D_{22}(\text{转换等价表述}))$

计算
$(D_1(\text{常规操作})+D_2(\text{脱胎换骨})+D_{44}(\text{善于发现对称}))$

"类"对称性
$(D_1(\text{常规操作})+D_{44}(\text{善于发现对称}))$

格林公式
$(D_1(\text{常规操作})+D_{23}(\text{化归经典形式}))$

空间问题
$(D_1(\text{常规操作}))$

基本方法——一投二代三计算(化为定积分)
$(D_1(\text{常规操作})+D_{22}(\text{转换等价表述}))$

两类曲线积分的关系
$(D_1(\text{常规操作}))$

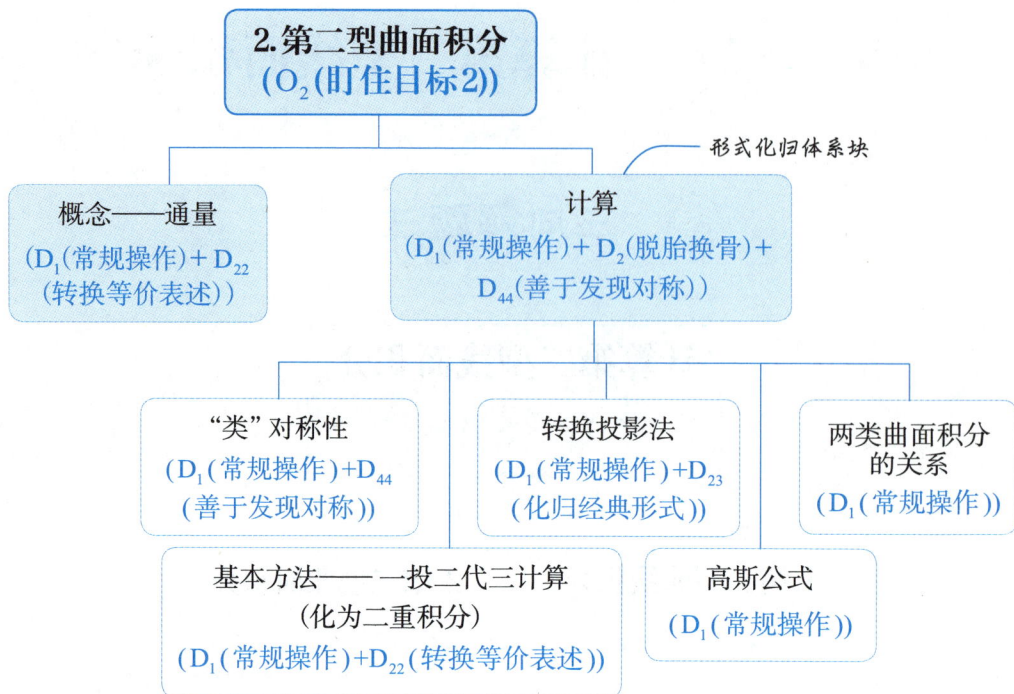

一、第二型曲线积分（ O_1（盯住目标1））

1.概念——做功（ D_1（常规操作）+ D_{22}（转换等价表述））

第二型曲线积分的被积函数 $F(x, y) = P(x, y)i + Q(x, y)j$ （或 $F(x, y, z) = P(x, y, z)i + Q(x, y, z)j + R(x, y, z)k$ ）定义在平面有向曲线 L（或空间有向曲线 Γ ）上，其物理背景是变力 $F(x, y)$ （或 $F(x, y, z)$ ）在平面曲线 L（或空间曲线 Γ ）上从起点移动到终点所做的总功：

$$\int_L P(x, y)\mathrm{d}x + Q(x, y)\mathrm{d}y \text{（或} \int_\Gamma P(x, y, z)\mathrm{d}x + Q(x, y, z)\mathrm{d}y + R(x, y, z)\mathrm{d}z \text{）.}$$

由此可以看出，前面所学的定积分、二重积分、三重积分、第一型曲线积分和第一型曲面积分有着完全一致的背景，都是一个**数量函数**在**定义区域**上计算几何量(面积、体积等)，但是第二型曲线积分与之不同，它是一个**向量函数**沿**有向曲线**的积分(无几何量可言)，所以有些性质和计算方法是不一样的，一定要加以对比，理解它们的区别和联系，不要用错或者用混.

$$\begin{cases} \text{平面：} \int_L (P, Q) \bullet (\mathrm{d}x, \mathrm{d}y) = \int_L P\mathrm{d}x + Q\mathrm{d}y. \\ \text{空间：} \int_\Gamma (P, Q, R) \bullet (\mathrm{d}x, \mathrm{d}y, \mathrm{d}z) = \int_\Gamma P\mathrm{d}x + Q\mathrm{d}y + R\mathrm{d}z. \end{cases}$$

2.计算（ D_1（常规操作）+ D_2（脱胎换骨）+ D_{44}（善于发现对称））

（1）"类"对称性（ D_1（常规操作）+ D_{44}（善于发现对称）).

设 $\int_{L^+} P(x, y)\mathrm{d}x$ ， L^+ 可分成关于某直线"类"对称的 $L_1 \bigcup L_2$ ，且对称点处 P 的绝对值相等，则

$$\int_{L^+}P(x,y)\mathrm{d}x=\begin{cases}2\displaystyle\int_{L_1}P(x,y)\mathrm{d}x,&\text{对称点处}P(x,y)\mathrm{d}x\text{相同,}\\0,&\text{对称点处}P(x,y)\mathrm{d}x\text{相反,}\end{cases}$$

其中 L_1 是 L^+ 在该直线一侧的部分. $\displaystyle\int_{L^+}Q(x,y)\mathrm{d}y$ 类似.

如,设有向曲线 L 关于 y 轴 "类" 对称,方向如图所示,则

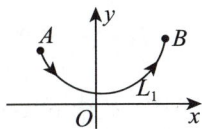

$$\int_L P(x,y)\mathrm{d}x=\begin{cases}2\displaystyle\int_{L_1}P(x,y)\mathrm{d}x,&\boxed{P(x,y)=P(-x,y),}\\0,&\boxed{P(x,y)=-P(-x,y),}\end{cases}$$

对称点处 $P\mathrm{d}x$　　　$P\mathrm{d}x$

$P\mathrm{d}x$　　　$-P\mathrm{d}x$

$$\int_L Q(x,y)\,\mathrm{d}y=\begin{cases}0,&\boxed{Q(x,y)=Q(-x,y),}\\2\displaystyle\int_{L_1}Q(x,y)\mathrm{d}y,&\boxed{Q(x,y)=-Q(-x,y),}\end{cases}$$

$Q\mathrm{d}y$　　　$Q(-\mathrm{d}y)$

$Q\mathrm{d}y$　　　$(-Q)(-\mathrm{d}y)$

$\overrightarrow{\mathrm{d}x\boldsymbol{i}}\qquad\overrightarrow{\mathrm{d}x\boldsymbol{i}}$

$\downarrow\qquad\uparrow$
$\mathrm{d}y(-\boldsymbol{j})\qquad \mathrm{d}y\boldsymbol{j}$ ←—— D_{21}(观察研究对象)

其中 L_1 是 L 在 y 轴右侧的部分.

例18.26 已知曲线 L 的方程为 $y=1-|x|(x\in[-1,1])$,起点是 $(-1,0)$,终点为 $(1,0)$,则曲线积分

$\displaystyle\int_L xy\mathrm{d}x+x^2\mathrm{d}y=\underline{\qquad}$.

【解】 应填 0.

如图所示,对称点处 $x^2(-\mathrm{d}y)$ 与 $x^2\mathrm{d}y$ 相反,故 $\displaystyle\int_L x^2\mathrm{d}y=0$,又 $xy\mathrm{d}x$ 与 $(-x)y\mathrm{d}x$ 相反,故 $\displaystyle\int_L xy\mathrm{d}x=0$.

D_{44}(善于发现对称)　　D_{44}(善于发现对称)

综上, $\displaystyle\int_L xy\mathrm{d}x+x^2\mathrm{d}y=0$.

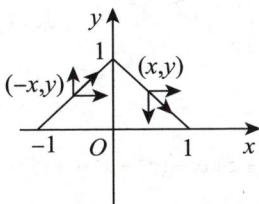

例18.27 设 L 为取正向的圆周 $x^2+y^2=1$,则曲线积分 $\displaystyle\oint_L(xy-y)\mathrm{d}x+(x^2-2x)\mathrm{d}y=\underline{\qquad}$.

【解】 应填 $-\pi$.

如图所示,对称点处 $xy\mathrm{d}x$ 与 $-xy\mathrm{d}x$ 相反,故 $\displaystyle\oint_L xy\mathrm{d}x=0$.又 $x^2(-\mathrm{d}y)$ 与 $x^2\mathrm{d}y$ 相

D_{44}(善于发现对称)

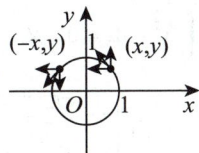

D_{44}(善于发现对称)

反,故 $\displaystyle\oint_L x^2\mathrm{d}y=0$.

所以　　　$\text{原式}=\displaystyle\oint_L(-y)\mathrm{d}x-2x\mathrm{d}y\xlongequal{\text{格林公式}}\iint_D(-2+1)\mathrm{d}x\mathrm{d}y=-\iint_D\mathrm{d}x\mathrm{d}y=-\pi$.

例 18.28 设 $L: x^2+y^2=1$，取逆时针方向，则 $\oint_L e^{-(x^2+y^2)}\left[\cos(xy)dx+\sin(x^2+y^2)dy\right]=$ _____.

【解】 应填 0.

首先，$e^{-(x^2+y^2)}=e^{-1}$，对称点 (x,y) 与 $(x,-y)$ 处 $\cos(xy)(-dx)$ 与 $\cos(xy)dx$ 相反

→ D_{44}（善于发现对称）

（见图），故 $\oint_L e^{-1}\cos(xy)dx=0$，于是

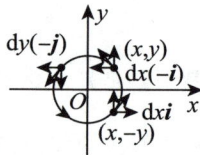

$$\text{原式}=\oint_L e^{-1}\sin 1\,dy=e^{-1}\sin 1\int_0^{2\pi}d(\sin\theta)=0.$$

又或对称点 (x,y) 与 $(-x,y)$ 处：$\sin 1\,dy$ 与 $\sin 1(-dy)$ 相反（见图），则 $\oint_L \sin(x^2+y^2)dy=0$.

故原式 $=0$.

例 18.29 计算 $I=\int_L(2x+y-\cos y)dx+x\sin y\,dy$，其中 L 是从 $A(-\pi,0)$ 沿曲线 $y=\cos\left(x+\dfrac{\pi}{2}\right)$ 到 $B(\pi,0)$ 的弧段.

D_{44}（善于发现对称）

【解】 如图所示，对称点处，$2x\,dx$ 与 $(-2x)dx$ 是相反的，故 $\int_L 2x\,dx=0$，

→ D_{44}（善于发现对称）

$y\,dx$ 和 $(-y)dx$ 是相反的，故 $\int_L y\,dx=0$. 所以

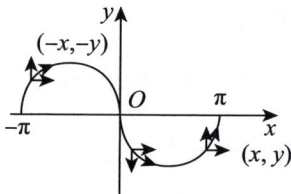

$$I=\int_L(2x+y-\cos y)dx+(x\sin y)dy=\int_L(-\cos y)dx+x\sin y\,dy.$$

因为 $\dfrac{\partial Q}{\partial x}=\dfrac{\partial P}{\partial y}=\sin y$，符合格林公式的条件，$L$ 取 $y=0$，故 $I=\int_{-\pi}^{\pi}(-1)dx=-2\pi$.

按照偶倍奇零来办

例 18.30 已知曲线 L 的方程为 $\begin{cases}z=\sqrt{2-x^2-y^2}\,,\\ z=x,\end{cases}$ 起点为 $A(0,\sqrt 2,0)$，终点为 $B(0,-\sqrt 2,0)$，计算曲线积分

$$I=\int_L(y+z)dx+(z^2-x^2+y)dy+x^2y^2dz.$$

【解】 如图所示，在对称点处，$y\,dx$ 与 $(-y)(-dx)$ 相同；$z\,dx$ 与 $z(-dx)$ 相反；

$y(-dy)$ 与 $(-y)(-dy)$ 相反；x^2y^2dz 与 $x^2y^2(-dz)$ 相反；故 $\int_L z\,dx=\int_L y\,dy=$

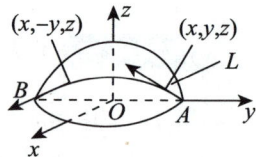

$\int_L x^2y^2dz=0$. 又 $z=x$，故 $\int_L(z^2-x^2)dy=0$.

→ D_{44}（善于发现对称）

由 $\begin{cases}z=\sqrt{2-x^2-y^2}\,,\\ z=x\end{cases}$，得 $\sqrt{2-x^2-y^2}=x$，即 $2x^2+y^2=2$，亦即 $x^2+\dfrac{y^2}{2}=1$.

又曲线 L 的参数方程为 $\begin{cases}x=\cos t,\\ y=\sqrt 2\sin t,\; t\text{ 从 }\dfrac{\pi}{2}\text{（起点 }A\text{）到 }-\dfrac{\pi}{2}\text{（终点 }B\text{），于是}\\ z=\cos t,\end{cases}$

$$I = \int_L y\mathrm{d}x = 2\int_{\frac{\pi}{2}}^0 \sqrt{2}\sin t\mathrm{d}(\cos t) = 2\sqrt{2}\int_0^{\frac{\pi}{2}}\sin^2 t\mathrm{d}t = 2\sqrt{2}\times\frac{1}{2}\times\frac{\pi}{2} = \frac{\sqrt{2}}{2}\pi .$$

例18.31 计算曲线积分 $I = \oint_L y^2\mathrm{d}x + z^2\mathrm{d}y + x^2\mathrm{d}z$，其中曲线 L 为 $\begin{cases} x^2 + y^2 + z^2 = 4, \\ x^2 + y^2 = 2x \end{cases}(z \geqslant 0)$，从 x 轴

的正向往负向看去，取逆时针方向.

【解】 如图所示，对称点处，$y^2\mathrm{d}x$ 与 $y^2(-\mathrm{d}x)$ 相反，$x^2\mathrm{d}z$ 与

$x^2(-\mathrm{d}z)$ 相反，故

$$\oint_L y^2\mathrm{d}x = \oint_L x^2\mathrm{d}z = 0 .$$

又 $z^2\mathrm{d}y$ 与 $z^2\mathrm{d}y$ 相同，故 $\oint_L z^2\mathrm{d}y = 2\int_{L_1} z^2\mathrm{d}y$，其中 L_1 为从 $(2,0,0)$ 到 $(0,0,2)$ 在第一卦限的曲线.

设 $x = 1 + \cos\theta$，$y = \sin\theta$，则 $z^2 = 2 - 2\cos\theta$，因此

$$I = 2\int_0^\pi (2 - 2\cos\theta)\mathrm{d}(\sin\theta)$$

$$= 4\int_0^\pi (1 - \cos\theta)\cos\theta\mathrm{d}\theta$$

$$= 4\int_0^\pi \cos\theta\mathrm{d}\theta - 4\int_0^\pi \cos^2\theta\mathrm{d}\theta$$

$$= 0 - 8\int_0^{\frac{\pi}{2}} \cos^2\theta\mathrm{d}\theta = -2\pi .$$

（2）基本方法——一投二代三计算(化为定积分)（ D_1 **(常规操作) +** D_{22} **(转换等价表述))**.

如果平面有向曲线 L 由参数方程 $\begin{cases} x = x(t), \\ y = y(t) \end{cases}(t: \alpha \to \beta)$ 给出，其中 $t = \alpha$ 对应着起点 A，$t = \beta$ 对应着终

点 B，则可以将平面第二型曲线积分化为定积分：

$$\int_L P(x,y)\mathrm{d}x + Q(x,y)\mathrm{d}y = \int_\alpha^\beta \{P[x(t),y(t)]x'(t) + Q[x(t),y(t)]y'(t)\}\mathrm{d}t ,$$

这里的 α，β 谁大谁小无关紧要，关键是分别和起点与终点对应.

例18.32 设有向折线段 L 由线段 AB 和 BC 构成，方向为 $A\left(\frac{\pi}{2}, -\frac{\pi}{2}\right) \to B\left(\frac{\pi}{2}, \frac{\pi}{2}\right) \to C\left(-\frac{\pi}{2}, \frac{\pi}{2}\right)$，

计算曲线积分 $I = \int_L \cos^2 y\mathrm{d}x - \sin^2 x\mathrm{d}y$.

【解】 **法一** 化为定积分计算.

因为线段 AB 的方程为 $x = \frac{\pi}{2}$，A 对应 $y = -\frac{\pi}{2}$，B 对应 $y = \frac{\pi}{2}$；线段 BC 的方程为 $y = \frac{\pi}{2}$，B 对应 $x = \frac{\pi}{2}$，

C 对应 $x = -\frac{\pi}{2}$，所以

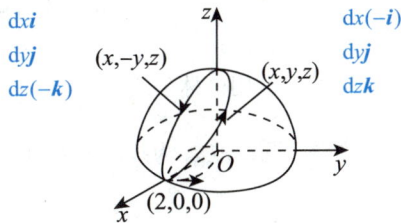

$$I = \int_L \cos^2 y \, dx - \sin^2 x \, dy$$

$$= \int_{\overline{AB}} \cos^2 y \, dx - \sin^2 x \, dy + \int_{\overline{BC}} \cos^2 y \, dx - \sin^2 x \, dy$$

D₁（常规操作）
$$= \int_{-\frac{\pi}{2}}^{\frac{\pi}{2}} \left(-\sin^2 \frac{\pi}{2} \right) dy + \int_{\frac{\pi}{2}}^{-\frac{\pi}{2}} \cos^2 \frac{\pi}{2} \, dx = -\pi.$$

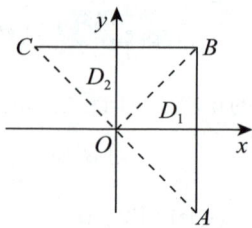

法二　利用格林公式.

如图所示，取 L_1 为线段 CA，其方程为 $y = -x$，起点 C 对应 $x = -\dfrac{\pi}{2}$，终点

A 对应 $x = \dfrac{\pi}{2}$.

因为

$$I = \int_L \cos^2 y \, dx - \sin^2 x \, dy = \oint_{L+L_1} \cos^2 y \, dx - \sin^2 x \, dy - \int_{L_1} \cos^2 y \, dx - \sin^2 x \, dy,$$

且

D₁（常规操作）
$$\oint_{L+L_1} \cos^2 y \, dx - \sin^2 x \, dy = \iint_{\triangle ABC} (-2\sin x \cos x + 2\sin y \cos y) \, dx \, dy = 0,$$

$$\int_{L_1} \cos^2 y \, dx - \sin^2 x \, dy = \int_{-\frac{\pi}{2}}^{\frac{\pi}{2}} \left[\cos^2(-x) + \sin^2 x \right] dx = \int_{-\frac{\pi}{2}}^{\frac{\pi}{2}} dx = \pi,$$

所以 $I = -\pi$.

（3）格林公式（D₁（常规操作）+D₂₃（化归经典形式））.

设平面有界闭区域 D 由分段光滑曲线 L 围成，$P(x,y)$，$Q(x,y)$ 在 D 上具有一阶连续偏导数，L 取正向，则

$$\oint_L P(x,y) \, dx + Q(x,y) \, dy = \iint_D \left(\frac{\partial Q}{\partial x} - \frac{\partial P}{\partial y} \right) d\sigma.$$

（如图所示，所谓 L 取正向，是指当一个人沿着 L 的这个方向前进时，**左手始终在 L 所围成的 D 内**.）

①**曲线封闭且无奇点在其内部，直接用格林公式.**

若给的是封闭曲线的曲线积分 $\oint_L P \, dx + Q \, dy$，可以验算 P 和 Q 是否满足"在该封闭曲线所包围的区域 D 内，P 和 Q 具有一阶连续偏导数".若满足，则可用格林公式

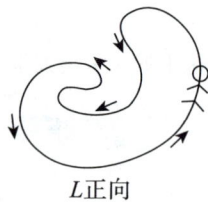

$$\oint_L P \, dx + Q \, dy = \iint_D \left(\frac{\partial Q}{\partial x} - \frac{\partial P}{\partial y} \right) d\sigma$$

计算之.这里要求 L 为 D 的边界，且正向.

例 18.33 设正向闭曲线 L 的方程为 $|x|+|ay|=1\ (a>0)$，若曲线积分 $\displaystyle\oint_L \frac{\mathrm{d}x+4x\mathrm{d}y}{|x|+|ay|+2}=\frac{4}{3}$，则 $a=$ _____.

【解】　应填 2.

设 D 是曲线 L 围成的菱形区域（见图），则

$$I=\oint_L \frac{\mathrm{d}x+4x\mathrm{d}y}{|x|+|ay|+2}=\frac{1}{3}\oint_L \mathrm{d}x+4x\mathrm{d}y=\frac{1}{3}\iint_D 4\mathrm{d}x\mathrm{d}y=\frac{4}{3}\times\frac{1}{2a}\times 4=\frac{4}{3},$$

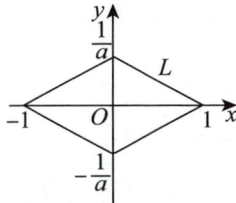

故 $a=2$.　　D$_{22}$（转换等价表述）

例 18.34 设有向曲线 L 与曲线 $xy=1(x>0,y>0)$ 的交点为 $A\left(4,\dfrac{1}{4}\right)$ 和 $B(1,1)$，两曲线所围区域的面积为常数 S，计算曲线积分 $I=\displaystyle\int_{L(A)}^{L(B)} \mathrm{e}^{xy}y^2\mathrm{d}x+\left[\mathrm{e}^{xy}(1+xy)+x\right]\mathrm{d}y$.

【解】　设 $L_1:xy=1$，起点为 $B(1,1)$，终点为 $A\left(4,\dfrac{1}{4}\right)$，$D$ 为 L 与 L_1 围成的有界闭区域.

当 $L+L_1$ 是 D 的正向边界线时，

$$I=\oint_{L+L_1} \mathrm{e}^{xy}y^2\mathrm{d}x+\left[\mathrm{e}^{xy}(1+xy)+x\right]\mathrm{d}y-\int_{L_1} \mathrm{e}^{xy}y^2\mathrm{d}x+\left[\mathrm{e}^{xy}(1+xy)+x\right]\mathrm{d}y,$$

其中

$$\oint_{L+L_1} \mathrm{e}^{xy}y^2\mathrm{d}x+\left[\mathrm{e}^{xy}(1+xy)+x\right]\mathrm{d}y=\iint_D \left[y\mathrm{e}^{xy}(xy+2)+1-y(xy+2)\mathrm{e}^{xy}\right]\mathrm{d}x\mathrm{d}y=\iint_D \mathrm{d}x\mathrm{d}y=S,$$

$$\int_{L_1} \mathrm{e}^{xy}y^2\mathrm{d}x+\left[\mathrm{e}^{xy}(1+xy)+x\right]\mathrm{d}y=\int_1^4 \frac{\mathrm{e}}{x^2}\mathrm{d}x+\int_1^{\frac{1}{4}}\left(2\mathrm{e}+\frac{1}{y}\right)\mathrm{d}y=-\frac{3\mathrm{e}}{4}-2\ln 2,$$

所以 $I=S+\dfrac{3\mathrm{e}}{4}+2\ln 2$.

当 $L+L_1$ 是 D 的负向边界线时，同理可以求得 $I=-S+\dfrac{3\mathrm{e}}{4}+2\ln 2$.

②曲线封闭但有奇点在其内部，且除奇点外 $\dfrac{\partial Q}{\partial x}\equiv\dfrac{\partial P}{\partial y}$，则换路径.（一般令分母等于常数作为路径，路径的起点和终点无须与原路径重合.）

若给的是封闭曲线的曲线积分 $\displaystyle\oint_L P\mathrm{d}x+Q\mathrm{d}y$，满足条件：在 D 内除了奇点外，P 和 Q 具有一阶连续偏导数，并且除奇点外，均有 $\dfrac{\partial Q}{\partial x}\equiv\dfrac{\partial P}{\partial y}$，则可以换一条封闭曲线 L_1 代替 L，它全在 D 内，并能将奇点包含在 L_1 的内部，有公式

$$\oint_L P\mathrm{d}x+Q\mathrm{d}y\stackrel{(*)}{=}\oint_{L_1} P\mathrm{d}x+Q\mathrm{d}y.$$

这里要求 L_1 与 L 的方向相同. 如果后者容易计算, 就可达到目的.

> 【注】(∗) 处是这样来的: 如图所示, 若 L 所围区域 D 内有奇点 q, 则用 L_1 "挖去" 它, 并记挖去奇点后的阴影区域为 D', 于是
>
> $$\oint_L P\mathrm{d}x + Q\mathrm{d}y = \oint_{L+L_1^-} P\mathrm{d}x + Q\mathrm{d}y - \oint_{L_1^-} P\mathrm{d}x + Q\mathrm{d}y$$
>
> $$= \iint_{D'} \left(\frac{\partial Q}{\partial x} - \frac{\partial P}{\partial y}\right)\mathrm{d}\sigma + \oint_{L_1} P\mathrm{d}x + Q\mathrm{d}y$$
>
> $$= \oint_{L_1} P\mathrm{d}x + Q\mathrm{d}y.$$

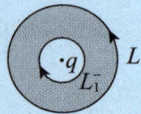

例18.35 设 $D = \left\{(x,y) \mid x^2 + y^2 \le 4\right\}$, ∂D 为 D 的正向边界, 则 $\displaystyle\oint_{\partial D} \frac{(xe^{x^2+4y^2} + y)\mathrm{d}x + (4ye^{x^2+4y^2} - x)\mathrm{d}y}{x^2 + 4y^2} = $

_____.

【解】 应填 $-\pi$.

经计算有

$$\frac{\partial}{\partial x}\left(\frac{4ye^{x^2+4y^2} - x}{x^2 + 4y^2}\right) = \frac{8xy(x^2+4y^2-1)e^{x^2+4y^2} + x^2 - 4y^2}{(x^2+4y^2)^2} = \frac{\partial}{\partial y}\left(\frac{xe^{x^2+4y^2} + y}{x^2 + 4y^2}\right),$$

但是这里不能用格林公式, 因为在 D 内的点 $O(0,0)$ 处, P, Q 均不连续. 故在 D 内作一曲线 L: $x^2 + 4y^2 = 1$, 取逆时针方向, 从而

D_1 (常规操作)

$$\oint_{\partial D} \frac{(xe^{x^2+4y^2} + y)\mathrm{d}x + (4ye^{x^2+4y^2} - x)\mathrm{d}y}{x^2 + 4y^2} = \oint_L \frac{(xe^{x^2+4y^2} + y)\mathrm{d}x + (4ye^{x^2+4y^2} - x)\mathrm{d}y}{x^2 + 4y^2}$$

$$= \oint_L (ex + y)\mathrm{d}x + (4ey - x)\mathrm{d}y$$

$$= \iint_{x^2+4y^2 \le 1} (-2)\mathrm{d}x\mathrm{d}y.$$

$$= -\pi.$$

③**非封闭曲线且** $\dfrac{\partial Q}{\partial x} \equiv \dfrac{\partial P}{\partial y}$, **则换路径.** (换简单路径, 路径的起点和终点需与原路径重合.)

如果不是封闭曲线的曲线积分 $\displaystyle\int_{L_1} P\mathrm{d}x + Q\mathrm{d}y$ (其中 L_1: 一条从 A 到 B 的路径), 可以验算 P, Q 是否满足 "在某单连通区域内具有一阶连续偏导数并且 $\dfrac{\partial P}{\partial y} \equiv \dfrac{\partial Q}{\partial x}$". 若满足, 则可在该连通区域内另取一条从 A 到 B 的路径 (例如边与坐标轴平行的折线), 使得该积分容易计算以代替原路径而计算之, 即 $\displaystyle\int_{L_1} \overset{(*)}{=\!=} \int_{L_2}$.

【注】（＊）处是这样的：由于 $\dfrac{\partial P}{\partial y} \equiv \dfrac{\partial Q}{\partial x}$，则在 D 内（见图）沿任意分段光滑闭曲线 L 都有 $\oint_L P\mathrm{d}x + Q\mathrm{d}y = 0$，故 $\oint_{L_1+L_0} = 0$，$\oint_{L_2+L_0} = 0$，于是 $\int_{L_1} = \int_{L_2}$．

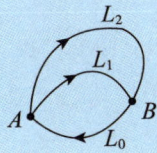

例18.36 设 L 从点 $A\left(-\dfrac{\pi}{2}, 0\right)$ 沿曲线 $y = \cos x$ 到点 $B\left(\dfrac{\pi}{2}, 0\right)$，则 $\displaystyle\int_L \dfrac{(x-y)\mathrm{d}x + (x+y)\mathrm{d}y}{x^2+y^2} =$ _____．

【解】 应填 $-\pi$．

直接用 $y = \cos x$ 代入计算非常困难．记

$$P = \frac{x-y}{x^2+y^2}, \quad Q = \frac{x+y}{x^2+y^2},$$

经过计算，可知

$$\frac{\partial P}{\partial y} \equiv \frac{\partial Q}{\partial x} = \frac{y^2 - x^2 - 2xy}{(x^2+y^2)^2}, \quad (x,y) \neq (0,0),$$

这里将点 $(0,0)$ 去掉，是因为在该点处 P，Q 及其一阶偏导数都不存在，当然谈不上偏导数相等．

由"③"推知，在不包含 $(0,0)$ 的单连通区域内，该曲线积分与路径无关，取一条从 A 到 B 的上半圆弧 L_1（见图），

$$L_1: x = \frac{\pi}{2}\cos t, \quad y = \frac{\pi}{2}\sin t, \quad t \text{ 从 } \pi \text{ 到 } 0,$$

从而可使原积分中的分母消去，有

$$\text{原式} = \int_{L_1} \frac{(x-y)\mathrm{d}x + (x+y)\mathrm{d}y}{x^2+y^2}$$

$$= \int_\pi^0 \left[(\cos t - \sin t)(-\sin t) + (\cos t + \sin t)\cos t\right]\mathrm{d}t$$

$$= \int_\pi^0 \mathrm{d}t = -\pi.$$

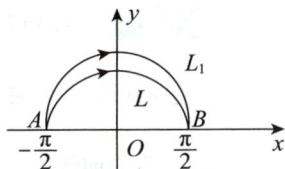

【注】（1）如果 L_1 中参数 t 取为从 $t = -\pi$ 到 $t = 0$（或 $t = \pi$ 到 $t = 2\pi$）．虽然起点、终点仍为 A，B，但实际上取的是下半圆弧，这种 L_1 与 L 围成的区域内含有点 O，不是一个单连通区域，路径无关定理不适用．

（2）还可这样命题：L 为沿摆线 $\begin{cases} x = t - \sin t - \pi, \\ y = 1 - \cos t \end{cases}$ 从 $t = 0$ 到 $t = 2\pi$ 的弧段，如图所示．由于 $\dfrac{\partial P}{\partial y} \equiv \dfrac{\partial Q}{\partial x}$，换路径 $L_1: \begin{cases} x = \pi\cos t, \\ y = \pi\sin t, \end{cases}$ t 从 π 到 0，于是

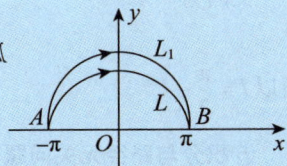

$$原式 = \frac{1}{\pi^2} \int_{L_1} (x-y)\mathrm{d}x + (x+y)\mathrm{d}y$$

$$= \frac{1}{\pi^2} \int_{\pi}^{0} (\pi\cos t - \pi\sin t)\mathrm{d}(\pi\cos t) + (\pi\cos t + \pi\sin t)\mathrm{d}(\pi\sin t)$$

$$= -\pi .$$

④非封闭曲线 $\dfrac{\partial Q}{\partial x} \neq \dfrac{\partial P}{\partial y}$,可补线使其封闭(加线减线).

如果不是封闭曲线的曲线积分,可以考虑补一条线 C_{BA} ,使 $L_{AB} + C_{BA}$ 构成一封闭曲线,并且使其包围的区域为一单连通区域 D ,在 D 上 $P(x,y)$ 和 $Q(x,y)$ 具有一阶连续偏导数,则有

$$\int_{L_{AB}} P\mathrm{d}x + Q\mathrm{d}y = \int_{L_{AB}} P\mathrm{d}x + Q\mathrm{d}y + \int_{C_{BA}} P\mathrm{d}x + Q\mathrm{d}y - \int_{C_{BA}} P\mathrm{d}x + Q\mathrm{d}y$$

$$\text{D}_{23}\text{(化归经典形式)} \quad = \oint_{L} P\mathrm{d}x + Q\mathrm{d}y - \int_{C_{BA}} P\mathrm{d}x + Q\mathrm{d}y$$

$$= \pm\iint_{D} \left(\frac{\partial Q}{\partial x} - \frac{\partial P}{\partial y} \right)\mathrm{d}\sigma + \int_{C_{AB}} P\mathrm{d}x + Q\mathrm{d}y ,$$

其中 $L = L_{AB} + C_{BA}$,公式中的"$\pm$"号由 L 的方向而定.若 L 为正向则取正号,若 L 为负向则取负号. C_{AB} 为 C_{BA} 的反向弧.如果上式右边的二重积分和 $\int_{C_{AB}}$ 容易计算的话,那么就可利用上述转换方法计算原积分 $\int_{L_{AB}}$.

例18.37 已知 L 是第一象限中从点 $(0,0)$ 沿圆周 $x^2 + y^2 = 2x$ 到点 $(2,0)$,再沿圆周 $x^2 + y^2 = 4$ 到点 $(0,2)$ 的曲线段,计算曲线积分 $I = \int_L 3x^2 y\mathrm{d}x + (x^3 + x - 2y)\mathrm{d}y$.

【解】 取有向线段 $L_1 : x = 0$,起点对应 $y = 2$,终点对应 $y = 0$.由 L 与 L_1 围成的平面区域记为 D .

$$I = \int_L 3x^2 y\mathrm{d}x + (x^3 + x - 2y)\mathrm{d}y$$

$$\text{D}_{23}\text{(化归经典形式)} \quad = \oint_{L+L_1} 3x^2 y\mathrm{d}x + (x^3 + x - 2y)\mathrm{d}y - \int_{L_1} 3x^2 y\mathrm{d}x + (x^3 + x - 2y)\mathrm{d}y .$$

根据格林公式,得

$$\oint_{L+L_1} 3x^2 y\mathrm{d}x + (x^3 + x - 2y)\mathrm{d}y = \iint_D \left[\frac{\partial}{\partial x}(x^3 + x - 2y) - \frac{\partial}{\partial y}(3x^2 y) \right]\mathrm{d}x\mathrm{d}y = \iint_D 1\mathrm{d}x\mathrm{d}y = \frac{\pi}{2} .$$

又因为

$$\int_{L_1} 3x^2 y\mathrm{d}x + (x^3 + x - 2y)\mathrm{d}y = \int_2^0 (-2y)\mathrm{d}y = 4 ,$$

所以 $I = \dfrac{\pi}{2} - 4$.

⟶ 等价表述体系块

⑤积分与路径无关问题.

凡是一个命题有若干个等价命题,则是重要命题点.①全面掌握所有等价说法.②用 D_{22} (转换等价表述)

设在单连通区域 D 内, P,Q 具有一阶连续偏导数,则下述6个命题等价.

a. $\displaystyle\int_{L_{AB}} P(x,y)\mathrm{d}x + Q(x,y)\mathrm{d}y$ 在 D 内与路径无关.

b. 沿 D 内任意分段光滑闭曲线 L 都有 $\displaystyle\oint_L P\mathrm{d}x + Q\mathrm{d}y = 0$.

c. $P\mathrm{d}x + Q\mathrm{d}y$ 为某二元函数 $u(x,y)$ 的全微分.

d. $P\mathrm{d}x + Q\mathrm{d}y = 0$ 为全微分方程.

e. $P\boldsymbol{i} + Q\boldsymbol{j}$ 为某二元函数 $u(x,y)$ 的梯度.

f. $\dfrac{\partial P}{\partial y} \equiv \dfrac{\partial Q}{\partial x}$ 在 D 内处处成立.

【注】"c，d，e"中所涉及的 $u(x,\ y)$ 称为 $P\mathrm{d}x + Q\mathrm{d}y$ 的原函数，若存在一个原函数 $u(x,y)$，则 $u(x,y)+C$ 也是原函数.

一般说来，"f"是解题的关键点.

→ D_{23}（化归经典形式）

若 P,Q 已知，则考正问题：验证 $\dfrac{\partial P}{\partial y} \equiv \dfrac{\partial Q}{\partial x}$，即"f"成立，则"a，b，c，d，e"成立（即"a 至 e"成立），再求 $\displaystyle\int_L$ 或 u.

若 P,Q 中含有未知函数（或未知参数），则考反问题：已知"a，b，c，d，e"中任一命题成立，则有"f"成立，即 $\dfrac{\partial P}{\partial y} \equiv \dfrac{\partial Q}{\partial x}$，用此式子求出未知量，再进一步求 $\displaystyle\int_L$ 或 u.

接下来，如何求 u？

法一　用可变终点 (x,y) 的曲线积分求出 $u(x,y)$：

$$u(x,y) = \int_{(x_0,y_0)}^{(x,y)} P(x,y)\mathrm{d}x + Q(x,y)\mathrm{d}y,$$

其中 (x_0,y_0) 为 D 内任意取定的一点，(x,y) 为动点，则此式即要求的一个 $u(x,y)$. 不过在使用此方法前，必须先验证在所述单连通区域内是否满足与路径无关的充要条件 $\dfrac{\partial Q}{\partial x} \equiv \dfrac{\partial P}{\partial y}$. 不满足时这种 $u(x,y)$ 是不存在的，更谈不上用曲线积分求 $u(x,y)$.

至于这个可变终点 (x,y) 的曲线积分如何计算？一种方法是找一条认为是方便的从点 (x_0,y_0) 到变点 (x,y) 的全在 D 内的路径计算. 另一种方法是按折线 $(x_0,y_0) \rightarrow (x,y_0) \rightarrow (x,y)$［见图(a)］或按折线 $(x_0,y_0) \rightarrow (x_0,y) \rightarrow (x,y)$［见图(b)］计算. 计算公式分别如下：

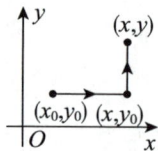
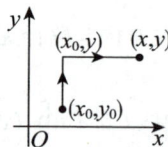

$$(a) \qquad\qquad (b)$$

$$u(x, y) = \int_{x_0}^{x} P(x, y_0)\mathrm{d}x + \int_{y_0}^{y} Q(x, y)\mathrm{d}y$$

或

$$u(x, y) = \int_{x_0}^{x} P(x, y)\mathrm{d}x + \int_{y_0}^{y} Q(x_0, y)\mathrm{d}y .$$

这里要求折线的路径应在 D 内.

以上公式得出的 $u(x, y)$ 再加任意常数 C 就得到了所有原函数.

法二 用凑微分法写出 $\mathrm{d}[u(x, y)]$（当然这需要一些技巧），在积分与路径无关条件下，有

$$\int_{L_{AB}} P\mathrm{d}x + Q\mathrm{d}y = \int_{L_{AB}} \mathrm{d}[u(x, y)] = u(x, y)\Big|_{A}^{B} = u(B) - u(A) .$$

例18.38 已知函数 $f(x)$ 具有一阶连续导数，且 $f(1) = 1$. 设 L 是绕原点一周的任意正向闭曲线，

均有 $\displaystyle\oint_{L} \frac{x\mathrm{d}y - y\mathrm{d}x}{f(x) + y^2} = a$ ，则 $a = ($ $).$

$\dfrac{\partial P}{\partial y} \equiv \dfrac{\partial Q}{\partial x}, \oint_{C} P\mathrm{d}x + Q\mathrm{d}y = 0,$
C 为不含原点的封闭曲线

(A)0   (B)1   (C) π^2 (D) 2π

【解】 应选(D).

设 C 是任意一条不包含原点的封闭曲线，由题设可知

$$\oint_{C} \frac{x\mathrm{d}y - y\mathrm{d}x}{f(x) + y^2} = 0 ,$$

所以

$$\frac{\partial}{\partial y}\left[\frac{-y}{f(x) + y^2}\right] = \frac{\partial}{\partial x}\left[\frac{x}{f(x) + y^2}\right] ,$$

从而

$$2f(x) - xf'(x) = 0 ,$$

故

$$\left[\frac{f(x)}{x^2}\right]' = 0 ,$$

考虑到 $f(1) = 1$ ，得 $f(x) = x^2$.

取 L 为 $x^2 + y^2 = 1$ ，正向，得

$$\oint_L \frac{x\mathrm{d}y - y\mathrm{d}x}{f(x) + y^2} = \oint_L \frac{x\mathrm{d}y - y\mathrm{d}x}{x^2 + y^2} = \oint_L x\mathrm{d}y - y\mathrm{d}x$$

$$= \iint\limits_{x^2 + y^2 \leqslant 1} (1 + 1)\mathrm{d}x\mathrm{d}y = 2\pi .$$

故 $a = 2\pi$.

例18.39 设函数 $f(x, y)$ 在平面 $\mathbf{R}^2$ 上存在连续偏导数, 且只有唯一零点 $O(0, 0)$, 对任何包围

$O(0, 0)$ 的光滑正向闭曲线 C , 曲线积分 $\oint_C \dfrac{x\mathrm{d}y - y\mathrm{d}x}{f(x, y)} = m$, m 为常数.

(1)证明: 对任何不包围 $O(0, 0)$ 的光滑闭曲线 L , 曲线积分 $\oint_L \dfrac{x\mathrm{d}y - y\mathrm{d}x}{f(x, y)} = 0$.

(2)若 $f(x, y) = g(x) + h(y)$, 且 $g'(1) \cdot h'(1) = \pi^2$, 求 m 的值.

(1)【证】 设 L 为任一不包围 $O(0, 0)$ 的光滑闭曲线, 在 L 上任取两个不同

的点 A, B , 以 A, B 为端点作曲线段(见图). $\longrightarrow D_{23}$ (化归经典形式)

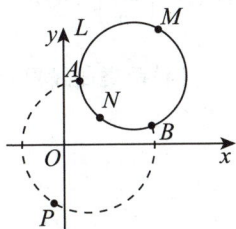

记 C_1 为封闭曲线 $APBMA$, C_2 为封闭曲线 $APBNA$.

因为 C_1 和 C_2 都包围着原点, 所以

$$\oint_{C_1} \frac{x\mathrm{d}y - y\mathrm{d}x}{f(x, y)} = m , \quad \oint_{C_2} \frac{x\mathrm{d}y - y\mathrm{d}x}{f(x, y)} = m .$$

又因为 $L = C_1 - C_2$, 所以

$$\oint_L \frac{x\mathrm{d}y - y\mathrm{d}x}{f(x, y)} = \oint_{C_1} \frac{x\mathrm{d}y - y\mathrm{d}x}{f(x, y)} - \oint_{C_2} \frac{x\mathrm{d}y - y\mathrm{d}x}{f(x, y)} = m - m = 0 .$$

(2)【解】 由(1)可知, 曲线积分 $\displaystyle\int_L \frac{x\mathrm{d}y - y\mathrm{d}x}{f(x, y)}$ 与路径无关, 所以 $\dfrac{x\mathrm{d}y - y\mathrm{d}x}{f(x, y)} = \dfrac{x\mathrm{d}y - y\mathrm{d}x}{g(x) + h(y)}$ 是全微分式,

因此

$$\frac{\partial}{\partial x} \left[\frac{x}{g(x) + h(y)} \right] = \frac{\partial}{\partial y} \left[\frac{-y}{g(x) + h(y)} \right] .$$

因为

$$\frac{\partial}{\partial x} \left[\frac{x}{g(x) + h(y)} \right] = \frac{g(x) + h(y) - xg'(x)}{[g(x) + h(y)]^2} ,$$

$$\frac{\partial}{\partial y} \left[\frac{-y}{g(x) + h(y)} \right] = \frac{-g(x) - h(y) + yh'(y)}{[g(x) + h(y)]^2} ,$$

所以

$$2[g(x) + h(y)] = xg'(x) + yh'(y) ,$$

即
$$2g(x) - xg'(x) = yh'(y) - 2h(y).$$

解 $\begin{cases} 2g(x) - xg'(x) = c, \\ yh'(y) - 2h(y) = c, \end{cases}$ 得 $g(x) = ax^2 + \dfrac{c}{2}$，$h(y) = by^2 - \dfrac{c}{2}$，所以 $f(x,y) = ax^2 + by^2$.

且由于 $g'(x) = 2ax$，$g'(1) = 2a$，$h'(y) = 2by$，$h'(1) = 2b$，$g'(1) \cdot h'(1) = 4ab = \pi^2$，故 $ab = \dfrac{\pi^2}{4} > 0$.

考虑到 $\oint_C \dfrac{x\mathrm{d}y - y\mathrm{d}x}{ax^2 + by^2} = m$，取 $C: ax^2 + by^2 = \pm 1$. 根据格林公式，得

$$m = \oint_C \frac{x\mathrm{d}y - y\mathrm{d}x}{ax^2 + by^2} = \pm \iint\limits_{|ax^2+by^2| \leqslant 1} 2\mathrm{d}x\mathrm{d}y = \pm \frac{2\pi}{\sqrt{ab}},$$

即 $ab = \left(\dfrac{2\pi}{m}\right)^2$，则 $ab = \dfrac{\pi^2}{4} = \dfrac{4\pi^2}{m^2}$，得 $m = \pm 4$.

（4）两类曲线积分的关系（ D_1（常规操作））.

$$\int_\Gamma P\mathrm{d}x + Q\mathrm{d}y + R\mathrm{d}z = \int_\Gamma (P\cos\alpha + Q\cos\beta + R\cos\gamma)\mathrm{d}s,$$

其中 Γ 为 $\begin{cases} x = x(t), \\ y = y(t), t: a \to b. \boldsymbol{\tau} = (\cos\alpha, \cos\beta, \cos\gamma) \\ z = z(t), \end{cases}$ 为 Γ 上点 (x,y,z) 处的正向单位切向量，且当起点参数

a 小于终点参数 b 时，

D_1（常规操作）

$$\boldsymbol{\tau} = \frac{1}{\sqrt{[x'(t)]^2 + [y'(t)]^2 + [z'(t)]^2}}(x'(t), y'(t), z'(t)).$$

D_{22}（转换等价表述），要熟练准确计算单位切向量

反之，
$$\boldsymbol{\tau} = -\frac{1}{\sqrt{[x'(t)]^2 + [y'(t)]^2 + [z'(t)]^2}}(x'(t), y'(t), z'(t)).$$

例18.40 设 L 是从点 $A(1,-1)$ 沿曲线 $x^2 + y^2 = -2y(y \geqslant -1)$ 到点 $B(-1,-1)$ 的有向曲线，$f(x)$ 是连续函数，计算

$$I = \int_L x[f(x)+1]\mathrm{d}y - \frac{y^2[f(x)+1] + 2yf(x)}{\sqrt{1-x^2}}\mathrm{d}x.$$

【解】 有向曲线 L 的参数方程为 $\begin{cases} x = \cos t, \\ y = -1 + \sin t \end{cases}$（$t$ 从 0 变到 π），于是

D_{22}（转换等价表述）

$$\boldsymbol{\tau} = \frac{(x'(t), y'(t))}{\sqrt{[x'(t)]^2 + [y'(t)]^2}} = (-\sin t, \cos t)$$
$$= (-1-y, x) = (-\sqrt{1-x^2}, x) = (\cos\alpha, \cos\beta),$$

所以
$$I = \int_L x[f(x)+1]\mathrm{d}y - \frac{y^2[f(x)+1] + 2yf(x)}{\sqrt{1-x^2}}\mathrm{d}x$$

D_{23} (化归经典形式)

$$= \int_L \left\{ -\frac{y^2[f(x)+1]+2yf(x)}{\sqrt{1-x^2}}\cos\alpha + x[f(x)+1]\cos\beta \right\} ds$$

$$= \int_L \left\{ -\frac{y^2[f(x)+1]+2yf(x)}{\sqrt{1-x^2}} \cdot (-\sqrt{1-x^2}) + x[f(x)+1]\cdot x \right\} ds$$

$$= \int_L \left[(x^2+y^2+2y)f(x) + x^2+y^2 \right] ds$$

$$= \int_L (x^2+y^2)\,ds = \int_L (-2y)\,ds$$

$$= 2\int_0^\pi (1-\sin t)\,dt = 2\pi - 4.$$

【注】本题中 $f(x)$ 只是连续函数，未提供可导的条件，故若考虑加线补成封闭区域，然后用格林公式，是行不通的．

（5）空间问题（ D_1（常规操作））.

①直接计算 $\begin{cases} \text{一投二代三计算,} \\ \text{用斯托克斯(Stokes)公式.} \end{cases}$

a. 一投二代三计算．

设 Γ 为 $\begin{cases} x=x(t), \\ y=y(t), t:a\to b \\ z=z(t), \end{cases}$，则有

$$\int_\Gamma P\,dx+Q\,dy+R\,dz$$

$$= \int_a^b \left\{ P[x(t),y(t),z(t)]x'(t) + Q[x(t),y(t),z(t)]y'(t) + R[x(t),y(t),z(t)]z'(t) \right\} dt.$$

b. 用斯托克斯公式．

设 Ω 为某空间区域，Σ 为 Ω 内的分片光滑有向曲面片，Γ 为逐段光滑的 Σ 的边界，它的方向与 Σ 的法向量成右手系，函数 $P(x,y,z)$，$Q(x,y,z)$ 与 $R(x,y,z)$ 在 Ω 内具有连续的一阶偏导数，则有斯托克斯公式：

$$\oint_\Gamma P\,dx+Q\,dy+R\,dz = \iint_\Sigma \begin{vmatrix} dydz & dzdx & dxdy \\ \dfrac{\partial}{\partial x} & \dfrac{\partial}{\partial y} & \dfrac{\partial}{\partial z} \\ P & Q & R \end{vmatrix} \text{（此为第二型曲面积分形式）}$$

$$= \iint_\Sigma \begin{vmatrix} \cos\alpha & \cos\beta & \cos\gamma \\ \dfrac{\partial}{\partial x} & \dfrac{\partial}{\partial y} & \dfrac{\partial}{\partial z} \\ P & Q & R \end{vmatrix} dS \text{（此为第一型曲面积分形式），}$$

其中 $\boldsymbol{n}° = (\cos\alpha,\cos\beta,\cos\gamma)$ 为 Σ 的单位外法线向量．

【注】可以证明（这里不证），公式的成立与绷在 Γ 上的曲面大小、形状无关，如图所示，有 $\oint_{\Gamma} = \iint_{\Sigma_1} = \iint_{\Sigma_2}$.

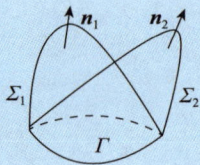

例18.41 设 L 是曲线 $\begin{cases} x^2 + y^2 = 1, \\ z = 2x + 4 \end{cases}$ 在第一卦限中的部分，方向是从点 $(0,1,4)$ 到点 $(1,0,6)$ ，计算曲线积分 $I = \int_{L} y\mathrm{d}x - (x^2 + y^2 + z^2)\mathrm{d}z$.

【解】 法一 直接化为参数方程.

以 x 为参数，则 L 的参数方程为 $\begin{cases} x = x, \\ y = \sqrt{1 - x^2}, \\ z = 2x + 4, \end{cases}$ 起点对应 $x = 0$ ，终点对应 $x = 1$ ，所以

$$I = \int_{L} y\mathrm{d}x - (x^2 + y^2 + z^2)\mathrm{d}z$$

$$= \int_0^1 \left\{ \sqrt{1 - x^2} - \left[1 + (2x + 4)^2 \right] \cdot 2 \right\} \mathrm{d}x$$

$$= \frac{\pi}{4} - 2\int_0^1 (4x^2 + 16x + 17)\mathrm{d}x = \frac{\pi}{4} - \frac{158}{3} .$$

法二 将空间曲线与平面曲线联系起来.

设 L 的参数方程为 $\begin{cases} x = \cos\theta, \\ y = \sin\theta, \\ z = 2\cos\theta + 4, \end{cases}$ 起点对应 $\theta = \frac{\pi}{2}$ ，终点对应 $\theta = 0$ ，所以

$$I = \int_{L} y\mathrm{d}x - (x^2 + y^2 + z^2)\mathrm{d}z$$

$$= \int_{\frac{\pi}{2}}^{0} \left\{ \sin\theta \cdot (-\sin\theta) - \left[1 + (2\cos\theta + 4)^2 \right] \cdot (-2\sin\theta) \right\} \mathrm{d}\theta$$

$$= \int_0^{\frac{\pi}{2}} \sin^2\theta \mathrm{d}\theta - 2\int_0^{\frac{\pi}{2}} (4\cos^2\theta + 16\cos\theta + 17)(\sin\theta)\mathrm{d}\theta$$

$$= \frac{\pi}{4} - \frac{158}{3} .$$

例18.42 设 C 是平面 $x - y + z = 2$ 与柱面 $x^2 + y^2 = a$ 交线，从 z 轴正方向看去，C 为顺时针方向，若 $\oint_C (z - y)\mathrm{d}x + (x - z)\mathrm{d}y + (x - y)\mathrm{d}z = -2\pi$ ，则 $a = \underline{\qquad}$.

【解】 应填1.

设 Σ 是平面 $x-y+z=2$ 上以 C 为边界的椭圆盘,下侧为正,则 Σ 的正向单位法向量

为 $\boldsymbol{n}=\left(\dfrac{-1}{\sqrt{3}},\dfrac{1}{\sqrt{3}},\dfrac{-1}{\sqrt{3}}\right)$.

根据斯托克斯公式,得

$$I=\oint_C (z-y)\mathrm{d}x+(x-z)\mathrm{d}y+(x-y)\mathrm{d}z=\iint_{\Sigma}\begin{vmatrix}\mathrm{d}y\mathrm{d}z & \mathrm{d}z\mathrm{d}x & \mathrm{d}x\mathrm{d}y \\[4pt] \dfrac{\partial}{\partial x} & \dfrac{\partial}{\partial y} & \dfrac{\partial}{\partial z} \\[4pt] z-y & x-z & x-y\end{vmatrix}$$

$$=\iint_{\Sigma}2\mathrm{d}x\mathrm{d}y=-2\iint_{x^2+y^2\leqslant a}\mathrm{d}x\mathrm{d}y=-2\pi a=-2\pi,$$

所以 $a=1$.

②换路径再计算.(若 $\mathbf{rot}\,\boldsymbol{F}=\boldsymbol{0}$(无旋场),可换路径.)

设 $\boldsymbol{F}=P\boldsymbol{i}+Q\boldsymbol{j}+R\boldsymbol{k}$,其中 P,Q,R 具有一阶连续偏导数.若 $\mathbf{rot}\,\boldsymbol{F}=\boldsymbol{0}$,则可换路径积分.

【注】"一、2.(3)的②,③"与"一、2.(5)的②"为什么可以换路径?平面上的 $\dfrac{\partial Q}{\partial x}\equiv\dfrac{\partial P}{\partial y}$ 与空间上的 $\mathbf{rot}\,\boldsymbol{F}=\boldsymbol{0}$,均是指所给场无旋,无旋场中积分与路径无关,于是可"换路径".为什么无旋场积分与路径无关呢?可以这样理解并记忆:在重力场中,你手上拿着一个风车,若只有重力作用,风车是不会旋转的,这就是"无旋",重力场是无旋场,重力场中做功与路径无关,这样通俗理解就容易记住了.

例18.43 设 Γ 是圆柱螺线 $x=\cos\theta$,$y=\sin\theta$,$z=\theta$,从点 $A(1,0,0)$ 到点 $B(1,0,2\pi)$,则

$$I=\int_{\Gamma}(x^2-yz)\mathrm{d}x+(y^2-zx)\mathrm{d}y+(z^2-xy)\mathrm{d}z=\underline{\qquad}.$$

【解】 应填 $\dfrac{8}{3}\pi^3$.

由于

$$\begin{vmatrix}\boldsymbol{i} & \boldsymbol{j} & \boldsymbol{k} \\[4pt] \dfrac{\partial}{\partial x} & \dfrac{\partial}{\partial y} & \dfrac{\partial}{\partial z} \\[4pt] x^2-yz & y^2-zx & z^2-xy\end{vmatrix}=\boldsymbol{0},$$

因此全空间内曲线积分与路径无关,将 Γ 换为直线段 $\overline{AB}$:$x=1$,$y=0$,z 从 0 到 2π,则

$$I=\int_{\overline{AB}}z^2\mathrm{d}z=\int_0^{2\pi}z^2\mathrm{d}z=\frac{8}{3}\pi^3.$$

二、第二型曲面积分（O_2（盯住目标2））

1.概念——通量（D_1（常规操作）+ D_{22}（转换等价表述））

第二型曲面积分的被积函数 $F(x,y,z) = P(x,y,z)\boldsymbol{i} + Q(x,y,z)\boldsymbol{j} + R(x,y,z)\boldsymbol{k}$ 定义在光滑的空间有向曲面 Σ 上，其物理背景是向量函数 $F(x,y,z)$ 通过曲面 Σ 的通量：

$$\iint\limits_{\Sigma} P(x,y,z)\mathrm{d}y\mathrm{d}z + Q(x,y,z)\mathrm{d}z\mathrm{d}x + R(x,y,z)\mathrm{d}x\mathrm{d}y .$$

由此可以看出，第二型曲面积分是一个**向量函数**通过某**有向曲面**的通量（无几何量可言），要加强与前面所学积分的横向对比，理解它们的区别和联系，不要用错或者用混了．

$$\iint\limits_{\Sigma} (P,Q,R) \cdot (\mathrm{d}y\mathrm{d}z, \mathrm{d}z\mathrm{d}x, \mathrm{d}x\mathrm{d}y) = \iint\limits_{\Sigma} P\mathrm{d}y\mathrm{d}z + Q\mathrm{d}z\mathrm{d}x + R\mathrm{d}x\mathrm{d}y .$$

2.计算（D_1（常规操作）+ D_2（脱胎换骨）+ D_{44}（善于发现对称））

（1）"类"对称性（D_1（常规操作）+D_{44}（善于发现对称））．

设 $\iint\limits_{\Sigma^+} R(x,y,z)\mathrm{d}x\mathrm{d}y$，$\Sigma^+$ 可分成关于某平面"类"对称的 $\Sigma_1 \bigcup \Sigma_2$，且对称点处 R 的绝对值相等，则

$$\iint\limits_{\Sigma^+} R(x,y,z)\mathrm{d}x\mathrm{d}y = \begin{cases} 2\iint\limits_{\Sigma_1} R(x,y,z)\mathrm{d}x\mathrm{d}y, & \text{对称点处} R\mathrm{d}x\mathrm{d}y \text{相同}, \\ 0, & \text{对称点处} R\mathrm{d}x\mathrm{d}y \text{相反}. \end{cases}$$

$\iint\limits_{\Sigma^+} P(x,y,z)\mathrm{d}y\mathrm{d}z$，$\iint\limits_{\Sigma^+} Q(x,y,z)\mathrm{d}z\mathrm{d}x$ 类似．

例18.44 计算曲面积分 $\iint\limits_{\Sigma} \dfrac{x\mathrm{d}y\mathrm{d}z + z^2\mathrm{d}x\mathrm{d}y}{x^2+y^2+z^2}$，其中 Σ 是曲面 $x^2+y^2 = R^2$ 及两平面 $z=R$，

$z = -R(R>0)$ 所围成的立体的表面的外侧．

D_{44}（善于发现对称）

【解】 设 Σ_1，Σ_2，Σ_3 依次为 Σ 的上、下底和圆柱面部分，如图所示，则

$$\iint\limits_{\Sigma_1} \frac{x\mathrm{d}y\mathrm{d}z}{x^2+y^2+z^2} = \iint\limits_{\Sigma_2} \frac{x\mathrm{d}y\mathrm{d}z}{x^2+y^2+z^2} = 0 .$$

又 Σ_3 关于 yOz 面对称，且 $\dfrac{x}{x^2+y^2+z^2}$ 关于 x 为奇函数，故

D_{44}（善于发现对称）

$$\iint\limits_{\Sigma_3} \frac{x\mathrm{d}y\mathrm{d}z}{x^2+y^2+z^2} = 2\iint\limits_{\Sigma_3'} \frac{x}{x^2+y^2+z^2}\mathrm{d}y\mathrm{d}z = 2\iint\limits_{D} \frac{\sqrt{R^2-y^2}}{R^2+z^2}\mathrm{d}y\mathrm{d}z = 2\int_{-R}^{R}\sqrt{R^2-y^2}\mathrm{d}y\int_{-R}^{R}\frac{\mathrm{d}z}{R^2+z^2} = \frac{\pi^2 R}{2},$$

其中 Σ_3' 为 Σ_3 在 yOz 面前边的部分．又 Σ_3 在 xOy 面的投影是一条线，故 $\iint\limits_{\Sigma_3} \dfrac{z^2}{x^2+y^2+z^2}\mathrm{d}x\mathrm{d}y = 0$，由于 Σ_1，

Σ_2 关于 xOy 面对称,且 $\dfrac{z^2}{x^2+y^2+z^2}$ 关于 z 是偶函数,故 $\displaystyle\iint\limits_{\Sigma}\dfrac{z^2}{x^2+y^2+z^2}\mathrm{d}x\mathrm{d}y=0$.

所以,原式 $=\dfrac{1}{2}\pi^2 R$.

例18.45 计算

$$I=\oiint\limits_{\Sigma}|xy|z^2\mathrm{d}x\mathrm{d}y+|x|y^2z\mathrm{d}y\mathrm{d}z,$$

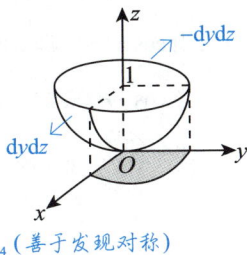

其中 Σ 为 $z=x^2+y^2$ 与 $z=1$ 所围区域 Ω 的表面,方向向外.

【解】 由题设得,Σ 关于 yOz 面对称,如图所示,且 $|x|y^2z=|-x|y^2z$,故

$$\iint\limits_{\Sigma}|x|y^2z\mathrm{d}y\mathrm{d}z=0,$$

则

$$I=\iint\limits_{\Sigma}|xy|z^2\mathrm{d}x\mathrm{d}y\xlongequal[\text{公式}]{\text{高斯}}\iiint\limits_{\Omega}|xy|\cdot 2z\mathrm{d}v=\iiint\limits_{\Omega}2|xy|z\mathrm{d}v$$

$$=8\iiint\limits_{\substack{\Omega \\ x,y\geqslant 0}}xyz\mathrm{d}v=8\iint\limits_{\substack{x^2+y^2\leqslant 1 \\ x,y\geqslant 0}}\mathrm{d}\sigma\int_{x^2+y^2}^{1}xyz\mathrm{d}z$$

$$=4\iint\limits_{\substack{x^2+y^2\leqslant 1 \\ x,y\geqslant 0}}xy\left[1-(x^2+y^2)^2\right]\mathrm{d}\sigma$$

$$=4\int_{0}^{\frac{\pi}{2}}\mathrm{d}\theta\int_{0}^{1}r^2\cos\theta\sin\theta(1-r^4)r\mathrm{d}r=\dfrac{1}{4}.$$

(2)基本方法——一投二代三计算(化为二重积分)(D_1(常规操作) $+D_{22}$(转换等价表述)).

①拆成三个积分(如果有的话),一个一个做:

$$\iint\limits_{\Sigma}P(x,y,z)\mathrm{d}y\mathrm{d}z+Q(x,y,z)\mathrm{d}z\mathrm{d}x+R(x,y,z)\mathrm{d}x\mathrm{d}y$$

$$=\iint\limits_{\Sigma}P(x,y,z)\mathrm{d}y\mathrm{d}z+\iint\limits_{\Sigma}Q(x,y,z)\mathrm{d}z\mathrm{d}x+\iint\limits_{\Sigma}R(x,y,z)\mathrm{d}x\mathrm{d}y.$$

②分别投影到相应的坐标面上.

例如对于 $\displaystyle\iint\limits_{\Sigma}R(x,y,z)\mathrm{d}x\mathrm{d}y$,将曲面 Σ 投影到 xOy 平面上去.

a.若 Σ 在 xOy 平面上的投影为一条线,即 Σ 垂直于 xOy 平面,则此积分为零.

b.若不是"a"的情形,且 Σ 上存在两点,它们在 xOy 平面上的投影点重合,则应将 Σ 剖分成若干个曲面片,使对于每一曲面片上的点投影到 xOy 平面上的投影点不重合.

c.假设已如此剖分好了,不妨将剖分之后的曲面片仍记为Σ.此时将Σ的方程写成$z(x,y)$的形式(只有投影到xOy平面上投影点不重合时,Σ的方程才能写成$z=z(x,y)$).

③一投二代三计算.

a.一投:确定出Σ在xOy平面上的投影域D_{xy}.

b.二代:将$z=z(x,y)$代入$R(x,y,z)$.

c.三计算:将$dxdy$写成$\pm dxdy$.其中"$\pm$"号是这样选取的:

当$\cos\gamma>0$,即Σ的法向量与z轴交角为锐角,亦即当Σ的指定侧为上侧时,取"$+$";

当$\cos\gamma<0$,即Σ的法向量与z轴交角为钝角,亦即当Σ的指定侧为下侧时,取"$-$".

于是便得

$$\iint_{\Sigma}R(x,y,z)dxdy=\pm\iint_{D_{xy}}R\left[x,y,z(x,y)\right]dxdy\ .$$

【注】必须注意,上式等号左边是第二型曲面积分,$\displaystyle\iint_{\Sigma}$表明了这件事,其中$dxdy$为有向曲面微元在$xOy$平面上的投影分量;等式右边是$xOy$平面上的二重积分,$\displaystyle\iint_{D_{xy}}$表明了这件事,其中$dxdy$为二重积分的面积微元,$R$中的$z$已用$\Sigma$的方程$z=z(x,y)$代入了,它是$x,y$的函数.两个$dxdy$虽然写法一样,但其意义不一样.

对于其他两个第二型曲面积分的计算类似,请读者参照"②,③"两条自行写出.

④计算已转化成的二重积分.

例18.46 设直线L过点$A(-1,0,1)$与$B(0,0,0)$,L绕z轴旋转一周得曲面Σ_0,计算$I=\displaystyle\oiint_{\Sigma}\frac{e^z}{\sqrt{x^2+y^2}}dxdy$,其中$\Sigma$是由$\Sigma_0$,$z=1$,$z=2$所围有界闭区域的边界曲面,取外侧.

【解】 直线L的两点式方程为

$$\frac{x+1}{1}=\frac{y}{0}=\frac{z-1}{-1},$$

可得其参数方程为

$$\begin{cases}x=-1+t,\\ y=0,\\ z=1-t,\end{cases}$$

D_{22}(转换等价表述)

即$\begin{cases}x=-z,\\ y=0,\end{cases}$故$\Sigma_0$的方程为$x^2+y^2=z^2+0=z^2$.

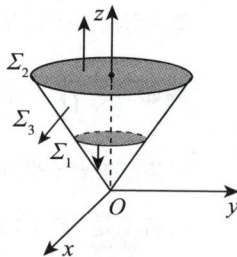

如图所示，记 $\Sigma = \Sigma_1 + \Sigma_2 + \Sigma_3$，其中 $\Sigma_1 : z = 1$，$x^2 + y^2 \leq 1$；$\Sigma_2 : z = 2$，$x^2 + y^2 \leq 4$；$\Sigma_3 : z = \sqrt{x^2 + y^2}$，$1 \leq z \leq 2$，则

$\longrightarrow D_{23}$（化归经典形式）

$$I = \oiint_{\Sigma} \frac{e^z}{\sqrt{x^2 + y^2}} \, dxdy = \iint_{\Sigma_1} \frac{e^z}{\sqrt{x^2 + y^2}} \, dxdy + \iint_{\Sigma_2} \frac{e^z}{\sqrt{x^2 + y^2}} \, dxdy + \iint_{\Sigma_3} \frac{e^z}{\sqrt{x^2 + y^2}} \, dxdy,$$

$$\iint_{\Sigma_1} \frac{e^z}{\sqrt{x^2 + y^2}} \, dxdy = -\iint_{D_1} \frac{e^1}{\sqrt{x^2 + y^2}} \, dxdy = -e \int_0^{2\pi} d\theta \int_0^1 \frac{1}{r} \cdot r dr = -2\pi e,$$

$$\iint_{\Sigma_2} \frac{e^z}{\sqrt{x^2 + y^2}} \, dxdy = \iint_{D_2} \frac{e^2}{\sqrt{x^2 + y^2}} \, dxdy = e^2 \int_0^{2\pi} d\theta \int_0^2 \frac{1}{r} \cdot r dr = 4\pi e^2,$$

$$\iint_{\Sigma_3} \frac{e^z}{\sqrt{x^2 + y^2}} \, dxdy = -\iint_{D_3} \frac{e^{\sqrt{x^2 + y^2}}}{\sqrt{x^2 + y^2}} \, dxdy = -\int_0^{2\pi} d\theta \int_1^2 \frac{e^r}{r} \cdot r dr = -2\pi(e^2 - e),$$

其中 $D_1 = \left\{(x,y) \middle| x^2 + y^2 \leq 1\right\}$，$D_2 = \left\{(x,y) \middle| x^2 + y^2 \leq 4\right\}$，$D_3 = \left\{(x,y) \middle| 1 \leq x^2 + y^2 \leq 4\right\}$．故

$$I = -2\pi e + 4\pi e^2 - 2\pi(e^2 - e) = 2\pi e^2.$$

（3）转换投影法（D_1（常规操作）$+ D_{23}$（化归经典形式））.

D_{22}（转换等价表述），要熟练准确做好单位法向量的计算

① 转换投影法中有向曲面正向单位法向量的求法.

设 $\Sigma : z = z(x, y)$，其中 z 有一阶连续偏导数，则

D_1（常规操作）

$$\boldsymbol{n} = \text{"}\pm\text{"} \frac{1}{\sqrt{1 + \left(\frac{\partial z}{\partial x}\right)^2 + \left(\frac{\partial z}{\partial y}\right)^2}} \left(-\frac{\partial z}{\partial x}, -\frac{\partial z}{\partial y}, 1\right),$$

当上侧为正时，取"$+$"；下侧为正时，取"$-$"．（上正下负）

> **【注】** 同理，设 $\Sigma : y = y(x, z)$，其中 y 有一阶连续偏导数，则
>
> $$\boldsymbol{n} = \text{"}\pm\text{"} \frac{1}{\sqrt{1 + \left(\frac{\partial y}{\partial x}\right)^2 + \left(\frac{\partial y}{\partial z}\right)^2}} \left(-\frac{\partial y}{\partial x}, 1, -\frac{\partial y}{\partial z}\right),$$
>
> 当右侧为正时，取"$+$"；左侧为正时，取"$-$"．（右正左负）
>
> 设 $\Sigma : x = x(y, z)$，其中 x 有一阶连续偏导数，则
>
> $$\boldsymbol{n} = \text{"}\pm\text{"} \frac{1}{\sqrt{1 + \left(\frac{\partial x}{\partial y}\right)^2 + \left(\frac{\partial x}{\partial z}\right)^2}} \left(1, -\frac{\partial x}{\partial y}, -\frac{\partial x}{\partial z}\right),$$
>
> 当前侧为正时，取"$+$"；后侧为正时，取"$-$"．（前正后负）

例18.47 已知曲面 $\Sigma: z = \sqrt{x^2 + y^2}$，下侧为正，求其正向单位法向量．

【解】 因为 $\dfrac{\partial z}{\partial x} = \dfrac{x}{\sqrt{x^2 + y^2}}$，$\dfrac{\partial z}{\partial y} = \dfrac{y}{\sqrt{x^2 + y^2}}$，且下侧为正，所以其正向单位法向量为

$$\boldsymbol{n} = -\frac{1}{\sqrt{1 + \left(\dfrac{\partial z}{\partial x}\right)^2 + \left(\dfrac{\partial z}{\partial y}\right)^2}}\left(-\frac{\partial z}{\partial x}, -\frac{\partial z}{\partial y}, 1\right) = \frac{\sqrt{2}}{2}\left(\frac{x}{\sqrt{x^2 + y^2}}, \frac{y}{\sqrt{x^2 + y^2}}, -1\right).$$

例18.48 若柱面 $\Sigma: x^2 + y^2 = 1$ 的外侧为正，求其后半柱面正向单位法向量．

【解】 后半柱面，后侧为正，$x = -\sqrt{1 - y^2}$，$\boldsymbol{n} = -\sqrt{1 - y^2}\left(1, -\dfrac{y}{\sqrt{1 - y^2}}, 0\right).$

②**转换投影定理．**

设曲面 $\Sigma: z = z(x, y)$，z 有一阶连续偏导数，且 $P(x, y, z), Q(x, y, z), R(x, y, z)$ 在 Σ 上连续，则

$$\iint\limits_{\Sigma} P(x, y, z)\mathrm{d}y\mathrm{d}z + Q(x, y, z)\mathrm{d}z\mathrm{d}x + R(x, y, z)\mathrm{d}x\mathrm{d}y$$

$$= \text{``}\pm\text{''}\iint\limits_{D}\left(-P\frac{\partial z}{\partial x} - Q\frac{\partial z}{\partial y} + R\right)\mathrm{d}x\mathrm{d}y,$$

其中 $P = P[x, y, z(x, y)]$，$Q = Q[x, y, z(x, y)]$，$R = R[x, y, z(x, y)]$．

【注】 证 因为

$$\boldsymbol{n} = \text{``}\pm\text{''}\frac{1}{\sqrt{1 + \left(\dfrac{\partial z}{\partial x}\right)^2 + \left(\dfrac{\partial z}{\partial y}\right)^2}}\left(-\frac{\partial z}{\partial x}, -\frac{\partial z}{\partial y}, 1\right),$$

$$\mathrm{d}S = \sqrt{1 + \left(\frac{\partial z}{\partial x}\right)^2 + \left(\frac{\partial z}{\partial y}\right)^2}\,\mathrm{d}x\mathrm{d}y,$$

并记 $\boldsymbol{F} = (P, Q, R), \mathrm{d}\boldsymbol{S} = (\mathrm{d}y\mathrm{d}z, \mathrm{d}z\mathrm{d}x, \mathrm{d}x\mathrm{d}y)$，则

$$\iint\limits_{\Sigma} P\mathrm{d}y\mathrm{d}z + Q\mathrm{d}z\mathrm{d}x + R\mathrm{d}x\mathrm{d}y = \iint\limits_{\Sigma} \boldsymbol{F}(x, y, z)\cdot\mathrm{d}\boldsymbol{S} = \iint\limits_{\Sigma}[\boldsymbol{F}(x, y, z)\cdot\boldsymbol{n}]\mathrm{d}S$$

$$= \iint\limits_{\Sigma}(P, Q, R)\cdot\text{``}\pm\text{''}\frac{1}{\sqrt{1 + \left(\dfrac{\partial z}{\partial x}\right)^2 + \left(\dfrac{\partial z}{\partial y}\right)^2}}\left(-\frac{\partial z}{\partial x}, -\frac{\partial z}{\partial y}, 1\right)\mathrm{d}S$$

$$= \text{``}\pm\text{''}\iint\limits_{D}\left(-P\frac{\partial z}{\partial x} - Q\frac{\partial z}{\partial y} + R\right)\mathrm{d}x\mathrm{d}y,$$

其中，"$\pm$" 的选取显然就是前述①的情形．

例 18.49 设锥面 Σ 的顶点为原点，准线为曲线 $\Gamma: \begin{cases} z = y^2, \\ x = 1 \end{cases} (|y| \le 1)$.

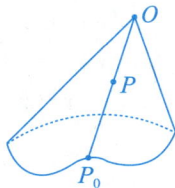

（1）求 Σ 的方程；

（2）计算 $\iint\limits_{\Sigma} y\,\mathrm{d}y\mathrm{d}z + x\,\mathrm{d}z\mathrm{d}x + z\,\mathrm{d}x\mathrm{d}y$，$\Sigma$ 取上侧.

D_{43}（数形结合）

【解】（1）设 $P(x,y,z)$ 为 Σ 上任一点，其对应于准线上的点为 $P_0(1, y_0, z_0)$. $\overrightarrow{OP} /\!/ \overrightarrow{OP_0}$，得 $\dfrac{1}{x} = \dfrac{y_0}{y} = \dfrac{z_0}{z}$，

且 $z_0 = y_0^2$，则 $\dfrac{1}{x} = \dfrac{y_0}{y} = \dfrac{y_0^2}{z}$，故 $\begin{cases} y_0 = \dfrac{y}{x}, \\ y_0^2 = \dfrac{z}{x}, \end{cases}$ 得 $\dfrac{y^2}{x^2} = \dfrac{z}{x}$，则

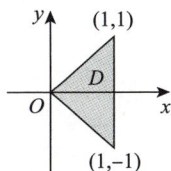

$$y^2 = xz, |y| \le 1, 0 \le x \le 1, 0 \le z \le x.$$

（2）xOy 面投影为 $D = \left\{ (x,y) \mid -x \le y \le x, 0 \le x \le 1 \right\}$（见图）. 用转换投影法.

$$\frac{\partial z}{\partial x} = -\frac{y^2}{x^2}, \frac{\partial z}{\partial y} = \frac{2y}{x},$$

则
$$I = \iint\limits_{\Sigma} \left[z + x\left(-\frac{2y}{2} \right) + y\left(\frac{y^2}{x^2} \right) \right] \mathrm{d}x\mathrm{d}y$$

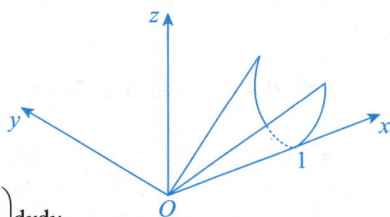

$$= \iint\limits_{\Sigma} \left(z - 2y + \frac{y^3}{x^2} \right) \mathrm{d}x\mathrm{d}y = \iint\limits_{D} \left(\frac{y^2}{x} - 2y + \frac{y^3}{x^2} \right) \mathrm{d}x\mathrm{d}y$$

$$= \iint\limits_{D} \frac{y^2}{x} \mathrm{d}\sigma = \int_0^1 \mathrm{d}x \int_{-x}^{x} \frac{y^2}{x} \mathrm{d}y = \int_0^1 \frac{2}{3} x^2 \mathrm{d}x = \frac{2}{9}.$$

（4）高斯公式（D_1（常规操作））.

设空间有界闭区域 Ω 由有向分片光滑闭曲面 Σ 围成，$P(x,y,z)$，$Q(x,y,z)$，$R(x,y,z)$ 在 Ω 上具有一阶连续偏导数，其中 Σ 取外侧，则有公式

$$\oiint\limits_{\Sigma} P\,\mathrm{d}y\mathrm{d}z + Q\,\mathrm{d}z\mathrm{d}x + R\,\mathrm{d}x\mathrm{d}y = \iiint\limits_{\Omega} \left(\frac{\partial P}{\partial x} + \frac{\partial Q}{\partial y} + \frac{\partial R}{\partial z} \right) \mathrm{d}v.$$

①封闭曲面且内部无奇点，直接用高斯公式.

例 18.50 设 Σ 是曲面 $|x-y+z| + |y-z+x| + |z-x+y| = 1$ 的外侧，计算曲面积分

$$I = \oiint\limits_{\Sigma} (x-y+z)\mathrm{d}y\mathrm{d}z + (y-z+x)\mathrm{d}z\mathrm{d}x + (z-x+y)\mathrm{d}x\mathrm{d}y.$$

【解】 设 $\Omega = \left\{ (x,y,z) \mid |x-y+z| + |y-z+x| + |z-x+y| \le 1 \right\}$.

根据高斯公式，得

$$I = \iiint\limits_{\Omega} 3\mathrm{d}x\mathrm{d}y\mathrm{d}z.$$

令 $\begin{cases} x-y+z=u, \\ y-z+x=v, \\ z-x+y=w, \end{cases}$ 则

$$\frac{\partial(x,y,z)}{\partial(u,v,w)} = \frac{1}{\dfrac{\partial(u,v,w)}{\partial(x,y,z)}} = \frac{1}{\begin{vmatrix} 1 & -1 & 1 \\ 1 & 1 & -1 \\ -1 & 1 & 1 \end{vmatrix}} = \frac{1}{4},$$

所以

$$I = \iiint\limits_{\Omega} 3\mathrm{d}x\mathrm{d}y\mathrm{d}z = \iiint\limits_{|u|+|v|+|w|\leqslant 1} 3\left|\frac{\partial(x,y,z)}{\partial(u,v,w)}\right| \mathrm{d}u\mathrm{d}v\mathrm{d}w$$

$$= \frac{3}{4} \iiint\limits_{|u|+|v|+|w|\leqslant 1} \mathrm{d}u\mathrm{d}v\mathrm{d}w = \frac{3}{4} \times \frac{4}{3} = 1 .$$

【注】$|u|+|v|+|w|\leqslant 1$ 为八面体,体积为 $\dfrac{4}{3}$.

② 封闭曲面、有奇点在其内部,且除奇点外 $\operatorname{div} \boldsymbol{F} = 0$,可换个面积分.(边界无须与原曲面重合)

【注】为什么可以换个面积分? $\operatorname{div} \boldsymbol{F} = 0$ 是指所给场无源,于是通过任何

封闭曲面(且无奇点在其内部)的通量为 0.如图所示,由于 $\oiint\limits_{\Sigma+\Sigma_1} = 0$,于是

$\oiint\limits_{\Sigma} = -\oiint\limits_{\overline{\Sigma_1}} = \oiint\limits_{\Sigma_1}$ (Σ 与 Σ_1 同向).

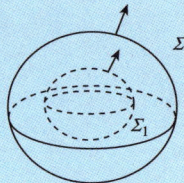

有时虽然所给的曲面是一张封闭曲面,法向量指的也是外侧,但"在 Σ 所包围的有界闭区域 Ω 的内

部有奇点,但除奇点外 P, Q, R 具有连续的一阶偏导数,且满足 $\dfrac{\partial P}{\partial x} + \dfrac{\partial Q}{\partial y} + \dfrac{\partial R}{\partial z} \equiv 0$".此时,可以作一封闭

曲面 $\Sigma_1 \subset \Omega$,将上述使偏导数不连续的点都包含在 Σ_1 的内部, Σ_1 的法向量指向它所包围的有界区域的

外侧,则有公式

$$\oiint\limits_{\Sigma} P\mathrm{d}y\mathrm{d}z + Q\mathrm{d}z\mathrm{d}x + R\mathrm{d}x\mathrm{d}y = \oiint\limits_{\Sigma_1} P\mathrm{d}y\mathrm{d}z + Q\mathrm{d}z\mathrm{d}x + R\mathrm{d}x\mathrm{d}y.$$

如果后一积分比前一积分容易计算,就达到化难为易的目的了.

例18.51 设 Σ 是椭球面 $\dfrac{x^2}{a^2} + \dfrac{y^2}{b^2} + \dfrac{z^2}{c^2} = 1$,法向量指向外侧,则 $\oiint\limits_{\Sigma} \dfrac{x\mathrm{d}y\mathrm{d}z + y\mathrm{d}z\mathrm{d}x + z\mathrm{d}x\mathrm{d}y}{(x^2+y^2+z^2)^{3/2}} =$

_____.

【解】应填 4π.

当 $(x,y,z) \neq (0,0,0)$ 时，经计算有

$$\frac{\partial P}{\partial x} + \frac{\partial Q}{\partial y} + \frac{\partial R}{\partial z} \equiv 0 ,$$

但是这里不能用高斯公式，因为在 Σ 内部的点 $O(0,0,0)$ 处，P,Q,R 都不连续. 故在 Σ 内部作一球面

$$\Sigma_1 : x^2 + y^2 + z^2 = r^2 (r > 0) ,$$

它的法向量指向球面外侧，于是有

$$\oiint_{\Sigma} \frac{xdydz + ydzdx + zdxdy}{(x^2+y^2+z^2)^{3/2}} = \oiint_{\Sigma_1} \frac{xdydz + ydzdx + zdxdy}{(x^2+y^2+z^2)^{3/2}}$$

$$= \frac{1}{r^3} \oiint_{\Sigma_1} xdydz + ydzdx + zdxdy \overset{(*)}{=\!=\!=} \frac{1}{r^3} \iiint_{\Omega_1} 3dv = \frac{1}{r^3} \times 3 \times \frac{4}{3}\pi r^3 = 4\pi,$$

其中(*)处来自高斯公式，Ω_1 为 Σ_1 所包围的闭球域.

③**非封闭曲面，且 div $F = 0$，可换个面积分.**（边界需与原曲面重合）

【注】为什么可以换个面积分？ div $F = 0$ 是指所给场无源，于是通过任何封闭曲面（且无奇点在其内部）的通量为0，如图所示. 由于 $\oiint_{\Sigma_1+\Sigma_2} = 0$，于是

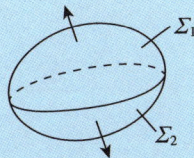

$$\iint_{\Sigma_1} = -\iint_{\Sigma_2} = \iint_{\Sigma_2^-} \quad (\Sigma_1 \text{ 与 } \Sigma_2^- \text{ 同向}).$$

例18.52 设 Σ 为锥面 $z = \sqrt{x^2+y^2} (0 \leq z \leq H)$ 的下侧，则 $\iint_{\Sigma} dydz + 2dzdx + 3dxdy = \underline{\quad\quad}$.

【解】 应填 $-3\pi H^2$.

由于 $\frac{\partial P}{\partial x} + \frac{\partial Q}{\partial y} + \frac{\partial R}{\partial z} = 0$，故所给场为无源场，换面为 $\Sigma_1 : z = H (x^2+y^2 \leq H^2)$ 的下侧(见图).

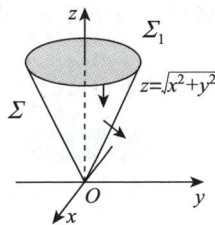

$$原式 = \iint_{\Sigma_1} 3 dxdy = -3 \iint_{x^2+y^2 \leq H^2} dxdy = -3\pi H^2.$$

④**非封闭曲面，且 div $F \neq 0$，补面使其封闭**(加面减面).

若 Σ 不是封闭曲面，但是如果补上一张曲面 Σ_1 并配以相应的方向，使得 $\Sigma \cup \Sigma_1$ 成为封闭曲面，其法向量指向外侧，并且 P,Q,R 在 $\Sigma \cup \Sigma_1$ 所包围的有界闭区域 Ω 上连续且有连续的一阶偏导数，则

$$\iint_{\Sigma} Pdydz + Qdzdx + Rdxdy = \iint_{\Sigma} + \iint_{\Sigma_1} - \iint_{\Sigma_1}$$

$$= \iiint_{\Omega} \left(\frac{\partial P}{\partial x} + \frac{\partial Q}{\partial y} + \frac{\partial R}{\partial z} \right) dv - \iint_{\Sigma_1} Pdydz + Qdzdx + Rdxdy.$$

如果 $\iint\limits_{\Sigma_1}$ 容易计算的话, 就达到化难为易的目的了.

例18.53 设 Σ 为曲面 $z = x^2 + y^2 (z \leq 1)$ 的上侧, 计算曲面积分

$$I = \iint\limits_{\Sigma} (x-1)^3 \mathrm{d}y\mathrm{d}z + (y-1)^3 \mathrm{d}z\mathrm{d}x + (z-1)\mathrm{d}x\mathrm{d}y .$$

→ D_{23} (化归经典形式)

【解】 设 Σ_1 为 $\begin{cases} x^2 + y^2 \leq 1, \\ z = 1 \end{cases}$ 的下侧, Σ_1 与 Σ 所围成的空间区域记为 Ω. 根据高斯公式, 得

$$\oiint\limits_{\Sigma + \Sigma_1} (x-1)^3 \mathrm{d}y\mathrm{d}z + (y-1)^3 \mathrm{d}z\mathrm{d}x + (z-1)\mathrm{d}x\mathrm{d}y$$

$$= -\iiint\limits_{\Omega} \left[3(x-1)^2 + 3(y-1)^2 + 1 \right] \mathrm{d}x\mathrm{d}y\mathrm{d}z .$$

由于

→ D_{44} (善于发现对称)

$$\iint\limits_{\Sigma_1} (x-1)^3 \mathrm{d}y\mathrm{d}z + (y-1)^3 \mathrm{d}z\mathrm{d}x + (z-1)\mathrm{d}x\mathrm{d}y = 0 ,$$

$$\iiint\limits_{\Omega} x\mathrm{d}x\mathrm{d}y\mathrm{d}z = \iiint\limits_{\Omega} y\mathrm{d}x\mathrm{d}y\mathrm{d}z = 0 ,$$

因此

$$I = -\iiint\limits_{\Omega} (3x^2 + 3y^2 + 7)\mathrm{d}x\mathrm{d}y\mathrm{d}z = -\int_0^{2\pi} \mathrm{d}\theta \int_0^1 \mathrm{d}r \int_{r^2}^1 (3r^2 + 7)r\mathrm{d}z$$

$$= -2\pi \int_0^1 r(1-r^2)(3r^2 + 7)\mathrm{d}r = -4\pi .$$

⑤ **由 $\mathrm{div}\, \boldsymbol{F} = 0$, 建方程求 $f(x)$.**

给出一个第二型曲面积分, 积分表达式中含有一个连续可微的待定函数 $f(x)$, 并且已知对于单连通区域 G 内任意封闭曲面, 此曲面积分为 0, 求 $f(x)$. 这可由高斯公式推知在 G 内 $\dfrac{\partial P}{\partial x} + \dfrac{\partial Q}{\partial y} + \dfrac{\partial R}{\partial z} \equiv 0$. 由此得到关于 $f(x)$ 的一个微分方程, 从而解出 $f(x)$.

↓ D_{22} (转换等价表述)

例18.54 设对于 $x > 0$ 半空间内任意的光滑有向闭曲面 Σ, 都有

$$\oiint\limits_{\Sigma} xf(x)\mathrm{d}y\mathrm{d}z - xyf(x)\mathrm{d}z\mathrm{d}x - \mathrm{e}^{2x}z\mathrm{d}x\mathrm{d}y = 0,$$

其中函数 $f(x)$ 在 $(0, +\infty)$ 内具有连续的一阶导数, 且 $\lim\limits_{x \to 0^+} f(x) = 1$, 求 $f(x)$.

【解】 由题设条件和高斯公式, 有

$$0 = \oiint\limits_{\Sigma} xf(x)\mathrm{d}y\mathrm{d}z - xyf(x)\, \mathrm{d}z\mathrm{d}x - \mathrm{e}^{2x}z\mathrm{d}x\mathrm{d}y$$

$$= \pm \iiint\limits_{\Omega} \left[xf'(x) + f(x) - xf(x) - \mathrm{e}^{2x} \right] \mathrm{d}v,$$

其中 Ω 为 Σ 所围的区域, Σ 的法向量向外时, 取"$+$", Σ 的法向量向内时, 取"$-$". 由 Σ 的任意性, 知

$$xf'(x) + f(x) - xf(x) - \mathrm{e}^{2x} = 0 , \quad x > 0 ,$$

D_{22} (转换等价表述)

即

$$f'(x) + \left(\frac{1}{x} - 1\right)f(x) = \frac{1}{x}\mathrm{e}^{2x} , \quad x > 0.$$

由一阶线性微分方程通解公式, 有

$$f(x) = \mathrm{e}^{\int\left(1-\frac{1}{x}\right)\mathrm{d}x}\left[\int \frac{1}{x}\mathrm{e}^{2x} \cdot \mathrm{e}^{\int\left(\frac{1}{x}-1\right)\mathrm{d}x}\, \mathrm{d}x + C\right] = \frac{\mathrm{e}^x}{x}(\mathrm{e}^x + C).$$

由于 $\lim\limits_{x \to 0^+} f(x) = \lim\limits_{x \to 0^+} \dfrac{\mathrm{e}^{2x} + C\mathrm{e}^x}{x} = 1$, 故必有 $\lim\limits_{x \to 0^+}(\mathrm{e}^{2x} + C\mathrm{e}^x) = 0$, 从而 $C = -1$. 于是

$$f(x) = \frac{\mathrm{e}^x}{x}(\mathrm{e}^x - 1)(x > 0).$$

(5) 两类曲面积分的关系 (D_1 (常规操作)).

$$\iint\limits_{\Sigma} P\mathrm{d}y\mathrm{d}z + Q\mathrm{d}z\mathrm{d}x + R\mathrm{d}x\mathrm{d}y = \iint\limits_{\Sigma} (P\cos\alpha + Q\cos\beta + R\cos\gamma)\mathrm{d}S,$$

其中 $(\cos\alpha, \cos\beta, \cos\gamma)$ 为 Σ 在点 (x, y, z) 处与 Σ 同侧的单位法向量.

例18.55 设 Σ 为曲面 $z = \sqrt{x^2 + y^2}(1 \leqslant x^2 + y^2 \leqslant 4)$ 的下侧, $f(x)$ 是连续函数, 计算

$$I = \iint\limits_{\Sigma} [xf(xy) + 2x - y]\mathrm{d}y\mathrm{d}z + [yf(xy) + 2y + x]\mathrm{d}z\mathrm{d}x + [zf(xy) + z]\mathrm{d}x\mathrm{d}y.$$

【解】 由例18.47知,

$$\boldsymbol{n} = \frac{\sqrt{2}}{2}\left(\frac{x}{\sqrt{x^2 + y^2}}, \frac{y}{\sqrt{x^2 + y^2}}, -1\right),$$

于是

$$I = \frac{\sqrt{2}}{2}\iint\limits_{\Sigma} \sqrt{x^2 + y^2}\,\mathrm{d}S .$$

记 Σ 在 xOy 面上的投影区域 $D = \left\{(x, y) \mid 1 \leqslant x^2 + y^2 \leqslant 4\right\}$, 因为

$$\sqrt{\left(\frac{\partial z}{\partial x}\right)^2 + \left(\frac{\partial z}{\partial y}\right)^2 + 1} = \sqrt{\left(\frac{x}{\sqrt{x^2 + y^2}}\right)^2 + \left(\frac{y}{\sqrt{x^2 + y^2}}\right)^2 + 1} = \sqrt{2},$$

所以

$$I = \iint\limits_{D} \sqrt{x^2 + y^2}\,\mathrm{d}x\mathrm{d}y = \int_0^{2\pi} \mathrm{d}\theta \int_1^2 r^2\mathrm{d}r = \frac{14\pi}{3}.$$

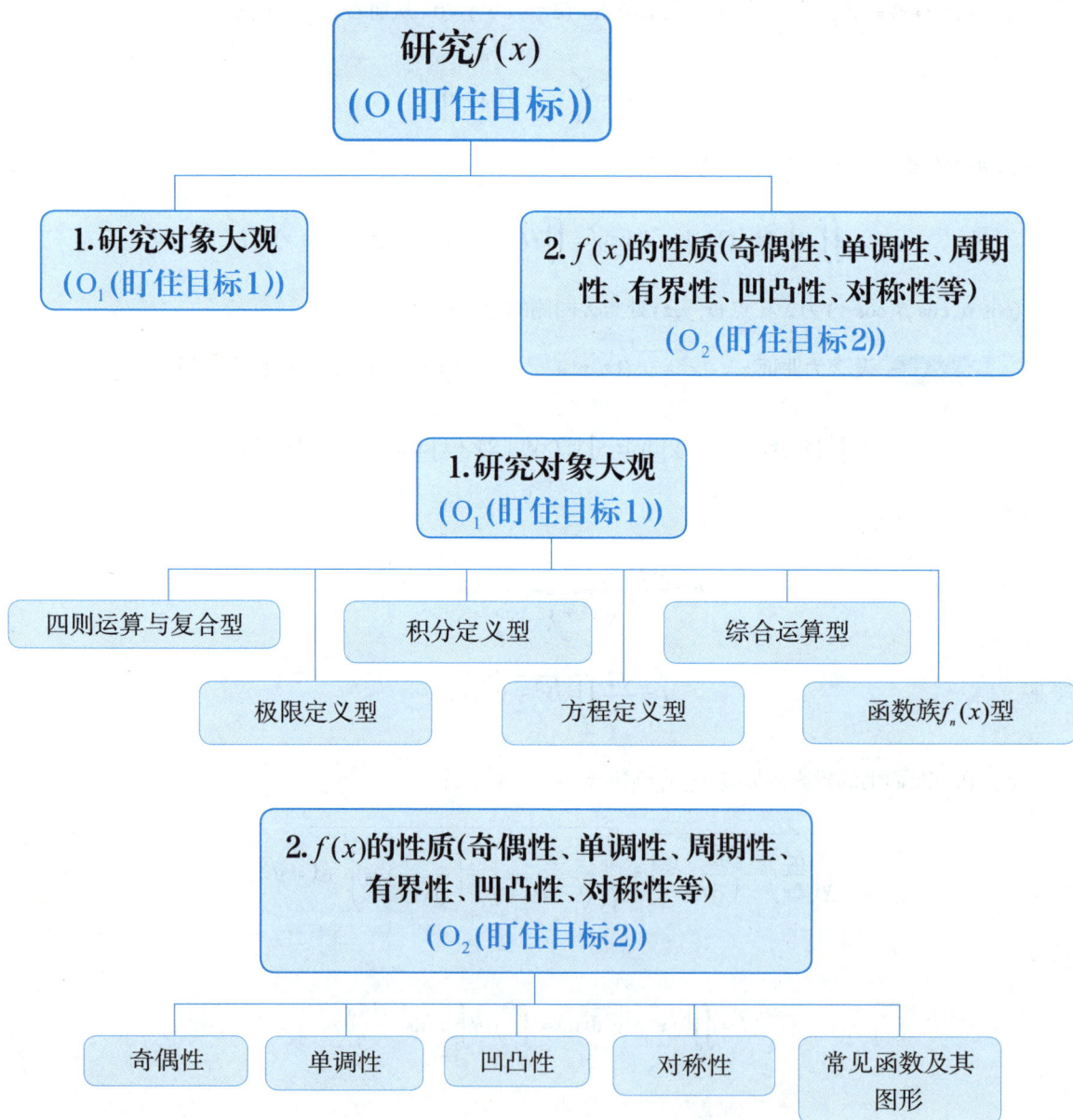

附录 A
研究 $f(x)$

三向解题法

```
          研究 $f(x)$
        (O(盯住目标))
```

1.研究对象大观
(O₁(盯住目标1))

2.$f(x)$的性质(奇偶性、单调性、周期性、有界性、凹凸性、对称性等)
(O₂(盯住目标2))

```
        1.研究对象大观
        (O₁(盯住目标1))
```

四则运算与复合型　　积分定义型　　综合运算型

极限定义型　　方程定义型　　函数族$f_n(x)$型

```
2.$f(x)$的性质(奇偶性、单调性、周期性、
  有界性、凹凸性、对称性等)
        (O₂(盯住目标2))
```

奇偶性　　单调性　　凹凸性　　对称性　　常见函数及其图形

一、研究对象大观（O_1（盯住目标1））

高等数学(微积分)的研究对象形式多样、变化多端,读者应全面掌握其各种表达方式,识别表面形式,化得对应法则.

1.四则运算与复合型

（1）函数和差型.

因 $f(x) \pm g(x)$ 不易使用等价无穷小替换,故函数和差型常出现,此时多考虑对 $f(x)$,$g(x)$ 进行泰勒展开.

例1 当 $x \to 0$ 时,$f(x) = \dfrac{1}{2}\ln\dfrac{1+x}{1-x} - \arctan x$ 与 $g(x) = ax^b$ 是等价无穷小,则 $ab = $ _____.

【解】 应填2.

由题意知,$\lim\limits_{x \to 0}\dfrac{f(x)}{g(x)} = \lim\limits_{x \to 0}\dfrac{\dfrac{1}{2}\ln\dfrac{1+x}{1-x} - \arctan x}{ax^b} = 1$. 因为当 $x \to 0$ 时,

$$\ln(1+x) = x - \frac{x^2}{2} + \frac{x^3}{3} + o(x^3)\,,\ \ln(1-x) = -x - \frac{x^2}{2} - \frac{x^3}{3} + o(x^3)\,,\ \arctan x = x - \frac{x^3}{3} + o(x^3)\,,$$

所以

$$\lim_{x \to 0}\frac{f(x)}{g(x)} = \lim_{x \to 0}\frac{\dfrac{1}{2}\left[x - \dfrac{x^2}{2} + \dfrac{x^3}{3} + o(x^3)\right] - \dfrac{1}{2}\left[-x - \dfrac{x^2}{2} - \dfrac{x^3}{3} + o(x^3)\right] - \left[x - \dfrac{x^3}{3} + o(x^3)\right]}{ax^b} = \lim_{x \to 0}\frac{\dfrac{2x^3}{3} + o(x^3)}{ax^b} = 1\,,$$

故 $a = \dfrac{2}{3}$,$b = 3$,即 $ab = 2$.

例2 当 $x \to 0$ 时,函数 $f(x) = ax + bx^2 + \ln(1+x)$ 与 $g(x) = e^{x^2} - \cos x$ 是等价无穷小,则 $ab = $

_____.

【解】 应填–2.

$$\lim_{x \to 0}\frac{ax + bx^2 + \ln(1+x)}{e^{x^2} - \cos x} = \lim_{x \to 0}\frac{ax + bx^2 + \left[x - \dfrac{1}{2}x^2 + o(x^2)\right]}{1 + x^2 + o(x^2) - \left[1 - \dfrac{1}{2}x^2 + o(x^2)\right]} = 1\,,$$

所以有 $a + 1 = 0$,$b - \dfrac{1}{2} = \dfrac{3}{2}$,因此 $a = -1$,$b = 2$,故 $ab = -2$.

（2）复合型.

例3 设函数 $f(x)$ 的定义域为 $(0,\ +\infty)$,且满足 $2f(x) + x^2 f\left(\dfrac{1}{x}\right) = \dfrac{x^2 + 2x}{\sqrt{1+x^2}}$,则 $f(x) = $ _____.

【解】 应填 $\dfrac{x}{\sqrt{1+x^2}}$.

$$2f(x) + x^2 f\left(\frac{1}{x}\right) = \frac{x^2 + 2x}{\sqrt{1 + x^2}},$$ ①

将①式中 x 写成 $\frac{1}{x}$，则

$$2f\left(\frac{1}{x}\right) + \frac{1}{x^2} f(x) = \frac{1 + 2x}{x\sqrt{1 + x^2}}.$$ ②

由①$\times 2 -$②$\times x^2$，得 $3f(x) = \frac{3x}{\sqrt{1 + x^2}}$，则 $f(x) = \frac{x}{\sqrt{1 + x^2}}$.

【注】若给出 $f(x) + xf(-x) = x$，应学会写 $f(-x) - xf(x) = -x$，消去 $f(-x)$，得 $f(x) = \frac{x + x^2}{1 + x^2}$. 自练

例4 设 $g(x) = \begin{cases} 2 - x, & x \leqslant 0, \\ 2 + x, & x > 0, \end{cases}$ $f(x) = \begin{cases} x^2, & x < 0, \\ -x - 1, & x \geqslant 0, \end{cases}$ 则 $g[f(x)] = $ _____.

【解】 应填 $\begin{cases} 3 + x, & x \geqslant 0, \\ 2 + x^2, & x < 0. \end{cases}$

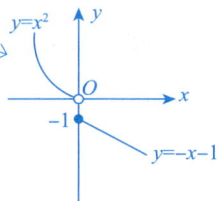

$$g[f(x)] = \begin{cases} 2 - f(x), & f(x) \leqslant 0, \\ 2 + f(x), & f(x) > 0, \end{cases}$$

当 $f(x) \leqslant 0$ 时，$x \geqslant 0$，此时 $f(x) = -x - 1$；当 $f(x) > 0$ 时，$x < 0$，此时 $f(x) = x^2$.

综上，

$$g[f(x)] = \begin{cases} 2 - (-x - 1), & x \geqslant 0, \\ 2 + x^2, & x < 0 \end{cases} = \begin{cases} 3 + x, & x \geqslant 0, \\ 2 + x^2, & x < 0. \end{cases}$$

2. 极限定义型

微积分始于极限，用极限定义函数顺理成章.

要注意：①识别谁是变量，谁是常数；②判断类型，正确计算；③分类讨论，不重不漏.

例5 已知 $f(x) = \lim\limits_{n \to \infty} \dfrac{(n-1)x}{nx^2 + 1}$，则 $f(x) = $ _____.

【解】 应填 $\begin{cases} 0, & x = 0, \\ \dfrac{1}{x}, & x \neq 0. \end{cases}$

$$f(x) = \lim_{n \to \infty} \frac{(n-1)x}{nx^2 + 1} = \lim_{n \to \infty} \frac{\frac{n-1}{n}x}{x^2 + \frac{1}{n}} = \begin{cases} 0, & x = 0, \\ \dfrac{1}{x}, & x \neq 0. \end{cases}$$

例6 已知 $f(x) = \lim\limits_{t \to 0}\left(1 + \dfrac{\sin t}{x}\right)^{\frac{x^2}{t}}$，则 $f(x) = $ _____.

【解】 应填 $e^x (x \neq 0)$.

$$f(x) = \lim_{t \to 0} \left(1 + \frac{\sin t}{x}\right)^{\frac{x^2}{t}} = \lim_{t \to 0} e^{\frac{x^2}{t} \cdot \frac{\sin t}{x}} = e^x (x \neq 0) .$$

例7 已知 $f(x) = \lim\limits_{t \to x} \left(\dfrac{\sin t}{\sin x}\right)^{\frac{x}{\sin t - \sin x}}$ ，则 $f(x) = $ _____ .

【解】 应填 $e^{\frac{x}{\sin x}} (x \neq k\pi, k \in \mathbf{Z})$.

$$f(x) = \lim_{t \to x} \left(\frac{\sin t}{\sin x}\right)^{\frac{x}{\sin t - \sin x}} = e^{\lim\limits_{t \to x} \frac{x}{\sin t - \sin x} \cdot \left(\frac{\sin t}{\sin x} - 1\right)} = e^{\frac{x}{\sin x}} (x \neq k\pi, k \in \mathbf{Z}) .$$

例8 已知 $f(x) = \lim\limits_{t \to +\infty} \dfrac{x(1 - e^{xt})}{1 + e^{xt}}$ ，则 $f(x) = $ _____ .

【解】 应填 $\begin{cases} -x, & x > 0, \\ 0, & x = 0, \\ x, & x < 0. \end{cases}$

当 $x > 0$ ，$t \to +\infty$ 时，$e^{xt} \to 0$ ，$\dfrac{1 - e^{xt}}{1 + e^{xt}} = \dfrac{e^{-xt} - 1}{e^{-xt} + 1} \to -1$ ；当 $x < 0$ ，$t \to +\infty$ 时，$e^{xt} \to 0$ ，$\dfrac{1 - e^{xt}}{1 + e^{xt}} \to 1$ ，故

$$f(x) = \lim_{t \to +\infty} \frac{x(1 - e^{xt})}{1 + e^{xt}} = \begin{cases} -x, & x > 0, \\ 0, & x = 0, \\ x, & x < 0. \end{cases}$$

例9 已知 $f(x) = \lim\limits_{t \to +\infty} \left(\dfrac{t + x}{t + 2x}\right)^t$ ，则 $f(x) = $ _____ .

【解】 应填 e^{-x} .

$$f(x) = \lim_{t \to +\infty} \left(\frac{t + x}{t + 2x}\right)^t = e^{\lim\limits_{t \to +\infty} t \cdot \left(\frac{t + x}{t + 2x} - 1\right)} = e^{\lim\limits_{t \to +\infty} \frac{t}{t + 2x} \cdot (-x)} = e^{-x} .$$

例10 已知 $f(x) = \lim\limits_{t \to +\infty} \left(\dfrac{xt + 1}{xt + 2}\right)^{x^3 t}$ ，则 $f(x) = $ _____ .

【解】 应填 e^{-x^2} .

当 $x = 0$ 时，$f(x) = 1$. 当 $x \neq 0$ 时，$\lim\limits_{t \to \infty} x^3 t \cdot \left(\dfrac{xt + 1}{xt + 2} - 1\right) = \lim\limits_{t \to \infty} x^3 t \cdot \dfrac{-1}{xt + 2} = -x^2$ ，故

$$f(x) = \lim_{t \to +\infty} \left(\frac{xt + 1}{xt + 2}\right)^{x^3 t} = e^{\lim\limits_{t \to +\infty} x^3 t \left(\frac{xt + 1}{xt + 2} - 1\right)} = e^{-x^2} (x \neq 0) .$$

综上，$f(x) = e^{-x^2}$.

例11 已知 $f(x) = \lim\limits_{n\to\infty} \dfrac{1+x}{1+nx^{2n}}$，则 $f(x) = $ _____.

【解】 应填 $\begin{cases} 1+x, & -1<x<1, \\ 0, & x\leqslant-1\text{或}x\geqslant1. \end{cases}$

当 $|x|<1$，$n\to\infty$ 时，$x^{2n}\to0$，$\dfrac{1+x}{1+nx^{2n}}\to1+x$；

当 $|x|\geqslant1$，$n\to\infty$ 时，$nx^{2n}\to+\infty$，$\dfrac{1+x}{1+nx^{2n}}\to0$，故

$$f(x) = \lim_{n\to\infty}\frac{1+x}{1+nx^{2n}} = \begin{cases} 1+x, & -1<x<1, \\ 0, & x\leqslant-1\text{或}x\geqslant1. \end{cases}$$

3.积分定义型

用积分形式定义函数，是函数的一种高级表达形式，可综合积分计算法、积分与积分关系等重要内容，是考试命题的重中之重.

例12 (仅数学一、数学二)已知 $f(x) = \displaystyle\int_{-\sqrt3}^{x}\sqrt{3-t^2}\,dt$，求曲线 $y=f(x)$ 在 $[-\sqrt3,\sqrt3]$ 上的弧长.

【解】 由题设可知，$f'(x)=\sqrt{3-x^2}$，所以所求弧长为

$$s = \int_{-\sqrt3}^{\sqrt3}\sqrt{1+[f'(x)]^2}\,dx = \int_{-\sqrt3}^{\sqrt3}\sqrt{4-x^2}\,dx$$

$$\xlongequal{x=2\sin t} \int_{-\frac\pi3}^{\frac\pi3}\sqrt{4-4\sin^2 t}\cdot2\cos t\,dt$$

$$= 8\int_0^{\frac\pi3}\cos^2 t\,dt = \frac43\pi+\sqrt3.$$

例13 (仅数学一、数学二)已知 $f(x)=\dfrac19\displaystyle\int_0^3 x\sqrt{9-x^2t^2}\,dt$，$x\geqslant0$，求曲线 $y=f(x)$ 的全长.

【解】 由于 $y=f(0)=0$，$x=0$ 对应的点 $(0,0)$ 在曲线上，且要求 $9-x^2t^2\geqslant0$，其中 $0\leqslant t\leqslant3$，故曲线 $y=f(x)$ 在 $0\leqslant x\leqslant1$ 上存在.

于是 $y=f(x)=\dfrac19\displaystyle\int_0^3 x\sqrt{9-x^2t^2}\,dt \xlongequal{xt=u} \dfrac19\int_0^{3x}\sqrt{9-u^2}\,du$，则

$$y'_x = \frac19\sqrt{9-9x^2}\cdot3 = \sqrt{1-x^2},$$

故所求曲线全长为

$$s = \int_0^1\sqrt{1+(y'_x)^2}\,dx = \int_0^1\sqrt{2-x^2}\,dx$$

$$\xLeftarrow{x=\sqrt{2}\sin t}\int_0^{\frac{\pi}{4}}\sqrt{2-2\sin^2 t}\cdot\sqrt{2}\cos t\,\mathrm{d}t$$

$$=2\int_0^{\frac{\pi}{4}}\cos^2 t\,\mathrm{d}t=\frac{\pi}{4}+\frac{1}{2}.$$

例 14 已知 $f(x)=\displaystyle\int_0^1\ln\sqrt{x^2+t^2}\,\mathrm{d}t$，求 $f'_+(0)$.

【解】 当 $x>0$ 时，

$$f(x)=\int_0^1\ln\sqrt{x^2+t^2}\,\mathrm{d}t=\frac{1}{2}\int_0^1\ln(x^2+t^2)\,\mathrm{d}t=\frac{1}{2}t\cdot\ln(x^2+t^2)\Big|_0^1-\frac{1}{2}\int_0^1 t\cdot\frac{2t}{x^2+t^2}\,\mathrm{d}t$$

$$=\frac{1}{2}\ln(x^2+1)-\int_0^1\frac{t^2}{t^2+x^2}\,\mathrm{d}t=\frac{1}{2}\ln(x^2+1)-1+x\arctan\frac{1}{x},$$

又 $f(0)=\displaystyle\int_0^1\ln t\,\mathrm{d}t=t(\ln t-1)\Big|_0^1=-1$，故 $f'_+(0)=\lim\limits_{x\to 0^+}\dfrac{f(x)-f(0)}{x-0}=\lim\limits_{x\to 0^+}\dfrac{\frac{1}{2}\ln(x^2+1)+x\arctan\frac{1}{x}}{x}=\dfrac{\pi}{2}.$

例 15 设 $f(x)=\displaystyle\int_{-1}^x\frac{\sin|t|}{|t|}\,\mathrm{d}t$，则 $f'(0)$（　　　）.

(A) 不存在且为 ∞　　　　　　　　　　(B) 存在且不为零

(C) 存在且为零　　　　　　　　　　　　(D) 不存在且 $f'_+(0)\ne f'_-(0)$

【解】 应选 (B).

由于 $\lim\limits_{t\to 0}\dfrac{\sin|t|}{|t|}=1$，故 $t=0$ 是 $\dfrac{\sin|t|}{|t|}$ 的可去间断点，可知 $f(x)$ 在 $x=0$ 处必可导，且

$$f'(0)=\lim_{x\to 0}\frac{f(x)-f(0)}{x-0}$$

$$=\lim_{x\to 0}\frac{\displaystyle\int_{-1}^x\frac{\sin|t|}{|t|}\,\mathrm{d}t-\int_{-1}^0\frac{\sin|t|}{|t|}\,\mathrm{d}t}{x}$$

$$\xLeftarrow{洛必达法则}\lim_{x\to 0}\frac{\sin|x|}{|x|}=1.$$

例 16 已知 $f(x)=\displaystyle\int_0^{\sin x}\sin t^2\,\mathrm{d}t$，判断 $f(x)$ 的奇偶性.

【解】 由于

$$f(-x)=\int_0^{-\sin x}\sin t^2\,\mathrm{d}t\xLeftarrow{t=-u}\int_0^{\sin x}\sin u^2\,\mathrm{d}(-u)$$

$$=-\int_0^{\sin x}\sin u^2\,\mathrm{d}u=-\int_0^{\sin x}\sin t^2\,\mathrm{d}t=-f(x),$$

因此 $f(x)$ 为奇函数.

【注】$\sin t^2$ 为偶函数，由第 11 讲第一部分的"五、④"知，$g(x) = \int_0^x \sin t^2 \mathrm{d}t$ 为奇函数，而 $\sin x$ 为奇函数，根据"内奇同外"，于是 $f(x) = g(\sin x)$ 为奇函数.

例17 已知 $f(x) = \int_0^1 |t^2 - tx| \mathrm{d}t (0 < x < 1)$，求 $f(x)$ 的一般表达式.

【解】 由题设可知，当 $0 < x < 1$ 时，

$$f(x) = \int_0^x (tx - t^2) \mathrm{d}t + \int_x^1 (t^2 - tx) \mathrm{d}t = \frac{1}{3} - \frac{x}{2} + \frac{x^3}{3}.$$

例18 已知 $f(a) = \int_a^{a+2\pi} \ln(2 + \cos x) \cos x \mathrm{d}x$，则 $f(a)$ 的值（　　）.

(A) 与 a 无关，且大于 0 　　　　　　　　(B) 与 a 无关，且小于 0

(C) 与 a 有关，且不小于 0 　　　　　　　(D) 与 a 有关，且不大于 0

【解】 应选(A).

应用分部积分法，

$$f(a) = \int_0^{2\pi} \ln(2 + \cos x) \mathrm{d}(\sin x) = \sin x \ln(2 + \cos x) \Big|_0^{2\pi} + \int_0^{2\pi} \frac{\sin^2 x}{2 + \cos x} \mathrm{d}x = \int_0^{2\pi} \frac{\sin^2 x}{2 + \cos x} \mathrm{d}x > 0,$$

故选(A).

例19 证明：当 $x \geqslant 0$ 时，$f(x) = \int_0^x (t - t^2) \sin^{2n} t \, \mathrm{d}t < \frac{1}{4n^2}$（$n$ 为正整数）.

【证】 由于 $\sin^{2n} t \geqslant 0$，又当 $t > 1$ 时，$t - t^2 < 0$，因此当 $x = 1$ 时，$f(1)$ 为 $f(x)$ 的最大值，即

$$f(1) = \int_0^1 (t - t^2) \sin^{2n} t \, \mathrm{d}t \leqslant \int_0^1 (t - t^2) t^{2n} \, \mathrm{d}t = \frac{1}{(2n+2)(2n+3)} < \frac{1}{4n^2}.$$

例20 已知 $F(x) = \int_0^{\frac{\pi}{2}} |\sin x - \sin t| \mathrm{d}t \ (x \geqslant 0)$ 在 $x \to 0^+$ 处的二次泰勒多项式为 $a + bx + cx^2$，则 $abc = \underline{\qquad}$.

【解】 应填 $-\frac{\pi}{2}$.

当 $x \to 0^+$ 时，
$$F(x) = \int_0^x (\sin x - \sin t) \mathrm{d}t + \int_x^{\frac{\pi}{2}} (\sin t - \sin x) \mathrm{d}t$$

$$= x \sin x + (\cos x - 1) + \cos x - \sin x \cdot \left(\frac{\pi}{2} - x \right)$$

$$= \left(2x - \frac{\pi}{2} \right) \sin x + 2 \cos x - 1.$$

法一 直接展开. 　　　　　　　　$\sin x = x + o(x^2)$，

$$\cos x = 1 - \frac{1}{2}x^2 + o(x^2) \text{ ,}$$

$$F(x) = \left(2x - \frac{\pi}{2}\right)[x + o(x^2)] + 2\left[1 - \frac{1}{2}x^2 + o(x^2)\right] - 1$$

$$= 1 - \frac{\pi}{2}x + x^2 + o(x^2) \text{ ,}$$

因此 $a = 1$ ， $b = -\dfrac{\pi}{2}$ ， $c = 1$ ，故 $abc = -\dfrac{\pi}{2}$.

法二 由 $\qquad F'(x) = 2\sin x + \left(2x - \dfrac{\pi}{2}\right)\cos x - 2\sin x = \left(2x - \dfrac{\pi}{2}\right)\cos x$ ，

$$F''(x) = 2\cos x - \left(2x - \frac{\pi}{2}\right)\sin x \text{ ,}$$

故 $F(0) = 1$ ， $F'_+(0) = -\dfrac{\pi}{2}$ ， $F''_+(0) = 2$ ，当 $x \to 0^+$ 时，

$$F(x) = F(0) + F'_+(0)x + \frac{F''_+(0)}{2!}x^2 + \cdots$$

$$= 1 - \frac{\pi}{2}x + x^2 + \cdots \text{ ,}$$

即 $a = 1$ ， $b = -\dfrac{\pi}{2}$ ， $c = 1$ ，故 $abc = -\dfrac{\pi}{2}$.

例21 已知 $f(x) = \displaystyle\int_0^{\frac{\pi}{2}} |x - t| \sin t \, \mathrm{d}t$ ，求 $f(x)$ 的一般表达式.

【解】 当 $x \leqslant 0$ 时，

$$f(x) = \int_0^{\frac{\pi}{2}} (t - x)\sin t \, \mathrm{d}t = \int_0^{\frac{\pi}{2}} t\sin t \, \mathrm{d}t - x\int_0^{\frac{\pi}{2}} \sin t \, \mathrm{d}t$$

$$= -t\cos t \Big|_0^{\frac{\pi}{2}} + \int_0^{\frac{\pi}{2}} \cos t \, \mathrm{d}t + x\cos t \Big|_0^{\frac{\pi}{2}} = \sin t \Big|_0^{\frac{\pi}{2}} - x = 1 - x \text{ ;}$$

当 $0 < x < \dfrac{\pi}{2}$ 时，

$$f(x) = \int_0^x (x - t)\sin t \, \mathrm{d}t + \int_x^{\frac{\pi}{2}} (t - x)\sin t \, \mathrm{d}t$$

$$= \int_0^x x\sin t \, \mathrm{d}t - \int_0^x t\sin t \, \mathrm{d}t + \int_x^{\frac{\pi}{2}} t\sin t \, \mathrm{d}t - \int_x^{\frac{\pi}{2}} x\sin t \, \mathrm{d}t$$

$$= -x\cos t \Big|_0^x - (-t\cos t + \sin t)\Big|_0^x + (-t\cos t + \sin t)\Big|_x^{\frac{\pi}{2}} + x\cos t \Big|_x^{\frac{\pi}{2}}$$

$$= -x\cos x + x - (-x\cos x + \sin x) + (1 + x\cos x - \sin x) - x\cos x$$

$$= x - 2\sin x + 1 ;$$

当 $x \geqslant \dfrac{\pi}{2}$ 时，$f(x) = \displaystyle\int_0^{\frac{\pi}{2}} (x-t)\sin t \, \mathrm{d}t = x - 1$.

综上，$f(x) = \begin{cases} 1 - x, & x \leqslant 0, \\ x - 2\sin x + 1, & 0 < x < \dfrac{\pi}{2}, \\ x - 1, & x \geqslant \dfrac{\pi}{2}. \end{cases}$

4. 方程定义型

用各类方程定义函数十分常见，一般可通过换元消元、递推消元、建微分方程并求解等方法解决. 这一部分中，要注意例27，这是给出微分等式，反求函数表达式的问题.

例22 设 $f\left(x + \dfrac{1}{x}\right) = \dfrac{x + x^3}{1 + x^4}$，则当 $x > 0$ 时，$f(x) = $ _____ .

【解】 应填 $\dfrac{x}{x^2 - 2} \, (x \geqslant 2)$.

由于 $f\left(x + \dfrac{1}{x}\right) = \dfrac{x + x^3}{1 + x^4} = \dfrac{x + \dfrac{1}{x}}{x^2 + \dfrac{1}{x^2}} = \dfrac{x + \dfrac{1}{x}}{\left(x + \dfrac{1}{x}\right)^2 - 2}$，令 $x + \dfrac{1}{x} = u$，因此当 $x > 0$ 时，$u \geqslant 2$，$f(u) = \dfrac{u}{u^2 - 2}$，故

$$f(x) = \frac{x^2}{x^2 - 2} \, (x \geqslant 2).$$

例23 求区间 $(0, +\infty)$ 上的正值可导函数 $f(x)$，使其满足对任给的 $x > 0$ 都有 $f'\left(\dfrac{1}{x}\right) = \dfrac{x}{f(x)}$，且 $f(1) = 2$.

【解】 令 $t = \dfrac{1}{x}$，$t > 0$，则 $f\left(\dfrac{1}{t}\right)f'(t) = \dfrac{1}{t}$，并令 $g(x) = f(x)f\left(\dfrac{1}{x}\right)$，$x \in (0, +\infty)$，则

$$g'(x) = f'(x)f\left(\frac{1}{x}\right) + f(x)f'\left(\frac{1}{x}\right)\left(-\frac{1}{x^2}\right) = \frac{1}{x} - \frac{1}{x} = 0,$$

故 $g(x)$ 为常数，令其为 C，则 $C = g(x) = f(x)f\left(\dfrac{1}{x}\right) = f(x)\left[\dfrac{1}{x} \cdot \dfrac{1}{f'(x)}\right]$，于是

$$\frac{f'(x)}{f(x)} = \frac{1}{Cx},$$

对上式两边积分，有 $\qquad \ln f(x) = \dfrac{1}{C}\ln x + \ln C_1, \quad C_1 > 0,$

于是对 $x>0$，有 $f(x)=C_1 x^{\frac{1}{C}}$，由 $f(1)=2$，知 $C_1=2$，又 $f'(1)=\dfrac{1}{f(1)}=\dfrac{1}{2}$，知 $\dfrac{2}{C}\cdot x^{\frac{1}{C}-1}\Big|_{x=1}=\dfrac{1}{2}$，因此 $C=4$，故

$$f(x)=2x^{\frac{1}{4}}, \ x>0 .$$

【注】一些常见函数可用微分方程形式给出，如：

①$y=x(\sin x+C)$ 可由微分方程 $xy'=y+x^2\cos x \ (x>0)$ 获得．

解 由 $xy'=y+x^2\cos x$ 整理得 $y'-\dfrac{1}{x}y=x\cos x$，利用一阶线性微分方程通解公式，得

$$y=\mathrm{e}^{\int\frac{1}{x}\mathrm{d}x}\left(\int x\cos x\cdot\mathrm{e}^{-\int\frac{1}{x}\mathrm{d}x}\mathrm{d}x+C\right)=x(\sin x+C) .$$

②$y=\dfrac{\ln x+C}{x}$ 可由微分方程 $(xy-1)\mathrm{d}x+x^2\mathrm{d}y=0(x>0)$ 获得．

解 由 $(xy-1)\mathrm{d}x+x^2\mathrm{d}y=0$ 整理得 $y'+\dfrac{1}{x}y=\dfrac{1}{x^2}$，利用一阶线性微分方程通解公式，得

$$y=\mathrm{e}^{-\int\frac{1}{x}\mathrm{d}x}\left(\int\dfrac{1}{x^2}\cdot\mathrm{e}^{\int\frac{1}{x}\mathrm{d}x}\mathrm{d}x+C\right)=\dfrac{\ln x+C}{x} .$$

③$y=x(\ln x+C)$ 可由微分方程 $(x+y)\mathrm{d}x=x\mathrm{d}y(x>0)$ 获得．

解 由 $(x+y)\mathrm{d}x=x\,\mathrm{d}y$ 整理得 $y'-\dfrac{1}{x}y=1$，利用一阶线性微分方程通解公式，得

$$y=\mathrm{e}^{\int\frac{1}{x}\mathrm{d}x}\left(\int 1\cdot\mathrm{e}^{-\int\frac{1}{x}\mathrm{d}x}\mathrm{d}x+C\right)=x(\ln x+C) .$$

④$y=\dfrac{\mathrm{e}^x}{x}+C$ 可由微分方程 $\mathrm{e}^x(x-1)\mathrm{d}x=x^2\mathrm{d}y$ 获得．

解 由 $\mathrm{e}^x(x-1)\mathrm{d}x=x^2\mathrm{d}y$ 整理得 $y'=\dfrac{(x-1)\mathrm{e}^x}{x^2}$，两端同时积分，得

$$y=\int\dfrac{(x-1)\mathrm{e}^x}{x^2}\mathrm{d}x=\int(x-1)\mathrm{e}^x\mathrm{d}\left(-\dfrac{1}{x}\right)=-\dfrac{x-1}{x}\mathrm{e}^x+\int\dfrac{1}{x}\cdot x\mathrm{e}^x\mathrm{d}x=\dfrac{\mathrm{e}^x}{x}+C .$$

⑤$y=x\mathrm{e}^x+C$ 可由微分方程 $\mathrm{e}^x(x+1)\mathrm{d}x=\mathrm{d}y$ 获得．

解 由 $\mathrm{e}^x(x+1)\mathrm{d}x=\mathrm{d}y$ 得 $y'=(x+1)\mathrm{e}^x$，两端同时积分，得

$$y=\int(x+1)\mathrm{e}^x\mathrm{d}x=(x+1)\mathrm{e}^x-\int\mathrm{e}^x\mathrm{d}(x+1)=(x+1)\mathrm{e}^x-\mathrm{e}^x+C=x\mathrm{e}^x+C .$$

⑥$f(x,\ y)=xy\mathrm{e}^{x-y}$ 可由偏微分方程 $\dfrac{\partial f}{\partial x}=y(1+x)\mathrm{e}^{x-y}$，$f(1,\ y)=y\mathrm{e}^{1-y}$ 获得．

解 由 $\dfrac{\partial f}{\partial x}=y(1+x)\mathrm{e}^{x-y}=y\mathrm{e}^{-y}(1+x)\mathrm{e}^x$，将 y 看作常数，两端同时对 x 积分，有

$$f = ye^{-y}\int(1+x)e^x dx = ye^{-y}(xe^x + C),$$

又由 $f(1,\ y) = ye^{-y}(e+C) = ye^{1-y}$，知 $C=0$，故 $f(x,\ y) = xye^{x-y}$.

⑦ $y = \ln x + \dfrac{1}{\ln x}$ 可由微分方程 $y' + \dfrac{1}{x\ln x}y = \dfrac{2}{x}$，$y(e)=2(x>1)$ 获得.

解 对 $y' + \dfrac{1}{x\ln x}y = \dfrac{2}{x}$ 应用一阶线性微分方程通解公式，得

$$y = e^{-\int\frac{1}{x\ln x}dx}\left(\int\frac{2}{x}\cdot e^{\int\frac{1}{x\ln x}dx}dx + C\right) = \frac{1}{\ln x}(\ln^2 x + C),$$

又由 $y(e)=2$，代入得 $C=1$，故 $y = \ln x + \dfrac{1}{\ln x}$.

例24 若 $f(x)$，$g(x)$ 满足下列条件：$f'(x) = g(x)$，且 $g'(x)=f(x)$，又 $f(0)=0$，$g(x)\neq 0$. 求曲线 $y = \dfrac{f(x)}{g(x)}$ 与 $y=1$，$x=0$，$x=1$ 所围平面图形的面积.

【解】 由题设有 $f''(x) = [f'(x)]' = [g(x)]' = f(x)$，故 $f(x) = C_1 e^x + C_2 e^{-x}$.

由 $f(0)=0$ 得 $C_2 = -C_1$，从而 $f(x) = C_1(e^x - e^{-x})$，且 $g(x) = C_1(e^x + e^{-x})$. 显然 $y = \dfrac{f(x)}{g(x)} = \dfrac{e^x - e^{-x}}{e^x + e^{-x}} < 1$，故所求面积为

$$S = 1\times 1 - \int_0^1 \frac{e^x - e^{-x}}{e^x + e^{-x}}dx = 1 - \ln(e^x + e^{-x})\Big|_0^1 = 1 - \ln(e+e^{-1}) + \ln 2.$$

例25 设函数 $f(x)$ 在 $\left[0,\dfrac{\pi}{4}\right]$ 上单调、可导，且满足 $\int_0^{f(x)} f^{-1}(t)dt = \int_0^x t\dfrac{\cos t - \sin t}{\sin t + \cos t}dt$，其中 $f^{-1}(x)$ 是 $f(x)$ 的反函数，求 $f(x)$ 的表达式.

【解】 对题设等式两边求导，有

$$f^{-1}[f(x)]f'(x) = x\frac{\cos x - \sin x}{\sin x + \cos x},$$

又由 $f^{-1}[f(x)] = x$，可得当 $0 < x \leqslant \dfrac{\pi}{4}$ 时，

$$f'(x) = \frac{\cos x - \sin x}{\sin x + \cos x},$$

两边积分，有

$$\int f'(x)dx = \int \frac{\cos x - \sin x}{\sin x + \cos x}dx,$$

即

$$f(x) = \int \frac{\mathrm{d}(\sin x + \cos x)}{\sin x + \cos x} = \ln|\sin x + \cos x| + C,$$

又当 $x = 0$ 时，$\int_0^{f(0)} f^{-1}(t)\,\mathrm{d}t = 0$，且 $f(x)$ 在 $\left[0, \dfrac{\pi}{4}\right]$ 上单调、可导，故 $0 \leqslant f^{-1}(x) \leqslant \dfrac{\pi}{4}$，则 $f(0) = 0$．故

$C = \lim\limits_{x \to 0^+} f(x) = 0$，于是

$$f(x) = \ln(\sin x + \cos x), \quad x \in \left[0, \frac{\pi}{4}\right].$$

例26 设 $f(x)$ 为连续函数，且满足 $f(x) - af(ax) = x^2$，$0 < a < 1$，求 $f(x)$ 的表达式．

【解】 由题设可知，
$$\begin{cases} f(x) = af(ax) + x^2, \\ f(ax) = af(a^2 x) + (ax)^2, \\ f(a^2 x) = af(a^3 x) + (a^2 x)^2, \\ \qquad\qquad \cdots\cdots \\ f(a^n x) = af(a^{n+1} x) + (a^n x)^2, \end{cases}$$

联立消元得

$$f(x) = a^{n+1} f(a^{n+1} x) + a^n (a^n x)^2 + a^{n-1}(a^{n-1} x)^2 + \cdots + a(ax)^2 + x^2$$

$$= a^{n+1} f(a^{n+1} x) + \sum_{i=0}^{n} a^{3i} x^2.$$

当 $n \to \infty$ 时，有 $f(x) = 0 \cdot f(0) + \dfrac{1}{1 - a^3} \cdot x^2 = \dfrac{x^2}{1 - a^3}$．

【注】 一些常见函数亦可用函数方程形式给出，如：

① 若 $f(x)$ 满足 $f(x + y) = f(x) + f(y)$，$f(1) = a$，可猜想并验证 $f(x) = ax$．

② 若 $f(x)$ 满足 $f(xy) = f(x)f(y)$，$f'(1) = a$，可猜想并验证 $f(x) = x^a$．

③ 若 $f(x)$ 满足 $f(x + y) = f(x)f(y)$，$f(1) = a > 0$，且不为 1，可猜想并验证 $f(x) = a^x$．

④ 若 $f(x)$ 满足 $f(xy) = f(x) + f(y)$，$f(\mathrm{e}) = 1$，可猜想并验证 $f(x) = \ln x$．

⑤ 若 $f(x)$ 满足 $f(x - y) = f(x)f(y) + g(x)g(y)$，$f(0) = 1$，$\lim\limits_{x \to 0} \dfrac{g(x)}{x} = 1$，可猜想并验证 $f(x) = \cos x$．

例27 设可导函数 $f(x)$ 满足

$$f(a) = f(b) + f'\left(\frac{a+b}{2}\right)(a - b), \quad a \neq b, \tag{$*$}$$

且 $f(0) = 1$，$f(x)$ 在 $x = 1$ 处取得极值 0，求 $f(x)$ 的表达式．

【解】 $(*)$ 式两边对 a 求导，

$$f'(a) = f''\left(\frac{a+b}{2}\right) \cdot \frac{1}{2}(a - b) + f'\left(\frac{a+b}{2}\right) \cdot 1. \tag{$**$}$$

($**$)式两边对 b 求导,

$$0 = f'''\left(\frac{a+b}{2}\right)\cdot\frac{1}{4}(a-b) - f''\left(\frac{a+b}{2}\right)\cdot\frac{1}{2} + f''\left(\frac{a+b}{2}\right)\cdot\frac{1}{2} = f'''\left(\frac{a+b}{2}\right)\cdot\frac{1}{4}(a-b).$$

由于 $a \neq b$,故 $f'''\left(\frac{a+b}{2}\right) = 0$. 又因该等式对任意不等的 a,b 均成立,故有 $f'''(x) = 0$,即

$$f(x) = Ax^2 + Bx + C.$$

由于 $f(0) = 1$,$f(1) = 0$,因此有 $C = 1$,$A + B + 1 = 0$.

又 $f'(1) = 0$,且 $f'(x) = 2Ax + B$,因此有 $2A + B = 0$.

所以 $A = 1$,$B = -2$,$C = 1$,故 $f(x) = x^2 - 2x + 1$.

> 【注】用微分学工具(求导)来判断函数类型是解题思路的关键,务必重视.

5.综合运算型

在函数表达式中,常综合使用"绝对值""取整""开根号""取倒数""作复合""联立"等手段,使表达式难于处理,我们可称此类研究对象为综合运算型. 虽然此关难过,但如果集中起来,仔细研究,反复演练,此关必过.

例28 设 $f(x) = \dfrac{\ln|x|}{2x^2 - \ln|x|}$,则 $f'(-1) = \underline{\qquad}$.

【解】 应填 $-\dfrac{1}{2}$.

由于 $f(x)$ 是偶函数,故 $f'(x)$ 是奇函数,即

$$f'(-1) = -f'(1) = -\lim_{x\to 1}\frac{\frac{\ln x}{2x^2 - \ln x} - 0}{x - 1} = -\lim_{x\to 1}\frac{\ln x}{(2x^2 - \ln x)(x - 1)} = -\frac{1}{2}.$$

例29 设函数 $f(x) = x - [x]$,其中 $[x]$ 表示不超过 x 的最大整数,求 $\lim\limits_{x\to +\infty}\dfrac{1}{x}\displaystyle\int_0^x f(t)\,\mathrm{d}t$.

【解】 当 $x \in [0,1)$ 时,$f(x) = x - [x] = x$,又由于

$$f(x+1) = x+1 - [x+1] = x+1 - ([x]+1) = x - [x] = f(x),$$

故 $f(x)$ 是周期为 1 的周期函数,其图像如图所示.

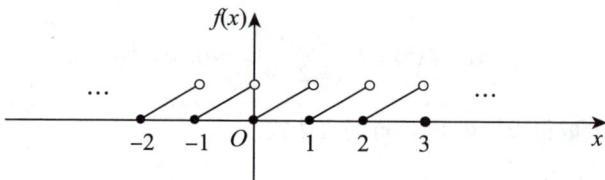

当 $n \leq x < n+1$ 时,$\dfrac{n}{2} = \displaystyle\int_0^n f(t)\,\mathrm{d}t \leq \int_0^x f(t)\,\mathrm{d}t < \int_0^{n+1} f(t)\,\mathrm{d}t = \dfrac{n+1}{2}$,于是

$$\frac{n}{2(n+1)}=\frac{1}{n+1}\int_0^n f(t)\mathrm{d}t<\frac{1}{x}\int_0^x f(t)\mathrm{d}t<\frac{1}{n}\int_0^{n+1}f(t)\mathrm{d}t=\frac{n+1}{2n},$$

当 $x\to+\infty$ 时，$n\to\infty$，由夹逼准则，有 $\lim\limits_{x\to+\infty}\dfrac{1}{x}\int_0^x f(t)\mathrm{d}t=\dfrac{1}{2}$.

【注】本题考查了取整函数的两个重要公式：

① $[x+n]=[x]+n$，其中 n 为正整数.

② $x-1<[x]\leqslant x$.

读者要熟悉它们.

例30 设函数 $f(x)=\sqrt{\dfrac{1+x}{1-x}}$ 在 $x=0$ 处的 2 次泰勒多项式为 $a+bx+cx^2$，则（　　）.

(A) $a=1$，$b=1$，$c=1$ 　　　　　(B) $a=1$，$b=1$，$c=\dfrac{1}{2}$

(C) $a=0$，$b=-1$，$c=\dfrac{1}{2}$ 　　(D) $a=0$，$b=-1$，$c=1$

【解】 应选(B).

由在 $x=0$ 处，满足 $\sqrt{\dfrac{1+x}{1-x}}=a+bx+cx^2+\cdots$，知 $\sqrt{1+x}=\sqrt{1-x}(a+bx+cx^2+\cdots)$.

由 $\lim\limits_{x\to0}\sqrt{1+x}=\lim\limits_{x\to0}\sqrt{1-x}\cdot a$，可得 $a=1$. 又

$$(1+x)^{\frac{1}{2}}=1+\frac{1}{2}x+\frac{\dfrac{1}{2}\left(\dfrac{1}{2}-1\right)}{2}x^2+\cdots,$$

$$(1-x)^{\frac{1}{2}}=1-\frac{1}{2}x+\frac{\dfrac{1}{2}\left(\dfrac{1}{2}-1\right)}{2}x^2+\cdots,$$

故

$$1+\frac{1}{2}x-\frac{1}{8}x^2+\cdots=\left(1-\frac{1}{2}x-\frac{1}{8}x^2+\cdots\right)(1+bx+cx^2+\cdots)$$

$$=1+bx+cx^2-\frac{1}{2}x-\frac{b}{2}x^2-\frac{1}{8}x^2+\cdots$$

$$=1+\left(b-\frac{1}{2}\right)x+\left(c-\frac{b}{2}-\frac{1}{8}\right)x^2+\cdots,$$

解得 $b=1$，$c=\dfrac{1}{2}$.

例31 若 $f'(x)=1+x^2+x^3+o(x^3)(x\to0)$，$g(x)=\begin{cases}\dfrac{x}{f(x)-f(0)},&x\neq0,\\ a,&x=0,\end{cases}$ 且 $f(x)$，$g(x)$ 连续.

(1)求 a 的值;

(2)当 $x \to 0$ 时,计算 $g(x)$ 到三阶的带佩亚诺余项的泰勒公式.

【解】 (1) $\lim\limits_{x \to 0} g(x) = \dfrac{1}{f'(0)} = 1$, 因 $g(x)$ 连续,故 $a = 1$.

(2)由于 $f'(x) = 1 + x^2 + x^3 + o(x^3)(x \to 0)$, 则

$$f(x) - f(0) = \int_0^x f'(t)\,\mathrm{d}t = \int_0^x [1 + t^2 + t^3 + o(t^3)]\,\mathrm{d}t$$

$$= x + \frac{1}{3}x^3 + \frac{1}{4}x^4 + o(x^4)(x \to 0).$$

当 $x \to 0$ 时,

$$g(x) = \frac{1}{1 + \dfrac{1}{3}x^2 + \dfrac{1}{4}x^3 + o(x^3)} = \left[1 + \frac{1}{3}x^2 + \frac{1}{4}x^3 + o(x^3)\right]^{-1}$$

$$= 1 + (-1)\left[\frac{1}{3}x^2 + \frac{1}{4}x^3 + o(x^3)\right] + o(x^3) = 1 - \frac{1}{3}x^2 - \frac{1}{4}x^3 + o(x^3).$$

例32 已知函数 $f(x) = \begin{cases} |x|^a \sin|x|^b, & x \neq 0, \\ 0, & x = 0, \end{cases}$ 且 $a > 1$, $b > 0$,求 $f'(x)$.

【解】 当 $x > 0$ 时,$f(x) = x^a \sin x^b$,于是

$$f'(x) = ax^{a-1}\sin x^b + bx^{a+b-1}\cos x^b,$$

又 $a - 1 > 0$,知 $\lim\limits_{x \to 0^+} f'(x) = 0 = f'_+(0)$.

又由题设易知,$f(x)$ 为偶函数,则 $f'(x)$ 为奇函数,且

$$\lim\limits_{x \to 0^-} f'(x) = 0 = f'_-(0).$$

综上,

$$f'(x) = \begin{cases} ax^{a-1}\sin x^b + bx^{a+b-1}\cos x^b, & x \geqslant 0, \\ -\left[a(-x)^{a-1}\sin(-x)^b + b(-x)^{a+b-1}\cos(-x)^b\right], & x < 0. \end{cases}$$

例33 设 $g(x)$ 连续可导,$F(x) = f[g(x)]$,$f(x) = |x|$.

(1)当 $g(x) \neq 0$ 时,求 $F'(x)$;

(2)当 $g(x) \neq 0$ 时,求 $f'[g(x)]$;

(3)当 $g(x) = \cos x$ 时,讨论 $f'[g(x)]$ 在 $(0, \pi)$ 上是否连续,并说明理由.

【解】 (1) $$F'(x) = [|g(x)|]' = \left\{\sqrt{[g(x)]^2}\right\}'$$

$$= \frac{1}{2\sqrt{[g(x)]^2}} \cdot 2g(x) \cdot g'(x)$$

$$= \frac{g(x)}{|g(x)|} g'(x).$$

（2）

$$f'[g(x)] = \frac{g(x)}{|g(x)|}.$$

（3）由（2）知，

$$f'[g(x)] = \frac{g(x)}{|g(x)|},$$

于是 $f'(\cos x) = \dfrac{\cos x}{|\cos x|}$，即

$$f'(\cos x) = \begin{cases} 1, & x \in \left(0, \dfrac{\pi}{2}\right), \\ -1, & x \in \left(\dfrac{\pi}{2}, \ \pi\right), \end{cases}$$

故 $f'(\cos x)$ 在 $(0, \ \pi)$ 上不连续，有一个跳跃间断点.

例34 设 $f(x) = \mathrm{e}^{-\frac{x}{2}} \sqrt{\sin x}$，求曲线 $y = f(x)$ 在 $[0, +\infty)$ 上绕 x 轴旋转一周所得旋转体的体积.

【解】 所求旋转体体积为

$$V = \pi \int_0^{+\infty} f^2(x) \, \mathrm{d}x = \sum_{n=0}^{\infty} \pi \int_{2n\pi}^{(2n+1)\pi} \mathrm{e}^{-x} \sin x \, \mathrm{d}x$$

$$= \sum_{n=0}^{\infty} \pi \frac{\begin{vmatrix} (\mathrm{e}^{-x})' & (\sin x)' \\ \mathrm{e}^{-x} & \sin x \end{vmatrix} \Big|_{2n\pi}^{(2n+1)\pi}}{(-1)^2 + 1^2} = \frac{\pi}{2} \sum_{n=0}^{\infty} (-\sin x - \cos x) \mathrm{e}^{-x} \Big|_{2n\pi}^{(2n+1)\pi}$$

$$= \frac{\pi}{2} \sum_{n=0}^{\infty} (\mathrm{e}^{-2n\pi} \cdot \mathrm{e}^{-\pi} + \mathrm{e}^{-2n\pi}) = \frac{\pi(1 + \mathrm{e}^{-\pi})}{2} \sum_{n=0}^{\infty} \mathrm{e}^{-2n\pi}$$

$$= \frac{\pi(1 + \mathrm{e}^{-\pi})}{2} \cdot \frac{1}{1 - \mathrm{e}^{-2\pi}} = \frac{\pi}{2(1 - \mathrm{e}^{-\pi})}.$$

例35 设函数 $y = y(x)$ 由 $\begin{cases} x = 2t + |t|, \\ y = |t| \sin t \end{cases}$ 确定，则 $\dfrac{\mathrm{d}y}{\mathrm{d}x}\Big|_{t=0} = \underline{\hspace{2cm}}$.

【解】 应填 0.

当 $t = 0$ 时，$\begin{cases} x = 0, \\ y = 0. \end{cases}$ 当 $t > 0$ 时，有 $\begin{cases} x = 3t, \\ y = t\sin t, \end{cases}$ 所以

$$y'_+(0) = \lim_{t \to 0^+} \frac{y(t) - y(0)}{x(t) - x(0)} = \lim_{t \to 0^+} \frac{t\sin t}{3t} = 0 \; ;$$

当 $t < 0$ 时，有 $\begin{cases} x = t, \\ y = -t\sin t, \end{cases}$ 所以

$$y'_-(0) = \lim_{t \to 0^-} \frac{y(t) - y(0)}{x(t) - x(0)} = \lim_{t \to 0^-} \frac{-t\sin t}{t} = 0 \; .$$

综上，$\left.\dfrac{dy}{dx}\right|_{t=0} = 0$．

6. 函数族 $f_n(x)$ 型

也可称整标函数型，意为表达式与 n 有关，一般记为 $f_n(x)$ 或 $a_n(x)$．

例 36 设函数 $f(x) = \dfrac{x}{1+x}$，$x \in [0,1]$，定义函数列：

$$f_1(x) = f(x)，f_2(x) = f[f_1(x)]，\cdots，f_n(x) = f[f_{n-1}(x)]，\cdots.$$

记 S_n 是由曲线 $y = f_n(x)$，直线 $x = 1$ 及 x 轴所围平面图形的面积，求极限 $\lim\limits_{n\to\infty} nS_n$．

【解】

$$f_2(x) = f[f_1(x)] = \frac{f_1(x)}{1+f_1(x)} = \frac{\frac{x}{1+x}}{1+\frac{x}{1+x}} = \frac{x}{1+2x} \; ,$$

$$f_3(x) = f[f_2(x)] = \frac{f_2(x)}{1+f_2(x)} = \frac{x}{1+3x} \; ,$$

$$\cdots\cdots$$

由数学归纳法得 $f_n(x) = \dfrac{x}{1+nx}$ $(n = 1,2,3,\cdots)$．于是

$$S_n = \int_0^1 \frac{x}{1+nx} dx = \frac{1}{n}\int_0^1 \left(1 - \frac{1}{1+nx}\right) dx = \frac{1}{n} - \frac{\ln(1+n)}{n^2} \; .$$

故 $\lim\limits_{n\to\infty} nS_n = \lim\limits_{n\to\infty}\left[1 - \dfrac{\ln(1+n)}{n}\right] = 1$．

例 37 （仅数学一、数学二）设非负函数 $y(x)$ 是微分方程 $2yy' = \cos x$ 满足条件 $y(0) = 0$ 的解，求曲线 $f_n(x) = n\int_0^{\frac{x}{n}} y(t)dt$ $(0 \leqslant x \leqslant n\pi)$ 的弧长．

【解】 由 $2yy' = \cos x$ 分离变量，得 $2ydy = \cos x dx$，两边积分，得 $y^2 = \sin x + C$，又 $y(0) = 0$，有 $C = 0$，且 $y(x)$ 非负，故 $y(x) = \sqrt{\sin x}$．于是

$$f_n(x) = n\int_0^{\frac{x}{n}} \sqrt{\sin t}\,\mathrm{d}t\ ,\ f_n'(x) = \sqrt{\sin\frac{x}{n}}\ .$$

故

$$s_n = \int_0^{n\pi} \sqrt{1+[f_n'(x)]^2}\,\mathrm{d}x = \int_0^{n\pi} \sqrt{1+\sin\frac{x}{n}}\,\mathrm{d}x$$

$$= \int_0^{n\pi} \sqrt{\left(\sin\frac{x}{2n}+\cos\frac{x}{2n}\right)^2}\,\mathrm{d}x = \int_0^{n\pi}\left(\sin\frac{x}{2n}+\cos\frac{x}{2n}\right)\mathrm{d}x$$

$$\xlongequal{\diamondsuit\frac{x}{2n}=u} 2n\int_0^{\frac{\pi}{2}}(\sin u+\cos u)\,\mathrm{d}u = 2n(1+1) = 4n\ .$$

二、$f(x)$ 的性质（奇偶性、单调性、周期性、有界性、凹凸性、对称性等）

（ O_2（盯住目标2））

在优秀的数学题中，函数的性质并非直白的形式上的考查，而是要求读者能够做到：(1)在自己的知识体系中明确函数性质的重要性，在做题时有意识地去检索函数性质；(2)识别具体问题中函数性质的表达方式，并准确地等价转化为我们需要的信息表达.

1.奇偶性

主要是用好等式两边表达式奇偶性一致，涉及场合主要是泰勒展开式、微分方程和积分方程等.

如 $f(x) = \dfrac{\sin x}{1+x^2} = ax+bx^2+\cdots$，显然，由于 $f(x)$ 是奇函数，右边展开式不会出现偶函数项 bx^2，则 $b=0$.

再如 $f(x) = x\sin x + k\cos x = a+bx+cx^2+\cdots$，由于 $f(x)$ 是偶函数，右边展开式不会有奇函数项 bx，则 $b=0$，且 $a=k$，$c=1-\dfrac{k}{2}$. 若进一步再探讨，当 $x=0$ 是极小值点时，则 k 的取值范围为 $1-\dfrac{k}{2}\geqslant 0$，即 $k\leqslant 2$.

求微分方程 $y''+y = x\sin x$ 的通解时，需设特解 $y^* = x[(A_1x+B_1)\cos x+(A_2x+B_2)\sin x]$，这里有4个待定常数，计算量很大. 若此时注意到 $x\sin x$ 为偶函数，当 y 为偶函数时，y'' 亦为偶函数，成立；而若 y 为奇函数，则 y'' 为奇函数，则 $x\sin x$ 为奇函数，矛盾. 于是可知 y 为偶函数，也即 y^* 为偶函数，显然 $B_1=0$，$A_2=0$，于是只将 $y^* = x(A_1x\cos x+B_2\sin x)$ 代入原方程，求出两个参数 A_1，B_2 即可.

可见，在解题中，读者要保持一个状态：函数写在那里，它是不讲话的，它不会说"你看，你看，我是偶函数！我是单调函数"等. 要我们替它说出来.

当然，善于观察函数的奇偶性，可能在讨论函数性态时节省一半的气力.

例38 证明：$x\ln\dfrac{1+x}{1-x}+\cos x \geqslant 1+\dfrac{x^2}{2}$ $(-1<x<1)$.

【证】 令 $f(x)=x\ln\dfrac{1+x}{1-x}+\cos x-1-\dfrac{x^2}{2}\ (-1<x<1)$, 则 $f(x)$ 是偶函数.

当 $0\leqslant x<1$ 时,

$$f'(x)=\ln\frac{1+x}{1-x}+\frac{x(1+x^2)}{1-x^2}-\sin x\geqslant\ln\frac{1+x}{1-x}+(x-\sin x)\geqslant 0 ,$$

因为 $f(0)=0$, 所以 $f(x)\geqslant 0(0\leqslant x<1)$.

因为 $f(x)$ 为偶函数, 所以 $f(x)\geqslant 0(-1<x<0)$, 故

$$x\ln\frac{1+x}{1-x}+\cos x\geqslant 1+\frac{x^2}{2}(-1<x<1) .$$

下面两种函数, 不易直接看出奇偶性, 要注意.

例39 已知 $f(x)$ 是定义在 $(-\infty,+\infty)$ 上任意阶可导的奇函数, $g(x)=\ln\left[f(x)+\sqrt{1+f^2(x)}\right]$, 则 $g^{(10)}(0)=$ _____ .

【解】 应填 0.

$$g(-x)=\ln\left[f(-x)+\sqrt{1+f^2(-x)}\right]$$

$$=\ln\left[-f(x)+\sqrt{1+f^2(x)}\right]=\ln\frac{1}{f(x)+\sqrt{1+f^2(x)}}$$

$$=-\ln\left[f(x)+\sqrt{1+f^2(x)}\right]=-g(x) ,$$

所以函数 $g(x)=\ln\left[f(x)+\sqrt{1+f^2(x)}\right]$ 为 $(-\infty,+\infty)$ 上的奇函数, 因此 $g^{(10)}(x)$ 亦为奇函数, 故 $g^{(10)}(0)=0$.

例40 已知 $f(x)$ 是 $(-\infty,+\infty)$ 上任意阶可导的奇函数, $g(x)=f\left(1-\dfrac{2}{1+a^{-x}}\right)$, 则 $g^{(6)}(0)=$ _____ .

【解】 应填 0.

$$g(-x)=f\left(1-\frac{2}{1+a^x}\right)=f\left(1-\frac{2a^{-x}}{1+a^{-x}}\right)$$

$$=f\left(\frac{1-a^{-x}}{1+a^{-x}}\right)=-f\left(\frac{a^{-x}-1}{1+a^{-x}}\right)=-f\left(1-\frac{2}{1+a^{-x}}\right)=-g(x) ,$$

所以函数 $g(x)=f\left(1-\dfrac{2}{1+a^{-x}}\right)$ 为奇函数, 因此 $g^{(6)}(x)$ 亦为奇函数, 且显然在 $x=0$ 处有定义, 故 $g^{(6)}(0)=0$.

2. 单调性

用好 $f(x)$ 单调性定义的同号乘积表达式: 设 $f(x)$ 在 $[a,\ b]$ 上单调递增, 则对任意 $x_0\in[a,\ b]$, 都有 $(x-x_0)[f(x)-f(x_0)]\geqslant 0$.

例41 设 $f(x)$ 在 $[a, b]$ 上单调递增，证明 $\int_a^b xf(x)\mathrm{d}x \geqslant \dfrac{a+b}{2}\int_a^b f(x)\mathrm{d}x$．

【证】 由题意，有 $\left(x-\dfrac{a+b}{2}\right)\left[f(x)-f\left(\dfrac{a+b}{2}\right)\right] \geqslant 0$，故

$$\int_a^b \left(x-\dfrac{a+b}{2}\right)\left[f(x)-f\left(\dfrac{a+b}{2}\right)\right]\mathrm{d}x \geqslant 0,$$

即 $\int_a^b \left(x-\dfrac{a+b}{2}\right)f(x)\mathrm{d}x \geqslant 0$，于是有 $\int_a^b xf(x)\mathrm{d}x \geqslant \dfrac{a+b}{2}\int_a^b f(x)\mathrm{d}x$．

【注】 当然，对于具体的函数，比如 $\cos x$，显然它在 $\left(0, \dfrac{\pi}{2}\right)$ 上是单调减少的，于是如果有该区间上的 $\cos x_n < \cos y_n$，则有 $x_n > y_n$，这种简单的放缩，往往起到四两拨千斤的作用，可见例2.18．

3. 凹凸性

见到 $f''(x) > 0$，一般考虑4条：$\begin{cases} ①f'(x) > 0,\ f'(x)\text{非常数；} \\ ②f(x)\text{单调递增，} f(x)\text{非常数；} \\ ③\text{余项放缩；} \\ ④\text{凹凸性不等式．} \end{cases}$

【注】 **注例** 证明当 $f''(x) > 0$ 时，有 $\int_a^b f(x)\mathrm{d}x < \dfrac{f(a)+f(b)}{2}(b-a)$．

证 由 $f''(x) > 0$，考虑④凹凸性不等式，有 $f(x) \leqslant f(a) + \dfrac{f(b)-f(a)}{b-a}(x-a)$，且不恒等，则

$$\int_a^b f(x)\mathrm{d}x < \int_a^b \left[f(a)+\dfrac{f(b)-f(a)}{b-a}(x-a)\right]\mathrm{d}x$$

$$= \dfrac{f(a)+f(b)}{2}(b-a),$$

一步就证出来了，这是对函数性质深刻掌握的体现．

4. 对称性

无论是函数表达式，还是函数的定义区域表达式，若其表达式具有对称性，则常可利用这个性质化简题目的计算，达到事半功倍的效果．

（1）关于点的中心对称性．

设 $f(x)(x \in \mathbf{R})$，$f(x+a)$ 为奇函数，则 $f(x)$ 关于点 $(a,0)$ 中心对称（见图）．

具体例子可见例11.13．

（2）关于直线的对称性．

设 $f(x)(x \in \mathbf{R})$，$f(x+a)$ 为偶函数，则 $f(x)$ 关于直线 $x = a$ 对称（见图）．

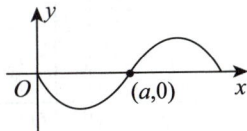

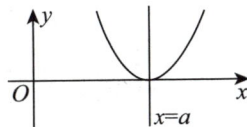

（3）完全对称性.

设 $f(x, y, z)$，将 x，y，z 中任意两个字母交换位置后，仍得到与原式 f 恒等的式子，则称 $f(x, y, z)$ 关于 x，y，z 有完全对称性.

如 $xy + yz + xz$，$\dfrac{x}{y+z} + \dfrac{y}{z+x} + \dfrac{z}{x+y}$，$x^2 + y^2 + z^2$ 等.

（4）轮换对称性.

设 $f(x, y, z)$，将 x，y，z 按如下规则变换：，仍得到与原式 f 恒等的式子，则称 $f(x, y, z)$ 关于 x，y，z 有轮换对称性.

【注】完全对称 $\Rightarrow$ 轮换对称，如 $f = x^2 y + y^2 z + z^2 x$，$f = \dfrac{x}{x+y} + \dfrac{y}{y+z} + \dfrac{z}{z+x}$，但 x, y 交换位置后，$y^2 x + x^2 z + z^2 y \neq f$，$\dfrac{y}{x+y} + \dfrac{x}{x+z} + \dfrac{z}{z+y} \neq f$，此方法经常用到.

5.常见函数及其图形

以下给出常用的一些平面图形及其反映的重要信息，如最值点、渐近线、单调性等，读者要熟悉这些内容.华罗庚曾说："数无形时少直觉，形少数时难入微，数形结合百般好."有些破题的关键想法就来自脑海中闪现出的图形.

①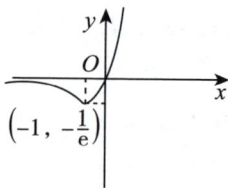

$y = xe^x$

②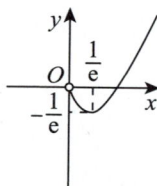

$y = x \ln x$

③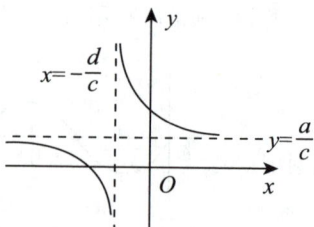

$y = \dfrac{ax+b}{cx+d}(a, b, c, d > 0, bc > ad)$

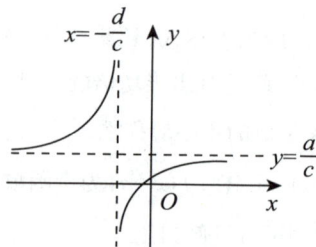

$y = \dfrac{ax+b}{cx+d}(a, b, c, d > 0, bc < ad)$

④

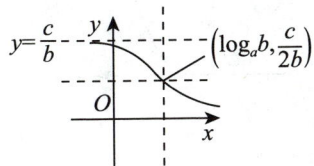

$$y = \frac{c}{a^x + b} \ (a > 1, \ b, \ c > 0)$$

⑤

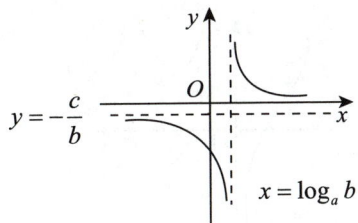

$$y = \frac{c}{a^x - b} \ (a > 1, \ b, \ c > 0)$$

⑥

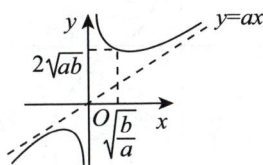

$$y = ax + \frac{b}{x} \ (a, \ b > 0)$$

⑦

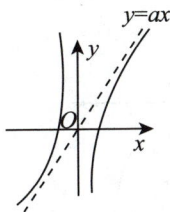

$$y = ax - \frac{b}{x} \ (a, \ b > 0)$$

⑧

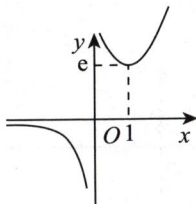

$$y = \frac{e^x}{x}$$

⑨

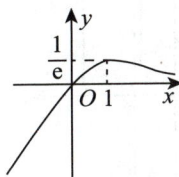

$$y = \frac{x}{e^x}$$

⑩

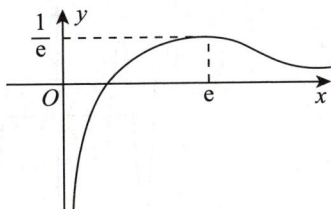

$$y = \frac{\ln x}{x}$$

⑪

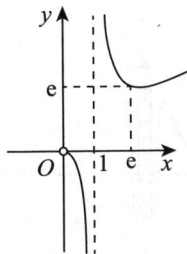

$$y = \frac{x}{\ln x}$$

⑫

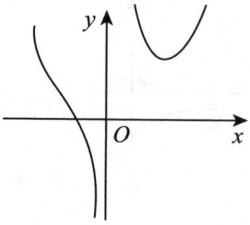

$$y = ax^2 + \frac{b}{x} \quad (a > 0, \ b > 0)$$

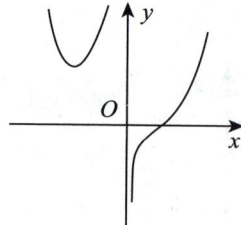

$$y = ax^2 + \frac{b}{x} \quad (a > 0, \ b < 0)$$

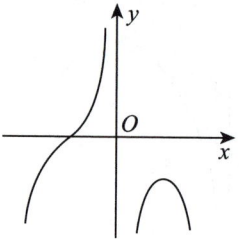

$$y = ax^2 + \frac{b}{x} \quad (a < 0, \ b < 0)$$

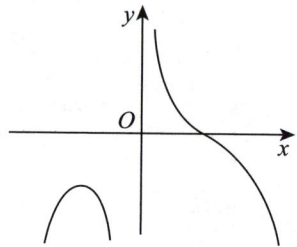

$$y = ax^2 + \frac{b}{x} \quad (a < 0, \ b > 0)$$

⑬

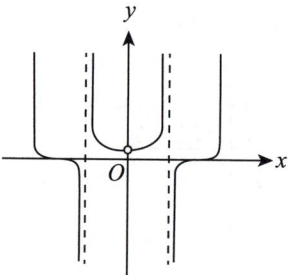

$$y = \frac{\tan x}{x}$$

⑭

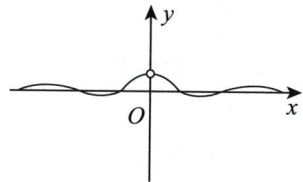

$$y = \frac{\sin x}{x}$$

⑮

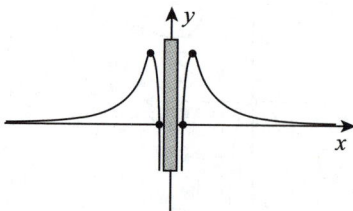

$$y = \frac{1}{x} \sin \frac{1}{x}$$

⑯

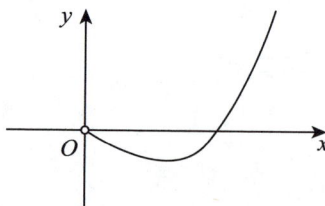

$$y = x^2 \ln x$$

⑰

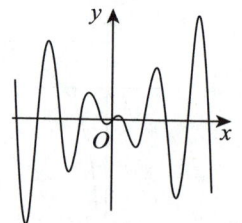

$$y = x \cos x$$

⑱

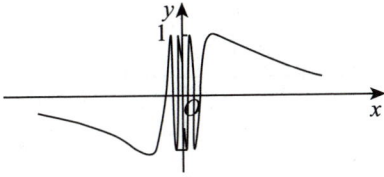

$$y = \sin\frac{1}{x}$$

⑲

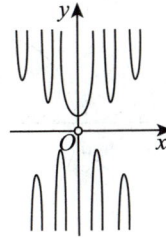

$$y = \frac{x}{\sin x}$$

⑳

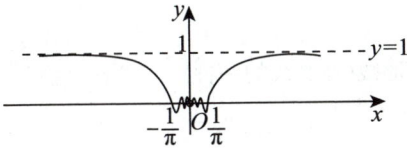

$$y = x\sin\frac{1}{x}$$

㉑

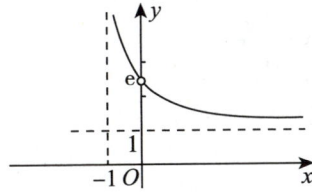

$$y = (1+x)^{\frac{1}{x}}$$

㉒

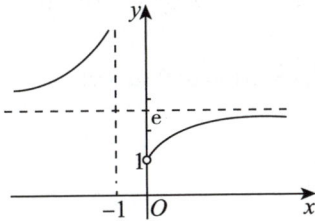

$$y = \left(1+\frac{1}{x}\right)^{x}$$

㉓三次抛物线

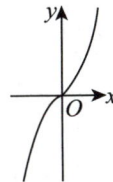

$$y = ax^3\,(a>0)$$

㉔半立方抛物线

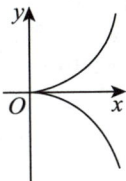

$$y^2 = ax^3\,(a>0)$$

㉕概率曲线

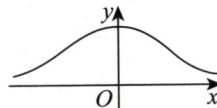

$$y = e^{-x^2}$$

㉖笛卡儿叶形线

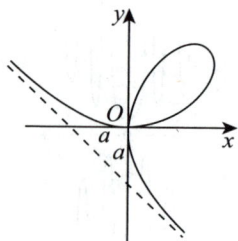

$$x^3 + y^3 - 3axy = 0 (a > 0)$$

或 $\begin{cases} x = \dfrac{3at}{1+t^3}, \\ y = \dfrac{3at^2}{1+t^3} \end{cases} (a > 0)$

㉗星形线(内摆线的一种)

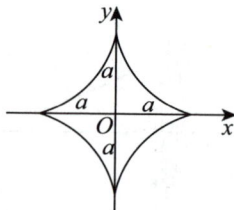

$$x^{\frac{2}{3}} + y^{\frac{2}{3}} = a^{\frac{2}{3}} (a > 0)$$

或 $\begin{cases} x = a\cos^3 \theta, \\ y = a\sin^3 \theta \end{cases} (a > 0)$

㉘摆线

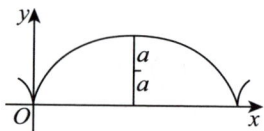

$$\begin{cases} x = a(\theta - \sin\theta), \\ y = a(1 - \cos\theta) \end{cases} (a > 0)$$

㉙心形线(外摆线的一种)

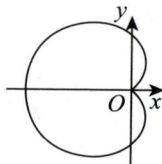

$$x^2 + y^2 + ax = a\sqrt{x^2 + y^2} (a > 0)$$

或 $r = a(1 - \cos\theta)(a > 0)$

㉚阿基米德螺线

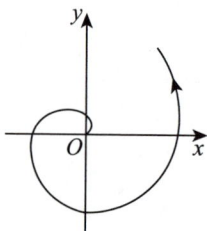

$$r = a\theta (a > 0, \ \theta \geq 0)$$

㉛对数螺线

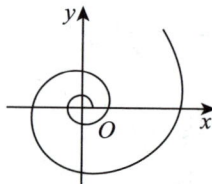

$$r = e^{a\theta} (a > 0)$$

㉜双曲螺线

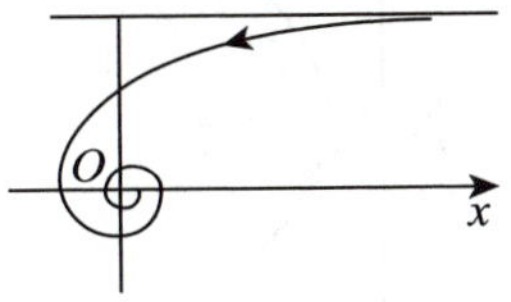

$r\theta=a(a>0)$

㉝伯努利双纽线

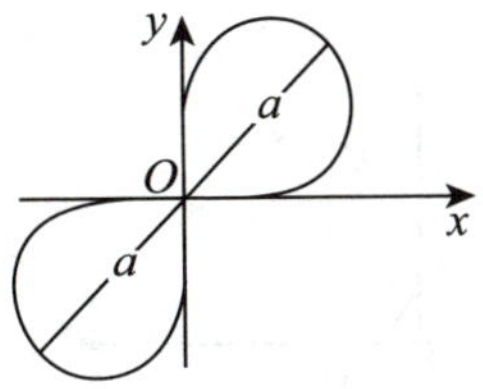

$(x^2+y^2)^2=2a^2xy(a>0)$

或 $r^2=a^2\sin 2\theta(a>0)$

㉞伯努利双纽线

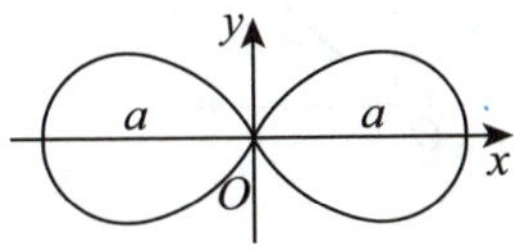

$(x^2+y^2)^2=a^2(x^2-y^2)(a>0)$

或 $r^2=a^2\cos 2\theta(a>0)$

㉟圆

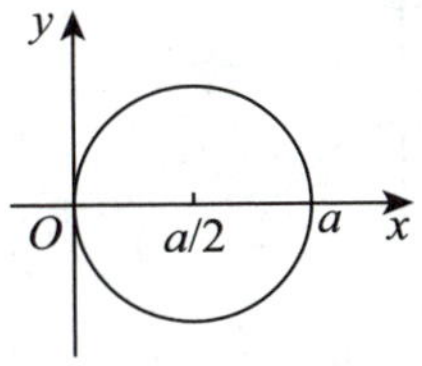

$r=a\cos\theta(a>0)$

㊱圆

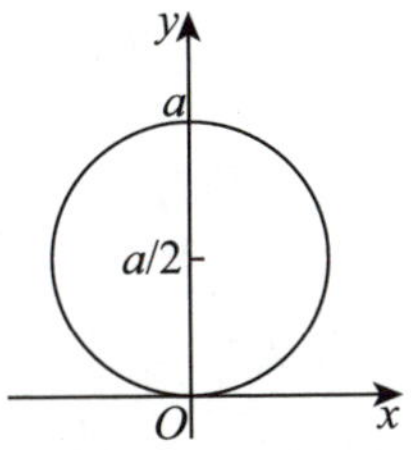

$r=a\sin\theta(a>0)$

㊲椭圆

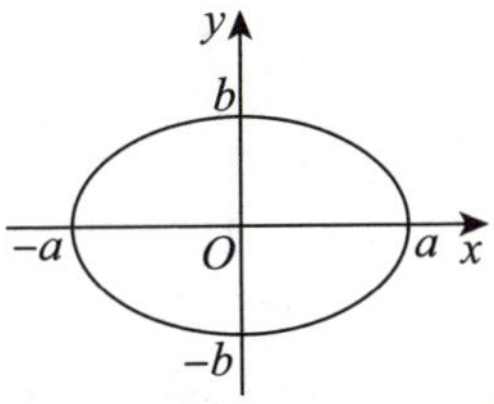

$\frac{x^2}{a^2}+\frac{y^2}{b^2}=1$

或 $\begin{cases}x=a\cos\theta,\\ y=b\sin\theta\end{cases}(a,\ b>0)$

㊳抛物线

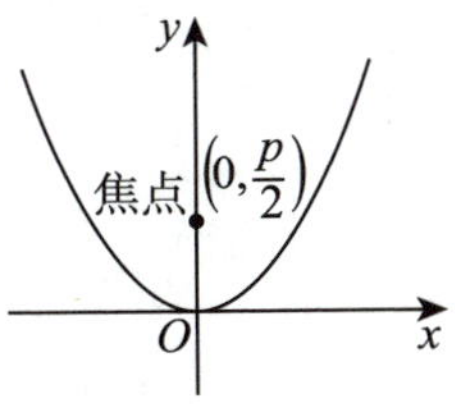

$x^2=2py$

㊴抛物线

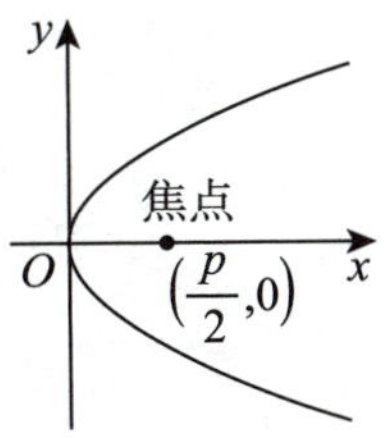

$y^2=2px$

㊵抛物线

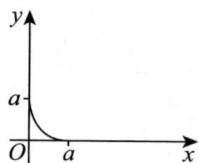

$$\sqrt{x} + \sqrt{y} = \sqrt{a}$$

㊶双曲线

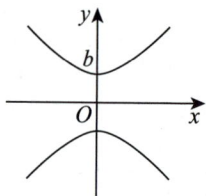

$$\frac{x^2}{a^2} - \frac{y^2}{b^2} = 1 (a, \ b > 0)$$

㊷双曲线

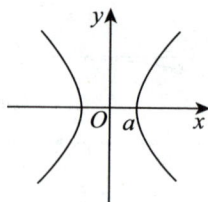

$$-\frac{x^2}{a^2} + \frac{y^2}{b^2} = 1 (a, \ b > 0)$$

㊸绝对值函数

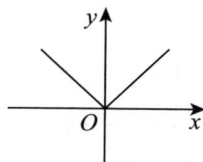

$$y = |x|$$

附录B 变形举例

三向解题法

```
        变形
   (O(盯住目标))
        |
   ┌────┴────┐
等式变形与等价变形  不等式变形
```

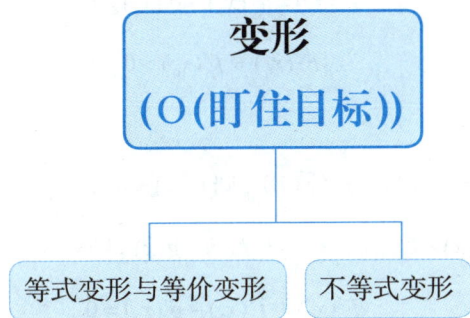

数学考题的解题过程,本质上就是建立一座连接条件与结论的桥梁,搭建这座桥梁的每一步都是一个转化.无论这种转化所体现的是"等量关系""等价关系",还是"不等量放缩""充分关系""必要关系",均可在形式上统称为变形,在三向解题法的 P,D 中.变形的处理,贯穿始终,请读者务必高度重视,且在多次研读本部分内容后做到实践,总结,再实践,再总结,形成自己强大的数学题变形转化的能力,使变形如行云流水,必有所成.

1.等式变形与等价变形

用"="连接数学中的量 A 与量 B,称为等式,于是 A 与 B 的相互转化,即**等式变形**.

用"⇔"连接命题 A 与命题 B,称为等价,于是 A 与 B 的相互转化,即**等价变形**.

(1)定义法.

定义法是说,用 A 定义 B,则 $B \Leftrightarrow A$,给出 B,回归定义 A,这是最基本的方法.

如 $\lim\limits_{x \to 0} f(x) = 0$,用定义:任给 $\varepsilon > 0$,当 $x \to 0$ 时,恒有 $|f(x)| < \varepsilon$,按题意取 ε,如例 1.12.

再如,导数定义是常考题:

①给出 $f(x)$ 在 $x = x_0$ 处连续,且 $\lim\limits_{x \to x_0} \dfrac{f(x)}{x - x_0} = a$,则

$$\lim\limits_{x \to x_0} f(x) = 0 = f(x_0),$$

于是 $f'(x_0) = \lim\limits_{x \to x_0} \dfrac{f(x) - f(x_0)}{x - x_0} = a$.

②给出 $f(x)$ 在 $x = x_0$ 的某邻域内一阶可导，且 $\lim\limits_{x \to x_0} \dfrac{f(x)}{(x-x_0)^2} = a$，则

$$\lim_{x \to x_0} f(x) = 0 = f(x_0),$$

于是 $f'(x_0) = \lim\limits_{x \to x_0} \dfrac{f(x)-f(x_0)}{x-x_0} = \lim\limits_{x \to x_0} \dfrac{f(x)}{(x-x_0)^2}(x-x_0) = a \cdot 0 = 0$.

③给出可导函数 $f(x)$ 在 $x = x_0$ 处的切线方程为 $y = g(x)$，则 $f(x_0) = g(x_0)$，$f'(x_0) = g'(x_0)$.

进一步，若 $f''(x) > 0$，且令 $F(x) = f(x) - g(x)$，则有

$$F'(x_0) = f'(x_0) - g'(x_0) = 0,$$

$$F''(x_0) = f''(x_0) > 0,$$

所以 $x = x_0$ 为 $F(x)$ 的极小值点.

④给出可导函数 $f(x)$ 与 $g(x)$ 在 $x = x_0$ 处相切，则 $f(x_0) = g(x_0)$，$f'(x_0) = g'(x_0)$.

进一步，若 $f''(x) > 0$，$g''(x) < 0$，且令 $F(x) = f(x) - g(x)$，则有

$$F'(x_0) = f'(x_0) - g'(x_0) = 0,$$

$$F''(x_0) = f''(x_0) - g''(x_0) > 0,$$

所以 $x = x_0$ 为 $F(x)$ 的极小值点.

（2）公式法.

数学公式是用数学思想与方法已经得出的解决问题的简便数学表达.一方面，要注意公式的特征（也就是说，这个数学表达式的独特性在哪里？此独特性就指向解题思考的方向）；另一方面，要注意公式的成立条件（也就是说，这个数学表达式在什么条件下使用？对成立条件的思考，可加强对解题方向的把握）.

如：
$$f(x) = f(0) + f'(0)x + \frac{f''(0)}{2}x^2 + \cdots,$$

泰勒展开式的独特性就在于它用函数在 $x = 0$ 处的各阶导数值来近似表示 $x = 0$ 附近的值，形式上联系了 "$f(x)$" 与 "$f^{(n)}(x)$，$n \geq 2$".独特性的成立条件是 "n 阶可导，$n \geq 2$"，更可确认用泰勒公式.

（3）换元法.

引入新元，代换掉旧元，使问题在形式或表述上简单化、规范化和常规化，从而解决问题.

①复杂部分代换.

正如前述，引入新元，使表达式简单，易于处理，如计算 $\int \ln\left(1 + \sqrt{\dfrac{1+x}{x}}\right) \mathrm{d}x$，令 $t = \ln\left(1 + \sqrt{\dfrac{1+x}{x}}\right)$，即可打开局面.

②平移换元法 $\begin{cases} 宏观, \\ 微观. \end{cases}$

a.宏观上,若 $x \to 1$,令 $t = x - 1$,则 $t \to 0$.

b.微观上,若 $a < b$,则令 $c = a + \varepsilon (0 < \varepsilon < b - a)$,于是有 $a < a + \varepsilon < b$.

当 $b - a$ 很小时,可称"见缝插针",此法常用于研究局部性质.

③消元换元法.

此换元法的目的在于消元.

a.若 $x_1 > x_2$,可令 $x_1 = x_2 + t$,$t > 0$,则 $x_1 x_2 = (x_2 + t) x_2$.

b.若 $x_1 > x_2 > 0$,可令 $x_1 = t x_2$,$t > 1$,则 $x_1 x_2 = t x_2^2$.

c.零和换元法.

当 $x_1 + x_2 = a$ 时,令

$$x_1 = \frac{a}{2} + t, \quad x_2 = \frac{a}{2} - t.$$

当 $2x + y = 1$ 时,令

$$2x = \frac{1}{2} + t, \quad y = \frac{1}{2} - t.$$

当 $x + y + z = 1$ 时,令

$$x = \frac{1}{3} + t_1, \quad y = \frac{1}{3} + t_2, \quad z = \frac{1}{3} - t_1 - t_2.$$

【注】多说一句,对数学一、数学三的读者,看到 $x + y + z = 1$,可否想到概率的归一性?见概率论与数理统计部分例 6.6.

④商抵换元法.

当 $x_1 x_2 = a^2$ 时,令 $x_1 = t a$,$x_2 = \frac{a}{t}$.

(4)相消法.

加减相消法、乘除相消法和错位相消法是相消法的三种情况.

①加减相消法.

a.裂项为 $a_{n+1} - a_n$;b.创造 $a_{n+1} - a_n = f(n)$,然后得 $a_{n+1} = a_{n+1} - a_n + a_n - a_{n-1} + \cdots + a_2 - a_1 + a_1$,本质上是通分的逆运算,形式上作同形分解.

如

$$\frac{1}{n(n+k)} = \frac{1}{k}\left(\frac{1}{n} - \frac{1}{n+k}\right),$$

$$\frac{1}{(2n+1)(2n-1)} = \frac{1}{2}\left(\frac{1}{2n-1} - \frac{1}{2n+1}\right),$$

$$\frac{1}{n(n+1)(n+2)} = \frac{1}{2}\left[\frac{1}{n(n+1)} - \frac{1}{(n+1)(n+2)}\right],$$

$$\frac{e^{-n}(e-1)}{(1-e^{-n})(e-e^{-n})} = \frac{e^n(e-1)}{(e^n-1)(e^{n+1}-1)} = \frac{1}{e^n-1} - \frac{1}{e^{n+1}-1},$$

$$\cdots\cdots$$

在思想上,还可与共轭法和对数运算性质结合在一起思考.

如 $\dfrac{1}{\sqrt{n+1}+\sqrt{n}} = \sqrt{n+1} - \sqrt{n}$; $\ln\left(1+\dfrac{1}{n}\right) = \ln(n+1) - \ln n$.

关键就是有同形分解的意识和办法.

如 $\dfrac{2^{-n}}{(1-2^{-n})(2-2^{-n})} = \dfrac{2^n}{(2^n-1)(2^{n+1}-1)} = \dfrac{1}{2^n-1} - \dfrac{1}{2^{n+1}-1}$.

又如 $\dfrac{a_{n+1}}{n} = \dfrac{a_n}{(n+1)(na_n+1)}$, $a_1 = \dfrac{1}{2}$,则

$$(n+1)a_{n+1} = \frac{na_n}{na_n+1} \Rightarrow \frac{1}{(n+1)a_{n+1}} = 1 + \frac{1}{na_n} \Rightarrow \frac{1}{(n+1)a_{n+1}} - \frac{1}{na_n} = 1 ,$$

故

$$\frac{1}{na_n} = \frac{1}{na_n} - \frac{1}{(n-1)a_{n-1}} + \frac{1}{(n-1)a_{n-1}} - \frac{1}{(n-2)a_{n-2}} + \cdots + \left(\frac{1}{2a_2} - \frac{1}{a_1}\right) + \frac{1}{a_1} = (n-1)+2 = n+1 \Rightarrow a_n = \frac{1}{n(n+1)}.$$

②乘除相消法.

创造 $\dfrac{a_n}{a_{n-1}} = f(n)$,然后得 $a_n = \dfrac{a_n}{a_{n-1}} \cdot \dfrac{a_{n-1}}{a_{n-2}} \cdots \dfrac{a_2}{a_1} \cdot a_1$.

如 $a_n = (n-1)a_{n-1} + \cdots + 3a_3 + 2a_2 + a_1$, $a_1 = 1$, $n \geq 2$,则 $a_{n+1} - a_n = na_n$, $\dfrac{a_{n+1}}{a_n} = n+1$.

故 $a_n = \dfrac{a_n}{a_{n-1}} \cdot \dfrac{a_{n-1}}{a_{n-2}} \cdots \dfrac{a_3}{a_2} \cdot a_2 = n(n-1)\cdots 3 \cdot a_2$,且 $a_2 = a_1 = 1$,得 $a_n = \dfrac{n!}{2}$.

③错位相消法.

$$S_n = a + aq + aq^2 + \cdots + aq^{n-1} , \qquad\qquad ①$$

$$qS_n = aq + aq^2 + \cdots + aq^n , \qquad\qquad ②$$

由①-②,得 $(1-q)S_n = a - aq^n$,于是 $S_n = \dfrac{a(1-q^n)}{1-q}$, $q \neq 1$.

(5)同除法或解方程法.

①形如 $a_{n+1} = ka_n + f(n)$ $(k \neq 0, 1) \Rightarrow \dfrac{a_{n+1}}{k^{n+1}} = \dfrac{a_n}{k^n} + \dfrac{f(n)}{k^{n+1}}$,得 $\left\{\dfrac{a_n}{k^n}\right\}$.

例1 设数列 $\{a_n\}$ 满足 $a_{n+1}=2a_n+2^{n+2}$，$a_1=2$，求 a_n 的表达式.

【解】 由题设可知，$\dfrac{a_{n+1}}{2^{n+1}}=\dfrac{a_n}{2^n}+2\Rightarrow\dfrac{a_{n+1}}{2^{n+1}}-\dfrac{a_n}{2^n}=2$，

因此 $\left\{\dfrac{a_n}{2^n}\right\}$ 是以1为首项，2为公差的等差数列，则

$$\dfrac{a_n}{2^n}=1+2(n-1)=2n-1.$$

故 $a_n=2^n(2n-1)$.

②当 $a_{n+1}+Aa_n=B^n\cdot P_m(n)$ 时，有 $a_n=\begin{cases}C\cdot(-A)^n+B^nQ_m(n), & B\neq-A,\\ C\cdot(-A)^n+n\cdot B^nQ_m(n), & B=-A,\end{cases}$ 其中 $P_m(n)$ 为 n 的 m 次多项式，$Q_m(n)$ 为 n 的 m 次多项式.

如例1中，$a_{n+1}-2a_n=4\cdot2^n$，则 $a_n=C\cdot2^n+n\cdot2^n\cdot D$. 又 $a_1=2$，有 $a_2=2\cdot a_1+2^3=12$，因此有

$$2=a_1=C\cdot2+2\cdot D,\ 12=a_2=C\cdot2^2+2\cdot2^2\cdot D\Rightarrow\begin{cases}C+D=1,\\ C+2D=3\end{cases}\Rightarrow\begin{cases}C=-1,\\ D=2.\end{cases}$$

故 $a_n=(-1)\cdot2^n+2n\cdot2^n=2^n(2n-1)$.

③形如 $a_na_{n+1}=pa_n+qa_{n+1}$.

当 $pq\neq0$ 时，$\dfrac{p}{a_{n+1}}+\dfrac{q}{a_n}=1$；

当 $p+q\neq0$ 时，$p\left(\dfrac{1}{a_{n+1}}-a\right)+q\left(\dfrac{1}{a_n}-a\right)=0$，$a=\dfrac{1}{p+q}$.

例2 已知 S_n 为数列 $\{a_n\}$ 的前 n 项和，且满足 $a_{n+1}=S_nS_{n+1}$，$a_1=-1$，求 S_n 的表达式.

【解】 由题设可知，$a_{n+1}=S_{n+1}-S_n=S_nS_{n+1}$，即有 $\dfrac{1}{S_{n+1}}-\dfrac{1}{S_n}=-1$，且 $\dfrac{1}{S_1}=\dfrac{1}{a_1}=-1$，故 $\left\{\dfrac{1}{S_n}\right\}$ 是以 -1 为首项，-1 为公差的等差数列，则 $\dfrac{1}{S_n}=-1-(n-1)=-n$.

故 $$S_n=-\dfrac{1}{n}.$$

例3 已知数列 $\{a_n\}$ 满足 $\sqrt{a_na_{n-2}}=\sqrt{a_{n-1}a_{n-2}}+2a_{n-1}(n\geq2)$，且 $a_0=a_1=1$，求 $a_n(n\geq2)$ 的表达式.

【解】 由题设可知，$\sqrt{\dfrac{a_n}{a_{n-1}}}-2\sqrt{\dfrac{a_{n-1}}{a_{n-2}}}=1$，因此有 $\sqrt{\dfrac{a_n}{a_{n-1}}}+1=2\left(\sqrt{\dfrac{a_{n-1}}{a_{n-2}}}+1\right)$，故 $\left\{\sqrt{\dfrac{a_n}{a_{n-1}}}+1\right\}$ 是以

$\sqrt{\dfrac{a_1}{a_0}}+1=2$ 为首项，以 2 为公比的等比数列，所以 $\sqrt{\dfrac{a_n}{a_{n-1}}}+1=2^n$，故 $\dfrac{a_n}{a_{n-1}}=(2^n-1)^2$，所以

$$a_n=\dfrac{a_n}{a_{n-1}}\cdot\dfrac{a_{n-1}}{a_{n-2}}\cdots 1=\prod_{k=2}^{n}(2^k-1)^2\ (n\geqslant 2).$$

④若有 $f(a_{n+1},\ a_n,\ a_{n-1})=0$，可创造 $a_{n+1}-a_n$，a_n-a_{n-1}，命其分别为 b_{n+1}，b_n，再创造如①，③的情形．

例4 已知数列 $\{a_n\}$ 满足 $a_{n+1}=\dfrac{1}{n+1}(na_n+a_{n-1})(n\geqslant 1)$，$a_0=1$，$a_1=0$，求 $a_n-a_{n-1}(n\geqslant 1)$．

【解】 由题设可知，$(n+1)a_{n+1}-(n+1)a_n=-(a_n-a_{n-1})$，故 $a_{n+1}-a_n=-\dfrac{1}{n+1}(a_n-a_{n-1})$，所以

$$a_n-a_{n-1}=\left(-\dfrac{1}{n}\right)\cdot\left(-\dfrac{1}{n-1}\right)\cdots\left(-\dfrac{1}{2}\right)\cdot(a_1-a_0)=(-1)^n\cdot\dfrac{1}{n!}\ (n\geqslant 1).$$

⑤当 $f(a_{n+1},\ a_n,\ a_{n-1})=0$ 为线性方程，即 $a_{n+1}+Aa_n+Ba_{n-1}=0$ 时，因 $a_n=\lambda^n$ 是其解的形式，故 $\lambda^{n+1}+A\lambda^n+B\lambda^{n-1}=0$，有 $\lambda^{n-1}(\lambda^2+A\lambda+B)=0$，若 $\Delta=A^2-4B>0$，解此方程有两个互异的实根 λ_1，λ_2，则根据线性方程的解的结构有 $a_n=C_1\lambda_1^n+C_2\lambda_2^n$．若 $\Delta=A^2-4B=0$，有 $a_n=(C_1+C_2n)\left(-\dfrac{A}{2}\right)^n$，并由初始条件来定 C_1，C_2 即可．

（6）倒置法．

将题给表达式取倒数，改变表达式结构，常用于分母复杂、分子单一的情形，即将"$\triangle$"→"∇"．

例5 已知数列 $\{a_n\}$ 满足 $a_{n+1}=\dfrac{a_n}{a_n+2}$，且 $a_1=1$，求 a_n 的表达式．

【解】 由题设可知，$\dfrac{1}{a_{n+1}}=1+\dfrac{2}{a_n}$，因此有

$$\dfrac{1}{a_{n+1}}+1=2\left(\dfrac{1}{a_n}+1\right),$$

又 $a_1=1$，则 $\dfrac{1}{a_1}+1=2$，故 $\dfrac{1}{a_n}+1=2^n$，所以 $a_n=\dfrac{1}{2^n-1}$．

（7）平方开方法．

将题给表达式配成 a^2 或 a^2+b^2 的形式，其表达式一般有如下特征．

①倒数之和，即若 $a=\dfrac{1}{b}$，则有 $a^2+b^2=(a+b)^2-2=(a-b)^2+2$，如

$$x^2+\dfrac{1}{x^2}=\left(x+\dfrac{1}{x}\right)^2-2=\left(x-\dfrac{1}{x}\right)^2+2,$$

$$e^{2x}+e^{-2x}=(e^x+e^{-x})^2-2=(e^x-e^{-x})^2+2.$$

②线性组合,如若$a+\dfrac{b}{2}=c$(定值),则

$$a^2+ab+b^2=\left(a+\dfrac{b}{2}\right)^2+\dfrac{3}{4}b^2=c^2+\dfrac{3}{4}b^2 .$$

③$a^2+b^2+c^2$, $a+b+c$, $ab+bc+ac$, $(a+b)^2+(b+c)^2+(c+a)^2$ 的关系.

$$a^2+b^2+c^2=(a+b+c)^2-2(ab+bc+ac) , \qquad\qquad (*)$$

$$a^2+b^2+c^2+ab+bc+ac=\dfrac{1}{2}[(a+b)^2+(b+c)^2+(a+c)^2] . \qquad (**)$$

$(*),(**)$式可将上述表达式联系起来,遇到相关表达式时,可用$(*),(**)$式试着作等式变形与转化.

④三角函数的倍角公式.

$$1+\sin 2\theta=(\sin\theta+\cos\theta)^2 .$$

【注】这里可有启发:若$x^2+y^2=1(x>0,\ y>0)$, 令$\begin{cases}x=\cos\theta,\\y=\sin\theta,\end{cases}\theta\in\left(0,\dfrac{\pi}{2}\right)$, 则可化简一些式子,

如$z=\dfrac{1}{y^2}+\dfrac{x}{y}+1=\dfrac{1}{\sin^2\theta}+\cot\theta+1=\csc^2\theta+\cot\theta+1=\left(\cot\theta+\dfrac{1}{2}\right)^2+\dfrac{7}{4}\geqslant\dfrac{7}{4} .$

$\longrightarrow 1+\cot^2\theta$

⑤平方后可简化.

若$a^2+b^2=A$, $ab=B$, 则$|a+b|=\sqrt{(a+b)^2}=\sqrt{A+2B}$.

如

$$\sqrt{1+\sqrt{a_n}}+\sqrt{1-\sqrt{a_n}}=\sqrt{2+2\sqrt{1-a_n}} ,$$

$$\sqrt{2+\sqrt{3}}+\sqrt{2-\sqrt{3}}=\sqrt{4+2\times1}=\sqrt{6} .$$

又如

$$y=\sqrt{x+1}+\sqrt{2-x}\Rightarrow y^2=3+2\sqrt{(2-x)(x+1)} ,$$

这样一变形,方便讨论最值.

(8)特殊值法.

令$x=x_0$, 使欲求表达式与条件表达式产生联系.

如$f(x)=ax^3+bx^2+cx+d$, 则

$$a+b+c+d=f(1) ,$$

$$a-b+c-d=-f(-1) ,$$

$$3a+2b+c=f'(1) ,$$

所以

$$a+c=\dfrac{1}{2}[f(1)-f(-1)] ,$$

$$b + d = \frac{1}{2}[f(1) + f(-1)].$$

(9)因式分解法.

$$a^2 + ab + b^2 = \frac{a^3 - b^3}{a - b},$$

$$a^2 - ab + b^2 = \frac{a^3 + b^3}{a + b}.$$

当 n 为正整数时，$a^{n-1} + a^{n-2}b + \cdots + ab^{n-2} + b^{n-1} = \frac{a^n - b^n}{a - b}.$

当 n 为正奇数时，$a^{n-1} - a^{n-2}b + \cdots - ab^{n-2} + b^{n-1} = \frac{a^n + b^n}{a + b}.$

(10)整数幂和法.

$$1^k + 2^k + \cdots + n^k = \frac{1}{k+1}n^{k+1} + R_k.$$

如

$$1^2 + 2^2 + \cdots + n^2 = \frac{1}{3}n^3 + R_2,$$

$$1^3 + 2^3 + \cdots + n^3 = \frac{1}{4}n^4 + R_3,$$

$$1^4 + 2^4 + \cdots + n^4 = \frac{1}{5}n^5 + R_4.$$

这在放缩法中有重要作用.

例6 计算 $\lim\limits_{n \to \infty}\left(\sin\frac{1}{n^2} + \sin\frac{2}{n^2} + \cdots + \sin\frac{n}{n^2} \right).$

【解】 由 $\qquad x - \frac{1}{6}x^3 < \sin x < x \, (0 < x < 1),$

故 $\frac{1}{n^2} + \frac{2}{n^2} + \cdots + \frac{n}{n^2} - \frac{1}{6}\left(\frac{1^3}{n^6} + \frac{2^3}{n^6} + \cdots + \frac{n^3}{n^6} \right) < \sin\frac{1}{n^2} + \sin\frac{2}{n^2} + \cdots + \sin\frac{n}{n^2} < \frac{1}{n^2} + \frac{2}{n^2} + \cdots + \frac{n}{n^2}$，而

$$\lim_{n \to \infty}\left(\frac{1}{n^2} + \frac{2}{n^2} + \cdots + \frac{n}{n^2} \right) = \lim_{n \to \infty}\frac{\frac{1}{2}n(n+1)}{n^2} = \frac{1}{2}, \qquad \frac{1^3 + 2^3 + \cdots + n^3}{n^6} = \frac{\frac{1}{4}n^4 + R_3}{n^6} \to 0,$$

无须计算

$$\lim_{n \to \infty}\left[\left(\frac{1}{n^2} + \frac{2}{n^2} + \cdots + \frac{n}{n^2} \right) - \frac{1}{6}\left(\frac{1^3}{n^6} + \frac{2^3}{n^6} + \cdots + \frac{n^3}{n^6} \right) \right] = \lim_{n \to \infty}\frac{\frac{1}{2}n(n+1)}{n^2} - 0 = \frac{1}{2},$$

由夹逼准则，

$$\lim_{n \to \infty}\left(\sin\frac{1}{n^2} + \sin\frac{2}{n^2} + \cdots + \sin\frac{n}{n^2} \right) = \frac{1}{2}.$$

【注】此题不是形如 $\lim\limits_{n\to\infty}\sum f\left(\dfrac{k}{n}\right)\dfrac{1}{n}$ 的问题，不能用定积分定义.

（11）三角公式法.

①
$$a\sin x + b\cos x = \sqrt{a^2+b^2}\left(\sin x\cdot\dfrac{a}{\sqrt{a^2+b^2}}+\cos x\cdot\dfrac{b}{\sqrt{a^2+b^2}}\right)$$
$$=\sqrt{a^2+b^2}(\sin x\cos\varphi+\cos x\sin\varphi)=\sqrt{a^2+b^2}\sin(x+\varphi),$$

其中 φ 为向量 $(a,\ b)$ 的方向角.

② $\tan\left(\dfrac{\pi}{4}-\alpha\right)=\dfrac{1-\tan\alpha}{1+\tan\alpha}$.

（12）共轭法.

A 与 B 互为共轭式，可理解为 A，B 具有函数形式上的相似性，且其代数运算结果简单，当题中出现 A 时，可考虑 B，并与 A 作运算.

①由于 $\sqrt{a}-\sqrt{b}=\dfrac{a-b}{\sqrt{a}+\sqrt{b}}$ ，故见到 $\sqrt{a}-\sqrt{b}$ ，可考虑其共轭式 $\sqrt{a}+\sqrt{b}$.

当然，更为广泛地，$a+b$ 与 $a-b$ 亦互为共轭式.

②由于 $\sin^2 x+\cos^2 x=1$ 或 $2\sin x\cos x=\sin 2x$ ，则 $\sin x$ 与 $\cos x$ 互为共轭式.

③由于
$$(a\sin x+b\cos x)^2=a^2\sin^2 x+b^2\cos^2 x+2ab\sin x\cos x,$$
$$(b\sin x-a\cos x)^2=b^2\sin^2 x+a^2\cos^2 x-2ab\sin x\cos x,$$

故
$$(a\sin x+b\cos x)^2+(b\sin x-a\cos x)^2=a^2+b^2.$$

所以见到 $a\sin x+b\cos x$ ，可考虑其共轭式 $b\sin x-a\cos x$.

④由于
$$\cos ax\cos bx+\sin ax\sin bx=\cos(a-b)x,$$
$$\cos ax\cos bx-\sin ax\sin bx=\cos(a+b)x,$$

故见到 $\cos ax\cos bx$ ，可考虑其共轭式 $\sin ax\sin bx$.

例7 已知 $f(x)=\cos ax\cos bx$ ，则 $f^{(n)}(x)=$ _____ .

【解】 应填 $\dfrac{(a+b)^n}{2}\cos\left[(a+b)x+\dfrac{n\pi}{2}\right]+\dfrac{(a-b)^n}{2}\cos\left[(a-b)x+\dfrac{n\pi}{2}\right]$.

法一 积化和差.

先将函数变形为 $f(x)=\dfrac{1}{2}\left[\cos(a+b)x+\cos(a-b)x\right]$ ，再利用常用函数的高阶导数公式得

$$f^{(n)}(x)=\dfrac{(a+b)^n}{2}\cos\left[(a+b)x+\dfrac{n\pi}{2}\right]+\dfrac{(a-b)^n}{2}\cos\left[(a-b)x+\dfrac{n\pi}{2}\right].$$

法二 直接使用莱布尼茨公式.

$$f^{(n)}(x) = \sum_{k=0}^{n} C_n^k a^k \cos\left(ax + \frac{k\pi}{2}\right) \cdot b^{n-k} \cos\left[bx + \frac{(n-k)\pi}{2}\right]$$

$$= \sum_{k=0}^{n} C_n^k a^k b^{n-k} \cos\left(ax + \frac{k\pi}{2}\right) \cos\left[bx + \frac{(n-k)\pi}{2}\right].$$

【注】尽管法二看起来似乎直接，但读者应当充分意识到，其结果是没有什么实用价值的，如果要求 0 处的高阶导数值，法二的结果做不到．真正有价值的结果应该仍然是法一所给出的（至少不带有求和符号），而这就需要对三角函数进行积化和差的变换：题目所给的是乘积的形式，求导是复杂的，但如果能变成加减法，每一项求导是简单的，几个式子的加减当然仍然是简单的．我们常见的裂项、这里的积化和差，都是朝加减法的角度做转化.

也希望读者能借此记住三角函数的积化和差与和差化积公式，形如此题的积化和差不仅在求高阶导数时会遇到，未来在求原函数时一样可能遇到.

此题中涉及的公式可以简要推导如下，即寻找 $\cos ax \cos bx$ 的共轭式：

$$\cos ax \cos bx + \sin ax \sin bx = \cos(a-b)x, \quad \cos ax \cos bx - \sin ax \sin bx = \cos(a+b)x,$$

两式相加、相减即得到两个积化和差公式，类似方法可以得到另外两个积化和差公式．对其换元，即可得到和差化积公式.

显然，以上内容还未包括以下常用的等式变形：

① $a = a + b - b$（加项减项）.

② $a = \dfrac{a}{b} \cdot b$（除项乘项）.

③ $1 = a \cdot \dfrac{1}{a} = \sin^2 x + \cos^2 x = a^0$（1 的转化）（如 $1 = e^0$）.

④ $x^4 + 1 = x^2\left(x^2 + \dfrac{1}{x^2}\right)$（创造 $a + \dfrac{1}{a}$）（见例 9.6）.

⑤ $a^b = c^d \Rightarrow b \ln a = d \ln c$（取对数法）.

⑥ $\displaystyle\int_a^b f(x)\mathrm{d}x = \int_a^c f(x)\mathrm{d}x + \int_c^b f(x)\mathrm{d}x$.

2.不等式变形

用不等号连接数学中的量 A 与量 B，称为不等式，于是 A 与 B 的相互转化形成了放大与缩小，即**不等式变形**.

（1）抽象型基本不等关系.

① $0 \leqslant a + |a| \leqslant 2|a|$.

② $|a| = |a - b + b| \leqslant |a - b| + |b|$.

③ $|a - b| = |a - c + c - b| \leqslant |a - c| + |c - b|$. —— 三个量的关系

④ $\dfrac{2}{\dfrac{1}{a}+\dfrac{1}{b}}\leqslant\sqrt{ab}\leqslant\dfrac{a+b}{2}\leqslant\sqrt{\dfrac{a^2+b^2}{2}}\ (a,\ b>0)$.

以" ab "为目标放缩

⑤ $|ab|\leqslant\dfrac{a^2+b^2}{2}$.

⑥ $a^2+b^2\geqslant2ab$.　以" a^2+b^2 "为目标放缩

⑦ $4ab\leqslant(a+b)^2\leqslant2(a^2+b^2)$.　以" $a+b$ "或" $(a+b)^2$ "为目标放缩

⑧ $\dfrac{1}{a}+\dfrac{1}{b}\geqslant\dfrac{2}{\sqrt{ab}}\ (a,\ b>0)$.　以" $\dfrac{1}{a}+\dfrac{1}{b}$ "为目标放缩

⑨ $\dfrac{1}{a}+\dfrac{1}{b}\geqslant\dfrac{4}{a+b}\ (a,\ b>0)$.

⑩ $(a+b)\left(\dfrac{1}{a}+\dfrac{1}{b}\right)\geqslant4\ (a,\ b>0)$.　以" $a+b$ "与" $\dfrac{1}{a}+\dfrac{1}{b}$ "为目标放缩

⑪ $\dfrac{a^2}{c}+\dfrac{b^2}{d}\geqslant\dfrac{(a+b)^2}{c+d}\ (a,\ b,\ c,\ d>0)$.　以" $k_1a^2+k_2b^2$ "为目标放缩

⑫ $\dfrac{a+b+c}{3}\geqslant\sqrt[3]{abc}\ (a,b,c>0)$.

如： $a>0$ ， $\dfrac{2a^3+1}{3a^2}=\dfrac{1}{3}\left(a+a+\dfrac{1}{a^2}\right)\geqslant\sqrt[3]{a\cdot a\cdot\dfrac{1}{a^2}}=1$.

⑬ $a+\dfrac{1}{a}\geqslant2\ (a>0)$.

如： $a>1$ ， $\dfrac{(a-1)^2+1}{a-1}=a-1+\dfrac{1}{a-1}\geqslant2\sqrt{(a-1)\cdot\dfrac{1}{a-1}}=2$.

以" $(x-a)^2+(b-x)^2$ "为目标放缩

⑭ $\dfrac{(b-a)^2}{2}\leqslant(x-a)^2+(b-x)^2\leqslant(b-a)^2,\ x\in[a,\ b]$.

以" $(x-a)^3+(b-x)^3$ "为目标放缩

⑮ $\dfrac{(b-a)^3}{4}\leqslant(x-a)^3+(b-x)^3\leqslant(b-a)^3,\ x\in[a,\ b]$.

⑯ $\left|\displaystyle\int_a^b f(x)\mathrm{d}x\right|\leqslant\int_a^b|f(x)|\,\mathrm{d}x\,(a<b)$.

⑰ $\left|\displaystyle\int_a^b f(x)\mathrm{d}x\right|=\left|\int_a^c f(x)\mathrm{d}x+\int_c^b f(x)\mathrm{d}x\right|\leqslant\int_a^c|f(x)|\,\mathrm{d}x+\int_c^b|f(x)|\,\mathrm{d}x$.

⑱ $(a_1b_1+a_2b_2)^2\leqslant(a_1^2+a_2^2)(b_1^2+b_2^2)$ （柯西不等式）.

【注】设 $\boldsymbol{\alpha}=(a_1,\ a_2)$ ， $\boldsymbol{\beta}=(b_1,\ b_2)$ ，则 $\boldsymbol{\alpha}\cdot\boldsymbol{\beta}=\|\boldsymbol{\alpha}\|\|\boldsymbol{\beta}\|\cos\theta$ ，即 $a_1b_1+a_2b_2=\sqrt{a_1^2+a_2^2}\cdot\sqrt{b_1^2+b_2^2}\cdot$ $\cos\theta$.显然， $\cos\theta\leqslant1$ ，故有 $(a_1b_1+a_2b_2)^2\leqslant(a_1^2+a_2^2)\cdot(b_1^2+b_2^2)$. $\cos\theta$ 是刻画 $\boldsymbol{\alpha}$ ， $\boldsymbol{\beta}$ 位置关系的量，

α，β 越趋向于"正交"位置关系，$a_1 b_1 + a_2 b_2$ 越小．此不等式在积分学中的表达为

$$\left[\int_a^b f(x)g(x)\mathrm{d}x\right]^2 \leqslant \int_a^b f^2(x)\mathrm{d}x \cdot \int_a^b g^2(x)\mathrm{d}x.$$

（2）抽象型条件不等关系．

这里的不等关系，是要在相关变量满足一定条件下才能成立的，故称**条件不等关系**．

① $0 < a < 1 \Rightarrow a > a^2$，$\dfrac{a^2}{2} < a - \dfrac{a^2}{2} < a$．

② $0 < a < 1 \Rightarrow (1-a)^n - (1-a)^{n+1} = (1-a)^n(1-1+a) = (1-a)^n \cdot a > 0$．

③ 若 $ab = A$，则 $a+b \geqslant 2\sqrt{A}$ $(a,\ b > 0)$． 以"ab"为起点，"$a+b$"为目标放缩

④ 若 $a+b = A$，则 $ab \leqslant \dfrac{1}{4}A^2$ $(a,\ b > 0)$． 以"$a+b$"为起点，"ab"为目标放缩

如：$x_0 + (1-x_0) = 1$，$x_0 \in (0,\ 1)$，则 $x_0(1-x_0) \leqslant \dfrac{1}{4}$，$\dfrac{1}{x_0(1-x_0)} \geqslant 4$．

⑤ $c \geqslant M \Rightarrow a+b+c \geqslant a+b+M$．

⑥ $c \leqslant M \Rightarrow a+b+c \leqslant a+b+M$．

⑦ $|c| \leqslant M \Rightarrow |a+b+c| \leqslant |a|+|b|+|c| \leqslant |a|+|b|+M$．

⑧ $a_n > 0$，a_n 单调减少 $\Rightarrow a_{n+1} \leqslant \sqrt{a_n a_{n+1}}$．

⑨ $a,\ b > 0 \Rightarrow \dfrac{1}{\sqrt{a+b}} < \dfrac{1}{\sqrt{a}}$．

⑩ $a > 1$，$b > 0 \Rightarrow \dfrac{a-\sqrt{a}}{a+b} < \dfrac{a-\sqrt{a}}{a} < 1$．

⑪ $a > 1 \Rightarrow \dfrac{a}{1+a} > \dfrac{1}{2}$．

⑫ $0 < a < 1 \Rightarrow \dfrac{a}{2} < \dfrac{a}{1+a} < a$．

⑬ $0 < a < \dfrac{1}{2} \Rightarrow a < \dfrac{a}{1-a} < 2a$．

⑭ $0 < a < 1 \Rightarrow \dfrac{a}{1-a} > a$．

⑮ $0 < a < 1 \Rightarrow 1 - \sqrt{1-a} = \dfrac{a}{1+\sqrt{1-a}} < a$．

⑯ $a > 0 \Rightarrow \sqrt{b^2 - 2ab + 2a^2} = \sqrt{(b-a)^2 + a^2} \geqslant |b-a|$．

⑰ $b > a > 0 \Rightarrow \sqrt{b^2 - 2ab + 2a^2} = \sqrt{b^2 - 2a(b-a)} \leqslant b$．

⑱ $0<a<2 \Rightarrow \sqrt{a(2-a)} \leqslant \dfrac{a+2-a}{2}=1$.

⑲ $0<a<\dfrac{1}{2} \Rightarrow \sqrt{a(1-2a)}=\dfrac{1}{\sqrt{2}}\sqrt{2a(1-2a)} \leqslant \dfrac{1}{\sqrt{2}} \cdot \dfrac{2a+1-2a}{2}=\dfrac{1}{2\sqrt{2}}$.

⑳ $a,\ b>0 \Rightarrow \sqrt{a(a+b)}-a=\dfrac{ba}{\sqrt{a(a+b)}+a} \leqslant \dfrac{1}{2}b$.

㉑ $a+\dfrac{4}{a}(a>0) \leqslant 4 \Rightarrow (a-2)^2 \leqslant 0 \Rightarrow a=2$.

㉒ $a+\dfrac{4}{b} \leqslant 4$, $0<b<4 \Rightarrow a-b \leqslant 4-\dfrac{4}{b}-b=4-\left(\dfrac{4}{b}+b\right) \leqslant 4-4=0$.

（3）初等函数不等关系.

① $\mathrm{e}^x \geqslant x+1 \Rightarrow \mathrm{e}^{\square} \geqslant \square+1$, 如: $\mathrm{e}^{x-1} \geqslant x$.

② $\mathrm{e}^x \geqslant \mathrm{e}x$.

③ $1-\dfrac{1}{x} \leqslant \ln x \leqslant x-1$.

④ 当 $0<x<1$ 时, $\dfrac{x}{x+1} \leqslant \ln\left(1+\dfrac{1}{x}\right) \leqslant \dfrac{1}{x}$.

如: $\ln(1+n) \leqslant n$; $\ln n<n$; $\dfrac{1}{\ln\sqrt{n}}=\dfrac{1}{\dfrac{1}{2}\ln n}=\dfrac{2}{\ln n}>\dfrac{2}{n}$.

事实上, 根据泰勒展开式, 当 $x>0$ 时,

$$\ln(1+x)=x-\dfrac{1}{2}x^2+\dfrac{1}{3}x^3-\cdots .$$

又有

$$\ln(1+x)-x=-\dfrac{1}{2}x^2+\dfrac{1}{3}x^3-\cdots>-\dfrac{1}{2}x^2 ,$$

$$x-\ln(1+x)=\dfrac{1}{2}x^2-\dfrac{1}{3}x^3+\cdots<\dfrac{1}{2}x^2 ,$$

故

$$\dfrac{1}{n^2}-\ln\dfrac{n^2+1}{n^2}=\dfrac{1}{n^2}-\ln\left(1+\dfrac{1}{n^2}\right)<\dfrac{1}{2n^4} .$$

⑤ $\mathrm{e}^x-\ln x>2$.

⑥ $n!<n^n$, $\ln n!<\ln n^n=n\ln n$, $n>1$.

⑦ $\sin x<x<\tan x$, $x\in\left(0,\dfrac{\pi}{2}\right)$.

⑧ $\dfrac{2}{\pi}<\dfrac{\sin x}{x}<1$, $x\in\left(0,\dfrac{\pi}{2}\right)$.

⑨ $1<\dfrac{\tan x}{x}<\dfrac{4}{\pi}$, $x\in\left(0,\dfrac{\pi}{4}\right)$.

⑩ $\left(1+\dfrac{1}{x}\right)^x < \mathrm{e}$, $x>0$.

⑪ $x\ln x \geqslant -\dfrac{1}{\mathrm{e}}$, $x>0$.

⑫ $|\cos x| = \left|\sin\left(\dfrac{\pi}{2}-x\right)\right| \leqslant \left|x-\dfrac{\pi}{2}\right|$.

（4）函数性态中的不等关系.

① 极限保号性中的不等关系.

若 $\lim\limits_{n\to\infty} x_n = a \neq 0$，则 $|x_n| > \dfrac{|a|}{2}$.

若 $\lim\limits_{x\to\cdot} f(x) = a \neq 0$，则 $|f(x)| > \dfrac{|a|}{2}$.

当 $a=0$ 时，$|x_n| < \dfrac{1}{2}$，$|f(x)| < \dfrac{1}{2}$.

② 函数单调性中的不等关系.

a. 若 $f(x)$ 单调递增，则当 $x>x_0$ 时，$f(x) \geqslant f(x_0)$.

b. 若 $f(x)$ 单调递增，则 $(x-x_0)[f(x)-f(x_0)] \geqslant 0$.

如：$f(x)$ 在 $[a,\ b]$ 上单调递增 $\Rightarrow \begin{cases} \left[f(x)-f\left(\dfrac{a+b}{2}\right)\right]\left(x-\dfrac{a+b}{2}\right) \geqslant 0, \\ \forall c \in [a,\ b], [f(x)-f(c)](x-c) \geqslant 0. \end{cases}$

c. a，$b>0$，$a = \ln(a+\mathrm{e}^b) \Rightarrow a > \ln \mathrm{e}^b = b$（$\ln x$ 单调）.

d. $0 < a$，$b < \dfrac{\pi}{2}$，$\cos a - a = \cos b \Rightarrow \cos a - \cos b = a > 0$（$\cos x$ 单调）$\Rightarrow b > a$.

e. 若 $f(x)$ 单调递增，$x>0$，则 $\dfrac{xf(x)-\displaystyle\int_0^x f(t)\,\mathrm{d}t}{x^2} = \dfrac{xf(x)-f(\xi)x}{x^2} = \dfrac{f(x)-f(\xi)}{x} > 0$，$\xi \in (0,\ x)$.

f. 若 $f(x)$ 单调递减，则 $\displaystyle\sum_{k=1}^{n-1} f(k+1) \leqslant \sum_{k=1}^{n-1}\int_k^{k+1} f(x)\,\mathrm{d}x \leqslant \sum_{k=1}^{n-1}\int_k^{k+1} f(k)\,\mathrm{d}x = \sum_{k=1}^{n-1} f(k)$.

如：$\displaystyle\sum_{k=1}^{n-1} \dfrac{1}{k+1} \leqslant \sum_{k=1}^{n-1}\int_k^{k+1} \dfrac{1}{x}\,\mathrm{d}x \leqslant \sum_{k=1}^{n-1}\int_k^{k+1} \dfrac{1}{k}\,\mathrm{d}x = \sum_{k=1}^{n-1} \dfrac{1}{k}$，即 $\dfrac{1}{2}+\cdots+\dfrac{1}{n} \leqslant \int_1^n \dfrac{1}{x}\,\mathrm{d}x \leqslant 1+\dfrac{1}{2}+\cdots+\dfrac{1}{n-1}$，也即

$\dfrac{1}{2}+\cdots+\dfrac{1}{n} \leqslant \ln n \leqslant 1+\dfrac{1}{2}+\cdots+\dfrac{1}{n-1}$，从而 $\ln 2 > \dfrac{1}{2}$，$\ln 3 > \dfrac{1}{2}+\dfrac{1}{3} > \dfrac{2}{3}$，$\cdots$，$\ln n > \dfrac{1}{2}+\cdots+\dfrac{1}{n} > \dfrac{n-1}{n}$.

故 $\ln 2 \cdot \ln 3 \cdots \ln n > \dfrac{1}{2}\cdot\dfrac{2}{3}\cdots\dfrac{n-1}{n} = \dfrac{1}{n}$.

③ 曲线凹凸性中的不等关系.

$$f''(x) > 0 \Rightarrow f(x) \leqslant f(a) + \dfrac{f(b)-f(a)}{b-a}(x-a),\ a \leqslant x \leqslant b.$$

④积分不等关系.

$$0 < a_n = \int_0^{\frac{\pi}{4}} \tan^n x \, \mathrm{d}x = \int_0^1 \frac{t^n}{1+t^2} \, \mathrm{d}t < \int_0^1 t^n \, \mathrm{d}t = \frac{1}{n+1} \Rightarrow 0 < a_n < \frac{1}{n+1} < \frac{1}{n} \Rightarrow \frac{a_n}{n^p} < \frac{1}{n^{1+p}}.$$

⑤绝对值不等关系.

$$\left| \int_0^1 f(x)\mathrm{d}x - \frac{1}{n}\sum_{k=1}^n f\left(\frac{k-1}{n}\right) \right| = \left| \sum_{k=1}^n \int_{\frac{k-1}{n}}^{\frac{k}{n}} f(x)\mathrm{d}x - \frac{1}{n}\sum_{k=1}^n f\left(\frac{k-1}{n}\right) \right|$$

$$= \left| \sum_{k=1}^n \int_{\frac{k-1}{n}}^{\frac{k}{n}} \left[f(x) - f\left(\frac{k-1}{n}\right) \right] \mathrm{d}x \right|$$

$$\leqslant \sum_{k=1}^n \int_{\frac{k-1}{n}}^{\frac{k}{n}} \left| f(x) - f\left(\frac{k-1}{n}\right) \right| \mathrm{d}x.$$

(5)消去法中的不等关系.

①因 $\dfrac{1}{(2n-1)^2} > \dfrac{1}{(2n-1)(2n+1)} = \dfrac{1}{2}\left(\dfrac{1}{2n-1} - \dfrac{1}{2n+1} \right)$,故

$$1 + \frac{1}{3^2} + \frac{1}{5^2} + \cdots + \frac{1}{(2n-1)^2} > 1 + \frac{1}{2}\left(\frac{1}{3} - \frac{1}{5} + \frac{1}{5} - \frac{1}{7} + \cdots + \frac{1}{2n-1} - \frac{1}{2n+1} \right)$$

$$= 1 + \frac{1}{2}\left(\frac{1}{3} - \frac{1}{2n+1} \right)$$

$$= \frac{7}{6} - \frac{1}{2(2n+1)}.$$

② $0 < a < b$,$\sqrt{b} - \dfrac{a}{\sqrt{b}} = \dfrac{b-a}{\sqrt{b}} = \dfrac{(\sqrt{b}+\sqrt{a})(\sqrt{b}-\sqrt{a})}{\sqrt{b}} = \left(1 + \sqrt{\dfrac{a}{b}} \right)(\sqrt{b}-\sqrt{a}) < 2(\sqrt{b}-\sqrt{a}).$

③

$$S_n = \sum_{k=1}^n a_k,\ a_n > 0 \Rightarrow \frac{a_n}{S_n^2} = \frac{S_n - S_{n-1}}{S_n^2} < \frac{S_n - S_{n-1}}{S_n \cdot S_{n-1}} = \frac{1}{S_{n-1}} - \frac{1}{S_n},$$

故

$$\sum_{k=2}^n \frac{a_k}{S_k^2} < \frac{1}{S_1} - \frac{1}{S_2} + \frac{1}{S_2} - \frac{1}{S_3} + \cdots + \frac{1}{S_{n-1}} - \frac{1}{S_n} = \frac{1}{a_1} - \frac{1}{S_n}.$$

本部分内容至此结束,但本书作者希望读者将本部分内容反复练习、思考,自行扩充,甚至反复抄写,达到能背诵的程度,你自会发现能力不知不觉上来了.事实上,本书所讲到的"隐含条件体系块""等价表述体系块"与"形式化归体系块",都与变形紧密相关,变形能力的提升,既要在科学的方向,也要有足够量的反复实践,若解题者数学变形可如行云流水,则可达"用数学思考数学"的状态,这便是真正学会了.

第二篇
线性代数

第1讲 行列式

三向解题法

行列式
(O(盯住目标))

1. 具体型行列式计算大观: 1 ~ 11
(D_1(常规操作)+P_3(数学归纳))

2. 抽象型行列式的计算: a_{ij} 未给出
(D_1(常规操作)+D_{23}(化归经典形式))

1. 具体型行列式计算大观: 1 ~ 11
(D_1(常规操作)+P_3(数学归纳))

初等变换 | X型行列式 | 类对称行列式 | 类加边行列式 | $|\lambda E-AB|$型行列式 | 分块型行列式

范德蒙德行列式 | 宽对角行列式 | $|A+\alpha\beta^T|$型行列式 | $|A+B_1B_2|$型行列式 | $|A|=|BC|$型行列式

2. 抽象型行列式的计算: a_{ij} 未给出
(D_1(常规操作)+D_{23}(化归经典形式))

用行列式的性质 | 用矩阵知识 | 用相似理论

见 "一、1.(1)"

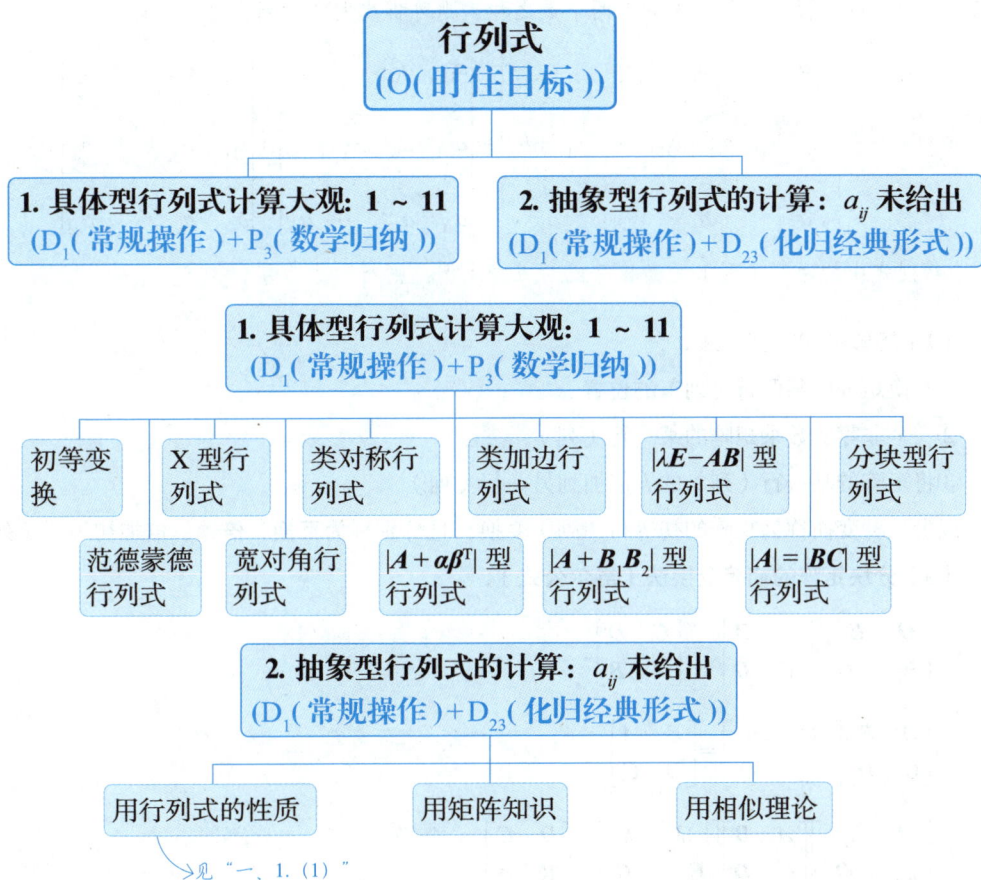

一、具体型行列式计算大观: 1 ~ 11(D_1(常规操作)+P_3(数学归纳))

计算行列式, 有三大法宝:

a. 观察特点; b. 初等变换; c. 用好公式.

1. 初等变换

（1）行列式的初等变换法.

①互换: 行列式中两行（列）互换, 行列式的值反号.

②倍乘: 行列式中某行（列）元素有公因子 k（$k \neq 0$）, 则 k 可提到行列式外面, 即

$$\begin{vmatrix} a_{11} & a_{12} & \cdots & a_{1n} \\ \vdots & \vdots & & \vdots \\ ka_{i1} & ka_{i2} & \cdots & ka_{in} \\ \vdots & \vdots & & \vdots \\ a_{n1} & a_{n2} & \cdots & a_{nn} \end{vmatrix} = k \begin{vmatrix} a_{11} & a_{12} & \cdots & a_{1n} \\ \vdots & \vdots & & \vdots \\ a_{i1} & a_{i2} & \cdots & a_{in} \\ \vdots & \vdots & & \vdots \\ a_{n1} & a_{n2} & \cdots & a_{nn} \end{vmatrix}.$$

③倍加：行列式中某行（列）的 k 倍加到另一行（列），行列式的值不变.

【注】（1）行列互换，其值不变，即 $|A| = |A^{\mathrm{T}}|$.

（2）若行列式中某行（列）元素全为零，则行列式为零.

（3）行列式中某行（列）元素均是两个数之和，则可拆成两个行列式之和，即

$$\begin{vmatrix} a_{11} & a_{12} & \cdots & a_{1n} \\ \vdots & \vdots & & \vdots \\ a_{11}+b_{11} & a_{12}+b_{12} & \cdots & a_{1n}+b_{1n} \\ \vdots & \vdots & & \vdots \\ a_{n1} & a_{n2} & \cdots & a_{nn} \end{vmatrix} = \begin{vmatrix} a_{11} & a_{12} & \cdots & a_{1n} \\ \vdots & \vdots & & \vdots \\ a_{11} & a_{12} & \cdots & a_{1n} \\ \vdots & \vdots & & \vdots \\ a_{n1} & a_{n2} & \cdots & a_{nn} \end{vmatrix} + \begin{vmatrix} a_{11} & a_{12} & \cdots & a_{1n} \\ \vdots & \vdots & & \vdots \\ b_{11} & b_{12} & \cdots & b_{1n} \\ \vdots & \vdots & & \vdots \\ a_{n1} & a_{n2} & \cdots & a_{nn} \end{vmatrix}.$$

（4）行列式中的两行（列）元素相等或对应成比例，则行列式为零.

（2）矩阵的初等变换法.

①互换矩阵中某两行（列）的位置.

②一个非零常数乘矩阵的某一行（列）.

③将矩阵的某一行（列）的 k 倍加到另一行（列）.

以上三种变换称为矩阵的初等行（列）变换，且分别称为**互换**、**倍乘**、**倍加**初等行（列）变换.

（3）分块矩阵的初等变换法（舒尔公式）.

① $\begin{bmatrix} O & E_{n-r} \\ E_r & O \end{bmatrix} \begin{bmatrix} A & B \\ C & D \end{bmatrix} = \begin{bmatrix} C & D \\ A & B \end{bmatrix}.$ → 将分块矩阵的第一、二行互换

② $\begin{bmatrix} A & B \\ C & D \end{bmatrix} \begin{bmatrix} O & E_r \\ E_{n-r} & O \end{bmatrix} = \begin{bmatrix} B & A \\ D & C \end{bmatrix}.$ → 将分块矩阵的第一、二列互换

③ $\begin{bmatrix} O & E_{n-r} \\ E_r & O \end{bmatrix} \begin{bmatrix} A & B \\ C & D \end{bmatrix} \begin{bmatrix} O & E_r \\ E_{n-r} & O \end{bmatrix} = \begin{bmatrix} D & C \\ B & A \end{bmatrix}.$ → 综合使用上述①，②的手段

④ $\begin{bmatrix} k_1 E_r & O \\ O & k_2 E_{n-r} \end{bmatrix} \begin{bmatrix} A & B \\ C & D \end{bmatrix} = \begin{bmatrix} k_1 A & k_1 B \\ k_2 C & k_2 D \end{bmatrix}.$ → 分块矩阵的第一行乘 k_1 倍，第二行乘 k_2 倍

⑤ $\begin{bmatrix} A & B \\ C & D \end{bmatrix} \begin{bmatrix} k_1 E_r & O \\ O & k_2 E_{n-r} \end{bmatrix} = \begin{bmatrix} k_1 A & k_2 B \\ k_1 C & k_2 D \end{bmatrix}.$ → 分块矩阵的第一列乘 k_1 倍，第二列乘 k_2 倍

⑥ $\begin{bmatrix} k_1 E_r & O \\ O & k_2 E_{n-r} \end{bmatrix} \begin{bmatrix} A & B \\ C & D \end{bmatrix} \begin{bmatrix} k_1 E_r & O \\ O & k_2 E_{n-r} \end{bmatrix} = \begin{bmatrix} k_1^2 A & k_1 k_2 B \\ k_1 k_2 C & k_2^2 D \end{bmatrix}.$ → 综合使用上述④，⑤的手段

当 A 可逆时，

⑦ $\begin{bmatrix} E_r & O \\ -CA^{-1} & E_{n-r} \end{bmatrix}\begin{bmatrix} A & B \\ C & D \end{bmatrix} = \begin{bmatrix} A & B \\ O & D-CA^{-1}B \end{bmatrix}.$

将分块矩阵的第一行的 $-CA^{-1}$ 倍加至第二行，使 C 处为 O

⑧ $\begin{bmatrix} A & B \\ C & D \end{bmatrix}\begin{bmatrix} E_r & -A^{-1}B \\ O & E_{n-r} \end{bmatrix} = \begin{bmatrix} A & O \\ C & D-CA^{-1}B \end{bmatrix}.$

将分块矩阵的第一列的 $-A^{-1}B$ 倍加至第二列，使 B 处为 O

⑨ $\begin{bmatrix} E_r & O \\ -CA^{-1} & E_{n-r} \end{bmatrix}\begin{bmatrix} A & B \\ C & D \end{bmatrix}\begin{bmatrix} E_r & -A^{-1}B \\ O & E_{n-r} \end{bmatrix} = \begin{bmatrix} A & O \\ O & D-CA^{-1}B \end{bmatrix}.$

综合使用上述⑦，⑧的手段

【注】舒尔公式可以把一般分块矩阵 $\begin{bmatrix} A & B \\ C & D \end{bmatrix}$ 化成上三角形分块矩阵、下三角形分块矩阵或对角线分块矩阵.

2. 范德蒙德行列式

盯着第二行，后项减前项的所有项的乘积

$$\begin{vmatrix} 1 & 1 & 1 & \cdots & 1 \\ x_1 & x_2 & x_3 & \cdots & x_n \\ x_1^2 & x_2^2 & x_3^2 & \cdots & x_n^2 \\ \vdots & \vdots & \vdots & & \vdots \\ x_1^{n-1} & x_2^{n-1} & x_3^{n-1} & \cdots & x_n^{n-1} \end{vmatrix} = \prod_{1\le i<j\le n}(x_j - x_i).$$

【注】范德蒙德行列式可用于求 $f(x)=a+bx+cx^2$ 的表达式. 如测得 (x_1, y_1), (x_2, y_2), (x_3, y_3) 为曲线 $y=f(x)$ 上的点，且 x_1, x_2, x_3 互不相等，则 $\begin{cases} a+bx_1+cx_1^2=y_1, \\ a+bx_2+cx_2^2=y_2, \\ a+bx_3+cx_3^2=y_3, \end{cases}$ 即 $\begin{bmatrix} 1 & x_1 & x_1^2 \\ 1 & x_2 & x_2^2 \\ 1 & x_3 & x_3^2 \end{bmatrix}\begin{bmatrix} a \\ b \\ c \end{bmatrix} = \begin{bmatrix} y_1 \\ y_2 \\ y_3 \end{bmatrix}.$ 由于

$$\begin{vmatrix} 1 & x_1 & x_1^2 \\ 1 & x_2 & x_2^2 \\ 1 & x_3 & x_3^2 \end{vmatrix} = \prod_{1\le i<j\le 3}(x_j-x_i) \ne 0,$$

由克拉默法则，可求得唯一一组 a, b, c.

3. X 型行列式

（1） $\begin{vmatrix} a & & & & & b \\ & \ddots & & & \cdot^{\cdot^\cdot} & \\ & & a & b & & \\ & & b & a & & \\ & \cdot^{\cdot^\cdot} & & & \ddots & \\ b & & & & & a \end{vmatrix}_{2n} = (a^2-b^2)^n.$

$$（2）\quad \begin{vmatrix} a_1 & & & & & & b_1 \\ & \ddots & & & & \iddots & \\ & & a_k & b_k & & & \\ & & b_{k+1} & a_{k+1} & & & \\ & \iddots & & & \ddots & & \\ b_{2k} & & & & & & a_{2k} \end{vmatrix} = \prod_{i=1}^{k}\left(a_i a_{2k+1-i} - b_i b_{2k+1-i}\right).$$

4. 宽对角行列式

$$\begin{vmatrix} a & b & & \\ c & \ddots & \ddots & \\ & \ddots & \ddots & b \\ & & c & a \end{vmatrix}_n = \begin{cases} (n+1)\left(\dfrac{a}{2}\right)^n, & a^2 = 4bc, \\[3mm] \dfrac{\left(a+\sqrt{a^2-4bc}\right)^{n+1} - \left(a-\sqrt{a^2-4bc}\right)^{n+1}}{2^{n+1}\sqrt{a^2-4bc}}, & a^2 \neq 4bc. \end{cases}$$

例 1.1 计算 $\begin{vmatrix} \alpha+\beta & \alpha\beta & & \\ 1 & \ddots & \ddots & \\ & \ddots & \ddots & \alpha\beta \\ & & 1 & \alpha+\beta \end{vmatrix}_n.$

【解】由 "一、4." 可知，$a = \alpha+\beta$，$b = \alpha\beta$，$c = 1$，于是

$$\begin{vmatrix} \alpha+\beta & \alpha\beta & & \\ 1 & \ddots & \ddots & \\ & \ddots & \ddots & \alpha\beta \\ & & 1 & \alpha+\beta \end{vmatrix}_n = \begin{cases} (n+1)\alpha^n, & \alpha = \beta, \\[3mm] \dfrac{\alpha^{n+1} - \beta^{n+1}}{\alpha - \beta}, & \alpha \neq \beta. \end{cases}$$

例 1.2 计算 $\begin{vmatrix} a^2+ab & a^2b & 0 & \cdots & 0 & 0 \\ 1 & a+b & ab & \cdots & 0 & 0 \\ 0 & 1 & a+b & \cdots & 0 & 0 \\ \vdots & \vdots & \vdots & & \vdots & \vdots \\ 0 & 0 & 0 & \cdots & a+b & ab \\ 0 & 0 & 0 & \cdots & 1 & a+b \end{vmatrix}_n.$

【解】第 1 行提出公因数，有

$$\begin{vmatrix} a^2+ab & a^2b & 0 & \cdots & 0 & 0 \\ 1 & a+b & ab & \cdots & 0 & 0 \\ 0 & 1 & a+b & \cdots & 0 & 0 \\ \vdots & \vdots & \vdots & & \vdots & \vdots \\ 0 & 0 & 0 & \cdots & a+b & ab \\ 0 & 0 & 0 & \cdots & 1 & a+b \end{vmatrix}_n = a\begin{vmatrix} a+b & ab & & & \\ 1 & a+b & ab & & \\ & 1 & \ddots & \ddots & \\ & & \ddots & \ddots & ab \\ & & & 1 & a+b \end{vmatrix}_n = \begin{cases} (n+1)a^{n+1}, & a=b, \\[3mm] \dfrac{a^{n+2} - ab^{n+1}}{a-b}, & a \neq b. \end{cases}$$

5. 类对称行列式

$$\begin{vmatrix} a & b & \cdots & b \\ c & \ddots & \ddots & \vdots \\ \vdots & \ddots & \ddots & b \\ c & \cdots & c & a \end{vmatrix}_n = \begin{cases} [a+(n-1)b](a-b)^{n-1}, & b=c, \\[3mm] \dfrac{b(a-c)^n - c(a-b)^n}{b-c}, & b \neq c. \end{cases}$$

【注】当 $b=c$ 时，可作如下思考：此矩阵可写为

$$A=\begin{bmatrix}1\\1\\\vdots\\1\end{bmatrix}[b,\,b,\,\cdots,\,b]-(b-a)\boldsymbol{E},$$

其中矩阵 $\begin{bmatrix}1\\1\\\vdots\\1\end{bmatrix}[b,\,b,\,\cdots,\,b]$ 的特征值为 0（$n-1$ 重），nb（单重）.

故 $\boldsymbol{A}$ 的特征值为 $a-b$（$n-1$ 重），$a+(n-1)b$（单重），故 $|\boldsymbol{A}|=(a-b)^{n-1}[a+(n-1)b]$.

当 $c=-b$ 时，原行列式 $=\dfrac{1}{2}[(a+b)^n+(a-b)^n]$.

例 1.3 计算 $\begin{vmatrix}0&1&\cdots&1\\1&\ddots&\ddots&\vdots\\\vdots&\ddots&\ddots&1\\1&\cdots&1&0\end{vmatrix}_n$.

【解】 $\begin{vmatrix}0&1&\cdots&1\\1&\ddots&\ddots&\vdots\\\vdots&\ddots&\ddots&1\\1&\cdots&1&0\end{vmatrix}_n=[0+(n-1)\cdot1](0-1)^{n-1}=(-1)^{n-1}(n-1)$.

【注】此矩阵可写为 $\boldsymbol{A}=\begin{bmatrix}1\\1\\\vdots\\1\end{bmatrix}[1,\,1,\,\cdots,\,1]-\boldsymbol{E}$.

6. $|\boldsymbol{A}+\boldsymbol{\alpha\beta}^{\mathrm{T}}|$ 型行列式

设 $\boldsymbol{A}$ 可逆，$\boldsymbol{\alpha},\,\boldsymbol{\beta}$ 是 n 维列向量，$\boldsymbol{\alpha}=\begin{bmatrix}x_1\\\vdots\\x_n\end{bmatrix}$，$\boldsymbol{\beta}=\begin{bmatrix}y_1\\\vdots\\y_n\end{bmatrix}$，则 $|\boldsymbol{A}+\boldsymbol{\alpha\beta}^{\mathrm{T}}|=|\boldsymbol{A}|(1+\boldsymbol{\beta}^{\mathrm{T}}\boldsymbol{A}^{-1}\boldsymbol{\alpha})$.

【注】证

$$\begin{bmatrix}\boldsymbol{E}&-\boldsymbol{\alpha}\\\boldsymbol{0}&1\end{bmatrix}\begin{bmatrix}\boldsymbol{A}&\boldsymbol{\alpha}\\-\boldsymbol{\beta}^{\mathrm{T}}&1\end{bmatrix}=\begin{bmatrix}\boldsymbol{A}+\boldsymbol{\alpha\beta}^{\mathrm{T}}&\boldsymbol{0}\\-\boldsymbol{\beta}^{\mathrm{T}}&1\end{bmatrix},\qquad\text{①}$$

$$\begin{bmatrix}\boldsymbol{E}&\boldsymbol{0}\\\boldsymbol{\beta}^{\mathrm{T}}\boldsymbol{A}^{-1}&1\end{bmatrix}\begin{bmatrix}\boldsymbol{A}&\boldsymbol{\alpha}\\-\boldsymbol{\beta}^{\mathrm{T}}&1\end{bmatrix}=\begin{bmatrix}\boldsymbol{A}&\boldsymbol{\alpha}\\\boldsymbol{0}&1+\boldsymbol{\beta}^{\mathrm{T}}\boldsymbol{A}^{-1}\boldsymbol{\alpha}\end{bmatrix},\qquad\text{②}$$

①②均取行列式，有

$$\left| A + \alpha \beta^{\mathrm{T}} \right| = |A|(1 + \beta^{\mathrm{T}} A^{-1} \alpha).$$

特别地，有 $\left| A + \alpha \alpha^{\mathrm{T}} \right| = |A|(1 + \alpha^{\mathrm{T}} A^{-1} \alpha)$.

且由 $\left| A + \alpha \beta^{\mathrm{T}} \right| = \begin{vmatrix} A & \alpha \\ -\beta^{\mathrm{T}} & 1 \end{vmatrix}$，即可推广至本讲"7."的计算公式了.

例 1.4 计算 $\begin{vmatrix} 2 & 1 & 1 & 1 & 1 \\ 1 & \frac{3}{2} & 1 & 1 & 1 \\ 1 & 1 & \frac{4}{3} & 1 & 1 \\ 1 & 1 & 1 & \frac{5}{4} & 1 \\ 1 & 1 & 1 & 1 & \frac{6}{5} \end{vmatrix}$.

【解】

$$\begin{bmatrix} 2 & 1 & 1 & 1 & 1 \\ 1 & \frac{3}{2} & 1 & 1 & 1 \\ 1 & 1 & \frac{4}{3} & 1 & 1 \\ 1 & 1 & 1 & \frac{5}{4} & 1 \\ 1 & 1 & 1 & 1 & \frac{6}{5} \end{bmatrix} = \begin{bmatrix} 1 & & & & \\ & \frac{1}{2} & & & \\ & & \frac{1}{3} & & \\ & & & \frac{1}{4} & \\ & & & & \frac{1}{5} \end{bmatrix} + \begin{bmatrix} 1 \\ 1 \\ 1 \\ 1 \\ 1 \end{bmatrix} [1, 1, 1, 1, 1],$$

则 $B = A + \alpha \alpha^{\mathrm{T}}$，$|B| = \left| A + \alpha \alpha^{\mathrm{T}} \right| = |A|(1 + \alpha^{\mathrm{T}} A^{-1} \alpha) = \dfrac{1}{5!}(1 + 1 + 2 + 3 + 4 + 5) = \dfrac{16}{120} = \dfrac{2}{15}$.

【注】（1）当 $a \neq 0$ 时，$\begin{bmatrix} a + a_1 b_1 & a_1 b_2 & \cdots & a_1 b_n \\ a_2 b_1 & a + a_2 b_2 & \cdots & a_2 b_n \\ \vdots & \vdots & & \vdots \\ a_n b_1 & a_n b_2 & \cdots & a + a_n b_n \end{bmatrix} = \begin{bmatrix} a & & & \\ & a & & \\ & & \ddots & \\ & & & a \end{bmatrix} + \begin{bmatrix} a_1 \\ a_2 \\ \vdots \\ a_n \end{bmatrix} [b_1, b_2, \cdots, b_n]$，则

$$|B| = \left| aE + \alpha \beta^{\mathrm{T}} \right| = |aE| \left(1 + \beta^{\mathrm{T}} \frac{1}{a} E \alpha \right) = a^n \cdot \left(1 + \frac{a_1 b_1 + \cdots + a_n b_n}{a} \right).$$

（2）当 $a \neq 0$ 时，$A = \begin{bmatrix} 1 + a & 2 & \cdots & n \\ 1 & 2 + a & \cdots & n \\ \vdots & \vdots & & \vdots \\ 1 & 2 & \cdots & n + a \end{bmatrix} = aE + \begin{bmatrix} 1 \\ 1 \\ \vdots \\ 1 \end{bmatrix} [1, 2, \cdots, n]$，

则 $|A| = \left| aE + \alpha \beta^{\mathrm{T}} \right| = |aE| [1 + \beta^{\mathrm{T}} (aE)^{-1} \alpha] = a^n \left(1 + \sum_{i=1}^{n} \frac{1}{a} i \right) = a^n \left[1 + \frac{n(n+1)}{2a} \right]$.

（3）
$$\begin{bmatrix} a_{11}+x & a_{12}+x & \cdots & a_{1n}+x \\ a_{21}+x & a_{22}+x & \cdots & a_{2n}+x \\ \vdots & \vdots & & \vdots \\ a_{n1}+x & a_{n2}+x & \cdots & a_{nn}+x \end{bmatrix} = A + \begin{bmatrix} x \\ x \\ \vdots \\ x \end{bmatrix}[1,1,\cdots,1],$$

则 $|B| = |A + \alpha\beta^{\mathrm{T}}| = |A|(1 + \beta^{\mathrm{T}}A^{-1}\alpha) = |A| + \beta^{\mathrm{T}}A^{*}\alpha = |A| + x\sum_{i=1}^{n}\sum_{j=1}^{n}A_{ij}$.

特别地，$\left|(a_{ij}+1)_{n\times n}\right| = |A| + \sum_{i=1}^{n}\sum_{j=1}^{n}A_{ij}$.

例 1.5 计算 $\begin{vmatrix} 3 & 1 & 1 & \cdots & 1 \\ 1 & 4 & 1 & \cdots & 1 \\ 1 & 1 & 5 & \cdots & 1 \\ \vdots & \vdots & \vdots & & \vdots \\ 1 & 1 & 1 & \cdots & n+1 \end{vmatrix}_{n-1}$.

【解】其矩阵可表示为 $\begin{bmatrix} 1 \\ 1 \\ 1 \\ \vdots \\ 1 \end{bmatrix}[1,1,1,\cdots,1] + \begin{bmatrix} 2 & & & \\ & 3 & & \\ & & \ddots & \\ & & & n \end{bmatrix} = \alpha\alpha^{\mathrm{T}} + A$.

故 $|\alpha\alpha^{\mathrm{T}} + A| = |A| + \sum_{i=1}^{n-1}\sum_{j=1}^{n-1}A_{ij} = n!\left(1 + \sum_{i=2}^{n}\frac{1}{i}\right)$.

例 1.6 若 $A = \begin{bmatrix} a+3 & 2 & 2 & \cdots & 2 & 2 \\ 2 & a & 1 & \cdots & 1 & 1 \\ 2 & 1 & a & \cdots & 1 & 1 \\ \vdots & \vdots & \vdots & & \vdots & \vdots \\ 2 & 1 & 1 & \cdots & a & 1 \\ 2 & 1 & 1 & \cdots & 1 & a \end{bmatrix}_{n\times n}$ 正定，则 a 的取值范围为_____.

【解】应填 $a > 1$.

$A = (a-1)E + \begin{bmatrix} 2 \\ 1 \\ \vdots \\ 1 \end{bmatrix}[2,1,\cdots,1]$，则

$$|A_k| = \left|(a-1)E_k + \alpha_k\alpha_k^{\mathrm{T}}\right|$$

$$= (a-1)^k\left|E_k + \frac{1}{a-1}\alpha_k\alpha_k^{\mathrm{T}}\right|$$

$$= (a-1)^k |\boldsymbol{E}_k| \left(1 + \frac{1}{a-1} \boldsymbol{\alpha}_k^{\mathrm{T}} \boldsymbol{E}_k^{-1} \boldsymbol{\alpha}_k\right)$$

$$= (a-1)^k \left(|\boldsymbol{E}_k| + \frac{1}{a-1} \boldsymbol{\alpha}_k^{\mathrm{T}} \boldsymbol{\alpha}_k\right)$$

$$= (a-1)^k \left(1 + \frac{4+k-1}{a-1}\right)$$

$$= (a-1)^{k-1}(a+k+2),$$

故 $a>1$ 且 $a>-k-2$，$k=1,2,\cdots,n$. 综上 $a>1$.

7. 类加边行列式

设 $\boldsymbol{A}$ 可逆，$\boldsymbol{\alpha}$，$\boldsymbol{\beta}$ 是 n 维列向量，$\boldsymbol{\alpha} = \begin{bmatrix} x_1 \\ \vdots \\ x_n \end{bmatrix}$，$\boldsymbol{\beta} = \begin{bmatrix} y_1 \\ \vdots \\ y_n \end{bmatrix}$，则 $\begin{vmatrix} \boldsymbol{A} & \boldsymbol{\alpha} \\ \boldsymbol{\beta}^{\mathrm{T}} & b \end{vmatrix} = |\boldsymbol{A}|(b - \boldsymbol{\beta}^{\mathrm{T}} \boldsymbol{A}^{-1} \boldsymbol{\alpha}) = b|\boldsymbol{A}| - \boldsymbol{\beta}^{\mathrm{T}} \boldsymbol{A}^* \boldsymbol{\alpha}$.

特别地，

$$\begin{vmatrix} \boldsymbol{A} & \boldsymbol{\alpha} \\ \boldsymbol{\beta}^{\mathrm{T}} & 0 \end{vmatrix} = |\boldsymbol{A}|(-\boldsymbol{\beta}^{\mathrm{T}} \boldsymbol{A}^{-1} \boldsymbol{\alpha}) = -\boldsymbol{\beta}^{\mathrm{T}} \boldsymbol{A}^* \boldsymbol{\alpha} = -\sum_{i=1}^{n} \sum_{j=1}^{n} A_{ij} x_i y_j.$$

→ 见例3.11的注（2）

【注】（1）当 $a \neq 0$ 时，由

$$\begin{bmatrix} a & -1 & 0 & \cdots & 0 & 0 \\ 0 & a & -1 & \cdots & 0 & 0 \\ 0 & 0 & a & \cdots & 0 & 0 \\ \vdots & \vdots & \vdots & & \vdots & \vdots \\ 0 & 0 & 0 & \cdots & a & -1 \\ 0 & 0 & 0 & \cdots & 0 & a \end{bmatrix}_{n-1}^{-1} = \begin{bmatrix} \frac{1}{a} & \frac{1}{a^2} & \frac{1}{a^3} & \cdots & \frac{1}{a^{n-2}} & \frac{1}{a^{n-1}} \\ 0 & \frac{1}{a} & \frac{1}{a^2} & \cdots & \frac{1}{a^{n-3}} & \frac{1}{a^{n-2}} \\ 0 & 0 & \frac{1}{a} & \cdots & \frac{1}{a^{n-4}} & \frac{1}{a^{n-3}} \\ \vdots & \vdots & \vdots & & \vdots & \vdots \\ 0 & 0 & 0 & \cdots & \frac{1}{a} & \frac{1}{a^2} \\ 0 & 0 & 0 & \cdots & 0 & \frac{1}{a} \end{bmatrix}_{n-1}, \quad 有$$

$$\begin{vmatrix} a & -1 & 0 & \cdots & 0 & 0 \\ 0 & a & -1 & \cdots & 0 & 0 \\ 0 & 0 & a & \cdots & 0 & 0 \\ \vdots & \vdots & \vdots & & \vdots & \vdots \\ 0 & 0 & 0 & \cdots & a & -1 \\ a_n & a_{n-1} & a_{n-2} & \cdots & a_2 & a+a_1 \end{vmatrix} = \begin{vmatrix} \boldsymbol{A} & \boldsymbol{\alpha} \\ \boldsymbol{\beta}^{\mathrm{T}} & b \end{vmatrix} = |\boldsymbol{A}|(a + a_1 - \boldsymbol{\beta}^{\mathrm{T}} \boldsymbol{A}^{-1} \boldsymbol{\alpha})$$

$$= a^{n-1}[a + a_1 + a_n a^{-(n-1)} + a_{n-1} a^{-(n-2)} + \cdots + a_2 a^{-1}]$$

$$= a^n + a_1 a^{n-1} + a_2 a^{n-2} + \cdots + a_n.$$

（2）同（1），当 $x \neq 0$ 时，有 $f(x) = \begin{vmatrix} x & -1 & 0 & \cdots & 0 & 0 \\ 0 & x & -1 & \cdots & 0 & 0 \\ 0 & 0 & x & \cdots & 0 & 0 \\ \vdots & \vdots & \vdots & & \vdots & \vdots \\ 0 & 0 & 0 & \cdots & x & -1 \\ a_n & a_{n-1} & a_{n-2} & \cdots & a_2 & a_1+x \end{vmatrix} = x^n + a_1 x^{n-1} + a_2 x^{n-2} + \cdots + a_n.$

（3）当 $x \neq 0$ 时，有 $f(x) = \begin{vmatrix} a_0 & -1 & 0 & \cdots & 0 & 0 \\ a_1 & x & -1 & \cdots & 0 & 0 \\ a_2 & 0 & x & \cdots & 0 & 0 \\ \vdots & \vdots & \vdots & & \vdots & \vdots \\ a_{n-1} & 0 & 0 & \cdots & x & -1 \\ a_n & 0 & 0 & \cdots & 0 & x \end{vmatrix}_{(n+1)\times(n+1)} = \begin{vmatrix} a_0 & -1 & 0 & \cdots & 0 \\ a_1 & & & & \\ a_2 & & & & \\ \vdots & & \boldsymbol{A} & & \\ a_{n-1} & & & & \\ a_n & & & & \end{vmatrix}_{(n+1)\times(n+1)} = \begin{vmatrix} a_0 & \boldsymbol{\beta}^{\mathrm{T}} \\ \boldsymbol{\alpha} & \boldsymbol{A} \end{vmatrix}.$

又

$$\begin{bmatrix} \mathbf{0} & \boldsymbol{E}_n \\ 1 & \mathbf{0} \end{bmatrix} \begin{bmatrix} a_0 & \boldsymbol{\beta}^{\mathrm{T}} \\ \boldsymbol{\alpha} & \boldsymbol{A} \end{bmatrix} = \begin{bmatrix} \boldsymbol{\alpha} & \boldsymbol{A} \\ a_0 & \boldsymbol{\beta}^{\mathrm{T}} \end{bmatrix},$$ ①

$$\begin{bmatrix} \boldsymbol{\alpha} & \boldsymbol{A} \\ a_0 & \boldsymbol{\beta}^{\mathrm{T}} \end{bmatrix} \begin{bmatrix} \mathbf{0} & 1 \\ \boldsymbol{E}_n & \mathbf{0} \end{bmatrix} = \begin{bmatrix} \boldsymbol{A} & \boldsymbol{\alpha} \\ \boldsymbol{\beta}^{\mathrm{T}} & a_0 \end{bmatrix},$$ ②

且 $\begin{vmatrix} \mathbf{0} & \boldsymbol{E}_n \\ 1 & \mathbf{0} \end{vmatrix} = (-1)^n$，$\begin{vmatrix} \mathbf{0} & 1 \\ \boldsymbol{E}_n & \mathbf{0} \end{vmatrix} = (-1)^n$，故对①②均取行列式，有

$$f(x) = \begin{vmatrix} a_0 & \boldsymbol{\beta}^{\mathrm{T}} \\ \boldsymbol{\alpha} & \boldsymbol{A} \end{vmatrix} = \begin{vmatrix} \boldsymbol{A} & \boldsymbol{\alpha} \\ \boldsymbol{\beta}^{\mathrm{T}} & a_0 \end{vmatrix} = x^n(a_0 + a_1 x^{-1} + a_2 x^{-2} + \cdots + a_n x^{-n}) = a_0 x^n + a_1 x^{n-1} + \cdots + a_{n-1} x + a_n.$$

（4）设 $\boldsymbol{A} = \begin{bmatrix} 0 & 1 & & & \\ & 0 & 1 & & \\ & & \ddots & \ddots & \\ & & & 0 & 1 \\ -a_0 & -a_1 & \cdots & -a_{n-2} & -a_{n-1} \end{bmatrix}$，若其特征值为 λ，求对应的特征向量 $\boldsymbol{\xi}$.

解 由 $|\boldsymbol{A} - \lambda \boldsymbol{E}| = \begin{vmatrix} -\lambda & 1 & & & \\ & -\lambda & 1 & & \\ & & \ddots & \ddots & \\ & & & -\lambda & 1 \\ -a_0 & -a_1 & \cdots & -a_{n-2} & -\lambda - a_{n-1} \end{vmatrix} = (-1)^n(\lambda^n + a_{n-1}\lambda^{n-1} + \cdots + a_1\lambda + a_0) = 0,$

故 $\lambda^n = -(a_{n-1}\lambda^{n-1} + \cdots + a_1\lambda + a_0)$，于是

$$\boldsymbol{A} \begin{bmatrix} 1 \\ \lambda \\ \lambda^2 \\ \vdots \\ \lambda^{n-1} \end{bmatrix} = \begin{bmatrix} \lambda \\ \lambda^2 \\ \vdots \\ -\sum_{k=0}^{n-1} a_k \lambda^k \end{bmatrix} = \begin{bmatrix} \lambda \\ \lambda^2 \\ \vdots \\ \lambda^n \end{bmatrix} = \lambda \begin{bmatrix} 1 \\ \lambda \\ \lambda^2 \\ \vdots \\ \lambda^{n-1} \end{bmatrix} = \lambda \boldsymbol{\xi},$$

故特征向量为 $\begin{bmatrix} 1 \\ \lambda \\ \lambda^2 \\ \vdots \\ \lambda^{n-1} \end{bmatrix}$.

进一步地，若 λ_i 两两不同，令 $\boldsymbol{P}=[\xi_1,\cdots,\xi_n]$，范德蒙德行列式 $|\boldsymbol{P}|\neq 0$，有 $\boldsymbol{P}^{-1}\boldsymbol{AP}=\begin{bmatrix} \lambda_1 & & & \\ & \lambda_2 & & \\ & & \ddots & \\ & & & \lambda_n \end{bmatrix}$.

另外，常见的一些特殊行列式如：

（1）爪形行列式.

$$\begin{vmatrix} a_{11} & a_{12} & \cdots & a_{1n} \\ a_{21} & a_{22} & & \\ \vdots & & \ddots & \\ a_{n1} & & & a_{nn} \end{vmatrix} = \left(a_{11}-\sum_{i=2}^{n}\frac{a_{i1}a_{1i}}{a_{ii}}\right)\prod_{i=2}^{n}a_{ii}, \quad a_{ii}\neq 0(i=2,\cdots,n).$$

（2）异爪形行列式.

$$\begin{vmatrix} a_1 & b_1 & & & \\ & a_2 & b_2 & & \\ & & \ddots & \ddots & \\ & & & a_{n-1} & b_{n-1} \\ b_n & 0 & \cdots & 0 & a_n \end{vmatrix} = a_1 a_2 \cdots a_n + (-1)^{n+1} b_1 b_2 \cdots b_n,$$

均属于类加边行列式的特例.

8. $|\boldsymbol{A}+\boldsymbol{B}_1\boldsymbol{B}_2|$ 型行列式

设 $\boldsymbol{A}$ 为 n 阶可逆矩阵，$\boldsymbol{B}_1$ 为 $n\times 2$ 矩阵，$\boldsymbol{B}_2$ 为 $2\times n$ 矩阵，则 $|\boldsymbol{A}+\boldsymbol{B}_1\boldsymbol{B}_2|=|\boldsymbol{A}||\boldsymbol{E}_2+\boldsymbol{B}_2\boldsymbol{A}^{-1}\boldsymbol{B}_1|$.

【注】 证 $\begin{bmatrix} \boldsymbol{E}_n & -\boldsymbol{B}_1 \\ \boldsymbol{O} & \boldsymbol{E}_2 \end{bmatrix}\begin{bmatrix} \boldsymbol{A} & \boldsymbol{B}_1 \\ -\boldsymbol{B}_2 & \boldsymbol{E}_2 \end{bmatrix}=\begin{bmatrix} \boldsymbol{A}+\boldsymbol{B}_1\boldsymbol{B}_2 & \boldsymbol{O} \\ -\boldsymbol{B}_2 & \boldsymbol{E}_2 \end{bmatrix}$，$\begin{bmatrix} \boldsymbol{E}_n & \boldsymbol{O} \\ \boldsymbol{B}_2\boldsymbol{A}^{-1} & \boldsymbol{E}_2 \end{bmatrix}\begin{bmatrix} \boldsymbol{A} & \boldsymbol{B}_1 \\ -\boldsymbol{B}_2 & \boldsymbol{E}_2 \end{bmatrix}=\begin{bmatrix} \boldsymbol{A} & \boldsymbol{B}_1 \\ \boldsymbol{O} & \boldsymbol{E}_2+\boldsymbol{B}_2\boldsymbol{A}^{-1}\boldsymbol{B}_1 \end{bmatrix}$，

则 $|\boldsymbol{A}+\boldsymbol{B}_1\boldsymbol{B}_2|=|\boldsymbol{A}||\boldsymbol{E}_2+\boldsymbol{B}_2\boldsymbol{A}^{-1}\boldsymbol{B}_1|$.

（1） $\begin{bmatrix} a_1^2 & 1+a_1 a_2 & \cdots & 1+a_1 a_n \\ 1+a_2 a_1 & a_2^2 & \cdots & 1+a_2 a_n \\ \vdots & \vdots & & \vdots \\ 1+a_n a_1 & 1+a_n a_2 & \cdots & a_n^2 \end{bmatrix}=\begin{bmatrix} -1 & & & \\ & -1 & & \\ & & \ddots & \\ & & & -1 \end{bmatrix}+\begin{bmatrix} 1 & a_1 \\ \vdots & \vdots \\ 1 & a_n \end{bmatrix}\begin{bmatrix} 1 & \cdots & 1 \\ a_1 & \cdots & a_n \end{bmatrix}=-\boldsymbol{E}+\boldsymbol{B}_1\boldsymbol{B}_2$,

$$B_2 = B_1^{\mathrm{T}}, \quad D_n = |-E + B_1 B_2| = |-E||E + B_2(-E)^{-1}B_1| = (-1)^n \begin{vmatrix} \begin{bmatrix} 1 & 0 \\ 0 & 1 \end{bmatrix} - \begin{bmatrix} n & \sum\limits_{i=1}^{n} a_i \\ \sum\limits_{i=1}^{n} a_i & \sum\limits_{i=1}^{n} a_i^2 \end{bmatrix} \end{vmatrix}$$

$$= (-1)^n \left[(1-n)\left(1 - \sum_{i=1}^{n} a_i^2\right) - \left(\sum_{i=1}^{n} a_i\right)^2 \right].$$

（2）
$$A = \begin{bmatrix} 0 & x_1+x_2 & x_1+x_3 & \cdots & x_1+x_n \\ x_2+x_1 & 0 & x_2+x_3 & \cdots & x_2+x_n \\ x_3+x_1 & x_3+x_2 & 0 & \cdots & x_3+x_n \\ \vdots & \vdots & \vdots & & \vdots \\ x_n+x_1 & x_n+x_2 & x_n+x_3 & \cdots & 0 \end{bmatrix}, \quad x_i \neq 0, \ n \geqslant 2,$$

则 $A = \begin{bmatrix} x_1 \\ x_2 \\ \vdots \\ x_n \end{bmatrix} [1,\,1,\,\cdots,\,1] + \begin{bmatrix} -x_1 & x_2 & \cdots & x_n \\ x_1 & -x_2 & \cdots & x_n \\ \vdots & \vdots & & \vdots \\ x_1 & x_2 & \cdots & -x_n \end{bmatrix}$ 或 $A = \begin{bmatrix} x_1 & 1 \\ x_2 & 1 \\ \vdots & \vdots \\ x_n & 1 \end{bmatrix} \begin{bmatrix} 1 & 1 & \cdots & 1 \\ x_1 & x_2 & \cdots & x_n \end{bmatrix} - \begin{bmatrix} 2x_1 & & & \\ & 2x_2 & & \\ & & \ddots & \\ & & & 2x_n \end{bmatrix} =$

$B_1 B_2 + A_1.$

于是
$$|A| = |A_1||E + B_2 A_1^{-1} B_1| = (-2)^n \prod_{i=1}^{n} x_i \begin{vmatrix} \begin{bmatrix} 1 & 0 \\ 0 & 1 \end{bmatrix} - \frac{1}{2} \begin{bmatrix} n & \sum\limits_{i=1}^{n} \dfrac{1}{x_i} \\ \sum\limits_{i=1}^{n} x_i & n \end{bmatrix} \end{vmatrix}$$

$$= (-2)^n \prod_{i=1}^{n} x_i \left[\left(1 - \frac{n}{2}\right)^2 - \frac{1}{4} \sum_{i=1}^{n} \frac{1}{x_i} \cdot \sum_{i=1}^{n} x_i \right].$$

9. $|\lambda E - AB|$ 型行列式

设 $A_{n \times m}$，$B_{m \times n}$，则 $\lambda^n |\lambda E_m - BA| = \lambda^m |\lambda E_n - AB|$.

【注】证
$$\begin{bmatrix} E_n & O \\ -B & E_m \end{bmatrix} \begin{bmatrix} \lambda E_n & A \\ \lambda B & \lambda E_m \end{bmatrix} = \begin{bmatrix} \lambda E_n & A \\ O & \lambda E_m - BA \end{bmatrix},$$

$$\begin{bmatrix} \lambda E_n & A \\ \lambda B & \lambda E_m \end{bmatrix} \begin{bmatrix} E_n & O \\ -B & E_m \end{bmatrix} = \begin{bmatrix} \lambda E_n - AB & A \\ O & \lambda E_m \end{bmatrix}.$$

则
$$\lambda^n |\lambda E_m - BA| = \lambda^m |\lambda E_n - AB|.$$

① 令 $\lambda = 1$，则 $|E_m - BA| = |E_n - AB|$.

② 若 $n = 3$，$m = 4$，则 $|\lambda E_4 - BA| = \lambda |\lambda E_3 - AB|$.

例 1.7 设 A 为 3×4 矩阵，B 为 4×3 矩阵，若 $\mathrm{tr}(AB)=6$，AB 的每行元素之和均为 1，$BA-2E$ 不可逆，求 $|BA+2E|$.

【解】因为 AB 的每行元素之和均为 1，所以 AB 有特征值 1.

由本讲的"一、9."知，$|2E-BA|=2|2E-AB|$，又因为 $BA-2E$ 不可逆，则有 $|2E-BA|=|BA-2E|=0$，所以 $|2E-AB|=0$，故 AB 有特征值 2.

由题设知 $\mathrm{tr}(AB)=6$，则 AB 有特征值 1，2，3. 故

$$|BA+2E| \xrightarrow{\text{令}\lambda=-2} |-(2E+BA)|=(-2)|-2E-AB|$$

$$=(-2)\times(-1)^3|2E+AB|$$

$$=2\times3\times4\times5$$

$$=120.$$

10. $|A|=|BC|$ 型行列式

（1）
$$\begin{bmatrix} a_1+b_1 & a_1+b_2 & \cdots & a_1+b_n \\ a_2+b_1 & a_2+b_2 & \cdots & a_2+b_n \\ \vdots & \vdots & & \vdots \\ a_n+b_1 & a_n+b_2 & \cdots & a_n+b_n \end{bmatrix} = \begin{bmatrix} a_1 & 1 \\ a_2 & 1 \\ \vdots & \vdots \\ a_n & 1 \end{bmatrix} \begin{bmatrix} 1 & 1 & \cdots & 1 \\ b_1 & b_2 & \cdots & b_n \end{bmatrix},$$

$$\qquad\qquad A \qquad\qquad = \qquad B \qquad\qquad C.$$

（2）
$$\begin{bmatrix} a_1b_1+1 & a_1b_2+2 & \cdots & a_1b_n+n \\ a_2b_1+1 & a_2b_2+2 & \cdots & a_2b_n+n \\ \vdots & \vdots & & \vdots \\ a_nb_1+1 & a_nb_2+2 & \cdots & a_nb_n+n \end{bmatrix} = \begin{bmatrix} a_1 & 1 \\ a_2 & 1 \\ \vdots & \vdots \\ a_n & 1 \end{bmatrix} \begin{bmatrix} b_1 & b_2 & \cdots & b_n \\ 1 & 2 & \cdots & n \end{bmatrix},$$

$$\qquad\qquad A \qquad\qquad = \qquad B \qquad\qquad C.$$

（3）设 $\displaystyle\sum_{i=1}^{n} a_i = 0$，$A = \begin{bmatrix} a_1^2+1 & a_1a_2+1 & \cdots & a_1a_n+1 \\ a_2a_1+1 & a_2^2+1 & \cdots & a_2a_n+1 \\ \vdots & \vdots & & \vdots \\ a_na_1+1 & a_na_2+1 & \cdots & a_n^2+1 \end{bmatrix}$

$$= \begin{bmatrix} a_1 & 1 \\ a_2 & 1 \\ \vdots & \vdots \\ a_n & 1 \end{bmatrix} \begin{bmatrix} a_1 & a_2 & \cdots & a_n \\ 1 & 1 & \cdots & 1 \end{bmatrix} = BC.$$

见本讲的"一、9."

由此 $r(A)=r(BC)\leqslant 2$. 又 $A^{\mathrm{T}}=A$，$|\lambda E_n-A|=|\lambda E_n-A^{\mathrm{T}}|$，$|\lambda E_n-A|=|\lambda E_n-BC|=\lambda^{n-2}|\lambda E_2-CB|$. 而

$$\left|\lambda E_2 - CB\right| = \begin{vmatrix} \lambda - \sum_{i=1}^{n} a_i^2 & -\sum_{i=1}^{n} a_i \\ -\sum_{i=1}^{n} a_i & \lambda - n \end{vmatrix} \xrightarrow{\sum_{i=1}^{n} a_i = 0} \begin{vmatrix} \lambda - \sum_{i=1}^{n} a_i^2 & 0 \\ 0 & \lambda - n \end{vmatrix},$$

故矩阵 A 的特征值为 $\underbrace{0, \cdots, 0}_{n-2\text{重}}, \ \sum_{i=1}^{n} a_i^2, \ n.$

11. 分块型行列式

（1）设 $A_{n \times n}$ 可逆，则 $\begin{vmatrix} A & B \\ C & D \end{vmatrix} = |A||D - CA^{-1}B|.$

【注】证
$$\begin{bmatrix} E & O \\ -CA^{-1} & E \end{bmatrix}\begin{bmatrix} A & B \\ C & D \end{bmatrix} = \begin{bmatrix} A & B \\ O & D - CA^{-1}B \end{bmatrix},$$

两边取行列式，得
$$\begin{vmatrix} A & B \\ C & D \end{vmatrix} = |A||D - CA^{-1}B|.$$

（2）设 $A_{n \times n}$ 可逆，B，C，D 与 A 同阶，$AC = CA$，则 $\begin{vmatrix} A & B \\ C & D \end{vmatrix} = |AD - CB|.$

【注】证
$$\begin{bmatrix} E & O \\ -CA^{-1} & E \end{bmatrix}\begin{bmatrix} A & B \\ C & D \end{bmatrix} = \begin{bmatrix} A & B \\ O & D - CA^{-1}B \end{bmatrix},$$

则
$$\begin{vmatrix} A & B \\ C & D \end{vmatrix} = |A||D - CA^{-1}B|$$
$$= |AD - ACA^{-1}B|$$
$$= |AD - CB|.$$

（3）设 $A_{n \times n}$，$B_{n \times n}$ 均可逆，$AB = BA$，则 $\begin{vmatrix} A & -B \\ B & A \end{vmatrix} = |A^2 + B^2|.$

【注】证
$$\begin{bmatrix} A & O \\ O & E \end{bmatrix}\begin{bmatrix} A & -B \\ B & A \end{bmatrix} = \begin{bmatrix} A^2 & -AB \\ B & A \end{bmatrix},$$
$$\begin{bmatrix} E & O \\ O & B \end{bmatrix}\begin{bmatrix} A^2 & -AB \\ B & A \end{bmatrix} = \begin{bmatrix} A^2 & -AB \\ B^2 & BA \end{bmatrix},$$
$$\begin{bmatrix} E & E \\ O & E \end{bmatrix}\begin{bmatrix} A^2 & -AB \\ B^2 & AB \end{bmatrix} = \begin{bmatrix} A^2 + B^2 & O \\ B^2 & BA \end{bmatrix},$$

则 $|A| \cdot |B| \begin{vmatrix} A & -B \\ B & A \end{vmatrix} = |A^2 + B^2||AB|$，故 $\begin{vmatrix} A & -B \\ B & A \end{vmatrix} = |A^2 + B^2|$．

（4）设 $A_{n \times n}$，$B_{n \times n}$，则 $\begin{vmatrix} A+B & A-B \\ A-B & A+B \end{vmatrix} = 4^n |A||B|$．

【注】证 $\begin{bmatrix} E & O \\ E & E \end{bmatrix} \begin{bmatrix} A+B & A-B \\ A-B & A+B \end{bmatrix} \begin{bmatrix} E & O \\ -E & E \end{bmatrix} = \begin{bmatrix} 2B & A-B \\ O & 2A \end{bmatrix}$，

则 $\begin{vmatrix} A+B & A-B \\ A-B & A+B \end{vmatrix} = 4^n |A||B|$．

（5）设 $A_{n \times n}$，$B_{n \times n}$，则 $\begin{vmatrix} A & B \\ B & A \end{vmatrix} = \begin{vmatrix} A+B & A+B \\ B & A \end{vmatrix} = \begin{vmatrix} A+B & O \\ B & A-B \end{vmatrix} = |A+B||A-B|$．

【注】读者应熟知，这十大行列式的样子就是矩阵的样子，就是向量组的样子，就是方程组的样子，就是二次型的样子，⋯⋯．行列式大观，即大观全局，熟之，便大局可定．

二、 抽象型行列式的计算：a_{ij} 未给出 (D$_1$（常规操作）+D$_{23}$（化归经典形式））

1. 用行列式的性质

用行列式的性质将所求行列式进一步化成已知行列式．

2. 用矩阵知识

（1）设 $C = AB$，A，B 为同阶方阵，则 $|C| = |AB| = |A| |B|$．

【注】→D$_{23}$（化归经典形式）要善于发现 AB，如 $A = [\alpha_1, \alpha_2, \alpha_3]$，$B = \begin{bmatrix} a & b & b \\ b & a & b \\ b & b & a \end{bmatrix}$，$C = \begin{bmatrix} 1 & 2 & 3 \\ 2 & 3 & 4 \\ 3 & 4 & 5 \end{bmatrix}$．

注例 $D_1 = [a\alpha_1 + b(\alpha_2 + \alpha_3), a\alpha_2 + b(\alpha_1 + \alpha_3), a\alpha_3 + b(\alpha_1 + \alpha_2)] = AB$；

$D_2 = [\alpha_1 + 2\alpha_2 + 3\alpha_3, 2\alpha_1 + 3\alpha_2 + 4\alpha_3, 3\alpha_1 + 4\alpha_2 + 5\alpha_3] = AC$．

这样利于使用 $|D_1| = |A||B|$，$|D_2| = |A||C|$．

（2）设 $C = A + B$，A，B 为同阶方阵，则 $|C| = |A+B|$，但由于 $|A+B|$ 不一定等于 $|A| + |B|$，故需对 $|A+B|$ 作恒等变形，转化为矩阵乘积的行列式．这里的恒等变形一般是：①由题设条件，如 $E = AA^T$，②用 $E = AA^{-1}$ 等．　　→D$_{23}$（化归经典形式）　　→D$_{22}$（转换等价表述）

例 1.8 设 A，B 为 n 阶正交矩阵，则 n 为奇数时，$|(A-B)(A+B)| = \underline{\qquad}$．

【解】应填 0.

$$\left|(A-B)(A+B)\right|=\left|(A-B)^{\mathrm{T}}(A+B)\right|=\left|A^{\mathrm{T}}A-B^{\mathrm{T}}A+A^{\mathrm{T}}B-B^{\mathrm{T}}B\right|=\left|A^{\mathrm{T}}B-B^{\mathrm{T}}A\right|,$$

又 $\left|(A-B)(A+B)\right|=\left|(A+B)^{\mathrm{T}}(A-B)\right|=(-1)^{n}\left|A^{\mathrm{T}}B-B^{\mathrm{T}}A\right|$，故当 n 为奇数时，$\left|(A-B)(A+B)\right|=0$.

【注】$|A|=0$，可如下考虑：

① $|A|=k|A|$，$k\neq1$，常考 $|A|=(-1)^{n}|A|$（n 为奇数）.

② A 有特征值 0.

③ $A_{n\times n}x=0$ 有非零解.

④ $r(A_{n\times n})<n$.

⑤ A 的极大无关组成员个数 $<n$（也即 A 行（列）向量组线性相关）.

⑥ 实在不行，或显而易见时，立即推——放弃考研！不，用反证法，设 A 可逆，即 $|A|\neq0$，推得矛盾，即可得证！

（3）设 A 为 n 阶矩阵，则 $|A^{*}|=|A|^{n-1}$，$\left|(A^{*})^{*}\right|=\||A|^{n-2}A\|=|A|^{(n-1)^{2}}$.更全面的公式总结在第3讲"三、1.（2）"处. ⟶ D_1（常规操作）$+D_{23}$（化归经典形式）

例 1.9 设 A 是 4 阶矩阵，A^{*} 是 A 的伴随矩阵，A^{*} 的特征值为 1，-1，-2，4，则 $|A^{3}+2A^{2}-A-3E|=$_____.

【解】应填 $-\dfrac{253}{8}$.

由于 $|A^{*}|=1\times(-1)\times(-2)\times4=8\neq0$，可知 A^{*} 可逆，于是 A 可逆. 又 $|A^{*}|=|A|^{n-1}=|A|^{3}=8$，得

$|A|=2$. 故 A 的特征值 $\lambda_A=\dfrac{|A|}{\lambda_{A^*}}$，即为 2，$-2$，$-1$，$\dfrac{1}{2}$.

见第7讲的"二、3.（1）"中的表格：$f(A)$ 的特征值为 $f(\lambda)$

设 $f(A)=A^{3}+2A^{2}-A-3E$，则 $f(A)$ 的特征值为

$$f(2)=2^{3}+2\times2^{2}-2-3=11,$$
$$f(-2)=(-2)^{3}+2\times(-2)^{2}+2-3=-1,$$
$$f(-1)=-1+2+1-3=-1,$$
$$f\left(\frac{1}{2}\right)=\left(\frac{1}{2}\right)^{3}+2\times\left(\frac{1}{2}\right)^{2}-\frac{1}{2}-3=-\frac{23}{8},$$

故

$$|A^{3}+2A^{2}-A-3E|=f(2)\cdot f(-2)\cdot f(-1)\cdot f\left(\frac{1}{2}\right)=-\frac{253}{8}.$$

3. 用相似理论 ⟶ D_1（常规操作）$+ D_{22}$（转换等价表述）

若 A 相似于 B，则 $|A|=|B|$，且 $|A|=\prod\limits_{i=1}^{n}\lambda_i$，主要考

（1）用行列式 $|\lambda E-A|=0$ 求特征值；

（2）用特征值求行列式．

例 1.10 设 $A=k\begin{bmatrix} 1 & a & a & \cdots & a \\ a & 1 & a & \cdots & a \\ \vdots & \vdots & \vdots & & \vdots \\ a & a & a & \cdots & 1 \end{bmatrix}_{n\times n}$，$0<a\leqslant 1$，$k>0$，求 A 的最大特征值．

【解】
$$|\lambda E-A|=\begin{vmatrix} \lambda-k & -ka & \cdots & -ka \\ -ka & \lambda-k & \cdots & -ka \\ \vdots & \vdots & & \vdots \\ -ka & -ka & \cdots & \lambda-k \end{vmatrix}$$

$$=[\lambda-k+(n-1)(-ka)](\lambda-k+ka)^{n-1}=0,$$

故 $\lambda_1=k+(n-1)ka=k[1+(n-1)a]$（单重），$\lambda_2=k-ka=k(1-a)$（n-1重）．

由 $1+(n-1)a>1-a$，故最大特征值为 $k[1+(n-1)a]$．

用好公式．$\begin{bmatrix} a & b & \cdots & b \\ b & a & \cdots & b \\ \vdots & \vdots & & \vdots \\ b & b & \cdots & a \end{bmatrix}=[a+(n-1)b](a-b)^{n-1}$

第2讲 余子式和代数余子式的计算

三向解题法

余子式和代数余子式的计算
（O(盯住目标)）

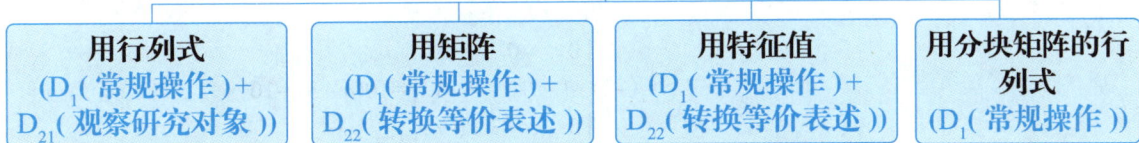

用行列式	用矩阵	用特征值	用分块矩阵的行列式
（D_1(常规操作)+ D_{21}(观察研究对象)）	（D_1(常规操作)+ D_{22}(转换等价表述)）	（D_1(常规操作)+ D_{22}(转换等价表述)）	（D_1(常规操作)）

一、用行列式 （D_1(常规操作)+D_{21}(观察研究对象)）

→大A配小a，逆用展开式

由
$$a_{i1}A_{i1}+a_{i2}A_{i2}+\cdots+a_{in}A_{in}=\begin{vmatrix} & & * & \\ a_{i1} & a_{i2} & \cdots & a_{in} \\ & & * & \\ & & * & \end{vmatrix},\qquad ①$$

得
$$k_1A_{i1}+k_2A_{i2}+\cdots+k_nA_{in}=\begin{vmatrix} & & * & \\ k_1 & k_2 & \cdots & k_n \\ & & * & \end{vmatrix},\qquad ②$$

大A配小k，k把小a吃

其中 $*$ 处表示元素不变. ①，②的区别仅在于第 i 行的元素 a_{i1}，a_{i2}，$\cdots$，a_{in} 换成了 k_1，k_2，$\cdots$，k_n，这样，给出不同的系数 k_1，k_2，$\cdots$，k_n，就得到不同的行列式.

【注】若要求 $k_1M_{i1}+k_2M_{i2}+\cdots+k_nM_{in}$，只需用 $M_{ij}=(-1)^{i+j}A_{ij}$ 化为关于 A_{ij} 的线性组合即可.

例 2.1 设 $\begin{vmatrix} 2 & 1 & 0 & -1 \\ -1 & 2 & -5 & 3 \\ 3 & 0 & a & b \\ 1 & -3 & 5 & 0 \end{vmatrix}=A_{41}-A_{42}+A_{43}+10$，其中 A_{ij} 为元素 a_{ij} 的代数余子式，则 a，b 的

值为（　　）.

（A）$a=4$，$b=1$　（B）$a=1$，$b=4$　（C）$a=4$，b 为任意常数　（D）$a=1$，b 为任意常数

【解】应选（C）.

$$D_{21}\text{（观察研究对象）}$$

$$A_{41}-A_{42}+A_{43}=1\cdot A_{41}+(-1)\cdot A_{42}+1\cdot A_{43}+0\cdot A_{44}=\begin{vmatrix}2&1&0&-1\\-1&2&-5&3\\3&0&a&b\\1&-1&1&0\end{vmatrix},$$

故

$$\begin{vmatrix}2&1&0&-1\\-1&2&-5&3\\3&0&a&b\\1&-3&5&0\end{vmatrix}-(A_{41}-A_{42}+A_{43})=\begin{vmatrix}2&1&0&-1\\-1&2&-5&3\\3&0&a&b\\1&-3&5&0\end{vmatrix}-\begin{vmatrix}2&1&0&-1\\-1&2&-5&3\\3&0&a&b\\1&-1&1&0\end{vmatrix}=\begin{vmatrix}2&1&0&-1\\-1&2&-5&3\\3&0&a&b\\0&-2&4&0\end{vmatrix}$$

第4行对应元素相减　　2倍加至

$$=\begin{vmatrix}2&1&2&-1\\-1&2&-1&3\\3&0&a&b\\0&-2&0&0\end{vmatrix}=(-2)\begin{vmatrix}2&2&-1\\-1&-1&3\\3&a&b\end{vmatrix}$$

按第4行展开　　　　2倍加至　3倍加至

$$=(-2)\begin{vmatrix}0&0&5\\-1&-1&3\\0&a-3&b+9\end{vmatrix}=10(a-3)=10,$$

按第1行展开

所以 $a=4$，b 为任意常数. 故选（C）.

二、用矩阵 (D₁(常规操作)+D₂₂(转换等价表述))

当 $|A|\neq 0$ 时，
$$A^*=|A|A^{-1}.$$　　　　　　　　　③

由于 A^* 由 A_{ij} 组成，用③式求出 A^*，即得到所有的 A_{ij}. 但要注意，此方法要求 $|A|\neq 0$，这既是前提，也是一种限制.

例 2.2 设 $A=\begin{bmatrix}0&0&0&5&6\\0&0&0&7&8\\1&2&3&0&0\\0&1&4&0&0\\0&0&1&0&0\end{bmatrix}$，则 $|A|$ 中所有元素的代数余子式之和为 _____.

【解】应填 -4.

令 $B=\begin{bmatrix}5&6\\7&8\end{bmatrix}$，$C=\begin{bmatrix}1&2&3\\0&1&4\\0&0&1\end{bmatrix}$，则

由第3讲"四、2.(6)中的注"知

$$A=\begin{bmatrix}O&B\\C&O\end{bmatrix},\quad A^{-1}=\begin{bmatrix}O&C^{-1}\\B^{-1}&O\end{bmatrix},$$

其中 $\boldsymbol{B}^{-1} = \begin{bmatrix} -4 & 3 \\ \dfrac{7}{2} & -\dfrac{5}{2} \end{bmatrix}$，$\boldsymbol{C}^{-1} = \begin{bmatrix} 1 & -2 & 5 \\ 0 & 1 & -4 \\ 0 & 0 & 1 \end{bmatrix}$.

于是，

$$|\boldsymbol{A}| = (-1)^{2\times3}|\boldsymbol{B}||\boldsymbol{C}| = (-2)\times1 = -2,$$

$$\boldsymbol{A}^* = |\boldsymbol{A}|\boldsymbol{A}^{-1} = -2\begin{bmatrix} \boldsymbol{O} & \boldsymbol{C}^{-1} \\ \boldsymbol{B}^{-1} & \boldsymbol{O} \end{bmatrix} = -2\begin{bmatrix} 0 & 0 & 1 & -2 & 5 \\ 0 & 0 & 0 & 1 & -4 \\ 0 & 0 & 0 & 0 & 1 \\ -4 & 3 & 0 & 0 & 0 \\ \dfrac{7}{2} & -\dfrac{5}{2} & 0 & 0 & 0 \end{bmatrix},$$

> 即 $\boldsymbol{A}^*$ 中元素之和

故 $|\boldsymbol{A}|$ 中所有元素的代数余子式之和为 $\displaystyle\sum_{i=1}^{5}\sum_{j=1}^{5} A_{ij} = -2\times2 = -4$.

三、用特征值 (D₁(常规操作)+D₂₂(转换等价表述))

设 $\boldsymbol{A}$ 为 3 阶方阵，当 $\boldsymbol{A}$ 为可逆矩阵时，记其特征值为 λ_1，λ_2，λ_3，则 $\boldsymbol{A}^{-1}$ 的特征值为 λ_1^{-1}，λ_2^{-1}，λ_3^{-1}，

且由 $\boldsymbol{A}^* = |\boldsymbol{A}|\boldsymbol{A}^{-1} = \lambda_1\lambda_2\lambda_3\boldsymbol{A}^{-1}$，可知 $\boldsymbol{A}^*$ 的特征值为

> 由第7讲"二、3.(1)"表格

$$\lambda_1^* = \lambda_1\lambda_2\lambda_3 \cdot \lambda_1^{-1} = \lambda_2\lambda_3, \quad \lambda_2^* = \lambda_1\lambda_2\lambda_3 \cdot \lambda_2^{-1} = \lambda_1\lambda_3, \quad \lambda_3^* = \lambda_1\lambda_2\lambda_3 \cdot \lambda_3^{-1} = \lambda_1\lambda_2,$$

故由

$$\boldsymbol{A}^* = \begin{bmatrix} A_{11} & A_{21} & A_{31} \\ A_{12} & A_{22} & A_{32} \\ A_{13} & A_{23} & A_{33} \end{bmatrix},$$

> D₂₂(转换等价表述)

知 $A_{11} + A_{22} + A_{33} = \mathrm{tr}(\boldsymbol{A}^*) = \lambda_1^* + \lambda_2^* + \lambda_3^* = \lambda_2\lambda_3 + \lambda_1\lambda_3 + \lambda_1\lambda_2$.

这些公式易记、好用，读者应熟知.

例 2.3 已知 3 阶方阵 $\boldsymbol{A}$ 的特征值为 -1，2，3，则 $A_{11} + A_{22} + A_{33} = $ _____.

【解】应填 1.

记 $\lambda_1 = -1$，$\lambda_2 = 2$，$\lambda_3 = 3$，由上述公式，有

$$A_{11} + A_{22} + A_{33} = \mathrm{tr}(\boldsymbol{A}^*) = \lambda_1^* + \lambda_2^* + \lambda_3^*$$

$$= \lambda_2\lambda_3 + \lambda_1\lambda_3 + \lambda_1\lambda_2$$

$$= 2\times3 + (-1)\times3 + (-1)\times2$$

$$= 6 - 3 - 2 = 1.$$

四、用分块矩阵的行列式 (D₁(常规操作))

1. 设矩阵 $\boldsymbol{A} = (a_{ij})_{3\times3}$，$\boldsymbol{\alpha} = [1, 1, 1]^{\mathrm{T}}$，$\boldsymbol{\beta} = [b, b, b]^{\mathrm{T}}$，则

$$\left|\boldsymbol{A}+\boldsymbol{\beta}\boldsymbol{\alpha}^{\mathrm{T}}\right|=\begin{vmatrix} a_{11}+b & a_{12}+b & a_{13}+b \\ a_{21}+b & a_{22}+b & a_{23}+b \\ a_{31}+b & a_{32}+b & a_{33}+b \end{vmatrix}=\left|\boldsymbol{A}\right|+b\sum_{i=1}^{3}\sum_{j=1}^{3}A_{ij},$$

其中A_{ij}是$(a_{ij})_{3\times3}$中元素a_{ij}的代数余子式.

2. 设矩阵$\boldsymbol{A}=(a_{ij})_{3\times3}$，$\boldsymbol{x}=[x_1,x_2,x_3]^{\mathrm{T}}$，$\boldsymbol{y}=[y_1,y_2,y_3]^{\mathrm{T}}$，则

$$\left|\boldsymbol{A}+\boldsymbol{x}\boldsymbol{y}^{\mathrm{T}}\right|=\begin{vmatrix}\boldsymbol{A} & \boldsymbol{x} \\ -\boldsymbol{y}^{\mathrm{T}} & 1\end{vmatrix}=\left|\boldsymbol{A}\right|+\boldsymbol{y}^{\mathrm{T}}\boldsymbol{A}^{*}\boldsymbol{x}=\left|\boldsymbol{A}\right|+\sum_{i=1}^{3}\sum_{j=1}^{3}A_{ij}x_i y_j,$$

其中$\boldsymbol{A}^*$为$\boldsymbol{A}$的伴随矩阵.

例 2.4 设矩阵$\boldsymbol{A}=(a_{ij})_{3\times3}$，$A_{ij}$是元素$a_{ij}$的代数余子式，且

$$\begin{vmatrix} a_{11}-a_{12} & a_{12}-a_{13} & 1 \\ a_{21}-a_{22} & a_{22}-a_{23} & 1 \\ a_{31}-a_{32} & a_{32}-a_{33} & 1 \end{vmatrix}=a,$$

则$\displaystyle\sum_{i=1}^{3}\sum_{j=1}^{3}A_{ij}=$＿＿＿＿＿.

【解】应填a.

由本讲的"四、1."，

$$\begin{vmatrix} a_{11}+1 & a_{12}+1 & a_{13}+1 \\ a_{21}+1 & a_{22}+1 & a_{23}+1 \\ a_{31}+1 & a_{32}+1 & a_{33}+1 \end{vmatrix}=\begin{vmatrix} a_{11}-a_{12} & a_{12}-a_{13} & a_{13}+1 \\ a_{21}-a_{22} & a_{22}-a_{23} & a_{23}+1 \\ a_{31}-a_{32} & a_{32}-a_{33} & a_{33}+1 \end{vmatrix}=\left|\boldsymbol{A}\right|+\sum_{i=1}^{3}\sum_{j=1}^{3}A_{ij},$$

（(-1)倍加至　　(-1)倍加至　　按此列拆开）

由行列式可拆性，

$$\begin{vmatrix} a_{11}-a_{12} & a_{12}-a_{13} & a_{13} \\ a_{21}-a_{22} & a_{22}-a_{23} & a_{23} \\ a_{31}-a_{32} & a_{32}-a_{33} & a_{33} \end{vmatrix}+\begin{vmatrix} a_{11}-a_{12} & a_{12}-a_{13} & 1 \\ a_{21}-a_{22} & a_{22}-a_{23} & 1 \\ a_{31}-a_{32} & a_{32}-a_{33} & 1 \end{vmatrix}=\left|\boldsymbol{A}\right|+\sum_{i=1}^{3}\sum_{j=1}^{3}A_{ij},$$

（1倍加至　　1倍加至）

得

$$\left|\boldsymbol{A}\right|+\begin{vmatrix} a_{11}-a_{12} & a_{12}-a_{13} & 1 \\ a_{21}-a_{22} & a_{22}-a_{23} & 1 \\ a_{31}-a_{32} & a_{32}-a_{33} & 1 \end{vmatrix}=\left|\boldsymbol{A}\right|+\sum_{i=1}^{3}\sum_{j=1}^{3}A_{ij},$$

故

$$\sum_{i=1}^{3}\sum_{j=1}^{3}A_{ij}=\begin{vmatrix} a_{11}-a_{12} & a_{12}-a_{13} & 1 \\ a_{21}-a_{22} & a_{22}-a_{23} & 1 \\ a_{31}-a_{32} & a_{32}-a_{33} & 1 \end{vmatrix}=a.$$

例 2.5 证明：

$$\begin{vmatrix} a_{11}+x & a_{12}+x & a_{13}+x \\ a_{21}+x & a_{22}+x & a_{23}+x \\ a_{31}+x & a_{32}+x & a_{33}+x \end{vmatrix} = \begin{vmatrix} a_{11} & a_{12} & a_{13} \\ a_{21} & a_{22} & a_{23} \\ a_{31} & a_{32} & a_{33} \end{vmatrix} + x\sum_{i=1}^{3}\sum_{j=1}^{3}A_{ij},$$

其中 A_{ij} 是 $(a_{ij})_{3\times3}$ 中元素 a_{ij} 的代数余子式.

【证】记所证等式左边的行列式为 D_3. 设 $\boldsymbol{A}=(a_{ij})_{3\times3}$，则

$$D_3 = \left| \boldsymbol{A} + \begin{bmatrix} x \\ x \\ x \end{bmatrix}[1,\,1,\,1] \right| = |\boldsymbol{A}| + [1,\,1,\,1]\boldsymbol{A}^{*}\begin{bmatrix} x \\ x \\ x \end{bmatrix} = \begin{vmatrix} a_{11} & a_{12} & a_{13} \\ a_{21} & a_{22} & a_{23} \\ a_{31} & a_{32} & a_{33} \end{vmatrix} + x\sum_{i=1}^{3}\sum_{j=1}^{3}A_{ij}.$$

故结论成立.

【注】仿例 2.5，可证明 n 阶情况.

$$\begin{vmatrix} a_{11}+x & a_{12}+x & \cdots & a_{1n}+x \\ a_{21}+x & a_{22}+x & \cdots & a_{2n}+x \\ \vdots & \vdots & & \vdots \\ a_{n1}+x & a_{n2}+x & \cdots & a_{nn}+x \end{vmatrix} = \begin{vmatrix} a_{11} & a_{12} & \cdots & a_{1n} \\ a_{21} & a_{22} & \cdots & a_{2n} \\ \vdots & \vdots & & \vdots \\ a_{n1} & a_{n2} & \cdots & a_{nn} \end{vmatrix} + x\sum_{i=1}^{n}\sum_{j=1}^{n}A_{ij},$$

其中 A_{ij} 是 $(a_{ij})_{n\times n}$ 中元素 a_{ij} 的代数余子式.

证 记所证等式左边的行列式为 D_n. 设 $\boldsymbol{A}=(a_{ij})_{n\times n}$，则

$$D_n = \left| \boldsymbol{A} + \begin{bmatrix} x \\ \vdots \\ x \end{bmatrix}[1,\,\cdots,\,1] \right| = |\boldsymbol{A}| + [1,\,\cdots,\,1]\boldsymbol{A}^{*}\begin{bmatrix} x \\ \vdots \\ x \end{bmatrix} = \begin{vmatrix} a_{11} & a_{12} & \cdots & a_{1n} \\ a_{21} & a_{22} & \cdots & a_{2n} \\ \vdots & \vdots & & \vdots \\ a_{n1} & a_{n2} & \cdots & a_{nn} \end{vmatrix} + x\sum_{i=1}^{n}\sum_{j=1}^{n}A_{ij}.$$

故结论成立.

例 2.6 设 $\boldsymbol{A} = \begin{bmatrix} 1 & -1 & -1 & -1 \\ -1 & 1 & -1 & -1 \\ -1 & -1 & 1 & -1 \\ -1 & -1 & -1 & 1 \end{bmatrix}$，则 $\sum_{i=1}^{4}\sum_{j=1}^{4}A_{ij} = $ _____.

【解】应填 32.

$$A_{11}+A_{12}+A_{13}+A_{14} = \begin{vmatrix} 1 & 1 & 1 & 1 \\ -1 & 1 & -1 & -1 \\ -1 & -1 & 1 & -1 \\ -1 & -1 & -1 & 1 \end{vmatrix} = \begin{vmatrix} 1 & 1 & 1 & 1 \\ 0 & 2 & 0 & 0 \\ 0 & 0 & 2 & 0 \\ 0 & 0 & 0 & 2 \end{vmatrix} = 8.$$

同理 $A_{i1}+A_{i2}+A_{i3}+A_{i4}=8(i=2,\,3,\,4)$. 于是 $\sum_{i=1}^{4}\sum_{j=1}^{4}A_{ij}=8\times4=32$.

【注】亦可 A 的每个元素均加 1，有

> 由本讲的"四、1."

$$\begin{vmatrix} 1+1 & -1+1 & -1+1 & -1+1 \\ -1+1 & 1+1 & -1+1 & -1+1 \\ -1+1 & -1+1 & 1+1 & -1+1 \\ -1+1 & -1+1 & -1+1 & 1+1 \end{vmatrix} = |A| + \sum_{i=1}^{4}\sum_{j=1}^{4} A_{ij} = \begin{vmatrix} 2 & & & \\ & 2 & & \\ & & 2 & \\ & & & 2 \end{vmatrix}.$$

即 $-16 + \sum_{i=1}^{4}\sum_{j=1}^{4} A_{ij} = 16$，故 $\sum_{i=1}^{4}\sum_{j=1}^{4} A_{ij} = 32$.

例 2.7 设

$$|A| = \begin{vmatrix} a_{11} & a_{12} & \cdots & a_{1n} \\ a_{21} & a_{22} & \cdots & a_{2n} \\ \vdots & \vdots & & \vdots \\ a_{n1} & a_{n2} & \cdots & a_{nn} \end{vmatrix} = 1,$$

且满足 $a_{ij} = -a_{ji}(i,\ j=1,2,\cdots,n)$，则对任意实数 b，n 阶行列式

$$\begin{vmatrix} a_{11}+b & a_{12}+b & \cdots & a_{1n}+b \\ a_{21}+b & a_{22}+b & \cdots & a_{2n}+b \\ \vdots & \vdots & & \vdots \\ a_{n1}+b & a_{n2}+b & \cdots & a_{nn}+b \end{vmatrix} = \underline{\qquad}.$$

【解】应填 1.

$$\begin{vmatrix} a_{11}+b & a_{12}+b & \cdots & a_{1n}+b \\ a_{21}+b & a_{22}+b & \cdots & a_{2n}+b \\ \vdots & \vdots & & \vdots \\ a_{n1}+b & a_{n2}+b & \cdots & a_{nn}+b \end{vmatrix} = 1 + b\sum_{i=1}^{n}\sum_{j=1}^{n} A_{ij}.$$

又 $a_{ij} = -a_{ji}$，有 $A^{\mathrm{T}} = -A$，且 $A^* = |A|A^{-1} = A^{-1}$. 故

$$(A^*)^{\mathrm{T}} = (A^{-1})^{\mathrm{T}} = (A^{\mathrm{T}})^{-1} = (-A)^{-1} = -A^{-1} = -A^*,\quad \text{于是} \begin{cases} A_{ii} = 0, & i=j, \\ A_{ij} = -A_{ji}, & i \neq j. \end{cases}$$

故 $\sum_{i=1}^{n}\sum_{j=1}^{n} A_{ij} = 0$. 从而所求行列式的值为 1.

第3讲
矩阵运算

三向解题法

矩阵运算
（O（盯住目标））

1. 矩阵乘法的形状大观
（D_1（常规操作）+ D_{23}（化归经典形式））

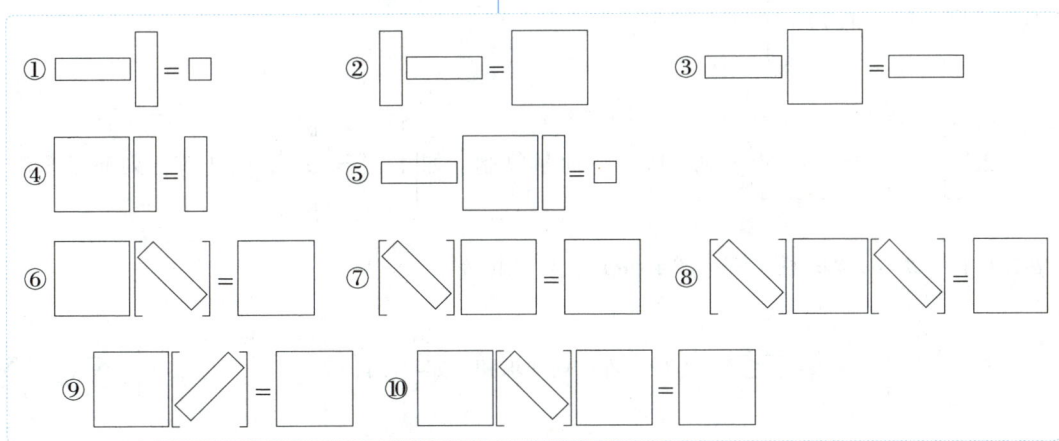

2. 计算 A^n
（O_1（盯住目标1）+ D_1（常规操作）+ D_{23}（化归经典形式））

3. A^*，A^{-1} 与初等矩阵
（O_2（盯住目标2）+ D_1（常规操作）+ D_2（脱胎换骨））

4. 分块矩阵
（O_3（盯住目标3）+ D_1（常规操作）+ D_{23}（化归经典形式））

5. 求解矩阵方程
（O_4（盯住目标4）+ D_1（常规操作）+ D_2（脱胎换骨））

1. 矩阵乘法的形状大观
(D_1（常规操作）+ D_{23}（化归经典形式））

① □ □ = □ ② □ □ = □ ③ □ □ = □

④ □ □ = □ ⑤ □ □ = □

⑥ □ □ = □ ⑦ □ □ = □ ⑧ □ □ □ = □

⑨ □ □ = □ ⑩ □ □ = □

2. 计算 A^n
(O_1（盯住目标1）+ D_1（常规操作）+ D_{23}（化归经典形式））

| A 为方阵且 $r(A)=1$ | 试算 A^2（或 A^3），找规律 | $A \xrightarrow{\text{分解}} B+C$ | 用初等矩阵知识求 $P_1^m A P_2^n$ | 用相似理论求 A^n |

3. A^*，A^{-1} 与初等矩阵
(O_2（盯住目标 **2**）+ D_1（常规操作）+D_2（脱胎换骨））

A^* 　A^{-1} 　初等矩阵

4. 分块矩阵
(O_3（盯住目标 **3**）+ D_1（常规操作）+D_{23}（化归经典形式））

定义 　运算 　$AB = C$

5. 求解矩阵方程
(O_4（盯住目标 **4**）+ D_1（常规操作）+D_2（脱胎换骨））

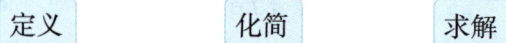

定义 　化简 　求解

一、矩阵乘法的形状大观 D_1（常规操作）+D_{23}（化归经典形式））

1. ▭▯ = □.（内积：大小 + 角度；列 1 阵：行向求和，如 $[x_1, x_2, x_3]\begin{bmatrix} 1 \\ 1 \\ 1 \end{bmatrix} = x_1 + x_2 + x_3$；行 1 阵：

列向求和，如 $[1, 1, 1]\begin{bmatrix} x_1 \\ x_2 \\ x_3 \end{bmatrix} = x_1 + x_2 + x_3$.）

对比可知，"▭▯"的结果比"▯▭"的结果要简单得多

2. ▯▭ = ▭.（列 1 阵：行向量复制，如 $\begin{bmatrix} 1 \\ 1 \\ 1 \end{bmatrix}\boldsymbol{\alpha}^{\mathrm{T}} = \begin{bmatrix} \boldsymbol{\alpha}^{\mathrm{T}} \\ \boldsymbol{\alpha}^{\mathrm{T}} \\ \boldsymbol{\alpha}^{\mathrm{T}} \end{bmatrix}$；行 1 阵：列向量复制，如

$\boldsymbol{\beta}[1, 1, 1] = [\boldsymbol{\beta}, \boldsymbol{\beta}, \boldsymbol{\beta}]$；秩 1 阵，如 $A = \boldsymbol{\alpha}\boldsymbol{\beta}^{\mathrm{T}}$，$A^n = [\mathrm{tr}(A)]^{n-1}A$.）

3. ▭ □ = ▭.（行 1 阵：列向求和，如 $\dfrac{1}{3}[1, 1, 1]\begin{bmatrix} x_{11} & x_{12} & x_{13} \\ x_{21} & x_{22} & x_{23} \\ x_{31} & x_{32} & x_{33} \end{bmatrix} = \left[\dfrac{1}{3}\sum\limits_{i=1}^{3}x_{i1}, \dfrac{1}{3}\sum\limits_{i=1}^{3}x_{i2},\right.$

$\left.\dfrac{1}{3}\sum\limits_{i=1}^{3}x_{i3}\right] = [\bar{x}_1, \bar{x}_2, \bar{x}_3] \xlongequal{\Delta} \boldsymbol{EX}$，质心阵.）

形式化归体系块

4. $\boxed{}\,\boxed{|}=\boxed{|}$. （列 1 阵：行向求和，如 $\begin{bmatrix} x_{11} & x_{12} & x_{13} \\ x_{21} & x_{22} & x_{23} \\ x_{31} & x_{32} & x_{33} \end{bmatrix}\begin{bmatrix}1\\1\\1\end{bmatrix}=\begin{bmatrix}\sum_{j=1}^{3}x_{1j}\\ \sum_{j=1}^{3}x_{2j}\\ \sum_{j=1}^{3}x_{3j}\end{bmatrix}$. ）

5. $\boxed{}\,\boxed{}\,\boxed{|}=\square$. （行 1、列 1 夹逼阵：全求和，如 $[1,1,1]\begin{bmatrix} x_{11} & x_{12} & x_{13} \\ x_{21} & x_{22} & x_{23} \\ x_{31} & x_{32} & x_{33} \end{bmatrix}\begin{bmatrix}1\\1\\1\end{bmatrix}=\sum_{i=1}^{3}\sum_{j=1}^{3}x_{ij}=a,$

且该形式 a 代表它是一个 1×1 的矩阵，即普通量，于是 $a^{\mathrm{T}}=a$. ）

6. $\boxed{}\,\boxed{\diagdown}=\boxed{}$. （列放缩，如 $[\boldsymbol{a}_1,\boldsymbol{a}_2,\boldsymbol{a}_3]\begin{bmatrix}\lambda_1 & & \\ & \lambda_2 & \\ & & \lambda_3\end{bmatrix}=[\lambda_1\boldsymbol{a}_1,\lambda_2\boldsymbol{a}_2,\lambda_3\boldsymbol{a}_3]$. ）

7. $\boxed{\diagdown}\,\boxed{}=\boxed{}$. （行放缩，如 $\begin{bmatrix}\lambda_1 & & \\ & \lambda_2 & \\ & & \lambda_3\end{bmatrix}\begin{bmatrix}\boldsymbol{\beta}_1\\\boldsymbol{\beta}_2\\\boldsymbol{\beta}_3\end{bmatrix}=\begin{bmatrix}\lambda_1\boldsymbol{\beta}_1\\\lambda_2\boldsymbol{\beta}_2\\\lambda_3\boldsymbol{\beta}_3\end{bmatrix}$. ） $\boldsymbol{\beta}_i(i=1,2,3)$ 为行向量

8. $\boxed{\diagdown}\,\boxed{}\,\boxed{\diagdown}=\boxed{}$. （行、列放缩，如 $\begin{bmatrix}\lambda_1 & \\ & \lambda_2\end{bmatrix}\begin{bmatrix}a_{11} & a_{12}\\ a_{21} & a_{22}\end{bmatrix}\begin{bmatrix}\lambda_1 & \\ & \lambda_2\end{bmatrix}=\begin{bmatrix}\lambda_1^2 a_{11} & \lambda_1\lambda_2 a_{12}\\ \lambda_1\lambda_2 a_{21} & \lambda_2^2 a_{22}\end{bmatrix}$. ）

9. $\boxed{}\,\boxed{\diagup}=\boxed{}$. （副 1 阵：换列阵，如 $[\boldsymbol{a}_1,\boldsymbol{a}_2,\boldsymbol{a}_3]\begin{bmatrix} & & 1\\ & 1 & \\ 1 & & \end{bmatrix}=[\boldsymbol{a}_3,\boldsymbol{a}_2,\boldsymbol{a}_1]$. ）

【注】 $[\boldsymbol{a}_1,\boldsymbol{a}_2,\boldsymbol{a}_3,\boldsymbol{a}_4]\begin{bmatrix}0&0&0&1\\0&1&0&0\\0&0&1&0\\1&0&0&0\end{bmatrix}=[\boldsymbol{a}_4,\boldsymbol{a}_2,\boldsymbol{a}_3,\boldsymbol{a}_1]$.

10. $\boxed{}\,\boxed{\diagdown}\,\boxed{}=\boxed{}$. （相似变换，如 $\begin{bmatrix}1&1&1\\0&1&1\\0&0&1\end{bmatrix}\begin{bmatrix}1&&\\&2&\\&&3\end{bmatrix}\begin{bmatrix}1&-1&0\\0&1&-1\\0&0&1\end{bmatrix}=\begin{bmatrix}1&1&1\\0&2&1\\0&0&3\end{bmatrix}$. ）
旋转 缩放 旋转

二、计算 $\boldsymbol{A}^n$（O_1(盯住目标 1)+D_1(常规操作)+D_{23}(化归经典形式)）

由 $m\times n$ 个数 a_{ij}（$i=1,2,\cdots,m$；$j=1,2,\cdots,n$）排成的 m 行 n 列的矩形表格

$$\begin{bmatrix} a_{11} & a_{12} & \cdots & a_{1n} \\ a_{21} & a_{22} & \cdots & a_{2n} \\ \vdots & \vdots & & \vdots \\ a_{m1} & a_{m2} & \cdots & a_{mn} \end{bmatrix}$$

称为一个 $m \times n$ 矩阵，简记为 A 或 $(a_{ij})_{m \times n}$. 当 $m = n$ 时，称 A 为 n 阶方阵.

1. A 为方阵且 $r(A) = 1$

若 $a_i, b_i (i = 1, 2, 3)$ 不全为 0，$A = \begin{bmatrix} a_1 b_1 & a_1 b_2 & a_1 b_3 \\ a_2 b_1 & a_2 b_2 & a_2 b_3 \\ a_3 b_1 & a_3 b_2 & a_3 b_3 \end{bmatrix} = \begin{bmatrix} a_1 \\ a_2 \\ a_3 \end{bmatrix} [b_1, b_2, b_3] \xlongequal{\text{记}} \boldsymbol{\alpha}\boldsymbol{\beta}^\mathrm{T}$，则 $r(A) = 1$，且

$$A^n = (\boldsymbol{\alpha}\boldsymbol{\beta}^\mathrm{T})(\boldsymbol{\alpha}\boldsymbol{\beta}^\mathrm{T}) \cdots (\boldsymbol{\alpha}\boldsymbol{\beta}^\mathrm{T}) = \boldsymbol{\alpha}(\boldsymbol{\beta}^\mathrm{T}\boldsymbol{\alpha})(\boldsymbol{\beta}^\mathrm{T}\boldsymbol{\alpha}) \cdots (\boldsymbol{\beta}^\mathrm{T}\boldsymbol{\alpha})\boldsymbol{\beta}^\mathrm{T}$$

$$= \left(\sum_{i=1}^{3} a_i b_i \right)^{n-1} A = [\mathrm{tr}(A)]^{n-1} A.$$

对于 $m (m > 3)$ 阶方阵，若 $r(A) = 1$，同样有 $A^n = [\mathrm{tr}(A)]^{n-1} A$.

例 3.1 设 $A = \begin{bmatrix} 2 & 6 & -4 \\ -1 & -3 & 2 \\ 3 & 9 & -6 \end{bmatrix}$，则 $A^{10} = $ _____.

【解】应填 $-7^9 \begin{bmatrix} 2 & 6 & -4 \\ -1 & -3 & 2 \\ 3 & 9 & -6 \end{bmatrix}$.

注意这种写法，第一列元素是原矩阵各行的比例，且使得其为恒等变形

由题可得 $A = \begin{bmatrix} 2 \\ -1 \\ 3 \end{bmatrix} [1, 3, -2]$，故

$A^n = [\mathrm{tr}(A)]^{n-1} A$

$$A^{10} = \underbrace{\begin{bmatrix} 2 \\ -1 \\ 3 \end{bmatrix} [1, 3, -2] \begin{bmatrix} 2 \\ -1 \\ 3 \end{bmatrix} [1, 3, -2] \cdots \begin{bmatrix} 2 \\ -1 \\ 3 \end{bmatrix} [1, 3, -2]}_{9 \text{个} (-7) \text{相乘}} = (-7)^9 A = -7^9 \begin{bmatrix} 2 & 6 & -4 \\ -1 & -3 & 2 \\ 3 & 9 & -6 \end{bmatrix}.$$

2. 试算 A^2（或 A^3），找规律

（1）若 $A^2 = kA$，则 $A^n = k^{n-1}A$.（"二、1."是这里的特殊情形）.

（2）若 $A^2 = kE$，$\begin{cases} A^{2n} = k^n E \ (\text{若} k = -1, \text{则} A^4 = E), \\ A^{2n+1} = k^n A. \end{cases}$

亦有可能试算 A^3，如 $A^3 = kA$，这些次数不会太高. 进一步地，还有：

（3）若 $A = \begin{bmatrix} 1 & a & b \\ 0 & 1 & a \\ 0 & 0 & 1 \end{bmatrix}$，则

$$A^2 = \begin{bmatrix} 1 & 2a & a^2 + 2b \\ 0 & 1 & 2a \\ 0 & 0 & 1 \end{bmatrix}, \quad A^3 = \begin{bmatrix} 1 & 3a & C_3^2 a^2 + 3b \\ 0 & 1 & 3a \\ 0 & 0 & 1 \end{bmatrix}, \cdots, \quad A^n = \begin{bmatrix} 1 & na & C_n^2 a^2 + nb \\ 0 & 1 & na \\ 0 & 0 & 1 \end{bmatrix}, \quad n \geqslant 2.$$

（4）若 $A = \begin{bmatrix} 1 & a \\ 0 & 1 \end{bmatrix}$，则 $A^n = \begin{bmatrix} 1 & na \\ 0 & 1 \end{bmatrix}$；

若 $A = \begin{bmatrix} -1 & a \\ 0 & -1 \end{bmatrix}$，则 $A^n = (-1)^n \begin{bmatrix} 1 & -na \\ 0 & 1 \end{bmatrix}$；

若 $A = \begin{bmatrix} 1 & a \\ 0 & -1 \end{bmatrix}$，则 $A^{2n} = \begin{bmatrix} 1 & 0 \\ 0 & 1 \end{bmatrix}$，$A^{2n+1} = \begin{bmatrix} 1 & a \\ 0 & -1 \end{bmatrix}$；

若 $A = \begin{bmatrix} -1 & a \\ 0 & 1 \end{bmatrix}$，则 $A^{2n} = \begin{bmatrix} 1 & 0 \\ 0 & 1 \end{bmatrix}$，$A^{2n+1} = \begin{bmatrix} -1 & a \\ 0 & 1 \end{bmatrix}$.

（5）若 $A = \begin{bmatrix} \boldsymbol{0} & \boldsymbol{E}_{n-1} \\ 1 & \boldsymbol{0} \end{bmatrix}$，则 $A^2 = \begin{bmatrix} \boldsymbol{O} & \boldsymbol{E}_{n-2} \\ \boldsymbol{E}_2 & \boldsymbol{O} \end{bmatrix}$，$A^3 = \begin{bmatrix} \boldsymbol{O} & \boldsymbol{E}_{n-3} \\ \boldsymbol{E}_3 & \boldsymbol{O} \end{bmatrix}$，$\cdots$，$A^n = \boldsymbol{E}_n$，$n \geqslant 2$.

比如 $\boldsymbol{B} = \begin{bmatrix} a_0 & a_1 & a_2 & \cdots & a_{n-2} & a_{n-1} \\ a_{n-1} & a_0 & a_1 & \cdots & a_{n-3} & a_{n-2} \\ a_{n-2} & a_{n-1} & a_0 & \cdots & a_{n-4} & a_{n-3} \\ \vdots & \vdots & \vdots & & \vdots & \vdots \\ a_2 & a_3 & a_4 & \cdots & a_0 & a_1 \\ a_1 & a_2 & a_3 & \cdots & a_{n-1} & a_0 \end{bmatrix} = a_0 \boldsymbol{E}_n + a_1 \begin{bmatrix} \boldsymbol{0} & \boldsymbol{E}_{n-1} \\ 1 & \boldsymbol{0} \end{bmatrix} + a_2 \begin{bmatrix} \boldsymbol{O} & \boldsymbol{E}_{n-2} \\ \boldsymbol{E}_2 & \boldsymbol{O} \end{bmatrix} + \cdots + a_{n-1} \begin{bmatrix} \boldsymbol{0} & 1 \\ \boldsymbol{E}_{n-1} & \boldsymbol{0} \end{bmatrix}$

$= a_0 \boldsymbol{E}_n + a_1 \boldsymbol{A} + a_2 \boldsymbol{A}^2 + \cdots + a_{n-1} \boldsymbol{A}^{n-1}$

$= \sum_{i=0}^{n-1} a_i \boldsymbol{A}^i$.

（6）记 2 阶矩阵 $N_2 = \begin{bmatrix} 0 & 1 \\ 0 & 0 \end{bmatrix}$，则 $N_2^2 = \begin{bmatrix} 0 & 0 \\ 0 & 0 \end{bmatrix}$.

记 3 阶矩阵 $N_3 = \begin{bmatrix} 0 & 1 & 0 \\ 0 & 0 & 1 \\ 0 & 0 & 0 \end{bmatrix}$，则 $N_3^2 = \begin{bmatrix} 0 & 0 & 1 \\ 0 & 0 & 0 \\ 0 & 0 & 0 \end{bmatrix}$，$N_3^3 = \boldsymbol{O}$.

……

记 n 阶矩阵 $N_n = \begin{bmatrix} 0 & 1 & \cdots & 0 \\ \vdots & \vdots & \ddots & \vdots \\ 0 & 0 & \cdots & 1 \\ 0 & 0 & \cdots & 0 \end{bmatrix}$，则 $N_n^2 = \begin{bmatrix} \boldsymbol{O} & \boldsymbol{E}_{n-2} \\ \boldsymbol{O} & \boldsymbol{O} \end{bmatrix}$，$\cdots$，$N_n^{n-1} = \begin{bmatrix} \boldsymbol{0} & \boldsymbol{E}_1 \\ \boldsymbol{O} & \boldsymbol{0} \end{bmatrix}$，$N_n^n = \boldsymbol{O}$，$N_n^{n+1} = \boldsymbol{O}$，$\cdots$.

即当幂次 t 大于等于阶数 n 时，$N_n^t = \boldsymbol{O}$，且 $r(N_n^i) = n - i$，$i = 1$，2，$\cdots$，n.

（7）记

$$J_0 = \begin{bmatrix} \lambda_0 & 1 & & \\ & \lambda_0 & \ddots & \\ & & \ddots & 1 \\ & & & \lambda_0 \end{bmatrix}.$$

当 $k = \lambda_0$ 时，有 $J_0 - kE = \begin{bmatrix} 0 & 1 & & \\ & 0 & \ddots & \\ & & \ddots & 1 \\ & & & 0 \end{bmatrix} = N_n$，则 $r[(J_0 - kE)^t] = \begin{cases} n-t, & t \leqslant n, \\ 0, & t > n. \end{cases}$

当 $k \neq \lambda_0$ 时，$r[(J_0 - kE)^t] = n$.

（8）若 $A = \begin{bmatrix} \lambda & 1 & & \\ & \lambda & \ddots & \\ & & \ddots & 1 \\ & & & \lambda \end{bmatrix}_k$，则 $A^n = \begin{bmatrix} \lambda^n & C_n^1 \lambda^{n-1} & C_n^2 \lambda^{n-2} & \cdots & C_n^{k-1} \lambda^{n-k+1} \\ & \lambda^n & C_n^1 \lambda^{n-1} & \cdots & C_n^{k-2} \lambda^{n-k+2} \\ & & \lambda^n & \cdots & C_n^{k-3} \lambda^{n-k+3} \\ & & & \ddots & \vdots \\ & & & & \lambda^n \end{bmatrix}.$

这些均十分重要.

例 3.2 设 $A = \begin{bmatrix} \dfrac{2}{3} & -\dfrac{1}{3} & -\dfrac{1}{3} \\ -\dfrac{1}{3} & \dfrac{2}{3} & -\dfrac{1}{3} \\ -\dfrac{1}{3} & -\dfrac{1}{3} & \dfrac{2}{3} \end{bmatrix}$，则 $A^9 = $ _____.

【解】应填 $\begin{bmatrix} \dfrac{2}{3} & -\dfrac{1}{3} & -\dfrac{1}{3} \\ -\dfrac{1}{3} & \dfrac{2}{3} & -\dfrac{1}{3} \\ -\dfrac{1}{3} & -\dfrac{1}{3} & \dfrac{2}{3} \end{bmatrix}.$

试算 A^2，找规律.

$$A^2 = \begin{bmatrix} \dfrac{2}{3} & -\dfrac{1}{3} & -\dfrac{1}{3} \\ -\dfrac{1}{3} & \dfrac{2}{3} & -\dfrac{1}{3} \\ -\dfrac{1}{3} & -\dfrac{1}{3} & \dfrac{2}{3} \end{bmatrix}^2 = \frac{1}{9} \begin{bmatrix} 2 & -1 & -1 \\ -1 & 2 & -1 \\ -1 & -1 & 2 \end{bmatrix}^2$$

$$= \frac{1}{9} \begin{bmatrix} 6 & -3 & -3 \\ -3 & 6 & -3 \\ -3 & -3 & 6 \end{bmatrix} = \begin{bmatrix} \dfrac{2}{3} & -\dfrac{1}{3} & -\dfrac{1}{3} \\ -\dfrac{1}{3} & \dfrac{2}{3} & -\dfrac{1}{3} \\ -\dfrac{1}{3} & -\dfrac{1}{3} & \dfrac{2}{3} \end{bmatrix} = A,$$

故 $A^9 = (A^2)^4 A = A^4 A = (A^2)^2 A = A^2 A = A^2 = A = \begin{bmatrix} \dfrac{2}{3} & -\dfrac{1}{3} & -\dfrac{1}{3} \\ -\dfrac{1}{3} & \dfrac{2}{3} & -\dfrac{1}{3} \\ -\dfrac{1}{3} & -\dfrac{1}{3} & \dfrac{2}{3} \end{bmatrix}.$

【注】在第 8 讲会知道，满足 $A^2 = A$ 的实矩阵 A 可相似对角化．

例 3.3 设 $A = \begin{bmatrix} \dfrac{1}{2} & -\dfrac{\sqrt{3}}{2} \\ \dfrac{\sqrt{3}}{2} & \dfrac{1}{2} \end{bmatrix}$，则 $A^{-11} = $ _____．

【解】应填 $\begin{bmatrix} \dfrac{1}{2} & -\dfrac{\sqrt{3}}{2} \\ \dfrac{\sqrt{3}}{2} & \dfrac{1}{2} \end{bmatrix}$．

事实上，$\begin{bmatrix} \cos\theta & -\sin\theta \\ \sin\theta & \cos\theta \end{bmatrix}$ 为正交矩阵，其几何意义为：当 $\begin{bmatrix} \cos\theta & -\sin\theta \\ \sin\theta & \cos\theta \end{bmatrix}$ 作用于向量 $\overrightarrow{OP}$ 时，有 $\overrightarrow{OP}$ 绕原点逆时针旋转 θ．

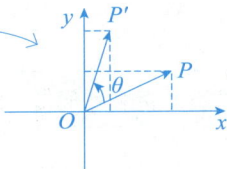

已知 $A = \begin{bmatrix} \dfrac{1}{2} & -\dfrac{\sqrt{3}}{2} \\ \dfrac{\sqrt{3}}{2} & \dfrac{1}{2} \end{bmatrix} = \begin{bmatrix} \cos\dfrac{\pi}{3} & -\sin\dfrac{\pi}{3} \\ \sin\dfrac{\pi}{3} & \cos\dfrac{\pi}{3} \end{bmatrix}$，$\theta = \dfrac{\pi}{3}$．于是 $A^3 = \begin{bmatrix} -1 & 0 \\ 0 & -1 \end{bmatrix}$，$A^6 = \begin{bmatrix} 1 & 0 \\ 0 & 1 \end{bmatrix}$，$A^{-1} = \begin{bmatrix} \dfrac{1}{2} & \dfrac{\sqrt{3}}{2} \\ -\dfrac{\sqrt{3}}{2} & \dfrac{1}{2} \end{bmatrix}$

$\left(\text{顺时针旋转} \dfrac{\pi}{3}\right)$，故 $A^{11} = A^{12} A^{-1} = A^{-1}$，$A^{-11} = (A^{11})^{-1} = (A^{-1})^{-1} = A$．

【注】考生习惯求 A^n，若考题命制 A^{-n}，则写 $A^{-n} = (A^n)^{-1}$ 即可．

3. $A \xrightarrow{\text{分解}} B + C$

若 $A = B + C$，$BC = CB$，则

$$A^n = (B+C)^n = B^n + nB^{n-1}C + \frac{n(n-1)}{2}B^{n-2}C^2 + \cdots + C^n.$$

（1）若 $B = E$，则 $A^n = E + nC + \dfrac{n(n-1)}{2}C^2 + \cdots + C^n$．

（2）若 $BC = CB = O$，则 $A^n = B^n + C^n$．

例 3.4 设 $A = \begin{bmatrix} 1 & 1 & -1 \\ 0 & 1 & 1 \\ 0 & 0 & 1 \end{bmatrix}$，则 $A^{10} = $ _____.

【解】应填 $\begin{bmatrix} 1 & 10 & 35 \\ 0 & 1 & 10 \\ 0 & 0 & 1 \end{bmatrix}$.

记 $A = E + B$，其中 $B = \begin{bmatrix} 0 & 1 & -1 \\ 0 & 0 & 1 \\ 0 & 0 & 0 \end{bmatrix}$，$B^2 = \begin{bmatrix} 0 & 0 & 1 \\ 0 & 0 & 0 \\ 0 & 0 & 0 \end{bmatrix}$，$B^3 = O$，则

$$A^{10} = (E+B)^{10} = E^{10} + 10E^9 B + \frac{10 \times 9}{2} E^8 B^2$$

$$= \begin{bmatrix} 1 & 0 & 0 \\ 0 & 1 & 0 \\ 0 & 0 & 1 \end{bmatrix} + \begin{bmatrix} 0 & 10 & -10 \\ 0 & 0 & 10 \\ 0 & 0 & 0 \end{bmatrix} + \begin{bmatrix} 0 & 0 & 45 \\ 0 & 0 & 0 \\ 0 & 0 & 0 \end{bmatrix}$$

$$= \begin{bmatrix} 1 & 10 & 35 \\ 0 & 1 & 10 \\ 0 & 0 & 1 \end{bmatrix}.$$

【注】因为 A 只有 1 个线性无关的特征向量，所以不可相似对角化，故不能用 $A^n = P\Lambda^n P^{-1}$ 求 A^n.

4. 用初等矩阵知识求 $P_1^m A P_2^n$

若 P_1，P_2 均为初等矩阵，m，n 为正整数，则 $P_1^m A P_2^n$ 表示先对 A 作了与 P_1 相同的初等行变换，且重复 m 次；再对 $P_1^m A$ 作了与 P_2 相同的初等列变换，且重复 n 次. 若再综合，可考 $P_1^T A P_2^2$，$P_1^{-2} A P_2^T$，$P_1^3 A P_2^{-3}$ 等.

例 3.5 $\begin{bmatrix} 1 & 0 \\ -1 & 1 \end{bmatrix}^3 \begin{bmatrix} 1 & 2 \\ -1 & 3 \end{bmatrix} \begin{bmatrix} 0 & 1 \\ 1 & 0 \end{bmatrix}^{-5} = $ _____.

【解】应填 $\begin{bmatrix} 2 & 1 \\ -3 & -4 \end{bmatrix}$.

记 $A = \begin{bmatrix} 1 & 2 \\ -1 & 3 \end{bmatrix}$，$B = \begin{bmatrix} 1 & 0 \\ -1 & 1 \end{bmatrix}$，$C = \begin{bmatrix} 0 & 1 \\ 1 & 0 \end{bmatrix}$，则 $B^3 A$ 是将 A 的第 1 行的 (-1) 倍加到第 2 行，重复 3 次，故 $B^3 A = \begin{bmatrix} 1 & 2 \\ -4 & -3 \end{bmatrix}$. 又 $C^{-5} = (C^5)^{-1} = C^5$，故 $B^3 A C^{-5}$ 是将 $B^3 A$ 的第 1 列与第 2 列互换，重复 5 次，即只互换 1 次，故

$$原式 = B^3 A C^5 = \begin{bmatrix} 2 & 1 \\ -3 & -4 \end{bmatrix}.$$

5. 用相似理论求 A^n

（1）若 $A \sim B$，即 $P^{-1}AP = B$，则 $A = PBP^{-1}$，$A^n = PB^nP^{-1}$.

（2）若 $A \sim \Lambda$，即 $P^{-1}AP = \Lambda$，则 $A = P\Lambda P^{-1}$，$A^n = P\Lambda^n P^{-1}$.

例3.6 设 A，B，C 均是 3 阶矩阵，且满足 $AB = B^2 - BC$，其中 $B = \begin{bmatrix} 1 & 1 & 1 \\ 0 & 1 & 1 \\ 0 & 0 & 1 \end{bmatrix}$，$C = \begin{bmatrix} 0 & 1 & 1 \\ 0 & 0 & 1 \\ 0 & 0 & 1 \end{bmatrix}$，

则 $A^{99} = $ _____.

【解】应填 $\begin{bmatrix} 1 & 0 & -1 \\ 0 & 1 & -1 \\ 0 & 0 & 0 \end{bmatrix}$.

由 $|B| = \begin{vmatrix} 1 & 1 & 1 \\ 0 & 1 & 1 \\ 0 & 0 & 1 \end{vmatrix} = 1 \neq 0$，知 B 可逆，且由 $AB = B^2 - BC = B(B - C)$，得 $A = B(B-C)B^{-1}$. 于是

$$A^{99} = B(B-C)B^{-1}B(B-C)B^{-1} \cdots B(B-C)B^{-1} = B(B-C)^{99}B^{-1}.$$

又易知

$$B^{-1} = \begin{bmatrix} 1 & -1 & 0 \\ 0 & 1 & -1 \\ 0 & 0 & 1 \end{bmatrix}, \quad B - C = \begin{bmatrix} 1 & & \\ & 1 & \\ & & 0 \end{bmatrix},$$

故

$$A^{99} = \begin{bmatrix} 1 & 1 & 1 \\ 0 & 1 & 1 \\ 0 & 0 & 1 \end{bmatrix} \begin{bmatrix} 1 & & \\ & 1 & \\ & & 0 \end{bmatrix}^{99} \begin{bmatrix} 1 & -1 & 0 \\ 0 & 1 & -1 \\ 0 & 0 & 1 \end{bmatrix} = \begin{bmatrix} 1 & 1 & 1 \\ 0 & 1 & 1 \\ 0 & 0 & 1 \end{bmatrix} \begin{bmatrix} 1 & & \\ & 1 & \\ & & 0 \end{bmatrix} \begin{bmatrix} 1 & -1 & 0 \\ 0 & 1 & -1 \\ 0 & 0 & 1 \end{bmatrix}$$

$$= \begin{bmatrix} 1 & 1 & 1 \\ 0 & 1 & 1 \\ 0 & 0 & 1 \end{bmatrix} \begin{bmatrix} 1 & -1 & 0 \\ 0 & 1 & -1 \\ 0 & 0 & 0 \end{bmatrix} = \begin{bmatrix} 1 & 0 & -1 \\ 0 & 1 & -1 \\ 0 & 0 & 0 \end{bmatrix}.$$

三、A^*，A^{-1} 与初等矩阵（O_2（盯住目标2）+D_1（常规操作）+D_2（脱胎换骨））

1. A^*

（1）定义.

$$A^* = \begin{bmatrix} A_{11} & A_{21} & \cdots & A_{n1} \\ A_{12} & A_{22} & \cdots & A_{n2} \\ \vdots & \vdots & & \vdots \\ A_{1n} & A_{2n} & \cdots & A_{nn} \end{bmatrix},$$

其中 A_{ij} 是 a_{ij} 的代数余子式，A^* 叫作 A 的伴随矩阵.

（2）公式.

设 A，B 为 n（$n \geq 2$）阶矩阵，其中⑤，⑥，⑦要求 A 可逆，则

① $AA^* = A^*A = |A|E.$

② $|A^*| = |A|^{n-1}.$

③ $(A^T)^* = (A^*)^T.$

④ $(kA)^* = k^{n-1}A^*, \quad (-A)^* = (-1)^{n-1}A^*.$

⑤ $A^{-1} = \dfrac{1}{|A|}A^*.$

⑥ $A^* = |A|A^{-1}.$

⑦ $(A^*)^{-1} = \dfrac{1}{|A|}A = (A^{-1})^*.$

⑧ $(A^*)^* = |A|^{n-2}A.$

⑨ $|(A^*)^*| = |A|^{(n-1)^2}.$

⑩ $(AB)^* = B^*A^*.$

【注】证 当 $|AB| \neq 0$ 时，$(AB)^* = |AB|(AB)^{-1} = |B|B^{-1}|A|A^{-1} = B^*A^*.$ 这个证明方法为"扰动法"

当 $|AB| = 0$ 时，令 $A_1 = A + tE$，$B_1 = B + tE$，使 $|A_1B_1| = |(A+tE)(B+tE)| \neq 0$.

于是 $(A_1B_1)^* = B_1^*A_1^*$，因上式两边的元素均为 t 的连续函数，令 $t \to 0$，有 $(AB)^* = B^*A^*.$

其中，**扰动法（摄动法）**：在 n 阶矩阵 B 满足某条件 T 时，令 $A + tE = B$，显然 $A + tE$ 亦满足条件 T. 由于在考研范围内，$A + tE$ 的元素均是 t 的多项式，也即是 t 的连续函数，故 $t \to 0$ 时，$A + tE \to A$，即 A 亦满足条件.

⑪ 若 $r(A) = n-1$，则 $(A^*)^n = [\mathrm{tr}(A^*)]^{n-1}A^*.$

⑫ $\begin{bmatrix} A & O \\ O & B \end{bmatrix}^* = \begin{bmatrix} |B|A^* & O \\ O & |A|B^* \end{bmatrix}.$

⑬ $\begin{bmatrix} O & A \\ B & O \end{bmatrix}^* = (-1)^{n^2}\begin{bmatrix} O & |A|B^* \\ |B|A^* & O \end{bmatrix}.$

⑭ $\begin{bmatrix} A & C \\ O & B \end{bmatrix}^* = \begin{bmatrix} |B|A^* & -A^*CB^* \\ O & |A|B^* \end{bmatrix}.$

⑮ 若 $AB = BA$，则 $A^*B = BA^*.$

⑯ 若 A 与 B 等价，则 A^* 与 B^* 等价.

⑰ 若 A 与 B 相似，则 A^* 与 B^* 相似.

⑱ 若 A 与 B 合同，则 A^* 与 B^* 合同.

（3）秩.

设 A 是 n 阶方阵，A^* 是 A 的伴随矩阵，则 $r(A^*) = \begin{cases} n, & r(A) = n, \\ 1, & r(A) = n-1, \\ 0, & r(A) < n-1. \end{cases}$

【注】 对于上述结论有以下两点需考生注意.

（1）上述过程是可逆的，即

$$r(A) = n \Leftrightarrow r(A^*) = n, \ r(A) = n-1 \Leftrightarrow r(A^*) = 1, \ r(A) < n-1 \Leftrightarrow r(A^*) = 0.$$

考试也考过这些.

（2）进一步地，关于 $(A^*)^*$ 的结论，见下面的注例.

注例 设 A 为 $n(n>1)$ 阶方阵，证明：

① 当 $n=2$ 时，$(A^*)^* = A$；

② 当 $n>2$ 时，若 A 是可逆矩阵，则 $(A^*)^* = |A|^{n-2}A$；

③ 当 $n>2$ 时，若 A 是不可逆矩阵，则 $(A^*)^* = O$.

证 ① 设 $A = \begin{bmatrix} a & b \\ c & d \end{bmatrix}$，则

$$A^* = \begin{bmatrix} d & -b \\ -c & a \end{bmatrix}, \ (A^*)^* = \begin{bmatrix} a & b \\ c & d \end{bmatrix} = A.$$

② 由 $A^* = |A|A^{-1}$，得 $(A^*)^* = |A^*|(A^*)^{-1}$. 又 $|A^*| = |A|^{n-1}$，故

$$(A^*)^* = |A|^{n-1}(|A|A^{-1})^{-1} = |A|^{n-1}\frac{1}{|A|}A = |A|^{n-2}A.$$

③ 此时 $r(A) < n$. 可分以下两种情况讨论：

a. 若 $r(A) < n-1$，则由上述结论知，此时 $A^* = O$，故 $(A^*)^* = O$；

b. 若 $r(A) = n-1$，则由上述结论知，此时 $r(A^*) = 1 < n-1$，于是 $(A^*)^* = O$.

综上，此时 $(A^*)^* = O$.

例 3.7 已知 3 阶行列式 $|A|$ 的元素 a_{ij} 均为实数，且 a_{ij} 不全为 0. 若

$$a_{ij} = -A_{ij} \ (i, j = 1, 2, 3),$$

其中 A_{ij} 是 a_{ij} 的代数余子式，则 $|A| = $ _____. ^{D₂₁}（观察研究对象）+D₂₂（转换等价表述）

【解】 应填 -1.

由 $A^{\mathrm{T}} = \begin{bmatrix} a_{11} & a_{21} & a_{31} \\ a_{12} & a_{22} & a_{32} \\ a_{13} & a_{23} & a_{33} \end{bmatrix}$，$A^* = \begin{bmatrix} A_{11} & A_{21} & A_{31} \\ A_{12} & A_{22} & A_{32} \\ A_{13} & A_{23} & A_{33} \end{bmatrix}$，$a_{ij} = -A_{ij}$，得 $A^* = -A^{\mathrm{T}}$. 于是 $|A^*| = |-A^{\mathrm{T}}|$，即 $|A|^{3-1} =$

$(-1)^3|A|$，也即 $|A|^2 = -|A|$，故

$$|A|(|A|+1) = 0. \tag{*}$$

由 a_{ij} 不全为 0 知，存在 $a_{kj} \neq 0$，将行列式 $|A|$ 按第 k 行展开，得

$$|A| = a_{k1}A_{k1} + a_{k2}A_{k2} + a_{k3}A_{k3} = -a_{k1}^2 - a_{k2}^2 - a_{k3}^2 < 0,$$

故由（*）式知，$|A| = -1$.

例 3.8 设矩阵 $A = (a_{ij})_{3\times 3}$，其伴随矩阵 $A^* = \begin{bmatrix} 1 & -2 & 1 \\ 0 & 2 & -2 \\ -1 & 2 & 1 \end{bmatrix}$，且

$$\begin{vmatrix} a_{11}+1 & a_{12}+1 & a_{13}+1 \\ a_{21}+1 & a_{22}+1 & a_{23}+1 \\ a_{31}+1 & a_{32}+1 & a_{33}+1 \end{vmatrix} - \sum_{i=1}^3 \sum_{j=1}^3 A_{ij} < 0,$$

则 $A = $ _____.

【解】应填 $\begin{bmatrix} -3 & -2 & -1 \\ -1 & -1 & -1 \\ -1 & 0 & -1 \end{bmatrix}$.

由题设知 $|A^*| = 4$，又 $|A^*| = |A|^{3-1}$，可得 $|A| = \pm 2$.

又由题设及第 2 讲的"四、1."，有

$$\begin{vmatrix} a_{11}+1 & a_{12}+1 & a_{13}+1 \\ a_{21}+1 & a_{22}+1 & a_{23}+1 \\ a_{31}+1 & a_{32}+1 & a_{33}+1 \end{vmatrix} = |A| + \sum_{i=1}^3 \sum_{j=1}^3 A_{ij}.$$

则 $|A| < 0$，故 $|A| = -2$. 于是

$$A = |A|(A^*)^{-1} = -2 \begin{bmatrix} \frac{3}{2} & 1 & \frac{1}{2} \\ \frac{1}{2} & \frac{1}{2} & \frac{1}{2} \\ \frac{1}{2} & 0 & \frac{1}{2} \end{bmatrix} = \begin{bmatrix} -3 & -2 & -1 \\ -1 & -1 & -1 \\ -1 & 0 & -1 \end{bmatrix}.$$

例 3.9 设

$$A = \begin{bmatrix} 0 & x_1+x_2 & x_1+x_3 & x_1+x_4 \\ x_2+x_1 & 0 & x_2+x_3 & x_2+x_4 \\ x_3+x_1 & x_3+x_2 & 0 & x_3+x_4 \\ x_4+x_1 & x_4+x_2 & x_4+x_3 & 0 \end{bmatrix}, \quad x_i \neq 0(i=1,2,3,4).$$

则 $r(A^*) = ($ ）.

（A）0 　　　　（B）4 　　　　（C）0 或 4 　　　　（D）1 或 4

【解】应选（D）.

由题设，有

$$A = \begin{bmatrix} x_1 \\ x_2 \\ x_3 \\ x_4 \end{bmatrix} [1, 1, 1, 1] + \begin{bmatrix} -x_1 & x_2 & x_3 & x_4 \\ x_1 & -x_2 & x_3 & x_4 \\ x_1 & x_2 & -x_3 & x_4 \\ x_1 & x_2 & x_3 & -x_4 \end{bmatrix}.$$

又

$$\begin{vmatrix} -x_1 & x_2 & x_3 & x_4 \\ x_1 & -x_2 & x_3 & x_4 \\ x_1 & x_2 & -x_3 & x_4 \\ x_1 & x_2 & x_3 & -x_4 \end{vmatrix} = -16 x_1 x_2 x_3 x_4,$$

于是

$$r(A) \geqslant r\left(\begin{bmatrix} -x_1 & x_2 & x_3 & x_4 \\ x_1 & -x_2 & x_3 & x_4 \\ x_1 & x_2 & -x_3 & x_4 \\ x_1 & x_2 & x_3 & -x_4 \end{bmatrix} \right) - r\left(\begin{bmatrix} x_1 \\ x_2 \\ x_3 \\ x_4 \end{bmatrix} [1, 1, 1, 1] \right) = 3.$$

于是选（D）.

2. A^{-1}

（1）定义.

对于方阵 A，B，若 $AB = E$，则 A，B 互为逆矩阵，且 $A^{-1} = B$，$B^{-1} = A$，$AB = BA$.

（2）性质.

① $(A^{-1})^{-1} = A$.

② $(AB)^{-1} = B^{-1} A^{-1}$（穿脱原则）.

③ $k \neq 0$，$(kA)^{-1} = \dfrac{1}{k} A^{-1}$.

④ $(A^{\mathrm{T}})^{-1} = (A^{-1})^{\mathrm{T}}$.

⑤ $|A^{-1}| = \dfrac{1}{|A|}$.

（3）求 A^{-1}.

① 具体型.

a. $A^{-1} = \dfrac{1}{|A|} A^*$.

b. $[A, E] \xrightarrow{\text{初等行变换}} [E, A^{-1}]$.

② 抽象型.

a. 由题设式子恒等变形，创造 $AB = E$，则 $A^{-1} = B$.

b. 由题设式子恒等变形，创造 $A = BC$，若 B，C 均可逆，则 $A^{-1} = C^{-1} B^{-1}$.

（4）$A_{n \times n}$ 可逆的充要条件大观. ────────→ D_{22}（转换等价表述），这是线性代数考题中"脱胎换骨"的核心. 若对于一个知识点有多种等价说法或对于一个命题有多种充要条件，那么这里的 D_{22}（转换等价表述）就成了极为重要的考点

$A_{n \times n}$ 可逆 $\Leftrightarrow$ ① 存在方阵 B，使 $AB = BA = E$

$\Leftrightarrow$ ② 存在 B，使 $BA = E$ ⎫

$\Leftrightarrow$ ③ 存在 B，使 $AB = E$ ⎬ 与定义联系

$\Leftrightarrow$ ④ $|A| \neq 0$ ── 与行列式联系

$\Leftrightarrow$ ⑤ A 的等价标准形为 E ⎫

$\Leftrightarrow$ ⑥ A 可经初等行变换化为 E（即 $P_s \cdots P_1 A = E$）⎬ 与初等变换、初等矩阵联系

$\Leftrightarrow$ ⑦ A 可经初等列变换化为 E（即 $A P_1 \cdots P_s = E$）

$\Leftrightarrow$ ⑧ A 可分解为若干个初等矩阵乘积 ⎭

$\Leftrightarrow$ ⑨ $r(A) = n$ ⎫

$\Leftrightarrow$ ⑩ $\forall C_{n \times s}$, $r(AC) = r(C)$

$\Leftrightarrow$ ⑪ $\forall C_{n \times n}$, $r(AC) = r(C)$ ⎬ 与秩联系

$\Leftrightarrow$ ⑫ $\forall C_{n \times n}$, $r(CA) = r(C)$

$\Leftrightarrow$ ⑬ $\forall C_{s \times n}$, $r(CA) = r(C)$ ⎭

$\Leftrightarrow$ ⑭ $Ax = 0$ 只有零解 ⎫

$\Leftrightarrow$ ⑮ $\forall \beta_{n \times 1}$, $Ax = \beta$ 有唯一解

$\Leftrightarrow$ ⑯ $\forall \beta_{n \times 1}$, $Ax = \beta$ 有解

$\Leftrightarrow$ ⑰ $AX = O_{n \times s}$（$\forall s \in \mathbf{Z}^+$）只有零解 ⎬ 与方程组的解联系

$\Leftrightarrow$ ⑱ $\forall C_{n \times s}$, $AX = C$ 有唯一解

$\Leftrightarrow$ ⑲ $\forall C_{n \times s}$, $AX = C$ 有解 ⎭

$\Leftrightarrow$ ⑳ A 的列向量组线性无关 $\Leftrightarrow$ A 的任一列向量均不能由其余列向量线性表示 ⎫ 与向量组

$\Leftrightarrow$ ㉑ A 的行向量组线性无关 $\Leftrightarrow$ A 的任一行向量均不能由其余行向量线性表示 ⎭ 线性表示联系

$\Leftrightarrow$ ㉒ A 的列向量组是 $\mathbf{R}^n$ 的一个基 ⎫ 与基联系（仅数学一）

$\Leftrightarrow$ ㉓ A 的行向量组是 $\mathbf{R}^n$ 的一个基 ⎭

$\Leftrightarrow$ ㉔ 0 不是 A 的特征值 ── 与特征值联系

$\Leftrightarrow$ ㉕ $A^{\mathrm{T}} A$ 正定 ⎫

$\Leftrightarrow$ ㉖ AA^{T} 正定

$\Leftrightarrow$ ㉗ $A^{\mathrm{T}} A$ 的特征值全为正

$\Leftrightarrow$ ㉘ $A^{\mathrm{T}} A$ 与 E 合同 ⎬ 与正定性联系

$\Leftrightarrow$ ㉙ $A^{\mathrm{T}} A$ 的正惯性指数为 n

$\Leftrightarrow$ ㉚ $A^{\mathrm{T}} A$ 的顺序主子式全为正 ⎭

（左侧竖排）等价表述体系块

例 3.10 设 n 阶方阵 A 满足 $A^3 - 2A^2 + 3A - 4E = O$，则 $(A-E)^{-1} = $ _____.

【解】 应填 $\dfrac{1}{2}(A^2 - A + 2E)$.

由长除法，得

D_1(常规操作)，要熟练

$$
\begin{array}{r}
A^2 - A + 2E \\
A-E \overline{\smash{)}\,A^3 - 2A^2 + 3A - 4E} \\
\underline{A^3 - A^2} \\
-A^2 + 3A - 4E \\
\underline{-A^2 + A} \\
2A - 4E \\
\underline{2A - 2E} \\
-2E
\end{array}
$$

即

$$(A-E)(A^2 - A + 2E) - 2E = O,$$

所以 $(A-E)\left[\dfrac{1}{2}(A^2 - A + 2E)\right] = E$，故

$$(A-E)^{-1} = \dfrac{1}{2}(A^2 - A + 2E).$$

例 3.11 设 $A = \begin{bmatrix} 0 & 1 & \cdots & 1 \\ 1 & \ddots & \ddots & \vdots \\ \vdots & \ddots & \ddots & 1 \\ 1 & \cdots & 1 & 0 \end{bmatrix}_n$，则 $A^{-1} = $ _____.

【解】 应填 $\dfrac{1}{n-1}\begin{bmatrix} 2-n & 1 & \cdots & 1 \\ 1 & 2-n & \cdots & 1 \\ \vdots & \vdots & & \vdots \\ 1 & 1 & \cdots & 2-n \end{bmatrix}_n$.

D_{21}（观察研究对象）$+D_{23}$（化归经典形式）

$$\begin{bmatrix} 0 & 1 & 1 \\ 1 & 0 & 1 \\ 1 & 1 & 0 \end{bmatrix} + \begin{bmatrix} 1 & 0 & 0 \\ 0 & 1 & 0 \\ 0 & 0 & 1 \end{bmatrix} = \begin{bmatrix} 1 \\ 1 \\ 1 \end{bmatrix}[1,1,1],$$

这种"观察"和"化归"是读者要着重训练的

$$A = \begin{bmatrix} 1 \\ \vdots \\ 1 \end{bmatrix}[1, \cdots, 1] - E = \alpha\alpha^{\mathrm{T}} - E,$$

$$(\alpha\alpha^{\mathrm{T}} - E)(k\alpha\alpha^{\mathrm{T}} - E)$$

$$= k\alpha\alpha^{\mathrm{T}}\alpha\alpha^{\mathrm{T}} - (1+k)\alpha\alpha^{\mathrm{T}} + E$$

$$= [k(n-1) - 1]\alpha\alpha^{\mathrm{T}} + E.$$

当 $k = \dfrac{1}{n-1}$ 时，$A\left(\dfrac{\alpha\alpha^{\mathrm{T}}}{n-1} - E\right) = E$，故 $A^{-1} = \dfrac{\alpha\alpha^{\mathrm{T}}}{n-1} - E = \dfrac{1}{n-1}\begin{bmatrix} 2-n & 1 & \cdots & 1 \\ 1 & 2-n & \cdots & 1 \\ \vdots & \vdots & & \vdots \\ 1 & 1 & \cdots & 2-n \end{bmatrix}_n$.

【注】（1）$A^{-1} = \begin{bmatrix} 1 & -1 & 0 & \cdots & 0 & 0 \\ 0 & 1 & -1 & \cdots & 0 & 0 \\ 0 & 0 & 1 & \cdots & 0 & 0 \\ \vdots & \vdots & \vdots & & \vdots & \vdots \\ 0 & 0 & 0 & \cdots & 1 & -1 \\ 0 & 0 & 0 & \cdots & 0 & 1 \end{bmatrix}_n$ 与 $A = \begin{bmatrix} 1 & 1 & 1 & \cdots & 1 & 1 \\ 0 & 1 & 1 & \cdots & 1 & 1 \\ 0 & 0 & 1 & \cdots & 1 & 1 \\ \vdots & \vdots & \vdots & & \vdots & \vdots \\ 0 & 0 & 0 & \cdots & 1 & 1 \\ 0 & 0 & 0 & \cdots & 0 & 1 \end{bmatrix}_n$ 互为逆矩阵.

（2）$A^{-1} = \begin{bmatrix} a & -1 & 0 & \cdots & 0 & 0 \\ 0 & a & -1 & \cdots & 0 & 0 \\ 0 & 0 & a & \cdots & 0 & 0 \\ \vdots & \vdots & \vdots & & \vdots & \vdots \\ 0 & 0 & 0 & \cdots & a & -1 \\ 0 & 0 & 0 & \cdots & 0 & a \end{bmatrix}_n$ 与 $A = \begin{bmatrix} \frac{1}{a} & \frac{1}{a^2} & \frac{1}{a^3} & \cdots & \frac{1}{a^{n-1}} & \frac{1}{a^n} \\ 0 & \frac{1}{a} & \frac{1}{a^2} & \cdots & \frac{1}{a^{n-2}} & \frac{1}{a^{n-1}} \\ 0 & 0 & \frac{1}{a} & \cdots & \frac{1}{a^{n-3}} & \frac{1}{a^{n-2}} \\ \vdots & \vdots & \vdots & & \vdots & \vdots \\ 0 & 0 & 0 & \cdots & \frac{1}{a} & \frac{1}{a^2} \\ 0 & 0 & 0 & \cdots & 0 & \frac{1}{a} \end{bmatrix}_n$ $(a \neq 0)$ 互为逆矩阵.

请考生记住这两个重要的例子.

例 3.12 设 A 为 n 阶非零矩阵，E 为 n 阶单位矩阵，若 $A^3 = O$，则（   ）.

（A）$E-A$ 不可逆，$E+A$ 不可逆　　　　（B）$E-A$ 不可逆，$E+A$ 可逆

（C）$E-A$ 可逆，$E+A$ 可逆　　　　　　（D）$E-A$ 可逆，$E+A$ 不可逆

【解】应选（C）.　　　　→D_{23}（化归经典形式）

法一　因为 $A^3 = O$，故 $E = E \pm A^3 = (E \pm A)(E \mp A + A^2)$，即分别存在矩阵 $E-A+A^2$ 和 $E+A+A^2$，使得

$$(E+A)(E-A+A^2) = E, \quad (E-A)(E+A+A^2) = E,$$

可知 $E-A$ 与 $E+A$ 都是可逆的，所以应选（C）.　　→D_{21}（观察研究对象），见到 $f(A) = O$，想到 $f(\lambda) = 0$

法二　设 λ 是 A 的实特征值，由 $A^3 = O$，得 $\lambda^3 = 0$，故 $\lambda = 0$，所以 A 的实特征值只有 0. 于是 $E-A$ 的实特征值只有 1，$E+A$ 的实特征值只有 1，故二者均可逆，应选（C）.

【注】（1）法一是利用定义法，法二是说明 0 不是特征值.

（2）一般地，设 $A_{n \times n}$，$f(x) = a_0 + a_1 x + a_2 x^2 + \cdots + a_m x^m$，$a_0 \neq 0$，若 $f(A) = O$，则 A 可逆.

证　因为　　　　　　　　　　$f(A) = a_0 E + a_1 A + \cdots + a_m A^m = O$,

所以　　　　　　　　　　$A\left(\frac{a_1}{a_0} E + \cdots + \frac{a_m}{a_0} A^{m-1} \right) = -E$,

故 A 可逆，且 $A^{-1} = -\left(\frac{a_1}{a_0} E + \cdots + \frac{a_m}{a_0} A^{m-1} \right)$.

（3）设 $A_{n\times n}$ 满足 $A^k = O$（k 为正整数），则 $(E-A)^{-1} = E + A + A^2 + \cdots + A^{k-1}$.

（4）若 A 可逆，$1 + \boldsymbol{\beta}^{\mathrm{T}} A^{-1} \boldsymbol{\alpha} \neq 0$，则 $(A + \boldsymbol{\alpha}\boldsymbol{\beta}^{\mathrm{T}})^{-1} = A^{-1} - \dfrac{A^{-1}\boldsymbol{\alpha}\boldsymbol{\beta}^{\mathrm{T}} A^{-1}}{1 + \boldsymbol{\beta}^{\mathrm{T}} A^{-1} \boldsymbol{\alpha}}$.

证 因为 $A + \boldsymbol{\alpha}\boldsymbol{\beta}^{\mathrm{T}} = A[E - A^{-1}\boldsymbol{\alpha}(-\boldsymbol{\beta}^{\mathrm{T}})]$，所以

$$[E - (A^{-1}\boldsymbol{\alpha})(-\boldsymbol{\beta}^{\mathrm{T}})]^{-1}$$

→ 可仿例3.11，得 $[E - \boldsymbol{\alpha}(k\boldsymbol{\beta}^{\mathrm{T}})]^{-1} = E - l\boldsymbol{\alpha}\boldsymbol{\beta}^{\mathrm{T}}$，

$$= E - \frac{A^{-1}\boldsymbol{\alpha}(-\boldsymbol{\beta}^{\mathrm{T}})}{(-\boldsymbol{\beta}^{\mathrm{T}}) A^{-1}\boldsymbol{\alpha} - 1}$$

其中 $l = \dfrac{k}{k\boldsymbol{\beta}^{\mathrm{T}}\boldsymbol{\alpha} - 1}$

$$= E - \frac{A^{-1}\boldsymbol{\alpha}\boldsymbol{\beta}^{\mathrm{T}}}{1 + \boldsymbol{\beta}^{\mathrm{T}} A^{-1}\boldsymbol{\alpha}},$$

则 $(A + \boldsymbol{\alpha}\boldsymbol{\beta}^{\mathrm{T}})^{-1} = [E - (A^{-1}\boldsymbol{\alpha})(-\boldsymbol{\beta}^{\mathrm{T}})]^{-1} A^{-1} = \left(E - \dfrac{A^{-1}\boldsymbol{\alpha}\boldsymbol{\beta}^{\mathrm{T}}}{1 + \boldsymbol{\beta}^{\mathrm{T}} A^{-1}\boldsymbol{\alpha}}\right) A^{-1} = A^{-1} - \dfrac{A^{-1}\boldsymbol{\alpha}\boldsymbol{\beta}^{\mathrm{T}} A^{-1}}{1 + \boldsymbol{\beta}^{\mathrm{T}} A^{-1}\boldsymbol{\alpha}}$. 故得证.

3. 初等矩阵

（1）定义（$E_i(k)$，E_{ij}，$E_{ij}(k)$）.

① 初等变换.

a. 互换矩阵中某两行（列）的位置.

b. 一个非零常数乘矩阵的某一行（列）.

c. 将矩阵的某一行（列）的 k 倍加到另一行（列）.

以上三种变换称为**矩阵的初等行（列）变换**，且分别称为互换、倍乘、倍加初等行（列）变换.

② 初等矩阵.

由单位矩阵经过一次初等变换得到的矩阵称为**初等矩阵**.

定义：$E_i(k)$（$k \neq 0$）表示单位矩阵 E 的第 i 行（或第 i 列）乘非零常数 k 所得的初等矩阵，称为**倍乘初等矩阵**.

定义：E_{ij} 表示单位矩阵 E 交换第 i 行与第 j 行（或交换第 i 列与第 j 列）所得的初等矩阵，称为**互换初等矩阵**.

定义：$E_{ij}(k)$ 表示单位矩阵 E 的第 j 行的 k 倍加到第 i 行（或第 i 列的 k 倍加到第 j 列）所得的初等矩阵，称为**倍加初等矩阵**.

【注】《高等代数》教材（如北京大学《高等代数》第五版）中一般是上述定义. 也有教材将 $E_{ij}(k)$ 表示为 E 的第 i 行的 k 倍加到第 j 行，故考研中所有初等变换的描述均用文字描述代替，以避免出现不同教材中不同的提法所带来的不同定义，考生掌握本质即可，不必纠结于此. 考试中为统一不引起歧义，通常以"P，Q"来表示.

③ 矩阵等价.

设 A，B 均是 $m \times n$ 矩阵，若存在可逆矩阵 $P_{m\times m}$，$Q_{n\times n}$，使得 $PAQ = B$，则称 A，B 是**等价矩阵**，

记作 $A \cong B$.

设 A 是一个 $m \times n$ 矩阵，则 A 等价于形如 $\begin{bmatrix} E_r & O \\ O & O \end{bmatrix}$ 的矩阵（E_r 中的 r 等于 $r(A)$），后者称为 A 的等价标准形. 等价标准形是唯一的，即若 $r(A) = r$，则存在可逆矩阵 P，Q，使得

$$PAQ = \begin{bmatrix} E_r & O \\ O & O \end{bmatrix}.$$

【注】若 A，B 为同型矩阵，则 A 与 B 等价 $\Leftrightarrow r(A) = r(B)$.

（2）性质.

① $|E_{ij}| = -1$，$|E_{ij}(k)| = 1$，$|E_i(k)| = k$.

② $E_{ij}^{\mathrm{T}} = E_{ij}$，$E_{ij}^{\mathrm{T}}(k) = E_{ji}(k)$，$E_i^{\mathrm{T}}(k) = E_i(k)$.

③ $E_{ij}^{-1} = E_{ij}$，$E_{ij}^{-1}(k) = E_{ij}(-k)$，$E_i^{-1}(k) = E_i\left(\dfrac{1}{k}\right)$.

④ $E_{ij}^* = |E_{ij}| E_{ij}^{-1} = -E_{ij}$，

$E_{ij}^*(k) = |E_{ij}(k)| E_{ij}^{-1}(k) = E_{ij}(-k)$，

$E_i^*(k) = |E_i(k)| E_i^{-1}(k) = k E_i\left(\dfrac{1}{k}\right)$.

（3）左行右列定理.

在矩阵 A 的左边乘初等矩阵 P，得 PA，相当于对 A 作了一次与 P 完全相同的初等行变换；在矩阵 A 的右边乘初等矩阵 P，得 AP，相当于对 A 作了一次与 P 完全相同的初等列变换.

（4）应用.

① 求 A^{-1}.

$$[A \,\vdots\, E] \xrightarrow{\text{初等行变换}} [E \,\vdots\, A^{-1}] , \quad \begin{bmatrix} A \\ E \end{bmatrix} \xrightarrow{\text{初等列变换}} \begin{bmatrix} E \\ A^{-1} \end{bmatrix}.$$

② 研究 $P_1^m A P_2^n = B$.

一个数学工具在若干场合下均可使用，则必考该知识点，一要全面归纳出各种情形，二要区分各种情形下条件、过程、结论的不同

（5）初等变换使用的各种场合.

① 用于联系初等变换前、后行列式的关系.

若 $E_{ij} A = B$，则 $-|A| = |B|$；若 $E_i(k) A = B$，则 $k|A| = |B|$；若 $E_{ij}(k) A = B$，则 $|A| = |B|$.

② 用于求逆矩阵.

若 A 可逆，则 $[A \,\vdots\, E] \xrightarrow{\text{行}} [E \,\vdots\, A^{-1}]$ 或 $\begin{bmatrix} A \\ E \end{bmatrix} \xrightarrow{\text{列}} \begin{bmatrix} E \\ A^{-1} \end{bmatrix}$.

③ 用于求矩阵的秩（可行可列）.

④用于解线性方程组.

若 $Ax = \beta$，则 $[A \vdots \beta] \xrightarrow{\text{行}} [PA \vdots P\beta]$.

⑤用于解矩阵方程.

若 $AX = B$，且 A 可逆，则 $X = A^{-1}B$，于是 $[A \vdots B] \xrightarrow{\text{行}} [E \vdots A^{-1}B]$ 或若 $XA = B$，且 A 可逆，则 $X = BA^{-1}$，

于是 $\begin{bmatrix} A \\ B \end{bmatrix} \xrightarrow{\text{列}} \begin{bmatrix} E \\ BA^{-1} \end{bmatrix}$. 在求解 $P^{-1}AP = B$ 中的 A 时，可写成 $AP = PB$，于是 $\begin{bmatrix} P \\ PB \end{bmatrix} \xrightarrow{\text{列}} \begin{bmatrix} E \\ PBP^{-1} \end{bmatrix} = \begin{bmatrix} E \\ A \end{bmatrix}$.

例 3.13 设 $P = \begin{bmatrix} 1 & 1 & 3 \\ 1 & 2 & 2 \\ 0 & 0 & 2 \end{bmatrix}$，且 $P^{-1}AP = \begin{bmatrix} -1 & 0 & 0 \\ 0 & -2 & 0 \\ 0 & 0 & 0 \end{bmatrix}$，则 $A^{99} = \underline{\hspace{2cm}}$.

【解】应填 $\begin{bmatrix} 2^{99}-2 & 1-2^{99} & 2-2^{98} \\ 2^{100}-2 & 1-2^{100} & 2-2^{99} \\ 0 & 0 & 0 \end{bmatrix}$.

令 $B = \begin{bmatrix} -1 & 0 & 0 \\ 0 & -2 & 0 \\ 0 & 0 & 0 \end{bmatrix}$，由于 $P^{-1}AP = B$，则有 $P^{-1}A^{99}P = B^{99}$，即 $A^{99}P = PB^{99}$.

又 $PB^{99} = \begin{bmatrix} 1 & 1 & 3 \\ 1 & 2 & 2 \\ 0 & 0 & 2 \end{bmatrix} \begin{bmatrix} (-1)^{99} & 0 & 0 \\ 0 & (-2)^{99} & 0 \\ 0 & 0 & 0 \end{bmatrix} = \begin{bmatrix} -1 & -2^{99} & 0 \\ -1 & -2^{100} & 0 \\ 0 & 0 & 0 \end{bmatrix}$，对 $\begin{bmatrix} P \\ PB^{99} \end{bmatrix}$ 进行初等列变换，有

$$\begin{bmatrix} P \\ PB^{99} \end{bmatrix} = \begin{bmatrix} 1 & 1 & 3 \\ 1 & 2 & 2 \\ 0 & 0 & 2 \\ -1 & -2^{99} & 0 \\ -1 & -2^{100} & 0 \\ 0 & 0 & 0 \end{bmatrix} \rightarrow \begin{bmatrix} 1 & 0 & 0 \\ 1 & 1 & -1 \\ 0 & 0 & 2 \\ -1 & 1-2^{99} & 3 \\ -1 & 1-2^{100} & 3 \\ 0 & 0 & 0 \end{bmatrix}$$

$$\rightarrow \begin{bmatrix} 1 & 0 & 0 \\ 0 & 1 & 0 \\ 0 & 0 & 2 \\ 2^{99}-2 & 1-2^{99} & 4-2^{99} \\ 2^{100}-2 & 1-2^{100} & 4-2^{100} \\ 0 & 0 & 0 \end{bmatrix} \rightarrow \begin{bmatrix} 1 & 0 & 0 \\ 0 & 1 & 0 \\ 0 & 0 & 1 \\ 2^{99}-2 & 1-2^{99} & 2-2^{98} \\ 2^{100}-2 & 1-2^{100} & 2-2^{99} \\ 0 & 0 & 0 \end{bmatrix},$$

故 $A^{99} = \begin{bmatrix} 2^{99}-2 & 1-2^{99} & 2-2^{98} \\ 2^{100}-2 & 1-2^{100} & 2-2^{99} \\ 0 & 0 & 0 \end{bmatrix}$.

⑥用于求极大线性无关组.

根据初等行变换不改变列向量组的相关性，

a. 作初等行变换，化 A 为行阶梯形.

$$A \to \begin{bmatrix} \end{bmatrix}.$$

b. 若台阶数为 r，按列找出 r 个线性无关的列向量，即为极大线性无关组.

⑦用于求矩阵 A 的等价标准形及分解方法.

设 $A_{m \times n}$ 且 $r(A) = r$，则存在 $P_{m \times m}$ 可逆，$Q_{n \times n}$ 可逆，使得

$$A = P^{-1} \begin{bmatrix} E_r & O \\ O & O \end{bmatrix} Q^{-1},$$

称 $\begin{bmatrix} E_r & O \\ O & O \end{bmatrix}$ 为 A 的**等价标准形**.

其中求 P，Q 的方法为：对 $\begin{bmatrix} A & E_m \\ E_n & O \end{bmatrix}$ 的前 m 行，前 n 列分别作初等行变换、初等列变换化为

$\begin{bmatrix} S & P \\ Q & O \end{bmatrix}$，其中 $S = \begin{bmatrix} E_r & O \\ O & O \end{bmatrix}$，则 P，Q 可逆且 $PAQ = S$.

【注】初等变换可行、列混用的场合.

（1）不考虑对错，想撕卷子的时候.

（2）计算行列式.

（3）求矩阵的秩.

（4）求向量组的秩.

（5）求矩阵的等价标准形.

（6）成对初等变换（必须行、列混用）.

除此之外，一般是"列拼"行变换（如 $[A, E] \xrightarrow{\text{行}} [E, A^{-1}]$）；"行拼"列变换（如 $\begin{bmatrix} A \\ E \end{bmatrix} \xrightarrow{\text{列}} \begin{bmatrix} E \\ A^{-1} \end{bmatrix}$）.

⑧用于矩阵的满秩分解.

若 $PAQ = \begin{bmatrix} E_r & O \\ O & O \end{bmatrix}$，则 $A = P^{-1} \begin{bmatrix} E_r & O \\ O & O \end{bmatrix} Q^{-1}$. 进一步，$A = P^{-1} \begin{bmatrix} E_r \\ O \end{bmatrix} [E_r, O] Q^{-1} \xlongequal{\text{记}} P_1 Q_1$，$P_1$ 列满秩，Q_1 行满秩.

【注】（1）事实上，A 列满秩 $\Leftrightarrow$ 存在可逆矩阵 P，使得 $A = P \begin{bmatrix} E_r \\ O \end{bmatrix}$.

（2）A 行满秩 $\Leftrightarrow$ 存在可逆矩阵 Q，使得 $A = [E_r, O] Q$.

（3）还有一个满秩分解的好方法，见例 3.16.

⑨用于求基和维数，这与⑥概念不同，方法都一致.

例 3.14 设

$$A = \begin{bmatrix} 1 & 0 & 2 & -4 \\ 2 & 1 & 3 & -6 \\ -1 & -1 & -1 & 2 \end{bmatrix}.$$

求 3 阶可逆矩阵 P 与 4 阶可逆矩阵 Q，使得 $PAQ = \begin{bmatrix} E_r & O \\ O & O \end{bmatrix}$，并写出 $\begin{bmatrix} E_r & O \\ O & O \end{bmatrix}$.

【解】由于

$$\begin{bmatrix} A & E_3 \\ E_4 & O \end{bmatrix} = \begin{bmatrix} 1 & 0 & 2 & -4 & 1 & 0 & 0 \\ 2 & 1 & 3 & -6 & 0 & 1 & 0 \\ -1 & -1 & -1 & 2 & 0 & 0 & 1 \\ 1 & 0 & 0 & 0 & 0 & 0 & 0 \\ 0 & 1 & 0 & 0 & 0 & 0 & 0 \\ 0 & 0 & 1 & 0 & 0 & 0 & 0 \\ 0 & 0 & 0 & 1 & 0 & 0 & 0 \end{bmatrix} \xrightarrow{\begin{subarray}{c}(-2)倍加至\\1倍加至\end{subarray}} \begin{bmatrix} 1 & 0 & 2 & -4 & 1 & 0 & 0 \\ 0 & 1 & -1 & 2 & -2 & 1 & 0 \\ 0 & -1 & 1 & -2 & 1 & 0 & 1 \\ 1 & 0 & 0 & 0 & 0 & 0 & 0 \\ 0 & 1 & 0 & 0 & 0 & 0 & 0 \\ 0 & 0 & 1 & 0 & 0 & 0 & 0 \\ 0 & 0 & 0 & 1 & 0 & 0 & 0 \end{bmatrix} \xrightarrow{1倍加至}$$

$$\to \begin{bmatrix} 1 & 0 & 2 & -4 & 1 & 0 & 0 \\ 0 & 1 & -1 & 2 & -2 & 1 & 0 \\ 0 & 0 & 0 & 0 & -1 & 1 & 1 \\ 1 & 0 & 0 & 0 & 0 & 0 & 0 \\ 0 & 1 & 0 & 0 & 0 & 0 & 0 \\ 0 & 0 & 1 & 0 & 0 & 0 & 0 \\ 0 & 0 & 0 & 1 & 0 & 0 & 0 \end{bmatrix} \xrightarrow{\begin{subarray}{c}(-2)倍加至\\1倍加至\end{subarray}} \begin{bmatrix} 1 & 0 & 0 & 0 & 1 & 0 & 0 \\ 0 & 1 & 0 & 0 & -2 & 1 & 0 \\ 0 & 0 & 0 & 0 & -1 & 1 & 1 \\ 1 & 0 & -2 & 4 & 0 & 0 & 0 \\ 0 & 1 & 1 & -2 & 0 & 0 & 0 \\ 0 & 0 & 1 & 0 & 0 & 0 & 0 \\ 0 & 0 & 0 & 1 & 0 & 0 & 0 \end{bmatrix},$$

$$\xrightarrow{\begin{subarray}{c}(-2)倍加至\\4倍加至\end{subarray}}$$

于是 $P = \begin{bmatrix} 1 & 0 & 0 \\ -2 & 1 & 0 \\ -1 & 1 & 1 \end{bmatrix}$，$Q = \begin{bmatrix} 1 & 0 & -2 & 4 \\ 0 & 1 & 1 & -2 \\ 0 & 0 & 1 & 0 \\ 0 & 0 & 0 & 1 \end{bmatrix}$，$PAQ = \begin{bmatrix} 1 & 0 & 0 & 0 \\ 0 & 1 & 0 & 0 \\ 0 & 0 & 0 & 0 \end{bmatrix}$.

例 3.15 设 A 是 3 阶可逆矩阵，交换 A 的第 1 列和第 2 列得到 B，A^*，B^* 分别是 A，B 的伴随矩阵，则 B^* 可由（　　）.

（A）A^* 的第 1 列与第 2 列互换得到 　　（B）A^* 的第 1 行与第 2 行互换得到

（C）$-A^*$ 的第 1 列与第 2 列互换得到 　　（D）$-A^*$ 的第 1 行与第 2 行互换得到

【解】应选（D）.

交换 A 的第 1 列和第 2 列得到 B，即

$$B = AE_{12},$$

> 由本讲的"三、3.（2）④"可知.

则

$$B^* = (AE_{12})^* = E_{12}^* A^* = -E_{12} A^* = E_{12}(-A^*),$$

故 B^* 可由 $-A^*$ 的第 1 行与第 2 行互换得到，应选（D）.

例 3.16 已知矩阵 $A = \begin{bmatrix} 1 & 1 & 1 & 1 \\ 1 & 1 & 1 & 1 \\ 2 & 1 & 0 & -1 \\ -1 & 0 & 1 & 2 \end{bmatrix}$，$B = \begin{bmatrix} 1 & 1 \\ 1 & 1 \\ 0 & 1 \\ 1 & 0 \end{bmatrix}$，$A = BC$. $\longrightarrow$ D$_{21}$（观察研究对象）+D$_{23}$（化归经典形式）

（1）求矩阵 C；

（2）计算 A^{10}. $\longrightarrow$ D$_{23}$（化归经典形式）

【解】（1）$A = \begin{bmatrix} 1 & 1 & 1 & 1 \\ 1 & 1 & 1 & 1 \\ 2 & 1 & 0 & -1 \\ -1 & 0 & 1 & 2 \end{bmatrix} \xlongequal{\text{记}} [a_1, a_2, a_3, a_4]$，对 $[a_1, a_2, a_3, a_4]$ 进行初等行变换，即

> 线性代数的研究对象是"向量"，这是解本题的突破口，牢牢抓住一个学科的研究对象是基本思考方向，也是"绝招"之一

$$[a_1, a_2, a_3, a_4] \rightarrow \begin{bmatrix} 1 & 0 & -1 & -2 \\ 0 & 1 & 2 & 3 \\ 0 & 0 & 0 & 0 \\ 0 & 0 & 0 & 0 \end{bmatrix}.$$

因为 $B = [a_3, a_2]$，所以取 a_2, a_3 作为 a_1, a_2, a_3, a_4 的一个极大线性无关组，且 $a_1 = -a_3 + 2a_2$，$a_4 = 2a_3 - a_2$，故

$$A = [a_1, a_2, a_3, a_4] = [a_3, a_2] \begin{bmatrix} -1 & 0 & 1 & 2 \\ 2 & 1 & 0 & -1 \end{bmatrix} = BC,$$

于是 $C = \begin{bmatrix} -1 & 0 & 1 & 2 \\ 2 & 1 & 0 & -1 \end{bmatrix}$.

> 见本讲的"一、1."和"一、2."

（2）由于 $CB = \begin{bmatrix} -1 & 0 & 1 & 2 \\ 2 & 1 & 0 & -1 \end{bmatrix} \begin{bmatrix} 1 & 1 \\ 1 & 1 \\ 0 & 1 \\ 1 & 0 \end{bmatrix} = \begin{bmatrix} 1 & 0 \\ 2 & 3 \end{bmatrix}$，则由

$$|\lambda E - CB| = \begin{vmatrix} \lambda - 1 & 0 \\ -2 & \lambda - 3 \end{vmatrix} = (\lambda - 1)(\lambda - 3) = 0,$$

解得 $\lambda_1 = 1$，$\lambda_2 = 3$.

当 $\lambda_1 = 1$ 时，由 $(E - CB)x = 0$，解得 $\xi_1 = \begin{bmatrix} 1 \\ -1 \end{bmatrix}$；

当 $\lambda_2 = 3$ 时，由 $(3E - CB)x = 0$，解得 $\xi_2 = \begin{bmatrix} 0 \\ 1 \end{bmatrix}$.

令 $P = \begin{bmatrix} 1 & 0 \\ -1 & 1 \end{bmatrix}$，使得 $P^{-1}CBP = \begin{bmatrix} 1 & 0 \\ 0 & 3 \end{bmatrix}$，即 $CB = P \begin{bmatrix} 1 & 0 \\ 0 & 3 \end{bmatrix} P^{-1}$.

$$(\boldsymbol{CB})^9 = \boldsymbol{P}\begin{bmatrix} 1 & 0 \\ 0 & 3 \end{bmatrix}^9 \boldsymbol{P}^{-1} = \begin{bmatrix} 1 & 0 \\ -1 & 1 \end{bmatrix}\begin{bmatrix} 1 & 0 \\ 0 & 3^9 \end{bmatrix}\begin{bmatrix} 1 & 0 \\ 1 & 1 \end{bmatrix} = \begin{bmatrix} 1 & 0 \\ 3^9-1 & 3^9 \end{bmatrix},$$

故 → 这是求 $\boldsymbol{A}^n$ 的主要方法，综合性强，尚未考过

$$\boldsymbol{A}^{10} = (\boldsymbol{BC})^{10} = \boldsymbol{B}(\boldsymbol{CB})^9\boldsymbol{C} = \begin{bmatrix} 1 & 1 \\ 1 & 1 \\ 0 & 1 \\ 1 & 0 \end{bmatrix}\begin{bmatrix} 1 & 0 \\ 3^9-1 & 3^9 \end{bmatrix}\begin{bmatrix} -1 & 0 & 1 & 2 \\ 2 & 1 & 0 & -1 \end{bmatrix}$$

$$= \begin{bmatrix} 3^9 & 3^9 \\ 3^9 & 3^9 \\ 3^9-1 & 3^9 \\ 1 & 0 \end{bmatrix}\begin{bmatrix} -1 & 0 & 1 & 2 \\ 2 & 1 & 0 & -1 \end{bmatrix} = \begin{bmatrix} 3^9 & 3^9 & 3^9 & 3^9 \\ 3^9 & 3^9 & 3^9 & 3^9 \\ 3^9+1 & 3^9 & 3^9-1 & 3^9-2 \\ -1 & 0 & 1 & 2 \end{bmatrix}.$$

四、分块矩阵 (O₃(盯住目标3)+D₁(常规操作)+D₂₃(化归经典形式))

1. 定义

用几条横线和纵线把一个矩阵分成若干小块，每一小块称为原矩阵的子块. 把子块看作原矩阵的一个元素，就得到了分块矩阵.

如矩阵 $\boldsymbol{A}$ 按行分块：

$$\boldsymbol{A} = \begin{bmatrix} a_{11} & a_{12} & \cdots & a_{1n} \\ a_{21} & a_{22} & \cdots & a_{2n} \\ \vdots & \vdots & & \vdots \\ a_{m1} & a_{m2} & \cdots & a_{mn} \end{bmatrix} = \begin{bmatrix} \boldsymbol{A}_1 \\ \boldsymbol{A}_2 \\ \vdots \\ \boldsymbol{A}_m \end{bmatrix},$$

其中 $\boldsymbol{A}_i = [a_{i1}, a_{i2}, \cdots, a_{in}]$ $(i=1, 2, \cdots, m)$ 是 $\boldsymbol{A}$ 的子块.

矩阵 $\boldsymbol{B}$ 按列分块：

$$\boldsymbol{B} = \begin{bmatrix} b_{11} & b_{12} & \cdots & b_{1n} \\ b_{21} & b_{22} & \cdots & b_{2n} \\ \vdots & \vdots & & \vdots \\ b_{m1} & b_{m2} & \cdots & b_{mn} \end{bmatrix} = [\boldsymbol{B}_1, \boldsymbol{B}_2, \cdots, \boldsymbol{B}_n],$$

其中 $\boldsymbol{B}_j = [b_{1j}, b_{2j}, \cdots, b_{mj}]^{\mathrm{T}}$ $(j=1, 2, \cdots, n)$ 是 $\boldsymbol{B}$ 的子块.

2. 运算

（1）转置：$\begin{bmatrix} \boldsymbol{A} & \boldsymbol{B} \\ \boldsymbol{C} & \boldsymbol{D} \end{bmatrix}^{\mathrm{T}} = \begin{bmatrix} \boldsymbol{A}^{\mathrm{T}} & \boldsymbol{C}^{\mathrm{T}} \\ \boldsymbol{B}^{\mathrm{T}} & \boldsymbol{D}^{\mathrm{T}} \end{bmatrix}$.

【注】如 $[\boldsymbol{A}, \boldsymbol{B}]^{\mathrm{T}} = \begin{bmatrix} \boldsymbol{A}^{\mathrm{T}} \\ \boldsymbol{B}^{\mathrm{T}} \end{bmatrix}$.

（2）加法：同型，且分法一致，则 $\begin{bmatrix} A_1 & A_2 \\ A_3 & A_4 \end{bmatrix} + \begin{bmatrix} B_1 & B_2 \\ B_3 & B_4 \end{bmatrix} = \begin{bmatrix} A_1+B_1 & A_2+B_2 \\ A_3+B_3 & A_4+B_4 \end{bmatrix}.$

（3）数乘：$k\begin{bmatrix} A & B \\ C & D \end{bmatrix} = \begin{bmatrix} kA & kB \\ kC & kD \end{bmatrix}.$

（4）乘法：$\begin{bmatrix} A & B \\ C & D \end{bmatrix}\begin{bmatrix} X & Y \\ Z & W \end{bmatrix} = \begin{bmatrix} AX+BZ & AY+BW \\ CX+DZ & CY+DW \end{bmatrix}$，其中矩阵相乘、相加要满足相应的运算规律.

【注】对于（4）的运算要注意，分块矩阵相乘后，左边的仍在左边，右边的仍在右边.

（5）若 A，B 分别为 m，n 阶方阵，则分块对角矩阵的幂为
$$\begin{bmatrix} A & O \\ O & B \end{bmatrix}^k = \begin{bmatrix} A^k & O \\ O & B^k \end{bmatrix}.$$

（6）已知 $A = \begin{bmatrix} B & O \\ D & C \end{bmatrix}$，其中 B 是 r 阶可逆矩阵，C 是 s 阶可逆矩阵，则 A 可逆，且
$$A^{-1} = \begin{bmatrix} B^{-1} & O \\ -C^{-1}DB^{-1} & C^{-1} \end{bmatrix}.$$

【注】若
$$A_1 = \begin{bmatrix} B & D \\ O & C \end{bmatrix}, \quad A_2 = \begin{bmatrix} O & B \\ C & D \end{bmatrix}, \quad A_3 = \begin{bmatrix} D & B \\ C & O \end{bmatrix},$$
其中 B，C 可逆，则有
$$A_1^{-1} = \begin{bmatrix} B^{-1} & -B^{-1}DC^{-1} \\ O & C^{-1} \end{bmatrix}, \quad A_2^{-1} = \begin{bmatrix} -C^{-1}DB^{-1} & C^{-1} \\ B^{-1} & O \end{bmatrix}, \quad A_3^{-1} = \begin{bmatrix} O & C^{-1} \\ B^{-1} & -B^{-1}DC^{-1} \end{bmatrix}.$$

（7）主对角线分块矩阵 $A = \begin{bmatrix} A_1 & & & \\ & A_2 & & \\ & & \ddots & \\ & & & A_s \end{bmatrix}$，若 $A_i\,(i=1, 2, \cdots, s)$ 均可逆，则 A 可逆，且
$$A^{-1} = \begin{bmatrix} A_1^{-1} & & & \\ & A_2^{-1} & & \\ & & \ddots & \\ & & & A_s^{-1} \end{bmatrix}.$$

副对角线分块矩阵 $A = \begin{bmatrix} & & & A_1 \\ & & A_2 & \\ & \iddots & & \\ A_s & & & \end{bmatrix}$，若 $A_i\,(i=1, 2, \cdots, s)$ 均可逆，则 A 可逆，且

$$A^{-1} = \begin{bmatrix} & & & A_s^{-1} \\ & & \ddots & \\ & A_2^{-1} & & \\ A_1^{-1} & & & \end{bmatrix}.$$

例 3.17 设 A，B，C 均为 3 阶矩阵，A^*，B^* 分别为 A，B 的伴随矩阵. 若 $|A|=2$，$|B|=3$，则分块矩阵 $\begin{bmatrix} C & A \\ B & O \end{bmatrix}$ 的伴随矩阵为（　　）.

（A）$\begin{bmatrix} A^*CB^* & 2A^* \\ 3B^* & O \end{bmatrix}$　　（B）$\begin{bmatrix} -A^*CB^* & 2B^* \\ 3A^* & O \end{bmatrix}$　　（C）$\begin{bmatrix} O & -2A^* \\ -3B^* & A^*CB^* \end{bmatrix}$　　（D）$\begin{bmatrix} O & -2B^* \\ -3A^* & A^*CB^* \end{bmatrix}$

【解】 应选（D）.

因为 $\begin{vmatrix} C & A \\ B & O \end{vmatrix} = (-1)^{3\times 3}|A||B| = -6 \neq 0$，所以

$$\begin{bmatrix} C & A \\ B & O \end{bmatrix}^* = \begin{vmatrix} C & A \\ B & O \end{vmatrix}\begin{bmatrix} C & A \\ B & O \end{bmatrix}^{-1}$$

由第3讲的"四、2.(6)的注"可知

$$= -|A||B|\begin{bmatrix} O & B^{-1} \\ A^{-1} & -A^{-1}CB^{-1} \end{bmatrix}$$

$$= \begin{bmatrix} O & -|A||B|B^{-1} \\ -|A||B|A^{-1} & |A||B|A^{-1}CB^{-1} \end{bmatrix}$$

$$= \begin{bmatrix} O & -2B^* \\ -3A^* & A^*CB^* \end{bmatrix}.$$

故选（D）.

例 3.18 设 A，B 为 n 阶矩阵，记 $r(X)$ 为矩阵 X 的秩，$[X, Y]$ 表示分块矩阵，则（　　）.

（A）$r([A, AB]) = r(A)$　　　　　　（B）$r([A, BA]) = r(A)$

（C）$r([A, B]) = \max\{r(A), r(B)\}$　　（D）$r([A, B]) = r([A^{\mathrm{T}}, B^{\mathrm{T}}])$

【解】 应选（A）.

法一 一方面，A 是 $[A, AB]$ 的子矩阵，因此 $r([A, AB]) \geqslant r(A)$.

另一方面，$[A, AB]$ 是 A 与 $[E, B]$ 的乘积，即 $[A, AB] = A[E, B]$，因此 $r([A, AB]) \leqslant r(A)$，故 $r([A, AB]) = r(A)$，选（A）.

法二 设 $C = AB$，则 C 的列向量可由 A 的列向量组线性表示，故 $r([A, AB]) = r([A, C]) = r(A)$，选（A）.

【注】（1）在法一中，$[A, AB] = A[E, B]$，但是 $[A, BA] \neq [E, B]A$，因为不满足乘法规则.

（2）对于选项（B），（C），（D）可举出反例.

取 $A = \begin{bmatrix} 1 & 0 \\ 0 & 0 \end{bmatrix}$，$B = \begin{bmatrix} 0 & 1 \\ 1 & 0 \end{bmatrix}$，则 $BA = \begin{bmatrix} 0 & 1 \\ 1 & 0 \end{bmatrix}\begin{bmatrix} 1 & 0 \\ 0 & 0 \end{bmatrix} = \begin{bmatrix} 0 & 0 \\ 1 & 0 \end{bmatrix}$，从而 $r(A) = 1$，$r([A, BA]) =$

$r\left(\begin{bmatrix} 1 & 0 & 0 & 0 \\ 0 & 0 & 1 & 0 \end{bmatrix}\right) = 2$，有 $r(A) \neq r([A, BA])$，知选项（B）错误；

取 $A = \begin{bmatrix} 1 & 0 \\ 0 & 0 \end{bmatrix}$，$B = \begin{bmatrix} 0 & 0 \\ 1 & 0 \end{bmatrix}$，则 $r(A) = r(B) = 1$，而

$$r([A, B]) = r\left(\begin{bmatrix} 1 & 0 & 0 & 0 \\ 0 & 0 & 1 & 0 \end{bmatrix}\right) = 2 \neq \max\{r(A), r(B)\},$$

知选项（C）错误；

取 $A = \begin{bmatrix} 1 & 0 \\ 0 & 0 \end{bmatrix}$，$B = \begin{bmatrix} 0 & 1 \\ 0 & 0 \end{bmatrix}$，则 $r([A, B]) = r\left(\begin{bmatrix} 1 & 0 & 0 & 1 \\ 0 & 0 & 0 & 0 \end{bmatrix}\right) = 1$，而

$$r([A^{\mathrm{T}}, B^{\mathrm{T}}]) = r\left(\begin{bmatrix} 1 & 0 & 0 & 0 \\ 0 & 0 & 1 & 0 \end{bmatrix}\right) = 2 \neq r([A, B]),$$

知选项（D）也错误.

（3）若 $A_{m \times n} B_{n \times s} = O$，将 B，O 按列分块，有

$$AB = A[\beta_1, \beta_2, \cdots, \beta_s] = [A\beta_1, A\beta_2, \cdots, A\beta_s] = [0, 0, \cdots, 0],$$

则 $A\beta_i = 0\ (i = 1, 2, \cdots, s)$，故 $\beta_i\ (i = 1, 2, \cdots, s)$ 是 $Ax = 0$ 的解.

（4）设矩阵 $A_{m \times n}$，$B_{n \times s}$，若 $AB = C$，则 C 是 $m \times s$ 矩阵.将 B，C 按行分块，有

$$\begin{bmatrix} a_{11} & a_{12} & \cdots & a_{1n} \\ a_{21} & a_{22} & \cdots & a_{2n} \\ \vdots & \vdots & & \vdots \\ a_{m1} & a_{m2} & \cdots & a_{mn} \end{bmatrix}\begin{bmatrix} \beta_1 \\ \beta_2 \\ \vdots \\ \beta_n \end{bmatrix} = \begin{bmatrix} \gamma_1 \\ \gamma_2 \\ \vdots \\ \gamma_m \end{bmatrix},$$

则 $\gamma_i = a_{i1}\beta_1 + a_{i2}\beta_2 + \cdots + a_{in}\beta_n\ (i = 1, 2, \cdots, m)$，故 C 的行向量是 B 的行向量组的线性组合.

类似地，若 A，C 按列分块，则有

$$[\alpha_1, \alpha_2, \cdots, \alpha_n]\begin{bmatrix} b_{11} & b_{12} & \cdots & b_{1s} \\ b_{21} & b_{22} & \cdots & b_{2s} \\ \vdots & \vdots & & \vdots \\ b_{n1} & b_{n2} & \cdots & b_{ns} \end{bmatrix} = [\xi_1, \xi_2, \cdots, \xi_s],$$

则 $\xi_i = b_{1i}\alpha_1 + b_{2i}\alpha_2 + \cdots + b_{ni}\alpha_n\ (i = 1, 2, \cdots, s)$，故 C 的列向量是 A 的列向量组的线性组合.

于是，将 AB 看作整体，令 $AB = C$.

① C 的列向量可由 A 的列向量组表示.

（AB）

推广：（狗猫）的列可由狗的列表示⇒横拼左同多化零.

$$[AB, A] \to [O, A],\ [A, AB] \to [A, O],$$

$$[AB^{\mathrm{T}}A, AB^{\mathrm{T}}] \to [O, AB^{\mathrm{T}}],\ [AB^{\mathrm{T}}, AB^{\mathrm{T}}B] \to [AB^{\mathrm{T}}, O].$$

↑   ↑   ↑   ↑   ↑
狗   猫   狗   O   狗

② C 的行向量可由 B 的行向量组表示.

（AB）

推广：（狗猫）的行可由猫的行表示⇒竖拼右同多化零.

猫   猫
↓   ↓

$$\begin{bmatrix} BA \\ B^{\mathrm{T}}BA \end{bmatrix} \to \begin{bmatrix} BA \\ O \end{bmatrix},$$

↑   ↑
狗   猫

$$\begin{bmatrix} ABC \\ BC \end{bmatrix} \to \begin{bmatrix} O \\ BC \end{bmatrix},$$

→ $A^{\mathrm{T}}A$ 的行向量组与 A 的行向量组等价

$$\begin{bmatrix} A^{\mathrm{T}}A \\ B^{\mathrm{T}}A \end{bmatrix} \to \begin{bmatrix} A \\ B^{\mathrm{T}}A \end{bmatrix} \to \begin{bmatrix} A \\ O \end{bmatrix}.$$

如

$$\begin{bmatrix} AB \\ B \end{bmatrix} \to \begin{bmatrix} O \\ B \end{bmatrix},$$

故 $r\left(\begin{bmatrix} AB \\ B \end{bmatrix}\right) = r(B)$. 若 $r(AB) = r(B)$，则有 $r(AB) = r(B) = r\left(\begin{bmatrix} AB \\ B \end{bmatrix}\right)$，故 $r(AB) = r(B)$ 为 $ABx = 0$ 与

$Bx = 0$ 同解的充分必要条件.

五、求解矩阵方程 (O₄(盯住目标4)+D₁(常规操作)+D₂(脱胎换骨))

1. 定义

含有未知矩阵的方程称为矩阵方程.

2. 化简

解矩阵方程，应先根据题设条件和矩阵的运算规则，将方程进行恒等变形，使方程化成 $AX = B$，$XA = B$ 或 $AXB = C$ 的形式，其化简手段如下.

（1）消公因式，即若 $CA = CB$，且 C 可逆，则 $A = B$.

【注】还有以下结论：

（1）若 $CA = CB$，C 列满秩，则 $A = B$；

（2）若 $AC = BC$，C 行满秩，则 $A = B$.

（2）提取公因式，即 $CA + CB = C(A + B)$.

（3）移项，即将已知表达式与未知表达式分别移至方程的两边.

（4）利用公式.

① $AA^* = |A|E$，若 A 可逆，则 $A^* = |A|A^{-1}$，$(A^*)^* = |A|^{n-2}A$（$n \geqslant 2$）.

② $A^2 - E = (A+E)(A-E) = (A-E)(A+E)$，$A^3 \pm E = (A \pm E)(A^2 \mp A + E)$.

③ $A^T B^T = (BA)^T$，$A^* B^* = (BA)^*$，若 A，B 可逆，则 $A^{-1}B^{-1} = (BA)^{-1}$.

④ 若 A 可逆，则 $(A^{-1})^* = (A^*)^{-1}$，$(A^{-1})^T = (A^T)^{-1}$，$(A^*)^T = (A^T)^*$.

3. 求解

（1）若 A 可逆，或 A，B 均可逆，则可得"2."中方程的解分别为 $X = A^{-1}B$，$X = BA^{-1}$，$X = A^{-1}CB^{-1}$.

（2）若 A 不可逆，如 $AX = B$，则将 X 和 B 按列分块，得

$$A[\xi_1, \xi_2, \cdots, \xi_n] = [\beta_1, \beta_2, \cdots, \beta_n]，即 A\xi_i = \beta_i, \quad i = 1, 2, \cdots, n.$$

求解上述线性方程组，得解 ξ_i，从而得 $X = [\xi_1, \xi_2, \cdots, \xi_n]$.

（3）若无法化成上述几种形式，则应该设未知矩阵为 $X = (x_{ij})$，直接代入方程得到含未知量为 x_{ij} 的线性方程组，求得 X 的元素 x_{ij}，从而求得未知矩阵（即用待定元素法求 X）.

（4）设 A 为 $m \times n$ 矩阵，B 为 $m \times s$ 矩阵，则矩阵方程 $AX = B$ 有解的充分必要条件为

$$r(A) = r([A, B]).$$

例 3.19 已知 a 是常数，且矩阵 $A = \begin{bmatrix} 1 & 2 & a \\ 1 & 3 & 0 \\ 2 & 7 & -a \end{bmatrix}$ 可经初等列变换化为矩阵 $B = \begin{bmatrix} 1 & a & 2 \\ 0 & 1 & 1 \\ -1 & 1 & 1 \end{bmatrix}$.

D_{22}（转换等价表述），初等列变换属于初等变换，这是等价表述的转换 —— 声东击西 ♡

（1）求 a；

（2）求满足 $AP = B$ 的可逆矩阵 P.

【解】（1）对矩阵 A，B 分别施以初等行变换，得

$$A = \begin{bmatrix} 1 & 2 & a \\ 1 & 3 & 0 \\ 2 & 7 & -a \end{bmatrix} \to \begin{bmatrix} 1 & 2 & a \\ 0 & 1 & -a \\ 0 & 3 & -3a \end{bmatrix} \to \begin{bmatrix} 1 & 0 & 3a \\ 0 & 1 & -a \\ 0 & 0 & 0 \end{bmatrix},$$

（-1）倍加至，（-2）倍加至，（-2）倍加至，（-3）倍加至

$$B = \begin{bmatrix} 1 & a & 2 \\ 0 & 1 & 1 \\ -1 & 1 & 1 \end{bmatrix} \to \begin{bmatrix} 1 & a & 2 \\ 0 & 1 & 1 \\ 0 & a+1 & 3 \end{bmatrix} \to \begin{bmatrix} 1 & 0 & 2-a \\ 0 & 1 & 1 \\ 0 & 0 & 2-a \end{bmatrix} \to \begin{bmatrix} 1 & 0 & 0 \\ 0 & 1 & 1 \\ 0 & 0 & 2-a \end{bmatrix}.$$

1 倍加至，（-a）倍加至，（-a-1）倍加至，（-1）倍加至

由题设知 $r(A) = r(B)$，故 $a = 2$.

（2）由（1）知 $a = 2$. 对矩阵 $[A \vdots B]$ 施以初等行变换，得

$$[A \vdots B] = \begin{bmatrix} 1 & 2 & 2 & 1 & 2 & 2 \\ 1 & 3 & 0 & 0 & 1 & 1 \\ 2 & 7 & -2 & -1 & 1 & 1 \end{bmatrix} \to \begin{bmatrix} 1 & 2 & 2 & 1 & 2 & 2 \\ 0 & 1 & -2 & -1 & -1 & -1 \\ 0 & 3 & -6 & -3 & -3 & -3 \end{bmatrix} \to \begin{bmatrix} 1 & 0 & 6 & 3 & 4 & 4 \\ 0 & 1 & -2 & -1 & -1 & -1 \\ 0 & 0 & 0 & 0 & 0 & 0 \end{bmatrix},$$

（-1）倍加至，（-2）倍加至，（-2）倍加至，（-3）倍加至

故 $r(A) = r([A \vdots B])$，于是 $AX = B$ 有解

记 $B = [\beta_1, \beta_2, \beta_3]$，由于

$$A\begin{bmatrix} -6 \\ 2 \\ 1 \end{bmatrix}=\mathbf{0}, \quad A\begin{bmatrix} 3 \\ -1 \\ 0 \end{bmatrix}=\boldsymbol{\beta}_1, \quad A\begin{bmatrix} 4 \\ -1 \\ 0 \end{bmatrix}=\boldsymbol{\beta}_2, \quad A\begin{bmatrix} 4 \\ -1 \\ 0 \end{bmatrix}=\boldsymbol{\beta}_3,$$

故 $AX=B$ 的解为

$$X=\begin{bmatrix} 3-6k_1 & 4-6k_2 & 4-6k_3 \\ -1+2k_1 & -1+2k_2 & -1+2k_3 \\ k_1 & k_2 & k_3 \end{bmatrix},$$

其中 k_1，k_2，k_3 为任意常数.

由于 $|X|=k_3-k_2$，因此满足 $AP=B$ 的可逆矩阵为

$$P=\begin{bmatrix} 3-6k_1 & 4-6k_2 & 4-6k_3 \\ -1+2k_1 & -1+2k_2 & -1+2k_3 \\ k_1 & k_2 & k_3 \end{bmatrix},$$

其中 k_1，k_2，k_3 为任意常数，且 $k_2 \neq k_3$.

【注】事实上，有如下定理：

设 A 为 $m \times n$ 矩阵，B 为 $m \times s$ 矩阵，则矩阵方程 $AX=B$ 有解的充分必要条件为
$$r(A)=r([A \,\vdots\, B]).$$

将 X，B 按列分块：$X=[x_1, x_2, \cdots, x_s]$，$B=[\boldsymbol{\beta}_1, \boldsymbol{\beta}_2, \cdots, \boldsymbol{\beta}_s]$.

$$AX=B \text{ 有解} \Leftrightarrow A[x_1, x_2, \cdots, x_s]=[\boldsymbol{\beta}_1, \boldsymbol{\beta}_2, \cdots, \boldsymbol{\beta}_s] \text{ 有解}$$
$$\Leftrightarrow Ax_i=\boldsymbol{\beta}_i \,(i=1, 2, \cdots, s) \text{ 有解}$$
$$\Leftrightarrow r(A)=r([A \,\vdots\, \boldsymbol{\beta}_i]) \,(i=1, 2, \cdots, s)$$
$$(*)$$
$$\Leftrightarrow r(A)=r([A \,\vdots\, \boldsymbol{\beta}_1, \boldsymbol{\beta}_2, \cdots, \boldsymbol{\beta}_s])$$
$$\Leftrightarrow r(A)=r([A \,\vdots\, B]).$$

其中（*）处的理解：从左至右是显然的，从右至左的思路如下，

$$\begin{cases} r(A)=r([A \,\vdots\, \boldsymbol{\beta}_1, \boldsymbol{\beta}_2, \cdots, \boldsymbol{\beta}_s]), \\ r(A) \leqslant r([A \,\vdots\, \boldsymbol{\beta}_i]) \leqslant r([A \,\vdots\, \boldsymbol{\beta}_1, \boldsymbol{\beta}_2, \cdots, \boldsymbol{\beta}_s]) \end{cases} \Rightarrow r(A)=r([A \,\vdots\, \boldsymbol{\beta}_i]) \,(i=1, 2, \cdots, s).$$

上述定理在考研时可直接使用.

例 3.20 若 $A=\begin{bmatrix} 1 & -2 \\ 0 & 1 \end{bmatrix}$，$B=\begin{bmatrix} 1 & 1 \\ 0 & 1 \end{bmatrix}$，求所有可逆矩阵 P，使得 $P^{-1}AP=B$.

【解】设可逆矩阵 $P=\begin{bmatrix} a & b \\ c & d \end{bmatrix}$，其中 $ad-bc \neq 0$.

由 $P^{-1}AP=B$，得 $AP=PB$，即

$$\begin{bmatrix} 1 & -2 \\ 0 & 1 \end{bmatrix}\begin{bmatrix} a & b \\ c & d \end{bmatrix}=\begin{bmatrix} a & b \\ c & d \end{bmatrix}\begin{bmatrix} 1 & 1 \\ 0 & 1 \end{bmatrix},$$

得
$$\begin{bmatrix} a-2c & b-2d \\ c & d \end{bmatrix} = \begin{bmatrix} a & a+b \\ c & c+d \end{bmatrix},$$

从而
$$\begin{cases} a-2c=a, \\ b-2d=a+b, \\ c=c, \\ d=c+d, \end{cases}$$

解得 $a+2d=0$，$c=0$，b 为任意常数. 故
$$P = \begin{bmatrix} -2k_1 & k_2 \\ 0 & k_1 \end{bmatrix},$$

其中 $k_1 \neq 0$，k_2 为任意常数.

例 3.21 设 $A = \begin{bmatrix} 0 & 1 & 2 \\ 0 & 0 & 3 \\ 0 & 0 & 0 \end{bmatrix}$.

（1）求可逆矩阵 P，使得 $P^{-1}AP = \begin{bmatrix} 0 & 1 & 0 \\ 0 & 0 & 1 \\ 0 & 0 & 0 \end{bmatrix}$.

（2）是否存在 3 阶矩阵 B，使得 $B^2 = A$？若存在，求出 B；若不存在，说明理由.

【解】（1）令 $P = [\xi_1, \xi_2, \xi_3]$，由于 $AP = P\begin{bmatrix} 0 & 1 & 0 \\ 0 & 0 & 1 \\ 0 & 0 & 0 \end{bmatrix}$，因此 $A\xi_1 = \mathbf{0}$，$A\xi_2 = \xi_1$，$A\xi_3 = \xi_2$.

解方程组 $Ax = \mathbf{0}$，得线性无关解向量 $\xi_1 = [1, 0, 0]^{\mathrm{T}}$；

解方程组 $Ax = \xi_1$，得线性无关解向量 $\xi_2 = [0, 1, 0]^{\mathrm{T}}$；

解方程组 $Ax = \xi_2$，得线性无关解向量 $\xi_3 = \left[0, -\dfrac{2}{3}, \dfrac{1}{3}\right]^{\mathrm{T}}$.

故 $P = \begin{bmatrix} 1 & 0 & 0 \\ 0 & 1 & -\dfrac{2}{3} \\ 0 & 0 & \dfrac{1}{3} \end{bmatrix}$，可逆，且使得 $P^{-1}AP = \begin{bmatrix} 0 & 1 & 0 \\ 0 & 0 & 1 \\ 0 & 0 & 0 \end{bmatrix}$.

（2）若存在 $B = (x_{ij})_{3\times3}$ 满足 $B^2 = A$，则
$$BA = BB^2 = B^2B = AB,$$

即
$$\begin{bmatrix} x_{11} & x_{12} & x_{13} \\ x_{21} & x_{22} & x_{23} \\ x_{31} & x_{32} & x_{33} \end{bmatrix}\begin{bmatrix} 0 & 1 & 2 \\ 0 & 0 & 3 \\ 0 & 0 & 0 \end{bmatrix} = \begin{bmatrix} 0 & 1 & 2 \\ 0 & 0 & 3 \\ 0 & 0 & 0 \end{bmatrix}\begin{bmatrix} x_{11} & x_{12} & x_{13} \\ x_{21} & x_{22} & x_{23} \\ x_{31} & x_{32} & x_{33} \end{bmatrix},$$

整理得
$$\begin{bmatrix} 0 & x_{11} & 2x_{11}+3x_{12} \\ 0 & x_{21} & 2x_{21}+3x_{22} \\ 0 & x_{31} & 2x_{31}+3x_{32} \end{bmatrix} = \begin{bmatrix} x_{21}+2x_{31} & x_{22}+2x_{32} & x_{23}+2x_{33} \\ 3x_{31} & 3x_{32} & 3x_{33} \\ 0 & 0 & 0 \end{bmatrix},$$

令各元素对应相等，故
$$B = \begin{bmatrix} x_{11} & x_{12} & x_{13} \\ 0 & x_{11} & 3x_{12} \\ 0 & 0 & x_{11} \end{bmatrix}.$$

由 $B^2 = A$，即
$$\begin{bmatrix} x_{11}^2 & 2x_{11}x_{12} & 2x_{11}x_{13}+3x_{12}^2 \\ 0 & x_{11}^2 & 6x_{11}x_{12} \\ 0 & 0 & x_{11}^2 \end{bmatrix} = \begin{bmatrix} 0 & 1 & 2 \\ 0 & 0 & 3 \\ 0 & 0 & 0 \end{bmatrix},$$

由 $x_{11}^2 = 0$，$x_{11}x_{12} = \dfrac{1}{2} \neq 0$，矛盾，可知不存在 3 阶矩阵 B，使得 $B^2 = A$.

第4讲 矩阵的秩

三向解题法

求矩阵的秩
（O（盯住目标））

定义
（D_1（常规操作））

A中最大的不为零的子式的阶数称为矩阵A的秩

公式
（D_1（常规操作）＋D_2（脱胎换骨）＋D_{41}（试取特殊情形）＋P_{12}（反向思路））

隐含条件体系块

① $0 \leqslant r(A_{m \times n}) \leqslant \min\{m, n\}$.

② $r(kA) = r(A)$ $(k \neq 0)$.

③ $r(A) = r(PA) = r(AQ) = r(PAQ)$ （P, Q 为可逆矩阵）.

④ 设 A 是 $m \times n$ 矩阵，B 是 $n \times s$ 矩阵.
　若 $r(A) = n$（列满秩），则 $r(AB) = r(B)$；若 $r(B) = n$（行满秩），则 $r(AB) = r(A)$.

⑤ 若 $CA = CB$，C 列满秩，则 $A = B$；若 $AC = BC$，C 行满秩，则 $A = B$.

⑥ $r(AB) \leqslant \min\{r(A), r(B)\}$.

⑦ $r(A + B) \leqslant r([A, B]) \leqslant r(A) + r(B)$.

⑧ $r(E - AB) = r(E - BA)$ （A, B 为 n 阶矩阵）.

⑨ $r(E_m - A^{\mathrm{T}}A) - r(E_n - AA^{\mathrm{T}}) = m - n$ （A 为 $n \times m$ 矩阵）.

⑩ $\lambda^m |\lambda E_n - AB| = \lambda^n |\lambda E_m - BA|$；$m + r(\lambda E_n - AB) = n + r(\lambda E_m - BA)(\lambda \neq 0)$ （A, B 分别为 $n \times m$ 与 $m \times n$ 矩阵）.

⑪ $r(AB) \geqslant r(A) + r(B) - n$ （A, B 分别为 $m \times n$ 矩阵与 $n \times s$ 矩阵）.

⑫ $r(ABC) \geqslant r(AB) + r(BC) - r(B)$.

⑬ $r(A) = r(A^{\mathrm{T}}) = r(AA^{\mathrm{T}}) = r(A^{\mathrm{T}}A)$.

⑭ $r(A^*) = \begin{cases} n, & r(A) = n, \\ 1, & r(A) = n - 1, \\ 0, & r(A) < n - 1. \end{cases}$

⑮ 若 $A^2 - (k_1 + k_2)A + k_1 k_2 E = O$，$k_1 \neq k_2$，则 $r(A - k_1 E) + r(A - k_2 E) = n$.

⑯ $Ax = 0$ 的基础解系所含向量的个数为 $s = n - r(A)$ （A 为 $m \times n$ 矩阵）.

⑰ 方程组 $A_{m \times n}x = 0$ 与 $B_{s \times n}x = 0$ 同解 $\Leftrightarrow r(A) = r\left(\begin{bmatrix} A \\ B \end{bmatrix}\right) = r(B)$.

⑱ $r(\mathrm{I}) = r(\mathrm{II}) = r(\mathrm{I}, \mathrm{II}) \Leftrightarrow$ 向量组（I）与向量组（II）等价.

⑲ 若 $A \sim \Lambda$，则 $n_i = n - r(\lambda_i E - A)$，其中 λ_i 是 n_i 重特征根.

⑳ 若 $A \sim \Lambda$，则 $r(A)$ 等于非零特征值的个数，重根按重数算

一、定义（D₁（常规操作））

设 A 是 $m \times n$ 矩阵，A 中最大的不为零的子式的阶数称为矩阵 A 的秩，记为 $r(A)$。也可以这样定义：若存在 k 阶子式不为零，而任意 $k+1$ 阶子式全为零（如果有的话），则 $r(A)=k$，且若 A 为 $n \times n$ 矩阵，则

→任取k行、k列构成的k阶行列式

$$r(A_{n \times n}) = n \Leftrightarrow |A| \neq 0 \Leftrightarrow A \text{ 可逆}.$$

【注】用初等变换将 A 化为行阶梯形矩阵，阶梯数即为矩阵的秩。

二、公式

（D₁（常规操作）+D₂（脱胎换骨）+D₄₁（试取特殊情形）+P₁₂（反向思路））

1. 设 A 是 $m \times n$ 矩阵，则 $0 \leqslant r(A) \leqslant \min\{m, n\}$.

2. 设 A 是 $m \times n$ 矩阵，则 $r(kA) = r(A)$ $(k \neq 0)$.

3. 设 A 是 $m \times n$ 矩阵，P，Q 分别是 m 阶、n 阶可逆矩阵，则

$$r(A) = r(PA) = r(AQ) = r(PAQ).$$

【注】（1）公式 3 表明初等变换不改变矩阵的秩。

（2）若 $r(AB) < r(A)$，B 为 n 阶矩阵，则 $r(B) < n$.

4. 设 A 是 $m \times n$ 矩阵，B 是 $n \times s$ 矩阵.

（1）若 $r(A) = n$（列满秩），则 $r(AB) = r(B)$.

（2）若 $r(B) = n$（行满秩），则 $r(AB) = r(A)$.

例 4.1 设 A 为 4×3 矩阵，B 为 3 阶方阵，若 $r(A) = 3$，则（　　）.

（A）$ABx = 0$ 与 $Bx = 0$ 同解

（B）$ABx = 0$ 与 $Ax = 0$ 同解

（C）$B^T A^T x = 0$ 与 $A^T x = 0$ 同解

（D）$B^T A^T x = 0$ 与 $B^T x = 0$ 同解

【解】应选（A）.

由下面的公式 6 与公式 8，知

$$r(A) + r(B) - 3 \leqslant r(AB) \leqslant \min\{r(A), r(B)\}. \qquad (*)$$

当 $r(A) = 3$ 时，由 $(*)$ 式得

$$3 + r(B) - 3 \leqslant r(AB) \leqslant r(B),$$

故有 $r(AB) = r(B)$，又满足 $Bx = 0$ 的解必是 $ABx = 0$ 的解，故 $ABx = 0$ 与 $Bx = 0$ 同解. 故选（A）.

【注】若 $r(B)=3$，同样由（*）式可得

$$r(A)+3-3 \leqslant r(AB) \leqslant r(A),$$

故有 $r(AB)=r(A)$，则 $r(B^TA^T)=r(A^T)$，$B^TA^Tx=0$ 与 $A^Tx=0$ 同解.

5. 若 $CA=CB$，C 列满秩，则 $A=B$；若 $AC=BC$，C 行满秩，则 $A=B$.

例 4.2 设 B 是 n 阶矩阵，C 是 $n\times m$ 矩阵，且 $r(C)=n$，则下列结论：

① 若 $BC=O$，则 $B=O$；

② 若 $BC=C$，则 $B=E$；

③ 若 $BC=O$，则 $1 \leqslant r(B) < n$；

④ 若 $BC=C$，则 $r(B)=n$.

所有正确结论的序号为（　　）.

（A）①②④　　　（B）②④　　　（C）①③④　　　（D）③④

【解】应选（A）.

对于①，$BC=O=OC$，由公式 5 得 $B=O$；对于②，$BC=C=EC$，由公式 5 得 $B=E$；对于③，由①可知③错误；对于④，由②可知④正确.

例 4.3 设 A，B 分别为 3×2 和 2×3 实矩阵，若 $AB=\begin{bmatrix} 8 & 0 & -4 \\ -\frac{3}{2} & 9 & -6 \\ -2 & 0 & 1 \end{bmatrix}$，则 $BA=$ _____.

【解】应填 $\begin{bmatrix} 9 & 0 \\ 0 & 9 \end{bmatrix}$.

因 $|AB|=0$，$r(AB)=2$，又 $2 \leqslant r(A),r(B) \leqslant 2$，故 $r(A)=r(B)=2$，即 A 行满秩，B 列满秩. 又由 $2=r(AB)\leqslant r(A),r(B)$（$r(A),r(B)\leqslant$ 行数、列数）

$ABAB=9AB$，A 列满秩，有 $BAB=9B$. 又 B 行满秩，故有 $BA=9E_2=\begin{bmatrix} 9 & 0 \\ 0 & 9 \end{bmatrix}$.

6. 设 A 是 $m\times n$ 矩阵，B 是 $n\times s$ 矩阵，则 $r(AB) \leqslant \min\{r(A),r(B)\}$.

【注】见到 AB，ABC，要善于想到单调性.

$$r(ABC) \leqslant r(AB) \leqslant r(A).$$

如 $ABC=A \Rightarrow r(A)=r(ABC) \leqslant r(AB) \leqslant r(A) \Rightarrow r(A)=r(AB)$.

例 4.4 已知 n 阶矩阵 A，B，C 满足 $ABC=O$，E 为 n 阶单位矩阵，记矩阵 $\begin{bmatrix} O & A \\ BC & E \end{bmatrix}$，$\begin{bmatrix} AB & C \\ O & E \end{bmatrix}$，

$\begin{bmatrix} E & AB \\ AB & O \end{bmatrix}$ 的秩分别为 r_1，r_2，r_3，则（　　）．

（A）$r_1 \leqslant r_2 \leqslant r_3$　　　　（B）$r_1 \leqslant r_3 \leqslant r_2$　　　　（C）$r_3 \leqslant r_1 \leqslant r_2$　　　　（D）$r_2 \leqslant r_1 \leqslant r_3$

【解】应选（B）．

对于 $\begin{bmatrix} O & A \\ BC & E \end{bmatrix}$，将分块矩阵的第 2 行的（$-A$）倍加至第 1 行，即　　$(-A)$倍加至 $\begin{bmatrix} O & A \\ BC & E \end{bmatrix}$

$$\begin{bmatrix} E & -A \\ O & E \end{bmatrix}\begin{bmatrix} O & A \\ BC & E \end{bmatrix} = \begin{bmatrix} -ABC & O \\ BC & E \end{bmatrix} = \begin{bmatrix} O & O \\ BC & E \end{bmatrix},$$

其秩 $r_1 = n$；

对于 $\begin{bmatrix} AB & C \\ O & E \end{bmatrix}$，将分块矩阵的第 2 行的（$-C$）倍加至第 1 行，即　　$(-C)$倍加至 $\begin{bmatrix} AB & C \\ O & E \end{bmatrix}$

$$\begin{bmatrix} E & -C \\ O & E \end{bmatrix}\begin{bmatrix} AB & C \\ O & E \end{bmatrix} = \begin{bmatrix} AB & O \\ O & E \end{bmatrix},$$

其秩 $r_2 = r(AB) + n$；

对于 $\begin{bmatrix} E & AB \\ AB & O \end{bmatrix}$，先将分块矩阵的第 1 行的（$-AB$）倍加至第 2 行，即　　$(-AB)$倍加至 $\begin{bmatrix} E & AB \\ AB & O \end{bmatrix}$

$$\begin{bmatrix} E & O \\ -AB & E \end{bmatrix}\begin{bmatrix} E & AB \\ AB & O \end{bmatrix} = \begin{bmatrix} E & AB \\ O & -ABAB \end{bmatrix},$$

$(-AB)$倍加至 $\begin{bmatrix} E & AB \\ O & -ABAB \end{bmatrix}$

再将分块矩阵的第 1 列的（$-AB$）倍加至第 2 列，即

$$\begin{bmatrix} E & AB \\ O & -ABAB \end{bmatrix}\begin{bmatrix} E & -AB \\ O & E \end{bmatrix} = \begin{bmatrix} E & O \\ O & -ABAB \end{bmatrix},$$

其秩 $r_3 = r(-ABAB) + n$．

又由于　　　　　　　　　　　　　　　　$r(AB) \geqslant r(-ABAB) \geqslant 0,$

于是 $r_1 \leqslant r_3 \leqslant r_2$，故选（B）．

7. 设 A，B 为同型矩阵，则 $r(A+B) \leqslant r([A, B]) \leqslant r(A) + r(B)$．

【注】①$r(A-B) \leqslant r(A) + r(B)$；②$r(A-B) \geqslant |r(A) - r(B)|$．

证　①因 $r(A+B) \leqslant r(A) + r(B)$，故 $r(A-B) = r[A + (-B)] \leqslant r(A) + r(-B) = r(A) + r(B)$．

②因 $r(A+B) \leqslant r(A) + r(B)$，令 $A+B=C$，则 $r(C) \leqslant r(C-B) + r(B)$，即 $r(A) \leqslant r(A-B) + r(B)$，故有

$$r(A-B) \geqslant r(A) - r(B). \tag{*}$$

由轮换性可知，$r(B-A) \geqslant r(B) - r(A)$. 故

$$-r(B-A) \leqslant r(A) - r(B) \tag{**}$$

又 $r(A-B) = r(B-A)$，结合（*）（**）可得 $-r(A-B) \leqslant r(A) - r(B) \leqslant r(A-B)$，即 $\boxed{|r(A)-r(B)| \leqslant r(A-B)}$.

例 4.5 设 A，B 分别为 $m \times n$ 与 $n \times m$ 矩阵，C 为 n 阶可逆矩阵，且 $r(A) = r < n$，$A(C+BA) = O$，则 $r(C+BA) = $_____.

【解】应填 $n - r$.

因 $A(C+BA) = O$，故 $r(A) + r(C+BA) \leqslant n$. 又 $r(A) = r$，于是

$$r(C+BA) \leqslant n-r,$$

且

$$r(C+BA) = r[C-(-BA)] \geqslant r(C) - r(BA) \geqslant r(C) - r(A) = n-r,$$

故 $r(C+BA) = n-r$.

8. 设 A，B 为 n 阶矩阵，则 $r(E-AB) = r(E-BA)$.

【注】证
$$\begin{bmatrix} E-AB & O \\ O & E \end{bmatrix} \rightarrow \begin{bmatrix} E-AB & O \\ B & E \end{bmatrix} \rightarrow \begin{bmatrix} E & A \\ B & E \end{bmatrix} \rightarrow \begin{bmatrix} E & A \\ O & E-BA \end{bmatrix} \rightarrow \begin{bmatrix} E & O \\ O & E-BA \end{bmatrix},$$

（右边乘 B 倍加至）（左边乘 A 倍加至）（左边乘 $(-B)$ 倍加至）（右边乘 $(-A)$ 倍加至）

故 $r(E-AB) + n = r(E-BA) + n$，得 $r(E-AB) = r(E-BA)$.

9. 设 A 为 $n \times m$ 矩阵，则 $r(E_m - A^{\mathrm{T}}A) - r(E_n - AA^{\mathrm{T}}) = m - n$.

10. 设 A，B 分别为 $n \times m$ 与 $m \times n$ 矩阵，则对于非零实数 λ，有

（1）$\lambda^m |\lambda E_n - AB| = \lambda^n |\lambda E_m - BA|$；

（2）$m + r(\lambda E_n - AB) = n + r(\lambda E_m - BA)$.

【注】证（1）由

$$\begin{bmatrix} E_n & O \\ -B & \lambda E_m \end{bmatrix} \begin{bmatrix} E_n & A \\ O & E_m \end{bmatrix} \begin{bmatrix} \lambda E_n - AB & O \\ O & E_m \end{bmatrix} \begin{bmatrix} E_n & O \\ B & E_m \end{bmatrix} \begin{bmatrix} E_n & -\dfrac{A}{\lambda} \\ O & E_m \end{bmatrix}$$

$$= \begin{bmatrix} E_n & O \\ -B & \lambda E_m \end{bmatrix} \begin{bmatrix} \lambda E_n & A \\ B & E_m \end{bmatrix} \begin{bmatrix} E_n & -\dfrac{A}{\lambda} \\ O & E_m \end{bmatrix}$$

$$= \begin{bmatrix} \lambda E_n & O \\ O & \lambda E_m - BA \end{bmatrix},$$

两端取行列式，又由 $\begin{vmatrix} E_n & O \\ -B & \lambda E_m \end{vmatrix} = \lambda^m$，$\begin{vmatrix} E_n & A \\ O & E_m \end{vmatrix} = 1$，$\begin{vmatrix} E_n & O \\ B & E_m \end{vmatrix} = 1$，$\begin{vmatrix} E_n & -\dfrac{A}{\lambda} \\ O & E_m \end{vmatrix} = 1$，故

$$\lambda^m |\lambda E_n - AB| = \lambda^n |\lambda E_m - BA|.$$

（2）由（1）知 $\begin{bmatrix} \lambda E_n - AB & O \\ O & E_m \end{bmatrix}$ 与 $\begin{bmatrix} \lambda E_n & O \\ O & \lambda E_m - BA \end{bmatrix}$ 等价，故其秩相等，即

$$m + r(\lambda E_n - AB) = n + r(\lambda E_m - BA).$$

11. 设 A 是 $m \times n$ 矩阵，B 是 $n \times s$ 矩阵，则 $r(AB) \geqslant r(A) + r(B) - n$.

【注】证 左边乘 A 加至 $\begin{bmatrix} E & O \\ O & AB \end{bmatrix} \rightarrow \begin{bmatrix} E & O \\ A & AB \end{bmatrix} \rightarrow \begin{bmatrix} E & -B \\ A & O \end{bmatrix} \xrightarrow{\times(-E)} \begin{bmatrix} -B & E \\ O & A \end{bmatrix} \xrightarrow{P_{12}(反向思路)} \begin{bmatrix} B & E \\ O & A \end{bmatrix}$，

右边乘 $(-B)$ 加至

故 $r(AB) + n = r\left(\begin{bmatrix} E & O \\ O & AB \end{bmatrix}\right) = r\left(\begin{bmatrix} B & E \\ O & A \end{bmatrix}\right) \geqslant r(A) + r(B)$. 证毕.

注意： ①当 $AB = O$ 时，有 $r(A) + r(B) \leqslant n$.

②当 AB 为 n 阶可逆矩阵时，$r(AB) = n$，有 $r(A) + r(B) \leqslant 2n$.

③当 B 的列向量均为 $Ax = 0$ 的解，即 $AB = O$ 时，有 $r(A) + r(B) \leqslant n$.

④当 $B \neq O$，且其列向量为 $Ax = 0$ 的解，即 $AB = O$ 时，有 $r(A) + r(B) \leqslant n$，$r(B) \geqslant 1$，$r(A) \leqslant n-1$，则 A 列不满秩，即 A 的列向量组线性相关.

⑤记 $A = \begin{bmatrix} \alpha_1 \\ \alpha_2 \\ \vdots \\ \alpha_m \end{bmatrix}$，$B = [\beta_1, \beta_2, \cdots, \beta_s]$，当 $(\alpha_i, \beta_j) = 0$，$i = 1, 2, \cdots, m$；$j = 1, 2, \cdots, s$，即 A 的任一行向

α_i 为矩阵 A 的行向量

量均与 B 的任一列向量正交时，有 $AB = \begin{bmatrix} (\alpha_1, \beta_1) & (\alpha_1, \beta_2) & \cdots & (\alpha_1, \beta_s) \\ (\alpha_2, \beta_1) & (\alpha_2, \beta_2) & \cdots & (\alpha_2, \beta_s) \\ \vdots & \vdots & & \vdots \\ (\alpha_m, \beta_1) & (\alpha_m, \beta_2) & \cdots & (\alpha_m, \beta_s) \end{bmatrix} = O$，故 $r(A) + r(B) \leqslant n$.

⑥由 $AB = O$，便得 $B^T A^T = O$，可将①~⑤再研究一遍，加深理解.

例 4.6 设 n 阶矩阵 A, B, C 满足 $r(A) + r(B) + r(C) = r(ABC) + 2n$，给出下列四个结论：

①$r(ABC) + n = r(AB) + r(C)$；

②$r(AB) + n = r(A) + r(B)$；

③$r(A)=r(B)=r(C)=n$；

④$r(AB)=r(BC)=n$．

所有正确结论的序号是（　　）．

（A）①②　　　　　　（B）①③　　　　　　（C）②④　　　　　　（D）③④

【解】应选（A）．

法一　由于

公式11

$$r(A)+r(B)+r(C)=r(ABC)+2n \geqslant r(AB)+r(C)-n+2n$$
$$\geqslant r(A)+r(B)-n+r(C)-n+2n=r(A)+r(B)+r(C),$$

故$r(ABC)+2n=r(AB)+r(C)+n$，$r(A)+r(B)+r(C)=r(AB)+r(C)+n$，可得$r(ABC)+n=r(AB)+r(C)$，$r(A)+r(B)=r(AB)+n$，则①，②正确．

综上，选（A）．

D_{41}（试取特殊情形）

法二　排除法．取$A=\begin{bmatrix} 1 & 0 \\ 0 & 0 \end{bmatrix}$，$B=\begin{bmatrix} 0 & 0 \\ 0 & 1 \end{bmatrix}$，$C=E$，则$r(A)=1$，$r(B)=1$，$r(C)=2$，满足$r(A)+r(B)+r(C)=r(ABC)+2n$，代入可排除③，④，故选（A）．

12. 设A是$m \times n$矩阵，B是$n \times s$矩阵，C是$s \times t$矩阵，则$r(ABC) \geqslant r(AB)+r(BC)-r(B)$．

【注】证　左边乘A加至　右边乘$(-C)$加至　　　　　　　　　　$\times(-E)$

$$\begin{bmatrix} ABC & O \\ O & B \end{bmatrix} \to \begin{bmatrix} ABC & AB \\ O & B \end{bmatrix} \to \begin{bmatrix} O & AB \\ -BC & B \end{bmatrix} \to \begin{bmatrix} AB & O \\ B & -BC \end{bmatrix} \to \begin{bmatrix} AB & O \\ B & BC \end{bmatrix},$$

故$r(ABC)+r(B)=r\left(\begin{bmatrix} ABC & O \\ O & B \end{bmatrix}\right)=r\left(\begin{bmatrix} AB & O \\ B & BC \end{bmatrix}\right) \geqslant r(AB)+r(BC)$．证毕．

例 4.7　设矩阵$A_{m \times n}$，$B_{n \times s}$满足$r(AB)=r(B)$，证明：对任意矩阵$C_{s \times t}$，有$r(ABC)=r(BC)$．

【证】　由$r(ABC) \geqslant r(AB)+r(BC)-r(B)$，且$r(AB)=r(B)$，有$r(ABC) \geqslant r(BC)$．又$r(ABC) \leqslant r(BC)$，故$r(ABC)=r(BC)$．

【注】此证法极简．若研究$ABCx=0$与$BCx=0$同解，亦可得证，但不如此证法简便．

13. 设A是$m \times n$实矩阵，则$r(A)=r(A^T)=r(AA^T)=r(A^TA)$．

【注】$A^TAx=0$与$Ax=0$同解，$AA^Tx=0$与$A^Tx=0$同解，故A^TA与A的行向量组等价，AA^T与A^T的行向量组等价．

例 4.8 设 A，B 为 n 阶实矩阵，下列结论不成立的是（　　）.

（A）$r\left(\begin{bmatrix} A & AB \\ O & A^{\mathrm{T}} \end{bmatrix}\right)=2r(A)$ 　　　　（B）$r\left(\begin{bmatrix} A & O \\ O & A^{\mathrm{T}}A \end{bmatrix}\right)=2r(A)$

（C）$r\left(\begin{bmatrix} A & BA \\ O & AA^{\mathrm{T}} \end{bmatrix}\right)=2r(A)$ 　　　　（D）$r\left(\begin{bmatrix} A & O \\ BA & A^{\mathrm{T}} \end{bmatrix}\right)=2r(A)$

【解】应选（C）.

由矩阵的秩的性质知，$r(A)=r(A^{\mathrm{T}})=r(AA^{\mathrm{T}})=r(A^{\mathrm{T}}A)$.

故 $r\left(\begin{bmatrix} A & O \\ O & A^{\mathrm{T}}A \end{bmatrix}\right)=2r(A)$，选项（B）成立.

在 $\begin{bmatrix} A & AB \\ O & A^{\mathrm{T}} \end{bmatrix}$ 中，AB 的列向量组可由 A 的列向量组线性表示，故 $\begin{bmatrix} A & AB \\ O & A^{\mathrm{T}} \end{bmatrix} \rightarrow \begin{bmatrix} A & O \\ O & A^{\mathrm{T}} \end{bmatrix}$，故

$r\left(\begin{bmatrix} A & AB \\ O & A^{\mathrm{T}} \end{bmatrix}\right)=2r(A)$，选项（A）成立.

同理，选项（D）也成立.

而选项（C），取 $A=\begin{bmatrix} 0 & 1 \\ 0 & 1 \end{bmatrix}$，$B=\begin{bmatrix} 0 & 0 \\ 1 & 1 \end{bmatrix}$，$r\left(\begin{bmatrix} A & BA \\ O & AA^{\mathrm{T}} \end{bmatrix}\right)=r\left(\begin{bmatrix} 0 & 1 & 0 & 0 \\ 0 & 1 & 0 & 2 \\ 0 & 0 & 1 & 1 \\ 0 & 0 & 1 & 1 \end{bmatrix}\right)\neq 2r(A)$. 故选（C）.

14. 设 A 是 n 阶方阵，A^* 是 A 的伴随矩阵，则 $r(A^*)=\begin{cases} n, & r(A)=n, \\ 1, & r(A)=n-1, \\ 0, & r(A)<n-1. \end{cases}$

例 4.9 设 A 为 4 阶矩阵，A^* 为 A 的伴随矩阵，若 $A(A-A^*)=O$ 且 $A\neq A^*$，则 $r(A)$ 取值为（　　）.

（A）0 或 1　　　（B）1 或 3　　　（C）2 或 3　　　（D）1 或 2

【解】应选（D）.

　　　　　　　　　　　　　　　$\rightarrow AB=O\Rightarrow r(A)+r(B)\leqslant n$

由题意可知 $A(A-A^*)=O$，故 $r(A)+r(A-A^*)\leqslant 4$. 又 $A\neq A^*$，故 $A-A^*\neq O$，即 $r(A-A^*)\geqslant 1$，因此 $r(A)\leqslant 3$.

　　　　　$\rightarrow AA^*=|A|E$ 　　　　　　$\rightarrow AB=O\Rightarrow r(A)+r(B)\leqslant n$

又 $A(A-A^*)=A^2-AA^*=A^2-|A|E=A^2=O$，则 $r(A)+r(A)\leqslant 4$，于是 $r(A)\leqslant 2$，此时 $r(A^*)=0$，故 $A^*=O$，又 $A\neq A^*$，所以 $r(A)\geqslant 1$，故 $r(A)=1$ 或 2.

　　　　　　　　　　　　　　　　　　　　　　　　　$\rightarrow$ 用 $r(A)$ 与 $r(A^*)$ 的关系

15. 设 n 阶矩阵 A 满足 $A^2-(k_1+k_2)A+k_1k_2E=O$，$k_1\neq k_2$，则 $r(A-k_1E)+r(A-k_2E)=n$.

【注】（1）证　由 $A^2-(k_1+k_2)A+k_1k_2E=O$，得 $(A-k_1E)(A-k_2E)=O$，于是

$$r(A-k_1E)+r(A-k_2E) \leqslant n.$$

又
$$r(A-k_1E)+r(A-k_2E) = r(k_1E-A)+r(A-k_2E)$$
$$\geqslant r(k_1E-A+A-k_2E)$$
$$= r[(k_1-k_2)E]$$
$$= r(E) = n,$$

故 $r(A-k_1E)+r(A-k_2E) = n$.

（2）设 A 为 n 阶方阵，则由上述结论可知：

①若 $A^2 = A$，则 见到 $f(A)$，想 $f(\lambda)$，故 $\lambda = 0$ 或 1

a. $r(A)+r(A-E) = n$；

b. A 可相似对角化；

c. $A+E$ 可逆；⟶ $|A+E| \neq 0$，因 -1 不是特征值

d. $(A+E)^m = E+(2^m-1)A$. ⟶ 涉及幂的命题，考虑数学归纳法

②若 $A^2 = E$，则 $r(A+E)+r(A-E) = n$.

16. 设 A 是 $m \times n$ 矩阵，则 $Ax = 0$ 的基础解系所含向量的个数为 $s = n-r(A)$.

17. 方程组 $A_{m \times n}x = 0$ 与 $B_{s \times n}x = 0$ 同解 $\Leftrightarrow r(A) = r\left(\begin{bmatrix} A \\ B \end{bmatrix}\right) = r(B)$.

⟶ 三秩相等！

18. 设两个向量组：（Ⅰ）$\alpha_1, \alpha_2, \cdots, \alpha_s$，（Ⅱ）$\beta_1, \beta_2, \cdots, \beta_t$，则 $r(Ⅰ) = r(Ⅱ) = r(Ⅰ, Ⅱ) \Leftrightarrow$ 向量组（Ⅰ）与向量组（Ⅱ）等价.

19. 若 $A \sim \Lambda$，则 $n_i = n-r(\lambda_i E-A)$，其中 λ_i 是 n_i 重特征根.

20. 若 $A \sim \Lambda$，则 $r(A)$ 等于非零特征值的个数，重根按重数算.

第5讲 线性方程组

三向解题法

线性方程组
(O (盯住目标))

1. 线性方程组理论总结
(D$_1$ (常规操作))

2. 线性方程组问题
(D$_1$ (常规操作) +D$_{22}$ (转换等价表述) +P$_2$ (反证思路))

3. 线性方程组的几何意义 (仅数学一)
(O$_4$ (盯住目标 4) +D$_1$ (常规操作) + D$_{22}$ (转换等价表述) +D$_{43}$ (数形结合))

1. 线性方程组理论总结
(D$_1$ (常规操作))

齐次线性方程组 $Ax=0$
(D$_1$ (常规操作))

非齐次线性方程组 $Ax=b$
(D$_1$ (常规操作))

2. 线性方程组问题
(D$_1$ (常规操作) +D$_{22}$ (转换等价表述) +P$_2$ (反证思路))

一般求解问题 (含参常考)
(O$_1$ (盯住目标 1) + D$_1$ (常规操作) +P$_2$ (反证思路))

公共解问题
(O$_2$ (盯住目标 2) + D$_1$ (常规操作) +D$_{22}$ (转换等价表述))

同解问题
(O$_3$ (盯住目标 3) + D$_1$ (常规操作) +D$_{22}$ (转换等价表述))

齐次线性方程组公共非零解

非齐次线性方程组公共解

齐次线性方程组

非齐次线性方程组

3. 线性方程组的几何意义（仅数学一）

(O₄ (盯住目标 4)+ D₁ (常规操作) +D₂₂ (转换等价表述) +D₄₃ (数形结合))

设线性方程组

$$\begin{cases} a_1x + b_1y + c_1z = d_1, \\ a_2x + b_2y + c_2z = d_2, \\ a_3x + b_3y + c_3z = d_3. \end{cases}$$

记 （表达平面 Π_i 的方向） （表达确定方向后 Π_i 的位置）

$$A = \begin{bmatrix} a_1 & b_1 & c_1 \\ a_2 & b_2 & c_2 \\ a_3 & b_3 & c_3 \end{bmatrix}, \quad \overline{A} = \begin{bmatrix} a_1 & b_1 & c_1 & d_1 \\ a_2 & b_2 & c_2 & d_2 \\ a_3 & b_3 & c_3 & d_3 \end{bmatrix},$$

且 Π_i（$i=1,2,3$）表示第 i 张平面：$a_ix + b_iy + c_iz = d_i$，$\boldsymbol{\alpha}_i$（$i=1,2,3$）表示第 i 张平面的法向量 $[a_i, b_i, c_i]$，即 A 的行向量，$\boldsymbol{\beta}_i$（$i=1,2,3$）表示 $[a_i, b_i, c_i, d_i]$，即 $\overline{A}$ 的行向量.

方程组有解的情形
(D₁ (常规操作))

图形	几何意义	代数表达
	三张平面相交于一点	$r(A) = r(\overline{A}) = 3$
	三张平面相交于一条直线	$r(A) = r(\overline{A}) = 2$，且 $\boldsymbol{\beta}_1, \boldsymbol{\beta}_2, \boldsymbol{\beta}_3$ 中任意两个向量都线性无关 *任何两个面都不重合*
	两张平面重合，第三张平面与之相交	$r(A) = r(\overline{A}) = 2$，且 $\boldsymbol{\beta}_1, \boldsymbol{\beta}_2, \boldsymbol{\beta}_3$ 中有两个向量线性相关 *存在两个面重合*
	三张平面重合	$r(A) = r(\overline{A}) = 1$

方程组无解的情形
(D₁ (常规操作))

图形	几何意义	代数表达
	三张平面两两相交，且交线相互平行	$r(A) = 2$，$r(\overline{A}) = 3$，且 $\boldsymbol{\alpha}_1, \boldsymbol{\alpha}_2, \boldsymbol{\alpha}_3$ 中任意两个向量都线性无关 *任何两个面都相交*
	两张平面平行，第三张平面与它们相交	$r(A) = 2$，$r(\overline{A}) = 3$，且 $\boldsymbol{\alpha}_1, \boldsymbol{\alpha}_2, \boldsymbol{\alpha}_3$ 中有两个向量线性相关 *存在两个面平行但不重合*
	三张平面相互平行但不重合	$r(A) = 1$，$r(\overline{A}) = 2$，且 $\boldsymbol{\beta}_1, \boldsymbol{\beta}_2, \boldsymbol{\beta}_3$ 中任意两个向量都线性无关 *任何两个面都不重合*
	两张平面重合，第三张平面与它们平行但不重合	$r(A) = 1$，$r(\overline{A}) = 2$，且 $\boldsymbol{\beta}_1, \boldsymbol{\beta}_2, \boldsymbol{\beta}_3$ 中有两个向量线性相关 *存在两个面重合*

一、线性方程组理论总结（D_1（常规操作））

1. 齐次线性方程组 $Ax=0$（D_1（常规操作））

（1）解的性质.

对于齐次线性方程组

$$A_{m \times n} x = 0,$$

若 ξ_1，ξ_2 是方程组 $Ax=0$ 的解，则 $x = k_1\xi_1 + k_2\xi_2$（k_1，$k_2 \in \mathbf{R}$）也是它的解.

（2）基础解系与通解.

①设 $r(A) < n$，ξ_1，ξ_2，$\cdots$，ξ_s 是方程组 $Ax=0$ 的一组解向量，如果

a. ξ_1，ξ_2，$\cdots$，ξ_s 线性无关；

b. 方程组 $Ax=0$ 的任一解向量均可由 ξ_1，ξ_2，$\cdots$，ξ_s 线性表示，即 $s = n - r(A)$，则称 ξ_1，ξ_2，$\cdots$，ξ_s 是方程组 $Ax=0$ 的一个基础解系.

> D_1（常规操作），牢记.

【注】基础解系应满足三个条件：①是解；②线性无关；③$s = n - r(A)$.

②齐次线性方程组 $Ax=0$ 有非零解的充要条件是 $r(A) < n$，此时它的通解为

$$x = k_1\xi_1 + k_2\xi_2 + \cdots + k_{n-r}\xi_{n-r},$$

其中 $r = r(A)$，k_1，k_2，$\cdots$，k_{n-r} 为任意常数.

（3）解与系数的关系.

若齐次线性方程组

$$\begin{cases} a_{11}x_1 + a_{12}x_2 + \cdots + a_{1n}x_n = 0, \\ a_{21}x_1 + a_{22}x_2 + \cdots + a_{2n}x_n = 0, \\ \qquad\qquad \cdots\cdots \\ a_{m1}x_1 + a_{m2}x_2 + \cdots + a_{mn}x_n = 0 \end{cases}$$

有解 $\boldsymbol{\beta} = [b_1, b_2, \cdots, b_n]^{\mathrm{T}}$，即

$$a_{i1}b_1 + a_{i2}b_2 + \cdots + a_{in}b_n = 0 \ (i = 1, 2, \cdots, m).$$

> D_{22}（转换等价表述），且此条件较隐蔽，须注意.

记系数矩阵 A 的行向量为 $\boldsymbol{\alpha}_i = [a_{i1}, a_{i2}, \cdots, a_{in}]$（$i = 1, 2, \cdots, m$），则上式即为

$$\boldsymbol{\alpha}_i \boldsymbol{\beta} = 0 \ (i = 1, 2, \cdots, m),$$

故系数矩阵 A 的行向量与 $Ax=0$ 的解向量正交.

2. 非齐次线性方程组 $Ax=b$（D_1（常规操作））

（1）解的性质.

对于非齐次线性方程组

$$A_{m \times n} x = b,$$

若 $\boldsymbol{\eta}_1$，$\boldsymbol{\eta}_2$ 都是方程组 $Ax=b$ 的解，则 $\boldsymbol{\eta}_1 - \boldsymbol{\eta}_2$ 是相应的齐次线性方程组 $Ax=0$ 的解.

（2）非齐次线性方程组解的情形.

> D_1（常规操作），牢记.

①当 $r(A) = r([A, b]) = n$ 时，方程组有唯一解；

② 当 $r(A) = r([A, b]) < n$ 时，方程组有无穷多解；

③ 当 $r(A) \neq r([A, b])$ 时，方程组无解.

（3）非齐次线性方程组的通解.

设 $r(A) = r < n$，若 $\xi_1, \xi_2, \cdots, \xi_{n-r}$ 为非齐次线性方程组 $Ax = b$ 相应的齐次线性方程组 $Ax = 0$ 的基础解系，η^* 为非齐次线性方程组 $Ax = b$ 的一个特解，则非齐次线性方程组 $Ax = b$ 的通解为

$$x = \eta^* + k_1\xi_1 + k_2\xi_2 + \cdots + k_{n-r}\xi_{n-r},$$

其中 $k_1, k_2, \cdots, k_{n-r}$ 为任意常数.

【注】（1）与非齐次线性方程组 $Ax = b$ 对应的齐次线性方程组 $Ax = 0$ 称为非齐次线性方程组 $Ax = b$ 的导出组，故上述结论可简述为非齐次线性方程组的通解等于它的一个特解与其导出组的通解之和.

（2）当未知数个数等于方程个数，且 $|A| \neq 0$ 时，可用克拉默法则求解，即 $x_i = \dfrac{D_i}{|A|}$，$i = 1, 2, \cdots, n$.

（3）设 η^* 是非齐次线性方程组 $A_{m \times n}x = b (b \neq 0)$ 的一个解，$\xi_1, \cdots, \xi_{n-r}$ 是其导出组 $Ax = 0$ 的一个基础解系，且 $r(A) = r$，则

$Ax = b$ 的"广义基础解系"

① $\eta^*, \eta^* + \xi_1, \cdots, \eta^* + \xi_{n-r}$ 线性无关；

② 非齐次线性方程组 $Ax = b$ 的任一解都可由 $\eta^*, \eta^* + \xi_1, \cdots, \eta^* + \xi_{n-r}$ 线性表示.

证 ①由条件可知 $A\eta^* = b$，$A\xi_i = 0$，$i = 1, 2, \cdots, n-r$.

设存在数 $k_0, k_1, \cdots, k_{n-r}$，使得

$$k_0\eta^* + k_1(\eta^* + \xi_1) + k_2(\eta^* + \xi_2) + \cdots + k_{n-r}(\eta^* + \xi_{n-r}) = 0, \tag{*}$$

在（*）式两端同时左边乘 A，得

$$k_0 A\eta^* + k_1 A\eta^* + k_1 A\xi_1 + k_2 A\eta^* + k_2 A\xi_2 + \cdots + k_{n-r}A\eta^* + k_{n-r}A\xi_{n-r} = 0,$$

则

$$(k_0 + k_1 + \cdots + k_{n-r})b = 0,$$

由 $b \neq 0$，得 $k_0 + k_1 + \cdots + k_{n-r} = 0$，代入（*）式，得

$$k_1\xi_1 + k_2\xi_2 + \cdots + k_{n-r}\xi_{n-r} = 0.$$

由于 $\xi_1, \xi_2, \cdots, \xi_{n-r}$ 是 $Ax = 0$ 的一个基础解系，故 $k_1 = k_2 = \cdots = k_{n-r} = 0$，代入（*）式，得 $k_0\eta^* = 0$. 又由 $\eta^* \neq 0$，故 $k_0 = 0$.

综上，$\eta^*, \eta^* + \xi_1, \eta^* + \xi_2, \cdots, \eta^* + \xi_{n-r}$ 线性无关.

②设 η 是 $Ax = b$ 的任一解，则 $A\eta = b$，$A(\eta - \eta^*) = b - b = 0$，$\eta - \eta^*$ 是 $Ax = 0$ 的解.

故 $\eta - \eta^*$ 可被 $\xi_1, \xi_2, \cdots, \xi_{n-r}$ 线性表示，即存在数 $t_1, t_2, \cdots, t_{n-r}$，使得

$$\eta - \eta^* = t_1\xi_1 + t_2\xi_2 + \cdots + t_{n-r}\xi_{n-r},$$

则
$$\eta = (1 - t_1 - t_2 \cdots - t_{n-r})\eta^* + t_1(\eta^* + \xi_1) + t_2(\eta^* + \xi_2) + \cdots + t_{n-r}(\eta^* + \xi_{n-r}),$$

故 η 可被 η^*，$\eta^* + \xi_1$，$\cdots$，$\eta^* + \xi_{n-r}$ 线性表示.

二、线性方程组问题
（ D_1（常规操作）+ D_{22}（转换等价表述）+ P_2（反证思路））

线性方程组问题分为①一般问题；②公共解问题；③同解问题.

1. 一般求解问题（含参常考）（O_1（盯住目标1）+ D_1（常规操作）+ P_2（反证思路））

例 5.1 已知齐次线性方程组

$$\begin{cases} (a_1 + b)x_1 + a_2x_2 + a_3x_3 + \cdots + a_nx_n = 0, \\ a_1x_1 + (a_2 + b)x_2 + a_3x_3 + \cdots + a_nx_n = 0, \\ a_1x_1 + a_2x_2 + (a_3 + b)x_3 + \cdots + a_nx_n = 0, \\ \qquad\qquad \cdots\cdots \\ a_1x_1 + a_2x_2 + a_3x_3 + \cdots + (a_n + b)x_n = 0, \end{cases}$$

其中 $\sum\limits_{i=1}^{n} a_i \neq 0$，讨论 a_1，a_2，$\cdots$，a_n 和 b 满足何种关系时，

（1）方程组仅有零解；

（2）方程组有非零解，并求此方程组的一个基础解系.

【解】 当 $b \neq 0$ 时，方程组的系数行列式

$$|A| = \begin{vmatrix} a_1 + b & a_2 & a_3 & \cdots & a_n \\ a_1 & a_2 + b & a_3 & \cdots & a_n \\ a_1 & a_2 & a_3 + b & \cdots & a_n \\ \vdots & \vdots & \vdots & & \vdots \\ a_1 & a_2 & a_3 & \cdots & a_n + b \end{vmatrix} = \left(\begin{bmatrix} a_1 & a_2 & \cdots & a_n \\ a_1 & a_2 & \cdots & a_n \\ \vdots & \vdots & & \vdots \\ a_1 & a_2 & \cdots & a_n \end{bmatrix} + \begin{bmatrix} b & & & \\ & b & & \\ & & \ddots & \\ & & & b \end{bmatrix} \right) \qquad \begin{bmatrix} 1 \\ 1 \\ \vdots \\ 1 \end{bmatrix}[a_1, a_2, \cdots, a_n]$$

$$= b^n \left(1 + [a_1, a_2, \cdots, a_n] \begin{bmatrix} \dfrac{1}{b} & & & \\ & \dfrac{1}{b} & & \\ & & \ddots & \\ & & & \dfrac{1}{b} \end{bmatrix} \begin{bmatrix} 1 \\ 1 \\ \vdots \\ 1 \end{bmatrix} \right)$$

$$= b^n \left[1 + \frac{1}{b}(a_1 + a_2 + \cdots + a_n) \right].$$

（1）当 $b \neq 0$ 且 $b + \sum\limits_{i=1}^{n} a_i \neq 0$ 时，$r(A) = n$，方程组仅有零解.

（2）当 $b=0$ 时，原方程组的同解方程组为 $a_1x_1+a_2x_2+\cdots+a_nx_n=0$，由 $\sum_{i=1}^{n}a_i\neq0$ 可知，a_i（$i=1$，2，$\cdots$，n）不全为零，不妨设 $a_1\neq0$，得原方程组的一个基础解系为

$$\boldsymbol{\alpha}_1=\left[-\frac{a_2}{a_1},1,0,\cdots,0\right]^{\mathrm{T}},\ \boldsymbol{\alpha}_2=\left[-\frac{a_3}{a_1},0,1,\cdots,0\right]^{\mathrm{T}},\ \cdots,\ \boldsymbol{\alpha}_{n-1}=\left[-\frac{a_n}{a_1},0,0,\cdots,1\right]^{\mathrm{T}}.$$

当 $b=-\sum_{i=1}^{n}a_i$ 时，有 $b\neq0$，原方程组的系数矩阵可化为

$$\begin{bmatrix}a_1-\sum_{i=1}^{n}a_i & a_2 & a_3 & \cdots & a_n\\ -1 & 1 & 0 & \cdots & 0\\ -1 & 0 & 1 & \cdots & 0\\ \vdots & \vdots & \vdots & & \vdots\\ -1 & 0 & 0 & \cdots & 1\end{bmatrix}\rightarrow\begin{bmatrix}0 & 0 & 0 & \cdots & 0\\ -1 & 1 & 0 & \cdots & 0\\ -1 & 0 & 1 & \cdots & 0\\ \vdots & \vdots & \vdots & & \vdots\\ -1 & 0 & 0 & \cdots & 1\end{bmatrix}\rightarrow\begin{bmatrix}-1 & 1 & 0 & \cdots & 0\\ -1 & 0 & 1 & \cdots & 0\\ \vdots & \vdots & \vdots & & \vdots\\ -1 & 0 & 0 & \cdots & 1\\ 0 & 0 & 0 & \cdots & 0\end{bmatrix},$$

由此得原方程组的同解方程组为 $x_2=x_1$，$x_3=x_1$，$\cdots$，$x_n=x_1$，故原方程组的一个基础解系为 $\boldsymbol{\alpha}=[1,1,\cdots,1]^{\mathrm{T}}$.

【注】本题是 n 个方程 n 个未知数，且系数矩阵是特殊形式，故可利用行列式分析解的情况.

例 5.2 设 $\boldsymbol{A}$ 是秩为 2 的 2×5 矩阵，$\boldsymbol{B}$ 是秩为 3 的 3×5 矩阵，若 $\boldsymbol{AB}^{\mathrm{T}}=\boldsymbol{O}$，则对于齐次线性方程组 $\boldsymbol{Ax}=\boldsymbol{0}$ 的任一非零解 $\boldsymbol{b}$ 有（　　）.

（A）$\boldsymbol{A}^{\mathrm{T}}\boldsymbol{y}=\boldsymbol{b}$ 有唯一解

（B）$\boldsymbol{A}^{\mathrm{T}}\boldsymbol{y}=\boldsymbol{b}$ 有无穷多解

（C）$\boldsymbol{B}^{\mathrm{T}}\boldsymbol{y}=\boldsymbol{b}$ 有唯一解

（D）$\boldsymbol{B}^{\mathrm{T}}\boldsymbol{y}=\boldsymbol{b}$ 有无穷多解

【解】应选（C）.

由题可得 $r(\boldsymbol{A})=2$，$r(\boldsymbol{B})=r(\boldsymbol{B}^{\mathrm{T}})=3$. D_{22}（转换等价表述），见到 $\boldsymbol{AB}=\boldsymbol{O}$，想到 $\boldsymbol{AX}=\boldsymbol{O}$；见到 $|\boldsymbol{A}|=0$，想到 $\boldsymbol{AA}^*=\boldsymbol{O}$，$\boldsymbol{A}^*\boldsymbol{A}=\boldsymbol{O}$，想到 $\boldsymbol{AX}=\boldsymbol{O}$，$\boldsymbol{A}^*\boldsymbol{X}=\boldsymbol{O}$

又由于 $\boldsymbol{AB}^{\mathrm{T}}=\boldsymbol{O}$，即矩阵 $\boldsymbol{B}$ 的每一行的转置均为齐次线性方程组 $\boldsymbol{Ax}=\boldsymbol{0}$ 的解，且 $\boldsymbol{Ax}=\boldsymbol{0}$ 的基础解系中所含解向量的个数 $s=5-2=3$. 而矩阵 $\boldsymbol{B}$ 的三个行向量线性无关，故转置所对应的三个列向量是 $\boldsymbol{Ax}=\boldsymbol{0}$ 的一个基础解系.

又 $\boldsymbol{Ab}=\boldsymbol{0}$，且 $\boldsymbol{b}\neq\boldsymbol{0}$，于是 $\boldsymbol{b}$ 可由矩阵 $\boldsymbol{B}$ 的三个行向量的转置线性表示，即 $\boldsymbol{B}^{\mathrm{T}}\boldsymbol{y}=\boldsymbol{b}$ 有解，且 $r(\boldsymbol{B}^{\mathrm{T}})=r([\boldsymbol{B}^{\mathrm{T}},\boldsymbol{b}])=3$，$\boldsymbol{B}^{\mathrm{T}}\boldsymbol{y}=\boldsymbol{b}$ 有唯一解.

取 $\boldsymbol{A}=\begin{bmatrix}1 & 0 & 0 & 0 & 0\\ 0 & 1 & 0 & 0 & 0\end{bmatrix}$，$\boldsymbol{B}=\begin{bmatrix}0 & 0 & 1 & 0 & 0\\ 0 & 0 & 0 & 1 & 0\\ 0 & 0 & 0 & 0 & 1\end{bmatrix}$，$\boldsymbol{b}=\begin{bmatrix}0\\ 0\\ 1\\ 0\\ 0\end{bmatrix}$，则 $r([\boldsymbol{A}^{\mathrm{T}},\boldsymbol{b}])\neq r(\boldsymbol{A}^{\mathrm{T}})$，$r([\boldsymbol{B}^{\mathrm{T}},\boldsymbol{b}])=r(\boldsymbol{B}^{\mathrm{T}})=3$，

故选项（A），（B），（D）错误.

例 5.3 设 2 阶矩阵 A 满足 $a_{ij} + a_{ji} = 0$, $i, j = 1, 2$. 实矩阵 $P = [\alpha, A\alpha]$, 其中 $A\alpha$ 为非零列向量, 则（　　）.

（A）$\begin{bmatrix} A + A^T & O \\ E & P \end{bmatrix} x = 0$ 只有零解　　　　（B）$\begin{bmatrix} A + E & O \\ E & P \end{bmatrix} x = 0$ 有非零解

（C）$\begin{bmatrix} O & A + A^T \\ P & E \end{bmatrix} x = \begin{bmatrix} \alpha \\ A\alpha \end{bmatrix}$ 有无穷多解　（D）$\begin{bmatrix} O & A + E \\ P & E \end{bmatrix} x = \begin{bmatrix} \alpha \\ A\alpha \end{bmatrix}$ 有唯一解

【解】 应选（D）.

$\rightarrow D_{21}$（观察研究对象），见第3讲的"一、矩阵乘法的形状大观".

由 $a_{ij} + a_{ji} = 0$, 知 $A^T = -A$, 于是 $\alpha^T A\alpha = (\alpha^T A\alpha)^T = \alpha^T A^T \alpha = -\alpha^T A\alpha$, 即 $\alpha^T A\alpha = 0$, α 与 $A\alpha$ 正交, 即 $P = [\alpha, A\alpha]$ 可逆.

对于选项（A）, 因为 $A^T = -A$, 可得 $A + A^T = O$, 也即 $\begin{bmatrix} A + A^T & O \\ E & P \end{bmatrix} x = \begin{bmatrix} O & O \\ E & P \end{bmatrix} x = 0$.

显然系数矩阵 $\begin{bmatrix} O & O \\ E & P \end{bmatrix}$ 不满秩, 于是 $\begin{bmatrix} A + A^T & O \\ E & P \end{bmatrix} x = 0$ 有无穷多解.

同理, 对于选项（C）, $\begin{bmatrix} O & A + A^T \\ P & E \end{bmatrix} x = \begin{bmatrix} O & O \\ P & E \end{bmatrix} x = \begin{bmatrix} \alpha \\ A\alpha \end{bmatrix}$, 而又因为 α 为非零列向量, 其增广矩阵的秩 $r\left(\begin{bmatrix} O & O & \alpha \\ P & E & A\alpha \end{bmatrix}\right) > r\left(\begin{bmatrix} O & O \\ P & E \end{bmatrix}\right)$, 可知 $\begin{bmatrix} O & A + A^T \\ P & E \end{bmatrix} x = \begin{bmatrix} \alpha \\ A\alpha \end{bmatrix}$ 无解.

此外, 由题意可知 $A = \begin{bmatrix} 0 & a \\ -a & 0 \end{bmatrix}$ $(a \neq 0)$, 则 $|A + E| = \begin{vmatrix} 1 & a \\ -a & 1 \end{vmatrix} = 1 + a^2 \neq 0$.

故 $\begin{vmatrix} A + E & O \\ E & P \end{vmatrix} = |A + E||P| \neq 0$, 选项（B）只有零解, 同理选项（D）有唯一解.

例 5.4 已知矩阵

$$A = \begin{bmatrix} 2 & 1 & -1 \\ 1 & -1 & 1 \\ 4 & 5 & -5 \end{bmatrix}.$$

（1）求一个秩为 1 的 3 阶矩阵 C, 使得 AC 为零矩阵;

（2）证明: 不存在秩为 2 的 3 阶矩阵 C, 使得 AC 为零矩阵.

（1）**【解】** 设 a, b, c 不全为 0, 且令 $C = \begin{bmatrix} a & a & a \\ b & b & b \\ c & c & c \end{bmatrix}$. 由 $AC = O$, 即 $\begin{bmatrix} 2 & 1 & -1 \\ 1 & -1 & 1 \\ 4 & 5 & -5 \end{bmatrix} \begin{bmatrix} a \\ b \\ c \end{bmatrix} = 0$, 也即

$Ax = 0$.

对 A 作初等行变换得

$$\begin{bmatrix} 2 & 1 & -1 \\ 1 & -1 & 1 \\ 4 & 5 & -5 \end{bmatrix} \xrightarrow{(-1)\text{倍加至}} \begin{bmatrix} 1 & 2 & -2 \\ 1 & -1 & 1 \\ 4 & 5 & -5 \end{bmatrix} \xrightarrow[\substack{(-1)\text{倍}\\\text{加至}}]{(-4)\text{倍加至}} \begin{bmatrix} 1 & 2 & -2 \\ 0 & -3 & 3 \\ 0 & -3 & 3 \end{bmatrix} \xrightarrow[\text{加至}]{(-1)\text{倍}}$$

$$\begin{bmatrix} 1 & 2 & -2 \\ 0 & -3 & 3 \\ 0 & 0 & 0 \end{bmatrix} \xrightarrow[\times\left(-\frac{1}{3}\right)]{} \begin{bmatrix} 1 & 2 & -2 \\ 0 & 1 & -1 \\ 0 & 0 & 0 \end{bmatrix} \xrightarrow{(-2)\text{倍加至}} \begin{bmatrix} 1 & 0 & 0 \\ 0 & 1 & -1 \\ 0 & 0 & 0 \end{bmatrix},$$

则可取 $[a, b, c]^{\mathrm{T}} = [0, 1, 1]^{\mathrm{T}}$，满足条件，故有 $C = \begin{bmatrix} 0 & 0 & 0 \\ 1 & 1 & 1 \\ 1 & 1 & 1 \end{bmatrix}$，$r(C) = 1$，满足 $AC = O$.

（2）【证】 由（1）可知，$r(A) = 2$，设存在 3 阶矩阵 C，且 $r(C) = 2$，满足 $AC = O$，则 ▸P₂（反证思路）
$r(A) + r(C) \leq 3$，得 $r(A) \leq 1$，与 $r(A) = 2$ 矛盾. 于是不存在秩为 2 的 3 阶矩阵 C，使得 AC 为零矩阵.

2. 公共解问题 (O₂(盯住目标 2)+ D₁ (常规操作) +D₂₂(转换等价表述))

（1）齐次线性方程组公共非零解.

①对于齐次线性方程组 $Ax = 0$ 和 $Bx = 0$，因其必有公共零解，故要求公共解，主要着眼于求公共非零解，联立方程组求解是基本办法.

②$A_{m \times n} x = 0$ 和 $B_{s \times n} x = 0$ 有公共非零解的充要条件是 $\begin{bmatrix} A \\ B \end{bmatrix} x = 0$ 有非零解，也即 $r\left(\begin{bmatrix} A \\ B \end{bmatrix}\right) < n$.

（2）非齐次线性方程组公共解.

①非齐次线性方程组公共解本质上也是方程组联立解，这个思路一定要记住.

②设（Ⅰ）$A_{m \times n} x = \beta$ 与（Ⅱ）$B_{s \times n} x = \gamma$ 均有解，则（Ⅰ）与（Ⅱ）有公共解的充要条件是
$r\left(\begin{bmatrix} A \\ B \end{bmatrix}\right) = r\left(\begin{bmatrix} A & \beta \\ B & \gamma \end{bmatrix}\right)$.

例 5.5 设矩阵 $A = \begin{bmatrix} 0 & -1 & 2 \\ -1 & 0 & 2 \\ -1 & -1 & a \end{bmatrix}$，已知 1 是 A 的特征多项式的重根.

（1）求 a 的值；

（2）求所有满足 $A\alpha = \alpha + \beta$，$A^2\alpha = \alpha + 2\beta$ 的非零列向量 α，β. ◂D₂₂（转换等价表述）

【解】 （1）$f(\lambda) = |\lambda E - A| = (\lambda - 1)[(\lambda - a)(\lambda + 1) + 4]$，因为 1 是 A 的特征多项式的重根，故 $(1 - a)(1 + 1) + 4 = 0$，$a = 3$.

（2）**法一** 由（1）可知 $A = \begin{bmatrix} 0 & -1 & 2 \\ -1 & 0 & 2 \\ -1 & -1 & 3 \end{bmatrix}$，由 $A\alpha = \alpha + \beta$，得 $2A\alpha = 2\alpha + 2\beta$，与 $A^2\alpha = \alpha + 2\beta$ 联立得
D₁（常规操作），联立方程组求解是基本方法

$2A\alpha - A^2\alpha = \alpha$，即 $(A - E)^2 \alpha = 0$.

易求得$(A-E)^2=O$，故α为任意的非零列向量，即$\alpha=[a_1,a_2,a_3]^{\mathrm{T}}$，$a_1,a_2,a_3$不全为零，则

$$\boldsymbol{\beta}=(A-E)\boldsymbol{\alpha}=\begin{bmatrix}-1&-1&2\\-1&-1&2\\-1&-1&2\end{bmatrix}\begin{bmatrix}a_1\\a_2\\a_3\end{bmatrix}=\begin{bmatrix}2a_3-a_1-a_2\\2a_3-a_1-a_2\\2a_3-a_1-a_2\end{bmatrix}，其中a_1+a_2\neq2a_3.$$

综上$\boldsymbol{\alpha}=\begin{bmatrix}a_1\\a_2\\a_3\end{bmatrix}$，$\boldsymbol{\beta}=\begin{bmatrix}2a_3-a_1-a_2\\2a_3-a_1-a_2\\2a_3-a_1-a_2\end{bmatrix}$（$a_1,a_2,a_3$不全为零，$a_1+a_2\neq2a_3$）.

法二 由题设得$\boldsymbol{\beta}=A\boldsymbol{\alpha}-\boldsymbol{\alpha}$，$A^2\boldsymbol{\alpha}-A\boldsymbol{\alpha}=\boldsymbol{\beta}$，于是$A\boldsymbol{\beta}=A^2\boldsymbol{\alpha}-A\boldsymbol{\alpha}=\boldsymbol{\beta}$，即$(A-E)\boldsymbol{\beta}=\mathbf{0}$.

解线性方程组$(E-A)x=\mathbf{0}$，得两个线性无关的解向量$\boldsymbol{a}_1=\begin{bmatrix}-1\\1\\0\end{bmatrix}$，$\boldsymbol{a}_2=\begin{bmatrix}2\\0\\1\end{bmatrix}$，因此，$\boldsymbol{\beta}=\begin{bmatrix}-k+2l\\k\\l\end{bmatrix}$，其

中k，l不同时为0.

再由题设，可知$\boldsymbol{\alpha}$为线性方程组$(A-E)x=\boldsymbol{\beta}$的非零解.

对增广矩阵施以初等行变换，得

$$[A-E,\boldsymbol{\beta}]\rightarrow\begin{bmatrix}-1&-1&2&-k+2l\\0&0&0&2k-2l\\0&0&0&k-l\end{bmatrix}.$$

故$(A-E)x=\boldsymbol{\beta}$当且仅当$k=l\neq0$时有非零解.

综上，满足方程组的非零列向量为$\boldsymbol{\beta}=\begin{bmatrix}k\\k\\k\end{bmatrix}$，$\boldsymbol{\alpha}=\begin{bmatrix}-k-p+2q\\p\\q\end{bmatrix}$，其中$k$，$p$，$q\in\mathbf{R}$且$k\neq0$.

例5.6 设3阶矩阵A，B满足$r(AB)=r(BA)+1$，则（　　　）.

（A）方程组$(A+B)x=\mathbf{0}$只有零解

（B）方程组$Ax=\mathbf{0}$与方程组$Bx=\mathbf{0}$均只有零解

（C）方程组$Ax=\mathbf{0}$与方程组$Bx=\mathbf{0}$没有公共非零解

（D）方程组$ABAx=\mathbf{0}$与方程组$BABx=\mathbf{0}$有公共非零解

【解】应选（D）.

因为$r(AB)=r(BA)+1\leq3$，可得$r(BA)\leq2$.若$r(BA)=2$，则有$|BA|=0$，而此时$r(AB)=3$可得$|AB|\neq0$，又因为$|BA|=|AB|$，所以矛盾，故$r(BA)\leq1$，进而可得

$$r\left(\begin{bmatrix}ABA\\BAB\end{bmatrix}\right)\leq r(ABA)+r(BAB)\leq r(BA)+r(BA)\leq2,$$

则$\begin{bmatrix}ABA\\BAB\end{bmatrix}x=\mathbf{0}$有非零解，（D）正确.

排除法.取 $A=\begin{bmatrix}1&0&0\\0&0&0\\0&0&0\end{bmatrix}$, $B=\begin{bmatrix}0&0&1\\0&0&0\\0&0&0\end{bmatrix}$, 则 $AB=\begin{bmatrix}0&0&1\\0&0&0\\0&0&0\end{bmatrix}$, $r(AB)=1$.

$BA=\begin{bmatrix}0&0&0\\0&0&0\\0&0&0\end{bmatrix}$, $r(BA)=0$, 满足 $r(AB)=r(BA)+1$.

$A+B=\begin{bmatrix}1&0&1\\0&0&0\\0&0&0\end{bmatrix}$, $r(A+B)=1$, 排除（A）.

$r(A)=r(B)=1$, 排除（B）.

因为 $Ax=0$ 与 $Bx=0$ 组成的方程组为 $\begin{cases}x_1=0,\\x_3=0,\end{cases}$ 则非零解为 $k\begin{bmatrix}0\\1\\0\end{bmatrix}(k\neq0)$, 排除（C）.

3. 同解问题 (O_3(盯住目标 3)+ D_1 (常规操作) +D_{22} (转换等价表述))

（1）齐次线性方程组. D_{22}（转换等价表述），若对于一个知识点，有多种等价说法或对于一个命题有多种充要条件，那么这里的 D_2（脱胎换骨）就成了极为重要的考点，如下

①方程组 $A_{m\times n}x=0$ 与 $B_{s\times n}x=0$ 同解的充要条件是 $r\left(\begin{bmatrix}A\\B\end{bmatrix}\right)=r(A)=r(B)$. ①，②，③形成新的 D_{22}（转换等价表述）——互相转换成彼此形式

【注】证 设 $Ax=0$ 的基础解系为 $\xi_1,\xi_2,\cdots,\xi_t$, $Bx=0$ 的基础解系为 $\eta_1,\eta_2,\cdots,\eta_t$.

$Ax=0$ 与 $Bx=0$ 同解 $\Leftrightarrow$ （Ⅰ） $\xi_1,\xi_2,\cdots,\xi_t$ 与（Ⅱ） $\eta_1,\eta_2,\cdots,\eta_t$ 等价

$\Leftrightarrow r$（Ⅰ） $=r$（Ⅱ），且（Ⅰ）可由（Ⅱ）线性表示

$\Leftrightarrow r$（Ⅰ） $=r$（Ⅱ） $=r$（Ⅰ，Ⅱ）

$\Leftrightarrow r(A)=r(B)$，且 $Ax=0$ 的解均为 $Bx=0$ 的解

$\Leftrightarrow r(A)=r(B)=r\left(\begin{bmatrix}A\\B\end{bmatrix}\right)$.

②方程组 $A_{m\times n}x=0$ 与 $B_{s\times n}x=0$ 同解的充要条件是 A 的行向量组与 B 的行向量组等价.

【注】显然由①的证明过程即可获得此结论.

③设矩阵 $A_{m\times n}$, $B_{s\times n}$, 则 $Ax=0$ 与 $Bx=0$ 同解的充要条件是存在矩阵 P, Q, 使得 $B=PA$, $A=QB$.

【注】证 设 $Ax=0$ 与 $Bx=0$ 的通解分别为 x_A, x_B, 先证 x_A 可由 x_B 线性表示的充要条件是存在 $s\times m$ 矩阵 P, 使得 $PA=B$.

若 $PA=B$, 设 x_A 是 $Ax=0$ 的解, 则 $Ax_A=0$, 于是 $PAx_A=Bx_A=0$, 即 x_A 为 $Bx=0$ 的解, x_A 可由 x_B 线性表示.

等价表述体系块

反过来，若 $Ax=0$ 的解均为 $Bx=0$ 的解，则 $Ax=0$ 与 $\begin{bmatrix} A \\ B \end{bmatrix}x=0$ 同解，即 x_A 可由 x_B 线性表示，从而

$r\left(\begin{bmatrix} A \\ B \end{bmatrix}\right) \Rightarrow r(A)$，即 B 的行向量可由 A 的行向量组线性表示. 故存在 $s \times m$ 矩阵 P，使得 $PA = B$.

同理可证 $A = QB$.

例 5.7 设 A，B 为 n 阶矩阵，且 A 满足 $A^2 - A = 3E$，则与 $\begin{bmatrix} A \\ B \end{bmatrix}x=0$ 不同解的是（　　）.

D_{22}（转换等价表述）. 同解 $\Leftrightarrow$ 上述①～③均可. 由题干与选项，宜用③

（A）$\begin{bmatrix} A-B \\ A+AB \end{bmatrix}x=0$　　（B）$\begin{bmatrix} A+B \\ A+AB-B \end{bmatrix}x=0$

（C）$\begin{bmatrix} A-B \\ 2A+B \end{bmatrix}x=0$　　（D）$\begin{bmatrix} A+B \\ BA+B^2 \end{bmatrix}x=0$

【解】应选（D）.

由题设可知，$A+E$ 可逆，$A-2E$ 可逆.

对于选项（A），$\begin{bmatrix} A-B \\ A+AB \end{bmatrix}=\begin{bmatrix} E & -E \\ E & A \end{bmatrix}\begin{bmatrix} A \\ B \end{bmatrix}$，其中 $\begin{bmatrix} E & -E \\ E & A \end{bmatrix}\to\begin{bmatrix} E & -E \\ O & A+E \end{bmatrix}$，由 $\begin{bmatrix} E & -E \\ O & A+E \end{bmatrix}$ 可逆，得

$\begin{bmatrix} E & -E \\ E & A \end{bmatrix}$ 可逆，于是 $\begin{bmatrix} A-B \\ A+AB \end{bmatrix}x=\begin{bmatrix} E & -E \\ E & A \end{bmatrix}\begin{bmatrix} A \\ B \end{bmatrix}x=0$ 与 $\begin{bmatrix} A \\ B \end{bmatrix}x=0$ 同解.

同理，对于选项（B），$\begin{bmatrix} A+B \\ A+AB-B \end{bmatrix}=\begin{bmatrix} E & E \\ E & A-E \end{bmatrix}\begin{bmatrix} A \\ B \end{bmatrix}$，其中 $\begin{bmatrix} E & E \\ E & A-E \end{bmatrix}\to\begin{bmatrix} E & E \\ O & A-2E \end{bmatrix}$，由

$\begin{bmatrix} E & E \\ O & A-2E \end{bmatrix}$ 可逆，可知 $\begin{bmatrix} A+B \\ A+AB-B \end{bmatrix}x=0$ 与 $\begin{bmatrix} A \\ B \end{bmatrix}x=0$ 同解.

对于选项（C），$\begin{bmatrix} A-B \\ 2A+B \end{bmatrix}=\begin{bmatrix} E & -E \\ 2E & E \end{bmatrix}\begin{bmatrix} A \\ B \end{bmatrix}$，其中 $\begin{bmatrix} E & -E \\ 2E & E \end{bmatrix}\to\begin{bmatrix} E & -E \\ 3E & O \end{bmatrix}$，由 $\begin{bmatrix} E & -E \\ 3E & O \end{bmatrix}$ 可逆，可

知 $\begin{bmatrix} A-B \\ 2A+B \end{bmatrix}x=0$ 与 $\begin{bmatrix} A \\ B \end{bmatrix}x=0$ 同解.

对于选项（D），$\begin{bmatrix} A+B \\ BA+B^2 \end{bmatrix}=\begin{bmatrix} E & E \\ B & B \end{bmatrix}\begin{bmatrix} A \\ B \end{bmatrix}$，其中 $\begin{bmatrix} E & E \\ B & B \end{bmatrix}\to\begin{bmatrix} E & O \\ B & O \end{bmatrix}$，由 $\begin{bmatrix} E & O \\ B & O \end{bmatrix}$ 不可逆，可知

$\begin{bmatrix} A+B \\ BA+B^2 \end{bmatrix}x=0$ 与 $\begin{bmatrix} A \\ B \end{bmatrix}x=0$ 不同解.

例 5.8 设矩阵 $A=\begin{bmatrix} 4 & 2 & -3 \\ a & 3 & -4 \\ b & 5 & -7 \end{bmatrix}$，若方程组 $A^2x=0$ 与 $Ax=0$ 不同解，则 $a-b=$ _____.

【解】应填 -4.

若 $A^2x=0$ 与 $Ax=0$ 同解，则三秩相等，即

$$r(A)=r(A^2)=r\left(\begin{bmatrix} A \\ A^2 \end{bmatrix}\right).$$

P₄（逆否思路）"$A \Rightarrow B$"
→转化为"$\overline{B} \Rightarrow \overline{A}$".

如果 A 可逆，三秩显然相等，则 $A^2x=0$ 与 $Ax=0$ 同解，于是要想 $A^2x=0$ 与 $Ax=0$ 不同解，即 A 不可逆，于是 $|A|=0$．根据行列式的倍加性质易得

$$|A|=\begin{vmatrix} 4 & 2 & -3 \\ a & 3 & -4 \\ b & 5 & -7 \end{vmatrix}=\begin{vmatrix} 4 & 2 & -1 \\ a & 3 & -1 \\ b & 5 & -2 \end{vmatrix}=\begin{vmatrix} 4 & 0 & -1 \\ a & 1 & -1 \\ b & 1 & -2 \end{vmatrix}=4(-2+1)-(a-b),$$

令 $|A|=0$，有 $a-b=-4$．

（2）非齐次线性方程组．→ D₂₂（转换等价表述），若对于一个知识点，有多种等价说法或对于一个命题有多种充要条件，那么这里的 D₂（脱胎换骨）就成了极为重要的考点．

设（Ⅰ）$A_{m\times n}x=\beta$ 与（Ⅱ）$B_{s\times n}x=\gamma$ 均有解，则

① （Ⅰ）与（Ⅱ）同解 $\Leftrightarrow$ ② $A_{m\times n}x=0$ 与 $B_{s\times n}x=0$ 同解且（Ⅰ）与（Ⅱ）有公共解

$$\Leftrightarrow ③\ r\left(\begin{bmatrix} A & \vdots & \beta \\ B & \vdots & \gamma \end{bmatrix}\right)=r\left(\begin{bmatrix} A \\ B \end{bmatrix}\right)=r(A)=r(B)$$

$\Leftrightarrow$ ④ $[A,\beta]$ 与 $[B,\gamma]$ 的行向量组等价．

等价表述体系块

【注】证 ① $\Rightarrow$ ②：当（Ⅰ）与（Ⅱ）同解时，设 η^* 为其任一解，即 $A\eta^*=\beta$，$B\eta^*=\gamma$．又设 ξ 为 $Ax=0$ 的任一解，即 $A\xi=0$，于是 $A(\eta^*+\xi)=\beta$，且 $B(\eta^*+\xi)=\gamma$，从而 $B\xi=0$，即 ξ 也为 $Bx=0$ 的解．反过来，同理可证，若 α 为 $Bx=0$ 的任一解，则 α 也为 $Ax=0$ 的解，故 $Ax=0$ 与 $Bx=0$ 同解．又因（Ⅰ），（Ⅱ）同解，知（Ⅰ），（Ⅱ）有公共解．②成立．

② $\Rightarrow$ ③：因 $Ax=0$ 与 $Bx=0$ 同解，则有 $r(A)=r(B)=r\left(\begin{bmatrix} A \\ B \end{bmatrix}\right)$．又 $\begin{cases} A_{m\times n}x=\beta \\ B_{s\times n}x=\gamma \end{cases}$ 有解，则 $r\left(\begin{bmatrix} A \\ B \end{bmatrix}\right)=r\left(\begin{bmatrix} A & \vdots & \beta \\ B & \vdots & \gamma \end{bmatrix}\right)$．③成立．

③ $\Rightarrow$ ④：由于（Ⅰ），（Ⅱ）均有解，故 $r([A,\beta])=r(A)$，$r([B,\gamma])=r(B)$，于是 $r([A,\beta])=r\left(\begin{bmatrix} A & \vdots & \beta \\ B & \vdots & \gamma \end{bmatrix}\right)$，

$r([B,\gamma])=r\left(\begin{bmatrix} A & \vdots & \beta \\ B & \vdots & \gamma \end{bmatrix}\right)$．故 $[A,\beta]$ 与 $[B,\gamma]$ 的行向量组等价．④成立．

④ $\Rightarrow$ ①：由④，存在矩阵 P，使得 $P[A,\beta]=[B,\gamma]$，即 $PA=B$，$P\beta=\gamma$；存在矩阵 Q，使得 $Q[B,\gamma]=[A,\beta]$，即 $QB=A$，$Q\gamma=\beta$．

现设 η^* 为（Ⅰ）的任一解，即 $A\eta^*=\beta$，则 $B\eta^*=PA\eta^*=P\beta=\gamma$，即 η^* 也为（Ⅱ）的任一解．反过来，亦可证明（Ⅱ）的任一解亦是（Ⅰ）的任一解．①成立．

证明①～④循环封闭，故①～④为等价命题．

例5.9 设矩阵 $A=\begin{bmatrix}1&-1&0&-1\\1&1&0&3\\2&1&2&6\end{bmatrix}$，$B=\begin{bmatrix}1&0&1&2\\1&-1&a&a-1\\2&-3&2&-2\end{bmatrix}$，向量 $\alpha=\begin{bmatrix}0\\2\\3\end{bmatrix}$，$\beta=\begin{bmatrix}1\\0\\-1\end{bmatrix}$．

（1）证明：方程组 $Ax=\alpha$ 的解均为方程组 $Bx=\beta$ 的解；

（2）若方程组 $Ax=\alpha$ 与方程组 $Bx=\beta$ 不同解，求 a 的值．

（1）【证】对 $Ax=\alpha$ 的增广矩阵施以初等行变换，有

步骤一：求方程组（Ⅰ）的通解

$$[A,\alpha]=\begin{bmatrix}1&-1&0&-1&0\\1&1&0&3&2\\2&1&2&6&3\end{bmatrix}\rightarrow\begin{bmatrix}1&0&0&1&1\\0&1&0&2&1\\0&0&1&1&0\end{bmatrix},$$

得 $Ax=\alpha$ 的通解为

步骤二：将（Ⅰ）的通解代入 Bx

$$x=\begin{bmatrix}1\\1\\0\\0\end{bmatrix}+k\begin{bmatrix}-1\\-2\\-1\\1\end{bmatrix}=\begin{bmatrix}1-k\\1-2k\\-k\\k\end{bmatrix},\text{其中}k\text{为任意常数．}$$

将 $Ax=\alpha$ 的通解代入 Bx 得

（1）的解答过程完整展示了"方程组（Ⅰ）的解是方程组（Ⅱ）的解"的常规解法，一定要掌握

$$Bx=\begin{bmatrix}1&0&1&2\\1&-1&a&a-1\\2&-3&2&-2\end{bmatrix}\begin{bmatrix}1-k\\1-2k\\-k\\k\end{bmatrix}=\begin{bmatrix}1\\0\\-1\end{bmatrix}=\beta,$$

步骤三：验证（Ⅰ）的通解满足（Ⅱ）

所以方程组 $Ax=\alpha$ 的解均为方程组 $Bx=\beta$ 的解．

（2）【解】对 $Bx=\beta$ 的增广矩阵施以初等行变换，有

$$[B,\beta]=\begin{bmatrix}1&0&1&2&1\\1&-1&a&a-1&0\\2&-3&2&-2&-1\end{bmatrix}\rightarrow\begin{bmatrix}1&0&1&2&1\\0&1&1-a&3-a&1\\0&0&a-1&a-1&0\end{bmatrix}.$$

当 $a\neq1$ 时，再经初等行变换，有

$$[B,\beta]\rightarrow\begin{bmatrix}1&0&1&2&1\\0&1&1-a&3-a&1\\0&0&a-1&a-1&0\end{bmatrix}\rightarrow\begin{bmatrix}1&0&0&1&1\\0&1&0&2&1\\0&0&1&1&0\end{bmatrix},$$

得方程组 $Bx=\beta$ 的通解为

$$x=\begin{bmatrix}1\\1\\0\\0\end{bmatrix}+k\begin{bmatrix}-1\\-2\\-1\\1\end{bmatrix},\text{其中}k\text{为任意常数，}$$

所以方程组 $Ax = \alpha$ 与方程组 $Bx = \beta$ 同解.

当 $a = 1$ 时，经初等行变换，有

$$[B, \beta] \rightarrow \begin{bmatrix} 1 & 0 & 1 & 2 & 1 \\ 0 & 1 & 0 & 2 & 1 \\ 0 & 0 & 0 & 0 & 0 \end{bmatrix},$$

D$_{22}$（转换等价表述）

知 $r([A, \alpha]) \neq r([B, \beta])$. 所以方程组 $Ax = \alpha$ 与方程组 $Bx = \beta$ 不同解.

综上可知，$a = 1$.

三、线性方程组的几何意义（仅数学一）
(O$_4$(盯住目标 4)+ D$_1$（常规操作）+D$_{22}$（转换等价表述）+D$_{43}$（数形结合）)

设线性方程组

$$\begin{cases} a_1 x + b_1 y + c_1 z = d_1, \\ a_2 x + b_2 y + c_2 z = d_2, \\ a_3 x + b_3 y + c_3 z = d_3. \end{cases}$$

表达平面 Π_i 的方向

记 $A = \begin{bmatrix} a_1 & b_1 & c_1 \\ a_2 & b_2 & c_2 \\ a_3 & b_3 & c_3 \end{bmatrix}$, $\overline{A} = \begin{bmatrix} a_1 & b_1 & c_1 & d_1 \\ a_2 & b_2 & c_2 & d_2 \\ a_3 & b_3 & c_3 & d_3 \end{bmatrix}$,

表达确定方向后 Π_i 的位置

且 Π_i ($i = 1, 2, 3$) 表示第 i 张平面：$a_i x + b_i y + c_i z = d_i$, α_i ($i = 1, 2, 3$) 表示第 i 张平面的法向量 $[a_i, b_i, c_i]$, 即 A 的行向量，β_i ($i = 1, 2, 3$) 表示 $[a_i, b_i, c_i, d_i]$, 即 $\overline{A}$ 的行向量.

【注】以下 $i \neq j$.

① α_i 与 α_j 线性相关 $\Leftrightarrow \Pi_i$ 与 Π_j 平行或重合.

② α_i 与 α_j 线性无关 $\Leftrightarrow \Pi_i$ 与 Π_j 相交.

③ β_i 与 β_j 线性相关 $\Leftrightarrow \Pi_i$ 与 Π_j 重合.

如 $\Pi_1 : x + y + z = 1$, $\Pi_2 : 2x + 2y + 2z = 2$, 其中

$$\beta_1 = [1, 1, 1, 1], \quad \beta_2 = [2, 2, 2, 2],$$

β_1 与 β_2 线性相关，故 Π_1 与 Π_2 重合.

④ β_i 与 β_j 线性无关 $\Leftrightarrow \Pi_i$ 与 Π_j 不重合.

如 $\Pi_1 : x + y + z = 0$, $\Pi_2 : x + y + z = 1$, 其中

$$\beta_1 = [1, 1, 1, 0], \quad \beta_2 = [1, 1, 1, 1],$$

β_1 与 β_2 线性无关，故 Π_1 与 Π_2 不重合.

综上，可按不同情形列表（a）和表（b）.

D₁（常规操作）

表（a） 方程组有解的情形

图形	几何意义	代数表达
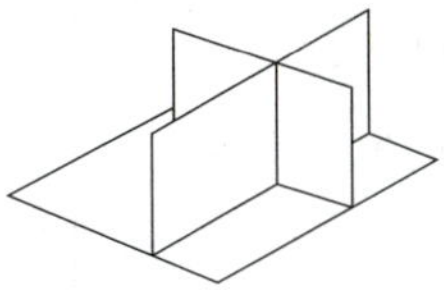	三张平面相交于一点	$r(A)=r(\overline{A})=3$
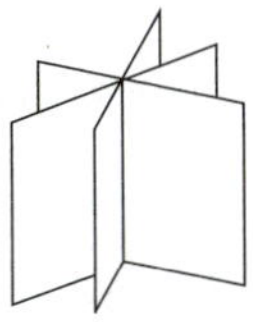	三张平面相交于一条直线	$r(A)=r(\overline{A})=2$，且 β_1,β_2,β_3 中任意两个向量都线性无关
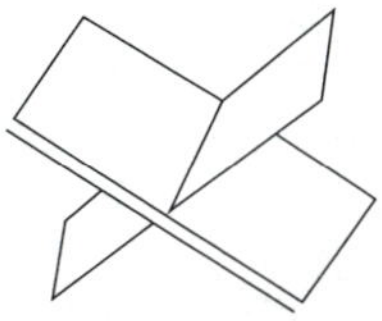	两张平面重合，第三张平面与之相交	$r(A)=r(\overline{A})=2$，且 β_1,β_2,β_3 中有两个向量线性相关
	三张平面重合	$r(A)=r(\overline{A})=1$

任何两个面都不重合

存在两个面重合

表（b） 方程组无解的情形 D₁（常规操作）

图形	几何意义	代数表达
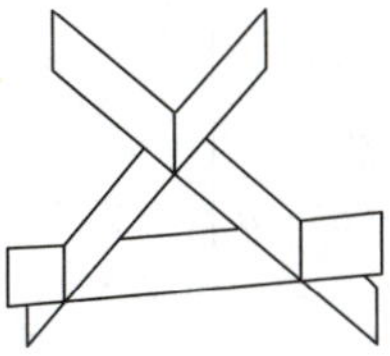	三张平面两两相交，且交线相互平行	$r(A)=2$，$r(\overline{A})=3$，且 $\alpha_1,\alpha_2,\alpha_3$ 中任意两个向量都线性无关
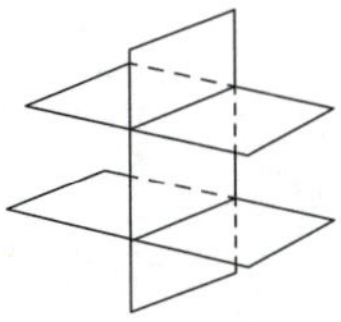	两张平面平行，第三张平面与它们相交	$r(A)=2$，$r(\overline{A})=3$，且 $\alpha_1,\alpha_2,\alpha_3$ 中有两个向量线性相关
	三张平面相互平行但不重合	$r(A)=1$，$r(\overline{A})=2$，且 β_1,β_2,β_3 中任意两个向量都线性无关

任何两个面都相交

存在两个面平行但不重合

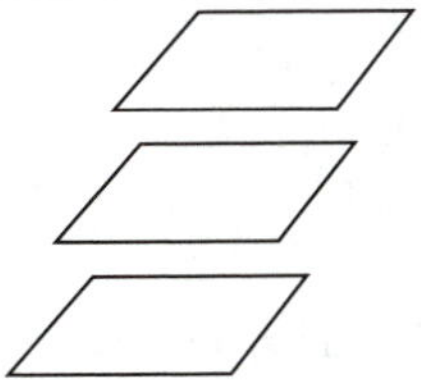

任何两个面都不重合

续表

图形	几何意义	代数表达
	两张平面重合， 第三张平面与它们平行 但不重合	$r(\boldsymbol{A})=1$, $r(\overline{\boldsymbol{A}})=2$, 且 $\boldsymbol{\beta}_1$, $\boldsymbol{\beta}_2$, $\boldsymbol{\beta}_3$ 中有两个向量线性相关

（批注：存在两个面重合）

例 5.10 在空间直角坐标系 $O-xyz$ 中，三张平面 $\Pi_1:ax+y-z=1$，$\Pi_2:x+y+bz=a$，$\Pi_3:x+ay-z=1$ 的位置关系如图所示，则（   ）.

（A）$a=1$, $b\neq-1$

（B）$a=1$, $b=-1$

（C）$a\neq-2$, $b=2$

（D）$a=-2$, $b=2$

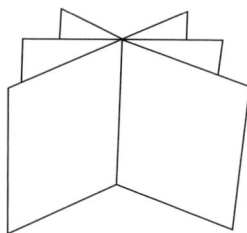

（批注：D_{22}（转换等价表述）+D_{43}（数形结合））

【解】应选（D）.

（批注：D_{43}（数形结合））

由于三张平面相交于一条直线，记

$$\boldsymbol{\alpha}_1=\begin{bmatrix}a\\1\\-1\end{bmatrix}, \boldsymbol{\alpha}_2=\begin{bmatrix}1\\1\\b\end{bmatrix}, \boldsymbol{\alpha}_3=\begin{bmatrix}1\\a\\b\end{bmatrix}, \boldsymbol{\beta}_1=\begin{bmatrix}a\\1\\-1\\1\end{bmatrix}, \boldsymbol{\beta}_2=\begin{bmatrix}1\\1\\b\\a\end{bmatrix}, \boldsymbol{\beta}_3=\begin{bmatrix}1\\a\\-1\\1\end{bmatrix},$$

则 $r(\boldsymbol{\alpha}_1, \boldsymbol{\alpha}_2, \boldsymbol{\alpha}_3)=r(\boldsymbol{\beta}_1, \boldsymbol{\beta}_2, \boldsymbol{\beta}_3)=2$，且 $\boldsymbol{\beta}_1,\boldsymbol{\beta}_2,\boldsymbol{\beta}_3$ 任意两个向量均线性无关.

$$[\boldsymbol{\beta}_1, \boldsymbol{\beta}_2, \boldsymbol{\beta}_3]=\begin{bmatrix}a&1&1\\1&1&a\\-1&b&-1\\1&a&1\end{bmatrix}\rightarrow\begin{bmatrix}1&1&a\\0&1-a&1-a^2\\0&b+1&a-1\\0&a-1&1-a\end{bmatrix}\rightarrow\begin{bmatrix}1&1&a\\0&1-a&1-a^2\\0&b+1&a-1\\0&0&2-a^2-a\end{bmatrix}.$$

①当 $a=1$ 时，$\boldsymbol{\beta}_1$ 与 $\boldsymbol{\beta}_3$ 线性相关，不满足题意；

②当 $a\neq1$ 时，

$$[\boldsymbol{\beta}_1, \boldsymbol{\beta}_2, \boldsymbol{\beta}_3]\rightarrow\begin{bmatrix}1&1&a\\0&1&1+a\\0&b+1&a-1\\0&0&a+2\end{bmatrix}\rightarrow\begin{bmatrix}1&1&a\\0&1&1+a\\0&0&-b(a+1)-2\\0&0&a+2\end{bmatrix},$$

要满足题意，则 $a+2=0$ 且 $-b(a+1)-2=0$，故 $\begin{cases}a=-2,\\b=2.\end{cases}$

例 5.11 设 $\boldsymbol{\alpha}_1,\boldsymbol{\alpha}_2,\boldsymbol{\alpha}_3,\boldsymbol{\alpha}_4$ 是 n 维列向量，$\boldsymbol{\alpha}_1,\boldsymbol{\alpha}_2$ 线性无关，$\boldsymbol{\alpha}_1,\boldsymbol{\alpha}_2,\boldsymbol{\alpha}_3$ 线性相关，且 $\boldsymbol{\alpha}_1+\boldsymbol{\alpha}_2+\boldsymbol{\alpha}_4=\boldsymbol{0}$. 在

空间直角坐标系 $O-xyz$ 中，关于 x,y,z 的方程组 $x\boldsymbol{\alpha}_1+y\boldsymbol{\alpha}_2+z\boldsymbol{\alpha}_3=\boldsymbol{\alpha}_4$ 的几何图形是（　　）.

（A）过原点的一个平面　　　　（B）过原点的一条直线　　　D_{22}（转换等价表述）

（C）不过原点的一个平面　　　（D）不过原点的一条直线　　$+D_{43}$（数形结合）

【解】应选（D）.

记 $\boldsymbol{A}=[\boldsymbol{\alpha}_1,\boldsymbol{\alpha}_2,\boldsymbol{\alpha}_3]$，由 $\boldsymbol{\alpha}_1,\boldsymbol{\alpha}_2$ 线性无关，$\boldsymbol{\alpha}_1,\boldsymbol{\alpha}_2,\boldsymbol{\alpha}_3$ 线性相关，可得 $r(\boldsymbol{A})=2$. 记 $\overline{\boldsymbol{A}}=[\boldsymbol{A},\boldsymbol{\alpha}_4]=$ $[\boldsymbol{\alpha}_1,\boldsymbol{\alpha}_2,\boldsymbol{\alpha}_3,\boldsymbol{\alpha}_4]$，再由 $\boldsymbol{\alpha}_1+\boldsymbol{\alpha}_2+\boldsymbol{\alpha}_4=\boldsymbol{0}$，得 $r(\overline{\boldsymbol{A}})=2$. 于是 $\boldsymbol{Ax}=\boldsymbol{\alpha}_4$ 有无穷多解，若过原点，则 $\boldsymbol{\alpha}_4=\boldsymbol{0}$，进而可知 $\boldsymbol{\alpha}_1+\boldsymbol{\alpha}_2=\boldsymbol{0}$，与 $\boldsymbol{\alpha}_1,\boldsymbol{\alpha}_2$ 线性无关矛盾，故不过原点.

由上述分析可知 $r(\boldsymbol{A})=r(\overline{\boldsymbol{A}})=2$，则 $x\boldsymbol{\alpha}_1+y\boldsymbol{\alpha}_2+z\boldsymbol{\alpha}_3=\boldsymbol{\alpha}_4$ 不妨设为

$$\begin{cases} a_{11}x+a_{12}y+a_{13}z=a_{14}, \\ a_{21}x+a_{22}y+a_{23}z=a_{24}, \end{cases}$$

两平面交于一条直线，且不过原点. 故选（D）.

第6讲 向量组

三向解题法

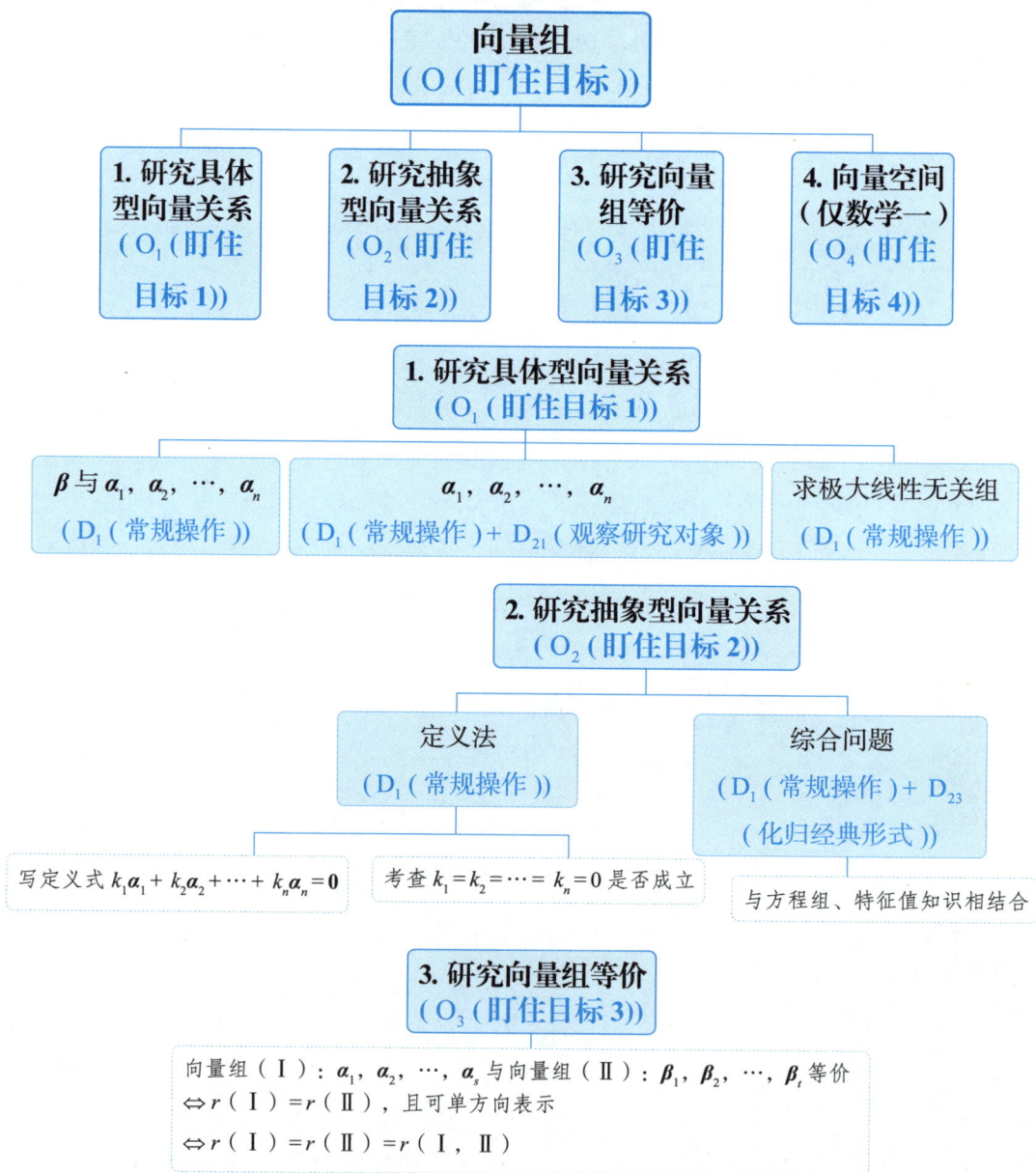

向量组
(O (盯住目标))

1. 研究具体型向量关系
(O_1 (盯住目标 1))

2. 研究抽象型向量关系
(O_2 (盯住目标 2))

3. 研究向量组等价
(O_3 (盯住目标 3))

4. 向量空间 (仅数学一)
(O_4 (盯住目标 4))

1. 研究具体型向量关系
(O_1 (盯住目标 1))

β 与 α_1, α_2, $\cdots$, α_n
(D_1 (常规操作))

α_1, α_2, $\cdots$, α_n
(D_1 (常规操作)+ D_{21} (观察研究对象))

求极大线性无关组
(D_1 (常规操作))

2. 研究抽象型向量关系
(O_2 (盯住目标 2))

定义法
(D_1 (常规操作))

综合问题
(D_1 (常规操作)+ D_{23} (化归经典形式))

写定义式 $k_1\alpha_1+k_2\alpha_2+\cdots+k_n\alpha_n=0$

考查 $k_1=k_2=\cdots=k_n=0$ 是否成立

与方程组、特征值知识相结合

3. 研究向量组等价
(O_3 (盯住目标 3))

向量组 (Ⅰ): α_1, α_2, $\cdots$, α_s 与向量组 (Ⅱ): β_1, β_2, $\cdots$, β_t 等价
$\Leftrightarrow r$ (Ⅰ)$=r$ (Ⅱ), 且可单方向表示
$\Leftrightarrow r$ (Ⅰ)$=r$ (Ⅱ)$=r$ (Ⅰ , Ⅱ)

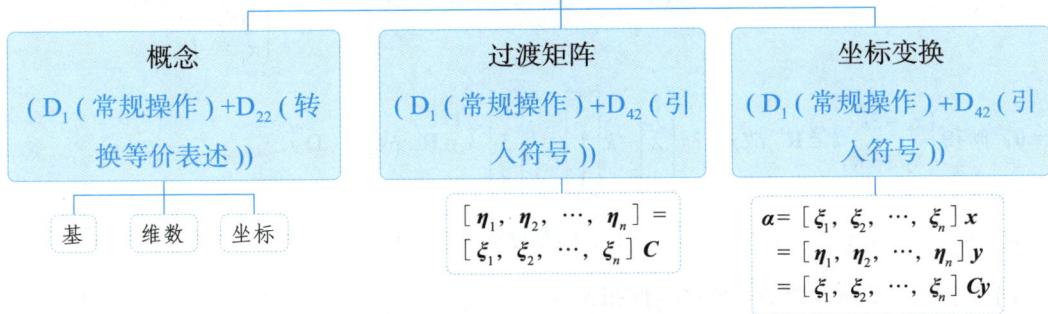

4. 向量空间（仅数学一） （O_4（盯住目标4））

概念 （D_1（常规操作）+D_{22}（转换等价表述））

基　维数　坐标

过渡矩阵 （D_1（常规操作）+D_{42}（引入符号））

$$[\boldsymbol{\eta}_1,\ \boldsymbol{\eta}_2,\ \cdots,\ \boldsymbol{\eta}_n] = [\boldsymbol{\xi}_1,\ \boldsymbol{\xi}_2,\ \cdots,\ \boldsymbol{\xi}_n]\,\boldsymbol{C}$$

坐标变换 （D_1（常规操作）+D_{42}（引入符号））

$$\boldsymbol{\alpha} = [\boldsymbol{\xi}_1,\ \boldsymbol{\xi}_2,\ \cdots,\ \boldsymbol{\xi}_n]\,x$$
$$= [\boldsymbol{\eta}_1,\ \boldsymbol{\eta}_2,\ \cdots,\ \boldsymbol{\eta}_n]\,y$$
$$= [\boldsymbol{\xi}_1,\ \boldsymbol{\xi}_2,\ \cdots,\ \boldsymbol{\xi}_n]\,\boldsymbol{C}y$$

一、研究具体型向量关系（O_1（盯住目标1））

1. $\boldsymbol{\beta}$ 与 $\boldsymbol{\alpha}_1,\ \boldsymbol{\alpha}_2,\ \cdots,\ \boldsymbol{\alpha}_n$（$D_1$（常规操作））

（1）建立方程组．　→熟练掌握步骤

$$[\boldsymbol{\alpha}_1,\ \boldsymbol{\alpha}_2,\ \cdots,\ \boldsymbol{\alpha}_n]\begin{bmatrix} x_1 \\ x_2 \\ \vdots \\ x_n \end{bmatrix} = \boldsymbol{\beta}.$$

（2）化阶梯形．

$$[A,\ \boldsymbol{\beta}] = [\boldsymbol{\alpha}_1,\ \boldsymbol{\alpha}_2,\ \cdots,\ \boldsymbol{\alpha}_n,\ \boldsymbol{\beta}] \xrightarrow{\text{初等行变换}} [\ulcorner\!\!\!\urcorner\ \vdots\ \square].$$

（3）讨论．

① $r(A) \neq r([A,\ \boldsymbol{\beta}]) \Leftrightarrow$ 无解 $\Leftrightarrow$ 不能表示．

② $r(A) = r([A,\ \boldsymbol{\beta}]) = n \Leftrightarrow$ 唯一解 $\Leftrightarrow$ 唯一一种表示法．

③ $r(A) = r([A,\ \boldsymbol{\beta}]) < n \Leftrightarrow$ 无穷多解 $\Leftrightarrow$ 无穷多种表示法．

【注】含未知参数的向量组是常考题型．

例 6.1 已知向量 $\boldsymbol{\alpha}_1 = \begin{bmatrix} 1 \\ 2 \\ 3 \end{bmatrix}$，$\boldsymbol{\alpha}_2 = \begin{bmatrix} 2 \\ 1 \\ 1 \end{bmatrix}$，$\boldsymbol{\beta}_1 = \begin{bmatrix} 2 \\ 5 \\ 9 \end{bmatrix}$，$\boldsymbol{\beta}_2 = \begin{bmatrix} 1 \\ 0 \\ 1 \end{bmatrix}$．若 $\boldsymbol{\gamma}$ 既可由 $\boldsymbol{\alpha}_1$，$\boldsymbol{\alpha}_2$ 线性表示，也可由 $\boldsymbol{\beta}_1$，$\boldsymbol{\beta}_2$ 线性表示，则 $\boldsymbol{\gamma} = ($　　$)$．

（A）$k\begin{bmatrix} 3 \\ 3 \\ 4 \end{bmatrix}$，$k \in \mathbf{R}$　　（B）$k\begin{bmatrix} 3 \\ 5 \\ 10 \end{bmatrix}$，$k \in \mathbf{R}$　　（C）$k\begin{bmatrix} -1 \\ 1 \\ 2 \end{bmatrix}$，$k \in \mathbf{R}$　　（D）$k\begin{bmatrix} 1 \\ 5 \\ 8 \end{bmatrix}$，$k \in \mathbf{R}$

【解】应选（D）．

→ D₂₂（**转换等价表述**）

由题意，设 $\gamma = k_1\boldsymbol{\alpha}_1 + k_2\boldsymbol{\alpha}_2 = l_1\boldsymbol{\beta}_1 + l_2\boldsymbol{\beta}_2$，即 $k_1\boldsymbol{\alpha}_1 + k_2\boldsymbol{\alpha}_2 - l_1\boldsymbol{\beta}_1 - l_2\boldsymbol{\beta}_2 = \mathbf{0}$，记 $\begin{cases} x_1 = k_1, \\ x_2 = k_2, \\ x_3 = -l_1, \\ x_4 = -l_2, \end{cases}$ 则 $x_1\boldsymbol{\alpha}_1 + x_2\boldsymbol{\alpha}_2 + x_3\boldsymbol{\beta}_1 +$

$x_4\boldsymbol{\beta}_2 = \mathbf{0}$，解得 $\begin{cases} x_1 = 3k, \\ x_2 = -k, \end{cases} k \in \mathbf{R}$，故 $\gamma = 3k\begin{bmatrix} 1 \\ 2 \\ 3 \end{bmatrix} - k\begin{bmatrix} 2 \\ 1 \\ 1 \end{bmatrix} = k\begin{bmatrix} 1 \\ 5 \\ 8 \end{bmatrix}, k \in \mathbf{R}$. 故选（D）.

2. $\boldsymbol{\alpha}_1, \boldsymbol{\alpha}_2, \cdots, \boldsymbol{\alpha}_n$（D₁（**常规操作**）+ D₂₁（**观察研究对象**））

（1） 若向量个数大于维数，则必线性相关.

（2） 若向量个数等于维数，则可用行列式讨论.

① $|\boldsymbol{\alpha}_1, \boldsymbol{\alpha}_2, \cdots, \boldsymbol{\alpha}_n| = 0 \Leftrightarrow$ 线性相关；

② $|\boldsymbol{\alpha}_1, \boldsymbol{\alpha}_2, \cdots, \boldsymbol{\alpha}_n| \neq 0 \Leftrightarrow$ 线性无关.

（3） 若向量个数小于维数，则化阶梯形 $A = [\boldsymbol{\alpha}_1, \boldsymbol{\alpha}_2, \cdots, \boldsymbol{\alpha}_n] \xrightarrow{\text{初等行变换}} \begin{bmatrix} \ulcorner \urcorner \end{bmatrix}$

① $r(A) < n \Leftrightarrow$ 线性相关.

② $r(A) = n \Leftrightarrow$ 线性无关.

③ 若线性相关，问 $\boldsymbol{\alpha}_s$ 与 $\boldsymbol{\alpha}_1, \cdots, \boldsymbol{\alpha}_{s-1}, \boldsymbol{\alpha}_{s+1}, \cdots, \boldsymbol{\alpha}_n$ 的表示关系，回到"1."即可.

隐含条件体系块

【注】含未知参数的向量组是常考题型.

例 6.2 设向量 $\boldsymbol{\alpha}_1 = \begin{bmatrix} a \\ 1 \\ -1 \\ 1 \end{bmatrix}$, $\boldsymbol{\alpha}_2 = \begin{bmatrix} 1 \\ 1 \\ b \\ a \end{bmatrix}$, $\boldsymbol{\alpha}_3 = \begin{bmatrix} 1 \\ a \\ -1 \\ 1 \end{bmatrix}$. 若 $\boldsymbol{\alpha}_1, \boldsymbol{\alpha}_2, \boldsymbol{\alpha}_3$ 线性相关，且其中任意两个向量均线性无关，则（   ）.

（A） $a = 1$, $b \neq -1$ 　　　　（B） $a = 1$, $b = -1$

（C） $a \neq -2$, $b = 2$ 　　　　（D） $a = -2$, $b = 2$

【解】应选（D）.

$$[\boldsymbol{\alpha}_1, \boldsymbol{\alpha}_2, \boldsymbol{\alpha}_3] = \begin{bmatrix} a & 1 & 1 \\ 1 & 1 & a \\ -1 & b & -1 \\ 1 & a & 1 \end{bmatrix} \rightarrow \begin{bmatrix} 1 & 1 & a \\ 0 & 1-a & 1-a^2 \\ 0 & b+1 & a-1 \\ 0 & a-1 & 1-a \end{bmatrix} \rightarrow \begin{bmatrix} 1 & 1 & a \\ 0 & 1-a & 1-a^2 \\ 0 & b+1 & a-1 \\ 0 & 0 & 2-a^2-a \end{bmatrix}.$$

因为 $\boldsymbol{\alpha}_1, \boldsymbol{\alpha}_2, \boldsymbol{\alpha}_3$ 线性相关，且其中任意两个向量均线性无关，则 $r(\boldsymbol{\alpha}_1, \boldsymbol{\alpha}_2, \boldsymbol{\alpha}_3) \leq 2$，又 $r(\boldsymbol{\alpha}_i, \boldsymbol{\alpha}_j) = 2 (i \neq j)$. 于是 $r(\boldsymbol{\alpha}_1, \boldsymbol{\alpha}_2, \boldsymbol{\alpha}_3) = 2$.

① 当 $a = 1$ 时，$\boldsymbol{\alpha}_1$ 与 $\boldsymbol{\alpha}_3$ 线性相关，不满足题意；

② 当 $a \neq 1$ 时，

$$[\boldsymbol{\alpha}_1, \boldsymbol{\alpha}_2, \boldsymbol{\alpha}_3] \rightarrow \begin{bmatrix} 1 & 1 & a \\ 0 & 1 & 1+a \\ 0 & b+1 & a-1 \\ 0 & 0 & a+2 \end{bmatrix} \rightarrow \begin{bmatrix} 1 & 1 & a \\ 0 & 1 & 1+a \\ 0 & 0 & -b(a+1)-2 \\ 0 & 0 & a+2 \end{bmatrix},$$

要满足题意，则 $a+2=0$ 且 $-b(a+1)-2=0$，故 $\begin{cases} a=-2, \\ b=2. \end{cases}$

3. 求极大线性无关组（D_1（常规操作））

给出列向量组 $\boldsymbol{\alpha}_1$，$\boldsymbol{\alpha}_2$，$\cdots$，$\boldsymbol{\alpha}_n$，可按以下步骤求其极大线性无关组.

① 构造 $\boldsymbol{A}=[\boldsymbol{\alpha}_1, \boldsymbol{\alpha}_2, \cdots, \boldsymbol{\alpha}_n]$；

② $\boldsymbol{A} \xrightarrow{\text{初等行变换}} \boldsymbol{B}$（行阶梯形）；

③ 算出台阶数 r，按列找出一个秩为 r 的子矩阵即可.

例 6.3 设矩阵 $\boldsymbol{A} = \begin{bmatrix} 1 & -1 & 3 & 0 & -1 \\ -1 & 0 & -2 & -a & -1 \\ 1 & 1 & a & 2 & 3 \end{bmatrix}$ 的秩为 2.

（1）求 a 的值；

（2）求 $\boldsymbol{A}$ 的列向量组的一个极大线性无关组 $\boldsymbol{\alpha}$，$\boldsymbol{\beta}$，并求矩阵 $\boldsymbol{H}$，使得 $\boldsymbol{A}=\boldsymbol{GH}$，其中 $\boldsymbol{G}=[\boldsymbol{\alpha}, \boldsymbol{\beta}]$. $\longrightarrow D_{22}$（转换等价表述）

【解】（1）对 $\boldsymbol{A}$ 施以初等行变换，得

$$\boldsymbol{A} = \begin{bmatrix} 1 & -1 & 3 & 0 & -1 \\ -1 & 0 & -2 & -a & -1 \\ 1 & 1 & a & 2 & 3 \end{bmatrix} \rightarrow \begin{bmatrix} 1 & -1 & 3 & 0 & -1 \\ 0 & -1 & 1 & -a & -2 \\ 0 & 0 & a-1 & 2(1-a) & 0 \end{bmatrix}.$$

由 $r(\boldsymbol{A})=2$，得 $a=1$.

（2）记 $\boldsymbol{A}=[\boldsymbol{\alpha}_1, \boldsymbol{\alpha}_2, \boldsymbol{\alpha}_3, \boldsymbol{\alpha}_4, \boldsymbol{\alpha}_5]$，由（1），对 $\boldsymbol{A}$ 施以初等行变换，得

$$\boldsymbol{A} \rightarrow \begin{bmatrix} 1 & 0 & 2 & 1 & 1 \\ 0 & 1 & -1 & 1 & 2 \\ 0 & 0 & 0 & 0 & 0 \end{bmatrix}.$$

取 $\boldsymbol{\alpha}=\boldsymbol{\alpha}_1$，$\boldsymbol{\beta}=\boldsymbol{\alpha}_2$，则 $\boldsymbol{\alpha}$，$\boldsymbol{\beta}$ 为 $\boldsymbol{A}$ 的列向量组的一个极大线性无关组.

因为 $\boldsymbol{\alpha}_3=2\boldsymbol{\alpha}_1-\boldsymbol{\alpha}_2$，$\boldsymbol{\alpha}_4=\boldsymbol{\alpha}_1+\boldsymbol{\alpha}_2$，$\boldsymbol{\alpha}_5=\boldsymbol{\alpha}_1+2\boldsymbol{\alpha}_2$，所以

$$\boldsymbol{A} = [\boldsymbol{\alpha}_1, \boldsymbol{\alpha}_2, 2\boldsymbol{\alpha}_1-\boldsymbol{\alpha}_2, \boldsymbol{\alpha}_1+\boldsymbol{\alpha}_2, \boldsymbol{\alpha}_1+2\boldsymbol{\alpha}_2]$$
$$= [\boldsymbol{\alpha}, \boldsymbol{\beta}] \begin{bmatrix} 1 & 0 & 2 & 1 & 1 \\ 0 & 1 & -1 & 1 & 2 \end{bmatrix}.$$

取 $\boldsymbol{H} = \begin{bmatrix} 1 & 0 & 2 & 1 & 1 \\ 0 & 1 & -1 & 1 & 2 \end{bmatrix}$，则 $\boldsymbol{A}=\boldsymbol{GH}$.

二、研究抽象型向量关系（O_2（盯住目标2））

1. 定义法（D_1（常规操作））

已知某些向量关系，研究另一些向量关系.

（1）写定义式 $k_1\boldsymbol{\alpha}_1 + k_2\boldsymbol{\alpha}_2 + \cdots + k_n\boldsymbol{\alpha}_n = \mathbf{0}$.　　　　　　　　　　　　　（*）

（2）考查 $k_1 = k_2 = \cdots = k_n = 0$ 是否成立.

【注】常用方法：

①在"（1）"的（*）式两边同乘某些量，重新组合等.

②转化为证某齐次线性方程组只有零解.

③常与特征值、基础解系、矩阵正定等综合.

④以下定理亦常用.

定理1　如果向量组 $\boldsymbol{\beta}_1, \boldsymbol{\beta}_2, \cdots, \boldsymbol{\beta}_t$ 可由向量组 $\boldsymbol{\alpha}_1, \boldsymbol{\alpha}_2, \cdots, \boldsymbol{\alpha}_s$ 线性表示，且 $t > s$，则 $\boldsymbol{\beta}_1, \boldsymbol{\beta}_2, \cdots, \boldsymbol{\beta}_t$ 线性相关.（此定理可简单表述为以少表多，多的相关.）

其等价命题：如果向量组 $\boldsymbol{\beta}_1, \boldsymbol{\beta}_2, \cdots, \boldsymbol{\beta}_t$ 可由向量组 $\boldsymbol{\alpha}_1, \boldsymbol{\alpha}_2, \cdots, \boldsymbol{\alpha}_s$ 线性表示，且 $\boldsymbol{\beta}_1, \boldsymbol{\beta}_2, \cdots, \boldsymbol{\beta}_t$ 线性无关，则 $t \leqslant s$.

定理2　设向量组 $\boldsymbol{\beta}_1, \boldsymbol{\beta}_2, \cdots, \boldsymbol{\beta}_t$ 能由向量组 $\boldsymbol{\alpha}_1, \boldsymbol{\alpha}_2, \cdots, \boldsymbol{\alpha}_s$ 线性表示，则 $r(\boldsymbol{\beta}_1, \boldsymbol{\beta}_2, \cdots, \boldsymbol{\beta}_t) \leqslant r(\boldsymbol{\alpha}_1, \boldsymbol{\alpha}_2, \cdots, \boldsymbol{\alpha}_s)$.（此定理可简单表述为两向量组中被表示的向量组的秩不大.）

定理3　如果向量组 $\boldsymbol{\alpha}_1, \boldsymbol{\alpha}_2, \cdots, \boldsymbol{\alpha}_m$ 中有一部分向量组线性相关，则整个向量组也线性相关.

其等价命题：如果 $\boldsymbol{\alpha}_1, \boldsymbol{\alpha}_2, \cdots, \boldsymbol{\alpha}_m$ 线性无关，则其任一部分向量组线性无关.

定理4　如果 n 维向量组 $\boldsymbol{\alpha}_1, \boldsymbol{\alpha}_2, \cdots, \boldsymbol{\alpha}_s$ 线性无关，那么把这些向量对应相同位置各任意添加 m 个分量所得到的 $(n+m)$ 维新向量组 $\boldsymbol{\alpha}_1^*, \boldsymbol{\alpha}_2^*, \cdots, \boldsymbol{\alpha}_s^*$ 也线性无关；如果 $\boldsymbol{\alpha}_1, \boldsymbol{\alpha}_2, \cdots, \boldsymbol{\alpha}_s$ 线性相关，那么它们各去掉相同位置的若干个分量所得到的新向量组也线性相关.

定理3和定理4可简单记为：部分相关，整体相关；整体无关，部分无关；原来无关，延长无关；原来相关，缩短相关.

例 6.4　设 A 为 n 阶方阵，证明：

（1）若 $A^{k-1}\boldsymbol{\alpha} \neq \mathbf{0}$，$A^k\boldsymbol{\alpha} = \mathbf{0}$，则 $\boldsymbol{\alpha}, A\boldsymbol{\alpha}, \cdots, A^{k-1}\boldsymbol{\alpha}$（$k$ 为正整数）线性无关；

（2）$r(A^{n+1}) = r(A^n)$.

【证】（1）设存在一组数 $l_0, l_1, \cdots, l_{k-1}$，使得

$$l_0\boldsymbol{\alpha} + l_1 A\boldsymbol{\alpha} + \cdots + l_{k-1}A^{k-1}\boldsymbol{\alpha} = \mathbf{0},$$

在上式两端左边乘 A^{k-1}，得 $l_0 A^{k-1}\boldsymbol{\alpha} + l_1 A^k\boldsymbol{\alpha} + \cdots + l_{k-1}A^{2(k-1)}\boldsymbol{\alpha} = \mathbf{0}$. 由 $A^k\boldsymbol{\alpha} = \mathbf{0}$，得 $l_0 A^{k-1}\boldsymbol{\alpha} = \mathbf{0}$. 又 $A^{k-1}\boldsymbol{\alpha} \neq \mathbf{0}$，于是 $l_0 = 0$. 同理，得 $l_1 = \cdots = l_{k-1} = 0$. 故 $\boldsymbol{\alpha}, A\boldsymbol{\alpha}, \cdots, A^{k-1}\boldsymbol{\alpha}$ 线性无关.

（2）设 $\boldsymbol{\eta}$ 为 $A^n\boldsymbol{x} = \mathbf{0}$ 的任一解，则 $A^n\boldsymbol{\eta} = \mathbf{0}$，于是 $A^{n+1}\boldsymbol{\eta} = \mathbf{0}$，即 $A^n\boldsymbol{x} = \mathbf{0}$ 的解均是 $A^{n+1}\boldsymbol{x} = \mathbf{0}$ 的解. 设 $\boldsymbol{\gamma}$ 为

$A^{n+1}x=0$的任一解，即$A^{n+1}\gamma=0$. 若$A^n\gamma\neq0$，则由（1）知，γ，$A\gamma$，$\cdots$，$A^n\gamma$线性无关. 又由于$n+1$个n维向量必线性相关，矛盾，故$A^n\gamma=0$，即$A^{n+1}x=0$的解均是$A^nx=0$的解. 两方程组同解，故$r(A^{n+1})=r(A^n)$.

2. 综合问题（D_1（常规操作）$+D_{23}$（化归经典形式））

这里的综合，一般指与方程组、特征值知识相结合.

例 6.5 设矩阵$A=[\alpha_1,\alpha_2,\alpha_3,\alpha_4]$，若$\alpha_1$，$\alpha_2$，$\alpha_3$线性无关，且$\alpha_1+\alpha_2=\alpha_3+\alpha_4$，则方程组$Ax=\alpha_1+4\alpha_4$的通解为$x=$_____.

→总的方向是确定的，D_{23}（化归经典形式），
①找$Ax=0$的通解.②找$Ax=\beta$的特解.

【解】应填$k\begin{bmatrix}1\\1\\-1\\-1\end{bmatrix}+\begin{bmatrix}1\\0\\0\\4\end{bmatrix}$，$k$为任意常数.

由于$\alpha_1+\alpha_2=\alpha_3+\alpha_4$，故$\alpha_1$，$\alpha_2$，$\alpha_3$，$\alpha_4$线性相关，又$\alpha_1$，$\alpha_2$，$\alpha_3$线性无关，则$r(A)=3$.

又$\alpha_1+\alpha_2=\alpha_3+\alpha_4$，即$\alpha_1+\alpha_2-\alpha_3-\alpha_4=0$，则$[\alpha_1,\alpha_2,\alpha_3,\alpha_4]\begin{bmatrix}1\\1\\-1\\-1\end{bmatrix}=0$.由$s=n-r(A)=4-3=1$可得，$\begin{bmatrix}1\\1\\-1\\-1\end{bmatrix}$

是$Ax=0$的一个基础解系.

由$[\alpha_1,\alpha_2,\alpha_3,\alpha_4]\begin{bmatrix}1\\0\\0\\4\end{bmatrix}=\alpha_1+4\alpha_4$可得，$\begin{bmatrix}1\\0\\0\\4\end{bmatrix}$是$Ax=\alpha_1+4\alpha_4$的一个特解.

故$Ax=\alpha_1+4\alpha_4$的通解为$k\begin{bmatrix}1\\1\\-1\\-1\end{bmatrix}+\begin{bmatrix}1\\0\\0\\4\end{bmatrix}$，其中$k$为任意常数.

三、研究向量组等价（O_3（盯住目标3））

给出向量组（Ⅰ）：α_1，α_2，$\cdots$，α_s；向量组（Ⅱ）：β_1，β_2，$\cdots$，β_t，其中α_i（$i=1,2,\cdots,s$）与β_j（$j=1,2,\cdots,t$）维数相同，若α_i均可由β_1，β_2，$\cdots$，β_t线性表示，且β_j均可由α_1，α_2，$\cdots$，α_s线性表示，则称向量组（Ⅰ）与向量组（Ⅱ）等价.

其等价命题：

（1）$r(\alpha_1,\alpha_2,\cdots,\alpha_s)=r(\beta_1,\beta_2,\cdots,\beta_t)$，且可单方向表示.

【注】所谓可单方向表示，是指α_1，α_2，$\cdots$，α_s与β_1，β_2，$\cdots$，β_t这两个向量组中的某一个向量组可由另一个向量组线性表示.

（2）$r(\alpha_1,\alpha_2,\cdots,\alpha_s)=r(\beta_1,\beta_2,\cdots,\beta_t)=r(\alpha_1,\alpha_2,\cdots,\alpha_s,\beta_1,\beta_2,\cdots,\beta_t)$.（三秩相等）

等价表述体系块

例 6.6 求常数 a 的值，使 $\boldsymbol{\alpha}_1 = [1, 1, a]^T$，$\boldsymbol{\alpha}_2 = [1, a, 1]^T$，$\boldsymbol{\alpha}_3 = [a, 1, 1]^T$ 能由 $\boldsymbol{\beta}_1 = [1,$ $1, a]^T$，$\boldsymbol{\beta}_2 = [-2, a, 4]^T$，$\boldsymbol{\beta}_3 = [-2, a, a]^T$ 线性表示，但 $\boldsymbol{\beta}_1$，$\boldsymbol{\beta}_2$，$\boldsymbol{\beta}_3$ 不能由 $\boldsymbol{\alpha}_1$，$\boldsymbol{\alpha}_2$，$\boldsymbol{\alpha}_3$ 线性表示.

【解】 $\boldsymbol{\alpha}_1$，$\boldsymbol{\alpha}_2$，$\boldsymbol{\alpha}_3$ 能由 $\boldsymbol{\beta}_1$，$\boldsymbol{\beta}_2$，$\boldsymbol{\beta}_3$ 线性表示，则 $r(\boldsymbol{\alpha}_1, \boldsymbol{\alpha}_2, \boldsymbol{\alpha}_3) \leq r(\boldsymbol{\beta}_1, \boldsymbol{\beta}_2, \boldsymbol{\beta}_3)$. 又 $\boldsymbol{\beta}_1$，$\boldsymbol{\beta}_2$，$\boldsymbol{\beta}_3$ 不能由 $\boldsymbol{\alpha}_1$，$\boldsymbol{\alpha}_2$，$\boldsymbol{\alpha}_3$ 线性表示，故 $r(\boldsymbol{\alpha}_1, \boldsymbol{\alpha}_2, \boldsymbol{\alpha}_3) < r(\boldsymbol{\beta}_1, \boldsymbol{\beta}_2, \boldsymbol{\beta}_3)$. 而 $r(\boldsymbol{\beta}_1, \boldsymbol{\beta}_2, \boldsymbol{\beta}_3) \leq 3$，于是 $r(\boldsymbol{\alpha}_1,$ $\boldsymbol{\alpha}_2, \boldsymbol{\alpha}_3) < 3$，从而 $|\boldsymbol{\alpha}_1, \boldsymbol{\alpha}_2, \boldsymbol{\alpha}_3| = 0$，解得 $a = 1$ 或 $a = -2$.

> 否则由本讲的"三、等价命题（1）"知，$\boldsymbol{\alpha}_1$，$\boldsymbol{\alpha}_2$，$\boldsymbol{\alpha}_3$ 与 $\boldsymbol{\beta}_1$，$\boldsymbol{\beta}_2$，$\boldsymbol{\beta}_3$ 等价.

当 $a = 1$ 时，$\boldsymbol{\alpha}_1 = \boldsymbol{\alpha}_2 = \boldsymbol{\alpha}_3 = \boldsymbol{\beta}_1 = [1, 1, 1]^T$，显然 $\boldsymbol{\alpha}_1$，$\boldsymbol{\alpha}_2$，$\boldsymbol{\alpha}_3$ 可由 $\boldsymbol{\beta}_1$，$\boldsymbol{\beta}_2$，$\boldsymbol{\beta}_3$ 线性表示，而此时 $\boldsymbol{\beta}_2 = [-2, 1, 4]^T$ 不能由 $\boldsymbol{\alpha}_1$，$\boldsymbol{\alpha}_2$，$\boldsymbol{\alpha}_3$ 线性表示，即 $a = 1$ 符合题意.

当 $a = -2$ 时，有

$$[\boldsymbol{\beta}_1, \boldsymbol{\beta}_2, \boldsymbol{\beta}_3, \boldsymbol{\alpha}_1, \boldsymbol{\alpha}_2, \boldsymbol{\alpha}_3] = \begin{bmatrix} 1 & -2 & -2 & 1 & 1 & -2 \\ 1 & -2 & -2 & 1 & -2 & 1 \\ -2 & 4 & -2 & -2 & 1 & 1 \end{bmatrix}$$

$$\rightarrow \begin{bmatrix} 1 & -2 & -2 & 1 & 1 & -2 \\ 0 & 0 & 0 & 0 & -3 & 3 \\ 0 & 0 & -6 & 0 & 3 & -3 \end{bmatrix} \rightarrow \begin{bmatrix} 1 & -2 & -2 & 1 & 1 & -2 \\ 0 & 0 & -6 & 0 & 3 & -3 \\ 0 & 0 & 0 & 0 & -3 & 3 \end{bmatrix},$$

可知 $r(\boldsymbol{\beta}_1, \boldsymbol{\beta}_2, \boldsymbol{\beta}_3) = 2$，而 $r(\boldsymbol{\beta}_1, \boldsymbol{\beta}_2, \boldsymbol{\beta}_3, \boldsymbol{\alpha}_2) = 3$，故 $\boldsymbol{\alpha}_2$ 不能由向量组 $\boldsymbol{\beta}_1$，$\boldsymbol{\beta}_2$，$\boldsymbol{\beta}_3$ 线性表示，所以 $a = -2$ 不符合题意.

综上所述，$a = 1$.

四、向量空间（仅数学一）（O_4（盯住目标 4））

1. 概念（D_1（常规操作）+ D_{22}（转换等价表述））

> 将这里的概念与方程组相应的概念做好等价转化

设 V 是向量空间，如果 V 中有 r 个向量 $\boldsymbol{\alpha}_1$，$\boldsymbol{\alpha}_2$，$\cdots$，$\boldsymbol{\alpha}_r$，满足

① $\boldsymbol{\alpha}_1$，$\boldsymbol{\alpha}_2$，$\cdots$，$\boldsymbol{\alpha}_r$ 线性无关；

② V 中任一向量都可由 $\boldsymbol{\alpha}_1$，$\boldsymbol{\alpha}_2$，$\cdots$，$\boldsymbol{\alpha}_r$ 线性表示.

则称向量组 $\boldsymbol{\alpha}_1$，$\boldsymbol{\alpha}_2$，$\cdots$，$\boldsymbol{\alpha}_r$ 为向量空间 V 的一个基，称 r 为向量空间 V 的维数，并称 V 为 r 维向量空间.

若 $\boldsymbol{\alpha}_1$，$\boldsymbol{\alpha}_2$，$\cdots$，$\boldsymbol{\alpha}_r$ 是 r 维向量空间 V 的一个基，则 V 中任一向量 $\boldsymbol{\xi}$ 都可由这个基唯一地线性表示：

$$\boldsymbol{\xi} = x_1 \boldsymbol{\alpha}_1 + x_2 \boldsymbol{\alpha}_2 + \cdots + x_r \boldsymbol{\alpha}_r,$$

称有序数组 x_1，x_2，$\cdots$，x_r 为向量 $\boldsymbol{\xi}$ 在基 $\boldsymbol{\alpha}_1$，$\boldsymbol{\alpha}_2$，$\cdots$，$\boldsymbol{\alpha}_r$ 下的坐标. 从而 V 可表示为

$$V = \{\boldsymbol{\xi} = x_1 \boldsymbol{\alpha}_1 + x_2 \boldsymbol{\alpha}_2 + \cdots + x_r \boldsymbol{\alpha}_r \,|\, x_1, x_2, \cdots, x_r \in \mathbf{R}\}.$$

2. 过渡矩阵（D_1（常规操作）+ D_{42}（引入符号））

设 V 的两个基 $\boldsymbol{\eta}_1$，$\boldsymbol{\eta}_2$，$\cdots$，$\boldsymbol{\eta}_n$；$\boldsymbol{\xi}_1$，$\boldsymbol{\xi}_2$，$\cdots$，$\boldsymbol{\xi}_n$，若

$$[\boldsymbol{\eta}_1, \boldsymbol{\eta}_2, \cdots, \boldsymbol{\eta}_n] = [\boldsymbol{\xi}_1, \boldsymbol{\xi}_2, \cdots, \boldsymbol{\xi}_n] C,$$

则称 C 为由基 $\boldsymbol{\xi}_1$，$\boldsymbol{\xi}_2$，$\cdots$，$\boldsymbol{\xi}_n$ 到基 $\boldsymbol{\eta}_1$，$\boldsymbol{\eta}_2$，$\cdots$，$\boldsymbol{\eta}_n$ 的过渡矩阵（注意 C 的位置）.

3. 坐标变换（D_1（常规操作）+ D_{42}（引入符号））

$$\boldsymbol{\alpha} = [\boldsymbol{\xi}_1, \boldsymbol{\xi}_2, \cdots, \boldsymbol{\xi}_n] x = [\boldsymbol{\eta}_1, \boldsymbol{\eta}_2, \cdots, \boldsymbol{\eta}_n] y = [\boldsymbol{\xi}_1, \boldsymbol{\xi}_2, \cdots, \boldsymbol{\xi}_n] Cy,$$

其中 $x = Cy$ 称为**坐标变换公式**.

例 6.7 设 $\mathbf{R}^3$ 中的基（Ⅰ）$\boldsymbol{\beta}_1 = [1, 0, 0]^T$，$\boldsymbol{\beta}_2 = [1, 1, 0]^T$，$\boldsymbol{\beta}_3 = [1, 1, 1]^T$ 到基（Ⅱ）$\boldsymbol{\alpha}_1 = [1, a, 0]^T$，

$\boldsymbol{\alpha}_2 = [0, 1, b]^T$，$\boldsymbol{\alpha}_3 = [1, 0, 1]^T$ 的过渡矩阵为 $\begin{bmatrix} 0 & -1 & 1 \\ 1 & 0 & -1 \\ 0 & 1 & 1 \end{bmatrix}$.

（1）求 a, b 的值；

（2）已知 $\boldsymbol{\xi}$ 在基（Ⅰ）$\boldsymbol{\beta}_1, \boldsymbol{\beta}_2, \boldsymbol{\beta}_3$ 下的坐标为 $[1, 0, 2]^T$，求 $\boldsymbol{\xi}$ 在基（Ⅱ）$\boldsymbol{\alpha}_1, \boldsymbol{\alpha}_2, \boldsymbol{\alpha}_3$ 下的坐标.

【解】（1）设 $[\boldsymbol{\alpha}_1, \boldsymbol{\alpha}_2, \boldsymbol{\alpha}_3] = [\boldsymbol{\beta}_1, \boldsymbol{\beta}_2, \boldsymbol{\beta}_3] C$，其中 C 是过渡矩阵，则

$$C = [\boldsymbol{\beta}_1, \boldsymbol{\beta}_2, \boldsymbol{\beta}_3]^{-1} [\boldsymbol{\alpha}_1, \boldsymbol{\alpha}_2, \boldsymbol{\alpha}_3] = \begin{bmatrix} 1 & 1 & 1 \\ 0 & 1 & 1 \\ 0 & 0 & 1 \end{bmatrix}^{-1} \begin{bmatrix} 1 & 0 & 1 \\ a & 1 & 0 \\ 0 & b & 1 \end{bmatrix}$$

$$= \begin{bmatrix} 1 & -1 & 0 \\ 0 & 1 & -1 \\ 0 & 0 & 1 \end{bmatrix} \begin{bmatrix} 1 & 0 & 1 \\ a & 1 & 0 \\ 0 & b & 1 \end{bmatrix}$$

$$= \begin{bmatrix} 1-a & -1 & 1 \\ a & 1-b & -1 \\ 0 & b & 1 \end{bmatrix} = \begin{bmatrix} 0 & -1 & 1 \\ 1 & 0 & -1 \\ 0 & 1 & 1 \end{bmatrix},$$

故 $a = b = 1$.

（2）设 $\boldsymbol{\xi} = [\boldsymbol{\alpha}_1, \boldsymbol{\alpha}_2, \boldsymbol{\alpha}_3] \begin{bmatrix} x_1 \\ x_2 \\ x_3 \end{bmatrix} = [\boldsymbol{\beta}_1, \boldsymbol{\beta}_2, \boldsymbol{\beta}_3] \begin{bmatrix} 1 \\ 0 \\ 2 \end{bmatrix}$，则

$$\begin{bmatrix} x_1 \\ x_2 \\ x_3 \end{bmatrix} = [\boldsymbol{\alpha}_1, \boldsymbol{\alpha}_2, \boldsymbol{\alpha}_3]^{-1} [\boldsymbol{\beta}_1, \boldsymbol{\beta}_2, \boldsymbol{\beta}_3] \begin{bmatrix} 1 \\ 0 \\ 2 \end{bmatrix}$$

$$= \begin{bmatrix} 1 & 0 & 1 \\ 1 & 1 & 0 \\ 0 & 1 & 1 \end{bmatrix}^{-1} \begin{bmatrix} 1 & 1 & 1 \\ 0 & 1 & 1 \\ 0 & 0 & 1 \end{bmatrix} \begin{bmatrix} 1 \\ 0 \\ 2 \end{bmatrix}$$

$$= \frac{1}{2} \begin{bmatrix} 1 & 1 & -1 \\ -1 & 1 & 1 \\ 1 & -1 & 1 \end{bmatrix} \begin{bmatrix} 1 & 1 & 1 \\ 0 & 1 & 1 \\ 0 & 0 & 1 \end{bmatrix} \begin{bmatrix} 1 \\ 0 \\ 2 \end{bmatrix} = \frac{1}{2} \begin{bmatrix} 3 \\ 1 \\ 3 \end{bmatrix},$$

得 $\boldsymbol{\xi}$ 在基（Ⅱ）$\boldsymbol{\alpha}_1, \boldsymbol{\alpha}_2, \boldsymbol{\alpha}_3$ 下的坐标为 $\left[\dfrac{3}{2}, \dfrac{1}{2}, \dfrac{3}{2}\right]^T$.

第7讲 特征值与特征向量

三向解题法

求解
利用 A 的特征值与特征向量
（O(盯住目标)）

特征值与特征向量的定义
（D₁(常规操作)）

利用特征值命题
（D₁(常规操作)+
D₂₂(转换等价表述)）

利用特征向量命题
（D₁(常规操作)+
D₂₂(转换等价表述)）

利用矩阵方程命题
（D₁(常规操作)+
D₂₂(转换等价表述)+
D₂₃(化归经典形式)）

一、特征值与特征向量的定义（D₁(常规操作)）

设 A 是 n 阶矩阵，λ 是一个数，若存在 n 维非零列向量 ξ，使得

$$A\xi = \lambda\xi, \tag{①}$$

则称 λ 是 A 的特征值，ξ 是 A 的对应于特征值 λ 的特征向量.

【注】 由①式，得

$$(\lambda E - A)\xi = 0,$$

因 $\xi \neq 0$，故齐次方程组 $(\lambda E - A)x = 0$ 有非零解，于是

$$|\lambda E - A| = \begin{vmatrix} \lambda - a_{11} & -a_{12} & \cdots & -a_{1n} \\ -a_{21} & \lambda - a_{22} & \cdots & -a_{2n} \\ \vdots & \vdots & & \vdots \\ -a_{n1} & -a_{n2} & \cdots & \lambda - a_{nn} \end{vmatrix} = 0. \tag{②}$$

②式称为 A 的特征方程，是未知量 λ 的 n 次方程，有 n 个根（重根按照重数计），$\lambda E - A$ 称为特征矩阵，$|\lambda E - A|$ 称为特征多项式. 求出 $\lambda_i (i=1, 2, \cdots, n)$ 后，代回 $(\lambda E - A)x = 0$，得 $(\lambda_i E - A)x = 0$，求解此方程组，得出的非零解均为矩阵 A 的属于特征值 λ_i 的特征向量.

例 7.1 设 A 为 3 阶矩阵，若 $|E - A| = 1$，$|-E - A| = -1$，$|2E - A| = 2$，则 $|3E - A| = (\quad)$.

（A）-2 　　　　　（B）-8 　　　　　（C）8 　　　　　（D）11

【解】应选（D）.

设
$$|\lambda \boldsymbol{E} - \boldsymbol{A}| = \lambda^3 + a\lambda^2 + b\lambda + c,$$

$$|\boldsymbol{E} - \boldsymbol{A}| = 1 + a + b + c = 1,$$

$$|-\boldsymbol{E} - \boldsymbol{A}| = -1 + a - b + c = -1,$$

$$|2\boldsymbol{E} - \boldsymbol{A}| = 8 + 4a + 2b + c = 2,$$

解得
$$\begin{cases} a = -2, \\ b = 0, \\ c = 2, \end{cases}$$

故 $|\lambda \boldsymbol{E} - \boldsymbol{A}| = \lambda^3 - 2\lambda^2 + 2$，于是 $|3\boldsymbol{E} - \boldsymbol{A}| = 11$.

【注】常规考题会给出特征方程：$|\boldsymbol{E} - \boldsymbol{A}| = |-\boldsymbol{E} - \boldsymbol{A}| = |2\boldsymbol{E} - \boldsymbol{A}| = 0$，则 $|3\boldsymbol{E} - \boldsymbol{A}| = 8$，而本题给出的不是特征方程的条件. 读者需对特征多项式有深刻理解.

例 7.2 设 $\boldsymbol{A} = [\boldsymbol{\alpha}_1, \boldsymbol{\alpha}_2, \cdots, \boldsymbol{\alpha}_n]$，其中 $\boldsymbol{\alpha}_i (i = 1, 2, \cdots, n)$ 为 n 维列向量，且 $r(\boldsymbol{A}) = n - 1$，若 $\boldsymbol{A}^* = (A_{ij})_{n \times n}$，$\sum_{i=1}^{n} A_{ii} \neq 0$，求 $\boldsymbol{A}^*$ 的特征值与特征向量.

【解】当 $r(\boldsymbol{A}) = n - 1$ 时，$r(\boldsymbol{A}^*) = 1$，故 $\boldsymbol{A}^*$ 的特征值为 $\underbrace{0, 0, \cdots, 0}_{n-1\text{个}}$，$\sum_{i=1}^{n} A_{ii} (\neq 0)$，不妨设 $A_{11} \neq 0$，则 $\boldsymbol{A} = [\boldsymbol{\alpha}_1, \boldsymbol{\alpha}_2, \cdots, \boldsymbol{\alpha}_n]$ 中 $\boldsymbol{\alpha}_2, \cdots, \boldsymbol{\alpha}_n$ 线性无关. 又

$$\boldsymbol{A}^* = \begin{bmatrix} 1 \\ k_2 \\ \vdots \\ k_n \end{bmatrix} [A_{11}, A_{21}, \cdots, A_{n1}],$$

故

> 第 i 列元素乘以第 1 列元素对应的代数余子式

$$\boldsymbol{A}^* \boldsymbol{\alpha}_i = \begin{bmatrix} 1 \\ k_2 \\ \vdots \\ k_n \end{bmatrix} [A_{11}, A_{21}, \cdots, A_{n1}] \boldsymbol{\alpha}_i = 0 \begin{bmatrix} 1 \\ k_2 \\ \vdots \\ k_n \end{bmatrix} = \begin{bmatrix} 0 \\ 0 \\ \vdots \\ 0 \end{bmatrix} = 0\boldsymbol{\alpha}_i, \quad i = 2, 3, \cdots, n,$$

故 $\boldsymbol{\alpha}_i (i = 2, 3, \cdots, n)$ 是对应特征值 0 的线性无关的特征向量.

又设 $\boldsymbol{A}^* \boldsymbol{\xi} = \sum_{i=1}^{n} A_{ii} \boldsymbol{\xi} (\boldsymbol{\xi} \neq \boldsymbol{0})$，即 $\left(\boldsymbol{A}^* - \sum_{i=1}^{n} A_{ii} \boldsymbol{E} \right) \boldsymbol{\xi} = \boldsymbol{0}$.

$$A^* - \sum_{i=1}^n A_{ii}E = \begin{bmatrix} A_{11} - \sum_{i=1}^n A_{ii} & A_{21} & \cdots & A_{n1} \\ k_2 A_{11} & k_2 A_{21} - \sum_{i=1}^n A_{ii} & \cdots & k_2 A_{n1} \\ \vdots & \vdots & & \vdots \\ k_n A_{11} & k_n A_{21} & \cdots & k_n A_{n1} - \sum_{i=1}^n A_{ii} \end{bmatrix} \rightarrow \begin{bmatrix} A_{11} - \sum_{i=1}^n A_{ii} & A_{21} & \cdots & A_{n1} \\ k_2 \sum_{i=1}^n A_{ii} & -\sum_{i=1}^n A_{ii} & \cdots & 0 \\ \vdots & \vdots & & \vdots \\ k_n \sum_{i=1}^n A_{ii} & 0 & \cdots & -\sum_{i=1}^n A_{ii} \end{bmatrix}$$

$$\rightarrow \begin{bmatrix} A_{11} - \sum_{i=1}^n A_{ii} + k_2 A_{21} + \cdots + k_n A_{n1} & A_{21} & \cdots & A_{n1} \\ 0 & -\sum_{i=1}^n A_{ii} & \cdots & 0 \\ \vdots & \vdots & & \vdots \\ 0 & 0 & \cdots & -\sum_{i=1}^n A_{ii} \end{bmatrix},$$

故 $r\left(A^* - \sum_{i=1}^n A_{ii}E\right) = n-1$，且

因特征值 $\sum_{i=1}^n A_{ii}$ 至少有1个线性无关的解向量，故 $r\left(A^* - \sum_{i=1}^n A_{ii}E\right) \leqslant n-1$.

又 $\sum_{i=1}^n A_{ii} \neq 0$，故 $r\left(A^* - \sum_{i=1}^n A_{ii}E\right) \geqslant n-1$

$$A^* \begin{bmatrix} 1 \\ k_2 \\ \vdots \\ k_n \end{bmatrix} = \begin{bmatrix} 1 \\ k_2 \\ \vdots \\ k_n \end{bmatrix} [A_{11}, A_{21}, \cdots, A_{n1}] \begin{bmatrix} 1 \\ k_2 \\ \vdots \\ k_n \end{bmatrix} = \sum_{i=1}^n A_{ii} \begin{bmatrix} 1 \\ k_2 \\ \vdots \\ k_n \end{bmatrix},$$

故 $\begin{bmatrix} 1 \\ k_2 \\ \vdots \\ k_n \end{bmatrix}$ 为 A^* 的属于特征值 $\sum_{i=1}^n A_{ii}$ 的线性无关的特征向量.

综上，A^* 的特征值为 $\underbrace{0, 0, \cdots, 0}_{n-1个}, \sum_{i=1}^n A_{ii}$，对应于特征值 0 的全部特征向量为 $l_2\boldsymbol{\alpha}_2 + l_3\boldsymbol{\alpha}_3 + \cdots + l_n\boldsymbol{\alpha}_n$，

其中 $l_2, \cdots, l_n$ 不全为零，对应于特征值 $\sum_{i=1}^n A_{ii}$ 的全部特征向量为 $l_1[1, k_2, \cdots, k_n]^{\mathrm{T}}$，$l_1 \neq 0$.

二、利用特征值命题 (D₁(常规操作)+D₂₂(转换等价表述))

1. λ_0 是 A 的特征值 $\Leftrightarrow |\lambda_0 E - A| = 0$（建方程求参数或证明行列式 $|\lambda_0 E - A| = 0$）；

λ_0 不是 A 的特征值 $\Leftrightarrow |\lambda_0 E - A| \neq 0$（矩阵可逆，满秩）.

隐含条件
体系块

【注】这里常见的命题方法：若 $|aA+bE|=0$（或 $aA+bE$ 不可逆），$a\neq 0$，则 $-\dfrac{b}{a}$ 是 A 的特征值.

2. 若 λ_1，λ_2，$\cdots$，λ_n 是 A 的 n 个特征值，则

D_{23}(化归经典形式)

$$|bE-(-aA)|=(-a)^n\left|-\dfrac{b}{a}E-A\right|=0，则\lambda_0=-\dfrac{b}{a}$$

$$\begin{cases}|A|=\lambda_1\lambda_2\cdots\lambda_n,\\ \mathrm{tr}(A)=\lambda_1+\lambda_2+\cdots+\lambda_n.\end{cases}$$

3. 重要结论.

（1）记住下表.

如 $f(A)=A^3+2A^2-A+5E$.
则 $f(\lambda)=\lambda^3+2\lambda^2-\lambda+5$

矩阵	A	kA	A^k	$f(A)$	A^{-1}	A^*	$P^{-1}AP\underset{记}{=\!=\!=}B$	$P^{-1}f(A)P\underset{记}{=\!=\!=}f(B)$
特征值	λ	$k\lambda$	λ^k	$f(\lambda)$	$\dfrac{1}{\lambda}$	$\dfrac{|A|}{\lambda}$	λ	$f(\lambda)$
对应的特征向量	ξ	ξ	ξ	ξ	ξ	ξ	$P^{-1}\xi$	$P^{-1}\xi$

表中 λ 在分母上的，设 $\lambda\neq 0$.

【注】（1）若 α 是 A 的属于特征值 λ 的特征向量，则 $A^n\alpha=\lambda^n\alpha$，见到求 $A^n\alpha$，可想到此式；

（2）进一步地，当 $\lambda\neq 0$ 时，$af(A)\pm bA^{-1}\pm cA^*$ 的特征值为 $af(\lambda)\pm b\dfrac{1}{\lambda}\pm c\dfrac{|A|}{\lambda}$，特征向量仍为 ξ. 但 $f(A)$，A^{-1}，A^* 与 A^{T}，B 的线性组合因特征向量不同，无上述规律.

（2）虽然 A^{T} 的特征值与 A 相同，但特征向量不再是 ξ，要单独计算才能得出.

① $|\lambda E-A|=|(\lambda E-A)^{\mathrm{T}}|=|\lambda E-A^{\mathrm{T}}|$，
故特征值相同；
② 但 $(\lambda E-A)x=0$ 与 $(\lambda E-A^{\mathrm{T}})x=0$
不是同解方程组，故特征向量不同

【注】A^{T} 和 A 属于不同特征值的特征向量正交.

证 设 A 有特征值 λ_1，对应的特征向量为 α；A^{T} 有特征值 λ_2，对应的特征向量为 β，且 $\lambda_1\neq\lambda_2$，则

$$A\alpha=\lambda_1\alpha,\quad A^{\mathrm{T}}\beta=\lambda_2\beta,$$

$$\lambda_1\lambda_2\alpha^{\mathrm{T}}\beta=\lambda_1\alpha^{\mathrm{T}}\lambda_2\beta=\lambda_1\alpha^{\mathrm{T}}A^{\mathrm{T}}\beta=\lambda_1(A\alpha)^{\mathrm{T}}\beta=\lambda_1(\lambda_1\alpha)^{\mathrm{T}}\beta=\lambda_1^2\alpha^{\mathrm{T}}\beta,$$

即 $\lambda_1(\lambda_2-\lambda_1)\alpha^{\mathrm{T}}\beta=0$.

同理可得 $\lambda_2(\lambda_1-\lambda_2)\beta^{\mathrm{T}}\alpha=0$，其中 $\beta^{\mathrm{T}}\alpha=\alpha^{\mathrm{T}}\beta$. 两式相加得

$$(\lambda_1-\lambda_2)^2\alpha^{\mathrm{T}}\beta=0,$$

由于 $\lambda_1\neq\lambda_2$，故 $\alpha^{\mathrm{T}}\beta=0$，即 α，β 正交.

（3）归零准则.

①归零准则一：设 $f(x)$ 为多项式，若矩阵 A 满足 $f(A)=O$，λ 是 A 的任一特征值，则 λ 满足 $f(\lambda)=0$.

【注】解得的 λ 的值只代表范围，如 $A^2-E=O$，则 $\lambda^2=1$，$\lambda=\pm1$，只能说 A 的特征值的取值范围是 $\{1,-1\}$，即 A 的特征值可能全为 1，可能为 1 和 -1，也可能全为 -1，如

$$\begin{bmatrix} 1 & 0 & 0 \\ 0 & 1 & 0 \\ 0 & 0 & 1 \end{bmatrix},\begin{bmatrix} 1 & 0 & 0 \\ 0 & -1 & 0 \\ 0 & 0 & 1 \end{bmatrix},\begin{bmatrix} -1 & 0 & 0 \\ 0 & -1 & 0 \\ 0 & 0 & -1 \end{bmatrix}$$

都满足 $A^2-E=O$。故读者一定不要因为 $\lambda^2=1$，就武断地说 $\lambda_1=1$，$\lambda_2=-1$。这是典型的错误。

② 归零准则二：设 n 阶方阵 A 的特征多项式为 $f(\lambda)=|\lambda E-A|=\lambda^n+a_{n-1}\lambda^{n-1}+\cdots+a_1\lambda+a_0$，则 A 的多项式 $f(A)$ 为零矩阵，即 $f(A)=A^n+a_{n-1}A^{n-1}+\cdots+a_1A+a_0E=O$。

【注】如 $A=\begin{bmatrix} 3 & 0 & 1 \\ 0 & 4 & 0 \\ 1 & 0 & 3 \end{bmatrix}$，则 $f(\lambda)=|\lambda E-A|=(\lambda-2)(\lambda-4)^2$，$f(A)=(A-2E)(A-4E)^2=O$。

例 7.3 设 A 是 3 阶矩阵，$|A|=3$，且满足 $|A^2+2A|=0$，$|2A^2+A|=0$，则 $A_{11}+A_{22}+A_{33}=$ _____.

【解】应填 $-\dfrac{13}{2}$.

由题设知，$|A^2+2A|=|A(A+2E)|=|A||A+2E|=0$，因 $|A|=3\neq0$，则 $|A+2E|=0$，故 A 有特征值 $\lambda_1=-2$.

又 $|2A^2+A|=|A(2A+E)|=8|A|\left|A+\dfrac{1}{2}E\right|=0$，即 $\left|A+\dfrac{1}{2}E\right|=0$，得 A 有特征值 $\lambda_2=-\dfrac{1}{2}$.

因 $|A|=3=\lambda_1\lambda_2\lambda_3$，故 $\lambda_3=3$.

由本讲的"二、3.(1)"知，A^* 的特征值为 $\dfrac{|A|}{\lambda}$，故 A^* 有特征值 $\mu_1=-\dfrac{3}{2}$，$\mu_2=-6$，$\mu_3=1$，由本讲的"二、2."知，

$$A_{11}+A_{22}+A_{33}=\operatorname{tr}(A^*)=\mu_1+\mu_2+\mu_3=-\frac{3}{2}-6+1=-\frac{13}{2}.$$

例 7.4 设 $A=\begin{bmatrix} 1 & 2 \\ 5 & 4 \end{bmatrix}$，$P=\begin{bmatrix} 1 & 1 \\ 0 & 1 \end{bmatrix}$，$B=P^{-1}A^{100}P$，则 $B+E$ 的线性无关的特征向量可以为（ ）.

(A) $\begin{bmatrix} 0 \\ 1 \end{bmatrix}$，$\begin{bmatrix} 7 \\ 5 \end{bmatrix}$ (B) $\begin{bmatrix} -2 \\ 1 \end{bmatrix}$，$\begin{bmatrix} -3 \\ 5 \end{bmatrix}$ (C) $\begin{bmatrix} 1 \\ -1 \end{bmatrix}$，$\begin{bmatrix} 2 \\ 5 \end{bmatrix}$ (D) $\begin{bmatrix} 0 \\ 1 \end{bmatrix}$，$\begin{bmatrix} 3 \\ 2 \end{bmatrix}$

【解】应选（B）.

→ 见到相似，想到 $\xi\to P^{-1}\xi$

设 A 的特征向量为 α，因 $B=P^{-1}f(A)P$，故由本讲的"二、3.(1)"知，$P^{-1}\alpha$ 是 B 的特征向量，从而也是 $B+E$ 的特征向量.

→ 见到 $f(A)$，想到 $\lambda\to f(\lambda)$

由于 $|\lambda E - A| = \begin{vmatrix} \lambda-1 & -2 \\ -5 & \lambda-4 \end{vmatrix} = (\lambda+1)(\lambda-6) = 0$，故 A 的特征值为 $\lambda_1 = -1$，$\lambda_2 = 6$．容易求得 A 的

对应于特征值 $\lambda_1 = -1$ 与 $\lambda_2 = 6$ 的线性无关的特征向量分别为 $\begin{bmatrix} -1 \\ 1 \end{bmatrix}$ 与 $\begin{bmatrix} 2 \\ 5 \end{bmatrix}$．

由于 $P^{-1} = \begin{bmatrix} 1 & -1 \\ 0 & 1 \end{bmatrix}$，故

$$P^{-1}\begin{bmatrix} -1 \\ 1 \end{bmatrix} = \begin{bmatrix} 1 & -1 \\ 0 & 1 \end{bmatrix}\begin{bmatrix} -1 \\ 1 \end{bmatrix} = \begin{bmatrix} -2 \\ 1 \end{bmatrix}, \quad P^{-1}\begin{bmatrix} 2 \\ 5 \end{bmatrix} = \begin{bmatrix} 1 & -1 \\ 0 & 1 \end{bmatrix}\begin{bmatrix} 2 \\ 5 \end{bmatrix} = \begin{bmatrix} -3 \\ 5 \end{bmatrix},$$

于是，$B + E$ 的线性无关的特征向量可以为 $\begin{bmatrix} -2 \\ 1 \end{bmatrix}$，$\begin{bmatrix} -3 \\ 5 \end{bmatrix}$．

三、利用特征向量命题 (D₁(常规操作)+D₂₂(转换等价表述))

1. $\xi (\neq 0)$ 是 A 的属于 λ_0 的特征向量 $\Leftrightarrow \xi$ 是 $(\lambda_0 E - A)x = 0$ 的非零解．

2.重要结论. →D₂₂(转换等价表述)

（1）单根恰有 1 个线性无关的特征向量．

（2）k 重特征值 λ 至多只有 k 个线性无关的特征向量($k \geqslant 2$).

（3）若 ξ_1，ξ_2 是 A 的属于不同特征值 λ_1，λ_2 的特 →矩阵A $\begin{cases} \lambda_1 \neq \lambda_2 \Rightarrow \xi_1, \xi_2 \text{线性无关,} \\ \lambda_1 = \lambda_2 \Rightarrow \xi_1, \xi_2 \text{可能} \begin{cases} \text{线性相关,} \\ \text{线性无关} \end{cases} \end{cases}$

征向量，则 ξ_1，ξ_2 线性无关．

（4）若 ξ_1，ξ_2 是 A 的属于同一特征值 λ 的特征向量，则当 $k_1 k_2 \neq 0$ 时，非零向量 $k_1\xi_1 + k_2\xi_2$ 仍是 A 的属于特征值 λ 的特征向量．(常考其中一个系数（如 k_2）等于 0 的情形）

（5）若 ξ_1，ξ_2 是 A 的属于不同特征值 λ_1，λ_2 的特征向量，则当 $k_1 \neq 0$，$k_2 \neq 0$ 时，$k_1\xi_1 + k_2\xi_2$ 不是 A 的任何特征值的特征向量．(常考 $k_1 = k_2 = 1$ 的情形）

> **【注】证** 反证法．假设 $k_1\xi_1 + k_2\xi_2$ 是 A 的特征向量，则存在数 λ，有
>
> $$A(k_1\xi_1 + k_2\xi_2) = \lambda(k_1\xi_1 + k_2\xi_2),$$
>
> 即
>
> $$k_1 A\xi_1 + k_2 A\xi_2 = k_1\lambda\xi_1 + k_2\lambda\xi_2,$$
>
> 也即
>
> $$k_1\lambda_1\xi_1 + k_2\lambda_2\xi_2 = k_1\lambda\xi_1 + k_2\lambda\xi_2,$$
>
> 移项，得
>
> $$k_1(\lambda_1 - \lambda)\xi_1 + k_2(\lambda_2 - \lambda)\xi_2 = 0.$$
>
> 由于 ξ_1，ξ_2 线性无关，则
>
> $$\begin{cases} k_1(\lambda_1 - \lambda) = 0, \\ k_2(\lambda_2 - \lambda) = 0. \end{cases}$$
>
> 又 $k_1 \neq 0$，$k_2 \neq 0$，则 $\lambda_1 = \lambda_2 = \lambda$，与 $\lambda_1 \neq \lambda_2$ 矛盾，故 $k_1\xi_1 + k_2\xi_2$ 不是 A 的任何特征值的特征向量．

（6）若 ξ 是 A 的属于特征值 λ_1 的特征向量，$\lambda_1 \neq \lambda_2$，则 ξ 不是 λ_2 的特征向量．

【注】证 已知 $A\boldsymbol{\xi}=\lambda_1\boldsymbol{\xi}$,若 $A\boldsymbol{\xi}=\lambda_2\boldsymbol{\xi}$,则有 $(\lambda_1-\lambda_2)\boldsymbol{\xi}=\mathbf{0}$,由 $\boldsymbol{\xi}\neq\mathbf{0}$,得 $\lambda_1=\lambda_2$,矛盾.

（7）若 A 只有 1 个线性无关的特征向量,即 $\sum_{i=1}^{m}[n-r(\lambda_iE-A)]=1$,$\lambda_i(i=1,2,\cdots,m)$ 是 A 的 m 个不同特征值,则只能有一个 $\lambda_k(1\leqslant k\leqslant m)$,使 $r(\lambda_kE-A)=n-1$,而其余 $r(\lambda_iE-A)=n$,这与 $r(\lambda_iE-A)<n$ 矛盾.故 A 只能有一个 λ_k,且此 λ_k 为 n 重根. 其余 λ_i 均不是 A 的特征值← 若 λ_i 是 A 的特征值,则 λ_i 至少有 1 个线性无关的特征向量

（8）设 n 阶矩阵 A,B 满足 $AB=BA$,且 A 有 n 个互不相同的特征值,则 A 的特征向量都是 B 的特征向量.

【注】证 设 $\boldsymbol{\alpha}(\neq\mathbf{0})$ 是 A 的对应特征值 λ 的特征向量,则有 $A\boldsymbol{\alpha}=\lambda\boldsymbol{\alpha}$.由于 $AB=BA$,则
$$AB\boldsymbol{\alpha}=BA\boldsymbol{\alpha}=\lambda B\boldsymbol{\alpha},$$
则 $A(B\boldsymbol{\alpha})=\lambda(B\boldsymbol{\alpha})$.

若 $B\boldsymbol{\alpha}\neq\mathbf{0}$,则 $B\boldsymbol{\alpha}$ 也是 A 的特征向量,由于 A 的特征值全是单重的,故 λ 所对应的特征向量均线性相关,所以 $B\boldsymbol{\alpha}$ 与 $\boldsymbol{\alpha}$ 线性相关,即存在数 $\mu\neq0$,使得 $B\boldsymbol{\alpha}=\mu\boldsymbol{\alpha}$.这说明 $\boldsymbol{\alpha}$ 也是 B 的特征向量.

若 $B\boldsymbol{\alpha}=\mathbf{0}$,则有 $B\boldsymbol{\alpha}=0\boldsymbol{\alpha}$,即 $\boldsymbol{\alpha}$ 也是 B 的特征向量.

（9）若 $r(A)+r(B)<n$,则 $Ax=\mathbf{0}$,$Bx=\mathbf{0}$ 至少有一个非零公共解 $\boldsymbol{\xi}$.

【注】证 $r\left(\begin{bmatrix}A\\B\end{bmatrix}\right)\leqslant r\left(\begin{bmatrix}A&O\\O&B\end{bmatrix}\right)=r(A)+r(B)<n$,故 $\begin{cases}Ax=\mathbf{0},\\Bx=\mathbf{0}\end{cases}$ 有非零解 $\boldsymbol{\xi}$,即 $A\boldsymbol{\xi}=\mathbf{0}$,$B\boldsymbol{\xi}=\mathbf{0}$,证毕.

例 7.5 已知 $P^{-1}AP=\begin{bmatrix}1&0&0\\0&3&0\\0&0&3\end{bmatrix}$,$\boldsymbol{\alpha}_1$ 是矩阵 A 属于特征值 $\lambda=1$ 的特征向量,$\boldsymbol{\alpha}_2$,$\boldsymbol{\alpha}_3$ 是矩阵 A 属于特征值 $\lambda=3$ 的线性无关的特征向量,则矩阵 P 不可以是（   ）.

（A）$[\boldsymbol{\alpha}_1,-2\boldsymbol{\alpha}_2,\boldsymbol{\alpha}_3]$　　　（B）$[\boldsymbol{\alpha}_1,\boldsymbol{\alpha}_2+\boldsymbol{\alpha}_3,\boldsymbol{\alpha}_2-2\boldsymbol{\alpha}_3]$

（C）$[\boldsymbol{\alpha}_1,\boldsymbol{\alpha}_3,\boldsymbol{\alpha}_2]$　　　　（D）$[\boldsymbol{\alpha}_1+\boldsymbol{\alpha}_2,\boldsymbol{\alpha}_1-\boldsymbol{\alpha}_2,\boldsymbol{\alpha}_3]$

【解】应选（D）.

若 $P^{-1}AP=\boldsymbol{\Lambda}=\begin{bmatrix}a_1&&\\&a_2&\\&&a_3\end{bmatrix}$,$P=[\boldsymbol{\gamma}_1,\boldsymbol{\gamma}_2,\boldsymbol{\gamma}_3]$,则有 $AP=P\boldsymbol{\Lambda}$,即

$$A[\boldsymbol{\gamma}_1,\boldsymbol{\gamma}_2,\boldsymbol{\gamma}_3]=[\boldsymbol{\gamma}_1,\boldsymbol{\gamma}_2,\boldsymbol{\gamma}_3]\begin{bmatrix}a_1&&\\&a_2&\\&&a_3\end{bmatrix},$$

也即
$$[A\boldsymbol{\gamma}_1,A\boldsymbol{\gamma}_2,A\boldsymbol{\gamma}_3]=[a_1\boldsymbol{\gamma}_1,a_2\boldsymbol{\gamma}_2,a_3\boldsymbol{\gamma}_3].$$

隐含条件体系块

由此，γ_i 是矩阵 A 属于特征值 a_i（$i=1$，2，3）的特征向量，又因矩阵 P 可逆，因此，γ_1，γ_2，γ_3 线性无关.

若 α 是属于特征值 λ 的特征向量，则 -2α 仍是属于特征值 λ 的特征向量，故（A）正确.

若 α，β 是属于特征值 λ 的线性无关的特征向量，则非零向量 $k_1\alpha+k_2\beta$ 仍是属于特征值 λ 的特征向量. 本题中，α_2，α_3 是属于 $\lambda=3$ 的线性无关的特征向量，故 $\alpha_2+\alpha_3$，$\alpha_2-2\alpha_3$ 仍是属于 $\lambda=3$ 的特征向量，并且 $\alpha_2+\alpha_3$，$\alpha_2-2\alpha_3$ 线性无关，故（B）正确.

关于（C），因为 α_2，α_3 均是 $\lambda=3$ 的特征向量，所以 α_2，α_3 谁在前谁在后均正确，即（C）正确.

由于 α_1，α_2 是不同特征值的特征向量，因此 $\alpha_1+\alpha_2$，$\alpha_1-\alpha_2$ 不再是矩阵 A 的特征向量，故（D）不正确.

四、利用矩阵方程命题
（D₁（常规操作）+D₂₂（转换等价表述）+D₂₃（化归经典形式））

1. $AB=O \Rightarrow A[\beta_1, \beta_2, \cdots, \beta_n]=[0, 0, \cdots, 0]$，即 $A\beta_i=0\beta_i$（$i=1$，2，$\cdots$，n），若 β_i 均为非零列向量，则 β_i 为 A 的属于 $\lambda=0$ 的特征向量. →D₂₃(化归经典形式)

2. 若任意 n 维 ξ（$\neq 0$）均为 $(\lambda E-A)x=0$ 的解，则令 $e_1=\begin{bmatrix}1\\0\\\vdots\\0\end{bmatrix}$，$e_2=\begin{bmatrix}0\\1\\\vdots\\0\end{bmatrix}$，$\cdots$，$e_n=\begin{bmatrix}0\\\vdots\\0\\1\end{bmatrix}$，且 →D₂₃(化归经典形式)

$B=[e_1, e_2, \cdots, e_n]$，于是 $(\lambda E-A)B=O$，由于 B 可逆，因此有 $\lambda E-A=O$，即 $A=\lambda E$.

3. $AB=C \Rightarrow A[\beta_1, \beta_2, \cdots, \beta_n]=[\gamma_1, \gamma_2, \cdots, \gamma_n] \xlongequal{若} [\lambda_1\beta_1, \lambda_2\beta_2, \cdots, \lambda_n\beta_n]$，即 $A\beta_i=\lambda_i\beta_i$（$i=1$，2，$\cdots$，$n$），其中 $\gamma_i=\lambda_i\beta_i$，$\beta_i$ 为非零列向量，则 β_i 为 A 的属于 λ_i 的特征向量. →D₂₃(化归经典形式)

4. $AP=PB$，P 可逆 $\Rightarrow P^{-1}AP=B \Rightarrow A\sim B \Rightarrow \lambda_A=\lambda_B$. →D₂₃(化归经典形式)

5. A 的每行元素之和均为 $k \Rightarrow A\begin{bmatrix}1\\1\\\vdots\\1\end{bmatrix}=k\begin{bmatrix}1\\1\\\vdots\\1\end{bmatrix} \Rightarrow k$ 是特征值，$\begin{bmatrix}1\\1\\\vdots\\1\end{bmatrix}$ 是 A 的属于 k 的特征向量. →D₂₂(转换等价表述)

6. 若 A 可逆，A 的每行元素之和均为 k，则 A^{-1} 的每行元素之和均为 $\dfrac{1}{k}$. →D₂₂(转换等价表述)

7. 若 A 的每行元素之和均为 k，则 A^n 的每行元素之和均为 k^n.

例 7.6 设 A，P 均为 3 阶矩阵，$P=[\gamma_1, \gamma_2, \gamma_3]$，其中 γ_1，γ_2，γ_3 为 3 维列向量且线性无关，若 $A[\gamma_1, \gamma_2, \gamma_3]=[\gamma_3, \gamma_2, \gamma_1]$，求矩阵 A 的特征值与特征向量.

【解】 $A[\gamma_1, \gamma_2, \gamma_3]=[\gamma_3, \gamma_2, \gamma_1]=[\gamma_1, \gamma_2, \gamma_3]\begin{bmatrix}0&0&1\\0&1&0\\1&0&0\end{bmatrix}$，令 $B=\begin{bmatrix}0&0&1\\0&1&0\\1&0&0\end{bmatrix}$，则 $AP=PB$，得 $P^{-1}AP=B$，

故 $A\sim B$.

对于矩阵 $B = \begin{bmatrix} 0 & 0 & 1 \\ 0 & 1 & 0 \\ 1 & 0 & 0 \end{bmatrix}$，由

按此列展开

$$|\lambda E - B| = \begin{vmatrix} \lambda & 0 & -1 \\ 0 & \lambda-1 & 0 \\ -1 & 0 & \lambda \end{vmatrix} = (\lambda-1)(\lambda^2-1) = (\lambda-1)^2(\lambda+1) = 0,$$

得矩阵 B 的特征值为 $\lambda_1 = \lambda_2 = 1$，$\lambda_3 = -1$.

当 $\lambda_1 = \lambda_2 = 1$ 时，由 $(E-B)x = 0$，即

$$\begin{bmatrix} 1 & 0 & -1 \\ 0 & 0 & 0 \\ -1 & 0 & 1 \end{bmatrix} \begin{bmatrix} x_1 \\ x_2 \\ x_3 \end{bmatrix} = \begin{bmatrix} 0 \\ 0 \\ 0 \end{bmatrix},$$

解得基础解系 $\xi_1 = [1, 0, 1]^T$，$\xi_2 = [0, 1, 0]^T$.

当 $\lambda_3 = -1$ 时，由 $(-E-B)x = 0$，即

$$\begin{bmatrix} -1 & 0 & -1 \\ 0 & -2 & 0 \\ -1 & 0 & -1 \end{bmatrix} \begin{bmatrix} x_1 \\ x_2 \\ x_3 \end{bmatrix} = \begin{bmatrix} 0 \\ 0 \\ 0 \end{bmatrix},$$

解得基础解系 $\xi_3 = [1, 0, -1]^T$.

因为 $P^{-1}AP = B$，所以 A 与 B 的特征值相同，且 A 的相应的特征向量为 $P\xi_i (i=1, 2, 3)$. 故 A 属于特征值 $\lambda_1 = \lambda_2 = 1$ 的特征向量为

$$\eta_1 = P\xi_1 = [\gamma_1, \gamma_2, \gamma_3] \begin{bmatrix} 1 \\ 0 \\ 1 \end{bmatrix} = \gamma_1 + \gamma_3,$$

$$\eta_2 = P\xi_2 = [\gamma_1, \gamma_2, \gamma_3] \begin{bmatrix} 0 \\ 1 \\ 0 \end{bmatrix} = \gamma_2,$$

A 属于特征值 $\lambda_3 = -1$ 的特征向量为

$$\eta_3 = P\xi_3 = [\gamma_1, \gamma_2, \gamma_3] \begin{bmatrix} 1 \\ 0 \\ -1 \end{bmatrix} = \gamma_1 - \gamma_3.$$

综上，A 的特征值为 $\lambda_1 = \lambda_2 = 1$，$\lambda_3 = -1$，对应于 $\lambda_1 = \lambda_2 = 1$ 的全部特征向量是 $k_1(\gamma_1 + \gamma_3) + k_2\gamma_2$，$k_1$，$k_2$ 不全为 0，对应于 $\lambda_3 = -1$ 的全部特征向量是 $k_3(\gamma_1 - \gamma_3)$，$k_3 \neq 0$.

例 7.7 设 A，B，C 均是 3 阶矩阵，且满足 $(A+2E)B = O$，$CA^T = 2C$，其中

$$B = \begin{bmatrix} 1 & 2 & 3 \\ -1 & 1 & 0 \\ 2 & -1 & 1 \end{bmatrix}, \quad C = \begin{bmatrix} 1 & -2 & 1 \\ -2 & 4 & -2 \\ -1 & 2 & -1 \end{bmatrix}.$$

求矩阵 A 的特征值与特征向量.

→D$_{23}$(化归经典形式)

【解】由题设条件，① 由 $(A+2E)B=O$，得 $AB+2B=O$，即 $AB=-2B$，将 B 按列分块，设 $B=[\beta_1,$ $\beta_2,$ $\beta_3]$，则有

$$A[\beta_1, \beta_2, \beta_3] = -2[\beta_1, \beta_2, \beta_3],$$

即 $A\beta_i = -2\beta_i$，$i=1,2,3$，故 β_i（$i=1,2,3$）是 A 的属于 $\lambda=-2$ 的特征向量.

→D$_{21}$(观察研究对象)

又因 β_1，β_2 线性无关，$\beta_3 = \beta_1 + \beta_2$，故 β_1，β_2 是 A 的属于 $\lambda=-2$ 的线性无关的特征向量，且 $\lambda=-2$ 至少是二重根. 因为若 $\lambda=-2$ 是单根，则其恰有一个线性无关的特征向量，矛盾.

② $CA^T = 2C$，两边取转置得 $AC^T = 2C^T$，将 C^T 按列分块，设 $C^T = [\alpha_1, \alpha_2, \alpha_3]$，则有

$$A[\alpha_1, \alpha_2, \alpha_3] = 2[\alpha_1, \alpha_2, \alpha_3],$$

D$_{23}$(化归经典形式)

即 $A\alpha_i = 2\alpha_i$，$i=1,2,3$，故 α_i（$i=1,2,3$）是 A 的属于 $\lambda=2$ 的特征向量.

因 α_1，α_2，α_3 互成比例，故 α_1 是 A 的属于特征值 $\lambda=2$ 的特征向量，于是 $\lambda=-2$ 是二重根.

综上，A 的特征值为 $\lambda_1=\lambda_2=-2$，$\lambda_3=2$，对应于 $\lambda_1=\lambda_2=-2$ 的全部特征向量是 $k_1\begin{bmatrix}1\\-1\\2\end{bmatrix}+k_2\begin{bmatrix}2\\1\\-1\end{bmatrix}$，

k_1，k_2 不全为 0，对应于 $\lambda_3=2$ 的全部特征向量是 $k_3\begin{bmatrix}1\\-2\\1\end{bmatrix}$，$k_3 \neq 0$.

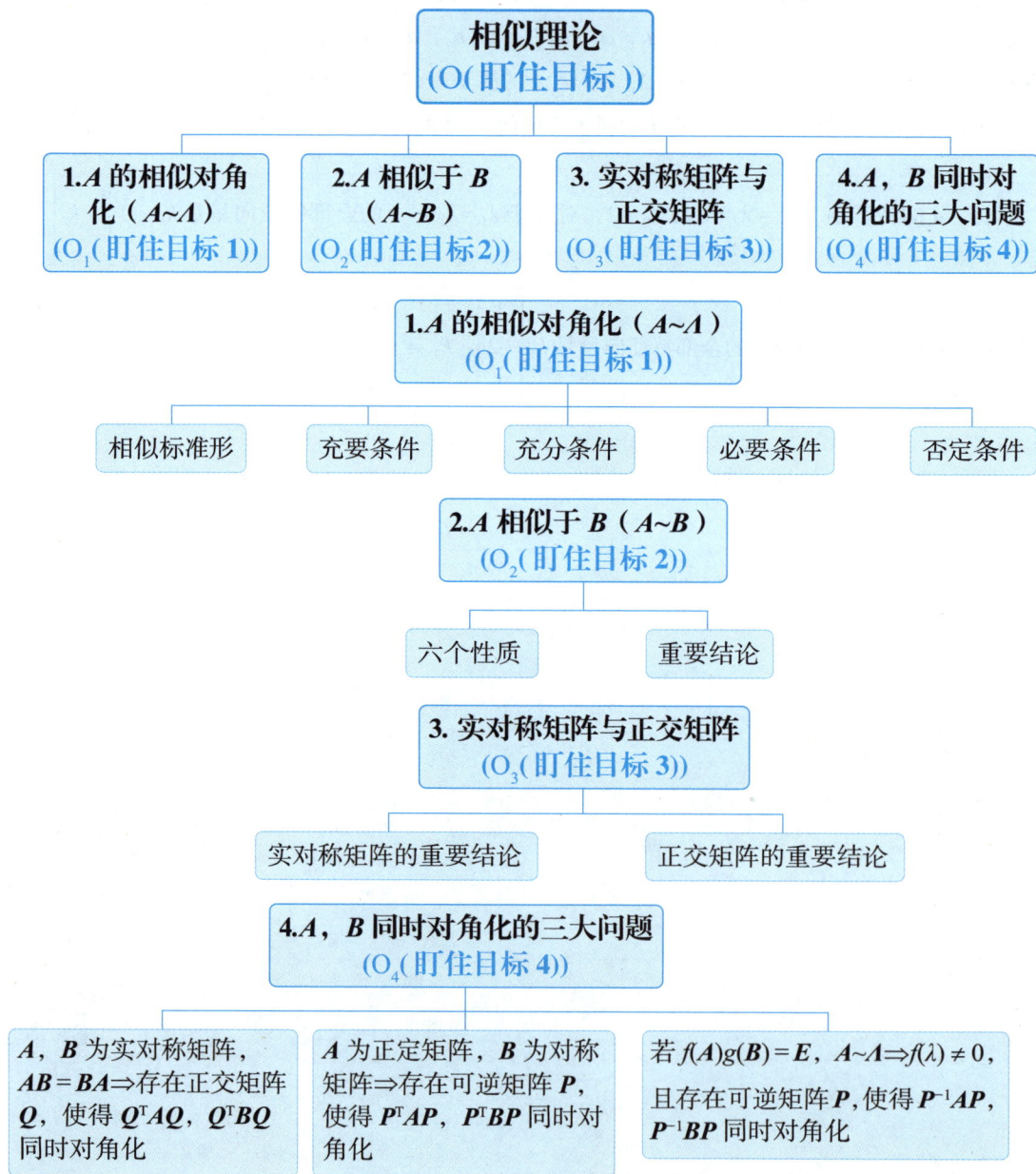

第8讲 相似理论

三向解题法

相似理论
(O(盯住目标))

- **1.A 的相似对角化（$A \sim \Lambda$）**
  (O$_1$(盯住目标1))
- **2.A 相似于 B（$A \sim B$）**
  (O$_2$(盯住目标2))
- **3. 实对称矩阵与正交矩阵**
  (O$_3$(盯住目标3))
- **4.A，B 同时对角化的三大问题**
  (O$_4$(盯住目标4))

1.A 的相似对角化（$A \sim \Lambda$）
(O$_1$(盯住目标1))

- 相似标准形
- 充要条件
- 充分条件
- 必要条件
- 否定条件

2.A 相似于 B（$A \sim B$）
(O$_2$(盯住目标2))

- 六个性质
- 重要结论

3. 实对称矩阵与正交矩阵
(O$_3$(盯住目标3))

- 实对称矩阵的重要结论
- 正交矩阵的重要结论

4.A，B 同时对角化的三大问题
(O$_4$(盯住目标4))

- A，B 为实对称矩阵，$AB = BA \Rightarrow$ 存在正交矩阵 Q，使得 $Q^{\mathrm{T}}AQ$，$Q^{\mathrm{T}}BQ$ 同时对角化
- A 为正定矩阵，B 为对称矩阵 $\Rightarrow$ 存在可逆矩阵 P，使得 $P^{\mathrm{T}}AP$，$P^{\mathrm{T}}BP$ 同时对角化
- 若 $f(A)g(B) = E$，$A \sim \Lambda \Rightarrow f(\lambda) \neq 0$，且存在可逆矩阵 P，使得 $P^{-1}AP$，$P^{-1}BP$ 同时对角化

一、A 的相似对角化（$A \sim \Lambda$）（O_1（盯住目标1））

设 A 为 n 阶矩阵，若存在 n 阶可逆矩阵 P，使得 $P^{-1}AP = \Lambda$，其中 Λ 是对角矩阵，则称 A 可相似对角化，记作 $A \sim \Lambda$，称 Λ 是 A 的**相似标准形**.

于是可知，若 A 可相似对角化，即 $P^{-1}AP = \Lambda$，其中 P 可逆，等式两边同时在左边乘 P，有 $AP = P\Lambda$，记

$$P = \begin{bmatrix} \xi_1, & \xi_2, & \cdots, & \xi_n \end{bmatrix}, \quad \Lambda = \begin{bmatrix} \lambda_1 & & & \\ & \lambda_2 & & \\ & & \ddots & \\ & & & \lambda_n \end{bmatrix},$$

则

$$A\begin{bmatrix} \xi_1, & \xi_2, & \cdots, & \xi_n \end{bmatrix} = \begin{bmatrix} \xi_1, & \xi_2, & \cdots, & \xi_n \end{bmatrix}\begin{bmatrix} \lambda_1 & & & \\ & \lambda_2 & & \\ & & \ddots & \\ & & & \lambda_n \end{bmatrix},$$

即

$$\begin{bmatrix} A\xi_1, & A\xi_2, & \cdots, & A\xi_n \end{bmatrix} = \begin{bmatrix} \lambda_1\xi_1, & \lambda_2\xi_2, & \cdots, & \lambda_n\xi_n \end{bmatrix},$$

也即

$$A\xi_i = \lambda_i\xi_i, \quad i = 1, 2, \cdots, n.$$

由 P 可逆，知 $\xi_1, \xi_2, \cdots, \xi_n$ 线性无关. 上述过程可逆，于是，n 阶矩阵 A 可相似对角化 $\Leftrightarrow$ A 有 n 个线性无关的特征向量. 据此，可得以下结论.

设 A 为 n 阶矩阵.

1. 充要条件

（1）A 有 n 个线性无关的特征向量 $\Leftrightarrow A \sim \Lambda$.

（2）$n_i = n - r(\lambda_i E - A) \Leftrightarrow A \sim \Lambda$.

如 $A_{5\times 5}$ $\quad \lambda_1 = \lambda_2 = 7 \quad \lambda_3 = \lambda_4 = \lambda_5 = 2$
$\downarrow \quad \downarrow \quad\quad \downarrow \quad \downarrow \quad \downarrow$
$\xi_1 \quad \xi_2 \quad\quad \xi_3 \quad \xi_4 \quad \xi_5$
$2 = 5 - r(7E - A) \quad 3 = 5 - r(2E - A)$

【注】（1）λ_i 是 n_i 重根，故 $n - r(\lambda_i E - A)$ 表示 $(\lambda_i E - A)x = 0$ 的解中线性无关的向量个数，也即属于 λ_i 的线性无关的特征向量的个数. 当 $n_i = n - r(\lambda_i E - A)$ 时，即知 A 有 n 个线性无关的特征向量，等价于上面的"充要条件（1）".

（2）"充要条件（2）"常用于求秩.

2. 充分条件

A 实对称 $\begin{cases} \lambda_1 \neq \lambda_2 \Rightarrow \xi_1 \perp \xi_2. \\ \lambda_1 = \lambda_2 \Rightarrow \xi_1, \xi_2 线性无关 \end{cases}$ $\quad A$ 普通 $\begin{cases} \lambda_1 \neq \lambda_2 \Rightarrow \xi_1, \xi_2 线性无关 \\ \lambda_1 = \lambda_2 \Rightarrow \xi_1, \xi_2 可能线性相关，也可能线性无关 \end{cases}$

（1）A 是实对称矩阵 $\Rightarrow A \sim \Lambda$.

【注】若 A 是实对称矩阵，则 A 必有 n 个线性无关的特征向量，故 $A \sim \Lambda$.

（2）A 有 n 个互异特征值 $\Rightarrow A \sim \Lambda$.

【注】由于不同特征值对应的特征向量线性无关，故当 A 有 n 个互异特征值时，A 必有 n 个线性无关的特征向量，故 $A \sim \Lambda$.

（3）$A^k = E$（k 为正整数）$\Rightarrow A \sim \Lambda$.

（4）$A^2 - (k_1 + k_2)A + k_1 k_2 E = O$ 且 $k_1 \neq k_2 \Rightarrow A \sim \Lambda$.

（5）$r(A) = 1$ 且 $\mathrm{tr}(A) \neq 0 \Rightarrow A \sim \Lambda$.

3. 必要条件

$A \sim \Lambda \Rightarrow r(A) = $ 非零特征值的个数（重根按重数算）.

$$\rightarrow r(A) = r(P^{-1}AP) = r(\Lambda)$$

4. 否定条件

（1）$A \neq O$，$A^k = O$（k 为大于 1 的整数）$\Rightarrow A$ 不可相似对角化.

（2）A 的特征值全为 k，但 $A \neq kE \Rightarrow A$ 不可相似对角化.

例 8.1 设矩阵 $A = \begin{bmatrix} 2 & 1 & 0 \\ 1 & 2 & 0 \\ 1 & a & b \end{bmatrix}$ 仅有两个不同的特征值. 若 A 相似于对角矩阵，求 a，b 的值，

并求可逆矩阵 P，使得 $P^{-1}AP$ 为对角矩阵.

【解】因为

$$|\lambda E - A| = \begin{vmatrix} \lambda - 2 & -1 & 0 \\ -1 & \lambda - 2 & 0 \\ -1 & -a & \lambda - b \end{vmatrix} = (\lambda - b)(\lambda - 1)(\lambda - 3),$$

所以 A 的特征值为 $\lambda_1 = b$，$\lambda_2 = 1$，$\lambda_3 = 3$.

因为矩阵 A 仅有两个不同的特征值，所以 $\lambda_1 = \lambda_2$ 或 $\lambda_1 = \lambda_3$.

① 当 $\lambda_1 = \lambda_2 = 1$ 时，有 $b = 1$. 因为 A 相似于对角矩阵，所以 $r(E - A) = 1$，故 $a = 1$.

解方程组 $(E - A)x = 0$，得 A 的对应于特征值 1 的线性无关的特征向量 $\xi_1 = \begin{bmatrix} -1 \\ 1 \\ 0 \end{bmatrix}$，$\xi_2 = \begin{bmatrix} 0 \\ 0 \\ 1 \end{bmatrix}$.

对于 $\lambda_3 = 3$，解方程组 $(3E - A)x = 0$，得 A 的对应于特征值 3 的特征向量 $\xi_3 = \begin{bmatrix} 1 \\ 1 \\ 1 \end{bmatrix}$.

令 $P = [\xi_1, \xi_2, \xi_3] = \begin{bmatrix} -1 & 0 & 1 \\ 1 & 0 & 1 \\ 0 & 1 & 1 \end{bmatrix}$，则 $P^{-1}AP = \begin{bmatrix} 1 & 0 & 0 \\ 0 & 1 & 0 \\ 0 & 0 & 3 \end{bmatrix}$.

② 当 $\lambda_1 = \lambda_3 = 3$ 时，有 $b = 3$. 因为 A 相似于对角矩阵，所以 $r(3E - A) = 1$，故 $a = -1$.

解方程组 $(3E - A)x = 0$，得 A 的对应于特征值 3 的线性无关的特征向量 $\eta_1 = \begin{bmatrix} 1 \\ 1 \\ 0 \end{bmatrix}$，$\eta_2 = \begin{bmatrix} 0 \\ 0 \\ 1 \end{bmatrix}$.

对于 $\lambda_2 = 1$，解方程组 $(E - A)x = 0$，得 A 的对应于特征值 1 的特征向量 $\eta_3 = \begin{bmatrix} -1 \\ 1 \\ 1 \end{bmatrix}$.

令 $P = [\boldsymbol{\eta}_1, \boldsymbol{\eta}_2, \boldsymbol{\eta}_3] = \begin{bmatrix} 1 & 0 & -1 \\ 1 & 0 & 1 \\ 0 & 1 & 1 \end{bmatrix}$，则 $\boldsymbol{P}^{-1}\boldsymbol{AP} = \begin{bmatrix} 3 & 0 & 0 \\ 0 & 3 & 0 \\ 0 & 0 & 1 \end{bmatrix}$.

例 8.2 设 $\boldsymbol{A}$ 是 n 阶非零矩阵，若存在正整数 k（$k > 1$）使得 $\boldsymbol{A}^k = \boldsymbol{O}$，证明：$\boldsymbol{A}$ 不可相似对角化.

【证】 设 λ 是 $\boldsymbol{A}$ 的特征值，$\boldsymbol{\xi}$（$\neq \boldsymbol{0}$）是 $\boldsymbol{A}$ 的属于 λ 的特征向量，则 $\boldsymbol{A}\boldsymbol{\xi} = \lambda\boldsymbol{\xi}$，由第 7 讲的"二、3.（3）①"，因 $\boldsymbol{A}^k = \boldsymbol{O}$，故 $\lambda^k = 0$，即 $\lambda_1 = \lambda_2 = \cdots = \lambda_n = 0$，$\boldsymbol{A}$ 的特征值全是零.

若 $\boldsymbol{A}$ 能与对角矩阵 $\boldsymbol{\Lambda}$ 相似，则 $\boldsymbol{A}$ 的主对角线元素为 $\boldsymbol{A}$ 的全部特征值 $\lambda_1, \lambda_2, \cdots, \lambda_n$. 而 $\lambda_1 = \lambda_2 = \cdots = \lambda_n = 0$，于是 $\boldsymbol{\Lambda} = \boldsymbol{O}$，即存在可逆矩阵 $\boldsymbol{P}$，使得

$$\boldsymbol{A} = \boldsymbol{P}\boldsymbol{\Lambda}\boldsymbol{P}^{-1} = \boldsymbol{P}\boldsymbol{O}\boldsymbol{P}^{-1} = \boldsymbol{O},$$

这与题设 $\boldsymbol{A} \neq \boldsymbol{O}$ 矛盾，故 $\boldsymbol{A}$ 不可相似对角化.

【注】 若懂得了例 8.2 的道理，命题中若出现 $\begin{bmatrix} 0 & 0 & 1 \\ 0 & 0 & 0 \\ 0 & 0 & 0 \end{bmatrix}, \begin{bmatrix} 0 & 1 & 1 \\ 0 & 0 & 1 \\ 0 & 0 & 0 \end{bmatrix}$，因 $\begin{bmatrix} 0 & 0 & 1 \\ 0 & 0 & 0 \\ 0 & 0 & 0 \end{bmatrix}^2 = \boldsymbol{O}, \begin{bmatrix} 0 & 1 & 1 \\ 0 & 0 & 1 \\ 0 & 0 & 0 \end{bmatrix}^3 = \boldsymbol{O}$，而它们本身不是零矩阵，则可直接判别出其不可相似对角化.

例 8.3 设 $\boldsymbol{A} = \begin{bmatrix} k & a_1 & a_2 \\ 0 & k & a_3 \\ 0 & 0 & k \end{bmatrix}, \boldsymbol{B} = \begin{bmatrix} k & 0 & 0 \\ b_1 & k & 0 \\ b_2 & b_3 & k \end{bmatrix}$，

a_i 与 b_i（$i = 1, 2, 3$）均不全为零，证明：$\boldsymbol{A}, \boldsymbol{B}$ 均不可相似对角化.

【证】 设 λ_A, λ_B 分别是 $\boldsymbol{A}, \boldsymbol{B}$ 的特征值，由 $|\lambda_A \boldsymbol{E} - \boldsymbol{A}| = 0$，$|\lambda_B \boldsymbol{E} - \boldsymbol{B}| = 0$，知 $\boldsymbol{A}, \boldsymbol{B}$ 的特征值全为 k. 若 $\boldsymbol{A}, \boldsymbol{B}$ 均能与对角矩阵 $\boldsymbol{\Lambda}$ 相似，则 $\boldsymbol{\Lambda} = k\boldsymbol{E}$，即存在可逆矩阵 $\boldsymbol{P}, \boldsymbol{Q}$，使得 $\boldsymbol{P}^{-1}\boldsymbol{AP} = \boldsymbol{\Lambda} = k\boldsymbol{E}$，$\boldsymbol{Q}^{-1}\boldsymbol{BQ} = \boldsymbol{\Lambda} = k\boldsymbol{E}$，也即 $\boldsymbol{A} = \boldsymbol{P}(k\boldsymbol{E})\boldsymbol{P}^{-1} = k\boldsymbol{E}$，$\boldsymbol{B} = \boldsymbol{Q}(k\boldsymbol{E})\boldsymbol{Q}^{-1} = k\boldsymbol{E}$，这与题设 a_i 与 b_i（$i = 1, 2, 3$）均不全为零矛盾，故 $\boldsymbol{A}, \boldsymbol{B}$ 均不可相似对角化.

【注】 若懂得了例 8.3 的道理，命题中若出现 $\begin{bmatrix} 1 & 0 & 1 \\ 0 & 1 & 0 \\ 0 & 0 & 1 \end{bmatrix}, \begin{bmatrix} 2 & 0 & 0 \\ 1 & 2 & 0 \\ 0 & 0 & 2 \end{bmatrix}$ 等，均可直接判别出其不可相似对角化.

例 8.4 设矩阵 $\boldsymbol{A}$ 可相似对角化. 方程组（Ⅰ）$(\lambda\boldsymbol{E} - \boldsymbol{A})^2\boldsymbol{x} = \boldsymbol{0}$，（Ⅱ）$(\lambda\boldsymbol{E} - \boldsymbol{A})\boldsymbol{x} = \boldsymbol{0}$，当方程组（Ⅰ），（Ⅱ）均有非零解时，证明：方程组（Ⅰ），（Ⅱ）同解.

【证】 ①方程组（Ⅱ）的解 $\boldsymbol{\xi}$ 为（Ⅰ）的解.

由 $(\lambda\boldsymbol{E} - \boldsymbol{A})\boldsymbol{\xi} = \boldsymbol{0}$，可得 $(\lambda\boldsymbol{E} - \boldsymbol{A})^2\boldsymbol{\xi} = \boldsymbol{0}$.

②$r[(\lambda\boldsymbol{E} - \boldsymbol{A})^2] = r(\lambda\boldsymbol{E} - \boldsymbol{A})$.

因为矩阵 A 可相似对角化，所以存在可逆矩阵 P，使得 $P^{-1}AP = \Lambda$，即 $A = P\Lambda P^{-1}$，于是

$$\lambda E - A = \lambda E - P\Lambda P^{-1} = P(\lambda E - \Lambda)P^{-1},$$

$$(\lambda E - A)^2 = P(\lambda E - \Lambda)^2 P^{-1},$$

故 $r[(\lambda E - A)^2] = r(\lambda E - A)$.

综上，方程组（Ⅰ），（Ⅱ）同解.

二、A 相似于 B（$A \sim B$）$(O_2($盯住目标 2$))$

设 A，B 都是 n 阶方阵，若存在 n 阶可逆矩阵 P，使得 $P^{-1}AP = B$，则称矩阵 A 相似于矩阵 B，记作 $A \sim B$.

【注】（1）若 $A \sim B$，$B \sim C$，则 $A \sim C$. 这个性质（传递性）以后常用.

（2）用定义法可证明一些重要且有趣的结论，如，设 A，B 都是 n 阶方阵，

① 若 A 可逆，则 $AB \sim BA$.

证 由于 $A^{-1}(AB)A = BA$，故 $AB \sim BA$.

② AB 与 BA 特征值相同.

③ $\mathrm{tr}(AB) = \mathrm{tr}(BA)$.

1. 六个性质

若 $A \sim B$，则

（1）$|A| = |B|$.

（2）$r(A) = r(B)$.

（3）$\mathrm{tr}(A) = \mathrm{tr}(B)$.

（4）$\lambda_A = \lambda_B$（或 $|\lambda E - A| = |\lambda E - B|$）.

（5）属于 λ_A 的线性无关的特征向量的个数等于属于 λ_B 的线性无关的特征向量的个数.

（6）A，B 的各阶主子式之和分别相等.

【注】（1）若性质（1），（2），（3），（4），（5），（6）中至少有一个不成立，则 A 不相似于 B.

（2）性质（5）的两种证明方法如下.

证 法一 若 $A \sim B$，则 $\lambda E - A \sim \lambda E - B$，所以 $r(\lambda E - A) = r(\lambda E - B)$，故 $n - r(\lambda E - A) = n - r(\lambda E - B)$，即性质（5）成立.

法二 由 $A \sim B$，则存在可逆矩阵 P，使得 $P^{-1}AP = B$，若 A 属于 λ 的线性无关的特征向量是 ξ_1，ξ_2，$\cdots$，ξ_s，可知 B 属于 λ 的线性无关的特征向量是 $P^{-1}\xi_1$，$P^{-1}\xi_2$，$\cdots$，$P^{-1}\xi_s$，故 A 和 B 对应于特征值 λ 的线性无关的特征向量的个数相同.

2. 重要结论

（1）$A \sim B \Rightarrow A^{\mathrm{T}} \sim B^{\mathrm{T}}$，$A^* \sim B^*$，$A^{-1} \sim B^{-1}$（$A$ 可逆）.

（2）$A \sim B \Rightarrow A^m \sim B^m$，$f(A) \sim f(B)$.

例 8.5 设 A，B 是可逆矩阵，且 A 与 B 相似，则下列结论错误的是（　　）.

（A）A^{T} 与 B^{T} 相似　　　　　　　　（B）A^2+A^{-1} 与 B^2+B^{-1} 相似

（C）$A+A^{\mathrm{T}}$ 与 $B+B^{\mathrm{T}}$ 相似　　　　　　（D）A^*-A^{-1} 与 B^*-B^{-1} 相似

【解】应选（C）.

由本讲的"二、1."，"二、2."可知，（A），（B），（D）均正确，故（C）错误.

例 8.6 已知 A 是 3 阶矩阵，且 $A\sim\varLambda=\begin{bmatrix}1&&\\&2&\\&&3\end{bmatrix}$. 设 $B=A^3-6A^2+11A-E$，则 $B=$ _____.

【解】应填 $5E$.

由 $A\sim\varLambda=\begin{bmatrix}1&&\\&2&\\&&3\end{bmatrix}$，知存在可逆矩阵 P，使得 $P^{-1}AP=\varLambda$，则

$$B=f(A)=Pf(\varLambda)P^{-1}$$

$$=P(\varLambda^3-6\varLambda^2+11\varLambda-E)P^{-1}$$

$$=P\left(\begin{bmatrix}1&&\\&2&\\&&3\end{bmatrix}^3-6\begin{bmatrix}1&&\\&2&\\&&3\end{bmatrix}^2+11\begin{bmatrix}1&&\\&2&\\&&3\end{bmatrix}-\begin{bmatrix}1&&\\&1&\\&&1\end{bmatrix}\right)P^{-1}$$

$$=P\begin{bmatrix}1-6+11-1&&\\&8-24+22-1&\\&&27-54+33-1\end{bmatrix}P^{-1}$$

$$=P\begin{bmatrix}5&&\\&5&\\&&5\end{bmatrix}P^{-1}=5E.$$

（3）$A\sim B$，$B\sim\varLambda\Rightarrow A\sim\varLambda$.

例 8.7 设 A，P 均为 3 阶矩阵，$P=[\gamma_1,\gamma_2,\gamma_3]$，其中 γ_1，γ_2，γ_3 为 3 维列向量且线性无关，

若 $A[\gamma_1, \gamma_2, \gamma_3] = [\gamma_3, \gamma_2, \gamma_1]$.

（1）证明：A 可相似对角化；

（2）若 $P = \begin{bmatrix} 1 & -1 & -1 \\ 0 & 1 & 0 \\ 0 & 3 & 1 \end{bmatrix}$，求可逆矩阵 C，使得 $C^{-1}AC = \varLambda$，并写出对角矩阵 $\varLambda$.

（1）【证】由例7.6，记 $B = \begin{bmatrix} 0 & 0 & 1 \\ 0 & 1 & 0 \\ 1 & 0 & 0 \end{bmatrix}$，得 $A \sim B$，且 B 的特征值为 $\lambda_1 = \lambda_2 = 1$，$\lambda_3 = -1$，且对应的

B 的特征向量分别为

$$\xi_1 = [1, 0, 1]^{\mathrm{T}}, \quad \xi_2 = [0, 1, 0]^{\mathrm{T}}, \quad \xi_3 = [1, 0, -1]^{\mathrm{T}}.$$

记 $Q = \begin{bmatrix} 1 & 0 & 1 \\ 0 & 1 & 0 \\ 1 & 0 & -1 \end{bmatrix}$，则 $Q^{-1}BQ = \varLambda = \begin{bmatrix} 1 & & \\ & 1 & \\ & & -1 \end{bmatrix}$，故 B 可相似对角化，即 $B \sim \varLambda$，由传递性知，$A \sim \varLambda$.

（2）【解】因为 $AP = PB$，所以 $B = P^{-1}AP$，由（1）知，

$$Q^{-1}BQ = Q^{-1}(P^{-1}AP)Q = \varLambda, \quad 即 (PQ)^{-1}A(PQ) = \varLambda = \begin{bmatrix} 1 & & \\ & 1 & \\ & & -1 \end{bmatrix}.$$

令 $C = PQ = \begin{bmatrix} 1 & -1 & -1 \\ 0 & 1 & 0 \\ 0 & 3 & 1 \end{bmatrix}\begin{bmatrix} 1 & 0 & 1 \\ 0 & 1 & 0 \\ 1 & 0 & -1 \end{bmatrix} = \begin{bmatrix} 0 & -1 & 2 \\ 0 & 1 & 0 \\ 1 & 3 & -1 \end{bmatrix}$，即为所求.

（4）$A \sim \varLambda$，$B \sim \varLambda \Rightarrow A \sim B$.

【注】$P^{-1}AP = \varLambda$，$Q^{-1}BQ = \varLambda \Rightarrow P^{-1}AP = Q^{-1}BQ \Rightarrow QP^{-1}APQ^{-1} = B \Rightarrow (PQ^{-1})^{-1}APQ^{-1} = B$. 令 $PQ^{-1} = C$，则 $C^{-1}AC = B$，考试中可能要求求出矩阵 C.

（5）$A \sim C$，$B \sim D \Rightarrow \begin{bmatrix} A & O \\ O & B \end{bmatrix} \sim \begin{bmatrix} C & O \\ O & D \end{bmatrix}$.

（6）设 $A^k = O$，k 为大于 1 的正整数，则 $E + A$ 与 $E + A + A^2 + \cdots + A^{k-1}$ 相似.

【注】不证，直接用. 如 $A^3 = O$，则 $E + A$ 与 $E + A + A^2$ 相似.

三、实对称矩阵与正交矩阵 (O₃(盯住目标 3))

1. 实对称矩阵的重要结论

若 A 为实对称矩阵，则

（1）特征值均为实数，特征向量均为实向量．

（2）不同特征值对应的特征向量正交．

（即 $\lambda_1 \neq \lambda_2 \Rightarrow \xi_1 \perp \xi_2 \Rightarrow (\xi_1, \xi_2) = 0$，建方程）

（3）可用正交矩阵相似对角化．

（即存在正交矩阵 Q，使 $Q^{-1}AQ = Q^{\mathrm{T}}AQ = \Lambda$）

【注】这里的正交矩阵 Q 是由 A 的单位正交化的特征向量组成的，Λ 是由 A 的特征值组成的，注意 Q 的每一列与 Λ 的每一个主对角线元素要对应．

（4）A 为 n 阶实对称矩阵 $\Leftrightarrow A$ 有 n 个正交的特征向量．

【注】（1）证 充分性是读者很熟悉的结论，但其必要性却鲜有人知．

（必要性）设 $\beta_1, \beta_2, \cdots, \beta_n$ 是 n 阶矩阵 A 的 n 个相互正交的特征向量（**注意**：n 个相互正交的特征向量必是 n 个线性无关的特征向量），则该 n 阶矩阵 A 必可相似对角化，将相互正交的特征向量 $\beta_1, \beta_2, \cdots, \beta_n$ 单位化处理成 $\gamma_1, \gamma_2, \cdots, \gamma_n$，则 $\gamma_1, \gamma_2, \cdots, \gamma_n$ 仍是该 n 阶矩阵 A 的特征向量．令 $Q = [\gamma_1, \gamma_2, \cdots, \gamma_n]$，则 $Q^{-1}AQ = \Lambda$，从而 $A = Q\Lambda Q^{-1}$，进而 $A^{\mathrm{T}} = (Q\Lambda Q^{-1})^{\mathrm{T}} = (Q^{-1})^{\mathrm{T}}\Lambda^{\mathrm{T}}Q^{\mathrm{T}} = (Q^{\mathrm{T}})^{\mathrm{T}}\Lambda Q^{-1} = Q\Lambda Q^{-1} = A$，于是 A 是实对称矩阵．

（2）由此，我们也可以回答为什么非实对称矩阵一定不能用正交矩阵进行相似对角化了．

可通过一个实例来看一下：设 $A = \begin{bmatrix} 1 & 1 \\ 0 & 2 \end{bmatrix}$，求出 $\lambda_1 = 1$，$\lambda_2 = 2$，及其对应的特征向量 $\xi_1 = \begin{bmatrix} 1 \\ 0 \end{bmatrix}$，$\xi_2 = \begin{bmatrix} 1 \\ 1 \end{bmatrix}$，

若令 $P = [\xi_1, \xi_2]$，则 $P^{-1}AP = \begin{bmatrix} 1 & 0 \\ 0 & 2 \end{bmatrix}$．若进一步地，令

$$\beta_1 = \xi_1 = \begin{bmatrix} 1 \\ 0 \end{bmatrix}, \quad \beta_2 = \xi_2 - \frac{(\xi_2, \beta_1)}{(\beta_1, \beta_1)}\beta_1 = \begin{bmatrix} 0 \\ 1 \end{bmatrix},$$

注意，这里 β_2 已不是 A 的特征向量了！

令 $Q = \begin{bmatrix} 1 & 0 \\ 0 & 1 \end{bmatrix}$，则 $Q^{-1}AQ = EAE = A \neq \Lambda$．

（5）A 为 n 阶实对称矩阵，$A^2 = O \Rightarrow A = O$．

例 8.8 设 A 是 3 阶实对称矩阵，已知 A 的每行元素之和为 3，且有二重特征值 $\lambda_1 = \lambda_2 = 1$．求 A 的全部特征值、特征向量，并求 A^n．

【解】**法一** A 是 3 阶矩阵，每行元素之和为 3，即有

$$A\begin{bmatrix} 1 \\ 1 \\ 1 \end{bmatrix} = \begin{bmatrix} 3 \\ 3 \\ 3 \end{bmatrix} = 3\begin{bmatrix} 1 \\ 1 \\ 1 \end{bmatrix},$$

故知 A 有特征值 $\lambda_3 = 3$，对应的特征向量为 $\xi_3 = [1, 1, 1]^{\mathrm{T}}$，所以对应于 $\lambda_3 = 3$ 的全部特征向量为 $k_3\xi_3$（k_3 为任意非零常数）．

又 A 是实对称矩阵，不同特征值对应的特征向量正交，故设 $\lambda_1=\lambda_2=1$ 对应的特征向量为 $\xi=[x_1,\ x_2,\ x_3]^{\mathrm{T}}$，于是

$$\xi_3^{\mathrm{T}}\xi=x_1+x_2+x_3=0,$$

解得 $\lambda_1=\lambda_2=1$ 的线性无关的特征向量为

$$\xi_1=[-1,\ 1,\ 0]^{\mathrm{T}},\ \xi_2=[-1,\ 0,\ 1]^{\mathrm{T}}.$$

所以对应于 $\lambda_1=\lambda_2=1$ 的全部特征向量为 $k_1\xi_1+k_2\xi_2$（k_1，k_2 为不全为零的任意常数）.

取 $P=[\xi_1,\ \xi_2,\ \xi_3]=\begin{bmatrix}-1&-1&1\\1&0&1\\0&1&1\end{bmatrix}$，则 $P^{-1}AP=\Lambda=\begin{bmatrix}1&&\\&1&\\&&3\end{bmatrix}$，故

$$A=P\Lambda P^{-1},\ A^n=P\Lambda P^{-1}\cdots P\Lambda P^{-1}=P\Lambda^n P^{-1},$$

其中 P^{-1} 可如下求得：

则 $P^{-1}=\dfrac{1}{3}\begin{bmatrix}-1&2&-1\\-1&-1&2\\1&1&1\end{bmatrix}$，故

$$A^n=P\Lambda^n P^{-1}=\frac{1}{3}\begin{bmatrix}-1&-1&1\\1&0&1\\0&1&1\end{bmatrix}\begin{bmatrix}1&&\\&1&\\&&3\end{bmatrix}^n\begin{bmatrix}-1&2&-1\\-1&-1&2\\1&1&1\end{bmatrix}$$

$$=\frac{1}{3}\begin{bmatrix}-1&-1&1\\1&0&1\\0&1&1\end{bmatrix}\begin{bmatrix}1&&\\&1&\\&&3^n\end{bmatrix}\begin{bmatrix}-1&2&-1\\-1&-1&2\\1&1&1\end{bmatrix}$$

$$=\frac{1}{3}\begin{bmatrix}2+3^n&-1+3^n&-1+3^n\\-1+3^n&2+3^n&-1+3^n\\-1+3^n&-1+3^n&2+3^n\end{bmatrix}.$$

法二 由法一得，$A\xi_3 = \lambda_3\xi_3$，其中 $\lambda_3 = 3$，$\xi_3 = [1, 1, 1]^T$. 所以对应于 $\lambda_3 = 3$ 的全部特征向量为 $k_3\xi_3$（k_3 为任意非零常数）．

设 $\lambda_1 = \lambda_2 = 1$ 对应的特征向量为 $\xi = [x_1, x_2, x_3]^T$，则

$$\xi_3^T\xi = x_1 + x_2 + x_3 = 0,$$

取 $\xi_1 = [1, -1, 0]^T$，再取 ξ_2 与 ξ_1 正交，设 $\xi_2 = [1, 1, x]^T$，代入上式得 $\xi_2 = [1, 1, -2]^T$，所以对应于 $\lambda_1 = \lambda_2 = 1$ 的全部特征向量为 $k_1\xi_1 + k_2\xi_2$（k_1，k_2 为不全为零的任意常数）．

将 ξ_1，ξ_2，ξ_3 单位化，并取正交矩阵

$$Q = [\xi_1^\circ, \xi_2^\circ, \xi_3^\circ] = \begin{bmatrix} \dfrac{1}{\sqrt{2}} & \dfrac{1}{\sqrt{6}} & \dfrac{1}{\sqrt{3}} \\ -\dfrac{1}{\sqrt{2}} & \dfrac{1}{\sqrt{6}} & \dfrac{1}{\sqrt{3}} \\ 0 & -\dfrac{2}{\sqrt{6}} & \dfrac{1}{\sqrt{3}} \end{bmatrix},$$

则

$$Q^{-1}AQ = Q^TAQ = \begin{bmatrix} 1 & & \\ & 1 & \\ & & 3 \end{bmatrix} = \Lambda,$$

$$A^n = Q\Lambda^nQ^T = \begin{bmatrix} \dfrac{1}{\sqrt{2}} & \dfrac{1}{\sqrt{6}} & \dfrac{1}{\sqrt{3}} \\ -\dfrac{1}{\sqrt{2}} & \dfrac{1}{\sqrt{6}} & \dfrac{1}{\sqrt{3}} \\ 0 & -\dfrac{2}{\sqrt{6}} & \dfrac{1}{\sqrt{3}} \end{bmatrix} \begin{bmatrix} 1 & & \\ & 1 & \\ & & 3^n \end{bmatrix} \begin{bmatrix} \dfrac{1}{\sqrt{2}} & -\dfrac{1}{\sqrt{2}} & 0 \\ \dfrac{1}{\sqrt{6}} & \dfrac{1}{\sqrt{6}} & -\dfrac{2}{\sqrt{6}} \\ \dfrac{1}{\sqrt{3}} & \dfrac{1}{\sqrt{3}} & \dfrac{1}{\sqrt{3}} \end{bmatrix}$$

$$= \frac{1}{3} \begin{bmatrix} 2+3^n & -1+3^n & -1+3^n \\ -1+3^n & 2+3^n & -1+3^n \\ -1+3^n & -1+3^n & 2+3^n \end{bmatrix}.$$

法三 由法一得，A 的特征值为 1，1，3，A 的对应于 $\lambda_3 = 3$ 的特征向量为 $\xi_3 = [1, 1, 1]^T$，则 A^n 的特征值为 1，1，3^n，$A^n - E$ 的特征值为 0，0，$3^n - 1$，其对应于 $3^n - 1$ 的特征向量仍为 $\xi_3 = [1, 1, 1]^T$，单位化得 $\eta = \dfrac{1}{\sqrt{3}}[1, 1, 1]^T = \dfrac{1}{\sqrt{3}}\xi_3$，从而由实对称矩阵的相关结论（见注（2））得，

$$A^n - E = (3^n - 1)\eta\eta^T = (3^n - 1)\frac{1}{\sqrt{3}}\xi_3 \times \frac{1}{\sqrt{3}}\xi_3^T = \frac{1}{3}(3^n - 1)\begin{bmatrix} 1 & 1 & 1 \\ 1 & 1 & 1 \\ 1 & 1 & 1 \end{bmatrix},$$

故 $A^n = \dfrac{1}{3}(3^n - 1)\begin{bmatrix} 1 & 1 & 1 \\ 1 & 1 & 1 \\ 1 & 1 & 1 \end{bmatrix} + E = \dfrac{1}{3}\begin{bmatrix} 2+3^n & -1+3^n & -1+3^n \\ -1+3^n & 2+3^n & -1+3^n \\ -1+3^n & -1+3^n & 2+3^n \end{bmatrix}.$

【注】（1）因为 A 是实对称矩阵，所以不同特征值对应的特征向量正交，且不仅存在可逆矩阵 P，使 $P^{-1}AP = \Lambda$，还存在正交矩阵 Q，使

$$Q^{-1}AQ = Q^{\mathrm{T}}AQ = \Lambda.$$

法二中利用正交矩阵 Q，有 $Q^{-1} = Q^{\mathrm{T}}$，避免了用初等变换求逆矩阵，较简便.

（2）设 n 阶实对称矩阵 A 属于特征值 λ_1，λ_2，$\cdots$，λ_n 的单位正交特征向量为 ξ_1，ξ_2，$\cdots$，ξ_n，则

$$A = \lambda_1\xi_1\xi_1^{\mathrm{T}} + \lambda_2\xi_2\xi_2^{\mathrm{T}} + \cdots + \lambda_n\xi_n\xi_n^{\mathrm{T}}.$$

证　令 $Q = [\xi_1, \xi_2, \cdots, \xi_n]$，有 $Q^{\mathrm{T}}AQ = \Lambda$，即

$$A = Q\Lambda Q^{\mathrm{T}} = [\xi_1, \xi_2, \cdots, \xi_n]\begin{bmatrix} \lambda_1 & & & \\ & \lambda_2 & & \\ & & \ddots & \\ & & & \lambda_n \end{bmatrix}\begin{bmatrix} \xi_1^{\mathrm{T}} \\ \xi_2^{\mathrm{T}} \\ \vdots \\ \xi_n^{\mathrm{T}} \end{bmatrix}$$

$$= \lambda_1\xi_1\xi_1^{\mathrm{T}} + \lambda_2\xi_2\xi_2^{\mathrm{T}} + \cdots + \lambda_n\xi_n\xi_n^{\mathrm{T}}.$$

> 若 $\lambda_1 = 100$，$0 \leqslant \lambda_2$，λ_3，$\cdots$，$\lambda_n < 0.1$，你是否看出 A 的主要成分是 $\lambda_1\xi_1\xi_1^{\mathrm{T}}$？

2. 正交矩阵的重要结论

（1）若 A 为正交矩阵，则

$$A^{\mathrm{T}}A = E \Leftrightarrow A^{-1} = A^{\mathrm{T}}$$

> 即组成 A 的每一行（列）均为两两正交的单位向量

$$\Leftrightarrow A \text{ 由规范正交基组成}$$

$$\Leftrightarrow A^{\mathrm{T}} \text{ 是正交矩阵}$$

$$\Leftrightarrow A^{-1} \text{ 是正交矩阵}$$

$$\Leftrightarrow A^* \text{ 是正交矩阵}$$

$$\Leftrightarrow -A \text{ 是正交矩阵}.$$

（2）若 A，B 为同阶正交矩阵，则 AB 为正交矩阵，但 $A + B$ 不一定为正交矩阵.

（3）若 A 为正交矩阵，则其实特征值的取值范围为 $\{-1, 1\}$.

【注】证　设 $A\alpha = \lambda\alpha$，$\alpha \neq 0$，于是 $\alpha^{\mathrm{T}}A^{\mathrm{T}} = (A\alpha)^{\mathrm{T}} = (\lambda\alpha)^{\mathrm{T}} = \lambda\alpha^{\mathrm{T}}$，因为 $A^{\mathrm{T}}A = E$，从而 $\alpha^{\mathrm{T}}\alpha = \alpha^{\mathrm{T}}A^{\mathrm{T}}A\alpha = (\lambda\alpha^{\mathrm{T}})\lambda\alpha = \lambda^2\alpha^{\mathrm{T}}\alpha$，则 $(1 - \lambda^2)\alpha^{\mathrm{T}}\alpha = 0$. 因为 α 是实特征向量，所以 $\alpha^{\mathrm{T}}\alpha = x_1^2 + x_2^2 + \cdots + x_n^2 > 0$，可知 $\lambda^2 = 1$，由于 λ 是实数，故只能是 -1 或 1.

（4）设 A 为 n 阶非零矩阵，$\begin{cases} \text{若 } a_{ij} = A_{ij}，\text{则 } A^{\mathrm{T}} = A^*，AA^{\mathrm{T}} = E，\text{且 } |A| = 1; \\ \text{若 } a_{ij} = -A_{ij}，\text{则 } A^{\mathrm{T}} = -A^*，AA^{\mathrm{T}} = E，\text{且 } |A| = -1. \end{cases}$

【注】证 事实上，设 A 为 n 阶非零矩阵，若 $a_{ij}=A_{ij}$，则有 $A^{\mathrm{T}}=A^*$. 由 $AA^*=|A|E$，有 $AA^{\mathrm{T}}=|A|E$，$|AA^{\mathrm{T}}|=||A|E|$，得 $|A|^2=|A|^n$，于是 $|A|^2(1-|A|^{n-2})=0$. 又存在 $a_{ij}\neq 0$，则 $|A|=a_{i1}A_{i1}+\cdots+a_{in}A_{in}=a_{i1}^2+\cdots+a_{in}^2>0$，故 $|A|=1$. 于是有 $AA^{\mathrm{T}}=E$，A 为正交矩阵. 同理可得，若 $a_{ij}=-A_{ij}$，则 $A^{\mathrm{T}}=-A^*$，$AA^{\mathrm{T}}=E$，且 $|A|=-1$.

例 8.9 设 A 为 3 阶正交矩阵，它的第一行、第一列位置的元素是 1，又设 $\beta=[1,0,0]^{\mathrm{T}}$，则方程组 $Ax=\beta$ 的解为_____.

【解】应填 $\begin{bmatrix}1\\0\\0\end{bmatrix}$.

正交矩阵的几何背景：每一列（行）长度为1

已知 A 为 3 阶正交矩阵且 $a_{11}=1$，则 A 可逆且 $A=\begin{bmatrix}1&0&0\\0&a_{22}&a_{23}\\0&a_{32}&a_{33}\end{bmatrix}$. 根据克拉默法则知，$Ax=\beta$ 有唯一解，且

$$x=A^{-1}\beta=A^{\mathrm{T}}\beta=\begin{bmatrix}1&0&0\\0&a_{22}&a_{32}\\0&a_{23}&a_{33}\end{bmatrix}\begin{bmatrix}1\\0\\0\end{bmatrix}=\begin{bmatrix}1\\0\\0\end{bmatrix}.$$

四、A，B 同时对角化的三大问题 (O₄(盯住目标 4))

1. A，B 为实对称矩阵，$AB=BA\Rightarrow$ 存在正交矩阵 Q，使得 $Q^{\mathrm{T}}AQ$，$Q^{\mathrm{T}}BQ$ 同时对角化.

例 8.10 设 3 阶矩阵 A 与 B 乘积可交换，α_1，α_2，α_3 是线性无关的 3 维列向量，且满足

$$A\alpha_1=\alpha_1+\alpha_2+\alpha_3,\quad A\alpha_2=\alpha_3,\quad A\alpha_3=2\alpha_2+\alpha_3.$$

（1）求 A 的全部特征值；

（2）证明：B 与对角矩阵相似.

（1）【解】$A[\alpha_1,\alpha_2,\alpha_3]=[\alpha_1,\alpha_2,\alpha_3]\begin{bmatrix}1&0&0\\1&0&2\\1&1&1\end{bmatrix}$，因为 α_1，α_2，α_3 线性无关，所以矩阵 $P=$

$[\alpha_1,\alpha_2,\alpha_3]$ 可逆，且有

$$P^{-1}AP=\begin{bmatrix}1&0&0\\1&0&2\\1&1&1\end{bmatrix}\xlongequal{\text{记为}}C.$$

由于 A 与 C 相似，因此 A 与 C 具有相同的特征值. 由

$$|\lambda E - C| = \begin{vmatrix} \lambda-1 & 0 & 0 \\ -1 & \lambda & -2 \\ -1 & -1 & \lambda-1 \end{vmatrix} = (\lambda-1)(\lambda+1)(\lambda-2) = 0,$$

得特征值 $\lambda_1 = -1$，$\lambda_2 = 1$，$\lambda_3 = 2$.

（2）【证】由（1）知 A 有 3 个互不相同的特征值，故 A 与对角矩阵相似，且 A 有 3 个线性无关的特征向量. 又因为 A 与 B 乘积可交换，故由第 7 讲的"三、2.（8）"知，A 的特征向量都是 B 的特征向量，即 B 有 3 个线性无关的特征向量，因此 B 也与对角矩阵相似.

【注】（1）若考解答题，则需证明第 7 讲的"三、2.（8）"，不可直接使用.

（2）设 λ_i，μ_i（$i = 1, 2, 3$）分别为 A 与 B 的特征值，且 λ_i 互不相等. 由于 A 与 B 有相同的特征向量，可设它们为 $\boldsymbol{\beta}_1$，$\boldsymbol{\beta}_2$，$\boldsymbol{\beta}_3$，则有

$$A\boldsymbol{\beta}_i = \lambda_i \boldsymbol{\beta}_i, \quad B\boldsymbol{\beta}_i = \mu_i \boldsymbol{\beta}_i, \quad i = 1, 2, 3.$$

令 $Q = [\boldsymbol{\beta}_1, \boldsymbol{\beta}_2, \boldsymbol{\beta}_3]$，则 Q 可逆，且

$$Q^{-1}AQ = \Lambda_1 = \begin{bmatrix} \lambda_1 & & \\ & \lambda_2 & \\ & & \lambda_3 \end{bmatrix}, \quad Q^{-1}BQ = \Lambda_2 = \begin{bmatrix} \mu_1 & & \\ & \mu_2 & \\ & & \mu_3 \end{bmatrix}.$$

（3）事实上，亦可进行如下讨论.

若 n 阶矩阵 A 有 n 个互异特征值 λ_i（$i = 1, 2, \cdots, n$），且 $AB = BA$，则 B 可相似对角化.

证 因为 $P^{-1}AP = \Lambda$，且 $AB = BA$，所以

$$P^{-1}ABP = P^{-1}APP^{-1}BP = \Lambda P^{-1}BP, \quad P^{-1}BAP = P^{-1}BPP^{-1}AP = P^{-1}BP\Lambda,$$

由于与主对角线元素两两不等的对角矩阵可交换的只能是对角矩阵，故 $P^{-1}BP = \widetilde{\Lambda}$，证毕.

2. A 为正定矩阵，B 为对称矩阵 $\Rightarrow$ 存在可逆矩阵 P，使得 $P^{\mathrm{T}}AP$，$P^{\mathrm{T}}BP$ 同时对角化.

例 8.11 设矩阵 $A = \begin{bmatrix} 1 & 1 \\ 1 & 2 \end{bmatrix}$，$B = \begin{bmatrix} 1 & -1 \\ -1 & 1 \end{bmatrix}$.

（1）证明：A 为正定矩阵；

（2）求一个可逆矩阵 P，使得 $P^{\mathrm{T}}AP$ 与 $P^{\mathrm{T}}BP$ 均为对角矩阵.

（1）【证】A 的顺序主子式 $a_{11} = 1 > 0$，$|A| = 1 > 0$，又 $A^{\mathrm{T}} = A$，故 A 为正定矩阵.

（2）【解】矩阵 A 对应的二次型为

$$f(x_1, x_2) = x_1^2 + 2x_2^2 + 2x_1x_2 = (x_1 + x_2)^2 + x_2^2.$$

令 $\begin{cases} x_1 + x_2 = y_1 \\ x_2 = y_2, \end{cases}$ 则有 $\begin{cases} x_1 = y_1 - y_2 \\ x_2 = y_2, \end{cases}$ 即 $\begin{bmatrix} x_1 \\ x_2 \end{bmatrix} = \begin{bmatrix} 1 & -1 \\ 0 & 1 \end{bmatrix}\begin{bmatrix} y_1 \\ y_2 \end{bmatrix} \xlongequal{\text{记为}} Q\begin{bmatrix} y_1 \\ y_2 \end{bmatrix}$，故有

$$Q^{\mathrm{T}}AQ = \begin{bmatrix} 1 & 0 \\ -1 & 1 \end{bmatrix} \begin{bmatrix} 1 & 1 \\ 1 & 2 \end{bmatrix} \begin{bmatrix} 1 & -1 \\ 0 & 1 \end{bmatrix} = \begin{bmatrix} 1 & 0 \\ 0 & 1 \end{bmatrix}.$$

又 $(Q^{\mathrm{T}}BQ)^{\mathrm{T}} = Q^{\mathrm{T}}B^{\mathrm{T}}Q = Q^{\mathrm{T}}BQ$，故 $Q^{\mathrm{T}}BQ \xrightarrow{\text{记为}} T$，为对称矩阵，且

$$T = Q^{\mathrm{T}}BQ = \begin{bmatrix} 1 & 0 \\ -1 & 1 \end{bmatrix} \begin{bmatrix} 1 & -1 \\ -1 & 1 \end{bmatrix} \begin{bmatrix} 1 & -1 \\ 0 & 1 \end{bmatrix} = \begin{bmatrix} 1 & -2 \\ -2 & 4 \end{bmatrix},$$

由 $|\lambda E - T| = \begin{vmatrix} \lambda - 1 & 2 \\ 2 & \lambda - 4 \end{vmatrix} = \lambda^2 - 5\lambda = 0$ 可得，矩阵 T 的特征值为 $\lambda_1 = 0$，$\lambda_2 = 5$.

矩阵 T 的属于特征值 $\lambda_1 = 0$ 的单位特征向量为 $\begin{bmatrix} \dfrac{2}{\sqrt{5}} \\ \dfrac{1}{\sqrt{5}} \end{bmatrix}$；

矩阵 T 的属于特征值 $\lambda_2 = 5$ 的单位特征向量为 $\begin{bmatrix} \dfrac{1}{\sqrt{5}} \\ -\dfrac{2}{\sqrt{5}} \end{bmatrix}$.

令 $R = \begin{bmatrix} \dfrac{2}{\sqrt{5}} & \dfrac{1}{\sqrt{5}} \\ \dfrac{1}{\sqrt{5}} & -\dfrac{2}{\sqrt{5}} \end{bmatrix}$，则 R 为正交矩阵，且 $R^{\mathrm{T}}TR = \begin{bmatrix} 0 & 0 \\ 0 & 5 \end{bmatrix}$.

又 $R^{\mathrm{T}}Q^{\mathrm{T}}AQR = \begin{bmatrix} 1 & 0 \\ 0 & 1 \end{bmatrix}$，故令 $P = QR$，使得 $P^{\mathrm{T}}AP$ 与 $P^{\mathrm{T}}BP$ 均为对角矩阵，即

$$P = \begin{bmatrix} 1 & -1 \\ 0 & 1 \end{bmatrix} \begin{bmatrix} \dfrac{2}{\sqrt{5}} & \dfrac{1}{\sqrt{5}} \\ \dfrac{1}{\sqrt{5}} & -\dfrac{2}{\sqrt{5}} \end{bmatrix} = \begin{bmatrix} \dfrac{1}{\sqrt{5}} & \dfrac{3}{\sqrt{5}} \\ \dfrac{1}{\sqrt{5}} & -\dfrac{2}{\sqrt{5}} \end{bmatrix}.$$

例 8.12 设 A 正定，$B^{\mathrm{T}} = B$，证明：存在可逆矩阵 P，使得 $P^{\mathrm{T}}AP = E$，$P^{\mathrm{T}}BP = \begin{bmatrix} \lambda_1 & & & \\ & \lambda_2 & & \\ & & \ddots & \\ & & & \lambda_n \end{bmatrix}$，

其中 λ_i 为 $A^{-1}B$ 的特征值.

【证】由 A 正定，故存在可逆矩阵 Q，使 $Q^{\mathrm{T}}AQ = E$.

又 $(Q^{\mathrm{T}}BQ)^{\mathrm{T}} = Q^{\mathrm{T}}BQ$，即 $Q^{\mathrm{T}}BQ$ 为对称矩阵，则存在正交矩阵 R，使

$$R^{\mathrm{T}}(Q^{\mathrm{T}}BQ)R = \begin{bmatrix} \lambda_1 & & & \\ & \lambda_2 & & \\ & & \ddots & \\ & & & \lambda_n \end{bmatrix}.$$

大学数学解题指南

又 $R^{\mathrm{T}}(Q^{\mathrm{T}}AQ)R=E$，故令 $P=QR$，即有 $P^{\mathrm{T}}BP=\begin{bmatrix}\lambda_1&&&\\&\lambda_2&&\\&&\ddots&\\&&&\lambda_n\end{bmatrix}$.

又

$$P^{\mathrm{T}}(\lambda A-B)P=\lambda P^{\mathrm{T}}AP-P^{\mathrm{T}}BP$$
$$=\lambda R^{\mathrm{T}}Q^{\mathrm{T}}AQR-P^{\mathrm{T}}BP$$
$$=\lambda E-P^{\mathrm{T}}BP$$
$$=\begin{bmatrix}\lambda-\lambda_1&&\\&\ddots&\\&&\lambda-\lambda_n\end{bmatrix},$$

故 λ_i 为 $|\lambda A-B|=0$ 的根，也即 $|A||\lambda_i E-A^{-1}B|=0$，由 $|A|\neq 0$，则 λ_i 为 $|\lambda E-A^{-1}B|=0$ 的根，即 λ_i 为 $A^{-1}B$ 的特征值.

3. 若 $f(A)g(B)=E$，$A\sim\Lambda\Rightarrow f(\lambda)\neq 0$，且存在可逆矩阵 P，使得 $P^{-1}AP$，$P^{-1}BP$ 同时对角化. 如 $AB=A-B\Rightarrow(A+E)(E-B)=E$.

例 8.13 设 A，B 为 n 阶方阵，$AB=A-B$，A 可相似对角化，证明存在可逆矩阵 P，使得 $P^{-1}AP$，$P^{-1}BP$ 同时对角化.

【证】由 $AB=A-B$，有 $(A+E)(E-B)=E$，且 $|A+E|\neq 0$，-1 不是 A 的特征值.

由 A 可相似对角化，即存在可逆矩阵 P，使 $P^{-1}AP=\Lambda=\begin{bmatrix}\lambda_1&&&\\&\lambda_2&&\\&&\ddots&\\&&&\lambda_n\end{bmatrix}$，且

$$P^{-1}(A+E)^{-1}P=\begin{bmatrix}\dfrac{1}{\lambda_1+1}&&&\\&\dfrac{1}{\lambda_2+1}&&\\&&\ddots&\\&&&\dfrac{1}{\lambda_n+1}\end{bmatrix},\ \lambda_i+1\neq 0,\ i=1,2,\cdots,n.$$

又 $B=E-(A+E)^{-1}$，于是

$$P^{-1}BP=P^{-1}[E-(A+E)^{-1}]P$$
$$=E-P^{-1}(A+E)^{-1}P$$

$$= E - \begin{bmatrix} \dfrac{1}{\lambda_1 + 1} & & & \\ & \dfrac{1}{\lambda_2 + 1} & & \\ & & \ddots & \\ & & & \dfrac{1}{\lambda_n + 1} \end{bmatrix}$$

$$= \begin{bmatrix} 1 - \dfrac{1}{\lambda_1 + 1} & & & \\ & 1 - \dfrac{1}{\lambda_2 + 1} & & \\ & & \ddots & \\ & & & 1 - \dfrac{1}{\lambda_n + 1} \end{bmatrix}.$$

故得证.

第9讲 二次型

三向解题法

化二次型为标准形、规范形
(O(盯住目标))

二次型及其标准形、规范形
(D₁(常规操作)+D₂₂
(转换等价表述))

正交变换法
(D₁(常规操作)+
D₂₂(转换等价表述))

判别正定二次型
(D₁(常规操作)+
D₂₁(观察研究对象))

配方法
(D₂₁(观察研究对象)+
D₂₂(转换等价表述))

实对称矩阵的合同
(D₁(常规操作))

现代科学的数学基础初探
(D₁(常规操作)+D₄₃(数
形结合))

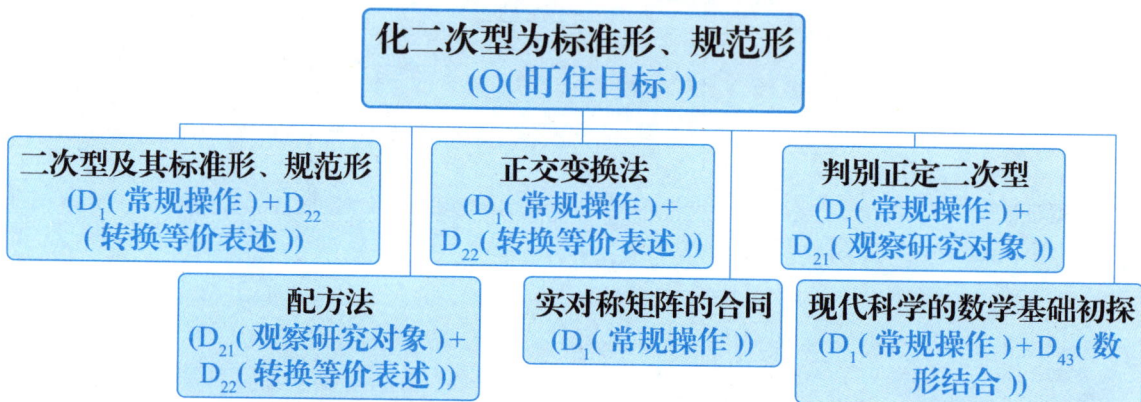

一、二次型及其标准形、规范形(D₁(常规操作)+D₂₂(转换等价表述))

1. 二次型的矩阵表示及其秩

含有 n 个变量 x_1，x_2，$\cdots$，x_n 的二次齐次函数

$$f(x_1, x_2, \cdots, x_n) = a_{11}x_1^2 + a_{22}x_2^2 + \cdots + a_{nn}x_n^2 + 2a_{12}x_1x_2 + 2a_{13}x_1x_3 + \cdots + 2a_{n-1,n}x_{n-1}x_n$$

称为二次型.

当 $j>i$ 时，取 $a_{ji}=a_{ij}$，则 $2a_{ij}x_ix_j=a_{ij}x_ix_j+a_{ji}x_jx_i$，故上式可写成

$$f(x_1, x_2, \cdots, x_n) = \sum_{i=1}^{n}\sum_{j=1}^{n}a_{ij}x_ix_j.$$

当 a_{ij} 为实数时，f 称为实二次型.

对于二次型 $f(x_1, x_2, \cdots, x_n) = \sum_{i=1}^{n}\sum_{j=1}^{n}a_{ij}x_ix_j$，其中 $a_{ij}=a_{ji}$，记

$$A = \begin{bmatrix} a_{11} & a_{12} & \cdots & a_{1n} \\ a_{21} & a_{22} & \cdots & a_{2n} \\ \vdots & \vdots & & \vdots \\ a_{n1} & a_{n2} & \cdots & a_{nn} \end{bmatrix}, \quad x = \begin{bmatrix} x_1 \\ x_2 \\ \vdots \\ x_n \end{bmatrix},$$

则二次型 f 可表示为

$$f=x^{\mathrm{T}}Ax,$$

其中 A 为 n 阶实对称矩阵，即 $A^{\mathrm{T}}=A$，A 称为二次型 f 的矩阵，A 的秩称为二次型 f 的秩.

另一种表达法为 $f=(Ax, x)=x^{\mathrm{T}}Ax$.注意这种写法.

例 9.1 设 A 为 n 阶实对称矩阵，$r(A)=n$，A_{ij} 是 $A=(a_{ij})_{n \times n}$ 中元素 a_{ij} 的代数余子式（i，$j=1$，2，$\cdots$，n），二次型

$$f(x_1, x_2, \cdots, x_n) = \sum_{i=1}^{n} \sum_{j=1}^{n} \frac{A_{ij}}{|A|} x_i x_j.$$

记 $\boldsymbol{x}=[x_1, x_2, \cdots, x_n]^T$，把 $f(x_1, x_2, \cdots, x_n)$ 写成矩阵形式，并证明二次型 $f(\boldsymbol{x})$ 的矩阵为 A^{-1}.

【解】 因 $r(A)=n$，故 A 可逆，且 $A^{-1}=\dfrac{1}{|A|}A^*$，又 $(A^{-1})^T=(A^T)^{-1}=A^{-1}$，故 A^{-1} 是实对称矩阵，因而 A^* 是实对称矩阵，则二次型 $f(x_1, x_2, \cdots, x_n)$ 的矩阵形式为

$$f(\boldsymbol{x}) = [x_1, x_2, \cdots, x_n] \frac{1}{|A|} \begin{bmatrix} A_{11} & A_{12} & \cdots & A_{1n} \\ A_{21} & A_{22} & \cdots & A_{2n} \\ \vdots & \vdots & & \vdots \\ A_{n1} & A_{n2} & \cdots & A_{nn} \end{bmatrix} \begin{bmatrix} x_1 \\ x_2 \\ \vdots \\ x_n \end{bmatrix}$$

$$= [x_1, x_2, \cdots, x_n] \frac{1}{|A|} \begin{bmatrix} A_{11} & A_{21} & \cdots & A_{n1} \\ A_{12} & A_{22} & \cdots & A_{n2} \\ \vdots & \vdots & & \vdots \\ A_{1n} & A_{2n} & \cdots & A_{nn} \end{bmatrix} \begin{bmatrix} x_1 \\ x_2 \\ \vdots \\ x_n \end{bmatrix}.$$

因此二次型 $f(\boldsymbol{x})$ 的矩阵为 A^{-1}.

例 9.2 已知二次型 $f(x_1, x_2, x_3)=(1-a)x_1^2+(1-a)x_2^2+2x_3^2+2(1+a)x_1x_2$ 的秩为 2，则 $f(x_1, x_2, x_3)=0$ 的通解为_____.

【解】 应填 $\boldsymbol{x}=[k, -k, 0]^T$，$k$ 是任意常数.

二次型 f 的矩阵为 $A=\begin{bmatrix} 1-a & 1+a & 0 \\ 1+a & 1-a & 0 \\ 0 & 0 & 2 \end{bmatrix}$.

由题可知，矩阵 A 的秩为 2，从而 $|A|=2\begin{vmatrix} 1-a & 1+a \\ 1+a & 1-a \end{vmatrix}=-8a=0$，解得 $a=0$，则

$$f(x_1, x_2, x_3) = x_1^2 + x_2^2 + 2x_3^2 + 2x_1x_2 = (x_1+x_2)^2 + 2x_3^2.$$

由 $f(x_1, x_2, x_3)=0$ 得 $\begin{cases} x_1+x_2=0 \\ x_3=0 \end{cases}$，解得 $\boldsymbol{x}=[k, -k, 0]^T$，$k$ 是任意常数.

2. 线性变换

对于 n 元二次型 $f(x_1, x_2, \cdots, x_n)$，若令

$$\begin{cases} x_1 = c_{11}y_1 + c_{12}y_2 + \cdots + c_{1n}y_n, \\ x_2 = c_{21}y_1 + c_{22}y_2 + \cdots + c_{2n}y_n, \\ \quad\quad\quad \cdots\cdots \\ x_n = c_{n1}y_1 + c_{n2}y_2 + \cdots + c_{nn}y_n, \end{cases} \quad (*)$$

记 $\boldsymbol{x}=\begin{bmatrix} x_1 \\ x_2 \\ \vdots \\ x_n \end{bmatrix}$, $\boldsymbol{C}=\begin{bmatrix} c_{11} & c_{12} & \cdots & c_{1n} \\ c_{21} & c_{22} & \cdots & c_{2n} \\ \vdots & \vdots & & \vdots \\ c_{n1} & c_{n2} & \cdots & c_{nn} \end{bmatrix}$, $\boldsymbol{y}=\begin{bmatrix} y_1 \\ y_2 \\ \vdots \\ y_n \end{bmatrix}$, 则（*）式可写为

$$\boldsymbol{x}=\boldsymbol{C}\boldsymbol{y},$$

（*）式称为**线性变换**. 若线性变换的系数矩阵 $\boldsymbol{C}$ 可逆, 即 $|\boldsymbol{C}|\neq 0$, 则称为**可逆线性变换**（见后面的配方法）；若 $\boldsymbol{C}$ 为正交矩阵, 则称为**正交变换**（见后面的正交变换法）.

3. 二次型的标准形、规范形

（1）定义.

若二次型中只含有平方项, 没有交叉项（即所有交叉项的系数全为零）, 即形如

$$d_1 x_1^2 + d_2 x_2^2 + \cdots + d_n x_n^2$$

的二次型称为**标准形**.

若标准形中, 系数 $d_i(i=1, 2, \cdots, n)$ 的取值范围为 $\{1, -1, 0\}$, 即形如 $x_1^2 + \cdots + x_p^2 - x_{p+1}^2 - \cdots - x_{p+q}^2$ 的二次型称为**规范形**.

【注】标准形一般不唯一. 规范形在不考虑系数 d_i 的顺序时是唯一的. 读者在写规范形时, 也不必在意 d_i 的顺序.

（2）重要结论.

① 任何二次型 $f=\boldsymbol{x}^{\mathrm{T}}\boldsymbol{A}\boldsymbol{x}$ 均可通过配方法（作可逆线性变换 $\boldsymbol{x}=\boldsymbol{C}\boldsymbol{y}$）化成标准形 $k_1 y_1^2 + k_2 y_2^2 + \cdots + k_n y_n^2$ 或规范形 $y_1^2 + \cdots + y_p^2 - y_{p+1}^2 - \cdots - y_{p+q}^2$.

【注】此处 $\boldsymbol{C}$ 的列向量一般不是 $\boldsymbol{A}$ 的特征向量, $k_i(i=1, 2, \cdots, n)$ 一般也不是 $\boldsymbol{A}$ 的特征值.

② 任何二次型 $f=\boldsymbol{x}^{\mathrm{T}}\boldsymbol{A}\boldsymbol{x}$ 也可以通过正交变换 $\boldsymbol{x}=\boldsymbol{Q}\boldsymbol{y}$ 化成标准形 $\lambda_1 y_1^2 + \lambda_2 y_2^2 + \cdots + \lambda_n y_n^2$.

【注】此处 $\boldsymbol{Q}$ 的列向量均是 $\boldsymbol{A}$ 的特征向量, $\lambda_i(i=1, 2, \cdots, n)$ 均是 $\boldsymbol{A}$ 的特征值.

③（惯性定理）无论选取什么样的可逆线性变换, 将二次型化成标准形或规范形, 其正项个数 p, 负项个数 q 都是不变的, p 称为**正惯性指数**, q 称为**负惯性指数**.

【注】（1）$r(\boldsymbol{A})=p+q$.
（2）符号差 $s=p-q$.

二、配方法（D_{21}（观察研究对象）+D_{22}（转换等价表述））

1. 含平方项

将某个变量的平方项及与其有关的混合项合并在一起, 配成一个完全平方项. 如法炮制, 直到配完.

2. 不含平方项

创造平方项，如含有 x_1x_2 项，令

$$\begin{cases} x_1 = y_1 + y_2, \\ x_2 = y_1 - y_2, \\ x_3 = y_3, \\ \cdots\cdots \\ x_n = y_n, \end{cases}$$

使 $x_1x_2 = y_1^2 - y_2^2$，出现平方项，再按含平方项的方法配方.

3. 矩阵语言

对实对称矩阵 $\boldsymbol{A}$，必存在可逆矩阵 $\boldsymbol{C}$，使得 $\boldsymbol{C}^{\mathrm{T}}\boldsymbol{A}\boldsymbol{C}=\boldsymbol{\varLambda}$，其中 $\boldsymbol{\varLambda}$ 是对角矩阵.

【注】$\boldsymbol{\varLambda}$（标准形）不唯一，视 $\boldsymbol{C}$ 而定，且 $\boldsymbol{\varLambda}$ 的主对角线元素往往不是 $\boldsymbol{A}$ 的特征值.

例 9.3 二次型 $f(x_1, x_2, x_3) = x_1x_2 + x_1x_3 - x_2x_3$ 的负惯性指数 q 为_____.

【解】应填 1.

令

$$\begin{cases} x_1 = y_1 + y_2, \\ x_2 = y_1 - y_2, \\ x_3 = y_3, \end{cases}$$

则

$$f = y_1^2 - y_2^2 + y_1y_3 + y_2y_3 - y_1y_3 + y_2y_3 = y_1^2 - y_2^2 + 2y_2y_3$$

$$= y_1^2 - (y_2 - y_3)^2 + y_3^2.$$

令 $\begin{cases} z_1 = y_1, \\ z_2 = y_2 - y_3, \\ z_3 = y_3, \end{cases}$ 即 $\begin{cases} y_1 = z_1, \\ y_2 = z_2 + z_3, \\ y_3 = z_3, \end{cases}$ 得二次型的规范形为

$$f = z_1^2 - z_2^2 + z_3^2.$$

故负惯性指数 q 为 1.

三、正交变换法 (D₁(常规操作)+D₂₂(转换等价表述))

1. 基本步骤

对于 $f = \boldsymbol{x}^{\mathrm{T}}\boldsymbol{A}\boldsymbol{x}$.

① 在确定 $\boldsymbol{A}$ 是实对称矩阵的条件下，求 $\boldsymbol{A}$ 的特征值 $\lambda_1, \lambda_2, \cdots, \lambda_n$.

【注】若 $\boldsymbol{A}$ 不是实对称矩阵，令 $\boldsymbol{B} = \dfrac{1}{2}(\boldsymbol{A} + \boldsymbol{A}^{\mathrm{T}})$，即可将其变为实对称矩阵.

②求 A 对应于特征值 λ_1，λ_2，$\cdots$，λ_n 的线性无关的特征向量 ξ_1，ξ_2，$\cdots$，ξ_n.

③将 ξ_1，ξ_2，$\cdots$，ξ_n 正交化（若需要的话）、单位化为 η_1，η_2，$\cdots$，η_n.

④令 $Q=[\eta_1,\ \eta_2,\ \cdots,\ \eta_n]$，则 Q 为正交矩阵，且 $Q^{-1}AQ=Q^{T}AQ=\Lambda$.

于是

$$f=x^{T}Ax\xrightarrow{x=Qy}(Qy)^{T}A(Qy)=y^{T}Q^{T}AQy=y^{T}\Lambda y.$$

例9.4 设二次型 $f(x_1,\ x_2)=x_1^2-4x_1x_2+4x_2^2$ 经正交变换 $\begin{bmatrix}x_1\\x_2\end{bmatrix}=Q\begin{bmatrix}y_1\\y_2\end{bmatrix}$ 化为二次型 $g(y_1,\ y_2)=ay_1^2+4y_1y_2+by_2^2$，其中 $a\geqslant b$.

（1）求 a，b 的值；

（2）求正交矩阵 Q.

【解】（1）由题意知，二次型 $f(x_1,\ x_2)$ 与 $g(y_1,\ y_2)$ 的矩阵分别为

$$A=\begin{bmatrix}1&-2\\-2&4\end{bmatrix},\quad B=\begin{bmatrix}a&2\\2&b\end{bmatrix}.$$

由于 Q 为正交矩阵，且 $Q^{T}AQ=B$，于是 A 与 B 相似，因此 $\mathrm{tr}(A)=\mathrm{tr}(B)$，$|A|=|B|$，即

$$\begin{cases}a+b=5,\\ab-4=0.\end{cases}$$

又 $a\geqslant b$，解得 $a=4$，$b=1$.

（2）由于 $|\lambda E-A|=|\lambda E-B|=\lambda(\lambda-5)$，因此矩阵 A，B 的特征值均为 $\lambda_1=0$，$\lambda_2=5$.

矩阵 A 的属于特征值 $\lambda_1=0$ 的单位特征向量为 $\alpha_1=\dfrac{1}{\sqrt5}\begin{bmatrix}2\\1\end{bmatrix}$；

矩阵 A 的属于特征值 $\lambda_2=5$ 的单位特征向量为 $\alpha_2=\dfrac{1}{\sqrt5}\begin{bmatrix}1\\-2\end{bmatrix}$.

令 $Q_1=[\alpha_1,\ \alpha_2]=\dfrac{1}{\sqrt5}\begin{bmatrix}2&1\\1&-2\end{bmatrix}$，则 Q_1 为正交矩阵，且 $Q_1^{T}AQ_1=\begin{bmatrix}0&0\\0&5\end{bmatrix}$.

由（1）知 $B=\begin{bmatrix}4&2\\2&1\end{bmatrix}$.

矩阵 B 的属于特征值 $\lambda_1=0$ 的单位特征向量为 $\beta_1=\dfrac{1}{\sqrt5}\begin{bmatrix}1\\-2\end{bmatrix}$；

矩阵 B 的属于特征值 $\lambda_2=5$ 的单位特征向量为 $\beta_2=\dfrac{1}{\sqrt5}\begin{bmatrix}2\\1\end{bmatrix}$.

令 $Q_2=[\beta_1,\ \beta_2]=\dfrac{1}{\sqrt5}\begin{bmatrix}1&2\\-2&1\end{bmatrix}$，则 Q_2 为正交矩阵，且 $Q_2^{T}BQ_2=\begin{bmatrix}0&0\\0&5\end{bmatrix}$.

由于 $Q_1^{\mathrm{T}}AQ_1 = Q_2^{\mathrm{T}}BQ_2 = \begin{bmatrix} 0 & 0 \\ 0 & 5 \end{bmatrix}$，因此 $(Q_1Q_2^{\mathrm{T}})^{\mathrm{T}}A(Q_1Q_2^{\mathrm{T}}) = B$，故

$$Q = Q_1Q_2^{\mathrm{T}} = \frac{1}{5}\begin{bmatrix} 4 & -3 \\ -3 & -4 \end{bmatrix}$$

为所求矩阵.

2. 反求参数 A（或 f）

例 9.5 设齐次线性方程组 $(2E-A)x=0$ 有通解 $x=k\xi_1=k[-1,1,1]^{\mathrm{T}}$，其中 k 是任意常数，A 是二次型 $f(x_1, x_2, x_3)=x^{\mathrm{T}}Ax$ 的对应矩阵，且 $r(A)=1$.

（1）问 $\eta_1=[1,1,0]^{\mathrm{T}}$，$\eta_2=[1,-1,0]^{\mathrm{T}}$ 是不是方程组 $Ax=0$ 的解向量，说明理由；

（2）求二次型 $f(x_1, x_2, x_3)$.

【解】（1）A 是二次型的对应矩阵，故 $A^{\mathrm{T}}=A$，由 $(2E-A)x=0$ 有通解 $x=k\xi_1=k[-1,1,1]^{\mathrm{T}}$，知 A 有特征值 $\lambda=2$，且 $\xi_1=[-1,1,1]^{\mathrm{T}}$ 为 A 的对应于 $\lambda=2$ 的特征向量. 又 $r(A)=1$，故 $\lambda=0$ 是 A 的二重特征值.

$Ax=0$ 的非零解向量即 A 的对应于 $\lambda=0$ 的特征向量，其应与对应于 $\lambda=2$ 的特征向量 ξ_1 正交，因

$$(\xi_1, \eta_1) = \xi_1^{\mathrm{T}}\eta_1 = [-1,1,1]\begin{bmatrix} 1 \\ 1 \\ 0 \end{bmatrix} = 0,$$

故 η_1 是 $Ax=0$ 的解向量，即是 A 的对应于 $\lambda=0$ 的特征向量. 因

$$(\xi_1, \eta_2) = \xi_1^{\mathrm{T}}\eta_2 = [-1,1,1]\begin{bmatrix} 1 \\ -1 \\ 0 \end{bmatrix} = -2 \neq 0,$$

故 η_2 不是 $Ax=0$ 的解向量.

（2）求二次型即求其对应矩阵.

求对应于 $\lambda=0$ 的正交的特征向量，设为 $\xi=[x_1, x_2, x_3]^{\mathrm{T}}$，由 $\xi_1^{\mathrm{T}}\xi=-x_1+x_2+x_3=0$，解得 $\xi_2=[1,1,0]^{\mathrm{T}}$，$\xi_3=[1,-1,2]^{\mathrm{T}}$，并将 ξ_1, ξ_2, ξ_3 单位化后合并成正交矩阵有

$$Q=[\xi_1^\circ, \xi_2^\circ, \xi_3^\circ]=\begin{bmatrix} -\dfrac{1}{\sqrt{3}} & \dfrac{1}{\sqrt{2}} & \dfrac{1}{\sqrt{6}} \\ \dfrac{1}{\sqrt{3}} & \dfrac{1}{\sqrt{2}} & -\dfrac{1}{\sqrt{6}} \\ \dfrac{1}{\sqrt{3}} & 0 & \dfrac{2}{\sqrt{6}} \end{bmatrix},$$

则有

$$Q^{-1}AQ = Q^{T}AQ = \begin{bmatrix} 2 & & \\ & 0 & \\ & & 0 \end{bmatrix}.$$

故

$$A = Q \begin{bmatrix} 2 & & \\ & 0 & \\ & & 0 \end{bmatrix} Q^{T} = \begin{bmatrix} -\dfrac{1}{\sqrt{3}} & \dfrac{1}{\sqrt{2}} & \dfrac{1}{\sqrt{6}} \\ \dfrac{1}{\sqrt{3}} & \dfrac{1}{\sqrt{2}} & -\dfrac{1}{\sqrt{6}} \\ \dfrac{1}{\sqrt{3}} & 0 & \dfrac{2}{\sqrt{6}} \end{bmatrix} \begin{bmatrix} 2 & & \\ & 0 & \\ & & 0 \end{bmatrix} \begin{bmatrix} -\dfrac{1}{\sqrt{3}} & \dfrac{1}{\sqrt{3}} & \dfrac{1}{\sqrt{3}} \\ \dfrac{1}{\sqrt{2}} & \dfrac{1}{\sqrt{2}} & 0 \\ \dfrac{1}{\sqrt{6}} & -\dfrac{1}{\sqrt{6}} & \dfrac{2}{\sqrt{6}} \end{bmatrix} = \dfrac{1}{3} \begin{bmatrix} 2 & -2 & -2 \\ -2 & 2 & 2 \\ -2 & 2 & 2 \end{bmatrix},$$

故 $f(x_1, x_2, x_3) = \dfrac{2}{3}x_1^2 + \dfrac{2}{3}x_2^2 + \dfrac{2}{3}x_3^2 - \dfrac{4}{3}x_1x_2 - \dfrac{4}{3}x_1x_3 + \dfrac{4}{3}x_2x_3$.

3. 最值问题

若 A 的特征值大小排序为 $\lambda_1 \le \lambda_2 \le \cdots \le \lambda_n$，则

① $\lambda_1 x^{T}x \le x^{T}Ax \le \lambda_n x^{T}x$.

②若 $x^{T}x = 1$，则 $f_{\min} = \lambda_1$，$f_{\max} = \lambda_n$.

【注】由①，$\lambda_1 \le \dfrac{x^{T}Ax}{x^{T}x} \le \lambda_n$，若进一步，令 $A^{T} = A$，B 正定，故存在可逆矩阵 C，使 $B = C^{T}C$. 当 $x \ne 0$ 时，

$$\dfrac{x^{T}Ax}{x^{T}Bx} = \dfrac{x^{T}Ax}{(Cx)^{T}Cx} \xrightarrow{y = Cx} \dfrac{y^{T}(C^{-1})^{T}AC^{-1}y}{y^{T}y}，再令 D = (C^{-1})^{T}AC^{-1}，于是 D = D^{T}. 由①可知 \mu_1 \le \dfrac{y^{T}Dy}{y^{T}y} \le \mu_n，$$

其中 $\mu_1 \le \mu_2 \le \cdots \le \mu_n$ 为 D 的特征值. 因对称矩阵 A 与正定矩阵 B 均易获得，故 $\dfrac{x^{T}Ax}{x^{T}Bx}$ 比 $\dfrac{x^{T}Ax}{x^{T}x}$ 应用更广泛.

例 9.6 已知二次型 $f(x_1, x_2, x_3) = 3x_1^2 + 4x_2^2 + 3x_3^2 + 2x_1x_3$.

（1）求正交变换 $x = Qy$ 将 $f(x_1, x_2, x_3)$ 化为标准形；

（2）证明：$\min\limits_{x \ne 0} \dfrac{f(x)}{x^{T}x} = 2$.

（1）【解】二次型 $f(x_1, x_2, x_3) = 3x_1^2 + 4x_2^2 + 3x_3^2 + 2x_1x_3$ 对应的矩阵为

$$A = \begin{bmatrix} 3 & 0 & 1 \\ 0 & 4 & 0 \\ 1 & 0 & 3 \end{bmatrix}.$$

由于 $|\lambda E - A| = (\lambda - 2)(\lambda - 4)^2$，因此 A 的特征值为 $\lambda_1 = 2$，$\lambda_2 = \lambda_3 = 4$.

当 $\lambda_1 = 2$ 时，解方程组 $(2E-A)x=0$，得 A 的特征向量 $\xi_1 = \begin{bmatrix} -1 \\ 0 \\ 1 \end{bmatrix}$，单位化得 $\eta_1 = \begin{bmatrix} -\dfrac{1}{\sqrt{2}} \\ 0 \\ \dfrac{1}{\sqrt{2}} \end{bmatrix}$；

当 $\lambda_2 = \lambda_3 = 4$ 时，解方程组 $(4E-A)x=0$，得 A 的两个正交特征向量 $\xi_2 = \begin{bmatrix} 0 \\ 1 \\ 0 \end{bmatrix}$，$\xi_3 = \begin{bmatrix} 1 \\ 0 \\ 1 \end{bmatrix}$，单位化

得 $\eta_2 = \xi_2$，$\eta_3 = \begin{bmatrix} \dfrac{1}{\sqrt{2}} \\ 0 \\ \dfrac{1}{\sqrt{2}} \end{bmatrix}$.

令 $Q = [\, \eta_1, \, \eta_2, \, \eta_3 \,] = \begin{bmatrix} -\dfrac{1}{\sqrt{2}} & 0 & \dfrac{1}{\sqrt{2}} \\ 0 & 1 & 0 \\ \dfrac{1}{\sqrt{2}} & 0 & \dfrac{1}{\sqrt{2}} \end{bmatrix}$，则 Q 为正交矩阵，且 $Q^{\mathrm{T}}AQ = \begin{bmatrix} 2 & 0 & 0 \\ 0 & 4 & 0 \\ 0 & 0 & 4 \end{bmatrix}$，因此在正交

变换 $x = Qy$ 下，二次型 $f(x_1, \, x_2, \, x_3)$ 化为标准形 $2y_1^2 + 4y_2^2 + 4y_3^2$.

（2）【证】由（1）知，在正交变换 $x = Qy$ 下，

$$ f(x) = 2y_1^2 + 4y_2^2 + 4y_3^2 \geqslant 2y_1^2 + 2y_2^2 + 2y_3^2 = 2y^{\mathrm{T}}y = 2x^{\mathrm{T}}x. $$

因此，当 $x \neq 0$ 时，$\dfrac{f(x)}{x^{\mathrm{T}}x} \geqslant 2$，令 $x_0 = Q\begin{bmatrix} 1 \\ 0 \\ 0 \end{bmatrix}$，得 $\dfrac{f(x_0)}{x_0^{\mathrm{T}}x_0} = 2$，故 $\min\limits_{x \neq 0} \dfrac{f(x)}{x^{\mathrm{T}}x} = 2$.

4. 几何应用（仅数学一）

二次曲面 $f(x_1, \, x_2, \, x_3) = 1$ 的类型：

λ_1，λ_2，λ_3 的符号	$f(x_1, \, x_2, \, x_3) = 1$
3 正	椭球面
2 正 1 负	单叶双曲面
1 正 2 负	双叶双曲面
2 正 1 零	椭圆柱面
1 正 1 负 1 零	双曲柱面

例 9.7（仅数学一）设二次型

$$ f(x_1, \, x_2, \, x_3) = x_2^2 + 2x_1x_3, $$

则 $f(x_1, x_2, x_3) = -1$ 在空间直角坐标系下表示的二次曲面为（　　）.

（A）单叶双曲面　　　　（B）双叶双曲面　　　　（C）椭球面　　　　（D）柱面

【解】应选（B）.

二次型矩阵 $A = \begin{bmatrix} 0 & 0 & 1 \\ 0 & 1 & 0 \\ 1 & 0 & 0 \end{bmatrix}$，由

$$|\lambda E - A| = \begin{vmatrix} \lambda & 0 & -1 \\ 0 & \lambda-1 & 0 \\ -1 & 0 & \lambda \end{vmatrix} = (\lambda-1)^2(\lambda+1) = 0,$$

得 A 的特征值为 $\lambda_1 = \lambda_2 = 1$，$\lambda_3 = -1$.

在正交变换下 f 的标准形为 $y_1^2 + y_2^2 - y_3^2$，则 $f(x_1, x_2, x_3) = -1$ 写成 $-y_1^2 - y_2^2 + y_3^2 = 1$，表示双叶双曲面，故选（B）.

【注】这类题还可用给出图形的命题形式出现，如下面注例.

注例　设 A 为 3 阶实对称矩阵，如果二次曲面方程

$$[x, y, z] A \begin{bmatrix} x \\ y \\ z \end{bmatrix} = 1$$

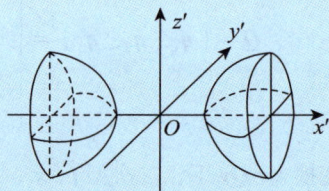

在正交变换下的标准方程的图形如图所示，则 A 的正特征值的个数为（　　）.

（A）0　　　　（B）1　　　　（C）2　　　　（D）3

解　应选（B）.

所给图形是双叶双曲面，其标准方程是

$$\frac{(x')^2}{a^2} - \frac{(y')^2}{b^2} - \frac{(z')^2}{c^2} = 1.$$

而矩阵 A 的正特征值的个数就是标准方程中正项的个数，即选项（B）是正确的.

四、实对称矩阵的合同（D_1（常规操作））

1. 同阶实对称矩阵 A，B 合同的判定

①用定义法：A，B 合同 $\Leftrightarrow$ 存在可逆矩阵 C，使得 $C^T A C = B$.

②用正、负惯性指数：A，B 合同 $\Leftrightarrow p_A = p_B$，$q_A = q_B$（相同的正、负惯性指数）.

【注】事实上，A 与 B 的正、负特征值的个数分别对应相同.

③用传递性：A 合同于 C，C 合同于 B，则 A 合同于 B.

④用相似：同阶实对称矩阵 A，B 相似必合同.

2. 已知 A，Λ（Λ 是对角矩阵），求可逆矩阵 C，使得 $C^{\mathrm{T}}AC=\Lambda$

3. 已知 A，B（B 不是对角矩阵），求可逆矩阵 C，使得 $C^{\mathrm{T}}AC=B$

例 9.8 设 A 为 3 阶实对称矩阵，互换 A 的 1，2 行得到矩阵 B，再互换 B 的 1，2 列得到矩阵 C，则矩阵 A 与矩阵 C（ ）．

（A）合同但不相似

（B）相似但不合同

（C）合同且相似

（D）不合同也不相似

【解】 应选（C）．

由题设互换 A 的 1，2 行得到矩阵 B，则有 $PA=B$，其中 $P=\begin{bmatrix} 0 & 1 & 0 \\ 1 & 0 & 0 \\ 0 & 0 & 1 \end{bmatrix}$. 再互换 B 的 1，2 列得到

矩阵 C，则有 $BP=C$，从而 $PAP=C$. 由于初等矩阵 $P=\begin{bmatrix} 0 & 1 & 0 \\ 1 & 0 & 0 \\ 0 & 0 & 1 \end{bmatrix}$ 满足 $P^{\mathrm{T}}=P$，$P^{-1}=P$，所以 $P^{-1}AP=C$，

$P^{\mathrm{T}}AP=C$，即矩阵 A 与矩阵 C 合同且相似，故正确选项为（C）．

例 9.9 已知 $A=\begin{bmatrix} 3 & 2 & 1 \\ 2 & 2 & 1 \\ 1 & 1 & 1 \end{bmatrix}$，$\Lambda=\begin{bmatrix} 2 & 0 & 0 \\ 0 & 3 & 0 \\ 0 & 0 & 1 \end{bmatrix}$，求可逆矩阵 C，使得 $C^{\mathrm{T}}AC=\Lambda$.

【解】 法一

$$f=x^{\mathrm{T}}Ax=3x_1^2+2x_2^2+x_3^2+4x_1x_2+2x_1x_3+2x_2x_3$$

$$\xlongequal{(*)} (x_1^2+2x_1x_2+x_2^2+2x_1x_3+2x_2x_3+x_3^2)+(x_1^2+2x_1x_2+x_2^2)+x_1^2$$

$$=x_1^2+(x_1+x_2)^2+(x_1+x_2+x_3)^2$$

$$=2\left(\frac{x_1}{\sqrt{2}}\right)^2+3\left(\frac{x_1+x_2}{\sqrt{3}}\right)^2+(x_1+x_2+x_3)^2.$$

令 $\begin{cases} y_1=\dfrac{x_1}{\sqrt{2}}, \\ y_2=\dfrac{x_1+x_2}{\sqrt{3}}, \\ y_3=x_1+x_2+x_3, \end{cases}$ 即 $\begin{cases} x_1=\sqrt{2}y_1, \\ x_2=-\sqrt{2}y_1+\sqrt{3}y_2, \\ x_3=-\sqrt{3}y_2+y_3, \end{cases}$ 于是有 $\begin{bmatrix} x_1 \\ x_2 \\ x_3 \end{bmatrix}=\begin{bmatrix} \sqrt{2} & 0 & 0 \\ -\sqrt{2} & \sqrt{3} & 0 \\ 0 & -\sqrt{3} & 1 \end{bmatrix}\begin{bmatrix} y_1 \\ y_2 \\ y_3 \end{bmatrix}$，记 $x=Cy$，其中

$C=\begin{bmatrix} \sqrt{2} & 0 & 0 \\ -\sqrt{2} & \sqrt{3} & 0 \\ 0 & -\sqrt{3} & 1 \end{bmatrix}$，则 $f=x^{\mathrm{T}}Ax=(Cy)^{\mathrm{T}}A(Cy)=y^{\mathrm{T}}C^{\mathrm{T}}ACy=y^{\mathrm{T}}\Lambda y$，即可使 $C^{\mathrm{T}}AC=\Lambda$.

【注】（*）处用的是先配 x_3，再配 x_2，最后配 x_1 的顺序，只要一次配齐一个 x_i，$i=1$，2，3，先配谁，后配谁，是没有限制的，以利于解题为原则即可．

法二 成对初等变换法.

$$[A \vdots E] = \begin{bmatrix} 3 & 2 & 1 & \vdots & 1 & 0 & 0 \\ 2 & 2 & 1 & \vdots & 0 & 1 & 0 \\ 1 & 1 & 1 & \vdots & 0 & 0 & 1 \end{bmatrix} \xrightarrow{\left(-\frac{2}{3}\right)倍加至} \begin{bmatrix} 3 & 2 & 1 & \vdots & 1 & 0 & 0 \\ 0 & \frac{2}{3} & \frac{1}{3} & \vdots & -\frac{2}{3} & 1 & 0 \\ 1 & 1 & 1 & \vdots & 0 & 0 & 1 \end{bmatrix}$$

$$\rightarrow \begin{bmatrix} 3 & 0 & 1 & \vdots & 1 & 0 & 0 \\ 0 & \frac{2}{3} & \frac{1}{3} & \vdots & -\frac{2}{3} & 1 & 0 \\ 1 & \frac{1}{3} & 1 & \vdots & 0 & 0 & 1 \end{bmatrix} \xrightarrow{\left(-\frac{1}{3}\right)倍加至} \begin{bmatrix} 3 & 0 & 1 & \vdots & 1 & 0 & 0 \\ 0 & \frac{2}{3} & \frac{1}{3} & \vdots & -\frac{2}{3} & 1 & 0 \\ 0 & \frac{1}{3} & \frac{2}{3} & \vdots & -\frac{1}{3} & 0 & 1 \end{bmatrix}$$

$$\rightarrow \begin{bmatrix} 3 & 0 & 0 & \vdots & 1 & 0 & 0 \\ 0 & \frac{2}{3} & \frac{1}{3} & \vdots & -\frac{2}{3} & 1 & 0 \\ 0 & \frac{1}{3} & \frac{2}{3} & \vdots & -\frac{1}{3} & 0 & 1 \end{bmatrix} \xrightarrow{\left(-\frac{1}{2}\right)倍加至} \begin{bmatrix} 3 & 0 & 0 & \vdots & 1 & 0 & 0 \\ 0 & \frac{2}{3} & \frac{1}{3} & \vdots & -\frac{2}{3} & 1 & 0 \\ 0 & 0 & \frac{1}{2} & \vdots & 0 & -\frac{1}{2} & 1 \end{bmatrix}$$

$$\rightarrow \begin{bmatrix} 3 & 0 & 0 & \vdots & 1 & 0 & 0 \\ 0 & \frac{2}{3} & 0 & \vdots & -\frac{2}{3} & 1 & 0 \\ 0 & 0 & \frac{1}{2} & \vdots & 0 & -\frac{1}{2} & 1 \end{bmatrix} \begin{matrix} \leftarrow \times\frac{\sqrt{2}}{\sqrt{3}} \\ \leftarrow \times\frac{3}{\sqrt{2}} \\ \leftarrow \times\sqrt{2} \end{matrix} \rightarrow \begin{bmatrix} 2 & 0 & 0 & \vdots & \frac{\sqrt{2}}{\sqrt{3}} & 0 & 0 \\ 0 & 3 & 0 & \vdots & -\sqrt{2} & \frac{3}{\sqrt{2}} & 0 \\ 0 & 0 & 1 & \vdots & 0 & -\frac{\sqrt{2}}{2} & \sqrt{2} \end{bmatrix} = [\Lambda \vdots C^{\mathrm{T}}],$$

故 $C = \begin{bmatrix} \frac{\sqrt{2}}{\sqrt{3}} & -\sqrt{2} & 0 \\ 0 & \frac{3}{\sqrt{2}} & -\frac{\sqrt{2}}{2} \\ 0 & 0 & \sqrt{2} \end{bmatrix}$.

【注】 "成对初等变换" 的原理如下:

因 C 可逆, 故 $C \xrightarrow{可写作} E_1 E_2 \cdots E_k$, 即 C 等于若干 (k) 个初等矩阵的乘积, 于是 $C^{\mathrm{T}} A C = \Lambda$, 即为 $E_k^{\mathrm{T}} \cdots E_2^{\mathrm{T}} E_1^{\mathrm{T}} A E_1 E_2 \cdots E_k = \Lambda$, 而 $E_k^{\mathrm{T}} \cdots E_2^{\mathrm{T}} E_1^{\mathrm{T}} E = C^{\mathrm{T}} E = C^{\mathrm{T}}$, 故通过初等行变换 "$E_k^{\mathrm{T}} \cdots E_2^{\mathrm{T}} E_1^{\mathrm{T}}$" 和初等列变

换 "$E_1 E_2 \cdots E_k$" 将 A 化成 Λ 的同时, 行变换 "$E_k^T \cdots E_2^T E_1^T$" 将 E 化成 C^T, C^T 即可求出, 写为 $[A, E]$ $\xrightarrow{\text{成对初等变换}} [\Lambda, C^T]$. 需要指出的是, 成对初等变换是指用结合律写成 $E_k^T \cdots [E_2^T (E_1^T A E_1) E_2] \cdots E_k$, 即 E_i^T 与 $E_i (i=1, 2, \cdots, k)$ 要连续操作, 这种方法要比配方法或正交变换法简单些, 供读者参考. 此外, 本题亦可用常规的配方法或正交变换法并进一步换元得到. 显然, 这里所求的 C 不唯一.

例 9.10 已知实矩阵 $A = \begin{bmatrix} 2 & 2 \\ 2 & a \end{bmatrix}$, $B = \begin{bmatrix} 4 & b \\ 3 & 1 \end{bmatrix}$, a 为正整数, 且 A 与 B 合同.

(1) 求 a, b 的值;

(2) 求可逆矩阵 D, 使得 $A = D^T B D$.

【解】 (1) 由于 A 与 B 合同, 故存在可逆矩阵 D, 使得 $A = D^T B D$. 因 $A^T = A$, 故

$$A^T = (D^T B D)^T = D^T B^T D = D^T B D,$$

由 D 可逆, 故 $B = B^T$, $b = 3$.

$$f(x_1, x_2) = [x_1, x_2] \begin{bmatrix} 2 & 2 \\ 2 & a \end{bmatrix} \begin{bmatrix} x_1 \\ x_2 \end{bmatrix} = 2x_1^2 + ax_2^2 + 4x_1 x_2$$

$$= 2(x_1 + x_2)^2 + (a-2)x_2^2;$$

$$g(y_1, y_2) = [y_1, y_2] \begin{bmatrix} 4 & 3 \\ 3 & 1 \end{bmatrix} \begin{bmatrix} y_1 \\ y_2 \end{bmatrix} = 4y_1^2 + y_2^2 + 6y_1 y_2$$

$$= 4\left(y_1 + \frac{3}{4}y_2\right)^2 - \frac{5}{4}y_2^2.$$

由于 A 与 B 合同, 记 p_A, q_A, p_B, q_B 分别为二次型 f, g 的正、负惯性指数, 故 $p_A = p_B$, $q_A = q_B$, 于是 $a - 2 < 0$, 即 $a < 2$, 又 a 为正整数, 故 $a = 1$.

综上所述, $a = 1$, $b = 3$.

(2) 由 (1) 得 $\qquad f(x_1, x_2) = 2(x_1 + x_2)^2 - x_2^2$,

令 $\begin{cases} z_1 = x_1 + x_2, \\ z_2 = x_2, \end{cases}$ 即 $\begin{bmatrix} z_1 \\ z_2 \end{bmatrix} = \begin{bmatrix} 1 & 1 \\ 0 & 1 \end{bmatrix} \begin{bmatrix} x_1 \\ x_2 \end{bmatrix} = D_1 \begin{bmatrix} x_1 \\ x_2 \end{bmatrix}$, 则 $f(x_1, x_2) = 2z_1^2 - z_2^2$;

对于 $\qquad g(y_1, y_2) = 4\left(y_1 + \frac{3}{4}y_2\right)^2 - \frac{5}{4}y_2^2$,

令 $\begin{cases} z_1 = \sqrt{2}y_1 + \dfrac{3\sqrt{2}}{4}y_2, \\ z_2 = \dfrac{\sqrt{5}}{2}y_2, \end{cases}$ 即 $\begin{bmatrix} z_1 \\ z_2 \end{bmatrix} = \begin{bmatrix} \sqrt{2} & \dfrac{3\sqrt{2}}{4} \\ 0 & \dfrac{\sqrt{5}}{2} \end{bmatrix} \begin{bmatrix} y_1 \\ y_2 \end{bmatrix} = D_2 \begin{bmatrix} y_1 \\ y_2 \end{bmatrix}$, 则 $g(y_1, y_2) = 2z_1^2 - z_2^2$.

于是有 $D_1 \begin{bmatrix} x_1 \\ x_2 \end{bmatrix} = D_2 \begin{bmatrix} y_1 \\ y_2 \end{bmatrix}$, 故 $\begin{bmatrix} y_1 \\ y_2 \end{bmatrix} = D_2^{-1} D_1 \begin{bmatrix} x_1 \\ x_2 \end{bmatrix} = D \begin{bmatrix} x_1 \\ x_2 \end{bmatrix}$, 即

$$D = \begin{bmatrix} \sqrt{2} & \dfrac{3\sqrt{2}}{4} \\ 0 & \dfrac{\sqrt{5}}{2} \end{bmatrix}^{-1} \begin{bmatrix} 1 & 1 \\ 0 & 1 \end{bmatrix} = \begin{bmatrix} \dfrac{1}{\sqrt{2}} & -\dfrac{3\sqrt{5}}{10} \\ 0 & \dfrac{2}{\sqrt{5}} \end{bmatrix} \begin{bmatrix} 1 & 1 \\ 0 & 1 \end{bmatrix} = \begin{bmatrix} \dfrac{1}{\sqrt{2}} & \dfrac{1}{\sqrt{2}} - \dfrac{3\sqrt{5}}{10} \\ 0 & \dfrac{2}{\sqrt{5}} \end{bmatrix},$$

则 $A = D^{\mathrm{T}} B D$.

【注】事实上,这是对 A 的一种乘积分解.

五、判别正定二次型 (D_1(常规操作)+D_{21}(观察研究对象))

n 元二次型 $f(x_1, x_2, \cdots, x_n) = x^{\mathrm{T}} A x$. 若对任意的 $x = [x_1, x_2, \cdots, x_n]^{\mathrm{T}} \neq \mathbf{0}$,均有 $x^{\mathrm{T}} A x > 0$,则称 f 为**正定二次型**,称二次型的对应矩阵 A 为**正定矩阵**.

1. 前提

$A = A^{\mathrm{T}}$(A 是实对称矩阵).

2. 二次型 $f = x^{\mathrm{T}} A x$ 正定的充要条件

n 元二次型 $f = x^{\mathrm{T}} A x$ 正定

$\Leftrightarrow$ 对任意的 $x \neq \mathbf{0}$,有 $x^{\mathrm{T}} A x > 0$(定义)

$\Leftrightarrow A$ 的特征值 $\lambda_i > 0$($i = 1, 2, \cdots, n$)

$\Leftrightarrow f$ 的正惯性指数 $p = n$

$\Leftrightarrow$ 存在可逆矩阵 D,使得 $A = D^{\mathrm{T}} D$

$\Leftrightarrow A$ 与 E 合同

$\Leftrightarrow A$ 的各阶顺序主子式均大于 0.

3. 二次型 $f = x^{\mathrm{T}} A x$ 正定的必要条件

① $a_{ii} > 0$($i = 1, 2, \cdots, n$).

② $|A| > 0$.

4. 重要结论

①若 A 正定,则 A^{-1},A^*,A^m(m 为正整数),kA($k > 0$),$C^{\mathrm{T}} A C$(C 可逆)均正定.

②若 A,B 正定,则 $A + B$ 正定,$\begin{bmatrix} A & O \\ O & B \end{bmatrix}$ 正定.

③若 A,B 正定,则 AB 正定的充要条件是 $AB = BA$.

【注】证 必要性. 由 A,B,AB 都正定,知 $A^{\mathrm{T}} = A$,$B^{\mathrm{T}} = B$,$(AB)^{\mathrm{T}} = AB$,又由 $(AB)^{\mathrm{T}} = B^{\mathrm{T}} A^{\mathrm{T}} = BA$,故 $AB = BA$.

充分性. 因 A,B 都正定,且 $AB = BA$,则 $(AB)^{\mathrm{T}} = B^{\mathrm{T}} A^{\mathrm{T}} = BA = AB$,得 AB 为实对称矩阵.

又由 A,B 正定,知存在可逆矩阵 P_1,P_2 使得 $A = P_1^{\mathrm{T}} P_1$,$B = P_2^{\mathrm{T}} P_2$,于是

$$AB = (P_1^{\mathrm{T}} P_1)(P_2^{\mathrm{T}} P_2) = P_2^{-1}(P_2 P_1^{\mathrm{T}})(P_1 P_2^{\mathrm{T}}) P_2$$

$$= P_2^{-1}(P_1 P_2^{\mathrm{T}})^{\mathrm{T}}(P_1 P_2^{\mathrm{T}}) P_2 = P_2^{-1} C P_2,$$

记 $C = (P_1 P_2^{\mathrm{T}})^{\mathrm{T}}(P_1 P_2^{\mathrm{T}})$，$P_1 P_2^{\mathrm{T}}$ 可逆，故 C 为正定矩阵，其特征值全大于 0. AB 与 C 相似，故 AB 的特征值也全大于 0，所以 AB 正定.

④若 A 正定且是正交矩阵，则 $A = E$.

【注】证 由 A 正定，知 A 的特征值均为正实数. 又 A 是正交矩阵，所以 A 的实特征值只可能为 ± 1，故 A 的特征值全为 1. 又因为 A 为实对称矩阵，故存在正交矩阵 P，使得 $P^{\mathrm{T}} A P = E$，于是有

$$A = PEP^{\mathrm{T}} = E.$$

例 9.11 若 A 是 n 阶正定矩阵，B 是 n 阶反对称矩阵，证明 $(A+B)x=0$ 仅有零解.

【证】若 $(A+B)x=0$ 有非零解 ξ，则 $\xi^{\mathrm{T}}(A+B)\xi=0$，$\xi \neq 0$，又由于 $B=-B^{\mathrm{T}}$，则 $x^{\mathrm{T}}Bx = -x^{\mathrm{T}}B^{\mathrm{T}}x = -(x^{\mathrm{T}}B^{\mathrm{T}}x)^{\mathrm{T}} = -(x^{\mathrm{T}}Bx)$，即 $x^{\mathrm{T}}Bx=0$.

又 $\qquad 0 = \xi^{\mathrm{T}}(A+B)\xi = \xi^{\mathrm{T}}A\xi + \xi^{\mathrm{T}}B\xi = \xi^{\mathrm{T}}A\xi > 0,$

矛盾，故仅有零解.

【注】若方程仅有零解，则 $|A+B| \neq 0$.

例 9.12 设二次型

$$f = a\sum_{i=1}^{n} x_i^2 + b\sum_{i=1}^{n} x_i x_{n-i+1},$$

其中 a，b 为实数，n 为偶数，若 f 正定，则（　　）.

（A）$a > b$ 　　　（B）$|a| > b$ 　　　（C）$a > |b|$ 　　　（D）$a \geqslant |b|$

【解】应选（C）.

当 $n = 2k(k=1, 2, \cdots)$ 时，二次型矩阵为

$$A = \begin{bmatrix} a & & & & & & b \\ & \ddots & & & & \cdots & \\ & & a & b & & & \\ & & b & a & & & \\ & \cdots & & & & \ddots & \\ b & & & & & & a \end{bmatrix},$$

$$|\lambda E - A| = \begin{vmatrix} \lambda-a & & & & & & -b \\ & \ddots & & & & \iddots & \\ & & \lambda-a & -b & & & \\ & & -b & \lambda-a & & & \\ & \iddots & & & \ddots & & \\ -b & & & & & & \lambda-a \end{vmatrix} = (\lambda-a+b)^k(\lambda-a-b)^k,$$

见第1讲的"一、3.（1）"

即 A 的特征值为 $a+b$（k 重），$a-b$（k 重），故当 $a+b>0$，$a-b>0$，即 $a>|b|$ 时，A 正定，也即 $f(x_1, x_2, \cdots, x_n)$ 正定.

例 9.13 设实对称矩阵 $A_{n\times n}$ 正定，证明：对于任给的 n 维列向量 $\boldsymbol{\alpha}$，$\boldsymbol{\beta}$，均有

$$(\boldsymbol{\alpha}^T A \boldsymbol{\beta})^2 \leqslant (\boldsymbol{\alpha}^T A \boldsymbol{\alpha})(\boldsymbol{\beta}^T A \boldsymbol{\beta}).$$

【证】由于 A 正定，故存在正交矩阵 $\boldsymbol{Q}$，使得 $\boldsymbol{Q}^T A \boldsymbol{Q} = \boldsymbol{Q}^{-1} A \boldsymbol{Q} = \begin{bmatrix} \lambda_1 & & \\ & \ddots & \\ & & \lambda_n \end{bmatrix} = \boldsymbol{\Lambda}$，$\lambda_i>0$，$i=1$，

$2, \cdots, n$，则 $A = \boldsymbol{Q} \boldsymbol{\Lambda} \boldsymbol{Q}^T$.

记 $\boldsymbol{Q}^T \boldsymbol{\alpha} = \begin{bmatrix} a_1 \\ \vdots \\ a_n \end{bmatrix}$，$\boldsymbol{Q}^T \boldsymbol{\beta} = \begin{bmatrix} b_1 \\ \vdots \\ b_n \end{bmatrix}$，于是

$$\boldsymbol{\alpha}^T A \boldsymbol{\alpha} = \boldsymbol{\alpha}^T \boldsymbol{Q} \boldsymbol{\Lambda} \boldsymbol{Q}^T \boldsymbol{\alpha} = (\boldsymbol{Q}^T \boldsymbol{\alpha})^T \boldsymbol{\Lambda}(\boldsymbol{Q}^T \boldsymbol{\alpha}) = \sum_{i=1}^n \lambda_i a_i^2,$$

$$\boldsymbol{\beta}^T A \boldsymbol{\beta} = \boldsymbol{\beta}^T \boldsymbol{Q} \boldsymbol{\Lambda} \boldsymbol{Q}^T \boldsymbol{\beta} = (\boldsymbol{Q}^T \boldsymbol{\beta})^T \boldsymbol{\Lambda}(\boldsymbol{Q}^T \boldsymbol{\beta}) = \sum_{i=1}^n \lambda_i b_i^2.$$

由柯西不等式，

$$\sum_{i=1}^n \left(\sqrt{\lambda_i} a_i\right)^2 \sum_{i=1}^n \left(\sqrt{\lambda_i} b_i\right)^2 \geqslant \left(\sum_{i=1}^n \lambda_i a_i b_i\right)^2,$$

而 $$\left(\sum_{i=1}^n \lambda_i a_i b_i\right)^2 = [(\boldsymbol{Q}^T \boldsymbol{\alpha})^T \boldsymbol{\Lambda}(\boldsymbol{Q}^T \boldsymbol{\beta})]^2 = (\boldsymbol{\alpha}^T \boldsymbol{Q} \boldsymbol{\Lambda} \boldsymbol{Q}^T \boldsymbol{\beta})^2 = (\boldsymbol{\alpha}^T A \boldsymbol{\beta})^2,$$

即 $(\boldsymbol{\alpha}^T A \boldsymbol{\alpha})(\boldsymbol{\beta}^T A \boldsymbol{\beta}) \geqslant (\boldsymbol{\alpha}^T A \boldsymbol{\beta})^2$，此为柯西－布涅科夫斯基不等式.

【注】事实上，A 可放宽至半正定，$\forall t>0$，$A+tE$ 正定，由上式可得

$$[\boldsymbol{\alpha}^T(A+tE)\boldsymbol{\beta}]^2 \leqslant [\boldsymbol{\alpha}^T(A+tE)\boldsymbol{\alpha}][\boldsymbol{\beta}^T(A+tE)\boldsymbol{\beta}],$$

左、右显然是 t 的连续函数，两边取 $t \to 0^+$，由极限保号性，成立.

在 2024 年考研数学中，有如下题：

设实矩阵 $A = \begin{bmatrix} a+1 & a \\ a & a \end{bmatrix}$，若对任意实向量 $\alpha = \begin{bmatrix} x_1 \\ x_2 \end{bmatrix}$，$\beta = \begin{bmatrix} y_1 \\ y_2 \end{bmatrix}$，$(\alpha^T A \beta)^2 \leq \alpha^T A \alpha \beta^T A \beta$ 都成立，则 a 的取值范围是_____.

按照以上分析，当 A 半正定，即 A 的全部主子式均大于等于零，也即 $a+1 \geq 0, a \geq 0, \begin{vmatrix} a+1 & a \\ a & a \end{vmatrix} \geq 0$ 时成立，由此得出 $a \geq 0$.

但绝大部分考生可能并不知道柯西－布涅科夫斯基不等式，故命题组在命制此题时，是用了高层次的知识来考查考生的基本计算能力，当然也可使对代数学有深厚功底的考生获益.

例 9.14 设 A 为正定矩阵，证明：$x^T A x + y^T A^{-1} y \geq 2 x^T y$.

【证】 $A = P^T \Lambda P$，$P^T = P^{-1} \Rightarrow x^T P^T \Lambda P x + y^T P^T \Lambda^{-1} P y = (Px)^T \Lambda (Px) + (Py)^T \Lambda^{-1}(Py)$

$$= \sum_{i=1}^n \left(\sqrt{\lambda_i} x_i\right)^2 + \sum_{i=1}^n \left(\frac{1}{\sqrt{\lambda_i}} y_i\right)^2,$$

其中 $Px = \begin{bmatrix} x_1 \\ \vdots \\ x_n \end{bmatrix}$，$Py = \begin{bmatrix} y_1 \\ \vdots \\ y_n \end{bmatrix}$，即 $x = P^T \begin{bmatrix} x_1 \\ \vdots \\ x_n \end{bmatrix}$，$y = P^T \begin{bmatrix} y_1 \\ \vdots \\ y_n \end{bmatrix}$，故

$$x^T y = [x_1, \cdots, x_n] P P^T \begin{bmatrix} y_1 \\ \vdots \\ y_n \end{bmatrix} = \sum_{i=1}^n x_i y_i.$$

由于 $\left(\sqrt{\lambda_i} x_i\right)^2 + \left(\frac{1}{\sqrt{\lambda_i}} y_i\right)^2 \geq 2\sqrt{\lambda_i} \cdot \frac{1}{\sqrt{\lambda_i}} x_i y_i = 2 x_i y_i$，于是 $x^T A x + y^T A^{-1} y \geq 2 x^T y$.

例 9.15 设 n 元实二次型 $f(x_1, x_2, \cdots, x_n)$ 的二次型矩阵为

$$A = \begin{bmatrix} 1 & -\frac{1}{2} & & & \\ -\frac{1}{2} & 1 & \ddots & & \\ & \ddots & \ddots & \ddots & \\ & & \ddots & 1 & -\frac{1}{2} \\ & & & -\frac{1}{2} & 1 \end{bmatrix}.$$

（1）证明：$f(x_1, x_2, \cdots, x_n)$ 正定；

（2）若 $f(x_1, x_2, \cdots, x_n)$ 在条件 $x_n = a > 0$ 下的最小值为 $\frac{n+1}{n}$，求 a 的值及 $n=3$ 时的最小值点.

（1）【证】$2f(x_1, x_2, \cdots, x_n) = 2x_1^2 + 2x_2^2 + \cdots + 2x_{n-1}^2 + 2x_n^2 - 2x_1x_2 - 2x_2x_3 - \cdots - 2x_{n-1}x_n$

$$= x_1^2 + (x_2 - x_1)^2 + (x_3 - x_2)^2 + \cdots + (x_n - x_{n-1})^2 + x_n^2 \geqslant 0,$$

故

$$2f(x_1, x_2, \cdots, x_n) = 0 \Leftrightarrow \begin{cases} x_1 = 0, \\ x_2 - x_1 = 0, \\ x_3 - x_2 = 0, \\ \cdots\cdots \\ x_n - x_{n-1} = 0, \end{cases}$$

此方程组的系数矩阵为 $\begin{bmatrix} 1 & 0 & 0 & \cdots & 0 & 0 \\ -1 & 1 & 0 & \cdots & 0 & 0 \\ 0 & -1 & 1 & \cdots & 0 & 0 \\ \vdots & \vdots & \vdots & & \vdots & \vdots \\ 0 & 0 & 0 & \cdots & 1 & 0 \\ 0 & 0 & 0 & \cdots & -1 & 1 \end{bmatrix}$，可逆，故只有零解 $x_1 = x_2 = \cdots = x_{n-1} = x_n = 0$，于是当

$\boldsymbol{x} = \begin{bmatrix} x_1 \\ x_2 \\ \vdots \\ x_n \end{bmatrix} \neq \boldsymbol{0}$时，$2f(x_1, x_2, \cdots, x_n) > 0$，即 $f(x_1, x_2, \cdots, x_n)$正定.

（2）【解】由（1），当$x_n = a$时，

$$2f(x_1, x_2, \cdots, a) = x_1^2 + (x_2 - x_1)^2 + (x_3 - x_2)^2 + \cdots + (a - x_{n-1})^2 + a^2$$

$$= \frac{1}{n}[x_1^2 + (x_2 - x_1)^2 + (x_3 - x_2)^2 + \cdots + (a - x_{n-1})^2] \cdot (1^2 + 1^2 + \cdots + 1^2) + a^2$$

$$\geqslant \frac{[x_1 + (x_2 - x_1) + (x_3 - x_2) + \cdots + (x_{n-1} - x_{n-2}) + (a - x_{n-1})]^2}{n} + a^2$$

$$= \frac{a^2}{n} + a^2 = \frac{a^2(n+1)}{n} = \frac{2(n+1)}{n},$$

故$a = \sqrt{2}$.且当$x_1 = x_2 - x_1 = x_3 - x_2 = \cdots = x_{n-1} - x_{n-2} = a - x_{n-1}$，即$x_i = \dfrac{\sqrt{2}i}{n}(i = 1, 2, \cdots, n-1)$时，等号成立，

故最小值为$\dfrac{n+1}{n}$，且$\dfrac{n+1}{n}\bigg|_{n=3} = \dfrac{4}{3}$，最小值点为$\left[\dfrac{\sqrt{2}}{3}, \dfrac{2\sqrt{2}}{3}, \sqrt{2}\right]^{\mathrm{T}}$.

六、现代科学的数学基础初探 $(D_1(常规操作) + D_{43}(数形结合))$

1.变换与分解

设二次型$f(x, y) = \dfrac{x^2}{a^2} + \underset{\text{椭圆成分}}{\dfrac{y^2}{b^2}} - \underset{\text{双曲线成分}}{2\rho \dfrac{xy}{ab}} = 1 - \rho^2(a, b > 0)$，其中$|\rho| < 1$，是调节椭圆与双曲线权重的参

数.这是一种重要的圆锥曲线,将其简单变形,即得到

$$\frac{1}{1-\rho^2}\left(\frac{x^2}{a^2}+\frac{y^2}{b^2}-2\rho\frac{xy}{ab}\right)=1,$$

其大致图形如图所示.

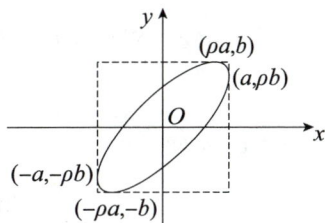

(1)放缩、平移变换.

① (原初) 当 $\rho=0$, $a=b=1$ 时,为 $x^2+y^2=1$,单位圆.

令 $\boldsymbol{X}=\begin{bmatrix}x\\y\end{bmatrix}$,则 $\boldsymbol{X}^{\mathrm{T}}\begin{bmatrix}1&0\\0&1\end{bmatrix}\boldsymbol{X}=[x,y]\begin{bmatrix}1&0\\0&1\end{bmatrix}\begin{bmatrix}x\\y\end{bmatrix}=x^2+y^2=1$,即 $\boldsymbol{X}^{\mathrm{T}}\boldsymbol{X}=1$.

② (放缩) 令 $\boldsymbol{\varLambda}=\begin{bmatrix}R&0\\0&R\end{bmatrix}$,记 $\boldsymbol{\varLambda X}=\begin{bmatrix}R&0\\0&R\end{bmatrix}\begin{bmatrix}x\\y\end{bmatrix}=\begin{bmatrix}Rx\\Ry\end{bmatrix}=\boldsymbol{Y}=\begin{bmatrix}y_1\\y_2\end{bmatrix}$.由 $\boldsymbol{X}^{\mathrm{T}}\boldsymbol{X}=1$,即 $(\boldsymbol{\varLambda}^{-1}\boldsymbol{Y})^{\mathrm{T}}(\boldsymbol{\varLambda}^{-1}\boldsymbol{Y})=1$,

有 $\boldsymbol{Y}^{\mathrm{T}}\boldsymbol{\varLambda}^{-1}\boldsymbol{\varLambda}^{-1}\boldsymbol{Y}=1$,也即 $[y_1,y_2]\begin{bmatrix}\dfrac{1}{R^2}&0\\[2mm]0&\dfrac{1}{R^2}\end{bmatrix}\begin{bmatrix}y_1\\y_2\end{bmatrix}=1$,即 $\dfrac{y_1^2}{R^2}+\dfrac{y_2^2}{R^2}=1$.

③ (平移) 令 $\boldsymbol{X}_0=\begin{bmatrix}x_0\\y_0\end{bmatrix}$,记 $\boldsymbol{\varLambda X}+\boldsymbol{X}_0=\begin{bmatrix}Rx+x_0\\Ry+y_0\end{bmatrix}=\boldsymbol{Z}=\begin{bmatrix}Z_1\\Z_2\end{bmatrix}$,则 $\boldsymbol{X}=\boldsymbol{\varLambda}^{-1}(\boldsymbol{Z}-\boldsymbol{X}_0)$,由 $\boldsymbol{X}^{\mathrm{T}}\boldsymbol{X}=1$,即 $[\boldsymbol{\varLambda}^{-1}(\boldsymbol{Z}-$

$\boldsymbol{X}_0)]^{\mathrm{T}}[\boldsymbol{\varLambda}^{-1}(\boldsymbol{Z}-\boldsymbol{X}_0)]=1$,有 $(\boldsymbol{Z}-\boldsymbol{X}_0)^{\mathrm{T}}\boldsymbol{\varLambda}^{-1}\boldsymbol{\varLambda}^{-1}(\boldsymbol{Z}-\boldsymbol{X}_0)=1$,也即 $[Z_1-x_0,Z_2-y_0]\begin{bmatrix}\dfrac{1}{R^2}&0\\[2mm]0&\dfrac{1}{R^2}\end{bmatrix}\begin{bmatrix}Z_1-x_0\\Z_2-y_0\end{bmatrix}=1$.

以上②,③将①中的单位圆分别作了放缩与平移,即 $\boldsymbol{X}\xrightarrow{\text{放缩}}\boldsymbol{\varLambda X}\xrightarrow{\text{平移}}\boldsymbol{\varLambda X}+\boldsymbol{X}_0$,得到

$$(\boldsymbol{Z}-\boldsymbol{X}_0)^{\mathrm{T}}\begin{bmatrix}\dfrac{1}{R^2}&0\\[2mm]0&\dfrac{1}{R^2}\end{bmatrix}(\boldsymbol{Z}-\boldsymbol{X}_0)=1.$$

(2)放缩、旋转、平移变换.

在上述②处,若令 $\boldsymbol{\varLambda}=\begin{bmatrix}R_1&0\\0&R_2\end{bmatrix}$,且 $R_1\neq R_2$,则 $\boldsymbol{\varLambda X}=\begin{bmatrix}R_1&0\\0&R_2\end{bmatrix}\begin{bmatrix}x\\y\end{bmatrix}=\begin{bmatrix}R_1x\\R_2y\end{bmatrix}\xlongequal{\text{记}}\boldsymbol{Y}=\begin{bmatrix}y_1\\y_2\end{bmatrix}$,此时

$$\boldsymbol{X}^{\mathrm{T}}\boldsymbol{X}=(\boldsymbol{\varLambda}^{-1}\boldsymbol{Y})^{\mathrm{T}}(\boldsymbol{\varLambda}^{-1}\boldsymbol{Y})=\boldsymbol{Y}^{\mathrm{T}}(\boldsymbol{\varLambda}^{-1})^2\boldsymbol{Y}=[y_1,y_2]\begin{bmatrix}\dfrac{1}{R_1^2}&0\\[2mm]0&\dfrac{1}{R_2^2}\end{bmatrix}\begin{bmatrix}y_1\\y_2\end{bmatrix}=\dfrac{y_1^2}{R_1^2}+\dfrac{y_2^2}{R_2^2}=1$$,图形成为椭圆.若增加正交旋

转的一步,再作平移,即令 $\boldsymbol{P}=\begin{bmatrix}\cos\theta&-\sin\theta\\\sin\theta&\cos\theta\end{bmatrix}$,$\boldsymbol{P}^{\mathrm{T}}=\boldsymbol{P}^{-1}$,$\boldsymbol{P\varLambda X}+\boldsymbol{X}_0=\boldsymbol{Z}=\begin{bmatrix}Z_1\\Z_2\end{bmatrix}$,此时

$$\boldsymbol{X}^{\mathrm{T}}\boldsymbol{X}=[\boldsymbol{\varLambda}^{-1}\boldsymbol{P}^{-1}(\boldsymbol{Z}-\boldsymbol{X}_0)]^{\mathrm{T}}[\boldsymbol{\varLambda}^{-1}\boldsymbol{P}^{-1}(\boldsymbol{Z}-\boldsymbol{X}_0)]=(\boldsymbol{Z}-\boldsymbol{X}_0)^{\mathrm{T}}\boldsymbol{P\varLambda}^{-1}\boldsymbol{\varLambda}^{-1}\boldsymbol{P}^{-1}(\boldsymbol{Z}-\boldsymbol{X}_0)$$

$$= (Z - X_0)^T P (A^{-1})^2 P^T (Z - X_0) = [Z_1 - x_0, \ Z_2 - y_0] P \begin{bmatrix} \dfrac{1}{R_1^2} & 0 \\ 0 & \dfrac{1}{R_2^2} \end{bmatrix} P^T \begin{bmatrix} Z_1 - x_0 \\ Z_2 - y_0 \end{bmatrix} = 1.$$

（3）分解.

事实上，令 $A = P \begin{bmatrix} \dfrac{1}{R_1^2} & 0 \\ 0 & \dfrac{1}{R_2^2} \end{bmatrix} P^T$，即 $P^T A P = \begin{bmatrix} \dfrac{1}{R_1^2} & 0 \\ 0 & \dfrac{1}{R_2^2} \end{bmatrix} = A_1$，就是用正交变换 P 将对称矩阵 A 相似

对角化. 反解 $A = P A_1 P^T$，即称为 A 的特征值分解.

（4）一个实例.

现令 $A = \Sigma = \begin{bmatrix} \mathrm{Cov}(X, X) & \mathrm{Cov}(X, Y) \\ \mathrm{Cov}(Y, X) & \mathrm{Cov}(Y, Y) \end{bmatrix} = \begin{bmatrix} DX & \rho_{XY} \sqrt{DX} \sqrt{DY} \\ \rho_{XY} \sqrt{DX} \sqrt{DY} & DY \end{bmatrix} = \begin{bmatrix} \sigma_1^2 & \rho \sigma_1 \sigma_2 \\ \rho \sigma_1 \sigma_2 & \sigma_2^2 \end{bmatrix}$，将

Σ 作特征值分解，得 $\Sigma = P A_1 P^T$，于是 $\Sigma^{-1} = (P A_1 P^T)^{-1} = P A_1^{-1} P^T$，设 n 元数据的分布规律为

$\dfrac{1}{(2\pi)^{\frac{n}{2}} |\Sigma|^{\frac{1}{2}}} \mathrm{e}^{-\frac{1}{2}(X - X_0)^T \Sigma^{-1} (X - X_0)}$，于是

$$(X - X_0)^T \Sigma^{-1} (X - X_0) = (X - X_0)^T P A_1^{-1} P^T (X - X_0)$$

$$= (X - X_0)^T P A_1^{-\frac{1}{2}} A_1^{-\frac{1}{2}} P^T (X - X_0)$$

$$= [A_1^{-\frac{1}{2}} P^T (X - X_0)]^T [A_1^{-\frac{1}{2}} P^T (X - X_0)] = Z^T Z,$$

令 $Z = A_1^{-\frac{1}{2}} P^T (X - X_0)$，则 $X = P A_1^{\frac{1}{2}} Z + X_0$，从 $X \to Z$，即 $X \xrightarrow{\text{平移}} X - X_0 \xrightarrow{\text{旋转}} P^T (X - X_0) \xrightarrow{\text{放缩}}$

$A_1^{-\frac{1}{2}} P^T (X - X_0)$，通过这一系列变换，使多维度下数据"规范化"，如图所示.

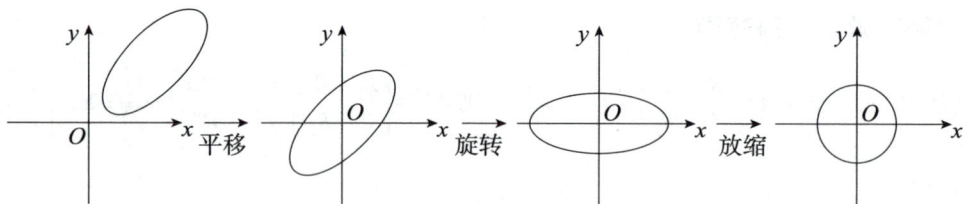

2. 小哑巴猪与不开心

（1）普通距离.

对于 $X = [x, y]^T$，$u = [u_1, u_2]^T$，令

$$d = \sqrt{(x - u_1)^2 + (y - u_2)^2} = \sqrt{[x - u_1, \ y - u_2] \begin{bmatrix} x - u_1 \\ y - u_2 \end{bmatrix}}$$

$$= \sqrt{(\boldsymbol{X}-\boldsymbol{u})^{\mathrm{T}}(\boldsymbol{X}-\boldsymbol{u})} = \|\boldsymbol{X}-\boldsymbol{u}\|$$

为 $\boldsymbol{X}$ 与 $\boldsymbol{u}$ 的普通距离.

进一步地，对 n 维数据 $\boldsymbol{X} = [x_1, x_2, \cdots, x_n]^{\mathrm{T}}$，$\boldsymbol{Y} = [y_1, y_2, \cdots, y_n]^{\mathrm{T}}$，令 $d = \|\boldsymbol{X}-\boldsymbol{Y}\|$，即可得普通距离.

（2）马大哈距离.

仅有普通距离是不够的，如下图所示.

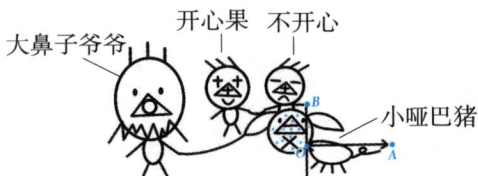

读者应已对上述现象有所认知，若给大鼻子爷爷，小哑巴猪，开不开心少年团的开心果与不开心分别渲染不同颜色，则可以表示他们性质上的不同.

现有数据点 A，B，若设小哑巴猪的数据中心（样本中心点）为 O，则 $\|AO\| > \|BO\|$. 但 A 点是属于小哑巴猪的，B 点是属于不开心的. 换句话说，若以普通距离来看，B 近于小哑巴猪，A 远于小哑巴猪，这是不合理的. 如何解决这个不合理？

设 $\boldsymbol{X} = \begin{bmatrix} x \\ y \end{bmatrix}$，$\boldsymbol{u} = \begin{bmatrix} u_1 \\ u_2 \end{bmatrix}$，$\boldsymbol{\Sigma} = \begin{bmatrix} \sigma_1^2 & \rho\sigma_1\sigma_2 \\ \rho\sigma_1\sigma_2 & \sigma_2^2 \end{bmatrix} = \boldsymbol{V\Lambda V}^{\mathrm{T}}$，令

$$dm = \sqrt{(\boldsymbol{X}-\boldsymbol{u})^{\mathrm{T}}\boldsymbol{\Sigma}^{-1}(\boldsymbol{X}-\boldsymbol{u})} = \sqrt{(\boldsymbol{X}-\boldsymbol{u})^{\mathrm{T}}\boldsymbol{V\Lambda}^{-1}\boldsymbol{V}^{\mathrm{T}}(\boldsymbol{X}-\boldsymbol{u})}$$

$$= \sqrt{(\boldsymbol{X}-\boldsymbol{u})^{\mathrm{T}}\boldsymbol{V\Lambda}^{-\frac{1}{2}}\boldsymbol{\Lambda}^{-\frac{1}{2}}\boldsymbol{V}^{\mathrm{T}}(\boldsymbol{X}-\boldsymbol{u})}$$

$$= \sqrt{\left[\boldsymbol{\Lambda}^{-\frac{1}{2}}\boldsymbol{V}^{\mathrm{T}}(\boldsymbol{X}-\boldsymbol{u})\right]^{\mathrm{T}}\left[\boldsymbol{\Lambda}^{-\frac{1}{2}}\boldsymbol{V}^{\mathrm{T}}(\boldsymbol{X}-\boldsymbol{u})\right]}$$

$$= \left\|\boldsymbol{\Lambda}^{-\frac{1}{2}}\boldsymbol{V}^{\mathrm{T}}(\boldsymbol{X}-\boldsymbol{u})\right\|$$

为 $\boldsymbol{X}$ 与 $\boldsymbol{u}$ 的马大哈距离，其中 $\boldsymbol{V}$ 为正交矩阵，使 $\boldsymbol{V\Sigma V}^{\mathrm{T}} = \boldsymbol{\Lambda}$.

在线性代数中，我们已经熟知，$\boldsymbol{V}$（或 $\boldsymbol{V}^{\mathrm{T}}$）对数据位置进行旋转变换，$\boldsymbol{\Lambda}^{-\frac{1}{2}}$ 对数据位置进行放缩变换. 对

比 $\begin{cases} d = \|\boldsymbol{X}-\boldsymbol{u}\|, \\ dm = \|\boldsymbol{\Lambda}^{-\frac{1}{2}}\boldsymbol{V}^{\mathrm{T}}(\boldsymbol{X}-\boldsymbol{u})\|. \end{cases}$

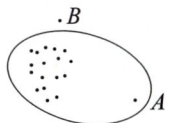

经计算即可得到 $dm(BO) > dm(AO)$，如图所示，B 点为小哑巴猪的离群点，应归于不开心数据群. 故马大哈距离能更准确反映某一数据点与已知中心位置的数据群是否同群.

上述"马大哈距离"是我起的名字，便于记忆而已，事实上，那是"马氏距离".

第三篇
概率论与数理统计

第1讲 随机事件和概率

三向解题法

计算随机事件的概率
(O(盯住目标))

古典概型求概率
(O₁(盯住目标 1))

几何概型求概率
(O₂(盯住目标 2))

重要公式求概率
(O₃(盯住目标 3))

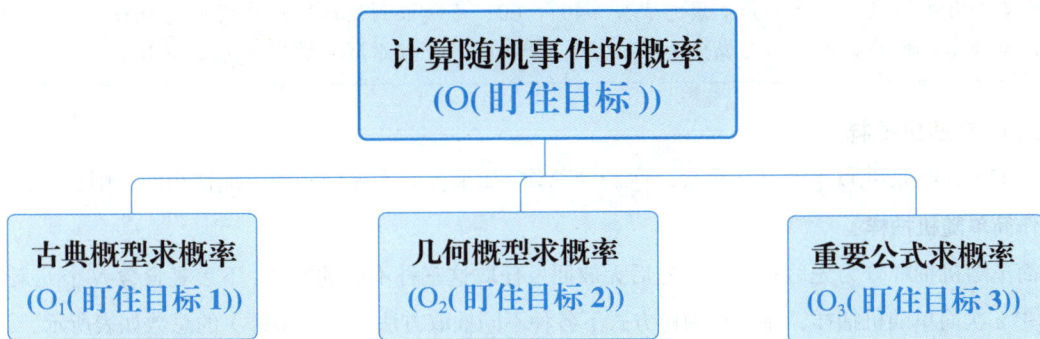

一、古典概型求概率 (O₁(盯住目标 1))

称随机试验 E 的每一个可能结果为**样本点**,记为 ω.样本点的全体结果组成的集合称为**样本空间**,记为 Ω,即 $\Omega = \{\omega\}$.

若 Ω 中有有限个、等可能的样本点,称为**古典概型**,设 A 为 Ω 的一个子集,则

$$P(A) = \frac{A \text{中样本点个数}}{\Omega \text{中样本点个数}}.$$

1. 随机占位

将 n 个可辨质点随机地分配到 N 个盒子中,区分每盒可以容纳任意多个质点和最多可以容纳一个质点,不同分法的总数列表如表所示.

分配方式	不同分法的总数
每盒容纳任意多个质点	N^n ①
每盒容纳至多一个质点	$P_N^n = N(N-1) \cdot \cdots \cdot (N-n+1)$ ②

①每个质点均可放到 N 个盒子中的任何一个,即有 N 种放法,于是 n 个可辨质点放到 N 盒子中共有 N^n 种不同放法.

②质点可辨,且一个盒子至多容纳一个质点,故 n 个质点放到 $N(N \geqslant n)$ 个盒子中的所有不同放法即从 N 个元素中选取 n 个元素的排列数 P_N^n,当 $n = N$ 时,$P_n^n = n!$,称全排列.

例 1.1 袋中有 10 个球,4 个白球、6 个黑球.

(1)先后有放回取 3 个球,求第 3 次取到白球的概率;

(2)先后无放回取 3 个球,求第 3 次取到白球的概率.

【解】（1）$p_1 = \dfrac{4}{10} = \dfrac{2}{5}$（有放回取球，每次抽取的样本空间没有变化，故每次取到白球的概率始终为 $\dfrac{2}{5}$）.

（2）看作随机占位问题. 设有 10 个盒子，每个盒子中放 1 个球，则要求第 3 个盒子中放入白球即可. 故 $p_2 = \dfrac{C_4^1 \cdot 9!}{10!} = \dfrac{4}{10} = \dfrac{2}{5}$.

> **【注】** $p_2 = p_1$. 例 1.1（2）是抓阄模型，即使无放回，每次取到白球的概率也不会变，可理解成"依概率摸球". 类比的例子：
> ①设有 100 个灰球，白的成分：黑的成分 =40：60，每次取到的球中白的成分是 40%；
> ②设有糖水，糖的成分：水的成分 =40：60，每次取一勺糖水取到糖的成分是 40%.

2. 简单随机抽样

设 $\Omega = \{\omega_1, \omega_2, \cdots, \omega_N\}$ 含 N 个元素，称 Ω 为**总体**. 如果各元素被抽到的可能性相同，则总体 Ω 的抽样称作**简单随机抽样**.

简单随机抽样分为先后有放回、先后无放回及任取这三种不同的方式. 下表是自含 N 个元素的总体 Ω 中 n 次简单随机抽样，在每种抽样方式下各种不同抽取方法（基本事件）的总数如表所示.

抽样方式	抽取法总数
先后有放回取 n 次	N^n ①
先后无放回取 n 次	$P_N^n = N(N-1) \cdot \cdots \cdot (N-n+1)$ ②
任取 n 个	C_N^n ③

①既考虑抽到何元素，又考虑各元素出现的顺序，每次从 Ω 中随意抽取一个元素，并在抽取下一元素前将其放回 Ω，于是每次都有 N 个元素可被抽取，即有 N 种抽取方法，抽取 n 次，即 N^n.

②既考虑抽到何元素，又考虑各元素出现的顺序，凡是抽出的元素均不再放回 Ω，于是每次抽取时都比上一次少了一个元素，抽 $n(n \leqslant N)$ 次，即

$$P_N^n = N(N-1) \cdot \cdots \cdot (N-n+1).$$

③任取 $n(n \leqslant N)$ 个是指一次性取 n 个元素，相当于将 n 个元素无序且无放回地取走，其抽取法总数为

$$C_N^n = \frac{P_N^n}{n!}.$$

例 1.2 袋中有 10 个球，4 个白球、6 个黑球.

（1）先后无放回取 3 个球；

（2）任取 3 个球.

求取的 3 个球中至少 1 个是白球的概率.

【解】 用对立事件思想，计算"3 球全黑"的种数，再用总数减去它.

（1）$10 \times 9 \times 8 - 6 \times 5 \times 4 = 600$（种）.

（2）$C_{10}^3 - C_6^3 = 100$（种）.

下面计算概率.

（1）$\dfrac{10\times9\times8-6\times5\times4}{10\times9\times8}=1-\dfrac{6\times5\times4}{10\times9\times8}=\dfrac{5}{6}$.

（2）$\dfrac{C_{10}^3-C_6^3}{C_{10}^3}=1-\dfrac{C_6^3}{C_{10}^3}=\dfrac{5}{6}$.

【注】本题中的（1）与（2）概率相同，如何理解？

$\dfrac{6\times5\times4}{10\times9\times8}=\dfrac{C_6^3\cdot P_3^3}{C_{10}^3\cdot P_3^3}=\dfrac{C_6^3}{C_{10}^3}$，左边上下有序，右边上下无序，相当于把顺序"消掉"了，故"先后无放回取 k 个球"与"任取 k 个球"的概率相同. 由于（2）较方便，因此计算（1）时，可按（2）来计算.

---

3. 均等划分

例 1.3　长度为1的直杆被任意切割成两段，则较长一段不小于较短一段 n 倍的概率为_____.

【解】应填 $\dfrac{2}{n+1}$.

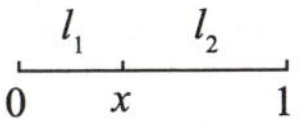

如图所示，设 l_1 长为 x，则 l_2 长为 $1-x$，$0<x<1$，由题意有 $n(1-x)\leqslant x$ 或 $nx\leqslant1-x$，即 $x\geqslant\dfrac{n}{n+1}$ 或 $x\leqslant\dfrac{1}{n+1}$. 现将 $[0,1]$ 等分成 $n+1$ 段，$x\leqslant\dfrac{1}{n+1}$ 即为切点落入第 1 段，$x\geqslant\dfrac{n}{n+1}$ 即为切点落入第 $n+1$ 段. 由于切点落入任一段等可能，故 $p=\dfrac{2}{n+1}$.

4. 字母的轮换对称性

例 1.4　设 X_1，X_2，X_3 独立同分布于 $N(0,1)$，记 $p_1=P\{X_1>X_2>X_3\}$，$p_2=P\{X_1>X_2,X_1>X_3\}$，则 $p_1p_2=$_____.

【解】应填 $\dfrac{1}{18}$.

记 $A_1=\{X_1>X_2>X_3\}$，$A_2=\{X_1<X_2<X_3\}$，$A_3=\{X_1<X_3<X_2\}$，$A_4=\{X_2<X_1<X_3\}$，$A_5=\{X_2<X_3<X_1\}$，$A_6=\{X_3<X_1<X_2\}$. 由于 X_1，X_2，X_3 存在轮换对称性，故它们发生的可能性相同，于是 $P(A_1)=\dfrac{1}{6}$. 又 $P\{X_1>X_2,X_1>X_3\}=P(A_1)+P(A_5)=\dfrac{2}{6}=\dfrac{1}{3}$，于是 $p_1p_2=\dfrac{1}{6}\times\dfrac{1}{3}=\dfrac{1}{18}$.

【注】若按题设使用积分法，计算两个三重积分（且数三不考三重积分）就比较麻烦了，也非本题命题意图.

传统的等可能事件一般由题设给出，以上两题要求考生根据事件本身表达式的特点，如取值区间或对称性等自行划分出等可能事件，既是对未来考题的预测，也可通过做题拓展提高考生处理问题的能力.

二、几何概型求概率 (O$_2$(盯住目标2))

若 Ω 是一个可度量的几何区域，且样本点落入 Ω 中的某一可度量子区域 A 的可能性大小与 A 的几何度量成正比，而与 A 的位置与形状无关，称为**几何概型**.

$$P(A) = \frac{A \text{ 的度量（长度、面积）}}{\Omega \text{ 的度量（长度、面积）}}.$$

【注】 区分几何概型（均匀分布）与条件几何概型（条件均匀分布）.

例 1.5 长为 1 的直杆，任意分成三段，这三段直杆能构成三角形的概率为_____.

【解】 应填 $\dfrac{1}{4}$.

设三段直杆的长分别为 X, Y, $1-X-Y$, 则

$$\begin{cases} 0 < X < 1, \\ 0 < Y < 1, \\ 0 < 1-X-Y < 1. \end{cases} \qquad ①$$

由三角形中两边之和大于第三边，有

$$\begin{cases} X+Y > 1-X-Y, \\ X+(1-X-Y) > Y, \\ Y+(1-X-Y) > X, \end{cases}$$

解之，得

$$\begin{cases} 0 < X < \dfrac{1}{2}, \\ 0 < Y < \dfrac{1}{2}, \\ \dfrac{1}{2} < X+Y < 1. \end{cases} \qquad ②$$

由几何概型，这三段直杆能构成三角形的概率为（见图）

$$p = \frac{S_A}{S_\Omega} = \frac{\dfrac{1}{2} \times \dfrac{1}{2} \times \dfrac{1}{2}}{1 \times 1 \times \dfrac{1}{2}} = \frac{1}{4}.$$

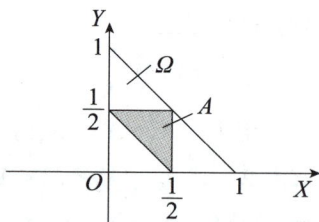

【注】 本题的点 (X,Y) 即随机取自 $[0,1]\times[0,1]$ 的二维点，样本空间 Ω 和事件 A 分别由不等式组①和②决定，符合几何概型条件.

例 1.6 长为 1 的直杆任意截取一段，再将剩下的部分截为两段，则这三段直杆能构成三角形的概率为_____.

【解】 应填 $\ln 2 - \dfrac{1}{2}$.

如图（a）所示，记 $X(0<X<1)$ 为第一次截取的位置坐标，则 $X \sim U(0,1)$，又记 $Y(X<Y<1)$ 为第

二次截取的位置坐标，则 $Y|X \sim U(x,1)$.

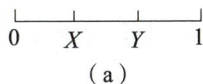
（a）

设 X 和 Y 的联合概率密度为 $f(x,y)$，则

$$f(x,y) = f(y|x) \cdot f(x) = \frac{1}{1-x} \cdot 1 = \frac{1}{1-x}, 0 < x < 1, x < y < 1,$$

且三条边长分别为 x，$y-x$，$1-y$. 由三角形中两边之和大于第三边，有

$$\begin{cases} x + (y-x) > 1-y, \\ x + (1-y) > y-x, \\ (y-x) + (1-y) > x, \end{cases}$$

解得

$$\begin{cases} 0 < x < \frac{1}{2}, \\ \frac{1}{2} < y < \frac{1}{2} + x, \end{cases}$$

故可构成三角形的概率为 [见图（b）]

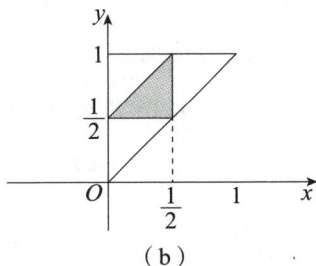
（b）

$$p = \int_0^{\frac{1}{2}} dx \int_{\frac{1}{2}}^{\frac{1}{2}+x} \frac{1}{1-x} dy = \ln 2 - \frac{1}{2}.$$

【注】本题条件中，X 的分布是均匀分布，Y 的条件分布亦是均匀分布，但 X，Y 的联合分布显示它已经不是二维均匀分布了. 例 1.6 与例 1.5 似之，但非之，考生一定要概念清晰，最后求概率时，若写成 $p = \dfrac{S_A}{S_\Omega}$，就中计了.

三、重要公式求概率 (O₃(盯住目标 3))

1. 用对立处理

① $\overline{A \cup B} = \overline{A} \cap \overline{B}$，$\overline{AB} = \overline{A} \cup \overline{B}$.（长杠变短杠，开口换方向）

② $P(A) = 1 - P(\overline{A})$.

【注】于是有 $P(A \cup B) = 1 - P(\overline{A \cup B}) = 1 - P(\overline{A}\,\overline{B})$；$P(AB) = 1 - P(\overline{AB}) = 1 - P(\overline{A} \cup \overline{B})$.

例 1.7 在 1~100 的整数中随机地取一个数，则取到的整数既不能被 2 整除，又不能被 3 整除的概率为 _____.

【解】应填 $\dfrac{33}{100}$.

$\rightarrow$ D₂₂(转换等价表述)

设 A 为事件 "取到的数能被 2 整除"，B 为事件 "取到的数能被 3 整除"，则

$\rightarrow$ D₄₂(引入符号)，这是概率论与数理统计中一个有特色的解题方法，要熟练掌握

$$p = P(\overline{A}\,\overline{B}) = P(\overline{A \cup B}) = 1 - P(A \cup B)$$
$$= 1 - [P(A) + P(B) - P(AB)].$$

由 $\dfrac{100}{2} = 50$，故 $P(A) = \dfrac{50}{100} = \dfrac{1}{2}$. 又 $33 < \dfrac{100}{3} < 34$，故 $P(B) = \dfrac{33}{100}$.

同时能被 2 与 3 整除，即能被 6 整除，由 $16 < \dfrac{100}{6} < 17$，则

$$P(AB) = \frac{16}{100} = \frac{4}{25}.$$

故

$$p = 1 - \left(\frac{1}{2} + \frac{33}{100} - \frac{4}{25}\right) = \frac{33}{100}.$$

例 1.8 已知 $P(A) = P(B) = P(C) = a$，且 $P(ABC) = P(\overline{A} \cap \overline{B} \cap \overline{C})$．若

$$2P(ABC) = P(AB) + P(AC) + P(BC) - \frac{1}{2},$$

则 $a = $ _____．

【解】应填 $\dfrac{1}{2}$．

由 $P(ABC) = P(\overline{A} \cap \overline{B} \cap \overline{C})$，得

$$
\begin{aligned}
2P(ABC) &= 2P(\overline{A} \cap \overline{B} \cap \overline{C}) = 2[1 - P(\overline{\overline{A} \cap \overline{B} \cap \overline{C}})] \\
&= 2 - 2P(A \cup B \cup C) \\
&= 2 - 2[P(A) + P(B) + P(C) - P(AB) - P(AC) - P(BC) + P(ABC)] \\
&= 2 - 6a + 2P(AB) + 2P(AC) + 2P(BC) - 2P(ABC),
\end{aligned}
$$

即

$$
\begin{aligned}
2P(ABC) &= 1 - 3a + P(AB) + P(AC) + P(BC) \\
&= P(AB) + P(AC) + P(BC) - \frac{1}{2},
\end{aligned}
$$

于是 $1 - 3a = -\dfrac{1}{2}$，解得 $a = \dfrac{1}{2}$．

2. 用互斥处理

① $A \cup B = A \cup \overline{A}B = B \cup A\overline{B} = A\overline{B} \cup AB \cup \overline{A}B$．

【注】于是有 $P(A \cup B) = P(A \cup \overline{A}B) = P(B \cup A\overline{B}) = P(A\overline{B} \cup AB \cup \overline{A}B) = P(A\overline{B}) + P(AB) + P(\overline{A}B)$．

② 若 B_1，B_2，B_3 为完备事件组，则 $A = AB_1 \cup AB_2 \cup AB_3$．

【注】于是有 $P(A) = P(AB_1) + P(AB_2) + P(AB_3)$．

③ $P(A\overline{B}) = P(A - B) = P(A) - P(AB)$．

④ $P(A + B) = P(A) + P(B) - P(AB)$．

⑤ $P(A + B + C) = P(A) + P(B) + P(C) - P(AB) - P(BC) - P(AC) + P(ABC)$．

⑥ 若 A_1，A_2，$\cdots$，$A_n (n \geqslant 2)$ 两两互斥，则

$$P\left(\bigcup_{i=1}^{n} A_i\right) = \sum_{i=1}^{n} P(A_i).$$

例 1.9 设 A，B，C 两两独立，且 $ABC = \varnothing$．

（1）若 $P(A) = P(B) = P(C) = a$，$P(A \cup B \cup C)$ 取得最大值，求 a 的值；

（2）若 $P(A)=P(B)=P(C)=b\leqslant\dfrac{1}{2}$，且 $P(A\cup B\cup C)=\dfrac{9}{16}$，求 b 的值.

【解】（1）由 A，B，C 两两独立，得

$$P(AB)=P(A)P(B),P(AC)=P(A)P(C),P(BC)=P(B)P(C),$$

又 $ABC=\varnothing$，故 $P(ABC)=0$，于是

$$P(A\cup B\cup C)=P(A)+P(B)+P(C)-P(AB)-P(AC)-P(BC)+P(ABC)$$
$$=P(A)+P(B)+P(C)-P(A)P(B)-P(A)P(C)-P(B)P(C).$$

当 $P(A)=P(B)=P(C)=a$ 时，$P(A\cup B\cup C)=3a-3a^2$，令

$$f(x)=3x-3x^2,$$

则 $f'(x)=3-6x\overset{令}{=}0$，得 $x=\dfrac{1}{2}$. 又 $f''(x)=-6<0$，故 $x=\dfrac{1}{2}$ 为 $f(x)$ 的最大值点，即 $a=\dfrac{1}{2}$.

（2）由（1）知，$3b-3b^2=\dfrac{9}{16}$，解得 $b=\dfrac{1}{4}$ 或 $\dfrac{3}{4}$，因为 $b\leqslant\dfrac{1}{2}$，故 $b=\dfrac{1}{4}$.

3. 用条件处理

① $P(A\mid B)=\dfrac{P(AB)}{P(B)}(P(B)>0)$.

【注】注意 $P(B)>0$ 的条件，若 $P(B)=0$，此公式不能用. 如设 $(X,Y)\sim f(x,y)$，则

$$P\{x_1\leqslant X\leqslant x_2\mid Y=y_0\}\neq\dfrac{P\{x_1\leqslant X\leqslant x_2,Y=y_0\}}{P\{Y=y_0\}},$$

显然是因为 $P\{Y=y_0\}=0$. 故应先求 $Y=y_0$ 条件下的 X 的条件概率密度，再作积分，即先求 $f_{X|Y}(x\mid y_0)=\dfrac{f(x,y_0)}{f_Y(y_0)}$，则 $P\{x_1\leqslant X\leqslant x_2\mid Y=y_0\}=\displaystyle\int_{x_1}^{x_2}\dfrac{f(x,y_0)}{f_Y(y_0)}\mathrm{d}x$.

② $P(AB)=P(B)P(A\mid B)(P(B)>0)$
$$=P(A)P(B\mid A)(P(A)>0)$$
$$=P(A)+P(B)-P(A+B)（由"三、2.④"知）$$
$$=P(A)-P(A\bar{B})（由"三、2.③"知）.$$

【注】当 $P(A_1A_2)>0$ 时，$P(A_1A_2A_3)=P(A_1)P(A_2\mid A_1)P(A_3\mid A_1A_2)$.

③ A_1，A_2，$\cdots$，A_n 为完备事件组，$P(A_i)>0(i=1,2,\cdots,n)$，则

$$P(B)=\sum_{i=1}^{n}P(A_i)P(B\mid A_i).$$

【注】③称为**全概率公式**. 全概率公式用于计算某个结果 B 发生的可能性大小. 如果一个结果 B 的发生总是与某些前提条件（或原因、因素、前一阶段结果）A_i 相联系，那么计算 $P(B)$ 时，我们总是用 A_i 对 B 做分解：

$$B = \Omega B = \bigcup_{i=1}^{n} A_i B ,$$

故

$$P(B) = P\left(\bigcup_{i=1}^{n} A_i B\right)$$
$$= P(A_1 B) + P(A_2 B) + \cdots + P(A_n B)$$
$$= P(A_1)P(B \mid A_1) + P(A_2)P(B \mid A_2) + \cdots + P(A_n)P(B \mid A_n)$$
$$= \sum_{i=1}^{n} P(A_i)P(B \mid A_i) .$$

④承接"③"，若已知事件 B 发生了，执果索因，有

$$P(A_j \mid B) = \frac{P(A_j B)}{P(B)} = \frac{P(A_j)P(B \mid A_j)}{\sum_{i=1}^{n} P(A_i)P(B \mid A_i)}, j = 1, 2, \cdots, n .$$

【注】④称为**贝叶斯公式**.

例 1.10 从 1，2，3，4 中任取一个数记为 X，再从 1，2，$\cdots$，X 中任取一个数记为 Y. 求：
（1）$P\{Y=2\}$；（2）EY.

【解】（1）$P\{Y=2\} = P\{X=1\}P\{Y=2 \mid X=1\} + P\{X=2\}P\{Y=2 \mid X=2\} +$
$$P\{X=3\}P\{Y=2 \mid X=3\} + P\{X=4\}P\{Y=2 \mid X=4\}$$
$$= \frac{1}{4} \times 0 + \frac{1}{4} \times \frac{1}{2} + \frac{1}{4} \times \frac{1}{3} + \frac{1}{4} \times \frac{1}{4} = \frac{13}{48}.$$

（2）由于 $E(Y \mid X=i) = 1 \cdot P\{Y=1 \mid X=i\} + 2P\{Y=2 \mid X=i\} + \cdots + i \cdot P\{Y=i \mid X=i\} = \frac{1}{i}(1+2+\cdots+i) = \frac{1}{i} \cdot \frac{i(1+i)}{2} = \frac{1+i}{2}$，故

$$EY = \sum_{i=1}^{4} E(Y \mid X=i)P\{X=i\} = \frac{1}{4}\sum_{i=1}^{4}\frac{1+i}{2} = \frac{1}{8} \times \frac{4(2+5)}{2} = \frac{7}{4} .$$

例 1.11 实验室器皿中产生甲、乙两类细菌的机会相等，且产生 k 个细菌的概率为 $p_k = \frac{\lambda^k}{k!}e^{-\lambda}$，$k = 0,1,2,\cdots$，试求：

（1）产生了甲类细菌但没有产生乙类细菌的概率；

（2）在已经产生了细菌而且没有甲类细菌的条件下，有 2 个乙类细菌的概率.

【解】（1）设 X 为产生细菌的个数，则 $X \sim P(\lambda)$，$P\{X=k\} = \frac{\lambda^k}{k!}e^{-\lambda}$，记 $A_k = \{X=k\}$，$B_{甲} = \{$产生甲类细菌且未产生乙类细菌$\}$，则 $P(A_k) = P\{X=k\} = \frac{\lambda^k}{k!}e^{-\lambda}, k = 0,1,2,\cdots$.

因为产生甲、乙两类细菌的机会相等，所以

$$P(B_{甲} \mid A_k) = \left(\frac{1}{2}\right)^k, \quad P(A_k B_{甲}) = P(A_k)P(B_{甲}|A_k) = \frac{\lambda^k}{k!}e^{-\lambda} \cdot \left(\frac{1}{2}\right)^k,$$

且 $A_1 B_{甲}, A_2 B_{甲}, \cdots, A_k B_{甲}, \cdots$ 均互斥，故

$$P(B_{甲}) = P\left(\bigcup_{k=1}^{\infty} A_k B_{甲}\right) = \sum_{k=1}^{\infty} P(A_k B_{甲}) = \sum_{k=1}^{\infty} \frac{\lambda^k}{k!} e^{-\lambda} \left(\frac{1}{2}\right)^k$$

$$= e^{-\lambda} \sum_{k=1}^{\infty} \frac{\left(\frac{\lambda}{2}\right)^k}{k!} = e^{-\lambda} \left(e^{\frac{\lambda}{2}} - 1\right).$$

（2）记 $B_乙 = \{$ 产生乙类细菌且未产生甲类细菌 $\}$，$C = \{$ 产生 2 个乙类细菌 $\}$，因为产生甲、乙两类细菌的机会相等，故

$$P(B_乙) = P(B_{甲}) = e^{-\lambda}\left(e^{\frac{\lambda}{2}} - 1\right),$$

于是

$$P(C \mid B_乙) = \frac{P(B_乙 C)}{P(B_乙)} = \frac{P(C)}{P(B_乙)} = \frac{P(A_2 C)}{P(B_乙)}$$

$$= \frac{P(A_2) P(C \mid A_2)}{P(B_乙)} = \frac{\frac{\lambda^2}{2!} e^{-\lambda} \left(\frac{1}{2}\right)^2}{e^{-\lambda}\left(e^{\frac{\lambda}{2}} - 1\right)} = \frac{\lambda^2}{8\left(e^{\frac{\lambda}{2}} - 1\right)}.$$

【注】此种带有实际背景的试题，在复习过程中可有效训练考生的做题能力，并提高综合应用数学工具解决实际问题的能力.

例 1.12 连续做某项试验，每次试验只有成功和失败两种结果. 已知当第 k 次试验成功时，第 $k+1$ 次试验成功的概率为 $\frac{1}{3}$，当第 k 次试验失败时，第 $k+1$ 次试验成功的概率为 $\frac{1}{2}$，如果第一次试验成功和失败的概率均为 $\frac{1}{2}$，则第 n 次试验成功的概率为_____.

【解】应填 $\frac{3}{7} + \frac{1}{14}\left(-\frac{1}{6}\right)^{n-1}, n = 1, 2, \cdots$.

令 $A_k = \{$ 第 k 次试验成功 $\}$，$P(A_k) = P_k$，$k = 1, 2, \cdots$. 由全概率公式，有

$$P(A_k) = P(A_{k-1}) P(A_k \mid A_{k-1}) + P(\bar{A}_{k-1}) P(A_k \mid \bar{A}_{k-1})$$

$$= \frac{1}{3} P(A_{k-1}) + \frac{1}{2} P(\bar{A}_{k-1})$$

$$= \frac{1}{3} P(A_{k-1}) + \frac{1}{2} [1 - P(A_{k-1})]$$

$$= \frac{1}{2} - \frac{1}{6} P(A_{k-1}),$$

→见第一篇高等数学附录 B "1. (5) ①"

即 $P_k = \frac{1}{2} - \frac{1}{6} P_{k-1}, k = 2, 3, \cdots$，即 $P_k + \frac{1}{6} P_{k-1} = \frac{1}{2}$. 解此方程，有 $P_齐 = C \cdot \left(-\frac{1}{6}\right)^{k-1}$. 设 $P^* = A$，有 $A + \frac{1}{6} A = \frac{1}{2}$，

解得 $A = \frac{3}{7}$，故 $P_n = \frac{3}{7} + C\left(-\frac{1}{6}\right)^{n-1}$，因为 $P_1 = \frac{1}{2}$，所以 $C = \frac{1}{2} - \frac{3}{7} = \frac{1}{14}$.

故 $P_n = \frac{3}{7} + \frac{1}{14}\left(-\frac{1}{6}\right)^{n-1}$，$n = 1, 2, \cdots$.

4. 用单调性处理

隐含
条件
体系
块

① $0 \leqslant P(A) \leqslant 1$.

② 若 $A \subseteq B$ ，则 $P(A) \leqslant P(B)$.

③ 由于 $AB \subseteq A \subseteq A + B$ ，故 $P(AB) \leqslant P(A) \leqslant P(A+B)$.

注意观察研究对象，由单调性得出的不等式往往是隐蔽条件，涉及不等式或"两边夹"时，可考虑.

例 1.13 设 A ，B ，C 为随机事件，且 $P(A) = a$ ，$P(B) = 2a$ ，$P(C) = 3a$ ，$P(AB) = P(AC) = P(BC) = b$ ，则（ ）.

（A）$\dfrac{1}{4} \leqslant a < 1$ ，$\dfrac{1}{4} \leqslant b < 1$

（B）$\dfrac{1}{4} \leqslant a < 1$ ，$b \leqslant \dfrac{1}{4}$

（C）$a \leqslant \dfrac{1}{4}$ ，$\dfrac{1}{4} \leqslant b < 1$

（D）$a \leqslant \dfrac{1}{4}$ ，$b \leqslant \dfrac{1}{4}$

【解】 应选（D）.

由单调性，得 $b = P(AB) \leqslant P(A) = a$ ，又

$$1 \geqslant P(B \cup C) = P(B) + P(C) - P(BC) = 5a - b \geqslant 4a ,$$

故 $a \leqslant \dfrac{1}{4}$ ，又 $b \leqslant a$ ，则 $b \leqslant \dfrac{1}{4}$. 故选（D）.

例 1.14 设 $P(A) = a, P(B) = 1 - b$ ，证明 $\dfrac{a-b}{1-b} \leqslant P(A|B) \leqslant \dfrac{a}{1-b}$.

【证】 由单调性，有 $P(A|B) = \dfrac{P(AB)}{P(B)} \leqslant \dfrac{P(A)}{P(B)} = \dfrac{a}{1-b}$ ，又

$$P(A|B) = \frac{P(AB)}{P(B)} = \frac{P(A) + P(B) - P(A \cup B)}{P(B)} \geqslant \frac{P(A) + P(B) - 1}{P(B)} = \frac{a-b}{1-b} ,$$

故 $\dfrac{a-b}{1-b} \leqslant P(A|B) \leqslant \dfrac{a}{1-b}$.

例 1.15 设 X ，Y 为随机变量，则（ ）.

（A）$P\{X + Y \geqslant a\} \leqslant P\left\{X \geqslant \dfrac{a}{2}\right\} + P\left\{Y \leqslant \dfrac{a}{2}\right\}$

（B）$P\{X + Y \geqslant a\} \leqslant P\left\{X \leqslant \dfrac{a}{2}\right\} + P\left\{Y \geqslant \dfrac{a}{2}\right\}$

（C）$P\{|X + Y| \geqslant a\} \leqslant P\left\{|X| \geqslant \dfrac{a}{2}\right\} + P\left\{|Y| \geqslant \dfrac{a}{2}\right\}$

（D）$P\{|X + Y| \geqslant a\} \leqslant P\left\{|X| \geqslant \dfrac{a}{2}\right\} + P\left\{|Y| \leqslant \dfrac{a}{2}\right\}$

【解】 应选（C）.

若 $X < \dfrac{a}{2}$ 且 $Y < \dfrac{a}{2}$ ，有 $X + Y < a$ ，则

$$\{X + Y \geqslant a\} \subset \left\{\left\{X \geqslant \frac{a}{2}\right\} \cup \left\{Y \geqslant \frac{a}{2}\right\}\right\} ,$$

于是由单调性，有

$$P\{X + Y \geqslant a\} \leqslant P\left\{\left\{X \geqslant \frac{a}{2}\right\} \cup \left\{Y \geqslant \frac{a}{2}\right\}\right\} \leqslant P\left\{X \geqslant \frac{a}{2}\right\} + P\left\{Y \geqslant \frac{a}{2}\right\} .$$

又 $|X + Y| \leqslant |X| + |Y|$ ，则当 $|X| < \dfrac{a}{2}$ ，且 $|Y| < \dfrac{a}{2}$ 时，有 $|X + Y| \leqslant |X| + |Y| < a$ ，则

$$\{|X+Y| \geqslant a\} \subset \left\{\left\{|X| \geqslant \frac{a}{2}\right\} \bigcup \left\{|Y| \geqslant \frac{a}{2}\right\}\right\}.$$

于是由单调性，有

$$P\{X+Y| \geqslant a\} \leqslant P\left\{\left\{|X| \geqslant \frac{a}{2}\right\} \bigcup \left\{|Y| \geqslant \frac{a}{2}\right\}\right\} \leqslant P\left\{|X| \geqslant \frac{a}{2}\right\} + P\left\{|Y| \geqslant \frac{a}{2}\right\}.$$

故选（C）.

例 1.16 对任意的事件 A，B，C，证明：

（1） $P(AB) + P(AC) + P(BC) \leqslant P(A) + P(B) + P(C)$；

（2）当 $P(ABC) = \dfrac{1}{2}$ 时，$P(AB) + P(AC) + P(BC) \geqslant P(A) + P(B) + P(C) - \dfrac{1}{2}$.

【证】（1）因为

$$AB \subseteq B，\quad AC \subseteq A，\quad BC \subseteq C,$$

根据单调性，可知

$$P(AB) \leqslant P(B)，\quad P(AC) \leqslant P(A)，\quad P(BC) \leqslant P(C),$$

故

$$P(AB) + P(AC) + P(BC) \leqslant P(A) + P(B) + P(C).$$

（2）

$$1 \geqslant P(A \bigcup B \bigcup C)$$
$$= P(A) + P(B) + P(C) - P(AB) - P(AC) - P(BC) + P(ABC),$$

故

$$P(AB) + P(AC) + P(BC) \geqslant P(A) + P(B) + P(C) + \frac{1}{2} - 1$$
$$= P(A) + P(B) + P(C) - \frac{1}{2}.$$

5. 用邦费罗尼不等式处理

邦费罗尼不等式为 $P(A_1 A_2 \cdots A_n) \geqslant P(A_1) + P(A_2) + \cdots + P(A_n) - (n-1)$.

当 $n=2$ 时，有 $P(AB) \geqslant P(A) + P(B) - 1$. 当 $n=3$ 时，有 $P(A_1 A_2 A_3) \geqslant P(A_1) + P(A_2) + P(A_3) - 2$.

例 1.17 设 A_1，A_2，A_3 为随机事件，且满足 $A_1 \bigcup A_2 \bigcup A_3 = \Omega$，$A_1 \bigcap A_2 \bigcap A_3 = \varnothing$，若 $P(A_1) = P(A_2) = P(A_3) = a$，则 a 的取值范围为_____.

【解】应填 $\left[\dfrac{1}{3}, \dfrac{2}{3}\right]$.

由 $A_1 \bigcap A_2 \bigcap A_3 = \varnothing$，且由邦费罗尼不等式，有 $0 = P(A_1 A_2 A_3) \geqslant P(A_1) + P(A_2) + P(A_3) - 2$，即 $3a - 2 \leqslant 0$，解得 $a \leqslant \dfrac{2}{3}$. 又 $A_1 \bigcup A_2 \bigcup A_3 = \Omega$，则

$$1 = P(A_1 \bigcup A_2 \bigcup A_3)$$
$$= P(A_1) + P(A_2) + P(A_3) - P(A_1 A_2) - P(A_1 A_3) - P(A_2 A_3) + P(A_1 A_2 A_3)$$
$$\leqslant P(A_1) + P(A_2) + P(A_3) = 3a,$$

故 $3a \geqslant 1$，解得 $a \geqslant \dfrac{1}{3}$，故 a 的取值范围为 $\left[\dfrac{1}{3}, \dfrac{2}{3}\right]$.

6. 用最值关系式处理

当遇到与 $\max\{X, Y\}$，$\min\{X, Y\}$ 有关的事件时，下面一些关系式是经常要用到的：

① $\{\max\{X,Y\}\leqslant a\}=\{X\leqslant a\}\bigcap\{Y\leqslant a\}$;

② $\{\max\{X,Y\}>a\}=\{X>a\}\bigcup\{Y>a\}$;

【注】$P\{\max\{X,Y\}\leqslant a\}=1-P\{\max\{X,Y\}>a\}$.

③ $\{\min\{X,Y\}\leqslant a\}=\{X\leqslant a\}\bigcup\{Y\leqslant a\}$;

④ $\{\min\{X,Y\}>a\}=\{X>a\}\bigcap\{Y>a\}$;

【注】$P\{\min\{X,Y\}\leqslant a\}=1-P\{\min\{X,Y\}>a\}$.

⑤ $\{\max\{X,Y\}\leqslant a\}\subseteq\{\min\{X,Y\}\leqslant a\}$;

⑥ $\{\min\{X,Y\}>a\}\subseteq\{\max\{X,Y\}>a\}$;

⑦ $\max\{X,Y\}=\dfrac{X+Y+|X-Y|}{2}$;

⑧ $\min\{X,Y\}=\dfrac{X+Y-|X-Y|}{2}$;

⑨ $\max\{X,Y\}+\min\{X,Y\}=X+Y$;

⑩ $\max\{X,Y\}-\min\{X,Y\}=|X-Y|$;

⑪ $\max\{X,Y\}\cdot\min\{X,Y\}=XY$.

形式化归体系块

⑦～⑪，左有 max(min)，右无 max(min)，注意转化

例 1.18 设 X, Y 为连续型随机变量，且 $P\{X\geqslant 0,Y\geqslant 0\}=\dfrac{3}{7}$ ，$P\{X\geqslant 0\}=P\{Y\geqslant 0\}=\dfrac{4}{7}$ ，求下列事件的概率：（1）$A=\{\max\{X,Y\}\geqslant 0\}$ ；（2）$B=\{\max\{X,Y\}\geqslant 0,\min\{X,Y\}<0\}$.

【解】（1）由于 $A=\{\max\{X,Y\}\geqslant 0\}=\{X,Y$ 至少有一个大于等于 $0\}=\{X\geqslant 0\}\bigcup\{Y\geqslant 0\}$ ，故

$$P(A)=P\{X\geqslant 0\}+P\{Y\geqslant 0\}-P\{X\geqslant 0,Y\geqslant 0\}=\frac{4}{7}+\frac{4}{7}-\frac{3}{7}=\frac{5}{7} .$$

（2）用全集分解，

$$A=\{\max\{X,Y\}\geqslant 0\}=\{\max\{X,Y\}\geqslant 0,\Omega\}$$

$$=\{\max\{X,Y\}\geqslant 0\}\bigcap(\{\min\{X,Y\}<0\}\bigcup\{\min\{X,Y\}\geqslant 0\})$$

$$=\{\max\{X,Y\}\geqslant 0,\min\{X,Y\}<0\}\bigcup\{\max\{X,Y\}\geqslant 0,\min\{X,Y\}\geqslant 0\}$$

$$=B\bigcup\{\min\{X,Y\}\geqslant 0\}=B\bigcup\{X\geqslant 0,Y\geqslant 0\} ,$$

故

$$P(B)=P(A)-P\{X\geqslant 0,Y\geqslant 0\}=\frac{5}{7}-\frac{3}{7}=\frac{2}{7} .$$

【注】还有不少涉及 max，min 的问题，如例 5.5、例 6.2，不一而足.

7. 用独立、有利或抑止处理

（1）定义.

设 A，B 为两个事件.

①若 $P(AB)=P(A)P(B)$ ，则称事件 A 与 B 相互独立.

②若 $P(AB) > P(A)P(B)$ ，则称事件 A 与 B **相互有利**．

③若 $P(AB) < P(A)P(B)$ ，则称事件 A 与 B **相互抑止**．

【注】设 A_1 ， A_2 ， $\cdots$ ， A_n 为 $n(n \geqslant 2)$ 个事件，如果对其中任意有限个事件 A_{i_1} ， A_{i_2} ， $\cdots$ ， $A_{i_k}(2 \leqslant k \leqslant n)$ ，有

$$P(A_{i_1}A_{i_2}\cdots A_{i_k}) = P(A_{i_1})P(A_{i_2})\cdots P(A_{i_k}) ,$$

则称 n 个事件 A_1 ， A_2 ， $\cdots$ ， A_n 相互独立．

常考 $n=3$ 时的情形．设 A_1 ， A_2 ， A_3 为三个事件，若同时满足

$$P(A_1A_2) = P(A_1)P(A_2) , \qquad ①$$
$$P(A_1A_3) = P(A_1)P(A_3) , \qquad ②$$
$$P(A_2A_3) = P(A_2)P(A_3) , \qquad ③$$
$$P(A_1A_2A_3) = P(A_1)P(A_2)P(A_3) , \qquad ④$$

则称事件 A_1 ， A_2 ， A_3 **相互独立**．当去掉上述④式后，称只满足①，②，③式的事件 A_1 ， A_2 ， A_3 **两两独立**．

（2）重要结论．

①若 A_1 ， A_2 ， $\cdots$ ， A_n 相互独立，则

$$P(A_1A_2\cdots A_n) = P(A_1)P(A_2)\cdots P(A_n) .$$

②若 A_1 ， A_2 ， $\cdots$ ， $A_n(n>3)$ 相互独立，则

$$P\left(\bigcup_{i=1}^{n} A_i\right) = 1 - P\left(\overline{\bigcup_{i=1}^{n} A_i}\right) = 1 - P\left(\bigcap_{i=1}^{n} \overline{A_i}\right)$$
$$= 1 - \prod_{i=1}^{n} P(\overline{A_i}) = 1 - \prod_{i=1}^{n} [1 - P(A_i)] .$$

③ A 与 B 相互独立 $\Leftrightarrow A$ 与 $\overline{B}$ 相互独立 $\Leftrightarrow \overline{A}$ 与 B 相互独立 $\Leftrightarrow \overline{A}$ 与 $\overline{B}$ 相互独立．

【注】将相互独立的事件组中的任何几个事件换成各自的对立事件，所得的新事件组仍相互独立．

④ A 与 B 相互有利 $\Leftrightarrow A$ 与 $\overline{B}$ 相互抑止 $\Leftrightarrow \overline{A}$ 与 B 相互抑止 $\Leftrightarrow \overline{A}$ 与 $\overline{B}$ 相互有利．

【注】证 A 与 B 相互有利，则 $P(AB) > P(A)P(B)$ ，于是 $P(A) - P(AB) < P(A) - P(A)P(B)$ ，即 $P(A\overline{B}) < P(A)P(\overline{B})$ ，故 A 与 $\overline{B}$ 相互抑止．

以上过程可逆．

同理，可证 $\overline{A}$ 与 B 相互抑止．

又由 A 与 B 相互有利，且 $P(A) = 1 - P(\overline{A})$ ， $P(B) = 1 - P(\overline{B})$ ， $P(AB) = 1 - P(\overline{AB}) = 1 - P(\overline{A}\cup\overline{B}) = 1 - P(\overline{A}) - P(\overline{B}) + P(\overline{AB})$ ，故 $1 - P(\overline{A}) - P(\overline{B}) + P(\overline{AB}) > [1 - P(\overline{A})][1 - P(\overline{B})]$ ，于是 $P(\overline{AB}) > P(\overline{A})P(\overline{B})$ ，故 $\overline{A}$ 与 $\overline{B}$ 相互有利．

以上过程可逆．

⑤对独立事件组（不含相同事件）作运算，得到的新事件组仍独立，如 A，B，C，D 相互独立，则 AB 与 CD 相互独立，A 与 $BC-D$ 相互独立．

【注】直接使用，无须证明．

⑥若 $P(A)>0$，则 A 与 B 相互独立 $\Leftrightarrow P(B|A)=P(B)$．

【注】证　$(\Rightarrow)$ 由 A 与 B 相互独立，有 $P(AB)=P(A)P(B)$，于是 $P(B|A)=\dfrac{P(AB)}{P(A)}=P(B)$．

$(\Leftarrow)$ 由 $P(B|A)=P(B)$，知 $P(AB)=P(B|A)P(A)=P(A)P(B)$，则 A 与 B 相互独立．

⑦a.若 $P(A)>0$，则 A 与 B 相互有利 $\Leftrightarrow P(B|A)>P(B)$．

【注】证　由 A 与 B 相互有利，有 $P(AB)>P(A)P(B)$，于是
$$P(B|A)=\frac{P(AB)}{P(A)}>\frac{P(A)P(B)}{P(A)}=P(B)．$$
以上过程可逆，证毕．

b.若 $P(B)>0$，则 A 与 B 相互有利 $\Leftrightarrow P(A|B)>P(A)$．

⑧若 $0<P(A)<1$，则 A 与 B 相互独立 $\overset{(*)}{\Longleftrightarrow} P(B|\bar{A})=P(B|A)$
$$\overset{(**)}{\Longleftrightarrow} P(B|A)+P(\bar{B}|\bar{A})=1．$$

【注】证　由 $P(B|\bar{A})=P(B|A)$，有 $\dfrac{P(B\bar{A})}{P(\bar{A})}=\dfrac{P(B)-P(AB)}{1-P(A)}=\dfrac{P(AB)}{P(A)}$，即
$$P(A)P(B)-P(A)P(AB)=P(AB)-P(A)P(AB)，$$
也即 $P(A)P(B)=P(AB)$．上述过程可逆，故 $(*)$ 成立．又 $P(B|\bar{A})=1-P(\bar{B}|\bar{A})$，故 $(**)$ 成立．

⑨若 $0<P(A)<1$，则 A 与 B 相互有利 $\Leftrightarrow P(B|A)>P(B|\bar{A})$．

【注】证　由 A 与 B 相互有利，有 $P(AB)>P(A)P(B)$，于是
$$P(AB)-P(A)P(AB) > P(A)P(B)-P(A)P(AB)，$$
即 $\dfrac{P(AB)}{P(A)}>\dfrac{P(B)-P(AB)}{1-P(A)}=\dfrac{P(B\bar{A})}{P(\bar{A})}$，也即 $P(B|A)>P(B|\bar{A})$．
以上过程可逆，证毕．

⑩若 $P(A)=0$ 或 $P(A)=1$，则 A 与任意事件 B 相互独立．$\longrightarrow$ 不可能事件或必然事件与任意事件独立．

【注】证　若 $P(A)=0$，由"三、4.③"，有 $P(AB)\leqslant P(A)$，故 $0\leqslant P(AB)\leqslant P(A)=0$，则 $P(AB)=0$，于是 $P(A)P(B)=P(AB)$；

若 $P(A)=1$，则 $P(\overline{A})=1-P(A)=0$，又由"三、4.③"，有 $0 \leqslant P(B\overline{A}) \leqslant P(\overline{A})=0$，知 $P(B\overline{A})=0$，又 $P(B\overline{A})=P(B)-P(AB)$，故 $P(B)=P(AB)$，即 $P(A)P(B)=P(AB)$．

⑪若 $0<P(A)<1$，$0<P(B)<1$，且 A 与 B 互斥或存在包含关系，则 A 与 B 一定不独立．

【注】证 若 $AB=\varnothing$，则 $P(AB)=0 \neq P(A)P(B)$，故 A,B 不独立．
若 $A \subseteq B$，则 $AB=A$，从而 $P(AB)=P(A) \neq P(A)P(B)$，故 A,B 不独立．

例 1.19 设 A,B 为随机事件，$0<P(A)<1$，$0<P(B)<1$．若 $P(A|B)>P(A|\overline{B})$，证明 $P(B|A)>P(B|\overline{A})$．

【证】由 $P(A|B)>P(A|\overline{B})$，有

$$\frac{P(AB)}{P(B)} > \frac{P(A)-P(AB)}{1-P(B)}，$$

即

$$P(AB)-P(B)P(AB) > P(A)P(B)-P(B)P(AB)，$$

也即

$$P(AB) > P(A)P(B)．$$

两边同时减去 $P(A)P(AB)$，有

$$P(AB)-P(A)P(AB) > P(A)P(B)-P(A)P(AB)，$$

于是

$$P(AB)[1-P(A)] > P(A)[P(B)-P(AB)]，$$

即

$$P(AB)P(\overline{A}) > P(A)P(B\overline{A})，$$

故

$$\frac{P(AB)}{P(A)} > \frac{P(B\overline{A})}{P(\overline{A})}，$$

即

$$P(B|A) > P(B|\overline{A})．$$

证毕．

【注】本题即证 A 与 B 相互有利 $\Leftrightarrow$ B 与 A 相互有利，也即相互有利的对称性．

例 1.20 设 A,B 为随机事件，且 $0<P(B)<1$，则下列命题中为假命题的是（　　　）．

（A）若 $P(A|B)>P(A)$，则 $P(\overline{A}|\overline{B})>P(\overline{A})$

（B）若 $P(A|B)=P(A)$，则 $P(A|\overline{B})=P(A)$

（C）若 $P(A|B)>P(A|\overline{B})$，则 $P(A|B)>P(A)$

（D）若 $P(A|A\cup B) > P(\bar{A}|A\cup B)$，则 $P(A) > P(B)$

【解】 应选（D）.

选项（A），由 $P(A|B) > P(A)$ 可得 $P(AB) > P(A)P(B)$，即 A 与 B 相互有利，于是 $\bar{A}$ 与 $\bar{B}$ 相互有利，则 $P(\bar{A}\bar{B}) > P(\bar{A})P(\bar{B})$，即 $\dfrac{P(\bar{A}\bar{B})}{P(\bar{B})} > P(\bar{A})$，也即 $P(\bar{A}|\bar{B}) > P(\bar{A})$. 故选项（A）正确.

选项（B），由 $P(A|B) = P(A)$，知 A，B 相互独立，故 A 与 $\bar{B}$ 相互独立，于是 $P(A|\bar{B}) = P(A)$，选项（B）显然正确.

选项（C），由 $P(A|B) > P(A|\bar{B})$ 知，A 与 B 相互有利，于是 $P(A|B) > P(A)$，故选项（C）正确.

选项（D），$P(A|A\cup B) = \dfrac{P[A(A\cup B)]}{P(A\cup B)} = \dfrac{P(A)}{P(A\cup B)} = \dfrac{P(A)}{P(A) + P(B) - P(AB)}$，

$$P(\bar{A}|A\cup B) = \frac{P[\bar{A}(A\cup B)]}{P(A\cup B)} = \frac{P(\bar{A}B)}{P(A\cup B)} = \frac{P(B) - P(AB)}{P(A) + P(B) - P(AB)},$$

则有 $P(A) > P(B) - P(AB)$，不能说明 $P(A) > P(B)$ 一定成立，故选项（D）不正确. 故选（D）.

例 1.21 设随机事件 A 与 B 相互独立，$0 < P(A) < 1$，$P(C) = 1$，则下列事件中不相互独立的是（　　）.

（A）A，B，$A\cup C$　　　（B）A，B，$A - C$　　　（C）A，B，AC　　　（D）A，B，$\bar{A}C$

【解】 应选（C）.

由 $P(C) = 1$，有 $P(\bar{C}) = 1 - P(C) = 0$，且 $P(A\cup C) \geqslant P(C) = 1$，故 $P(A\cup C) = 1$.

$P(A - C) = P(A\bar{C}) \leqslant P(\bar{C}) = 0$，故 $P(A - C) = 0$.

$P(AC) = P(A) - P(A\bar{C}) = P(A)$，由题设，$0 < P(AC) < 1$.

$P(\bar{A}C) \leqslant P(\bar{C}) = 0$，故 $P(\bar{A}C) = 0$.

又根据"概率为 0 或 1 的事件与任何事件相互独立"，而 A、B 也相互独立，所以（A），（B），（D）中的事件相互独立，如 $P[AB(A\cup C)] = P(AB)P(A\cup C) = P(A)P(B)P(A\cup C)$. 而

$$P(AAC) = P(AC) = P(A) \neq P(A)P(AC),$$

所以（C）中的事件 A，B，AC 不相互独立，故选（C）.

例 1.22 对于下列命题：

①若事件 A，B 相互独立，且 B，C 相互独立，则 A，C 相互独立；

②若事件 A，B 相互独立，且 $C\subset A$，$D\subset B$，则 C，D 相互独立.

说法正确的是（　　）.

（A）①正确，②不正确　　　　　　　　　（B）②正确，①不正确

（C）①②都正确　　　　　　　　　　　　（D）①②都不正确

【解】 应选（D）.

①不正确. 例如，袋中有 2 个球，1 个白球、1 个黑球，先后有放回地取两次.

记 $A = \{$第一次取到白球$\}$，$B = \{$两次取到不同颜色的球$\}$，$C = \{$第一次取到黑球$\}$，则样本空间为 $\{$白，白$\}$，$\{$白，黑$\}$，$\{$黑，白$\}$，$\{$黑，黑$\}$. 故 $P(A) = \dfrac{1}{2}$，$P(B) = \dfrac{1}{2}$，$P(C) = \dfrac{1}{2}$，

$$P(AB)=\frac{1}{4},\ P(AC)=0,\ P(BC)=\frac{1}{4},$$

$$P(A)P(B)=P(AB),\ P(B)P(C)=P(BC),$$

但 $P(A)P(C)\neq P(AC)$，故 A，C 不独立．

②不正确．承接①，题设不变，A，B 不变，令 $C=\{$第一次取到白球，第二次取到黑球$\}$，$D=\{$第一次取到黑球，第二次取到白球$\}$，则 $C\subset A$，$D\subset B$，且 $P(C)=\frac{1}{4}$，$P(D)=\frac{1}{4}$，$P(CD)=0$，$P(C)P(D)\neq P(CD)$，故 C，D 不独立．

第2讲
一维随机变量及其分布

三向解题法

```
        一维随机变量及其分布
          (O(盯住目标))
                │
    ┌───────────┼───────────┐
  判分布         求分布        用分布
(D₁(常规操作)+   (D₁(常规操作))  (D₁(常规操作))
 D₂₂(转换等价表述))
```

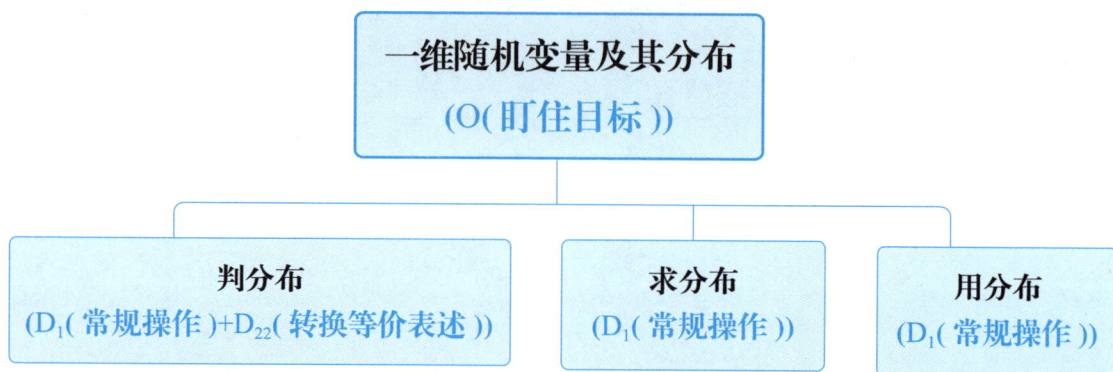

一、判分布 $(D_1($ 常规操作 $)+D_{22}($ 转换等价表述 $))$

1. 随机变量及其分布函数的定义

（1）随机变量.

设随机试验 E 的样本空间为 $\Omega = \{\omega\}$ ，如果对每一个 $\omega \in \Omega$ ，都有唯一的实数 $X(\omega)$ 与之对应，并且对任意实数 x ，$\{\omega \,|\, X(\omega) \leqslant x, \omega \in \Omega\}$ 是随机事件，则称定义在 Ω 上的实值单值函数 $X(\omega)$ 为**随机变量**，简记为随机变量 X.

（2）分布函数.

设 X 是随机变量，x 是任意实数，称函数 $F(x) = P\{X \leqslant x\} (x \in \mathbf{R})$ 为随机变量 X 的分布函数，或称 X 服从 $F(x)$ 分布，记为 $X \sim F(x)$.

【注】随机变量类型.

（1）离散型随机变量及其概率分布.

如果随机变量 X 只可能取有限个或可列个值 x_1 ，x_2 ，$\cdots$ ，则称 X 为离散型随机变量，称

$$p_i = P\{X = x_i\}, \quad i=1, 2, \cdots$$

为 X 的**分布列**、**分布律**或**概率分布**，记为 $X \sim p_i$ ，概率分布常常用表格形式或矩阵形式表示，即

X	x_1	x_2	$\cdots$
P	p_1	p_2	$\cdots$

或 $X \sim \begin{pmatrix} x_1 & x_2 & \cdots \\ p_1 & p_2 & \cdots \end{pmatrix}$ ，

且其分布函数为 $F(x) = \sum_{x_i \leqslant x} p_i$，分布函数与分布律互相唯一确定.

（2）连续型随机变量及其概率密度.

如果随机变量 X 的分布函数可以表示为

$$F(x) = \int_{-\infty}^{x} f(t)\mathrm{d}t \, (x \in \mathbf{R}),$$

其中 $f(x)$ 是非负可积函数，则称 X 为**连续型随机变量**，称 $f(x)$ 为 X 的**概率密度函数**，简称**概率密度**，记为 $X \sim f(x)$.

① $f(x)$ 可唯一确定 $F(x)$，但 $F(x)$ 不可唯一确定 $f(x)$（改变 $f(x)$ 在有限个点的值，不影响 $F(x)$）.

② $f(x)$ 为分段函数，如

a. $f(x) = \begin{cases} g(x), & a \leqslant x < b, \\ 0, & \text{其他}, \end{cases}$ 则 $F(x) = \begin{cases} 0, & x < a, \\ \int_a^x g(t)\mathrm{d}t, & a \leqslant x < b, \\ 1, & x \geqslant b. \end{cases}$

b. $f(x) = \begin{cases} g_1(x), & a \leqslant x < b, \\ g_2(x), & b \leqslant x < c, \\ 0, & \text{其他}, \end{cases}$ 则 $F(x) = \begin{cases} 0, & x < a, \\ \int_a^x g_1(t)\mathrm{d}t, & a \leqslant x < b, \\ \int_a^b g_1(t)\mathrm{d}t + \int_b^x g_2(t)\mathrm{d}t, & b \leqslant x < c, \\ 1, & x \geqslant c. \end{cases}$

（3）混合型随机变量.

存在既非离散也非连续的随机变量，称为混合型随机变量，且其分布函数 $F(x) = P\{X \leqslant x\}$.

2. 判分布

（1）判分布函数.

①充要条件. → D₂₂（转换等价表述）

$F(x)$ 是分布函数 $\Leftrightarrow F(x)$ 是 x 的单调不减且右连续函数，且 $F(-\infty) = 0$，$F(+\infty) = 1$.

②分布函数形式大观.

a. 设 $F_i(x)$ 是分布函数，$\lambda_i > 0$，$\sum_{i=1}^{n} \lambda_i = 1$，则 $\sum_{i=1}^{n} \lambda_i F_i(x)$ 是分布函数. 特别地，算术平均值 $\dfrac{F_1(x) + F_2(x)}{2}$ 是分布函数.

b. 设 $F(x)$ 是分布函数，则 $F(x)$ 在 $[x, x+T]$（$T > 0$）上的均值 $\dfrac{1}{T}\int_x^{x+T} F(t)\mathrm{d}t$ 是分布函数.

可见，线性组合 $\sum_{i=1}^{n} \lambda_i F_i(x)$ 及其连续形式均仍是分布函数.

c. 几何平均值 $\sqrt{F_1(x)F_2(x)}$ 是分布函数.

d. $[F(x)]^n$，$1 - [1 - F(x)]^n$ 是分布函数. ——→ max,min 的分布函数

（2）判分布律的充要条件.

$\{p_i\}$ 是概率分布 $\Leftrightarrow p_i \geqslant 0$，且 $\sum_i p_i = 1$.

（3）判概率密度．

①充要条件．

$f(x)$ 是概率密度 $\Leftrightarrow f(x) \geqslant 0$，且 $\int_{-\infty}^{+\infty} f(x)\mathrm{d}x = 1$．

②概率密度形式大观．

a. 设 f 为概率密度，$\lambda_i > 0$，$\sum_{i=1}^{n} \lambda_i = 1$，则 $\sum_{i=1}^{n} \lambda_i f_i(x)$ 是概率密度．特别地，$\frac{1}{2}[f_1(x) + f_2(x)]$ 是概率密度．

b. 设 f 为概率密度，则 $f(x)$ 在 $[x, x+T]$（$T>0$）上的均值 $\frac{1}{T}\int_{x}^{x+T} f(t)\mathrm{d}t$ 是概率密度．

【注】证　非负性显然，下证归一性．

见到累次积分，想到交换积分次序

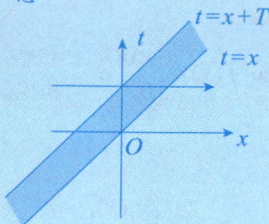

$$\int_{-\infty}^{+\infty}\left[\frac{1}{T}\int_{x}^{x+T} f(t)\mathrm{d}t\right]\mathrm{d}x = \frac{1}{T}\int_{-\infty}^{+\infty}\mathrm{d}t\int_{t-T}^{t} f(t)\mathrm{d}x$$
$$= \int_{-\infty}^{+\infty} f(t)\mathrm{d}t = 1.$$

可见，线性组合 $\sum_{i=1}^{n}\lambda_i f_i(x)$ 及其连续形式仍是概率密度．

c. 设 X_i 的分布函数为 $F_i(x)$，概率密度为 $f_i(x)$，则 $\frac{2}{n}\sum_{i=1}^{n} F_i(x)f_i(x)$ 是概率密度．

【注】证　非负性显然，下证归一性．

见到 F 与 F' 的积分 $\int FF'\mathrm{d}x$，想到凑微分法

$$\int_{-\infty}^{+\infty}\left[\frac{2}{n}\sum_{i=1}^{n} F_i(x)f_i(x)\right]\mathrm{d}x = \frac{2}{n}\sum_{i=1}^{n}\int_{-\infty}^{+\infty} F_i(x)\mathrm{d}[F_i(x)] = \frac{2}{n}\sum_{i=1}^{n}\frac{1}{2}F_i^2(x)\Big|_{-\infty}^{+\infty} = \frac{2}{n}\cdot\frac{1}{2}\cdot n = 1.$$

d. 设 X_i 的分布函数为 $F_i(x)$，概率密度为 $f_i(x)$，则 $f_1(x)F_2(x)\cdots F_n(x) + F_1(x)f_2(x)\cdots F_n(x) + \cdots + F_1(x)F_2(x)\cdots f_n(x)$ 是概率密度．

【注】证　非负性显然，下证归一性．

$$\int_{-\infty}^{+\infty}[f_1(x)F_2(x)\cdots F_n(x) + F_1(x)f_2(x)\cdots F_n(x) + \cdots + F_1(x)F_2(x)\cdots f_n(x)]\mathrm{d}x$$

道理同 "c."

$$= \int_{-\infty}^{+\infty}[F_1'(x)F_2(x)\cdots F_n(x) + F_1(x)F_2'(x)\cdots F_n(x) + \cdots + F_1(x)F_2(x)\cdots F_n'(x)]\mathrm{d}x$$
$$= F_1(x)F_2(x)\cdots F_n(x)\Big|_{-\infty}^{+\infty} = 1.$$

e. 设 $F(x)$ 是分布函数，$f(x)$ 是对应概率密度，则 $n[F(x)]^{n-1}f(x)$，$n[1-F(x)]^{n-1}f(x)$ 是概率密度．

（4）反问题．→D₂₂（转换等价表述）

max，min 的概率密度

用 $\begin{cases} F(-\infty)=0, \\ F(+\infty)=1, \\ \sum_i p_i = 1, \\ \int_{-\infty}^{+\infty} f(x)\mathrm{d}x = 1 \end{cases}$ 建方程，求参数．

例 2.1 设连续型随机变量 X_1，X_2 的概率密度分别为 $f_1(x)$，$f_2(x)$，其分布函数分别为 $F_1(x)$，$F_2(x)$，记 $g_1(x) = f_1(x)F_2(x) + f_2(x)F_1(x)$，$g_2(x) = f_1(x)F_1(x) + f_2(x)F_2(x)$，$g_3(x) = \frac{1}{2}[f_1(x) + f_2(x)]$，$g_4(x) = \sqrt{f_1(x)f_2(x)}$，则 $g_1(x)$，$g_2(x)$，$g_3(x)$，$g_4(x)$ 这 4 个函数中一定能作为概率密度的共有（　　）．

（A）1 个　　　　　（B）2 个　　　　　（C）3 个　　　　　（D）4 个

【解】应选（C）．

由"一、2.（3）"知 $g_1(x)$，$g_2(x)$，$g_3(x)$ 均可作为概率密度，但 $g_4(x) = \sqrt{f_1(x)f_2(x)}$ 不一定是概率密度，理由如下．

由于 $\sqrt{f_1(x)f_2(x)} \leqslant \dfrac{f_1(x) + f_2(x)}{2}$，且只有当 $f_1(x) = f_2(x)$ 时，等号成立，故由积分保号性，得

$\int_{-\infty}^{+\infty} \sqrt{f_1(x)f_2(x)}\,\mathrm{d}x < \int_{-\infty}^{+\infty} \dfrac{f_1(x) + f_2(x)}{2}\,\mathrm{d}x = 1$，如

$$f_1(x) = \begin{cases} 2x, & 0 < x < 1, \\ 0, & \text{其他}, \end{cases} \qquad f_2(x) = \begin{cases} 4x^3, & 0 < x < 1, \\ 0, & \text{其他} \end{cases}$$

都是概率密度，但 $\sqrt{f_1(x)f_2(x)} = \begin{cases} 2\sqrt{2}x^2, & 0 < x < 1, \\ 0, & \text{其他} \end{cases}$ 不是概率密度，因为

$$\int_{-\infty}^{+\infty} \sqrt{f_1(x)f_2(x)}\,\mathrm{d}x = \int_0^1 2\sqrt{2}x^2\,\mathrm{d}x = \frac{2\sqrt{2}}{3} < 1.$$

综上所述，$g_1(x)$，$g_2(x)$，$g_3(x)$，$g_4(x)$ 这 4 个函数中一定能作为概率密度的共有 3 个．应选（C）．

【注】可思考为何 $\sqrt{f_1(x)f_2(x)}$ 不能作为概率密度，而 $\sqrt{F_1(x)F_2(x)}$ 可作为分布函数．

答：因为 $\sqrt{F_1(x)F_2(x)}$ 只计算 $x \to +\infty$ 时的极限．

二、求分布（D_1（常规操作））

1.离散型分布

（1）0—1 分布．

$X \sim B(1, p)$，X（伯努利计数变量）$\sim \begin{pmatrix} 1 & 0 \\ p & 1-p \end{pmatrix}$．

$EX = p$，$DX = p(1-p)$．

（2）二项分布．

$X \sim B(n, p) \begin{cases} n\text{次试验相互独立}; \\ P(A) = p; \\ \text{只有} A, \bar{A} \text{两种结果}. \end{cases}$

记 X 为 A 发生的次数，则

$$P\{X = k\} = \mathrm{C}_n^k p^k (1-p)^{n-k}, \quad k = 0,\ 1,\ 2,\ \cdots,\ n,$$

$$EX = np, \quad DX = np(1-p).$$

二项分布 $X \sim B(n,p)$ 还具有如下性质：

① $Y = n - X$ 服从二项分布 $B(n,q)$，其中 $q = 1-p$.

【注】设 X 为 A 发生的次数，Y 为 $\overline{A}$ 发生的次数，即 $Y = n - X$，则

D$_{42}$（引入符号）+
D$_{22}$（转换等价表述）

$$P\{Y = n-k\} = P\{X = k, \ Y = n-k\}$$
$$= C_n^k p^k C_{n-k}^{n-k}(1-p)^{n-k}$$
$$= P\{X = k\},$$

故 $Y \sim B(n,q)$，$q = 1-p$.

②对固定的 n 和 p，随着 k 的增大，$P\{X = k\}$ 先上升到最大值而后下降，如图（a）和图（b）所示.

D$_{22}$（转换等价表述），
这是典范结论，要重视

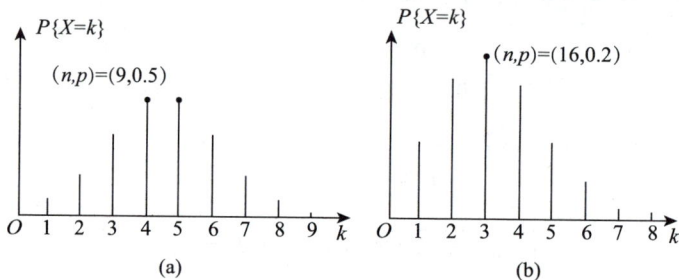

(a)   (b)

a. 当 $(n+1)p$ 为整数时，$P\{X = (n+1)p\} = P\{X = (n+1)p - 1\}$ 最大.

b. 当 $(n+1)p$ 不为整数时，$P\{X = [(n+1)p]\}$ 最大，其中 $[(n+1)p]$ 表示 $(n+1)p$ 的整数部分.

例 2.2 设某篮球运动员每次投篮投中的概率是 0.8，每次投篮的结果相互独立，则该运动员在 10 次投篮中，最有可能投中的次数为_____.

【解】应填 8.

此题为客观题，则可按照"二、1.（2）② b."的结论，将 $n = 10$，$p = 0.8$ 代入，直接求出

$$(n+1)p = 11 \times 0.8 = 8.8, \quad k = [8.8] = 8.$$

（3）多项式分布.

引例 随机试验 E 有三种两两不相容的结果 A_1, A_2, A_3，且每次试验三种结果发生的概率分别为 $\dfrac{1}{2}$，$\dfrac{1}{3}$，$\dfrac{1}{6}$. 将试验 E 独立重复做 2 次，X 表示 2 次试验中结果 A_1 发生的次数，Y 表示 2 次试验中结果 A_2 发生的次数，则 X 与 Y 的相关系数为（　　　）.

（A）$-\dfrac{1}{2}$　　　　（B）$-\dfrac{\sqrt{2}}{2}$　　　　（C）$\dfrac{1}{2}$　　　　（D）$\dfrac{\sqrt{2}}{2}$

以上试题表明，命题考查读者深刻掌握伯努利试验的含义. 现设试验结果为三个：A，B，C（正如这个世界并不是非白即黑一样，还存在非白非黑），其中 $P(A) = p_1$，$P(B) = p_2$，$P(C) = p_3$，$p_1 + p_2 + p_3 = 1$，且记 X_1, X_2, X_3 分别为 n 次独立重复试验中 A，B，C 出现的次数. 请问 X_1 的概率规律是什么？

①边缘分布律.

此题是希望读者能够想到：将三个事件 A，B，C 依然看作两个事件——A 与 $\bar{A} = B \cup C$. 于是由二项分布，有 $(X_1，X_2，X_3)$ 的边缘分布律 $P\{X_1 = k\} = C_n^k p_1^k (1-p_1)^{n-k}，k = 0,1,2,\cdots,n$，故 $X_1 \sim B(n,p_1)$，$(n-X_1) \sim B(n,1-p_1)$，也即 $X_2 + X_3 \sim B(n,p_2 + p_3)$，同理，或者说由字母的轮换对称性，有 $X_i \sim B(n,p_i)$，$X_i + X_j \sim B(n,p_i + p_j)$，$i \neq j$. 我们看到的这个事实还可以继续推广至有限 n 个结果，均有

$$X_i \sim B(n,p_i)，i = 1,2,\cdots,n，X_{i1} + X_{i2} + \cdots + X_{im} \sim B(n,p_{i1} + p_{i2} + \cdots + p_{im}).$$

②联合分布律.

事实上，仿 X_1，X_2 的联合分布律

$$P\{X_1 = k, X_2 = n-k\} = C_n^k \cdot p^k \cdot C_{n-k}^{n-k}(1-p)^{n-k} = \frac{n!}{(n-k)!k!} p^k \cdot \frac{(n-k)!}{0!(n-k)!}(1-p)^{n-k} = \frac{n!}{k!(n-k)!} p^k \cdot (1-p)^{n-k}.$$

X_1，X_2，X_3 的联合分布律亦可轻易获得，即

$$P\{X_1 = k_1, X_2 = k_2, X_3 = k_3\} = C_n^{k_1} p_1^{k_1} C_{n-k_1}^{k_2} p_2^{k_2} C_{n-k_1-k_2}^{k_3} p_3^{k_3}$$

（n 次独立重复试验中，A 出现 k_1 次，B 出现 k_2 次，C 出现 k_3 次）

$$= C_n^{k_1} p_1^{k_1} C_{n-k_1}^{k_2} p_2^{k_2} p_3^{k_3}$$

$$= \frac{n!}{(k_1)!(n-k_1)!} \cdot \frac{(n-k_1)!}{(k_2)!(n-k_1-k_2)!} p_1^{k_1} p_2^{k_2} p_3^{k_3}$$

$$= n! \prod_{i=1}^{3} \frac{p_i^{k_i}}{(k_i)!}, 0 \leq k_i \leq n,$$

其中 $\sum_{i=1}^{3} k_i = n$，$\sum_{i=1}^{3} p_i = 1$.

更一般地，X_1，X_2，$\cdots$，X_m 的联合分布律为 $P\{X_1 = k_1, X_2 = k_2, \cdots, X_m = k_m\} = n! \prod_{i=1}^{m} \frac{p_i^{k_i}}{(k_i)!}$，其中 $\sum_{i=1}^{m} k_i = n$，$0 \leq k_i \leq n$，$\sum_{i=1}^{m} p_i = 1$，称 $(X_1，X_2，\cdots，X_m)$ 服从 m 次多项式分布.

显然，当 $m = 2$ 时，$X_1 + X_2 = n$，$k_1 + k_2 = n$，$p_1 + p_2 = 1$，则

$$P\{X_1 = k_1, X_2 = k_2\} = P\{X_1 = k_1, n - X_1 = n - k_1\} = P\{X_1 = k_1\} = C_n^{k_1} p_1^{k_1} (1-p_1)^{n-k_1},$$

即二项分布.

③数字特征.

a. 当 $m = 2$ 时（二项分布），令 $U_i = \begin{cases} 1, & \text{第} i \text{次} A \text{发生}, \\ 0, & \text{第} i \text{次} \bar{A} \text{发生}, \end{cases} i = 1,2,\cdots,n$，$X = U_1 + U_2 + \cdots + U_n$.

（ⅰ）$EX = np$.

（ⅱ）$DX = np(1-p)$.

（ⅲ）$\text{Cov}(X, n-X) = \text{Cov}(X, n) - \text{Cov}(X, X) = -DX = -np(1-p)$.

（ⅳ）$\rho_{X,n-X} = \dfrac{-np(1-p)}{\sqrt{DX}\sqrt{D(n-X)}} = \dfrac{-np(1-p)}{\sqrt{np(1-p)}\sqrt{np(1-p)}} = -1$（事实上，由于 $X + (n-X) = n$，显然有 $\rho_{X,n-X} = -1$）.

b. 当 $m = 3$ 时，令 $U_i = \begin{cases} 1, & \text{第} i \text{次} A \text{发生}, \\ 0, & \text{第} i \text{次} \bar{A} \text{发生}, \end{cases}$ $V_j = \begin{cases} 1, & \text{第} j \text{次} B \text{发生}, \\ 0, & \text{第} j \text{次} \bar{B} \text{发生}, \end{cases}$ $X_1 = \sum_{i=1}^{n} U_i$，$X_2 = \sum_{j=1}^{n} V_j$，设每次试验 A 发生的概率为 p_1，B 发生的概率为 p_2，$i,j = 1,2,\cdots,n$. 于是

（i）$\begin{cases} EX_1 = nEU_i = np_1, \\ EX_2 = nEV_j = np_2. \end{cases}$

（ii）$EU_i = p_1$，$E(U_i^2) = p_1$，故 $DU_i = E(U_i^2) - (EU_i)^2 = p_1 - p_1^2 = p_1(1-p_1)$.

同理，$DV_j = p_2(1-p_2)$，$\begin{cases} DX_1 = nDU_i = np_1(1-p_1), \\ DX_2 = nDV_j = np_2(1-p_2). \end{cases}$

（iii）$i = j$ 时，$\mathrm{Cov}(U_i, V_j) = E(U_i V_j) - EU_i EV_j = 0 - p_1 p_2$；

$i \neq j$ 时，U_i 与 V_j 独立.

$\mathrm{Cov}(U_i, V_j) = 0$，故

$$\mathrm{Cov}(X_1, X_2) = \mathrm{Cov}(U_1 + U_2 + \cdots + U_n, V_1 + V_2 + \cdots + V_n)$$
$$= \sum_{i=1}^{n} \mathrm{Cov}(U_i, V_i) = n\mathrm{Cov}(U_i, V_i) = -np_1 p_2.$$

（iv）$\rho_{X_1, X_2} = \dfrac{-np_1 p_2}{\sqrt{np_1(1-p_1)}\sqrt{np_2(1-p_2)}} = -\sqrt{\dfrac{p_1 p_2}{(1-p_1)(1-p_2)}}$.

更一般地，对于 $(X_1, X_2, \cdots, X_m)$ 服从 m 次多项式分布，有

① $EX_i = np_i$，

② $DX_i = np_i(1-p_i)$，

③ $\mathrm{Cov}(X_i, X_j) = -np_i p_j$，

④ $\rho_{X_i, X_j} = -\sqrt{\dfrac{p_i p_j}{(1-p_i)(1-p_j)}}$，$i = 1, 2, \cdots, m$；$j = 1, 2, \cdots, m$，$i \neq j$，

故引例答案为 $-\sqrt{\dfrac{\frac{1}{2} \times \frac{1}{3}}{\frac{1}{2} \times \frac{2}{3}}} = -\dfrac{\sqrt{2}}{2}$. 选（B）.

例 2.3 随机试验 E 有四种两两不相容的结果 A_1，A_2，A_3，A_4，且四种结果发生具有等可能性，将试验 E 独立重复做 3 次，X 表示 3 次试验中结果 A_2 发生的次数，Y 表示 3 次试验中结果 A_3 发生的次数，Z 表示 3 次试验中结果 A_4 发生的次数，则 $X+Y$ 与 Z 的协方差为_____.

【解】应填 $-\dfrac{3}{8}$.

由 "二、1.（3）" 知，$X+Y \sim B\left(3, \dfrac{1}{2}\right)$，$Z \sim B\left(3, \dfrac{1}{4}\right)$，且 $\mathrm{Cov}(X+Y, Z) = -3 \times \dfrac{1}{2} \times \dfrac{1}{4} = -\dfrac{3}{8}$.

（4）离散型首次冲击分布（几何分布）.

在伯努利试验序列中 $P(A) = p$，$P(\bar{A}) = 1-p$，首次出现 A 即停止（即首次冲击即失效）. 令 X 为试验次数，则 $P\{X = k\} = p(1-p)^{k-1}, k = 1, 2, \cdots$，其中 $P\{X = 1\}$ 最大，且 $EX = \dfrac{1}{p}$，$DX = \dfrac{1-p}{p^2}$.

（5）离散型第 r 次冲击分布（帕斯卡分布）.

在伯努利试验序列中，$P(A) = p$，$P(\bar{A}) = 1-p$，第 r 次出现 A 即停止（第 r 次冲击便失效）. 令 X 为试验次数，则

$$P\{X = k\} = C_{k-1}^{r-1} \cdot p^{r-1} \cdot p \cdot (1-p)^{k-r}, \quad k = r, \ r+1, \cdots.$$

令 X_i 表示出现第 i 次冲击的试验次数（从第 $i-1$ 次冲击后算起），如 X_1 表示第 1 次出现 A 的试验次数，X_2 表示第 2 次出现 A 的试验次数（从第 1 次 A 出现后算起），…，X_r 表示第 r 次出现 A 的试验次数（从第 $r-1$ 次 A 出现后算起），即将总过程分解为 r 个子过程，且因试验为独立重复进行，故这 r 个子过程依然是独立同分布的，于是就有 $X=X_1+X_2+\cdots+X_r$，且

$$P\{X_1=k_1,X_2=k_2,\cdots,X_r=k_r\}$$
$$=\prod_{i=1}^{r}P\{X_i=k_i\}=\prod_{i=1}^{r}p\cdot(1-p)^{k_i-1}$$
$$=p^r(1-p)^{(k_1+\cdots+k_r)-r}=p^r(1-p)^{k-r}.$$

又 $$P\{X=k\}=\bigcup_{i_1i_2\cdots i_r}P\{X_1=k_{i1},X_2=k_{i2},\cdots,X_r=k_{ir}\}$$
$$=C_{k-1}^{r-1}\cdot P\{X_1=k_1,X_2=k_2,\cdots,X_r=k_r\},$$

故 $P\{X=k\}$ 为帕斯卡分布.

k 个球放入 r 个盒子中，盒子不空. $k-1$ 个位置上任意放 $r-1$ 个隔板.

于是我们可以知道，参数为 (r,p) 的帕斯卡分布是 r 个独立同分布的几何分布的 X_i 之和的分布.

由 $EX_i=\dfrac{1}{p}$，$DX_i=\dfrac{1-p}{p^2}$，得 $EX=\dfrac{r}{p}$，$DX=\dfrac{r(1-p)}{p^2}$. 这比用分析法计算 EX，DX 要简单得多！

（6）超几何分布.

N 件产品中有 M 件正品，从中无放回地随机抽取 n 件，则取到 k 个正品的概率为

$$P\{X=k\}=\frac{C_M^k C_{N-M}^{n-k}}{C_N^n},\ k\ 为整数,\ \max\{0,n-N+M\}\leqslant k\leqslant\min\{n,M\},\ 且\ EX=\frac{nM}{N}.$$

（7）泊松分布.

泊松分布是指某单位时间段，某场合下，源源不断的随机质点流的个数，也常用于描述稀有事件的概率.

$$P\{X=k\}=\frac{\lambda^k}{k!}e^{-\lambda}(k=0,1,\cdots;\ \lambda>0),$$

λ 表示强度 $(EX=\lambda)$，且 $P\{X=[\lambda]\}$ 最大，其中 $[\lambda]$ 表示对 λ 取整.

> **【注】泊松定理** 若 $X\sim B(n,p)$，当 n 很大，p 很小，$\lambda=np$ 适中时，二项分布可用泊松分布近似表示，即 $C_n^k p^k(1-p)^{n-k}\approx\dfrac{\lambda^k}{k!}e^{-\lambda}$.
> 一般地，当 $n\geqslant20$，$p\leqslant0.05$ 时，用泊松近似公式逼近二项分布效果比较好，特别当 $n\geqslant100$，$np\leqslant10$ 时，逼近效果更佳. 考纲要求考生"会用泊松分布近似表示二项分布"，应予以重视.

例 2.4 一本 500 页的书，共有 100 个错字，每个错字等可能出现在每页，按照泊松定理，在给定的一页上至少有 2 个错字的概率为（ ）.

（A）$1-e^{-\frac{2}{5}}$ （B）$1-e^{-\frac{1}{5}}$ （C）$1-\dfrac{5}{6}e^{-\frac{1}{5}}$ （D）$1-\dfrac{6}{5}e^{-\frac{1}{5}}$

【解】应选（D）.

本题的关键是如何建立其概型. 由题意，每个错字出现在某页上的概率均为 $\dfrac{1}{500}$，100 个错字就可看作 100 次伯努利试验，于是问题就迎刃而解了.

设 A 表示"给定的一页上至少有 2 个错字"，于是有

$$P(A) = 1 - P(\bar{A})$$

$$= 1 - \sum_{i=0}^{1} C_{100}^{i} \left(\frac{1}{500}\right)^{i} \left(1 - \frac{1}{500}\right)^{100-i}$$

$$= 1 - \left(1 - \frac{1}{500}\right)^{100} - 100 \times \frac{1}{500} \times \left(1 - \frac{1}{500}\right)^{99},$$

由泊松定理得 $P(A) \approx 1 - e^{-\frac{1}{5}} - \frac{1}{5}e^{-\frac{1}{5}} = 1 - \frac{6}{5}e^{-\frac{1}{5}}$.

2. 连续型分布

（1）均匀分布 $U(a,b)$.

如果随机变量 X 的概率密度和分布函数分别为

$$f(x) = \begin{cases} \dfrac{1}{b-a}, & a < x < b, \\ 0, & \text{其他}, \end{cases} \qquad F(x) = \begin{cases} 0, & x < a, \\ \dfrac{x-a}{b-a}, & a \leqslant x < b, \\ 1, & x \geqslant b, \end{cases}$$

则称 X 在区间 (a,b) 上服从**均匀分布**，记为 $X \sim U(a,b)$ [见图（a），图（b）].

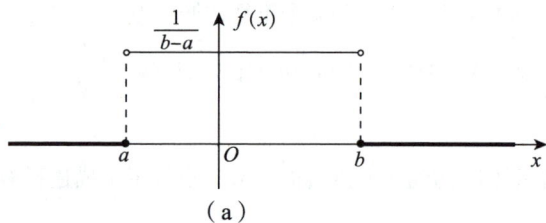

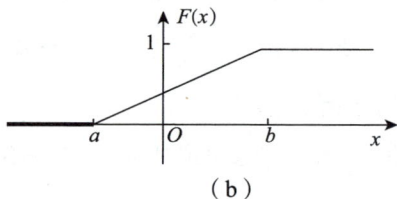

（a）　　　　　　　　　　　　　　（b）

【注】（1）区间 (a,b) 可以是 $[a,b]$.

（2）几何概型是均匀分布的实际背景，于是有另一种表示形式"X 在 I 上的任一子区间取值的概率与该子区间长度成正比"，即 $X \sim U(I)$.

（3）$X \sim U(0,1)$，则 $Y = 1 - X \sim U(0,1)$. 由此亦可知，X，Y 服从相同的分布，但 $P\{X=Y\} = 0$，X 与 Y 不是相同的随机变量.

（4）$X \sim U(0,1)$，则 $Y = -2\ln X \sim E\left(\dfrac{1}{2}\right)$.

例 2.5　设随机变量 X 的概率分布为 $P\{X=1\} = P\{X=2\} = \dfrac{1}{2}$. 在给定 $X = i$ 的条件下，随机变量 Y 服从均匀分布 $U(0,i)(i=1,2)$. 求 Y 的分布函数 $F_Y(y)$ 和概率密度 $f_Y(y)$.

【解】$F_Y(y) = P\{Y \leqslant y\} = P\{X=1\}P\{Y \leqslant y \mid X=1\} + P\{X=2\}P\{Y \leqslant y \mid X=2\}$

$$= \frac{1}{2}P\{Y \leqslant y \mid X=1\} + \frac{1}{2}P\{Y \leqslant y \mid X=2\}.$$

当 $y < 0$ 时，$F_Y(y) = 0$；

当 $0 \leqslant y < 1$ 时，$F_Y(y) = \dfrac{3y}{4}$；

当 $1 \le y < 2$ 时，$F_Y(y) = \dfrac{1}{2} + \dfrac{y}{4}$；

当 $y \ge 2$ 时，$F_Y(y) = 1$.

所以 Y 的分布函数为

$$F_Y(y) = \begin{cases} 0, & y < 0, \\ \dfrac{3y}{4}, & 0 \le y < 1, \\ \dfrac{1}{2} + \dfrac{y}{4}, & 1 \le y < 2, \\ 1, & y \ge 2. \end{cases}$$

随机变量 Y 的概率密度为

$$f_Y(y) = \begin{cases} \dfrac{3}{4}, & 0 < y < 1, \\ \dfrac{1}{4}, & 1 < y < 2, \\ 0, & 其他. \end{cases}$$

【注】计算 $F(x) = P\{X \le x\}$ 时，若 $\{X \le x\}$ 是复杂事件，应先将事件 $\{X \le x\}$ 按题设分解为完备事件组的并，然后用全概率公式计算 $P\{X \le x\}$.

（2）连续型首次冲击分布（指数分布）.

设随机质点流的计数过程为 $\{N_t\}$($t \ge 0$)，N_t 服从参数为 λt 的泊松分布 . 令 T_1 表示第 1 个质点到来的时刻，则 $t > 0$ 时，令 $A = \{T_1 > t\}$ 表示第 1 个质点在时刻 t 之后到来，$B = \{N_t = 0\}$ 表示在 $[0, t]$ 时间上有 0 个质点到来，即 A 与 B 是相等事件，故 $P(A) = P(B)$，即

$$P\{T_1 > t\} = P\{N_t = 0\} = \frac{(\lambda t)^0}{0!} \mathrm{e}^{-\lambda t} = \mathrm{e}^{-\lambda t},$$

D₄₂（引入符号）

D₂₂（转换等价表述）

于是

$$F_{T_1}(t) = P\{T_1 \le t\} = 1 - \mathrm{e}^{-\lambda t}, t > 0,$$

即 T_1 服从参数为 λ 的指数分布 .

如果 X 的概率密度和分布函数分别为

$$f(x) = \begin{cases} \lambda \mathrm{e}^{-\lambda x}, & x \ge 0, \\ 0, & 其他 \end{cases} (\lambda > 0), F(x) = \begin{cases} 1 - \mathrm{e}^{-\lambda x}, & x \ge 0, \\ 0, & x < 0 \end{cases} (\lambda > 0),$$

则称 X 服从参数为 λ 的**指数分布**，记为 $X \sim E(\lambda)$ [见图（a），图（b）].

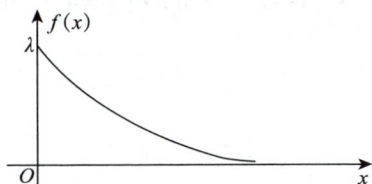

（a）

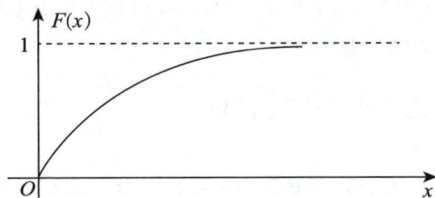

（b）

【注】（1）当 $t,s>0$ 时，$P\{X\geq t+s\mid X\geq t\}=P\{X\geq s\}$ 称为指数分布的无记忆性.

（2）$EX=\dfrac{1}{\lambda}$ 称为平均寿命，也称为平均等待时间，λ 称为失效频率，它是一个常数，失效频率不变，元件无损耗，才有无记忆性.

（3）若 $X\sim E(1)$，则 $2X\sim E\left(\dfrac{1}{2}\right)$，$2X\sim\chi^2(2)$.

（4）若 $X\sim E(\lambda)$，则 $2\lambda X\sim E\left(\dfrac{1}{2}\right)$，$2\lambda X\sim\chi^2(2)$.

（5）记 $\tilde{F}(x)=P\{X>x\}=1-P\{X\leq x\}=1-F(x)=\mathrm{e}^{-\lambda x}$，$x>0$，则称 $\tilde{F}(x)$ 为"存活函数"，也叫"残存函数""余生函数"，是指 $X>x$ 之后继续生存的概率，其图形如图所示，事实上即使 X 不是服从指数分布，$P\{X>x\}$ 亦称为"存活函数"，且可推广出关于"存活函数"的如下重要结论：

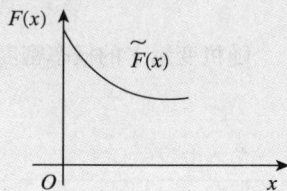

①连续型.

设连续型随机变量 X 的分布函数为 $F(x)$，且 EX 存在，则
$$EX=\int_0^{+\infty}[1-F(x)]\mathrm{d}x-\int_{-\infty}^0 F(x)\mathrm{d}x.$$

证 $EX=\int_{-\infty}^{+\infty}xf(x)\mathrm{d}x=\int_{-\infty}^0 xf(x)\mathrm{d}x+\int_0^{+\infty}xf(x)\mathrm{d}x$，其中 $\int_{-\infty}^0 xf(x)=-\int_{-\infty}^0(\int_x^0\mathrm{d}y)f(x)\mathrm{d}x=-\int_{-\infty}^0\int_{-\infty}^y f(x)\mathrm{d}x\mathrm{d}y=-\int_{-\infty}^0 F(y)\mathrm{d}y$，又 $\int_0^{+\infty}xf(x)\mathrm{d}x=\int_0^{+\infty}(\int_0^x\mathrm{d}y)f(x)\mathrm{d}x=\int_0^{+\infty}\left[\int_y^{+\infty}f(x)\mathrm{d}x\right]\mathrm{d}y=\int_0^{+\infty}[1-F(y)]\mathrm{d}y$. 得证.

当 $X\geq 0$ 时，$\int_0^{+\infty}[1-F(x)]\mathrm{d}x=EX$，可见 X 的数学期望是"存活函数"的积分，这是给定 $F(x)$ 求 EX 的一种方法.

②离散型.

设 X 为仅取非负整数值的随机变量，其 k 阶矩存在，$k=1,2,\cdots$，记 $\tilde{F}_i=P(X\geq i),i=0,1,2,\cdots$，则
$$EX=\sum_{i=1}^{\infty}iP\{X=i\}=\sum_{i=1}^{\infty}P\{X\geq i\}=\sum_{i=1}^{\infty}\tilde{F}(i).$$

证 $EX=\sum_{k=0}^{\infty}kP\{X=k\}$

$=\sum_{k=1}^{\infty}kP\{X=k\}=P\{X=1\}+2P\{X=2\}+3P\{X=3\}+\cdots$

$=(P\{X=1\}+P\{X=2\}+\cdots)+(P\{X=2\}+P\{X=3\}+\cdots)+(P\{X=3\}+P\{X=4\}+\cdots)+\cdots$

$=P\{X\geq 1\}+P\{X\geq 2\}+\cdots$

$=\sum_{k=1}^{\infty}P\{X\geq k\}=\sum_{k=1}^{\infty}\tilde{F}(k).$

（6）若 $X\sim f_x(x)=\dfrac{1}{2}\mathrm{e}^{-|x|}$，$-\infty<x<+\infty$，则 $|X|\sim f_{|X|}(x)=\begin{cases}\mathrm{e}^{-x},x\geq 0,\\ 0,\quad x<0.\end{cases}$

证 当 $X\geq 0$ 时，
$$F_{|X|}(x)=P\{|X|\leq x\}=P\{-x\leq X\leq x\}$$
$$=P\{X\leq x\}-P\{X\leq -x\}$$
$$=F_X(x)-F_X(-x),$$

故 $f_{|X|}(x) = f_X(x) + f_X(-x) = \dfrac{1}{2}\mathrm{e}^{-x} + \dfrac{1}{2}\mathrm{e}^{-x} = \mathrm{e}^{-x}$.

当 $x < 0$ 时，$F_{|X|}(x) = P\{|X| \leqslant x\} = 0$，于是 $|X| \sim f_{|X|}(x) = \begin{cases} \mathrm{e}^{-x}, & x \geqslant 0, \\ 0, & x < 0. \end{cases}$

例 2.6 设某大型设备在任何长度为 t 的时间内发生故障的次数 $N(t)$ 服从参数为 λt 的泊松分布.

（1）求相继出现两次故障之间的时间间隔 T 的概率分布；

（2）求设备已经无故障工作 8 h 的情况下，再无故障工作 16 h 以上的概率.

【解】（1）T 的值域为区间，属于连续型随机变量. 求概率分布，即求分布函数 $F(t)$，即求概率 $P\{T \leqslant t\}$. 由题知，当 $t > 0$ 时，

$$P\{N(t) = k\} = \dfrac{(\lambda t)^k}{k!}\mathrm{e}^{-\lambda t}\ (k = 0,1,2,\cdots),$$

事件 $\{T > t\}$ 与 $\{N(t) = 0\}$ 等价，有

$$F(t) = P\{T \leqslant t\} = 1 - P\{T > t\} = 1 - \mathrm{e}^{-\lambda t};$$

当 $t \leqslant 0$ 时，$F(t) = 0$，则

$$F(t) = \begin{cases} 1 - \mathrm{e}^{-\lambda t}, & t \geqslant 0, \\ 0, & t < 0, \end{cases}$$

T 服从参数为 λ 的指数分布.

（2）由无记忆性知 $P\{T \geqslant 16 + 8 \,|\, T \geqslant 8\} = P\{T \geqslant 16\} = 1 - (1 - \mathrm{e}^{-16\lambda}) = \mathrm{e}^{-16\lambda}$.

例 2.7 设某种元件的使用寿命 T 的分布函数为

→ $m=1$ 时是指数分布

$$F(t) = \begin{cases} 1 - \mathrm{e}^{-\left(\frac{t}{\theta}\right)^m}, & t \geqslant 0, \\ 0, & \text{其他}, \end{cases}$$

其中 θ，m 为参数且大于零.

（1）求 $P\{T > t\}$ 与 $P\{T > s + t \,|\, T > s\}$，其中 $s > 0$，$t > 0$；

（2）当 $m = \dfrac{1}{3}$ 时，求 ET.

【解】（1）由条件知

$$P\{T > t\} = 1 - P\{T \leqslant t\} = 1 - F(t) = \mathrm{e}^{-\frac{t^m}{\theta^m}},$$

$$P\{T > s + t \,|\, T > s\} = \dfrac{P\{T > s + t, T > s\}}{P\{T > s\}} = \dfrac{P\{T > s + t\}}{P\{T > s\}} = \dfrac{\mathrm{e}^{-\frac{(s+t)^m}{\theta^m}}}{\mathrm{e}^{-\frac{s^m}{\theta^m}}} = \mathrm{e}^{-\frac{(s+t)^m - s^m}{\theta^m}}.$$

（2）

$$ET = \int_0^{+\infty} [1 - F(t)]\mathrm{d}t - \int_{-\infty}^0 F(t)\mathrm{d}t$$

$$= \int_0^{+\infty} \mathrm{e}^{-\frac{t^m}{\theta^m}}\mathrm{d}t \xlongequal{\left(\frac{t}{\theta}\right)^m = x} \dfrac{\theta}{m}\int_0^{+\infty} \mathrm{e}^{-x} \cdot x^{\frac{m-1}{m}}\mathrm{d}x$$

$$= \dfrac{\theta}{m}\Gamma\left(\dfrac{1}{m}\right),$$

当 $m = \dfrac{1}{3}$ 时，$ET = 3\theta \cdot 2 = 6\theta$.

> 【注】此分布为威布尔分布，是考虑元件损耗的寿命分布．若 $m=1$，则成为指数分布，是理想元件（无损耗）的寿命分布．

（3）连续型第 r 次冲击分布（Γ 分布）．

当 $t > 0$ 时，$A = \{T \leq t\}$ 表示第 n 个质点在不晚于时刻 t 到来；

$B = \{N_t \geq n\}$ 表示在时间 $[0,t]$ 上，有不少于 n 个质点到来，即 A 与 B 是相等事件．

故 $P(A) = P(B)$，即 $P\{T \leq t\} = P\{N_t \geq n\} = \sum\limits_{k=n}^{\infty} \dfrac{(\lambda t)^k}{k!} e^{-\lambda t}, \ t > 0$.

又令 $I_2 = \int_{t}^{+\infty} x^{2-1} e^{-\lambda x} \mathrm{d}x = \dfrac{e^{-\lambda t} \cdot t}{\lambda} + \dfrac{e^{-\lambda t} \cdot t^0}{\lambda^2}$，且

$$\frac{\lambda^2}{\Gamma(2)} \cdot I_2 = \frac{\lambda^2}{1} \cdot \left(\frac{e^{-\lambda t} \cdot t}{\lambda} + \frac{e^{-\lambda t} \cdot t^0}{\lambda^2} \right) = e^{-\lambda t} \left[(\lambda \cdot t)^1 + (\lambda \cdot t)^0 \right]$$

$$= \sum_{k=0}^{2-1} \frac{(\lambda t)^k}{k!} e^{-\lambda t}.$$

设 $\dfrac{\lambda^n}{\Gamma(n)} \underset{=I_n}{\boxed{\int_{t}^{+\infty} x^{n-1} e^{-\lambda x} \mathrm{d}x}} = \sum\limits_{k=0}^{n-1} \dfrac{(\lambda t)^k}{k!} e^{-\lambda t}$，则

$$\frac{\lambda^{n+1}}{\Gamma(n+1)} \int_{t}^{+\infty} x^n e^{-\lambda x} \mathrm{d}x = \frac{\lambda^n \cdot \lambda}{\Gamma(n) \cdot n} \left(-\frac{1}{\lambda} \right) \int_{t}^{+\infty} x^n \mathrm{d}(e^{-\lambda x})$$

$$= \frac{\lambda^n}{\Gamma(n)} \cdot \frac{\lambda}{n} \left(-\frac{1}{\lambda} \right) \left(-t^n e^{-\lambda t} - n \cdot I_n \right)$$

$$= \frac{\lambda^n}{\Gamma(n)} I_n + \frac{\lambda^n}{\Gamma(n)} \cdot \frac{t^n e^{-\lambda t}}{n} = \sum_{k=0}^{n} \frac{(\lambda t)^k}{k!} e^{-\lambda t}.$$

证毕．

于是

$$F_T(t) = \sum_{k=n}^{\infty} \frac{(\lambda t)^k}{k!} e^{-\lambda t} = \sum_{k=0}^{\infty} \frac{(\lambda t)^k}{k!} e^{-\lambda t} - \sum_{k=0}^{n-1} \frac{(\lambda t)^k}{k!} e^{-\lambda t}$$

$$= \frac{\lambda^n}{\Gamma(n)} \int_{0}^{+\infty} x^{n-1} e^{-\lambda x} \mathrm{d}x - \frac{\lambda^n}{\Gamma(n)} \int_{t}^{+\infty} x^{n-1} e^{-\lambda x} \mathrm{d}x = \frac{\lambda^n}{\Gamma(n)} \int_{0}^{t} x^{n-1} e^{-\lambda x} \mathrm{d}x,$$

其中 $\Gamma(n) = \int_{0}^{+\infty} x^{n-1} e^{-x} \mathrm{d}x$.

（右侧批注）此过程作为对微积分学的计算训练，供读者参考．

$T \sim f_T(x) = \dfrac{\lambda^n}{\Gamma(n)} x^{n-1} e^{-\lambda x}, \ x \geq 0$. 此称为 Γ 分布，记作 $T \sim Ga(n,\lambda)$. 如 $X \sim f(x) = \begin{cases} \theta^2 x e^{-\theta x}, & x > 0, \\ 0, & \text{其他}, \end{cases}$ 则

$$X \sim Ga(2, \theta), \quad EX = \frac{2}{\theta}, \quad DX = \frac{2}{\theta^2}.$$

如同给出帕斯卡分布后的分析，若令 T_i 表示第 $i-1$ 个质点与第 i 个质点到来的时间间隔，有 $T = T_1 + T_2 + \cdots + T_n$，其中 $T_i \overset{\text{iid}}{\sim} E(\lambda)$. 也就是说，当参数 $r = n$（正整数）时，Γ 分布是 n 个独立同分布的指数分布的 T_i 的和的分布．由 $ET_i = \dfrac{1}{\lambda}$，$DT_i = \dfrac{1}{\lambda^2}$，则 $ET = \dfrac{n}{\lambda}$，$DT = \dfrac{n}{\lambda^2}$.

在引入 Γ 分布后，我们可以提出如下一个极为重要的分布——贝塔分布（$Be(a,b)$）．

（4）概率的概率（贝塔分布）.

大千世界，处处有所谓"百分之多少"比率的说法，如某商品的市场占有率、今天降水的概率、学生考试的及格率，记这些"比率"为随机变量，它们显然取值于（0，1）.这就是所谓概率的概率.那么这样的随机变量服从何种概率规律呢？设

$$X \sim f(x) = \begin{cases} \dfrac{\Gamma(a+b)}{\Gamma(a)\Gamma(b)} x^{a-1}(1-x)^{b-1}, & 0 < x < 1, \\ 0, & 其他. \end{cases}$$

$a,b>0$ 称为形状参数，则 $X \sim Be(a,b)$，$EX = \dfrac{a}{a+b}$，$E(X^2) = \dfrac{a(a+1)}{(a+b)(a+b+1)}$，$DX = \dfrac{ab}{(a+b)^2(a+b+1)}$.

选取不同的参数 (a,b)，即可得各种各样的"比率"的分布，也可根据抽样来估计参数 (a,b)，这样"比率"的分布就一目了然了.

如 $(a,b) = (1,1)$，则 $X \sim f(x) = \begin{cases} \dfrac{\Gamma(2)}{\Gamma(1)\Gamma(1)}, & 0 < x < 1, \\ 0, & 其他. \end{cases}$ $X \sim U(0,1)$，如 $(a,b) = (3,1)$，则

$$X \sim f(x) = \begin{cases} 3x^2, & 0 < x < 1, \\ 0, & 其他. \end{cases}$$

你看，如此简单普通的概率密度，竟然是 $X \sim Be(3,1)$.有此扎实背景，可直击本质.

（5）自由度为 1 的 t 分布（标准柯西分布）.

若

$$X \sim f(x) = \frac{1}{\pi(1+x^2)}, \quad -\infty < x < +\infty,$$

则称 X 服从自由度为 1 的 t 分布（标准柯西分布），即 $X \sim t(1)$，这是用于描述受迫共振的一种分布.

①它的 EX，DX 均不存在，这是读者熟知的.

→ D_{41}（试取特殊情形），此处得到重要分布

②这也是自由度为 1 的 t 分布的概率密度.

③若 $X_1, X_2 \overset{iid}{\sim} N(0,1)$，则 $\dfrac{X_1}{X_2}$ 或 $\dfrac{X_2}{X_1}$ 均服从 $f(x) = \dfrac{1}{\pi(1+x^2)}$.

④若 $X \sim U\left(-\dfrac{\pi}{2}, \dfrac{\pi}{2}\right)$，$Y = \tan X$，则 $Y \sim f(y) = \dfrac{1}{\pi(1+y^2)}$.

（6）正态分布.

若 $X \sim f(x) = \dfrac{1}{\sqrt{2\pi}\sigma} e^{-\frac{(x-\mu)^2}{2\sigma^2}}$，$-\infty < x < +\infty$，其中 $-\infty < \mu < +\infty$，$\sigma > 0$，

则称 X 服从参数为 (μ, σ^2) 的**正态分布**，记为 $X \sim N(\mu, \sigma^2)$.

$f(x)$ 的图形如图所示.

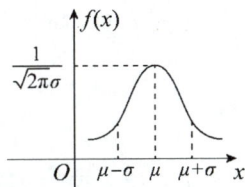

【注】（1）$\mu = 0$，$\sigma = 1$ 时的正态分布为标准正态分布，记为 $X \sim N(0,1)$.

$$X \sim \varphi(x) = \frac{1}{\sqrt{2\pi}} e^{-\frac{x^2}{2}}, \quad \Phi(x) = \int_{-\infty}^{x} \frac{1}{\sqrt{2\pi}} e^{-\frac{t^2}{2}} dt,$$

$\varphi(x)$ 的图形如图所示，且

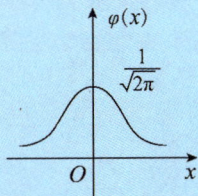

$$Y = X^2 \sim f_Y(y) = \begin{cases} \dfrac{1}{\sqrt{2\pi y}}\mathrm{e}^{-\frac{y}{2}}, & y > 0, \\ 0 & y \leqslant 0. \end{cases}$$

$$Y = |X| \sim f_Y(y) = \begin{cases} \dfrac{2}{\sqrt{2\pi}}\mathrm{e}^{-\frac{y^2}{2}}, & y > 0, \\ 0, & y \leqslant 0 \end{cases} = \begin{cases} 2\varphi(y), & y > 0, \\ 0, & y \leqslant 0. \end{cases}$$

（2）计算公式与重要数据.

若 $X \sim N(0,1)$，则

$$\Phi(-x) = 1 - \Phi(x);\quad \Phi(0) = \frac{1}{2};$$

→ 说明正态分布取值的集中性
$\Phi(6) = 0.999\,999\,999$

$$P\{|X| \leqslant a\} = 2\Phi(a) - 1 \,(a > 0);$$

这里有几个数据：

$$P\{|X| \leqslant 3\} = 2\Phi(3) - 1 = 0.997\,4;$$
$$P\{|X| \leqslant 2\} = 2\Phi(2) - 1 = 0.954\,5;$$
$$P\{|X| \leqslant 1\} = 2\Phi(1) - 1 = 0.682\,7,$$

很重要.

$$P\{|X| > a\} = 2[1 - \Phi(a)]\,(a > 0).$$

（3）标准化. → D_{23}（化归经典形式），牢记"标准化"操作

若 $X \sim N(\mu, \sigma^2)$，则 $\dfrac{X - \mu}{\sigma} \sim N(0,1)$，

且有

$$F(x) = P\{X \leqslant x\} = \Phi\left(\frac{x - \mu}{\sigma}\right),$$
$$P\{a \leqslant X \leqslant b\} = \Phi\left(\frac{b - \mu}{\sigma}\right) - \Phi\left(\frac{a - \mu}{\sigma}\right),$$
$$P\{\mu - k\sigma \leqslant X \leqslant \mu + k\sigma\} = 2\Phi(1) - 1.$$

同样，$P\{|X - \mu| \leqslant 3\sigma\} = 0.997\,4$；$P\{|X - \mu| \leqslant 2\sigma\} = 0.954\,5$；$P\{|X - \mu| \leqslant \sigma\} = 0.682\,7$，在处理实际问题中是重要的尺度.

$$P\{\mu - k\sigma \leqslant X \leqslant \mu + k\sigma\} = 2\Phi(k) - 1\,(k > 0).$$

（4）含参数的概率密度的结构.

设函数 $f(x) = k\mathrm{e}^{-(ax^2 + bx + c)}$，$x \in (-\infty, +\infty)\,(a > 0)$，则

$$ax^2 + bx + c = a\left[\left(x + \frac{b}{2a}\right)^2 + \frac{4ac - b^2}{4a^2}\right],$$

→ D_{23}（化归经典形式）

且 $k = \sqrt{\dfrac{a}{\pi}}\mathrm{e}^{\frac{4ac - b^2}{4a}}$，如 $f(x) = k\mathrm{e}^{-\left(\frac{x^2}{4} + \frac{x}{2} + \frac{1}{4}\right)}$，则

$$\frac{x^2}{4} + \frac{x}{2} + \frac{1}{4} = \frac{1}{4}\left[\left(x + \frac{\frac{1}{2}}{2 \times \frac{1}{4}}\right)^2 + \frac{4 \times \frac{1}{4} \times \frac{1}{4} - \left(\frac{1}{2}\right)^2}{4 \times \left(\frac{1}{4}\right)^2}\right]$$

$$= \frac{1}{4}(x + 1)^2,$$

且 $k = \sqrt{\dfrac{1}{4\pi}}\mathrm{e}^0 = \dfrac{1}{2\sqrt{\pi}}$.

例 2.8 设 X_1，X_2，X_3 是随机变量，且

$$X_1 \sim N(0,1), X_2 \sim N(0,2^2), X_3 \sim N(5,3^2),$$

$$p_i = P\{-2 \leqslant X_i \leqslant 2\}(i = 1,2,3),$$

则（　　）.

（A）$p_1 > p_2 > p_3$　　　　（B）$p_2 > p_1 > p_3$　　　　（C）$p_3 > p_1 > p_2$　　　　（D）$p_1 > p_3 > p_2$

【解】应选（A）.

$$p_1 = \Phi(2) - \Phi(-2) = 2\Phi(2) - 1,$$

$$p_2 = \Phi\left(\frac{2}{2}\right) - \Phi\left(\frac{-2}{2}\right) = 2\Phi(1) - 1,$$

$$p_3 = \Phi\left(\frac{2-5}{3}\right) - \Phi\left(\frac{-2-5}{3}\right) = \Phi(-1) - \Phi\left(-\frac{7}{3}\right),$$

易见 $p_1 > p_2$．又 $p_2 > 0.5, p_3 < 0.5$，故 $p_2 > p_3$．

综上可知，$p_1 > p_2 > p_3$．

【注】结合正态分布概率密度曲线的几何特征以及概率 $p_i = P\{-2 \leqslant X_i \leqslant 2\}$ 的几何意义也可以直观判断出 $p_1 > p_2 > p_3$．

例 2.9 已知 X 的概率密度为 $f(x) = \dfrac{1}{2\sqrt{\pi}}\mathrm{e}^{-\left(\frac{x+1}{2}\right)^2}$，且 $aX + b \sim N(0,1)(a > 0)$，则 $(a,b) = ($　　$)$.

（A）$\left(\dfrac{\sqrt{2}}{2}, \dfrac{\sqrt{2}}{2}\right)$　　　（B）$\left(\dfrac{\sqrt{2}}{2}, -\dfrac{\sqrt{2}}{2}\right)$　　　（C）$\left(\dfrac{\sqrt{3}}{2}, -\dfrac{\sqrt{3}}{2}\right)$　　　（D）$\left(\dfrac{\sqrt{3}}{2}, \dfrac{\sqrt{3}}{2}\right)$

【解】应选（A）.

根据正态分布的概率密度知 $X \sim N(-1,2)$，故 $\dfrac{X+1}{\sqrt{2}} \sim N(0,1)$，所以 $a = \dfrac{\sqrt{2}}{2}$，$b = \dfrac{\sqrt{2}}{2}$．

三、用分布（D_1（常规操作））

利用分布求概率及反问题．

1. $X \sim F(x)$，则

（1）$P\{X \leqslant a\} = F(a)$；

（2）$P\{X < a\} = F(a-0)$；

（3）$P\{X = a\} = P\{X \leqslant a\} - P\{X < a\} = F(a) - F(a-0)$；

（4）$P\{a < X < b\} = P\{X < b\} - P\{X \leqslant a\} = F(b-0) - F(a)$；

（5）$P\{a \leqslant X \leqslant b\} = P\{X \leqslant b\} - P\{X < a\} = F(b) - F(a-0)$．

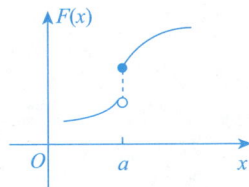

$$F(a) = \lim_{x \to a^+} F(x)$$

2. $X \sim p_i$，则
$$P\{X \in I\} = \sum_{x_i \in I} P\{X = x_i\}$$

3. $X \sim f(x)$，则
$$P\{X \in I\} = \int_I f(x)\mathrm{d}x$$

4. 反问题：已知概率反求参数

例 2.10 设随机变量 X 的分布函数

$$F(x) = \begin{cases} 0, & x < 0, \\ \dfrac{1}{2}, & 0 \leqslant x < 1, \\ 1 - e^{-x}, & x \geqslant 1, \end{cases}$$

记 $p_1 = P\{0 \leqslant X \leqslant 1\}$，$p_2 = P\{0 < X < 1\}$，则 p_1，p_2 分别为（　　）.

（A）$1 - e^{-1}$，0　　　　（B）$1 - e^{-2}$，$1 - e^{-1}$　　　　（C）$1 - e^{-3}$，$1 - e^{-2}$　　　　（D）$1 - e^{-4}$，$1 - e^{-3}$

【解】应选（A）.

$$p_1 = P\{0 \leqslant X \leqslant 1\} = P\{X \leqslant 1\} - P\{X < 0\} = F(1) - F(0 - 0) = 1 - e^{-1} - 0 = 1 - e^{-1};$$

$$p_2 = P\{0 < X < 1\} = P\{X < 1\} - P\{X \leqslant 0\} = F(1 - 0) - F(0) = \frac{1}{2} - \frac{1}{2} = 0.$$

例 2.11 设随机变量 X 的分布函数为 $F(x) = \begin{cases} 1 - e^{-\sqrt{\lambda x}}, & x > 0, \\ 0, & \text{其他} \end{cases}$ $(\lambda > 0)$，记

$$p_1 = P\{X > x\}, \quad p_2 = P\{X > x + t \mid X > t\}, \quad p_3 = P\{X > x - t \mid X > t\},$$

其中 $x > 2t > 0$，则（　　）.

（A）$p_3 > p_1 = p_2$　　　　（B）$p_3 > p_1 > p_2$　　　　（C）$p_3 = p_2 > p_1$　　　　（D）$p_3 > p_2 > p_1$

【解】应选（D）.

由题意得

$$p_1 = P\{X > x\} = 1 - F(x) = e^{-\sqrt{\lambda x}},$$

$$p_2 = P\{X > x + t \mid X > t\} = \frac{P\{X > x + t\}}{P\{X > t\}} = \frac{e^{-\sqrt{\lambda(x+t)}}}{e^{-\sqrt{\lambda t}}} = e^{\sqrt{\lambda t} - \sqrt{\lambda x + \lambda t}},$$

$$p_3 = P\{X > x - t \mid X > t\} = \frac{P\{X > \max\{x-t, t\}\}}{P\{X > t\}} = \frac{P\{X > x - t\}}{P\{X > t\}} = e^{\sqrt{\lambda t} - \sqrt{\lambda x - \lambda t}}.$$

由于

$$\sqrt{\lambda t} - \sqrt{\lambda x - \lambda t} > \sqrt{\lambda t} - \sqrt{\lambda x + \lambda t},$$

$$\sqrt{\lambda t} - \sqrt{\lambda x + \lambda t} - (-\sqrt{\lambda x}) = \sqrt{\lambda t} + \sqrt{\lambda x} - \sqrt{\lambda x + \lambda t} = \frac{2\lambda\sqrt{xt}}{\sqrt{\lambda t} + \sqrt{\lambda x} + \sqrt{\lambda x + \lambda t}} > 0,$$

故 $p_3 > p_2 > p_1$.

第3讲 一维随机变量函数的分布

三向解题法

求一维随机变量函数的分布
(O(盯住目标))

离散型→离散型
(O₁(盯住目标1))

连续型→连续型（或混合型）
(O₂(盯住目标2))

连续型→离散型
(O₃(盯住目标3))

两种重要的随机变量变换
(O₄(盯住目标4))

$$p_i = P\{X = x_i\},$$
$$Y = g(X),$$
$$Y \sim \begin{pmatrix} g(x_1) & g(x_2) & \cdots \\ p_1 & p_2 & \cdots \end{pmatrix}$$

$X \sim f_X(x)$, $Y = g(X)$ 离散，确定 Y 的可能取值 a，计算 $P\{Y = a\}$，求 Y 的概率分布

变换于 $U(0,1)$

变换于 $E(1)$

分布函数法

公式法

$$F_Y(y) = P\{Y \leqslant y\}$$
$$= P\{g(X) \leqslant y\}$$
$$= \int_{g(x) \leqslant y} f_X(x)\mathrm{d}x$$

$$f_Y(y) = \begin{cases} f_X[h(y)] \cdot |h'(y)|, & \alpha < y < \beta, \\ 0, & \text{其他} \end{cases}$$

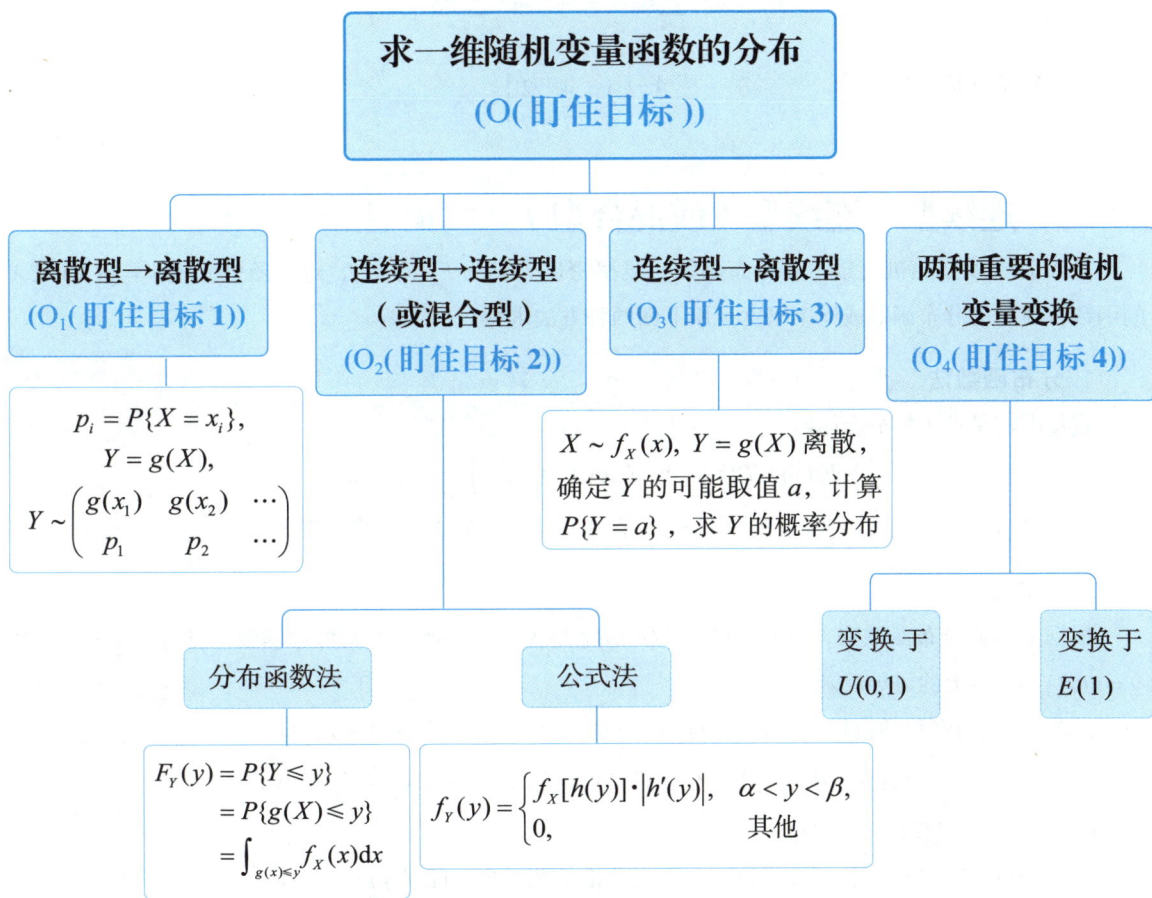

一、离散型→离散型 (O₁(盯住目标1))

设 X 为离散型随机变量，其概率分布为 $p_i = P\{X = x_i\}(i = 1, 2, \cdots)$，则 X 的函数 $Y = g(X)$ 也是离散型随机变量，其概率分布为 $P\{Y = g(x_i)\} = p_i$，即

$$Y \sim \begin{pmatrix} g(x_1) & g(x_2) & \cdots \\ p_1 & p_2 & \cdots \end{pmatrix}.$$

如果有若干个 $g(x_k)$ 相同，则合并诸项为一项 $g(x_k)$，并将相应概率相加作为 Y 取 $g(x_k)$ 值的概率.

例 3.1 设随机变量 X 的概率分布为 $P\{X=k\}=\dfrac{1}{2^k}, k=1,2,3,\cdots$. 若 Y 表示 X 被 3 除的余数, 则 Y 的概率分布为_____.

【解】 应填 $Y\sim\begin{pmatrix} 0 & 1 & 2 \\ \dfrac{1}{7} & \dfrac{4}{7} & \dfrac{2}{7} \end{pmatrix}$.

Y 的可能取值为 0，1，2，即

$$P\{Y=0\}=\sum_{k=1}^{\infty}P\{X=3k\}=\sum_{k=1}^{\infty}\frac{1}{2^{3k}}=\frac{1}{7},$$

$$P\{Y=1\}=\sum_{k=0}^{\infty}P\{X=3k+1\}=\sum_{k=0}^{\infty}\frac{1}{2^{3k+1}}=\frac{4}{7},$$

$$P\{Y=2\}=\sum_{k=0}^{\infty}P\{X=3k+2\}=\sum_{k=0}^{\infty}\frac{1}{2^{3k+2}}=\frac{2}{7},$$

所以 Y 的概率分布为

$$Y\sim\begin{pmatrix} 0 & 1 & 2 \\ \dfrac{1}{7} & \dfrac{4}{7} & \dfrac{2}{7} \end{pmatrix}.$$

二、连续型→连续型（或混合型）(O₂(盯住目标 2))

设 X 为连续型随机变量，其分布函数、概率密度分别为 $F_X(x)$ 与 $f_X(x)$，随机变量 $Y=g(X)$ 是 X 的函数，则 Y 的分布函数或概率密度可用下面两种方法求得.

1. 分布函数法

直接由定义求 Y 的分布函数

$$F_Y(y)=P\{Y\leqslant y\}=P\{g(X)\leqslant y\}=\int_{g(x)\leqslant y}f_X(x)\mathrm{d}x.$$

> D₄₃(数形结合)，此不等式的几何意义是曲线 $Y=g(X)$ 在直线 $Y=y$ 下方，由此可通过作图得出 X 的取值范围，在 $Y=g(X)$ 是非单调函数时，一般比解析法方便.

如果 $F_Y(y)$ 连续，且除有限个点外，$F_Y'(y)$ 存在且连续，则 Y 的概率密度 $f_Y(y)=F_Y'(y)$.

2. 公式法——→D₂₃(化归经典形式)

根据上面的分布函数法，若 $y=g(x)$ 在 (a,b) 上是关于 x 的严格单调可导函数，则存在 $x=h(y)$ 是 $y=g(x)$ 在 (a,b) 上的可导反函数.

①若 $y=g(x)$ 严格单调增加，则 $x=h(y)$ 也严格单调增加，即 $h'(y)>0$，且

$$F_Y(y)=P\{Y\leqslant y\}=P\{g(X)\leqslant y\}=P\{X\leqslant h(y)\}=\int_{-\infty}^{h(y)}f_X(x)\mathrm{d}x,$$

故 $f_Y(y)=F_Y'(y)=f_X[h(y)]\cdot h'(y)$.

②若 $y=g(x)$ 严格单调减少，则 $x=h(y)$ 也严格单调减少，即 $h'(y)<0$，且

$$F_Y(y)=P\{Y\leqslant y\}=P\{g(X)\leqslant y\}=P\{X\geqslant h(y)\}=\int_{h(y)}^{+\infty}f_X(x)\mathrm{d}x,$$

故 $f_Y(y)=F_Y'(y)=-f_X[h(y)]\cdot h'(y)=f_X[h(y)]\cdot[-h'(y)]$.

综上，

$$f_Y(y)=\begin{cases} f_X[h(y)]\cdot|h'(y)|, & \alpha<y<\beta, \\ 0, & 其他, \end{cases}$$

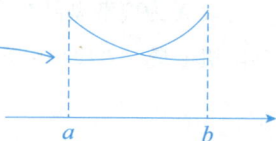

其中 $\alpha=\min\left\{\lim_{x\to a^+}g(x),\lim_{x\to b^-}g(x)\right\}$，$\beta=\max\left\{\lim_{x\to a^+}g(x),\lim_{x\to b^-}g(x)\right\}$.

形式化归体块

【注】若 $y = g(x)$ 在 (a, b) 上分段严格单调，则将 (a, b) 划分为各严格单调的子区间，按①，②计算并加起来即可.

例 3.2 设随机变量 X 的概率密度为 $f(x) = \dfrac{\mathrm{e}^x}{(1 + \mathrm{e}^x)^2}$，$-\infty < x < +\infty$，令 $Y = \mathrm{e}^X$.

（1）求 X 的分布函数；

（2）求 Y 的概率密度.

【解】（1）X 的分布函数为

$$
\begin{aligned}
F(x) &= \int_{-\infty}^{x} f(t)\mathrm{d}t \\
&= \int_{-\infty}^{x} \frac{\mathrm{e}^t}{(1 + \mathrm{e}^t)^2}\mathrm{d}t \\
&= \frac{\mathrm{e}^x}{1 + \mathrm{e}^x}.
\end{aligned}
$$

（2）函数 $y = \mathrm{e}^x$ 单调且反函数为 $x = \ln y (y > 0)$，从而 Y 的概率密度为

$$
f_Y(y) = \begin{cases} \dfrac{1}{y} f(\ln y), & y > 0, \\ 0, & \text{其他} \end{cases}
= \begin{cases} \dfrac{1}{(1 + y)^2}, & y > 0, \\ 0, & \text{其他.} \end{cases}
$$

三、连续型→离散型 (O₃(盯住目标3))

若 $X \sim f_X(x)$，且 $Y = g(X)$ 是离散型随机变量. 首先确定 Y 的可能取值 a，然后通过计算概率 $P\{Y = a\}$ 求得 Y 的概率分布.

例 3.3 设随机变量 X 服从参数为 λ 的指数分布，令 $Y = [X] + 1$（$[X]$ 为不超过 X 的最大整数），则 $P\{Y > 5 \mid Y > 2\} = $ _____.

【解】应填 $\mathrm{e}^{-3\lambda}$.

$X \sim E(\lambda)$，即 $F_X(x) = \begin{cases} 1 - \mathrm{e}^{-\lambda x}, & x \geq 0, \\ 0, & x < 0, \end{cases}$ X 的有效取值范围为 $[0, +\infty)$，故 $Y = [X] + 1$ 的值域是 $\{1, 2, 3, \cdots\}$，Y 是离散型随机变量，则

> D₂₂(转换等价表述)

$$
\begin{aligned}
P\{Y = k\} &= P\{[X] + 1 = k\} = P\{[X] = k - 1\} = P\{k - 1 \leq X < k\} \\
&= P\{X < k\} - P\{X < k - 1\} = F_X(k) - F_X(k - 1) = (1 - \mathrm{e}^{-\lambda k}) - [1 - \mathrm{e}^{-\lambda(k-1)}] \\
&= \mathrm{e}^{-\lambda(k-1)} - \mathrm{e}^{-\lambda k} = (1 - \mathrm{e}^{-\lambda})(\mathrm{e}^{-\lambda})^{k-1} \\
&= (1 - \mathrm{e}^{-\lambda})[1 - (1 - \mathrm{e}^{-\lambda})]^{k-1},
\end{aligned}
$$

这是参数为 $p = 1 - \mathrm{e}^{-\lambda}$ 的几何分布

$$P\{X = k\} = (1 - p)^{k-1} p$$

其中 $k = 1$，2，$\cdots$. 所以 Y 服从参数为 $1 - \mathrm{e}^{-\lambda}$ 的几何分布.

根据几何分布的无记忆性，得

$$P\{Y>5\,|\,Y>2\}=P\{Y>3\}=1-P\{Y\leqslant3\}$$
$$=1-\sum_{k=1}^{3}[1-(1-e^{-\lambda})]^{k-1}\cdot(1-e^{-\lambda})$$
$$=1-(1-e^{-\lambda})\cdot\sum_{k=1}^{3}e^{-\lambda(k-1)}$$
$$=e^{-3\lambda}.$$

【注】本题前半部分实际是证明：若 $X\sim E(\lambda)$，$Y=[X]$，即 Y 是 X 的整数部分，且
$$P\{Y+1=k\}=P\{[X]+1=k\}$$
$$=P\{k-1\leqslant X<k\}=e^{-\lambda(k-1)}-e^{-\lambda k}$$
$$=e^{-\lambda(k-1)}(1-e^{-\lambda}),k=1,2,\cdots,$$
即 $Y+1$ 服从参数为 $1-e^{-\lambda}$ 的几何分布．

四、两种重要的随机变量变换 (O₄(盯住目标4))

1. 变换于 $U(0,1)$

例3.4　设随机变量 X 的分布函数 $F_X(x)$ 是严格单调增加函数，其反函数 $F_X^{-1}(y)$ 存在，$Y=F_X(X)$．证明：Y 服从区间 $(0,1)$ 上的均匀分布．

【证】$Y=F_X(X)$ 是在区间 $(0,1)$ 上取值的随机变量，故

当 $y<0$ 时，$F_Y(y)=0$；

当 $y\geqslant1$ 时，$F_Y(y)=1$；

当 $0\leqslant y<1$ 时，
$$F_Y(y)=P\{Y\leqslant y\}=P\{F_X(X)\leqslant y\}=P\{X\leqslant F_X^{-1}(y)\}=F_X[F_X^{-1}(y)]=y.$$

综上所述，$Y=F_X(X)$ 的分布函数为
$$F_Y(y)=\begin{cases}0,&y<0,\\y,&0\leqslant y<1,\\1,&y\geqslant1,\end{cases}$$

这就是在区间 $(0,1)$ 上的均匀分布函数，所以 $Y\sim U(0,1)$．

【注】（1）题设条件中的"$F_X(x)$ 严格单调增加"是充分条件，事实上，只需要 $F_X(x)$ 在 X 的正概率密度区间上严格单调增加即可，见例3.5．

（2）本题是一个重要结论，即在满足 $F_X(x)$ 在 X 的正概率密度区间上严格单调增加时，若 $X\sim F_X(x)$，则 $Y=F_X(X)\sim U(0,1)$．这一结论考研中常用．

（3）事实上，在概率论专业教材中可定义 $F_X(x)$ 具有广义反函数，即上述（1）并不需要，这已超出考研要求．

（4）任一连续型随机变量 X 的分布函数为 $F_X(x)$，由本题（$Y\sim U(0,1)$）可知，$Y=F_X(X)\sim U(0,1)$．

如 $X\sim F_X(x)=\begin{cases}1-e^{-\lambda x},&x>0,\\0,&x\leqslant0,\end{cases}$ 则 $Y=F_X(X)=\begin{cases}1-e^{-\lambda X},&X>0,\\0,&X\leqslant0\end{cases}\sim U(0,1)$．

事实上，由此可解得 $X > 0$ 时， $X = \dfrac{1}{\lambda}\ln\dfrac{1}{1-Y}$ ，由均匀分布 $U(0,1)$ 的随机值 y_i 即可通过函数关系得

到 $x_i = \dfrac{1}{\lambda}\ln\dfrac{1}{1-y_i}$ ，此为指数分布 $E(\lambda)$ 的随机值.

从而，基于均匀分布随机值产生的便捷性，可获得众多复杂分布的随机数，为数值模拟提供了法宝.

例 3.5 设随机变量 X 的概率密度为 $f(x) = \begin{cases} \dfrac{x}{2}, & 0 < x < 2, \\ 0, & \text{其他}, \end{cases}$ $F(x)$ 为 X 的分布函数， EX 为 X 的

数学期望，则 $P\{F(X) > EX - 1\} = $ _____.

【解】应填 $\dfrac{2}{3}$.

法一 由题意知， $EX = \displaystyle\int_0^2 xf(x)\mathrm{d}x = \int_0^2 \dfrac{x^2}{2}\mathrm{d}x = \dfrac{4}{3}$.

由 $F(x) = \displaystyle\int_{-\infty}^x f(t)\mathrm{d}t$ ，得

$$F(x) = \begin{cases} 0, & x < 0, \\ \dfrac{x^2}{4}, & 0 \leqslant x < 2, \\ 1, & x \geqslant 2, \end{cases}$$

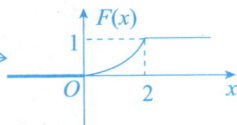

从而， $P\{F(X) > EX - 1\} = P\left\{\dfrac{X^2}{4} > \dfrac{1}{3}\right\} = P\left\{\dfrac{2}{\sqrt{3}} < X < 2\right\} = \displaystyle\int_{\frac{2}{\sqrt{3}}}^2 \dfrac{x}{2}\mathrm{d}x = \dfrac{2}{3}$.

法二 令 $Y = F(X)$ ，由例 3.4 可知， $Y \sim U(0,1)$ ，则 $P\{F(X) > EX - 1\} = P\left\{Y > \dfrac{1}{3}\right\} = \dfrac{2}{3}$.

→ D₂₁（观察研究对象），此为隐含条件

2. 变换于 $E(1)$

→ D₂₂（转换等价表述）

例 3.6 设随机变量 X 的分布函数 $F_X(x)$ 连续，且 $F_X(x)$ 在 X 的正概率密度区间上严格单调. $Y = -\ln[1 - F_X(X)]$ ，证明随机变量 Y 服从指数分布 $E(1)$.

【证】由于 $F_X(x)$ 连续，因此 Y 为单调不减且非负的连续函数，又对任意的 $x > 0$ ，有

$$P\{Y \leqslant x\} = P\{-\ln[1 - F_X(X)] \leqslant x\} = P\{F_X(X) \leqslant 1 - \mathrm{e}^{-x}\},$$

且随机变量 $F_X(X)$ 服从 $U(0,1)$ ，于是

$$P\{Y \leqslant x\} = P\{F_X(X) \leqslant 1 - \mathrm{e}^{-x}\} = 1 - \mathrm{e}^{-x}, x > 0,$$

故 Y 服从指数分布 $E(1)$. → 我们又获得了一个宝贵的隐含条件

【注】当建立了关系 $y_i = \ln\dfrac{1}{1 - F_X(x_i)}$ 后，可将随机值 x_i 转化为 $E(1)$ 下的随机值 y_i ，而指数分布的无记忆性在可靠性分析、金融保险等研究中，对历史数据进行处理更方便.

第4讲
多维随机变量及其分布

三向解题法

多维随机变量及其分布
(O(盯住目标))

判分布
(D₁(常规操作))

求分布
(D₁(常规操作))

用分布
(D₁(常规操作))

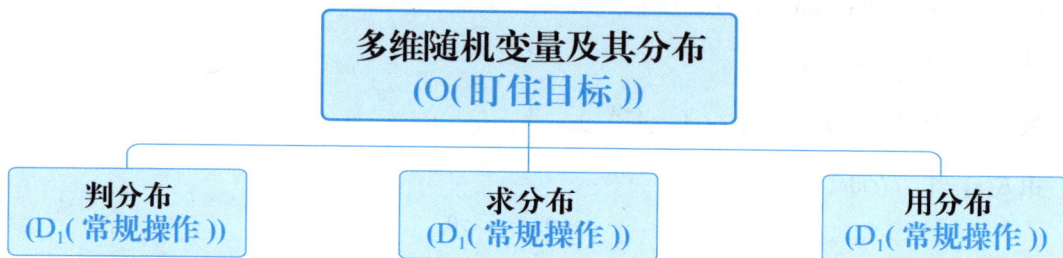

一、判分布 (D₁(常规操作))

对任意的实数 x，y，称二元函数

$$F(x,y) = P\{X \leqslant x, Y \leqslant y\}$$

为二维随机变量 (X,Y) 的**分布函数**，记为 $(X,Y) \sim F(x,y)$．$F(x,y)$ 是事件 $A = \{X \leqslant x\}$ 与 $B = \{Y \leqslant y\}$ 同时发生的概率且根据单调性 $P(AB) \leqslant \min\{P(A), P(B)\}$，知 $F(x,y) \leqslant F_X(x)$，$F(x,y) \leqslant F_Y(y)$．

1. $F(x,y)$ 是联合分布函数的充要条件

> 类似"偏"导数处．固定一个字母，看另一个字母的变化

①**单调性** $F(x,y)$ 是 x，y 的单调不减函数：

当 $x_1 < x_2$ 时，$F(x_1, y) \leqslant F(x_2, y)$；当 $y_1 < y_2$ 时，$F(x, y_1) \leqslant F(x, y_2)$．

②**右连续性** $F(x,y)$ 是 x，y 的右连续函数：

$$\lim_{x \to x_0^+} F(x,y) = F(x_0 + 0, y) = F(x_0, y)；$$

$$\lim_{y \to y_0^+} F(x,y) = F(x, y_0 + 0) = F(x, y_0)．$$

③**有界性** $F(-\infty, y) = F(x, -\infty) = F(-\infty, -\infty) = 0$，$F(+\infty, +\infty) = 1$．

④**非负性** 对任意 $x_1 < x_2$，$y_1 < y_2$，有

$$P\{x_1 < X \leqslant x_2, y_1 < Y \leqslant y_2\} = F(x_2, y_2) - F(x_2, y_1) - F(x_1, y_2) + F(x_1, y_1) \geqslant 0．$$

> 实质上是 $(x,y) \in D_0$ 的概率 $\geqslant 0$

2. $\{p_{ij}\}$ 是联合分布律的充要条件

如果二维随机变量 (X,Y) 的可能取值是有限对值或可列无限对值，则称 (X,Y) 为**二维离散型随机变量**．

称

$$p_{ij} = P\{X = x_i, Y = y_j\}，\quad i, j = 1, 2, \cdots$$

为 (X,Y) 的**分布律**或称为随机变量 X 和 Y 的**联合分布律**，记为 $(X,Y) \sim p_{ij}$．联合分布律常用表格形式表示．

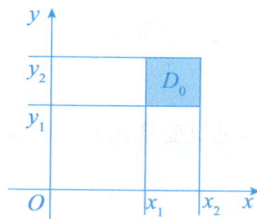

X ╲ Y	y_1	$\cdots$	y_j	$\cdots$	$P\{X = x_i\}$
x_1	p_{11}	$\cdots$	p_{1j}	$\cdots$	$p_{1\cdot}$
$\vdots$	$\vdots$		$\vdots$		$\vdots$
x_i	p_{i1}	$\cdots$	p_{ij}	$\cdots$	$p_{i\cdot}$
$\vdots$	$\vdots$		$\vdots$		$\vdots$
$P\{Y = y_j\}$	$p_{\cdot 1}$	$\cdots$	$p_{\cdot j}$	$\cdots$	1

$\{p_{ij}\}$ 是联合分布律的充要条件为 $p_{ij} \geqslant 0$ 且 $\sum\limits_{j}\sum\limits_{i} p_{ij} = 1$.

3. $f(x,y)$ 是联合概率密度的充要条件

如果二维随机变量 (X,Y) 的分布函数 $F(x,y)$ 可以表示为

$$F(x,y) = \int_{-\infty}^{y}\int_{-\infty}^{x} f(u,v)\mathrm{d}u\mathrm{d}v, \quad (x,y) \in \mathbf{R}^2,$$

其中 $f(x,y)$ 是非负可积函数，则称 (X,Y) 为**二维连续型随机变量**，称 $f(x,y)$ 为 (X,Y) 的**概率密度**，记为 $(X,Y) \sim f(x,y)$.

$f(x,y)$ 是联合概率密度的充要条件为 $f(x,y) \geqslant 0$ 且 $\int_{-\infty}^{+\infty}\int_{-\infty}^{+\infty} f(x,y)\mathrm{d}x\mathrm{d}y = 1$.

4. 反问题（重点）

用 $\begin{cases} F(-\infty,y)=0, F(x,-\infty)=0, \\ F(-\infty,-\infty)=0, F(+\infty,+\infty)=1, \\ \sum\limits_{j}\sum\limits_{i} p_{ij}=1, \int_{-\infty}^{+\infty}\int_{-\infty}^{+\infty} f(x,y)\mathrm{d}x\mathrm{d}y=1 \end{cases}$ 建方程，求参数.

二、求分布 (D_1(常规操作))

1. 求联合分布

（1）求 $F(x,y)$.

① $(X,Y) \sim p_{ij}$，则 $F(x,y) = P\{X \leqslant x, Y \leqslant y\} = \sum\limits_{x_i \leqslant x}\sum\limits_{y_j \leqslant y} p_{ij}$.

② $(X,Y) \sim f(x,y)$，则 $F(x,y) = P\{X \leqslant x, Y \leqslant y\} = \int_{-\infty}^{x}\mathrm{d}u\int_{-\infty}^{y} f(u,v)\mathrm{d}v$.

例 4.1 已知二维随机变量 (X,Y) 的概率密度为

$$f(x,y) = \begin{cases} 2\mathrm{e}^{-(x+y)}, & 0 < x < y, \\ 0, & \text{其他}, \end{cases}$$

求 (X,Y) 的分布函数 $F(x,y)$.

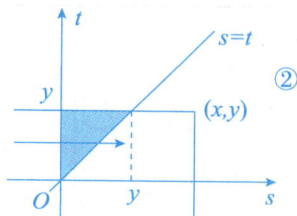

$$F(x,y)=\int_0^y \mathrm{d}t \int_0^t f(s,t)\mathrm{d}s$$

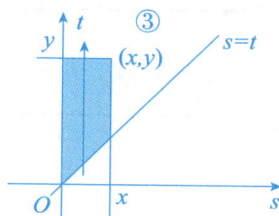

$$F(x,y)=\int_0^x \mathrm{d}s \int_s^y f(s,t)\mathrm{d}t$$

对于连续型，用交点和坐标系划分出区域．
划分方式：以所有的点为起点，向上向右划分区域

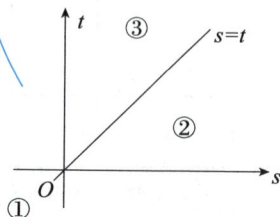

【解】 如图所示，①当 $x<0$ 或 $y<0$ 时，$F(x,y)=0$；

②当 $0\leqslant y<x$ 时，

$$F(x,y)=\int_{-\infty}^x \mathrm{d}s \int_{-\infty}^y f(s,t)\mathrm{d}t=2\int_0^y \mathrm{e}^{-t}\mathrm{d}t\int_0^t \mathrm{e}^{-s}\mathrm{d}s=1-2\mathrm{e}^{-y}+\mathrm{e}^{-2y}；$$

③当 $0\leqslant x\leqslant y$ 时，$F(x,y)=\int_{-\infty}^x \mathrm{d}s \int_{-\infty}^y f(s,t)\mathrm{d}t=2\int_0^x \mathrm{e}^{-s}\mathrm{d}s\int_s^y \mathrm{e}^{-t}\mathrm{d}t$

$$=1-2\mathrm{e}^{-y}-\mathrm{e}^{-2x}+2\mathrm{e}^{-(x+y)}．$$

于是，(X,Y) 的分布函数为 $F(x,y)=\begin{cases}0, & x<0\text{或}y<0, \\ 1-2\mathrm{e}^{-y}+\mathrm{e}^{-2y}, & 0\leqslant y<x, \\ 1-2\mathrm{e}^{-y}-\mathrm{e}^{-2x}+2\mathrm{e}^{-(x+y)}, & 0\leqslant x\leqslant y.\end{cases}$

（2）求 p_{ij}（常与求 $P(A)$ 结合）.

例 4.2 袋中有编号为 1，1，2，3 的四个球，现从中无放回地取两次，每次取一个，设 X_1，X_2 分别为第一次、第二次取到的球的号码，求 (X_1,X_2) 的分布律，并判断 X_1 与 X_2 的独立性．

【解】 X_1 与 X_2 可能的取值为 1，2，3，则

$= P\{X_1=1\}P\{X_2=1\mid X_1=1\}$

$$p_{11}=P\{X_1=1,X_2=1\}=\frac{2}{4}\times\frac{1}{3}=\frac{1}{6}，\quad p_{12}=P\{X_1=1,X_2=2\}=\frac{2}{4}\times\frac{1}{3}=\frac{1}{6}，$$

$$p_{13}=P\{X_1=1,X_2=3\}=\frac{2}{4}\times\frac{1}{3}=\frac{1}{6}，\quad p_{21}=P\{X_1=2,X_2=1\}=\frac{1}{4}\times\frac{2}{3}=\frac{1}{6}，$$

$$p_{22}=0，\quad p_{23}=P\{X_1=2,X_2=3\}=\frac{1}{4}\times\frac{1}{3}=\frac{1}{12}，$$

$$p_{31}=P\{X_1=3,X_2=1\}=\frac{1}{4}\times\frac{2}{3}=\frac{1}{6}，\quad p_{32}=P\{X_1=3,X_2=2\}=\frac{1}{4}\times\frac{1}{3}=\frac{1}{12}，\quad p_{33}=0．$$

于是 (X_1,X_2) 的分布律为

X_1 \ X_2	1	2	3	$p_{i\cdot}$
1	$\frac{1}{6}$	$\frac{1}{6}$	$\frac{1}{6}$	$\frac{1}{2}$
2	$\frac{1}{6}$	0	$\frac{1}{12}$	$\frac{1}{4}$
3	$\frac{1}{6}$	$\frac{1}{12}$	0	$\frac{1}{4}$
$p_{\cdot j}$	$\frac{1}{2}$	$\frac{1}{4}$	$\frac{1}{4}$	1

因为 $p_{11}\neq p_{\cdot 1}\cdot p_{1\cdot}$，所以 X_1 与 X_2 不相互独立．

（3）求 $f(x,y)$.

①二维均匀分布.

如果 (X,Y) 的概率密度为

$$f(x,y)=\begin{cases}\dfrac{1}{S_D}, & (x,y)\in D,\\[2mm] 0, & \text{其他,}\end{cases}$$

其中 S_D 为区域 D 的面积，则称 (X,Y) 在平面有界区域 D 上服从**均匀分布**.

②二维正态分布.

如果 (X,Y) 的概率密度为

$$f(x,y)=\frac{1}{2\pi\sigma_1\sigma_2\sqrt{1-\rho^2}}\exp\left\{-\frac{1}{2(1-\rho^2)}\left[\left(\frac{x-\mu_1}{\sigma_1}\right)^2-2\rho\left(\frac{x-\mu_1}{\sigma_1}\right)\left(\frac{y-\mu_2}{\sigma_2}\right)+\left(\frac{y-\mu_2}{\sigma_2}\right)^2\right]\right\},\quad(*)$$

其中 $\mu_1\in\mathbf{R}$ ， $\mu_2\in\mathbf{R}$ ， $\sigma_1>0$ ， $\sigma_2>0$ ， $-1<\rho<1$ ，则称 (X,Y) 服从参数为 μ_1 ， μ_2 ， σ_1^2 ， σ_2^2 ， ρ 的**二维正态分布**，记为 $(X,Y)\sim N(\mu_1,\mu_2;\sigma_1^2,\sigma_2^2;\rho)$. →注意参数的位置顺序.

【注】（1）对（*）式的分析.若写成矩阵形式，则

$$f(x,y)=\frac{\mathrm{e}^{-\frac{1}{2}(x-\mu)^{\mathrm{T}}\Sigma^{-1}(x-\mu)}}{2\pi|\Sigma|^{\frac{1}{2}}},\quad\text{其中}\ \boldsymbol{x}=\begin{bmatrix}x\\y\end{bmatrix},\ \text{二元中心点为}\ \boldsymbol{\mu}=\begin{bmatrix}\mu_1\\\mu_2\end{bmatrix},\ \Sigma=\begin{bmatrix}\sigma_1^2 & \rho\sigma_1\sigma_2\\\rho\sigma_1\sigma_2 & \sigma_2^2\end{bmatrix},\ \text{则}$$

$$|\Sigma|=(\sigma_1\sigma_2)^2-\rho^2(\sigma_1\sigma_2)^2=(1-\rho^2)\sigma_1^2\sigma_2^2.$$

当 $|\rho|<1$ 时， $\Sigma^{-1}=\dfrac{1}{|\Sigma|}\Sigma^*=\dfrac{1}{(\sigma_1\sigma_2)^2(1-\rho^2)}\begin{bmatrix}\sigma_2^2 & -\rho\sigma_1\sigma_2\\-\rho\sigma_1\sigma_2 & \sigma_1^2\end{bmatrix}$

$$=\frac{1}{1-\rho^2}\begin{bmatrix}\dfrac{1}{\sigma_1^2} & -\dfrac{\rho}{\sigma_1\sigma_2}\\[2mm] -\dfrac{\rho}{\sigma_1\sigma_2} & \dfrac{1}{\sigma_2^2}\end{bmatrix},$$

于是 $(\boldsymbol{x}-\boldsymbol{\mu})^{\mathrm{T}}\Sigma^{-1}(\boldsymbol{x}-\boldsymbol{\mu})=[x-\mu_1,y-\mu_2]\cdot\dfrac{1}{1-\rho^2}\begin{bmatrix}\dfrac{1}{\sigma_1^2} & -\dfrac{\rho}{\sigma_1\sigma_2}\\[2mm] -\dfrac{\rho}{\sigma_1\sigma_2} & \dfrac{1}{\sigma_2^2}\end{bmatrix}\begin{bmatrix}x-\mu_1\\y-\mu_2\end{bmatrix}$,

故 $f(x,y)=\dfrac{1}{2\pi\sigma_1\sigma_2\sqrt{1-\rho^2}}\mathrm{e}^{-\frac{1}{2}\cdot\frac{1}{1-\rho^2}\left[\left(\frac{x-\mu_1}{\sigma_1}\right)^2+\left(\frac{y-\mu_2}{\sigma_2}\right)^2-2\rho\frac{(x-\mu_1)(y-\mu_2)}{\sigma_1\sigma_2}\right]}$.

事实上，对于 n 元正态分布，其概率密度为

D_{23}（化归经典形式） $\quad f(x_1,x_2,\cdots,x_n)=\dfrac{\mathrm{e}^{-\frac{1}{2}(x-\mu)^{\mathrm{T}}\Sigma^{-1}(x-\mu)}}{(2\pi)^{\frac{n}{2}}|\Sigma|^{\frac{1}{2}}}$.

（2）含参概率密度的结构：设函数

$$f(x,y)=k_0\mathrm{e}^{-(ax^2+by^2+cxy+dx+ey+f)},$$

则

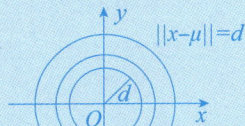

(a)

① $(X-\mu)^{\mathrm{T}}(X-\mu)=\|X-\mu\|^2$ ，称为普通距离

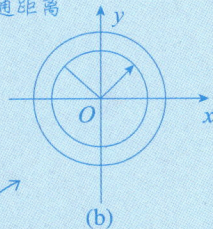

(b)

② $(X-\mu)^{\mathrm{T}}\Sigma^{-1}(X-\mu)=\left\|\Lambda^{\frac{1}{2}}V^{\mathrm{T}}(X-\mu)\right\|^2$

称为马氏距离.在一维时.

$$\left\|\Lambda^{\frac{1}{2}}V^{\mathrm{T}}(X-\mu)\right\|^{-1}$$

$$=\sqrt{(X-\mu)^{\mathrm{T}}\cdot\frac{1}{\sigma^2}(X-\mu)}=\left|\frac{X-\mu}{\sigma}\right|.$$

$$ax^2 + by^2 + cxy + dx + ey + f$$
$$= a(x+m)^2 + b(y+n)^2 + c(x+m)(y+n),$$

故　　$$\begin{cases} 2am + cn = d, \\ 2bn + cm = e, \\ am^2 + bn^2 + cmn = f. \end{cases}$$

此式不独立 ←

且 $$\begin{cases} a = \dfrac{1}{2(1-\rho^2)\sigma_1^2}, \\[2mm] b = \dfrac{1}{2(1-\rho^2)\sigma_2^2}, \\[2mm] c = \dfrac{-\rho}{(1-\rho^2)\sigma_1\sigma_2}, \\[2mm] k_0 = \dfrac{1}{2\pi\sigma_1\sigma_2\sqrt{1-\rho^2}}, \end{cases}$$ 于是有 $\rho = -\dfrac{c}{2\sqrt{ab}}$.

对集中数据值按普通距离, A 远, B 近; 但按马氏距离, A 近, B 远, 故马氏距离更科学.

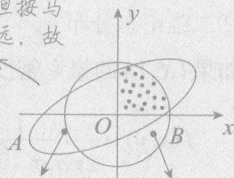

点 A 更靠近. (c) 点 B 不如点 A 靠近.

如 $f(x,y) = \dfrac{1}{2\pi} e^{-\left(x^2 + \frac{y^2}{2} + xy - 11x - 7y + \frac{65}{2}\right)}$, 则有

$$x^2 + \frac{y^2}{2} + xy - 11x - 7y + \frac{65}{2}$$

$$= (x+m)^2 + \frac{1}{2}(y+n)^2 + (x+m)(y+n),$$

即 $\begin{cases} 2m + n = -11, \\ n + m = -7, \end{cases}$ 解得 $\begin{cases} m = -4, \\ n = -3, \end{cases}$ 且有 $\begin{cases} \dfrac{1}{2(1-\rho^2)\sigma_1^2} = 1, \\[2mm] \dfrac{1}{2(1-\rho^2)\sigma_2^2} = \dfrac{1}{2}, \\[2mm] \dfrac{-\rho}{(1-\rho^2)\sigma_1\sigma_2} = 1, \\[2mm] \dfrac{1}{2\pi\sigma_1\sigma_2\sqrt{1-\rho^2}} = \dfrac{1}{2\pi}, \end{cases}$ 于是 $\begin{cases} \mu_1 = 4, \\ \mu_2 = 3, \\ \sigma_1 = 1, \\ \sigma_2 = \sqrt{2}, \\ \rho = -\dfrac{\sqrt{2}}{2}. \end{cases}$

$$f(x,y) = \frac{1}{2\pi \cdot 1 \cdot \sqrt{2} \cdot \sqrt{1 - \frac{1}{2}}} e^{-\frac{1}{2\left(1-\frac{1}{2}\right)}\left[(x-4)^2 + 2 \cdot \frac{\sqrt{2}}{2} \cdot \frac{(x-4)(y-3)}{1 \cdot \sqrt{2}} + \frac{(y-3)^2}{2}\right]},$$

即 $(X,Y) \sim N\left(4, 3; 1, 2; -\dfrac{\sqrt{2}}{2}\right)$.

（3）重要结论.

①若 $(X_1, X_2) \sim N(\mu_1, \mu_2; \sigma_1^2, \sigma_2^2; \rho)$, 则

$$X_1 \sim N(\mu_1, \sigma_1^2), \quad X_2 \sim N(\mu_2, \sigma_2^2).$$

②若 $X_1 \sim N(\mu_1, \sigma_1^2)$, $X_2 \sim N(\mu_2, \sigma_2^2)$, 且 X_1, X_2 相互独立, 则

独立 ⟹ 不相关, 故 $\rho = 0$ ← $(X_1, X_2) \sim N(\mu_1, \mu_2; \sigma_1^2, \sigma_2^2; 0)$.

恰好说明: 联合分布 ⟹ 边缘分布 ⟸

隐含条件体系块

③ $(X_1,X_2) \sim N \Rightarrow k_1X_1 + k_2X_2 \sim N$（ k_1，k_2 是不全为 0 的常数）.

④ $(X_1,X_2) \sim N$，$Y_1 = a_1X_1 + a_2X_2$，$Y_2 = b_1X_1 + b_2X_2$，且

$$\begin{vmatrix} a_1 & a_2 \\ b_1 & b_2 \end{vmatrix} \neq 0 \Rightarrow (Y_1,Y_2) \sim N$$

$$\begin{bmatrix} Y_1 \\ Y_2 \end{bmatrix} = C \begin{bmatrix} X_1 \\ X_2 \end{bmatrix}, \quad C = \begin{bmatrix} a_1 & a_2 \\ b_1 & b_2 \end{bmatrix},$$

为可逆线性变换矩阵

⑤设 X_1，X_2 独立同分布于 $N(\mu,\sigma^2)$，$Y_1 = aX_1 + bX_2$，$Y_2 = aX_1 - bX_2$，则

$$\begin{cases} EY_1 = (a+b)\mu, \\ EY_2 = (a-b)\mu; \end{cases} \begin{cases} DY_1 = (a^2+b^2)\sigma^2, \\ DY_2 = (a^2+b^2)\sigma^2; \end{cases} \mathrm{Cov}(Y_1,Y_2) = (a^2-b^2)\sigma^2; \rho_{Y_1Y_2} = \frac{a^2-b^2}{a^2+b^2}$$

⑥ $(X_1,X_2) \sim N$，则 X_1，X_2 相互独立 $\Leftrightarrow$ X_1，X_2 不相关.

⑦ $(X,Y) \sim N(\mu_1,\mu_2;\sigma_1^2,\sigma_2^2;\rho)$，则二维正态分布的条件分布仍是正态分布，且在 $Y = y$ 条件下，

$$X \sim N\left(\mu_1 + \rho\frac{\sigma_1}{\sigma_2}(y-\mu_2),(1-\rho^2)\sigma_1^2\right);$$ 在 $X = x$ 条件下，$$Y \sim N\left(\mu_2 + \rho\frac{\sigma_2}{\sigma_1}(x-\mu_1),(1-\rho^2)\sigma_2^2\right).$$

如设 $(X,Y) \sim N\left(1,2;9,16;-\frac{1}{3}\right)$，则

$$E(Y|X=2) = \mu_2 + \rho\frac{\sigma_2}{\sigma_1}(2-\mu_1) = 2 - \frac{1}{3}\times\frac{4}{3}(2-1) = 2 - \frac{4}{9} = \frac{14}{9}.$$

例 4.3　设二维随机变量 (X,Y) 的概率密度为

$$f(x,y) = Ae^{-2x^2+2xy-y^2}, \quad -\infty < x < +\infty, \quad -\infty < y < +\infty,$$

求常数 A 及条件概率密度 $f_{Y|X}(y|x)$.

【解】由"二、1.（3）注中（2）"含参概率密度的结构，有 $a=2,b=1,c=-2,d=0,e=0$，

故 $\rho = -\frac{c}{2}\sqrt{\frac{1}{ab}} = -\frac{-2}{2}\sqrt{\frac{1}{2}} = \frac{\sqrt{2}}{2}$，且 $\sigma_1^2 = \frac{1}{2(1-\rho^2)\cdot a} = \frac{1}{2}$，$\sigma_2^2 = \frac{1}{2(1-\rho^2)\cdot b} = 1$，于是

$$A = \frac{1}{2\pi\sigma_1\sigma_2\sqrt{1-\rho^2}} = \frac{1}{2\pi\times\frac{\sqrt{2}}{2}\times 1\times\frac{\sqrt{2}}{2}} = \frac{1}{\pi}.$$

或直接计算　$$f_X(x) = \int_{-\infty}^{+\infty} f(x,y)dy = A\int_{-\infty}^{+\infty} e^{-2x^2+2xy-y^2}dy$$

$$= A\int_{-\infty}^{+\infty} e^{-(y-x)^2-x^2}dy = Ae^{-x^2}\int_{-\infty}^{+\infty} e^{-(y-x)^2}dy \left(\int_0^{+\infty} e^{-x^2}dx = \frac{\sqrt{\pi}}{2}\right)$$

$$= A\sqrt{\pi}e^{-x^2}, \quad -\infty < x < +\infty,$$

所以

$$1 = \int_{-\infty}^{+\infty} f_X(x)dx = A\sqrt{\pi}\int_{-\infty}^{+\infty} e^{-x^2}dx = A\pi,$$

故 $A = \frac{1}{\pi}$.

当 $x \in (-\infty,+\infty)$ 时，

$$f_{Y|X}(y|x) = \frac{f(x,y)}{f_X(x)} = \frac{\frac{1}{\pi}e^{-2x^2+2xy-y^2}}{\frac{1}{\sqrt{\pi}}e^{-x^2}} = \frac{1}{\sqrt{\pi}}e^{-x^2+2xy-y^2} = \frac{1}{\sqrt{\pi}}e^{-(x-y)^2}, \quad -\infty < y < +\infty.$$

例 4.4 设 X_1，X_2 独立同分布于 $N(0,1)$，则 $P\left\{\dfrac{(X_1-X_2)^2}{(X_1+X_2)^2}\leqslant 1\right\}=$ _____.

【解】应填 $\dfrac{1}{2}$.

记 $Y_1=X_1-X_2$，$Y_2=X_1+X_2$，则由于 $\begin{vmatrix} 1 & -1 \\ 1 & 1 \end{vmatrix}\neq 0$，故为可逆线性变换，由"二、1.（3）的注（3）④"可知，(Y_1,Y_2) 服从二维正态分布，再由"二、1.（3）的注（3）⑤"可知，$(Y_1,Y_2)\sim N(0,0;2,2;0)$.

故 $\dfrac{Y_1}{\sqrt{2}}\sim N(0,1)$，$\dfrac{Y_2}{\sqrt{2}}\sim N(0,1)$，且 Y_1，Y_2 相互独立，于是 $\dfrac{Y_2^2}{2}\sim\chi^2(1)$，

$$\frac{\dfrac{Y_1}{\sqrt{2}}}{\sqrt{\dfrac{Y_2^2}{2}}}=\frac{Y_1}{|Y_2|}=\frac{X_1-X_2}{|X_1+X_2|}\sim t(1),$$

故 $\dfrac{(X_1-X_2)^2}{(X_1+X_2)^2}\sim F(1,1)$，且

$$\begin{aligned}
P\left\{\frac{(X_1-X_2)^2}{(X_1+X_2)^2}\leqslant 1\right\} &=1-P\left\{\frac{(X_1-X_2)^2}{(X_1+X_2)^2}>1\right\} \\
&=1-P\left\{\frac{(X_1-X_2)^2}{(X_1+X_2)^2}>F_{\frac{1}{2}}(1,1)\right\} \\
&=1-\frac{1}{2}=\frac{1}{2}.
\end{aligned}$$

见第 8 讲"二、4.（3）②"

【注】当求 $P\{g(X_1,X_2)\leqslant a\}$ 时，若 g 很复杂，可考虑先求 g 的分布，看是否有数字特征可用于化简.

2. 求边缘分布

①求 $F_X(x)$，$F_Y(y)$.

$$F_X(x)=F(x,+\infty)，\quad F_Y(y)=F(+\infty,y).$$

②求 $p_{i\cdot}$，$p_{\cdot j}$.

$$p_{i\cdot}=\sum_j p_{ij}，\quad p_{\cdot j}=\sum_i p_{ij}.$$

③求 $f_X(x)$，$f_Y(y)$.

$$f_X(x)=\int_{-\infty}^{+\infty}f(x,y)\mathrm{d}y=\int_{-\infty}^{+\infty}f_Y(y)f_{X|Y}(x\mid y)\mathrm{d}y,$$
$$f_Y(y)=\int_{-\infty}^{+\infty}f(x,y)\mathrm{d}x=\int_{-\infty}^{+\infty}f_X(x)f_{Y|X}(y\mid x)\mathrm{d}x.$$

例 4.5 已知二维随机变量 (X,Y) 在以 $(0,0)$，$(1,-1)$，$(1,1)$ 为顶点的三角形区域上服从均匀分布.

（1）求边缘概率密度 $f_X(x)$，$f_Y(y)$ 及条件概率密度 $f_{X|Y}(x\mid y)$，$f_{Y|X}(y\mid x)$，并判断 X 与 Y 是否独立；

（2）计算概率 $P\left\{X>\dfrac{1}{2}\,\Big|\,Y>0\right\}$，$P\left\{X>\dfrac{1}{2}\,\Big|\,Y=\dfrac{1}{4}\right\}$.

【解】直接应用公式计算，但要注意非零区域（见图）.

由于以 $(0,0)$，$(1,-1)$，$(1,1)$ 为顶点的三角形的面积为

$$\frac{1}{2}\times 1\times 2=1,$$

故

$$f(x,y)=\begin{cases}1, & 0\leqslant x\leqslant 1,|y|<x,\\ 0, & \text{其他}.\end{cases}$$

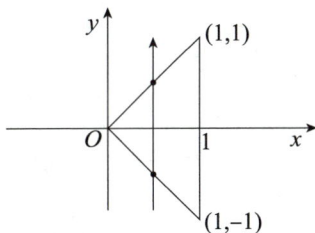

（1）$f_X(x)=\displaystyle\int_{-\infty}^{+\infty}f(x,y)\mathrm{d}y=\begin{cases}\displaystyle\int_{-x}^{x}\mathrm{d}y=2x, & 0\leqslant x\leqslant 1,\\ 0, & \text{其他}.\end{cases}$

求边缘概率密度的口诀:
求谁不积谁,
不积先定限,
限内画条线,
先交写下限,
后交写上限.

$$f_Y(y)=\int_{-\infty}^{+\infty}f(x,y)\mathrm{d}x=\begin{cases}\displaystyle\int_{-y}^{1}\mathrm{d}x=1+y, & -1\leqslant y<0,\\ \displaystyle\int_{y}^{1}\mathrm{d}x=1-y, & 0\leqslant y<1,\\ 0, & \text{其他}\end{cases}$$

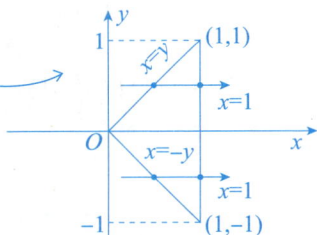

$$=\begin{cases}1-|y|, & |y|\leqslant 1,\\ 0, & \text{其他}.\end{cases}$$

$$f_{X|Y}(x|y)=\frac{f(x,y)}{f_Y(y)}=\begin{cases}\dfrac{1}{1-|y|}, & |y|<x\leqslant 1,\\ 0, & \text{其他}.\end{cases}$$

$$f_{Y|X}(y|x)=\frac{f(x,y)}{f_X(x)}=\begin{cases}\dfrac{1}{2x}, & |y|<x\leqslant 1,\\ 0, & \text{其他}.\end{cases}$$

由于 $f_X(x)f_Y(y)\neq f(x,y)$，故 X 与 Y 不独立.

（2）$P\left\{X>\dfrac{1}{2}\middle|Y>0\right\}=\dfrac{P\left\{X>\dfrac{1}{2},Y>0\right\}}{P\{Y>0\}}=\dfrac{\displaystyle\iint_{x>\frac{1}{2},y>0}f(x,y)\mathrm{d}x\mathrm{d}y}{\displaystyle\iint_{y>0}f(x,y)\mathrm{d}x\mathrm{d}y}$

$$=\frac{\displaystyle\int_{\frac{1}{2}}^{1}\mathrm{d}x\int_{0}^{x}\mathrm{d}y}{\displaystyle\int_{0}^{1}\mathrm{d}x\int_{0}^{x}\mathrm{d}y}=\frac{\displaystyle\int_{\frac{1}{2}}^{1}x\mathrm{d}x}{\displaystyle\int_{0}^{1}x\mathrm{d}x}=\frac{\dfrac{3}{8}}{\dfrac{1}{2}}=\frac{3}{4}.$$

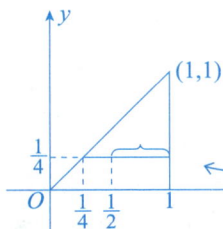

$$P\left\{X>\frac{1}{2}\middle|Y=\frac{1}{4}\right\}=\int_{\frac{1}{2}}^{+\infty}f_{X|Y}\left(x\middle|y=\frac{1}{4}\right)\mathrm{d}x=\int_{\frac{1}{2}}^{1}\frac{1}{1-\frac{1}{4}}\mathrm{d}x=\frac{2}{3}.$$

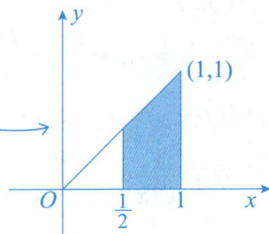

$$\frac{1/2}{3/4}=\frac{2}{3}$$

【注】由于 $f(x,y)=$ 常数，因此可以利用面积计算概率.

3. 求条件分布

①求 $F(x|y_j),F(y|x_i)$.

$$F(x|y_j)=\sum_{x_i\leqslant x}P\{X=x_i|Y=y_j\},$$

$$F(y|x_i)=\sum_{y_j\leqslant y}P\{Y=y_j|X=x_i\}.$$

②求 $F(x|y),F(y|x)$.

$$F(x \mid y) = \int_{-\infty}^{x} f(u \mid y) \mathrm{d}u = \int_{-\infty}^{x} \frac{f(u,y)}{f_Y(y)} \mathrm{d}u,$$

$$F(y \mid x) = \int_{-\infty}^{y} f(v \mid x) \mathrm{d}v = \int_{-\infty}^{y} \frac{f(x,v)}{f_X(x)} \mathrm{d}v.$$

③求 $P\{Y = y_j \mid X = x_i\}$，$P\{X = x_i \mid Y = y_j\}$．

$$P\{Y = y_j \mid X = x_i\} = \frac{P\{X = x_i, Y = y_j\}}{P\{X = x_i\}} = \frac{p_{ij}}{p_{i\cdot}},$$

$$P\{X = x_i \mid Y = y_j\} = \frac{P\{X = x_i, Y = y_j\}}{P\{Y = y_j\}} = \frac{p_{ij}}{p_{\cdot j}}.$$

④求 $f_{Y|X}(y \mid x)$，$f_{X|Y}(x \mid y)$．

$$f_{Y|X}(y \mid x) = \frac{f(x,y)}{f_X(x)}, \quad f_{X|Y}(x \mid y) = \frac{f(x,y)}{f_Y(y)}.$$

联立得 $\dfrac{f_{X|Y}(x \mid y)}{f_{Y|X}(y \mid x)} = \dfrac{f_X(x)}{f_Y(y)}$ 可记住此公式．

【注】（1）联合 = 边缘 × 条件，亦常考．如 $f(x,y) = f_{Y|X}(y \mid x) f_X(x)$．

（2）以上式子，所有分母均不为零．

例 4.6 设二维正态随机变量 (X,Y) 的概率密度为 $f(x,y)$，已知条件概率密度 $f_{X|Y}(x \mid y) = \sqrt{\dfrac{2}{3\pi}} \mathrm{e}^{-\frac{2}{3}\left(x - \frac{y}{2}\right)^2}$ 和 $f_{Y|X}(y \mid x) = \sqrt{\dfrac{2}{3\pi}} \mathrm{e}^{-\frac{2}{3}\left(y - \frac{x}{2}\right)^2}$，则 $f(x,y) =$ _____．

【分析】由于 $f_{X|Y}(x \mid y) = \dfrac{f(x,y)}{f_Y(y)}$，$f_{Y|X}(y \mid x) = \dfrac{f(x,y)}{f_X(x)}$，则 $\dfrac{f_{X|Y}(x \mid y)}{f_{Y|X}(y \mid x)} = \dfrac{f_X(x)}{f_Y(y)}$，从而将 x，y 的函数分离．再由 $f(x,y) = f_{X|Y}(x \mid y) \cdot f_Y(y)$ 即可求得 $f(x,y)$．

【解】应填 $\dfrac{1}{\sqrt{3\pi}} \mathrm{e}^{-\frac{2}{3}(x^2 - xy + y^2)}$．

由于

$$\frac{f_{X|Y}(x \mid y)}{f_{Y|X}(y \mid x)} = \frac{f_X(x)}{f_Y(y)} = \mathrm{e}^{-\frac{2}{3}\left[\left(x^2 - xy + \frac{y^2}{4}\right) - \left(y^2 - xy + \frac{x^2}{4}\right)\right]} = \mathrm{e}^{-\frac{x^2 - y^2}{2}} = \frac{\mathrm{e}^{-\frac{x^2}{2}}}{\mathrm{e}^{-\frac{y^2}{2}}},$$

且二维正态分布的两个边缘分布都是正态分布的形式，故可令 $f_X(x) = C\mathrm{e}^{-\frac{x^2}{2}}$，$f_Y(y) = C\mathrm{e}^{-\frac{y^2}{2}}$，其中 C 为常数．由 $\int_{-\infty}^{+\infty} f_X(x)\mathrm{d}x = 1$，$\int_{-\infty}^{+\infty} f_Y(y)\mathrm{d}y = 1$，得 $C = \dfrac{1}{\sqrt{2\pi}}$，即 $f_X(x) = \dfrac{1}{\sqrt{2\pi}} \mathrm{e}^{-\frac{x^2}{2}}$，$f_Y(y) = \dfrac{1}{\sqrt{2\pi}} \mathrm{e}^{-\frac{y^2}{2}}$．故

$$f(x,y) = f_{X|Y}(x \mid y) \cdot f_Y(y) = \sqrt{\frac{2}{3\pi}} \mathrm{e}^{-\frac{2}{3}\left(x - \frac{y}{2}\right)^2} \cdot \frac{1}{\sqrt{2\pi}} \mathrm{e}^{-\frac{y^2}{2}} = \frac{1}{\sqrt{3\pi}} \mathrm{e}^{-\frac{2}{3}(x^2 - xy + y^2)}.$$

4. 判独立

（1）X 与 Y 相互独立 $\Leftrightarrow$ 对任意 x，y，$F(x,y) = F_X(x) \cdot F_Y(y)$．

P_4（逆否思路），若 $A \Leftrightarrow B$ 成立，则 $\bar{A} \Leftrightarrow \bar{B}$ 成立

X,Y 不独立 $\Leftrightarrow$ 存在 x_0, y_0，使 $A = \{X \leqslant x_0\}$ 与 $B = \{Y \leqslant y_0\}$ 不独立，即 $F(x_0, y_0) \neq F_X(x_0) \cdot F_Y(y_0)$．

因此，证明不独立的常用方法：找 x_0, y_0，使 $0 < P\{X \leqslant x_0\}, P\{Y \leqslant y_0\} < 1$，

D_{41}（试取特殊情形）

$$\{X \le x_0\} \subseteq \{Y \le y_0\} \text{ 或 } \{Y \le y_0\} \subseteq \{X \le x_0\} \text{ 或 } \{X \le x_0, Y \le y_0\} = \varnothing.$$

（2）若 (X,Y) 为二维离散型随机变量，X 与 Y 相互独立 $\Leftrightarrow$ 对任意 i，j，$p_{ij} = p_{i\cdot} p_{\cdot j}$.

（3）由（2）知，(X,Y) 的分布律为

X \ Y	y_1	y_2	y_3	$p_{i\cdot}$
x_1	p_{11}	p_{12}	p_{13}	$p_{1\cdot}$
x_2	p_{21}	p_{22}	p_{23}	$p_{2\cdot}$
$p_{\cdot j}$	$p_{\cdot 1}$	$p_{\cdot 2}$	$p_{\cdot 3}$	1

其中 $p_{ij} \ne 0, i=1,2$；$j=1,2,3$，且满足 $\begin{bmatrix} p_{1\cdot} \\ p_{2\cdot} \end{bmatrix} \begin{bmatrix} p_{\cdot 1} & p_{\cdot 2} & p_{\cdot 3} \end{bmatrix} = \begin{bmatrix} p_{11} & p_{12} & p_{13} \\ p_{21} & p_{22} & p_{23} \end{bmatrix}$，即

$$\frac{p_{11}}{p_{21}} = \frac{p_{12}}{p_{22}} = \frac{p_{13}}{p_{23}}.$$

又以上过程可逆，故可有重要结论：当 $p_{ij} \ne 0$ 时，X, Y 独立 $\Leftrightarrow$ 联合分布律的每行元素对应成比例. 故可由联合分布律的每行元素是否对应成比例来判断 X，Y 是否独立.

（4）若 (X,Y) 为二维连续型随机变量，X 与 Y 相互独立 $\Leftrightarrow$ 对任意 x，y，$f(x,y) = f_X(x) f_Y(y)$.

（5）设 $(X,Y) \sim f(x,y)$，$X \sim f_X(x)$，$Y \sim f_Y(y)$，则 X 与 Y 相互独立 $\Leftrightarrow f(x,y) = h(x)g(y)$.

【注】证 充分性. 若 X，Y 相互独立，则 $f(x,y) = f_X(x) \cdot f_Y(y) = h(x)g(y)$. 显然成立.

必要性. 若 $f(x,y) = h(x)g(y)$，由归一性，得 $\int_{-\infty}^{+\infty} \int_{-\infty}^{+\infty} h(x)g(y)\mathrm{d}x\mathrm{d}y = \int_{-\infty}^{+\infty} h(x)\mathrm{d}x \int_{-\infty}^{+\infty} g(y)\mathrm{d}y = 1$.

又
$$f_X(x) = \int_{-\infty}^{+\infty} f(x,y)\mathrm{d}y = h(x)\int_{-\infty}^{+\infty} g(y)\mathrm{d}y,$$
$$f_Y(y) = \int_{-\infty}^{+\infty} f(x,y)\mathrm{d}x = g(y)\int_{-\infty}^{+\infty} h(x)\mathrm{d}x,$$

故 $f_X(x)f_Y(y) = h(x) \cdot g(y) \cdot 1 = f(x,y)$，则 X，Y 相互独立.

由此可有如下一些重要判别方法.

①若 $f(x,y)$ 的非零区域不是矩形（包括无界广义矩形），则 X 与 Y 不独立.

【注】 根据独立的充要条件：$f(x,y) = f_X(x) \cdot f_Y(y)$，独立必须此条件成立. 这里关于 $f_X(x)$，它的正概率密度区间是个区间，这就意味着这个区间总有个 (a,b)，同理，$f_Y(y)$ 的正概率密度区间也有个区间 (c,d)，因此 $f_X(x)$ 的正概率密度区间 (a,b) 和 $f_Y(y)$ 的正概率密度区间 (c,d) 构成了二维上的一个矩形，也就是 $f_X(x) \cdot f_Y(y)$ 的正概率密度是个矩形.

等价表述体系块

当然也可以是广义的，比如 (a,b) 是 $(-\infty,+\infty)$，所以这里就是 $y=c$ 和 $y=d$ 这两条线所形成的延伸到正无穷的一个矩形，同理 (c,d) 也可以是 $(-\infty,+\infty)$，所以既然 $f(x,y)=f_X(x)\cdot f_Y(y)$ 要成立，就说明 $f(x,y)$ 的正概率密度区域也必须是个矩形，这是从定义出发去理解的．如果 $f(x,y)$ 的非零区域不是矩形，那么 X 与 Y 一定是不独立的．

②若 $f(x,y)$ 不能分解成仅含 x,y 的两个一元函数的乘积，则 X 与 Y 不独立．

【注】根据充要条件：$f(x,y)=f_X(x)\cdot f_Y(y)$．这个等式要成立，就要变量可分离．等式右边就是只含 x 的 $f_X(x)$ 与只含 y 的 $f_Y(y)$ 两个函数的乘积 $f_X(x)\cdot f_Y(y)$，而这个乘积等于 $f(x,y)$．所以在独立的情况下，x 与 y 一定变量可分离．如果不能变量分离，那么 X 与 Y 一定不独立．这也是从定义出发来理解的．

③若 $f(x,y)$ 的非零区域是矩形，且 $f(x,y)$ 可分离变量，即 $f(x,y)=h(x)g(y)$，则 X 与 Y 独立．

【注】结合①与②两条的判断，若 $f(x,y)$ 的非零区域是矩形，且 $f(x,y)$ 能分解成仅含 x,y 的两个一元函数的乘积，那么 X 与 Y 一定是独立的．这里 $f_X(x)$ 在它的正概率密度区间 (a,b) 上满足归一性，在它的正概率密度区间 (c,d) 上 $f_Y(y)$ 满足归一性，$f_X(x)$ 与 $f_Y(y)$ 的乘积一定等于 $f(x,y)$，而等式左边 $f(x,y)$ 也满足归一性，也就是 $f(x,y)=f_X(x)\cdot f_Y(y)$．

（6）①若 $X_1,X_2,\cdots,X_n$ 相互独立，则其中任意 $k(2\le k\le n)$ 个随机变量也相互独立．
②若 $X_1,X_2,\cdots,X_n$ 相互独立，则其函数 $g_1(X_1),g_2(X_2),\cdots,g_n(X_n)$ 也相互独立．

三、用分布 (D₁(常规操作))

用分布求概率及反问题．

①$(X,Y)\sim p_{ij}$，则 $P\{(X,Y)\in D\}=\sum\limits_{(x_i,y_j)\in D}p_{ij}$．

②$(X,Y)\sim f(x,y)$，则 $P\{(X,Y)\in D\}=\iint\limits_D f(x,y)\mathrm{d}x\mathrm{d}y$．

③(X,Y) 为混合型，则用全概率公式．

④反问题：已知概率反求参数．

例 4.7　设随机变量 X，Y 相互独立，X 有分布函数 $F(x)$ 和概率密度 $f(x)=F'(x)$．如果 $P\{Y>x\}=(P\{X>x\})^k$，k 是正常数，且 $P\{X\ge Y\}=\dfrac{3}{4}$，求 k 的值．

【解】
$$P\{X \geqslant Y\} = \int_{-\infty}^{+\infty} \int_{-\infty}^{x} f_X(x) f_Y(y) \mathrm{d}y \mathrm{d}x$$
$$= \int_{-\infty}^{+\infty} f_X(x) F_Y(x) \mathrm{d}x$$
$$= \int_{-\infty}^{+\infty} f_X(x)(1 - P\{Y > x\}) \mathrm{d}x$$
$$= \int_{-\infty}^{+\infty} f_X(x)[1 - (P\{X > x\})^k] \mathrm{d}x$$
$$= \int_{-\infty}^{+\infty} \{1 - [1 - F_X(x)]^k\} \mathrm{d}[F_X(x)]$$
$$= \frac{k}{1+k}$$
$$= \frac{3}{4},$$

故 $k = 3$.

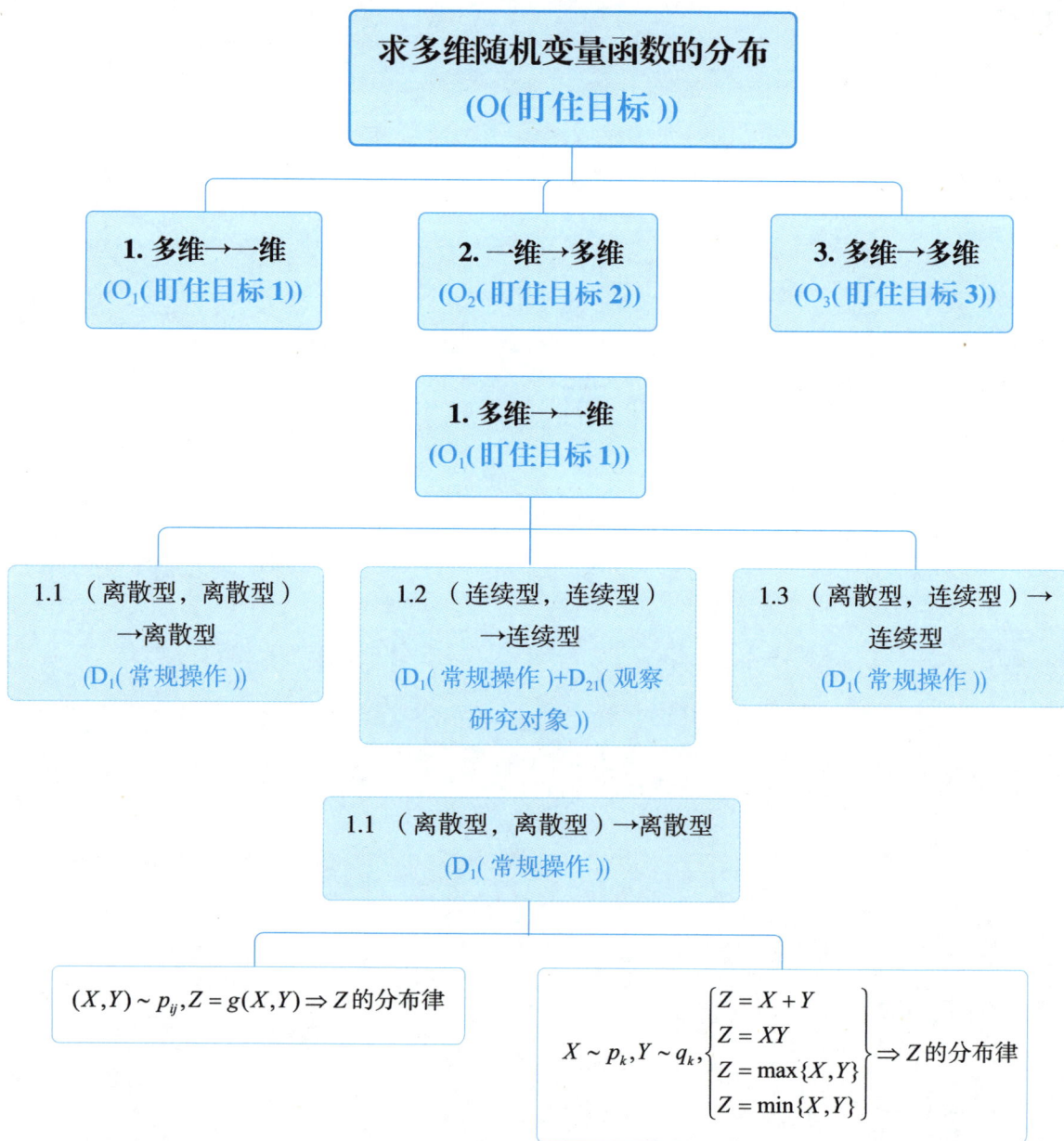

第5讲 多维随机变量函数的分布

三向解题法

求多维随机变量函数的分布
(O(盯住目标))

1. 多维→一维
(O₁(盯住目标1))

2. 一维→多维
(O₂(盯住目标2))

3. 多维→多维
(O₃(盯住目标3))

---

1. 多维→一维
(O₁(盯住目标1))

1.1 （离散型，离散型）→离散型
(D₁(常规操作))

1.2 （连续型，连续型）→连续型
(D₁(常规操作)+D₂₁(观察研究对象))

1.3 （离散型，连续型）→连续型
(D₁(常规操作))

1.1 （离散型，离散型）→离散型
(D₁(常规操作))

$(X,Y) \sim p_{ij}, Z = g(X,Y) \Rightarrow Z$ 的分布律

$X \sim p_k, Y \sim q_k, \begin{cases} Z = X + Y \\ Z = XY \\ Z = \max\{X,Y\} \\ Z = \min\{X,Y\} \end{cases} \Rightarrow Z$ 的分布律

1.2 （连续型，连续型）→连续型
（D_1(常规操作)+D_{21}(观察研究对象)）

1.3 （离散型，连续型）→连续型
（D_1(常规操作)）

分布函数法

换元法

最值函数的分布

$X \sim p_i, Y \sim f_Y(y),$
$Z = g(X,Y)$

$F_z(z)$
$= P\{g(X,Y) \leqslant z\}$
$= \iint\limits_{g(x,y) \leqslant z} f(x,y)\mathrm{d}x\mathrm{d}y$

思想方法

$f_{U,V}(u,v) =$
$f[x(u,v),y(u,v)] \cdot$
$|J|, J = \dfrac{\partial(x,y)}{\partial(u,v)} \neq 0$

可直接推出卷积公式见例 5.3

并不需记公式，不需想过程.

$F_{\max}(z) = P\{\max\{X,Y\} \leqslant z\}$
$\qquad = P\{X \leqslant z, Y \leqslant z\} = F(z,z),$
$F_{\min}(z) = P\{\min\{X,Y\} \leqslant z\}$
$\qquad = F_X(z) + F_Y(z) - F(z,z)$

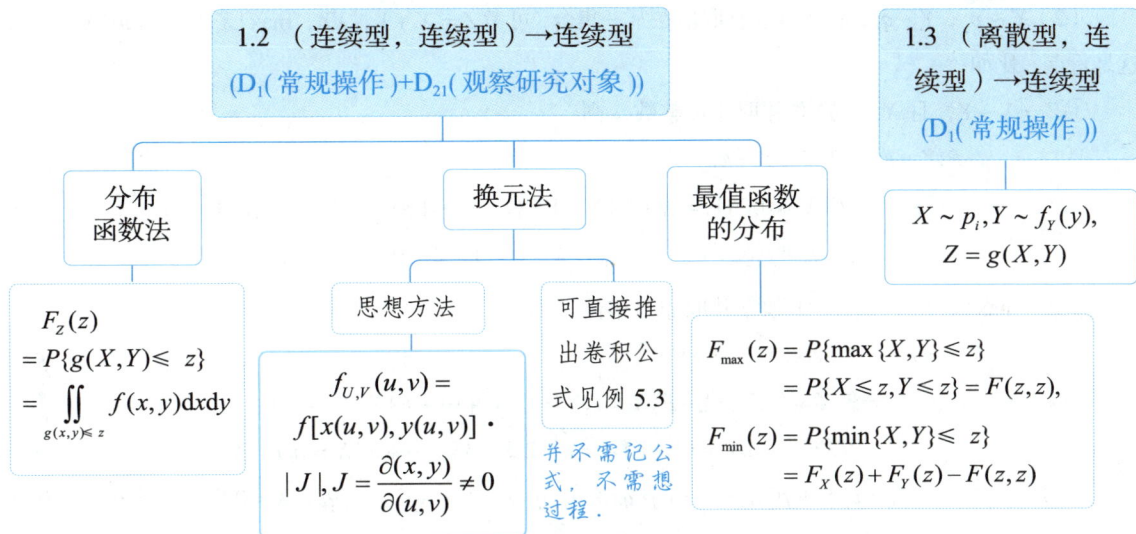

2. 一维→多维
（O_2(盯住目标 2)）

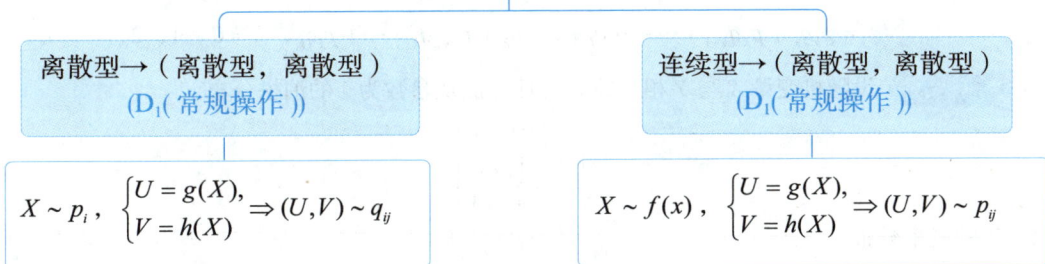

离散型→（离散型，离散型）
（D_1(常规操作)）

连续型→（离散型，离散型）
（D_1(常规操作)）

$X \sim p_i, \begin{cases} U = g(X), \\ V = h(X) \end{cases} \Rightarrow (U,V) \sim q_{ij}$

$X \sim f(x), \begin{cases} U = g(X), \\ V = h(X) \end{cases} \Rightarrow (U,V) \sim p_{ij}$

3. 多维→多维
（O_3(盯住目标 3)）

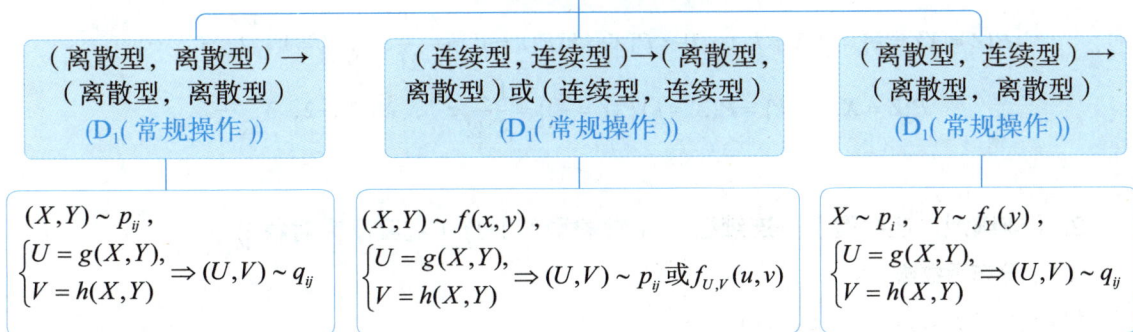

（离散型，离散型）→（离散型，离散型）
（D_1(常规操作)）

（连续型，连续型）→（离散型，离散型）或（连续型，连续型）
（D_1(常规操作)）

（离散型，连续型）→（离散型，离散型）
（D_1(常规操作)）

$(X,Y) \sim p_{ij},$
$\begin{cases} U = g(X,Y), \\ V = h(X,Y) \end{cases} \Rightarrow (U,V) \sim q_{ij}$

$(X,Y) \sim f(x,y),$
$\begin{cases} U = g(X,Y), \\ V = h(X,Y) \end{cases} \Rightarrow (U,V) \sim p_{ij}$ 或 $f_{U,V}(u,v)$

$X \sim p_i, \quad Y \sim f_Y(y),$
$\begin{cases} U = g(X,Y), \\ V = h(X,Y) \end{cases} \Rightarrow (U,V) \sim q_{ij}$

一、多维→一维 （O_1(盯住目标 1)）

1.（离散型，离散型）→离散型 （D_1(常规操作)）

（1）$(X,Y) \sim p_{ij}$，$Z = g(X,Y)$，有 $Z \sim q_i$.

（2）$X \sim p_k$，$Y \sim q_k$，X，Y独立且取值在某一集合，可考 $Z = X + Y$，XY，$\max\{X,Y\}$，$\min\{X,Y\}$ 等，这是重点，比如：

① $Z = X + Y$，且 X，Y 独立并取非负整数，则

$$P\{Z = k\} = P\{X + Y = k\}$$

D_{22}（转换等价表述）$\leftarrow\ = P\{X = 0\}P\{Y = k\} + P\{X = 1\}P\{Y = k-1\} + \cdots + P\{X = k\}P\{Y = 0\}$

$$= p_0 q_k + p_1 q_{k-1} + \cdots + p_k q_0,\quad k = 0,\ 1,\ 2,\ \cdots.$$

② $Z = \max\{X,Y\}$，且 X，Y 独立并取非负整数，则

$$P\{Z = k\} = P\{\max\{X,Y\} = k\}$$

D_{22}（转换等价表述）$\leftarrow\ = P\{X = k, Y = k\} + P\{X = k, Y = k-1\} + \cdots + P\{X = k, Y = 0\} +$

$$P\{X = k-1, Y = k\} + P\{X = k-2, Y = k\} + \cdots + P\{X = 0, Y = k\}$$

$$= p_k q_k + p_k q_{k-1} + \cdots + p_k q_0 + p_{k-1} q_k + p_{k-2} q_k + \cdots + p_0 q_k,\quad k = 0,\ 1,\ 2,\ \cdots.$$

③ $Z = \min\{X,Y\}$，且 X，Y 独立，$0 \leqslant X$，$Y \leqslant l$，l 为正整数，X，Y 取整数时，

$$P\{Z = k\} = P\{\min\{X,Y\} = k\}$$

D_{22}（转换等价表述）$\leftarrow\ = P\{X = k, Y = k\} + P\{X = k, Y = k+1\} + \cdots + P\{X = k, Y = l\} +$

$$P\{X = k+1, Y = k\} + P\{X = k+2, Y = k\} + \cdots + P\{X = l, Y = k\}$$

$$= p_k q_k + p_k q_{k+1} + \cdots + p_k q_l + p_{k+1} q_k + p_{k+2} q_k + \cdots + p_l q_k,\quad k = 0,\ 1,\ 2,\ \cdots,\ l.$$

> 等价表述体系块

例 5.1 设随机变量 X 与 Y 相互独立，且 X 服从参数为 λ 的泊松分布，

$$Y \sim \begin{pmatrix} -1 & 1 \\ \dfrac{1}{4} & \dfrac{3}{4} \end{pmatrix},$$

求 $Z = XY$ 的概率分布.

D_{22}（转换等价表述）

【解】 已知 $P\{X = k\} = \dfrac{\lambda^k}{k!}\mathrm{e}^{-\lambda}\ (k = 0,1,\cdots)$，$Y$ 可能取值为 -1，1，X 与 Y 相互独立，故 $Z = XY$ 可能取值为 0，± 1，± 2，$\cdots$，$\pm k$，$\cdots$，其概率分布为

$$P\{Z = XY = 0\} = P\{X = 0\} = \mathrm{e}^{-\lambda},$$

$$P\{Z = XY = k\} = P\{X = k, Y = 1\} = P\{X = k\}P\{Y = 1\} = \frac{3}{4}\frac{\lambda^k}{k!}\mathrm{e}^{-\lambda},\quad k = 1,\ 2,\ 3,\ \cdots,$$

$$P\{Z = XY = -k\} = P\{X = k\}P\{Y = -1\} = \frac{1}{4}\frac{\lambda^k}{k!}\mathrm{e}^{-\lambda},\quad k = 1,\ 2,\ 3,\ \cdots.$$

2.（连续型，连续型）→连续型（D_1（常规操作）+ D_{21}（观察研究对象））

（1）分布函数法.

设 $(X,Y) \sim f(x,y)$，$Z = g(X,Y)$，则

$$F_Z(z) = P\{g(X,Y) \leqslant z\} = \iint\limits_{g(x,y) \leqslant z} f(x,y)\,\mathrm{d}x\mathrm{d}y,$$

$$f_Z(z) = F_Z'(z).$$

（2）换元法.

设 $(X,Y) \sim f(x,y)$，若 $\begin{cases} u = u(x,y), \\ v = v(x,y) \end{cases}$ 具有一阶连续偏导数，且存在唯一的反函数 $\begin{cases} x = x(u,v), \\ y = y(u,v), \end{cases}$ 又

D_{21}（观察研究对象）

$$J = \frac{\partial(x,y)}{\partial(u,v)} = \begin{vmatrix} \dfrac{\partial x}{\partial u} & \dfrac{\partial x}{\partial v} \\ \dfrac{\partial y}{\partial u} & \dfrac{\partial y}{\partial v} \end{vmatrix} \neq 0 ,$$

则 (X,Y) 的函数 $\begin{cases} U = U(X,Y), \\ V = V(X,Y) \end{cases}$ 的联合概率密度为 $f_{U,V}(u,v) = f[x(u,v), y(u,v)] \cdot |J|$.

U 的概率密度为 $f_U(u) = \int_{-\infty}^{+\infty} f_{U,V}(u,v)\mathrm{d}v$，$V$ 的概率密度为 $f_V(v) = \int_{-\infty}^{+\infty} f_{U,V}(u,v)\mathrm{d}u$.

【注】（1）证 (U,V) 的联合分布函数为

$$F_{U,V}(u,v) = P\{U \leqslant u, V \leqslant v\} = P\{U(X,Y) \leqslant u, V(X,Y) \leqslant v\}$$

$$= \iint_{\substack{U(x,y) \leqslant u \\ V(x,y) \leqslant v}} f_{U,V}(x,y)\mathrm{d}x\mathrm{d}y \xrightarrow{\substack{U = U(X,Y), \\ V = V(X,Y)}} \Rightarrow \substack{X = X(U,V), \\ Y = Y(U,V)} \iint_{\substack{U(x,y) \leqslant u \\ V(x,y) \leqslant v}} f[x(u,v), y(u,v)] \cdot |J|\mathrm{d}u\mathrm{d}v,$$

故 $f_{U,V}(u,v) = \dfrac{\partial^2 F}{\partial u \partial v} = f[x(u,v), y(u,v)] \cdot |J|$.

（2）在高等数学中，我们已经熟练掌握了二重积分的换元积分法，故在此给出换元法求 $f_{U,V}(u,v)$，这是比卷积公式更为有用且极为简便的方法.

例 5.2 设随机变量 X，Y 相互独立，且均服从参数为 λ 的指数分布，令 $Z = |X - Y|$，则下列随机变量中与 Z 同分布的是（　　）.

（A）$X + Y$　　　　（B）$\dfrac{X + Y}{2}$　　　　（C）$2X$　　　　（D）X

【解】应选（D）.

X 与 Y 的联合概率密度为 $f(x,y) = f_X(x) \cdot f_Y(y) = \begin{cases} \lambda^2 \mathrm{e}^{-\lambda(x+y)}, & x > 0, y > 0, \\ 0, & \text{其他.} \end{cases}$

设 Z 的分布函数为 $F_Z(z)$，则 $F_Z(z) = P\{Z \leqslant z\} = P\{|X - Y| \leqslant z\}$.

当 $z < 0$ 时，$F_Z(z) = 0$；

当 $z \geqslant 0$ 时，

$$F_Z(z) = P\{-z \leqslant X - Y \leqslant z\} = 2P\{0 \leqslant X - Y \leqslant z\}$$

$$= 2\int_0^{+\infty} \lambda \mathrm{e}^{-\lambda y}\mathrm{d}y \int_y^{y+z} \lambda \mathrm{e}^{-\lambda x}\mathrm{d}x$$

$$= 2\int_0^{+\infty} \lambda \mathrm{e}^{-\lambda y}[\mathrm{e}^{-\lambda y} - \mathrm{e}^{-\lambda(y+z)}]\mathrm{d}y$$

$$= 2\int_0^{+\infty} \lambda \mathrm{e}^{-2\lambda y}\mathrm{d}y - 2\mathrm{e}^{-\lambda z}\int_0^{+\infty} \lambda \mathrm{e}^{-2\lambda y}\mathrm{d}y$$

$$= 1 - \mathrm{e}^{-\lambda z}.$$

所以 $Z \sim E(\lambda)$，从而 Z 与 X 服从相同的分布，选（D）.

例 5.3 设 X，Y 相互独立，$X \sim f_X(x)$，$Y \sim f_Y(y)$．求 $Z = XY$ 的概率密度 $f_Z(z)$．

【解】命 $\begin{cases} u = xy, \\ v = y, \end{cases}$ 则有 $\begin{cases} x = \dfrac{u}{v}, \\ y = v, \end{cases}$ $J = \begin{vmatrix} \dfrac{1}{v} & -\dfrac{u}{v^2} \\ 0 & 1 \end{vmatrix} = \dfrac{1}{v} \neq 0$．

故 $f_{U,V}(u,v) = f_X\left(\dfrac{u}{v}\right) \cdot f_Y(v) \cdot \dfrac{1}{|v|}$，于是

$$f_U(u) = \int_{-\infty}^{+\infty} f_{U,V}(u,v)\,\mathrm{d}v = \int_{-\infty}^{+\infty} f_X\left(\dfrac{u}{v}\right) \cdot f_Y(v) \cdot \dfrac{1}{|v|}\,\mathrm{d}v,$$

$$f_Z(z) = f_U(z) = \int_{-\infty}^{+\infty} f_X\left(\dfrac{z}{v}\right) \cdot f_Y(v) \cdot \dfrac{1}{|v|}\,\mathrm{d}v.$$

【注】（1）由此题可知，卷积公式均可由换元法经简单的计算得出，无须再记卷积公式，也省去了使用卷积公式后关于变量和区域的复杂讨论．如 $X \sim f_X(x)$，$Y \sim f_Y(y)$，X，Y 相互独立．$Z = aX + bY(ab \neq 0)$．

令 $\begin{cases} u = ax + by, \\ v = y, \end{cases}$ 则有 $\begin{cases} x = \dfrac{u - bv}{a}, \\ y = v. \end{cases}$ $J = \begin{vmatrix} \dfrac{1}{a} & -\dfrac{b}{a} \\ 0 & 1 \end{vmatrix} = \dfrac{1}{a}$．

故 $f_{U,V}(u,v) = f_X\left(\dfrac{u-bv}{a}\right) f_Y(v) \cdot \dfrac{1}{|a|}$，则 $f_U(u) = \int_{-\infty}^{+\infty} f_X\left(\dfrac{u-bv}{a}\right) f_Y(v) \cdot \dfrac{1}{|a|}\,\mathrm{d}v$，将 u 换为 z，便可得出 $Z = aX + bY$ 的概率密度．

（2）常用卷积公式．（X,Y 相互独立条件下）

① $Z = X + Y$．

$$f_Z(z) = \int_{-\infty}^{+\infty} f_X(u-v) f_Y(v)\,\mathrm{d}v = \int_{-\infty}^{+\infty} f_X(z-y) f_Y(y)\,\mathrm{d}y. \quad \left(\text{令} \begin{cases} u = x + y = z, \\ v = y. \end{cases}\right)$$

② $Z = XY$．

$$f_Z(z) = \int_{-\infty}^{+\infty} f_X\left(\dfrac{u}{v}\right) \cdot f_Y(v) \cdot \dfrac{1}{|v|}\,\mathrm{d}v = \int_{-\infty}^{+\infty} f_X\left(\dfrac{z}{y}\right) f_Y(y) \dfrac{1}{|y|}\,\mathrm{d}y. \quad \left(\text{令} \begin{cases} u = xy = z, \\ v = y. \end{cases}\right)$$

③ $Z = \dfrac{X}{Y}$．

$$f_Z(z) = \int_{-\infty}^{+\infty} f_X(uv) f_Y(v) \cdot |v|\,\mathrm{d}v = \int_{-\infty}^{+\infty} f_X(yz) f_Y(y) \cdot |y|\,\mathrm{d}y. \quad \left(\text{令} \begin{cases} u = \dfrac{x}{y} = z, \\ v = y. \end{cases}\right)$$

例 5.4 设 $(X,Y) \sim f(x,y) = \begin{cases} 8xy, & 0 < x < y < 1, \\ 0, & \text{其他.} \end{cases}$ 记 $Z = \dfrac{X}{Y}$．

（1）求 Z 的概率密度 $f_Z(z)$；

（2）求 $P\left\{Y < \dfrac{2}{3} \middle| X = \dfrac{1}{2}\right\}$．

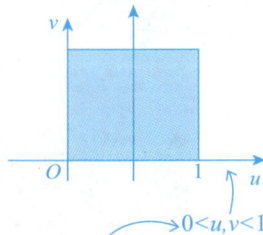

$0 < u, v < 1$

【解】（1）令 $\begin{cases} u = \dfrac{x}{y}, \\ v = y, \end{cases}$ 即有 $\begin{cases} x = uv, \\ y = v, \end{cases}$ $J = \begin{vmatrix} v & u \\ 0 & 1 \end{vmatrix} = v$，于是 $f_{U,V}(u,v) = \begin{cases} 8uv \cdot v \cdot v, & 0 < uv < v < 1, \\ 0, & \text{其他.} \end{cases}$

故 $f_U(u) = \int_{-\infty}^{+\infty} f_{U,V}(u,v)\mathrm{d}v = \begin{cases} 8u\int_0^1 v^3 \mathrm{d}v, & 0<u<1, \\ 0, & \text{其他} \end{cases} = \begin{cases} 2u, & 0<u<1, \\ 0, & \text{其他}. \end{cases}$

故 $f_Z(z) = \begin{cases} 2z, & 0<z<1, \\ 0, & \text{其他}. \end{cases}$

（2）由于 $P\left\{X=\dfrac{1}{2}\right\}=0$，故不能直接用条件概率公式，

$$f_X(x) = \begin{cases} \int_x^1 8xy\mathrm{d}y, & 0<x<1, \\ 0, & \text{其他} \end{cases} = \begin{cases} 4x\cdot(1-x^2), & 0<x<1, \\ 0, & \text{其他}. \end{cases}$$

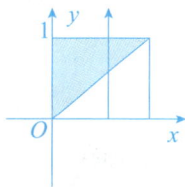

故 $$f_{Y|X}\left(y\Big|x=\frac{1}{2}\right) = \frac{f\left(\frac{1}{2},y\right)}{f_X\left(\frac{1}{2}\right)} = 4y\cdot\frac{2}{3} = \frac{8}{3}y, \frac{1}{2}<y<1,$$

于是 $P\left\{Y<\dfrac{2}{3}\Big|X=\dfrac{1}{2}\right\} = \int_{\frac{1}{2}}^{\frac{2}{3}}\dfrac{8}{3}y\mathrm{d}y = \dfrac{8}{3}\times\dfrac{1}{2}\times\left(\dfrac{4}{9}-\dfrac{1}{4}\right) = \dfrac{7}{27}$.

例 5.5 设随机变量 X_1 与 X_2 相互独立且同分布，其概率密度为

$$f(x) = \begin{cases} ax, & 0<x<1, \\ 0, & \text{其他}. \end{cases}$$

（1）求 a 的值；

（2）求 $Z = \max\{X_1,X_2\} - \min\{X_1,X_2\}$ 的概率密度.

【解】（1）由归一性，$\int_{-\infty}^{+\infty}f(x)\mathrm{d}x = \int_0^1 ax\mathrm{d}x = \dfrac{1}{2}a = 1$，故 $a=2$.

D_{23}（化归经典形式）

（2）$Z = \max\{X_1,X_2\} - \min\{X_1,X_2\} = \dfrac{X_1+X_2+|X_1-X_2|}{2} - \dfrac{X_1+X_2-|X_1-X_2|}{2} = |X_1-X_2|$.

令 $\begin{cases} x_1-x_2=u, \\ x_2=v, \end{cases}$ 即 $\begin{cases} x_1=u+v, \\ x_2=v, \end{cases}$ 则 $J = \begin{vmatrix} 1 & 1 \\ 0 & 1 \end{vmatrix} = 1$，且 $\begin{cases} 0<u+v<1, \\ 0<v<1. \end{cases}$

当 $0<u+v<1$，且 $0<v<1$ 时（见图），有

$$f_{U,V}(u,v) = f_{X_1}(u+v)f_{X_2}(v) = 2(u+v)\cdot 2v,$$

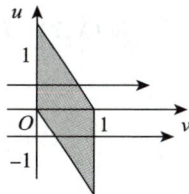

故

$$f_U(u) = \int_{-\infty}^{+\infty}f_{U,V}(u,v)\mathrm{d}v = \begin{cases} \int_{-u}^1 4(u+v)\cdot v\mathrm{d}v = -\dfrac{2}{3}u^3+2u+\dfrac{4}{3}, & -1<u<0, \\ \int_0^{1-u} 4(u+v)\cdot v\mathrm{d}v = \dfrac{2}{3}u^3-2u+\dfrac{4}{3}, & 0<u<1, \\ 0, & \text{其他}. \end{cases}$$

又当 $0<z<1$ 时，$Z=|U|$ 的分布函数为

$$F_Z(z) = P\{|U|\leqslant z\} = P\{-z\leqslant U\leqslant z\} = F_U(z) - F_U(-z),$$

故当 $0<z<1$ 时，Z 的概率密度为

$$f_Z(z) = f_U(z) + f_U(-z) = \frac{2}{3}z^3 - 2z + \frac{4}{3} + \left[-\frac{2}{3}(-z)^3\right] + 2(-z) + \frac{4}{3} = \frac{4}{3}z^3 - 4z + \frac{8}{3}, 0<z<1.$$

于是，Z 的概率密度为

$$f_Z(z) = \begin{cases} \dfrac{4}{3}z^3 - 4z + \dfrac{8}{3}, & 0<z<1, \\ 0, & \text{其他}. \end{cases}$$

例 5.6 设随机变量 $X\sim U(1,2)$，在 $X=x$ 的条件下，Y 的条件分布为 $E(x)$，则 $D(XY)=(\quad\quad)$.

（A）1　　　　　　　（B）2　　　　　　　（C）x　　　　　　　（D）$2x$

【解】应选（A）.

设 $f(x,y) = f_X(x) \cdot f_{Y|X}(y|x) = 1 \cdot xe^{-xy}, 1 < x < 2, y > 0$.

令 $\begin{cases} u = xy, \\ v = y, \end{cases}$ 得 $\begin{cases} x = \dfrac{u}{v}, \\ y = v, \end{cases}$ 有 $J = \begin{vmatrix} \dfrac{1}{v} & -\dfrac{u}{v^2} \\ 0 & 1 \end{vmatrix} = \dfrac{1}{v}$，故

$$f_{U,V}(u,v) = \begin{cases} \dfrac{u}{v}e^{-u} \cdot \dfrac{1}{v}, & 1 < \dfrac{u}{v} < 2, v > 0, \\ 0, & \text{其他}. \end{cases}$$

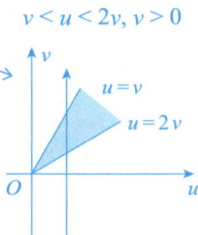

即有
$$f_U(u) = \int_{-\infty}^{+\infty} f_{U,V}(u,v) \mathrm{d}v$$
$$= \begin{cases} \int_{\frac{u}{2}}^{u} ue^{-u} \cdot \dfrac{1}{v^2} \mathrm{d}v, & u > 0, \\ 0, & \text{其他} \end{cases} = \begin{cases} e^{-u}, & u > 0, \\ 0, & \text{其他}. \end{cases}$$

故 XY 服从 $E(1)$. 于是 $D(XY) = 1$.

（3）最值函数的分布.

① $\max\{X, Y\}$ 的分布.

设 $(X, Y) \sim F(x, y)$，则 $Z = \max\{X, Y\}$ 的分布函数为

$$F_{\max}(z) = P\{\max\{X, Y\} \leqslant z\} = P\{X \leqslant z, Y \leqslant z\} = F(z, z).$$

当 X 与 Y 相互独立时，

$$F_{\max}(z) = F_X(z) \cdot F_Y(z).$$

② $\min\{X, Y\}$ 的分布.

设 $(X, Y) \sim F(x, y)$，则 $Z = \min\{X, Y\}$ 的分布函数为

$$F_{\min}(z) = P\{\min\{X, Y\} \leqslant z\} = P\{\{X \leqslant z\} \bigcup \{Y \leqslant z\}\}$$
$$= P\{X \leqslant z\} + P\{Y \leqslant z\} - P\{X \leqslant z, Y \leqslant z\}$$
$$= F_X(z) + F_Y(z) - F(z, z).$$

当 X 与 Y 相互独立时，

$$F_{\min}(z) = F_X(z) + F_Y(z) - F_X(z)F_Y(z) = 1 - [1 - F_X(z)][1 - F_Y(z)].$$

推广到 n 个相互独立的随机变量 X_1，X_2，$\cdots$，X_n 的情况，即

$$F_{\max}(z) = F_{X_1}(z)F_{X_2}(z)\cdots F_{X_n}(z),$$
$$F_{\min}(z) = 1 - [1 - F_{X_1}(z)][1 - F_{X_2}(z)]\cdots[1 - F_{X_n}(z)].$$

特别地，当 $X_i(i = 1, 2, \cdots, n)$ 相互独立且有相同的分布函数 $F(x)$ 与概率密度 $f(x)$ 时，

$$F_{\max}(z) = [F(z)]^n，\quad f_{\max}(z) = n[F(z)]^{n-1}f(z).$$
$$F_{\min}(z) = 1 - [1 - F(z)]^n，\quad f_{\min}(z) = n[1 - F(z)]^{n-1}f(z).$$

形式化归体系块

例 5.7 设总体 X 服从 $[0,\theta]$ 上的均匀分布，θ 为正常数，X_1,X_2,X_3 是取自 X 的一个样本，求 $Y=\max\{X_1,X_2,X_3\}$，$Z=\min\{X_1,X_2,X_3\}$ 的分布函数和概率密度.

【解】设 $F(x)$ 为 X 的分布函数，$f(x)$ 为 X 的概率密度，则

$$F(x)=\begin{cases}1, & x\geqslant\theta,\\ \dfrac{x}{\theta}, & 0\leqslant x<\theta,\\ 0, & x<0,\end{cases}\quad f(x)=\begin{cases}\dfrac{1}{\theta}, & 0\leqslant x<\theta,\\ 0, & 其他.\end{cases}$$

由 $Y=\max\limits_{1\leqslant i\leqslant 3}\{X_i\}$，$Z=\min\limits_{1\leqslant i\leqslant 3}\{X_i\}$，则 Y 的分布函数与概率密度分别为

$$F_Y(y)=[F(y)]^3=\begin{cases}1, & y\geqslant\theta,\\ \left(\dfrac{y}{\theta}\right)^3, & 0\leqslant y<\theta,\\ 0, & y<0,\end{cases}\ f_Y(y;\theta)=3[F(y)]^2\cdot f(y)=\begin{cases}3\left(\dfrac{y}{\theta}\right)^2\cdot\dfrac{1}{\theta}, & 0\leqslant y<\theta,\\ 0, & 其他,\end{cases}$$

Z 的分布函数与概率密度分别为

$$F_Z(z)=1-[1-F(z)]^3=\begin{cases}1, & z\geqslant\theta,\\ 1-\left(1-\dfrac{z}{\theta}\right)^3, & 0\leqslant z<\theta,\\ 0, & z<0,\end{cases}$$

$$f_Z(z;\theta)=3[1-F(z)]^2f(z)=\begin{cases}3\left(1-\dfrac{z}{\theta}\right)^2\cdot\dfrac{1}{\theta}, & 0\leqslant z<\theta,\\ 0, & 其他.\end{cases}$$

3.（离散型，连续型）→连续型（D_1（常规操作））

设 $X\sim p_i$，$Y\sim f_Y(y)$，$Z=g(X,Y)$（常考 $X\pm Y$，XY 等），则

①X，Y 独立时，可用分布函数法及全概率公式求 $F_Z(z)$；

②X，Y 不独立时，用分布函数法.

} 形式化归体系块

例 5.8 设随机变量 X_1，X_2，X_3 相互独立，其中 X_1 与 X_2 均服从标准正态分布，X_3 的概率分布为 $P\{X_3=0\}=P\{X_3=1\}=\dfrac{1}{2}$，$Y=X_3X_1+(1-X_3)X_2$.

（1）求二维随机变量 (X_1,Y) 的分布函数，结果用标准正态分布函数 $\varPhi(x)$ 表示；

（2）证明随机变量 Y 服从标准正态分布.

（1）【解】记 (X_1,Y) 的分布函数为 $F(x,y)$，则对任意实数 x 和 y，都有

$$\begin{aligned}F(x,y)&=P\{X_1\leqslant x,Y\leqslant y\}\\&=P\{X_1\leqslant x,X_3X_1+(1-X_3)X_2\leqslant y\}\\&=P\{X_3=0\}P\{X_1\leqslant x,X_3X_1+(1-X_3)X_2\leqslant y\mid X_3=0\}+\\&\quad P\{X_3=1\}P\{X_1\leqslant x,X_3X_1+(1-X_3)X_2\leqslant y\mid X_3=1\}\\&=\frac{1}{2}P\{X_1\leqslant x,X_2\leqslant y\mid X_3=0\}+\frac{1}{2}P\{X_1\leqslant x,X_1\leqslant y\mid X_3=1\}\\&=\frac{1}{2}P\{X_1\leqslant x,X_2\leqslant y\}+\frac{1}{2}P\{X_1\leqslant x,X_1\leqslant y\}\end{aligned}$$

（旁注：$=P\{X_1\leqslant x,X_3X_1+(1-X_3)X_2\leqslant y,\ \varOmega\}=P\{X_1\leqslant x,X_3X_1+(1-X_3)X_2\leqslant y,\{X_3=0\}\cup\{X_3=1\}\}$；独立性；独立性）

$$= \frac{1}{2}P\{X_1 \leqslant x, X_2 \leqslant y\} + \frac{1}{2}P\{X_1 \leqslant \min\{x,y\}\} = \frac{1}{2}\Phi(x)\Phi(y) + \frac{1}{2}\Phi(\min\{x,y\}) .$$

（2）【证】由（1）知，Y 的分布函数为

$$F_Y(y) = \lim_{x \to +\infty} F(x,y) = \lim_{x \to +\infty}\left[\frac{1}{2}\Phi(x)\Phi(y) + \frac{1}{2}\Phi(\min\{x,y\})\right]$$

$$= \frac{1}{2}\Phi(y) + \frac{1}{2}\Phi(y) = \Phi(y) ,$$

所以 Y 服从标准正态分布.

例 5.9 设二维随机变量 (X,Y) 在区域 $D = \{(x,y) \mid 0 < x < 1, x^2 < y < \sqrt{x}\}$ 上服从均匀分布，令

$$U = \begin{cases} 1, & X \leqslant Y, \\ 0, & X > Y. \end{cases}$$

（1）写出 (X,Y) 的概率密度；

（2）问 U 与 X 是否相互独立？并说明理由；

（3）求 $Z = U + X$ 的分布函数 $F_Z(z)$.

$S = \int_0^1 (\sqrt{x} - x^2)\mathrm{d}x = \frac{1}{3}$

$y = \sqrt{x}$

$y = x^2$

【解】（1）(X,Y) 的概率密度为 $f_{X,Y}(x,y) = \begin{cases} 3, & (x,y) \in D, \\ 0, & \text{其他.} \end{cases}$

（2）对于 $0 < t < 1$，$P\{U \leqslant 0, X \leqslant t\} = P\{X > Y, X \leqslant t\} = \int_0^t \mathrm{d}x \int_{x^2}^x 3\mathrm{d}y = \frac{3}{2}t^2 - t^3$，

$$P\{U \leqslant 0\} = P\{X > Y\} = \frac{1}{2}, \quad P\{X \leqslant t\} = \int_0^t \mathrm{d}x \int_{x^2}^{\sqrt{x}} 3\mathrm{d}y = 2t^{\frac{3}{2}} - t^3 .$$

由于 $P\{U \leqslant 0, X \leqslant t\} \neq P\{U \leqslant 0\}P\{X \leqslant t\}$，因此 U 与 X 不相互独立.

（3）①当 $z < 0$ 时，$F_Z(z) = 0$；

②当 $0 \leqslant z < 1$ 时，$F_Z(z) = P\{Z \leqslant z\} = P\{U + X \leqslant z\}$

$$= P\{U = 0, X \leqslant z\} = P\{X > Y, X \leqslant z\} = \frac{3}{2}z^2 - z^3 ;$$

U,X 不独立，故以下不用全概率公式，而用等价事件

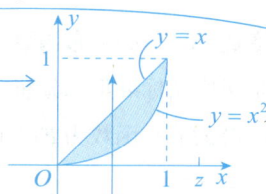

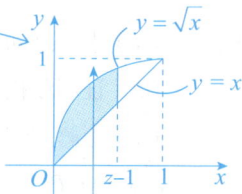

U 的取值范围是 $\{0,1\}$，$X \in (0,1) \Rightarrow Z = U + X \in (0,2)$，故当 $0 \leqslant z < 1$ 时，$\{U + X \leqslant z\}$ 等价于 $\{U = 0, X \leqslant z\}$.

③当 $1 \leqslant z < 2$ 时，$F_Z(z) = P\{U + X \leqslant z\} = P\{U = 0, X \leqslant z\} + P\{U = 1, X \leqslant z - 1\}$

$$= P\{X > Y, X \leqslant z\} + P\{X \leqslant Y, X \leqslant z - 1\}$$

$$= \int_0^1 \mathrm{d}x \int_{x^2}^x 3\mathrm{d}y + \int_0^{z-1} \mathrm{d}x \int_x^{\sqrt{x}} 3\mathrm{d}y$$

$$= \frac{1}{2} + 2(z-1)^{\frac{3}{2}} - \frac{3}{2}(z-1)^2 ;$$

④当 $z \geqslant 2$ 时，$F_Z(z) = P\{U + X \leqslant z\} = 1$.

所以

$$F_Z(z) = \begin{cases} 0, & z < 0, \\ \dfrac{3}{2}z^2 - z^3, & 0 \leqslant z < 1, \\ \dfrac{1}{2} + 2(z-1)^{\frac{3}{2}} - \dfrac{3}{2}(z-1)^2, & 1 \leqslant z < 2, \\ 1, & z \geqslant 2. \end{cases}$$

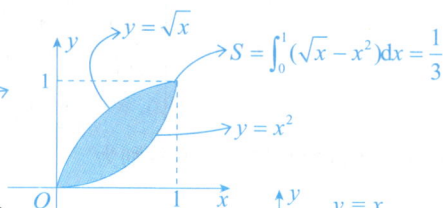

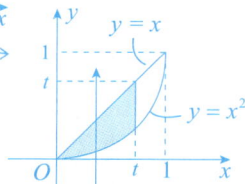

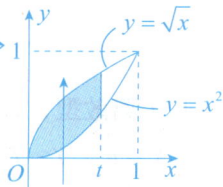

例 5.10 设随机变量 X 满足 $|X| \le 1$, $P\{X = -1\} = P\{X = 1\} = \dfrac{1}{4}$，当 $|X| < 1$ 时，X 服从 $(-1,1)$ 上的均匀分布，Y 服从参数为 1 的指数分布，X, Y 独立，令 $Z = X + Y$. 求：

（1）X 的分布函数 $F_X(x)$；

（2）Z 的分布函数 $F_Z(z)$.

【解】（1）当 $x < -1$ 时，$F(x) = P\{X \le x\} = 0$；

当 $x = -1$ 时，$F(x) = P\{X \le x\} = \dfrac{1}{4}$；

当 $-1 < x < 1$ 时，

$$F(x) = P\{X \le -1\} + P\{-1 < X \le x\}，$$

其中

$P\{-1 < X \le x\} = P\{-1 < X \le x, \Omega\}$

D_{23}（化归经典形式） $= P\{-1 < X \le x, -1 < X < 1\} + P\{-1 < X \le x, \overline{-1 < X < 1}\}$

$= P\{-1 < X \le x \mid -1 < X < 1\}P\{-1 < X < 1\} + P\{-1 < X \le x \mid \overline{-1 < X < 1}\}P\{\overline{-1 < X < 1}\}$

$= \dfrac{x+1}{1-(-1)} \cdot \dfrac{1}{2} + 0 = \dfrac{x+1}{4}$，

故 $F(x) = \dfrac{1}{4} + \dfrac{x+1}{4} = \dfrac{2+x}{4}$；

当 $x \ge 1$ 时，$F(x) = 1$.

综上，X 的分布函数为

$$F_X(x) = \begin{cases} 0, & x < -1, \\ \dfrac{2+x}{4}, & -1 \le x < 1, \\ 1, & x \ge 1. \end{cases}$$

（2）记 $A = \{-1 < X < 1\}$，由（1）知

$$f_X(x) = f_X(x \mid A)P(A) + f_X(x \mid \overline{A})P(\overline{A}) = \begin{cases} \dfrac{1}{4}, & -1 < x < 1, \\ 0, & \text{其他}. \end{cases} \quad \left(\text{或} f_X(x) = F_X'(x) = \begin{cases} \dfrac{1}{4}, & -1 < x < 1, \\ 0, & \text{其他} \end{cases}\right)$$

$F_Z(z) = P\{Z \le z\} = P\{X + Y \le z\}$

D_{23}（化归经典形式） $= P\{X = -1\}P\{Y \le z+1\} + P\{X = 1\}P\{Y \le z-1\} + P\{X + Y \le z, -1 < X < 1\}$，

其中

$$P\{Y \le z+1\} = F_Y(z+1) = \begin{cases} 1 - e^{-(z+1)}, & z+1 \ge 0, \\ 0, & \text{其他}, \end{cases}$$

$$P\{Y \le z-1\} = F_Y(z-1) = \begin{cases} 1 - e^{-(z-1)}, & z-1 \ge 0, \\ 0, & \text{其他}. \end{cases}$$

①当 $z < -1$ 时，$P\{X + Y \le z, -1 < X < 1\} = 0$.

②当 $-1 \le z < 1$ 时，

$$P\{X + Y \le z, -1 < X < 1\} = \int_{-1}^{z} dx \int_{0}^{z-x} \dfrac{1}{4} e^{-y} dy = \dfrac{1}{4} \int_{-1}^{z} \left(e^{-y} \Big|_{z-x}^{0} \right) dx$$

$$= \dfrac{1}{4} \int_{-1}^{z} (1 - e^{x-z}) dx = \dfrac{1}{4}(z+1) - \dfrac{1}{4} e^{x-z} \Big|_{-1}^{z}$$

$$= \frac{1}{4}(z+1) - \frac{1}{4}(1 - e^{-1-z})$$

$$= \frac{1}{4}(z + e^{-1-z}).$$

③当 $z \geqslant 1$ 时，

$$P\{X + Y \leqslant z, -1 < X < 1\} = \int_{-1}^{1} dx \int_{0}^{z-x} \frac{1}{4} e^{-y} dy$$

$$= \frac{1}{4} \int_{-1}^{1} (1 - e^{x-z}) dx$$

$$= \frac{1}{2} - \frac{1}{4} e^{x-z} \Big|_{-1}^{1}$$

$$= \frac{1}{2} - \frac{1}{4}(e^{1-z} - e^{-1-z}).$$

综上，

$$F_z(z) = \begin{cases} 0, & z < -1, \\ \dfrac{1}{4}[1 - e^{-(z+1)}] + \dfrac{1}{4}[z + e^{-(z+1)}], & -1 \leqslant z < 1, \\ \dfrac{1}{4}[1 - e^{-(z+1)}] + \dfrac{1}{4}[1 - e^{-(z-1)}] + \dfrac{1}{2} - \dfrac{1}{4}(e^{1-z} - e^{-1-z}), & z \geqslant 1 \end{cases}$$

$$= \begin{cases} 0, & z < -1, \\ \dfrac{1+z}{4}, & -1 \leqslant z < 1, \\ 1 - \dfrac{1}{2} e^{1-z}, & z \geqslant 1. \end{cases}$$

【注】这是作者新命制的考题，这种考法尚未出现过，应重视.

二、一维→多维 (O₂(盯住目标2))

1. 离散型→（离散型，离散型）(D₁(常规操作))

$$X \sim p_i, \quad \begin{cases} U = g(X), \\ V = h(X) \end{cases} \Rightarrow (U, V) \sim q_{ij}.$$

（离散型，离散型）往往人为制造，如伯努利计数变量

2. 连续型→（离散型，离散型）(D₁(常规操作))

$$X \sim f(x), \quad \begin{cases} U = g(X), \\ V = h(X) \end{cases} \Rightarrow (U, V) \sim p_{ij}.$$

三、多维→多维 (O₃(盯住目标3))

1. （离散型，离散型）→（离散型，离散型）(D₁(常规操作))

$$(X, Y) \sim p_{ij}, \quad \begin{cases} U = g(X, Y), \\ V = h(X, Y) \end{cases} \Rightarrow (U, V) \sim q_{ij}.$$

2. （连续型，连续型）→（离散型，离散型）或（连续型，连续型）(D₁(常规操作))

$$(X, Y) \sim f(x, y), \quad \begin{cases} U = g(X, Y), \\ V = h(X, Y) \end{cases} \Rightarrow (U, V) \sim p_{ij} \text{ 或 } f_{U,V}(u, v).$$

3.（离散型，连续型）→（离散型，离散型）(D₁(常规操作))

$$X \sim p_i, \quad Y \sim f_Y(y), \quad \begin{cases} U = g(X,Y), \\ V = h(X,Y), \end{cases} \Rightarrow (U,V) \sim q_{ij}.$$

例 5.11 已知随机变量 X 与 Y 相互独立，$X \sim \begin{pmatrix} 0 & 1 \\ \dfrac{1}{4} & \dfrac{3}{4} \end{pmatrix}$，$Y$ 服从参数为 1 的指数分布，记

$$U = \begin{cases} 0, & X < Y, \\ 1, & X \geq Y, \end{cases} V = \begin{cases} 0, & X < 2Y, \\ 1, & X \geq 2Y, \end{cases}$$

$$Y \sim f_Y(y) = \begin{cases} e^{-y}, & y \geq 0, \\ 0, & y < 0, \end{cases}$$

求 (U,V) 的分布律.

$$Y \sim F_Y(y) = \begin{cases} 1 - e^{-y}, & y \geq 0, \\ 0, & y < 0. \end{cases}$$

【解】 (U,V) 是离散型随机变量，X 是离散型的，Y 是连续型的，X 与 Y 相互独立，故由全概率公式得 U，V 的分布，

$$P\{U = 0\} = P\{X < Y\} = P\{X < Y, X = 0\} + P\{X < Y, X = 1\}$$
$$= P\{Y > 0, X = 0\} + P\{Y > 1, X = 1\}$$
$$= P\{X = 0\}\underset{=1}{\underline{P\{Y > 0\}}} + P\{X = 1\}P\{Y > 1\}$$
$$= \frac{1}{4} + \frac{3}{4}\int_1^{+\infty} e^{-y}dy = \frac{1}{4} + \frac{3}{4}e^{-1},$$
$$P\{U = 1\} = 1 - P\{U = 0\} = \frac{3}{4} - \frac{3}{4}e^{-1},$$

$$P\{V = 0\} = P\{X < 2Y\} = P\{X < 2Y, X = 0\} + P\{X < 2Y, X = 1\}$$
$$= P\{Y > 0, X = 0\} + P\left\{Y > \frac{1}{2}, X = 1\right\}$$
$$= P\{X = 0\}\underset{=1}{\underline{P\{Y > 0\}}} + P\{X = 1\}P\left\{Y > \frac{1}{2}\right\}$$
$$= \frac{1}{4} + \frac{3}{4}\int_{\frac{1}{2}}^{+\infty} e^{-y}dy = \frac{1}{4} + \frac{3}{4}e^{-\frac{1}{2}},$$
$$P\{V = 1\} = 1 - P\{V = 0\} = \frac{3}{4} - \frac{3}{4}e^{-\frac{1}{2}}.$$

又 $P\{U = 0, V = 1\} = P\{X < Y, X \geq 2Y\} = 0$，所以 (U,V) 的分布律为

U $\diagdown$ V	0	1	$p_{\cdot j}$
0	$\dfrac{1}{4} + \dfrac{3}{4}e^{-1}$	$\dfrac{3}{4}e^{-\frac{1}{2}} - \dfrac{3}{4}e^{-1}$	$\dfrac{1}{4} + \dfrac{3}{4}e^{-\frac{1}{2}}$
1	0	$\dfrac{3}{4} - \dfrac{3}{4}e^{-\frac{1}{2}}$	$\dfrac{3}{4} - \dfrac{3}{4}e^{-\frac{1}{2}}$
$p_{i\cdot}$	$\dfrac{1}{4} + \dfrac{3}{4}e^{-1}$	$\dfrac{3}{4} - \dfrac{3}{4}e^{-1}$	1

例 5.12 设随机变量 X_1，X_2 独立同分布于 $N(0,1)$，记 $U = \max\{X_1, X_2\}$，$V = \min\{X_1, X_2\}$，求 (U,V) 的联合概率密度 $f_{U,V}(u,v)$.

【解】令 $A = \{U \leqslant u\}$，$B = \{V \leqslant v\}$，则

$$
\begin{aligned}
F_{U,V}(u,v) &= P\{U \leqslant u, V \leqslant v\} \\
&= P(AB) = P(A) - P(A) + P(AB) = P(A) - P(A\bar{B}) \\
&= P\{U \leqslant u\} - P\{U \leqslant u, V > v\} \\
&= P\{\max\{X_1, X_2\} \leqslant u\} - P\{\max\{X_1, X_2\} \leqslant u, \min\{X_1, X_2\} > v\} \\
&= P\{X_1 \leqslant u, X_2 \leqslant u\} - P\{v < X_1 \leqslant u, v < X_2 \leqslant u\} \\
&= (P\{X_1 \leqslant u\})^2 - (P\{v < X_1 \leqslant u\})^2 \\
&= \begin{cases} \Phi^2(u) - [\Phi(u) - \Phi(v)]^2, & u > v, \\ \Phi^2(u), & u \leqslant v. \end{cases}
\end{aligned}
$$

于是

$$
\frac{\partial[F_{U,V}(u,v)]}{\partial u} = \begin{cases} 2\Phi(u) \cdot \varphi(u) - 2[\Phi(u) - \Phi(v)] \cdot \varphi(u), & u > v, \\ 2\Phi(u) \cdot \varphi(u), & u \leqslant v. \end{cases}
$$

$$
\begin{aligned}
f_{U,V}(u,v) = \frac{\partial^2[F_{U,V}(u,v)]}{\partial u \partial v} &= \begin{cases} 2\varphi(v)\varphi(u), & u > v, \\ 0, & u \leqslant v \end{cases} = \begin{cases} 2 \cdot \dfrac{1}{\sqrt{2\pi}} e^{-\frac{u^2}{2}} \cdot \dfrac{1}{\sqrt{2\pi}} e^{-\frac{v^2}{2}}, & u > v, \\ 0, & u \leqslant v \end{cases} \\
&= \begin{cases} \dfrac{1}{\pi} e^{-\frac{u^2+v^2}{2}}, & u > v, \\ 0, & u \leqslant v. \end{cases}
\end{aligned}
$$

【注】本题可以一般化，即设 $X_1, X_2 \overset{\text{iid}}{\sim} F(\mu, \sigma^2)$，记 $U = \max\{X_1, X_2\}$，$V = \min\{X_1, X_2\}$，则

$$
F_{U,V}(u,v) = \begin{cases} F^2(u) - [F(u) - F(v)]^2, & u > v, \\ F^2(u), & u \leqslant v, \end{cases}
$$

$$
f_{U,V}(u,v) = \begin{cases} 2f(u)f(v), & u > v, \\ 0, & u \leqslant v. \end{cases}
$$

亦可对顺序统计量给出如下公式，设 $X_i \overset{\text{iid}}{\sim} F(\mu, \sigma^2)$，记 $X_{(1)} = \min\{X_1, \cdots, X_n\}$，$X_{(n)} = \max\{X_1, \cdots, X_n\}$，则

$$
F_{X_{(n)}, X_{(1)}}(u,v) = \begin{cases} F^n(u) - [F(u) - F(v)]^n, & u > v, \\ F^n(u), & u \leqslant v, \end{cases}
$$

$$
f_{X_{(n)}, X_{(1)}}(u,v) = \begin{cases} n(n-1)[F(u) - F(v)]^{n-2} f(u)f(v), & u > v, \\ 0, & u \leqslant v. \end{cases}
$$

第6讲 数字特征

三向解题法

计算数字特征、判别独立与不相关、用切比雪夫不等式作概率估计

(O(盯住目标))

数学期望
(O₁(盯住目标 1))

常用分布的
EX, DX
(O₃(盯住目标 3))

协方差 $\text{Cov}(X, Y)$ 与相关系数 ρ_{XY}
(O₅(盯住目标 5))

切比雪夫不等式
(O₇(盯住目标 7))

方差
(O₂(盯住目标 2))

条件期望与条件方差
(O₄(盯住目标 4))

独立性与不相关性的判定
(O₆(盯住目标 6))

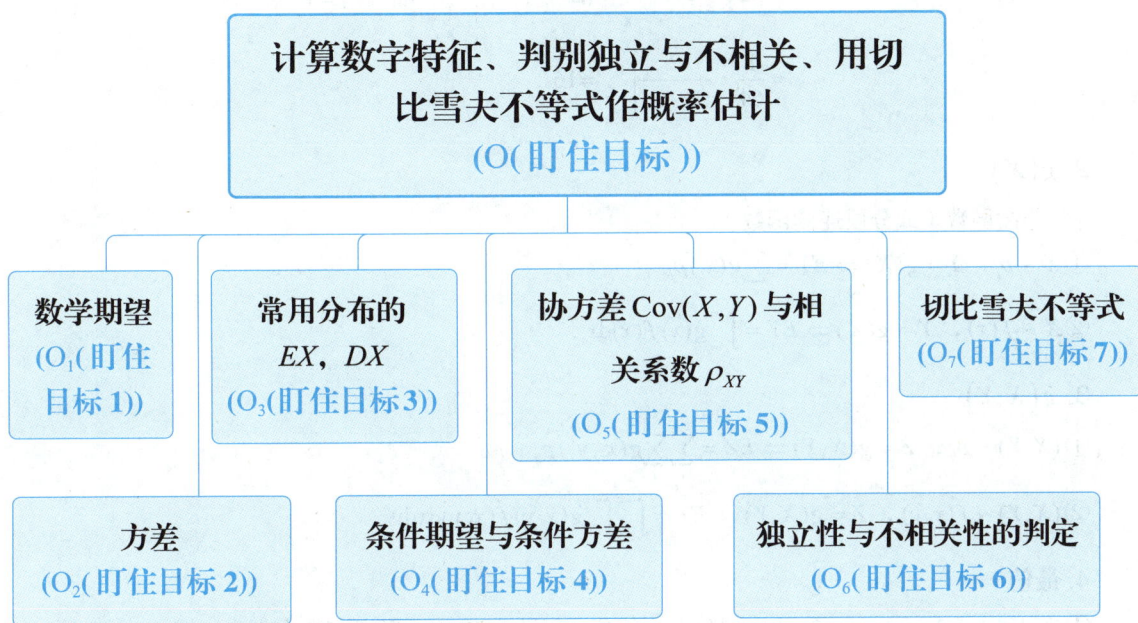

一、数学期望 (O₁(盯住目标 1))

数学期望就是随机变量的取值与取值概率乘积的和.

1. X

① $X \sim p_i \Rightarrow EX = \sum\limits_i x_i p_i \begin{cases} \text{有限项相加,} \\ \text{无穷项相加(无穷级数).} \end{cases}$

② $X \sim f(x) \Rightarrow EX = \int_{-\infty}^{+\infty} x f(x) \mathrm{d}x \begin{cases} \text{有限区间积分(定积分),} \\ \text{无穷区间积分(反常积分).} \end{cases}$

例 6.1 设随机变量 X 的概率密度为 $f(x) = \begin{cases} a^{-x} \ln a, & x > 0, \\ 0, & \text{其他} \end{cases} (a > 0)$. 对 X 进行独立重复观测,

直到第 2 个大于 3 的观测值出现时停止, 记 Y 为观测次数, $P\{X > 3\} = \dfrac{1}{8}$.

（1）求 a 的值；

（2）求 EY.　　　　　　　　　　　$\longrightarrow$ D₂₃(化归经典形式)

【解】（1）当 $x > 0$ 时, $f(x) = a^{-x} \ln a = \ln a \cdot e^{-x \ln a}$, 故 X 服从参数 $\lambda = \ln a$ 的指数分布, 故

$$P\{X > 3\} = 1 - F(3) = 1 - (1 - e^{-3\ln a}) = e^{-3\ln a} = \frac{1}{8},$$

解得 $a = 2$.

（2）依题意知 Y 为离散型随机变量，而且取值为 2，3，$\cdots$，则 Y 的概率分布为

$$P\{Y = k\} = C_{k-1}^1 p(1-p)^{k-2} \cdot p = C_{k-1}^1 p^2 (1-p)^{k-2} = (k-1)\left(\frac{1}{8}\right)^2 \left(\frac{7}{8}\right)^{k-2}, \quad k = 2, 3, \cdots.$$

$$EY = \sum_{k=2}^{\infty} k \cdot (k-1)\left(\frac{1}{8}\right)^2 \left(\frac{7}{8}\right)^{k-2} = \frac{1}{64} \sum_{k=2}^{\infty} k(k-1)\left(\frac{7}{8}\right)^{k-2}$$

D_{23}（化归经典形式）

$$= \frac{1}{64} \sum_{k=2}^{\infty} (x^k)'' \Big|_{x=\frac{7}{8}} = \frac{1}{64}\left(\sum_{k=2}^{\infty} x^k\right)'' \Big|_{x=\frac{7}{8}} = \frac{1}{64} \cdot \left(\frac{x^2}{1-x}\right)'' \Big|_{x=\frac{7}{8}}$$

$$= \frac{1}{64} \cdot \frac{2}{(1-x)^3} \Big|_{x=\frac{7}{8}} = 16 .$$

2. $g(X)$

g 为连续函数（或分段连续函数）.

① $X \sim p_i$，$Y = g(X) \Rightarrow EY = \sum_i g(x_i) p_i$.

② $X \sim f(x)$，$Y = g(X) \Rightarrow EY = \int_{-\infty}^{+\infty} g(x) f(x) dx$.

3. $g(X, Y)$

① $(X, Y) \sim p_{ij}$，$Z = g(X, Y) \Rightarrow EZ = \sum_i \sum_j g(x_i, y_j) p_{ij}$.

② $(X, Y) \sim f(x, y)$，$Z = g(X, Y) \Rightarrow EZ = \int_{-\infty}^{+\infty} \int_{-\infty}^{+\infty} g(x, y) f(x, y) dx dy$.

4. 最值

① 若 $X_i (i = 1, 2, \cdots, n; \ n \geq 2)$ 独立同分布，其分布函数为 $F(x)$，概率密度为 $f(x)$，记

$$Y = \min\{X_1, X_2, \cdots, X_n\}, \quad Z = \max\{X_1, X_2, \cdots, X_n\},$$

则

a. $F_Y(y) = 1 - [1 - F(y)]^n$，$f_Y(y) = n[1 - F(y)]^{n-1} f(y) \Rightarrow EY = \int_{-\infty}^{+\infty} y f_Y(y) dy$；

b. $F_Z(z) = [F(z)]^n$，$f_Z(z) = n[F(z)]^{n-1} f(z) \Rightarrow EZ = \int_{-\infty}^{+\infty} z f_Z(z) dz$.

② 用好转化公式：

$$\max\{X, Y\} = \frac{X + Y + |X - Y|}{2}; \min\{X, Y\} = \frac{X + Y - |X - Y|}{2}; \max\{X, Y\} + \min\{X, Y\} = X + Y;$$

$$\max\{X, Y\} - \min\{X, Y\} = |X - Y|; \max\{X, Y\} \cdot \min\{X, Y\} = XY.$$

③ 用好降维法，令 $Z = X - Y$.

④ 用好标准化，令 $U = \dfrac{X - \mu}{\sigma}$.

⑤ 用好贝塔分布的数字特征，若 $X \sim Be(a, b)$，则

$$EX = \frac{a}{a+b}, E(X^2) = \frac{a(a+1)}{(a+b)(a+b+1)}, DX = \frac{ab}{(a+b)^2(a+b+1)}.$$

形式化归体系块

例 6.2 设 X，Y 独立同分布于 $N(0,1)$，求 $E(\max\{X,Y\})$ 和 $E(\min\{X,Y\})$．

【解】由题设，$X-Y \sim N(0,2)$，且 $\max\{X,Y\} = \dfrac{X+Y+|X-Y|}{2}$，故

$$E(\max\{X,Y\}) = \frac{EX+EY+E(|X-Y|)}{2} = \frac{E(|X-Y|)}{2}$$

$$\underset{Z\sim N(0,2)}{\overset{\Leftrightarrow X-Y=Z}{=\!=\!=\!=\!=}} \frac{1}{2}E(|Z|) = \frac{1}{2}\cdot\frac{1}{\sqrt{2\pi}\cdot\sqrt{2}}\int_{-\infty}^{+\infty}|z|\,e^{-\frac{z^2}{4}}\,dz$$

D_{23}（化归经典形式）

$$= \frac{1}{\sqrt{2\pi}\cdot\sqrt{2}}\int_0^{+\infty} z\,e^{-\frac{z^2}{4}}\,dz$$

$$= \frac{1}{\sqrt{2\pi}\cdot\sqrt{2}}\left(-2e^{-\frac{z^2}{4}}\right)\Big|_0^{+\infty} = \frac{1}{\sqrt{\pi}}.$$

同理，$E(\min\{X,Y\}) = \dfrac{EX+EY-E(|X-Y|)}{2} = -\dfrac{E(|X-Y|)}{2} = -\dfrac{1}{\sqrt{\pi}}$．

【注】因 $\max\{X,Y\}+\min\{X,Y\} = X+Y$，故

$$E(\min\{X,Y\}) = EX+EY-E(\max\{X,Y\}) = 0+0-\frac{1}{\sqrt{\pi}} = -\frac{1}{\sqrt{\pi}}.$$

例 6.3 设 X 与 Y 独立同分布于 $N(\mu,\sigma^2)$，求 $E(\max\{X,Y\}),E(\min\{X,Y\})$．

【解】令 $U = \dfrac{X-\mu}{\sigma}$，$V = \dfrac{Y-\mu}{\sigma}$，则 U 和 V 独立同分布于 $N(0,1)$．又

$$X = \sigma U+\mu, \quad Y = \sigma V+\mu,$$

且

$$\max\{X,Y\} = \sigma(\max\{U,V\})+\mu,$$

$$\min\{X,Y\} = \sigma(\min\{U,V\})+\mu,$$

由上题，可得

$$E(\max\{X,Y\}) = \mu+\sigma E(\max\{U,V\}) = \mu+\frac{\sigma}{\sqrt{\pi}},$$

$$E(\min\{X,Y\}) = \mu+\sigma E(\min\{U,V\}) = \mu-\frac{\sigma}{\sqrt{\pi}}.$$

5. 绝对值函数 $|X-Y|$

从数字 $0,1,\cdots,n$ 中任取两个不同的数字，则这两个数字之差的绝对值的数学期望 $E(|X-Y|) = \dfrac{n+2}{3}$．

【注】证 记 X 与 Y 为任取的两个不同数字，则

$$P\{X=i,Y=j\} = \frac{1}{(n+1)n}, i,j = 0,1,\cdots,n, i\neq j,$$

于是

$$E(|X-Y|) = \frac{1}{(n+1)n}\sum_{i=0}^{n}\left[\sum_{j=0}^{i}(i-j)+\sum_{j=i+1}^{n}(j-i)\right]$$

$$= \frac{1}{(n+1)n}\sum_{i=0}^{n}\left\{\frac{i(i+1)}{2}+\frac{(n-i)[(n-i)+1]}{2}\right\}$$

$$= \frac{1}{(n+1)n} \sum_{i=0}^{n} \left[i^2 + \frac{n(n+1)}{2} - in \right]$$

$$= \frac{1}{(n+1)n} \left[\frac{n(n+1)(2n+1)}{6} + \frac{n(n+1)^2}{2} - n \cdot \frac{n(n+1)}{2} \right]$$

$$= \frac{2n+1}{6} + \frac{n+1}{2} - \frac{n}{2}$$

$$= \frac{n+2}{3}.$$

6. 分解

若 $X = X_1 + X_2 + \cdots + X_n$ ，则 $EX = EX_1 + EX_2 + \cdots + EX_n$.

例6.4 设随机变量 X 服从参数为 λ 的指数分布， $Y = [X]$ ， $Z = \{X\}$ 分别是 X 的整数部分和小数部分. 求 EY 和 EZ.

【解】由例 3.3 可知 $Y + 1$ 服从参数为 $1 - e^{-\lambda}$ 的几何分布，则

$$E(Y+1) = \frac{1}{1-e^{-\lambda}}, EY = \frac{1}{1-e^{-\lambda}} - 1 = \frac{1}{e^{\lambda}-1} .$$

由题意，有

$$X = Y + Z,$$

于是

$$EZ = EX - EY = \frac{1}{\lambda} - \frac{1}{e^{\lambda}-1} = \frac{e^{\lambda}-1-\lambda}{\lambda(e^{\lambda}-1)}.$$

【注】由 $EX = EY + EZ$ ，巧妙回避了求 Z 的分布的难题，而 Y, Z 满足上式也并无独立性要求.

7. 性质

① $Ea = a$ ， $E(EX) = EX$.

无条件打开

② $E(aX + bY) = aEX + bEY$ ， $E\left(\sum_{i=1}^{n} a_i X_i\right) = \sum_{i=1}^{n} a_i EX_i$.

③ 若 X, Y 相互独立，则 $E(XY) = EXEY$.

二、方差 (O_2(盯住目标2))

1. X

（1）定义.

$DX = E[(X-EX)^2]$ ， X 的方差就是 $Y = (X-EX)^2$ 的数学期望.

（2）定义法.

$$\begin{cases} X \sim p_i \Rightarrow DX = E[(X-EX)^2] = \sum_i (x_i - EX)^2 p_i, \\ X \sim f(x) \Rightarrow DX = E[(X-EX)^2] = \int_{-\infty}^{+\infty} (x-EX)^2 f(x) dx. \end{cases}$$

（3）公式法．

$$DX = E(X^2) - (EX)^2.$$

例 6.5 设随机变量 X 的概率分布为 $P\{X=k\} = \dfrac{1}{2^k}, k=1,2,3,\cdots$．$Y$ 表示 X 被 3 除的余数，则 Y 的方差为_____．

【解】 应填 $\dfrac{20}{49}$．

由例 3.1 可知，Y 的概率分布为 $Y \sim \begin{pmatrix} 0 & 1 & 2 \\ \dfrac{1}{7} & \dfrac{4}{7} & \dfrac{2}{7} \end{pmatrix}$，所以

$$EY = 0 \times \frac{1}{7} + 1 \times \frac{4}{7} + 2 \times \frac{2}{7} = \frac{8}{7},$$

$$E(Y^2) = 0 \times \frac{1}{7} + 1^2 \times \frac{4}{7} + 2^2 \times \frac{2}{7} = \frac{12}{7},$$

$$DY = E(Y^2) - (EY)^2 = \frac{12}{7} - \left(\frac{8}{7}\right)^2 = \frac{20}{49}.$$

2. 最值的方差

接"一、数学期望"的"4. 最值"，有

$$E(Y^2) = \int_{-\infty}^{+\infty} y^2 f_Y(y)\mathrm{d}y \Rightarrow DY = E(Y^2) - (EY)^2;$$

$$E(Z^2) = \int_{-\infty}^{+\infty} z^2 f_Z(z)\mathrm{d}z \Rightarrow DZ = E(Z^2) - (EZ)^2.$$

3. 绝对值函数 $|aX+bY+c|$ 的方差

若 $U = aX + bY + c$，则

$$EU = aEX + bEY + c,$$

D_{23}（化归经典形式）

$$DU = a^2 DX + b^2 DY (X,Y 相互独立),$$

$$D(|U|) = E(U^2) - [E(|U|)]^2 = DU + (EU)^2 - [E(|U|)]^2,$$

其中 $E(|U|) = \begin{cases} \int_{-\infty}^{+\infty} |u| f(u)\mathrm{d}u (连续型), \\ \sum_i |u_i| p_i (离散型). \end{cases}$

4. 分解随机变量后再求方差

若 $X = X_1 + X_2 + \cdots + X_n$，则 $DX = DX_1 + DX_2 + \cdots + DX_n + 2\sum_{1 \le i < j \le n} \mathrm{Cov}(X_i, X_j)$．

当 X_1，X_2，$\cdots$，X_n 相互独立时，有 $DX = DX_1 + DX_2 + \cdots + DX_n$．

5. 性质

① $DX \ge 0$，$E(X^2) = DX + (EX)^2 \ge (EX)^2$．

例 6.6 设 x，y，z 均大于 0，且 $x+y+z=1$. 证明

$$\frac{4}{x} + \frac{1}{y} + \frac{1}{z} \ge 16.$$

【证】 设随机变量 X 的分布为

$$P\left\{X = \frac{2}{x}\right\} = x, P\left\{X = \frac{1}{y}\right\} = y, P\left\{X = \frac{1}{z}\right\} = z,$$

则有
$$EX = x \cdot \frac{2}{x} + y \cdot \frac{1}{y} + z \cdot \frac{1}{z} = 4,$$
$$E(X^2) = x \cdot \frac{4}{x^2} + y \cdot \frac{1}{y^2} + z \cdot \frac{1}{z^2} = \frac{4}{x} + \frac{1}{y} + \frac{1}{z}.$$

由于
$$DX = E(X^2) - (EX)^2 \geqslant 0,$$

因此
$$\frac{4}{x} + \frac{1}{y} + \frac{1}{z} \geqslant 16,$$

得证.

【注】你是否想到用 $E(X^2) \geqslant (EX)^2$ 来证代数不等式？此题可赏之，妙哉，妙哉.

② $Dc = 0$（c 为常数）.

$DX = 0 \Leftrightarrow X$ 几乎处处为某个常数 a，即 $P\{X = a\} = 1$.

③ $D(aX + b) = a^2 DX$.

④ $D(X \pm Y) = DX + DY \pm 2\text{Cov}(X, Y)$，$D\left(\sum_{i=1}^{n} a_i X_i\right) = \sum_{i=1}^{n} a_i^2 DX_i + 2 \sum_{1 \leqslant i < j \leqslant n} a_i a_j \text{Cov}(X_i, X_j)$.

⑤如果 X 与 Y 相互独立，则
$$D(aX + bY) = a^2 DX + b^2 DY,$$
$$D(XY) = DXDY + DX(EY)^2 + DY(EX)^2 \geqslant DXDY.$$

【注】证　因 X，Y 相互独立，故 X^2，Y^2 也相互独立，即有
$$E(XY) = EXEY,$$
$$E(X^2 Y^2) = E(X^2)E(Y^2),$$
$$D(XY) = E(X^2 Y^2) - [E(XY)]^2 = E(X^2)E(Y^2) - (EX)^2(EY)^2$$
$$= [DX + (EX)^2][DY + (EY)^2] - (EX)^2(EY)^2$$
$$= DXDY + (EX)^2 DY + (EY)^2 DX,$$
又 $(EX)^2 DY + (EY)^2 DX \geqslant 0$，所以 $D(XY) \geqslant DXDY$.

一般地，如果 X_1，X_2，$\cdots$，X_n 相互独立，$g_i(x)$ 为 x 的连续函数，则
$$D\left(\sum_{i=1}^{n} a_i X_i\right) = \sum_{i=1}^{n} a_i^2 DX_i,$$
$$D\left[\sum_{i=1}^{n} g_i(X_i)\right] = \sum_{i=1}^{n} D[g_i(X_i)].$$

⑥对任意常数 c，有 $DX = E[(X - EX)^2] \leqslant E[(X - c)^2]$.

【注】证
$$E[(X - c)^2] = E(X^2 - 2cX + c^2)$$
$$= E(X^2) - 2cEX + c^2$$
$$\xLeftarrow{\diamondsuit} g(c).$$

由
$$g'(c) = -2EX + 2c \stackrel{令}{=\!=} 0,$$

得 $c = EX$，又 $g''(c) = 2 > 0$，故 $c = EX$ 是 $g(c)$ 的最小值点.

三、常用分布的 EX，DX（O₃(盯住目标3)）

常用分布的 EX，DX.

① 0—1 分布，$EX = p$，$DX = p - p^2 = (1-p)p$.

② $X \sim B(n,p)$，$EX = np$，$DX = np(1-p)$.

③ $X \sim P(\lambda)$，$EX = \lambda$，$DX = \lambda$.

④ $X \sim G(p)$，$EX = \dfrac{1}{p}$，$DX = \dfrac{1-p}{p^2}$.

⑤ $X \sim U(a,b)$，$EX = \dfrac{a+b}{2}$，$DX = \dfrac{(b-a)^2}{12}$.

⑥ $X \sim E(\lambda)$，$EX = \dfrac{1}{\lambda}$，$DX = \dfrac{1}{\lambda^2}$.

⑦ $X \sim N(\mu, \sigma^2)$，$EX = \mu$，$DX = \sigma^2$.

⑧ $X \sim \chi^2(n)$，$EX = n$，$DX = 2n$.

四、条件期望与条件方差 （O₄(盯住目标4)）

1. 条件数学期望

在 $Y = y$ 条件下，X 的数学期望称为条件数学期望.

① $(X,Y) \sim p_{ij}$.

$$E(X \mid Y = y) = \sum_i x_i P\{X = x_i \mid Y = y\}.$$

② $(X,Y) \sim f(x,y)$.

$$E(X \mid Y = y) = \int_{-\infty}^{+\infty} x f(x \mid y)\mathrm{d}x.$$

同理，可定义 $E(Y \mid X = x)$.

【注】（1）$E(X \mid Y = y)$ 是 y 的函数，给出不同的 y 值，对应不同的条件期望值. 初学时可记 $g(y) = E(X \mid Y = y)$，提示其为 y 的函数.

（2）$E(X \mid Y)$ 是 Y 的函数，即 $g(Y) = E(X \mid Y)$.

2. "亚当公式" —→ 全集分解思想的又一个重要应用

设 (X,Y) 是二维随机变量，且 EX 存在，则

$$EX = E[E(X \mid Y)].$$

【注】（1）**证** 以连续型为例，设 $(X,Y) \sim f(x,y)$，$E(X|Y=y)=g(y)$，则

$$EX = \int_{-\infty}^{+\infty}\int_{-\infty}^{+\infty} xf(x,y)\mathrm{d}x\mathrm{d}y$$

$$= \int_{-\infty}^{+\infty}\int_{-\infty}^{+\infty} xf_{X|Y}(x|y)f_Y(y)\mathrm{d}x\mathrm{d}y$$

$$= \int_{-\infty}^{+\infty}\left[\int_{-\infty}^{+\infty} xf_{X|Y}(x|y)\mathrm{d}x\right]f_Y(y)\mathrm{d}y$$

$$= \int_{-\infty}^{+\infty} E(X|Y=y)\cdot f_Y(y)\mathrm{d}y$$

$$= \int_{-\infty}^{+\infty} g(y)f_Y(y)\mathrm{d}y$$

$$= E[g(Y)] = E[E(X|Y)].$$

离散型同理可得.

（2）上述证明表明：

连续型下，$EX = \int_{-\infty}^{+\infty} E(X|Y=y)f_Y(y)\mathrm{d}y$；

离散型下，$EX = \sum_i E(X|Y=y_i)P\{Y=y_i\}$.

用好这些公式，可能会对复杂事件下的期望计算带来方便.

（3）之所以称其为"亚当公式"，是因为后面还配有一个"夏娃公式"：

$$DX = E[D(X|Y)] + D[E(X|Y)],$$

D 亦写成 Var. 于是等号右边为 $E(V\cdots)+V(E\cdots)$，而 evve 的发音刚好同"夏娃"eve，$EX = E[E(X|Y)]$ 中的 "$X|Y$" 也出现在 $DX = E[D(X|Y)] + D[E(X|Y)]$ 中，像骨架支撑起整个公式，而传说夏娃是由亚当的一根肋骨形成，所以

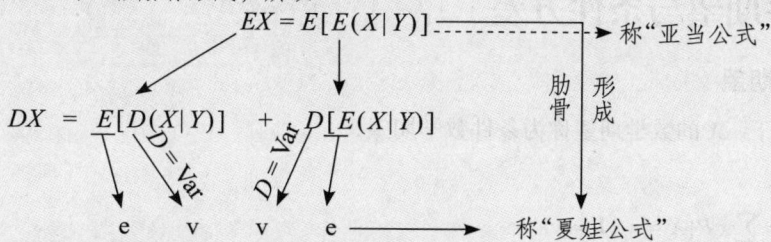

$$EX = E[E(X|Y)] \dashrightarrow 称"亚当公式"$$

$$DX = E[D(X|Y)] + D[E(X|Y)]$$

肋骨形成

$$e \quad v \quad v \quad e \longrightarrow 称"夏娃公式"$$

这样便利于同学们记忆了. 国内尚无此表述及称呼，且国外文献亦无此系统描述（确有国外文献提及 eve's Law, 但"亚当公式"多被称为迭代期望，且未将"亚当 $\xrightarrow{\text{肋骨}}$ 夏娃"作为联系两个公式的记忆方法），此为本人方便读者记忆而做.

3. 条件数学期望的性质

① $E(a|Y)=a$，a 为常数.

② $E[(aX_1+bX_2)|Y]=aE(X_1|Y)+bE(X_2|Y)$，$a$，$b$ 为常数.

③ $E[g(Y)|Y]=g(Y)$.

④ X，Y 独立时，$E(X|Y)=EX$.

⑤ $EX = E[E(X|Y)]$（"亚当公式"）.

⑥ $E[g(Y)\cdot X|Y]=g(Y)E(X|Y)$.

⑦ $E[g(Y)\cdot X]=E[g(Y)\cdot E(X|Y)]$.

⑧ $E\{[X-E(X|Y)]^2\} \leqslant E\{[X-g(Y)]^2\}$，其中 $g(y)$ 取遍所有函数.

【注】③的证明，以离散型为例．

当 $Y = y_i$ 时， $h(y_i) = E[g(y_i) \mid Y = y_i] = g(y_i) \cdot E(1 \mid Y = y_i) = g(y_i), i = 1, 2, \cdots,$

故 $h(Y) = E[g(Y) \mid Y] = g(Y)$ ．

⑥的证明：$E[g(Y) \cdot X \mid Y = y] = E[g(y) \cdot X \mid Y = y] = g(y)E(X \mid Y = y)$，故 $E[g(Y) \cdot X \mid Y] = g(Y)E(X \mid Y)$．

如 $E(Y \cdot X \mid Y) = YE(X \mid Y)$ ．

⑦的证明：$E[g(Y) \cdot X] = E\{E[g(Y) \cdot X \mid Y]\} \xlongequal{⑥} E[g(Y) \cdot E(X \mid Y)]$．如 $E(YX) = E[Y \cdot E(X \mid Y)]$ ．

⑧的证明：$E(X \mid Y)$ 表示在已知 Y 的条件下，对 X 作出的"最好"预测，称为 X 关于 Y 的回归．

$$
\begin{aligned}
E\{[X - g(Y)]^2\} &= E\{\{[X - E(X \mid Y)] + [E(X \mid Y) - g(Y)]\}^2\} \\
&= E\{[X - E(X \mid Y)]^2\} + E\{[E(X \mid Y) - g(Y)]^2\} + 2E\{[X - E(X \mid Y)][E(X \mid Y) - g(Y)]\} \\
&= E\{[X - E(X \mid Y)]^2\} + E\{[E(X \mid Y) - g(Y)]^2\} \\
&\geqslant E\{[X - E(X \mid Y)]^2\}.
\end{aligned}
$$

4. 条件方差

$$
D(X \mid Y) = E(X^2 \mid Y) - [E(X \mid Y)]^2.
$$

5. "夏娃公式"

$$
DX = E[D(X \mid Y)] + D[E(X \mid Y)].
$$

【注】证

$$
E[D(X \mid Y)] = E[E(X^2 \mid Y)] - E\{[E(X \mid Y)]^2\} = E(X^2) - E\{[E(X \mid Y)]^2\}, \qquad ①
$$
$$
D[E(X \mid Y)] = E\{[E(X \mid Y)]^2\} - \{E[E(X \mid Y)]\}^2 = E\{[E(X \mid Y)]^2\} - (EX)^2, \qquad ②
$$

①＋②得证．

例 6.7 设随机变量 X 在区间 $(0,1)$ 上服从均匀分布，当 X 取到 $x(0 < x < 1)$ 时，随机变量 Y 等可能地在 $(x,1)$ 上取值，则 $E(|X - Y|) = $_____．

【解】应填 $\dfrac{1}{4}$ ．

由于 $E(Y \mid X = x) = \dfrac{x+1}{2}$，因此有 $E(Y \mid X) = \dfrac{X+1}{2}$．所以

$$
EY = E[E(Y \mid X)] = E\left(\frac{X+1}{2}\right) = \frac{1}{2}EX + \frac{1}{2} = \frac{3}{4},
$$

因此

$$
E(|X - Y|) = E(Y - X) = EY - EX = \frac{3}{4} - \frac{1}{2} = \frac{1}{4}.
$$

【注】此题的一般方法为：$X \sim f_X(x) = \begin{cases} 1, & 0 < x < 1, \\ 0, & \text{其他}. \end{cases}$ 随机变量 Y 在 $X = x$ 的条件下，在 $(x,1)$ 上服从均匀分布，所以 Y 的条件概率密度为 $f_{Y|X}(y \mid x) = \begin{cases} \dfrac{1}{1-x}, & 0 < x < y < 1, \\ 0, & \text{其他}. \end{cases}$

故
$$f(x,y) = f_X(x)f_{Y|X}(y\mid x) = \begin{cases} \dfrac{1}{1-x}, & 0 < x < y < 1, \\ 0, & \text{其他.} \end{cases}$$

因此有
$$E(|X-Y|) = \int_{-\infty}^{+\infty}\int_{-\infty}^{+\infty} |x-y|f(x,y)\mathrm{d}x\mathrm{d}y$$

$$= \iint_{x<y}(y-x)f(x,y)\mathrm{d}x\mathrm{d}y$$

$$= \int_0^1 \mathrm{d}x\int_x^1 \frac{y-x}{1-x}\mathrm{d}y = \int_0^1 \frac{\mathrm{d}x}{1-x}\int_x^1 (y-x)\mathrm{d}y$$

$$= \int_0^1 \frac{1-x}{2}\mathrm{d}x = \frac{1}{4}.$$

例 6.8 设 $X \sim N(0,1)$，在 $X = x$ 的条件下，Y 服从 $N(x,1)$，则 $\rho_{XY} = $ _____.

【解】应填 $\dfrac{\sqrt{2}}{2}$.

由题设知，$EX = 0$，$DX = 1$，又

$$E(Y\mid X = x) = x, D(Y\mid X = x) = 1 ,$$

故
$$EY = E[E(Y\mid X)] = EX = 0,$$
$$DY = E[D(Y\mid X)] + D[E(Y\mid X)] = 1 + DX = 2,$$
$$E(XY) = E[E(X\cdot Y\mid X)] = E[X\cdot E(Y\mid X)] = E(X^2) = DX + (EX)^2 = 1,$$

因此
$$\rho_{XY} = \frac{1-0\cdot 0}{\sqrt{1}\cdot\sqrt{2}} = \frac{\sqrt{2}}{2}.$$

【注】此题一般解决如下：

由题设知 $EX = 0$，$DX = 1$，且 (X,Y) 的概率密度为

$$f(x,y) = f_X(x)f_{Y|X}(y\mid x) = \frac{1}{2\pi}\mathrm{e}^{-\frac{x^2}{2}}\cdot\mathrm{e}^{-\frac{(y-x)^2}{2}},$$

从而

$$EY = \frac{1}{2\pi}\int_{-\infty}^{+\infty}\int_{-\infty}^{+\infty} y\mathrm{e}^{-\frac{x^2}{2}}\cdot\mathrm{e}^{-\frac{(y-x)^2}{2}}\mathrm{d}x\mathrm{d}y$$

$$= \frac{1}{\sqrt{2\pi}}\int_{-\infty}^{+\infty}\mathrm{e}^{-\frac{x^2}{2}}\mathrm{d}x\int_{-\infty}^{+\infty} y\cdot\frac{1}{\sqrt{2\pi}}\mathrm{e}^{-\frac{(y-x)^2}{2}}\mathrm{d}y$$

$$= \frac{1}{\sqrt{2\pi}}\int_{-\infty}^{+\infty} x\mathrm{e}^{-\frac{x^2}{2}}\mathrm{d}x$$

$$= 0,$$

$$E(Y^2) = \frac{1}{2\pi}\int_{-\infty}^{+\infty}\int_{-\infty}^{+\infty} y^2\mathrm{e}^{-\frac{x^2}{2}}\cdot\mathrm{e}^{-\frac{(y-x)^2}{2}}\mathrm{d}x\mathrm{d}y$$

$$= \frac{1}{\sqrt{2\pi}}\int_{-\infty}^{+\infty}\mathrm{e}^{-\frac{x^2}{2}}\mathrm{d}x\int_{-\infty}^{+\infty} y^2\cdot\frac{1}{\sqrt{2\pi}}\mathrm{e}^{-\frac{(y-x)^2}{2}}\mathrm{d}y$$

$$= \int_{-\infty}^{+\infty}(x^2+1)\cdot\frac{1}{\sqrt{2\pi}}\mathrm{e}^{-\frac{x^2}{2}}\mathrm{d}x$$

$$= 2,$$

$$DY = E(Y^2) - (EY)^2 = 2,$$

$$E(XY) = \frac{1}{2\pi}\int_{-\infty}^{+\infty}\int_{-\infty}^{+\infty} xy\mathrm{e}^{-\frac{x^2}{2}}\cdot\mathrm{e}^{-\frac{(y-x)^2}{2}}\mathrm{d}x\mathrm{d}y$$

$$= \frac{1}{2\pi}\int_{-\infty}^{+\infty} x\mathrm{e}^{-\frac{x^2}{2}}\mathrm{d}x\int_{-\infty}^{+\infty} y\cdot\frac{1}{2\pi}\mathrm{e}^{-\frac{(y-x)^2}{2}}\mathrm{d}y$$

$$= \int_{-\infty}^{+\infty} x^2\cdot\frac{1}{\sqrt{2\pi}}\mathrm{e}^{-\frac{x^2}{2}}\mathrm{d}x$$

$$= 1,$$

$$\mathrm{Cov}(X,Y) = E(XY) - EXEY = 1,$$

所以 X 与 Y 的相关系数为

$$\frac{\mathrm{Cov}(X,Y)}{\sqrt{DX}\sqrt{DY}} = \frac{\sqrt{2}}{2}.$$

五、协方差 $\mathrm{Cov}(X,Y)$ 与相关系数 ρ_{XY} (O₅(盯住目标 5))

1. $\mathrm{Cov}(X,Y)$

（1）定义. → X,Y 偏差（波动）程度

$$\mathrm{Cov}(X,Y)\overset{\triangle}{=\!=}E[(X-EX)(Y-EY)].$$

【注】
$$\mathrm{Cov}(X,X) = E[(X-EX)(X-EX)]$$
$$= E[(X-EX)^2] = DX.$$

（2）定义法.

$$\begin{cases}(X,Y)\sim p_{ij}\Rightarrow\mathrm{Cov}(X,Y)=\sum_i\sum_j(x_i-EX)(y_j-EY)p_{ij},\\[2mm](X,Y)\sim f(x,y)\Rightarrow\mathrm{Cov}(X,Y)=\int_{-\infty}^{+\infty}\int_{-\infty}^{+\infty}(x-EX)(y-EY)f(x,y)\mathrm{d}x\mathrm{d}y.\end{cases}$$

（3）公式法.

$$\mathrm{Cov}(X,Y)=E(XY)-EXEY.$$

2. ρ_{XY} 定义（相关系数，表示线性相依程度）

$$\rho_{XY}=\frac{\mathrm{Cov}(X,Y)}{\sqrt{DX}\sqrt{DY}}\begin{cases}=0\Leftrightarrow X,Y\text{不相关},\\\neq0\Leftrightarrow X,Y\text{相关}.\end{cases}$$

（量纲为 1，无单位）

$-1\leqslant\rho\leqslant1$

强 ← 弱 → 强

在 $\rho=0$ 时，线性相依程度为 0，往两边走，线性相依程度增强，在 $\rho=1$ 或 $\rho=-1$ 时线性相依程度最强. 见下面 "3.⑤".

3. 性质

① $\mathrm{Cov}(X,Y)=\mathrm{Cov}(Y,X)$.

② $\mathrm{Cov}(aX,bY)=ab\mathrm{Cov}(X,Y)$. → D_{23}(化归经典形式)

③ $\mathrm{Cov}(X_1+X_2,Y)=\mathrm{Cov}(X_1,Y)+\mathrm{Cov}(X_2,Y)$.

④ $|\rho_{XY}|\leqslant1$.

⑤ $\rho_{XY} = 1 \Leftrightarrow P\{Y = aX + b\} = 1(a > 0)$.

$\rho_{XY} = -1 \Leftrightarrow P\{Y = aX + b\} = 1(a < 0)$.

【注】（1）$Y = aX + b$，$a > 0 \Rightarrow \rho_{XY} = 1$；$Y = aX + b$，$a < 0 \Rightarrow \rho_{XY} = -1$.

（2）常见线性关系：

①抛 n 次硬币，正面次数为 X，反面次数为 Y，则 $X + Y = n$，X，Y 为线性关系.

②取自单位圆边界上的点 (X, Y)，则 $X^2 + Y^2 = 1$，X^2，Y^2 为线性关系.

③ $\sin^2 X + \cos^2 X = 1$，$\sin^2 X$ 与 $\cos^2 X$ 为线性关系.

⑥五个充要条件.

$$\rho_{XY} = 0 \Leftrightarrow \mathrm{Cov}(X,Y) = 0 \Leftrightarrow E(XY) = EXEY$$

$$\Leftrightarrow D(X + Y) = DX + DY \Leftrightarrow D(X - Y) = DX + DY.$$

等价表述体系块

⑦ X，Y 独立 $\Rightarrow \rho_{XY} = 0$.

⑧若 $(X,Y) \sim N(\mu_1, \mu_2; \sigma_1^2, \sigma_2^2; \rho_{XY})$，则 X，Y 独立 $\Leftrightarrow X$，Y 不相关 $(\rho_{XY} = 0)$.

例 6.9 设二维随机变量 (X,Y) 服从正态分布 $N(0,0;1,1;\rho)$，其中 $\rho \in (-1,1)$，若 a，b 为满足 $a^2 + b^2 = 1$ 的任意实数，则 $D(aX + bY)$ 的最大值为（ ）.

（A）1　　　（B）2　　　（C）$1 + |\rho|$　　　（D）$1 + \rho^2$

【解】应选（C）.

$$D(aX + bY) = a^2 DX + b^2 DY + 2\mathrm{Cov}(aX, bY) = a^2 + b^2 + 2ab\rho \cdot 1 \cdot 1 = 1 + 2ab\rho,$$

又 $|ab\rho| \leqslant \left|\dfrac{a^2 + b^2}{2}\rho\right| = \left|\dfrac{\rho}{2}\right|$，则有 $D(aX + bY) = 1 + 2ab\rho \leqslant 1 + |\rho|$. 故选（C）.

例 6.10 设随机变量 X 服从正态分布 $N(-1,1)$，Y 服从正态分布 $N(1,2)$，若 X 与 $X + 2Y$ 不相关，则 X 与 $X - Y$ 的相关系数为（ ）.

（A）$\dfrac{1}{3}$　　　（B）$\dfrac{1}{2}$　　　（C）$\dfrac{2}{3}$　　　（D）$\dfrac{3}{4}$

【解】应选（D）. D_{23}(化归经典形式)

由 $\mathrm{Cov}(X, X + 2Y) = \mathrm{Cov}(X,X) + 2\mathrm{Cov}(X,Y) = DX + 2\mathrm{Cov}(X,Y) = 0$，得

D_{23}(化归经典形式) $\mathrm{Cov}(X,Y) = -\dfrac{1}{2}DX = -\dfrac{1}{2}$.

又　$\mathrm{Cov}(X, X - Y) = \mathrm{Cov}(X,X) - \mathrm{Cov}(X,Y) = DX - \mathrm{Cov}(X,Y) = 1 + \dfrac{1}{2} = \dfrac{3}{2}$，

$$D(X - Y) = DX + DY - 2\mathrm{Cov}(X,Y) = 1 + 2 - 2 \times \left(-\dfrac{1}{2}\right) = 4,$$

所以 $\rho_{X(X-Y)} = \dfrac{\mathrm{Cov}(X, X-Y)}{\sqrt{DX}\sqrt{D(X-Y)}} = \dfrac{\frac{3}{2}}{1 \times 2} = \dfrac{3}{4}$.

例 6.11 20 名同学参加运动会，10 男 10 女，随机地将 20 名同学分为 10 个小组，每组 2 人，以 X 表示男女同组的小组数目，求 X 的期望和方差．

【解】 设 $X_i = \begin{cases} 1, & \text{第 } i \text{ 组一男一女}, \\ 0, & \text{其他}, \end{cases}$ 那么

$$EX_i = P\{X_i = 1\} = \frac{C_{10}^1 C_{10}^1}{C_{20}^2} = \frac{10}{19}, E(X_i^2) = \frac{10}{19},$$

$$DX_i = E(X_i^2) - (EX_i)^2 = \frac{10}{19} - \frac{10}{19} \times \frac{10}{19} = \frac{10}{19} \times \frac{9}{19} = \frac{90}{361},$$

于是

$$EX = \sum_{i=1}^{10} EX_i = \frac{100}{19},$$

又

$$E(X_i X_j) = P\{X_i = X_j = 1\} = \frac{C_{10}^1 \cdot C_{10}^1 \cdot C_9^1 \cdot C_9^1}{C_{20}^2 \cdot C_{18}^2} = \frac{90}{323} (i \neq j),$$

则

$$\mathrm{Cov}(X_i, X_j) = E(X_i X_j) - EX_i EX_j = \frac{10}{6\,137},$$

于是

$$DX = D\left(\sum_{i=1}^{10} X_i\right)$$

$$= \sum_{i=1}^{10} D(X_i) + C_{10}^2 \cdot 2 \cdot \mathrm{Cov}(X_i, X_j)$$

$$= 10 D(X_1) + 10 \times 9 \times \mathrm{Cov}(X_1, X_2)$$

$$= 10 \times \frac{90}{361} + 90 \times \frac{10}{6\,137}$$

$$= \frac{16\,200}{6\,137}.$$

例 6.12 设随机变量 Z_1，Z_2 独立同分布于 $U(0,1)$，令 $X = \min\{Z_1, Z_2\}$，$Y = \max\{Z_1, Z_2\}$，求：

（1） ρ_{XY}；

（2） $E(X \mid Y)$ 和 $E(Y \mid X)$ 的概率密度．

【解】（1） $(X, Y) \sim f(x, y) = \begin{cases} 2, & 0 \leqslant x \leqslant y \leqslant 1, \\ 0, & \text{其他}. \end{cases}$

由 Z_1，Z_2 的分布函数 $\quad F(z) = \begin{cases} 0, & z \leqslant 0, \\ z, & 0 < z < 1, \\ 1, & z \geqslant 1, \end{cases}$

有 $\quad X \sim f_X(x) = \begin{cases} 2(1-x), & 0 < x < 1, \\ 0, & \text{其他}, \end{cases}$

$$Y \sim f_Y(y) = \begin{cases} 2y, & 0 < y < 1, \\ 0, & \text{其他}, \end{cases}$$

于是，$X \sim Be(1,2)$，$Y \sim Be(2,1)$，则

$$EX = \frac{1}{3}, EY = \frac{2}{3}, DX = DY = \frac{1}{18}.$$

又
$$E(XY) = \int_0^1 \int_x^1 2xy\,dy\,dx$$
$$= 2\int_0^1 x \cdot \frac{1}{2}(1-x^2)dx$$
$$= \int_0^1 (x - x^3)dx$$
$$= \frac{1}{4},$$
$$Cov(X,Y) = E(XY) - EXEY$$
$$= \frac{1}{4} - \frac{1}{3} \cdot \frac{2}{3} = \frac{1}{36},$$

故
$$\rho_{XY} = \frac{Cov(X,Y)}{\sqrt{DX}\sqrt{DY}} = \frac{1/36}{1/18} = \frac{1}{2}.$$

（2）由于
$$f(x|y) = \frac{f(x,y)}{f_Y(y)} = \begin{cases} \dfrac{1}{y}, & 0 \leq x \leq y \leq 1, \\ 0, & \text{其他}, \end{cases}$$

于是
$$E(X|Y=y) = \int_0^y x \cdot \frac{1}{y}dx = \frac{y}{2}.$$

又
$$f(y|x) = \frac{f(x,y)}{f_X(x)} = \begin{cases} \dfrac{1}{1-x}, & 0 \leq y \leq 1, \\ 0, & \text{其他}, \end{cases}$$

于是
$$E(Y|X=x) = \int_x^1 y \cdot \frac{1}{1-x}dy = \frac{1+x}{2}.$$

令 $U = E(X|Y) = \dfrac{Y}{2}$，其概率密度为

$$f(u) = \begin{cases} f_Y(2u) \cdot 2, & 0 < u < \dfrac{1}{2}, \\ 0, & \text{其他} \end{cases} = \begin{cases} 8u, & 0 < u < \dfrac{1}{2}, \\ 0, & \text{其他}. \end{cases}$$

令 $V = E(Y|X) = \dfrac{1+X}{2}$，其概率密度为

$$f(v) = \begin{cases} f_X(2v-1) \cdot 2, & \dfrac{1}{2} < v < 1, \\ 0, & \text{其他} \end{cases} = \begin{cases} 8(1-v), & \dfrac{1}{2} < v < 1, \\ 0, & \text{其他}. \end{cases}$$

【注】此题也可用分布函数法先求 $F(x,y)$，再求 $f(x,y)$. —→ 见第 5 讲例 5.12 后的注

① 求（X，Y）的分布函数.

令 $A = \{X \leq x\}, B\{Y \leq y\}$，则
$$F_{X,Y}(x,y) = P(X \leq x, Y \leq y) = P(AB)$$
$$= P(B) - P(\bar{A}B)$$
$$= P\{Y \leq y\} - P\{X > x, Y \leq y\}$$
$$= P\{\max\{Z_1, Z_2\} \leq y\} - P\{\min\{Z_1, Z_2\} > x, \max\{Z_1, Z_2\} \leq y\}$$
$$= \begin{cases} P\{Z_1 \leq y, Z_2 \leq y\} - P\{x < Z_1, x < Z_2 \leq y\}, & x < y, \\ P\{Z_1 \leq y, Z_2 \leq y\}, & x \geq y \end{cases}$$
$$= \begin{cases} F^2(y) - [F(y) - F(x)]^2, & x < y, \\ F^2(y), & x \geq y. \end{cases}$$

② 于是（X，Y）的概率密度 $f(x,y) = \dfrac{\partial^2 F(x,y)}{\partial x \partial y} = \begin{cases} 2, & 0 < x < y < 1, \\ 0, & \text{其他}. \end{cases}$

六、独立性与不相关性的判定 (O$_6$(盯住目标 6))

1. 用分布判独立

否定方法: 存在 x_0, y_0, 使 $F(x_0, y_0) \neq F_X(x_0) \cdot F_Y(y_0) \Leftrightarrow X, Y$ 不独立.

随机变量 X 与 Y 相互独立, 指对任意实数 x, y, 事件 $\{X \leqslant x\}$ 与 $\{Y \leqslant y\}$ 相互独立, 即 X 和 Y 的联合分布等于边缘分布相乘: $F(x, y) = F_X(x) \cdot F_Y(y)$.

①若 (X, Y) 是连续型的, 则 X 与 Y 相互独立的充要条件是

$$f(x, y) = f_X(x) \cdot f_Y(y);$$

②若 (X, Y) 是离散型的, 则 X 与 Y 相互独立的充要条件是

$$P\{X = x_i, Y = y_j\} = P\{X = x_i\} \cdot P\{Y = y_j\} .$$

2. 用数字特征判不相关

随机变量 X 与 Y 不相关, 意指 X 与 Y 之间不存在线性相依性, 即 $\rho_{XY} = 0$, 其充要条件是

$$\rho_{XY} = 0 \Leftrightarrow \mathrm{Cov}(X, Y) = 0 \Leftrightarrow E(XY) = EXEY \Leftrightarrow D(X \pm Y) = DX + DY .$$

3. 步骤

先计算 $\mathrm{Cov}(X, Y)$, 然后按下列步骤进行判断或再计算:

$$\mathrm{Cov}(X, Y) = E(XY) - EXEY \begin{cases} \neq 0 \Leftrightarrow X 与 Y 相关 \Rightarrow X 与 Y 不独立. \\ = 0 \Leftrightarrow X 与 Y 不相关, 通过分布推断 \end{cases} \begin{cases} X, Y 独立, \\ X, Y 不独立. \end{cases}$$

4. 重要结论

①如果 X 与 Y 独立, 则 X, Y 不相关, 反之不然.

②由 "①" 知, 如果 X 与 Y 相关, 则 X, Y 不独立.

③如果 (X, Y) 服从二维正态分布, 则 X, Y 独立 $\Leftrightarrow X$, Y 不相关.

④如果 X 与 Y 均服从 0—1 分布, 则 X, Y 独立 $\Leftrightarrow X$, Y 不相关.

【注】（1）上述讨论均假设方差存在并且不为零.

（2）结论④的证明.

证
$$X \sim \begin{pmatrix} 0 & 1 \\ 1-p_1 & p_1 \end{pmatrix}, \quad Y \sim \begin{pmatrix} 0 & 1 \\ 1-p_2 & p_2 \end{pmatrix},$$

只需证 "$\rho_{XY} = 0 \Rightarrow X$ 与 Y 独立".

$EX = p_1$, $EY = p_2$, 由于 $\rho_{XY} = 0$, 因此

$$E(XY) = EXEY = p_1 p_2 ,$$

即 $XY \sim \begin{pmatrix} 0 & 1 \\ 1-p_1 p_2 & p_1 p_2 \end{pmatrix}$, 可得 (X, Y) 的分布律为

X \ Y	0	1	
0	$(1-p_1)(1-p_2)$	$p_2(1-p_1)$	$1-p_1$
1	$p_1(1-p_2)$	$p_1 p_2$	p_1
	$1-p_2$	p_2	

所以
$$P\{X=1,Y=1\}=P\{X=1\}\cdot P\{Y=1\},$$
$$P\{X=1,Y=0\}=P\{X=1\}\cdot P\{Y=0\},$$
$$P\{X=0,Y=1\}=P\{X=0\}\cdot P\{Y=1\},$$
$$P\{X=0,Y=0\}=P\{X=0\}\cdot P\{Y=0\},$$

结论得证.

（3）若 X 与 Y 均服从一般的两点分布，即 $X\sim\begin{pmatrix} a & b \\ p_1 & 1-p_1 \end{pmatrix}, Y\sim\begin{pmatrix} a & b \\ p_2 & 1-p_2 \end{pmatrix}$，可令 $\xi=\dfrac{X-a}{b-a}$，

$\eta=\dfrac{Y-a}{b-a}$，此时 ξ 与 η 均服从 0—1 分布，根据上述结论④，知 ξ 与 η 独立 $\Leftrightarrow$ ξ 与 η 不相关.

而 $\dfrac{X-a}{b-a}$ 与 $\dfrac{Y-a}{b-a}$ 独立 $\Leftrightarrow$ X 与 Y 独立，且

$$\mathrm{Cov}\left(\frac{X-a}{b-a},\frac{Y-a}{b-a}\right)=\frac{1}{(b-a)^2}\mathrm{Cov}(X-a,Y-a)=\frac{1}{(b-a)^2}\mathrm{Cov}(X,Y),$$

这表明 $\dfrac{X-a}{b-a}$ 与 $\dfrac{Y-a}{b-a}$ 不相关 $\Leftrightarrow$ X 与 Y 不相关.

综上，X 与 Y 独立 $\Leftrightarrow$ X 与 Y 不相关.

例 6.13 设二维随机变量 $(X,Y)\sim N(0,0;1,1;\rho)$.

（1）求 $E(\max\{X,Y\})$ 和 $E(\min\{X,Y\})$；

（2）证明 $X-Y$ 与 XY 不相关.

（1）【解】$E(\max\{X,Y\})=E\left[\dfrac{1}{2}(X+Y+|X-Y|)\right]=\dfrac{1}{2}E(|X-Y|)$. 令 $Z=X-Y\sim N(0,2(1-\rho))$，则

$$E(\max\{X,Y\})=\frac{1}{2}\cdot\frac{1}{\sqrt{2\pi}\sqrt{2(1-\rho)}}\int_{-\infty}^{+\infty}|z|\mathrm{e}^{-\frac{z^2}{4(1-\rho)}}\mathrm{d}z$$

$$=\frac{1}{\sqrt{2\pi}\sqrt{2(1-\rho)}}\int_0^{+\infty}z\mathrm{e}^{-\frac{z^2}{4(1-\rho)}}\mathrm{d}z$$

$$=-\frac{1}{\sqrt{2\pi}\sqrt{2(1-\rho)}}\cdot\frac{4(1-\rho)}{2}\mathrm{e}^{-\frac{z^2}{4(1-\rho)}}\Bigg|_0^{+\infty}$$

$$=\sqrt{\frac{1-\rho}{\pi}},$$

$$E(\min\{X,Y\})=E\left[\frac{1}{2}(X+Y-|X-Y|)\right]=-\frac{1}{2}E(|X-Y|)=-\sqrt{\frac{1-\rho}{\pi}}.$$

（2）【证】$\mathrm{Cov}(X-Y,XY)=\mathrm{Cov}(X,XY)-\mathrm{Cov}(Y,XY)$

$$=E(X^2Y)-EXE(XY)-E(Y^2X)+EYE(XY).$$

因为 $EX=EY=0$，所以

$$\mathrm{Cov}(X-Y,XY)=E(X^2Y)-E(XY^2).$$

显然，由 X,Y 的（完全）对称性，知 $E(X^2Y)=E(XY^2)$，故 $\mathrm{Cov}(X-Y,XY)=0$，即 $X-Y$ 与 XY 不相关.

七、切比雪夫不等式 $(O_7($盯住目标 $7))$

设随机变量 X 的数学期望与方差均存在，则对任意 $\varepsilon>0$，

$$P\{|X-EX|\geqslant\varepsilon\}\leqslant\frac{DX}{\varepsilon^2}\text{ 或 }P\{|X-EX|<\varepsilon\}\geqslant1-\frac{DX}{\varepsilon^2}.$$

例 6.14 设随机变量 X_1，X_2，$\cdots$，X_n 独立同分布，记 $E(X_i^k)=\mu_k(k=1,2,3,4)$，则由切比雪夫不等式，对任意 $\varepsilon>0$，有 $P\left\{\left|\dfrac{1}{n}\sum\limits_{i=1}^{n}X_i^2-\mu_2\right|\geqslant\varepsilon\right\}\leqslant($).

（A）$\dfrac{\mu_4-\mu_2^2}{n\varepsilon^2}$ （B）$\dfrac{\mu_4-\mu_2^2}{\sqrt{n}\varepsilon^2}$ （C）$\dfrac{\mu_2-\mu_1^2}{n\varepsilon^2}$ （D）$\dfrac{\mu_2-\mu_1^2}{\sqrt{n}\varepsilon^2}$

【解】应选（A）.

由 $\mu_k=E(X_i^k)$，知 $\mu_2=E\left(\dfrac{1}{n}\sum\limits_{i=1}^{n}X_i^2\right)=E(X_i^2)$，

$$D\left(\frac{1}{n}\sum_{i=1}^{n}X_i^2\right)=\frac{1}{n^2}\cdot n\cdot\{E(X_i^4)-[E(X_i^2)]^2\}=\frac{1}{n}(\mu_4-\mu_2^2),$$

故

$$P\left\{\left|\frac{1}{n}\sum_{i=1}^{n}X_i^2-\mu_2\right|\geqslant\varepsilon\right\}\leqslant\frac{D\left(\dfrac{1}{n}\sum\limits_{i=1}^{n}X_i^2\right)}{\varepsilon^2}=\frac{\mu_4-\mu_2^2}{n\varepsilon^2}.$$

故选（A）.

例 6.15 设 X 为非负连续型随机变量，且 EX 存在，证明：对任意的 $x>0$，有

$$P\{X<x\}\geqslant1-\frac{EX}{x}.$$

【证】设 X 的概率密度为 $f(x)$，则

由于 $t>x$，故 $\dfrac{t}{x}>1$

$$P\{X<x\}=\int_0^x f(t)\mathrm{d}t=1-\int_x^{+\infty}f(t)\mathrm{d}t\geqslant1-\int_x^{+\infty}\frac{t}{x}f(t)\mathrm{d}t$$

$$\geqslant1-\frac{1}{x}\int_0^{+\infty}tf(t)\mathrm{d}t=1-\frac{EX}{x}.$$

【注】由题知，$P\{X\geqslant x\}\leqslant\dfrac{EX}{x}$，这个式子叫马尔可夫不等式，马尔可夫不等式比切比雪夫不等式粗糙；但马尔可夫不等式只用到 EX，故在精度要求低时，更方便使用.

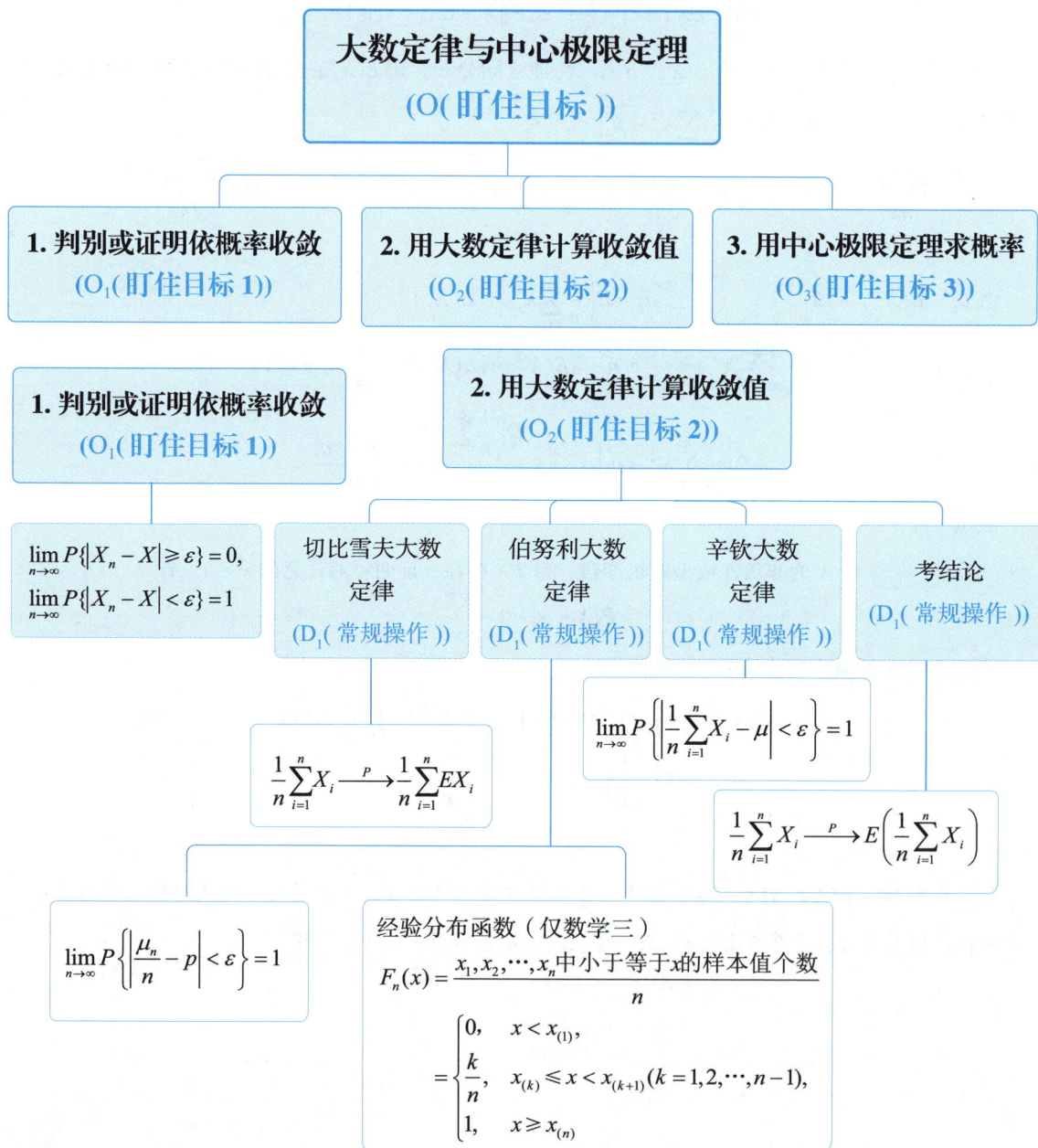

第7讲
大数定律与中心极限定理

三向解题法

大数定律与中心极限定理
(O(盯住目标))

| 1. 判别或证明依概率收敛
(O₁(盯住目标1)) | 2. 用大数定律计算收敛值
(O₂(盯住目标2)) | 3. 用中心极限定理求概率
(O₃(盯住目标3)) |

1. 判别或证明依概率收敛
(O₁(盯住目标1))

$$\lim_{n \to \infty} P\{|X_n - X| \geq \varepsilon\} = 0,$$
$$\lim_{n \to \infty} P\{|X_n - X| < \varepsilon\} = 1$$

2. 用大数定律计算收敛值
(O₂(盯住目标2))

| 切比雪夫大数
定律
(D₁(常规操作)) | 伯努利大数
定律
(D₁(常规操作)) | 辛钦大数
定律
(D₁(常规操作)) | 考结论
(D₁(常规操作)) |

$$\lim_{n \to \infty} P\left\{\left|\frac{1}{n}\sum_{i=1}^{n} X_i - \mu\right| < \varepsilon\right\} = 1$$

$$\frac{1}{n}\sum_{i=1}^{n} X_i \xrightarrow{P} \frac{1}{n}\sum_{i=1}^{n} EX_i$$

$$\frac{1}{n}\sum_{i=1}^{n} X_i \xrightarrow{P} E\left(\frac{1}{n}\sum_{i=1}^{n} X_i\right)$$

$$\lim_{n \to \infty} P\left\{\left|\frac{\mu_n}{n} - p\right| < \varepsilon\right\} = 1$$

经验分布函数（仅数学三）
$$F_n(x) = \frac{x_1, x_2, \cdots, x_n \text{中小于等于} x \text{的样本值个数}}{n}$$
$$= \begin{cases} 0, & x < x_{(1)}, \\ \dfrac{k}{n}, & x_{(k)} \leq x < x_{(k+1)} (k = 1, 2, \cdots, n-1), \\ 1, & x \geq x_{(n)} \end{cases}$$

3. 用中心极限定理求概率
(O₃(盯住目标3))

列维－林德伯格定理	棣莫弗－拉普拉斯定理	考结论
(D₁(常规操作))	(D₁(常规操作))	(D₁(常规操作))

$$\lim_{n\to\infty}P\left\{\frac{\sum\limits_{i=1}^{n}X_i-n\mu}{\sqrt{n}\sigma}\leqslant x\right\}$$

$$=\frac{1}{\sqrt{2\pi}}\int_{-\infty}^{x}e^{-\frac{1}{2}t^2}dt=\Phi(x)$$

$$\lim_{n\to\infty}P\left\{\frac{Y_n-np}{\sqrt{np(1-p)}}\leqslant x\right\}$$

$$=\frac{1}{\sqrt{2\pi}}\int_{-\infty}^{x}e^{-\frac{t^2}{2}}dt=\Phi(x)$$

$$\lim_{n\to\infty}P\left\{\frac{\sum\limits_{i=1}^{n}X_i-n\mu}{\sqrt{n}\sigma}\leqslant x\right\}$$

$$=\Phi(x)$$

一、判别或证明依概率收敛 (O₁(盯住目标1))

设随机变量 X 与随机变量序列 $\{X_n\}(n=1,2,3,\cdots)$，如果对任意的 $\varepsilon>0$，有

$$\lim_{n\to\infty}P\{|X_n-X|\geqslant\varepsilon\}=0 \text{ 或 } \lim_{n\to\infty}P\{|X_n-X|<\varepsilon\}=1，$$

则称随机变量序列 $\{X_n\}$ **依概率收敛于随机变量** X，记为 $\lim_{n\to\infty}X_n=X(P)$ 或 $X_n\xrightarrow{P}X(n\to\infty)$．

【注】（1）以上定义中将随机变量 X 写成数 a 也成立．

（2）设 $X_n\xrightarrow{P}X$，$Y_n\xrightarrow{P}Y$，$g(x,y)$ 是二元连续函数，则 $g(X_n,Y_n)\xrightarrow{P}g(X,Y)$.

一般地，对 m 元连续函数 $g(x_1,x_2,\cdots,x_m)$，上述结论亦成立．

（3）（仅数学一）在讨论未知参数估计量是否具有一致性（相合性）时，常常要用到依概率收敛这一性质和大数定律．

例 7.1 设 $\{X_n\}$ 是一随机变量序列，$X_n(n=1,2,\cdots)$ 的概率密度为

$$f_n(x)=\frac{n}{\pi(1+n^2x^2)}，\quad-\infty<x<+\infty，$$

证明：$X_n\xrightarrow{P}0(n\to\infty)$．

【证】对任意给定的 $\varepsilon>0$，由于

$$P\{|X_n-0|<\varepsilon\}=\int_{-\varepsilon}^{\varepsilon}\frac{n}{\pi(1+n^2x^2)}dx=\frac{2}{\pi}\arctan(n\varepsilon)，$$

故 $\lim_{n\to\infty}P\{|X_n|<\varepsilon\}=\lim_{n\to\infty}\frac{2}{\pi}\arctan(n\varepsilon)=1$，所以 $X_n\xrightarrow{P}0(n\to\infty)$．

二、用大数定律计算收敛值 (O₂(盯住目标2))

1. 切比雪夫大数定律 (D₁(常规操作))

切比雪夫大数定律要求：
①相互独立（可放宽到两两不相关）；
②方差存在且一致有上界．

假设 $\{X_n\}(n=1,2,\cdots)$ 是相互独立的随机变量序列，如果方差 $DX_i(i\geqslant1)$ 存在且一致有上界，即存在

常数 C，使 $DX_i \leqslant C$ 对一切 $i \geqslant 1$ 均成立，则 $\{X_n\}$ 服从大数定律：

$$\frac{1}{n}\sum_{i=1}^{n}X_i \xrightarrow{P} \frac{1}{n}\sum_{i=1}^{n}EX_i.$$

2. 伯努利大数定律 (D₁(常规操作))

假设 μ_n 是 n 重伯努利试验中事件 A 发生的次数，在每次试验中事件 A 发生的概率为 $p(0 < p < 1)$，则 $\frac{\mu_n}{n} \xrightarrow{P} p$，即对任意 $\varepsilon > 0$，有

$$\lim_{n\to\infty}P\left\{\left|\frac{\mu_n}{n} - p\right| < \varepsilon\right\} = 1.$$

【注】（仅数学三）在数理统计中，若 $(x_1, x_2, \cdots, x_n)$ 为总体样本 $(X_1, X_2, \cdots, X_n)$ 的一个观测值，按大小顺序排列为 $x_{(1)} \leqslant x_{(2)} \leqslant \cdots \leqslant x_{(n)}$. 对任意实数 x，称函数

$$F_n(x) = \frac{x_1, x_2, \cdots, x_n \text{中小于等于} x \text{的样本值个数}}{n} \xlongequal{\text{记}} \frac{V_n(x)}{n} = \begin{cases} 0, & x < x_{(1)}, \\ \dfrac{k}{n}, & x_{(k)} \leqslant x < x_{(k+1)}(k=1,2,\cdots,n-1), \\ 1, & x \geqslant x_{(n)}, \end{cases}$$

为样本 $(X_1, X_2, \cdots, X_n)$ 的**经验分布函数**. 事实上，

① $F_n(x)$ 依概率收敛于 $F(x)$. $F_n(x)$ 就是事件 $\{X \leqslant x\}$ 在 n 次试验中出现的频率，而 $P\{X \leqslant x\} = F(x)$ 是事件 $\{X \leqslant x\}$ 出现的概率，由伯努利大数定律（即频率收敛于概率）可知，当 n 充分大时，$F_n(x)$ 可作为未知分布函数 $F(x)$ 的一个近似，n 越大，近似效果越好，即 $F_n(x) \xrightarrow{P} F(x)$.

注例 设 $(2,1,5,2,1,3,1)$ 是来自总体 X 的简单随机样本值，求总体 X 的经验分布函数 $F_7(x)$.

解 将各观测值按从小到大的顺序排列，得 1，1，1，2，2，3，5，则经验分布函数为

$$F_7(x) = \begin{cases} 0, & x < 1, \\ \dfrac{3}{7}, & 1 \leqslant x < 2, \\ \dfrac{5}{7}, & 2 \leqslant x < 3, \\ \dfrac{6}{7}, & 3 \leqslant x < 5, \\ 1, & x \geqslant 5. \end{cases}$$

② $E[F_n(x)] = F(x)$，$D[F_n(x)] = \dfrac{F(x)[1-F(x)]}{n}$.

由于 $V_n(x)$ 为 n 重伯努利试验中 $\{X \leqslant x\}$ 出现的次数，故 $V_n(x) \sim B(n, F(x))$，其中 $F(x) = P\{X \leqslant x\}$，于是 $E[V_n(x)] = nF(x)$，$E[F_n(x)] = E\left[\dfrac{V_n(x)}{n}\right] = F(x)$，$D[V_n(x)] = nF(x)[1-F(x)]$，$D[F_n(x)] = D\left[\dfrac{V_n(x)}{n}\right] = \dfrac{F(x)[1-F(x)]}{n}$.

3. 辛钦大数定律 (D₁(常规操作))

辛钦大数定律要求：
① 相互独立；② 同分布；③ 期望存在.

假设 $\{X_n\}(n=1,2,\cdots)$ 是独立同分布的随机变量序列，如果数学期望 $EX_i = \mu(i=1,2,\cdots)$ 存在，则

$\dfrac{1}{n}\sum\limits_{i=1}^{n}X_i \xrightarrow{P} \mu$，即对任意 $\varepsilon > 0$，有

$$\lim_{n\to\infty} P\left\{\left|\dfrac{1}{n}\sum_{i=1}^{n}X_i - \mu\right| < \varepsilon\right\} = 1 \ .$$

4. 考结论 $(D_1(\text{常规操作}))$

在满足一定条件时，大数定律都在讲同一个结论，即

$$\dfrac{1}{n}\sum_{i=1}^{n}X_i \xrightarrow{P} E\left(\dfrac{1}{n}\sum_{i=1}^{n}X_i\right) .$$

例 7.2 设总体 X 服从参数为 2 的指数分布，X_1，X_2，$\cdots$，X_n 为来自总体 X 的简单随机样本，则当 $n\to\infty$ 时，$Y_n = \dfrac{1}{n}\sum\limits_{i=1}^{n}X_i^2$ 依概率收敛于_____.

【解】应填 $\dfrac{1}{2}$.

本题主要考查辛钦大数定律. 由题设，$X_i(i=1,2,\cdots,n)$ 均服从参数为 2 的指数分布，因此，

$$E(X_i^2) = DX_i + (EX_i)^2 = \dfrac{2}{\lambda^2} = \dfrac{1}{2} .$$

根据辛钦大数定律，若 X_1，X_2，$\cdots$，X_n 独立同分布且具有相同的数学期望，即 $EX_i = \mu$，则对任意的正数 ε，有

$$\lim_{n\to\infty} P\left\{\left|\dfrac{1}{n}\sum_{i=1}^{n}X_i - \mu\right| < \varepsilon\right\} = 1 \ ,$$

从而，本题有

$$\lim_{n\to\infty} P\left\{\left|\dfrac{1}{n}\sum_{i=1}^{n}X_i^2 - \dfrac{1}{2}\right| < \varepsilon\right\} = 1 \ ,$$

即当 $n\to\infty$ 时，$Y_n = \dfrac{1}{n}\sum\limits_{i=1}^{n}X_i^2$ 依概率收敛于 $\dfrac{1}{2}$.

三、用中心极限定理求概率 $(O_3(\text{盯住目标 3}))$

1. 列维－林德伯格定理 $(D_1(\text{常规操作}))$

假设 $\{X_n\}(n=1,2,\cdots)$ 是独立同分布的随机变量序列，如果 $EX_i = \mu$，$DX_i = \sigma^2 > 0(i=1,2,\cdots)$ 存在，则对任意的实数 x，有

$$\lim_{n\to\infty} P\left\{\dfrac{\sum\limits_{i=1}^{n}X_i - n\mu}{\sqrt{n}\sigma} \leq x\right\} = \dfrac{1}{\sqrt{2\pi}}\int_{-\infty}^{x} e^{-\frac{1}{2}t^2}\,dt = \Phi(x) \ .$$

【注】（1）满足定理的三个条件"独立、同分布、期望与方差存在"，缺一不可.

（2）只要 $\{X_n\}$ 满足定理条件，那么当 n 很大时，独立同分布随机变量的和 $\sum\limits_{i=1}^{n}X_i$ 近似服从正态分布 $N(n\mu,n\sigma^2)$，由此可知，当 n 很大时，有

$$P\left\{a < \sum_{i=1}^{n}X_i < b\right\} \approx \Phi\left(\dfrac{b-n\mu}{\sqrt{n}\sigma}\right) - \Phi\left(\dfrac{a-n\mu}{\sqrt{n}\sigma}\right),$$

这常常是解题的依据.只要题目涉及独立同分布随机变量的和 $\sum\limits_{i=1}^{n}X_i$,我们就要考虑独立同分布的中心极限定理.

2. 棣莫弗 – 拉普拉斯定理 ($\mathrm{D_1}$(常规操作))

假设随机变量 $Y_n \sim B(n,p)(0 < p < 1, n \geqslant 1)$,则对任意实数 x,有

$$\lim_{n \to \infty} P\left\{\frac{Y_n - np}{\sqrt{np(1-p)}} \leqslant x\right\} = \frac{1}{\sqrt{2\pi}} \int_{-\infty}^{x} \mathrm{e}^{-\frac{t^2}{2}} \mathrm{d}t = \Phi(x).$$

【注】(1)如果记 $X_i \sim B(1,p)(0 < p < 1)$,即 $X_i \sim \begin{pmatrix} 1 & 0 \\ p & 1-p \end{pmatrix}$ 且相互独立,则

$$Y_n = \sum_{i=1}^{n} X_i \sim B(n,p),$$

由列维 - 林德伯格定理推出棣莫弗 - 拉普拉斯定理.
(2)二项分布概率计算的三种方法.
设 $X \sim B(n,p)$.
①当 n 不太大 ($n \leqslant 10$) 时,直接计算

$$P\{X = k\} = C_n^k p^k (1-p)^{n-k}, \quad k = 0,1,\cdots,n;$$

②当 n 较大且 p 较小 ($n > 10, p < 0.1$) 时,$\lambda = np$ 适中,根据泊松定理有近似公式:

$$P\{X = k\} = C_n^k p^k (1-p)^{n-k} \approx \frac{\lambda^k}{k!} \mathrm{e}^{-\lambda}, \quad k = 0,1,\cdots,n;$$

③当 n 较大而 p 不太大 ($0.1 < p < 0.9, np \geqslant 10$) 时,根据中心极限定理有近似公式

$$P\{a < X < b\} \approx \Phi\left(\frac{b-np}{\sqrt{np(1-p)}}\right) - \Phi\left(\frac{a-np}{\sqrt{np(1-p)}}\right).$$

形式化归体系块

3. 考结论 ($\mathrm{D_1}$(常规操作))

设 X_i 独立同分布于某一分布,期望、方差均存在,则当 $n \to \infty$ 时,$\sum\limits_{i=1}^{n} X_i$ 服从正态分布,即对任意的 $X_i \overset{\text{iid}}{\sim} F(\mu, \sigma^2)$,$\mu = EX_i$,$\sigma^2 = DX_i$,都有在 $n \to \infty$ 时,$\sum\limits_{i=1}^{n} X_i \sim N(n\mu, n\sigma^2)$,$\dfrac{\sum\limits_{i=1}^{n} X_i - n\mu}{\sqrt{n}\sigma} \overset{n \to \infty}{\sim} N(0,1)$,即

$$\lim_{n \to \infty} P\left\{\frac{\sum\limits_{i=1}^{n} X_i - n\mu}{\sqrt{n}\sigma} \leqslant x\right\} = \Phi(x).$$

例 7.3 某保险公司接受了 10 000 辆汽车的保险,每辆每年的保费为 1.2 万元.若汽车丢失,则车主获得赔偿 100 万元.设汽车的丢失率为 0.006,对于此项业务,利用中心极限定理,则保险公司一年所获利润不少于 6 000 万元的概率为_____.

【解】应填 0.5.

设 X 为"需要赔偿的车主人数"，则需要赔偿的金额为 $Y = 100X$（万元），保费总收入 $C = 12\,000$ 万元. 易见，随机变量 X 服从参数为 (n, p) 的二项分布，其中 $n = 10\,000$，$p = 0.006$，且

$$EX = np = 60，\quad DX = np(1-p) = 59.64.$$

由棣莫弗 - 拉普拉斯定理知，随机变量 X 近似服从正态分布 $N(60, 59.64)$，则随机变量 Y 近似服从正态分布 $N(6\,000, 596\,400)$.

保险公司一年所获利润不少于 6 000 万元的概率为

$$P\{12\,000 - Y \geq 6\,000\} = P\{Y \leq 6\,000\} = P\left\{\frac{Y - 6\,000}{\sqrt{596\,400}} \leq 0\right\} \approx \Phi(0) = 0.5.$$

第8讲 统计量及其分布

三向解题法

统计量及其分布
(O(盯住目标))

↓

- 统计量及其数字特征
  (O₁(盯住目标1))
- 判别统计量的分布
  (O₂(盯住目标2))
- 用正态总体下的常用结论判别分布、计算概率
  (O₃(盯住目标3))

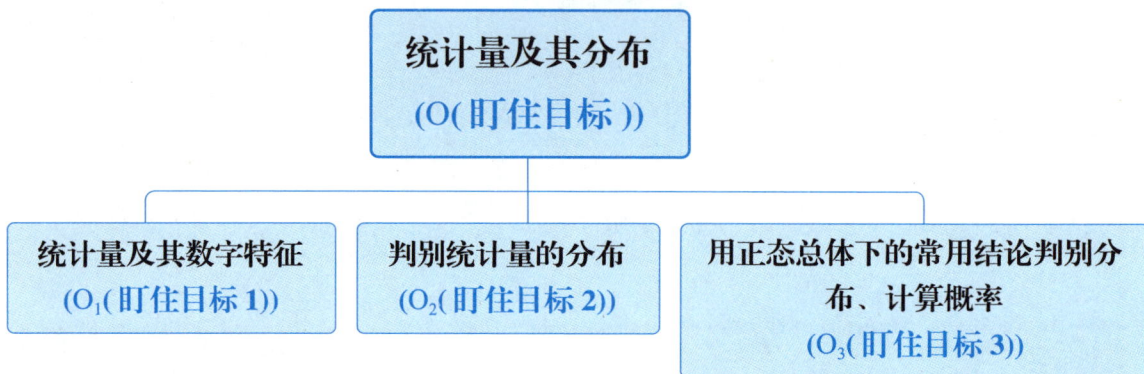

① 总结为：$X_i \overset{\text{iid}}{\sim} X \sim F(x) \begin{cases} p_i \\ f(x) \end{cases}$

② 总结为：统计量是随机变量的函数（不含未知参数）

一、统计量及其数字特征 (O₁(盯住目标1))

研究对象的某数量指标的全体称为总体 X，n 个相互独立且与总体 X 具有相同概率分布的随机变量 $X_1, X_2, \cdots, X_n$ 所组成的整体 $(X_1, X_2, \cdots, X_n)$ 称为来自总体 X 的容量为 n 的一个**简单随机样本**，简称**样本**. 一次抽样结果的 n 个具体数值 $(x_1, x_2, \cdots, x_n)$ 称为样本 $X_1, X_2, \cdots, X_n$ 的一个**观测值**（或**样本值**）.   ①

当 $X_1, X_2, \cdots, X_n$ 为来自总体 X 的一个样本时，$g(x_1, x_2, \cdots, x_n)$ 为 n 元函数，如果 g 中不含任何未知参数，则称 $g(X_1, X_2, \cdots, X_n)$ 为样本 $X_1, X_2, \cdots, X_n$ 的一个**统计量**. 统计量就是由统计数据计算得来的量.   ②

设 $X_1, X_2, \cdots, X_n$ 是来自总体 X 的简单随机样本，则相应的统计量定义如下.

形式化归体系块 {

① 样本均值 $\bar{X} = \dfrac{1}{n}\sum\limits_{i=1}^{n} X_i$.

② 样本方差 $S^2 = \dfrac{1}{n-1}\sum\limits_{i=1}^{n}\left(X_i - \bar{X}\right)^2 = \dfrac{1}{n-1}\left(\sum\limits_{i=1}^{n} X_i^2 - n\bar{X}^2\right)$;

　样本标准差 $S = \sqrt{\dfrac{1}{n-1}\sum\limits_{i=1}^{n}\left(X_i - \bar{X}\right)^2}$.

③ 样本 k 阶原点矩 $A_k = \dfrac{1}{n}\sum\limits_{i=1}^{n} X_i^k \ (k=1,2,\cdots)$.

④ 样本 k 阶中心矩 $B_k = \dfrac{1}{n}\sum\limits_{i=1}^{n}\left(X_i - \bar{X}\right)^k \ (k=2,3,\cdots)$.

形式化归体系块

⑤**顺序统计量** 将样本 $X_1, X_2, \cdots, X_n$ 的 n 个观测量按其取值从小到大的顺序排列，得

$$X_{(1)} \leqslant X_{(2)} \leqslant \cdots \leqslant X_{(n)}.$$

随机变量 $X_{(k)}(k=1,2,\cdots,n)$ 称作**第 k 顺序统计量**，其中 $X_{(1)}$ 是最小观测量，$X_{(n)}$ 是最大观测量，即

$$X_{(1)} = \min\{X_1, X_2, \cdots, X_n\}, \quad X_{(n)} = \max\{X_1, X_2, \cdots, X_n\}.$$

【注】常用的统计量的数字特征.

设总体 X（不论 X 服从何种分布）的期望 $EX = \mu$，方差 $DX = \sigma^2$，$X_1, X_2, \cdots, X_n$ 为来自总体 X 的一个简单随机样本，记样本均值 $\bar{X} = \frac{1}{n}\sum_{i=1}^{n} X_i$，样本方差 $S^2 = \frac{1}{n-1}\sum_{i=1}^{n}(X_i - \bar{X})^2$，则

$$E\bar{X} = EX = \mu; \quad D\bar{X} = \frac{1}{n}DX = \frac{\sigma^2}{n}; \quad E(S^2) = DX = \sigma^2.$$

例 8.1 设随机变量 X 的概率密度为 $f(x) = \begin{cases} 6x(1-x), & 0 < x < 1, \\ 0, & \text{其他}, \end{cases}$ 则 X 的三阶中心矩

$E[(X-EX)^3] = (\quad)$.

（A）$-\dfrac{1}{32}$ 　　　　（B）0 　　　　（C）$\dfrac{1}{16}$ 　　　　（D）$\dfrac{1}{2}$

【解】应选（B）.

$EX = \int_0^1 6x^2(1-x)\mathrm{d}x = 6 \times \left(\frac{1}{3} - \frac{1}{4}\right) = 6 \times \frac{1}{12} = \frac{1}{2}$，则

$$E[(X-EX)^3] = E\left[\left(X - \frac{1}{2}\right)^3\right] = \int_0^1 6x(1-x)\left(x - \frac{1}{2}\right)^3 \mathrm{d}x$$

$$\xlongequal{\diamondsuit x - \frac{1}{2} = t} \int_{-\frac{1}{2}}^{\frac{1}{2}} 6\left(t + \frac{1}{2}\right) \cdot \left(\frac{1}{2} - t\right) \cdot t^3 \mathrm{d}t = 0.$$

例 8.2 设 $X_1, X_2, \cdots, X_n (n > 2)$ 为独立同分布的随机变量，且均服从正态分布 $N(0,1)$，记 $\bar{X} = \frac{1}{n}\sum_{i=1}^{n} X_i, Y_i = X_i - \bar{X}, i = 1, 2, \cdots, n$. 求：

（1）Y_i 的方差 DY_i，$i = 1, 2, \cdots, n$；

（2）Y_1 与 Y_n 的协方差 $\mathrm{Cov}(Y_1, Y_n)$；

（3）$P\{Y_1 + Y_n \leqslant 0\}$.

【解】（1）$DY_i = D(X_i - \bar{X})$

$$= DX_i + D\bar{X} - 2\mathrm{Cov}\left(X_i, \frac{1}{n}(X_1 + X_2 + \cdots + X_n)\right)$$

$$= 1 + \frac{1}{n} - 2 \cdot \frac{1}{n}$$

$= \dfrac{1}{n}[\mathrm{Cov}(X_i, X_1) + \mathrm{Cov}(X_i, X_2) + \cdots + \mathrm{Cov}(X_i, X_n)]$

$$= 1 - \frac{1}{n}.$$

$= \dfrac{1}{n}\mathrm{Cov}(X_i, X_i) = \dfrac{1}{n}$

（2）　　$\mathrm{Cov}(Y_1, Y_n) = \mathrm{Cov}(X_1 - \bar{X}, X_n - \bar{X}) = \mathrm{Cov}(X_1, X_n - \bar{X}) - \mathrm{Cov}(\bar{X}, X_n - \bar{X})$

$$= \mathrm{Cov}(X_1, X_n) - \mathrm{Cov}(X_1, \overline{X}) - \mathrm{Cov}(\overline{X}, X_n) + \mathrm{Cov}(\overline{X}, \overline{X}),$$

其中，
$$\mathrm{Cov}(X_1, X_n) = 0,$$

$$\mathrm{Cov}(X_i, \overline{X}) = \mathrm{Cov}\left(X_i, \frac{X_i}{n}\right) + \mathrm{Cov}\left(X_i, \frac{1}{n}\sum_{j \neq i}^{n} X_j\right) = \frac{1}{n} D X_i = \frac{1}{n}, \quad i = 1, 2, \cdots, n,$$

$$\mathrm{Cov}(\overline{X}, \overline{X}) = D\overline{X} = \frac{1}{n}.$$

故 $\mathrm{Cov}(Y_1, Y_n) = 0 - \frac{1}{n} - \frac{1}{n} + \frac{1}{n} = -\frac{1}{n}$.

（3）由 $Y_1 + Y_n = X_1 - \overline{X} + X_n - \overline{X} = \dfrac{n-2}{n} X_1 + \dfrac{n-2}{n} X_n - \dfrac{2}{n}\sum_{i=2}^{n-1} X_i$ 知，$Y_1 + Y_n$ 为相互独立的正态随机变量的线性组合，且由 $E(Y_1 + Y_n) = 0$，有 $P\{Y_1 + Y_n \leqslant 0\} = \dfrac{1}{2}$.

二、判别统计量的分布 （O₂（盯住目标 2））

定义：统计量的分布称为抽样分布.

1. 正态分布

（1）概念.

如果 X 的概率密度为

$$f(x) = \frac{1}{\sqrt{2\pi}\sigma} \mathrm{e}^{-\frac{1}{2}\left(\frac{x-\mu}{\sigma}\right)^2} \quad (-\infty < x < +\infty),$$

其中 $-\infty < \mu < +\infty$，$\sigma > 0$，则称 X 服从参数为 (μ, σ^2) 的**正态分布**或称 X 为**正态变量**，记为 $X \sim N(\mu, \sigma^2)$.

（2）上 α 分位数.

若 $X \sim N(0,1)$，$P\{X > \mu_\alpha\} = \alpha (0 < \alpha < 1)$，则称 μ_α 为标准正态分布的上 α 分位数（见图）.

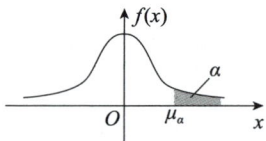

> **【注】**某分布上 α 分位数（亦称上 α 分位点）为 μ_α 意指：点 μ_α 上侧（即右侧），该概率密度曲线下方，x 轴上方的图形的面积为 α.

（3）性质.

$f(x)$ 的图形关于直线 $x = \mu$ 对称，即 $f(\mu - x) = f(\mu + x)$，并在 $x = \mu$ 处有唯一最大值

$$f(\mu) = \frac{1}{\sqrt{2\pi}\sigma}.$$

通常称 $\mu = 0$，$\sigma = 1$ 时的正态分布 $N(0,1)$ 为**标准正态分布**，记标准正态分布的概率密度为

$\varphi(x) = \dfrac{1}{\sqrt{2\pi}} \mathrm{e}^{-\frac{1}{2}x^2}$，分布函数为 $\Phi(x) = \dfrac{1}{\sqrt{2\pi}} \displaystyle\int_{-\infty}^{x} \mathrm{e}^{-\frac{t^2}{2}} \mathrm{d}t$. 显然 $\varphi(x)$ 为偶函数，且有

$$\Phi(0) = \frac{1}{2}, \Phi(-x) = 1 - \Phi(x).$$

2. χ^2 分布

（1）概念.

若随机变量 $X_1, X_2, \cdots, X_n$ 相互独立，且都服从标准正态分布，则随机变量 $X = \displaystyle\sum_{i=1}^{n} X_i^2$ 服从自由度为

n 的 χ^2 分布，记为 $X \sim \chi^2(n)$.

> 和式中独立随机变量的个数为自由度

（2）上 α 分位数.

对给定的 $\alpha(0 < \alpha < 1)$，称满足

$$P\{\chi^2 > \chi_\alpha^2(n)\} = \int_{\chi_\alpha^2(n)}^{+\infty} f(x)\mathrm{d}x = \alpha$$

的 $\chi_\alpha^2(n)$ 为 $\chi^2(n)$ 分布的**上 α 分位数**（见图）. 对于不同的 α，n，$\chi^2(n)$ 分布上 α 分位数可通过查表求得.

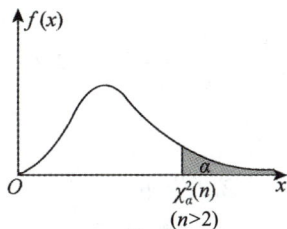

（3）性质.

①若 $X_1 \sim \chi^2(n_1)$，$X_2 \sim \chi^2(n_2)$，X_1 与 X_2 相互独立，则

$$X_1 + X_2 \sim \chi^2(n_1 + n_2).$$

此结论可推广至有限多个随机变量的和.

【注】常见分布的可加性.

有些相互独立且服从同类型分布的随机变量，其和的分布也是同类型的，它们分别是二项分布、泊松分布、正态分布与 χ^2 分布.

设随机变量 X 与 Y 相互独立，则

若 $X \sim B(n,p)$，$Y \sim B(m,p)$，则 $X + Y \sim B(n+m, p)$（注意仅 p 相同时成立）；

若 $X \sim P(\lambda_1)$，$Y \sim P(\lambda_2)$，则 $X + Y \sim P(\lambda_1 + \lambda_2)$；

若 $X \sim N(\mu_1, \sigma_1^2)$，$Y \sim N(\mu_2, \sigma_2^2)$，则 $X + Y \sim N(\mu_1 + \mu_2, \sigma_1^2 + \sigma_2^2)$；

若 $X \sim \chi^2(n)$，$Y \sim \chi^2(m)$，则 $X + Y \sim \chi^2(n+m)$.

上述结果对 n 个相互独立的随机变量也成立.

---

②若 $X \sim \chi^2(n)$，则 $EX = n$，$DX = 2n$.

例 8.3 设 X_1, X_2 是来自总体 X 的简单随机样本，且 X 的分布函数为 $F(x) = \int_{-\infty}^x \frac{1}{2}\mathrm{e}^{-|t|}\mathrm{d}t$，

$-\infty < x < +\infty$，则 $\left|\dfrac{X_1}{X_2}\right|$ 服从（   ）.

（A）$F(1,2)$　　　　（B）$F(2,1)$　　　　（C）$F(2,2)$　　　　（D）$F(0,2)$

【解】 应选（C）.

由题设知，X 的概率密度为 $f(x) = \dfrac{1}{2}\mathrm{e}^{-|x|}$，$-\infty < x < +\infty$，令 $Y = 2|X|$，则 Y 的分布函数为

$$F_Y(y) = P\{Y \leqslant y\} = P\{2|X| \leqslant y\}.$$

当 $y < 0$ 时，$F_Y(y) = 0$；

当 $y \geqslant 0$ 时，$F_Y(y) = P\{2|X| \leqslant y\} = P\left\{|X| \leqslant \dfrac{y}{2}\right\}$

$$= P\left\{-\frac{y}{2} \leqslant X \leqslant \frac{y}{2}\right\} = \int_{-\frac{y}{2}}^{\frac{y}{2}} \frac{1}{2}\mathrm{e}^{-|x|}\mathrm{d}x$$

$$= \int_0^{\frac{y}{2}} \mathrm{e}^{-x}\mathrm{d}x = 1 - \mathrm{e}^{-\frac{y}{2}}.$$

于是 Y 的分布函数为 $F_Y(y) = \begin{cases} 1 - \mathrm{e}^{-\frac{y}{2}}, & y \geqslant 0, \\ 0, & \text{其他}, \end{cases}$　Y 的概率密度为 $f_Y(y) = \begin{cases} \dfrac{1}{2}\mathrm{e}^{-\frac{y}{2}}, & y > 0, \\ 0, & \text{其他}. \end{cases}$

故 $2|X| \sim E\left(\dfrac{1}{2}\right)$，即 $2|X_i| \sim E\left(\dfrac{1}{2}\right)$，所以 $|2|X_i| \sim \chi^2(2)$，又由于 $|X_1|$ 与 $|X_2|$ 是相互独立的，因此

见第 2 讲"二、2.（2）注中（4）"

$$\left|\frac{X_1}{X_2}\right| = \frac{2|X_1|/2}{2|X_2|/2} \sim F(2,2).$$ 故选（C）.

3. t 分布

（1）概念.

设随机变量 $X \sim N(0,1)$，$Y \sim \chi^2(n)$，X 与 Y 相互独立，则随机变量 $t = \dfrac{X}{\sqrt{Y/n}}$ 服从自由度为 n 的 t 分布，记为 $t \sim t(n)$.

（2）上 α 分位数.

对给定的 $\alpha(0 < \alpha < 1)$，称满足

$$P\{t > t_\alpha(n)\} = \alpha$$

的 $t_\alpha(n)$ 为 $t(n)$ 分布的上 α 分位数 [见图（a）].

（3）性质.

① t 分布概率密度 $f(x)$ 的图形关于 $x = 0$ 对称 [见图（b）]，因此

$$Et = 0(n \geqslant 2).$$

> 【注】当 $n = 1$ 时，即若 $X \sim N(0,1)$，$Y \sim \chi^2(1)$，则 $\dfrac{X}{\sqrt{Y}} \sim f(x) = \dfrac{1}{\pi(1+x^2)}$.

② 由 t 分布概率密度 $f(x)$ 图形的对称性，知 $P\{t > -t_\alpha(n)\} = P\{t > t_{1-\alpha}(n)\}$，故 $t_{1-\alpha}(n) = -t_\alpha(n)$.
当 α 值在表中没有时，可用此式求得上 α 分位数.

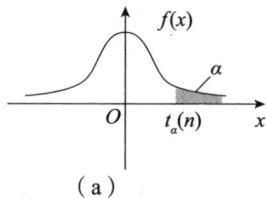
（a）

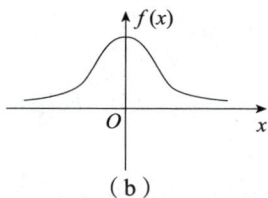
（b）

4. F 分布

（1）概念.

设随机变量 $X \sim \chi^2(n_1)$，$Y \sim \chi^2(n_2)$，且 X 与 Y 相互独立，则 $F = \dfrac{X/n_1}{Y/n_2}$

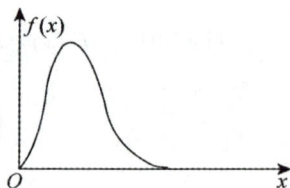

服从自由度为 (n_1, n_2) 的 F 分布，记为 $F \sim F(n_1, n_2)$，其中 n_1 称为第一自由度，n_2 称为第二自由度. F 分布的概率密度 $f(x)$ 的图形如图示.

（2）上 α 分位数.

对给定的 $\alpha(0 < \alpha < 1)$，称满足

$$P\{F > F_\alpha(n_1, n_2)\} = \alpha$$

的 $F_\alpha(n_1, n_2)$ 为 $F(n_1, n_2)$ 分布的上 α 分位数（见图）.

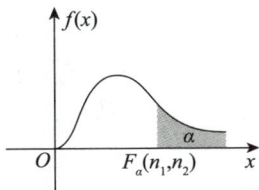

证明：设 $F \sim F(n_2, n_1)$，则

$P\{F > F_\alpha(n_2, n_1)\} = \alpha$,

$P\{F \leqslant F_\alpha(n_2, n_1)\} = 1 - \alpha$,

$P\left\{\dfrac{1}{F} \geqslant \dfrac{1}{F_\alpha(n_2, n_1)}\right\} = 1 - \alpha$.

因为 $\dfrac{1}{F} \sim F(n_1, n_2)$，结合上 α 分位数

的定义，可知 $\dfrac{1}{F_\alpha(n_2, n_1)} = F_{1-\alpha}(n_1, n_2)$

（3）性质.

①若 $F \sim F(n_1, n_2)$，则 $\dfrac{1}{F} \sim F(n_2, n_1)$.

②$F_{1-\alpha}(n_1, n_2) = \dfrac{1}{F_\alpha(n_2, n_1)}$. 常用来求 F 分布表中未列出的上 α 分位数，显然，有些特殊值可直接得

出，如 $1 - \alpha = \alpha$，$n_1 = n_2 = n$ 时，有 $F_{0.5}(n,n) = \dfrac{1}{F_{0.5}(n,n)}$，且 $F_{0.5}(n,n) > 0$，故 $F_{0.5}(n,n) = 1$.

③若 $t \sim t(n)$，则 $t^2 \sim F(1, n)$.

三、用正态总体下的常用结论判别分布、计算概率 (O₃(盯住目标3))

设 $X_1, X_2, \cdots, X_n$ 是取自正态总体 $N(\mu, \sigma^2)$ 的一个样本，$\overline{X}$，S^2 分别是样本均值和样本方差，则

①$\overline{X} \sim N\left(\mu, \dfrac{\sigma^2}{n}\right)$，即 $\dfrac{\overline{X} - \mu}{\dfrac{\sigma}{\sqrt{n}}} = \dfrac{\sqrt{n}(\overline{X} - \mu)}{\sigma} \sim N(0, 1)$;

②$\dfrac{1}{\sigma^2} \sum_{i=1}^{n} (X_i - \mu)^2 \sim \chi^2(n)$;

③$\dfrac{(n-1)S^2}{\sigma^2} = \sum_{i=1}^{n} \left(\dfrac{X_i - \overline{X}}{\sigma}\right)^2 \sim \chi^2(n-1)$（$\mu$ 未知，在"②"中用 $\overline{X}$ 替代 μ）;

④$\overline{X}$ 与 S^2 相互独立，$\dfrac{\sqrt{n}(\overline{X} - \mu)}{S} \sim t(n-1)$（$\sigma$ 未知，在"①"中用 S 替代 σ）. 进一步有

若 $t \sim t(n-1)$，则 $t^2 \sim F(1, n-1)$

$$\dfrac{n(\overline{X} - \mu)^2}{S^2} \sim F(1, n-1).$$

形式化归体系块

例 8.4 设随机变量 $X \sim t(n)$，$Y \sim F(1, n)$，给定 $\alpha(0 < \alpha < 0.5)$，常数 c 满足 $P\{X > c\} = \alpha$，则 $P\{Y > c^2\} = ($).

(A) α （B）$1 - \alpha$ （C）2α （D）$1 - 2\alpha$

【解】应选（C）.

由 $X \sim t(n)$，可得 $X^2 \sim F(1, n)$，从而 $P\{Y > c^2\} = P\{X^2 > c^2\} = P\{X > c\} + P\{X < -c\} = 2\alpha$，故选（C）.

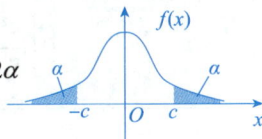

D₄₄（善于发现对称）

【注】（1）此题只能有概率 $P\{Y > c^2\}$ 与 $P\{X^2 > c^2\}$ 相等，而不能说 $Y = X^2$，因为服从相同分布的随机变量并不一定相同.

（2）若随机变量 $X \sim t(1)$，则 $X^2 \sim F(1,1)$，还可求

$$P\{|X| \leqslant 1\} = P\{X^2 \leqslant 1\} = 1 - P\{X^2 > 1\} = 1 - P\{X^2 > F_{0.5}(1,1)\} = 1 - 0.5 = 0.5.$$

例 8.5 设总体 X 和 Y 相互独立，且都服从正态分布 $N(0,\sigma^2)$，$X_1,X_2,\cdots,X_n$ 和 $Y_1,Y_2,\cdots,Y_n$ 分别是来自总体 X 和 Y 且容量都为 n 的两个简单随机样本，样本均值、样本方差分别为 $\bar{X}$，S_X^2 和 $\bar{Y}$，S_Y^2，则（　　）.

（A）$\bar{X}-\bar{Y}\sim N(0,\sigma^2)$　　　　　（B）$S_X^2+S_Y^2\sim\chi^2(2n-2)$

（C）$\dfrac{\bar{X}-\bar{Y}}{\sqrt{S_X^2+S_Y^2}}\sim t(2n-2)$　　（D）$\dfrac{S_X^2}{S_Y^2}\sim F(n-1,n-1)$

【解】应选（D）.

由题设知 $\bar{X}$，$\bar{Y}$，S_X^2，S_Y^2 相互独立，且

$$\bar{X}\sim N\left(0,\frac{\sigma^2}{n}\right),\quad \bar{Y}\sim N\left(0,\frac{\sigma^2}{n}\right),$$

$$\frac{(n-1)S_X^2}{\sigma^2}\sim\chi^2(n-1),\quad \frac{(n-1)S_Y^2}{\sigma^2}\sim\chi^2(n-1),$$

由此可知 $\bar{X}-\bar{Y}\sim N\left(0,\dfrac{2\sigma^2}{n}\right)$，选项（A）不正确.

$$\frac{n-1}{\sigma^2}(S_X^2+S_Y^2)\sim\chi^2(2n-2),$$

选项（B）不正确.

$$\frac{\sqrt{n}(\bar{X}-\bar{Y})\big/\sqrt{2}\sigma}{\sqrt{\dfrac{n-1}{\sigma^2}(S_X^2+S_Y^2)\big/2(n-1)}}=\frac{\sqrt{n}(\bar{X}-\bar{Y})}{\sqrt{S_X^2+S_Y^2}}\sim t(2n-2),$$

选项（C）不正确.

$$\frac{\dfrac{(n-1)S_X^2}{\sigma^2}\big/(n-1)}{\dfrac{(n-1)S_Y^2}{\sigma^2}\big/(n-1)}=\frac{S_X^2}{S_Y^2}\sim F(n-1,n-1),$$

选择（D）.

【注】事实上，可以继续求相关的数字特征.

由选项（D）可知，$\dfrac{S_X^2}{S_Y^2}\sim F(n-1,n-1)$，则

$$P\left\{\frac{S_X^2}{S_Y^2}\leqslant 1\right\}=1-P\left\{\frac{S_X^2}{S_Y^2}>1\right\}=1-P\left\{\frac{S_X^2}{S_Y^2}>F_{0.5}(n-1,n-1)\right\}=1-0.5=0.5.$$

第9讲
参数估计与假设检验

三向解题法

参数估计与假设检验
(O(盯住目标))

1. 求点估计、作评价（仅数学一）(O₁(盯住目标1))
求点估计、求数字特征（仅数学三）(O₁(盯住目标1))

2. 作区间估计 (O₂(盯住目标2))、假设检验 (O₃(盯住目标3))、求两类错误 (O₄(盯住目标4))（仅数学一）

1. 求点估计、作评价（仅数学一）(O₁(盯住目标1))
求点估计、求数字特征（仅数学三）(O₁(盯住目标1))

矩估计
(D₁(常规操作))

最大似然估计
(D₁(常规操作)+D₂₂(转换等价表述))

估计量的评价（仅数学一）
(D₁(常规操作)+D₂₃(化归经典形式))

估计量的数字特征（仅数学三）
(D₁(常规操作))

2. 作区间估计 (O₂(盯住目标2))、假设检验 (O₃(盯住目标3))、求两类错误 (O₄(盯住目标4))（仅数学一）

区间估计
(D₁(常规操作))

假设检验
(D₁(常规操作))

两类错误
(D₁(常规操作))

概念

单个正态总体均值和方差的置信区间

概念

小概率原理与显著性水平

第一类错误
（"弃真"）

第二类错误
（"取伪"）

原假设与备择假设

正态总体下的六大检验及拒绝域

一、求点估计、作评价（仅数学一）(O_1(盯住目标 1))
求点估计、求数字特征（仅数学三）(O_1(盯住目标 1))

设总体 X 的分布函数为 $F(x;\theta)$（可以是多维的），其中 θ 是一个未知参数，X_1，$X_2,\cdots,X_n$ 是取自总体 X 的一个样本. 由样本构造一个适当的统计量 $\hat{\theta}(X_1,X_2,\cdots,X_n)$ 作为参数 θ 的估计，则称统计量 $\hat{\theta}(X_1,X_2,\cdots,X_n)$ 为 θ 的**估计量**.

如果 $x_1,x_2,\cdots,x_n$ 是样本的一个观察值，将其代入估计量 $\hat{\theta}$ 中得值 $\hat{\theta}(x_1,x_2,\cdots,x_n)$，统计学中称这个值为未知参数 θ 的**估计值**.

建立一个适当的统计量作为未知参数 θ 的估计量，并以相应的观察值作为未知参数估计值的问题，称为参数 θ 的**点估计问题**.

1. 矩估计 (D_1(常规操作))

①对于一个参数 $\begin{cases} \text{a. 用一阶矩建立方程：令 } \bar{X}=EX; & \longrightarrow D_1(常规操作) \\ \text{b. 若 "a." 不能用，用二阶矩建立方程：令 } \dfrac{1}{n}\sum\limits_{i=1}^{n}X_i^2=E(X^2). \end{cases}$

一个方程解出一个参数即可作为矩估计.

②对于两个参数，用一阶矩与二阶矩建立两个方程，即 $\bar{X}=EX$ 与 $\dfrac{1}{n}\sum\limits_{i=1}^{n}X_i^2=E(X^2)$，$\longrightarrow D_1(常规操作)$ 两个方程解出两个参数即可作为矩估计.

例 9.1 设总体 X 的概率密度为 $f(x)=\dfrac{1}{2\theta}\mathrm{e}^{-\frac{|x|}{\theta}}$，$-\infty<x<+\infty$，$\theta>0$. $X_1,X_2,\cdots,X_n$ 是取自总体 X 的样本，则未知参数 θ 的矩估计量为_____.

【解】 应填 $\sqrt{\dfrac{1}{2n}\sum\limits_{i=1}^{n}X_i^2}$.

总体只含有一个参数 θ，但由于一阶矩建立的方程

$$EX=\int_{-\infty}^{+\infty}x\cdot\frac{1}{2\theta}\mathrm{e}^{-\frac{|x|}{\theta}}\mathrm{d}x=0$$

$\longrightarrow D_1(常规操作)$

无法解出 θ，因此采用总体二阶矩建立方程：

$$E(X^2)=\int_{-\infty}^{+\infty}x^2\cdot\frac{1}{2\theta}\mathrm{e}^{-\frac{|x|}{\theta}}\mathrm{d}x=2\cdot\frac{1}{2\theta}\int_{0}^{+\infty}x^2\cdot\mathrm{e}^{-\frac{x}{\theta}}\mathrm{d}x$$

$$=\theta^2\int_{0}^{+\infty}\frac{x^2}{\theta^2}\mathrm{e}^{-\frac{x}{\theta}}\mathrm{d}\left(\frac{x}{\theta}\right)\xlongequal{t=\frac{x}{\theta}}\theta^2\int_{0}^{+\infty}t^2\mathrm{e}^{-t}\mathrm{d}t=\theta^2\Gamma(3)=2\theta^2,$$

其中 $\Gamma(n+1)=\int_{0}^{+\infty}x^n\mathrm{e}^{-x}\mathrm{d}x=n!$. 用样本二阶原点矩 $A_2=\dfrac{1}{n}\sum\limits_{i=1}^{n}X_i^2$ 代替总体二阶原点矩 $E(X^2)$ 得到 θ 的矩估计量为

$$\hat{\theta}=\sqrt{\frac{1}{2}A_2}=\sqrt{\frac{1}{2n}\sum_{i=1}^{n}X_i^2}.$$

例 9.2 设总体 X 服从含有两个参数的指数分布，其概率密度为

$$f(x;\theta,\lambda)=\begin{cases} \dfrac{1}{\lambda}\mathrm{e}^{-\frac{1}{\lambda}(x-\theta)}, & x\geqslant\theta, \\ 0, & \text{其他} \end{cases}(\lambda>0),$$

X_1，X_2，$\cdots$，X_n 是来自总体 X 的一个样本，求未知参数 λ，θ 的矩估计量．

【解】这是求两个未知参数矩估计量的问题．由于

$$EX = \int_{\theta}^{+\infty} \frac{x}{\lambda} e^{-\frac{1}{\lambda}(x-\theta)} \mathrm{d}x \xrightarrow{\text{令} x-\theta=t} \int_0^{+\infty} \frac{t+\theta}{\lambda} e^{-\frac{1}{\lambda}t} \mathrm{d}t \quad \begin{array}{l} \text{记} T \sim E\left(\frac{1}{\lambda}\right) \\ \text{（简单解法）} \end{array} = E(T+\theta)$$
$$= ET + \theta = \lambda + \theta$$

$$= \int_0^{+\infty} t \cdot \frac{1}{\lambda} e^{-\frac{1}{\lambda}t} \mathrm{d}t + \theta \int_0^{+\infty} \frac{1}{\lambda} e^{-\frac{1}{\lambda}t} \mathrm{d}t = \lambda + \theta,$$

$$E(X^2) = \int_{\theta}^{+\infty} \frac{x^2}{\lambda} e^{-\frac{1}{\lambda}(x-\theta)} \mathrm{d}x \xrightarrow{\text{令} x-\theta=t} \int_0^{+\infty} \frac{(t+\theta)^2}{\lambda} e^{-\frac{1}{\lambda}t} \mathrm{d}t \quad \begin{array}{l} \text{记} T \sim E\left(\frac{1}{\lambda}\right) \\ \text{（简单解法）} \end{array} = E[(T+\theta)^2]$$
$$= E(T^2) + 2\theta ET + \theta^2$$

$$= \int_0^{+\infty} t^2 \cdot \frac{1}{\lambda} e^{-\frac{1}{\lambda}t} \mathrm{d}t + 2\int_0^{+\infty} \theta \cdot t \frac{1}{\lambda} e^{-\frac{1}{\lambda}t} \mathrm{d}t + \theta^2 \int_0^{+\infty} \frac{1}{\lambda} e^{-\frac{1}{\lambda}t} \mathrm{d}t = 2\lambda^2 + 2\theta\lambda + \theta^2$$

$$= 2\lambda^2 + 2\theta\lambda + \theta^2 = \lambda^2 + (\lambda + \theta)^2.$$

矩法方程为

$$\begin{cases} EX = \bar{X}, \\ E(X^2) = \frac{1}{n}\sum_{i=1}^n X_i^2, \end{cases} \quad \text{即} \begin{cases} \lambda + \theta = \bar{X}, \\ \lambda^2 + (\lambda+\theta)^2 = \frac{1}{n}\sum_{i=1}^n X_i^2. \end{cases}$$

由此解得 λ，θ 的矩估计量为

$$\hat{\lambda} = \sqrt{\frac{1}{n}\sum_{i=1}^n X_i^2 - \bar{X}^2}, \quad \hat{\theta} = \bar{X} - \sqrt{\frac{1}{n}\sum_{i=1}^n X_i^2 - \bar{X}^2},$$

其中 $\bar{X} = \frac{1}{n}\sum_{i=1}^n X_i$．

【注】计算 EX，$E(X^2)$ 时应用了指数分布的结论，即

$$\int_0^{+\infty} \lambda e^{-\lambda x} \mathrm{d}x = 1, \quad \int_0^{+\infty} x\lambda e^{-\lambda x} \mathrm{d}x = \frac{1}{\lambda}, \quad \int_0^{+\infty} x^2 \lambda e^{-\lambda x} \mathrm{d}x = \frac{2}{\lambda^2}.$$

2. 最大似然估计 (D_1（常规操作）+D_{22}（转换等价表述））

对未知参数 θ 进行估计时，在该参数可能的取值范围 I 内选取，使"样本获此观测值 $x_1, x_2, \cdots, x_n$"的概率最大的参数值 $\hat{\theta}$ 作为 θ 的估计，这样选定的 $\hat{\theta}$ 最有利于 $x_1, x_2, \cdots, x_n$ 的出现，即"参数 θ 为多少时，观测值出现的概率最大"．

$$\begin{cases} \text{独立：拆} \Rightarrow f = f_1 f_2 \cdots f_n; \ p = p_1 p_2 \cdots p_n, \\ \text{同分布：去下标} \Rightarrow f = \prod_{i=1}^n f(x_i; \theta)(\text{连续型}); \ p = \prod_{i=1}^n p(x_i; \theta) (\text{离散型}) \end{cases}$$

①写似然函数 $L(x_1, x_2, \cdots, x_n; \theta) = \begin{cases} \prod_{i=1}^n p(x_i; \theta) \ (\text{离散型}); \\ \prod_{i=1}^n f(x_i; \theta) \ (\text{连续型}). \end{cases}$

【注】若联合概率密度（连续型）或联合分布律（离散型）中有与参数 θ 无关的因式，为便于计算，去掉这些因式不会影响对 θ 的最大似然估计，比如 $P\{X_1 = k_1, X_2 = k_2, \cdots, X_m = k_m\} = n! \prod_{i=1}^m \frac{[P_i(\theta)]^{k_i}}{(k_i)!}$，可令 $L(\theta) = \prod_{i=1}^m [P_i(\theta)]^{k_i}$，但要注意，若求 $P\{X_1 = k_1, X_2 = k_2, \cdots, X_m = k_m\}$，则不能去掉任何因式．

②求参数 $\begin{cases} \text{若似然函数有驻点，则令} \dfrac{\mathrm{d}L}{\mathrm{d}\theta}=0 \text{或} \dfrac{\mathrm{d}(\ln L)}{\mathrm{d}\theta}=0，\text{解出} \hat{\theta}; \\ \text{若似然函数无驻点（单调），则用定义求} \hat{\theta}; \quad \rightarrow D_{22}（\text{转换等价表述}） \\ \text{若似然函数为常数，则用定义求} \hat{\theta}，\text{此时} \hat{\theta} \text{不唯一}. \end{cases}$

$\nearrow D_1（\text{常规操作}）$

$\rightarrow$ 此为充分条件，考题中若出现且 u 可导，求导验其单调即可

③最大似然估计量的不变性原则.

设 $\hat{\theta}$ 是总体分布中未知参数 θ 的最大似然估计，函数 $u=u(\theta)$ 具有单值的反函数 $\theta=\theta(u)$，则 $\hat{u}=u(\hat{\theta})$ 是 $u(\theta)$ 的最大似然估计.

④双总体的最大似然估计.

例 9.3 设总体 X 服从参数 λ（$\lambda>0$ 但未知）的泊松分布，$X_1, X_2, \cdots, X_n$ 是来自总体 X 的一个简单随机样本，则 $P\{X=0\}$ 的最大似然估计量为_____.

【解】 应填 $\mathrm{e}^{-\bar{X}}$. $\rightarrow D_{22}（\text{转换等价表述}）$

设 $X_1, X_2, \cdots, X_n$ 对应的样本值为 $x_1, x_2, \cdots, x_n$，则似然函数为

$$L(\lambda)=P\{X=x_1\}P\{X=x_2\}\cdots P\{X=x_n\}$$

$$=\frac{\lambda^{x_1}}{x_1!}\mathrm{e}^{-\lambda} \cdot \frac{\lambda^{x_2}}{x_2!}\mathrm{e}^{-\lambda} \cdot \cdots \cdot \frac{\lambda^{x_n}}{x_n!}\mathrm{e}^{-\lambda}=\frac{\mathrm{e}^{-n\lambda}}{x_1!x_2!\cdots x_n!}\lambda^{\sum\limits_{i=1}^{n}x_i},$$

即

$$\ln L(\lambda)=-n\lambda-\sum_{i=1}^{n}\ln(x_i!)+\left(\sum_{i=1}^{n}x_i\right)\ln\lambda.$$

令 $\dfrac{\mathrm{d}[\ln L(\lambda)]}{\mathrm{d}\lambda}=0$，即 $-n+\dfrac{\sum\limits_{i=1}^{n}x_i}{\lambda}=0$，解得 $\lambda=\dfrac{1}{n}\sum\limits_{i=1}^{n}x_i=\bar{x}$，即 λ 的最大似然估计量为 $\dfrac{1}{n}\sum\limits_{i=1}^{n}X_i=\bar{X}$.

$\rightarrow D_{22}（\text{转换等价表述}）$

代入 $P\{X=0\}=\dfrac{\lambda^0}{0!}\mathrm{e}^{-\lambda}=\mathrm{e}^{-\lambda}$，由最大似然估计量的不变性原则，得 $P\{X=0\}$ 的最大似然估计量为 $\mathrm{e}^{-\bar{X}}$.

【注】 常见分布的矩估计量和最大似然估计量.

X 服从的分布	矩估计量	最大似然估计量
0—1 分布	$\hat{p}=\bar{X}$	$\hat{p}=\bar{X}$
$B(n,p)$	$\hat{p}=\dfrac{\bar{X}}{n}$	$\hat{p}=\dfrac{\bar{X}}{n}$
$G(p)$	$\hat{p}=\dfrac{1}{\bar{X}}$	$\hat{p}=\dfrac{1}{\bar{X}}$
$P(\lambda)$	$\hat{\lambda}=\bar{X}$	$\hat{\lambda}=\bar{X}$
$U(a,b)$	$\hat{a}=\bar{X}-\sqrt{\dfrac{3}{n}\sum\limits_{i=1}^{n}(X_i-\bar{X})^2}$ $\hat{b}=\bar{X}+\sqrt{\dfrac{3}{n}\sum\limits_{i=1}^{n}(X_i-\bar{X})^2}$	$\hat{a}=\min\{X_1,X_2,\cdots,X_n\}$ $\hat{b}=\max\{X_1,X_2,\cdots,X_n\}$
$E(\lambda)$	$\hat{\lambda}=\dfrac{1}{\bar{X}}$	$\hat{\lambda}=\dfrac{1}{\bar{X}}$
$N(\mu,\sigma^2)$	$\hat{\mu}=\bar{X}，\hat{\sigma}^2=\dfrac{1}{n}\sum\limits_{i=1}^{n}(X_i-\bar{X})^2$	μ,σ^2 均未知：$\hat{\mu}=\bar{X}，\hat{\sigma}^2=\dfrac{1}{n}\sum\limits_{i=1}^{n}(X_i-\bar{X})^2$; μ 已知，σ^2 未知：$\hat{\sigma}^2=\dfrac{1}{n}\sum\limits_{i=1}^{n}(X_i-\mu)^2$; μ 未知，σ^2 已知：$\hat{\mu}=\bar{X}$

例 9.4　　（仅数学三）设总体 X 的概率分布为

X	0	1	2	3
P	θ^2	$2\theta(1-\theta)$	θ^2	$1-2\theta$

其中 $\theta\left(0<\theta<\dfrac{1}{2}\right)$ 是未知参数，从总体 X 中抽取容量为 8 的一组样本，其经验分布函数

$$F_8(x)=\begin{cases}0, & x<0,\\[4pt] \dfrac{1}{8}, & 0\leqslant x<1,\\[6pt] \dfrac{3}{8}, & 1\leqslant x<2,\\[6pt] \dfrac{1}{2}, & 2\leqslant x<3,\\[6pt] 1, & x\geqslant 3.\end{cases}$$

求 θ 的矩估计值和最大似然估计值.

【解】由经验分布函数知，样本值为 1 个 0, 2 个 1, 1 个 2, 4 个 3. 由于总体分布仅含一个未知参数，因此矩法方程为 $EX=\bar{X}$，其中

$$\bar{X}=\frac{1}{8}\sum_{i=1}^{8}X_i,$$

$$EX=0\times\theta^2+1\times 2\theta(1-\theta)+2\theta^2+3(1-2\theta)=3-4\theta,$$

令 $3-4\theta=\bar{X}$，解得 θ 的矩估计量为 $\hat{\theta}=\dfrac{3-\bar{X}}{4}$，由样本值算得

$$\bar{x}=\frac{1}{8}\times(1\times 0+2\times 1+1\times 2+4\times 3)=2,$$

所以 θ 的矩估计值为 $\hat{\theta}=\dfrac{3-2}{4}=\dfrac{1}{4}$.

已知总体 X 的概率分布为 $p_i=P\{X=x_i\}=p(x_i;\theta)$，故样本值 $x_i(1\leqslant i\leqslant 8)$ 的似然函数为

$$L(\theta)=L(x_1,\cdots,x_8;\theta)=\prod_{i=1}^{8}p(x_i;\theta)=\theta^2[2\theta(1-\theta)]^2\theta^2(1-2\theta)^4$$

$$=4\theta^6(1-\theta)^2(1-2\theta)^4.$$

取对数，$\qquad\ln L(\theta)=\ln 4+6\ln\theta+2\ln(1-\theta)+4\ln(1-2\theta),$

令 $\qquad\dfrac{\mathrm{d}[\ln L(\theta)]}{\mathrm{d}\theta}=\dfrac{6}{\theta}-\dfrac{2}{1-\theta}-\dfrac{8}{1-2\theta}=\dfrac{24\theta^2-28\theta+6}{\theta(1-\theta)(1-2\theta)}=0,$

即 $12\theta^2-14\theta+3=0$，解得 $\theta=\dfrac{7\pm\sqrt{13}}{12}$，因为 $\dfrac{7+\sqrt{13}}{12}>\dfrac{1}{2}$ 不合题意，故 θ 的最大似然估计值为 $\hat{\theta}=\dfrac{7-\sqrt{13}}{12}$.

【注】似然方程满足条件的解 $\hat{\theta}$ 一般就认为是最大似然估计而不加以验证，原则上是需要证明的，然而有些问题证明是不容易的，甚至是不可能的. 如果能断言 $L(\theta)$ 有最大值点，而且似然方程只有唯一解 $\hat{\theta}$，则 $\hat{\theta}$ 为最大似然估计，此外有些问题可用微积分方法来验证，如本例. 事实上，由于

$$\frac{\mathrm{d}^2[\ln L(\theta)]}{\mathrm{d}\theta^2}=\frac{-6}{\theta^2}-\frac{2}{(1-\theta)^2}-\frac{16}{(1-2\theta)^2}<0,$$

因此 $\hat{\theta}=\dfrac{7-\sqrt{13}}{12}$ 使 $L(\hat{\theta})$ 达到最大，因而满足条件的解为 $\hat{\theta}=\dfrac{7-\sqrt{13}}{12}$.

例 9.5 设某种电器元件的寿命 X（单位：h）服从双指数分布，概率密度为

$$f(x) = \begin{cases} \dfrac{1}{\theta} e^{-\frac{x-c}{\theta}}, & x \geq c, \theta > 0, \\ 0, & \text{其他}, \end{cases}$$

其中 θ，c 为未知参数，从中抽取 n 件测其寿命，得它们的有效使用时间依次为 $x_1 \leq x_2 \leq \cdots \leq x_n$。求 θ 与 c 的最大似然估计值。

【解】样本似然函数为

$$L(x_1, x_2, \cdots, x_n; \theta, c) = \begin{cases} \displaystyle\prod_{i=1}^{n} \dfrac{1}{\theta} e^{-\frac{x_i-c}{\theta}}, & x_1, x_2, \cdots, x_n \geq c, \\ 0, & \text{其他} \end{cases}$$

$$= \begin{cases} \dfrac{1}{\theta^n} e^{-\frac{1}{\theta}\left(\sum\limits_{i=1}^{n} x_i - nc\right)}, & x_1, x_2, \cdots, x_n \geq c, \\ 0, & \text{其他}, \end{cases}$$

取对数得

$$\ln L(x_1, x_2, \cdots, x_n; \theta, c) = -n\ln\theta - \frac{1}{\theta}\left(\sum_{i=1}^{n} x_i - nc\right),$$

有

$$\begin{cases} \dfrac{\partial(\ln L)}{\partial \theta} = -\dfrac{n}{\theta} + \dfrac{1}{\theta^2}\left(\displaystyle\sum_{i=1}^{n} x_i - nc\right), \\ \dfrac{\partial(\ln L)}{\partial c} = \dfrac{n}{\theta}, \end{cases}$$

令 $\dfrac{\partial(\ln L)}{\partial \theta} = 0$ 得到 $\theta = \dfrac{1}{n}\left(\sum\limits_{i=1}^{n} x_i - nc\right) = \bar{x} - c$，其中 $\bar{x} = \dfrac{1}{n}\sum\limits_{i=1}^{n} x_i$。第二个方程中 $\dfrac{n}{\theta}$ 恒大于零，说明 $\ln L(x_1, x_2, \cdots, x_n; \theta, c)$ 是 c 的单调增函数，要使似然函数达到最大值，必须使 c 取到最大值，而 c 又必须满足 $c \leq x_i (i = 1, 2, \cdots, n)$，即 $c = \min\{x_1, x_2, \cdots, x_n\} = x_1$，故

$$\hat{c} = x_1 = \min\{x_1, x_2, \cdots, x_n\} = x_{(1)}, \quad \hat{\theta} = \bar{x} - c = \bar{x} - x_1 = \bar{x} - x_{(1)}.$$

例 9.6 已知总体 X 的概率密度为

$$f(x) = \frac{1}{2} e^{-|x-\theta|}, -\infty < x < +\infty,$$

$X_1, \cdots, X_n$ 是来自该总体的简单随机样本，试求 θ 的最大似然估计。

【解】似然函数为

$$L(\theta) = \prod_{i=1}^{n}\left(\frac{1}{2} e^{-|x_i-\theta|}\right) = \frac{1}{2^n} e^{-\sum\limits_{i=1}^{n}|x_i-\theta|},$$

取对数为

$$\ln L(\theta) = -n\ln 2 - \sum_{i=1}^{n}|x_i - \theta|.$$

记样本观察值 $x_1, x_2, \cdots, x_n$ 中不大于 θ 的有 k 个，即有

$$x_{(1)} \leq x_{(2)} \leq \cdots \leq x_{(k)} \leq \theta < x_{(k+1)} \leq x_{(k+2)} \leq \cdots \leq x_{(n)},$$

故

$$\ln[L(\theta)] = -n\ln 2 - \left[\sum_{i=1}^{k}(\theta - x_{(i)}) + \sum_{i=k+1}^{n}(x_{(i)} - \theta)\right]$$

$$= -n\ln 2 + \sum_{i=1}^{k} x_{(i)} - \sum_{i=k+1}^{n} x_{(i)} + (n-2k)\theta,$$

令 $\dfrac{\mathrm{d}[\ln L(\theta)]}{\mathrm{d}\theta} = n - 2k = 0$，得

$$\hat\theta = \begin{cases} X_{\left(\frac{n+1}{2}\right)}, & n\text{为奇数}, \\ X_{\left(\frac{n}{2}\right)} + \alpha\left(X_{\left(\frac{n}{2}+1\right)} - X_{\left(\frac{n}{2}\right)}\right), 0<\alpha<1, & n\text{为偶数}. \end{cases}$$

例 9.7 设 $X_1, X_2, \cdots, X_n$ 为来自均值为 θ 的指数分布总体的简单随机样本，$Y_1, Y_2, \cdots, Y_m$ 为来自均值为 2θ 的指数分布总体的简单随机样本，且两样本相互独立，其中 $\theta(\theta>0)$ 是未知参数，利用样本 $X_1, X_2, \cdots, X_n, Y_1, Y_2, \cdots, Y_m$，求 θ 的最大似然估计量 $\hat\theta$，并求 $D(\hat\theta)$.

【解】 设 $x_1, x_2, \cdots, x_n, y_1, y_2, \cdots, y_m$ 为样本值，则似然函数为

$$L(\theta) = \frac{1}{2^m\theta^{n+m}}\mathrm{e}^{-\frac{1}{\theta}\sum_{i=1}^n x_i - \frac{1}{2\theta}\sum_{j=1}^m y_j}.$$

从而

$$\ln L(\theta) = -m\ln 2 - (n+m)\ln\theta - \frac{1}{\theta}\sum_{i=1}^n x_i - \frac{1}{2\theta}\sum_{j=1}^m y_j,$$

$$\frac{\mathrm{d}[\ln L(\theta)]}{\mathrm{d}\theta} = -\frac{n+m}{\theta} + \frac{1}{\theta^2}\sum_{i=1}^n x_i + \frac{1}{2\theta^2}\sum_{j=1}^m y_j.$$

令 $\dfrac{\mathrm{d}[\ln L(\theta)]}{\mathrm{d}\theta} = 0$，解得 $\theta = \dfrac{1}{n+m}\left(\sum_{i=1}^n x_i + \frac{1}{2}\sum_{j=1}^m y_j\right)$.

因此 θ 的最大似然估计量为 $\hat\theta = \dfrac{2n\bar X + m\bar Y}{2(n+m)}$，其中 $\bar X = \dfrac{1}{n}\sum_{i=1}^n X_i$，$\bar Y = \dfrac{1}{m}\sum_{j=1}^m Y_j$.

由于 $D\bar X = \dfrac{\theta^2}{n}$，$D\bar Y = \dfrac{4\theta^2}{m}$，所以

$$D\hat\theta = D\left[\frac{2n\bar X + m\bar Y}{2(n+m)}\right] = \frac{4n^2 D\bar X + m^2 D\bar Y}{4(n+m)^2} = \frac{\theta^2}{n+m}.$$

3. 估计量的评价（仅数学一）

（1）无偏性.

对于估计量 $\hat\theta$，若 $E\hat\theta = \theta$，则称 $\hat\theta$ 为 θ 的无偏估计量.

（2）有效性.

若 $E\hat\theta_1 = \theta$，$E\hat\theta_2 = \theta$，即 $\hat\theta_1, \hat\theta_2$ 均是 θ 的无偏估计量，当 $D\hat\theta_1 < D\hat\theta_2$ 时，称 $\hat\theta_1$ 比 $\hat\theta_2$ 有效.

（3）一致性（相合性）（只针对大样本 $n\to\infty$）.

若 $\hat\theta$ 为 θ 的估计量，对任意 $\varepsilon>0$，有

$$\lim_{n\to\infty} P\{|\hat\theta - \theta|\geqslant\varepsilon\} = 0,$$

或

$$\lim_{n\to\infty} P\{|\hat\theta - \theta|<\varepsilon\} = 1,$$

即当 $\hat\theta \xrightarrow{P} \theta$ 时，称 $\hat\theta$ 为 θ 的一致（或相合）估计.

【注】 常用切比雪夫不等式、辛钦大数定律判一致性.

4. 估计量的数字特征（仅数学三）(D₁(常规操作))

①求 $E\hat{\theta}$.

②求 $D\hat{\theta}$.

③验证 $\hat{\theta}$ 是否依概率收敛于 θ，即是否有 $\hat{\theta} \xrightarrow{P} \theta$，即对任意 $\varepsilon > 0$，有

$$\lim_{n\to\infty} P\{|\hat{\theta} - \theta| \geqslant \varepsilon\} = 0 \text{ 或 } \lim_{n\to\infty} P\{|\hat{\theta} - \theta| < \varepsilon\} = 1 .$$

例 9.8 设 $X_1, \cdots, X_n$ 独立同分布，X_1 可取且只可取 4 个不同数值，且相应的取值概率分别为

$$p_1 = 1 - \theta, p_2 = \theta - \theta^2, p_3 = \theta^2 - \theta^3, p_4 = \theta^3,$$

记 $N_i (i = 1, 2, 3, 4)$ 为从总体抽取的 n 个样本中出现 4 个不同数值所对应的个数.

（1）（仅数学一）确定 a_1, a_2, a_3, a_4, 使 $T = \sum_{i=1}^{4} a_i N_i$ 为 θ 的无偏估计；

（仅数学三）确定 a_1, a_2, a_3, a_4, 使 $E\left(\sum_{i=1}^{4} a_i N_i\right) = \theta$；

（2）若 $N_i = n_i$, $i = 1, 2, 3, 4$. 求 θ 的最大似然估计值；

（3）若 $n = 5$, 求 $P\{N_1 = 1, N_2 = 1, N_3 = 1\}$ 的最大似然估计值.

【解】（1）（仅数学一）由于 $N_i \sim B(n, p_i), i = 1, 2, 3, 4$，因此 $EN_i = np_i$, 从而有

$$ET = \sum_{i=1}^{4} a_i EN_i = a_1 n(1-\theta) + a_2 n(\theta - \theta^2) + a_3 n(\theta^2 - \theta^3) + a_4 n\theta^3$$
$$= na_1 + n(a_2 - a_1)\theta + n(a_3 - a_2)\theta^2 + n(a_4 - a_3)\theta^3.$$

若使 T 为 θ 的无偏估计，即要求

$$\begin{cases} na_1 = 0, \\ n(a_2 - a_1) = 1, \\ n(a_3 - a_2) = 0, \\ n(a_4 - a_3) = 0, \end{cases}$$

解得

$$a_1 = 0, a_2 = a_3 = a_4 = \frac{1}{n},$$

即 $T = \dfrac{N_2 + N_3 + N_4}{n}$ 是 θ 的无偏估计.

（仅数学三）由于 $N_i \sim B(n, p_i), i = 1, 2, 3, 4$，因此 $EN_i = np_i$, 从而有

$$ET = \sum_{i=1}^{4} a_i EN_i = a_1 n(1-\theta) + a_2 n(\theta - \theta^2) + a_3 n(\theta^2 - \theta^3) + a_4 n\theta^3$$
$$= na_1 + n(a_2 - a_1)\theta + n(a_3 - a_2)\theta^2 + n(a_4 - a_3)\theta^3.$$

若使 $E\left(\sum_{i=1}^{4} a_i N_i\right) = \theta$，即要求

$$\begin{cases} na_1 = 0, \\ n(a_2 - a_1) = 1, \\ n(a_3 - a_2) = 0, \\ n(a_4 - a_3) = 0, \end{cases}$$

解得

$$a_1 = 0, a_2 = a_3 = a_4 = \frac{1}{n}.$$

（2）由题意，有 $N_1 + N_2 + N_3 + N_4 = n$, 且似然函数为

$$L(\theta) = (1-\theta)^{n_1} (\theta - \theta^2)^{n_2} (\theta^2 - \theta^3)^{n_3} (\theta^3)^{n_4} = \theta^{n_2 + 2n_3 + 3n_4}(1-\theta)^{n_1 + n_2 + n_3},$$

取对数得

$$\ln L(\theta) = (n_2 + 2n_3 + 3n_4)\ln\theta + (n_1 + n_2 + n_3)\ln(1-\theta),$$

对 θ 求导,

$$\frac{\mathrm{d}[\ln L(\theta)]}{\mathrm{d}\theta} = \frac{n_2 + 2n_3 + 3n_4}{\theta} - \frac{n_1 + n_2 + n_3}{1-\theta} \xlongequal{\diamondsuit} 0,$$

解得

$$\frac{1-\theta}{\theta} = \frac{n_1 + n_2 + n_3}{n_2 + 2n_3 + 3n_4},$$

则 θ 的最大似然估计值为

$$\hat{\theta} = \frac{n_2 + 2n_3 + 3n_4}{n_1 + 2n_2 + 3n_3 + 3n_4}.$$

参见"第2讲二、1.(3)②"多项式分布的联合分布律

(3)由于 $n = 5$,故 $P\{N_1 = 1, N_2 = 1, N_3 = 1, N_4 = 2\} = \dfrac{5!}{1!\,1!\,1!\,2!}L(\theta) = 60L(\theta)$.

由(2),当 $\theta = \hat{\theta} = \dfrac{n_2 + 2n_3 + 3n_4}{n_1 + 2n_2 + 3n_3 + 3n_4} = \dfrac{1+2+6}{1+2+3+6} = \dfrac{3}{4}$ 时,$L(\theta)$ 最大,也即 $P\{N_1 = 1, N_2 = 1, N_3 = 1\}$ 的最大似然估计值为 $60L\left(\dfrac{3}{4}\right) = 60\left(\dfrac{3}{4}\right)^{1+2+6} \cdot \left(\dfrac{1}{4}\right)^{1+1+1} = \dfrac{5 \cdot 3^{10}}{4^{11}}$.

二、作区间估计 (O₂(盯住目标2))、假设检验 (O₃(盯住目标3))、求两类错误 (O₄(盯住目标4)) (仅数学一)

1. 区间估计 (D₁(常规操作))

(1)概念.

设 θ 是总体 X 的分布函数的一个未知参数,对于给定 $\alpha(0 < \alpha < 1)$,如果由样本 $X_1, X_2, \cdots, X_n$ 确定的两个统计量 $\hat{\theta}_1 = \hat{\theta}_1(X_1, X_2, \cdots, X_n)$,$\hat{\theta}_2 = \hat{\theta}_2(X_1, X_2, \cdots, X_n)$,使

$$P\{\hat{\theta}_1(X_1, X_2, \cdots, X_n) < \theta < \hat{\theta}_2(X_1, X_2, \cdots, X_n)\} = 1 - \alpha,$$

则称随机区间 $(\hat{\theta}_1, \hat{\theta}_2)$ 是 θ 的置信度为 $1 - \alpha$ 的**置信区间**,$\hat{\theta}_1$ 和 $\hat{\theta}_2$ 分别称为 θ 的置信度为 $1 - \alpha$ 的双侧置信区间的**置信下限**和**置信上限**,$1 - \alpha$ 称为**置信度**或**置信水平**,α 称为**显著性水平**.如果 $P\{\theta < \hat{\theta}_1\} = P\{\theta > \hat{\theta}_2\} = \dfrac{\alpha}{2}$,则称这种置信区间为**等尾置信区间**.

考前记一记,喝前摇一摇,即可.

(2)单个正态总体均值和方差的置信区间.

设 $X \sim N(\mu, \sigma^2)$,从总体 X 中抽取样本 $X_1, X_2, \cdots, X_n$,样本均值为 $\bar{X}$,样本方差为 S^2.

形式化归体系块

① σ^2 已知,μ 的置信水平是 $1 - \alpha$ 的置信区间为

$$\left(\bar{X} - \frac{\sigma}{\sqrt{n}}z_{\frac{\alpha}{2}}, \ \bar{X} + \frac{\sigma}{\sqrt{n}}z_{\frac{\alpha}{2}}\right).$$

记为 I_1 → $P\{\mu \in I_1\} = 1 - \alpha$

② σ^2 未知,μ 的置信水平是 $1 - \alpha$ 的置信区间为

$$\left(\bar{X} - \frac{S}{\sqrt{n}}t_{\frac{\alpha}{2}}(n-1), \bar{X} + \frac{S}{\sqrt{n}}t_{\frac{\alpha}{2}}(n-1)\right).$$

记为 I_2 → $P\{\mu \in I_2\} = 1 - \alpha$

③ μ 已知,σ^2 的置信水平是 $1 - \alpha$ 的置信区间为

$$\left(\frac{\sum_{i=1}^{n}(X_i-\mu)^2}{\chi^2_{\frac{\alpha}{2}}(n)}, \frac{\sum_{i=1}^{n}(X_i-\mu)^2}{\chi^2_{1-\frac{\alpha}{2}}(n)} \right).$$

记为 I_3 → $P\{\sigma^2 \in I_3\}=1-\alpha$

此种情况一般不出现

形式化归体系统

④ μ 未知，σ^2 的置信水平是 $1-\alpha$ 的置信区间为

$$\left(\frac{(n-1)S^2}{\chi^2_{\frac{\alpha}{2}}(n-1)}, \frac{(n-1)S^2}{\chi^2_{1-\frac{\alpha}{2}}(n-1)} \right).$$

记为 I_4 → $P\{\sigma^2 \in I_4\}=1-\alpha$

例 9.9 已知某机器生产出的零件长度 X（单位：cm）服从正态分布 $N(\mu,\sigma^2)$，现从中随意抽取容量为 16 的一个样本，测得样本均值 $\bar{x}=10$，样本方差 $s^2=0.16$，则总体均值 μ 置信水平为 0.95 的置信区间为_____．($t_{0.025}(15) = 2.132$)

【解】 应填 $(9.786\,8, 10.213\,2)$．

在总体方差 σ^2 未知条件下，求均值 μ 的置信区间，即求置信水平为 $1-\alpha$ 的置信区间为

$$\left(\bar{X}-\frac{S}{\sqrt{n}}t_{\frac{\alpha}{2}}(n-1), \bar{X}+\frac{S}{\sqrt{n}}t_{\frac{\alpha}{2}}(n-1) \right).$$

由 $\bar{x}=10$，$s^2=0.16=0.4^2$，得

$$\left(10-\frac{2.132\times 0.4}{4}, 10+\frac{2.132\times 0.4}{4} \right)=(9.786\,8, 10.213\,2).$$

例 9.10 设总体 X 服从正态分布 $N(\mu,\sigma^2)$，其中 σ^2 已知，n 是给定的样本容量，μ 为未知参数，则 μ 的等尾双侧置信区间长度 L 与置信度 $1-\alpha$ 的关系是（　　　）．

（A）当 $1-\alpha$ 减小时，L 变小

（B）当 $1-\alpha$ 减小时，L 增大

（C）当 $1-\alpha$ 减小时，L 不变

（D）当 $1-\alpha$ 减小时，L 增减不定

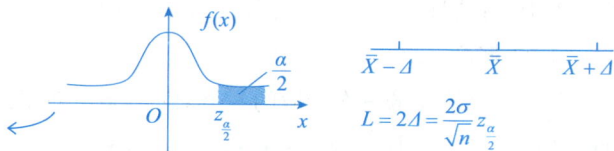

$$L = 2\Delta = \frac{2\sigma}{\sqrt{n}}z_{\frac{\alpha}{2}}$$

【解】 应选（A）．

由均值 μ 的等尾双侧置信区间 $\left(\bar{X}-\frac{\sigma}{\sqrt{n}}z_{\frac{\alpha}{2}}, \bar{X}+\frac{\sigma}{\sqrt{n}}z_{\frac{\alpha}{2}} \right)$ 来确定正确选项．事实上，此时置信区间长度 $L=\frac{2\sigma}{\sqrt{n}}z_{\frac{\alpha}{2}}$，当 $1-\alpha$ 减小时，α 增大，$z_{\frac{\alpha}{2}}$ 减小，故 L 变小，所以选择（A）．

例 9.11 设总体 X 服从正态分布 $N(\mu,\sigma^2)$，其中 μ 和 σ^2 均为未知参数．从总体 X 中抽取容量为 10 的样本，样本值如下：

$$86.0,\ 85.5,\ 85.4,\ 85.5,\ 85.6,\ 85.9,\ 85.7,\ 85.8,\ 85.7,\ 85.9,$$

则标准差 σ 的置信水平为 0.98 的置信区间是_____．（$\chi^2_{0.01}(9)=21.67$，$\chi^2_{0.01}(10)=23.21$，$\chi^2_{0.99}(9)=2.09$，$\chi^2_{0.99}(10)=2.56$）

【解】 应填 $(0.129, 0.415)$．

由已知数据算得 $s^2=0.04$．由于 $n=10$，$\alpha=1-0.98=0.02$，得

$$\chi^2_{\frac{\alpha}{2}}(n-1) = \chi^2_{0.01}(10-1) = 21.67, \quad \chi^2_{1-\frac{\alpha}{2}}(n-1) = \chi^2_{0.99}(10-1) = 2.09,$$

因此标准差 σ 的置信水平为 0.98 的置信区间是

$$\left(\sqrt{\frac{(n-1)s^2}{\chi_{\frac{\alpha}{2}}^2(n-1)}},\sqrt{\frac{(n-1)s^2}{\chi_{1-\frac{\alpha}{2}}^2(n-1)}}\right)=\left(\sqrt{\frac{(10-1)\times 0.04}{21.67}},\sqrt{\frac{(10-1)\times 0.04}{2.09}}\right)=(0.129,0.415).$$

2. 假设检验 (D₁(常规操作))

（1）概念.

关于总体（分布中的未知参数，分布的类型、特征、相关性、独立性……）的每一种论断（"看法"）称为**统计假设**.然后根据样本观察数据或试验结果所提供的信息去推断（检验）这个"看法"（即假设）是否成立，这类统计推断问题称为**假设检验**.

（2）原假设与备择假设.

常常把没有充分理由不能轻易否定的假设取为**原假设（基本假设或零假设）**，记为 H_0，将其否定的陈述（假设）称为**对立假设或备择假设**，记为 H_1.

（3）小概率原理与显著性水平.

①小概率原理.

对假设进行检验的**基本思想**是采用**某种带有概率性质的反证法**.这种方法的依据是小概率原理——概率很接近于 0 的事件在一次试验或观察中认为备择假设不会发生.若小概率事件发生了，则拒绝原假设.

②显著性水平 α.

小概率事件中的"小概率"的值没有统一规定，通常是根据实际问题的要求，规定一个界限 $\alpha(0<\alpha<1)$，当一个事件的概率不大于 α 时，即认为它是小概率事件.在假设检验问题中，α 称为**显著性水平**，通常取 $\alpha=0.1$，0.05，0.01 等.

考前记一记，喝前摇一摇，即可.

（4）正态总体下的六大检验及拒绝域.

形式化归体系块

① σ^2 已知，μ 未知.$H_0:\mu=\mu_0$，$H_1:\mu\neq\mu_0$，则拒绝为 $\left(-\infty,\mu_0-\frac{\sigma}{\sqrt{n}}z_{\frac{\alpha}{2}}\right]\cup\left[\mu_0+\frac{\sigma}{\sqrt{n}}z_{\frac{\alpha}{2}},+\infty\right)$.

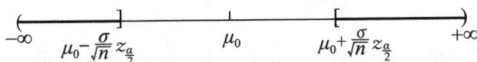

$$\overset{-\infty \quad\quad \mu_0-\frac{\sigma}{\sqrt{n}}z_{\frac{\alpha}{2}} \quad\quad \mu_0 \quad\quad \mu_0+\frac{\sigma}{\sqrt{n}}z_{\frac{\alpha}{2}} \quad\quad +\infty}{}$$

② σ^2 未知，μ 未知.$H_0:\mu=\mu_0$，$H_1:\mu\neq\mu_0$，则拒绝域为

$$\left(-\infty,\mu_0-\frac{S}{\sqrt{n}}t_{\frac{\alpha}{2}}(n-1)\right]\cup\left[\mu_0+\frac{S}{\sqrt{n}}t_{\frac{\alpha}{2}}(n-1),+\infty\right).$$

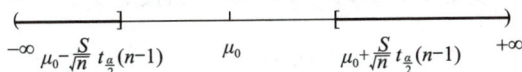

$$\overset{-\infty \quad\quad \mu_0-\frac{S}{\sqrt{n}}t_{\frac{\alpha}{2}}(n-1) \quad\quad \mu_0 \quad\quad \mu_0+\frac{S}{\sqrt{n}}t_{\frac{\alpha}{2}}(n-1) \quad\quad +\infty}{}$$

③ σ^2 已知，μ 未知.$H_0:\mu\leqslant\mu_0$，$H_1:\mu>\mu_0$，则拒绝域为 $\left[\mu_0+\frac{\sigma}{\sqrt{n}}z_\alpha,+\infty\right)$.

（或写 $\mu=\mu_0$） $\quad\quad\quad\quad \overset{\mu_0 \quad \mu_0+\frac{\sigma}{\sqrt{n}}z_\alpha \quad +\infty}{}$

④ σ^2 已知，μ 未知.$H_0:\mu\geqslant\mu_0$，$H_1:\mu<\mu_0$，则拒绝域为 $\left(-\infty,\mu_0-\frac{\sigma}{\sqrt{n}}z_\alpha\right]$.

（或写 $\mu=\mu_0$） $\quad\quad\quad\quad \overset{-\infty \quad \mu_0-\frac{\sigma}{\sqrt{n}}z_\alpha \quad \mu_0}{}$

形式化归体系块

⑤ σ^2 未知，μ 未知．$H_0:\mu \leqslant \mu_0$，$H_1:\mu > \mu_0$，则拒绝域为 $\left[\mu_0 + \dfrac{S}{\sqrt{n}}t_\alpha(n-1), +\infty\right)$．

（或写 $\mu = \mu_0$）

$$\underset{\mu_0}{\underline{\quad\quad}}\overset{\mu_0+\frac{S}{\sqrt{n}}t_\alpha(n-1)}{[\quad\quad}\quad+\infty$$

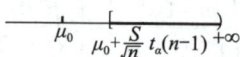

⑥ σ^2 未知，μ 未知．$H_0:\mu \geqslant \mu_0$，$H_1:\mu < \mu_0$，则拒绝域为 $\left(-\infty, \mu_0 - \dfrac{S}{\sqrt{n}}t_\alpha(n-1)\right]$．

（或写 $\mu = \mu_0$）

$$\underset{-\infty}{\quad}\overset{\mu_0-\frac{S}{\sqrt{n}}t_\alpha(n-1)\quad\mu_0}{\quad\quad]\quad\quad}$$

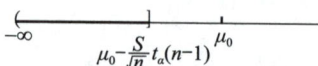

【注】（1）H_0 中含 "="，以便 H_0 成立时有分布可用．

（2）拒绝域的"形式"与备择假设 H_1 的"含义"一致，便于记忆，比如上述①中，H_1：$\mu \neq \mu_0$，则拒绝域为"远离 μ_0"，可见，"$\mu \neq \mu_0$"与"远离 μ_0"的含义一致．

例 9.12 设 $X_1, X_2, \cdots, X_{16}$ 是来自正态总体 $N(\mu, 2^2)$ 的样本，样本均值为 $\bar{X}$，则在显著性水平 $\alpha = 0.05$ 下检验假设 $H_0:\mu = 5$，$H_1:\mu \neq 5$ 的拒绝域为_____．$(\Phi(1.96) = 0.975, \Phi(1.65) = 0.95)$

【解】应填 $(-\infty, 4.02] \bigcup [5.98, +\infty)$．

由"二、2.（4）①"可知，本题假设检验的拒绝域为

$$\left(-\infty, \mu_0 - \frac{\sigma}{\sqrt{n}}z_{\frac{\alpha}{2}}\right] \bigcup \left[\mu_0 + \frac{\sigma}{\sqrt{n}}z_{\frac{\alpha}{2}}, +\infty\right),$$

其中 $\mu_0 = 5$，$\sigma = 2$，$n = 16$，$z_{\frac{\alpha}{2}} = z_{0.025} = 1.96$，则拒绝域为

$$(-\infty, 4.02] \bigcup [5.98, \infty)．$$

例 9.13 对正态总体的数学期望 μ 进行假设检验，如果在显著性水平 $\alpha = 0.05$ 下接受 $H_0:\mu = \mu_0$，$H_1:\mu > \mu_0$，那么在显著性水平 $\alpha = 0.01$ 下（　　）．

（A）必接受 H_0

（B）必拒绝 H_0，接受 H_1

（C）可能接受也可能拒绝 H_0

（D）拒绝 H_0，可能接受也可能拒绝 H_1

【解】应选（A）．

如图所示，拒绝域为 $[\mu_0 + \Delta, +\infty)$，无论 $\Delta = \dfrac{\sigma}{\sqrt{n}}z_\alpha$，还是 $\Delta = \dfrac{S}{\sqrt{n}}t_\alpha(n-1)$，当 α 变小时，总有 z_α 变大，$t_\alpha(n-1)$ 变大，$\mu_0 + \Delta$ 变大，拒绝域变小，所以在 $\alpha = 0.05$ 下接受 H_0，那么在 $\alpha = 0.01$ 下必接受 H_0，选择（A）．

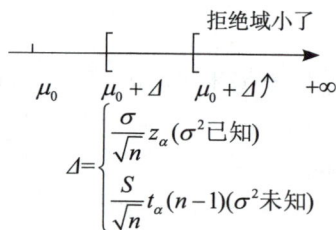

拒绝域小了

$$\underset{\mu_0\quad\quad\mu_0+\Delta\quad\mu_0+\Delta\uparrow\quad\quad+\infty}{\longrightarrow}$$

$$\Delta = \begin{cases} \dfrac{\sigma}{\sqrt{n}}z_\alpha & (\sigma^2 \text{已知}) \\ \dfrac{S}{\sqrt{n}}t_\alpha(n-1) & (\sigma^2 \text{未知}) \end{cases}$$

α：保护 H_0

3. 两类错误（D₁（常规操作））　H_0 是在长期实践中的真理，一般不推翻．

第一类错误（"弃真"）：若 H_0 为真，按检验法则，否定了 H_0，此时犯了"弃真"的错误，这种错误称为第一类错误，犯第一类错误的概率为 $\alpha = P\{$拒绝 $H_0 | H_0$ 为真$\}$．

第二类错误（"取伪"）：若 H_0 不真，按检验法则，接受 H_0，此时犯了"取伪"的错误，这种错误称为第二类错误，犯第二类错误的概率为 $\beta = P\{$接受 $H_0 | H_0$ 为假$\}$．

例 9.14 设 $X_1, X_2, \cdots, X_{16}$ 是来自总体 $N(\mu, 4)$ 的简单随机样本，考虑假设检验问题：$H_0:\mu \leqslant 10$，

$H_1 : \mu > 10. \varPhi(x)$ 表示标准正态分布函数. 若该检验问题的拒绝域为 $W = \{\bar{X} > 11\}$，其中 $\bar{X} = \dfrac{1}{16}\sum\limits_{i=1}^{16} X_i$，则 $\mu = 11.5$ 时，该检验犯第二类错误的概率为（　　）.

（A）$1 - \varPhi(1)$　　　（B）$1 - \varPhi(0.5)$　　　（C）$1 - \varPhi(1.5)$　　　（D）$1 - \varPhi(2)$

【解】应选（A）.

→ D_{22}（转换等价表述）

当 $\mu = 11.5$ 时，该检验犯第二类错误的概率为
$$P\{\bar{X} \leqslant 11 \mid \mu = 11.5\}.$$

当 $\mu = 11.5$ 时，
$$\bar{X} \sim N\left(11.5, \frac{4}{16}\right), \quad \text{即 } \bar{X} \sim N\left(11.5, \frac{1}{4}\right),$$

从而
$$P\{\bar{X} \leqslant 11 \mid \mu = 11.5\} = \varPhi\left(\frac{11 - 11.5}{1/2}\right) = \varPhi(-1) = 1 - \varPhi(1).$$

例 9.15 设总体 X 的概率密度为
$$f(x;\theta) = \begin{cases} \dfrac{\theta}{x^2}, & x \geqslant \theta, \\ 0, & x < \theta, \end{cases}$$

其中 $\theta > 0$ 为未知参数，$X_1, X_2, \cdots, X_n (n > 1)$ 为来自总体 X 的简单随机样本，$X_{(1)} = \min\{X_1, X_2, \cdots, X_n\}$.

（1）求 θ 的最大似然估计量 $\hat{\theta}$，并求常数 a，使得 $a\hat{\theta}$ 为 θ 的无偏估计；

（2）对于原假设 $H_0 : \theta = 2$ 与备择假设 $H_1 : \theta > 2$，若 H_0 的拒绝域为 $W = \{X_{(1)} \geqslant 3\}$，求犯第一类错误的概率 α.

【解】（1）设 $x_1, x_2, \cdots, x_n$ 为简单随机样本的样本值，则似然函数为
$$L(\theta) = \begin{cases} \dfrac{\theta^n}{\prod\limits_{i=0}^{n} x_i^2}, & x_1, x_2, \cdots, x_n \geqslant \theta, \\ 0, & \text{其他}, \end{cases}$$

取对数 $\ln L(\theta) = n\ln\theta - 2\sum\limits_{i=1}^{n} \ln x_i$，由于 $\dfrac{\mathrm{d}[\ln L(\theta)]}{\mathrm{d}\theta} = \dfrac{n}{\theta} > 0$，故 $\ln L(\theta)$ 是 θ 的单调递增函数，于是 θ 的最大似然估计量为

$EX_{(1)} = \displaystyle\int_{-\infty}^{+\infty} x \cdot n[1 - F(x)]^{n-1} f(x)\mathrm{d}x \quad \hat{\theta} = X_{(1)} = \min\{X_1, X_2, \cdots, X_n\}$，

且
$$E\hat{\theta} = EX_{(1)} = \int_{\theta}^{+\infty} x \cdot n \cdot \left(\frac{\theta}{x}\right)^{n-1} \cdot \frac{\theta}{x^2}\mathrm{d}x$$
$$= \int_{\theta}^{+\infty} n \cdot \frac{\theta^n}{x^n}\mathrm{d}x = n \cdot \theta^n \cdot \frac{1}{-n+1} x^{-n+1}\Big|_{\theta}^{+\infty} = \frac{n}{n-1}\theta.$$

若 $E(a\hat{\theta}) = \theta$，则 $a\dfrac{n}{n-1}\theta = \theta$，所以 $a = \dfrac{n-1}{n}$.

（2）$\alpha = P\{X_{(1)} \geqslant 3 \mid \theta = 2\} = \displaystyle\int_{3}^{+\infty} n \cdot \left(\frac{2}{x}\right)^{n-1} \cdot \frac{2}{x^2}\mathrm{d}x = \int_{3}^{+\infty} n \cdot \frac{2^n}{x^{n+1}}\mathrm{d}x = \left(\frac{2}{3}\right)^n.$

→ $P\{拒绝 H_0 | H_0 为真\}$

第四篇
模考试卷

全国硕士研究生招生考试
卷一（数学一）

一、选择题：1~10 小题，每小题 5 分，共 50 分．下列每题给出的四个选项中，只有一个选项是最符合题目要求的．

1. 设函数 $f(x)$ 满足 $\lim\limits_{x\to 0}\dfrac{x-f(x)}{\sin x}=1$，则（　　　）．

（A）$f(0)=0$　　　　（B）$f'(0)=0$　　　　（C）$\lim\limits_{x\to 0}\dfrac{f(x)}{x^3}=1$　　　　（D）$\lim\limits_{x\to 0}\dfrac{f(x)}{x}=0$

2. 设 $\sum\limits_{n=1}^{\infty}a_n\cdot 2^n$ 条件收敛，则 $\sum\limits_{n=1}^{\infty}na_n(x-1)^n$ 在点 $x=2$ 处（　　　）．

（A）绝对收敛　　　　（B）条件收敛　　　　（C）发散　　　　（D）敛散性不确定

3. 设连续函数 $f(x)$ 在 0 到 x（$x\neq 0$）上的平均值为 $\overline{f}(x)=\dfrac{1}{x}\displaystyle\int_0^x f(t)\mathrm{d}t$，则以下结论：

①若 $f(x)$ 是奇函数，则 $\overline{f}(x)$ 是奇函数；

②若 $f(x)$ 是凹函数，则 $\overline{f}(x)$ 是凸函数；

③若 $f(x)$ 是周期函数，则 $\overline{f}(x)$ 是周期函数．

所有正确结论的序号为（　　　）．

（A）①　　　　（B）①②　　　　（C）②③　　　　（D）③

4. 设 L 为取正向的圆 $x^2+y^2=m$，$m>0$，则曲线积分 $\oint_L\dfrac{(e^{x^2}-x^2y)\mathrm{d}x+(xy^2-\sin y^2)\mathrm{d}y}{x^2+y^2}=$（　　　）．

（A）πm　　　　（B）$\dfrac{1}{2}\pi m$　　　　（C）$-\dfrac{1}{2}\pi m$　　　　（D）$-\pi m$

5. 在空间直角坐系 $O-xyz$ 中，三张平面 π_1：$ax+y-z=1$，π_2：$x+y+bz=a$，π_3：$x+ay-z=1$ 的位置关系如图所示，则（　　　）．

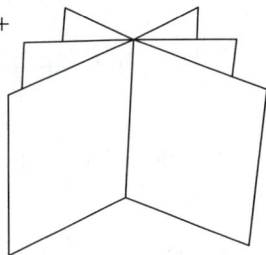

（A）$a=1, b\neq -1$

（B）$a=1, b=-1$

（C）$a\neq -2, b=2$

（D）$a=-2, b=2$

6. 设 3 阶非零矩阵 A 满足 $A_{ij}+a_{ij}=0(i,j=1,2,3)$，则下列结论不正确的是（　　）.

（A）$(A-E)x=\mathbf{0}$ 有非零解　　　　　　（B）$(A+E)x=\mathbf{0}$ 有非零解

（C）$(A+E)^2x=\mathbf{0}$ 有非零解　　　　　（D）$(A^2-E)x=\mathbf{0}$ 有非零解

7. n 阶矩阵 A 与 B 相似的充分非必要条件是（　　）.

（A）A^* 与 B^* 相似　　　　　　　　　（B）$|\lambda E-A|=|\lambda E-B|$

（C）A 与 B 的各阶主子式之和分别相等　　（D）A^{-1} 与 B^{-1} 相似

8. 设 X_1,X_2 为来自总体 $N(\mu,k\sigma^2)$ 的简单随机样本，其中 $\sigma(\sigma>0)$ 是未知参数，k 为正常数，$|X_1-X_2|$ 是 σ 的无偏估计，则 $k=($　　$)$.

（A）$\dfrac{\pi}{2}$　　　　　（B）$\dfrac{\pi}{4}$　　　　　（C）$\dfrac{\sqrt{2\pi}}{2}$　　　　　（D）$\dfrac{\sqrt{\pi}}{2}$

9. 一本 100 页的书，共有 20 个错字，每个错字等可能出现在每页，按照泊松定理，在给定的一页上至少有 2 个错字的概率约为（　　）.

（A）$1-\dfrac{5}{6}e^{-\frac{1}{5}}$　　　（B）$1-\dfrac{5}{6}e^{-\frac{2}{5}}$　　　（C）$1-\dfrac{6}{5}e^{-\frac{1}{5}}$　　　（D）$1-\dfrac{6}{5}e^{-\frac{2}{5}}$

10. 设两组数据分别来自两个方差相同且相互独立的正态总体 $X\sim N(\mu_1,\sigma^2)$ 与 $Y\sim N(\mu_2,\sigma^2)$. 现检验两组数据的均值"有显著差异"，且犯第一类错误的概率为 α，则应（　　）.

（A）在置信度为 $1-\alpha$ 下，检验 H_0：$\mu_1\neq\mu_2$；H_1：$\mu_1=\mu_2$

（B）在置信度为 $1-\dfrac{\alpha}{2}$ 下，检验 H_0：$\mu_1\neq\mu_2$；H_1：$\mu_1=\mu_2$

（C）在置信度为 $1-\alpha$ 下，检验 H_0：$\mu_1=\mu_2$；H_1：$\mu_1\neq\mu_2$

（D）在置信度为 $1-\dfrac{\alpha}{2}$ 下，检验 H_0：$\mu_1=\mu_2$；H_1：$\mu_1\neq\mu_2$

二、填空题：11~16 小题，每小题 5 分，共 30 分.

11. 过原点的曲线 $y=y(x)$ 满足 $\dfrac{\mathrm{d}y}{\mathrm{d}x}=(x+y)^2$，则 $\lim\limits_{x\to0}\dfrac{y(x)}{x^3}=$ _____.

12. 设 $a>0$，Γ 是空间圆周 $\begin{cases}x^2+y^2+z^2=a^2,\\x+y+z=0,\end{cases}$ 且 $\oint_{\Gamma}(x^2+y^2)\mathrm{d}s=\pi$，则 $a=$ _____.

13. $z=\ln\left(e^{-x}+\dfrac{x^2}{y}\right)$ 在点 $(1,1)$ 处沿 $\boldsymbol{l}=(1,0)$ 的方向导数为 _____.

14. 设 Σ 为曲面 $\dfrac{x^2}{4}+\dfrac{y^2}{4}+z^2=1$ 的外侧，则 $\oiint_{\Sigma}x^2\mathrm{d}y\mathrm{d}z+z\mathrm{d}x\mathrm{d}y=$ _____.

15. 设 $|A| = \begin{vmatrix} 2 & -1 & 2 & 3 \\ 0 & 1 & -1 & 0 \\ 2 & 3 & 4 & 5 \\ 1 & 1 & 1 & 1 \end{vmatrix}$，则 $A_{31} + M_{32} + A_{33} + M_{34} = $ _____.

16. 在 21~90 的整数中随机地取一个数，则取到的整数既不能被 2 整除，又不能被 9 整除的概率为 _____.

三、解答题：17~22 小题，共 70 分. 解答应写出文字说明、证明过程或演算步骤.

17. （本题满分 10 分）

设函数 $x = x(y)$ 由方程 $y = \int_a^{x+y} e^{-u^2} du$ 所确定，$x(0) = 1$，求：

（1）a 的值；

（2）$x''(0)$.

18. （本题满分 12 分）

已知 $\dfrac{1}{(1+x)^2} - \ln(2+x) = \sum_{n=0}^{\infty} a_n x^n \ (-1 < x < 1)$，求 a_n.

19. （本题满分 12 分）

设曲线 Γ 为曲面 $x^2 + y^2 + z^2 = 1$ 与平面 $y = z$ 的交线，从 z 轴正向看下去为逆时针方向，计算

$$\oint_\Gamma y^2 \sin x \, dx + xyz \, dz.$$

20. （本题满分 12 分）

设曲面 S 的方程为 $(x+1)^2 + y^2 + z^2 = 4$，从原点向该曲面上任一点 P 处的切平面作垂线，垂足为点 Q. 当点 P 在曲面 S 上运动时，点 Q 的轨迹形成闭曲面 Σ. 求：

（1）Σ 的方程；

（2）Σ 所围成闭区域 Ω 的形心横坐标 $\bar{x}$.

21. （本题满分 12 分）

设 $\begin{cases} x_n = x_{n-1} + 2y_{n-1}, \\ y_n = 4x_{n-1} + 3y_{n-1}, \end{cases}$ $A = \begin{bmatrix} 1 & 2 \\ 4 & 3 \end{bmatrix}$，2 阶矩阵 $B = [\boldsymbol{\beta}_1, \boldsymbol{\beta}_2]$ 满足 $B(A-B) = O$.

（1）当 $\begin{cases} x_0 = 1, \\ y_0 = 2 \end{cases}$ 时，求 x_{100}, y_{100}；

（2）用 $\boldsymbol{\beta}_1, \boldsymbol{\beta}_2$ 的线性组合表示 B^{10}.

22. （本题满分 12 分）

在区间 $(0,2)$ 上随机取一点，将该区间分成两段，较短一段的长度记为 X，令 $Y = |3X - 1|$，求：

（1）X 的概率密度；

（2）EY.

全国硕士研究生招生考试 卷二（数学二）

一、选择题： 1~10小题，每小题5分，共50分．下列每题给出的四个选项中，只有一个选项是最符合题目要求的．

1. 函数 $f(x) = \left| \dfrac{x}{x+1} \right|^{\frac{x+1}{x-1}}$ 的跳跃间断点个数为（　　）．

（A）0　　　　　　　（B）1　　　　　　　（C）2　　　　　　　（D）3

2. $f(x) = \max\{1, |x|\}$ 的原函数为（　　）．

（A）$\begin{cases} -\dfrac{1}{2}x^2 + C, & x < -1, \\ x + \dfrac{1}{2} + C, & -1 \leqslant x \leqslant 1, \\ \dfrac{1}{2}x^2 + 1 + C, & x > 1 \end{cases}$
　　　　　　
（B）$\begin{cases} -\dfrac{1}{2}x^2 + C, & x < -1, \\ x + \dfrac{1}{2}, & -1 \leqslant x \leqslant 1, \\ \dfrac{1}{2}x^2 + 1 + C, & x > 1 \end{cases}$

（C）$\begin{cases} -\dfrac{1}{2}x^2 + C, & x < -1, \\ x + \dfrac{1}{2} + C, & -1 \leqslant x \leqslant 1, \\ \dfrac{1}{2}x + 1 + C, & x > 1 \end{cases}$
　　　　　　
（D）$\begin{cases} -\dfrac{1}{2}x + C, & x < -1, \\ x + \dfrac{1}{2} + C, & -1 \leqslant x \leqslant 1, \\ \dfrac{1}{2}x^2 + 1 + C, & x > 1 \end{cases}$

3. 设 p, q 为正常数，若 $\displaystyle\int_0^1 \dfrac{1}{x^p |\ln x|^q} \mathrm{d}x$ 收敛，则（　　）．

（A）$p > 1,\ q > 1$　　　（B）$p > 1,\ q < 1$　　　（C）$p < 1,\ q > 1$　　　（D）$p < 1,\ q < 1$

4. 设 $f(x)$ 在 $[0,1]$ 上有定义，在 $(0,1)$ 内可导，$f(0)f(1) < 0$，则存在 $\xi \in (0,1)$，使得（　　）．

（A）$f(\xi) = 0$　　　　　　　　　　（B）$f'(\xi) = 0$

（C）$\displaystyle\lim_{x \to \xi}[f(x) - f(\xi)] = 0$　　　　　　（D）$f(1) - f(0) = f'(\xi)$

5. 设函数 $y = y(x)\,(x > 0)$ 是微分方程 $y' + y = \left(1 + \dfrac{1}{x}\right)^x$ 的一个解，则 $y(x)$（　　）．

（A）有水平渐近线 $y = \dfrac{1}{e}$　　　　　　（B）有水平渐近线 $y = e$

（C）有斜渐近线 $y = \dfrac{1}{e}x + \dfrac{1}{e}$　　　　　（D）有斜渐近线 $y = ex + \dfrac{1}{e}$

6. 设函数 $f(x,y)$ 连续，则二次积分 $\int_{\frac{\pi}{2}}^{\pi} dx \int_{\sin x}^{1} f(x,y)dy = ($ $)$.

（A）$\int_{0}^{1} dy \int_{\pi+\arcsin y}^{\pi} f(x,y)dx$ （B）$\int_{0}^{1} dy \int_{\pi-\arcsin y}^{\pi} f(x,y)dx$

（C）$\int_{0}^{1} dy \int_{\frac{\pi}{2}}^{\pi+\arcsin y} f(x,y)dx$ （D）$\int_{0}^{1} dy \int_{\frac{\pi}{2}}^{\pi-\arcsin y} f(x,y)dx$

7. 设 $x_{n+1} = \sin x_n$，$y_{n+1} = \sin y_n$，$n=0,1,2,\cdots$，$0 < x_0 < \frac{\pi}{2}$，$0 < y_0 < \frac{\pi}{2}$，则当 $n \to \infty$ 时，（   ）.

（A）若 $x_0 < y_0$，则 x_n 是比 y_n 高阶的无穷小量

（B）若 $x_0 > y_0$，则 x_n 是比 y_n 低阶的无穷小量

（C）若 $x_0 < y_0$，则 x_n 是与 y_n 同阶非等价的无穷小量

（D）若 $x_0 > y_0$，则 x_n 是与 y_n 等价的无穷小量

8. 设 $\boldsymbol{\alpha}_1 = \begin{bmatrix} 1 \\ 0 \\ a \end{bmatrix}$，$\boldsymbol{\alpha}_2 = \begin{bmatrix} 0 \\ 0 \\ b \end{bmatrix}$，$\boldsymbol{\alpha}_3 = \begin{bmatrix} 1 \\ -1 \\ c \end{bmatrix}$，$\boldsymbol{\alpha}_4 = \begin{bmatrix} -1 \\ 1 \\ d \end{bmatrix}$，其中 a,b,c,d 为任意常数，则下列向量组线性相关的为（   ）.

（A）$\boldsymbol{\alpha}_1$，$\boldsymbol{\alpha}_2$，$\boldsymbol{\alpha}_3$ （B）$\boldsymbol{\alpha}_2$，$\boldsymbol{\alpha}_3$，$\boldsymbol{\alpha}_4$ （C）$\boldsymbol{\alpha}_1$，$\boldsymbol{\alpha}_3$，$\boldsymbol{\alpha}_4$ （D）$\boldsymbol{\alpha}_1$，$\boldsymbol{\alpha}_2$，$\boldsymbol{\alpha}_4$

9. 设 2 阶矩阵 A 满足 $a_{ij} + a_{ji} = 0$，$i,j = 1,2$. 实矩阵 $\boldsymbol{P} = [\boldsymbol{\alpha}, A\boldsymbol{\alpha}]$，其中 $A\boldsymbol{\alpha}$ 为非零列向量，则（   ）.

（A）$\begin{bmatrix} A+A^{\mathrm{T}} & O \\ E & P \end{bmatrix} x = \mathbf{0}$ 只有零解   （B）$\begin{bmatrix} A+E & O \\ E & P \end{bmatrix} x = \mathbf{0}$ 有非零解

（C）$\begin{bmatrix} O & A+A^{\mathrm{T}} \\ P & E \end{bmatrix} x = \begin{bmatrix} \boldsymbol{\alpha} \\ A\boldsymbol{\alpha} \end{bmatrix}$ 有无穷多解   （D）$\begin{bmatrix} O & A+E \\ P & E \end{bmatrix} x = \begin{bmatrix} \boldsymbol{\alpha} \\ A\boldsymbol{\alpha} \end{bmatrix}$ 有唯一解

10. 设二次型 $f(x_1,x_2,x_3)$ 在正交变换 $\boldsymbol{x} = \boldsymbol{P}\boldsymbol{y}$ 下的标准形为 $y_1^2 + y_2^2 - 2y_3^2$，其中 $\boldsymbol{P} = [\boldsymbol{e}_1, \boldsymbol{e}_2, \boldsymbol{e}_3]$. 若 $\boldsymbol{Q} = [-\boldsymbol{e}_3, \boldsymbol{e}_1, \boldsymbol{e}_2]$，则 $f(x_1,x_2,x_3)$ 在正交变换 $\boldsymbol{x} = \boldsymbol{Q}\boldsymbol{y}$ 下的标准形为（   ）.

（A）$2y_1^2 - y_2^2 + y_3^2$ （B）$2y_1^2 + y_2^2 - y_3^2$ （C）$-2y_1^2 + y_2^2 + y_3^2$ （D）$-2y_1^2 - y_2^2 + y_3^2$

二、填空题：11~16 小题，每小题 5 分，共 30 分.

11. $\lim\limits_{n \to \infty} n^2 \ln\left(n \sin \dfrac{1}{n}\right) = $ _____.

12. 质点在第一象限沿曲线 $y = x^{\frac{3}{2}}$ 远离原点，已知质点与原点的距离以 $11\ \mathrm{cm/s}$ 的变化率增加，则当质点运动到 $x = 3$ 时的水平速度为 _____.

13. 设 $x \geqslant -2$，则微分方程 $y' - \sqrt{y + x^2} = -2x$ 满足 $y(0) = 1$ 的特解为 _____.

14. 连续曲线 $y = \int_0^x \sqrt{\sin t}\,\mathrm{d}t$ 的长度为 _____.

15. 设函数 $z = f(x,y)$ 由方程 $xyz - \ln(yz) = -2$ 确定，则 $z''_{xy}(0,1) =$ _____.

16. 设 $A = \begin{bmatrix} \dfrac{1}{2} & -\dfrac{\sqrt{3}}{2} \\ \dfrac{\sqrt{3}}{2} & \dfrac{1}{2} \end{bmatrix}$，则 $A^{-9} =$ _____.

三、解答题：17~22 小题，共 70 分. 解答应写出文字说明、证明过程或演算步骤.

17.（本题满分 10 分）

设平面区域 $D = \left\{(x,y)\,\middle|\, 0 \leqslant y \leqslant \dfrac{\sqrt{x^2-1}}{x^2},\ \sqrt{2} \leqslant x \leqslant 2\right\}$，求：

（1）D 的面积；（2）D 绕 x 轴旋转一周所成旋转体的体积.

18.（本题满分 12 分）

设 $f(x)$ 在 $\left[0, \dfrac{3}{2}\pi\right]$ 上连续，在 $\left(0, \dfrac{3}{2}\pi\right)$ 内是函数 $\dfrac{\sin x}{x}$ 的一个原函数，$f(0) = 0$.

（1）证明 $f\left(\dfrac{3}{2}\pi\right) > 0$；（2）求方程 $\int_1^x \dfrac{\sin t}{t}\,\mathrm{d}t = \ln x^2$ 的实根个数.

19.（本题满分 12 分）

设 $f(x,y)$ 在 $D = \left\{(x,y)\,\middle|\, x^2 + y^2 \leqslant 1\right\}$ 上连续，$f(x,y) = \mathrm{e}^{x^2+y^2} - \iint\limits_D \dfrac{(2x^2+1)f(x,y)}{x^2+y^2+1}\,\mathrm{d}x\mathrm{d}y$，求 $\iint\limits_D f(x,y)\,\mathrm{d}\sigma$.

20.（本题满分 12 分）

求 $f(x,y) = x^2(2+y^2) + y^2\ln y$ 的极值.

21.（本题满分 12 分）

设曲线 $y = f(x)(x>0)$ 满足 $[f'(x)]^2 + 1 = 2f(x)$，$f'(x) > 0$，且 $f(1) = 1$，在曲线 $y = f(x)$ 上任意一点 P 处作切线，切线与 x 轴交点是 M，又从点 P 向 x 轴作垂线，垂足是 N，求：

（1）$f(x)(x>0)$ 的表达式；（2）三角形 PMN 面积的最小值.

22.（本题满分 12 分）

设 $A = \begin{bmatrix} 1 & a & 1 \\ 2 & -1 & 1 \\ 0 & 1 & b \end{bmatrix}$，$ab \neq 0$，存在非零矩阵 B，使得 $r\left[B(A+E)\right] < r(B)$，$A^* = 4A^{-1}$.

（1）求 a,b 的值；

（2）求可逆矩阵 P，使得 $P^{-1}(A^3 + A^*)P$ 为对角矩阵.

全国硕士研究生招生考试
卷三（数学三）

一、选择题：1~10小题，每小题5分，共50分．下列每题给出的四个选项中，只有一个选项是最符合题目要求的．

1. 以下条件，使得$\{a_n\}$收敛的是（　　　）．

（A）$\{a_{2n}\}$，$\{a_{2n+1}\}$均收敛

（B）$\{a_{3n}\}$，$\{a_{3n+1}\}$，$\{a_{3n+2}\}$均收敛

（C）$\{a_{2n-1}\}$，$\{a_{2n}\}$，$\{a_{2n+1}\}$均收敛

（D）$\{a_{2n}\}$，$\{a_{2n+1}\}$，$\{a_{3n}\}$均收敛

2. 设$f(x)$在$x=0$处连续，下列结论：

①若$f'_-(0)$存在，则$f'_+(0)$存在；

②若$\lim\limits_{x\to 0^-}f'(x)$存在，则$\lim\limits_{x\to 0^+}f'(x)$存在；

③若$f'_-(0)$与$f'_+(0)$均存在，则$f'(0)$存在；

④若$\lim\limits_{x\to 0}f'(x)$存在，则$f'(0)$存在．

正确结论的个数为（　　　）．

（A）0　　　　　　（B）1　　　　　　（C）2　　　　　　（D）3

3. 设正项级数$\sum\limits_{n=1}^{\infty}a_n$收敛，常数$k>0$，则$\sum\limits_{n=1}^{\infty}(-1)^n\cdot\dfrac{\sqrt{a_{2n}}}{n+k}$（　　　）．

（A）绝对收敛　　　（B）条件收敛　　　（C）发散　　　（D）敛散性与k有关

4. 设函数$f(x,y)$满足$\mathrm{d}[f(x,y)]=\dfrac{x\mathrm{d}y-y\mathrm{d}x}{x^2+y^2}$，$f(1,1)=\dfrac{\pi}{4}$，则$f(\sqrt{3},0)=$（　　　）．

（A）0　　　　（B）$\dfrac{\pi}{4}$　　　　（C）$-\dfrac{3\pi}{4}$　　　　（D）$\dfrac{3\pi}{4}$

5. 设$A=\begin{bmatrix}1&0&a\\b&2&0\\0&c&3\end{bmatrix}$，其中$abc=-6$，则$A$的伴随矩阵$A^*$有非零特征值（　　　）．

（A）-8　　　　（B）8　　　　（C）-11　　　　（D）11

6. 设A是3阶实对称矩阵，且$A^2-A=2E$，$|A|=2$，则二次型$x^{\mathrm{T}}Ax$的符号差为（　　　）．

（A）-3　　　　（B）-1　　　　（C）1　　　　（D）3

7. 设2阶矩阵A满足$a_{ij}+a_{ji}=0$，$i,j=1,2$．实矩阵$P=(\alpha,A\alpha)$，其中$A\alpha$为非零列向量，则（　　　）．

（A）$\begin{bmatrix} A+A^T & O \\ E & P \end{bmatrix} x = 0$只有零解

（B）$\begin{bmatrix} A+E & O \\ E & P \end{bmatrix} x = 0$有非零解

（C）$\begin{bmatrix} O & A+A^T \\ P & E \end{bmatrix} x = \begin{bmatrix} \alpha \\ A\alpha \end{bmatrix}$有无穷多解

（D）$\begin{bmatrix} O & A+E \\ P & E \end{bmatrix} x = \begin{bmatrix} \alpha \\ A\alpha \end{bmatrix}$有唯一解

8. 设随机变量X的分布函数为$F(x)=\begin{cases} 1-e^{-\sqrt{\lambda x}}, & x>0, \\ 0, & 其他 \end{cases}(\lambda>0)$，记

$$p_1 = P\{X>x\}, p_2 = P\{X>x+t \mid X>t\}, p_3 = P\{X>x-t \mid X>t\},$$

其中$x>2t>0$，则（　　）.

（A）$p_3 > p_2 > p_1$

（B）$p_3 > p_1 > p_2$

（C）$p_3 = p_2 > p_1$

（D）$p_3 > p_1 = p_2$

9. 设随机试验E有三种两两不相容的结果A,B,C，且每次试验三种结果发生的概率分别为$\frac{1}{6}$，$\frac{1}{3}$，$\frac{1}{2}$. 将试验E独立重复做2次，X表示2次试验中结果A发生的次数，Y表示2次试验中结果B发生的次数，则X与Y的相关系数为（　　）.

（A）$-\frac{1}{5}$　　　（B）$-\frac{\sqrt{5}}{5}$　　　（C）$-\frac{\sqrt{10}}{10}$　　　（D）$-\frac{1}{10}$

10. 长为$a(0<a<1)$的直杆任意截取一段，再将剩下的部分截为两段，则这三段直杆能构成三角形的概率为（　　）.

（A）$\frac{1}{4}$　　　（B）$\frac{a}{4}$　　　（C）$\ln 2 - \frac{1}{2}$　　　（D）$a\left(\ln 2 - \frac{1}{2}\right)$

二、填空题：11~16小题，每小题5分，共30分.

11. $\lim\limits_{n\to\infty} \sum\limits_{k=1}^{n} \frac{1}{\sqrt{kn}} = \underline{\qquad}$.

12. 设$f(x) = \frac{x}{1-x+x^2}$，则$f^{(10)}(0) = \underline{\qquad}$.

13. $xy'' + y' = 0$满足$y(1) = y'(1)$的解为$\underline{\qquad}$.

14. 设$f(x)$在$[0,1]$上连续，$\int_0^1 2x^2 f(x)\,\mathrm{d}x \geq \int_0^1 f^2(x)\,\mathrm{d}x + \frac{1}{5}$，则$f(x) = \underline{\qquad}$.

15. 设$A = \begin{bmatrix} 1 & 1 \\ 0 & 1 \end{bmatrix}$，$B = \begin{bmatrix} -1 & 1 \\ 0 & -1 \end{bmatrix}$，则$A^{2n} - B^{2n} = \underline{\qquad}$.

16. 设随机变量X的概率密度为$f(x) = \begin{cases} a^{-x}\ln a, & x>0, \\ 0, & 其他 \end{cases}(a>1)$. 对$X$进行独立重复观测，直到第2个大

于 2 的观测值出现时停止，记 Y 为观测次数，$P\{X > 2\} = \dfrac{1}{9}$，则 $EY =$ _____.

三、解答题：17~22 小题，共 70 分．解答应写出文字说明、证明过程或演算步骤．

17.（本题满分 10 分）

求 $f(x,y) = x^2(2 + y^2) + y^2 \ln y$ 的极值．

18.（本题满分 12 分）

设连续函数 $f(x)$ 满足 $\displaystyle\int_0^x f(x-t)\mathrm{e}^{\frac{t}{n}}\mathrm{d}t = \sin x$，$x \in \mathbf{R}$．求：

（1）$f(x)$ 的表达式；

（2）$\displaystyle\sum_{n=1}^{\infty} \frac{f\left(\dfrac{\pi}{2}\right)}{4^{n+1}}$．

19.（本题满分 12 分）

设函数 $f(x)$ 在 $[-\pi, \pi]$ 上二阶可导且 $|f(x)| \leqslant \min\{1 + \cos x, 1 - \cos x\}$，$f'_+(0) \geqslant 0$，证明：

（1）$f'(0) = 0$；

（2）存在 $\xi \in (0, \pi)$，使得 $f''(\xi) = f(\xi)$．

20.（本题满分 12 分）

设 $D = \left\{(x,y) \mid x \geqslant 0, y \geqslant 0\right\}$，计算 $\displaystyle\iint_D \frac{\mathrm{d}x\mathrm{d}y}{\mathrm{e}^x + \mathrm{e}^y}$．

21.（本题满分 12 分）

设对任给 y_1，y_2，y_3，有 $A\begin{bmatrix} y_1 \\ y_2 \\ y_3 \end{bmatrix} = \begin{bmatrix} y_1 + 2y_2 \\ 4y_1 + 7y_2 + y_3 \\ y_2 - y_3 \\ 2y_1 + 3y_2 + ay_3 \end{bmatrix}$，$\boldsymbol{\beta} = [3, 10, b, 4]^{\mathrm{T}}$．

（1）a，b 取何值时，$\boldsymbol{Ax} = \boldsymbol{\beta}$ 无解；

（2）a，b 取何值时，$\boldsymbol{Ax} = \boldsymbol{\beta}$ 有解，并求出全部解．

22.（本题满分 12 分）

设总体 X 的概率密度为 $f(x) = \begin{cases} \dfrac{2x}{\theta^2}, & 0 < x \leqslant \theta, \\ 0, & \text{其他}, \end{cases}$ 其中 θ 为未知参数，$X_1, X_2, \cdots, X_n$ 为来自总体 X 的简

单随机样本．

（1）求 θ 的矩估计量 $\hat{\theta}_1$ 及 $D\hat{\theta}_1$；

（2）求 θ 的最大似然估计量 $\hat{\theta}_2$ 及 $D\hat{\theta}_2$．

全国大学生数学竞赛初赛模考试题（非数学专业类）

一、填空题(本题满分24分，每小题6分，共4小题)

(1) $\lim\limits_{x \to +\infty} \ln(1+2^x) \ln\left(1+\dfrac{2}{x}\right) = $ _____.

(2) 设 $x = t^3 + 2t + 1$, $\int_0^{y+t} e^{-u^2} \mathrm{d}u = t$, 则 $\left.\dfrac{\mathrm{d}^2 y}{\mathrm{d}x^2}\right|_{t=0} = $ _____.

(3) $\displaystyle\int \dfrac{\sqrt{3+2x-x^2}}{(x-1)^2} \mathrm{d}x = $ _____.

(4) 微分方程 $\dfrac{\mathrm{d}y}{\mathrm{d}x} = \dfrac{x+2y-3}{x+1}$ 满足 $y(0) = 2$ 的解为 _____.

二、(本题满分10分)

计算 $\oint_L \dfrac{x\mathrm{d}y - y\mathrm{d}x}{x^2+y^2}$, 其中 L 为 $x^2 + (y-1)^2 = a^2$, $0 < a \le 1$, 取逆时针方向.

三、(本题满分10分)

已知有界闭区域 Ω 由锥面 $z = \sqrt{x^2+y^2}$ 与平面 $z=1$ 围成, 计算三重积分

$$I = \iiint\limits_{\Omega} (x+y+z)^2 \mathrm{d}x\mathrm{d}y\mathrm{d}z.$$

四、(本题满分15分)

设 $f(x)$ 在 $[0,1]$ 上具有二阶连续导数, $f(0) = f(1) = 0$ 且 $f''(x) < 0$, 记 $M = \max\limits_{0 \le x \le 1} \{f(x)\}$, 证明:

(1) $M > 0$; (2) $\displaystyle\int_0^1 |f''(x)| \mathrm{d}x \ge 4M$.

五、(本题满分14分)

设 $f(x)$ 在 $[0,1]$ 上具有二阶导数, $f(0) = f(1) = 0$, $f''(x) < 0$, $0 \le f(x) \le 1$. 记曲线 $y = f(x)$ 在 $[0,1]$ 上的长度为 a, 证明:

(1) 存在 $\xi \in (0,1)$, 使得对任意 $x \in (0,\xi)$, 有 $f'(x) > 0$;

(2) $a < 3$.

六、(本题满分12分)

求 $\displaystyle\sum_{n=1}^{\infty} \dfrac{[2+(-1)^n]^n}{n \cdot 6^n}$ 的值.

七、(本题满分15分)

设 $[0,+\infty)$ 上的正值可导函数 $f(x),g(x),a(x)$ 满足 $f'(x)+g(x)\leqslant a(x)f(x)$，证明：

（1）$f(x)\leqslant \mathrm{e}^{\int_0^x a(t)\mathrm{d}t}\cdot f(0)-\int_0^x \mathrm{e}^{\int_t^x a(s)\mathrm{d}s}g(t)\mathrm{d}t\ (x\geqslant 0)$；

（2）若 $f(0)=1,a(x)=\dfrac{2}{\sqrt{f(x)}}$，则 $f(x)\leqslant 2\mathrm{e}^x-1-\int_0^x g(t)\mathrm{e}^{x-t}\mathrm{d}t\ (x\geqslant 0)$.

全国大学生数学竞赛决赛模考试题(非数学专业类)

一、填空题(本题满分30分,每小题6分,共5小题)

(1)已知 $\int_a^{2\ln 2} \dfrac{\mathrm{d}x}{\sqrt{\mathrm{e}^x-1}}=\dfrac{\pi}{6}$,则 $a=$ _____.

(2)设函数 $f(x,y)$ 具有二阶连续偏导数,且满足 $\dfrac{\partial^2[f(x,y)]}{\partial x \partial y}=1$,$f(0,y)=\sin y$,$f(x,0)=\sin x$,则 $f\left(\dfrac{\pi}{2},\dfrac{\pi}{2}\right)=$ _____.

(3)设可导函数 $y=f(x)$ 单调增加且在 y 轴上的截距为 2,其弧长 $s(x)=\int_0^x \sqrt{3t+5}\,\mathrm{d}t$,则 $f(x)$ 的表达式为 _____.

(4)设 Σ 为平面 $x-y+z=1$ 介于三坐标平面间的有限部分,法向量与 z 轴夹角为锐角,$f(x)$ 连续,则 $\iint\limits_{\Sigma}[f(xz)+x]\mathrm{d}y\mathrm{d}z+[2f(xz)+y]\mathrm{d}z\mathrm{d}x+[f(xz)+z]\mathrm{d}x\mathrm{d}y=$ _____.

(5)设 A 为 3 阶矩阵,若 $|E-A|=-2$,$|-E-A|=2$,$|2E-A|=3$,则 $|3E-A|=$ _____.

二、(本题满分12分)

设数列 $\{a_n\}\{b_n\}$ 满足:

$$a_0=\dfrac{1}{2},\quad a_{n+1}=a_n^2,\quad n=0,1,2,\cdots;$$

$$b_n=\tan b_{n+1},\quad 0<-b_n<\dfrac{\pi}{4},\quad n=0,1,2,\cdots.$$

计算 $\lim\limits_{n\to\infty}\dfrac{a_n}{b_n}$.

三、(本题满分10分)

设 $y=f(x)(x>0)$ 满足 $y''+\dfrac{y'}{2y^2}=0$,且曲线在点 $(1,1)$ 处的切线斜率为 $\dfrac{1}{2}$,该曲线位于 $0<x\leqslant 1$ 的一段绕 x 轴旋转一周所围成的曲面为 Σ. 求:

(1)$f(x)$ 的表达式;

(2)曲面 Σ 的面积.

四、（本题满分12分）

设锥面 $\Sigma(0 \leqslant z \leqslant 1)$ 的顶点是 $A(0,0,1)$，准线是 $\begin{cases}(x+1)^2+y^2=1, \\ z=0,\end{cases}$ 直线 L 过顶点 A 和准线上的一点 $M_1(x_1, y_1, 0)$.

（1）求直线 L 与锥面 Σ 的方程；

（2）计算 $\displaystyle\iint\limits_{\Sigma} \frac{x^2}{\sqrt{x^2+(z-1)^2}}\,\mathrm{d}S$.

五、（本题满分12分）

设 $f(x)$ 在 $[a,b]$ 上连续，证明 $f(x)$ 是 $[a,b]$ 上的凸函数的充要条件是：对任意 $[x-c, x+c] \subset [a,b](c>0)$，均有

$$f(x) \geqslant \frac{1}{2c}\int_{x-c}^{x+c} f(t)\,\mathrm{d}t.$$

六、（本题满分12分）

已知矩阵 $A = \begin{bmatrix} 1 & 1 & 1 & 1 \\ 1 & 1 & 1 & 1 \\ 2 & 1 & 0 & -1 \\ -1 & 0 & 1 & 2 \end{bmatrix}, B = \begin{bmatrix} 1 & 1 \\ 1 & 1 \\ 0 & 1 \\ 1 & 0 \end{bmatrix}, A = BC.$

（1）求矩阵 C；

（2）计算 A^{10}.

七、（本题满分12分）

设 $f(x) = \displaystyle\sum_{n=0}^{\infty} a_n x^n$ 在 $x=x_0$ 处收敛，$\displaystyle\sum_{k=0}^{n} b_k a_{n-k} = 0(n>0), a_0 = b_0 = 1$. 若 $\left|a_n x_0^n\right| \leqslant M \leqslant M^2-1$，$n = 0,1,2,\cdots$.

证明：

（1）$\left|b_n x_0^n\right| \leqslant M^{2n}, n=0,1,2,\cdots$；

（2）当 $|x| \leqslant \dfrac{|x_0|}{2M^2}$ 时，$\displaystyle\sum_{n=0}^{\infty} b_n x^n$ 绝对收敛.

参考答案

全国硕士研究生招生考试
卷一（数学一）

一、选择题

1.【解】应选（D）.

由题设，有 $\lim\limits_{x\to 0}\dfrac{x}{\sin x}-\lim\limits_{x\to 0}\dfrac{f(x)}{\sin x}=1$，故 $\lim\limits_{x\to 0}\dfrac{f(x)}{\sin x}=0$，$\lim\limits_{x\to 0}\dfrac{f(x)}{x}=0$.

题设条件未定义 $f(0)$，故（A），（B）错误.

对于（C）选项，取 $f(x)=x^4$，$\lim\limits_{x\to 0}\dfrac{x-x^4}{\sin x}=1$，但 $\lim\limits_{x\to 0}\dfrac{f(x)}{x^3}=0$，（C）错误.

2.【解】应选（A）.

由 $\displaystyle\sum_{n=1}^{\infty}a_n\cdot 2^n$ 条件收敛，知 $\displaystyle\sum_{n=1}^{\infty}a_n x^n$ 的收敛半径 $R=2$，且收敛区间为 $(-2,2)$.

将 x^n 转化为 $(x-1)^n$，也就是把级数的中心点由 0 转移到 1，即将收敛区间平移到 $(-1,3)$，得 $\displaystyle\sum_{n=1}^{\infty}a_n(x-1)^n$，收敛半径不变.

对 $\displaystyle\sum_{n=1}^{\infty}a_n(x-1)^n$ 逐项求导，得 $\displaystyle\sum_{n=1}^{\infty}na_n(x-1)^{n-1}$，再乘以 $(x-1)$ 得 $\displaystyle\sum_{n=1}^{\infty}na_n(x-1)^n$，收敛半径不变.

故 $\displaystyle\sum_{n=1}^{\infty}na_n(x-1)^n$ 的收敛区间为 $(-1,3)$，因为 $x=2$ 在收敛区间内部，所以在该点处级数绝对收敛.

3.【解】应选（A）.

对于①，若 $f(-x)=-f(x)$，则

$$\overline{f}(-x)=-\frac{1}{x}\int_0^{-x}f(t)\mathrm{d}t\xlongequal{t=-u}-\frac{1}{x}\int_0^{x}f(-u)\mathrm{d}(-u)=-\frac{1}{x}\int_0^{x}f(u)\mathrm{d}u=-\overline{f}(x),$$

即 $\overline{f}(x)$ 为奇函数，①正确.

对于②，取 $f(x)=x^2$，则 $\overline{f}(x)=\dfrac{1}{x}\int_0^x t^2\mathrm{d}t=\dfrac{1}{3}x^2$，②不正确.

对于③，取$f(x)=\sin x$，则$\overline{f}(x)=\dfrac{1}{x}\displaystyle\int_0^x\sin t\,\mathrm{d}t=\dfrac{1-\cos x}{x}$，③不正确．

4.【解】应选（B）.

先将L的方程$x^2+y^2=m$代入，得

$$原式=\frac{1}{m}\oint_L(\mathrm{e}^{x^2}-x^2y)\,\mathrm{d}x+(xy^2-\sin y^2)\,\mathrm{d}y$$

$$=\frac{1}{m}\iint_{x^2+y^2\leqslant m}(x^2+y^2)\,\mathrm{d}x\,\mathrm{d}y=\frac{1}{m}\int_0^{2\pi}\mathrm{d}\theta\int_0^{\sqrt{m}}r^2\cdot r\,\mathrm{d}r=\frac{1}{2}\pi m.$$

5.【解】应选（D）.

由于三张平面相交于一条直线，记

$$\boldsymbol{\alpha}_1=\begin{bmatrix}a\\1\\-1\end{bmatrix},\boldsymbol{\alpha}_2=\begin{bmatrix}1\\1\\b\end{bmatrix},\boldsymbol{\alpha}_3=\begin{bmatrix}1\\a\\-1\end{bmatrix},\boldsymbol{\beta}_1=\begin{bmatrix}a\\1\\-1\\1\end{bmatrix},\boldsymbol{\beta}_2=\begin{bmatrix}1\\1\\b\\a\end{bmatrix},\boldsymbol{\beta}_3=\begin{bmatrix}1\\a\\-1\\1\end{bmatrix},$$

则$r[\boldsymbol{\alpha}_1,\boldsymbol{\alpha}_2,\boldsymbol{\alpha}_3]=r[\boldsymbol{\beta}_1,\boldsymbol{\beta}_2,\boldsymbol{\beta}_3]=2$，且$\boldsymbol{\beta}_1,\boldsymbol{\beta}_2,\boldsymbol{\beta}_3$任意两个向量均线性无关．

$$[\boldsymbol{\beta}_1,\boldsymbol{\beta}_2,\boldsymbol{\beta}_3]=\begin{bmatrix}a&1&1\\1&1&a\\-1&b&-1\\1&a&1\end{bmatrix}\rightarrow\begin{bmatrix}1&1&a\\0&1-a&1-a^2\\0&b+1&a-1\\0&a-1&1-a\end{bmatrix}\rightarrow\begin{bmatrix}1&1&a\\0&1-a&1-a^2\\0&b+1&a-1\\0&0&2-a^2-a\end{bmatrix}.$$

①当$a=1$时，$\boldsymbol{\beta}_1$与$\boldsymbol{\beta}_3$线性相关，不满足题意；

②当$a\neq1$时，

$$[\boldsymbol{\beta}_1,\boldsymbol{\beta}_2,\boldsymbol{\beta}_3]\rightarrow\begin{bmatrix}1&1&a\\0&1&1+a\\0&b+1&a-1\\0&0&a+2\end{bmatrix}\rightarrow\begin{bmatrix}1&1&a\\0&1&1+a\\0&0&-b(a+1)-2\\0&0&a+2\end{bmatrix},$$

要满足题意，则$a+2=0$且$-b(a+1)-2=0$，故$\begin{cases}a=-2,\\b=2.\end{cases}$

6.【解】应选（A）.

由题设，$\boldsymbol{A}^*=-\boldsymbol{A}^\mathrm{T}$，$\boldsymbol{A}\neq\boldsymbol{O}$，则$\boldsymbol{A}\boldsymbol{A}^*=-\boldsymbol{A}\boldsymbol{A}^\mathrm{T}$，即$\boldsymbol{A}\boldsymbol{A}^\mathrm{T}=-|\boldsymbol{A}|\boldsymbol{E}$，于是$|\boldsymbol{A}||\boldsymbol{A}^\mathrm{T}|=-|\boldsymbol{A}|^3$，$|\boldsymbol{A}|^2(1+|\boldsymbol{A}|)=0$，$|\boldsymbol{A}|=0$或$|\boldsymbol{A}|=-1$，不妨设$a_{11}\neq0$，则

$$|\boldsymbol{A}|=a_{11}A_{11}+a_{12}A_{12}+a_{13}A_{13}=-(a_{11}^2+a_{12}^2+a_{13}^2)<0,$$

故$|\boldsymbol{A}|=-1$，于是$\boldsymbol{A}\boldsymbol{A}^\mathrm{T}=\boldsymbol{E}$，$\boldsymbol{A}$为正交矩阵．

又

$$|A+E|=|A+AA^{\mathrm{T}}|=|A||E+A^{\mathrm{T}}|=|A||E+A|,$$

故$(1-|A|)|A+E|=0$，由$|A|=-1$，知$|A+E|=0$，即$(A+E)x=0$有非零解，又$\left|(A+E)^2\right|=|A+E|^2=0$，

$|A^2-E|=|A+E||A-E|=0$，故（B），（C），（D）正确．

对于（A），取$A=\begin{bmatrix}-1 & 0 & 0 \\ 0 & -1 & 0 \\ 0 & 0 & -1\end{bmatrix}$，则$A-E=\begin{bmatrix}-2 & 0 & 0 \\ 0 & -2 & 0 \\ 0 & 0 & -2\end{bmatrix}$，$(A-E)x=0$只有零解．

7.【解】应选（D）．

选项（A），（B），（C）均是A与B相似的必要条件．对于选项（A），对任意秩小于$n-1$的A,B，

都有$A^*=B^*=O$，A^*与B^*相似，但不能得出A,B相似．对于选项（B），（C），反例：$A=\begin{bmatrix}1 & 0 \\ 0 & 1\end{bmatrix}$，

$B=\begin{bmatrix}1 & 1 \\ 0 & 1\end{bmatrix}$，$|\lambda E-A|=|\lambda E-B|=(\lambda-1)^2$，对任意可逆矩阵$P$，都有$P^{-1}AP=E\neq B$，故$A$，$B$不相似，

即选项（B），（C）不充分．对于选项（D），若存在可逆矩阵P，使$P^{-1}A^{-1}P=B^{-1}$，两边取逆，有

$P^{-1}AP=B$，故A与B相似．但反过来不对，即A与B相似，A，B均不一定可逆．

8.【解】应选（B）．

由题设可得$X_1-X_2 \sim N(0,2k\sigma^2)$，令$Z=X_1-X_2$，有

$$E\left(|X_1-X_2|\right)=\int_{-\infty}^{+\infty}|z|\cdot\frac{1}{\sqrt{2\pi}\sqrt{2k}\sigma}\cdot\mathrm{e}^{-\frac{z^2}{4k\sigma^2}}\mathrm{d}z=2\int_0^{+\infty}\frac{z}{2\sqrt{\pi k}\sigma}\mathrm{e}^{-\frac{z^2}{4k\sigma^2}}\mathrm{d}z$$

$$=-\frac{2\sqrt{k}\sigma}{\sqrt{\pi}}\int_0^{+\infty}\mathrm{e}^{-\frac{z^2}{4k\sigma^2}}\mathrm{d}\left(-\frac{z^2}{4k\sigma^2}\right)$$

$$=-\frac{2\sqrt{k}\sigma}{\sqrt{\pi}}\mathrm{e}^{-\frac{z^2}{4k\sigma^2}}\Big|_0^{+\infty}=\frac{2\sqrt{k}\sigma}{\sqrt{\pi}}=\sigma,$$

则$k=\dfrac{\pi}{4}$．

9.【解】应选（C）．

本题的关键是如何建立其概型．由题意，每个错字出现在某页上的概率均为$\dfrac{1}{100}$，20个错字可看作

20次伯努利试验．

设A表示"给定的一页上至少有2个错字"，于是有

$$P(A)=1-P(\bar{A})$$

$$=1-\sum_{t=0}^{1}\mathrm{C}_{20}^{t}\left(\frac{1}{100}\right)^t\left(1-\frac{1}{100}\right)^{20-t},$$

由泊松定理，

$$C_{20}^0 \left(\frac{1}{100}\right)^0 \left(1-\frac{1}{100}\right)^{20} \approx \frac{\left(\frac{1}{5}\right)^0}{0!}e^{-\frac{1}{5}} = e^{-\frac{1}{5}},$$

$$C_{20}^1 \left(\frac{1}{100}\right)^1 \times \left(1-\frac{1}{100}\right)^{19} \approx \frac{\left(\frac{1}{5}\right)^1}{1!}e^{-\frac{1}{5}} = \frac{1}{5}e^{-\frac{1}{5}},$$

故 $P(A) \approx 1 - e^{-\frac{1}{5}} - \frac{1}{5}e^{-\frac{1}{5}} = 1 - \frac{6}{5}e^{-\frac{1}{5}}$.

> 【注】**泊松定理** 若 $X \sim B(n,p)$，当 n 很大，p 很小，$\lambda = np$ 适中时，二项分布可用泊松分布近似表示，即
>
> $$C_n^k p^k (1-p)^{n-k} \approx \frac{\lambda^k}{k!}e^{-\lambda}.$$
>
> 一般地，当 $n \geq 20$，$p \leq 0.05$ 时，用泊松分布逼近二项分布效果比较好，特别是当 $n \geq 100$，$np \leq 10$ 时，逼近效果更佳. 考纲要求考生"会用泊松分布近似表示二项分布"，应予以重视.

10.【解】应选（C）.

犯第一类错误的概率 α 即为显著性水平 α，故置信度为 $1-\alpha$，本假设检验是对"有显著差异"这一结论进行检验，则应将这一结论的否定作为原假设 H_0：$\mu_1 = \mu_2$，而将该结论作为备择假设 H_1：$\mu_1 \neq \mu_2$. 若检验出否定 H_0，则给 H_1 一个强有力的支持.

> 【注】假设检验一般要求 H_0 中含等号，这是确定统计量的前提，可作为做选择题的一个辅助技巧.

二、填空题

11.【解】应填 $\frac{1}{3}$.

令 $x + y = u$，$\frac{\mathrm{d}y}{\mathrm{d}x} = \frac{\mathrm{d}u}{\mathrm{d}x} - 1$，故

$$\frac{\mathrm{d}u}{\mathrm{d}x} = u^2 + 1, \quad \int \frac{\mathrm{d}u}{u^2+1} = \int \mathrm{d}x,$$

即 $\arctan u = x + C$，由 $y(0) = 0$，得 $u(0) = 0$，于是 $C = 0$，则有 $\arctan(x+y) = x$，得

$$y = \tan x - x,$$

故

$$\lim_{x \to 0} \frac{\tan x - x}{x^3} = \frac{1}{3}.$$

12.【解】应填 $\left(\frac{3}{4}\right)^{\frac{1}{3}}$.

由轮换对称性知 $\oint_\Gamma x^2 \mathrm{d}s = \oint_\Gamma y^2 \mathrm{d}s = \oint_\Gamma z^2 \mathrm{d}s$，于是

$$\oint_\Gamma (x^2+y^2)\mathrm{d}s = \oint_\Gamma x^2\mathrm{d}s + \oint_\Gamma y^2\mathrm{d}s$$

$$= 2\oint_\Gamma x^2\mathrm{d}s = \frac{2}{3}\left(\oint_\Gamma x^2\mathrm{d}s + \oint_\Gamma y^2\mathrm{d}s + \oint_\Gamma z^2\mathrm{d}s\right)$$

$$= \frac{2}{3}\oint_\Gamma (x^2+y^2+z^2)\mathrm{d}s \overset{(*)}{=\!=\!=} \frac{2a^2}{3}\oint_\Gamma 1\mathrm{d}s = \frac{2a^2}{3}\cdot 2\pi\cdot a = \frac{4}{3}\pi a^3 = \pi,$$

则 $a^3=\dfrac{3}{4}$，即 $a=\left(\dfrac{3}{4}\right)^{\frac{1}{3}}$.

【注】$(*)$ 处来自边界方程 $x^2+y^2+z^2=a^2$，可直接代入被积函数，从而化简计算.

13.【解】应填 $\dfrac{2\mathrm{e}-1}{\mathrm{e}+1}$.

$$\frac{\partial z}{\partial x} = \frac{-\mathrm{e}^{-x}+\dfrac{2x}{y}}{\mathrm{e}^{-x}+\dfrac{x^2}{y}},\quad \frac{\partial z}{\partial y} = \frac{-\dfrac{x^2}{y^2}}{\mathrm{e}^{-x}+\dfrac{x^2}{y}},$$

故

$$\mathbf{grad}\, z(1,1) = \left(\frac{\partial z}{\partial x}\bigg|_{(1,1)},\ \frac{\partial z}{\partial y}\bigg|_{(1,1)}\right) = \left(\frac{2\mathrm{e}-1}{\mathrm{e}+1},\ -\frac{\mathrm{e}}{\mathrm{e}+1}\right),$$

由 z 在 $(1,1)$ 处可微，则

$$\frac{\partial z}{\partial l}\bigg|_{(1,1)} = \mathbf{grad}\, z(1,1)\cdot\frac{\boldsymbol{l}}{\|\boldsymbol{l}\|} = \frac{2\mathrm{e}-1}{\mathrm{e}+1}\cdot 1 = \frac{2\mathrm{e}-1}{\mathrm{e}+1}.$$

14.【解】应填 $\dfrac{16}{3}\pi$.

令

$$\begin{cases} x=2r\sin\varphi\cos\theta, \\ y=2r\sin\varphi\sin\theta, \\ z=r\cos\varphi, \end{cases}$$

于是

$$J = \frac{\partial(x,y,z)}{\partial(r,\theta,\varphi)} = \begin{vmatrix} \dfrac{\partial x}{\partial r} & \dfrac{\partial x}{\partial\theta} & \dfrac{\partial x}{\partial\varphi} \\[2mm] \dfrac{\partial y}{\partial r} & \dfrac{\partial y}{\partial\theta} & \dfrac{\partial y}{\partial\varphi} \\[2mm] \dfrac{\partial z}{\partial r} & \dfrac{\partial z}{\partial\theta} & \dfrac{\partial z}{\partial\varphi} \end{vmatrix} = -4r^2\sin\varphi,$$

记 Ω 为 Σ 所围立体，由高斯公式可得

$$原式=\iiint\limits_{\Omega}(2x+1)\mathrm{d}v=\iiint\limits_{\Omega}\mathrm{d}v=\int_0^{2\pi}\mathrm{d}\theta\int_0^{\pi}\mathrm{d}\varphi\int_0^1 4r^2\sin\varphi\mathrm{d}r=\frac{16}{3}\pi.$$

15.【分析】本题代数余子式前面的系数与行列式第3行不一样，所以本题属于"大A配小k，k把小a吃".

【解】应填8.

本题即计算$A_{31}-A_{32}+A_{33}-A_{34}$，结果等于用组合系数置换行列式中第3行元素后的行列式.

$$A_{31}+M_{32}+A_{33}+M_{34}=A_{31}-A_{32}+A_{33}-A_{34}$$

$$=\begin{vmatrix}2&-1&2&3\\0&1&-1&0\\1&-1&1&-1\\1&1&1&1\end{vmatrix}=\begin{vmatrix}0&1&0&5\\0&1&-1&0\\1&-1&1&-1\\0&2&0&2\end{vmatrix}=8.$$

【注】与余子式、代数余子式相关的问题主要有两种：一种是余子式与代数余子式之间的转换，注意符号上的变换；另一种是计算某行（列）的余子式或代数余子式的线性组合，关键在于查看其组合系数与其他行（列）的元素是否一致：若一致，则取值为零；否则，用代数余子式的线性组合系数置换行列式中对应行（列）的元素后计算行列式.

16.【解】应填$\frac{31}{70}$.

设A为事件"取到的整数能被2整除"，B为事件"取到的整数能被9整除"，则

$$p=P(\overline{A}\,\overline{B})=P(\overline{A\cup B})$$
$$=1-P(A\cup B)$$
$$=1-[P(A)+P(B)-P(AB)].$$

由$\left[\frac{70}{2}\right]=35$，故$P(A)=\frac{35}{70}=\frac{1}{2}$. 又$\left[\frac{90}{9}\right]-\left[\frac{20}{9}\right]=8$，故$P(B)=\frac{8}{70}=\frac{4}{35}$.

同时能被2与9整除，即能被18整除，由$\left[\frac{90}{18}\right]-\left[\frac{20}{18}\right]=4$，则$P(AB)=\frac{4}{70}=\frac{2}{35}$.

故

$$p=1-\left(\frac{1}{2}+\frac{4}{35}-\frac{2}{35}\right)=\frac{31}{70}.$$

三、解答题

17.【解】（1）令$y=0$，有$0=\int_a^x e^{-u^2}\mathrm{d}u$，于是$x=a=1$.

（2）由（1），知$y=\int_1^{x+y}e^{-u^2}\mathrm{d}u$，两边对$y$求导，得

$$1=e^{-(x+y)^2}\cdot[x'(y)+1],\qquad\qquad(*)$$

令 $y=0$ ，有 $1=\mathrm{e}^{-1}\cdot\left[x'(0)+1\right]$ ，故 $x'(0)=\mathrm{e}-1$.

（ $*$ ）式两边再对 y 求导，有

$$0=\mathrm{e}^{-(x+y)^2}\cdot\left[-2(x+y)\right]\cdot\left[x'(y)+1\right]^2+\mathrm{e}^{-(x+y)^2}\cdot x''(y),$$

令 $y=0$ ，有

$$0=\mathrm{e}^{-1}\cdot\left[-2(1+0)\right]\cdot(\mathrm{e}-1+1)^2+\mathrm{e}^{-1}\cdot x''(0),$$

于是 $x''(0)=2\mathrm{e}^2$.

18.【解】

$$\frac{1}{(1+x)^2}=\left(-\frac{1}{1+x}\right)'=-\left[\sum_{n=0}^{\infty}(-1)^n x^n\right]'=-\sum_{n=1}^{\infty}(-1)^n n x^{n-1}$$
$$=\sum_{n=0}^{\infty}(-1)^n(n+1)x^n,\ -1<x<1,$$

$$\ln(2+x)=\ln 2+\ln\left(1+\frac{x}{2}\right)=\ln 2+\sum_{n=1}^{\infty}(-1)^{n-1}\cdot\frac{\left(\frac{x}{2}\right)^n}{n}$$
$$=\ln 2+\sum_{n=1}^{\infty}\frac{(-1)^{n-1}}{n\cdot 2^n}x^n,\ -2<x\leqslant 2,$$

故当 $-1<x<1$ 时，

$$\frac{1}{(1+x)^2}-\ln(2+x)=\sum_{n=1}^{\infty}(-1)^n\cdot\left(n+1+\frac{1}{n\cdot 2^n}\right)x^n+1-\ln 2.$$

故

$$a_n=\begin{cases}1-\ln 2, & n=0,\\ (-1)^n\left(n+1+\dfrac{1}{n\cdot 2^n}\right), & n\geqslant 1.\end{cases}$$

19.【解】记 Σ 为 $y=z$ 被 $x^2+y^2+z^2=1$ 所截部分， Σ_1 为 Σ 中 $x\geqslant 0$ 的部分，则

$$\oint_{\Gamma}y^2\sin x\mathrm{d}x+xyz\mathrm{d}z=\iint_{\Sigma}\begin{vmatrix}0 & -\dfrac{1}{\sqrt{2}} & \dfrac{1}{\sqrt{2}}\\ \dfrac{\partial}{\partial x} & \dfrac{\partial}{\partial y} & \dfrac{\partial}{\partial z}\\ y^2\sin x & 0 & xyz\end{vmatrix}\mathrm{d}S$$

$$=\frac{1}{\sqrt{2}}\iint_{\Sigma}(yz-2y\sin x)\mathrm{d}S=\frac{2}{\sqrt{2}}\iint_{\Sigma_1}yz\mathrm{d}S$$

$$=\sqrt{2}\iint_{D:x^2+2y^2\leqslant 1 \atop x\geqslant 0}y\cdot y\sqrt{2}\mathrm{d}x\mathrm{d}y$$

$$\xrightarrow[y = \frac{1}{\sqrt{2}} r \sin \theta]{x = r \cos \theta} 2 \iint\limits_{D} \frac{r^2}{2} \sin^2 \theta \cdot \frac{1}{\sqrt{2}} r \mathrm{d}\theta \mathrm{d}r$$

$$= \frac{1}{\sqrt{2}} \int_{-\frac{\pi}{2}}^{\frac{\pi}{2}} \sin^2 \theta \mathrm{d}\theta \int_{0}^{1} r^3 \mathrm{d}r$$

$$= \frac{1}{\sqrt{2}} \left(\frac{1}{4} \times 2 \times \frac{1}{2} \times \frac{\pi}{2} \right) = \frac{\sqrt{2}}{16} \pi.$$

20.【解】（1）曲面 S 上任一点 $P(x_0, y_0, z_0)$ 处的切平面方程为

$$(x_0 + 1)(x - x_0) + y_0(y - y_0) + z_0(z - z_0) = 0, \qquad ①$$

从原点向切平面所作垂线方程为

$$\frac{x}{x_0 + 1} = \frac{y}{y_0} = \frac{z}{z_0},$$

又

$$(x_0 + 1)^2 + y_0^2 + z_0^2 = 4, \qquad ②$$

令 $x_0 + 1 = tx$，$y_0 = ty$，$z_0 = tz$，代入式①和式②，则有

$$\begin{cases} tx(x - tx + 1) + ty(y - ty) + tz(z - tz) = 0, \\ (tx)^2 + (ty)^2 + (tz)^2 = 4, \end{cases}$$

整理得

$$\begin{cases} x^2 + y^2 + z^2 + x = t(x^2 + y^2 + z^2), \\ t^2(x^2 + y^2 + z^2) = 4, \end{cases}$$

即闭曲面 Σ 的方程为

$$\frac{(x^2 + y^2 + z^2 + x)^2}{x^2 + y^2 + z^2} = 4. \qquad ③$$

（2）令

$$\begin{cases} y = r \sin \varphi \cos \theta, \\ z = r \sin \varphi \sin \theta, \\ x = r \cos \varphi, \end{cases}$$

则式③化为 $r = 2 - \cos \varphi$，于是

$$\iiint\limits_{\Omega} x \mathrm{d}v = \int_{0}^{2\pi} \mathrm{d}\theta \int_{0}^{\pi} \sin \varphi \cos \varphi \mathrm{d}\varphi \int_{0}^{2 - \cos \varphi} r^3 \mathrm{d}r$$

$$= -\frac{\pi}{2} \int_{0}^{\pi} (2 - \cos \varphi)^4 \cos \varphi \mathrm{d}(\cos \varphi),$$

其中

$$\int_0^\pi (2-\cos\varphi)^4 \cos\varphi \mathrm{d}(\cos\varphi)$$

$$= -\int_0^\pi (2-\cos\varphi)^4 (2-\cos\varphi)\mathrm{d}(\cos\varphi) + 2\int_0^\pi (2-\cos\varphi)^4 \mathrm{d}(\cos\varphi)$$

$$= \int_0^\pi (2-\cos\varphi)^5 \mathrm{d}(2-\cos\varphi) - 2\int_0^\pi (2-\cos\varphi)^4 \mathrm{d}(2-\cos\varphi)$$

$$= \frac{1}{6}(2-\cos\varphi)^6 \Big|_0^\pi - 2\times\frac{1}{5}(2-\cos\varphi)^5 \Big|_0^\pi$$

$$= \frac{1}{6}(3^6-1) - \frac{2}{5}(3^5-1),$$

故 $\displaystyle\iiint_\Omega x\mathrm{d}v = -\frac{\pi}{2}\times\left(\frac{3^5}{2}-\frac{1}{6}-\frac{2\times3^5}{5}+\frac{2}{5}\right) = -\frac{\pi}{2}\times\left[3^5\left(\frac{1}{2}-\frac{2}{5}\right)+\left(\frac{2}{5}-\frac{1}{6}\right)\right] = -\frac{184}{15}\pi.$

$$\iiint_\Omega \mathrm{d}v = \int_0^{2\pi}\mathrm{d}\theta\int_0^\pi \sin\varphi\mathrm{d}\varphi\int_0^{2-\cos\varphi} r^2\mathrm{d}r$$

$$= 2\pi\int_0^\pi \frac{1}{3}(2-\cos\varphi)^3 \sin\varphi\mathrm{d}\varphi$$

$$= -\frac{2\pi}{3}\int_0^\pi (2-\cos\varphi)^3 \mathrm{d}(\cos\varphi)$$

$$= \frac{2\pi}{3}\int_0^\pi (2-\cos\varphi)^3 \mathrm{d}(2-\cos\varphi)$$

$$= \frac{2\pi}{3}\times\frac{1}{4}(2-\cos\varphi)^4 \Big|_0^\pi = \frac{40}{3}\pi.$$

所以形心横坐标 $\displaystyle\bar{x} = \frac{-\dfrac{184}{15}\pi}{\dfrac{40}{3}\pi} = -\frac{23}{25}.$

21.【解】（1）$\begin{cases} x_n = x_{n-1}+2y_{n-1}, \\ y_n = 4x_{n-1}+3y_{n-1} \end{cases}$ 表示成矩阵形式为

$$\begin{bmatrix} x_n \\ y_n \end{bmatrix} = \begin{bmatrix} 1 & 2 \\ 4 & 3 \end{bmatrix}\begin{bmatrix} x_{n-1} \\ y_{n-1} \end{bmatrix} = A\begin{bmatrix} x_{n-1} \\ y_{n-1} \end{bmatrix},$$

由递推关系式可得

$$\begin{bmatrix} x_n \\ y_n \end{bmatrix} = \begin{bmatrix} 1 & 2 \\ 4 & 3 \end{bmatrix}\begin{bmatrix} x_{n-1} \\ y_{n-1} \end{bmatrix} = \begin{bmatrix} 1 & 2 \\ 4 & 3 \end{bmatrix}^2\begin{bmatrix} x_{n-2} \\ y_{n-2} \end{bmatrix} = \cdots = \begin{bmatrix} 1 & 2 \\ 4 & 3 \end{bmatrix}^n\begin{bmatrix} x_0 \\ y_0 \end{bmatrix},$$

则

$$\begin{bmatrix} x_{100} \\ y_{100} \end{bmatrix} = \begin{bmatrix} 1 & 2 \\ 4 & 3 \end{bmatrix}^{100}\begin{bmatrix} x_0 \\ y_0 \end{bmatrix} = A^{100}\begin{bmatrix} x_0 \\ y_0 \end{bmatrix}.$$

下面求 A 的特征值及特征向量. 令 $|\lambda E - A| = 0$，则有

$$|\lambda E - A| = \begin{vmatrix} \lambda-1 & -2 \\ -4 & \lambda-3 \end{vmatrix} = \lambda^2 - 4\lambda + 3 - 8 = (\lambda-5)(\lambda+1) = 0,$$

解得 $\lambda_1 = 5$，$\lambda_2 = -1$.

当 $\lambda_1 = 5$ 时，由 $(\lambda_1 E - A)x = \begin{bmatrix} 4 & -2 \\ -4 & 2 \end{bmatrix} \begin{bmatrix} x \\ y \end{bmatrix} = \mathbf{0}$，得 $\xi_1 = \begin{bmatrix} 1 \\ 2 \end{bmatrix}$；

当 $\lambda_2 = -1$ 时，由 $(\lambda_2 E - A)x = \begin{bmatrix} -2 & -2 \\ -4 & -4 \end{bmatrix} \begin{bmatrix} x \\ y \end{bmatrix} = \mathbf{0}$，得 $\xi_2 = \begin{bmatrix} 1 \\ -1 \end{bmatrix}$.

故当 $\begin{cases} x_0 = 1, \\ y_0 = 2 \end{cases}$ 时，记 $\boldsymbol{\eta}_0 = \begin{bmatrix} 1 \\ 2 \end{bmatrix}$，则 $\boldsymbol{\eta}_0 = \xi_1$，可得

$$\begin{bmatrix} x_{100} \\ y_{100} \end{bmatrix} = A^{100} \boldsymbol{\eta}_0 = A^{100} \xi_1 = \lambda_1^{100} \xi_1 = 5^{100} \begin{bmatrix} 1 \\ 2 \end{bmatrix},$$

故 $x_{100} = 5^{100}$，$y_{100} = 2 \times 5^{100}$.

（2）令 $\boldsymbol{P} = \begin{bmatrix} 1 & 1 \\ 2 & -1 \end{bmatrix}$，则 $\boldsymbol{P}^{-1} = -\dfrac{1}{3} \begin{bmatrix} -1 & -1 \\ -2 & 1 \end{bmatrix}$，有 $\boldsymbol{P}^{-1} A \boldsymbol{P} = \begin{bmatrix} 5 & 0 \\ 0 & -1 \end{bmatrix}$，$A = \boldsymbol{P} \begin{bmatrix} 5 & 0 \\ 0 & -1 \end{bmatrix} \boldsymbol{P}^{-1}$.

又 $\boldsymbol{B}(A - \boldsymbol{B}) = \boldsymbol{O}$，即 $\boldsymbol{B}A = \boldsymbol{B}^2$，于是

$$\boldsymbol{B}^{10} = \boldsymbol{B}^8 \boldsymbol{B}^2 = \boldsymbol{B}^9 A = \boldsymbol{B}^7 \boldsymbol{B}^2 A = \boldsymbol{B}^8 A^2 = \cdots = \boldsymbol{B} A^9.$$

由

$$A^9 = \boldsymbol{P} \begin{bmatrix} 5^9 & 0 \\ 0 & -1 \end{bmatrix} \boldsymbol{P}^{-1} = \begin{bmatrix} \dfrac{5^9 - 2}{3} & \dfrac{5^9 + 1}{3} \\ \dfrac{2(5^9 + 1)}{3} & \dfrac{2 \times 5^9 - 1}{3} \end{bmatrix},$$

得 $\boldsymbol{B}^{10} = [\boldsymbol{\beta}_1, \boldsymbol{\beta}_2] \begin{bmatrix} \dfrac{5^9 - 2}{3} & \dfrac{5^9 + 1}{3} \\ \dfrac{2(5^9 + 1)}{3} & \dfrac{2 \times 5^9 - 1}{3} \end{bmatrix} = \left[\dfrac{5^9 - 2}{3} \boldsymbol{\beta}_1 + \dfrac{2(5^9 + 1)}{3} \boldsymbol{\beta}_2, \dfrac{5^9 + 1}{3} \boldsymbol{\beta}_1 + \dfrac{2 \times 5^9 - 1}{3} \boldsymbol{\beta}_2 \right]$.

22.【解】（1）设随机取的点的坐标为 V，则 $V \sim U(0, 2)$，$X = \min\{V, 2-V\}$，X 的分布函数记为

$F_X(x)$. 由于 $P\{0 < X \leqslant 1\} = 1$，故当 $x < 0$ 时，$F_X(x) = 0$；当 $x \geqslant 1$ 时，$F_X(x) = 1$；

当 $0 \leqslant x < 1$ 时，
$$\begin{aligned} F_X(x) &= P\{X \leqslant x\} \\ &= P\{\min\{V, 2-V\} \leqslant x\} \\ &= 1 - P\{\min\{V, 2-V\} > x\} \\ &= 1 - P\{x < V < 2-x\} \\ &= 1 - \frac{(2-x) - x}{2} = x. \end{aligned}$$

所以 X 的分布函数为
$$F_X(x) = \begin{cases} 0, & x < 0, \\ x, & 0 \leqslant x < 1, \\ 1, & x \geqslant 1, \end{cases}$$

X 的概率密度为
$$f_X(x) = \begin{cases} 1, & 0 < x < 1, \\ 0, & \text{其他}. \end{cases}$$

（2）$X \sim F_X(x)$，$Y = |3X - 1|$，则当$x > \dfrac{1}{3}$时，$y = 3x - 1$，当$x < \dfrac{1}{3}$时，$y = 1 - 3x$.

由于$P\{0 < X \leqslant 1\} = 1$，故$P\{0 \leqslant Y \leqslant 2\} = 1$.

故当$y < 0$时，$F_Y(y) = 0$;

当$y \geqslant 2$时，$F_Y(y) = 1$;

当$0 \leqslant y < 1$时，$F_Y(y) = P\{|3X - 1| \leqslant y\} = \displaystyle\int_{\frac{1-y}{3}}^{\frac{1+y}{3}} \mathrm{d}x = \dfrac{2y}{3}$;

当$1 \leqslant y < 2$时，$F_Y(y) = \displaystyle\int_0^{\frac{1+y}{3}} \mathrm{d}x = \dfrac{y+1}{3}$.

故
$$f_Y(y) = \begin{cases} \dfrac{2}{3}, & 0 < y < 1, \\[2mm] \dfrac{1}{3}, & 1 < y < 2, \\[2mm] 0, & 其他, \end{cases}$$

则
$$EY = \int_0^1 y \dfrac{2}{3} \mathrm{d}y + \int_1^2 y \dfrac{1}{3} \mathrm{d}y = \dfrac{2}{3} \times \dfrac{1}{2} + \dfrac{1}{3} \times \dfrac{3}{2} = \dfrac{5}{6}.$$

全国硕士研究生招生考试
卷二（数学二）

一、选择题

1.【解】应选（A）.

易知间断点为 $x=-1$，$x=0$，$x=1$. 因

$$\lim_{x\to-1^-}f(x)=\lim_{x\to-1^-}\left(\frac{x}{x+1}\right)^{\frac{x+1}{x-1}}=e^{\lim_{x\to-1^-}\frac{x+1}{x-1}\ln\frac{x}{x+1}}$$

$$=e^{-\frac{1}{2}\lim_{x\to-1^-}\left[(x+1)\ln|x|-(x+1)\ln|x+1|\right]}=e^{-\frac{1}{2}\times0}=1,$$

$$\lim_{x\to-1^+}f(x)=\lim_{x\to-1^+}\left(\frac{-x}{x+1}\right)^{\frac{x+1}{x-1}}=e^{\lim_{x\to-1^+}\frac{x+1}{x-1}\ln\frac{-x}{x+1}}$$

$$=e^{-\frac{1}{2}\lim_{x\to-1^+}[(x+1)\ln(-x)-(x+1)\ln(x+1)]}=e^{-\frac{1}{2}\times0}=1,$$

故 $x=-1$ 为可去间断点.

$$\lim_{x\to0}f(x)=\lim_{x\to0}\left|\frac{x}{x+1}\right|^{\frac{x+1}{x-1}}$$

$$=e^{\lim_{x\to0}\frac{x+1}{x-1}\ln\left|\frac{x}{x+1}\right|}=e^{-\lim_{x\to0}\ln\left|\frac{x}{x+1}\right|}=+\infty,$$

故 $x=0$ 为无穷间断点. 又

$$\lim_{x\to1^-}f(x)=\lim_{x\to1^-}\left(\frac{x}{x+1}\right)^{\frac{x+1}{x-1}}=e^{\lim_{x\to1^-}\frac{x+1}{x-1}\ln\frac{x}{x+1}}=e^{2\ln\frac{1}{2}\lim_{x\to1^-}\frac{1}{x-1}}=+\infty,$$

故 $x=1$ 为无穷间断点，所以函数不存在跳跃间断点.

2.【解】应选（A）.

$f(x)=\begin{cases}-x, & x<-1,\\1, & -1\leqslant x\leqslant1,\\x, & x>1,\end{cases}$ 函数图像如图所示，为连续函数，那么 $f(x)$ 必存在原函数

$$F(x)=\begin{cases}-\dfrac{x^2}{2}+C_1, & x<-1,\\ x+C_2, & -1\leqslant x\leqslant1,\\ \dfrac{x^2}{2}+C_3, & x>1,\end{cases}$$

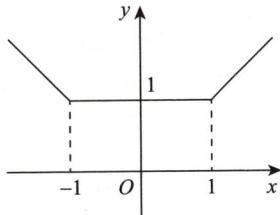

其中 C_1，C_2，C_3 为任意常数.

因为原函数 $F(x)$ 可导，所以必连续.

那么有 $\lim_{x\to-1^+}F(x)=\lim_{x\to-1^-}F(x)$，$\lim_{x\to1^+}F(x)=\lim_{x\to1^-}F(x)$，亦即

$$\lim_{x \to -1^+}(x+C_2)=\lim_{x \to -1^-}\left(-\frac{x^2}{2}+C_1\right),$$

$$\lim_{x \to 1^+}\left(\frac{x^2}{2}+C_3\right)=\lim_{x \to 1^-}(x+C_2).$$

得 $\begin{cases}-1+C_2=-\dfrac{1}{2}+C_1,\\[2mm]\dfrac{1}{2}+C_3=1+C_2,\end{cases}$ 即 $\begin{cases}C_2=\dfrac{1}{2}+C_1,\\[2mm]C_3=1+C_1,\end{cases}$ 因此 $f(x)$ 的原函数

$$F(x)=\begin{cases}-\dfrac{x^2}{2}+C, & x<-1,\\[3mm]x+\dfrac{1}{2}+C, & -1\leqslant x\leqslant 1,\\[3mm]\dfrac{x^2}{2}+1+C, & x>1,\end{cases}$$

其中 C 为任意常数.

3.【解】应选（D）.

令 $\ln x=-t$，$x=\mathrm{e}^{-t}$，有

$$\int_0^1 \frac{1}{x^p |\ln x|^q}\mathrm{d}x=\int_{+\infty}^0 \frac{-\mathrm{e}^{-t}}{\mathrm{e}^{-pt}\cdot t^q}\mathrm{d}t=\int_0^{+\infty}\frac{\mathrm{e}^{(p-1)t}}{t^q}\mathrm{d}t$$

$$=\int_0^1 \frac{\mathrm{e}^{(p-1)t}}{t^q}\mathrm{d}t+\int_1^{+\infty}\frac{\mathrm{e}^{(p-1)t}}{t^q}\mathrm{d}t.$$

对于 $\displaystyle\int_0^1 \frac{\mathrm{e}^{(p-1)t}}{t^q}\mathrm{d}t$，等价于研究 $\displaystyle\int_0^1 \frac{1}{t^q}\mathrm{d}t$，故当 $q<1$ 时，收敛.

对于 $\displaystyle\int_1^{+\infty}\frac{\mathrm{e}^{(p-1)t}}{t^q}\mathrm{d}t$，当 $p<1$ 时，必收敛；

当 $p=1$ 时，$q>1$ 才能使其收敛，这时 $\displaystyle\int_0^1 \frac{1}{t^q}\mathrm{d}t$ 发散，故 $p\neq 1$；

当 $p>1$ 时，必发散.综上所述，$p<1$，$q<1$.

4.【解】应选（C）.

取 $f(x)=\begin{cases}2, & x=0,\\1, & 0<x<1,\\-2, & x=1,\end{cases}$ 知（A）不正确.取 $f(x)=\begin{cases}2, & x=0,\\x, & 0<x<1,\\-2, & x=1,\end{cases}$ 知（B），（D）不正确.

对于（C），由于 $f(x)$ 在 $(0,1)$ 内可导，因此在 $(0,1)$ 内连续，则对于任意 $x_0\in(0,1)$，有 $\displaystyle\lim_{x \to x_0}[f(x)-f(x_0)]=0$，取 $\xi=x_0$，即得（C）正确.

5.【解】应选（B）.

$y' + y = \left(1 + \dfrac{1}{x}\right)^x$ 为一阶线性微分方程，其通解为

$$y = e^{-\int dx}\left[\int\left(1+\dfrac{1}{x}\right)^x \cdot e^{\int dx}dx + C_1\right] = e^{-x}\left[\int\left(1+\dfrac{1}{x}\right)^x \cdot e^x dx + C_1\right]$$

$$= e^{-x}\left[\int_{x_0}^{x}\left(1+\dfrac{1}{t}\right)^t \cdot e^t dt + C_2\right] = \dfrac{\int_{x_0}^{x}\left(1+\dfrac{1}{t}\right)^t \cdot e^t dt + C_2}{e^x},$$

其中 x_0 为任意正实数，则

$$\lim_{x \to +\infty} y = \lim_{x \to +\infty} \dfrac{\int_{x_0}^{x}\left(1+\dfrac{1}{t}\right)^t \cdot e^t dt + C_2}{e^x}$$

$$= \lim_{x \to +\infty} \dfrac{\left(1+\dfrac{1}{x}\right)^x \cdot e^x}{e^x} = e.$$

故 $y = y(x)(x > 0)$ 有水平渐近线 $y = e$．

6.【分析】题干是后积 x，选项是后积 y，可知本题要考虑交换积分顺序，应先确定积分区域，然后先积 x，后积 y，再写成二次积分的形式．后积 y，先定 y 的限，下限为 0，上限为 1，再定 x 的限，限内画平行于 x 轴的直线，当 $\dfrac{\pi}{2} < x \leqslant \pi$ 时，$x = \pi - \arcsin y$，所以下限为 $x = \pi - \arcsin y$，上限为 $x = \pi$．

【解】应选（B）．

根据所给二次积分得到积分区域为 D：$\begin{cases} \sin x < y < 1, \\ \dfrac{\pi}{2} < x < \pi, \end{cases}$ 如图所示，则

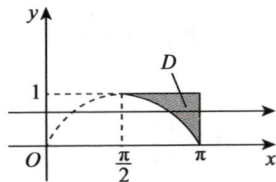

$$\int_{\frac{\pi}{2}}^{\pi} dx \int_{\sin x}^{1} f(x,y)dy = \int_{0}^{1} dy \int_{\pi-\arcsin y}^{\pi} f(x,y)dx.$$

【注】 交换积分顺序的题目，应先确定积分区域，然后交换积分顺序写成相应的二次积分．

7.【解】应选（D）．

数列 $\{x_n\}$，$\{y_n\}$ 单调递减有下界，极限存在，所以 $\lim\limits_{n \to \infty} x_n = 0$，$\lim\limits_{n \to \infty} y_n = 0$．

若 $0 < y_0 < x_0 < \dfrac{\pi}{2}$，则 $0 < y_1 < x_1 < \dfrac{\pi}{2}$．设 $0 < y_n < x_n < \dfrac{\pi}{2}$，有 $0 < y_{n+1} < x_{n+1} < \dfrac{\pi}{2}$，由数学归纳法，有 $0 < y_n < x_n < \dfrac{\pi}{2}$，$n = 0,1,2,\cdots$．

因为 $\lim\limits_{n \to \infty} x_n = 0$，故存在 k，使 $x_k < y_0 < x_0$，故对任意 $n \in \mathbf{N}$，有 $x_{n+k} < y_n < x_n$，从而 $\dfrac{x_{n+k}}{x_n} < \dfrac{y_n}{x_n} < 1$，又因

为 $\lim\limits_{n\to\infty}\dfrac{x_{n+k}}{x_n}=1$，由夹逼准则，$\lim\limits_{n\to\infty}\dfrac{y_n}{x_n}=1$，故 x_n 是与 y_n 等价的无穷小量．

8.【解】应选（B）．

首先，当 $b=1$ 时，$|\boldsymbol{\alpha}_1,\boldsymbol{\alpha}_2,\boldsymbol{\alpha}_3|=1$，$|\boldsymbol{\alpha}_1,\boldsymbol{\alpha}_2,\boldsymbol{\alpha}_4|=-1$，所以此时向量组 $\boldsymbol{\alpha}_1$，$\boldsymbol{\alpha}_2$，$\boldsymbol{\alpha}_3$ 与 $\boldsymbol{\alpha}_1$，$\boldsymbol{\alpha}_2$，$\boldsymbol{\alpha}_4$ 都线性无关，即选项（A）与（D）排除．

其次，当 $a=0$，$c=d=1$ 时，$|\boldsymbol{\alpha}_1,\boldsymbol{\alpha}_3,\boldsymbol{\alpha}_4|=-2$，此时向量组 $\boldsymbol{\alpha}_1$，$\boldsymbol{\alpha}_3$，$\boldsymbol{\alpha}_4$ 也是线性无关的，选项（C）排除．

当 $b=0$ 时，知 $\boldsymbol{\alpha}_2$ 为零向量，故 $\boldsymbol{\alpha}_2$，$\boldsymbol{\alpha}_3$，$\boldsymbol{\alpha}_4$ 线性相关；当 $b\neq0$ 时，有

$$(c+d)\boldsymbol{\alpha}_2-b(\boldsymbol{\alpha}_3+\boldsymbol{\alpha}_4)=\mathbf{0},$$

所以对任意的常数 b，c，d 而言，$\boldsymbol{\alpha}_2$，$\boldsymbol{\alpha}_3$，$\boldsymbol{\alpha}_4$ 都是线性相关的．

9.【解】应选（D）．

由 $a_{ij}+a_{ji}=0$，知 $A^{\mathrm{T}}=-A$，于是 $\boldsymbol{\alpha}^{\mathrm{T}}A\boldsymbol{\alpha}=(\boldsymbol{\alpha}^{\mathrm{T}}A\boldsymbol{\alpha})^{\mathrm{T}}=\boldsymbol{\alpha}^{\mathrm{T}}A^{\mathrm{T}}\boldsymbol{\alpha}=-\boldsymbol{\alpha}^{\mathrm{T}}A\boldsymbol{\alpha}$，即 $\boldsymbol{\alpha}^{\mathrm{T}}A\boldsymbol{\alpha}=0$，$\boldsymbol{\alpha}$ 与 $A\boldsymbol{\alpha}$ 正交，即 $\boldsymbol{P}=[\boldsymbol{\alpha},A\boldsymbol{\alpha}]$ 可逆．

对于选项（A），因为 $A^{\mathrm{T}}=-A$，可得 $A+A^{\mathrm{T}}=\boldsymbol{O}$，也即 $\begin{bmatrix}A+A^{\mathrm{T}}&\boldsymbol{O}\\\boldsymbol{E}&\boldsymbol{P}\end{bmatrix}\boldsymbol{x}=\begin{bmatrix}\boldsymbol{O}&\boldsymbol{O}\\\boldsymbol{E}&\boldsymbol{P}\end{bmatrix}\boldsymbol{x}=\mathbf{0}$．

显然系数矩阵 $\begin{bmatrix}\boldsymbol{O}&\boldsymbol{O}\\\boldsymbol{E}&\boldsymbol{P}\end{bmatrix}$ 不满秩，于是 $\begin{bmatrix}A+A^{\mathrm{T}}&\boldsymbol{O}\\\boldsymbol{E}&\boldsymbol{P}\end{bmatrix}\boldsymbol{x}=\mathbf{0}$ 有无穷多解．

同理，对于选项（C），$\begin{bmatrix}\boldsymbol{O}&A+A^{\mathrm{T}}\\\boldsymbol{P}&\boldsymbol{E}\end{bmatrix}\boldsymbol{x}=\begin{bmatrix}\boldsymbol{O}&\boldsymbol{O}\\\boldsymbol{P}&\boldsymbol{E}\end{bmatrix}\boldsymbol{x}=\begin{bmatrix}\boldsymbol{\alpha}\\A\boldsymbol{\alpha}\end{bmatrix}$，而又因为 $\boldsymbol{\alpha}$ 为非零列向量，其增广矩阵的秩 $r\left(\begin{bmatrix}\boldsymbol{O}&\boldsymbol{O}&\boldsymbol{\alpha}\\\boldsymbol{P}&\boldsymbol{E}&A\boldsymbol{\alpha}\end{bmatrix}\right)>r\left(\begin{bmatrix}\boldsymbol{O}&\boldsymbol{O}\\\boldsymbol{P}&\boldsymbol{E}\end{bmatrix}\right)$，可知 $\begin{bmatrix}\boldsymbol{O}&A+A^{\mathrm{T}}\\\boldsymbol{P}&\boldsymbol{E}\end{bmatrix}\boldsymbol{x}=\begin{bmatrix}\boldsymbol{\alpha}\\A\boldsymbol{\alpha}\end{bmatrix}$ 无解．

此外，由题意可知 $A=\begin{bmatrix}0&a\\-a&0\end{bmatrix}(a\neq0)$，则 $|A+E|=\begin{vmatrix}1&a\\-a&1\end{vmatrix}=1+a^2\neq0$．

故 $\begin{vmatrix}A+E&\boldsymbol{O}\\\boldsymbol{E}&\boldsymbol{P}\end{vmatrix}=|A+E||\boldsymbol{P}|\neq0$，选项（B）只有零解．同理选项（D）有唯一解．

10.【解】应选（C）．

设二次型矩阵为 A，则

$$\boldsymbol{P}^{-1}A\boldsymbol{P}=\boldsymbol{P}^{\mathrm{T}}A\boldsymbol{P}=\begin{bmatrix}1&0&0\\0&1&0\\0&0&-2\end{bmatrix},$$

则 e_1，e_2，e_3 分别是 A 的对应于特征值 $1,1,-2$ 的特征向量，于是 $-e_3$ 也是 A 的对应于特征值 -2 的特征向量．因此

$$Q^{-1}AQ = Q^{\mathrm{T}}AQ = \begin{bmatrix} -2 & 0 & 0 \\ 0 & 1 & 0 \\ 0 & 0 & 1 \end{bmatrix},$$

从而 f 在正交变换 $x = Qy$ 下的标准形为 $-2y_1^2 + y_2^2 + y_3^2$.

二、填空题

11.【解】应填 $-\dfrac{1}{6}$.

先将数列极限转换为函数极限, 然后用换元法, 令 $\dfrac{1}{x} = t$, 可得

$$\lim_{x \to +\infty} x^2 \ln\left(x \sin \frac{1}{x}\right) = \lim_{t \to 0^+} \frac{1}{t^2} \ln \frac{\sin t}{t} = \lim_{t \to 0^+} \frac{1}{t^2}\left(\frac{\sin t}{t} - 1\right)$$

$$= \lim_{t \to 0^+} \frac{\sin t - t}{t^3} = -\frac{1}{6}.$$

12.【解】应填 4 cm/s.

设质点与原点的距离为 L, 由条件可得 $L^2 = x^2 + y^2 = x^2 + x^3$. 等式两边同时对时间 t 求导可得

$$2L \frac{\mathrm{d}L}{\mathrm{d}t} = 2x \frac{\mathrm{d}x}{\mathrm{d}t} + 3x^2 \frac{\mathrm{d}x}{\mathrm{d}t}.$$

由于 $\dfrac{\mathrm{d}L}{\mathrm{d}t} = 11$, 当 $x = 3$ 时, $L = \sqrt{3^2 + 3^3} = 6$, 因此所求的水平速度为

$$\left.\frac{\mathrm{d}x}{\mathrm{d}t}\right|_{x=3} = \frac{2 \times 6 \times 11}{2 \times 3 + 3 \times 3^2} = 4(\text{cm/s}).$$

13.【解】应填 $y = -\dfrac{3}{4}x^2 + x + 1 (x \geqslant -2)$.

由 $y' + 2x = \sqrt{y + x^2}$, 令 $y + x^2 = u$, 则 $\dfrac{\mathrm{d}u}{\mathrm{d}x} = \sqrt{u}$, 即 $\displaystyle\int \frac{1}{\sqrt{u}} \mathrm{d}u = \int \mathrm{d}x$, 有 $2\sqrt{u} = x + C$, 即 $2\sqrt{y + x^2} = x + C$,

又 $y(0) = 1$, 于是 $C = 2$, 得 $\sqrt{y + x^2} = \dfrac{x}{2} + 1$, 整理得

$$y = -\frac{3}{4}x^2 + x + 1 (x \geqslant -2).$$

14.【解】应填 4.

由于 $\sin t \geqslant 0$, 且曲线连续, 可知 $x \in [0, \pi]$.

于是曲线的长度

$$s = \int_0^\pi \sqrt{1 + (y_x')^2} \, \mathrm{d}x = \int_0^\pi \sqrt{1 + \sin x} \, \mathrm{d}x$$

$$= \int_0^\pi \left(\sin \frac{x}{2} + \cos \frac{x}{2}\right) \mathrm{d}x = 4.$$

15.【解】应填$-e^4$.

对$xyz - \ln(yz) = -2$两边取微分，得

$$yz\mathrm{d}x + xy\mathrm{d}z + xz\mathrm{d}y - \frac{1}{yz}(y\mathrm{d}z + z\mathrm{d}y) = 0,$$

即

$$\mathrm{d}z = \frac{y^2z^2\mathrm{d}x + (xyz^2 - z)\mathrm{d}y}{y - xy^2z} = \frac{yz^2}{1 - xyz}\mathrm{d}x - \frac{z}{y}\mathrm{d}y,$$

即

$$\frac{\partial z}{\partial x} = \frac{yz^2}{1 - xyz}, \quad \frac{\partial z}{\partial y} = -\frac{z}{y},$$

$$\frac{\partial^2 z}{\partial x \partial y} = \frac{\left(z^2 + y \cdot 2z\dfrac{\partial z}{\partial y}\right)(1 - xyz) - yz^2\left(-xz - xy\dfrac{\partial z}{\partial y}\right)}{(1 - xyz)^2}.$$

当$x = 0$，$y = 1$时，得$z = e^2$. 于是

$$\frac{\partial z}{\partial y}\bigg|_{(0,1)} = -e^2,$$

$$z''_{xy}(0,1) = \frac{\partial^2 z}{\partial x \partial y}\bigg|_{(0,1)} = \frac{e^4 + 2e^2 \cdot (-e^2)}{1} = -e^4.$$

16.【分析】事实上，$A = \begin{bmatrix} \cos\dfrac{\pi}{3} & -\sin\dfrac{\pi}{3} \\ \sin\dfrac{\pi}{3} & \cos\dfrac{\pi}{3} \end{bmatrix}$，而$\begin{bmatrix} \cos\theta & -\sin\theta \\ \sin\theta & \cos\theta \end{bmatrix}$为正交矩阵，其几何意义为：当

$\begin{bmatrix} \cos\theta & -\sin\theta \\ \sin\theta & \cos\theta \end{bmatrix}$作用于向量$\overrightarrow{OP}$时，向量$\overrightarrow{OP}$绕原点逆时针旋转$\theta$. 由此可知，当$A^{-1} = \begin{bmatrix} \dfrac{1}{2} & \dfrac{\sqrt{3}}{2} \\ -\dfrac{\sqrt{3}}{2} & \dfrac{1}{2} \end{bmatrix}$作用

于向量时，其几何意义为向量绕原点顺时针旋转$\dfrac{\pi}{3}$.

【解】应填$\begin{bmatrix} -1 & 0 \\ 0 & -1 \end{bmatrix}$.

由$A = \begin{bmatrix} \dfrac{1}{2} & -\dfrac{\sqrt{3}}{2} \\ \dfrac{\sqrt{3}}{2} & \dfrac{1}{2} \end{bmatrix}$，$\theta = \dfrac{\pi}{3}$. 于是$A^3 = \begin{bmatrix} -1 & 0 \\ 0 & -1 \end{bmatrix}$，$A^6 = \begin{bmatrix} 1 & 0 \\ 0 & 1 \end{bmatrix}$，故

$$A^9 = A^{12} A^{-3} = A^{-3}, \quad A^{-9} = (A^9)^{-1} = (A^{-3})^{-1} = A^3 = \begin{bmatrix} -1 & 0 \\ 0 & -1 \end{bmatrix}.$$

【注】考生习惯求 A^n，若考题命制为求 A^{-n}，则利用 $A^{-n} = (A^n)^{-1}$ 求解即可．

三、解答题

17.【解】（1）设 D 的面积为 S，则

$$S = \int_{\sqrt{2}}^{2} \frac{\sqrt{x^2-1}}{x^2} dx \xrightarrow{x = \sec t} \int_{\frac{\pi}{4}}^{\frac{\pi}{3}} \frac{\tan t}{\sec^2 t} \sec t \tan t dt = \int_{\frac{\pi}{4}}^{\frac{\pi}{3}} \frac{\tan^2 t}{\sec t} dt$$

$$= \int_{\frac{\pi}{4}}^{\frac{\pi}{3}} \frac{\sin^2 t}{\cos t} dt = \int_{\frac{\pi}{4}}^{\frac{\pi}{3}} \frac{1 - \cos^2 t}{\cos t} dt = \int_{\frac{\pi}{4}}^{\frac{\pi}{3}} (\sec t - \cos t) dt$$

$$= \ln |\sec t + \tan t| \Big|_{\frac{\pi}{4}}^{\frac{\pi}{3}} - \sin t \Big|_{\frac{\pi}{4}}^{\frac{\pi}{3}}$$

$$= \ln \frac{2 + \sqrt{3}}{1 + \sqrt{2}} - \frac{\sqrt{3} - \sqrt{2}}{2}$$

$$= \ln(\sqrt{3} + 2)(\sqrt{2} - 1) - \frac{\sqrt{3} - \sqrt{2}}{2}.$$

（2）由旋转体体积公式知

$$V = \pi \int_{\sqrt{2}}^{2} \left(\frac{\sqrt{x^2-1}}{x^2} \right)^2 dx = \pi \int_{\sqrt{2}}^{2} \frac{x^2-1}{x^4} dx = \pi \int_{\sqrt{2}}^{2} \left(\frac{1}{x^2} - \frac{1}{x^4} \right) dx$$

$$= \pi \left(-\frac{1}{x} + \frac{1}{3x^3} \right) \Big|_{\sqrt{2}}^{2} = \pi \left(\frac{5}{6\sqrt{2}} - \frac{11}{24} \right) = \frac{10\sqrt{2} - 11}{24} \pi.$$

18.（1）【证】 $f(x) = \int_0^x \frac{\sin t}{t} dt, \ x \in \left(0, \frac{3}{2}\pi \right)$．因为 $f(x)$ 在 $\left[0, \frac{3}{2}\pi \right]$ 上连续，故

$$f\left(\frac{3}{2}\pi \right) = \int_0^{\frac{3}{2}\pi} \frac{\sin t}{t} dt$$

$$= \int_0^{\frac{\pi}{2}} \frac{\sin t}{t} dt + \int_{\frac{\pi}{2}}^{\pi} \frac{\sin t}{t} dt + \int_{\pi}^{\frac{3}{2}\pi} \frac{\sin t}{t} dt$$

$$= \int_0^{\frac{\pi}{2}} \frac{\sin t}{t} dt + \int_{\frac{\pi}{2}}^{\pi} \frac{\sin t}{t} dt - \int_0^{\frac{\pi}{2}} \frac{\sin u}{\pi + u} du$$

$$= \int_0^{\frac{\pi}{2}} \left(\frac{1}{t} - \frac{1}{\pi + t} \right) \sin t dt + \int_{\frac{\pi}{2}}^{\pi} \frac{\sin t}{t} dt > 0.$$

（2）【解】令 $F(x) = \int_1^x \frac{\sin t}{t} dt - 2 \ln |x|, \ x \neq 0$．

当 $x>0$ 时，$F'(x)=\dfrac{\sin x-2}{x}<0$，$F(x)$单调减少，$F(1)=0$，故$F(x)$在$x\in(0,+\infty)$内恰有一个实根；

当 $x<0$ 时，$F'(x)=\dfrac{\sin x-2}{x}>0$，$F(x)$单调增加，$\lim\limits_{x\to 0^-}\left[\displaystyle\int_1^x\dfrac{\sin t}{t}\mathrm{d}t-2\ln(-x)\right]=+\infty$，$F\left(-\dfrac{3}{2}\pi\right)=$

$\displaystyle\int_1^{-\frac{3}{2}\pi}\dfrac{\sin t}{t}\mathrm{d}t-2\ln\dfrac{3}{2}\pi$，其中

$$\int_1^{-\frac{3}{2}\pi}\dfrac{\sin t}{t}\mathrm{d}t\xlongequal{t=-v}-\int_{-1}^{\frac{3}{2}\pi}\dfrac{\sin v}{v}\mathrm{d}v$$

$$=-\int_0^{\frac{3}{2}\pi}\dfrac{\sin v}{v}\mathrm{d}v-\int_{-1}^0\dfrac{\sin v}{v}\mathrm{d}v<0,$$

故$F(x)$在$x\in(-\infty,0)$内恰有一个实根. 综上所述，方程恰有两个实根.

19. 【解】令 $a=\displaystyle\iint\limits_D\dfrac{(2x^2+1)f(x,y)}{x^2+y^2+1}\mathrm{d}x\mathrm{d}y$，则$f(x,y)=\mathrm{e}^{x^2+y^2}-a=f(y,x)$.

由轮换对称性，得

$$a=\iint\limits_D\dfrac{(2y^2+1)f(x,y)}{y^2+x^2+1}\mathrm{d}x\mathrm{d}y$$

$$=\dfrac{1}{2}\iint\limits_D 2f(x,y)\mathrm{d}x\mathrm{d}y=\iint\limits_D f(x,y)\mathrm{d}x\mathrm{d}y,$$

于是

$$a=\iint\limits_D(\mathrm{e}^{x^2+y^2}-a)\mathrm{d}\sigma$$

$$=\int_0^{2\pi}\mathrm{d}\theta\int_0^1(\mathrm{e}^{r^2}-a)r\mathrm{d}r=(\mathrm{e}-a-1)\pi,$$

解得$a=\dfrac{(\mathrm{e}-1)\pi}{\pi+1}$，故$\displaystyle\iint\limits_D f(x,y)\mathrm{d}\sigma=\dfrac{(\mathrm{e}-1)\pi}{\pi+1}$.

20. 【解】 $f'_x(x,y)=2x(2+y^2),\ f'_y(x,y)=2x^2y+2y\ln y+y.$

令 $\begin{cases}f'_x(x,y)=0,\\ f'_y(x,y)=0,\end{cases}$ 解得唯一驻点$\left(0,\dfrac{1}{\sqrt{\mathrm{e}}}\right)$.

由于 $A=f''_{xx}\left(0,\dfrac{1}{\sqrt{\mathrm{e}}}\right)=2(2+y^2)\Big|_{\left(0,\frac{1}{\sqrt{\mathrm{e}}}\right)}=2\left(2+\dfrac{1}{\mathrm{e}}\right),$

$B=f''_{xy}\left(0,\dfrac{1}{\sqrt{\mathrm{e}}}\right)=4xy\Big|_{\left(0,\frac{1}{\sqrt{\mathrm{e}}}\right)}=0,$

$$C = f_{yy}''\left(0, \frac{1}{\sqrt{e}}\right) = (2x^2 + 2\ln y + 3)\bigg|_{\left(0, \frac{1}{\sqrt{e}}\right)} = 2,$$

因此 $AC - B^2 > 0$. 又因为 $A > 0$，所以 $f(x,y)$ 在驻点 $\left(0, \frac{1}{\sqrt{e}}\right)$ 处取得极小值，极小值为 $f\left(0, \frac{1}{\sqrt{e}}\right) = -\frac{1}{2e}$.

21.【解】（1）由已知条件可得 $\dfrac{\mathrm{d}[f(x)]}{\mathrm{d}x} = \sqrt{2f(x) - 1}$，两边积分可得

$$\int \frac{\mathrm{d}[f(x)]}{\sqrt{2f(x) - 1}} = \int 1 \mathrm{d}x,$$

即

$$\sqrt{2f(x) - 1} = x + C_1.$$

由 $f(1) = 1$，可得 $C_1 = 0$，于是 $f(x) = \dfrac{x^2 + 1}{2}$.

（2）求导可得 $y' = x$，曲线上点 $P(x,y)$ 处的切线方程为 $Y - y = x(X - x)$，其中 $y = \dfrac{1}{2}(x^2 + 1)$.

令 $Y = 0$，得 $X = x - \dfrac{y}{x}$，故 $M\left(x - \dfrac{y}{x}, 0\right)$，$N(x, 0)$，则 $|MN| = \left|\dfrac{y}{x}\right| = \dfrac{x^2 + 1}{2x}$，三角形 PMN 的面积为

$$S = \frac{1}{2}|MN||PN| = \frac{1}{2} \cdot \frac{x^2 + 1}{2x} \cdot \frac{1}{2}(x^2 + 1) = \frac{1}{8} \cdot \frac{(x^2 + 1)^2}{x} \quad (x > 0).$$

令 $\dfrac{\mathrm{d}S}{\mathrm{d}x} = \dfrac{1}{8} \cdot \dfrac{(x^2 + 1)(3x^2 - 1)}{x^2} = 0$，由于 $x > 0$，因此解得唯一驻点 $x_0 = \dfrac{1}{\sqrt{3}}$.

当 $x \in \left(0, \dfrac{1}{\sqrt{3}}\right)$ 时，$\dfrac{\mathrm{d}S}{\mathrm{d}x} < 0$；当 $x \in \left(\dfrac{1}{\sqrt{3}}, +\infty\right)$ 时，$\dfrac{\mathrm{d}S}{\mathrm{d}x} > 0$.

故当 $x_0 = \dfrac{1}{\sqrt{3}}$ 时，三角形 PMN 的面积取到极小值，也即取到最小值，且面积最小值为 $S\left(\dfrac{1}{\sqrt{3}}\right) = \dfrac{2\sqrt{3}}{9}$.

22.【解】（1）由于存在非零矩阵 $\boldsymbol{B}$，使得 $r[\boldsymbol{B}(\boldsymbol{A} + \boldsymbol{E})] < r(\boldsymbol{B})$，即 $|\boldsymbol{A} + \boldsymbol{E}| = 0$，即 $\boldsymbol{A}$ 有特征值 $\lambda = -1$.

又 $\boldsymbol{A}^* = 4\boldsymbol{A}^{-1}$，有 $\boldsymbol{A}\boldsymbol{A}^* = 4\boldsymbol{E} = |\boldsymbol{A}|\boldsymbol{E}$，故 $|\boldsymbol{A}| = 4$.

由 $\lambda = -1$，有

$$|-\boldsymbol{E} - \boldsymbol{A}| = \begin{vmatrix} -2 & -a & -1 \\ -2 & 0 & -1 \\ 0 & -1 & -1-b \end{vmatrix} = 0,$$

即 $2a(1 + b) = 0$，由于 $ab \neq 0$，故 $a \neq 0$，解得 $b = -1$.

由 $|\boldsymbol{A}| = 4$，有

$$|A| = \begin{vmatrix} 1 & a & 1 \\ 2 & -1 & 1 \\ 0 & 1 & -1 \end{vmatrix} = (-2) \cdot (-a-1) = 4,$$

解得 $a = 1$.

综上，$a = 1$，$b = -1$.

（2）由（1）可得

$$A = \begin{bmatrix} 1 & 1 & 1 \\ 2 & -1 & 1 \\ 0 & 1 & -1 \end{bmatrix},$$

则

$$|\lambda E - A| = \begin{vmatrix} \lambda-1 & -1 & -1 \\ -2 & \lambda+1 & -1 \\ 0 & -1 & \lambda+1 \end{vmatrix} = (\lambda-2)(\lambda+1)(\lambda+2),$$

故 A 的特征值为 $\lambda_1 = 2$，$\lambda_2 = -1$，$\lambda_3 = -2$.

当 $\lambda_1 = 2$ 时，解方程组 $(2E - A)x = 0$，得特征向量 $\xi_1 = \begin{bmatrix} 4 \\ 3 \\ 1 \end{bmatrix}$；

当 $\lambda_2 = -1$ 时，解方程组 $(-E - A)x = 0$，得特征向量 $\xi_2 = \begin{bmatrix} -1 \\ 0 \\ 2 \end{bmatrix}$；

当 $\lambda_3 = -2$ 时，解方程组 $(-2E - A)x = 0$，得特征向量 $\xi_3 = \begin{bmatrix} 0 \\ -1 \\ 1 \end{bmatrix}$.

令

$$P = [\xi_1, \xi_2, \xi_3] = \begin{bmatrix} 4 & -1 & 0 \\ 3 & 0 & -1 \\ 1 & 2 & 1 \end{bmatrix}, \quad \Lambda = \begin{bmatrix} 2 & 0 & 0 \\ 0 & -1 & 0 \\ 0 & 0 & -2 \end{bmatrix},$$

则

$$P^{-1}AP = \Lambda = \begin{bmatrix} 2 & & \\ & -1 & \\ & & -2 \end{bmatrix},$$

又

$$P^{-1}A^3P = \Lambda^3 = \begin{bmatrix} 8 & & \\ & -1 & \\ & & -8 \end{bmatrix},$$

$$P^{-1}A^*P = \Lambda^* = \begin{bmatrix} 2 & & \\ & -4 & \\ & & -2 \end{bmatrix},$$

于是

$$P^{-1}(A^3 + A^*)P = \Lambda^3 + \Lambda^* = \begin{bmatrix} 10 & & \\ & -5 & \\ & & -10 \end{bmatrix}.$$

全国硕士研究生招生考试 卷三（数学三）

一、选择题

1. 【解】应选（D）.

设 $\lim_{n\to\infty} a_{2n}=a$，$\lim_{n\to\infty} a_{2n+1}=b$，$\lim_{n\to\infty} a_{3n}=c$，则

$$\lim_{n\to\infty} a_{6n} = \lim_{n\to\infty} a_{2(3n)} = a,$$
$$\lim_{n\to\infty} a_{6n} = \lim_{n\to\infty} a_{3(2n)} = c,$$

故 $a=c$.

又

$$b = \lim_{n\to\infty} a_{2(3n+1)+1} = \lim_{n\to\infty} a_{6n+3} = \lim_{n\to\infty} a_{3(2n+1)} = c,$$

故 $b=c$. 于是 $a=b=c$，即数列 $\{a_n\}$ 的奇、偶子列收敛于同一数值.

【注】作为选择题，本题可用排除法，显然选项（A）与选项（C）是同样的条件，$\{a_{2n}\}$ 与 $\{a_{2n+1}\}$ 要收敛于同一数值，才能使得 $\{a_n\}$ 收敛，选项（B）同理，故均可排除.

2. 【解】应选（B）.

对于①，取 $f(x)=\begin{cases} -x, & x\leqslant 0, \\ x\sin\dfrac{1}{x}, & x>0, \end{cases}$ $f'_-(0)$ 存在，但 $\lim_{x\to 0^+}\dfrac{x\sin\dfrac{1}{x}}{x}$ 不存在，故 $f'_+(0)$ 不存在.

对于②，取 $f(x)=\begin{cases} -x, & x\leqslant 0, \\ x^2\sin\dfrac{1}{x}, & x>0, \end{cases}$ $\lim_{x\to 0^-}f'(x)$ 存在，但 $\lim_{x\to 0^+}f'(x)=\lim_{x\to 0^+}\left(2x\sin\dfrac{1}{x}-\cos\dfrac{1}{x}\right)$ 不存在.

对于③，取 $f(x)=|x|$，则 $f'_-(0)=-1$，$f'_+(0)=1$，但 $f'(0)$ 不存在.

对于④，若 $\lim_{x\to 0}f'(x)$ 存在，则 $\lim_{x\to 0^+}f'(x)=\lim_{x\to 0^-}f'(x)\xlongequal{\text{记为}}a$，根据定义，有

$$f'_+(0)=\lim_{x\to 0^+}\frac{f(x)-f(0)}{x-0}\xlongequal{\text{洛必达法则}}\lim_{x\to 0^+}f'(x)=a,$$

$$f'_-(0)=\lim_{x\to 0^-}\frac{f(x)-f(0)}{x-0}\xlongequal{\text{洛必达法则}}\lim_{x\to 0^-}f'(x)=a,$$

故 $f'(0)$ 存在.

综上，只有④正确.

3. 【解】应选（A）.

$$\left| (-1)^n \cdot \frac{\sqrt{a_{2n}}}{n+k} \right| \leqslant \frac{1}{2} \left[a_{2n} + \frac{1}{(n+k)^2} \right],$$

其中由 $\sum_{n=1}^{\infty} a_n$ 收敛，得 $\sum_{n=1}^{\infty} a_{2n}$ 收敛，又 $\sum_{n=1}^{\infty} \frac{1}{(n+k)^2}$ 收敛，所以 $\sum_{n=1}^{\infty} \left[a_{2n} + \frac{1}{(n+k)^2} \right]$ 收敛，故 $\sum_{n=1}^{\infty} \left| (-1)^n \cdot \frac{\sqrt{a_{2n}}}{n+k} \right|$

收敛，即 $\sum_{n=1}^{\infty} (-1)^n \cdot \frac{\sqrt{a_{2n}}}{n+k}$ 绝对收敛.

4.【解】应选（A）.

由 $\mathrm{d}\big[f(x,y)\big] = -\frac{y}{x^2+y^2} \mathrm{d}x + \frac{x}{x^2+y^2} \mathrm{d}y$，则有

$$\frac{\partial f}{\partial x} = -\frac{y}{x^2+y^2}, \frac{\partial f}{\partial y} = \frac{x}{x^2+y^2}.$$

由 $\frac{\partial f}{\partial y} = \frac{x}{x^2+y^2}$，对 y 积分可得

$$f(x,y) = \arctan \frac{y}{x} + \varphi(x),$$

两边对 x 求偏导，有

$$\frac{\partial f}{\partial x} = -\frac{y}{x^2+y^2} + \varphi'(x) = -\frac{y}{x^2+y^2},$$

故 $\varphi'(x) = 0$，$\varphi(x) = C$.

由 $f(1,1) = \frac{\pi}{4}$，得 $\varphi(x) = C = 0$，$f(x,y) = \arctan \frac{y}{x}$，故 $f(\sqrt{3}, 0) = 0$.

5.【解】应选（D）.

因 $abc = -6$，故

$$|\boldsymbol{A}| = \begin{vmatrix} 1 & 0 & a \\ b & 2 & 0 \\ 0 & c & 3 \end{vmatrix} = 6 + abc = 0, \quad r(\boldsymbol{A}) < 3.$$

又 $A_{11} = \begin{vmatrix} 2 & 0 \\ c & 3 \end{vmatrix} = 6 \neq 0$，则 $r(\boldsymbol{A}) = 2$，$r(\boldsymbol{A}^*) = 1$.

故 $\boldsymbol{A}^*$ 有特征值 $\lambda_1 = \lambda_2 = 0$，

$$\lambda_3 = \sum_{i=1}^{3} A_{ii} = A_{11} + A_{22} + A_{33} = \begin{vmatrix} 2 & 0 \\ c & 3 \end{vmatrix} + \begin{vmatrix} 1 & a \\ 0 & 3 \end{vmatrix} + \begin{vmatrix} 1 & 0 \\ b & 2 \end{vmatrix} = 6 + 3 + 2 = 11.$$

6.【解】应选（B）.

由 $\boldsymbol{A}^2 - \boldsymbol{A} = 2\boldsymbol{E}$，有 $\lambda^2 - \lambda - 2 = 0$，解得 $\lambda_1 = -1$，$\lambda_2 = 2$. 又 $|\boldsymbol{A}| = 2$，于是

$$\lambda_3 = \frac{2}{(-1)\times 2} = -1,$$

故正惯性指数$p=1$，负惯性指数$q=2$，则符号差$s=p-q=1-2=-1$.

【注】 在二次型的规范形中，符号差$s=p-q$，这是一个容易忽略的考点.

7.【解】应选（D）.

由$a_{ij}+a_{ji}=0$，知$A^T=-A$，于是$\alpha^T A\alpha=(\alpha^T A\alpha)^T=\alpha^T A^T\alpha=-\alpha^T A\alpha$，即$\alpha^T A\alpha=0$，$\alpha$与$A\alpha$正交，即$P=[\alpha, A\alpha]$可逆.

对于选项（A），因为$A^T=-A$，可得$A+A^T=O$，也即$\begin{bmatrix} A+A^T & O \\ E & P \end{bmatrix}x = \begin{bmatrix} O & O \\ E & P \end{bmatrix}x = 0$.

显然系数矩阵$\begin{bmatrix} O & O \\ E & P \end{bmatrix}$不满秩，于是$\begin{bmatrix} A+A^T & O \\ E & P \end{bmatrix}x=0$有无穷多解.

同理，对于选项（C），$\begin{bmatrix} O & A+A^T \\ P & E \end{bmatrix}x = \begin{bmatrix} O & O \\ P & E \end{bmatrix}x = \begin{bmatrix} \alpha \\ A\alpha \end{bmatrix}$，而又因为$\alpha$为非零列向量，其增广矩阵的秩$r\left(\begin{bmatrix} O & O & \alpha \\ P & E & A\alpha \end{bmatrix}\right) > r\left(\begin{bmatrix} O & O \\ P & E \end{bmatrix}\right)$，可知$\begin{bmatrix} O & A+A^T \\ P & E \end{bmatrix}x = \begin{bmatrix} \alpha \\ A\alpha \end{bmatrix}$无解.

此外，由题意可知$A = \begin{bmatrix} 0 & a \\ -a & 0 \end{bmatrix}(a\neq 0)$则$|A+E| = \begin{vmatrix} 1 & a \\ -a & 1 \end{vmatrix} = 1+a^2 \neq 0$.

故$\begin{vmatrix} A+E & O \\ E & P \end{vmatrix} = |A+E||P| \neq 0$，选项（B）只有零解.同理选项（D）有唯一解.

8.【解】应选（A）.

由题意得

$$p_1 = P\{X>x\} = 1-F(x) = e^{-\sqrt{\lambda x}},$$

$$p_2 = P\{X>x+t \mid X>t\} = \frac{P\{X>x+t\}}{P\{X>t\}} = \frac{e^{-\sqrt{\lambda(x+t)}}}{e^{-\sqrt{\lambda t}}} = e^{\sqrt{\lambda t}-\sqrt{\lambda x+\lambda t}},$$

$$p_3 = P\{X>x-t \mid X>t\} = \frac{P\{X>\max\{x-t,t\}\}}{P\{X>t\}} = \frac{P\{X>x-t\}}{P\{X>t\}} = e^{\sqrt{\lambda t}-\sqrt{\lambda x-\lambda t}}.$$

由于

$$\sqrt{\lambda t}-\sqrt{\lambda x-\lambda t} > \sqrt{\lambda t}-\sqrt{\lambda x+\lambda t},$$

$$\sqrt{\lambda t}-\sqrt{\lambda x+\lambda t}-(-\sqrt{\lambda x}) = \sqrt{\lambda t}+\sqrt{\lambda x}-\sqrt{\lambda x+\lambda t} = \frac{2\lambda\sqrt{xt}}{\sqrt{\lambda t}+\sqrt{\lambda x}+\sqrt{\lambda x+\lambda t}} > 0,$$

故$p_3 > p_2 > p_1$.

9.【解】应选（C）.

令 $X_i = \begin{cases} 1, & \text{第}i\text{次}A\text{发生}, \\ 0, & \text{第}i\text{次}\overline{A}\text{发生}, \end{cases}$ $Y_j = \begin{cases} 1, & \text{第}j\text{次}B\text{发生}, \\ 0, & \text{第}j\text{次}\overline{B}\text{发生}, \end{cases}$ $i,j=1,2$, $X=\sum\limits_{i=1}^{2}X_i$, $Y=\sum\limits_{j=1}^{2}Y_j$,于是

$$EX = 2EX_i = 2 \times \frac{1}{6} = \frac{1}{3},$$

$$EY = 2EY_j = 2 \times \frac{1}{3} = \frac{2}{3}.$$

$EX_i = \frac{1}{6}$, $E(X_i^2) = \frac{1}{6}$, 故

$$DX_i = E(X_i^2) - (EX_i)^2 = \frac{1}{6} - \left(\frac{1}{6}\right)^2 = \frac{5}{36}.$$

同理 $DY_j = \frac{2}{9}$, 所以 $DX = 2DX_i = \frac{5}{18}$, $DY = 2DY_j = \frac{4}{9}$.

当 $i=j$ 时, $\mathrm{Cov}(X_i, Y_j) = E(X_i Y_j) - EX_i EY_j = 0 - \frac{1}{6} \times \frac{1}{3} = -\frac{1}{18}$;

当 $i \neq j$ 时, X_i 与 Y_j 独立, $\mathrm{Cov}(X_i, Y_j) = 0$, 故

$$\mathrm{Cov}(X, Y) = \mathrm{Cov}(X_1 + X_2, Y_1 + Y_2)$$
$$= \sum_{i=1}^{2} \mathrm{Cov}(X_i, Y_i) = 2\mathrm{Cov}(X_i, Y_i) = -\frac{1}{9}.$$

X 与 Y 的相关系数

$$\rho_{XY} = \frac{\mathrm{Cov}(X, Y)}{\sqrt{DX}\sqrt{DY}} = -\frac{\sqrt{10}}{10}.$$

10.【解】应选（C）.

如图（a）所示，记 $X(0 < X < a)$ 为第一次截取的位置坐标，则 $X \sim U(0, a)$，又记 $Y(X < Y < a)$ 为第二次截取的位置坐标，则 $Y|X \sim U(x, a)$.

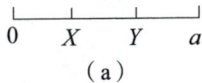

设 X 和 Y 的联合概率密度为 $f(x, y)$，则

（a）

$$f(x, y) = f_{Y|X}(y|x) \cdot f_X(x) = \frac{1}{a-x} \cdot \frac{1}{a}, \quad 0 < x < a, x < y < a,$$

且三条边长分别为 x, $y-x$, $a-y$. 由三角形中两边之和大于第三边，有

$$\begin{cases} x + (y-x) > a - y, \\ x + (a-y) > y - x, \\ (y-x) + (a-y) > x, \end{cases}$$

解得

$$\begin{cases} 0 < x < \dfrac{a}{2}, \\ \dfrac{a}{2} < y < \dfrac{a}{2}+x, \end{cases}$$

如图（b）所示，可构成三角形的概率为

$$p = \frac{1}{a} \int_0^{\frac{a}{2}} \frac{1}{a-x} \mathrm{d}x \int_{\frac{a}{2}}^{\frac{a}{2}+x} \mathrm{d}y = \ln 2 - \frac{1}{2}.$$

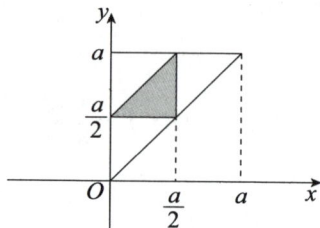

（b）

二、填空题

11.【解】应填 2.

$$原式 = \lim_{n\to\infty} \sum_{k=1}^{n} \frac{1}{\sqrt{\dfrac{k}{n}}} \cdot \frac{1}{n} = \int_0^1 \frac{1}{\sqrt{x}} \mathrm{d}x = 2\sqrt{x}\Big|_0^1 = 2.$$

【注】 设 $f(x)$ 在 $(0,1)$ 上单调，若反常积分 $\displaystyle\int_0^1 f(x)\mathrm{d}x$ 收敛，则

$$\lim_{n\to\infty} \frac{f\left(\dfrac{1}{n}\right)+\cdots+f\left(\dfrac{n-1}{n}\right)}{n} = \int_0^1 f(x)\mathrm{d}x.$$

证 不妨设 $f(x)$ 在 $(0,1)$ 上是单调递增函数，则

$$\int_0^{1-\frac{1}{n}} f(x)\mathrm{d}x = \sum_{k=1}^{n-1} \int_{\frac{k-1}{n}}^{\frac{k}{n}} f(x)\mathrm{d}x$$

$$\leqslant \sum_{k=1}^{n-1} f\left(\frac{k}{n}\right)\cdot\frac{1}{n} = \frac{f\left(\dfrac{1}{n}\right)+\cdots+f\left(\dfrac{n-1}{n}\right)}{n}$$

$$\leqslant \sum_{k=2}^{n} \int_{\frac{k-1}{n}}^{\frac{k}{n}} f(x)\mathrm{d}x = \int_{\frac{1}{n}}^1 f(x)\mathrm{d}x,$$

由夹逼准则可知结论成立.

12.【解】应填 $-10!$.

$$f(x) = \frac{x}{1-x+x^2} = \frac{x(1+x)}{1+x^3} = (x+x^2)\sum_{n=0}^{\infty}(-1)^n x^{3n}$$

$$= \sum_{n=0}^{\infty}(-1)^n x^{3n+1} + \sum_{n=0}^{\infty}(-1)^n x^{3n+2}, \quad |x| < 1,$$

由泰勒展开式系数的唯一性知 $\dfrac{f^{(10)}(0)}{10!} = -1$，所以 $f^{(10)}(0) = -10!$．

13.【解】应填 $y = C(\ln x + 1)$，C 为任意常数．

$xy'' + y' = (xy')' = 0$，故 $xy' = C$，$\mathrm{d}y = \dfrac{C}{x}\mathrm{d}x$，积分得 $y = C\ln|x| + C_1$．

又 $y(1) = y'(1)$，有 $C_1 = C$，故 $y = C(\ln x + 1)$，C 为任意常数．

14.【解】应填 x^2．

由题可知，

$$\int_0^1 [f^2(x) - 2x^2 f(x) + x^4]\mathrm{d}x$$

$$= \int_0^1 [f(x) - x^2]^2 \mathrm{d}x$$

$$= \int_0^1 f^2(x)\,\mathrm{d}x - \int_0^1 2x^2 f(x)\,\mathrm{d}x + \frac{1}{5} \leqslant 0,$$

又 $[f(x) - x^2]^2 \geqslant 0$，由积分保号性，可得

$$f(x) = x^2.$$

15.【解】应填 $\begin{bmatrix} 0 & 4n \\ 0 & 0 \end{bmatrix}$．

$\mathbf{A}^{2n} = \begin{bmatrix} 1 & 2n \\ 0 & 1 \end{bmatrix}$，$\mathbf{B}^{2n} = \begin{bmatrix} 1 & -2n \\ 0 & 1 \end{bmatrix}$，则

$$\mathbf{A}^{2n} - \mathbf{B}^{2n} = \begin{bmatrix} 0 & 4n \\ 0 & 0 \end{bmatrix}.$$

16.【解】应填 18．

依题意知 Y 为离散型随机变量，而且取值为 2，3，…，则 Y 的概率分布为

$$P\{Y = k\} = C_{k-1}^1 p(1-p)^{k-2} \cdot p = C_{k-1}^1 p^2 (1-p)^{k-2} = (k-1)\left(\frac{1}{9}\right)^2 \left(\frac{8}{9}\right)^{k-2}, \quad k = 2, 3, \cdots,$$

故

$$EY = \sum_{k=2}^{\infty} k(k-1)\left(\frac{1}{9}\right)^2 \left(\frac{8}{9}\right)^{k-2} = \frac{1}{81}\sum_{k=2}^{\infty} k(k-1)\left(\frac{8}{9}\right)^{k-2}$$

$$= \frac{1}{81}\sum_{k=2}^{\infty}(x^k)'' \bigg|_{x=\frac{8}{9}} = \frac{1}{81}\left(\sum_{k=2}^{\infty} x^k\right)'' \bigg|_{x=\frac{8}{9}} = \frac{1}{81}\left(\frac{x^2}{1-x}\right)'' \bigg|_{x=\frac{8}{9}}$$

$$=\frac{1}{81}\cdot\frac{2}{(1-x)^3}\bigg|_{x=\frac{8}{9}}=18.$$

三、解答题

17.【解】 $$f'_x(x,y)=2x(2+y^2),\ f'_y(x,y)=2x^2y+2y\ln y+y,$$

令 $\begin{cases}f'_x(x,y)=0,\\f'_y(x,y)=0,\end{cases}$ 解得唯一驻点 $\left(0,\dfrac{1}{\sqrt{e}}\right)$.

由于
$$A=f''_{xx}\left(0,\frac{1}{\sqrt{e}}\right)=2(2+y^2)\bigg|_{\left(0,\frac{1}{\sqrt{e}}\right)}=2\left(2+\frac{1}{e}\right),$$

$$B=f''_{xy}\left(0,\frac{1}{\sqrt{e}}\right)=4xy\bigg|_{\left(0,\frac{1}{\sqrt{e}}\right)}=0,$$

$$C=f''_{yy}\left(0,\frac{1}{\sqrt{e}}\right)=(2x^2+2\ln y+3)\bigg|_{\left(0,\frac{1}{\sqrt{e}}\right)}=2,$$

因此 $AC-B^2>0$. 又因为 $A>0$，所以 $f(x,y)$ 在驻点 $\left(0,\dfrac{1}{\sqrt{e}}\right)$ 处取得极小值，极小值为 $f\left(0,\dfrac{1}{\sqrt{e}}\right)=-\dfrac{1}{2e}$.

18.【解】 （1）令 $u=x-t$，有
$$\int_0^x f(x-t)e^{\frac{t}{n}}\mathrm{d}t=\int_0^x f(u)e^{\frac{x-u}{n}}\mathrm{d}u=e^{\frac{x}{n}}\int_0^x f(u)e^{\frac{-u}{n}}\mathrm{d}u,$$

则
$$e^{\frac{x}{n}}\int_0^x f(u)e^{\frac{-u}{n}}\mathrm{d}u=\sin x,$$

上式两边对 x 求导，有
$$\frac{1}{n}e^{\frac{x}{n}}\int_0^x f(u)e^{-\frac{u}{n}}\mathrm{d}u+e^{\frac{x}{n}}\cdot f(x)e^{-\frac{x}{n}}=\cos x,$$

即
$$\frac{1}{n}\sin x+f(x)=\cos x,$$

也即
$$f(x)=\cos x-\frac{1}{n}\sin x.$$

（2）$f\left(\dfrac{\pi}{2}\right)=-\dfrac{1}{n}$，故
$$\sum_{n=1}^{\infty}\frac{f\left(\frac{\pi}{2}\right)}{4^{n+1}}=-\frac{1}{4}\sum_{n=1}^{\infty}\frac{\left(\frac{1}{4}\right)^n}{n}.$$

令 $S(x) = \sum_{n=1}^{\infty} \dfrac{x^n}{n}$，$|x| < 1$，则

$$S(x) = S(0) + \int_0^x S'(t)\mathrm{d}t = \int_0^x \sum_{n=1}^{\infty} t^{n-1}\mathrm{d}t$$

$$= \int_0^x \frac{1}{1-t}\mathrm{d}t = -\ln(1-x),$$

于是原式 $= -\dfrac{1}{4} \cdot S\left(\dfrac{1}{4}\right) = \dfrac{1}{4}\ln\dfrac{3}{4}$.

19.【证】 （1）令 $x=0$，有 $0 \leqslant |f(0)| \leqslant 0$，可得 $f(0) = 0$.

由条件可知

$$0 \leqslant \lim_{x \to 0^+} \frac{|f(x)|}{x} \leqslant \lim_{x \to 0^+} \frac{1-\cos x}{x} = 0,$$

故 $\lim\limits_{x \to 0^+} \dfrac{|f(x)|}{x} = 0$.

而

$$f'_+(0) = \lim_{x \to 0^+} \frac{f(x)}{x} \leqslant \lim_{x \to 0^+} \frac{|f(x)|}{x} = 0,$$

又有 $f'_+(0) \geqslant 0$，故 $f'_+(0) = 0$. 由 $f(x)$ 二阶可导，知 $f'(x)$ 连续，故 $f'(0) = 0$.

（2）令 $x = \pi$，有 $0 \leqslant |f(\pi)| \leqslant 0$，可得 $f(\pi) = 0$.

为证 $f''(\xi) = f(\xi)$，也即 $f''(\xi) - f'(\xi) + f'(\xi) - f(\xi) = 0$，可考虑

$$\left[f'(x) - f(x)\right]' + \left[f'(x) - f(x)\right] = 0.$$

令 $F(x) = \mathrm{e}^{-x}f(x)$，则 $F'(x) = \mathrm{e}^{-x}\left[f'(x) - f(x)\right]$.

由于 $f(0) = f(\pi) = 0$，则 $F(0) = F(\pi)$，于是由罗尔定理可知存在 $\xi_1 \in (0, \pi)$，使得 $F'(\xi_1) = 0$，从而可得 $f'(\xi_1) = f(\xi_1)$.

再令 $G(x) = \mathrm{e}^{x}\left[f'(x) - f(x)\right]$，而 $f'(0) = f(0) = 0, f'(\xi_1) = f(\xi_1)$，于是可知 $G(0) = G(\xi_1) = 0$，由罗尔定理可得存在 $\xi \in (0, \xi_1)$，使得 $G'(\xi) = 0$，也即

$$\left[f''(\xi) - f'(\xi) + f'(\xi) - f(\xi)\right]\mathrm{e}^{\xi} = 0,$$

故可知存在 $\xi \in (0, \pi)$，使得 $f''(\xi) = f(\xi)$.

20.【解】
$$I = \iint\limits_{D} \frac{\mathrm{d}x\mathrm{d}y}{\mathrm{e}^x + \mathrm{e}^y} = \int_0^{+\infty} \mathrm{d}y \int_0^{+\infty} \frac{1}{\mathrm{e}^x + \mathrm{e}^y}\mathrm{d}x,$$

其中，

$$\int_0^{+\infty} \frac{1}{e^x + e^y} dx \xlongequal[x=\ln t]{e^x = t} \int_1^{+\infty} \frac{1}{t(t+e^y)} dt$$

$$= \frac{1}{e^y} \int_1^{+\infty} \left(\frac{1}{t} - \frac{1}{t+e^y} \right) dt$$

$$= \frac{1}{e^y} \cdot \ln \frac{t}{t+e^y} \bigg|_{t=1}^{t=+\infty}$$

$$= \frac{1}{e^y} \left(-\ln \frac{1}{1+e^y} \right),$$

故

$$I = \int_0^{+\infty} e^{-y} \ln(1+e^y) dy \xlongequal[y=\ln u]{e^y = u} \int_1^{+\infty} \frac{1}{u^2} \ln(1+u) du$$

$$= \int_1^{+\infty} \ln(1+u) d\left(-\frac{1}{u} \right)$$

$$= -\frac{\ln(1+u)}{u} \bigg|_1^{+\infty} + \int_1^{+\infty} \frac{1}{u(1+u)} du$$

$$= \ln 2 + \ln \frac{u}{1+u} \bigg|_1^{+\infty}$$

$$= 2\ln 2.$$

【注】《全国硕士研究生招生考试数学考试大纲》的数学三的考试要求中有一个单独的考点——无穷区域上的二重积分．

21.【解】对方程组的增广矩阵作初等行变换得

$$\begin{bmatrix} 1 & 2 & 0 & \vdots & 3 \\ 4 & 7 & 1 & \vdots & 10 \\ 0 & 1 & -1 & \vdots & b \\ 2 & 3 & a & \vdots & 4 \end{bmatrix} \rightarrow \begin{bmatrix} 1 & 2 & 0 & \vdots & 3 \\ 0 & -1 & 1 & \vdots & -2 \\ 0 & 1 & -1 & \vdots & b \\ 0 & -1 & a & \vdots & -2 \end{bmatrix}$$

$$\rightarrow \begin{bmatrix} 1 & 2 & 0 & \vdots & 3 \\ 0 & -1 & 1 & \vdots & -2 \\ 0 & -1 & a & \vdots & -2 \\ 0 & 1 & -1 & \vdots & b \end{bmatrix} \rightarrow \begin{bmatrix} 1 & 2 & 0 & \vdots & 3 \\ 0 & -1 & 1 & \vdots & -2 \\ 0 & 0 & a-1 & \vdots & 0 \\ 0 & 0 & 0 & \vdots & b-2 \end{bmatrix}.$$

（1）当 $b \neq 2$ 时，线性方程组 $Ax = \beta$ 无解．

（2）当 $b = 2$，$a \neq 1$ 时，线性方程组 $Ax = \beta$ 有唯一解，为

$$x = [x_1, x_2, x_3]^T = [-1, 2, 0]^T.$$

当 $b = 2$，$a = 1$ 时，线性方程组 $Ax = \beta$ 有无穷多解，为

$$x = [x_1, x_2, x_3]^T = k[-2, 1, 1]^T + [-1, 2, 0]^T,$$

其中 k 为任意常数．

22. 【解】（1）
$$EX = \int_0^\theta x \cdot \frac{2x}{\theta^2}\, dx = \frac{2}{3}\theta \overset{\diamondsuit}{=\!=} \overline{X},$$

解得
$$\hat{\theta}_1 = \frac{3}{2}\overline{X}, \quad E\hat{\theta}_1 = \frac{3}{2}E\overline{X} = \frac{3}{2}EX = \theta.$$

又
$$E(X^2) = \int_0^\theta x^2 \cdot \frac{2x}{\theta^2}\, dx = \frac{1}{2}\theta^2,$$

故
$$DX = E(X^2) - (EX)^2 = \left(\frac{1}{2} - \frac{4}{9}\right)\theta^2 = \frac{1}{18}\theta^2,$$

故
$$D\overline{X} = \frac{\theta^2}{18n}, \quad D\hat{\theta}_1 = \frac{9}{4}D\overline{X} = \frac{9}{4} \cdot \frac{\theta^2}{18n} = \frac{\theta^2}{8n}.$$

（2）
$$L(\theta) = \begin{cases} \dfrac{2^n}{\theta^{2n}}\displaystyle\prod_{i=1}^{n} x_i, & 0 < x_i \leqslant \theta, i = 1, 2, \cdots, n, \\ 0, & \text{其他.} \end{cases}$$

$L(\theta)$是θ的单调递减函数，故$\hat{\theta}_2 = X_{(n)} = \max\{X_1, X_2, \cdots, X_n\}$.

$$E\hat{\theta}_2 = EX_{(n)} = \int_0^\theta x \cdot n \cdot \frac{2}{\theta}\left(\frac{x}{\theta}\right)^{2n-1} dx = \frac{2n\theta}{2n+1},$$

$$E(\hat{\theta}_2^2) = E[X_{(n)}^2] = \int_0^\theta x^2 \cdot n \cdot \frac{2}{\theta}\left(\frac{x}{\theta}\right)^{2n-1} dx = \frac{n\theta^2}{n+1},$$

故
$$D\hat{\theta}_2 = E(\hat{\theta}_2^2) - (E\hat{\theta}_2)^2 = \frac{n\theta^2}{(n+1)(2n+1)^2}.$$

全国大学生数学竞赛初赛模考试题（非数学专业类）

一、填空题

（1）【解】应填 $2\ln 2$.

$$\text{原式} = \lim_{x \to +\infty} \left[\ln 2^x + \ln\left(1 + \frac{1}{2^x}\right)\right] \cdot \frac{2}{x}$$

$$= \lim_{x \to +\infty} x\ln 2 \cdot \frac{2}{x} + \lim_{x \to +\infty} \frac{1}{2^x} \cdot \frac{2}{x} = 2\ln 2 .$$

（2）【解】应填 0 .

由 $\displaystyle\int_0^{y+t} e^{-u^2}\,du = t$ 知，当 $t = 0$ 时，$y = 0$.

对 $\displaystyle\int_0^{y+t} e^{-u^2}\,du = t$ 两端关于 t 求导可得

$$e^{-(y+t)^2}\left(\frac{dy}{dt} + 1\right) = 1 ,$$

所以

$$\frac{dy}{dt} = e^{(y+t)^2} - 1 .$$

由参数方程求导法可得

$$\frac{dy}{dx} = \frac{\dfrac{dy}{dt}}{\dfrac{dx}{dt}} = \frac{e^{(y+t)^2} - 1}{3t^2 + 2} ,$$

则

$$\frac{d^2 y}{dx^2} = \frac{d\left(\dfrac{dy}{dx}\right)}{dt} \cdot \frac{1}{\dfrac{dx}{dt}}$$

$$= \frac{2(y+t)(3t^2+2)e^{2(y+t)^2} - \left[e^{(y+t)^2} - 1\right] \cdot 6t}{(3t^2+2)^3} ,$$

所以 $\dfrac{d^2 y}{dx^2}\bigg|_{t=0} = 0$.

（3）【解】应填 $-\dfrac{\sqrt{3+2x-x^2}}{x-1} - \arcsin\dfrac{x-1}{2} + C$.

$$\int \frac{\sqrt{3+2x-x^2}}{(x-1)^2}\mathrm{d}x = -\int \sqrt{3+2x-x^2}\,\mathrm{d}\left(\frac{1}{x-1}\right)$$

$$= -\frac{\sqrt{3+2x-x^2}}{x-1} + \int \frac{1}{x-1}\cdot\frac{2-2x}{2\sqrt{3+2x-x^2}}\,\mathrm{d}x$$

$$= -\frac{\sqrt{3+2x-x^2}}{x-1} - \int \frac{1}{\sqrt{2^2-(x-1)^2}}\,\mathrm{d}x$$

$$= -\frac{\sqrt{3+2x-x^2}}{x-1} - \arcsin\frac{x-1}{2} + C.$$

（4）【解】应填$y=x^2+x+2$.

令$x+1=X$，则

$$x+2y-3 = X+2(y-2),$$

令$y-2=Y$，即$\begin{cases} x=X-1, \\ y=Y+2, \end{cases}$则方程$\dfrac{\mathrm{d}y}{\mathrm{d}x}=\dfrac{x+2y-3}{x+1}$可化为

$$\frac{\mathrm{d}Y}{\mathrm{d}X} = \frac{X+2Y}{X} = 1+2\frac{Y}{X}.$$

再令$U=\dfrac{Y}{X}$，则$U+X\dfrac{\mathrm{d}U}{\mathrm{d}X}=1+2U$，即$X\dfrac{\mathrm{d}U}{\mathrm{d}X}=1+U$.

当$U\neq -1$时，分离变量得

$$\frac{\mathrm{d}U}{1+U} = \frac{\mathrm{d}X}{X},$$

积分得$\ln|1+U|=\ln|C_1 X|$，即$1+U=CX$（其中$C=\pm C_1$），所以

$$Y = X(CX-1),$$

将$\begin{cases} X=x+1, \\ Y=y-2 \end{cases}$代入得

$$y = (x+1)[C(x+1)-1]+2,$$

又$y(0)=C+1=2$，得$C=1$，故$y=(x+1)\cdot x+2=x^2+x+2$.

【注】当$U=-1$时，$Y=-X$，即$y=1-x$，不满足$y(0)=2$，故$U\neq -1$.

二、【解】令$P=\dfrac{-y}{x^2+y^2}$，$Q=\dfrac{x}{x^2+y^2}$.

① 如图（a）所示，当$0<a<1$时，有$\dfrac{\partial Q}{\partial x}=\dfrac{y^2-x^2}{(x^2+y^2)^2}=\dfrac{\partial P}{\partial y}$.

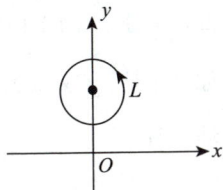

(a)

由格林公式，有 $\oint_L = \dfrac{x\mathrm{d}y - y\mathrm{d}x}{x^2 + y^2} = \iint\limits_{D} 0\mathrm{d}\sigma = 0$.

②当 $a = 1$ 时， L 的边界上有奇点 $(0,0)$ ，不能使用格林公式．作圆心为 $(0,0)$ ，半径为 $\varepsilon > 0$ 且足够小的圆，其在 L 所围区域内的曲线部分记为 L_1 ，如图（b）所示，取逆时针方向，则

$$\oint_L = \lim_{\varepsilon \to 0^+}\left(\oint_{L+L_1^-} - \int_{L_1^-}\right).$$

当 $\varepsilon \to 0^+$ 时，由①知， $\oint_{L+L_1^-} = 0$ ，故

$$\oint_L = \lim_{\varepsilon \to 0^+}\int_{L_1} = \lim_{\varepsilon \to 0^+}\int_{L_1}\frac{\varepsilon^2(\cos^2\theta + \sin^2\theta)}{\varepsilon^2}\mathrm{d}\theta$$

$$= \lim_{\varepsilon \to 0^+}\int_{L_1}\mathrm{d}\theta = \pi .$$

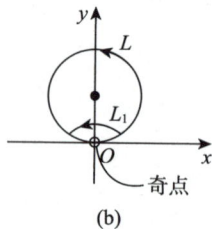
(b)

综上， $\oint_L \dfrac{x\mathrm{d}y - y\mathrm{d}x}{x^2 + y^2} = \begin{cases} 0, & 0 < a < 1, \\ \pi, & a = 1. \end{cases}$

【注】 $a < 1$ 或 $a = 1$ 有本质不同，本题考查奇点在边界上的情形．考生应掌握上述②中讨论的思路与方法．

三、【解】展开可得

$$I = \iiint\limits_{\Omega}(x^2 + y^2 + z^2 + 2xy + 2yz + 2xz)\mathrm{d}x\mathrm{d}y\mathrm{d}z .$$

因为 Ω 关于 xOz 和 yOz 坐标平面对称，所以

$$\iiint\limits_{\Omega}2xy\mathrm{d}x\mathrm{d}y\mathrm{d}z = \iiint\limits_{\Omega}2xz\mathrm{d}x\mathrm{d}y\mathrm{d}z = \iiint\limits_{\Omega}2yz\mathrm{d}x\mathrm{d}y\mathrm{d}z = 0 .$$

采用柱坐标变换，可得

$$\iiint\limits_{\Omega}(x^2 + y^2 + z^2)\mathrm{d}x\mathrm{d}y\mathrm{d}z = \int_0^{2\pi}\mathrm{d}\theta\int_0^1\mathrm{d}r\int_r^1(r^2 + z^2)r\mathrm{d}z$$

$$= 2\pi\int_0^1\left[r^3(1-r) + \frac{1}{3}r(1-r^3)\right]\mathrm{d}r = \frac{3\pi}{10},$$

所以

$$I = \iiint\limits_{\Omega}(x + y + z)^2\mathrm{d}x\mathrm{d}y\mathrm{d}z = \frac{3\pi}{10} .$$

四、【证】（1）由题设可知， $M \geq 0$ ，若 $M = 0$ ，则 $f(x) \leq 0$ ， $x \in [0,1]$ ．又存在 $x_0 \in (0,1)$ ，使得 $f(x_0) < 0$ ，如若不然， $f(x) \equiv 0$ ， $x \in [0,1]$ ， $f''(x) \equiv 0$ ，与题设矛盾，则 $f(x)$ 在 $[0,x_0]$ 与 $[x_0,1]$ 上分别用拉格朗日中值定理，有

$$f'(\xi_1) = \frac{f(x_0) - f(0)}{x_0 - 0} < 0, \quad \xi_1 \in (0,x_0),$$

$$f'(\xi_2) = \frac{f(1)-f(x_0)}{1-x_0} > 0, \quad \xi_2 \in (x_0,1).$$

再对 $f'(x)$ 在 $[\xi_1, \xi_2]$ 上用拉格朗日中值定理，有

$$f''(\xi) = \frac{f'(\xi_2)-f'(\xi_1)}{\xi_2-\xi_1} > 0, \quad \xi \in (\xi_1, \xi_2),$$

与 $f''(x) < 0$ 矛盾，故 $M > 0$.

（2）记最大值点为 η，则 $f(\eta) = M > 0$，$0 < \eta < 1$，于是在 $[0,\eta]$，$[\eta,1]$ 上分别用拉格朗日中值定理，有

$$f'(\eta_1) = \frac{f(\eta)-f(0)}{\eta-0} > 0, \quad \eta_1 \in (0,\eta),$$

$$f'(\eta_2) = \frac{f(1)-f(\eta)}{1-\eta} < 0, \quad \eta_2 \in (\eta,1),$$

于是

$$\int_0^1 |f''(x)|\,\mathrm{d}x \geq \left| \int_{\eta_1}^{\eta_2} f''(x)\,\mathrm{d}x \right| = |f'(\eta_2)-f'(\eta_1)| = \frac{M}{\eta(1-\eta)} \geq 4M.$$

五、【证】（1）由 $f(0) = f(1)$，根据罗尔定理，存在 $\xi \in (0,1)$，使得 $f'(\xi) = 0$. 又 $f''(x) < 0$，所以 $f'(x)$ 在 $(0,1)$ 上严格单调减少，即对任意 $x \in (0,\xi)$，有 $f'(x) > 0$.

（2）$a = \int_0^1 \sqrt{1+[f'(x)]^2}\,\mathrm{d}x = \int_0^\xi \sqrt{1+[f'(x)]^2}\,\mathrm{d}x + \int_\xi^1 \sqrt{1+[f'(x)]^2}\,\mathrm{d}x$

$$< \int_0^\xi \sqrt{1+[f'(x)]^2+2f'(x)}\,\mathrm{d}x + \int_\xi^1 \sqrt{1+[f'(x)]^2-2f'(x)}\,\mathrm{d}x$$

$$= \int_0^\xi [1+f'(x)]\,\mathrm{d}x + \int_\xi^1 [1-f'(x)]\,\mathrm{d}x$$

$$= 1 + 2f(\xi) \leq 3.$$

【注】本题欲证 $\int_0^1 \sqrt{1+[f'(x)]^2}\,\mathrm{d}x < 3$，但是 $[0,1]$ 上无法实现此证明. 将 $[0,1]$ 拆分成 $[0,\xi]$ 与 $[\xi,1]$，在两个子区间上分别放缩，便可达到目的. 这提示考生，在一个大区间上完成不了的任务，一个常用的办法是切分成若干小区间来处理，这就是"三向解题法"中的黎曼思想.

六、【解】设

$$S(x) = \sum_{n=1}^\infty \frac{[2+(-1)^n]^n}{n} x^n = \sum_{n=1}^\infty \frac{3^{2n}}{2n} x^{2n} + \sum_{n=1}^\infty \frac{1}{2n-1} x^{2n-1}.$$

对于级数 $\sum_{n=1}^\infty \frac{3^{2n}}{2n} x^{2n}$，因为 $\lim_{n\to\infty} \left| \frac{3^{2(n+1)}}{2(n+1)} \cdot \frac{2n}{3^{2n}} \cdot \frac{x^{2(n+1)}}{x^{2n}} \right| = 3^2|x|^2$，所以收敛半径是 $\frac{1}{3}$，代入 $x = \pm\frac{1}{3}$ 可知，级数都发散，所以收敛域是 $\left(-\frac{1}{3}, \frac{1}{3}\right)$.

对于级数 $\sum\limits_{n=1}^{\infty}\dfrac{1}{2n-1}x^{2n-1}$，因为 $\lim\limits_{n\to\infty}\left|\dfrac{2n-1}{2n+1}\cdot\dfrac{x^{2n+1}}{x^{2n-1}}\right|=|x|^2$，所以收敛半径是 1，代入 $x=\pm1$ 可知，级数都发散，所以收敛域是 $(-1,1)$．

综上，级数 $\sum\limits_{n=1}^{\infty}\dfrac{[2+(-1)^n]^n}{n}x^n$ 的收敛域是 $\left(-\dfrac{1}{3},\dfrac{1}{3}\right)$．

令 $S_1(x)=\sum\limits_{n=1}^{\infty}\dfrac{3^{2n}}{2n}x^{2n}$，则 $S_1'(x)=\sum\limits_{n=1}^{\infty}3^{2n}x^{2n-1}$，从而

$$xS_1'(x)=\sum_{n=1}^{\infty}3^{2n}x^{2n}=\sum_{n=1}^{\infty}(9x^2)^n=\frac{9x^2}{1-9x^2},$$

所以

$$S_1'(x)=\frac{9x}{1-9x^2},$$

又因为 $S_1(0)=0$，所以

$$S_1(x)=S_1(0)+\int_0^x S_1'(t)\mathrm{d}t=\int_0^x\frac{9t}{1-9t^2}\mathrm{d}t=-\frac{1}{2}\int_0^x\frac{-18t}{1-9t^2}\mathrm{d}t=-\frac{1}{2}\ln(1-9x^2).$$

令 $S_2(x)=\sum\limits_{n=1}^{\infty}\dfrac{1}{2n-1}x^{2n-1}$，则

$$S_2'(x)=\sum_{n=1}^{\infty}x^{2n-2}=\sum_{n=0}^{\infty}x^{2n}=\frac{1}{1-x^2}=\frac{1}{2}\cdot\frac{1}{1-x}+\frac{1}{2}\cdot\frac{1}{1+x},$$

又因为 $S_2(0)=0$，所以

$$S_2(x)=S_2(0)+\int_0^x S_2'(t)\mathrm{d}t=\int_0^x\left(\frac{1}{2}\cdot\frac{1}{1-t}+\frac{1}{2}\cdot\frac{1}{1+t}\right)\mathrm{d}t$$

$$=\frac{1}{2}\ln(1+x)-\frac{1}{2}\ln(1-x).$$

因而

$$S(x)=-\frac{1}{2}\ln(1-9x^2)+\frac{1}{2}\ln(1+x)-\frac{1}{2}\ln(1-x),x\in\left(-\frac{1}{3},\frac{1}{3}\right).$$

因为 $\dfrac{1}{6}\in\left(-\dfrac{1}{3},\dfrac{1}{3}\right)$，所以所求级数

$$\sum_{n=1}^{\infty}\frac{[2+(-1)^n]^n}{n\cdot6^n}=S\left(\frac{1}{6}\right)=-\frac{1}{2}\ln\frac{3}{4}+\frac{1}{2}\ln\frac{7}{6}-\frac{1}{2}\ln\frac{5}{6}$$

$$=\frac{1}{2}\ln\left(\frac{7}{6}\times\frac{6}{5}\times\frac{4}{3}\right)=\frac{1}{2}\ln\frac{28}{15}.$$

【注】因为所给级数奇偶项的表达式不同，所以考虑将奇偶项分开，"瓦解敌人，各个击破"．

七、【证】（1）令 $F(x)\overset{(*)}{=\!=\!=}f(x)\mathrm{e}^{-\int_0^x a(t)\mathrm{d}t}$，则

$$F'(x)=[f'(x)-a(x)f(x)]\mathrm{e}^{-\int_0^x a(t)\mathrm{d}t}\leqslant -g(x)\mathrm{e}^{-\int_0^x a(t)\mathrm{d}t},$$

两边从 0 到 x 积分，有 $f(x)\mathrm{e}^{-\int_0^x a(t)\mathrm{d}t}-f(0)\leqslant -\int_0^x g(t)\mathrm{e}^{-\int_0^t a(s)\mathrm{d}s}\mathrm{d}t$，故

$$f(x)\leqslant \mathrm{e}^{\int_0^x a(t)\mathrm{d}t}\cdot f(0)-\int_0^x \mathrm{e}^{\int_t^x a(s)\mathrm{d}s}g(t)\mathrm{d}t.$$

（2）由 $a(x)=\dfrac{2}{\sqrt{f(x)}}$，有 $f'(x)+g(x)\leqslant 2\sqrt{f(x)}$，由不等式"$2ab\leqslant a^2+b^2$"，有 $2\sqrt{f(x)}\cdot 1\leqslant f(x)+1$，

即 $f'(x)+g(x)\leqslant f(x)+1$．令 $G(x)=f(x)\mathrm{e}^{-\int_0^x 1\mathrm{d}t}=f(x)\mathrm{e}^{-x}$，则

$$G'(x)=[f'(x)-f(x)]\mathrm{e}^{-x}\leqslant [1-g(x)]\mathrm{e}^{-x},$$

两边从 0 到 x 积分，得

$$f(x)\mathrm{e}^{-x}-f(0)\leqslant \int_0^x [1-g(t)]\mathrm{e}^{-t}\mathrm{d}t=1-\mathrm{e}^{-x}-\int_0^x g(t)\mathrm{e}^{-t}\mathrm{d}t,$$

于是 $f(x)\leqslant 2\mathrm{e}^x-1-\int_0^x g(t)\mathrm{e}^{x-t}\mathrm{d}t$．

【注】（＊）处的辅助函数怎么造？不要受到题中"$\leqslant$"的影响，看作 $f'(x)+g(x)=a(x)f(x)$，这就简化成熟悉的"一阶线性微分方程"类型了．

全国大学生数学竞赛决赛模考试题（非数学专业类）

一、填空题

（1）【解】应填 $\ln 2$.

令 $\sqrt{e^x-1}=t$ ，则 $x=\ln(t^2+1)$ ，$dx=\dfrac{2t}{t^2+1}dt$ ，于是

$$\int_a^{2\ln 2}\frac{dx}{\sqrt{e^x-1}}=\int_{\sqrt{e^a-1}}^{\sqrt{3}}\frac{1}{t}\cdot\frac{2t}{t^2+1}dt=2\arctan t\bigg|_{\sqrt{e^a-1}}^{\sqrt{3}}=2\left(\frac{\pi}{3}-\arctan\sqrt{e^a-1}\right),$$

又 $\displaystyle\int_a^{2\ln 2}\frac{dx}{\sqrt{e^x-1}}=\frac{\pi}{6}$ ，所以 $\arctan\sqrt{e^a-1}=\dfrac{\pi}{4}$ ，解得 $a=\ln 2$.

（2）【解】应填 $\dfrac{\pi^2}{4}+2$.

由 $\dfrac{\partial^2[f(x,y)]}{\partial x\partial y}=1$ 得

$$\frac{\partial[f(x,y)]}{\partial y}=x+C_1(y),$$

进而

$$f(x,y)=xy+\int C_1(y)dy+C_2(x)=xy+C_3(y)+C_2(x).$$

由 $f(0,y)=\sin y,f(x,0)=\sin x$ 得

$$C_2(x)=\sin x-C_3(0),C_3(y)=\sin y-C_2(0),$$

又 $f(0,0)=0$ ，所以

$$f(x,y)=xy+\sin x+\sin y.$$

因此 $f\left(\dfrac{\pi}{2},\dfrac{\pi}{2}\right)=\dfrac{\pi^2}{4}+2$.

（3）【解】应填 $f(x)=\dfrac{2}{9}(3x+4)^{\frac{3}{2}}+\dfrac{2}{9}$.

$$s(x)=\int_0^x\sqrt{1+[f'(t)]^2}dt=\int_0^x\sqrt{3t+5}dt,$$

即 $1+[f'(t)]^2=3t+5$ ，于是 $[f'(t)]^2=3t+4$ ，故 $f'(t)=\sqrt{3t+4}$. 所以

$$f(t)=\frac{2}{3}\cdot\frac{1}{3}(3t+4)^{\frac{3}{2}}+C.$$

又 $f(0)=2$，即 $\dfrac{2}{9}\cdot 8+C=2$，解得 $C=\dfrac{2}{9}$，于是

$$f(x)=\frac{2}{9}(3x+4)^{\frac{3}{2}}+\frac{2}{9}.$$

（4）【解】应填 $\dfrac{1}{2}$.

法一 化成第一型曲面积分. Σ 的法向量与 z 轴夹角为锐角，为 $\boldsymbol{n}=(1,-1,1)$，对应单位法向量为 $\boldsymbol{n}^\circ=\dfrac{1}{\sqrt{3}}(1,-1,1)$，则

$$\text{原式}=\iint\limits_{\Sigma}\left\{[f(xz)+x]\frac{1}{\sqrt{3}}+[2f(xz)+y]\left(-\frac{1}{\sqrt{3}}\right)+[f(xz)+z]\frac{1}{\sqrt{3}}\right\}\mathrm{d}S$$

$$=\frac{1}{\sqrt{3}}\iint\limits_{\Sigma}(x-y+z)\mathrm{d}S=\frac{1}{\sqrt{3}}\iint\limits_{\Sigma}\mathrm{d}S.$$

$\iint\limits_{\Sigma}\mathrm{d}S$ 为 Σ 的面积，可以借助平面几何的办法求得. 如图所示，易知 Σ 是一个三角形，三边长都是 $\sqrt{2}$，所以 $\iint\limits_{\Sigma}\mathrm{d}S=\dfrac{\sqrt{3}}{2}$，于是原式 $=\dfrac{1}{2}$.

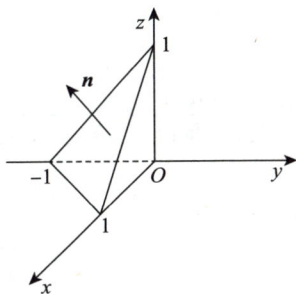

法二 用转换投影法. 将 Σ 投影到 xOy 平面上，其投影域（见图）为

$$D=\{(x,y)\,|\,x-y\leqslant 1,x\geqslant 0,y\leqslant 0\}.$$

从 Σ 的方程解出 $z=1-x+y$，因 $\dfrac{\partial z}{\partial x}=-1,\dfrac{\partial z}{\partial y}=1$，于是

$$\text{原式}=\iint\limits_{D}\left\{[f(xz)+x]\left(-\frac{\partial z}{\partial x}\right)+[2f(xz)+y]\left(-\frac{\partial z}{\partial y}\right)+f(xz)+(1-x+y)\right\}\mathrm{d}x\mathrm{d}y$$

$$=\iint\limits_{D}(x-y+1-x+y)\mathrm{d}x\mathrm{d}y=\iint\limits_{D}\mathrm{d}x\mathrm{d}y=\frac{1}{2}.$$

【注】在法一中，如果 $\iint\limits_{\Sigma}\mathrm{d}S$ 不能用几何方法求得，则仍要化成二重积分.

（5）【解】应填 $\dfrac{62}{3}$.

设

$$|\lambda\boldsymbol{E}-\boldsymbol{A}|=\lambda^3+a\lambda^2+b\lambda+c,$$

$$|\boldsymbol{E}-\boldsymbol{A}|=1+a+b+c=-2,$$

$$|-\boldsymbol{E}-\boldsymbol{A}|=-1+a-b+c=2,$$

$$|2\boldsymbol{E}-\boldsymbol{A}|=8+4a+2b+c=3,$$

解得
$$\begin{cases} a = \dfrac{1}{3}, \\ b = -3, \\ c = -\dfrac{1}{3}. \end{cases}$$

故 $|\lambda E - A| = \lambda^3 + \dfrac{1}{3}\lambda^2 - 3\lambda - \dfrac{1}{3}$，于是 $|3E - A| = \dfrac{62}{3}$.

【注】常规考题会给出特征方程：$|E - A| = |-E - A| = |2E - A| = 0$，则 $|3E - A| = 8$，而本题给出的不是特征方程的条件. 考生需对特征多项式有深刻理解.

二、【解】
$$a_{n+1} = a_n^2 = a_n \cdot a_n \leqslant \dfrac{1}{2}a_n$$

$$b_{n+1} = \tan b_n > b_n,$$

故 $\dfrac{a_{n+1}}{b_{n+1}} = \dfrac{a_n \cdot a_n}{\tan b_n} < \dfrac{\dfrac{1}{2}a_n}{b_n} = \dfrac{1}{2} \cdot \dfrac{a_n}{b_n}$. 于是有

$$0 < \dfrac{a_{n+1}}{b_{n+1}} < \dfrac{1}{2} \cdot \dfrac{a_n}{b_n} < \left(\dfrac{1}{2}\right)^2 \cdot \dfrac{a_{n-1}}{b_{n-1}} < \cdots < \left(\dfrac{1}{2}\right)^{n+1} \cdot \dfrac{a_0}{b_0},$$

又 $\lim\limits_{n\to\infty}\left(\dfrac{1}{2}\right)^{n+1} \cdot \dfrac{a_0}{b_0} = 0$，由夹逼准则，故 $\lim\limits_{n\to\infty}\dfrac{a_{n+1}}{b_{n+1}} = 0$，即

$$\lim\limits_{n\to\infty}\dfrac{a_n}{b_n} = 0.$$

三、【解】（1）令 $y' = p$，则 $y'' = \dfrac{\mathrm{d}p}{\mathrm{d}y} \cdot p$，则 $y'' + \dfrac{y'}{2y^2} = 0$ 变换为 $\dfrac{\mathrm{d}p}{\mathrm{d}y} \cdot p = \dfrac{-p}{2y^2}$，两端积分 $\int \mathrm{d}p = \int\left(-\dfrac{1}{2y^2}\right)\mathrm{d}y$，

得 $p = \dfrac{1}{2y} + C_1$. 由于 $y'(1) = p(1) = \dfrac{1}{2}$，则 $C_1 = 0$，$p = \dfrac{1}{2y}$. 于是 $\int 2y\,\mathrm{d}y = \int \mathrm{d}x$，有 $y^2 = x + C_2$，又 $y(1) = 1$，则 $C_2 = 0$，故 $y = f(x) = \sqrt{x}\,(x > 0)$.

（2）**法一** 由（1）知旋转曲面（抛物面）为 $x = y^2 + z^2\,(0 < x \leqslant 1)$，如图所示，故

$$S = \int_0^1 2\pi\sqrt{x}\sqrt{1 + \left(\dfrac{1}{2\sqrt{x}}\right)^2}\,\mathrm{d}x = \pi\int_0^1 \sqrt{4x+1}\,\mathrm{d}x$$

$$= \dfrac{\pi}{6}(5\sqrt{5} - 1).$$

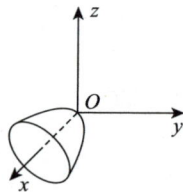

法二 选择向 yOz 面投影，由曲面方程 $x = y^2 + z^2$，得

$$dS = \sqrt{1+(x_y')^2+(x_z')^2}\,dydz$$
$$= \sqrt{1+4y^2+4z^2}\,dydz,$$

故所求曲面Σ的面积为

$$\iint\limits_{\Sigma} dS = \iint\limits_{D} \sqrt{1+4y^2+4z^2}\,dydz$$
$$= \int_0^{2\pi} d\theta \int_0^1 \sqrt{1+4r^2}\cdot r\,dr$$
$$= \frac{\pi}{6}(5\sqrt{5}-1),$$

其中$D = \{(y,z)\,|\,y^2+z^2 \leqslant 1\}$.

四、【解】（1）如图所示，以顶点A到准线上的点$M_1(x_1,y_1,0)$作直线取$\overline{AM_1}$，记锥面上任一点$M(x,y,z)$，由于$\overline{AM} \parallel \overline{AM_1}$，则

$$\frac{x-0}{x_1-0} = \frac{y-0}{y_1-0} = \frac{z-1}{-1}, \hspace{2cm} ①$$

此即L的方程. 又由于M_1在准线上，有

$$(x_1+1)^2+y_1^2 = 1, \hspace{2cm} ②$$

由①式知$x_1 = \dfrac{x}{1-z}$，$y_1 = \dfrac{y}{1-z}$，代入②式，得

$$\frac{(x+1-z)^2}{(1-z)^2} + \frac{y^2}{(1-z)^2} = 1,$$

即Σ的方程为$(x+1-z)^2+y^2 = (1-z)^2$，也即$x^2+2x(1-z)+y^2 = 0,0 \leqslant z \leqslant 1$.

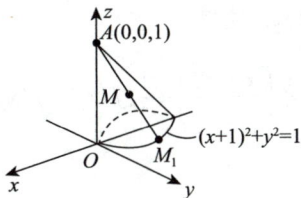

（2）由Σ的方程可得$z = \dfrac{x^2+y^2}{2x}+1$，于是

$$z_x' = \frac{x^2-y^2}{2x^2},\quad z_y' = \frac{y}{x},$$

$$dS = \sqrt{1+(z_x')^2+(z_y')^2}\,dxdy = \frac{\sqrt{5x^4+y^4+2x^2y^2}}{2x^2}\,dxdy,$$

又Σ在xOy面上的投影区域为$D = \{(x,y)\,|\,x^2+2x+y^2 \leqslant 0\}$，故

$$\iint_{\Sigma} \frac{x^2}{\sqrt{x^2+(z-1)^2}}\,\mathrm{d}S = \iint_{D} \frac{x^2}{\sqrt{x^2+\frac{(x^2+y^2)^2}{(2x)^2}}} \cdot \frac{\sqrt{5x^4+y^4+2x^2y^2}}{2x^2}\,\mathrm{d}x\mathrm{d}y$$

$$= \iint_{D} \frac{-2x \cdot x^2}{\sqrt{5x^4+2x^2y^2+y^4}} \cdot \frac{\sqrt{5x^4+y^4+2x^2y^2}}{2x^2}\,\mathrm{d}x\mathrm{d}y$$

$$= -\iint_{D} x\mathrm{d}x\mathrm{d}y = -\bar{x} \cdot S_D = -(-1) \cdot \pi = \pi.$$

五、【证】
$$\int_{x-c}^{x+c} f(t)\mathrm{d}t \xlongequal{t=u+x} \int_{-c}^{c} f(x+u)\mathrm{d}u.$$

必要性. 因 $f(x)$ 是凸函数, 故

$$f(x) = f\left[\frac{1}{2}(x-u) + \frac{1}{2}(x+u)\right] \geqslant \frac{1}{2}\left[f(x-u) + f(x+u)\right],$$

因此

$$\int_{-c}^{c} f(x)\mathrm{d}u \geqslant \frac{1}{2}\int_{-c}^{c} f(x-u)\mathrm{d}u + \frac{1}{2}\int_{-c}^{c} f(x+u)\mathrm{d}u,$$

其中

$$\int_{-c}^{c} f(x-u)\mathrm{d}u \xlongequal{u=-v} \int_{-c}^{c} f(x+v)\mathrm{d}v,$$

于是

$$\int_{-c}^{c} f(x)\mathrm{d}u \geqslant \int_{-c}^{c} f(x+u)\mathrm{d}u,$$

即

$$2cf(x) \geqslant \int_{-c}^{c} f(x+u)\mathrm{d}u = \int_{x-c}^{x+c} f(t)\mathrm{d}t.$$

充分性.

用反证法. 设存在 $x_1, x_2 \in [a,b], x_1 < x_2$, 使得

$$f\left(\frac{x_1+x_2}{2}\right) < \frac{1}{2}\left[f(x_1) + f(x_2)\right].$$

令

$$g(x) = f(x) - \frac{f(x_2)-f(x_1)}{x_2-x_1}(x-x_1) - f(x_1), \qquad (*)$$

则

$$g\left(\frac{x_1+x_2}{2}\right) = f\left(\frac{x_1+x_2}{2}\right) - \frac{1}{2}\left[f(x_1)+f(x_2)\right] < 0.$$

由连续性, 故 $g(x)$ 的最小值点 x_0 只能在 (x_1, x_2) 内, 令 $x_0+t \in [x_0-c, x_0+c] \subset [x_1, x_2]$, 则 $g(x_0) \leqslant g(x_0+t)$ 且不恒取等号.

故由积分保号性, 有

$$\int_{-c}^{c} g(x_0)\mathrm{d}t < \int_{-c}^{c} g(x_0+t)\mathrm{d}t,$$

将（＊）式代入，整理得

$$2cf(x_0) < \int_{-c}^{c} f(x_0+t)\mathrm{d}t,$$

与题设矛盾，故$f(x)$为凸函数．

六、【解】（1）$A = \begin{bmatrix} 1 & 1 & 1 & 1 \\ 1 & 1 & 1 & 1 \\ 2 & 1 & 0 & -1 \\ -1 & 0 & 1 & 2 \end{bmatrix} \xlongequal{\text{记}} [\boldsymbol{a}_1,\boldsymbol{a}_2,\boldsymbol{a}_3,\boldsymbol{a}_4]$，对$[\boldsymbol{a}_1,\boldsymbol{a}_2,\boldsymbol{a}_3,\boldsymbol{a}_4]$进行初等行变换，即

$$[\boldsymbol{a}_1,\boldsymbol{a}_2,\boldsymbol{a}_3,\boldsymbol{a}_4] \to \begin{bmatrix} 1 & 0 & -1 & -2 \\ 0 & 1 & 2 & 3 \\ 0 & 0 & 0 & 0 \\ 0 & 0 & 0 & 0 \end{bmatrix}.$$

因为$\boldsymbol{B} = [\boldsymbol{a}_3,\boldsymbol{a}_2]$，所以取$\boldsymbol{a}_2,\boldsymbol{a}_3$作为$\boldsymbol{a}_1,\boldsymbol{a}_2,\boldsymbol{a}_3,\boldsymbol{a}_4$的一个极大线性无关组，且$\boldsymbol{a}_1 = -\boldsymbol{a}_3 + 2\boldsymbol{a}_2$，$\boldsymbol{a}_1 = 2\boldsymbol{a}_3 - \boldsymbol{a}_2$，故

$$\boldsymbol{A} = [\boldsymbol{a}_1,\boldsymbol{a}_2,\boldsymbol{a}_3,\boldsymbol{a}_4] = [\boldsymbol{a}_3,\boldsymbol{a}_2] \begin{bmatrix} -1 & 0 & 1 & 2 \\ 2 & 1 & 0 & -1 \end{bmatrix} = \boldsymbol{B}\boldsymbol{C}.$$

于是$\boldsymbol{C} = \begin{bmatrix} -1 & 0 & 1 & 2 \\ 2 & 1 & 0 & -1 \end{bmatrix}$．

（2）由于$\boldsymbol{C}\boldsymbol{B} = \begin{bmatrix} -1 & 0 & 1 & 2 \\ 2 & 1 & 0 & -1 \end{bmatrix}\begin{bmatrix} 1 & 1 \\ 1 & 1 \\ 0 & 1 \\ 1 & 0 \end{bmatrix} = \begin{bmatrix} 1 & 0 \\ 2 & 3 \end{bmatrix}$，则

$$|\lambda\boldsymbol{E} - \boldsymbol{C}\boldsymbol{B}| = \begin{vmatrix} \lambda-1 & 0 \\ -2 & \lambda-3 \end{vmatrix} = (\lambda-1)(\lambda-3) = 0,$$

解得$\lambda_1 = 1, \lambda_2 = 3$．

当$\lambda_1 = 1$时，由$(\boldsymbol{E} - \boldsymbol{C}\boldsymbol{B})\boldsymbol{x} = \boldsymbol{0}$，解得$\boldsymbol{\xi}_1 = \begin{bmatrix} 1 \\ -1 \end{bmatrix}$；

当$\lambda_2 = 3$时，由$(3\boldsymbol{E} - \boldsymbol{C}\boldsymbol{B})\boldsymbol{x} = \boldsymbol{0}$，解得$\boldsymbol{\xi}_2 = \begin{bmatrix} 0 \\ 1 \end{bmatrix}$．

令$\boldsymbol{P} = \begin{bmatrix} 1 & 0 \\ -1 & 1 \end{bmatrix}$，使得$\boldsymbol{P}^{-1}\boldsymbol{C}\boldsymbol{B}\boldsymbol{P} = \begin{bmatrix} 1 & 0 \\ 0 & 3 \end{bmatrix}$，即$\boldsymbol{C}\boldsymbol{B} = \boldsymbol{P}\begin{bmatrix} 1 & 0 \\ 0 & 3 \end{bmatrix}\boldsymbol{P}^{-1}$．

$$(\boldsymbol{C}\boldsymbol{B})^9 = \boldsymbol{P}\begin{bmatrix} 1 & 0 \\ 0 & 3 \end{bmatrix}^9 \boldsymbol{P}^{-1} = \begin{bmatrix} 1 & 0 \\ -1 & 1 \end{bmatrix}\begin{bmatrix} 1 & 0 \\ 0 & 3^9 \end{bmatrix}\begin{bmatrix} 1 & 0 \\ 1 & 1 \end{bmatrix} = \begin{bmatrix} 1 & 0 \\ 3^9-1 & 3^9 \end{bmatrix},$$

故

$$A^{10} = (BC)^{10} = B(CB)^9 C = \begin{bmatrix} 1 & 1 \\ 1 & 1 \\ 0 & 1 \\ 1 & 0 \end{bmatrix} \begin{bmatrix} 1 & 0 \\ 3^9-1 & 3^9 \end{bmatrix} \begin{bmatrix} -1 & 0 & 1 & 2 \\ 2 & 1 & 0 & -1 \end{bmatrix}$$

$$= \begin{bmatrix} 3^9 & 3^9 \\ 3^9 & 3^9 \\ 3^9-1 & 3^9 \\ 1 & 0 \end{bmatrix} \begin{bmatrix} -1 & 0 & 1 & 2 \\ 2 & 1 & 0 & -1 \end{bmatrix} = \begin{bmatrix} 3^9 & 3^9 & 3^9 & 3^9 \\ 3^9 & 3^9 & 3^9 & 3^9 \\ 3^9+1 & 3^9 & 3^9-1 & 3^9-2 \\ -1 & 0 & 1 & 2 \end{bmatrix}.$$

七、【证】（1）由 $\sum_{k=0}^{n} b_k a_{n-k} = 0$，有 $b_n a_0 + \sum_{k=0}^{n-1} b_k a_{n-k} = 0$，于是

$$b_n = -\sum_{k=0}^{n-1} b_k a_{n-k},$$

$$\left| b_n x_0^n \right| = \left| -\sum_{k=0}^{n-1} b_k a_{n-k} \cdot x_0^n \right| = \left| -\sum_{k=0}^{n-1} b_k a_{n-k} \cdot x_0^k \cdot x_0^{n-k} \right| \leq M \cdot \sum_{k=0}^{n-1} \left| b_k x_0^k \right|.$$

下面用数学归纳法来证明.

①当 $n=0$ 时，$\left| b_0 x_0^0 \right| = b_0 = 1 \leq M^0$，显然成立；

②当 $n=m$ 时，$\left| b_m x_0^m \right| \leq M^{2m}$ 成立；

③当 $n=m+1$ 时，$\left| b_{m+1} x_0^{m+1} \right| \leq M \cdot \sum_{k=0}^{m+1-1} \left| b_k x_0^k \right| = M \cdot \sum_{k=0}^{m} \left| b_k x_0^k \right| \leq M \cdot \sum_{k=0}^{m} M^{2k} = M \cdot \frac{1-M^{2(m+1)}}{1-M^2} = M \cdot \frac{M^{2(m+1)}-1}{M^2-1}.$

由于 $M \leq M^2-1$，故 $\frac{M}{M^2-1} \leq 1$，则 $\left| b_{m+1} x_0^{m+1} \right| \leq M^{2(m+1)}-1 < M^{2(m+1)}$ 成立.

综上，$\left| b_n x_0^n \right| \leq M^{2n}$.

（2）$\left| b_n x^n \right| = \left| b_n x_0^n \right| \cdot \frac{|x|^n}{|x_0|^n} \leq \left(\frac{M^2 |x|}{|x_0|} \right)^n$，当 $|x| \leq \frac{|x_0|}{2M^2}$ 时，$\left| b_n x^n \right| \leq \frac{1}{2^n}$，故绝对收敛.